实用紧固件手册

第4版

杨国栋　魏　兵　编

机械工业出版社

本手册从现代设计、生产和使用的实际需要出发，以图表形式，适当辅以简要说明，全面介绍了包括基本资料、紧固件综述在内的螺栓、螺柱、螺钉、螺母、自攻螺钉和自挤螺钉及自钻自攻螺钉、木螺钉、垫圈、挡圈、销、铆钉、组合件和连接副等产品的品种、规格、尺寸、公差、重量以及性能与用途。本手册所涉及的标准均为当前国内现行标准或截至2021年12月底颁布的即将实施的标准。

本手册可供广大从事紧固件设计、生产、采购、经销等人员使用。

图书在版编目（CIP）数据

实用紧固件手册/杨国栋，魏兵编. —4版. —北京：机械工业出版社，2022.6（2024.4重印）

ISBN 978-7-111-70740-0

Ⅰ. ①实… Ⅱ. ①杨… ②魏… Ⅲ. ①紧固件-技术手册 Ⅳ. ①TH131-62

中国版本图书馆CIP数据核字（2022）第077890号

机械工业出版社（北京市百万庄大街22号 邮政编码100037）
策划编辑：张秀恩 王春雨　　责任编辑：王春雨
责任校对：樊钟英 王 延 李 婷　封面设计：马精明
责任印制：单爱军
保定市中画美凯印刷有限公司印刷
2024年4月第4版第2次印刷
148mm×210mm · 29印张 · 2插页 · 1198千字
标准书号：ISBN 978-7-111-70740-0
定价：145.00元

电话服务
客服电话：010-88361066
010-88379833
010-68326294

网络服务
机 工 官 网：www.cmpbook.com
机 工 官 博：weibo.com/cmp1952
金 书 网：www.golden-book.com
机工教育服务网：www.cmpedu.com

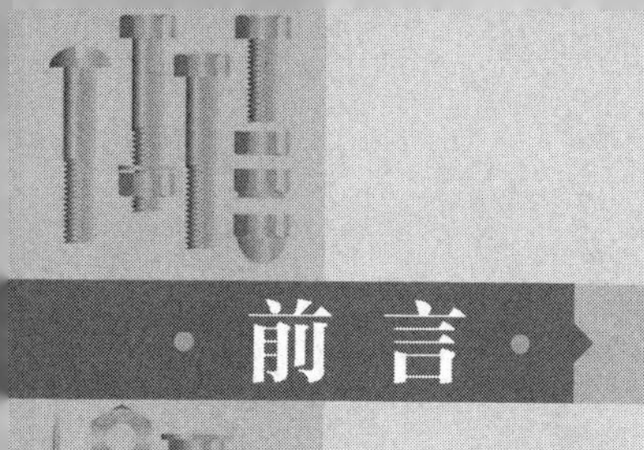

前言

近年来，我国紧固件工业生产快速发展，紧固件的国家标准也发生了很大的变化。中国国家标准化管理委员会等相关的标准主管部门相继颁布和修订了一批重要的紧固件国家标准，同时也废止了一批过时的与紧固件相关的国家标准，故非常有必要对2018年8月出版的《实用紧固件手册》（第3版）进行修订。

手册第4版与第3版相比，结构完全相同，也分13章，但内容上有了很大的变化，其中所涉及的标准均为国内现行标准或截至2021年12月底颁布的即将实施的标准。手册第4版仍保持第3版的写作风格，以图表为主，突出实用性，对紧固件的尺寸与重量等做了重点介绍。

本手册的特点是：

1. 内容新颖。本手册所收集的标准均为国内现行标准或截至2021年12月底颁布的即将实施的标准。

2. 实用性强。本手册从现代设计、生产和实用的实际需要出发，全面介绍了各种紧固件的品种、规格、尺寸、公差和重量以及性能与用途等内容。

3. 品种齐全。本手册包括螺栓、螺柱、螺钉、螺母、自攻螺钉和自挤螺钉及自钻自攻螺钉、木螺钉、垫圈、挡圈、销、铆钉、组合件和连接副等。

4. 查阅方便。本手册以图表形式，并适当辅以简要说明，查阅十分方便。

由于编者水平有限，书中难免有不足之处，恳请读者批评指正。

编　者

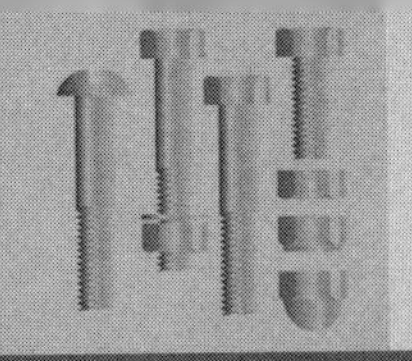

目录

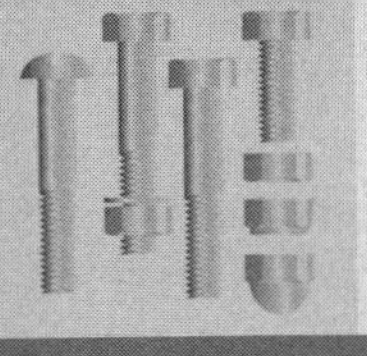

第一章 常用数表

1. 常用材料密度（表 1-1、表 1-2）

表 1-1 常用钢铁材料的密度

名称	牌号	密度/(g/cm³)
灰铸铁	HT100～HT350	6.6～7.4
白口铸铁	S15、P08、J13 等	7.4～7.7
可锻铸铁	KTH275-05、KTH300-06、KTH330-08、KTH350-10、KTH370-12 等	7.2～7.4
铸钢	ZG310-570、ZG35CrMnSi 等	7.8
工业纯铁	DT_1～DT_6	7.87
碳素结构钢	Q195、Q215、Q235、Q275	7.85
优质碳素结构钢	08、10、15、20、25、30、35、40、45、50 等	7.85
碳素工具钢	T7、T8、T9、T10、T12、T13、T7A、T8A、T9A、T10A、T11A、T12A、T13A、T8MnA	7.85
易切削结构钢	Y12、Y30 等	7.85
弹簧钢丝	Ⅰ、Ⅱ、Ⅲ、Ⅳ	7.85
低碳优质钢丝	Zd、Zg	7.85
锰钢	20Mn、60Mn、65Mn	7.81
铬钢	15CrA 20Cr、30Cr、40Cr	7.74 7.82
铬钒钢	50CrVA	7.85
铬镍钢	12CrNi3A、20CrNi3A 37CrNi3A	7.85
铬镍钼钢	40CrNiMoA	7.85
铬镍钨钢	18Cr2Ni4WA	7.8
铬钼铝钢	38CrMoAlA	7.65

（续）

名称	牌号	密度/(g/cm³)
铬锰硅钢	30CrMnSiA	7.85
铬锰硅镍钢	30CrMnSiNi2A	7.85
硅锰钢	42Si2MnA	7.85
硅铬钢	38CrSiA	7.85
高强度合金钢	GC-4、GC11	7.82
高速工具钢	W9Mo3Cr4V W18Cr4V	8.3 8.7
轴承钢	GCr15	7.81
不锈钢	06Cr13、12Cr13、20Cr13、30Cr13、40Cr13 Cr14类、Cr17类 14Cr17Ni22、Cr18、95Cr18、Cr25 12Cr18Ni9 12Cr18Ni9Ti、17Cr18Ni9 Cr18Ni11Nb 14Cr23Ni18、Cr17Ni3Mo2Ti 14Cr18Ni11Si4AlTi 20Cr13Mn9Ni4 26Cr13Ni7Si2	7.75 7.7 7.75 7.85 7.85 7.9 7.9 7.52 8.5 8.0

表1-2 常用有色金属材料的密度

名称或牌号	密度/(g/cm³)	名称或牌号	密度/(g/cm³)
铜材	8.9	65黄铜	8.5
一号铜、二号铜	8.9	63黄铜	8.45
三号铜	8.89	62黄铜	8.5
磷脱氧铜	8.89	59黄铜	8.4
一号、二号无氧铜	8.9	65-5镍黄铜	8.65
96黄铜	8.85	63-3铅黄铜	8.5
90黄铜	8.73	63-0.1铅黄铜	8.5
85黄铜	8.7	59-1铅黄铜	8.5
80黄铜	8.66	90-1锡黄铜	8.8
68黄铜	8.5	62-1锡黄铜	8.54

（续）

名称或牌号	密度/(g/cm³)	名称或牌号	密度/(g/cm³)
60-1 锡黄铜	8.45	1 镉青铜	8.8
67-2.5 铝黄铜	8.5	0.6 白铜	8.9
60-1-1 铝黄铜	8.4	5 白铜	8.9
59-3-2 铝黄铜	8.4	10 白铜	8.9
66-6-3-2 铝黄铜	8.5	30-1-1 铁白铜	8.9
58-2 锰黄铜	8.5	3-12 锰白铜	8.4
57-3-1 锰黄铜	8.5	40-1.5 锰白铜	8.9
55-3-1 锰黄铜	8.5	15-20 锌白铜	8.6
59-1-1 铁黄铜	8.5	13-3 铝白铜	8.5
58-1-1 铁黄铜	8.5	6-1.5 铝白铜	8.7
80-3 硅黄铜	8.6	铝板	2.73
4-3 锡青铜	8.8	二号防锈铝	2.67
4-4-2.5 锡青铜	8.75	五号防锈铝	2.65
4-4-4 锡青铜	8.9	二十一号防锈铝	2.73
6.5-0.1 锡青铜	8.8	一号硬铝	2.75
6.5-0.4 锡青铜	8.8	十一号硬铝	2.84
7-0.2 锡青铜	8.8	十二号硬铝	2.8
4-0.3 锡青铜	8.9	二号锻铝	2.69
5 铝青铜	8.2	五号锻铝	2.75
7 铝青铜	7.8	八号锻铝	2.8
9-2 铝青铜	7.6	九号锻铝	2.8
9-4 铝青铜	7.5	十号锻铝	2.8
10-3-1.5 铝青铜	7.5	四号超硬铝	2.8
10-4-4 铝青铜	7.7	五号铸造铝合金	2.55
2 铍青铜	8.3	六号铸造铝合金	2.60
1.9 铍青铜	8.23	七号铸造铝合金	2.65
1.7 铍青铜	8.3	十三号铸造铝合金	2.67
3-1 硅青铜	8.4	十五号铸造铝合金	2.96
1-3 硅青铜	8.6	钛	4.51
3.5-3-1.5 硅青铜	8.8	工业镁	1.74
1.5 锰青铜	8.8	锌板	7.2
5 锰青铜	8.6	锌阳极板	7.15
0.2 锆青铜	8.9	铸锌	6.86
0.4 锆青铜	8.9	10-5 铸锌铝合金	6.3
0.5 铬青铜	8.9	4-铸锌铝合金	6.9

（续）

名称或牌号	密度/（g/cm³）	名称或牌号	密度/（g/cm³）
铅板	11.37	一号阳极镍	8.85
锡	7.3	二号阳极镍	8.85
铅基轴承合金	9.33~10.67	三号阳极镍	8.85
锡轴承合金	7.34~7.75	2.8-2.5-1.5镍铜合金	8.85
四号镍	8.9	0.1镍镁合金	8.85
六号镍	8.85	0.19镍硅合金	8.85
八号镍	8.85		

2. 主要纯金属及非金属的性能（表1-3）

表1-3 主要纯金属及非金属的性能

名称	元素符号	密度/（g/cm³）	熔点/°C	线胀系数/（10^{-6}/°C）	相对电导率（%）	抗拉强度/MPa	伸长率（%）	断面收缩率（%）	布氏硬度HBW	色泽
银	Ag	10.49	960.5	197	100	180	50	90	25	银白
铝	Al	2.70	660.2	236	60	80~110	32~40	70~90	25	银白
金	Au	19.32	1063	142	73	140	40	90	20	金黄
铍	Be	1.85	1285	116	23	310~450	2	—	120	钢灰
铋	Bi	9.8	271.2	134	1.4	5~20	0	—	9	白
镉	Cd	8.65	321.1	310	20	65	20	50	20	苍白
钴	Co	8.9	1492	125	30	250	5	—	125	钢灰
铬	Cr	7.19	1857	62	12	200~280	9~17	9~23	110	灰白
铜	Cu	8.9	1083	165	90	200~240	45~50	65~75	40	红
铁	Fe	7.87	1538	118	16	250~330	25~55	70~85	50	灰白
铱	Ir	22.4	2447	65	31	230	2	—	170	银白
镁	Mg	1.74	649	257	34	200	11.5	12.5	36	银白
锰	Mn	7.43	1244	230	0.8	脆	—	—	210	灰白
钼	Mo	10.22	2622	49	29	700	30	60	160	银白
铌	Nb	8.57	2468	71	10	300	28	80	75	钢灰
镍	Ni	8.9	1455	135	22	400~500	40	70	80	白
铅	Pb	11.34	327.4	293	8.0	15	45	90	5	苍灰
铂	Pt	21.45	1772	89	16	150	40	90	40	银白
锑	Sb	6.68	630.5	113	3.9	5~10	0	0	45	银白
锡	Sn	7.3	231.9	230	13	15~20	40	90	5	银白
钽	Ta	16.67	2996	65	11	350~450	25~40	86	85	钢灰
钛	Ti	4.51	1672	90	3.4	380	36	64	115	暗灰
钒	V	6.1	1917	83	6.1	220	17	75	264	淡灰

（续）

名称	元素符号	密度/(g/cm³)	熔点/°C	线胀系数/(10^{-6}/°C)	相对电导率(%)	抗拉强度/MPa	伸长率(%)	断面收缩率(%)	布氏硬度HBW	色泽
钨	W	19.3	3410	46	29	1100	—	—	350	钢灰
锌	Zn	7.14	419.5	395	26	120~170	40~50	60~80	35	苍灰
锆	Zr	6.49	1852	59	3.8	400~450	20~30	—	125	浅灰
砷	As	5.73	814	47	—	—	—	—	—	—
硼	B	2.34	2100	83	—	—	—	—	—	—
碳	C	2.25	3727	66	—	—	—	—	—	—
磷	P	1.83	44.1	1250	—	—	—	—	—	—
硫	S	2.07	115	640	—	—	—	—	—	—
硒	Se	4.81	221	370	—	—	—	—	—	—
硅	Si	2.33	1414	42	—	—	—	—	—	—

注：相对电导率为其他金属的电导率与银的电导率之比。

3. 常用材料的线胀系数（表 1-4）

表 1-4　常用材料的线胀系数（10^{-6}/°C）

材料名称	温度/°C			
	20	20~100	20~200	20~300
铸铁		8.7~11.1	8.5~11.6	10.1~12.2
碳钢		10.6~12.2	11.3~13	12.1~13.5
铬钢		11.2	11.8	12.4
40CrSi		11.7	—	—
30CrMnSiA		11	—	—
30Cr13		10.2	11.1	11.6
07Cr19Ni11Ti		16.6	17.0	17.2
镍铬合金		14.5	—	—
工程用铜		16.6~17.1	17.1~17.2	17.6
纯铜		17.2	17.5	17.9
黄铜		17.8	18.8	20.9
锡青铜		17.6	17.9	18.2
铝青铜		17.6	17.9	19.2
砖	9.5	—	—	—
水泥、混凝土	10~14	—	—	—
胶木、硬橡胶	64~77	—	—	—
玻璃		4~11.5	—	—
赛璐珞		100	—	—
有机玻璃		130	—	—

4. 金属材料的熔点、热导率及比热容（表 1-5）

表 1-5　金属材料的熔点、热导率及比热容

名称	熔点/°C	热导率 /[W/(m·°C)]	比热容 /[J/(kg·°C)]
灰铸铁	1200	46.4~92.8	544.3
铸　钢	1425	—	489.9
软　钢	1400~1500	46.4	502.4
黄　铜	950	92.8	393.6
青　铜	995	63.8	385.2
纯　铜	1083	392	376.9
铝	658	203	904.3
铅	327	34.8	129.8
锡	232	62.6	234.5
锌	419	110	393.6
镍	1452	59.2	45.2

注：表中的热导率值指 0~100°C 的范围内。

5. 常用金属材料的硬度（表 1-6）

表 1-6　常用金属材料的硬度

材料	状　态	硬度 HBW
钢	退火	80~220
	淬火和回火	225~400
	淬火	400~600
	表面渗碳	600~750
铸铁	灰铸铁	100~250
	白口铸铁	550~650
硬铝	退火	40~55
	经过热处理的	90~120
硅铝合金	铸造	50~65
	经过热处理的	65~100
巴氏合金	铸造	18~30
铅青铜	铸造	20~25
铝	退火,冷轧	20~50
铜	退火,冷轧,冷精轧	20~55

6. 黑色金属材料硬度值对照（表 1-7）

表 1-7　黑色金属材料硬度值对照

洛氏 HRC	肖氏 HS	维氏 HV	布氏		洛氏 HRC	肖氏 HS	维氏 HV	布氏	
			HBW $30D^2$	d/mm 10/3000				HBW $30D^2$	d/mm 10/3000
70		1037	—	—	43	57.1	411	401	3.05
69		997	—	—	42	55.9	399	391	3.09
68	96.6	959	—	—	41	54.7	388	380	3.13
67	94.6	923	—	—	40	53.5	377	370	3.17
66	92.6	889	—	—	39	52.3	367	360	3.21
65	90.5	856	—	—	38	51.1	357	350	3.26
64	88.4	825	—	—	37	50	347	341	3.30
63	86.5	795	—	—	36	48.8	338	332	3.34
62	84.8	766	—	—	35	47.8	329	323	3.39
61	83.1	739	—	—	34	46.6	320	314	3.43
60	81.4	713	—	—	33	45.6	312	306	3.48
59	79.7	688	—	—	32	44.5	304	298	3.52
58	78.1	664	—	—	31	43.5	296	291	3.56
57	76.5	642	—	—	30	42.5	289	283	3.61
56	74.9	620	—	—	29	41.6	281	276	3.65
55	73.5	599	—	—	28	40.6	274	269	3.70
54	71.9	579	—	—	27	39.7	268	263	3.74
53	70.5	561	—	—	26	38.8	261	257	3.78
52	69.1	543	—	—	25	37.9	255	251	3.83
51	67.7	525	501	2.73	24	37	249	245	3.87
50	66.3	509	488	2.77	23	36.3	243	240	3.91
49	65	493	474	2.81	22	35.5	237	234	3.95
48	63.7	478	461	2.85	21	34.7	231	229	4.00
47	62.3	463	449	2.89	20	34	226	225	4.03
46	61	449	436	2.93	19	33.2	221	220	4.07
45	59.7	436	424	2.97	18	32.6	216	216	4.11
44	58.4	423	413	3.01	17	31.9	211	211	4.15

7. 常用型材理论重量的计算方法

（1）基本公式

t(重量,kg)$=A$(断面面积,mm^2)$\times L$(长度,m)$\times\rho$(密度,g/cm^3)$\times 1/1000$

注：1. 型材制造中有允许偏差值，故上式只作估算之用。

2. 关于 ρ 值，钢材通常取 $7.85g/cm^3$。

（2）钢材截面面积的计算（表 1-8）

表 1-8 钢材截面面积的计算

钢材类别	计 算 公 式	代 号 说 明
方钢	$A=a^2$	a—边宽
圆角方钢	$A=a^2-0.8584r^2$	a—边宽；r—圆角半径
钢板、扁钢、带钢	$A=a\delta$	a—宽度；δ—厚度
圆角扁钢	$A=a\delta-0.8584r^2$	a—宽度；δ—厚度 r—圆角半径
圆钢、圆盘条、钢丝	$A=0.7854d^2$	d—外径
六角钢	$A=0.866a^2=2.598s^2$	a—对边距离；s—边宽
八角钢	$A=0.8284a^2=4.8284s^2$	a—对边距离；s—边宽
钢管	$A=3.1416\delta(D-\delta)$	D—外径；δ—壁厚
等边角钢	$A=d(2b-d)+0.2146(r^2-2r_1^2)$	d—边厚；b—边宽； r—内面圆角半径； r_1—端边圆角半径
不等边角钢	$A=d(B+b-d)+0.2146(r^2-2r_1^2)$	d—边厚；B—长边宽； b—短边宽；r—内面圆角半径； r_1—端边圆角半径
工字钢	$A=hd+2t(b-d)+0.8584(r^2-r_1^2)$	h—高度；b—腿宽； d—腰厚；t—平均腿厚； r—内面圆角半径； r_1—边端圆角半径
槽钢	$A=hd+2t(b-d)+0.4292(r^2-r_1^2)$	

注：铜、铝等型材截面面积也可按本表计算。

第二章

紧固螺纹与紧固件基础

一、紧固螺纹

1. 概述

螺纹按用途可分为紧固螺纹、传动螺纹、专用螺纹和管螺纹，见图 2-1。

本书重点介绍紧固螺纹中的普通螺纹。

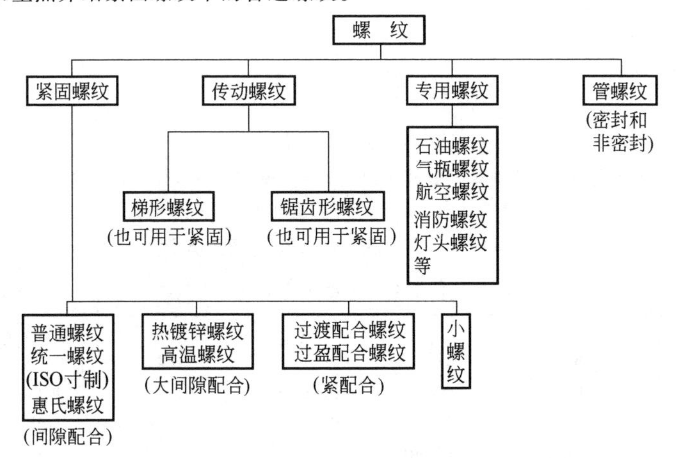

图 2-1　螺纹标准分类

2. 普通螺纹

（1）基本牙型（GB/T 192—2003）

基本牙型应符合图 2-2 的规定。

普通螺纹的基本牙型尺寸按下列公式计算，具体尺寸见表 2-1。

$$H=\frac{\sqrt{3}}{2}P=0.866025404P;$$

$$\frac{5}{8}H=0.541265877P;$$

$$\frac{3}{8}H=0.324759526P;$$

$$\frac{1}{4}H=0.216506351P;$$

$\frac{1}{8}H = 0.108253175P$。

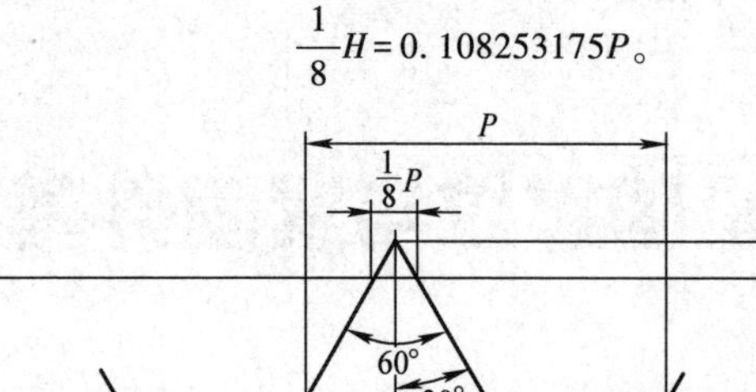

图 2-2　基本牙型

D—内螺纹基本大径（公称直径）　d—外螺纹基本大径（公称直径）
D_2—内螺纹基本中径　d_2—外螺纹基本中径　D_1—内螺纹基本小径　d_1—外螺纹基本小径　H—原始三角形高度　P—螺距

表 2-1　基本牙型尺寸　（mm）

螺距 P	H	$\frac{5}{8}H$	$\frac{3}{8}H$	$\frac{1}{4}H$	$\frac{1}{8}H$
0. 2	0. 173205	0. 108253	0. 064952	0. 043301	0. 021651
0. 25	0. 216506	0. 135316	0. 081190	0. 054127	0. 027063
0. 3	0. 259808	0. 162380	0. 097428	0. 064952	0. 032476
0. 35	0. 303109	0. 189443	0. 113666	0. 075777	0. 037889
0. 4	0. 346410	0. 216506	0. 129904	0. 086603	0. 043301
0. 45	0. 389711	0. 243570	0. 146142	0. 097428	0. 048714
0. 5	0. 433013	0. 270633	0. 162380	0. 108253	0. 054127
0. 6	0. 519615	0. 324760	0. 194856	0. 129904	0. 064952
0. 7	0. 606218	0. 378886	0. 227332	0. 151554	0. 075777
0. 75	0. 649519	0. 405949	0. 243570	0. 162380	0. 081190
0. 8	0. 692820	0. 433013	0. 259808	0. 173205	0. 086603
1	0. 866025	0. 541266	0. 324760	0. 216506	0. 108253
1. 25	1. 082532	0. 676582	0. 405949	0. 270633	0. 135316
1. 5	1. 299038	0. 811899	0. 487139	0. 324760	0. 162380
1. 75	1. 515544	0. 947215	0. 568329	0. 378886	0. 189443
2	1. 732051	1. 082532	0. 649519	0. 433013	0. 216506
2. 5	2. 165063	1. 353165	0. 811899	0. 541266	0. 270633
3	2. 598076	1. 623798	0. 974279	0. 649519	0. 324760

（续）

螺距 P	H	$\frac{5}{8}H$	$\frac{3}{8}H$	$\frac{1}{4}H$	$\frac{1}{8}H$
3.5	3.031089	1.894431	1.136658	0.757772	0.378886
4	3.464102	2.165063	1.299038	0.866025	0.433013
4.5	3.897114	2.435696	1.461418	0.974279	0.487139
5	4.330127	2.706329	1.623798	1.082532	0.541266
5.5	4.763140	2.976962	1.786177	1.190785	0.595392
6	5.196152	3.247595	1.948557	1.299038	0.649519
8	6.928203	4.330127	2.598076	1.732051	0.866025

（2）直径与螺距系列（GB/T 193—2003）

1）直径与螺距的标准系列

直径与螺距标准组合系列应符合表 2-2 的规定。

2）直径与螺距的特殊系列

对于标准系列直径，如果需要使用比表 2-2 规定还要小的特殊螺距，则应从下列螺距中选择：3mm、2mm、1.5mm、1mm、0.75mm、0.5mm、0.35mm、0.25mm 和 0.2mm。选择比表 2-2 规定还小的螺距会增加螺纹的制造难度。

对应于表 2-3 内的螺距，其所选用的最大特殊直径不宜超出表 2-3 所限定的直径范围。

表 2-2　直径与螺距标准组合系列　　（mm）

公称直径 D、d			螺距 P											
第 1 系列	第 2 系列	第 3 系列	粗牙	细牙									
				3	2	1.5	1.25	1	0.75	0.5	0.35	0.25	0.2
1			0.25										0.2
	1.1		0.25										0.2
1.2			0.25										0.2
	1.4		0.3										0.2
1.6			0.35										0.2
	1.8		0.35										0.2
2			0.4									0.25	
	2.2		0.45									0.25	
2.5			0.45								0.35		
3			0.5								0.35		
	3.5		0.6								0.35		
4			0.7							0.5			
	4.5		0.75							0.5			
5			0.8							0.5			

（续）

公称直径 D、d			螺距 P										
第1系列	第2系列	第3系列	粗牙	细牙									
				3	2	1.5	1.25	1	0.75	0.5	0.35	0.25	0.2
		5.5								0.5			
6			1						0.75				
	7		1						0.75				
8			1.25					1	0.75				
		9	1.25					1	0.75				
10			1.5				1.25	1	0.75				
		11	1.5			1.5		1	0.75				
12			1.75				1.25	1					
	14		2			1.5	1.25①	1					
		15				1.5		1					
16			2			1.5		1					
		17				1.5		1					
	18		2.5		2	1.5		1					
20			2.5		2	1.5		1					
	22		2.5		2	1.5		1					
24			3		2	1.5		1					
		25			2	1.5		1					
		26				1.5							
	27		3		2	1.5		1					
		28			2	1.5		1					
30			3.5	(3)	2	1.5		1					
		32			2	1.5							
	33		3.5	(3)	2	1.5							
		35②				1.5							
36			4	3	2	1.5							
		38				1.5							
	39		4	3	2	1.5							

公称直径 D、d			螺距 P						
第1系列	第2系列	第3系列	粗牙	细牙					
				8	6	4	3	2	1.5
		40					3	2	1.5
42			4.5			4	3	2	1.5
	45		4.5			4	3	2	1.5
48			5			4	3	2	1.5
		50					3	2	1.5
	52		5			4	3	2	1.5

（续）

公称直径 D、d			螺　　距　　P						
第 1 系列	第 2 系列	第 3 系列	粗牙	细　　牙					
				8	6	4	3	2	1.5
		55				4	3	2	1.5
56			5.5			4	3	2	1.5
		58				4	3	2	1.5
	60		5.5			4	3	2	1.5
		62				4	3	2	1.5
64			6			4	3	2	1.5
		65				4	3	2	1.5
	68		6			4	3	2	1.5
		70			6	4	3	2	1.5
72					6	4	3	2	1.5
		75				4	3	2	1.5
	76				6	4	3	2	1.5
		78						2	
80					6	4	3	2	1.5
		82						2	
	85				6	4	3	2	
90					6	4	3	2	
	95				6	4	3	2	
100					6	4	3	2	
	105				6	4	3	2	
110					6	4	3	2	
	115				6	4	3	2	
	120				6	4	3	2	
125				8	6	4	3	2	
	130			8	6	4	3	2	
		135			6	4	3	2	
140				8	6	4	3	2	
		145			6	4	3	2	
	150			8	6	4	3	2	
		155			6	4	3		
160				8	6	4	3		
		165			6	4	3		
	170			8	6	4	3		
		175			6	4	3		
180				8	6	4	3		
		185			6	4	3		

（续）

公称直径 D、d			螺　　距　P						
第1系列	第2系列	第3系列	粗牙	细　牙					
				8	6	4	3	2	1.5
	190			8	6	4	3		
		195			6	4	3		
200				8	6	4	3		
		205			6	4	3		
	210			8	6	4	3		
		215			6	4	3		
220				8	6	4	3		
		225			6	4	3		
		230		8	6	4	3		
		235			6	4	3		
	240			8	6	4	3		
		245			6	4	3		
250				8	6	4	3		
		255			6	4			
	260			8	6	4			
		265			6	4			
		270		8	6	4			
		275			6	4			
280				8	6	4			
		285			6	4			
		290		8	6	4			
		295			6	4			
	300			8	6	4			

注：应选择与直径处于同一行内的螺距。优先选用第1系列直径，其次选择第2系列直径，最后选择第3系列直径。尽可能地避免选用括号内的螺距。

① 仅用于发动机的火花塞。

② 仅用于轴承的锁紧螺母。

表2-3　螺距对应的最大公称直径　（mm）

螺　距	最大公称直径	螺　距	最大公称直径
0.5	22	1.5	150
0.75	33	2	200
1	80	3	300

（3）基本尺寸

基本尺寸见图2-3，见表2-4。

表2-4内的螺纹中径和小径值是按下列公式计算的，计算数值需圆整到小数点

后的第 3 位。

$$D_2 = D-2\times\frac{3}{8}H = D-0.6495P;$$

$$d_2 = d-2\times\frac{3}{8}H = d-0.6495P;$$

$$D_1 = D-2\times\frac{5}{8}H = D-1.0825P;$$

$$d_1 = d-2\times\frac{5}{8}H = d-1.0825P。$$

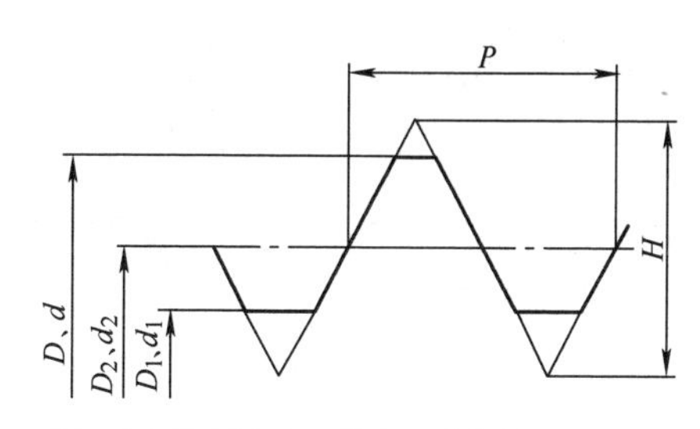

图 2-3　基本尺寸（基本尺寸代号同图 2-2）

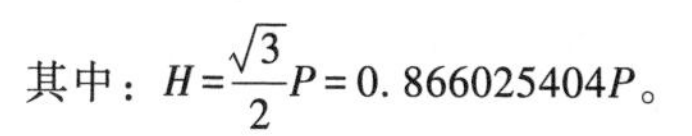

其中：$H=\frac{\sqrt{3}}{2}P=0.866025404P$。

表 2-4　基本尺寸　（mm）

公称直径(大径)D、d	螺距 P	中径 D_2、d_2	小径 D_1、d_1
1	0.25	0.838	0.729
	0.2	0.870	0.783
1.1	0.25	0.938	0.829
	0.2	0.970	0.883
1.2	0.25	1.038	0.929
	0.2	1.070	0.983
1.4	0.3	1.205	1.075
	0.2	1.270	1.183
1.6	0.35	1.373	1.221
	0.2	1.470	1.383
1.8	0.35	1.573	1.421
	0.2	1.670	1.583
2	0.4	1.740	1.567
	0.25	1.838	1.729
2.2	0.45	1.908	1.713
	0.25	2.038	1.929
2.5	0.45	2.208	2.013
	0.35	2.273	2.121
3	0.5	2.675	2.459
	0.35	2.773	2.621
3.5	0.6	3.110	2.850
	0.35	3.273	3.121
4	0.7	3.545	3.242
	0.5	3.675	3.459
4.5	0.75	4.013	3.688
	0.5	4.175	3.959

（续）

公称直径（大径）D、d	螺距 P	中径 D_2、d_2	小径 D_1、d_1
5	0.8	4.480	4.134
	0.5	4.675	4.459
5.5	0.5	5.175	4.959
6	1	5.350	4.917
	0.75	5.513	5.188
7	1	6.350	5.917
	0.75	6.513	6.188
8	1.25	7.188	6.647
	1	7.350	6.917
	0.75	7.513	7.188
9	1.25	8.188	7.647
	1	8.350	7.917
	0.75	8.513	8.188
10	1.5	9.026	8.376
	1.25	9.188	8.376
	1	9.350	8.917
	0.75	9.513	9.188
11	1.5	10.026	9.376
	1	10.350	9.917
	0.75	10.513	10.188
12	1.75	10.863	10.106
	1.5	11.026	10.376
	1.25	11.188	10.647
	1	11.350	10.917
14	2	12.701	11.835
	1.5	13.026	12.376
	1.25	13.188	12.647
	1	13.350	12.917
15	1.5	14.026	13.376
	1	14.350	13.917
16	2	14.701	13.835
	1.5	15.026	14.376
	1	15.350	14.917
17	1.5	16.026	15.376
	1	16.350	15.917

（续）

公称直径(大径)D、d	螺距 P	中径 D_2、d_2	小径 D_1、d_1
18	2.5	16.376	15.294
	2	16.701	15.835
	1.5	17.026	16.376
	1	17.350	16.917
20	2.5	18.376	17.294
	2	18.701	17.835
	1.5	19.026	18.376
	1	19.350	18.917
22	2.5	20.376	19.294
	2	20.701	19.835
	1.5	21.026	20.376
	1	21.350	20.917
24	2	22.051	20.752
	3	22.701	21.835
	1.5	23.026	22.376
	1	23.350	22.917
25	2	23.701	22.835
	1.5	24.026	23.376
	1	24.350	23.917
26	1.5	25.026	24.376
27	3	25.051	23.752
	2	25.701	24.835
	1.5	26.026	25.376
	1	26.350	25.917
28	2	26.701	25.835
	1.5	27.026	26.376
	1	27.350	26.917
30	3.5	27.727	26.211
	3	28.051	26.752
	2	28.701	27.835
	1.5	29.026	28.376
	1	29.350	28.917
32	2	30.701	29.835
	1.5	31.026	30.376
33	3.5	30.727	29.211
	3	31.051	29.752
	2	31.701	30.835
	1.5	32.026	31.376

（续）

公称直径(大径)D、d	螺距 P	中径 D_2、d_2	小径 D_1、d_1
35	1.5		33.376
36	4	33.402	31.670
	3	34.051	32.752
	2	34.701	33.835
	1.5	35.026	34.376
38	1.5	37.026	36.376
39	4	36.402	34.670
	3	37.051	35.752
	2	37.701	36.835
	1.5	38.026	37.376
40	3	38.051	36.752
	2	38.701	37.835
	1.5	39.026	38.376
42	4.5	39.077	37.129
	4	39.402	37.670
	3	40.051	38.752
	2	40.701	39.835
	1.5	41.026	40.376
45	4.5	42.077	40.129
	4	42.402	40.670
	3	43.051	41.752
	2	43.701	42.835
	1.5	44.026	43.376
48	5	44.752	42.587
	4	45.402	43.670
	3	46.051	44.752
	2	46.701	45.835
	1.5	47.026	46.376
50	3	48.051	46.752
	2	48.701	47.835
	1.5	49.026	48.376
52	5	48.752	46.587
	4	49.402	47.670
	3	50.051	48.752
	2	50.701	49.835
	1.5	51.026	50.376

（续）

公称直径(大径)D、d	螺距 P	中径 D_2、d_2	小径 D_1、d_1
55	4	52.402	50.670
	3	53.051	51.752
	2	53.701	52.835
	1.5	54.026	53.376
56	5.5	52.428	50.046
	4	53.402	51.670
	3	54.051	52.752
	2	54.701	53.835
	1.5	55.026	54.376
58	4	55.402	53.670
	3	56.051	54.752
	2	56.701	55.835
	1.5	57.026	56.376
60	5.5	56.428	54.046
	4	57.402	55.670
	3	58.051	56.752
	2	58.701	57.835
	1.5	59.026	58.376
62	4	59.402	57.670
	3	60.051	58.752
	2	60.701	59.835
	1.5	61.026	60.376
64	6	60.103	57.505
	4	61.402	59.670
	3	62.051	60.752
	2	62.701	61.835
	1.5	63.026	62.376
65	4	62.402	60.670
	3	63.051	61.752
	2	63.701	62.835
	1.5	64.026	63.376
68	6	64.103	61.505
	4	65.402	63.670
	3	66.051	64.752
	2	66.701	65.835
	1.5	67.026	66.376

（续）

公称直径(大径)D、d	螺距 P	中径 D_2、d_2	小径 D_1、d_1
70	6	66.103	63.505
	4	67.402	65.670
	3	68.051	66.752
	2	68.701	67.835
	1.5	69.026	68.376
72	6	68.103	65.505
	4	69.402	67.670
	3	70.051	68.752
	2	70.701	69.835
	1.5	71.026	70.376
75	4	72.402	70.670
	3	73.051	71.752
	2	73.701	72.835
	1.5	74.026	73.376
76	6	72.103	69.505
	4	73.402	71.670
	3	74.051	72.752
	2	74.701	73.835
	1.5	75.026	74.376
78	2	76.700	75.835
80	6	76.103	73.505
	4	77.402	75.670
	3	78.051	76.752
	2	78.701	77.835
	1.5	79.026	78.376
82	2	80.701	79.835
85	6	81.103	78.505
	4	82.402	80.670
	3	83.051	81.752
	2	83.701	82.835
90	6	86.103	83.505
	4	87.402	85.670
	3	88.051	86.752
	2	88.701	87.835
95	6	91.103	88.505
	4	92.402	90.670
	3	93.051	91.752
	2	93.701	92.835

（续）

公称直径（大径）D、d	螺距 P	中径 D_2、d_2	小径 D_1、d_1
100	6	96.103	93.505
	4	97.402	95.670
	3	98.051	96.752
	2	98.701	97.835
105	6	101.103	98.505
	4	102.402	100.670
	3	103.051	101.752
	2	103.701	102.835
110	6	106.103	103.505
	4	107.402	105.670
	3	108.051	106.752
	2	108.701	107.835
115	6	111.103	108.505
	4	112.402	110.670
	3	113.051	111.752
	2	113.701	112.835
120	6	116.103	113.505
	4	117.402	115.670
	3	118.051	116.752
	2	118.701	117.835
125	6	121.103	118.505
	4	122.402	120.670
	3	123.051	121.752
	2	123.701	122.835
130	6	126.103	123.505
	4	127.402	125.670
	3	128.051	126.752
	2	128.701	127.835
135	6	131.103	128.505
	4	132.402	130.670
	3	133.051	131.752
	2	133.701	132.835
140	6	136.103	133.505
	4	137.402	135.670
	3	138.051	136.752
	2	138.701	137.835

（续）

公称直径（大径）D、d	螺距 P	中径 D_2、d_2	小径 D_1、d_1
145	6	141.103	138.505
	4	142.402	140.670
	3	143.051	141.752
	2	143.701	142.835
150	8	144.804	141.340
	6	146.103	143.505
	4	147.402	145.670
	3	148.051	146.752
	2	148.701	147.835
155	6	151.103	148.505
	4	152.402	150.670
	3	153.051	151.752
160	8	154.804	151.340
	6	156.103	153.505
	4	157.402	155.670
	3	158.051	156.752
165	6	161.103	158.505
	4	162.402	160.670
	3	163.051	161.752
170	8	164.804	161.340
	6	166.103	163.505
	4	167.402	165.670
	3	168.051	166.752
175	6	171.103	168.505
	4	172.402	170.670
	3	173.051	171.752
180	8	174.804	171.340
	6	176.103	173.505
	4	177.402	175.670
	3	178.051	176.752
185	6	181.103	178.505
	4	182.402	180.670
	3	183.051	181.752
190	8	184.804	181.340
	6	186.103	183.505
	4	187.402	185.670
	3	188.051	186.752

（续）

公称直径（大径）D、d	螺距 P	中径 D_2、d_2	小径 D_1、d_1
195	6	191.103	188.505
	4	192.402	190.670
	3	193.051	191.752
200	8	194.804	191.340
	6	196.103	193.505
	4	197.402	195.670
	3	198.051	196.752
205	6	201.103	198.505
	4	202.402	200.670
	3	203.051	201.752
210	8	204.804	201.340
	6	206.103	203.505
	4	207.402	205.670
	3	208.051	206.752
215	6	211.103	208.505
	4	212.402	210.670
	3	213.051	211.752
220	8	214.804	211.340
	6	216.103	213.505
	4	217.402	215.670
	3	218.051	216.752
225	6	221.103	218.505
	4	222.402	220.670
	3	223.051	221.752
230	8	224.804	221.340
	6	226.103	223.505
	4	227.402	225.670
	3	228.051	226.752
235	6	231.103	228.505
	4	232.402	230.670
	3	233.051	231.752
240	8	234.804	231.340
	6	236.103	233.505
	4	237.402	235.670
	3	238.051	236.752

（续）

公称直径（大径）D、d	螺距 P	中径 D_2、d_2	小径 D_1、d_1
245	6	241.103	238.505
	4	242.402	240.670
	3	243.051	241.752
250	8	244.804	241.340
	6	246.103	243.505
	4	247.402	245.670
	3	248.051	246.752
255	6	251.103	248.505
	4	252.402	250.670
260	8	254.804	251.340
	6	256.103	253.505
	4	257.402	255.670
265	6	261.103	258.505
	4	262.402	260.670
270	8	264.804	261.340
	6	266.103	263.505
	4	267.402	265.670
275	6	271.103	268.505
	4	272.402	270.670
280	8	274.804	271.340
	6	276.103	273.505
	4	277.402	275.670
285	6	281.103	278.505
	4	282.402	280.670
290	8	284.804	281.340
	6	286.103	283.505
	4	287.402	285.670
295	6	291.103	288.505
	4	292.402	290.670
300	8	294.804	291.340
	6	296.103	293.505
	4	297.402	295.670

3. 过渡配合螺纹（GB/T 1167—1996）

（1）用途

过渡配合螺纹适用于双头螺柱固定于机体的一端，在松开另一端的螺母时可以防止螺柱从机体中脱出。

（2）基本牙型

基本牙型应符合 GB 192 的规定。在外螺纹的设计牙型上，推荐采用 GB 197 中规定的圆弧状牙底。

（3）直径与螺距系列

螺纹的直径与螺距系列应符合表 2-5 的规定。选择直径时，应优先选用表中第一系列直径。

表 2-5　直径与螺距系列　　（mm）

公称直径		螺距		公称直径		螺距	
第一系列	第二系列	粗牙	细牙	第一系列	第二系列	粗牙	细牙
5		0.8		20		2.5	1.5
6		1			22	2.5	1.5
8		1.25	1	24		3	2
10		1.5	1.25		27	3	
12		1.75	1.25	30		3.5	
	14	2	1.5		33	3.5	
16		2	1.5	36		4	
	18	2.5	1.5		39	4	

（4）标记

标记由螺纹特征代号、螺纹尺寸代号、中径公差带代号组成。对左旋螺纹，应在螺纹尺寸代号之后加注左旋代号“LH”；对粗牙螺纹，在螺纹尺寸代号中不注出螺距值。

标记示例：

内螺纹：M16—4H；

外螺纹：M16 LH—4kj；

螺纹副：M10×1.25—4H/4kj。

（5）基本尺寸（表 2-6）

（6）辅助锁紧结构（表 2-7）

表 2-6 基本尺寸 (mm)

公称直径 D、d	螺距 P	中径 $D_2=d_2$	小径 $D_1=d_1$	公称直径 D、d	螺距 P	中径 $D_2=d_2$	小径 $D_1=d_1$
5	0.8	4.480	4.134	18	1.5	17.026	16.376
6	1	5.350	4.917	20	2.5	18.376	17.294
8	1.25	7.188	6.647		1.5	19.026	18.376
	1	7.350	6.917	22	2.5	20.376	19.294
10	1.5	9.026	8.376		1.5	21.026	20.376
	1.25	9.188	8.647	24	3	22.051	20.752
12	1.75	10.863	10.106		2	22.701	21.835
	1.25	11.188	10.647	27	3	25.051	23.752
14	2	12.701	11.835	30	3.5	27.727	26.211
	1.5	13.026	12.376	33	3.5	30.727	29.211
16	2	14.701	13.835	36	4	33.402	31.670
	1.5	15.026	14.376	39	4	36.402	34.670
18	2.5	16.376	15.294				

表 2-7 辅助锁紧结构

辅助锁紧型式	机体材料	备　注
1. 螺纹收尾	钢、铸铁和铝合金等	是一种最常用的锁紧型式。用于通孔和不通孔；不适用于动载荷较大的场合。螺尾的最大轴向长度为 2.5P
2. 平凸台	铝合金等	用于通孔和不通孔。凸台端面应与螺纹轴线垂直。其直径应不小于 1.5d

（续）

辅助锁紧型式	机体材料	备　　注
3. 端面顶尖	钢、铸铁和铝合金等	用于不通孔。顶尖的光滑圆柱直径应小于内螺纹的小径。顶尖的圆锥角应与麻花钻钻头的刃角重合
4. 厌氧型螺纹锁固密封剂	钢、铸铁和铝合金等	涂于螺纹表面，具有锁固和密封功能。与前三种辅助锁紧型式结合使用，可使螺柱的承载能力进一步提高

4. 过盈配合螺纹（GB/T 1181—1998）

（1）过盈与过渡配合螺纹间的差异（表 2-8）

表 2-8　过盈与过渡配合螺纹间的差异

项　目	过盈配合螺纹	过渡配合螺纹
锁紧要素	一元（中径）	二元（中径和辅助结构）
中径分组	分 3~4 组	不分组
螺纹精度	极　高	较　高
成本	高	低
应用场合	军品	民品

（2）基本牙型与普通螺纹相同

（3）螺纹的直径与螺距系列及其基本尺寸（表 2-9）

表 2-9　螺纹的直径与螺距系列及其基本尺寸　（mm）

公称直径 D、d		螺距　P		中径 D_2、d_2	小径 D_1、d_1
第一系列	第二系列	粗牙	细牙		
5		0.8		4.480	4.134
6		1		5.350	4.917
8		1.25		7.188	6.647
			1	7.350	6.917

（续）

公称直径 D、d		螺距 P		中径	小径
第一系列	第二系列	粗牙	细牙	D_2、d_2	D_1、d_1
10		1.5		9.026	8.376
			1.25	9.188	8.647
12			1.5	11.026	10.376
			1.25	11.188	10.647
	14		1.5	13.026	12.376
16			1.5	15.026	14.376
	18		1.5	17.026	16.376
20			1.5	19.026	18.376

注：1. 优先选用第一系列直径。

2. 对公称直径 8mm 和 10mm，优先选用粗牙。

5. 小螺纹（GB/T 15054.1—2018）

（1）用途

小螺纹主要用于钟表、照相机及仪器仪表、音像产品。

（2）基本牙型（图 2-4）

由于小螺纹尺寸小、强度差、工艺性能不好，因此其与普通螺纹相比，小径处的削平高度为 0.321H，以提高外螺纹的抗拉强度，改善加工时的切削条件，同时圆弧形牙底还能大大提高外螺纹的疲劳强度。

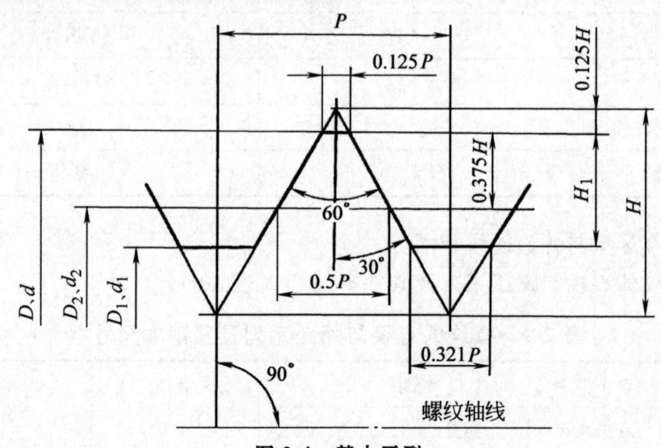

图 2-4 基本牙型

D—内螺纹基本大径（公称直径） d—外螺纹基本大径（公称直径）
D_2—内螺纹基本中径 d_2—外螺纹基本中径 D_1—内螺纹基本小径
d_1—外螺纹基本小径（在基本牙型上）P—螺距 H—原始三角形高度 H_1—牙高（在基本牙型上）牙侧接触高度

（3）基本牙型尺寸（表 2-10）

表 2-10　基本牙型尺寸　（mm）

螺距 P	H $0.866025P$	H_1 $0.48P$	$0.375H$ $0.324760P$	h_3 $0.56P$	a_c $0.08P$
0.08	0.069282	0.038400	0.025981	0.044800	0.006
0.09	0.077942	0.043200	0.029228	0.050400	0.007
0.1	0.086603	0.048000	0.032476	0.056000	0.008
0.125	0.108253	0.060000	0.040595	0.070000	0.010
0.15	0.129904	0.072000	0.048714	0.084000	0.012
0.175	0.151554	0.084000	0.056833	0.098000	0.014
0.2	0.173205	0.096000	0.064952	0.112000	0.016
0.225	0.194856	0.108000	0.073071	0.126000	0.018
0.25	0.216506	0.120000	0.081190	0.140000	0.020
0.3	0.259808	0.144000	0.097428	0.168000	0.024

（4）设计牙型（图 2-5）

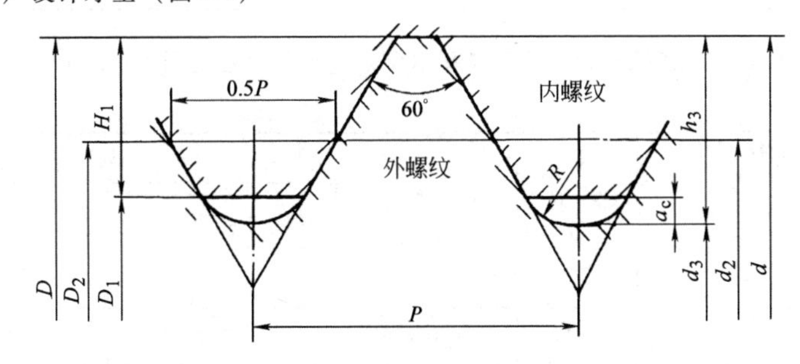

图 2-5　内、外螺纹的设计牙型

a_c—小径间隙　h_3—外螺纹牙高　$d_2=d-0.75H=d-0.64952P$

d_3—外螺纹牙底小径：$d_3=d-1.12P$；$D_2=D_1=d-0.96P$；

牙底圆弧半径 R，$R\approx0.2P$。

（5）螺纹代号

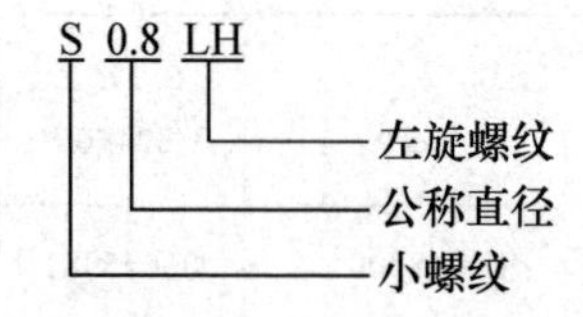

（6）直径与螺距系列和基本尺寸（表2-11、表2-12）

表2-11 直径与螺距系列和基本尺寸（公称直径范围0.3~0.8mm）

（mm）

公称直径 d、D		螺距 P	公称直径 d、D		螺距 P
第一系列	第二系列		第一系列	第二系列	
0.3		0.08		0.7	0.175
	0.35	0.09	0.8		0.2
0.4		0.1		0.9	0.225
	0.45	0.1	1		0.25
0.5		0.125		1.1	0.25
	0.55	0.125	1.2		0.25
0.6		0.15		1.4	0.3
0.8		0.2	0.670	0.608	0.576
	0.9	0.225	0.754	0.684	0.648

表2-12 直径与螺距系列和基本尺寸（公称直径范围1~1.4mm）

（mm）

公称直径 d、D		螺距 P	中径 d_2、D_2	小径	
第一系列	第二系列			外螺纹 d_3	内螺纹 D_1
1		0.25	0.838	0.760	0.720
	1.1	0.25	0.938	0.860	0.820
1.2		0.25	1.038	0.960	0.920
	1.4	0.3	1.025	1.112	1.064

6. 寸制统一螺纹

（1）基本牙型（图 2-6）

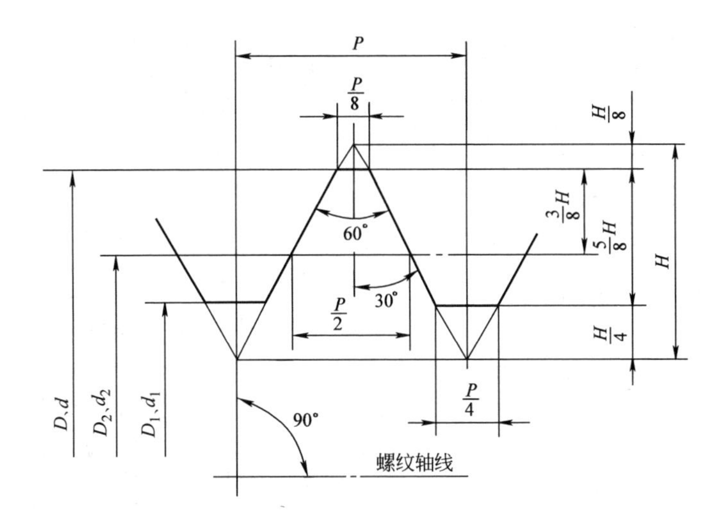

图 2-6　寸制统一螺纹基本牙型

$$D_2=d_2=d-2\times\frac{3}{8}H \qquad D_1=d_1=d-2\times\frac{5}{8}H$$

$$H=\frac{\sqrt{3}}{2}P=0.866025404P$$

（2）直径与螺距系列（表 2-13）

（3）粗牙螺纹（UNC/UNRC）的基本尺寸（表 2-14）

（4）细牙螺纹（UNF/UNRF）的基本尺寸（表 2-15）

（5）超细牙螺纹（UNEF/UNREF）的基本尺寸（表 2-16）

（6）4 牙螺纹（4UN/4UNR）的基本尺寸（表 2-17）

（7）6 牙螺纹（6UN/6UNR）的基本尺寸（表 2-18）

（8）8 牙螺纹（8UN/8UNR）的基本尺寸（表 2-19）

（9）12 牙螺纹（12UN/12UNR）的基本尺寸（表 2-20）

（10）16 牙恒定螺距系列螺纹（16UN/16UNR）的基本尺寸（表 2-21）

（11）20 牙螺纹（20UN/20UNR）的基本尺寸（表 2-22）

（12）28 牙螺纹（28UN/28UNR）的基本尺寸（表 2-23）

（13）32 牙螺纹（32UN/32UNR）的基本尺寸（表 2-24）

表 2-13 直径与螺距系列

公称直径 d、D		基本大径 /in	每英寸内的牙数										
			变化的螺距系列			恒定的螺距系列							
第一系列	第二系列		粗牙 UNC	细牙 UNF	超细牙 UNEF	4UN	6UN	8UN	12UN	16UN	20UN	28UN	32UN
0		0.0600	—	80	—	—	—	—	—	—	—	—	—
	1	0.0730	64	72	—	—	—	—	—	—	—	—	—
2		0.0860	56	64	—	—	—	—	—	—	—	—	—
	3	0.0990	48	56	—	—	—	—	—	—	—	—	—
4		0.1120	40	48	—	—	—	—	—	—	—	—	—
5		0.1250	40	44	—	—	—	—	—	—	—	—	—
6		0.1380	32	40	—	—	—	—	—	—	—	—	UNC
8		0.1640	32	36	—	—	—	—	—	—	—	—	UNC
10		0.1900	24	32	—	—	—	—	—	—	—	—	UNF
	12	0.2160	24	28	32	—	—	—	—	—	—	UNF	UNEF
1/4		0.2500	20	28	32	—	—	—	—	—	UNC	UNF	UNEF
5/16		0.3125	18	24	32	—	—	—	—	—	20	28	UNEF
3/8		0.3750	16	24	32	—	—	—	—	UNC	20	28	UNEF
7/16		0.4375	14	20	28	—	—	—	—	16	UNF	UNEF	32
1/2		0.5000	13	20	28	—	—	—	—	16	UNF	UNEF	32
9/16		0.5625	12	18	24	—	—	—	UNC	16	20	28	32
5/8		0.6250	11	18	24	—	—	—	12	16	20	28	32
	11/16	0.6875	—	—	24	—	—	—	12	16	20	28	32
3/4		0.7500	10	16	20	—	—	—	12	UNF	UNEF	28	32
	13/16	0.8125	—	—	20	—	—	—	12	16	UNEF	28	32
7/8		0.8750	9	14	20	—	—	—	12	16	UNEF	28	32

	15/16	0.9375	—	—	20	—	—	—	12	16	UNEF	28	32
1		1.0000	8	12	20	—	—	UNC	UNF	16	UNEF	28	32
	1 1/16	1.0625	—	—	18	—	—	8	12	16	20	28	—
1 1/8		1.1250	7	12	18	—	—	8	UNF	16	20	28	—
	1 3/16	1.1875	—	—	18	—	—	8	12	16	20	28	—
1 1/4		1.2500	7	12	18	—	—	8	UNF	16	20	28	—
	1 5/16	1.3125	—	—	18	—	—	8	12	16	20	28	—
1 3/8		1.3750	6	12	18	—	UNC	8	UNF	16	20	28	—
	1 7/16	1.4375	—	—	18	—	6	8	12	16	20	28	—
1 1/2		1.5000	6	12	18	—	UNC	8	UNF	16	20	28	—
	1 9/16	1.5625	—	—	18	—	6	8	12	16	20	—	—
1 5/8		1.6250	—	—	18	—	6	8	12	16	20	—	—
	1 11/16	1.6875	—	—	18	—	6	8	12	16	20	—	—
1 3/4		1.7500	5	—	—	—	6	8	12	16	20	—	—
	1 13/16	1.8125	—	—	—	—	6	8	12	16	20	—	—
1 7/8		1.8750	—	—	—	—	6	8	12	16	20	—	—
	1 15/16	1.9375	—	—	—	—	6	8	12	16	20	—	—
2		2.0000	4 1/2	—	—	—	6	8	12	16	20	—	—

（续）

公称直径 d、D		基本大径/in	每英寸内的牙数										
			变化的螺距系列			恒定的螺距系列							
第一系列	第二系列		粗牙 UNC	细牙 UNF	超细牙 UNEF	4UN	6UN	8UN	12UN	16UN	20UN	28UN	32UN
	$2\frac{1}{8}$	2.1250	—	—	—	—	6	8	12	16	20	—	—
$2\frac{1}{4}$		2.2500	$4\frac{1}{2}$	—	—	—	6	8	12	16	20	—	—
	$2\frac{3}{8}$	2.3750	—	—	—	—	6	8	12	16	20	—	—
$2\frac{1}{2}$		2.5000	4	—	—	UNC	6	8	12	16	20	—	—
	$2\frac{5}{8}$	2.6250	—	—	—	4	6	8	12	16	20	—	—
$2\frac{3}{4}$		2.7500	4	—	—	UNC	6	8	12	16	20	—	—
	$2\frac{7}{8}$	2.8750	—	—	—	4	6	8	12	16	20	—	—
3		3.0000	4	—	—	UNC	6	8	12	16	20	—	—
	$3\frac{1}{8}$	3.1250	—	—	—	4	6	8	12	16	—	—	—
$3\frac{1}{4}$		3.2500	4	—	—	UNC	6	8	12	16	—	—	—
	$3\frac{3}{8}$	3.3750	—	—	—	4	6	8	12	16	—	—	—
$3\frac{1}{2}$		3.5000	4	—	—	UNC	6	8	12	16	—	—	—
	$3\frac{5}{8}$	3.6250	—	—	—	4	6	8	12	16	—	—	—
$3\frac{3}{4}$		3.7500	4	—	—	UNC	6	8	12	16	—	—	—
	$3\frac{7}{8}$	3.8750	—	—	—	4	6	8	12	16	—	—	—
4		4.0000	4	—	—	UNC	6	8	12	16	—	—	—
	$4\frac{1}{8}$	4.1250	—	—	—	4	6	8	12	16	—	—	—
$4\frac{1}{4}$		4.2500	—	—	—	4	6	8	12	16	—	—	—
	$4\frac{3}{8}$	4.3750	—	—	—	4	6	8	12	16	—	—	—
$4\frac{1}{2}$		4.5000	—	—	—	4	6	8	12	16	—	—	—

	4⅝	4.6250	—	—	—	4	6	8	12	16	—	—	—
4¾		4.7500	—	—	—	4	6	8	12	16	—	—	—
	4⅞	4.8750	—	—	—	4	6	8	12	16	—	—	—
5		5.0000	—	—	—	4	6	8	12	16	—	—	—
	5⅛	5.1250	—	—	—	4	6	8	12	16	—	—	—
5¼		5.2500	—	—	—	4	6	8	12	16	—	—	—
	5⅜	5.3750	—	—	—	4	6	8	12	16	—	—	—
5½		5.5000	—	—	—	4	6	8	12	16	—	—	—
	5⅝	5.6250	—	—	—	4	6	8	12	16	—	—	—
5¾		5.7500	—	—	—	4	6	8	12	16	—	—	—
	5⅞	5.8750	—	—	—	4	6	8	12	16	—	—	—
6		6.0000	—	—	—	4	6	8	12	16	—	—	—

注：1. 优先选用粗牙和细牙系列。粗牙系列用于大量生产的紧固件；细牙系列用于高强度紧固件。

2. 超细牙系列专门用于微调螺纹。

3. 对粗牙、细牙和超细牙系列无法满足的特殊设计，可采用恒定螺距系列。

4. 表中给出的小于 1/4in 的小直径系列为公称直径代号（不是公称直径的英寸值）。

表 2-14 粗牙螺纹（UNC/UNRC）的基本尺寸

公称直径 d、D	基本大径 D/in	每英寸内的牙数/n	基本中径 D_2/in	UNR 外螺纹的设计小径（参照）d_3/in	内螺纹的基本小径 D_1/in	在基本中径上的导程角 λ/(°)(′)	在小径$\frac{H}{8}$削平高度处的截面面积/in^2	拉应力面积/in^2
1(0.073)	0.0730	64	0.0629	0.0544	0.0561	4 31	0.00218	0.00263
2(0.086)	0.0860	56	0.0744	0.0648	0.0667	4 22	0.00310	0.00370
3(0.099)	0.0990	48	0.0855	0.0741	0.0764	4 26	0.00406	0.00487
4(0.112)	0.1120	40	0.0958	0.0822	0.0849	4 45	0.00496	0.00604
5(0.125)	0.1250	40	0.1088	0.0952	0.0979	4 11	0.00672	0.00796
6(0.138)	0.1380	32	0.1177	0.1008	0.1042	4 50	0.00745	0.00909
8(0.164)	0.1640	32	0.1437	0.1268	0.1302	3 58	0.01196	0.0140
10(0.190)	0.1900	24	0.1629	0.1404	0.1449	4 39	0.01450	0.0175
12(0.216)	0.2160	24	0.1889	0.1664	0.1709	4 1	0.0206	0.0242
1/4	0.2500	20	0.2175	0.1905	0.1959	4 11	0.0269	0.0318
5/16	0.3125	18	0.2764	0.2464	0.2524	3 40	0.0454	0.0524
3/8	0.3750	16	0.3344	0.3005	0.3073	3 24	0.0678	0.0775
7/16	0.4375	14	0.3911	0.3525	0.3602	3 20	0.0933	0.1063
1/2	0.5000	13	0.4500	0.4084	0.4167	3 7	0.1257	0.1419
9/16	0.5625	12	0.5084	0.4633	0.4723	2 59	0.162	0.182
5/8	0.6250	11	0.5660	0.5168	0.5266	2 56	0.202	0.226
3/4	0.7500	10	0.6850	0.6309	0.6417	2 40	0.302	0.334
7/8	0.8750	9	0.8028	0.7427	0.7547	2 31	0.419	0.462
1	1.0000	8	0.9188	0.8512	0.8647	2 29	0.551	0.606
1⅛	1.1250	7	1.0322	0.9549	0.9703	2 31	0.693	0.763
1¼	1.2500	7	1.1572	1.0799	1.0954	2 15	0.890	0.969

1⅜	1.3750	6	1.2667	1.1766	1.1946	2　24	1.054	1.155
1½	1.5000	6	1.3917	1.3016	1.3196	2　11	1.294	1.405
1¾	1.7500	5	1.6201	1.5119	1.5335	2　15	1.74	1.90
2	2.0000	4½	1.8557	1.7353	1.7594	2　11	2.30	2.50
2¼	2.2500	4½	2.1057	1.9853	2.0094	1　55	3.02	3.25
2½	2.5000	4	2.3376	2.2023	2.2294	1　57	3.72	4.00
2¾	2.7500	4	2.5876	2.4532	2.4794	1　46	4.62	4.93
3	3.0000	4	2.8376	2.7023	2.7294	1　36	5.62	5.97
3¼	3.2500	4	3.0876	2.9523	2.9794	1　29	6.72	7.10
3½	3.5000	4	3.3376	3.2023	3.2294	1　22	7.92	8.33
3¾	3.7500	4	3.5876	3.4523	3.4794	1　16	9.21	9.66
4	4.0000	4	3.8376	3.7023	3.7294	1　11	10.61	11.08

表 2-15　细牙螺纹（UNF/UNRF）的基本尺寸

公称直径 d、D	基本大径 D/in	每英寸内的牙数/n	基本中径 D_2/in	UNR 外螺纹的设计小径（参照）d_3/in	内螺纹的基本小径 D_1/in	在基本中径上的导程角 λ/（°）（′）	在小径$\frac{H}{8}$削平高度处的截面面积/in^2	拉应力面积/in^2
0（0.060）	0.0600	80	0.0519	0.0451	0.0465	4　23	0.00151	0.00180
1（0.073）	0.0730	72	0.0640	0.0565	0.0580	3　57	0.00237	0.00278
2（0.086）	0.0860	64	0.0759	0.0674	0.0691	3　45	0.00339	0.00394

（续）

公称直径 d、D	基本大径 D/in	每英寸内的牙数/n	基本中径 D_2/in	UNR 外螺纹的设计小径（参照）d_3/in	内螺纹的基本小径 D_1/in	在基本中径上的导程角 λ/(°)(′)	在小径$\frac{H}{8}$削平高度处的截面面积/in^2	拉应力面积/in^2
3(0.099)	0.0990	56	0.0874	0.0778	0.0797	3　43	0.00451	0.00523
4(0.112)	0.1120	48	0.0985	0.0871	0.0894	3　51	0.00566	0.00661
5(0.125)	0.1250	44	0.1102	0.0979	0.1004	3　45	0.00716	0.00830
6(0.138)	0.1380	40	0.1218	0.1082	0.1109	3　44	0.00874	0.01015
8(0.164)	0.1640	36	0.1460	0.1309	0.1339	3　28	0.01285	0.01474
10(0.190)	0.1900	32	0.1697	0.1528	0.1562	3　21	0.0175	0.0200
12(0.216)	0.2160	28	0.1928	0.1734	0.1773	3　22	0.0226	0.0258
1/4	0.2500	28	0.2268	0.2074	0.2113	2　52	0.0326	0.0364
5/16	0.3125	24	0.2854	0.2629	0.2674	2　40	0.0524	0.0580
3/8	0.3750	24	0.3479	0.3254	0.3299	2　11	0.0809	0.0878
7/16	0.4375	20	0.4050	0.3780	0.3834	2　15	0.1090	0.1187
1/2	0.5000	20	0.4675	0.4405	0.4459	1　57	0.1486	0.1599
9/16	0.5625	18	0.5264	0.4964	0.5024	1　55	0.189	0.203
5/8	0.6250	18	0.5889	0.5589	0.5649	1　43	0.240	0.256
3/4	0.7500	16	0.7094	0.6763	0.6823	1　36	0.351	0.373
7/8	0.8750	14	0.8286	0.7900	0.7977	1　34	0.480	0.509
1	1.0000	12	0.9459	0.9001	0.9098	1　36	0.625	0.663
1⅛	1.1250	12	1.0709	1.0258	1.0348	1　25	0.812	0.856
1¼	1.2500	12	1.1959	1.5080	1.1598	1　16	1.024	1.073
1⅜	1.3750	12	1.3209	1.2758	1.2848	1　9	1.260	1.315
1½	1.5000	12	1.4459	1.4008	1.4098	1　3	1.521	1.581

表 2-16　超细牙螺纹（UNEF/UNREF）的基本尺寸

公称直径/in		基本大径 D/in	每英寸内的牙数/n	基本中径 D_2/in	UNR 外螺纹的设计小径（参照）d_3/in	内螺纹的基本小径 D_1/in	在基本中径上的导程角 λ/(°)(′)	在小径 $\frac{H}{8}$ 削平高度处的截面面积/in^2	拉应力面积/in^2
第一系列	第二系列								
	12(0.216)	0.2160	32	0.1957	0.1788	0.1822	2　55	0.0242	0.0270
1/4		0.2500	32	0.2297	0.2128	0.2462	2　29	0.0344	0.0379
5/16		0.3125	32	0.2922	0.2753	0.2787	1　57	0.0581	0.0625
3/8		0.3750	32	0.3547	0.3378	0.3412	1　36	0.0878	0.0932
7/16		0.4375	28	0.4143	0.3949	0.3988	1　34	0.1201	0.1274
1/2		0.5000	28	0.4768	0.4574	0.4613	1　22	0.162	0.170
9/16		0.5625	24	0.5354	0.5129	0.5174	1　25	0.203	0.214
5/8		0.6250	24	0.5979	0.5754	0.5799	1　16	0.256	0.268
	11/16	0.6875	24	0.6604	0.6379	0.6424	1　9	0.315	0.329
3/4		0.7500	20	0.7175	0.6905	0.6959	1　16	0.369	0.386
	13/16	0.8125	20	0.7800	0.7530	0.7584	1　10	0.439	0.458
7/8		0.8750	20	0.8425	0.8155	0.8209	1　5	0.515	0.536
	15/16	0.9375	20	0.9050	0.8780	0.8834	1　0	0.598	0.620
1		1.0000	20	0.9675	0.9405	0.9459	0　57	0.687	0.711
	1 1/16	1.0625	18	1.0264	0.9964	1.0024	0　59	0.770	0.799
1 1/8		1.1250	18	1.0889	1.0589	1.0649	0　56	0.871	0.901
	1 3/16	1.1875	18	1.1514	1.1214	1.1274	0　53	0.977	1.009
1 1/4		1.2500	18	1.2139	1.1839	1.1899	0　50	1.090	1.123
	1 5/16	1.3125	18	1.2764	1.2464	1.2524	0　48	1.208	1.244
1 3/8		1.3750	18	1.3389	1.3089	1.3149	0　45	1.333	1.370
	1 7/16	1.4375	18	1.4014	1.3714	1.3774	0　43	1.464	1.503

（续）

公称直径/in		基本大径 D/in	每英寸内的牙数/n	基本中径 D_2/in	UNR外螺纹的设计小径（参照）d_3/in	内螺纹的基本小径 D_1/in	在基本中径上的导程角 λ/(°)(′)	在小径$\frac{H}{8}$削平高度处的截面面积/in^2	拉应力面积/in^2
第一系列	第二系列								
1½		1.5000	18	1.4639	1.4339	1.4399	0 42	1.60	1.64
	1$\frac{9}{16}$	1.5625	18	1.5264	1.4964	1.5024	0 40	1.74	1.79
1⅝		1.6250	18	1.5889	1.5589	1.5649	0 38	1.89	1.94
	1$\frac{11}{16}$	1.6875	18	1.6514	1.6214	1.6274	0 37	2.05	2.10

表 2-17 4牙螺纹（4UN/4UNR）的基本尺寸

公称直径/in		基本大径 D/in	基本中径 D_2/in	UNR外螺纹的设计小径（参照）d_3/in	内螺纹的基本小径 D_1/in	在基本中径上的导程角 λ/(°)(′)	在小径$\frac{H}{8}$削平高度处的截面面积/in^2	拉应力面积/in^2
第一系列	第二系列							
2½		2.5000	2.3376	2.2023	2.2294	1 57	3.72	4.00
	2⅝	2.6250	2.4626	2.3273	2.3544	1 51	4.16	4.45
2¾		2.7500	2.5876	2.4523	2.4794	1 46	4.62	4.93
	2⅞	2.8750	2.7126	2.5773	2.6044	1 41	5.11	5.44
3		3.0000	2.8376	2.7023	2.7294	1 36	5.62	5.97
	3⅛	3.1250	2.9626	2.8273	2.8544	1 32	6.16	6.52
3¼		3.2500	3.0876	2.9523	2.9794	1 29	6.72	7.10
	3⅜	3.3750	3.2126	3.0773	3.1044	1 25	7.31	7.70
3½		3.5000	3.3376	3.2023	3.2294	1 22	7.92	8.33

$3\frac{3}{4}$	$3\frac{5}{8}$	3.6250	3.4626	3.3273	3.3544	1 19	8.55	9.00
		3.7500	3.5876	3.4523	3.4794	1 16	9.21	9.66
	$3\frac{7}{8}$	3.8750	3.7126	3.5773	3.6044	1 14	9.90	10.36
4		4.0000	3.8376	3.7023	3.7294	1 11	10.61	11.08
	$4\frac{1}{8}$	4.1250	3.9626	3.8273	3.8544	1 9	11.34	11.83
$4\frac{1}{4}$		4.2500	4.0876	3.9523	3.9794	1 7	12.10	12.61
	$4\frac{3}{8}$	4.3750	4.2126	4.0773	4.1044	1 5	12.88	13.41
$4\frac{1}{2}$		4.5000	4.3376	4.2023	4.2294	1 3	13.69	14.23
	$4\frac{5}{8}$	4.6250	4.4626	4.3273	4.3544	1 1	14.52	15.1
$4\frac{3}{4}$		4.7500	4.5876	4.4523	4.4794	1 0	15.4	15.9
	$4\frac{7}{8}$	4.8750	4.7126	4.5773	4.6044	0 58	16.3	16.8
5		5.0000	4.8376	4.7023	4.7294	0 57	17.2	17.8
	$5\frac{1}{8}$	5.1250	4.9626	4.8273	4.8544	0 55	18.1	18.7
$5\frac{1}{4}$		5.2500	5.0876	4.9523	4.9794	0 54	19.1	19.7
	$5\frac{3}{8}$	5.3750	5.2126	5.0773	5.1044	0 52	20.0	20.7
$5\frac{1}{2}$		5.5000	5.3376	5.2023	5.2294	0 51	21.0	21.7
	$5\frac{5}{8}$	5.6250	5.4626	5.3273	5.3544	0 50	22.1	22.7
$5\frac{3}{4}$		5.7500	5.5876	5.4523	5.4794	0 49	23.1	23.8
	$5\frac{7}{8}$	5.8750	5.7126	5.5773	5.6044	0 48	24.2	24.9
6		6.0000	5.8376	5.7023	5.7294	0 47	25.3	26.0

表 2-18 6 牙螺纹（6UN/6UNR）的基本尺寸

公称直径/in		基本大径 D/in	基本中径 D_2/in	UNR 外螺纹的设计小径（参照）d_3/in	内螺纹的基本小径 D_1/in	在基本中径上的导程角 λ/(°)(′)	在小径 $\frac{H}{8}$ 削平高度处的截面面积/in²	拉应力面积/in²
第一系列	第二系列							
1⅜		1.3750	1.2667	1.4766	1.1946	2 24	1.054	1.155
	1 7/16	1.4375	1.3292	1.2391	1.2571	2 17	1.171	1.277
1½		1.5000	1.3917	1.3016	1.3196	2 11	1.294	1.405
	1 9/16	1.5625	1.4542	1.3641	1.3821	2 5	1.423	1.54
1⅝		1.6250	1.5167	1.4271	1.4446	2 0	1.56	1.68
	1 11/16	1.6875	1.5792	1.4891	1.5071	1 55	1.70	1.83
1¾		1.7500	1.6417	1.5516	1.5696	1 51	1.85	1.98
	1 13/16	1.8125	1.7042	1.6141	1.6321	1 47	2.00	2.14
1⅞		1.8750	1.7667	1.6766	1.6946	1 43	2.16	2.30
	1 15/16	1.9375	1.8292	1.7391	1.7571	1 40	2.33	2.47
2		2.0000	1.8917	1.8016	1.8196	1 36	2.50	2.65
	2⅛	2.1250	2.0167	1.9266	1.9446	1 30	2.86	3.03
2¼		2.2500	2.1417	2.0516	2.0696	1 25	3.25	3.42
	2⅜	2.3750	2.2667	2.1766	2.1946	1 20	3.66	3.85
2½		2.5000	2.3917	2.3016	2.3196	1 16	4.10	4.29
	2⅝	2.6250	2.5167	2.4266	2.4446	1 12	4.56	4.76
2¾		2.7500	2.6417	2.5516	2.5696	1 9	5.04	5.26
	2⅞	2.8750	2.7667	2.6766	2.6946	1 6	5.55	5.78
3		3.0000	2.8917	2.8016	2.8196	1 3	6.09	6.33
	3⅛	3.1250	3.0167	2.9266	2.9446	1 0	6.64	6.89
3¼		3.2500	3.1417	2.0516	2.0696	0 58	7.23	7.49

	3⅜	3.3750	3.2667	3.1766	3.1946	0 56	7.84	8.11
3½		3.5000	3.3917	3.3016	3.3196	0 54	8.47	8.75
	3⅝	3.6250	3.5167	3.4266	3.4446	0 52	9.12	9.42
3¾		3.7500	3.6417	3.5516	3.5696	0 50	9.81	10.11
	3⅞	3.8750	3.7667	3.6766	3.6946	0 48	10.51	10.83
4		4.0000	3.8917	3.8016	3.8196	0 47	11.24	11.57
	4⅛	4.1250	4.0167	3.9266	3.9446	0 45	12.00	12.33
4¼		4.2500	4.1417	4.0516	4.0696	0 44	12.78	13.12
	4⅜	4.3750	4.2667	4.1766	4.1946	0 43	13.58	13.94
4½		4.5000	4.3917	4.3016	4.3196	0 42	14.41	14.78
	4⅝	4.6250	4.5167	4.4266	4.4446	0 40	15.3	15.6
4¾		4.7500	4.6417	4.5516	4.5696	0 39	16.4	16.5
	4⅞	4.8750	4.7667	4.6766	4.6946	0 38	17.0	17.5
5		5.0000	4.8917	4.8016	4.8196	0 37	18.0	18.4
	5⅛	5.1250	5.0167	4.9266	4.9446	0 36	18.9	19.3
5¼		5.2500	5.1417	5.0516	5.0696	0 35	19.9	20.3
	5⅜	5.3750	5.2667	5.1766	5.1946	0 35	20.9	21.3
5½		5.5000	5.3917	5.3016	5.3196	0 34	21.9	22.4
	5⅝	5.6250	5.5167	5.4266	5.4446	0 33	23.0	23.4
5¾		5.7500	5.6417	5.5516	5.5696	0 32	24.0	24.5
	5⅞	5.8750	5.7667	5.6766	5.6946	0 32	25.1	25.6
6		6.0000	5.8917	5.8016	5.8196	0 31	26.3	26.8

表 2-19　8 牙螺纹（8UN/8UNR）的基本尺寸

公称直径/in 第一系列	公称直径/in 第二系列	基本大径 D/in	基本中径 D_2/in	UNR 外螺纹的设计小径（参照）d_3/in	内螺纹的基本小径 D_1/in	在基本中径上的导程角 λ/(°)(′)	在小径$\frac{H}{8}$削平高度处的截面面积/in^2	拉应力面积/in^2
1		1.0000	0.9188	0.8512	0.8647	2　29	0.551	0.606
	$1\frac{1}{16}$	1.0625	0.9813	0.9137	0.9272	2　19	0.636	0.695
$1\frac{1}{8}$		1.1250	1.0438	0.9792	0.9897	2　11	0.728	0.790
	$1\frac{3}{16}$	1.1875	1.1063	1.0387	1.0522	2　4	0.825	0.892
$1\frac{1}{4}$		1.2500	1.1688	1.1012	1.1147	1　57	0.929	1.000
	$1\frac{5}{16}$	1.5625	1.2313	1.1637	1.1772	1　51	1.039	1.114
$1\frac{3}{8}$		1.3750	1.2938	1.2262	1.2397	1　46	1.155	1.233
	$1\frac{7}{16}$	1.4375	1.3563	1.2887	1.3022	1　41	1.277	1.360
$1\frac{1}{2}$		1.5000	1.4188	1.3512	1.3647	1　36	1.405	1.492
	$1\frac{9}{16}$	1.5625	1.4813	1.4137	1.4272	1　32	1.54	1.63
$1\frac{5}{8}$		1.6250	1.5438	1.4806	1.4897	1　29	1.68	1.78
	$1\frac{11}{16}$	1.6875	1.6063	1.5387	1.5522	1　25	1.83	1.93
$1\frac{3}{4}$		1.7500	1.6688	1.6012	1.6147	1　22	1.98	2.08
	$1\frac{13}{16}$	1.8125	1.7313	1.6637	1.6772	1　19	2.14	2.25
$1\frac{7}{8}$		1.8750	1.7938	1.7262	1.7397	1　16	2.30	2.41
	$1\frac{15}{16}$	1.9375	1.8563	1.7887	1.8022	1　14	2.47	2.59
2		2.0000	1.9188	1.8512	1.8647	1　11	2.65	2.77
	$2\frac{1}{8}$	1.1250	2.0438	1.9762	1.9897	1　7	3.03	3.15
$2\frac{1}{4}$		2.2500	2.1688	2.1012	2.1147	1　3	3.42	3.56
	$2\frac{3}{8}$	2.3750	2.2938	2.2262	2.2397	1　0	3.85	3.99
$2\frac{1}{2}$		2.5000	2.4188	2.3512	2.3647	0　57	4.29	4.44

	$2\frac{5}{8}$	2.6250	2.5438	2.4762	2.4897	0 54	4.76	4.92
$2\frac{3}{4}$		2.7500	2.6688	2.6012	2.6147	0 51	5.26	5.43
	$2\frac{7}{8}$	2.8750	2.7938	2.7262	2.7397	0 49	5.78	5.95
3		3.0000	2.9188	2.8512	2.8647	0 47	6.32	6.51
	$3\frac{1}{8}$	3.1250	3.0483	2.9762	2.9897	0 45	6.89	7.08
$3\frac{1}{4}$		3.2500	3.1688	3.1012	3.1147	0 43	7.49	7.69
	$3\frac{3}{8}$	3.3750	3.2938	3.2262	3.2397	0 42	8.11	8.31
$3\frac{1}{2}$		3.5000	3.4188	3.3512	3.3647	0 40	8.75	8.96
	$3\frac{5}{8}$	3.6250	3.5438	3.4762	3.4897	0 39	9.42	9.64
$3\frac{3}{4}$		3.7500	3.6688	3.6012	3.6147	0 37	10.11	10.34
	$3\frac{7}{8}$	3.8750	3.7938	3.7262	3.7397	0 36	10.83	11.06
4		4.0000	3.9188	3.8512	3.8647	0 35	11.57	11.81
	$4\frac{1}{8}$	4.1250	4.0438	3.9762	3.9897	0 34	12.34	12.59
$4\frac{1}{4}$		4.2500	4.1688	4.1012	4.1147	0 33	13.12	13.38
	$4\frac{3}{8}$	4.3750	4.2938	4.2262	4.2397	0 32	13.94	14.21
$4\frac{1}{2}$		4.5000	4.4188	4.3512	4.3647	0 31	14.78	15.1
	$4\frac{5}{8}$	4.6250	4.5438	4.4762	4.4897	0 30	15.6	15.9
$4\frac{3}{4}$		4.7500	4.6688	4.6012	4.6147	0 29	16.5	16.8
	$4\frac{7}{8}$	4.8750	4.7938	4.7262	4.7397	0 29	17.4	17.7
5		5.0000	4.9188	4.8512	4.8647	0 28	18.4	18.7
	$5\frac{1}{8}$	5.1250	5.0438	4.9762	4.9897	0 27	19.3	19.7

（续）

公称直径/in		基本大径 D/in	基本中径 D_2/in	UNR 外螺纹的设计小径（参照）d_3/in	内螺纹的基本小径 D_1/in	在基本中径上的导程角 λ/(°)(′)	在小径 $\frac{H}{8}$ 削平高度处的截面面积/in^2	拉应力面积/in^2
第一系列	第二系列							
5¼		4.2500	5.1688	5.1012	1.1147	0　26	20.3	20.7
	5⅜	5.3750	5.2938	5.2262	5.2397	0　26	21.3	21.7
5½		5.5000	5.4188	5.3512	5.3647	0　25	22.4	22.7
	5⅝	5.6250	5.5438	5.4762	5.4897	0　25	23.4	23.8
5¾		5.7500	5.6688	5.6012	5.6147	0　24	24.5	24.9
	5⅞	5.8750	5.7938	5.7262	5.7397	0　24	25.6	26.0
6		6.0000	5.9188	5.8512	5.8647	0　23	26.8	27.1

表 2-20　12 牙螺纹（12UN/12UNR）的基本尺寸

公称直径/in		基本大径 D/in	基本中径 D_2/in	UNR 外螺纹的设计小径（参照）d_3/in	内螺纹的基本小径 D_1/in	在基本中径上的导程角 λ/(°)(′)	在小径 $\frac{H}{8}$ 削平高度处的截面面积/in^2	拉应力面积/in^2
第一系列	第二系列							
9/16		0.5652	0.5084	0.4633	0.4723	2　59	0.162	0.182
5/8		0.6250	0.5709	0.5258	0.5348	2　40	0.210	0.232
	11/16	0.6875	0.6334	0.5883	0.5973	2　24	0.264	0.289
3/4		0.7500	0.6959	0.6508	0.6958	2　11	0.323	0.351
	13/16	0.8125	0.7584	0.7133	0.7223	2　0	0.390	0.420
7/8		0.8750	0.8209	0.7758	0.7848	1　51	0.462	0.495
	15/16	0.9375	0.8834	0.8383	0.8473	1　43	0.540	0.576
1		1.0000	0.9459	0.9008	0.9098	1　36	0.625	0.663
	1 1/16	1.0625	1.0084	0.9633	0.9723	1　30	0.715	0.756

1 1/8		1.1250	1.0709	1.0258	1.0348	1　25	0.812	0.856
	1 3/16	1.1875	1.1334	1.0883	1.0973	1　20	0.915	0.961
1 1/4		1.2500	1.1959	1.1508	1.1598	1　16	1.024	1.073
	1 5/16	1.3150	1.2584	1.2133	1.2223	1　12	1.139	1.191
1 3/8		1.3750	1.3209	1.2759	1.2848	1　9	1.260	1.315
	1 7/16	1.4375	1.3834	1.3383	1.3473	1　6	1.388	1.445
1 1/2		1.5000	1.4459	1.4008	1.4098	1　3	1.52	1.58
	1 9/16	1.5625	1.5084	1.4633	1.4723	1　0	1.66	1.72
1 5/8		1.6250	1.5709	1.5258	1.5348	0　58	1.81	1.87
	1 11/16	1.6875	1.6334	1.5883	1.5973	0　56	1.96	2.03
1 3/4		1.7500	1.6959	1.6508	1.6598	0　54	2.12	2.19
	1 13/16	1.8125	1.7584	1.7133	1.7223	0　52	2.28	2.35
1 7/8		1.8750	1.8209	1.7758	1.7848	0　50	2.45	2.53
	1 15/16	1.9375	1.8834	1.8383	1.8473	0　48	2.63	2.71
2		2.0000	1.9459	1.9008	1.9098	0　47	2.81	2.89
	2 1/8	2.1250	2.0709	2.0258	2.0348	0　44	3.19	3.28
2 1/4		2.2500	2.1959	2.1508	2.1598	0　42	3.60	3.69
	2 3/8	2.3750	2.3209	2.2758	2.2848	0　39	4.04	4.13
2 1/2		2.5000	2.4459	2.4008	2.4098	0　37	4.49	4.60
	2 5/8	2.6250	2.5709	2.5258	2.5348	0　35	4.97	5.08
2 3/4		2.7500	2.6959	2.6508	2.6598	0　34	5.48	5.59

（续）

公称直径/in		基本大径 D/in	基本中径 D_2/in	UNR 外螺纹的设计小径（参照）d_3/in	内螺纹的基本小径 D_1/in	在基本中径上的导程角 λ/(°)(′)	在小径 $\frac{H}{8}$ 削平高度处的截面面积/in^2	拉应力面积/in^2
第一系列	第二系列							
	2⅞	2.8750	2.8209	2.7758	2.7848	0　32	6.01	6.13
3		3.0000	2.9459	2.9008	2.9098	0　31	6.57	6.69
	3⅛	3.1250	3.0709	3.0258	3.0348	0　30	7.15	7.28
3¼		3.2500	3.1959	3.1508	3.1598	0　29	7.75	7.89
	3⅜	3.3750	3.3209	3.2758	3.2848	0　27	8.38	8.52
3½		3.5000	3.4459	3.4008	3.4098	0　26	9.03	9.18
	3⅝	3.6250	3.5709	3.5258	3.5348	0　26	9.71	9.86
3¾		3.7500	3.6959	3.6508	3.6598	0　25	10.42	10.57
	3⅞	3.8750	3.8209	3.7758	3.7848	0　24	11.14	11.30
4		4.0000	3.9459	3.9008	3.9098	0　23	11.90	12.06
	4⅛	4.1250	4.0709	4.0258	4.0348	0　22	12.67	12.84
4¼		4.2500	4.1959	4.1508	4.1598	0　22	13.47	13.65
	4⅜	4.3750	4.3209	4.2758	4.2848	0　21	14.30	11.48
4½		4.5000	4.4459	4.4008	4.4098	0　21	15.1	15.3
	4⅝	4.6250	4.5709	4.5258	4.5348	0　20	16.0	16.2
4¾		4.7500	4.6959	4.6508	4.6598	0　19	16.9	17.1
	4⅞	4.8750	4.8209	4.7758	4.7848	0　19	17.8	18.0
5		5.0000	4.9459	4.9008	4.9098	0　18	18.8	19.0
	5⅛	5.1250	5.0709	5.0258	5.0348	0　18	19.8	20.0
5¼		5.2500	5.1959	5.1508	5.1598	0　18	20.8	21.0
	5⅜	5.3750	5.3209	5.2758	5.2848	0　17	21.8	22.0

第一系列	第二系列	基本大径 D/in	基本中径 D_2/in	UNR外螺纹的设计小径（参照）d_3/in	内螺纹的基本小径 D_1/in	在基本中径上的导程角 λ/(°)(′)	在小径$\frac{H}{8}$削平高度处的截面面积/in²	拉应力面积/in²
5½		5.5000	5.4459	5.4008	5.4098	0　17	228	23.1
	5⅝	5.6250	5.5709	5.5258	5.5348	0　16	23.9	24.1
5¾		5.7500	5.6959	5.6508	5.6598	0　16	25.0	25.2
	5⅞	5.8750	5.8209	5.7758	5.7848	0　16	26.1	26.4
6		6.0000	5.9459	5.9008	5.9098	0　15	27.3	27.5

表 2-21　16 牙恒定螺距系列螺纹（16UN/16UNR）的基本尺寸

公称直径/in		基本大径 D/in	基本中径 D_2/in	UNR外螺纹的设计小径（参照）d_3/in	内螺纹的基本小径 D_1/in	在基本中径上的导程角 λ/(°)(′)	在小径$\frac{H}{8}$削平高度处的截面面积/in²	拉应力面积/in²
第一系列	第二系列							
3/8		0.3750	0.3344	0.3005	0.3073	3　24	0.0678	0.0775
7/16		0.4375	0.3969	0.3630	0.3698	2　52	0.0997	0.1114
1/2		0.5000	0.4595	0.4255	0.4323	2　29	0.1378	0.151
9/16		0.5625	0.5219	0.4880	0.4948	2　11	0.182	0.198
5/8		0.6250	0.5844	0.5505	0.5573	1　57	0.232	0.250
	11/16	0.6875	0.6469	0.6130	0.6198	1　46	0.289	0.308
3/4		0.7500	0.7094	0.6755	0.6823	1　36	0.351	0.373
	13/16	0.8125	0.7719	0.7380	0.7448	1　29	0.420	0.444
7/8		0.8750	0.8344	0.8005	0.8073	1　22	0.495	0.521

（续）

公称直径/in		基本大径 D/in	基本中径 D_2/in	UNR 外螺纹的设计小径（参照）d_3/in	内螺纹的基本小径 D_1/in	在基本中径上的导程角 λ/(°)(′)	在小径$\frac{H}{8}$削平高度处的截面面积/in^2	拉应力面积/in^2
第一系列	第二系列							
	15/16	0.9375	0.8969	0.8630	0.8699	1 16	0.576	0.604
1		1.0000	0.9594	0.9255	0.9323	1 11	0.663	0.693
	$1\frac{1}{16}$	1.0625	1.0219	0.9880	0.9948	1 7	0.756	0.788
$1\frac{1}{8}$		1.1250	1.0844	1.0505	1.0573	1 3	0.856	0.889
	$1\frac{3}{16}$	1.1875	1.1469	1.1130	1.1198	1 0	0.961	0.997
$1\frac{1}{4}$		1.2500	1.2094	1.1755	1.1823	0 57	1.073	1.111
	$1\frac{5}{16}$	1.3125	1.2719	1.2380	1.2448	0 54	1.191	1.230
$1\frac{3}{8}$		1.3750	1.3344	1.3005	1.3073	0 51	1.315	1.356
	$1\frac{7}{16}$	1.4375	1.3969	1.3630	1.3698	0 49	1.445	1.488
$1\frac{1}{2}$		1.5000	1.4594	1.4255	1.4323	0 47	1.58	1.63
	$1\frac{9}{16}$	1.5625	1.5219	1.4880	1.4948	0 45	1.72	1.77
$1\frac{5}{8}$		1.6250	1.5844	1.5505	1.5573	0 43	1.87	1.92
	$1\frac{11}{16}$	1.6875	1.6469	1.6130	1.6198	0 42	2.03	2.08
$1\frac{3}{4}$		1.7500	1.7094	1.6755	1.6823	0 40	2.19	2.24
	$1\frac{13}{16}$	1.8125	1.7719	1.7380	1.7448	0 39	2.35	2.41
$1\frac{7}{8}$		1.8750	1.8344	1.8005	1.8073	0 37	2.53	2.58
	$1\frac{15}{16}$	1.9375	1.8969	1.8630	1.8698	0 36	2.71	2.77
2		2.0000	1.9594	1.9255	1.9323	0 35	2.89	2.95
	$2\frac{1}{8}$	2.1250	2.0844	2.0505	2.0573	0 33	3.28	3.35
$2\frac{1}{4}$		2.2500	2.2094	2.1755	2.1823	0 31	3.69	3.76
	$2\frac{3}{8}$	2.3750	2.3344	2.3005	2.3073	0 29	4.13	4.21

2½		2.5000	2.4594	2.4255	2.4323	0 28	4.60	4.67
	2⅝	2.6250	2.5844	2.5505	2.5573	0 26	5.08	5.16
2¾		2.7500	2.7094	2.6755	2.6823	0 25	5.59	5.68
	2⅞	2.8750	2.8344	2.8005	2.8073	0 24	6.13	6.22
3		3.0000	2.9594	2.9255	2.9323	0 23	6.69	6.78
	3⅛	3.1250	3.0844	3.0505	3.0573	0 22	7.28	7.37
3¼		3.2500	3.2094	3.1755	3.1823	0 21	7.89	7.99
	3⅜	3.3750	3.3344	3.3005	3.3073	0 21	8.52	8.63
3½		3.5000	3.4594	3.4255	3.4323	0 20	9.18	9.29
	3⅝	3.6250	3.5844	3.5505	3.5573	0 19	9.86	9.98
3¾		3.7500	3.7094	3.6755	3.6823	0 18	10.57	10.69
	3⅞	3.8750	3.8844	3.8005	3.8073	0 18	11.30	11.43
4		4.0000	3.9594	3.9255	3.9323	0 17	12.06	12.19
	4⅛	4.1250	4.0844	4.0505	4.0573	0 17	12.84	12.97
4¼		4.2500	4.2094	4.1755	4.1823	0 16	13.65	13.78
	4⅜	4.3750	4.3344	4.3005	4.3073	0 16	14.48	14.62
4½		4.5000	4.4594	4.4255	4.4323	0 15	15.34	15.5
	4⅝	4.6250	4.5844	4.5505	4.5573	0 15	16.2	16.4
4¾		4.7500	4.7094	4.6755	4.6823	0 15	17.1	17.3
	4⅞	4.8750	4.8344	4.8005	4.8073	0 14	18.0	18.2
5		5.0000	4.9594	4.9255	4.9323	0 14	19.0	19.2

（续）

公称直径/in		基本大径 D/in	基本中径 D_2/in	UNR 外螺纹的设计小径（参照）d_3/in	内螺纹的基本小径 D_1/in	在基本中径上的导程角 λ/(°)(′)	在小径 $\frac{H}{8}$ 削平高度处的截面面积/in^2	拉应力面积/in^2
第一系列	第二系列							
	5⅛	5.1250	5.0844	5.0505	5.0573	0　13	20.0	20.1
5¼		5.2500	5.2094	5.1755	5.1823	0　13	21.0	21.1
	5⅜	5.3750	5.3344	5.3005	5.3073	0　13	22.0	22.2
5½		5.5000	5.4594	5.4255	5.4323	0　13	23.1	23.2
	5⅝	5.6250	5.5844	5.5505	5.5573	0　12	24.1	24.3
5¾		5.7500	5.7094	5.6755	5.6823	0　12	25.2	25.4
	5⅞	0.8750	5.8344	5.8005	5.8073	0　12	26.4	26.5
6		6.0000	5.9594	5.9255	5.9323	0　11	27.5	27.7

表 2-22　20 牙螺纹（20UN/20UNR）的基本尺寸

公称直径/in		基本大径 D/in	基本中径 D_2/in	UNR 外螺纹的设计小径（参照）d_3/in	内螺纹的基本小径 D_1/in	在基本中径上的导程角 λ/(°)(′)	在小径 $\frac{H}{8}$ 削平高度处的截面面积/in^2	拉应力面积/in^2
第一系列	第二系列							
1/4		0.2500	0.2175	0.1905	0.1959	4　11	0.0269	0.0318
5/16		0.3125	0.2800	0.2530	0.2584	3　15	0.0481	0.0547
3/8		0.3750	0.3425	0.3155	0.3209	2　40	0.0755	0.0836
7/16		0.4375	0.4050	0.3780	0.3834	2　15	0.1090	0.1187
1/2		0.5000	0.4675	0.4405	0.4459	1　57	0.1486	0.160
9/16		0.5625	0.5300	0.5030	0.5084	1　43	0.194	0.207

5/8		0.6250	0.5925	0.5655	0.5709	1	32	0.246	0.261
	11/16	0.6875	0.6550	0.6280	0.6334	1	24	0.304	0.320
3/4		0.7500	0.7175	0.6905	0.6959	1	16	0.369	0.386
	13/16	0.8125	0.7800	0.7530	0.7584	1	10	0.439	0.458
7/8		0.8750	0.8425	0.8155	0.8209	1	5	0.515	0.536
	15/16	0.9375	0.9050	0.8780	0.8834	1	0	0.598	0.620
1		1.0000	0.9675	0.9405	0.9459	0	57	0.687	0.711
	1 1/16	1.0625	1.0300	1.0030	1.0084	0	53	0.782	0.807
1 1/8		1.1250	1.0925	1.0655	1.0709	0	50	0.882	0.910
	1 3/16	1.1875	1.1550	1.1280	1.1334	0	47	0.990	1.018
1 1/4		1.2500	1.2175	1.1905	1.1959	0	45	1.103	1.133
	1 5/16	1.3125	1.2800	1.2530	1.2584	0	43	1.222	1.254
1 3/8		1.3750	1.3425	1.3155	1.3209	0	41	1.348	1.382
	1 7/16	1.4375	1.4050	1.3780	1.3834	0	39	1.479	1.51
1 1/2		1.5000	1.4675	1.4405	1.4459	0	37	1.62	1.65
	1 9/16	1.5625	1.5300	1.5030	1.5084	0	36	1.76	1.80
1 5/8		1.6250	1.5925	1.5655	1.5709	0	34	1.91	1.95
	1 11/16	1.6875	1.6550	1.6280	1.6334	0	33	2.07	2.11
1 3/4		1.7500	1.7175	1.6905	1.6959	0	32	2.23	2.27
	1 13/16	1.8125	1.7800	1.7530	1.7584	0	31	2.40	2.44
1 7/8		1.8750	1.8425	1.8155	1.8209	0	30	2.57	2.62

（续）

公称直径/in		基本大径 D/in	基本中径 D_2/in	UNR 外螺纹的设计小径（参照）d_3/in	内螺纹的基本小径 D_1/in	在基本中径上的导程角 λ/(°)(′)	在小径$\frac{H}{8}$削平高度处的截面面积/in²	拉应力面积/in²
第一系列	第二系列							
	1 15/16	1.9375	1.9050	1.8780	1.8834	0 29	2.75	2.80
2		2.0000	1.9675	1.9405	1.9459	0 28	2.94	2.99
	2 1/8	2.1250	2.0925	2.0655	2.0709	0 26	3.33	3.39
2 1/4		2.2500	2.2175	2.1905	2.1959	0 25	3.75	3.81
	2 3/8	2.3750	2.3425	2.3155	2.3209	0 23	4.19	4.25
2 1/2		2.5000	2.4675	2.4405	2.4459	0 22	4.66	4.72
	2 5/8	2.6250	2.5925	2.5655	2.5709	0 21	5.15	5.21
2 3/4		2.7500	2.7175	2.6905	2.6959	0 20	5.66	5.73
	2 7/8	2.8750	2.8425	2.8155	2.8209	0 19	6.20	6.27
3		3.0000	2.9675	2.9405	2.9459	0 18	6.77	6.84

表 2-23　28 牙螺纹（28UN/28UNR）的基本尺寸

公称直径/in		基本大径 D/in	基本中径 D_2/in	UNR 外螺纹的设计小径（参照）d_3/in	内螺纹的基本小径 D_1/in	在基本中径上的导程角 λ/(°)(′)	在小径$\frac{H}{8}$削平高度处的截面面积/in²	拉应力面积/in²
第一系列	第二系列							
	12(0.261)	0.2160	0.1928	0.1734	0.1773	3 22	0.0226	0.0258
1/4		0.2500	0.2268	0.2074	0.2113	2 52	0.0326	0.0364
5/16		0.3125	0.2893	0.2699	0.2738	2 15	0.0556	0.0606
3/8		0.3750	0.3518	0.3324	0.3363	1 51	0.0848	0.0909
7/16		0.4375	0.4143	0.3949	0.3988	1 34	0.1201	0.1274
1/2		0.5000	0.4768	0.4574	0.4613	1 22	0.162	0.170

9/16		0.5625	0.5393	0.5199	0.5238	1 12	0.209	0.219
5/8		0.6250	0.6018	0.5824	0.5863	1 5	0.263	0.274
	$1\frac{1}{16}$	0.6875	0.6643	0.6449	0.6488	0 59	0.323	0.335
3/4		0.7500	0.7268	0.7074	0.7113	0 54	0.389	0.402
	13/16	0.8125	0.7893	0.7699	0.7738	0 50	0.461	0.475
7/8		0.8750	0.8518	0.8324	0.8363	0 46	0.539	0.554
	15/16	0.9375	0.9143	0.8949	0.8988	0 43	0.624	0.640
1		1.0000	0.9768	0.9574	0.9613	0 40	0.714	0.732
	$1\frac{1}{16}$	1.0625	1.0393	1.0199	1.0238	0 38	0.811	0.830
$1\frac{1}{8}$		1.1250	1.1018	1.0824	1.0863	0 35	0.914	0.933
	$1\frac{3}{16}$	1.1875	1.1643	1.1449	1.1488	0 34	1.023	1.044
$1\frac{1}{4}$		1.2500	1.2268	1.2074	1.2113	0 32	1.138	1.160
	$1\frac{5}{16}$	1.3125	1.2893	1.2699	1.2738	0 30	1.259	1.282
$1\frac{3}{8}$		1.3750	1.3518	1.3325	1.3363	0 29	1.386	1.411
	$1\frac{7}{16}$	1.4375	1.4143	1.3949	1.3988	0 28	1.52	1.55
$1\frac{1}{2}$		1.5000	1.4768	1.4574	1.4613	0 26	1.66	1.69

表 2-24　32 牙螺纹（32UN/32UNR）的基本尺寸

公称直径/in		基本大径 D/in	基本中径 D_2/in	UNR 外螺纹的设计小径（参照）d_3/in	内螺纹的基本小径 D_1/in	在基本中径上的导程角 λ/(°)(′)	在小径 $\frac{H}{8}$ 削平高度处的截面面积/in²	拉应力面积/in²
第一系列	第二系列							
6(0.138)		0.1380	0.1177	0.1008	0.1042	4　50	0.00745	0.00909
8(0.164)		0.1640	0.1437	0.1268	0.1302	3　58	0.01196	0.0140
10(0.190)		0.1900	0.1697	0.1528	0.1562	3　21	0.01750	0.0200
	12(0.216)	0.2160	0.1957	0.1788	0.1822	2　55	0.0242	0.0270
1/4		0.2500	0.2297	0.2128	0.2162	2　29	0.0344	0.0379
5/16		0.3125	0.2922	0.2753	0.2787	1　57	0.0581	0.0625
3/8		0.3750	0.3547	0.3378	0.3412	1　36	0.0878	0.0932
7/16		0.4375	0.4172	0.4003	0.4037	1　22	0.1237	0.1301
1/2		0.5000	0.4797	0.4682	0.4662	1　11	0.166	0.173
9/16		0.5625	0.5422	0.5253	0.5287	1　3	0.214	0.222
5/8		0.6250	0.6047	0.5878	0.5912	0　57	0.268	0.278
	11/16	0.6875	0.6672	0.6503	0.6537	0　51	0.329	0.339
3/4		0.7500	0.7297	0.7128	0.7162	0　47	0.395	0.407
	13/16	0.8125	0.7922	0.7753	0.7787	0　43	0.468	0.480
7/8		0.8750	0.8547	0.8378	0.8412	0　40	0.547	0.560
	15/16	0.9375	0.9172	0.9003	0.9037	0　37	0.632	0.646
		1.0000	0.9797	0.9628	0.9662	0　35	0.723	0.738

二、紧固件基础

1. 紧固件分类（表 2-25）

表 2-25　紧固件分类

名称	简　图	说　明
螺栓		由头部和螺杆（带有外螺纹的圆柱体）两部分构成的一类紧固件，需与螺母配合，用于紧固连接两个带有通孔的零件。这种连接形式称为螺栓连接
螺柱		没有头部，仅有两端均带外螺纹的一类紧固件。连接时，它的一端须旋入带有内螺纹孔的零件中，另一端穿过带有通孔的零件中，然后旋上螺母，即使这两个零件紧固连接成为一件整体。这种连接形式称为螺柱连接，也属可拆卸连接。主要用于被连接零件之一厚度较大、要求结构紧凑，或因拆卸频繁，不宜采用螺栓连接的场合
螺钉		由头部和螺杆两部分构成的一类紧固件，按用途可以分为三类——机器螺钉、紧定螺钉和特殊用途螺钉。机器螺钉主要用于一个带有内螺纹孔的零件，与一个带有通孔的零件之间的紧固连接，不需要螺母配合。这种连接形式称为螺钉连接，也属可拆卸连接；也可以与螺母配合，用于两个带有通孔的零件之间的紧固连接。紧定螺钉主要用于固定两个零件之间的相对位置。特殊用途螺钉有吊环螺钉，供吊装零件用
螺母		带有内螺纹孔，形状一般呈扁六角柱形，也有呈扁方柱形或扁圆柱形，配合螺栓、螺柱或机器螺钉，用于紧固连接两个零件，使之成为一件整体

（续）

名称	简　图	说　明
自攻螺钉		与机器螺钉相似，但螺杆上的螺纹为专用的自攻螺钉用螺纹。用于紧固连接两个薄的金属构件，使之成为一件整体，构件上需要事先制出小孔，由于这种螺钉具有较高的硬度，可以直接旋入构件的孔中，使构件孔中形成相应的内螺纹。这种连接形式也属可拆卸连接
木螺钉		也与机器螺钉相似，但螺杆上的螺纹为专用的木螺钉用螺纹，可以直接旋入木质构件（或零件）中，用于把一个带通孔的金属（或非金属）零件与一个木质构件紧固连接在一起。这种连接形式也属可拆卸连接
垫圈		形状呈扁圆环形的一类紧固件，置于螺栓、螺钉或螺母的支承面与被连接零件表面之间，起着增大被连接零件接触表面面积，降低单位面积压力和保护被连接零件表面不被损坏的作用；另一类弹性垫圈，还起着阻止螺母回松的作用
挡圈		供装在机器、设备的轴槽或孔槽中，起着阻止轴上或孔中的零件左右移动的作用

（续）

名称	简图	说明
销	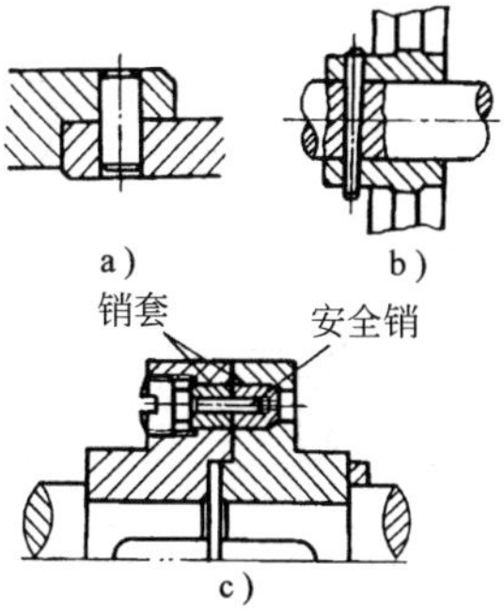 a)　b) 销套　安全销 c)	主要供零件定位用，有的也可供零件连接、固定零件、传递动力或锁定其他紧固件之用
铆钉	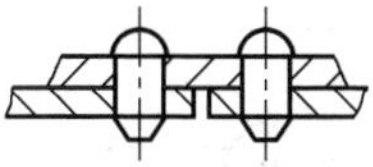	由头部和钉杆两部分构成的一类紧固件，用于紧固连接两个带通孔的零件（或构件），使之成为一件整体。这种连接形式称为铆钉连接，简称铆接。属不可拆卸连接。因为要使连接在一起的两个零件分开，必须破坏零件上的铆钉
组合件		指组合供应的一类紧固件，如将机器螺钉（或自攻螺钉）与平垫圈（或弹簧垫圈、锁紧垫圈）组合供应

2. 紧固件术语、尺寸代号

（1）与头部形状相关的术语（表 2-26）

表 2-26　与头部形状相关的术语

序号	名称	图形	序号	名称	图形
1	六角头	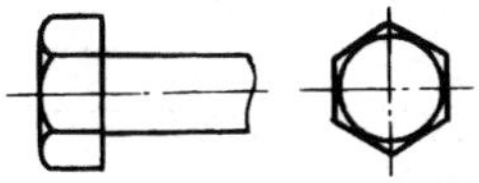	3	六角头凸缘	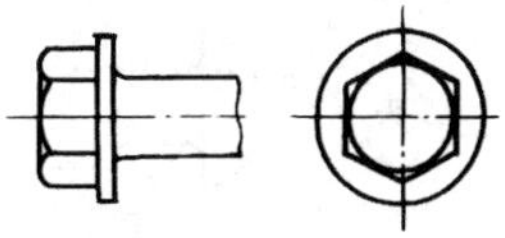
2	六角头垫圈面	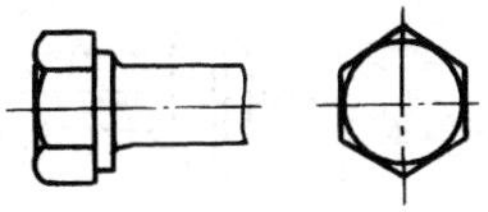	4	六角头法兰面	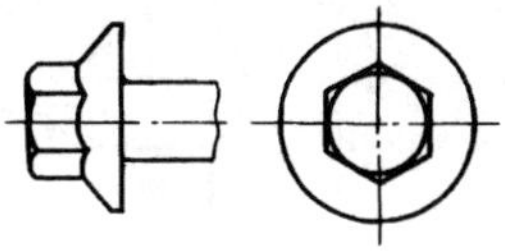

（续）

序号	名称	图形	序号	名称	图形
5	方头	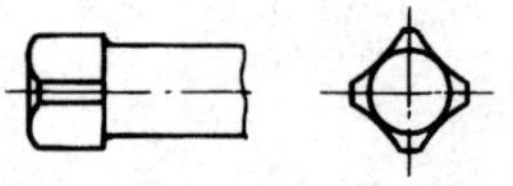	13	圆柱头	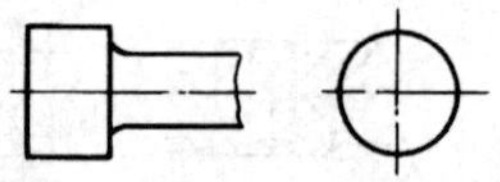
6	方头凸缘	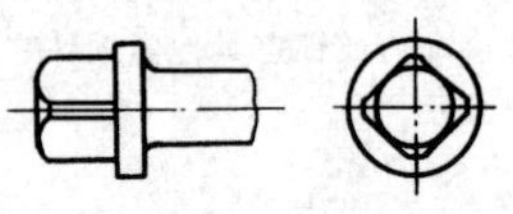	14	球面圆柱头	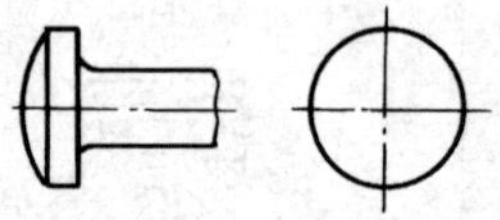
7	三角头凸缘	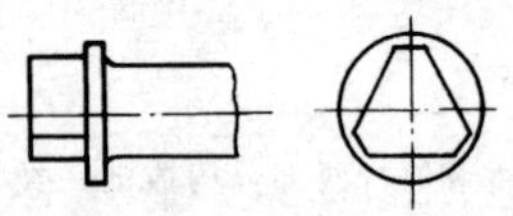	15	盘头	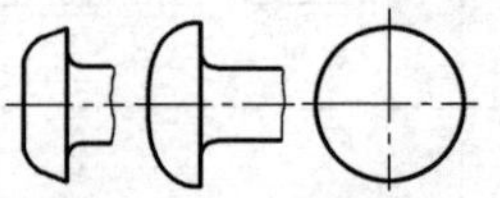
8	八角头	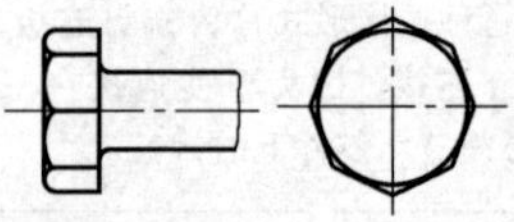	16	沉头	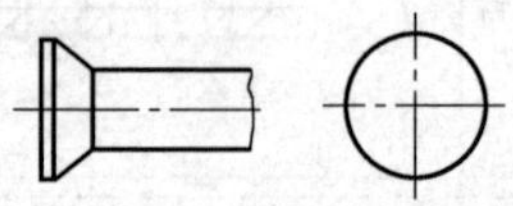
9	12角头法兰面	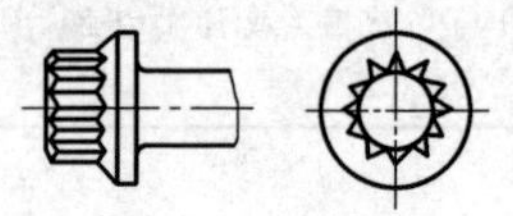	17	半沉头	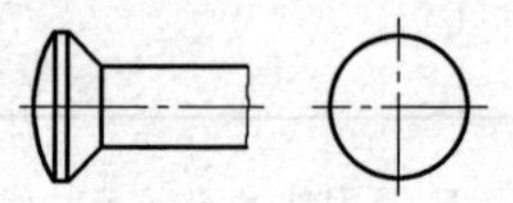
10	T形头	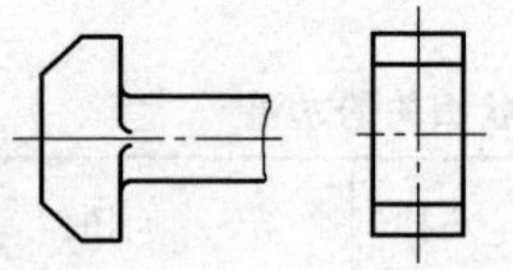	18	球面扁圆柱头	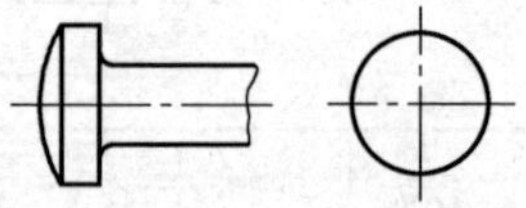
11	圆头	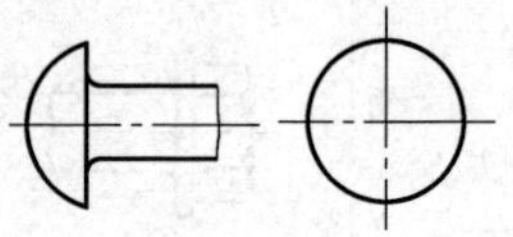	19	沉头清根	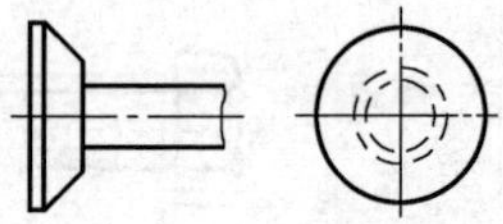
12	扁圆头	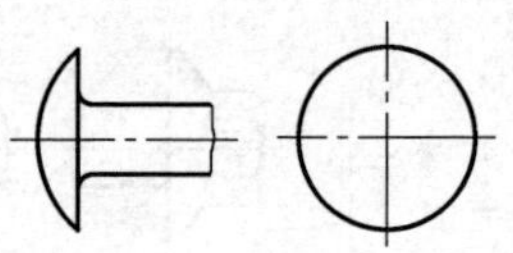	20	半沉头清根	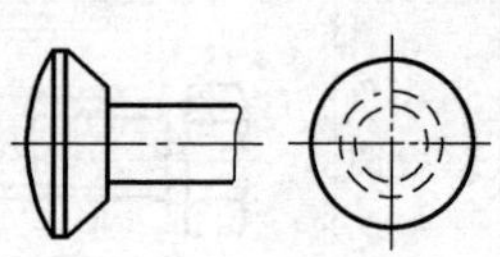

（2）与杆部型式相关的术语（表 2-27）

表 2-27　与杆部型式相关的术语

序号	名称	图　　形	序号	名称	图　　形
1	标准杆（杆径=螺纹公称直径）	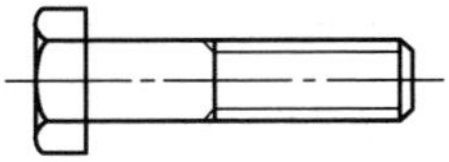	4	加强杆（杆径>螺纹公称直径）	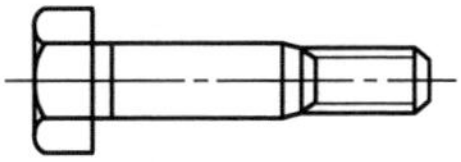
2	细杆（杆径≈螺纹中径）	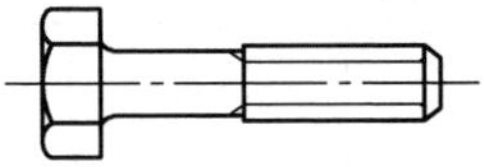	5	轴肩	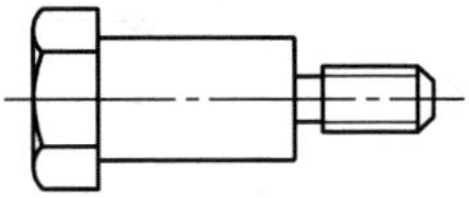
3	腰状杆（杆径<螺纹小径）	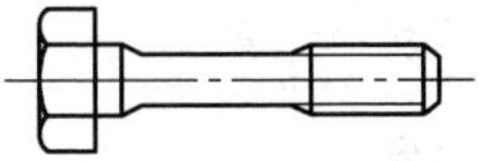	6	方颈	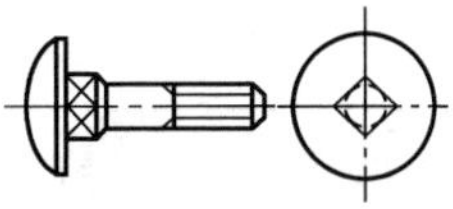

（3）与螺栓、螺钉等外螺纹零件末端型式相关的术语（表 2-28）

表 2-28　与螺栓、螺钉等外螺纹零件末端型式相关的术语

序号	名称	图　　形	序号	名称	图　　形
1	平端	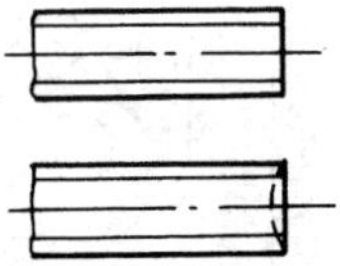	5	截锥端	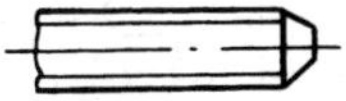
2	球面端	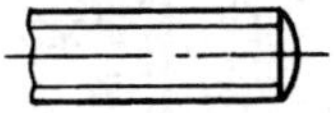	6	凹端	
3	倒角端	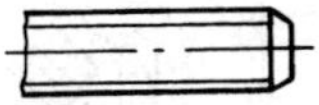	7	短圆柱端	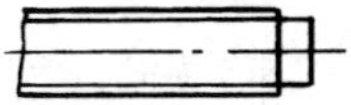
4	锥端	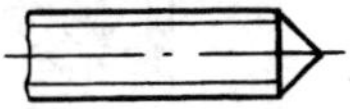	8	长圆柱端	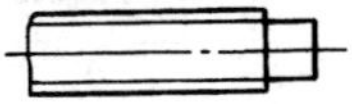

（续）

序号	名称	图　　形	序号	名称	图　　形
9	短圆柱球面端	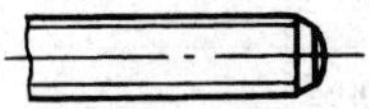	12	C型自攻螺钉末端	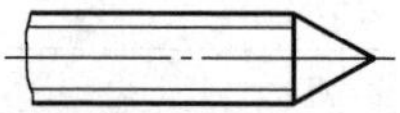
10	短圆柱截锥端	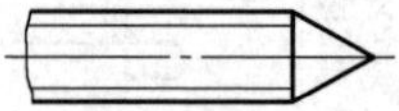	13	F型自攻螺钉末端	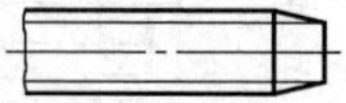
11	刮削端	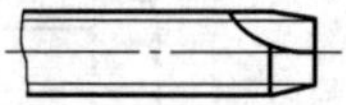	14	自攻锁紧螺钉末端	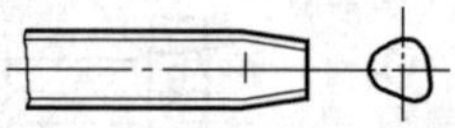

（4）与扳拧特征相关的术语（表2-29）

表2-29　与扳拧特征相关的术语

序号	名称	图　　形	序号	名称	图　　形
1	六角	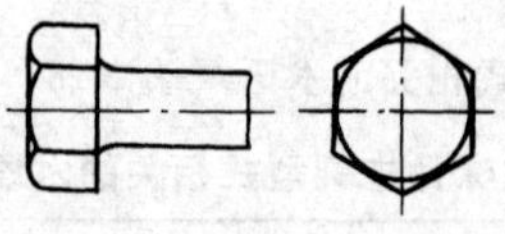	5	12角	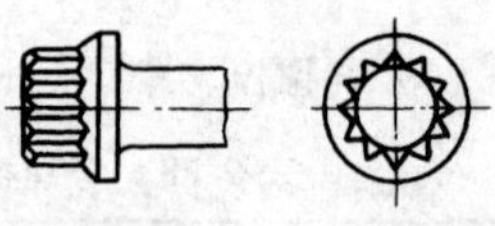
2	四方	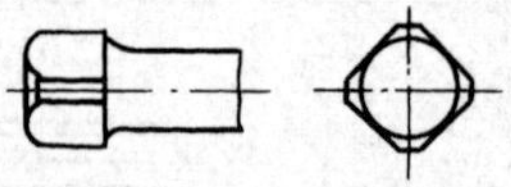	6	内六角	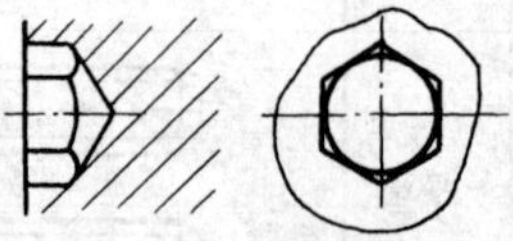
3	三角	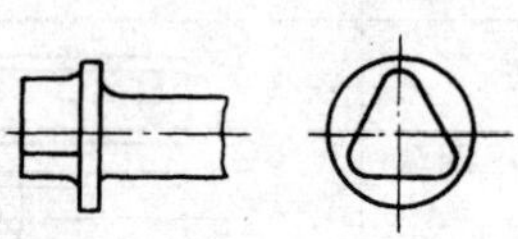	7	内三角	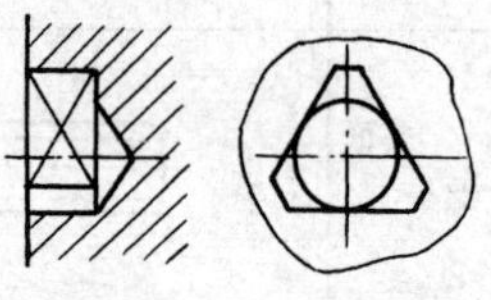
4	八角	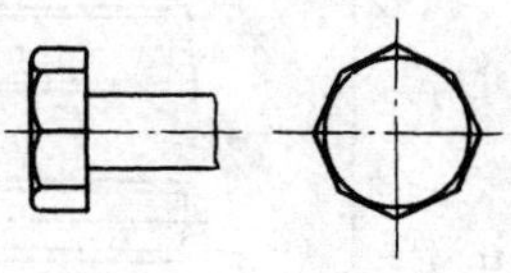	8	内四角	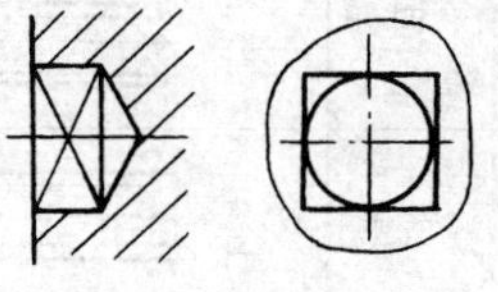

（续）

序号	名称	图形
9	内六花键	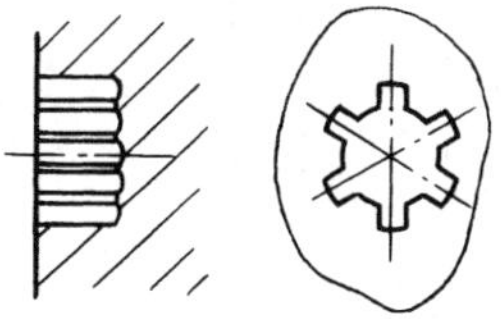
10	内12角	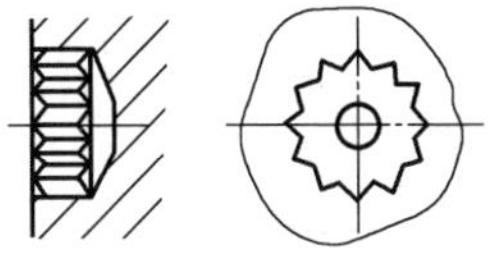
11	开槽	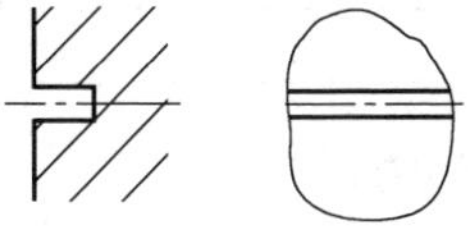
12	H型十字槽（菲利普）	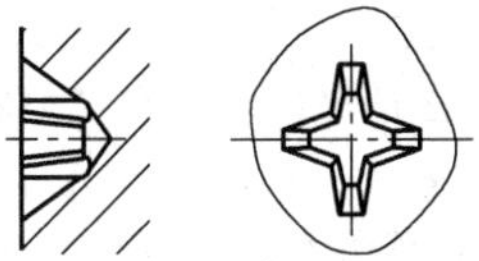
13	Z型十字槽（波滋垂）	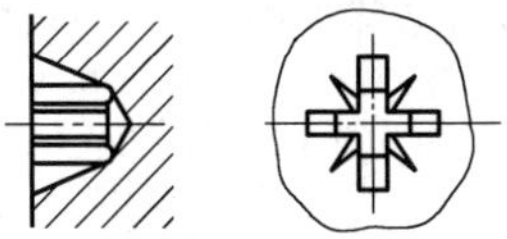
14	蝶形（翼形）	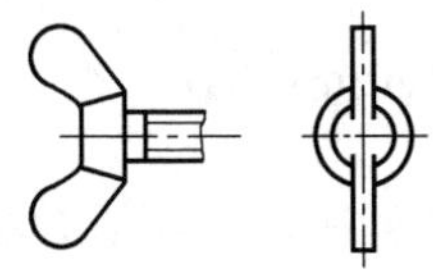
15	旋棒	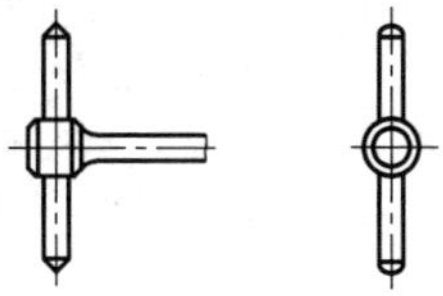
16	直纹滚花	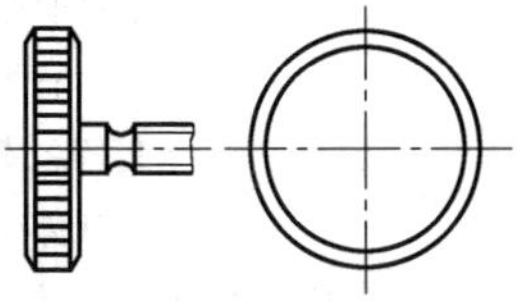
17	网纹滚花	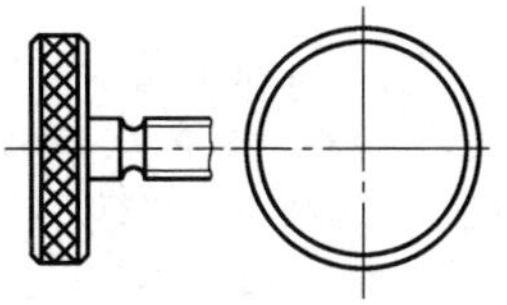
18	十字孔	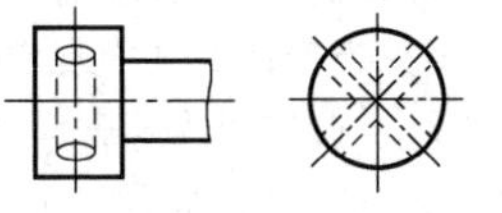
19	五角	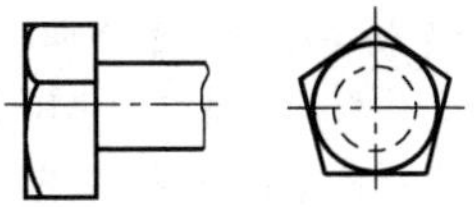

3. 紧固件标记方法（GB/T 1237—2000）

（1）完整标记（图 2-7）

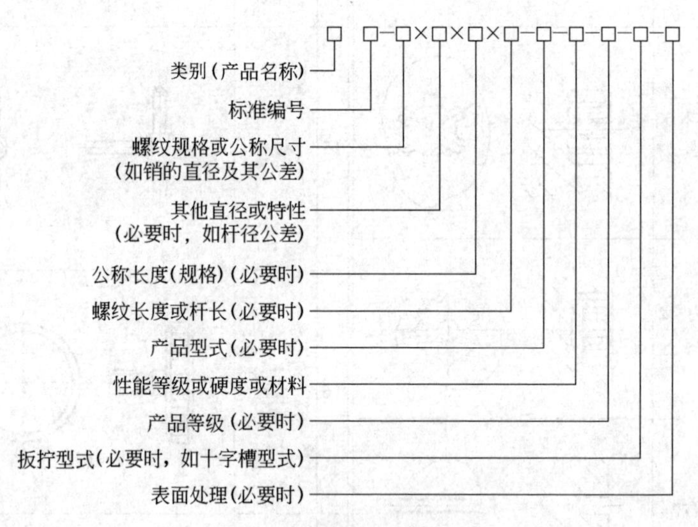

图 2-7 紧固件产品的完整标记

（2）标记的简化原则

1）类别（名称）、标准年代号及其前面的“-”，允许全部或部分省略。省略年代号的标准应以现行标准为准。

2）标记中的“-”允许全部或部分省略；标记中“其他直径或特性”前面的“×”允许省略。但省略后不应导致对标记的误解，一般以空格代替。

3）当产品标准中只规定一种产品型式、性能等级或硬度或材料、产品等级、扳拧型式及表面处理时，允许全部或部分省略。

4）当产品标准中规定两种及其以上的产品型式、性能等级或硬度或材料、产品等级、扳拧型式及表面处理时，应规定可以省略其中的一种，并在产品标准的标记示例中给出省略后的简化标记。

（3）标记示例

1）外螺纹件

① 螺纹规格 d=M12、公称长度 l=80mm、性能等级为 10.9 级、表面氧化、产品等级为 A 级的六角头螺栓的标记。

完整标记：螺栓 GB/T 5782—2016-M12×80-10.9-A-O

简化标记：螺栓 GB/T 5782 M12×80

② 螺纹规格 d=M6、公称长度 l=6mm、长度 z=4mm、性能等级为 33H 级、表面氧化的开槽盘头定位螺钉的标记。

完整标记：螺钉　GB/T 828—1988-M6×6×4-33H-O

简化标记：螺钉　GB/T 828 M6×6×4

2）内螺纹件。螺纹规格 D=M12、性能等级为 10 级、表面氧化、产品等级为 A 级的 1 型六角螺母的标记。

完整标记：螺母　GB/T 6170—2015-M12-10-A-O

简化标记：螺母　GB/T 6170　M12

3）垫圈。标准系列、规格 8mm、性能等级为 300HV、表面氧化、产品等级为 A 级的平垫圈的标记。

完整标记：垫圈　GB/T 97. 1—2002-8-300HV-A-O

简化标记：垫圈　GB/T 97. 1　8

4）自攻螺钉。螺纹规格 ST3. 5、公称长度 l=16mm、Z 型槽、表面氧化的 F 型十字槽盘头自攻螺钉的标记。

完整标记：自攻螺钉　GB/T 845—2017-ST3. 5×16-F-Z-O

简化标记：自攻螺钉　GB/T 845 ST3. 5×16

5）销。公称直径 d=6mm、公差为 m6、公称长度 l=30mm、材料为 C1 组马氏体型不锈钢、表面简单处理的圆柱销的标记。

完整标记：销　GB/T 119. 2—2000-6m6×30-C1-简单处理

简化标记：销　GB/T 119. 2 6×30

6）铆钉。公称直径 d=5mm、公称长度 l=10mm、性能等级为 08 级的开口型扁圆头抽芯铆钉的标记。

完整标记：抽芯铆钉 GB/T 12618—2006-5×10-08

简化标记：抽芯铆钉 GB/T 12618 5×10

7）挡圈。公称直径 d=30mm、外径 D=40mm、材料为 35 钢、热处理硬度 25~35HRC、表面氧化的轴肩挡圈的标记。

完整标记：挡圈　GB/T 886—1986-30×40-35 钢、热处理 25~35HRC-O

简化标记：挡圈 GB/T 886 30×40

4. 紧固件公差（螺栓、螺钉、螺柱和螺母）（GB/T 3103. 1—2002）

（1）适用范围

产品等级为 A、B 和 C 级的螺栓、螺钉、螺柱和螺母，以及产品等级为 A 级的自攻螺钉的公差。（产品等级由公差大小确定，A 级最精确，C 级最不精确）。

除螺纹公差外，所有尺寸公差选自 GB/T 1800. 1 和 GB/T 1800. 2。普通螺纹公差摘自 GB/T 2516。自攻螺纹公差由 GB/T 5280 给出。

形状和位置公差的规定和表示方法应符合 GB/T 1182、GB/T 4249 和 GB/T 16671 规定。

（2）螺柱、螺钉和螺柱公差

1）尺寸公差

① 公差水平

尺寸公差根据各部位配合的松紧程度将产品分为 A、B、C 三级，如下：

部　位	产　品　等　级		
	A	B	C
杆部和支承面	紧的	紧的	松的
其他部位	紧的	松的	松的

② 外螺纹公差

产品等级	A 级	B 级	C 级
公差	6g	6g	8g[①]

① C 级 8g 对 8.8 及其以上性能等级的螺纹为 6g。

某些产品，在相关的产品和镀层标准中，可能规定其他的螺纹公差等级。

③ 外扳拧部位公差

a. 外扳拧部位对边宽度 s 的公差（图 2-8）

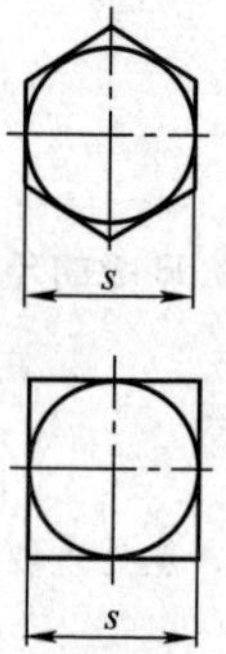

A 级		B 级和 C 级	
s/mm	公差	s/mm	公差
≤30	h13	≤18	h14
		>18～≤60	h15
>30	h14	>60～≤180	h16
		>180	h17

图 2-8　外扳拧部位对边宽度 s 的公差

b. 外扳拧部位对角宽度

对图 2-9a 所示形状，e_{min} 与 s_{min} 的关系 A、B、C 级产品均为，$e_{min}=1.13s_{min}$，$e_{min}=1.12s_{min}$（用于法兰面螺栓和螺钉，以及其他冷镦成形而无切边工序的产品）。

对图 2-9b 所示形状，$e_{min}=1.3s_{min}$。

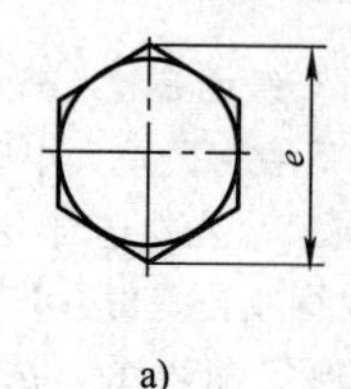

a)

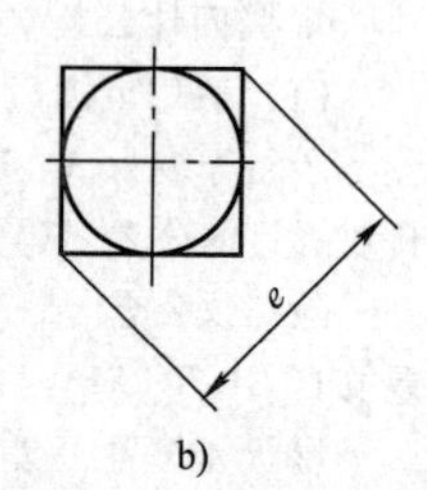

b)

图 2-9　外扳拧部位对角宽度

c. 外扳拧头部高度 k

图 2-10a 中 k 的公差为，A 级为 js14，B 级为 js15；C 级 $k<10$mm 为 js16，$k\geqslant16$mm 为 js17。图 2-10b 中，六角法兰面螺栓

和螺钉，仅规定 k 的最大值。

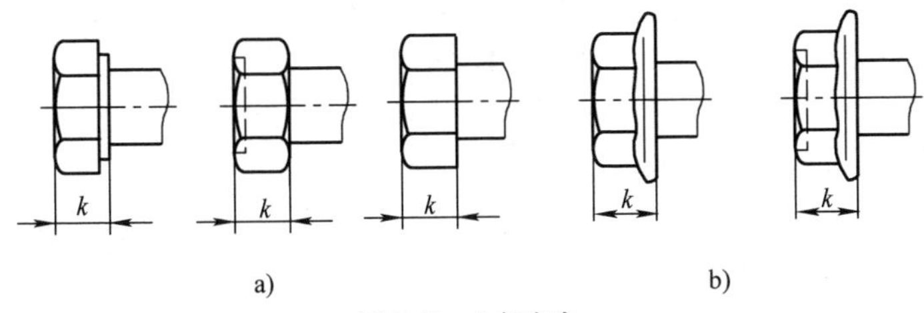

图 2-10　头部高度

d. 外扳拧高度 k_w（图 2-11）

外扳拧高度的最小值 $k_{w\,min}=0.7k_{min}$。k_w 确定的长度范围内，除倒角、垫圈面或圆角以外的对角宽度均应符合 e_{min}。该尺寸在相关的产品标准中规定。$k_{w\,min}$ 的计算公式如下

$$k_{w\,min} = 0.7\left[(k_{max} - \mathrm{IT15}) - \left(x + \frac{d_{w\,min} - e_{min}}{2}\tan\delta_{max}\right)\right]$$

式中　x——取 $e_{min}\times1.25$ 或 $e_{min}+0.4$mm 中的较大值；

　　δ——法兰角。

k_w、k、d_w、e 和 δ 尺寸的代号和标注按 GB/T 5276 规定，如图 2-11 所示。计算 $k_{w\,min}$ 的公式仅系示例，适用于图 2-10 例举的产品。

代号 k_w 代替使用的 k'。

$k_{w\,min}$ 量规检验，见相应产品标准。

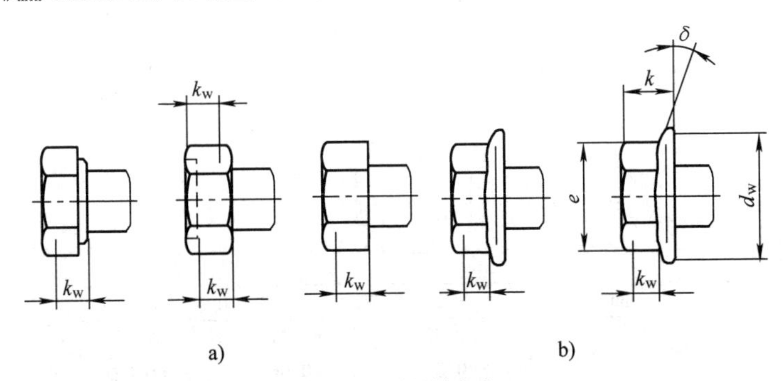

图 2-11　外扳拧高度

④ 内扳拧部位公差

a. 内六角对边宽度 s 的公差和内六角对角最小宽度 e_{min}

A 级产品的对边宽度公差如图 2-12 所示，B 级和 C 级不作规定。A 级产品对角宽度最小值 $e_{min}=1.14s_{min}$，B 级和 C 级不作规定。

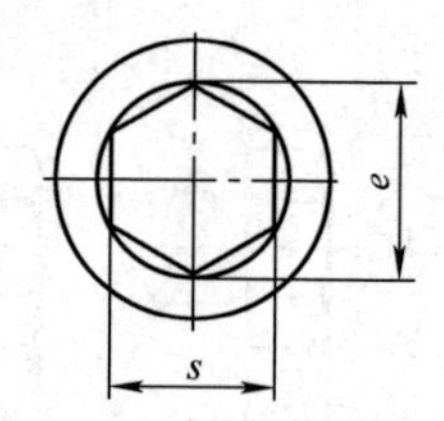

s/mm	0.7	0.9	1.3	1.5	2	2.5	3	4	5	6	8	10	12	14	>14
公差	EF8	JS9	K9	D11				E11	E12						D12

图 2-12　内六角对边宽度公差

b. 开槽宽度公差

开槽宽度公差只规定了 A 级产品（图 2-13），B 级和 C 级不作规定。公差 C13 用于 $n \leqslant 1\text{mm}$，C14 用于 $n > 1\text{mm}$。

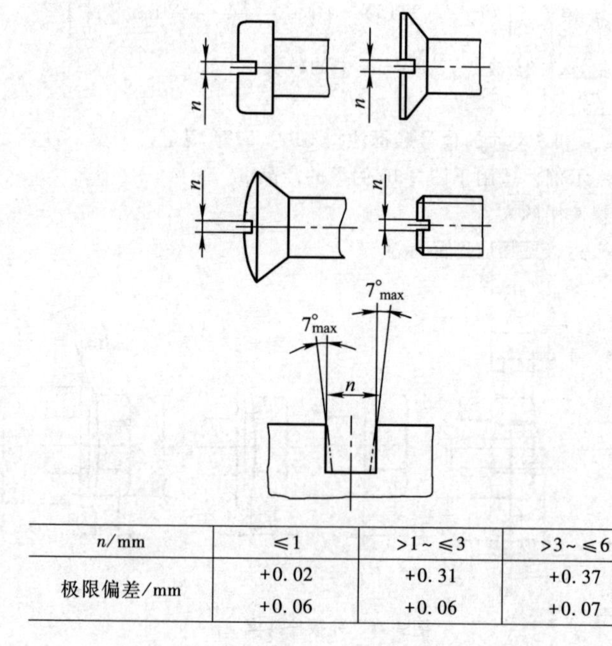

n/mm	≤1	>1～≤3	>3～≤6
极限偏差/mm	+0.02 +0.06	+0.31 +0.06	+0.37 +0.07

图 2-13　开槽宽度公差

⑤ 内六角和开槽的深度 t（图 2-14）

目前还不能规定适用的公差。A 级产品内六角和开槽的深度在产品标准中仅规定最小值。它受最小壁厚 w 的限制。B、C 级产品不作规定。

⑥ 其他部位的公差

a. 形状为图 2-15a 时，头部直径 d_k 的公差 A 级产品为 h13。滚花头用±IT13。头部形状为图 2-15b 时，d_k 的公差为 h14。沉头螺钉直径与高度的综合控制，按 GB/T 5279 或 GB/T 70.3 规定。对 B、C 级产品，头部直径的公差不作规定。

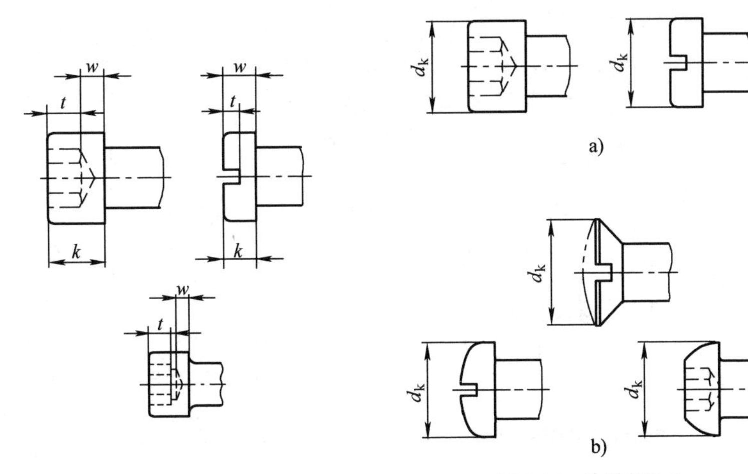

图 2-14　内六角和开槽的深度

图 2-15　头部直径 d_k

b. 头部高度 k 的公差（图 2-16）

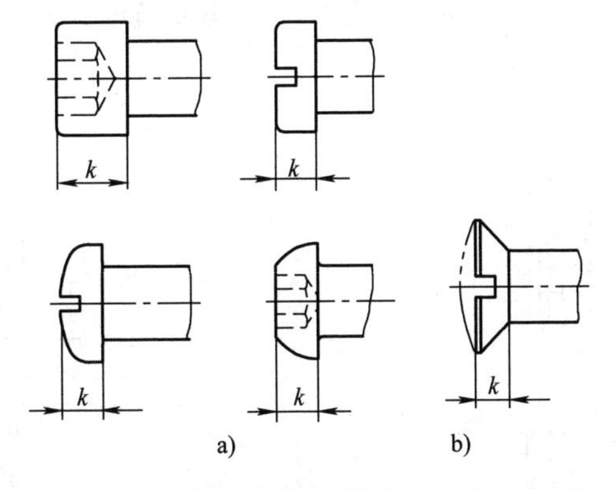

产品等级	A 级		B 级和 C 级	备　注
公差	$d \leqslant 5$M	h13	—	沉头螺钉 k 尺寸产品标准中仅规定最大值沉头螺钉直径与高度的综合控制，按 GB/T 5279 或 GB/T 70.3 规定
	$d>5$M	h14		

图 2-16　头部高度 k 的公差

c. 支承面直径和垫圈高度

本规定适用于A、B、C级产品，但C级垫圈是非强制性的（图2-17，表2-30）。支承面直径最小值 $d_{w\ min}=s_{min}$—IT16（用于对边宽度<21mm），$d_{w\ min}=0.95s_{min}$（用于对边宽度≥21mm），$d_{w\ max}=s_{实际}$。

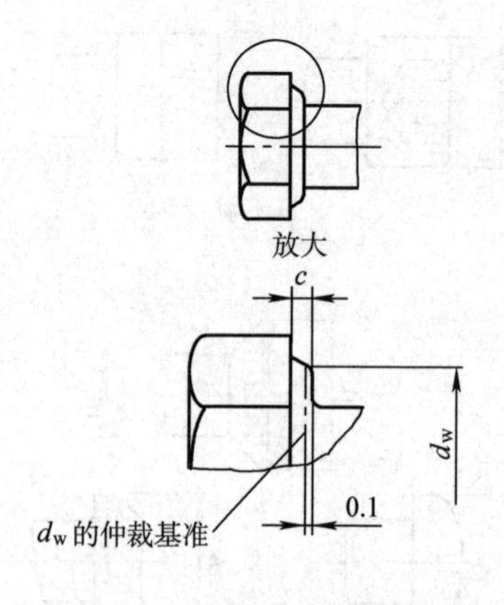

图2-17 支承面直径和垫圈高度(一)

表2-30 垫圈高度

螺纹直径/mm	c/mm	
	min	max
≥1.6~2.5	0.10	0.25
>2.5~4	0.15	0.40
>4~6	0.15	0.50
>6~14	0.15	0.60
>14~36	0.20	0.80
>36	0.30	1.0

图2-18所示部位，A、B、C级产品仅规定 d_w 的最小值，不规定具体分差值。

图2-19所示形状，$d_{k\ min}$ 的值见表2-31，此规定适用于A级产品，B、C级不作规定。

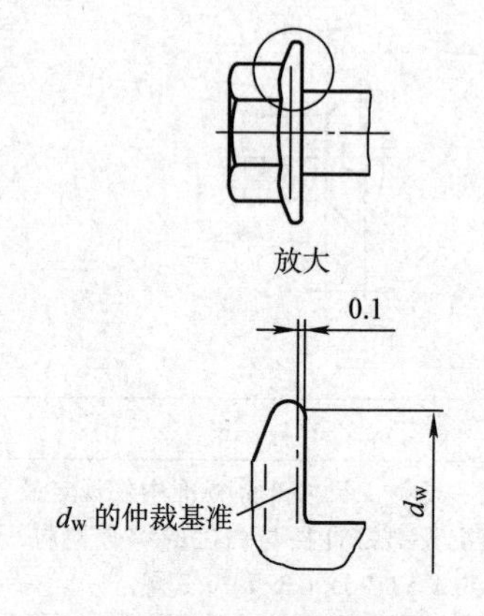

图2-18 支承面直径和垫圈高度（二）

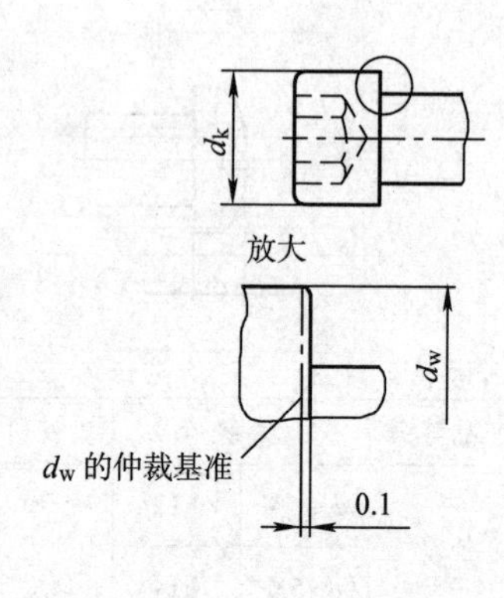

图2-19 支承面直径和垫圈高度（三）

表 2-31　$d_{k\ min}$ 的值

螺纹直径/mm		d_{wmin}	螺纹直径/mm		d_{wmin}
>	≤		>	≤	
	2.5	$d_{k\ min}$-0.14mm	16	24	$d_{k\ min}$-0.8mm
2.5	5	$d_{k\ min}$-0.25mm	24	36	$d_{k\ min}$-1mm
5	10	$d_{k\ min}$-0.4mm	36	—	$d_{k\ min}$-1.2mm
10	16	$d_{k\ min}$-0.5mm			

d_a（图 2-20）的规定，无退刀槽产品，d_a 按 GB/T 3105 规定；有退刀槽的产品，d_a 见相关的产品标准。

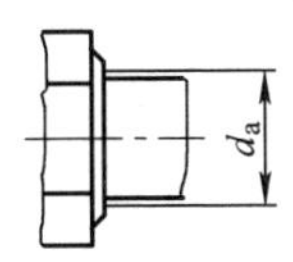

图 2-20　支承面直径和垫圈高度（四）

d. 公称长度（图 2-21）

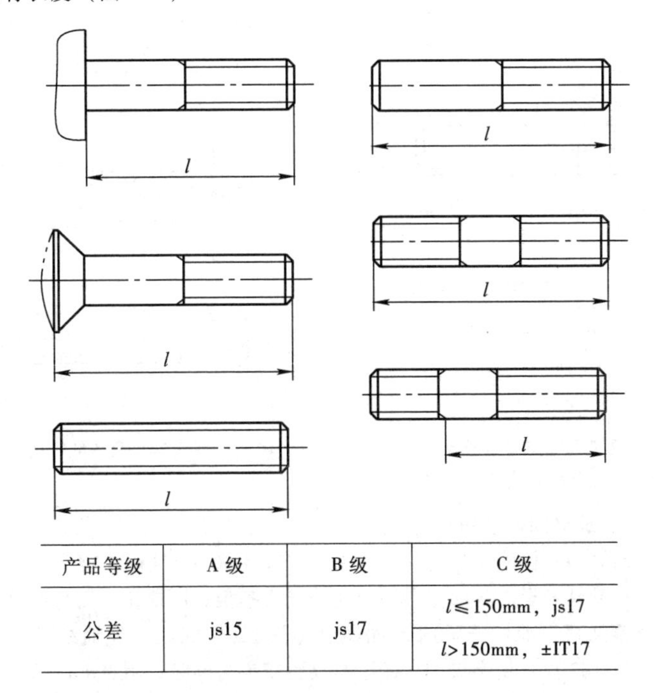

产品等级	A 级	B 级	C 级
公差	js15	js17	l≤150mm，js17
			l>150mm，±IT17

图 2-21　公称长度

e. 螺纹长度

如图 2-22 所示，A、B、C 级产品螺纹长度 b 的公差为 b^{+2P}_{0}，b_m 的公差 A 级产品为 js16，B 级和 C 级为 js17。P 代表螺距；l_s 代表最小无螺纹杆部长度；l_g 代表最末一扣完整螺纹至支承面的最大长度（包括螺纹收尾），因而也是最小夹紧长度。

b 尺寸公差+2P 仅适用于在产品标准中未规定 l_s 和 l_g 的场合。

b_m 仅指螺柱拧入金属端的螺纹长度。

⑦ 无螺纹杆径

图 2-23a 所示，A 级产品 d_s 的公差为 h13，B 级产品为 h14，C 级产品为±IT15，该公差不适用于头下圆角部分和螺纹退刀槽。如图 2-23b 所示，细杆直径≈螺纹中径。

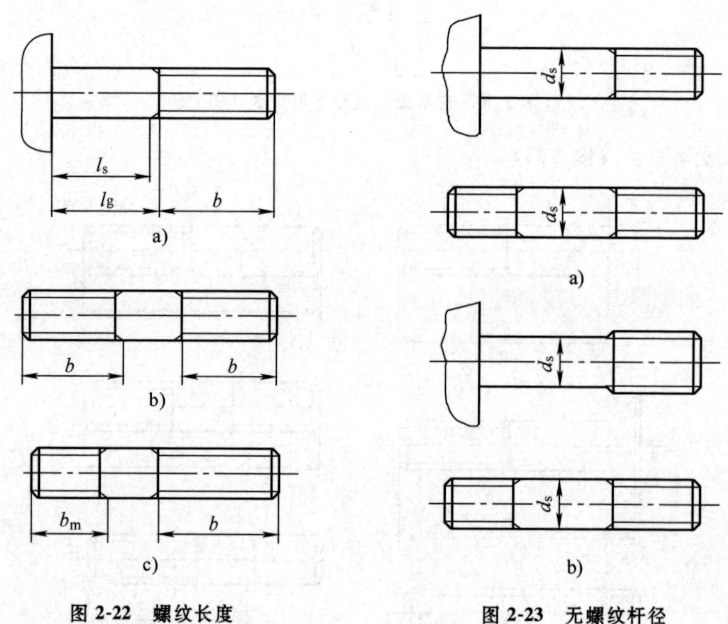

图 2-22 螺纹长度

a）螺栓 b）等长双头螺柱 c）螺柱

图 2-23 无螺纹杆径

2）螺栓、螺钉和螺柱的几何公差

螺栓、螺钉和螺栓的几何公差按 GB/T 1182 和 GB/T 16671 规定，不需要使用特殊工艺、测量或量规。当规定螺纹中径轴线为基准，而螺纹大径与螺纹中径轴线的同轴度误差又可以忽略不计时（如辗制螺纹），则螺纹大径轴线可作为基准轴线。按 GB/T 1182 规定用字母 MD 标记螺纹轴线为基准时，则表示以螺纹大径轴线为基准线。应按 GB/T 16671 的规定使用最大实体要求。

① 扳拧部位几何公差

a. 扳拧部位的位置度公差（图 2-24）

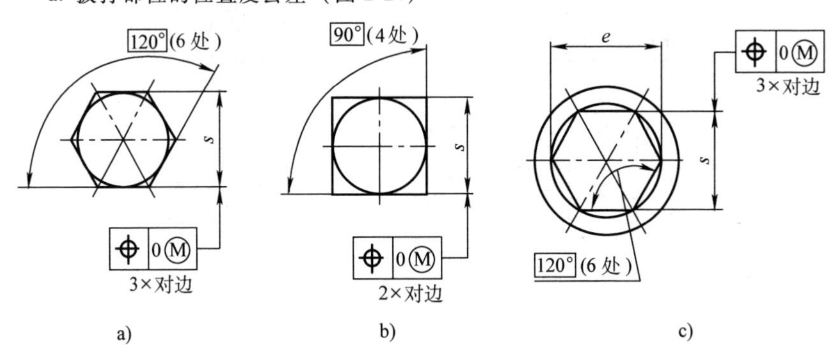

图 2-24　扳拧部位的位置度公差

a)、b) 外部　c) 内部

b. 扳拧部位轴线的位置度公差（图 2-25）

在图 2-25a、b、c、d、e、f、g、h、i、j、k、l 中，基准 A 应尽可能靠近头部，并在距头部 0.5d 以内；基准 A 可以是光杆或螺纹部分，但不应包括螺纹收尾或头下圆角部分。在图 2-25k、l 中，对十字槽①位置度的仲裁检验应使用 GB/T 944.1 规定的量规进行评定。

MD 表示以螺纹大径轴线为基准轴线。

产品部位	公差 t			选取 t 的基本尺寸
	A 级	B 级	C 级	
图 2-25a	2IT13	2IT14	2IT15	s
图 2-25b	2IT13	2IT14	—	s
图 2-25c	2IT13	—	—	d
图 2-25d	2IT13	—	—	d
图 2-25e	2IT13	—	—	d
图 2-25f	2IT12	—	—	d
图 2-25g	2IT12	2IT13	2IT14	d
图 2-25h	2IT12	2IT13	2IT14	d
图 2-25i	2IT12	2IT13	2IT14	d
图 2-25j	2IT12	—	—	d
图 2-25k	2IT13	—	—	d
图 2-25l	2IT13	—	—	d

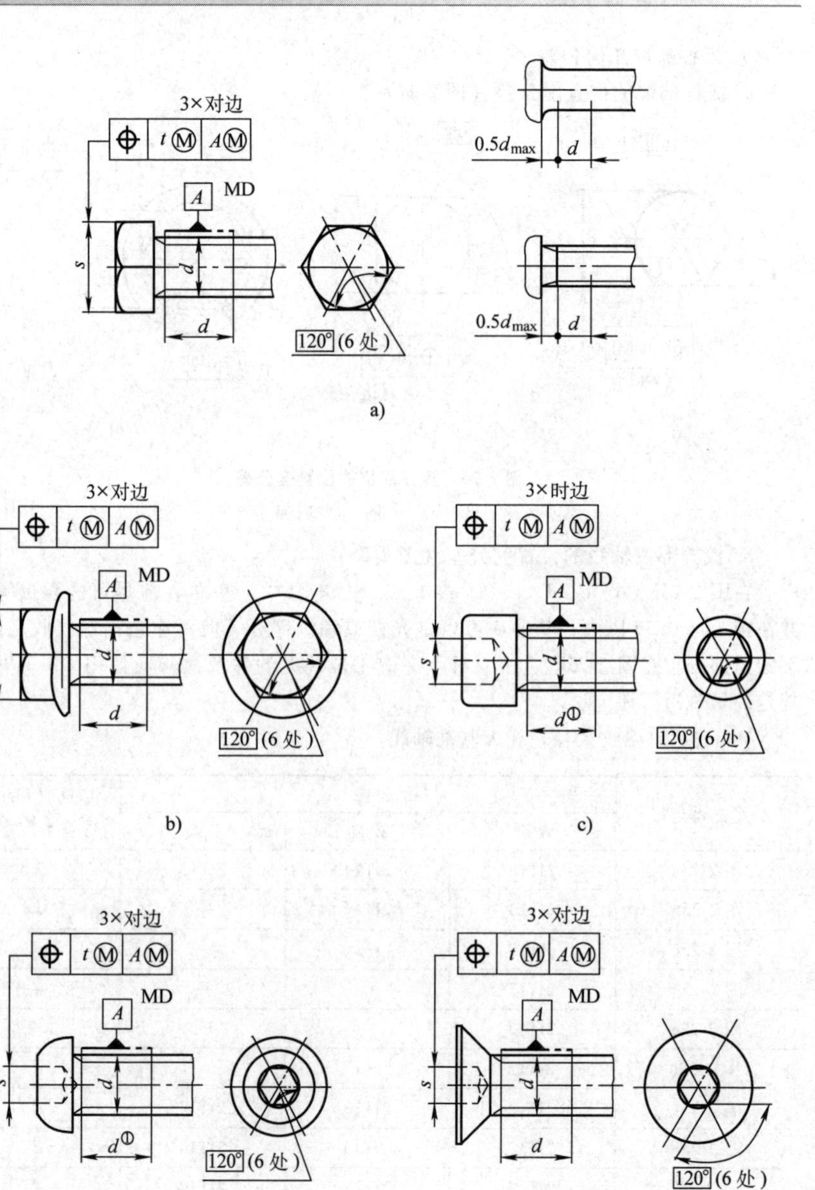

图 2-25　扳拧部位

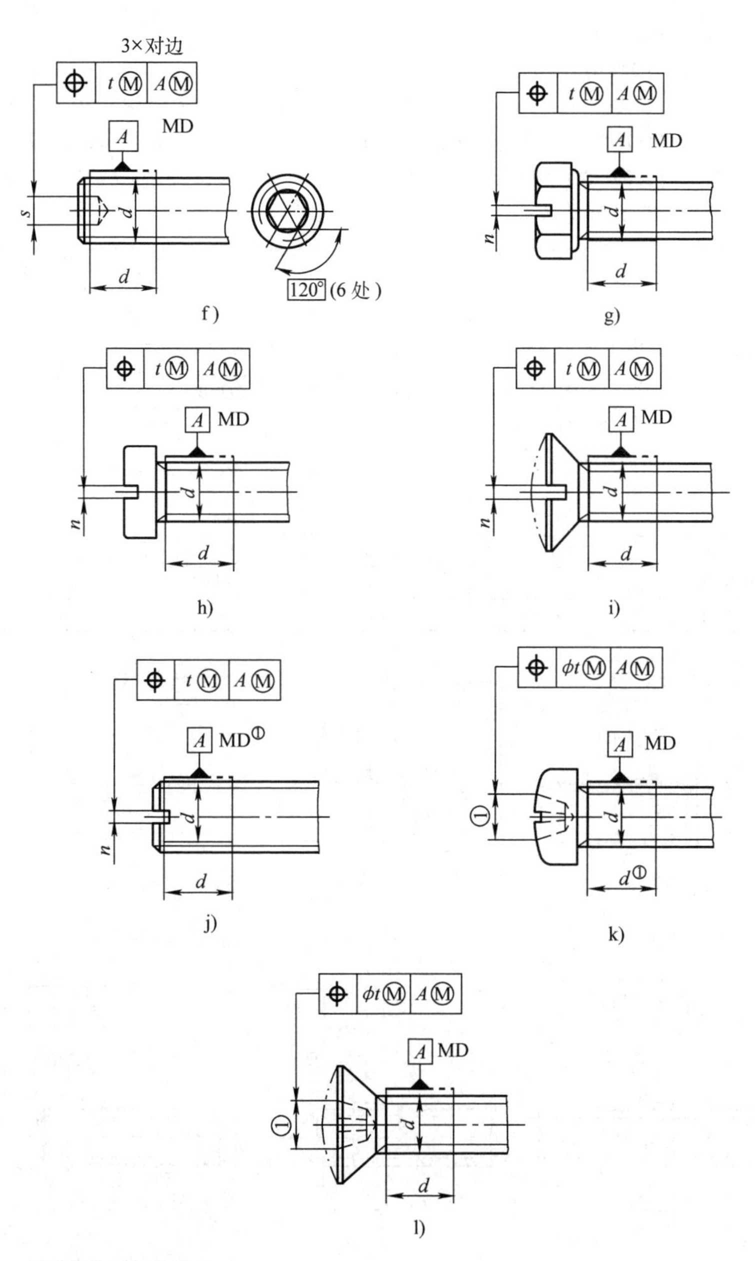

f)　g)　h)　i)　j)　k)　l)

轴线的位置度公差

② 其他部位的几何公差

a. 位置度与圆跳动公差

在图 2-26a、b 中，基准 A 应尽可能靠近头部，并在距头部 0.5d 以内；基准 A 可以是光杆或螺纹部分，但应包括螺纹收尾或头下圆角部分。MD 表示以螺纹大径轴线为基准轴线。PD 表示以螺纹中径轴线为基准轴线。在图 2-26h、i 中，基准 A 和 B 应尽可能靠近杆部的各部分，但不包括螺纹收尾。

产品部位	公差 t			选取 t 的基本尺寸
	A 级	B 级	C 级	
图 2-26a	2IT13	2IT14	2IT15	d_k
图 2-26b	2IT13	2IT14	—	d_c
图 2-26c	2IT13	2IT14	2IT15	d
图 2-26d	紧定螺钉 IT13	—	—	d
	其他产品 2IT13			
图 2-26e	IT13	—	—	d
图 2-26f	IT13	—	—	d
图 2-26g	2IT13	2IT14	2IT15	d
图 2-26h	T13	IT14	IT15	d
图 2-26i	IT13	IT14	—	d

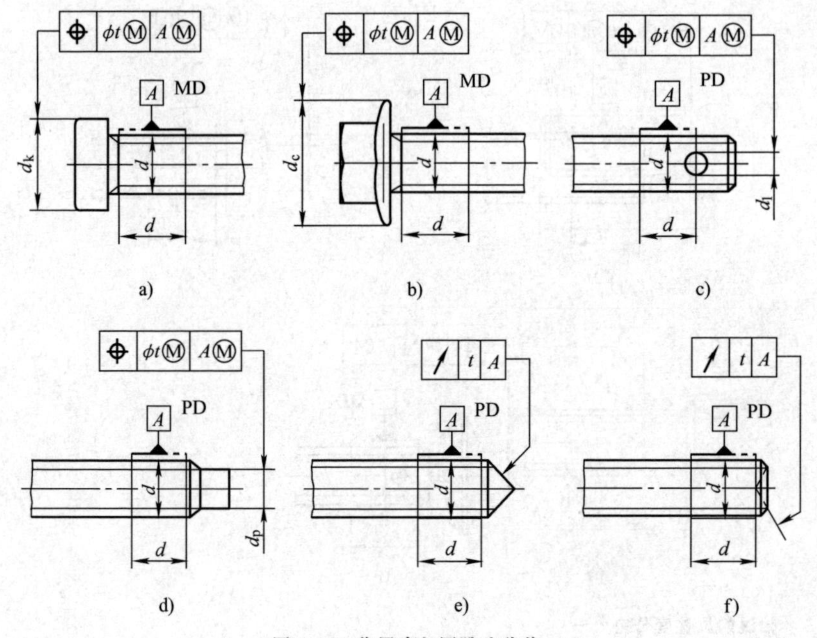

图 2-26　位置度与圆跳动公差

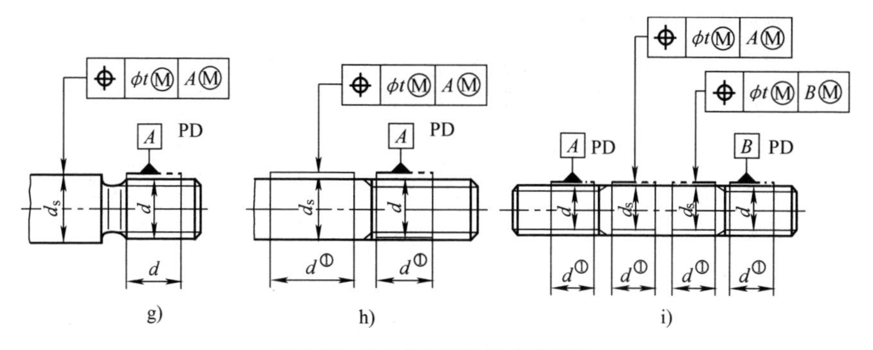

图 2-26　位置度与圆跳动公差(续)

b. 直线度公差（图 2-27）

产品部位	公差 t		选取 t 的基本尺寸
	A 级和 B 级	C 级	
图 2-27a、b	$d\leqslant 8$mm, $t=0.002l+0.05$mm $d>8$mm, $t=0.0025l+0.05$mm	$2t$	d
图 2-27c		—	
图 2-27d	—	$2t$	

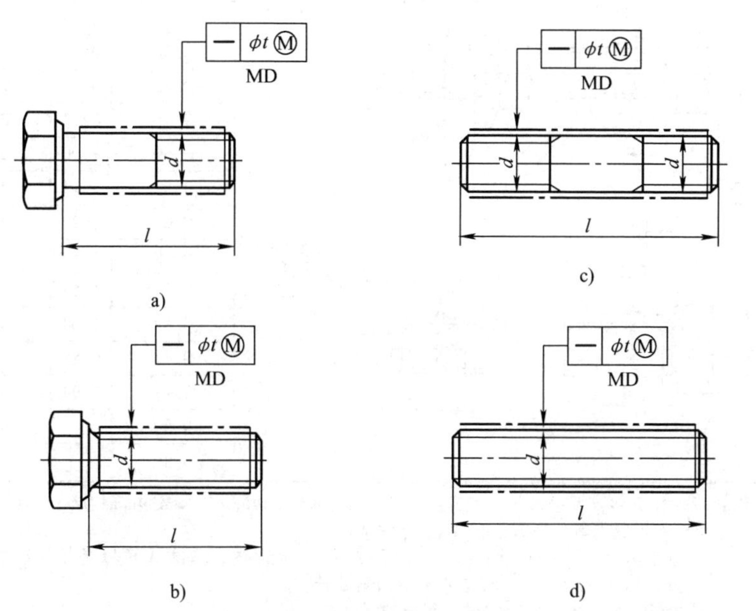

图 2-27　直线度公差
（图中 MD 表示以螺纹大径轴线为基准轴线）

c. 全跳动公差（表 2-32）

表 2-32 全跳动公差 （mm）

部位	公差 t			选取 t 的基本尺寸（螺纹大径）
	A 级	B 级	C 级	
直径至 $0.8s$ t A A MD d s a) 直径至 $0.8d_k$ t A A MD d_k d b) 直径至 $0.8d_k$ t A A MD d_k d c) 任何径向线上最高点的线 d_1 t A A MD d d) 直径至 $0.8s$ t A A MD s d e) 直径至 $0.8d_p$ t A A MD d d_p f)	0.04		—	1.6
				2
	0.08		0.3	2.5
				3
				3.5
				4
	0.15			5
				6
				7
	0.17		0.34	8
	0.21		0.42	10
	0.25		0.50	12
	0.29		0.58	14
	0.34		0.68	16
	0.38		0.76	18
	0.42		0.84	20
	0.46		0.92	22
	0.50		1.00	24
	0.57		1.14	27
	0.63		1.26	30
	0.69		1.38	33
	0.76		1.52	36
	0.82		1.64	39
	0.44		0.88	42
	0.47		0.94	45
	0.50		1	48
	0.55		1.1	52

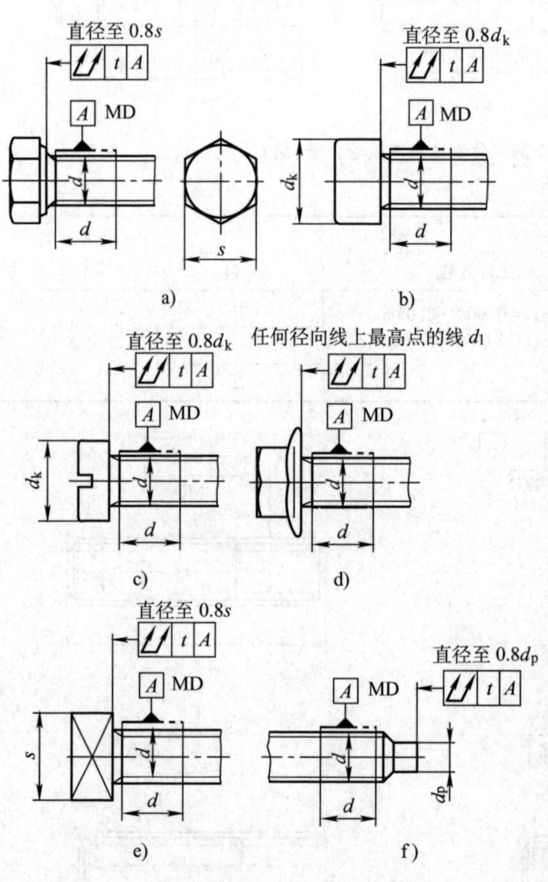

注：1. A 和 B 级产品公差 t 计算为：≤M39mm；$t=1.2d\tan1°$；>M39mm；$t=1.2d\tan0.5°$；C 级产品公差 t 是 A、B、级公差的 2 倍。

2. 基准 A 应尽可能靠近头部，并在距头部 $0.5d$ 以内；基准 A 可以是光杆或螺纹部分，但不应包括螺纹收尾或头下圆角部分。

3. MD 表示以螺纹大径轴线为基准轴线。

4. 表中图 c、d 对法兰面螺栓，公差仅适用于 F 型和 U 型。

5. 表中图 e、f 仅对圆柱端，而不适用于导向端。

d. 支承面形状允许误差

在图 2-28 中，测量位置为 $d_{a\,max}$ 和 $d_{w\,min}$ 间的径向线。ϕ 值按产品标准规定。A、B、C 级产品的支承面形状误差均为 0.005d，选取 t 的基本尺寸为 d。

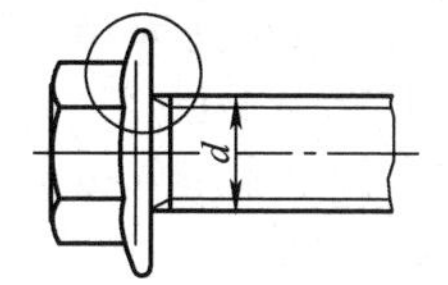

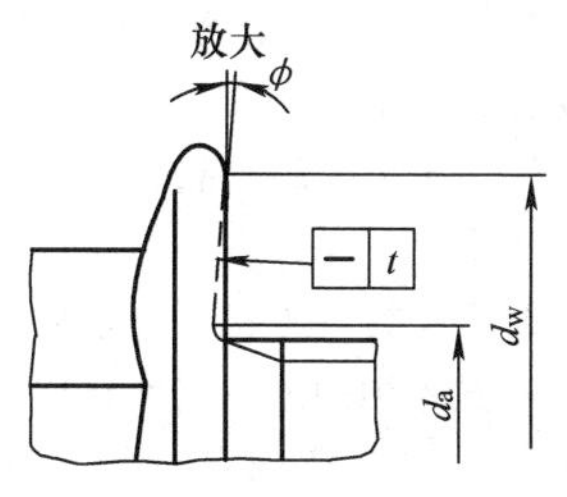

图 2-28　支承面形状允许误差

(3) 螺母公差

1) 尺寸公差

① 公差水平

公差水平根据各部位配合的松紧程度将产品分为 A、B、C 三级，如下：

部　　位	产　品　等　级		
	A	B	C
支承面	紧的	紧的	松的
其他部位	紧的	松的	松的

② 内螺纹的尺寸公差

内螺纹（图 2-29）A、B、C 级产品的尺寸公差分别为 6H、6H、7H。

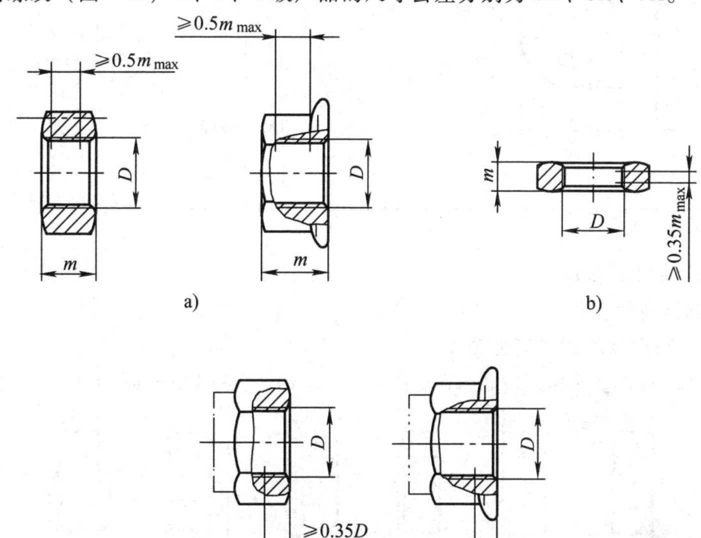

图 2-29　内螺纹

图 2-29a 中，对 $m \geqslant 0.8D$ 的螺母，在 $>0.5m_{\max}$ 的范围内，螺纹小径应符合规定的公差（仅适用于规格>M3）。

在图 2-29b 中，对 $0.5D \leqslant m < 0.8D$ 的螺母，在 $>0.35m_{\max}$ 的范围内，螺纹小径应符合规定的公差。

在图 2-29c 中，对有效力矩型螺母，从支承面起到 $>0.35D$ 的高度，螺纹小径可能超出规定的公差。

某些产品，在相关的产品和镀层标准中，可能规定其他的螺纹公差等级。

③ 扳拧部位

螺母扳拧部位的对边宽度公差见表 2-33。其对角宽度只规定了最小值，未对公差作出规定。图 2-30a 中，$e_{\min} = 1.13s_{\min}$；图 2-30b 中，$e_{\min} = 1.3s_{\min}$。

表 2-33　螺母扳拧部位的对边宽度公差

部　位	公　差			
	A 级		B 级	C 级
	s/mm	公差	s/mm	公差
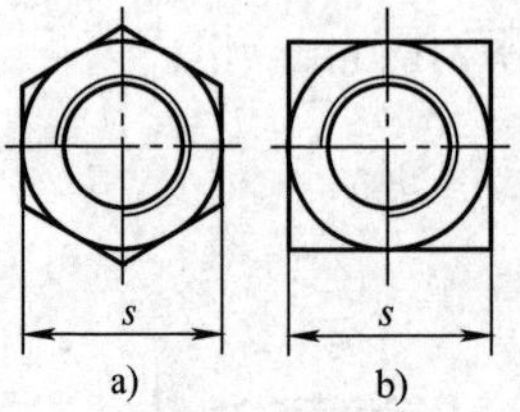 s　s a)　b)	≤30	h13	≤18	h14
	>30	h14	>18~60	h15
			>60~180	h16
			>180	h17

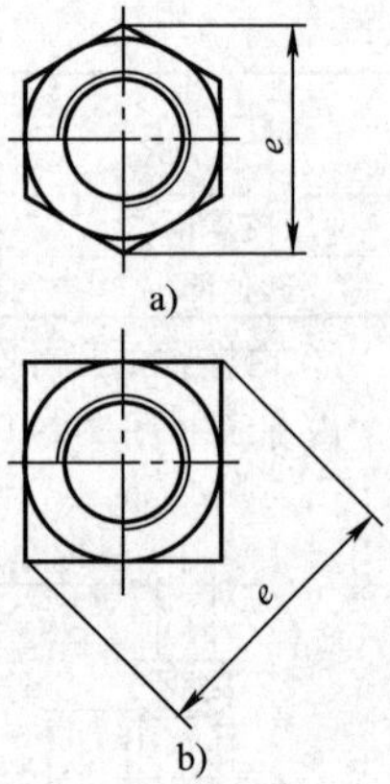

图 2-30　对角宽度

④ 其他部位公差

a. 螺母高度公差

A、B 级产品的螺母高度公差：

$D \leqslant 12$mm 时为 h14，12mm$<D \leqslant 18$mm 时为 h15，$D>18$mm 时为 h16。C 级产品

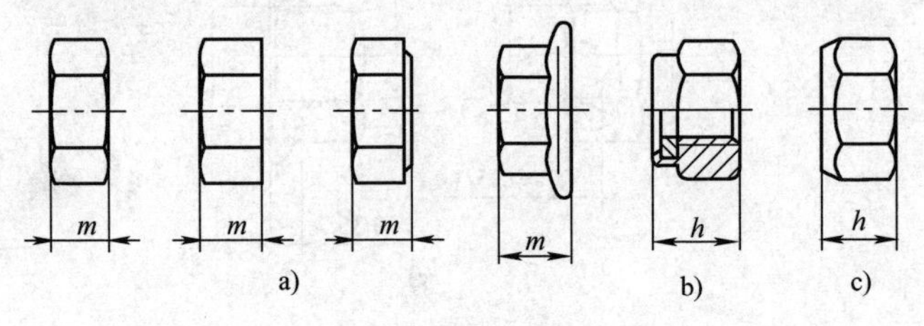

图 2-31　螺母高度公差

公差为 h17。有效力矩型螺母（非金属嵌件）（图 2-31b）和有效力矩型全金属螺母（图 2-31c）高度 h 的公差见产品标准。

b. 扳拧高度公差

在图 2-32a 中，$m_{w\ min}=0.8m_{min}$。在图 2-32b 中，$m_{w\ min}$ 的计算公式为

$$m_{w\ min} = 0.8 \times \left[m_{min} - \left(x + \frac{d_{w\ min} - e_{min}}{2}\tan\delta_{max} \right) \right]$$

式中　x——$e_{min}\times1.25$ 或 $e_{min}+0.4$mm 的较大值；

　　δ——法兰角。

m_w、m、d_w、e 和 δ 尺寸的代号和标注按 GB/T 5276。

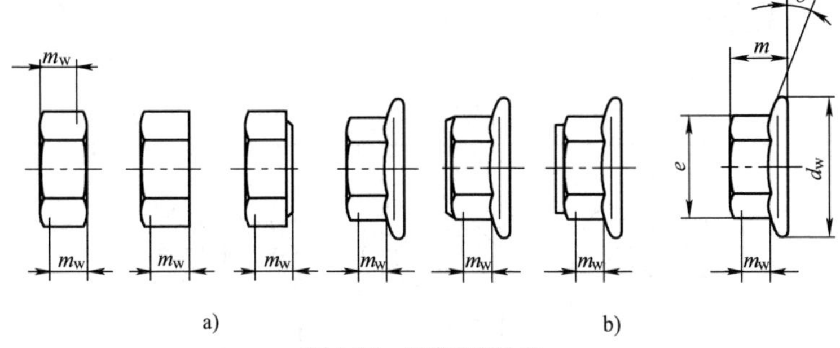

图 2-32　扳拧高度公差

计算 $m_{w\ min}$ 的公式仅系示例，适用于所例举的产品。$m_{w\ min}$ 由量规检验，见产品标准。

注意：m_w 确定的长度范围内，除倒角或垫圈面以外的对角宽度均应符合 e_{min}，并在相关的产品标准中规定。代号 m_w 代替以前使用的 m'。

c. 支承面直径和垫圈面高度（表 2-34）支承面直径最小值为，$d_{w\ min}=s_{min}-\text{IT16}$（用于对边宽度 < 21mm）；$d_{w\ min}=0.95s_{min}$（用于对边宽度≥21mm）；$d_{w\ max}=s_{实际}$。

对双面倒角螺母，d_w 要求适用于两个支承面。

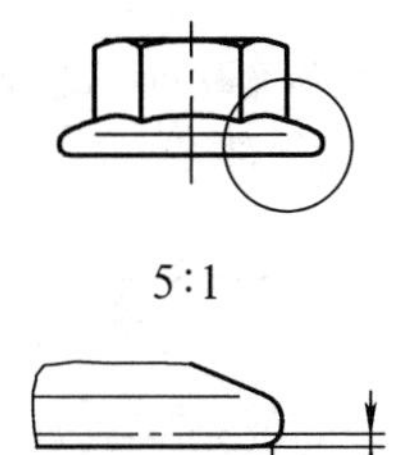

图 2-33　六角法兰面螺母

六角法兰面螺母 $d_{w\ min}$ 按产品标准规定，部位见图 2-33。

图 2-34 所示螺母螺纹大径 d_a 的取值，A、B 级产品时，$D\leqslant5$mm：$d_{a\ max}=1.15D$；5mm<$D\leqslant8$mm：$d_{a\ max}=D+0.75$mm；D>8mm：$d_{a\ max}=1.08D$。

对所有规格，$d_{a\ min}=D$。

C 级产品不作规定。

表 2-34　垫圈面高度 c

部　位	公　差		
	螺纹直径/mm	c/mm	
		min	max
放大 c d_w d_w的仲裁基准 0.1	≥1.6~2.5	0.10	0.25
	>2.5~4	0.15	0.40
	>4~6	0.15	0.50
	>6~14	0.15	0.60
	>14~36	0.2	0.8
	>36	0.3	1.0

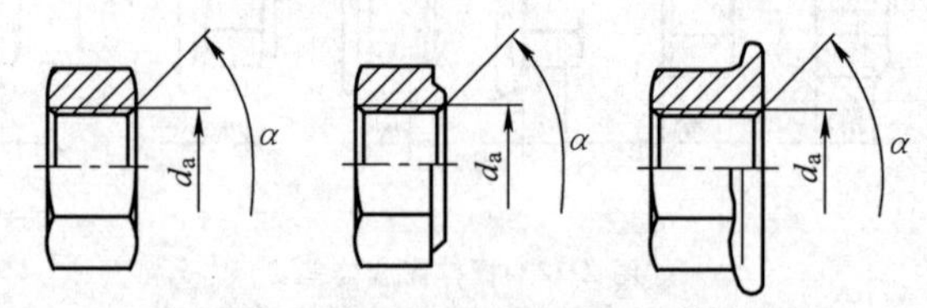

图 2-34　支承面的 d_a（α=90°~120°）

对双面倒角螺母，d_a 要求适用于两个支承面。

⑤ 特殊螺母（表 2-35）

表 2-35　特殊螺母

部　位	尺寸代号	A 级	B 级	C 级
皇冠螺母　开槽螺母	d_e	h14	h15	h16
	m	h14	h15	h17
	n	H14	H14	H15
	W	h14	h15	h17
	m_w	见 1 型六角螺母（GB/T 6170）的 m_w 值		

2）螺母几何公差

螺母的几何公差按 GB/T 1182 和 GB/T 16671 规定，不需要使用特殊工艺、测量或量规。需要以螺母的螺纹作为基准时，应以螺纹中径轴线为基准。应按 GB/T

16671 的规定使用最大实体要求。

① 扳拧部位

a. 扳拧部位的位置度公差（图 2-35）

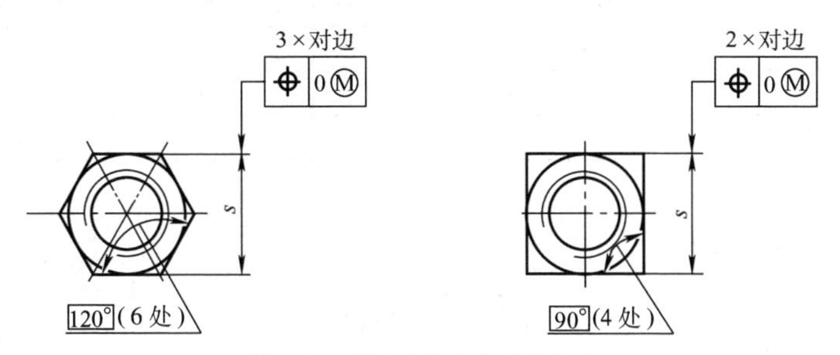

图 2-35　扳拧部位的位置度公差

b. 扳拧部位轴线的位置度公差（图 2-36）

部　　位	公差 t			选取 t 的基本尺寸
	A 级	B 级	C 级	
图 2-36a	2IT13	2IT14	2IT15	s
图 2-36b	2IT13	2IT14	—	
图 2-36c	2IT13	2IT14	2IT15	

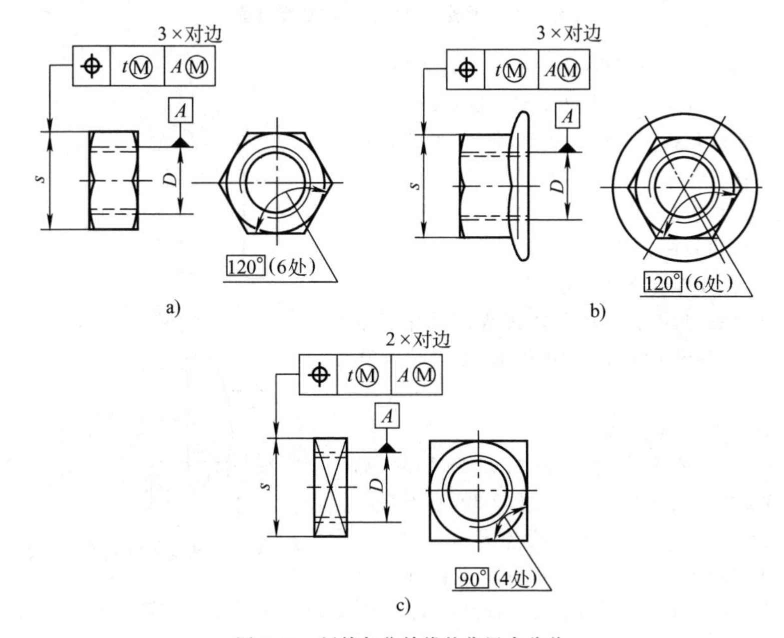

图 2-36　扳拧部位轴线的位置度公差

② 其他部位轴线的位置度公差（图 2-37）

部 位	公差 t			选取 t 的基本尺寸
	A 级	B 级	C 级	
图 2-37a	2IT14	2IT15	—	d_c
图 2-37b	2IT13	2IT14	2IT15	D
图 2-37c	2IT13	2IT14	—	d_k

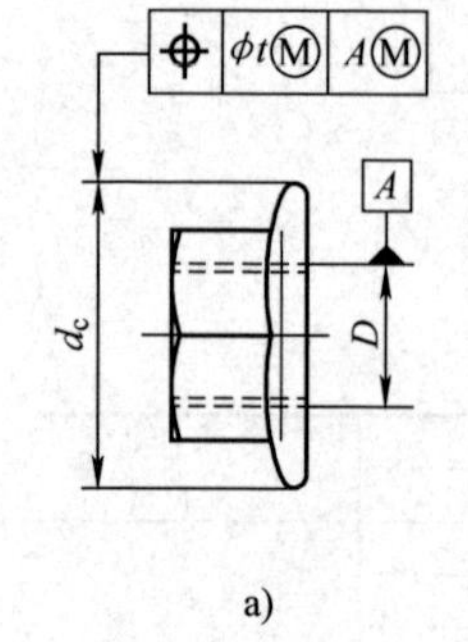

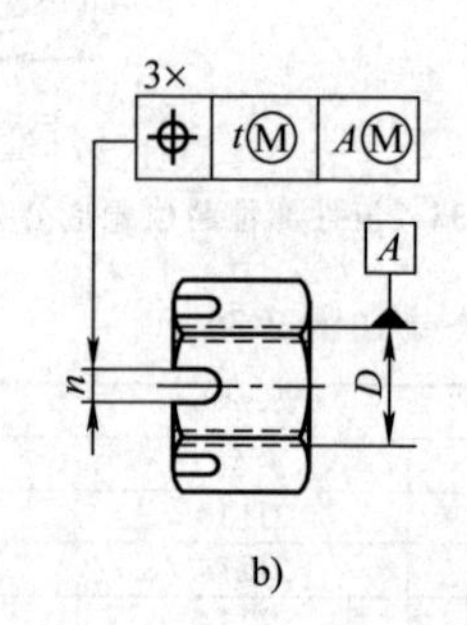

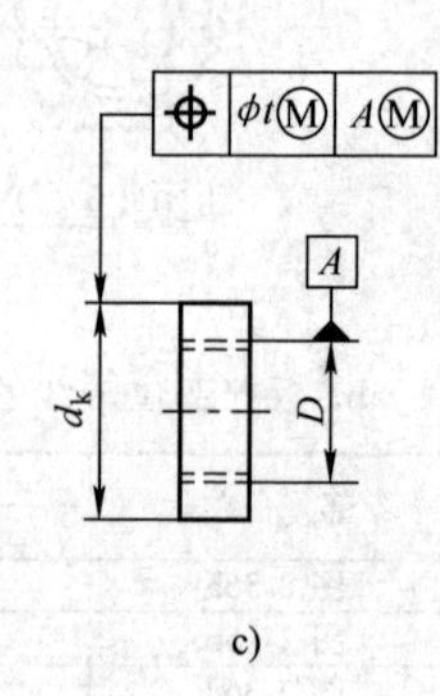

图 2-37 其他部位轴线的位置度公差

③ 其他部位的全跳动公差（见表 2-36）

④ 支承面形状的允许误差（图 2-38）

A 级和 B 级产品均为 0.005D，C 级不作规定，选取 t 的基本尺寸为 D。测量部位为 $d_{a\ max}$ 和 $d_{w\ min}$ 间的径向线。ϕ 值按产品标准规定。

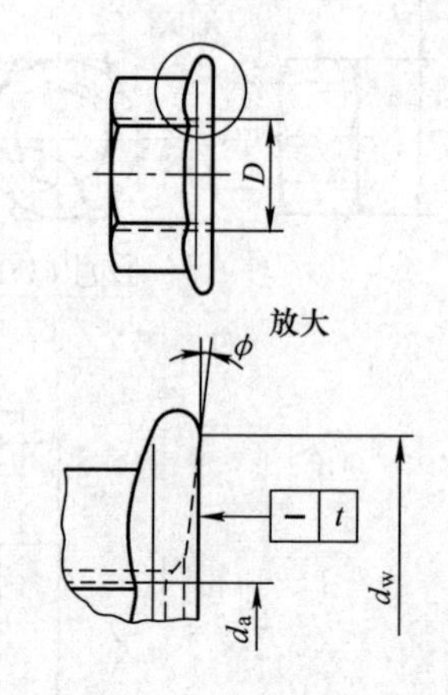

图 2-38 支承面形状的允许误差

（4）自攻螺钉公差

1）自攻螺钉尺寸公差

自攻螺钉尺寸公差只对 A 级产品作了规定，如图 2-39 所示，B 级和 C 级产品未作规定。

① 外扳拧部位公差

外扳拧对边宽度 s 的公差为 h13，如图 2-39a 所示。对角宽度 e（图 2-39b）的最小值 $e_{min}=1.12s_{min}$。头部高度公差见 GB/T 5285。扳拧高度的最小值 $k_{w\ min}=0.7k_{min}$（扳拧高度也可用 k'表示），头部高度与扳拧高度 k_w 见图 2-39c、d，六角凸缘自攻螺钉和六角法兰面自攻螺钉分别见 GB/T 16824.1 和 GB/T 16824.2。

表 2-36　其他部位的全跳动公差

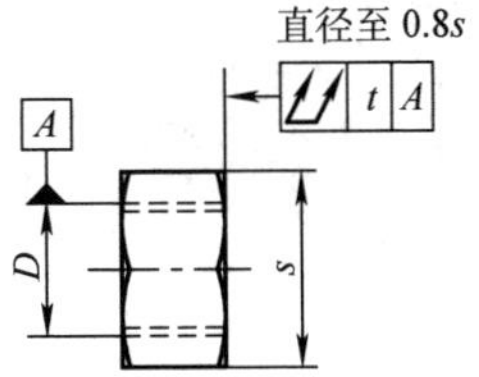

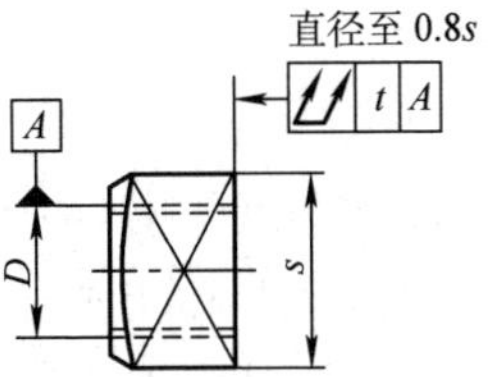

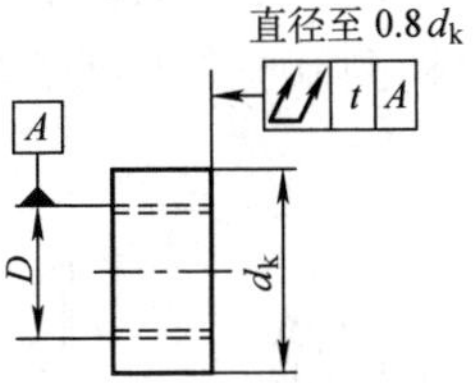

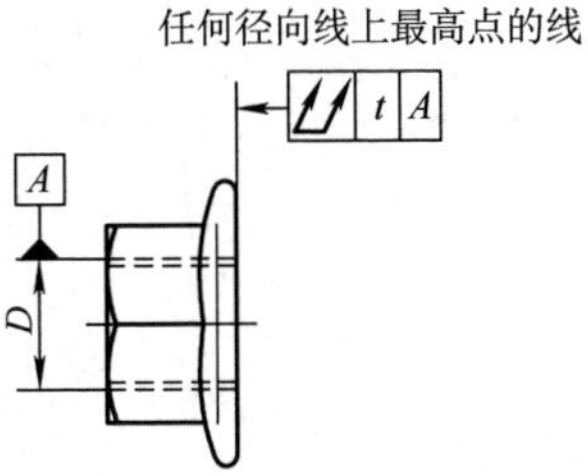

部　　位	公差 t A级	公差 t B级	公差 t C级	选取 t 的基本尺寸①
直径至 $0.8s$ 直径至 $0.8s$ 直径至 $0.8d_k$ 任何径向线上最高点的线	0.04	0.04	—	1.6
	0.04	0.04	—	2
	0.08	0.08	—	2.5
	0.08	0.08	—	3
	0.08	0.08	—	3.5
	0.08	0.08	—	4
	0.15	0.15	0.3	5
	0.15	0.15	0.3	6
	0.15	0.15	0.3	7
	0.17	0.17	0.34	8
	0.21	0.21	0.42	10
	0.25	0.25	0.50	12
	0.29	0.29	0.58	14
	0.34	0.34	0.68	16
	0.38	0.38	0.76	18
	0.42	0.42	0.84	20
	0.46	0.46	0.92	22
	0.50	0.50	1	24
	0.57	0.57	1.14	27
	0.63	0.63	1.26	30
	0.69	0.69	1.38	33
	0.76	0.76	1.52	36
	0.82	0.82	1.64	39
	0.44	0.44	0.88	42
	0.47	0.47	0.94	45
	0.50	0.50	1	48
	0.55	0.55	1.1	52

注：对双面倒角螺母，本公差适用于两个支承面。

① 此列中的数据均为螺纹大径。

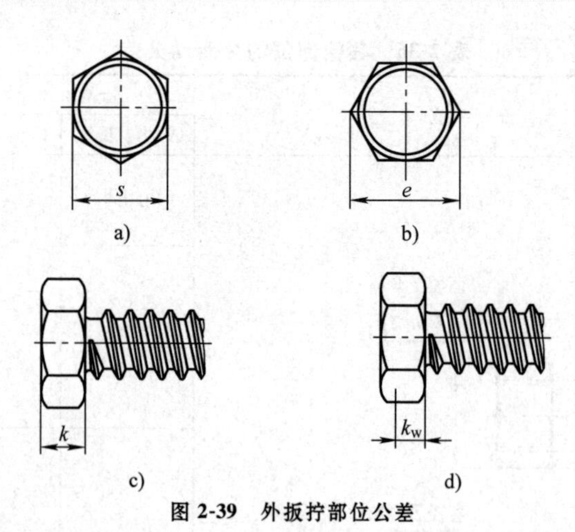

图 2-39 外扳拧部位公差

② 内扳拧部位公差

开槽宽度（图 2-40a）公差为，$n \leqslant 1$mm 时，公差为（$^{+0.20}_{+0.06}$）mm；1mm<$n \leqslant$ 3mm 时，公差为（$^{+0.31}_{+0.06}$）mm；3mm<$n \leqslant$6mm 时，公差为（$^{+0.37}_{+0.07}$）mm。$n \leqslant$1mm 选用公差 C13，n>1mm 选用公差 C14。开槽深度（图 2-40b）在产品标准中规定。

对于十字槽扳拧部位，除插入深度外，所有尺寸见 GB/T 944.1。插入深度见相关的产品标准。对于内六角花形，除插入深度外，所有尺寸见 GB/T 6188。插入深度见相关的产品标准。

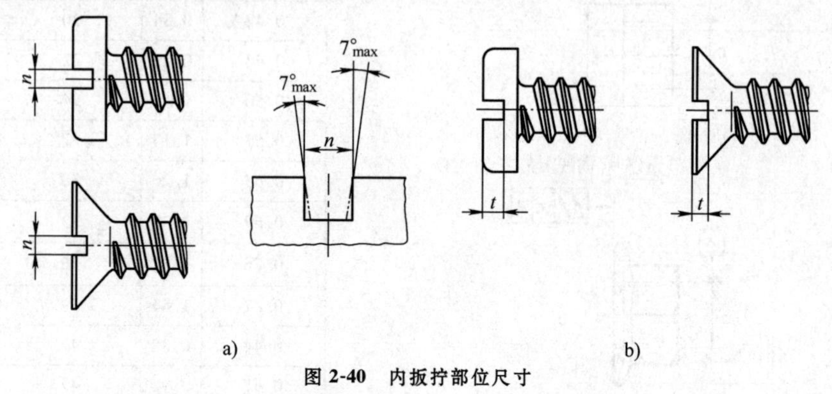

图 2-40 内扳拧部位尺寸

③ 其他部位的公差

a. 头部直径（图 2-41a）和头部高度（图 2-41b、c）的公差

两者的公差均为 h14。

沉头螺钉（图 2-41c）的直径与高度的综合控制，按 GB/T 5279 规定。沉头螺

钉的 k 尺寸在产品标准中仅规定最大值。

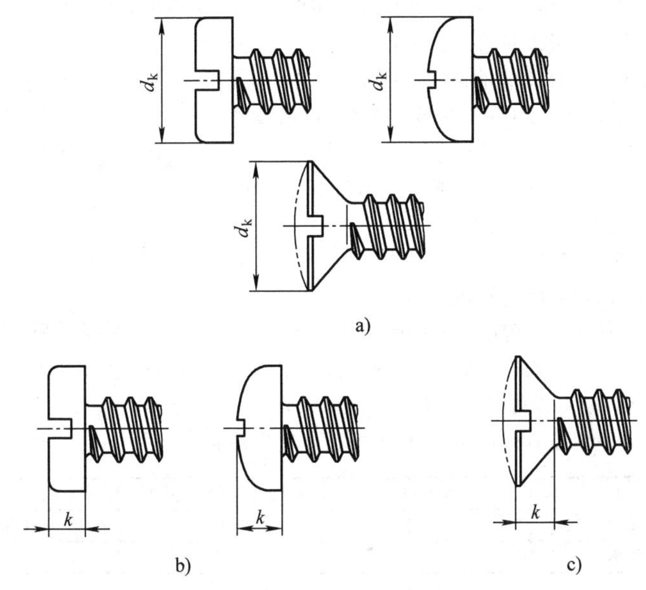

图 2-41　头部直径和头部高度的公差

b. 公称长度公差（表 2-37）

表 2-37　公称长度公差　　（mm）

部位	公差		
l, R型, l, F型, l, C型	型式	l	公差
	C型和R型	≤25	±0.8
		>25	±1.3
	F型	≤19	0 −0.8
		>19~38	0 −1.3
		>38	0 −1.5

2）自攻螺钉的几何公差

只对A级产品作了规定，几何公差按GB/T 1182和GB/T 16671规定，不需要使用特殊工艺、测量或量规。需要以自攻螺钉的螺纹作为基准或标注公差的部位时，则螺纹大径轴线可作为基准轴线。应按GB/T 16671的规定使用最大实体要求。基准A应尽可能靠近头部，并在距头部1P以内，但不应包括螺纹收尾或头下圆角部分。MD表示以螺纹大径轴线为基准轴线。

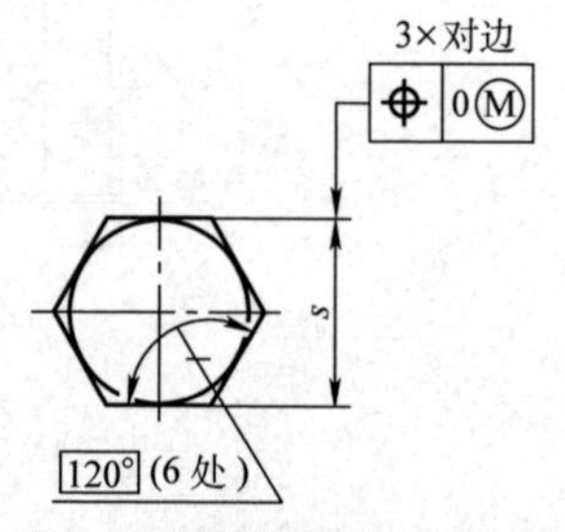

图2-42　扳拧部位的位置度公差

① 扳拧部位几何公差

扳拧部位的位置度公差如图2-42所示。

扳拧部位轴线的位置度公差如图2-43所示。

基准A应尽可能靠近头部，并在距头部$1P$以内，但不应包括螺纹收尾或头下圆角部分。MD表示以螺纹大径轴线为基准轴线。对十字槽位置度（图2-43e、f）的仲裁检验应使用按GB/T 944.1规定的量规进行评定。

部　　位	图2-43a	图2-43b、c、d	图2-43e、f
公差	2IT13	2IT12	2IT13
选取t的基本尺寸	s	d	d

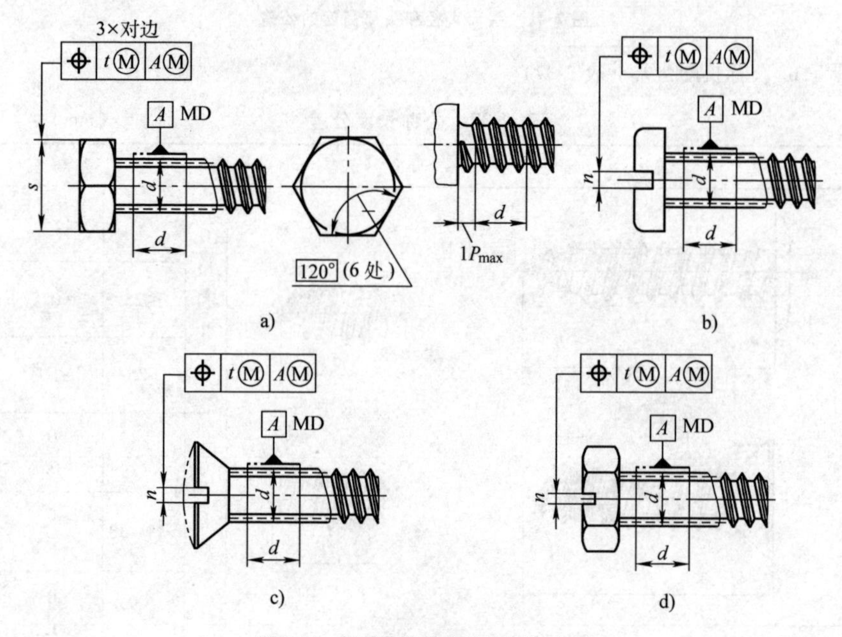

图2-43　扳拧部位轴线的位置度公差

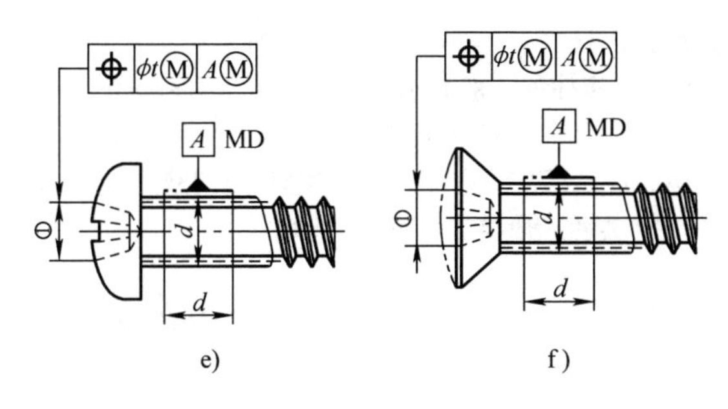

图 2-43　扳拧部位轴线的位置度公差（续）

② 其他部位的几何公差

图 2-44 所示螺钉扳拧部位轴线的位置度公差为 2IT13，选取 t 的基本尺寸为 d_k。

直线度公差 $t=0.003l+0.05\text{mm}$，用于 $l\leqslant 20d$，如图 2-45 所示。

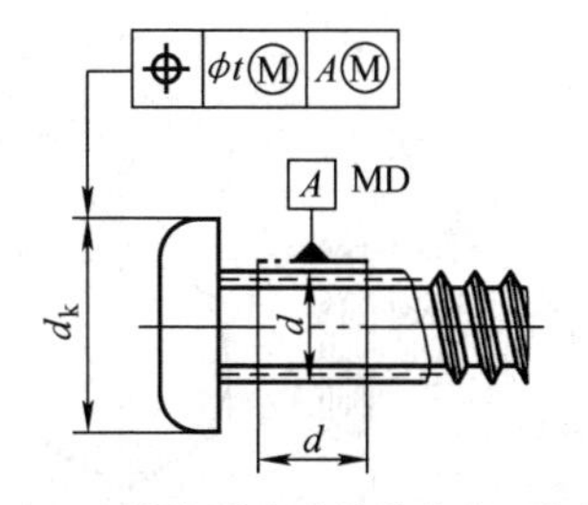

图 2-44　螺钉扳拧部位轴线的位置度公差

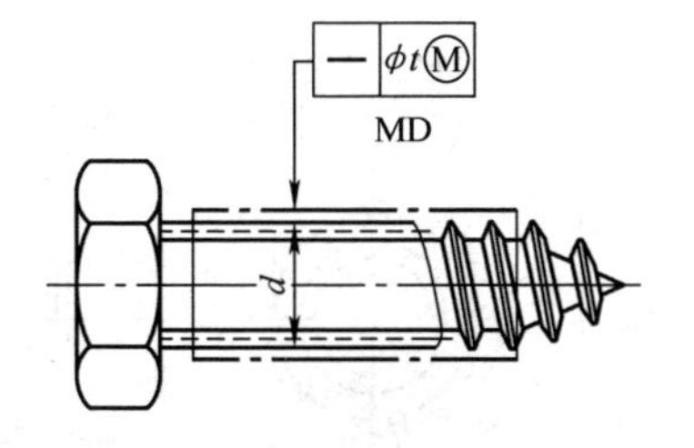

图 2-45　直线度公差

全跳动公差见表 2-38。

表 2-38　全跳动公差

部　　位	公差 t	
	d	t/mm
直径至 0.8s；直径至 0.8d_k；A MD	ST2.2	0.08
	ST2.9	0.16
	ST3.5	0.16
	ST4.2	0.16
	ST4.8	0.3
	ST5.5	0.3
	ST6.3	0.3
	ST8	0.34
	ST9.5	0.42

注：公差 t 的计算公式：$t\approx 1.2d\times\tan 2°$。

5. 紧固件表面缺陷

（1）螺栓、螺钉和螺柱的一般要求（GB/T 5779.1—2000）

1）适用范围：螺纹公称直径等于或大于5mm、产品等级A和B级、性能等级等于或小于10.9级，产品标准另有规定或供需双方有特殊协议者例外。

2）表面缺陷的种类和一般要求，见表2-39。

3）验收方法：

a. 非破坏性检查。由目测或其他非破坏性的方法检查，如磁力技术或涡流电流。

表2-39　螺栓、螺钉和螺柱表面缺陷的种类和一般要求

a. 裂缝——淬火裂缝	
产生原因	在热处理过程中，由于过高的热应力和应变，都可能产生淬火裂缝 淬火裂缝通常是不规则相交、无规律方向地呈现在紧固件表面
外观特征	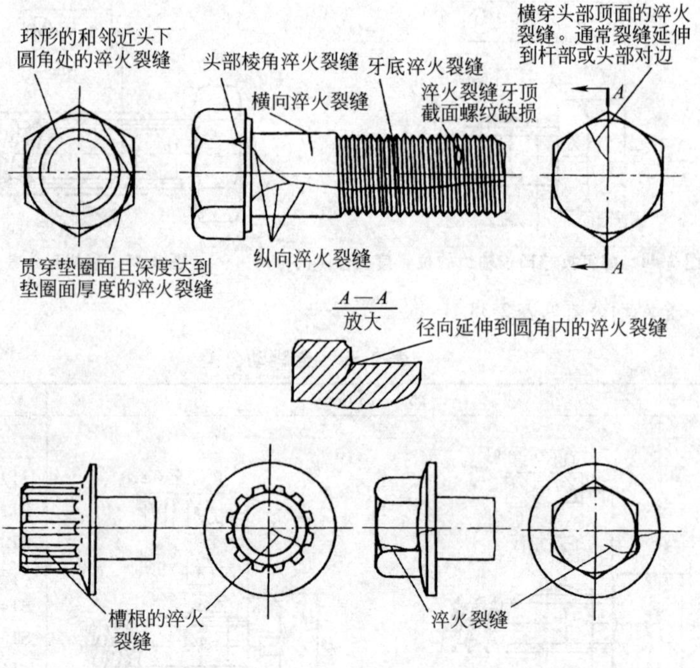 环形的和邻近头下圆角处的淬火裂缝 头部棱角淬火裂缝 牙底淬火裂缝 横向淬火裂缝 淬火裂缝牙顶截面螺纹缺损 横穿头部顶面的淬火裂缝。通常裂缝延伸到杆部或头部对边 A A 贯穿垫圈面且深度达到垫圈面厚度的淬火裂缝 纵向淬火裂缝 A—A 放大 径向延伸到圆角内的淬火裂缝 槽根的淬火裂缝 淬火裂缝
一般要求	任何深度、任何长度或任何部位的淬火裂缝都不允许存在

（续）

b. 裂缝——锻造裂缝	
产生原因	锻造裂缝可能在切料或锻造工序中产生，并位于螺栓和螺钉的头部顶面，以及凹穴头部隆起部分
外观特征	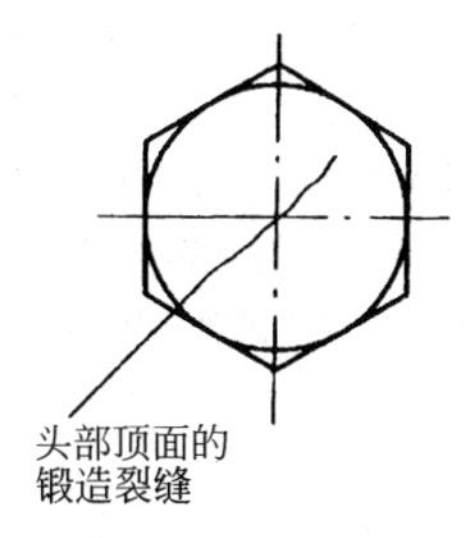
一般要求	锻造裂缝的长度 l：$l \leqslant 1d$ 锻造裂缝的深度或宽度 b：$b \leqslant 0.04d$ d—螺纹公称直径
c. 裂缝——锻造爆裂	
产生原因	在锻造过程中可能产生锻造爆裂，例如在螺栓和螺钉六角头的对角上，或在法兰面或圆头产品的圆周上，或在凹穴头部隆起部分出现
外观特征	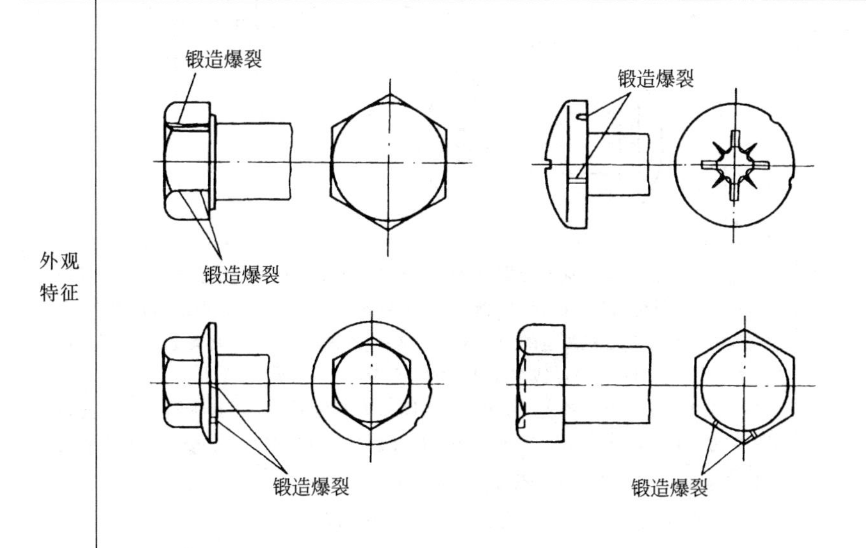

（续）

c. 裂缝——锻造爆裂	
一般要求	六角头及六角法兰面螺栓和螺钉：①六角法兰面螺栓和螺钉的法兰面上的锻造爆裂，不应延伸到头部顶面的顶圆（倒角圆）或头下支承面内。对角上的锻造爆裂，不应使对角宽度减小到低于规定的最小尺寸。②螺栓和螺钉凹穴头部隆起部分的锻造爆裂，其宽度不应超过 0.06d 或深度低于凹穴部分 圆头螺栓和螺钉及六角法兰面螺栓：螺栓和螺钉的法兰面和圆头圆周上的锻造爆裂的宽度，≤0.08d_c（或 d_k）（只有一个锻造爆裂时）；≤0.04d_c（或 d_k）（有两个或更多的锻造爆裂时，其中有一个允许到 0.08d_c 或 d_k） d—螺纹公称直径；d_c—头部或法兰直径；d_k—头部直径
d. 裂缝——剪切爆裂	
产生原因	在锻造过程中可能产生剪切爆裂，如在圆头或法兰面产品的圆头或法兰面的圆周上出现，通常和产品轴线约成 45° 剪切爆裂也可能产生在六角头产品的对边平面上
外观特征	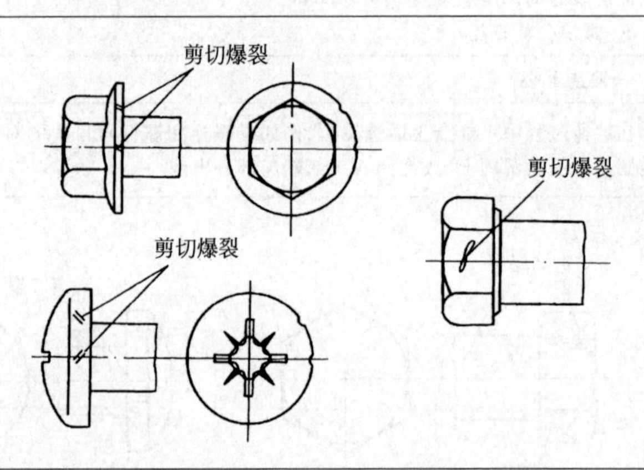
一般要求	六角头及六角法兰面螺栓和螺钉：①六角法兰面螺栓和螺钉的法兰面上的剪切爆裂，不应延伸到头部顶面的顶圆（倒角圆）或头下支承面内。对角上的剪切爆裂，不应使对角宽度减小到低于规定的最小尺寸。②螺栓和螺钉凹穴头部隆起部分的剪切爆裂，其宽度不应超过 0.06d 或深度低于凹穴部分 圆头螺栓和螺钉及六角法兰面螺栓：螺栓和螺钉的法兰面和圆头圆周上的剪切爆裂的宽度，≤0.08d_c（或 d_k）（只有一个剪切爆裂时）；≤0.04d_c（或 d_k）（有两个或更多的剪切爆裂时，其中有一个允许到 0.08d_c 或 d_k） d—螺纹公称直径；d_c—头部或法兰直径；d_k—头部直径

（续）

e. 原材料的裂纹和条痕	
产生原因	裂纹和条痕通常是制造紧固件的原材料中固有的缺陷
外观特征	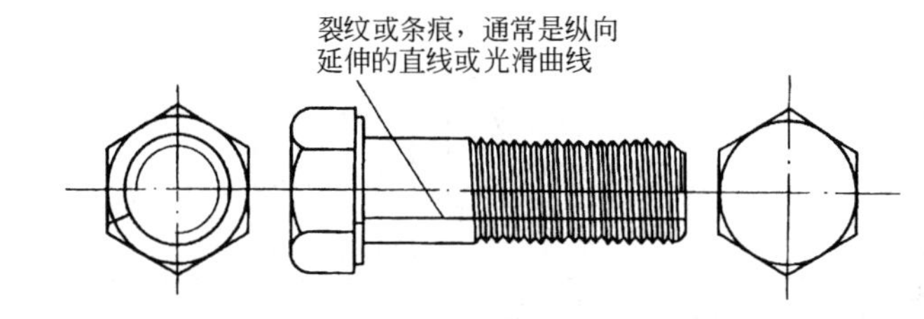 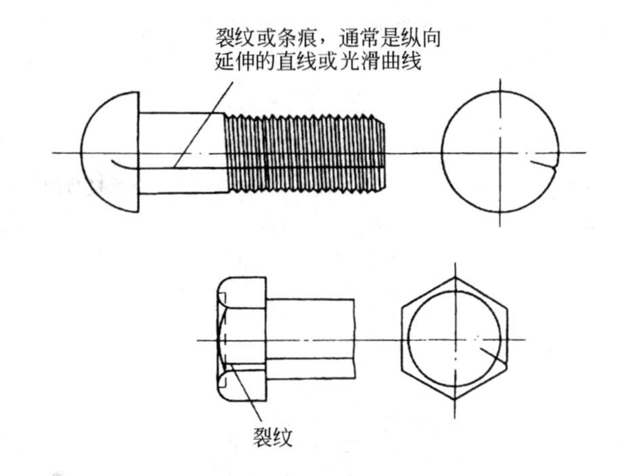
一般要求	裂纹或条痕的深度≤$0.03d$ 如果裂纹或条痕延伸到头部，则不应超出对锻造爆裂规定的宽度和深度的允许极限 d—螺纹公称直径

f. 凹痕	
产生原因	凹痕是由切屑或剪切毛刺或原材料的锈层造成的痕迹或压印，并未能在锻造或镦锻工序中消除

（续）

f. 凹痕	
外观特征	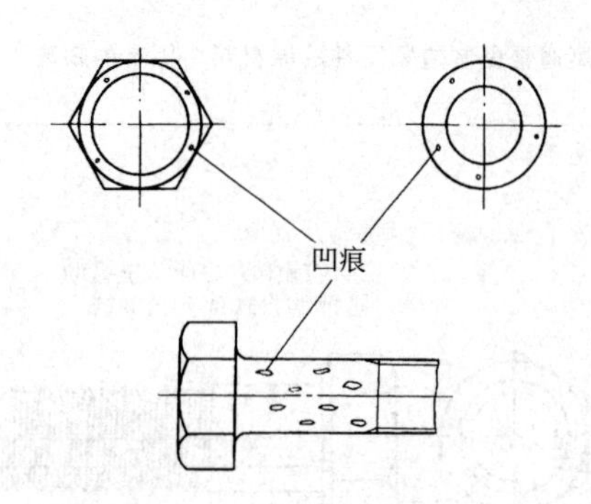
一般要求	凹痕的深度≤0.02d(最大值为 0.25mm) 凹痕的面积:支承面上凹痕面积之和,不应超过支承面总面积的 10% d—螺纹公称直径
g. 皱纹	
产生原因	在镦锻的一次冲击过程中,由于体积不足和形状不一造成材料的位移而产生皱纹
外观特征	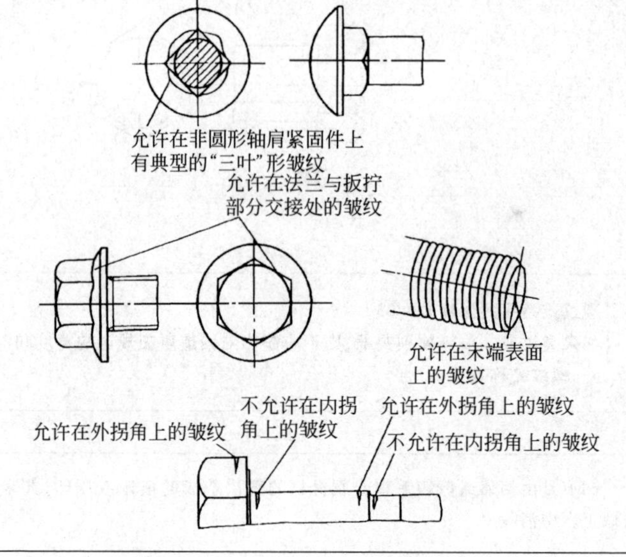

（续）

g. 皱纹	
一般要求	位于或低于支承面的内拐角上不允许有皱纹，但在上述图示或产品标准中特殊允许者例外。在外拐角上的皱纹允许存在
h. 切痕	
产生原因	切痕因制造工具超越螺栓或螺钉表面的运动而产生
外观特征	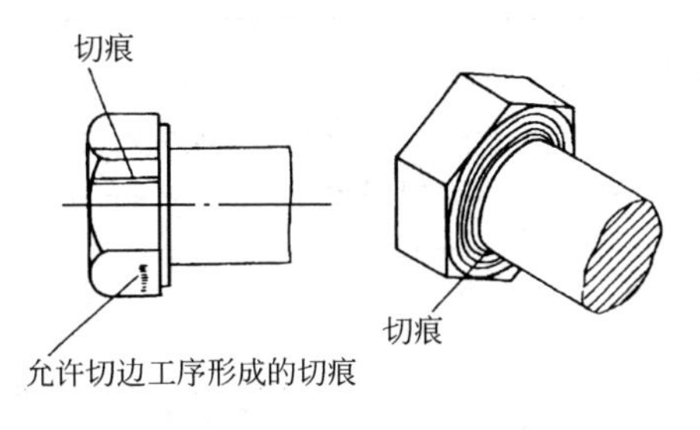
一般要求	在光杆、圆角或支承面上，由于加工产生的切痕，其表面粗糙度不应超过 $Ra3.2\mu m$（按 GB/T 1031 规定）
i. 损伤	
产生原因	损伤，如凹陷、擦伤、缺口和凿槽，因螺栓或螺钉在制造和运输过程中受外界影响而产生
外观特征	没有准确的几何形状、位置或方向，也无法鉴别外部影响的因素
一般要求	上述损伤，除非能证实削弱功能或使用性，否则不应拒收 位于螺纹最初三扣的凹陷、擦伤、缺口和凿槽不得影响螺纹通规通过，其拧入时的力矩不应大于 $0.001d^3$N · m d—螺纹公称直径

b. 破坏性检查。从经过非破坏性检查，并判定为不合格的样本中选取最严重缺陷的产品，在通过缺陷的最大深度处取一个垂直于缺陷的截面进行检查。

c. 判定。在目测检查中，若发现有任何部位上的淬火裂缝，或在内拐角上的皱纹，或在非圆形轴肩紧固件上有低于支承面、超出“三叶”形的皱纹，则拒收该批产品。

在破坏性检查中，若发现有超出规定允许极限的锻造裂缝、爆裂、裂纹和条痕、凹痕、切痕或损伤，则拒收该批产品。

d. 验收检查程序按 GB/T 90.1 规定。

（2）螺母表面缺陷的一般要求（GB/T 5779.2—2000）

1）适用范围。螺纹公称直径为 5~39mm；产品等级 A 和 B 级；符合 GB/T 3098.2 规定的所有性能等级，产品标准另有规定或供需双方有特殊要求者例外。

2）螺母表面缺陷的种类和一般要求见表 2-40。

表 2-40　螺母表面缺陷的种类和一般要求

a. 裂缝——淬火裂缝	
产生原因	在热处理过程中，由于过高的热应力和应变，都可能产生淬火裂缝 淬火裂缝通常是不规则、无规律方向地呈现在螺母表面
外观特征	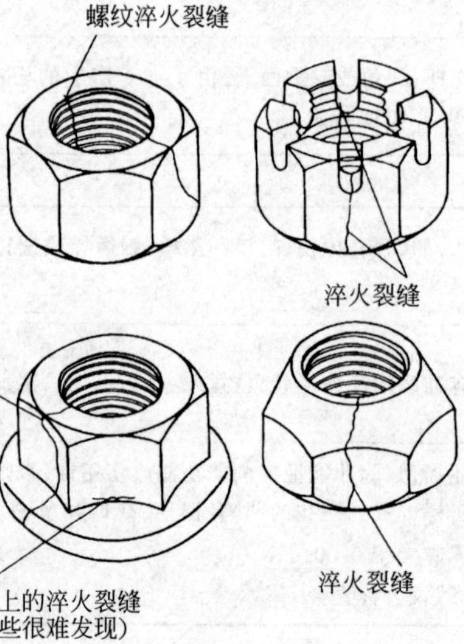 螺纹淬火裂缝 淬火裂缝 淬火裂缝 淬火裂缝 内角上的淬火裂缝 （这些很难发现）
一般要求	任何深度、任何长度或任何部位的淬火裂缝都不允许存在

（续）

b. 裂缝——锻造裂缝和夹渣裂缝	
产生原因	锻造裂缝可能在切料或锻造工序中产生，并位于螺母的顶面或底面上，或顶面（底面）与对边平面交接处 夹渣裂缝由原材料固有的非金属夹渣而造成
外观特征	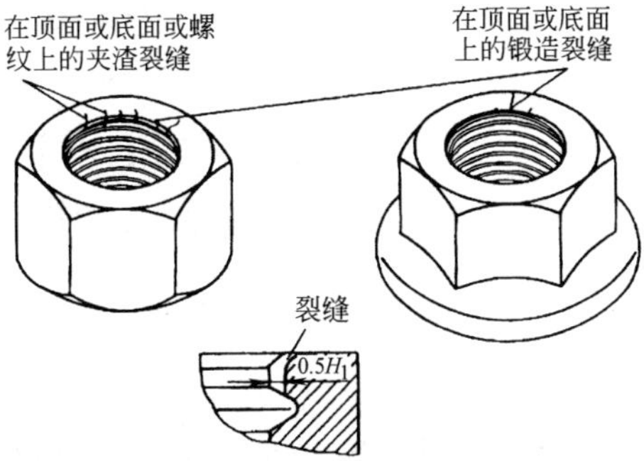
一般要求	位于螺母支承面或底面和顶面上的裂缝，应分别符合以下要求： a）贯穿支承面的锻造裂缝不应多于两条，其深度也不得超过 0.05D b）延伸到螺孔内的裂缝不应超出第一扣完整螺纹 c）在第一扣完整螺纹上的裂缝深度不应超过 0.5H_1 D—螺纹公称直径；H_1—螺纹实际牙高，$H_1=0.541P$；P—螺距
c. 裂缝——锁紧部分裂缝	
产生原因	全金属有效力矩型锁紧螺母的锁紧部分裂缝，可能在切料、锻造或收口（压扁）过程中产生，并呈现在外表面或内表面上
外观特征	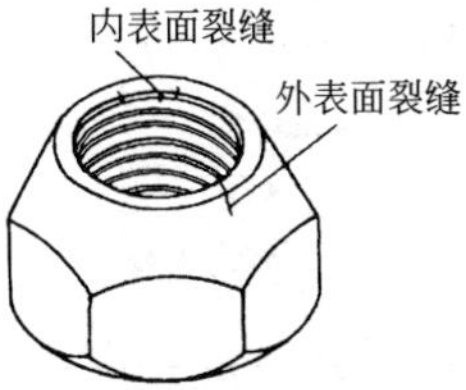
一般要求	由于锻造产生并位于锁紧部分的裂缝，应能符合螺母机械和工作性能要求，还应符合： a）贯穿顶部圆周的裂缝不应多于两条，其深度也不得超过 0.05D b）延伸到螺孔内的裂缝不应超出第一扣完整螺纹 c）在第一扣完整螺纹上的裂缝深度不应超过 0.5H_1 不允许存在由于收口（压扁）产生于锁紧部分的裂缝 D—螺纹公称直径；H_1—螺纹实际牙高，$H_1=0.541P$

（续）

d. 裂缝——垫圈座裂缝	
产生原因	在装配垫圈的过程中,当压力施加到边缘或凸起部分时,可能产生垫圈座裂缝
外观特征	
一般要求	垫圈座裂缝应控制在翻铆以后的边缘或凸起部分以内,并且垫圈应能自由转动,且不脱落
e. 剪切爆裂	
产生原因	在锻造过程中可能产生剪切爆裂,如在螺母的外表面或在法兰面螺母的周边上出现。通常剪切爆裂和螺母轴线约成45°
外观特征	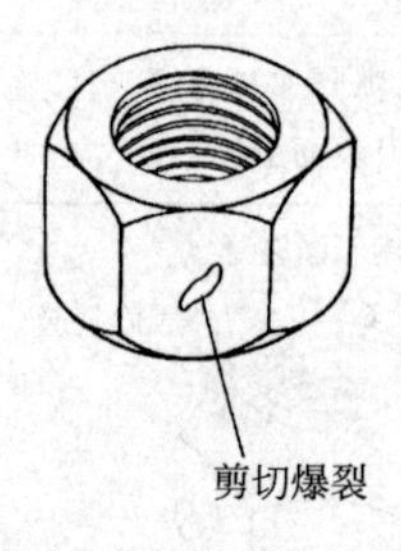 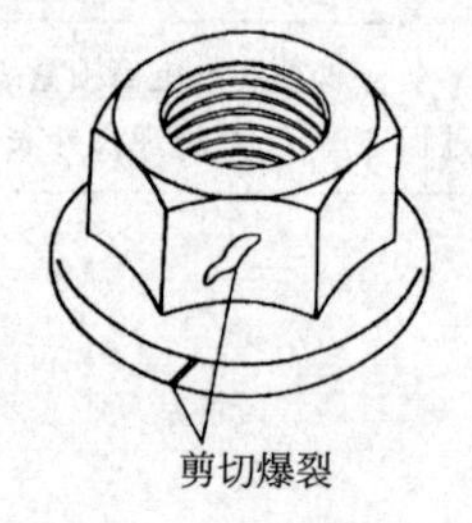
一般要求	螺母对边上的剪切爆裂,不应延伸到六角螺母的支承面,或法兰面螺母的顶部圆周。对角上的剪切爆裂,不应使对角宽度减小到低于规定的最小尺寸 位于螺母顶面或底面与对边平面交接处的剪切爆裂宽度不得大于$(0.25+0.02s)$mm 法兰面螺母的法兰圆周上的剪切爆裂,不应延伸到支承面直径(d_w)的最小尺寸内,其宽度也不得超过$0.08d_c$ s—对边宽度;d_c—法兰直径

（续）

f. 爆裂	
产生原因	在锻造过程中，由于原材料的表面缺陷，可能产生爆裂，如在螺母的外表面或在法兰面螺母的周边上出现
外观特征	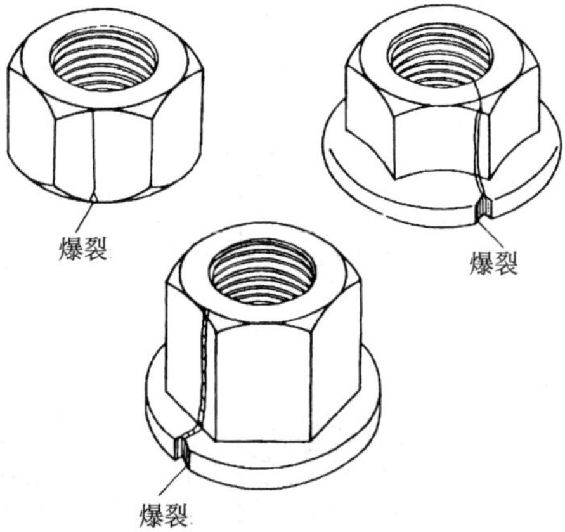
一般要求	如果由原材料引起的裂纹与爆裂相连接，那么裂纹可能延伸到顶部圆周，但爆裂不得延伸 对角上的爆裂，不应使对角宽度减小到低于规定的最小尺寸 位于螺母顶面或底面与对边平面交接处的爆裂宽度不得大于$(0.25+0.02s)$mm 法兰面螺母的法兰圆周上的爆裂，不应延伸到支承面直径（d_w）的最小尺寸内，其宽度也不得超过$0.08d_c$ s—对边宽度；d_c—法兰直径
g. 裂纹	
产生原因	裂纹通常是制造紧固件的原材料中固有的缺陷
外观特征	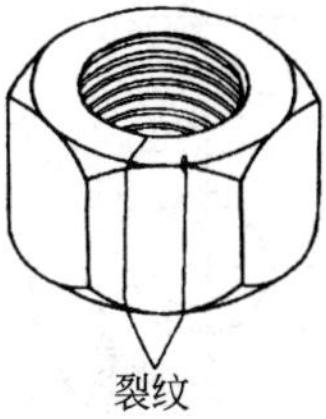
一般要求	裂纹的深度对所有的螺纹规格均不得超过$0.05D$ D—螺纹公称直径

（续）

h. 皱纹	
产生原因	在锻造螺母的过程中，位于或接近直径（截面）变化的交接处，或螺母的顶面或底面，由于材料的位移可能产生皱纹
外观特征	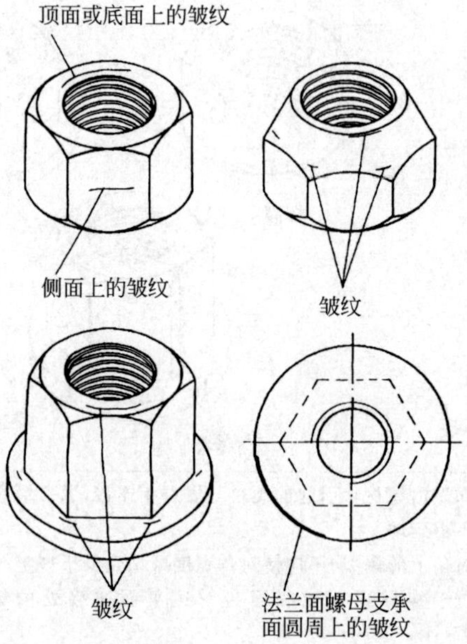
一般要求	位于法兰面螺母的法兰圆周与支承面交接处的皱纹，不得延伸到支承面。其他皱纹允许存在
i. 凹痕	
产生原因	凹痕是由于切屑、剪切毛刺或原材料的锈层造成的痕迹或压印，并在锻造或镦锻工序中未能消除
外观特征	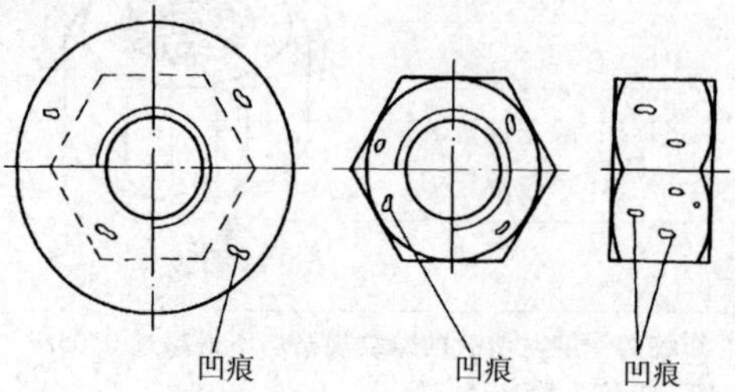

（续）

i. 凹痕	
一般要求	凹痕的深度 h：$h \leqslant 0.02D$ 或最大为 0.25mm 凹痕的面积：对螺纹公称直径 $D \leqslant 24$mm 的螺母，支承面上的凹痕面积之和不应超过支承面总面积的 5%；对螺纹公称直径 $D > 24$mm 的螺母，凹痕面积不应超过支承面总面积的 10% D—螺纹公称直径
j. 切痕	
产生原因	切痕因制造工具与工件之间的相对运动而产生
外观特征	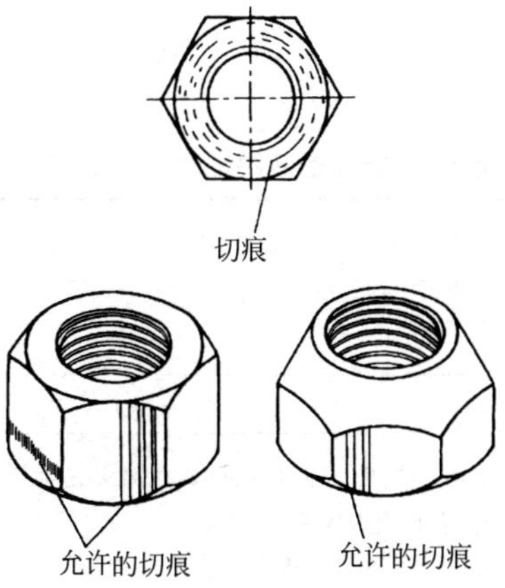 切痕 允许的切痕　允许的切痕
一般要求	螺母支承面上的切痕，其表面粗糙度不应超过 $Ra3.2\mu m$（按 GB/T 1031 规定）。其他表面的切痕允许存在
k. 损伤	
产生原因	损伤，如凹陷、擦伤、缺口和凿槽，因螺母在制造和运输过程中受外界影响而产生
外观特征	没有准确的几何形状、位置或方向，也无法鉴别外部影响的因素
一般要求	上述损伤，除非能证实削弱产品的性能和使用性，否则不应拒收 如有必要，按特殊协议，如包装要求，以避免运输中的损伤

3）验收检查方法：

a. 非破坏性检查。按 GB/T 90.1 的规定，从验收批中抽取样本，并可放大 10 倍进行目测或其他非破坏性的检查，如用磁力技术或涡流电流。

b. 破坏性检查。在去除表面涂、镀层后，如发现有可能超过允许极限的表面缺陷，则应选取有最严重表面缺陷的样品进行破坏性试验（GB/T 3098.12 和 GB/T 3098.14）。

c. 仲裁试验。由易切钢制造的螺母的仲裁检查，应按 GB/T 3098.14 对螺母进行扩孔试验。根据供需双方协议，可根据 GB/T 3098.12 进行附加试验。

（3）螺栓、螺钉和螺柱表面缺陷的特殊要求（GB/T 5779.3—2000）

1）适用范围。螺纹公称直径等于或大于 5mm、产品等级 A 和 B 级、公称长度 $l \leqslant 10d$（或按特殊规定可更长）、性能等级 12.9 级、性能等级 8.8、9.8 和 10.9 级、对表面缺陷有特殊要求的标准螺栓、螺钉和螺柱。

当要求疲劳强度时，其疲劳强度不应低于同批产品中无缺陷的螺栓所能达到的水平。

2）表面缺陷的种类、产生原因、外观特征和特殊要求见表 2-41。允许的表面缺陷见表 2-42。

表 2-41　螺栓、螺钉和螺柱表面缺陷的种类、产生原因、外观特征和特殊要求

a. 淬火裂缝(同表 2-39 中 a.) b. 锻造裂缝(同表 2-39 中 b.) c. 锻造爆裂(同表 2-39 中 c.)	
d. 剪切爆裂	
产生原因	在锻造过程中可能产生剪切爆裂,如在圆头或法兰面产品的圆头或法兰面的圆周上出现,通常和产品轴线约成 45° 剪切爆裂也可能产生在六角头产品的对边平面上
外观特征	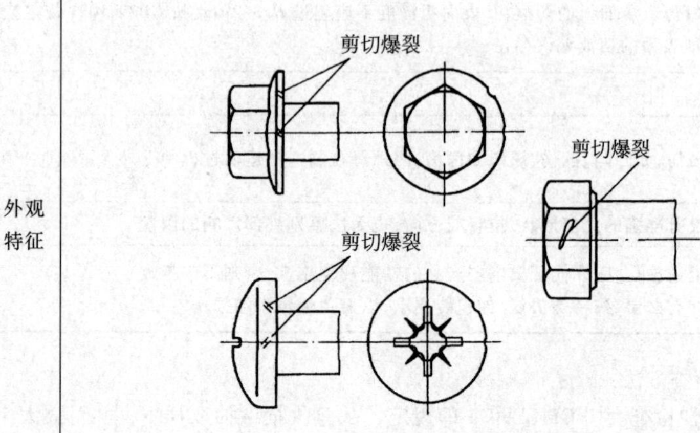

（续）

d. 剪切爆裂	
特殊要求	(a)六角头及六角法兰面螺栓和螺钉。位于扳拧头部剪切爆裂的极限： 宽度≤0.25mm+0.02s；深度≤0.04d 六角法兰面螺栓和螺钉的法兰面上的剪切爆裂，不应延伸到头部顶面的顶圆（倒角圆）或头下支承面内。对角上的剪切爆裂，不应使对角宽度减小到低于规定的最小尺寸 螺栓和螺钉凹穴头部隆起部分的剪切爆裂，其宽度不应超过0.06d或深度低于凹穴部分 (b)圆头螺栓和螺钉及六角法兰面螺栓。螺栓和螺钉的法兰面和圆头圆周上的剪切爆裂的宽度不应超过下列极限： ≤0.08d_c（或d_k）（只有一个剪切爆裂时）；≤0.04d_c（或d_k）（有两个或更多的剪切爆裂时，其中有一个允许到0.08d_c或d_k） s—对边宽度；d—螺纹公称直径；d_c—头部或法兰直径；d_k—头部直径

e. 裂缝——凹槽头螺钉的锻造裂缝	
产生原因	在锻造和加工凹槽的过程中，由于剪切和挤压应力的作用，可能在圆周、顶面和凹槽（如内六角）等内、外表面上产生裂缝
外观特征	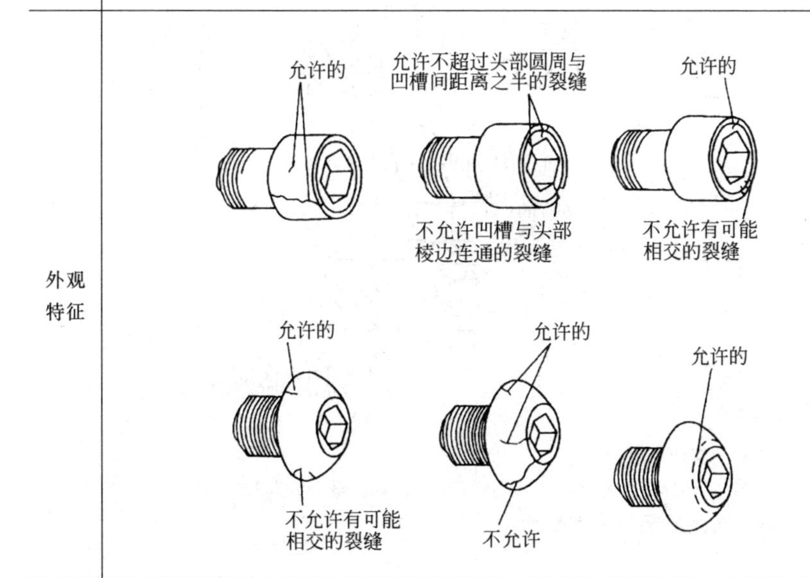

（续）

e. 裂缝——凹槽头螺钉的锻造裂缝

外观特征

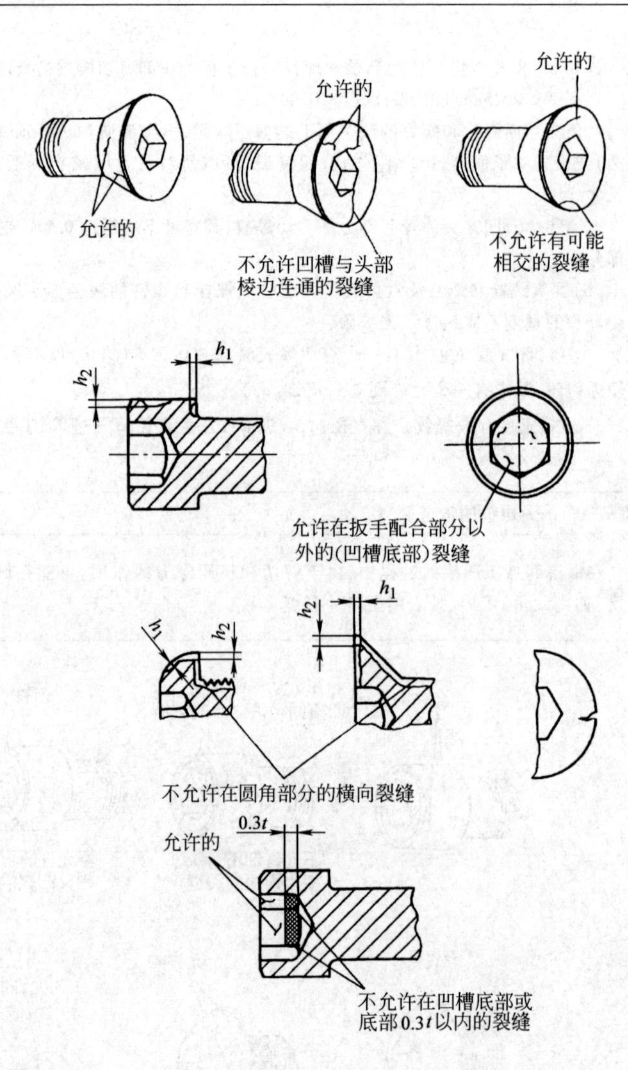

允许的深度：

$h_1 \leqslant 0.03d_k$（最大值为 0.13mm）；$h_2 \leqslant 0.06d_k$（最大值为 1.6mm）

d_k—头部直径；t—凹槽深度

（续）

e. 裂缝——凹槽头螺钉的锻造裂缝	
特殊要求	从凹槽内延伸到外表面以及在横向可能相交的裂缝是不允许的。槽底 0.3t 范围内不允许有裂缝。允许位于凹槽其他部位的裂缝，但长度不应超过 0.25t，深度不应超过 0.03d_k（最大值为 0.13mm） 在头杆结合处和头部顶面上，允许有一个深度不超过 0.03d_k（最大值为 0.13mm）的纵向裂缝。在圆周上允许有深度不超过 0.06d_k（最大值为 1.6mm）的纵向裂缝
f. 原材料的裂纹和条痕 产生原因和外观特征同表 2-39e。特殊要求是，裂纹或条痕的深度：≤0.015d+0.1mm（最大值为 0.4mm） 如果裂纹或条痕延伸到头部，则不应超出对锻造爆裂规定的宽度和深度的允许极限（表 2-39 中 e.） d—螺纹公称直径	
g. 凹痕　凹底面积之和，不应超过支承面总面积的 5%，其余（同表 2-39 中 f.） h. 皱纹（同表 2-39 中 g.） i. 切痕（同表 2-39 中 h.）	
j. 螺纹上的折叠	
产生原因	在辗制螺纹的冷成形过程中，产生螺纹上的折叠或皱纹
外观特征	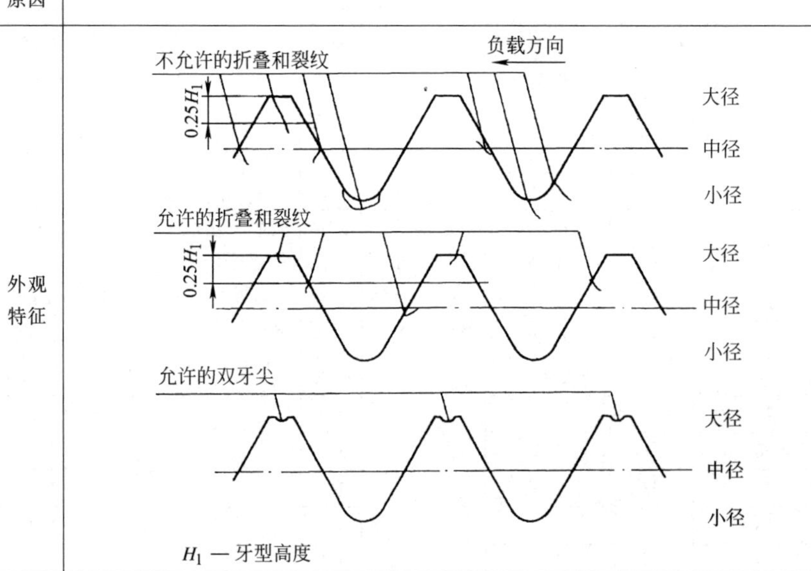

（续）

j. 螺纹上的折叠	
特殊要求	任何深度或长度的折叠，不允许在螺纹牙底出现。在中径以下螺纹牙受力侧面，即使其起点在中径以上，也不允许 下列折叠允许存在：螺纹牙顶 $0.25H_1$ 范围内的折叠；每扣螺纹上在半圈以内的未完全滚压出的螺纹牙顶 在中径以下位于不受力螺纹牙侧并向大径方向延伸的折叠，其深度不大于 $0.25H_1$，每扣螺纹上的长度不大于半圈螺纹长度 H_1—牙型高度
k. 损伤（同表2-39中i.）	

表2-42　允许的表面缺陷　（mm）

缺陷	锻造裂缝				剪切爆裂	
			圆头和法兰头			
螺纹公称直径（d）	长度 max	宽度和深度 max	宽度 max	深度 max	宽度 max	深度 max
5	5	0.2	=0.08×头部或法兰直径，也可=0.04×头部或法兰直径	0.2	=0.25+0.02s（对扳手面）=0.08×头部或法兰直径 也可0.04×头部或法兰直径	0.2
6	6	0.24		0.24		0.24
7	7	0.28		0.28		0.28
8	8	0.32		0.32		0.32
10	10	0.4		0.4		0.4
12	12	0.48		0.48		0.48
14	14	0.56		0.56		0.56
16	16	0.64		0.64		0.64
18	18	0.72		0.72		0.72
20	20	0.8		0.8		0.8
22	22	0.88		0.88		0.88
24	24	0.96		0.96		0.96
27	27	1.1		1.1		1.1
30	30	1.2		1.2		1.2
33	33	1.3		1.3		1.3
36	36	1.4		1.4		1.4
39	39	1.6		1.6		1.6

（续）

内六角螺钉的裂缝				条痕	凹痕	螺纹上的折叠	损伤
凹槽		头部		原材料深度 max	深度 max	深度 max	扭矩值 /N·m max
长度 max	深度 max	表面深度 max	棱边（倒圆）深度 max				
0.25×凹槽深度	0.13	0.03×头部直径，最大 0.13mm	0.06×头部直径，最大 1.6mm	0.17	0.1	0.11	0.125
	0.13			0.19	0.12	0.14	0.22
	0.13			0.21	0.14	0.14	0.33
	0.13			0.22	0.16	0.17	0.51
	0.13			0.25	0.2	0.2	1
	0.13			0.28	0.24	0.24	1.73
	0.13			0.31	0.25	0.27	2.7
	0.13			0.34	0.25	0.27	4.1
	0.13			0.37	0.25	0.34	5.8
	0.13			0.4	0.25	0.34	8
	0.13			0.4	0.25	0.34	10.6
	0.13			0.4	0.25	0.41	13.8
	0.13			0.4	0.25	0.41	19.7
	0.13			0.4	0.25	0.47	27
	0.13			0.4	0.25	0.47	35.9
	0.13			0.4	0.25	0.54	46.6
	0.13			0.4	0.25	0.54	59.3

3）验收检查方法　同（1）中 3）。

6. 紧固件验收检查、标志与包装（GB/T 90.1—2002，GB/T 90.2—2002）

（1）验收检查的有关术语及符号

1）验收检查：经抽样、量规检查、测量、比较和试验，以判定一批紧固件的接收或拒收。

2）供方：紧固件的制造者、经销者或代理人。

3）需方：紧固件的收货人或代理人，需方不一定是紧固件的使用者。

4）检查批：从同一供方一次接收的相同标记、一定数量的紧固件。同一品种、型式、规格、产品等级和性能等级的一定数量的紧固件。

5）批量（N）：一批中包含的紧固件数量。

6）样本：从一个检查批中随机抽取（即该批紧固件有均等的机会被抽到）一个或多个紧固件。

7）样本大小（n）：样本中所包含的紧固件数量。

8）特性：规定了极限范围的尺寸要素、机械性能或其他可标识的产品性能。例如，头部高度、杆部直径、抗拉强度或硬度。

9）缺陷：特性偏离特定的技术要求。

10）不合格紧固件：有一个或多个缺陷的紧固件。

11）合格判定数（A_c）：在任一给定的样本中，同一特性所允许的最大缺陷数，如超出，则拒收该批产品。

12）抽样方案：根据方案抽取一个样本，以获得信息并确定一个批的可接收性。

13）合格质量水平（AQL）：在一个抽样方案中，同一高的接收概率相应的质量水平。本标准规定该概率大于或等于95%。

14）极限质量（LQ）：一个抽样方案中，同一低的接收概率相应的质量水平。本标准规定该概率小于或等于10%。LQ_{10} 表示在抽样方案中，对应于1/10接收概率的、不符合特性的紧固件的比率；通常称为使用者风险。

15）生产者风险：实际质量水平达到规定的AQL值时，在一个抽样方案中一批产品仍被拒收的概率。

16）接收概率（P_a）：对一个已知质量的批，在给定的抽样方案中判定该批可接收的概率。

（2）验收检查的基本规则与技术要求

1）需方认为必要或经济合理时，可对已交付的紧固件进行功能和使用性的检查。当生产者风险不大于5%时，不必预先达成协议。

2）在验收检查的过程中，应强调，着重考虑产品是否符合其预期的功能。仅当缺陷损害了紧固件预期功能或使用要求时，才可提出拒收。因此，标准规定的所有检验并非都要进行。对查出的缺陷，需方应给供方核实的机会。检查时，对以后的使用功能尚不能确定者（如库存零件），则对任何不符合规定公差的情况均应作为损害功能或使用要求而记录在案。

3）已拒收的紧固件批，除非对缺陷经过修整或分类，否则不能提交复检。

4）检查中使用量规和测量仪器时，如果紧固件的尺寸和性能均在规定的极限范围内，则不应决定拒收任何紧固件。如有争议，应使用直接测量，以便判定。但不适用于螺纹检查。用量规检验螺纹是决定性的（见GB/T 3934）。

5）即使符合本标准验收条件的产品批，也应尽可能剔除个别不符合技术要求的紧固件。

（3）紧固件的验收检查程序

1）确定抽样项目和合格质量水平AQL（表2-43）

表 2-43 抽样项目和合格质量水平 AQL

	尺寸特性	产品等级					
		1	2	3	4	5	6
		A 和 B 级[1]螺栓、螺钉和螺柱	C 级[1]螺栓、螺钉和螺柱	A 和 B 级[1]螺母	C 级[1]螺母	自攻螺钉[2]和木螺钉	所有未包括在第 5 列的自挤螺钉、自钻自攻螺钉和薄板螺钉
		AQL					
螺纹紧固件	对边宽度	1	1.5	1	1.5	1.5	1
	对角宽度	1	1.5	1	1.5	1.5	1
	螺母高度	—	—	1	1.5	—	—
	开槽宽度	1	—	—	—	1.5	1
	开槽深度	1	—	—	—	1.5	1
	凹槽插入深度	1	—	—	—	1.5	1
	内扳拧,通规	1	—	—	—	—	—
	内扳拧,止规	1	—	—	—	—	—
	头下形状	1	—	—	—	—	1
	螺纹通规	1	1.5	1	1.5	—	1[3]
	螺纹止规	1	1.5	1	1.5	—	1[3]
	大径	—	—	—	—	2.5	1
	几何公差[4]	1	1.5	1	1.5	2.5	1
	其他	1.5	2.5	1.5	2.5	2.5	1.5
	不合格紧固件	2.5	4	2.5	4	4	2.5

	尺寸特性	A 级[5]	C 级[5]
		AQL	
平垫圈	孔径	1	1.5
	外径	1.5	2.5
	其他	2.5	4

	尺寸特性	圆柱销	圆锥销	销轴	弹性销	开口销
		AQL				
销	销径	1	1	1	1	1.5
	表面粗糙度	1	1	1	1	—
	锥度	—	1	—	—	—
	其他	2.5	2.5	2.5	2.5	2.5

（续）

	尺寸特性	AQL
盲铆钉	钉体直径	1.5
	钉体长度	1.5
	钉体头部直径	1.5
	钉体伸出长度	1.5
	其他	2.5

注：每一特性应单独评定。

① 产品等级按产品的公差分类（见 GB/T 3103.1）。

② 螺纹符合 GB/T 5280 的自攻螺钉。

③ 对某些产品（如自挤螺钉）的特性评定与螺纹配合精度有关。

④ 每一几何公差应单独评定。

⑤ 产品等级按产品的公差与配合分类（GB/T 3103.3）。

2）抽样方案示例（表 2-44）

表 2-44　抽样方案示例①

A_c	AQL				
	0.65	1.0	1.5	2.5	4.0
	n② LQ_{10}				
0	8	5	3	—	—
	25	37	54		
1	50	32	20	13	8
	7.6	12	18	27	42
2	125	80	50	32	20
	4.3	6.5	10	17	25
3	200	125	100	50	32
	3.3	5.4	6.6	13	20
4	315	200	125	80	50
	2.6	3.9	6.2	9.6	15
5	400	250	160	100	—
	2.4	3.7	5.8	9.3	
6	—	315	200	125	80
		3.4	5.2	8.4	13
7	—	400	250	160	100
		3.0	4.7	7.3	11.5
8	—	—	315	200	125

（续）

A_c	AQL				
	0.65	1.0	1.5	2.5	4.0
	n② LQ_{10}				
			4.2	6.6	10
10	—	—	400	250	160
			3.9	6.0	9.5
12	—	—	—	315	200
				5.6	8.8
14	—	—	—	400	250
				5.0	8.0
18	—	—	—	—	315
					7.8
22	—	—	—	—	400
					7.3

注：1. LQ_{10} 应当与紧固件的功能或使用或二者相适应。对多数重要紧固件的功能或使用，LQ_{10} 值可以是较小的，但这将要求较大的样本数量和较高的检查成本。如果该批产品已知是采用连续生产控制的，则可能减少被检紧固件的比例。如果被检批显示了好的质量，在这种情况下选取较大的 LQ_{10} 值。相反，如果该批产品不能推测其质量是均匀一致的，或者是由多个制造者提供的，则可能需要提高被检紧固件的比例。LQ_{10} 值的选择应由需方独自判定。

2. 表中的抽样方案由选定的 AQL 和使用者风险（LQ_{10}）确定。这两个参数一旦确定，样本大小和合格判定数也随即确定。GB/T 2828 给出的批量与样本大小的关系是不适用的，它仅适用于连续批的检查。因此，如能选定适当的 LQ_{10}，则表中也能很好的用于孤立批。

3. 对所有抽样方案的生产者风险均小于或等于 5%。

① 抽样方案摘自 GB/T 2828（采用直接法，或某些情况采用插入法）。

② 在非破坏性试验的情况下，如果批量小于要求的样本大小，则应进行 100%的检查。

3）尺寸特性以外的特性

螺纹紧固件尺寸特性以外的特性见表 2-45；平垫圈、销、盲铆钉的机械特性见表 2-46。

表 2-45　螺纹紧固件尺寸特性以外的特性

特　　性		AQL
机械特性和表面缺陷	非破坏性检查①	0.65
	破坏性检查	1.5

（续）

特 性	AQL
化学成分	1.5
金相特性	1.5
功能(操作)特性	1.5
镀层	1.5
其他②	1.5

① 在检查表面缺陷的过程中（非破坏性检查），如果发现不允许的表面缺陷（如淬火裂缝），无论它们的尺寸大小如何，则应拒收该检验批。

② 根据使用技术条件，可能要求其他特性。

表 2-46 平垫圈、销、盲铆钉的机械特性

<table>
<tr><td rowspan="3">平垫圈</td><td rowspan="2">机械特性①</td><td colspan="2">碳钢或合金钢</td><td colspan="2">不锈钢</td><td colspan="2">有色金属</td></tr>
<tr><td colspan="6">AQL</td></tr>
<tr><td>硬度</td><td colspan="2">0.65</td><td colspan="2">0.65</td><td colspan="2">—</td></tr>
<tr><td rowspan="4">销</td><td rowspan="2">机械特性①</td><td colspan="3">圆柱销、圆锥销和销轴</td><td colspan="3">弹性销、开口销</td></tr>
<tr><td colspan="6">AQL</td></tr>
<tr><td>切变强度</td><td colspan="3">—</td><td colspan="3">1.5</td></tr>
<tr><td>硬度</td><td colspan="3">0.65</td><td colspan="3">0.65</td></tr>
<tr><td rowspan="6">盲铆钉</td><td>机械特性②</td><td colspan="6">AQL</td></tr>
<tr><td>抗拉强度</td><td colspan="6">1.5</td></tr>
<tr><td>切变强度</td><td colspan="6">1.5</td></tr>
<tr><td>钉芯断裂载荷</td><td colspan="6">1.5</td></tr>
<tr><td>钉芯拆卸力</td><td colspan="6">4.0</td></tr>
<tr><td>钉头保持性能</td><td colspan="6">4.0</td></tr>
</table>

① 在产品标准中规定。根据使用技术条件可能要求其他特性。

② 在产品标准中规定。

（4）紧固件标志与包装

1）标志

紧固件产品上的标志应符合紧固件国家标准、行业标准的规定。其中，“紧固件制造者识别标志”（或紧固件经销者识别标志）有别于商标，属于标准化与产品质量范畴，应经全国性标准化机构统一协调、确认并予公告。

产品包装箱、盒、袋等外表应有标志或标签。标志应正确、清晰、齐全、牢固。内货与标志一致。标志一般应印刷或标打，也允许拴挂或粘贴，标志不得有褪色、脱落。标志内容如下：

a. 紧固件制造者（或经销者）名称。

b. 紧固件产品名称（全称或简称）。

c. 紧固件产品标准规定的标记。

d. 紧固件产品数量或净重。

e. 制造或出厂日期。

f. 产品质量标记。

g. 其他：有关标准或运输部门规定的，或制造、销售和使用者要求的标志。

2）包装

紧固件产品应去除污垢及金属屑。无金属镀层产品的表面应涂有防锈剂以防在运输和贮藏中受腐蚀。在正常运输和保管条件下，应保证自出厂之日起半年内不生锈。

产品运输包装是以运输储存为主要目的的包装，必须具有保障货物安全、便于装卸储运、加速交接点验等功能。

产品运输包装应符合科学、牢固、经济、美观的要求。以确保在正常的流通过程中，能抗御环境条件的影响而不发生破损、损坏等现象，保证安全、完整、迅速地将产品运至目的地。

产品运输包装材料、辅助材料和容器，均应符合有关国家标准的规定。无标准的材料和容器须经试验验证，其性能应能满足流通环境条件的要求。

产品的包装形式及方法由紧固件制造者确定。

7. 紧固件外螺纹零件的末端（GB/T 2—2016）

（1）范围

GB/T 2—2016 规定了推荐使用的外螺纹零件如螺栓、螺钉和螺柱末端的型式与尺寸，适用于标准的或非标准的外螺纹零件。每一种末端型式规定了一个代号。当螺纹紧固件规定某一种末端时，可使用这些代号。

（2）紧固件公称长度内的末端型式与尺寸（图 2-46、表 2-47）

（3）紧固件公称长度外的末端型式与尺寸（图 2-47，表 2-48~表 2-50）

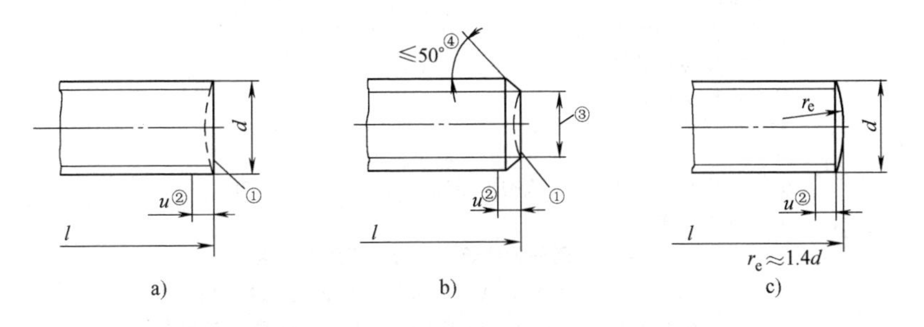

图 2-46 紧固件公称长度内的末端型式

a）辗制末端（RL） b）倒角端（CH） c）倒圆端（RN）

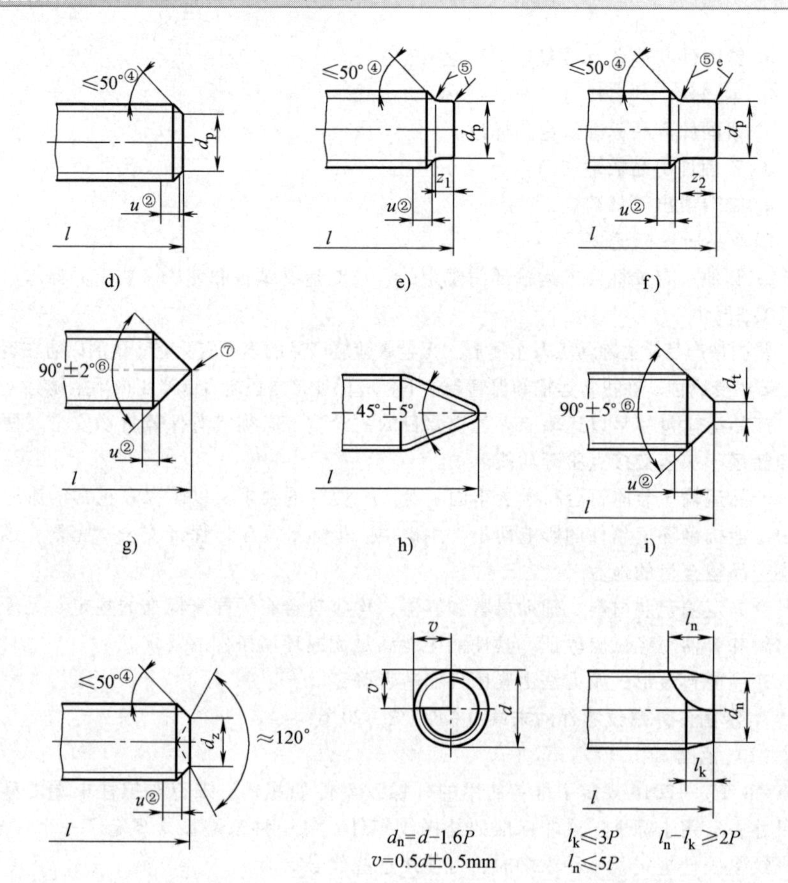

注：P—螺距。

① 可带凹面的末端。

② 不完整螺纹长度 $u \leqslant 2P$。

③ ≤螺纹小径。

④ 角度仅适用于螺纹小径以下的部分。

⑤ 倒圆。

⑥ 对短螺钉为 120°±2°，或按产品标准规定，如 GB/T 78。

⑦ 触摸末端无锋利感。

图 2-46　紧固件公称长度内的末端型式（续）

d）平端（FL）　e）短圆柱端（SD）　f）长圆柱端（LD）

g）锥端（CN）　h）螺纹锥端（CA）　i）截锥端（TC）

j）凹端（CP）　k）刮削端（SC）

表 2-47　紧固件外螺纹零件的末端尺寸　（mm）

螺纹公称直径 d[1]	d_p h14[2]	d_t[3] h16	d_z h14	z_1 $^{+IT14}_{0}$[4]	z_2 $^{+IT14}_{0}$[4]
1.6	0.8	—	0.8	0.40	0.80
1.8	0.9	—	0.9	0.45	0.90
2	1.0	—	1.0	0.50	1.00
2.2	1.2	—	1.1	0.55	1.10
2.5	1.5	—	1.2	0.63	1.25
3	2.0	—	1.4	0.75	1.50
3.5	2.2	—	1.7	0.88	1.75
4	2.5	—	2.0	1.00	2.00
4.5	3.0	—	2.2	1.12	2.25
5	3.5	—	2.5	1.25	2.50
6	4.0	1.5	3.0	1.50	3.00
7	5.0	2.0	4.0	1.75	3.50
8	5.5	2.0	5.0	2.00	4.00
10	7.0	2.5	6.0	2.50	5.00
12	8.5	3.0	8.0	3.00	6.00
14	10.0	4.0	8.5	3.50	7.00
16	12.0	4.0	10.0	4.00	8.00
18	13.0	5.0	11.0	4.50	9.00
20	15.0	5.0	14.0	5.00	10.00
22	17.0	6.0	15.0	5.50	11.00
24	18.0	6.0	16.0	6.00	12.00
27	21.0	8.0	—	6.70	13.50
30	23.0	8.0	—	7.50	15.00
33	26.0	10.0	—	8.20	16.50
36	28.0	10.0	—	9.00	18.00
39	30.0	12.0	—	9.70	19.50
42	32.0	12.0	—	10.50	21.00

（续）

螺纹公称直径 d①	d_p h14②	d_t③ h16	d_z h14	z_1 $^{+IT14}_{0}$④	z_2 $^{+IT14}_{0}$④
45	35.0	14.0	—	11.20	22.50
48	38.0	14.0	—	12.00	24.00
52	42.0	16.0	—	13.00	26.00

① $d \leqslant 1.6$mm，其尺寸公差按协议。

② $d \leqslant 1$mm，公差按 h13。

③ $d \leqslant 5$mm，锥端不要求制出平面部分，可以倒圆。

④ $d \leqslant 1$mm，公差按$^{+IT13}_{0}$。

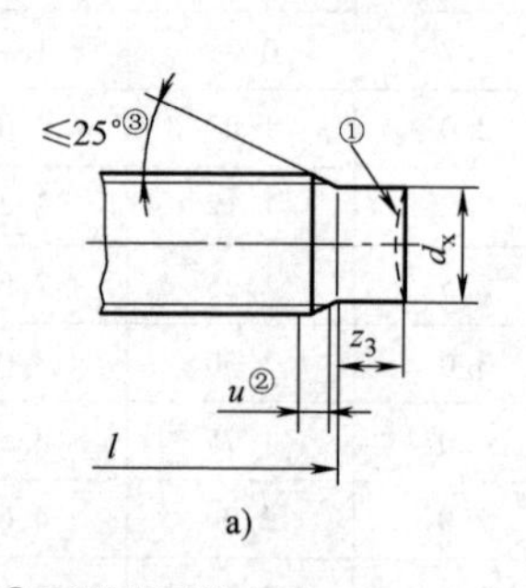

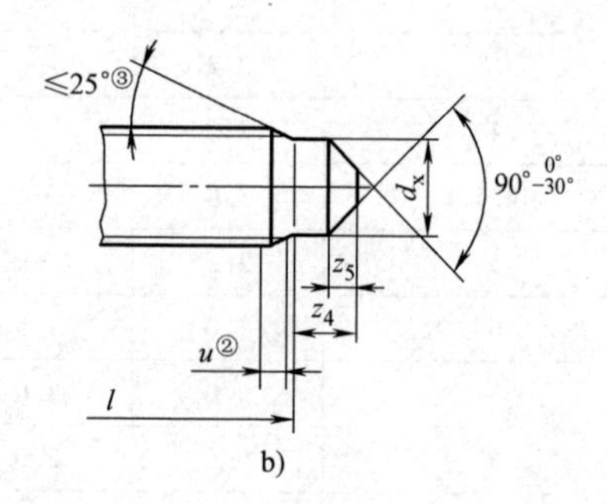

① 可带凹面的末端。

② 不完整螺纹长度 $u \leqslant 2P$。

③ 角度仅适用于螺纹小径以下的部分。

图 2-47 紧固件公称长度外的末端型式

a）平面导向端（PF） b）截锥导向端（PC）

表 2-48 粗牙螺纹用平面导向端（PF）尺寸 （mm）

螺纹规格		M4	M5	M6	M8	M10	M12	M14	M16	M20	M24
d_x①	max	2.9	3.8	4.5	6.1	7.8	9.4	11.1	13.1	16.3	19.6
	min	2.7	3.6	4.3	5.9	7.6	9.1	10.8	12.8	15.9	19.2
z_3	$^{+IT17}_{0}$	2.0	2.5	3.0	4.0	5.0	6.0	7.0	8.0	10.0	12.0

① 特殊情况下，要求较小直径应单独协议。

表 2-49 粗牙螺纹用截锥导向端（PC）尺寸 （mm）

螺纹规格		M4	M5	M6	M8	M10	M12	M14	M16	M20	M24
d_x①	max	2.9	3.8	4.5	6.1	7.8	9.4	11.1	13.1	16.3	19.6
	min	2.7	3.6	4.3	5.9	7.6	9.1	10.8	12.8	15.9	19.2

（续）

螺纹规格		M4	M5	M6	M8	M10	M12	M14	M16	M20	M24
z_4	$^{+IT17}_{0}$	2.0	2.5	3.0	4.0	5.0	6.0	7.0	8.0	10.0	12.0
z_5	max	1.00	1.50	2.00	2.50	3.00	3.50	4.00	4.50	5.00	6.00
	min	0.50	0.75	1.00	1.50	1.50	2.00	2.00	2.50	3.00	4.00

① 特殊情况下，要求较小直径应单独协议。

表 2-50 细牙螺纹用截锥导向端（PC）尺寸 （mm）

螺纹规格		M8×1	M10×1	M12×1.5	M14×1.5	M16×1.5
d_x	max	6.30	8.00	9.60	11.40	13.50
	min	6.08	7.78	9.38	11.13	13.23
z_4	$^{+IT17}_{0}$	4	5	6	7	8
z_5	max	2.5	3.0	3.5	4.0	4.5
	min	1.5	1.5	2.0	2.0	2.5

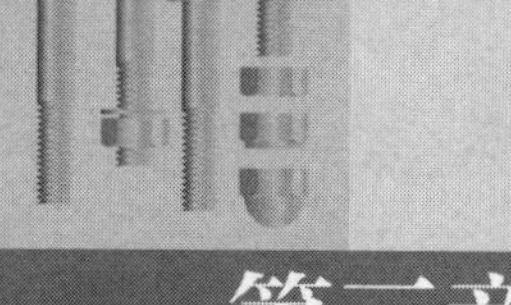

第三章 螺栓

一、螺栓综述

1. 螺栓的尺寸代号与标注（GB/T 5276—2015）（表 3-1）

表 3-1 螺栓的尺寸代号与标注

尺寸代号	标注内容
A	内六角花形的公称直径
a	支承面至第一扣完整螺纹的距离
b	螺纹长度
c	垫圈面高度或法兰或凸缘厚度
d	螺纹基本大径(公称直径)
d_a	支承面内径
d_c	法兰或凸缘直径
d_k	头部直径
d_l	开口销孔直径
d_s	无螺纹杆径
d_w	垫圈面(支承面)直径
e	对角宽度
g	退刀槽宽度
k	头部高度
k_w	扳拧高度
l	公称长度
l_e	开口销孔中心线至螺纹末端的距离
l_f	过渡长度
l_g	支承面至第一扣完整螺纹的距离
l_h	开口销孔中心线至支承面的距离
l_s	无螺纹杆部长度
m	十字槽翼直径
n	开槽宽度
r	头下圆角半径
s	对边宽度
u	不完整螺纹的长度
v_u	头下退刀槽深度
x	螺纹收尾长度
α	沉头角
β	倒角(六角头)
δ	法兰角
φ	头下角

2. 六角产品的对边宽度（GB/T 3104—1982）（图 3-1、图 3-2 和表 3-2、表 3-3）

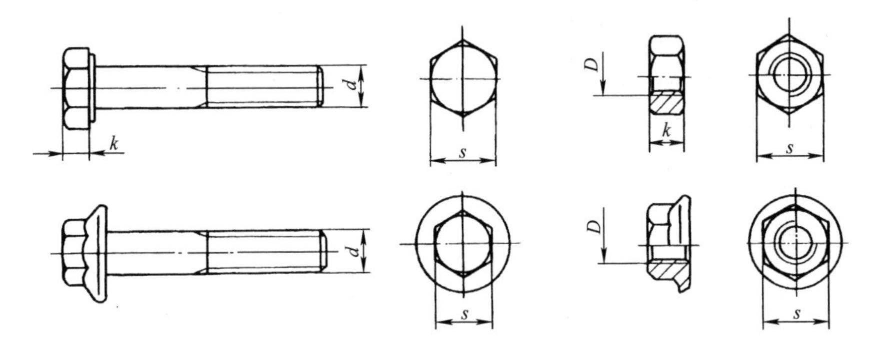

图 3-1　六角产品的对边宽度（1）　　**图 3-2　六角产品的对边宽度（2）**

表 3-2　六角产品的对边宽度（1）　（mm）

螺纹直径	对边宽度 *s*			螺纹直径	对边宽度 *s*		
	标准系列	带法兰面的产品			标准系列	带法兰面的产品	
		螺栓	螺母			螺栓	螺母
1.6	3.2	—	—	14	21(24)	18	21
2	4	—	—	16	24(27)	21	24
2.5	5	—	—	18	27(30)	—	—
3	5.5	—	—	20	30(34)	27	30
4	7	—	—	22	34(36)	—	—
5	8	7	8	24	36(41)	—	—
6	10	8	10	27	41(46)	—	—
7	11	—	—	30	46(50)	—	—
8	13	10	13	33	50(55)	—	—
10	16	13	15	36	55(60)	—	—
12	18(21)	15	18	39	60(65)	—	—

注：（　）为加大系列。

表 3-3　六角产品的对边宽度（2）　（mm）

螺纹直径	对边宽度 *s*	螺纹直径	对边宽度 *s*
	标准系列		标准系列
42	65	48	75
45	70	52	80

（续）

螺纹直径	对边宽度 *s*	螺纹直径	对边宽度 *s*
	标准系列		标准系列
56	85	100	145
60	90	105	150
64	95	110	155
68	100	115	165
72	105	120	170
76	110	125	180
80	115	130	185
85	120	140	200
90	130	150	210
95	135		

3. 标准系列六角头螺栓的对边宽度和头部高度的极限值（GB/T 5782—2016、GB/T 5783—2016）（表 3-4）

表 3-4 标准系列六角头螺栓的对边宽度和头部高度的极限值（mm）

螺纹规格 *d*	头部高度 *k*					对边宽度 *s*		
	公称	A 级		B 级		公称	min	
		max	min	max	min	max	A 级	B 级
1.6	1.1	1.225	0.975	1.3	0.9	3.20	3.02	2.90
2	1.4	1.525	1.275	1.6	1.2	4.00	3.82	3.70
2.5	1.7	1.825	1.575	1.9	1.5	5.00	4.82	4.70
3	2	2.125	2.675	3.00	2.60	5.50	5.32	5.20
3.5	2.4	2.525	2.275	2.6	2.2	6.00	5.82	5.70
4	2.8	2.925	2.675	3.00	2.60	7.00	6.78	6.64
5	3.5	3.65	3.35	3.74	3.26	8.00	7.78	7.64
6	4	4.15	3.85	4.24	3.76	10.00	9.78	9.64
8	5.3	5.45	5.15	5.54	5.06	13.00	12.73	12.57
10	6.4	6.58	6.22	6.69	6.11	16.00	15.73	15.57
12	7.5	7.68	7.32	7.79	7.21	18.00	17.73	17.57
14	8.8	8.98	8.62	9.09	8.51	21	20.67	20.16
16	10	10.18	9.82	10.29	9.71	24.00	23.67	23.16
18	11.5	11.715	11.285	11.85	11.15	27	26.67	26.16
20	12.5	12.715	12.285	12.85	12.15	30	29.67	29.16
22	14	14.215	13.785	14.35	13.65	34	33.38	33
24	15	15.215	14.785	15.35	14.65	36.00	35.38	35.00

（续）

螺纹规格 d	头部高度 k					对边宽度 s		
	公称	A级		B级		公称	min	
		max	min	max	min	max	A级	B级
27	17	—	—	17.35	16.65	41	—	40
30	18.7	—	—	19.12	18.28	46	—	45
33	21	—	—	21.42	20.58	50	—	49
36	22.5	—	—	22.92	22.08	55.0	—	53.8
39	25	—	—	25.42	24.58	60	—	58.8
42	26	—	—	26.42	25.58	65.0	—	63.1
45	28	—	—	28.42	27.58	70.0	—	68.1
48	30	—	—	30.42	29.58	75.0	—	73.1
52	33	—	—	33.50	32.50	80	—	78.1
56	35	—	—	35.5	34.5	85.0	—	82.8
60	38	—	—	38.50	37.50	90	—	87.8
64	40	—	—	40.5	39.5	95.0	—	92.8

4. 螺栓的螺纹长度（GB/T 3106—2016）

螺栓的螺纹长度 b，按表 3-5 和表 3-6 的规定。

表 3-5 螺栓的螺纹长度 b 计算公式 （mm）

螺栓的公称长度 l	螺纹长度 b（d 为外螺纹大径）
$l \leqslant 125$	$2d+6$
$125<l \leqslant 200$	$2d+12$
$l>200$	$2d+25$

表 3-6 螺栓的螺纹直径对应的螺纹长度 （mm）

螺纹公称直径 d		1.6	2	2.5	3	4	5	6	8	10	12	(14)	16	18	20	22
螺纹长度 b	$l \leqslant 125$	9	10	11	12	14	16	18	22	26	30	34	38	42	46	50
	$125<l \leqslant 200$	—	—	—	—	—	—	—	28	32	36	40	44	48	52	56
	$l>200$	—	—	—	—	—	—	—	—	—	—	—	57	61	65	69
螺纹公称直径 d		24	27	30	33	36	39	42	45	48	52	56	60	64	68	72
螺纹长度 b	$l \leqslant 125$	54	60	66	72	78	84	90	96	102	—	—	—	—	—	—
	$125<l \leqslant 200$	60	66	72	78	84	90	96	102	108	116	124	132	140	148	156
	$l>200$	73	79	85	91	97	103	109	115	121	129	137	145	153	161	169
螺纹公称直径 d		76	80	85	90	95	100	105	110	115	120	125	130	140	150	160
螺纹长度 b	$l \leqslant 125$	—	—	—	—	—	—	—	—	—	—	—	—	—	—	—
	$125<l \leqslant 200$	164	172	182	192	—	—	—	—	—	—	—	—	—	—	—
	$l>200$	177	185	195	205	215	225	235	245	255	265	275	285	305	325	345

5. 各种螺栓的公称长度公差对比（表 3-7）

表 3-7　各种螺栓的公称长度公差对比

标　准　号	GB/T5782~5786、GB/T5789、GB/T5790、GB/T29.1、GB/T29.2 GB/T31.1~31.3 GB/T32.1~32.3		GB/T27 GB/T28		GB/T35 GB/T37	GB/T5780 GB/T5781	GB/T8 GB/T10~15 GB/T794 GB/T798	GB/T799
产品等级	A 级	B 级	A 级	B 级	B 级、C 级	C 级	C 级	C 级
公称长度 l/mm								
公称长度	公差							
6~10	±0.3	±0.7(±0.75)①	—	—	—	±0.7	—	—
12~18	±0.4	±0.9(±0.90)①	—	—	—	±0.9	±0.9	—
20~30	±0.4	±1.1(±1.05)①	±0.42	—	±1.05	±1.1	±1.05	—
32~50	±0.5	±1.3(±1.25)①	±0.50	—	±1.25	±1.3	±1.25	—
55~80	±0.6	±1.5(±1.50)①	±0.95	±1.5	±1.5	±1.5	±1.5	±8
85~120	±0.7	$\pm1.7\begin{pmatrix}+1.70\\-1.75\end{pmatrix}$②	±1.10	±1.75	±1.75	±1.7	±1.75	±8
130~150	±0.8	±2	—	±2	±2	±2	±2	
160~180	—	±2(±4)③	—	±2	±2	±4	±4	±8
200~240	—	±2.3(±4.6)③	—	±2.3	±2.3	±4.6	±4.6	±8
260~300	—	±2.6(±5.2)③	—	—	±2.6	±5.2	±5.2	±8
320~400	—	±2.8(±5.7)③	—	—	—	±5.7	—	±8
420~500	—	-(±6.3)③	—	—	—	±6.3	—	±12
600~1500	—	—	—	—	—	—	—	±12

① 括号内数值适用于 GB/T29.2。

② 括号内数值适用于 GB/T5785、GB/T31.3 的 M8、M10、M16、M20、M24、M30、M36。

③ 括号内数值适用于 GB/T5783 的 M42、M48、M56、M64。

6. 螺杆带孔螺栓开口销孔（GB/T 5278—1985）

开口销孔尺寸按图 3-3 及表 3-8 规定。

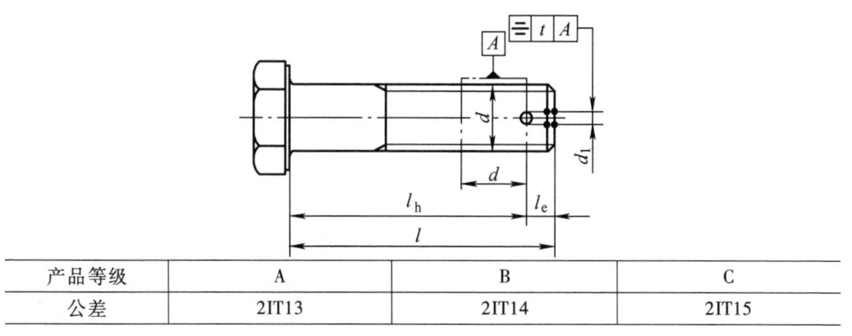

产品等级	A	B	C
公差	2IT13	2IT14	2IT15

注：根据 d 按 GB/T 3103.1《紧固件公差　螺栓、螺钉、螺柱和螺母》选取公差 t。

图 3-3　螺栓的开口销孔有关结构尺寸

表 3-8　螺栓（螺柱）的开口销孔有关结构尺寸　　（mm）

螺纹规格 d	M4	M5	M6	M7	M8	M10	M12	M14	M16	M18	M20
d_1 H14	1	1.2	1.6	1.6	2	2.5	3.2	3.2	4	4	4
l_{emin}	2.3	2.6	3.3	3.3	3.9	4.9	5.9	6.5	7	7.7	7.7
螺纹规格 d	M22	M24	M27	M30	M33	M36	M39	M42	M45	M48	M52
d_1 H14	5	5	5	6.3	6.3	6.3	6.3	8	8	8	8
l_{emin}	8.7	10	10	11.2	11.2	12.5	12.5	14.7	14.7	16	16

注：对每一使用场合，l_h 值由计算求得，而在考虑了 l_h 和 l 的累积公差之后，孔与紧固件末端的距离也不应小于 l_{emin} 值，一般在生产中 l_h 的极限偏差可用 $^{+IT14}_{0}$。

7. 头部带孔螺栓的金属丝孔（GB/T 5278—1985）

头部带孔螺栓的金属丝孔尺寸按图 3-4 及表 3-9 规定。

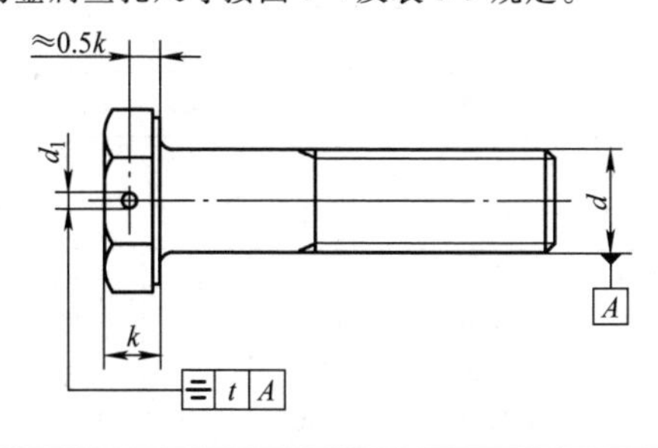

产品等级	A	B	C
公差	2IT13	2IT14	2IT15

注：根据 d 按 GB/T 3103.1 选取公差 t。

图 3-4　头部带孔螺栓的金属丝孔尺寸

表 3-9 头部带孔螺栓的金属丝孔尺寸 (mm)

螺纹直径 d	M4	M5	M6	M7	M8	M10	M12	M14	M16	M18	M20
d_1 H14	1.2	1.2	1.6	1.6	2	2	2	2	3	3	3
螺纹直径 d	M22	M24	M27	M30	M33	M36	M39	M42	M45	M48	M52
d_1 H14	3	3	3	3	4	4	4	4	4	4	5

8. 六角头法兰面螺栓的尺寸（表 3-10）

表 3-10 六角头法兰面螺栓的尺寸 (mm)

螺纹规格 d	（一） 尺 寸				
	s GB/T 5789、GB/T 5790		e_{min}	k_{max}	k'_{min}
	公称 max	min	GB/T 5789、GB/T 5790	GB/T 5789、GB/T 5790	GB/T 5789、GB/T 5790
5	8	7.64	8.56	5.4	2
6	10	9.64	10.8	6.6	2.5
8	13	12.57	14.08	8.1	3.2
10	15	14.57	16.32	9.2	3.6
12	18	17.57	19.68	10.4	4.6
(14)	21	20.16	22.58	12.4	5.5
16	24	23.16	25.94	14.1	6.2
16	—	—	—	—	—
20	30	29.16	32.66	17.7	7.9

螺纹规格 d	（二） 尺 寸							
	c_{min}	$d_{a\ max}$		$d_{c\ max}$	d_s		d_{umax}	d_{wmin}
		A 型	B 型		max	min		
	GB/T 5789、GB/T 5790	GB/T 5789、GB/T 5790		GB/T 5789、GB/T 5790	GB/T 5789		GB/T 5789、GB/T 5790	GB/T 5789、GB/T 5790
5	1	5.7	6.2	11.8	5	4.82	5.5	9.8
6	1.1	6.8	7.4	14.2	6	5.82	6.6	12.2
8	1.2	9.2	10	18	8	7.78	9	15.8
10	1.5	11.2	12.6	22.3	10	9.78	11	19.6
12	1.8	13.7	15.2	26.6	12	11.73	13.5	23.8
(14)	2.1	15.7	17.7	30.5	14	13.73	15.5	27.6
16	3.4	17.7	20.7	35	16	15.73	17.5	31.9
20	3	22.4	25.7	43	20	19.67	22	39.9

（续）

螺纹规格 d	（三）尺寸								
	b GB/T 5789、GB/T 5790		f_{max}	r_{1min}	r_{2max}	r_{3min}	$r_{4参考}$	t	
								max	min
	$l \leqslant 125$	$l>125$	GB/T 5789、GB/T 5790	GB/T 5789、GB/T 5790	GB/T 5789、GB/T 5790	GB/T 5789、GB/T 5790	GB/T 5789、GB/T 5790	GB/T 5789、GB/T 5790	
5	16	—	1.4	0.25	0.3	0.1	3	0.15	0.05
6	18	—	2	0.4	0.4	0.1	3.4	0.2	0.05
8	22	28	2	0.4	0.5	0.15	4.3	0.25	0.1
10	26	32	2	0.4	0.6	0.2	4.3	0.3	0.15
12	30	36	3	0.6	0.7	0.25	6.4	0.35	0.15
(14)	34	40	3	0.6	0.9	0.3	6.4	0.45	0.2
16	38	44	3	0.6	1	0.35	6.4	0.5	0.25
20	46	52	4	0.8	1.2	0.4	8.5	0.65	0.3

注：1. d_u—r_3 与 r_4 相切处过渡圆直径；f—无螺纹杆部与头下圆角半径相切处至支承面距离；r_1、r_3、r_4—头下圆角半径；r_2—六角与法兰之间圆角半径；t—圆角半径 r_3 与 r_4 相切处至支承面距离。

2. 尽量不使用括号内的规格。

9. 半圆头和沉头（方颈、带榫）螺栓的尺寸比较（表 3-11、表 3-12、表 3-13）

表 3-11　半圆头和沉头（方颈、带榫）螺栓的有关尺寸比较（一）

（mm）

螺纹规格 d	b GB/T 10～GB/T 15、GB/T 794、GB/T 800、GB/T 801		d_1 GB/T 794	t GB/T 794	$V_n(S_s)$ GB/T 12、GB/T 794、GB/T 801		$f_n(k_1)$ GB/T 12、GB/T 794		$f_n(k_1)$ GB/T 801	
	$l \leqslant 125$	$125<l \leqslant 200$			max	min	max	min	max	min
6	18	—	10.0	0.3	6.30	5.84	4.40	3.60	3.4	2.6
8	22	28	13.5	0.3	8.36	7.80	5.40	4.60	3.4	2.6
10	26	32	16.5	0.3	10.36	9.80	6.40	5.60	4.4	3.6
12	30	36	20.0	0.5	12.43	11.76	8.45	7.55	5.4	4.6
(14)	34	40	23.0	0.5	14.43	13.76	9.45	8.55	—	—
16	38	44	26.0	0.5	16.43	15.76	10.45	9.55	—	—
20	46	52	32.0	0.5	20.52	19.22	12.55	11.45	—	—
(22)	50	56	—	—	—	—	—	—	—	—
24	54	60	—	—	24.52	23.72	17.55	16.45	—	—

注：1. 尽量不使用括号内的规格。

2. GB/T 12 对应符号 V_n、f_n。

表 3-12 半圆头和沉头（方颈、带榫）螺栓的有关尺寸比较（二）

（mm）

螺纹规格 d	d_k								r_{min}	
	GB/T 12、GB/T 801		GB/T 14、GB/T 15、GB/T 794		GB/T 13		GB/T 10、GB/T 11、GB/T 800		GB/T 12~GB/T 15、GB/T 801	GB/T 794
	max	min	max	min	max	min	max	min		
6	13.10	11.30	15.10	13.30	12.10	10.30	11.05	9.95	0.5	0.25
8	17.10	15.30	19.10	17.30	15.10	13.30	14.55	13.45	0.5	0.4
10	21.30	19.16	24.30	22.16	18.10	16.30	17.55	16.45	0.5	0.4
12	25.30	23.16	29.30	27.16	22.30	20.16	21.65	20.35	0.8	0.6
(14)	29.30	27.16	33.60	31.00	25.30	23.16	24.65	23.35	0.8	0.6
16	33.60	31.00	36.60	34.00	29.30	27.16	28.65	27.35	1	0.6
20	41.60	39.00	45.60	43.00	35.60	33.00	36.80	35.20	1	0.8
(22)	—	—	—	—	—	—	40.80	39.20	—	—
24	—	—	53.90	50.80	43.60	41.00	45.80	44.20	1.5	—

螺纹规格 d	k									
	GB/T 12、GB/T 13、GB/T 801		GB/T 14、GB/T 15		GB/T 794		GB/T 10		GB/T 11	GB/T 800
	max	min	max	min	max	min	max	min		
6	4.08	3.20	3.48	2.70	3.98	3.20	6.10	5.30	4.1	3.0
8	5.28	4.40	4.48	3.60	4.98	4.10	7.25	6.33	5.3	4.1
10	6.48	5.60	5.48	4.60	6.28	5.40	8.45	7.55	6.2	4.5
12	8.90	7.55	6.48	5.60	7.48	6.60	11.05	9.95	8.5	5.5
(14)	9.90	8.55	7.90	6.55	8.90	7.55	—	—	8.9	—
16	10.90	9.55	8.90	7.55	9.90	8.55	13.05	11.95	10.2	—
20	13.10	11.45	10.90	9.55	11.90	10.55	15.05	13.95	13.0	—
(22)	—	—	—	—	—	—	—	—	14.3	—
24	17.10	15.45	13.10	11.45	—	—	—	—	16.5	—

注：尽量不使用括号内的规格。

表 3-13　半圆头和沉头（方颈、带榫）螺栓的有关尺寸比较（三）　（mm）

螺纹规格 d	h						S_n			
	GB/T 15		GB/T 11		GB/T 13		GB/T 11、GB/T 13		GB/T 800	
	max	min	max	min	max	min	max	min	max	min
6	3.5	2.9	1.2	0.8	2.7	2.3	2.7	2.3	3.20	2.80
8	4.3	3.5	1.6	1.1	3.3	2.8	2.7	2.3	4.20	3.80
10	5.5	4.5	2.1	1.4	3.8	3.2	3.8	3.2	5.24	4.76
12	6.7	5.5	2.4	1.6	4.3	3.7	3.8	3.2	5.24	4.76
(14)	7.7	6.3	2.9	1.9	5.3	4.7	4.8	4.2	—	—
16	8.8	7.2	3.2	2.2	5.3	4.7	4.8	4.2	—	—
20	9.9	8.1	4.2	2.8	6.3	5.7	4.8	4.2	—	—
(22)	—	—	4.5	3.0	—	—	6.3①	5.7①	—	—
24	12	12	5.0	3.3	7.4	6.6	6.3	5.7	—	—

螺纹规格 d	d_k				r_f				R_1	$r_1\approx$	x_{max}
	GB/T 794		GB/T 13		GB/T 801	GB/T 15	GB/T 794	GB/T 12、GB/T 13	GB/T 794	GB/T 794	GB/T 10~GB/T 15、GB/T 794、GB/T 800、GB/T 801
	max	min	max	min							
6	6.00	5.70	6.48	5.52	7	11	14	6	4.5	0.3	2.5
8	8.00	7.64	8.58	7.42	9	14	18	7.5	5.0	0.3	3.2
10	10.00	9.64	10.58	9.42	11	18	24	9	7.0	0.3	3.8
12	12.00	11.57	12.70	11.30	13	22	26	11	9.0	0.5	4.3②
(14)	14.00	13.57	14.70	13.30	15	22	30	13	10.0	0.5	5
16	16.00	15.57	16.70	15.30	18	26	34	15	10.5	0.5	5
20	20.00	19.48	20.84	19.16	22	32	40	18	14.0	0.5	6.3
(22)	—	—	—	—	—	—	—	—	—	—	6.3
24	—	—	24.84	23.16	—	34	—	22	—	—	7.5

注：尽量不用括号内的规格。
① GB/T 13 无此规格。
② GB/T 800、GB/T 801 中 x 为 4.2mm。

10. 与螺栓有关的尺寸

（1）螺栓和螺钉用通孔尺寸（GB/T 5277—1985）（图 3-5、表 3-14）

（2）六角头螺栓和六角螺母用沉孔尺寸（GB/T 152.4—1988）（图 3-6、表 3-15）

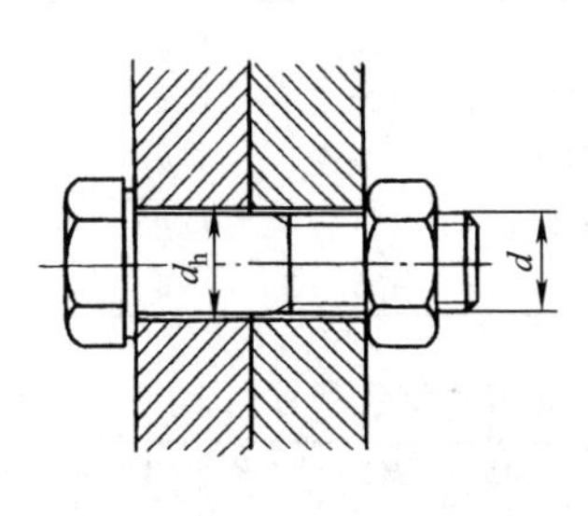

图 3-5　螺栓和螺钉用通孔尺寸

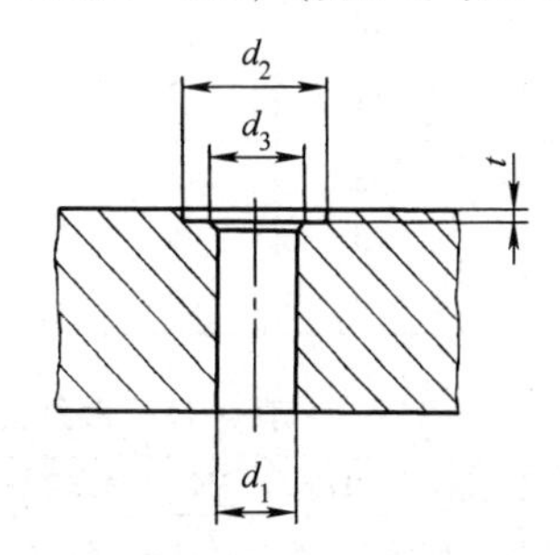

图 3-6　六角头螺栓和六角螺母用沉孔尺寸（对尺寸 t，只要能制出与通孔轴线垂直的圆平面即可。）

表 3-14 螺栓和螺钉用通孔尺寸 (mm)

螺纹规格 d	通孔直径 d_h			螺纹规格 d	通孔直径 d_h		
	系列				系列		
	精装配	中等装配	粗装配		精装配	中等装配	粗装配
M1	1.1	1.2	1.3	M30	31	33	35
M1.2	1.3	1.4	1.5	M33	34	36	38
M1.4	1.5	1.6	1.8	M36	37	39	42
				M39	40	42	45
M1.6	1.7	1.8	2	M42	43	45	48
M1.8	2	2.1	2.2	M45	46	48	52
M2	2.2	2.4	2.6	M48	50	52	56
M2.5	2.7	2.9	3.1	M52	54	56	62
M3	3.2	3.4	3.6	M56	58	62	66
M3.5	3.7	3.9	4.2	M60	62	66	70
M4	4.3	4.5	4.8	M64	66	70	74
M4.5	4.8	5	5.3	M68	70	74	78
M5	5.3	5.5	5.8	M72	74	78	82
M6	6.4	6.6	7	M76	78	82	86
M7	7.4	7.6	8	M80	82	86	91
M8	8.4	9	10	M85	87	91	96
M10	10.5	11	12	M90	93	96	101
M12	13	13.5	14.5	M95	98	101	107
M14	15	15.5	16.5	M100	104	107	112
M16	17	17.5	18.5	M105	109	112	117
M18	19	20	21	M110	114	117	122
M20	21	22	24	M115	119	122	127
M22	23	24	26	M120	124	127	132
M24	25	26	28	M125	129	132	137
M27	28	30	32	M130	134	137	144
				M140	144	147	155
				M150	155	158	165

表 3-15 六角头螺栓和六角螺母用沉孔尺寸 (mm)

螺纹规格	M1.6	M2	M2.5	M3	M4	M5	M6	M8	M10	M12
d_2	5	6	8	9	10	11	13	18	22	26
d_3	—	—	—	—	—	—	—	—	—	16
d_1	1.8	2.4	2.9	3.4	4.5	5.5	6.6	9.0	11.0	13.5

（续）

螺纹规格	M14	M16	M18	M20	M22	M24	M27	M30	M33
d_2	30	33	36	40	43	48	53	61	66
d_3	18	20	22	24	26	28	33	36	39
d_1	15.5	17.5	20.0	22.0	24	26	30	33	36
螺纹规格	M36	M39	M42	M45	M48	M52	M56	M60	M64
d_2	71	76	82	89	98	107	112	118	125
d_3	42	45	48	51	56	60	68	72	76
d_1	39	42	45	48	52	56	62	66	70

注：尺寸 d_1 的公差带为 H13；尺寸 d_2 的公差带为 H15。

（3）螺栓孔平台和凸台（缘）尺寸（图 3-7、表 3-16）

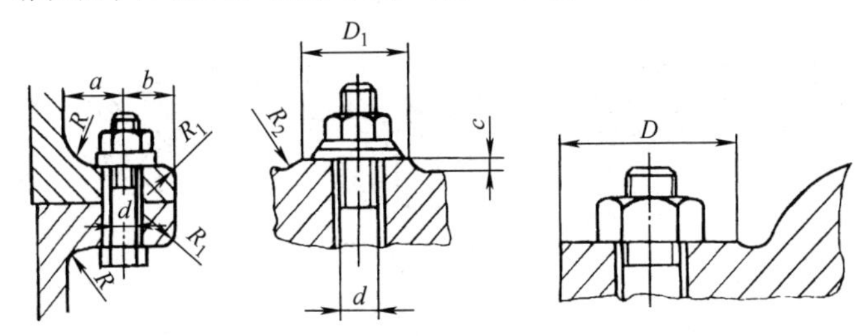

图 3-7 螺栓孔平台和凸台（缘）尺寸

表 3-16 螺栓孔平台和凸台（缘）尺寸 （mm）

螺纹直径	平台和凸台(缘)尺寸						
d	a_{min}	b_{min}	R_{max}	R_{1max}	$R_2=c$	D_1	D
3	—	—	—	—	—	—	—
4	—	—	—	—	2	14	—
5	—	—	—	—	2	16	—
6	13	13	5	3	2	18	20
8	14	14	5	3	3	24	25
10	15	16	5	4	3	28	30
12	18	20	5	4	3	30	35
14	—	—	—	—	3	34	40
16	22	24	5	4	4	38	45
18	—	—	—	—	4	42	50
20	25	28	8	5	4	45	55
22	—	—	—	—	4	48	60
24	30	32	10	6	4	52	70
27	—	—	—	—	4	60	80
30	35	38	10	6	5	65	85
36	42	45	10	8	5	80	100
42	48	50	12	8	5	90	110
48	55	58	12	10	5	100	120
56	62	65	16	10	—	—	—
64	75	78	16	12	—	—	—

（4）六角紧固件的最小扳手空间尺寸（JB/ZQ 4005—2006）（图 3-8、表 3-17）

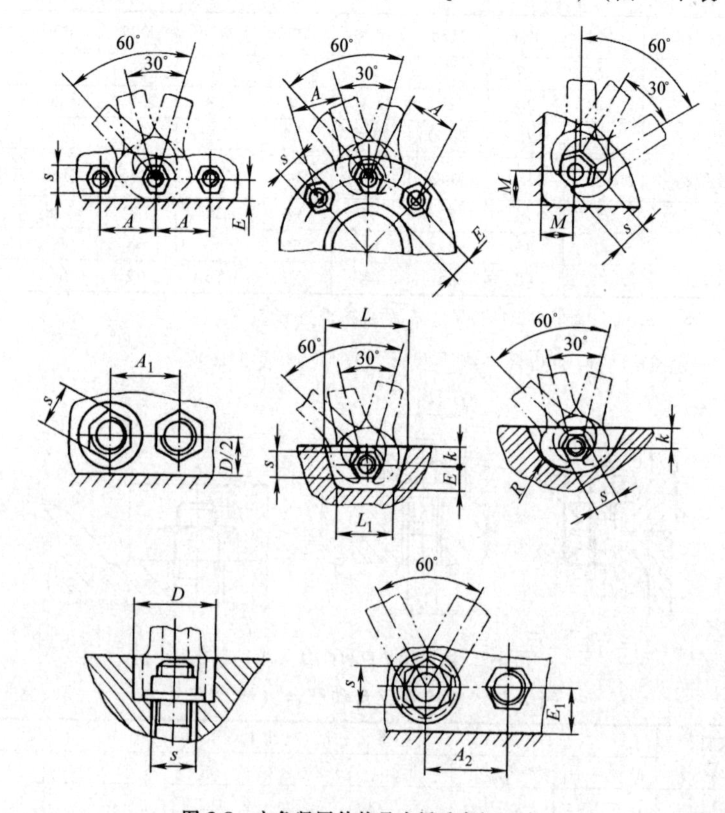

图 3-8　六角紧固件的最小扳手空间尺寸

表 3-17　六角紧固件的最小扳手空间尺寸　（mm）

螺纹直径 d	最小扳手空间尺寸										
	A	A_1	A_2	D	E	E_1	L	L_1	M	R	s
3	18	12	12	14	5	7	30	24	11	15	5.5
4	20	16	14	16	6	7	34	28	12	16	7
5	22	16	15	20	7	10	36	30	13	18	8
6	26	18	18	24	8	12	46	38	15	20	10
8	32	24	22	28	11	14	55	44	18	25	13
10	38	28	26	30	13	16	62	50	22	30	16
12	42	—	30	—	14	18	70	55	24	32	18
14	48	36	34	15	20	26	80	65	36	40	21
16	55	38	38	16	24	30	85	70	42	45	24

（续）

螺纹直径 d	最小扳手空间尺寸										
	A	A_1	A_2	D	E	E_1	L	L_1	M	R	s
18	62	45	42	19	25	32	95	75	46	52	27
20	68	48	46	20	28	35	105	85	50	56	30
22	76	55	52	24	32	40	120	95	58	60	34
24	80	58	55	24	34	42	125	100	60	70	36
27	90	65	62	26	36	46	135	110	65	76	41
30	100	72	70	30	40	50	155	125	75	82	46
33	108	76	75	32	44	55	165	130	80	88	50
36	118	85	82	36	48	60	180	145	88	95	55
39	125	90	88	38	52	65	190	155	92	100	60
42	135	96	96	42	55	70	205	165	100	106	65
45	145	105	102	45	60	75	220	175	105	112	70
48	160	115	112	48	65	80	235	185	115	126	75
52	170	120	120	48	70	84	245	195	125	132	80
56	180	126	—	52	—	90	260	205	130	138	85
60	185	134	—	58	—	95	275	215	135	145	90
64	195	140	—	58	—	100	285	225	140	152	95
68	205	145	—	65	—	105	300	235	150	158	100
72	215	155	—	68	—	110	320	250	160	168	105
76	225	—	—	70	—	115	335	265	165	—	110
80	235	165	—	72	—	120	345	275	170	178	115
85	245	175	—	75	—	125	360	285	180	188	120
90	260	190	—	80	—	135	390	310	190	208	130
95	270	—	—	85	—	140	405	320	200	—	135
100	290	215	—	95	—	150	435	340	215	238	145
105	300	—	—	98	—	155	450	350	220	—	150
110	310	—	—	100	—	160	460	360	225	—	155
115	330	—	—	108	—	170	495	385	245	—	165
120	340	—	—	108	—	175	505	400	250	—	170
125	360	—	—	115	—	185	535	420	270	—	180
130	370	—	—	115	—	190	545	430	275	—	185
140	385	—	—	120	—	205	585	465	295	—	200
150	420	310	—	130	—	215	625	495	310	350	210

注：s=六角紧固件对边宽度（扳手开口）；$k=E$。

11. 螺栓、螺钉和螺柱的机械性能（GB/T 3098.1—2010）（表 3-18~表 3-31）

表 3-18 抗拉强度与断后伸长率的关系

抗拉强度 $R_{m,nom}$/MPa			400	500	600	700	800	900	1000	1100	1200	1300
断后伸长率① $A_{f,min}$ 或 A_{min}	A_{fmin}	A_{tmin}										
	0.37	22	4.6									
	0.33	20		5.6								
	0.24		4.8									
	0.22			5.8								
	0.20②	12③			6.8		8.8					
	—	10						9.8				
	0.13	9							10.9			
	—	8									12.9/12.9	

① A_{fmin} 和 A_{tmin} 黑体字的数值是标准值，见表 3-20。

② 仅适用于6.8级。

③ 仅适用于8.8级。

表 3-19 材料的化学成分极限和最低回火温度

性能等级	材料和热处理	化学成分极限（熔炼分析，%）①					回火温度/℃
		C		P	S	B②	
		min	max	max	max	max	min
4.6③,④	碳钢或添加元素的碳钢	—	0.55	0.050	0.060	未规定	—
4.8④							
5.8③		0.13	0.55	0.050	0.060		
5.8④		—	0.55	0.050	0.060		
6.8④		0.15	0.55	0.050	0.060		

（续）

性能等级	材料和热处理	化学成分极限(熔炼分析,%)[1]					回火温度/℃
		C		P	S	B[2]	
		min	max	max	max	max	min
8.8[6]	添加元素的碳钢(如硼或锰或铬)淬火并回火或	0.15[5]	0.40	0.025	0.025	0.003	425
	碳钢淬火并回火或	0.25	0.55	0.025	0.025		
	合金钢淬火并回火[7]	0.20	0.55	0.025	0.025		
9.8[6]	添加元素的碳钢(如硼或锰或铬)淬火并回火或	0.15[5]	0.40	0.025	0.025	0.003	425
	碳钢淬火并回火或	0.25	0.55	0.025	0.025		
	合金钢淬火并回火[7]	0.20	0.55	0.025	0.025		
10.9[6]	添加元素的碳钢(如硼或锰或铬)淬火并回火或	0.20[5]	0.55	0.025	0.025	0.003	425
	碳钢淬火并回火或	0.25	0.55	0.025	0.025		
	合金钢淬火并回火[7]	0.20	0.55	0.025	0.025		
12.9[6,8,9]	合金钢淬火并回火[7]	0.30	0.50	0.025	0.025	0.003	425
12.9[6,8,9]	添加元素的碳钢(如硼或锰或铬或钼)淬火并回火	0.28	0.50	0.025	0.025	0.003	380

注：该化学成分应按相关国家标准规定，某些化学元素受一些国家的法规限制或禁止使用，当涉及这些国家或地区时应当注意。

① 有争议时，实施成品分析。

② 硼的含量可达 w（B）= 0.005%，非有效硼由添加钛和/或铝控制。

③ 对 4.6 和 5.6 级冷镦紧固件，为保证达到要求的塑性和韧性，可能需要对其冷镦用线材或冷镦紧固件产品进行热处理。

④ 这些性能等级允许采用易切钢制造，其硫、磷和铅的最大含量为：w（S）= 0.34%；w（P）= 0.11%；w（Pb）= 0.35%。

⑤ 对含碳量低于 w（C）= 0.25%的添加硼的碳钢，其锰的最低含量分别为：8.8 级为 w（Mn）= 0.6%；9.8 级和 10.9 级为 w（Mn）= 0.7%。

⑥ 对这些性能等级用的材料，应有足够的淬透性，以确保紧固件螺纹截面的心部在“淬硬”状态、回火前获得约 90%的马氏体组织。

⑦ 这些合金钢至少应含有下列的一种元素，其最小含量分别为：w（Cr）= 0.30%；w（Ni）= 0.30%；w（Mo）= 0.20%；w（V）= 0.10%。当含有二、三或四种复合的合金成分时，合金元素的含量不能少于单个合金元素含量总和的 70%。

⑧ 对 12.9/12.9 级表面不允许有金相能测出的白色磷化物聚集层，去除磷化物聚集层应在热处理前进行。

⑨ 当考虑使用 12.9/12.9 级，应谨慎从事。紧固件制造者的能力、服役条件和扳拧方法都应仔细考虑。除表面处理外，使用环境也可能造成紧固件的应力腐蚀开裂。

表 3-20 螺栓、螺钉和螺柱的机械和物理性能

序号	机械或物理性能		性能等级									
			4.6	4.8	5.6	5.8	6.8	8.8		9.8	10.9	12.9/12.9
								$d\leqslant 16$mm[①]	$d>16$mm[②]	$d\leqslant 16$mm		
1	抗拉强度 R_m/MPa	公称[③]	400		500		600	800		900	1000	1200
		min	400	420	500	520	600	800	830	900	1040	1220
2	下屈服强度 R_{eL}[④]/MPa	公称[③]	240	—	300	—	—	—	—	—	—	—
		min	240	—	300	—	—	—	—	—	—	—
3	规定非比例延伸 0.2% 的应力 $R_{p0.2}$/MPa	公称[③]	—	—	—	—	—	640	640	720	900	1080
		min	—	—	—	—	—	640	660	720	940	1100
4	紧固件实物的规定非比例延伸 0.0048d 的应力 R_{pf}/MPa	公称[⑤]	—	320	—	400	480	—	—	—	—	—
		min	—	340[⑤]	—	420[⑤]	480[⑤]	—	—	—	—	—
5	保证应力 S_p[⑥]/MPa	公称	225	310	280	380	440	580	600	650	830	970
	保证应力比 $S_{P,公称}/R_{eL,min}$ 或 $S_{P,公称}/R_{p0.2,min}$ 或 $S_{P,公称}/R_{Pf,min}$		0.94	0.91	0.93	0.90	0.92	0.91	0.91	0.90	0.88	0.88
6	机械加工试件的断后伸长率 A(%)	min	22	—	20	—	—	12	12	10	9	8
7	机械加工试件的断面收缩率 Z(%)	min	—					52		48	48	44

8	紧固件实物的断后伸长率 A_f	min	0.37*	0.24	0.33*	0.22	0.20	0.20*	0.20*	—	0.13	—
9	头部坚固性		不得断裂或出现裂缝									
10	维氏硬度　HV，$F \geq 98N$	min	120	130	155	160	190	250	255	290	320	385
		max	220⑦				250	320	335	360	380	435
11	布氏硬度　HBW，$F=30D^2$	min	114	124	147	152	181	245	250	286	316	380
		max	209⑦				238	316	331	355	375	429
12	洛氏硬度　HRB	min	67	71	79	82	89	—				
		max	95.0⑦				99.5	—				
	洛氏硬度　HRC	min	—					22	23	28	32	39
		max	—					32	34	37	39	44
13	表面硬度（HV0.3）	max	—					⑧			⑧，⑨	⑧，⑩
14	螺纹未脱碳层的高度 E/mm	min	—					$1/2H_1$			$2/3H_1$	$3/4H_1$
	螺纹全脱碳层的深度 G/mm	max	—					0.015				
15	再回火后硬度的降低值　HV	max	—					20				

（续）

序号	机械或物理性能		性能等级									
			4.6	4.8	5.6	5.8	6.8	8.8		9.8	10.9	12.9/12.9
								$d \leqslant 16mm$[1]	$d > 16mm$[2]	$d \leqslant 16mm$		
16	破坏扭矩 M_B/N·m	min	—					按 GB/T 3098.13 的规定				
17	冲击吸收能量 KV[11,12]/J	min	—		27	—		27	27	27	27	⑬
18	表面缺陷		GB/T 5779.1[14]									GB/T 5779.3

注：* 这些数值仍在调查研究中，作为资料参考。

① 数值不适用于栓接结构。

② 对栓接结构 $d \geqslant$ M12。

③ 规定公称值，仅为性能等级标记制度的需要，性能等级代号，由点隔开的数值组成（见表 3-19，表 3-20）。

④ 在不能测定下屈服强度 R_{eL} 的情况下，允许测量规定非比例延伸 0.2%的应力 $R_{p0.2}$。

⑤ 对性能等级 4.8、5.8 和 6.8 的 $R_{pf,min}$ 数值尚在调查研究中。表中数值是按保证载荷比计算给出的，而不是实测值。

⑥ 表 3-24 和表 3-26 规定了保证载荷值。

⑦ 在紧固件的末端测定硬度时，应分别为：250HV、238HBW 或 HRB_{max} 99.5。

⑧ 当采用 HV0.3 测定表面硬度及心部硬度时，紧固件的表面硬度不应比心部硬度高出 30HV 单位。

⑨ 表面硬度不应超出 390HV。

⑩ 表面硬度不应超出 435HV。

⑪ 试验温度在−20℃下测定，应符合本表规定。其他试验温度与冲击吸收能量值，可在有关产品标准中或由供需双方协议规定。

⑫ 适用于 $d \geqslant 16mm$。

⑬ KV 数值尚在调查研究中。

⑭ 由供需双方协议，可用 GB/T 5779.3 代替 GB/T 5779.1。

表 3-21 标准头部和标准杆或细杆全承载能力的螺栓和螺钉成品的性能测定

序号（见表 3-20）	性能	试验方法		条号	性能等级			
					4.6、4.8、5.6、5.8、6.8		8.8、9.8、10.9、12.9/12.9	
					$d<3$mm 或 $l<2.5d$ 或 $b<2.0d$	$d\geqslant3$mm 和 $l\geqslant2.5d$ 和 $b\geqslant2.0d$	$d<3$mm 或 $l<2.5d$ 或 $b<2.0d$	$d\geqslant3$mm 和 $l\geqslant2.5d$ 和 $b\geqslant2.0d$
1	最小抗拉强度 $R_{m,min}$	楔负载拉力试验		9.1	NF	①	NF	①
		拉力试验		9.2	NF	①	NF	①
6	公称保证应力 $S_{P,公称}$	保证载荷试验		9.6	NF		NF	
8	最小断后伸长率 $A_{f,min}$	紧固件实物拉力试验		9.3	NF	②,④ ③,④	NF	②,④
9	头部坚固性	头部坚固性试验 $d\leqslant10$mm	$1.5d\leqslant l<3d$	9.8				
			$l\geqslant3d$					
10 或 11 或 12	硬度	硬度试验		9.9				
13	最高表面硬度	增碳试验		9.11	NF	NF		
14	最大脱碳层	脱碳试验		9.10	NF	NF		
15	再回火后硬度降低值	再回火试验		9.12	NF	NF	⑤	⑤

（续）

序号（见表 3-20）	性　能	试验方法	条号	性能等级			
				4.6、4.8、5.6、5.8、6.8		8.8、9.8、10.9、12.9/<u>12.9</u>	
				d<3mm 或 l<2.5d 或 b<2.0d	d≥3mm 和 l≥2.5d 和 b≥2.0d	d<3mm 或 l<2.5d 或 b<2.0d	d≥3mm 和 l≥2.5d 和 b≥2.0d
16	最小破坏扭矩 $M_{B,min}$	扭矩试验 1.6mm≤d≤10mm; b≥1d+2p	9.13	⑥	⑥,⑦		⑦
18	表面缺陷	表面缺陷检查	9.15				

① 对 d≥3mm 和 l≥2d 和 b<2d，见 GB/T 3098.1—2010 9.1.5 和 9.2.5 试验程序。

② 对 4.6、5.6、8.8 和 10.9 级的数值见表 3-20 中带 * 的数值。

③ 对 4.8、5.8 和 6.8。

④ l≥2.7d 和 b≥2.2d。

⑤ 有争议时，本试验是仲裁试验。

⑥ GB/T 3098.13 对 4.6 级～6.8 级未规定数值。

⑦ 有争议时，可以用拉力试验替代。

（空白框）可实施，能按 GB/T 3098.1—2010 第 9 章试验方法实施试验，但有争议时，应按 GB/T 3098.1—2010 第 9 章实施。

（灰色框）仅在有明确规定时方可实施：能按 GB/T 3098.1—2010 第 9 章实施试验：对一个性能作为可替换的试验（如，当拉力试验可以实施时，而又采用了扭矩试验），或在产品标准或需方在订货时，因有要求而作为特殊试验（如冲击试验）。

NF 不可实施：该试验不能实施：因紧固件的形状和/或尺寸影响（如，长度太短而不能试验、无头的），或者因该试验仅适用于特殊类型的紧固件（如，高温处理紧固件的试验）。

表 3-22 标准杆或细杆全承载能力的螺柱成品的性能测定

序号（见表 3-20）	性能	试验方法	条号	性能等级			
				4.6、4.8、5.6、5.8、6.8		8.8、9.8、10.9、12.9/12.9	
				$d<3$mm 或 $l_1<3d$ 或 $b<2.0d$	$d\geqslant3$mm 和 $l_1\geqslant3d$ 和 $b\geqslant2.0d$	$d<3$mm 或 $l_1<3d$ 或 $b<2.0d$	$d\geqslant3$mm 和 $l_1\geqslant3d$ 和 $b\geqslant2.0d$
1	最小抗拉强度 $R_{m,min}$	拉力试验	9.2	NF	①	NF	①
5	公称保证应力 $S_{P,公称}$	保证载荷试验	9.6	NF		NF	
8	断后最小伸长率 $A_{f,min}$	紧固件实物拉力试验	9.3	NF	②,③ ②,④	NF	②,③
10 或 11 或 12	硬度	硬度试验	9.9				
13	最高表面硬度	增碳试验	9.11	NF	NF		
14	最大脱碳层	脱碳试验	9.10	NF	NF		
15	再回火后硬度降低值	再回火试验	9.12	NF	NF	③	③
18	表面缺陷	表面缺陷检查	9.15				

① 如果螺柱断裂在拧入金属端的螺纹长度 b_m 内，可以最小硬度代替 $R_{m,min}$，或者也可以按 GB/T 3098.1—2010 中 9.7 用机械加工试件拉力试验测定抗拉强度 R_m。

② $l_1\geqslant3.2d$ 和 $b\geqslant2.2d$。

③ 对 4.6 级、5.6 级、8.8 级和 10.9 级的数值见表 3-20 中带 * 的数值。

④ 对 4.8 级、5.8 级和 6.8 级。

⑤ 有争议时，本试验是仲裁试验。

（空白框）（灰色框） NF 见表 3-21。

表 3-23　因头部设计降低承载能力的螺钉成品性能测定

序号（见表 3-20）	性能	试验方法	条号	性能等级			
				04.6、04.8、05.6、05.8、06.8		08.8、09.8、010.9、012.9/012.9	
				$d<3$mm 或 $l<2.5d$ 或 $b<2.0d$	$d\geqslant3$mm 和 $l\geqslant2.5d$ 和 $b\geqslant2.0d$	$d<3$mm 或 $l<2.5d$ 或 $b<2.0d$	$d\geqslant3$mm 和 $l\geqslant2.5d$ 和 $b\geqslant2.0d$
①	最小拉力载荷	因头部设计的原因，拉力试验，不断在未旋合的螺纹长度内	9.4	NF	①	NF	①
10 或 11 或 12	硬度	硬度试验	9.9				
13	最高表面硬度	增碳试验	9.11	NF	NF		
14	最大脱碳层	脱碳试验	9.10	NF	NF		
15	再回火后硬度降低值	再回火试验	9.12	NF	NF	②	②
18	表面缺陷	表面缺陷检查	9.15				

① 最小拉力载荷，见相关产品标准。

② 有争议时，本试验是仲裁试验。

[空白框]　[灰色框]　NF　见表 3-21。

表 3-24　降低承载能力的螺栓、螺钉和螺柱成品（如，腰状杆）性能测定

序号（见表 3-20）	性　能	试验方法	条号	性能等级			
				04.6、05.6		08.8、09.8、010.9、012.9/012.9	
				$d<3$mm 或腰状杆长度 $<3d$，或 $b<d$	$d\geq3$mm 和腰状杆长度 $\geq3d$，和 $b\geq d$	$d<3$mm 或腰状杆长度 $<3d$，或 $b<d$	$d\geq3$mm 和腰状杆长度 $\geq3d$，和 $b\geq d$
1	最小抗拉强度 $R_{m,min}$	对腰状杆螺栓和螺柱的拉力试验	9.5	NF	①	NF	①
10 或 11 或 12	硬度	硬度试验	9.9				
13	最高表面硬度	增碳试验	9.11	NF	NF		
14	最大脱碳层	脱碳试验	9.10	NF	NF		
15	再回火后硬度降低值	再回火试验	9.12	NF	NF	②	②
18	表面缺陷	表面缺陷检查	9.15				

① R_m 与腰状杆横截面积有关，$A_{ds}=\pi/4d_s^2$。

② 有争议时，本试验是仲裁试验。

（空白框）（灰色框）NF 见表 3-21。

表 3-25 最小拉力载荷（粗牙螺纹）

螺纹规格 d	螺纹公称应力截面积 $A_{s,公称}$①/mm^2	性能等级								
		4.6	4.8	5.6	5.8	6.8	8.8	9.8	10.9	12.9/12.9
		最小拉力载荷 $F_{m,min}(A_{s,公称} \times R_{m,min})$/N								
M3	5.03	2010	2110	2510	2620	3020	4020	4530	5230	6140
M3.5	6.78	2710	2850	3390	3530	4070	5420	6100	7050	8270
M4	8.78	3510	3690	4390	4570	5270	7020	7900	9130	10700
M5	14.2	5680	5960	7100	7380	8520	11350	12800	14800	17300
M6	20.1	8040	8440	10000	10400	12100	16100	18100	20900	24500
M7	28.9	11600	12100	14400	15000	17300	23100	26000	30100	35300
M8	36.6	14600②	15400	18300②	19000	22000	29200②	32900	38100②	44600
M10	58	23200②	24400	29000②	30200	34800	46400②	52200	60300②	70800
M12	84.3	33700	35400	42200	43800	50600	67400③	75900	87700	103000
M14	115	46000	48300	57500	59800	69000	92000③	104000	120000	140000
M16	157	62800	65900	78500	81600	94000	12500③	141000	163000	192000
M18	192	76800	80600	96000	99800	115000	159000	—	200000	234000
M20	245	98000	103000	122000	127000	147000	203000	—	255000	299000
M22	303	121000	127000	152000	158000	182000	252000	—	315000	370000
M24	353	141000	148000	176000	184000	212000	293000	—	367000	431000

M27	459	184000	193000	230000	239000	275000	381000	—	477000	560000
M30	561	224000	236000	280000	292000	337000	466000	—	583000	684000
M33	694	278000	292000	347000	361000	416000	576000	—	722000	847000
M36	817	327000	343000	408000	425000	490000	678000	—	850000	997000
M39	976	390000	410000	488000	508000	586000	810000	—	1020000	1200000

① $A_{s,公称}=\frac{\pi}{4}\left(\frac{d_2+d_3}{2}\right)^2$

式中　d_2——外螺纹的基本中径（GB/T 196）；

d_3——外螺纹小径，$d_3=d_1-H/6$；

d_1——外螺纹的基本小径（GB/T 196）；

H——原始三角形高度（GB/T 192）。

公称应力截面积 $A_{s,公称}$ 的数值在本表和表 3-27 中给出。

② 6az 螺纹（GB/T 22029）的热浸镀锌紧固件，应按 GB/T 5267.3 中附录 A 的规定。

③ 对栓接结构为：70000N(M12)、95500N(M14) 和 130000N(M16)。

表 3-26　保证载荷（粗牙螺纹）

螺纹规格 d	螺纹公称应力截面积 $A_{s,公称}$ ①/mm^2	性能等级								
		4.6	4.8	5.6	5.8	6.8	8.8	9.8	10.9	12.9/<u>12.9</u>
		保证载荷 $F_P(A_{s,公称}\times S_{P,公称})$/N								
M3	5.03	1130	1560	1410	1910	2210	2920	3270	4180	4880
M3.5	6.78	1530	2100	1900	2580	2980	3940	4410	5630	6580
M4	8.78	1980	2720	2460	3340	3860	5100	5710	7290	8520

（续）

螺纹规格 d	螺纹公称应力截面积 $A_{s,公称}$ ①/mm^2	性能等级								
		4.6	4.8	5.6	5.8	6.8	8.8	9.8	10.9	12.9/12.9
		保证载荷 $F_P(A_{s,公称}\times S_{P,公称})$/N								
M5	14.2	3200	4400	3980	5400	6250	8230	9230	11800	13800
M6	20.1	4520	6230	5630	7640	8840	11600	13100	16700	19500
M7	28.9	6500	8960	8090	11000	12700	16800	18800	24000	28000
M8	36.6	8240②	11400	10200②	13900	16100	21200②	23800	30400②	35500
M10	58	13000②	18000	16200②	22000	25500	33700②	37700	48100②	56300
M12	84.3	19000	26100	23600	32000	37100	48900③	54800	70000	81800
M14	115	25900	35600	32200	43700	50600	66700③	74800	95500	112000
M16	157	35300	48700	44000	597000	69100	91000③	102000	130000	152000
M18	192	43200	59500	53800	73000	84500	115000	—	159000	186000
M20	245	55100	76000	68600	93100	108000	147000	—	203000	238000
M22	303	68200	93900	84800	115000	133000	182000	—	252000	294000
M24	353	79400	109000	98800	134000	155000	212000	—	293000	342000
M27	459	103000	142000	128000	174000	202000	275000	—	381000	445000
M30	561	126000	174000	157000	213000	247000	337000	—	466000	544000
M33	694	156000	215000	194000	264000	305000	416000	—	576000	673000
M36	817	184000	253000	229000	310000	359000	490000	—	678000	292000
M39	976	220000	303000	273000	371000	429000	586000	—	810000	947000

① $A_{s,公称}$ 的计算见表 3-25。

② 6az 螺纹（GB/T 22029）的热浸镀锌紧固件，应按 GB/T 5267.3 中附录 A 的规定。

③ 对栓接结构为：50700N(M12)、68800N(M14) 和 94500N(M16)。

表 3-27 最小拉力载荷（细牙螺纹）

螺纹规格 $d \times P$	螺纹公称应力截面积 $A_{s,公称}$①/mm^2	性能等级								
		4.6	4.8	5.6	5.8	6.8	8.8	9.8	10.9	12.9/<u>12.9</u>
		最小拉力载荷 $F_{m,min}(A_{s,公称} \times R_{m,min})$/N								
M8×1	39.2	15700	16500	19600	20400	23500	31360	35300	40800	47800
M10×1.25	61.2	24500	25700	30600	31800	36700	49000	55100	63600	74700
M10×1	64.5	25800	27100	32300	33500	38700	51600	58100	67100	78700
M12×1.5	88.1	35200	37000	44100	45800	52900	70500	79300	91600	107000
M12×1.25	92.1	36800	38700	46100	47900	55300	73700	82900	95800	112000
M14×1.5	125	50000	52500	62500	65000	75000	100000	112000	130000	152000
M16×1.5	167	66800	70100	83500	86800	100000	134000	150000	174000	204000
M18×1.5	216	86400	90700	108000	112000	130000	179000	—	225000	264000
M20×1.5	272	109000	114000	135000	141000	163000	226000	—	283000	332000
M22×1.5	333	133000	140000	166000	173000	200000	276000	—	346000	406000
M24×2	384	154000	161000	192000	200000	230000	319000	—	399000	469000
M27×2	496	198000	208000	248000	258000	298000	412000	—	516000	605000
M30×2	621	248000	261000	310000	323000	373000	515000	—	646000	758000
M33×2	761	304000	320000	380000	396000	457000	632000	—	791000	928000
M36×3	865	346000	363000	432000	450000	519000	718000	—	900000	1055000
M39×3	1030	412000	433000	515000	536000	618000	855000	—	1070000	1260000

① $A_{s,公称}$的计算见表 3-25。

表 3-28 保证载荷（细牙螺纹）

螺纹规格 $d \times P$	螺纹公称应力截面积 $A_{s,公称}$①/mm^2	性能等级								
		4.6	4.8	5.6	5.8	6.8	8.8	9.8	10.9	12.9/<u>12.9</u>
		保证载荷 $F_P(A_{s,公称} \times S_{P,公称})$/N								
M8×1	39.2	8820	12200	11000	14900	17200	22700	25500	32500	38000
M10×1.25	61.2	13800	19000	17100	23300	26900	355000	39800	50800	59400
M10×1	64.5	14500	20000	18100	24500	28400	37400	41900	53500	62700
M12×1.5	88.1	19800	27300	24700	33500	38800	51100	57300	73100	85500
M12×1.25	92.1	20700	28600	25800	35000	40500	53400	59900	76400	89300
M14×1.5	125	28100	38800	35000	47500	55000	72500	81200	104000	121000
M16×1.5	167	37600	51800	46800	63500	73500	96900	109000	139000	162000
M18×1.5	216	48600	67000	60500	82100	95000	130000	—	179000	210000
M20×1.5	272	61200	84300	76200	103000	120000	163000	—	226000	264000
M22×1.5	333	74900	103000	932000	126000	146000	200000	—	276000	323000
M24×2	384	86400	119000	108000	146000	169000	230000	—	319000	372000
M27×2	496	112000	154000	139000	188000	218000	298000	—	412000	481000
M30×2	621	140000	192000	174000	236000	273000	373000	—	515000	602000
M33×2	761	171000	236000	213000	289000	335000	457000	—	632000	738000
M36×3	865	195000	268000	242000	329000	381000	519000	—	718000	839000
M39×3	1030	232000	319000	288000	391000	453000	618000	—	855000	999000

① $A_{s,公称}$的计算见表 3-25。

在小螺钉的情况下，或当头部不允许按表 3-29 标志时，可以使用表 3-30 给出时钟面标志符号。

表 3-29 全承载能力紧固件的标志代号

性能等级	4.6	4.8	5.6	5.8	6.8	8.8	9.8	10.9	12.9	12.9
标志代号①	4.6	4.8	5.6	5.8	6.8	8.8	9.8	10.9	12.9	12.9

① 标志代号中的“.”可以省略。

表 3-30 全承载能力螺栓和螺钉的时钟面法标志符号

	性能等级		
	4.6	4.8	5.6
标志代号	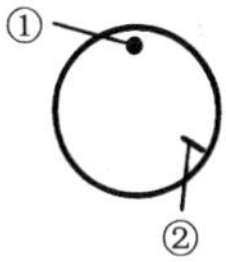 ① ②	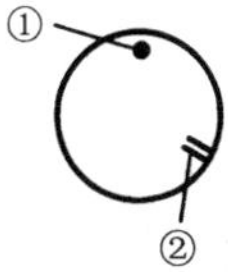 ① ②	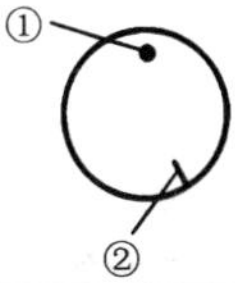 ① ②
	性能等级		
	5.8	6.8	8.8
标志代号	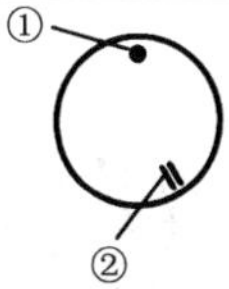 ① ②	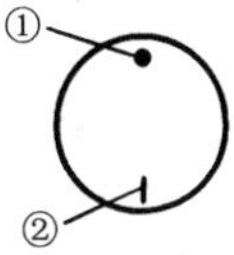 ① ②	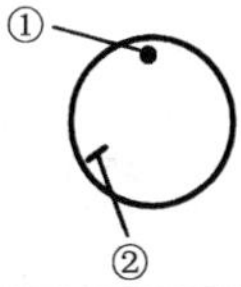 ① ②
	性能等级		
	9.8	10.9	12.9
标志代号	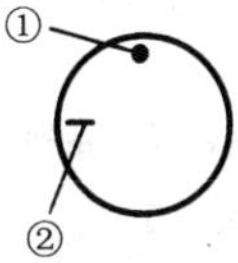 ① ②	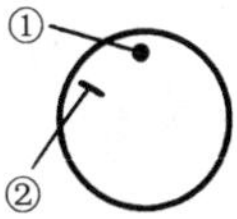 ① ②	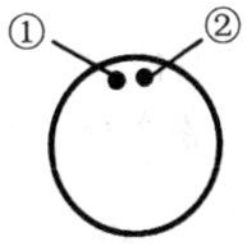 ① ②

① 12 点的位置（参照标志）应标志制造者的识别标志，或者标志一个圆点。

② 用一个长划线或两个长划线标志，对 12.9 级用一个圆点标志。

降低承载能力的紧固件的标志代号见表 3-31。

表 3-31 降低承载能力的紧固件的标志代号

性能等级	04.6	04.8	05.6	05.8	06.8	08.8	09.8	010.9	012.9	012.9
标志代号①	04.6	04.8	05.6	05.8	06.8	08.8	09.8	010.9	012.9	012.9

① 标志代号中的“.”可以省略。

(1) 六角头和六角花形头螺栓和螺钉标志示例（图 3-9）

（2）内六角圆柱头螺钉标志示例（图3-10）

（3）圆头方颈螺栓标志示例（图3-11）

（4）螺柱标志示例（图3-12）

（5）左旋螺纹的标志（图3-13）

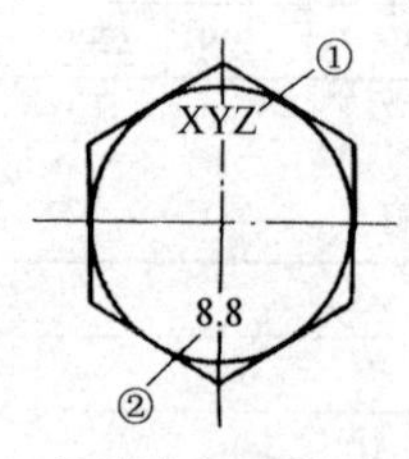

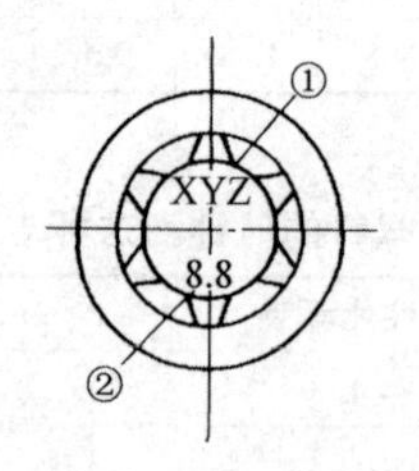

① 制造者识别标志。

② 性能等级。

图3-9　六角头和六角花形头螺栓和螺钉标志示例

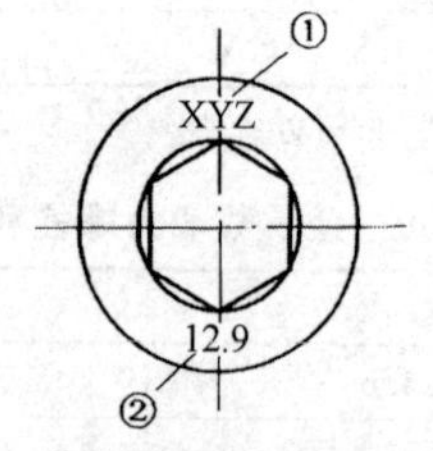

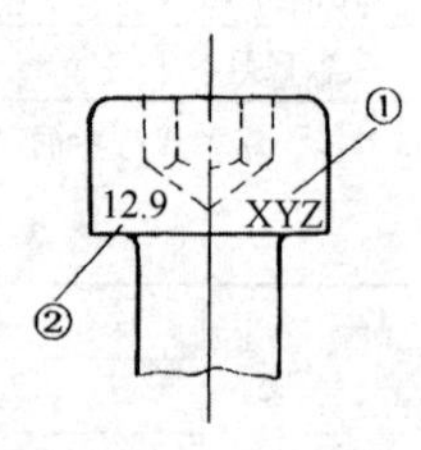

① 制造者识别标志。

② 性能等级。

图3-10　内六角圆柱头螺钉标志示例

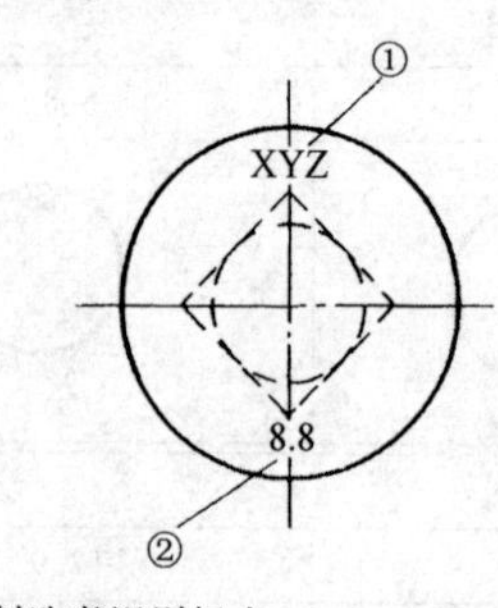

① 制造者识别标志。

② 性能等级。

图3-11　圆头方颈螺栓标志示例

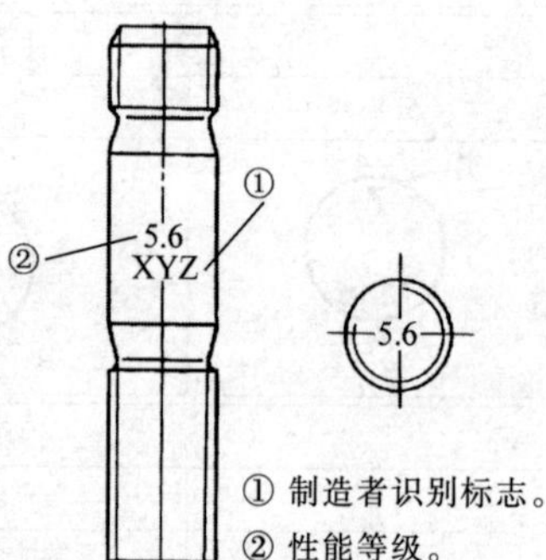

① 制造者识别标志。

② 性能等级。

图3-12　螺柱标志示列

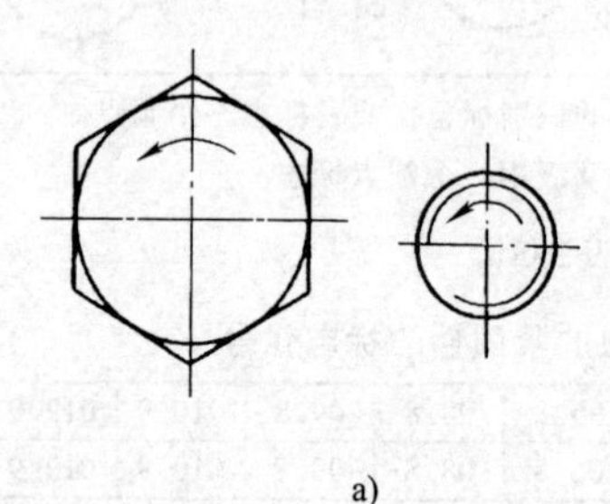

a)

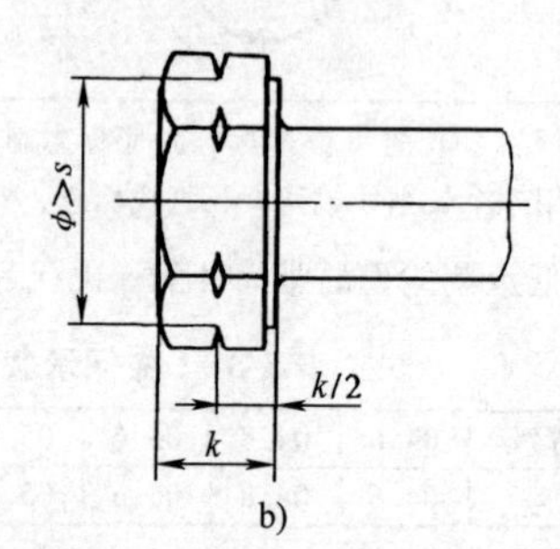

b)

图3-13　左旋螺纹的标志

a）标志　b）可选用标志

12. 不锈钢螺栓、螺钉和螺柱的机械性能（GB/T 3098.6—2014）

（1）螺栓、螺钉和螺柱不锈钢组别和性能等级标记制度

螺栓、螺钉和螺柱的不锈钢组别和性能等级的标记制度，见图 3-14。材料标记由短划隔开的两部分组成。第一部分标记钢的组别，第二部分标记性能等级。

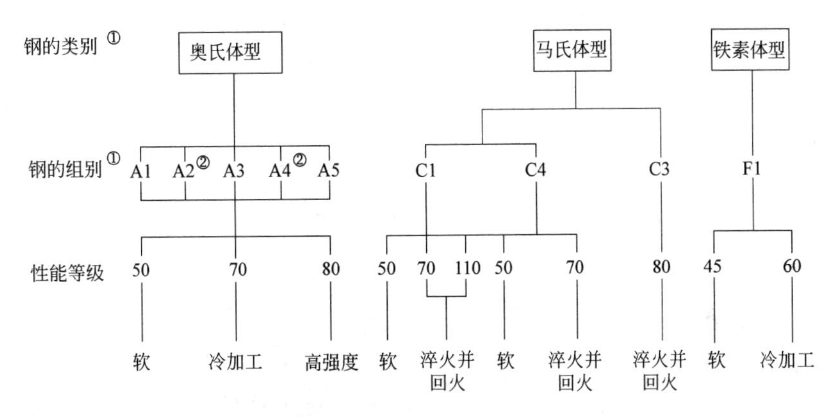

① 图中钢的组别与化学成分按表 3-32 规定。

② 含碳量 $w(C)<0.03\%$的低碳不锈钢，可增加标记“L”，如 A4L-80。

图 3-14 螺栓、螺钉和螺柱的不锈钢组别和性能等级标记制度

钢的组别（第一部分）标记由字母和一个数字组成，字母表示钢的类别，数字表示该类钢的化学成分范围。其中：A——奥氏体型钢；C——马氏体型钢；F——铁素体型钢。

性能等级（第二部分）标记由两个数字组成，并表示紧固件抗拉强度的 1/10。

示例：

1）A2-70 表示：奥氏体型钢、冷加工、最小抗拉强度为 700MPa。

2）C4-70 表示：马氏体型钢、淬火并回火、最小抗拉强度为 700MPa。

（2）螺栓、螺钉和螺柱的标志（图 3-15）

（3）不锈钢组别与化学成分（表 3-32）

表 3-32 不锈钢组别与化学成分

类别	组别	化学成分①(质量分数,%)									注
		C	Si	Mn	P	S	Cr	Mo	Ni	Cu	
奥氏体型	A1	0.12	1	6.5	0.2	0.15~0.35	16~19	0.7	5~10	1.75~2.25	②、③、④
	A2	0.1	1	2	0.05	0.03	15~20	—⑤	8~19	4	⑥、⑦

（续）

类别	组别	化学成分①（质量分数,%）									注
		C	Si	Mn	P	S	Cr	Mo	Ni	Cu	
奥氏体型	A3	0.08	1	2	0.045	0.03	17~19	—⑤	9~12	1	⑧
	A4	0.08	1	2	0.045	0.03	16~18	2~3	10~15	1	⑦、⑨
	A5	0.08	1	2	0.045	0.03	16~18.5	2~3	10.5~14	1	⑧、⑨
马氏体型	C1	0.09~0.15	1	1	0.05	0.03	11.5~14	—	1	—	⑨
	C3	0.17~0.25	1	1	0.04	0.03	16~18	—	1.5~2.5	—	—
	C4	0.08~0.15	1	1.5	0.06	0.15~0.35	12~14	0.6	1	—	②、⑨
铁素体型	F1	0.12	1	1	0.04	0.03	15~18	—⑩	1	—	⑪、⑫

① 除已表明者外，均系最大值。

② 硫可用硒代替。

③ 如镍的质量分数低于8%，则锰的最小质量分数应为5%。

④ 镍的质量分数大于8%时，对铜的最小含量不予限制。

⑤ 由制造者确定钼的含量，但对某些使用场合，如有必要限定钼的极限含量，则必须在订单中由用户注明。

⑥ 如铬的质量分数低于17%，则镍的最小质量分数应为12%。

⑦ 对最大碳的质量分数达到0.03%的奥氏体型不锈钢，氮的质量分数最高可达到0.22%。

⑧ 为了稳定组织，钛的质量分数应≥(5×C%)~0.8%，并应按本表适当标志，或者铌和（或）钽的质量分数应≥(10×C%)~1.0%，并应按本表适当标志。

⑨ 对较大直径的产品，为达到规定的机械性能，在制造者确定可以用较高的碳含量，但对奥氏体型不锈钢不应超过0.12%。

⑩ 制造者确定可以有钼。

⑪ 钛的质量分数可能为≥(5×C%)~0.8%。

⑫ 铌的质量分数可能为≥(10×C%)~1.0%。

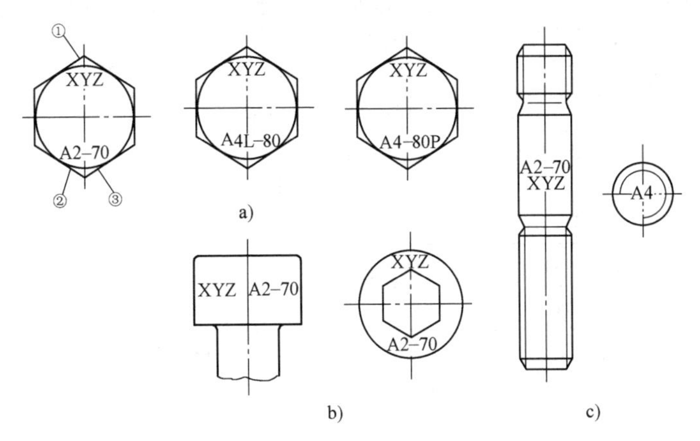

注：左旋螺纹的标志见 GB/T 3098.1。

①制造者识别标志。

②钢的组别。

③性能等级。

图 3-15　螺栓、螺钉和螺柱的标志

a）六角头螺栓和螺钉的标志

b）内六角和内六角花形圆柱头螺钉的标志　c）螺柱的标志

（4）奥氏体型不锈钢螺栓、螺钉和螺柱的机械性能（表 3-33）

表 3-33　奥氏体型不锈钢螺栓、螺钉和螺柱的机械性能

钢的类别	钢的组别	性能等级	抗拉强度 R_m[1]/MPa min	规定塑性延伸率为0.2%时的应力 $R_{p0.2}$[1]/MPa min	断后伸长量 A[2]/mm min
奥氏体型	A1、A2、A3、A4、A5	50	500	210	0.6d
		70	700	450	0.4d
		80	800	600	0.3d

① 按螺纹公称应力截面积计算（见 GB/T 3098.6—2014 中附录 A）。

② 按 GB/T 3098.6—2014 中 7.2.4 规定测量的实际长度。

（5）马氏体型不锈钢和铁素体型不锈钢螺栓、螺钉和螺柱的机械性能（表 3-34）

（6）奥氏体型不锈钢螺栓和螺钉的破坏扭矩［M1.6~M16（粗牙螺纹）］（表 3-35）

对马氏体和铁素体型不锈钢紧固件的破坏扭矩值，应由供需双方协商。

（7）试验项目（表 3-36）

表 3-34 马氏体型不锈钢和铁素体型不锈钢螺栓、螺钉和螺柱的机械性能

钢的类别	钢的组别	性能等级	抗拉强度 R_m①/MPa ≥	规定塑性延伸率为0.2%时的应力 $R_{p0.2}$①/MPa ≥	断后伸长量 A②/mm≥	硬度		
						HBW	HRC	HV
马氏体型	C1	50	500	250	0.2d	147~209	—	155~220
		70	700	410	0.2d	209~314	20~34	220~330
		110③	1100	820	0.2d	—	36~45	350~440
	C3	80	800	640	0.2d	228~323	21~35	240~340
	C4	50	500	250	0.2d	147~209	—	155~220
		70	700	410	0.2d	209~314	20~34	220~330
铁素体型	F1④	45	450	250	0.2d	128~209	—	135~220
		60	600	410	0.2d	171~271	—	180~285

① 按螺纹公称应力截面积计算（见 GB/T 3098.6—2014 中附录 A）。

② 按 GB/T 3098.6—2014 中 7.2.4 规定测量的实际长度。

③ 淬火并回火，最低回火温度为 275℃。

④ 螺纹公称直径≤24mm。

表 3-35 奥氏体型不锈钢螺栓和螺钉的破坏扭矩［M1.6~M16（粗牙螺纹）］

螺纹	破坏扭矩 M_{Bmin}/N·m 性能等级			螺纹	破坏扭矩 M_{Bmin}/N·m 性能等级		
	50	70	80		50	70	80
M1.6	0.15	0.2	0.24	M6	9.3	13	15
M2	0.3	0.4	0.48	M8	23	32	37
M2.5	0.6	0.9	0.96	M10	46	65	74
M3	1.1	1.6	1.8	M12	80	110	130
M4	2.7	3.8	4.3	M16	210	290	330
M5	5.5	7.8	8.8				

表 3-36 试验项目

组别	抗拉强度 R_m①	破坏扭矩 M_B②	规定塑性延伸率为0.2%时的应力 $R_{p0.2}$①	断后伸长量 A①	硬度	楔负载强度
A1	$l≥2.5d$③	$l<2.5d$	$l≥2.5d$③	$l≥2.5d$③	—	—
A2	$l≥2.5d$③	$l<2.5d$	$l≥2.5d$③	$l≥2.5d$③	—	—

（续）

组别	抗拉强度 R_m①	破坏扭矩 M_B②	规定塑性延伸率为0.2%时的应力 $R_{p0.2}$①	断后伸长量 A①	硬度	楔负载强度
A3	$l \geqslant 2.5d$③	$l<2.5d$	$l \geqslant 2.5d$③	$l \geqslant 2.5d$③	—	—
A4	$l \geqslant 2.5d$③	$l<2.5d$	$l \geqslant 2.5d$③	$l \geqslant 2.5d$③	—	—
A5	$l \geqslant 2.5d$③	$l<2.5d$	$l \geqslant 2.5d$③	$l \geqslant 2.5d$③	—	—
C1	$l \geqslant 2.5d$③	—	$l \geqslant 2.5d$③	$l \geqslant 2.5d$③	要求进行	$l_s \geqslant 2d$
C3	$l \geqslant 2.5d$③,④	—	$l \geqslant 2.5d$③	$l \geqslant 2.5d$③	要求进行	$l_s \geqslant 2d$
C4	$l \geqslant 2.5d$③,④	—	$l \geqslant 2.5d$③	$l \geqslant 2.5d$③	要求进行	$l_s \geqslant 2d$
F1	$l \geqslant 2.5d$③,④	—	$l \geqslant 2.5d$③	$l \geqslant 2.5d$③	要求进行	—

注：l—螺栓、螺钉或螺柱的长度；d—螺纹公称直径；l_s—无螺纹杆部长度。

① 对≥M5的规格。

② 对M16≤d<M5的规格，本试验适用于所有长度。

③ 对螺柱应为$l \geqslant 3.5d$。

④ 对$l<2.5d$的产品，试验应由制造者与使用者协议。

（8）螺栓、螺钉和螺柱的高温下的机械性能和低温下的适用性（表3-37、表3-38）

（9）奥氏体型不锈钢、A2组（18/8钢）晶间腐蚀时间-温度图

表3-37 高温下的机械性能 R_{eL} 和 $R_{p0.2}$（受温度影响的程度）

钢　组	R_{eL} 和 $R_{p0.2}$(%)			
	温度			
	+100℃	+200℃	+300℃	+400℃
A2、A3、A4、A5	85	80	75	70
C1	95	90	80	65
C3	90	85	80	60

注：仅适用于性能等级70和80。

表3-38 低温下奥氏体型不锈钢螺栓、螺钉和螺柱的适用性

钢　组	持续工作温度	
A2、A3	≥-200℃	
A4、A5	螺栓和螺钉①	≥-60℃
	螺柱	≥-200℃

① 加工变形量较大的紧固件时，应考虑合金元素Mo能降低奥氏体的稳定性，并提高脆性转变温度的问题。

图 3-16 给出不同含碳量的奥氏体型不锈钢、A2 组（18/8 钢）、温度范围为 550～925℃，在晶间腐蚀倾向产生前近似的时间。

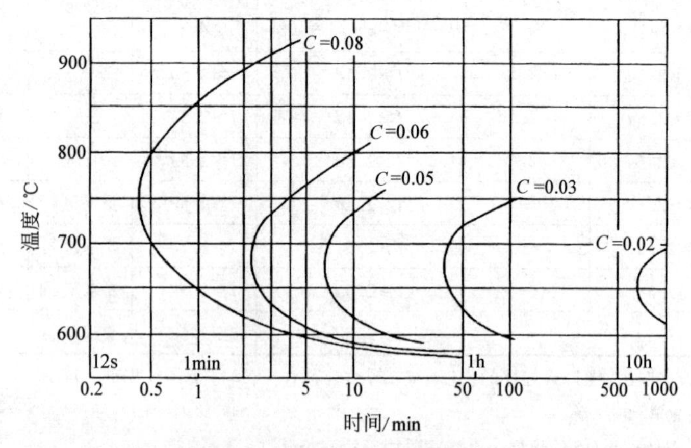

图 3-16 不同含碳量的奥氏体型不锈钢、A2 组在 550～925℃范围内，晶间腐蚀倾向产生前近似的时间

13. 有色金属制造的螺栓、螺钉、螺柱和螺母的机械性能（GB/T 3098.10—1993）

（1）性能等级的标记代号（表 3-39）

表 3-39 性能等级的标记代号

性能等级	CU1	CU2	CU3	CU4	CU5	CU6	CU7
	AL1	AL2	AL3	AL4	AL5	AL6	

注：性能等级的标记代号由字母及数字两部分组成：字母与有色金属材料化学元素符号的字母相同；数字表示性能等级序号。

（2）各性能等级适用的材料（表 3-40）

（3）机械性能（表 3-41）

（4）螺栓和螺钉的最小破坏力矩（表 3-42）

表 3-40 各性能等级适用的材料

性能等级	材料牌号	性能等级	材料牌号
CU1	T2	AL1	LF2
CU2	H63	AL2	LF11、LF5
CU3	HPb58-2	AL3	LF43
CU4	QSn6. 5-0. 4	AL4	LY8、LD9
CU5	QSi1-3	AL5	②
CU6	①	AL6	LC9
CU7	QAl10-4-4		

① CU6 的相应国际标准材料牌号为 CuZn40Mn1Pb。

② AL5 的相应国际标准材料牌号为 AlZnMgCu0. 5。

表 3-41 机械性能

性能等级	螺纹直径 d/mm	抗拉强度 R_m/MPa min	屈服强度 $R_{p0.2}$/MPa min	断后伸长率 A(%) min
CU1	≤39	240	160	14
CU2	≤6	440	340	11
	>6~39	370	250	19
CU3	≤6	440	340	11
	>6~39	370	250	19
CU4	≤12	470	340	22
	>12~39	400	200	33
CU5	≤39	590	540	12
CU6	>6~39	440	180	18
CU7	>12~39	640	270	15
AL1	≤10	270	230	3
	>10~20	250	180	4
AL2	≤14	310	205	6
	>14~36	280	200	6
AL3	≤6	320	250	7
	>6~39	310	260	10
AL4	≤10	420	290	6
	>10~39	380	260	10
AL5	≤39	460	380	7
AL6	≤39	510	440	7

表 3-42 螺栓和螺钉的最小破坏力矩

螺纹直径 d/mm	性能等级				
	CU1	CU2	CU3	CU4	CU5
	最小破坏力矩/N·m				
1.6	0.06	0.10	0.10	0.11	0.14
2	0.12	0.21	0.21	0.23	0.28
2.5	0.24	0.45	0.45	0.5	0.6
3	0.4	0.8	0.8	0.9	1.1
3.5	0.7	1.3	1.3	1.4	1.7
4	1	1.9	1.9	2	2.5
5	2.1	3.8	3.8	4.1	5.1

（续）

螺纹直径 d/mm	性能等级					
	AL1	AL2	AL3	AL4	AL5	AL6
	最小破坏力矩/N·m					
1.6	0.06	0.07	0.08	0.1	0.11	0.12
2	0.13	0.15	0.16	0.2	0.22	0.25
2.5	0.27	0.3	0.3	0.43	0.47	0.5
3	0.5	0.6	0.6	0.8	0.8	0.9
3.5	0.8	0.9	0.9	1.2	1.3	1.5
4	1.1	1.3	1.4	1.8	1.9	2.2
5	2.4	2.7	2.8	3.7	4	4.5

14. 螺栓用内六角花形和紧固件用六角花形（见第五章一、3 和 4）

15. 普通螺栓头下圆角半径（见第五章一、11）

二、螺栓的尺寸

1. C 级六角头螺栓（GB/T 5780—2016）（图 3-17、表 3-43、表 3-44）

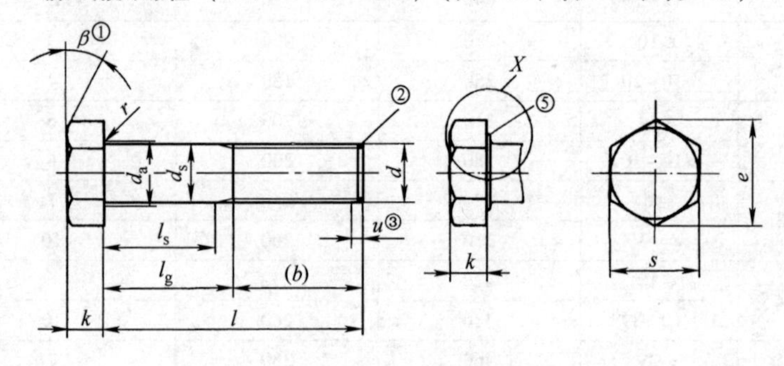

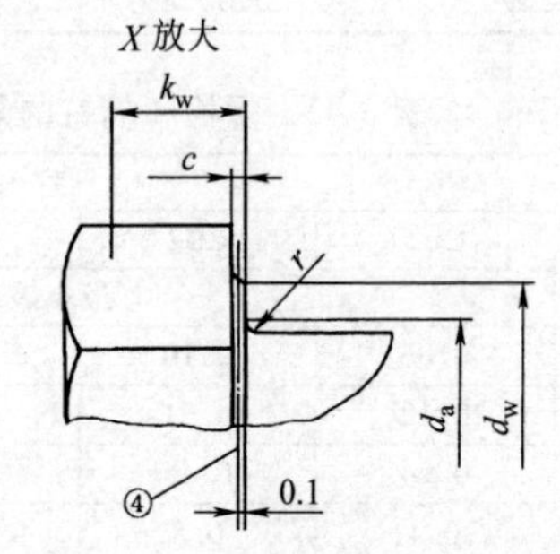

注：尺寸代号和标注符合 GB/T 5276。

① $\beta=15°\sim30°$。

② 无特殊要求的末端。

③ 不完整螺纹的长度 $u\leqslant2P$。

④ d_w 的仲裁基准。

⑤ 允许的垫圈面型式。

图 3-17 C 级六角头螺栓型式

表 3-43 C 级六角头螺栓优选的螺纹规格 (mm)

螺纹规格 d		M5	M6	M8	M10	M12	M16	M20
P①		0.8	1	1.25	1.5	1.75	2	2.5
$b_{参考}$	②	16	18	22	26	30	38	46
	③	22	24	28	32	36	44	52
	④	35	37	41	45	49	57	65
c_{max}		0.5	0.5	0.6	0.6	0.6	0.8	0.8
d_{amax}		6	7.2	10.2	12.2	14.7	18.7	24.4
d_s	max	5.48	6.48	8.58	10.58	12.7	16.7	20.84
	min	4.52	5.52	7.42	9.42	11.3	15.3	19.16
d_{wmin}		6.74	8.74	11.47	14.47	16.47	22	27.7
e_{min}		8.63	10.89	14.2	17.59	19.85	26.17	32.95
k	公称	3.5	4	5.3	6.4	7.5	10	12.5
	max	3.875	4.375	5.675	6.85	7.95	10.75	13.4
	min	3.125	3.625	4.925	5.95	7.05	9.25	11.6
k_{wmin}⑤		2.19	2.54	3.45	4.17	4.94	6.48	8.12
r_{min}		0.2	0.25	0.4	0.4	0.6	0.6	0.8
s	公称=max	8.00	10.00	13.00	16.00	18.00	24.00	30.00
	min	7.64	9.64	12.57	15.57	17.57	23.16	29.16
l		25~50	30~60	40~80	45~100	45~120	65~160	80~200

螺纹规格 d		M24	M30	M36	M42	M48	M56	M64
P①		3	3.5	4	4.5	5	5.5	6
$b_{参考}$	②	54	66	—	—	—	—	—
	③	60	72	84	96	108	—	—
	④	73	85	97	109	121	137	153
c_{max}		0.8	0.8	0.8	1	1	1	1
d_{amax}		28.4	35.4	42.4	48.6	56.6	67	75
d_s	max	24.84	30.84	37	43	49	57.2	65.2
	min	23.16	29.16	35	41	47	54.8	62.8
d_{wmin}		33.25	42.75	51.11	59.95	69.45	78.66	88.16
e_{min}		39.55	50.85	60.79	71.3	82.6	93.56	104.86
k	公称	15	18.7	22.5	26	30	35	40
	max	15.9	19.75	23.55	27.05	31.05	36.25	41.25
	min	14.1	17.65	21.45	24.95	28.95	33.75	38.75
k_{wmin}⑤		9.87	12.36	15.02	17.47	20.27	23.63	27.13
r_{min}		0.8	1	1	1.2	1.6	2	2

（续）

螺纹规格 d		M24	M30	M36	M42	M48	M56	M64
s	公称 = max	36	46	55.0	65.0	75.0	85.0	95.0
	min	35	45	53.8	63.1	73.1	82.8	92.8
l		100~240	120~300	140~360	180~420	200~480	240~500	260~500

① P—螺距。

② $l_{公称} \leqslant 125$mm。

③ 125mm<$l_{公称} \leqslant 200$mm。

④ $l_{公称}>200$mm。

⑤ $k_{wmin}=0.7k_{min}$。

表 3-44　C 级六角头螺栓非优选的螺纹规格　（mm）

螺纹规格 d		M14	M18	M22	M27	M33	M39	M45	M52	M60
P①		2	2.5	2.5	3	3.5	4	4.5	5	5.5
$b_{参考}$	②	34	42	50	60	—	—	—	—	—
	③	40	48	56	66	78	90	102	116	—
	④	53	61	69	79	91	103	115	129	145
c_{max}		0.6	0.8	0.8	0.8	0.8	1	1	1	1
d_{amax}		16.7	21.2	26.4	32.4	38.4	45.4	52.6	62.6	71
d_s	max	14.7	18.7	22.84	27.84	34	40	46	53.2	61.2
	min	13.3	17.3	21.16	26.16	32	38	44	50.8	58.8
d_{wmin}		19.15	24.85	31.35	38	46.55	55.86	64.7	74.2	83.41
e_{min}		22.78	29.56	37.29	45.2	55.37	66.44	76.95	88.25	99.21
k	公称	8.8	11.5	14	17	21	25	28	33	38
	max	9.25	12.4	14.9	17.9	22.05	23.95	26.95	31.75	36.75
	min	8.35	10.6	13.1	16.1	19.95	26.05	29.05	34.25	39.25
k_{wmin}⑤		5.85	7.42	9.17	11.27	13.97	16.77	18.87	22.23	25.73
r_{min}		0.6	0.6	0.8	1	1	1	1.2	1.6	2
s	公称 = max	21.00	27.00	34	41	50	60.0	70.0	80.0	90.0
	min	20.16	26.16	33	40	49	58.8	68.1	78.1	87.8
l		60~140	80~180	90~220	110~260	130~320	150~400	180~440	200~500	240~500

① P—螺距。

② $l_{公称} \leqslant 125$mm。

③ 125mm<$l_{公称} \leqslant 200$mm。

④ $l_{公称}>200$mm。

⑤ $k_{wmin}=0.7k_{min}$。

2. C级全螺纹六角头螺栓（GB/T 5781—2016）（图 3-18、表 3-45、表 3-46）

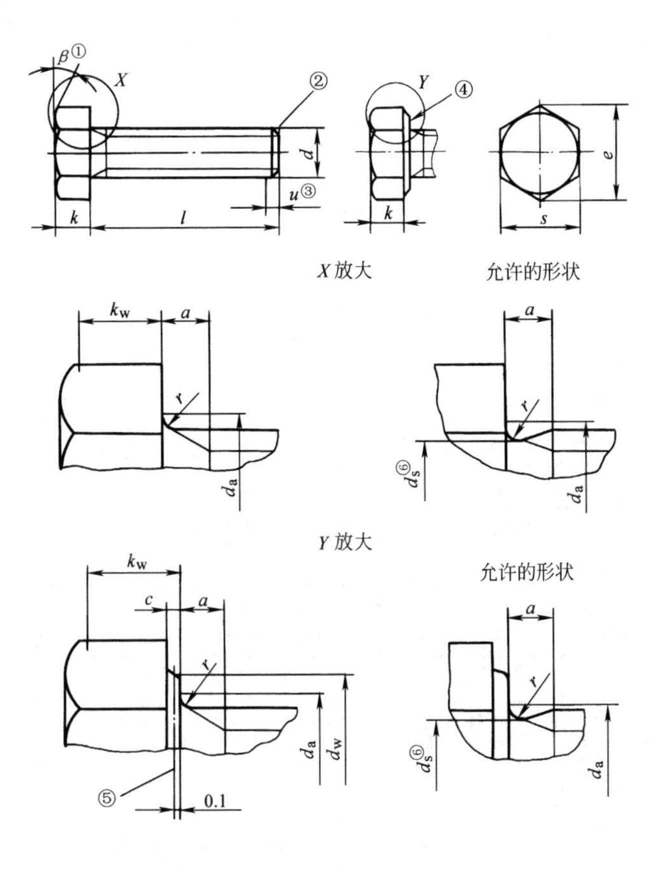

注：尺寸代号和标注符合 GB/T 5276。

① $\beta = 15° \sim 30°$。

② 无特殊要求的末端。

③ 不完整螺纹 $u \leqslant 2P$。

④ d_w 的仲裁基准。

⑤ 允许的垫圈面型式。

⑥ $d_s \approx$ 螺纹中径。

图 3-18　C级全螺纹六角头螺栓型式

表 3-45 C 级全螺纹六角头螺栓优选的螺纹规格 (mm)

螺纹规格 d		M5	M6	M8	M10	M12	M16	M20
P①		0.8	1	1.25	1.5	1.75	2	2.5
a	max	2.4	3	4.00	4.5	5.30	6	7.5
	min	0.8	1	1.25	1.5	1.75	2	2.5
c_{max}		0.5	0.5	0.6	0.6	0.6	0.8	0.8
d_{amax}		6	7.2	10.2	12.2	14.7	18.7	24.4
d_{wmin}		6.74	8.74	11.47	14.47	16.47	22	27.7
e_{min}		8.63	10.89	14.2	17.59	19.85	26.17	32.95
k	公称	3.5	4	5.3	6.4	7.5	10	12.5
	max	3.875	4.375	5.675	6.85	7.95	10.75	13.4
	min	3.125	3.625	4.925	5.95	7.05	9.25	11.6
k_{wmin}②		2.19	2.54	3.45	4.17	4.94	6.48	8.12
r_{min}		0.2	0.25	0.4	0.4	0.6	0.6	0.8
s	公称=max	8.00	10.00	13.00	16.00	18.00	24.00	30.00
	min	7.64	9.64	12.57	15.57	17.57	23.16	29.16
l		10~50	12~60	16~80	20~100	25~120	30~160	40~200
螺纹规格 d		M24	M30	M36	M42	M48	M56	M64
P①		3	3.5	4	4.5	5	5.5	6
a	max	9	10.5	12	13.5	15	16.5	18
	min	3	3.5	4	4.5	5	5.5	6
c_{max}		0.8	0.8	0.8	1	1	1	1
d_{amax}		28.4	35.4	42.4	48.6	56.6	67	75
d_{wmin}		33.25	42.75	51.11	59.95	69.45	78.66	88.16
e_{min}		39.55	50.85	60.79	71.3	82.6	93.56	104.86
k	公称	15	18.7	22.5	26	30	35	40
	max	15.9	19.75	23.55	27.05	31.05	36.25	41.25
	min	14.1	17.65	21.45	24.95	28.95	33.75	38.75
k_{wmin}②		9.87	12.36	15.02	17.47	20.27	23.63	27.13

（续）

螺纹规格 d		M24	M30	M36	M42	M48	M56	M64
P①		3	3.5	4	4.5	5	5.5	6
r_{min}		0.8	1	1	1.2	1.6	2	2
s	公称=max	36	46	55.00	65.0	75.0	85.0	95.0
	min	35	45	53.8	63.1	73.1	82.8	92.8
l		50~240	60~300	70~360	80~420	100~480	110~500	120~500

① P—螺距。

② $k_{wmin}=0.7k_{min}$。

表 3-46　C 级全螺纹六角头螺栓非优选的螺纹规格　（mm）

螺纹规格 d		M14	M18	M22	M27	M33	M39	M45	M52	M60
P①		2	2.5	2.5	3	3.5	4	4.5	5	5.5
a	max	6	7.5	7.5	9	10.5	12	13.5	15	16.5
	min	2	2.5	2.5	3	3.5	4	4.5	5	5.5
c_{max}		0.6	0.8	0.8	0.8	0.8	1	1	1	1
d_{amax}		16.7	21.2	26.4	32.4	38.4	45.4	52.6	62.6	71
d_{wmin}		19.15	24.85	31.35	38	46.55	55.86	64.7	74.2	83.41
e_{min}		22.78	29.56	37.29	45.2	55.37	66.44	76.95	88.25	99.218
k	公称	8.8	11.5	14	17	21	25	28	33	38
	max	9.25	12.4	14.9	17.9	22.05	26.05	29.05	34.25	39.25
	min	8.35	10.6	13.1	16.1	19.95	23.95	26.95	31.75	36.75
k_{wmin}②		5.85	7.42	9.17	11.27	13.97	16.77	18.87	22.23	25.73
r_{min}		0.6	0.6	0.8	1	1	1	1.2	1.6	2
s	公称=max	21.00	27.00	34	41	50	60.0	70.0	80.0	90.0
	min	20.16	26.16	33	40	49	58.8	68.1	78.1	87.8
l		30~150	35~120	45~240	55~300	65~380	80~420	90~460	100~500	120~500

① P—螺距。

② $k_{wmin}=0.7k_{min}$。

3. A和B级六角头螺栓（GB/T 5782—2016）（图3-19、表3-47、表3-48）

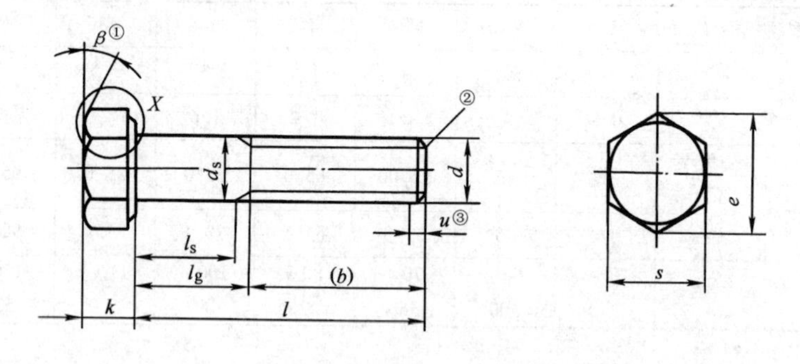

X放大

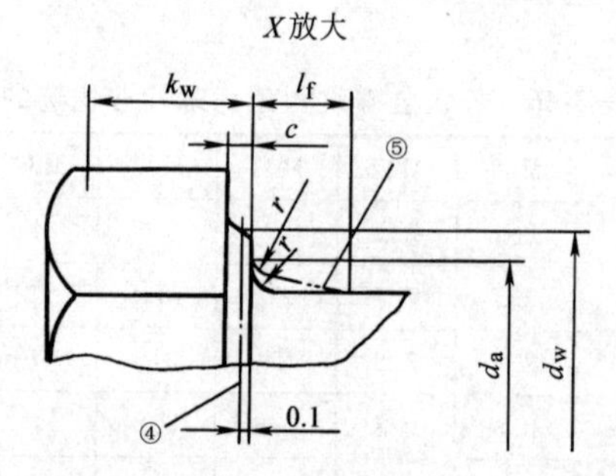

注：尺寸代号和标注符合GB/T 5276。

① $\beta=15°\sim30°$。

② 末端应倒角，对螺纹规格≤M4可为辗制末端（GB/T2）。

③ 不完整螺纹 $u\leqslant 2P$。

④ d_w 的仲裁基准。

⑤ 最大圆滑过渡。

图3-19　A和B级六角头螺栓型式

表3-47　A和B级六角头螺栓优选的螺纹规格　（mm）

螺纹规格 d		M1.6	M2	M2.5	M3	M4	M5	M6
P①		0.35	0.4	0.45	0.5	0.7	0.8	1
$b_{参考}$	②	9	10	11	12	14	16	18
	③	15	16	17	18	20	22	24
	④	28	29	30	31	33	35	37
c	max	0.25	0.25	0.25	0.40	0.40	0.50	0.50
	min	0.10	0.10	0.10	0.15	0.15	0.15	0.15

（续）

螺纹规格 d				M1.6	M2	M2.5	M3	M4	M5	M6
d_{amax}				2	2.6	3.1	3.6	4.7	5.7	6.8
d_s	公称=max			1.60	2.00	2.50	3.00	4.00	5.00	6.00
	min	产品等级	A	1.46	1.86	2.36	2.86	3.82	4.82	5.82
			B	1.35	1.75	2.25	2.75	3.70	4.70	5.70
d_{wmin}		产品等级	A	2.27	3.07	4.07	4.57	5.88	6.88	8.88
			B	2.3	2.95	3.95	4.45	5.74	6.74	8.74
e_{min}		产品等级	A	3.41	4.32	5.45	6.01	7.66	8.79	11.05
			B	3.28	4.18	5.31	5.88	7.50	8.63	10.89
l_{fmax}				0.6	0.8	1	1	1.2	1.2	1.4
k	公称			1.1	1.4	1.7	2	2.8	3.5	4
	产品等级	A	max	1.225	1.525	1.825	2.125	2.925	3.65	4.15
			min	0.975	1.275	1.575	1.875	2.675	3.35	3.85
		B	max	1.3	1.6	1.9	2.2	3.0	3.26	4.24
			min	0.9	1.2	1.5	1.8	2.6	2.35	3.76
k_{wmin}⑤		产品等级	A	0.68	0.89	1.10	1.31	1.87	2.35	2.70
			B	0.63	0.84	1.05	1.26	1.82	2.28	2.63
r_{min}				0.1	0.1	0.1	0.1	0.2	0.2	0.25
s	公称=max			3.20	4.00	5.00	5.50	7.00	8.00	10.00
	min	产品等级	A	3.02	3.82	4.82	5.32	6.78	7.78	9.78
			B	2.90	3.70	4.70	5.20	6.64	7.64	9.64
l				12~16	16~20	16~25	20~30	25~40	25~50	30~60

螺纹规格 d		M8	M10	M12	M16	M20	M24
P①		1.25	1.5	1.75	2	2.5	3
$b_{参考}$	②	22	26	30	38	46	54
	③	28	32	36	44	52	60
	④	41	45	49	57	65	73
c	max	0.60	0.60	0.60	0.8	0.8	0.8
	min	0.15	0.15	0.15	0.2	0.2	0.2

（续）

螺纹规格 d				M8	M10	M12	M16	M20	M24
d_{amax}				9.2	11.2	13.7	17.7	22.4	26.4
d_s	公称=max			8.00	10.00	12.00	16.00	20.00	24.00
	min	产品等级	A	7.78	9.78	11.73	15.73	19.67	23.67
			B	7.64	9.64	11.57	15.57	19.48	23.48
d_{wmin}		产品等级	A	11.63	14.63	16.63	22.49	28.19	33.61
			B	11.47	14.47	16.47	22	27.7	33.25
e_{min}		产品等级	A	14.38	17.77	20.03	26.75	33.53	39.98
			B	14.20	17.59	19.85	26.17	32.95	39.55
l_{fmax}				2	2	3	3	4	4
k	公称			5.3	6.4	7.5	10	12.5	15
	产品等级	A	max	5.45	6.58	7.68	10.18	12.715	15.215
			min	5.15	6.22	7.32	9.82	12.285	14.785
		B	max	5.54	6.69	7.79	10.29	12.85	15.35
			min	5.06	6.11	7.21	9.71	12.15	14.65
k_{wmin}⑤		产品等级	A	3.61	4.35	5.12	6.87	8.6	10.35
			B	3.54	4.28	5.05	6.8	8.51	10.26
r_{min}				0.4	0.4	0.6	0.6	0.8	0.8
s	公称=max			13.00	16.00	18.00	24.00	30.00	36.00
	min	产品等级	A	12.73	15.73	17.73	23.67	29.67	35.38
			B	12.57	15.57	17.57	23.16	29.16	35.00
l				40~80	45~100	50~120	65~160	80~200	90~240

螺纹规格 d		M30	M36	M42	M48	M56	M64
P①		3.5	4	4.5	5	5.5	6
$b_{参考}$	②	66	—	—	—	—	—
	③	72	84	96	108	—	—
	④	85	97	109	121	137	153
c	max	0.8	0.8	1.0	1.0	1.0	1.0
	min	0.2	0.2	0.3	0.3	0.3	0.3
d_{amax}		33.4	39.4	45.6	52.6	63	71

（续）

螺纹规格 d				M30	M36	M42	M48	M56	M64
d_s	公称=max			30.00	36.00	42.00	48.00	56.00	64.00
	min	产品等级	A	—	—	—	—	—	—
			B	29.48	35.38	41.38	47.38	55.26	63.26
d_{wmin}		产品等级	A	—	—	—	—	—	—
			B	42.75	51.11	59.95	69.45	78.66	88.16
e_{min}		产品等级	A	—	—	—	—	—	—
			B	50.85	60.79	71.3	82.6	93.56	104.86
l_{fmax}				6	6	8	10	12	13
k	公称			18.7	22.5	26	30	35	40
	产品等级	A	max	—	—	—	—	—	—
			min	—	—	—	—	—	—
		B	max	19.12	22.92	26.42	30.42	35.5	40.5
			min	18.28	22.08	25.58	29.58	34.5	39.5
k_{wmin}⑤		产品等级	A	—	—	—	—	—	—
			B	12.8	15.46	17.91	20.71	24.15	27.65
r_{min}				1	1	1.2	1.6	2	2
s	公称=max			46	55.0	65.0	75.0	85.0	95.0
	min	产品等级	A	—	—	—	—	—	—
			B	45	53.8	63.1	73.1	82.8	92.8
l				110~300	140~360	160~440	180~480	220~500	260~500

① P—螺距。

② $l_{公称} \leqslant 125mm$。

③ $125mm < l_{公称} \leqslant 200mm$。

④ $l_{公称} > 200mm$。

⑤ $k_{wmin} = 0.7k_{min}$。

表 3-48　A 和 B 级六角头螺栓非优选的螺纹规格　（mm）

螺纹规格 d		M3.5	M14	M18	M22	M27
P①		0.6	2	2.5	2.5	3
$b_{参考}$	②	13	34	42	50	60
	③	19	40	48	56	66
	④	32	53	61	69	79

（续）

螺纹规格 d				M3.5	M14	M18	M22	M27
c			max	0.40	0.60	0.8	0.8	0.8
c			min	0.15	0.15	0.2	0.2	0.2
d_{amax}				4.1	15.7	20.2	24.4	30.4
d_s	公称=max			3.50	14.00	18.00	22.00	27.00
d_s	min	产品等级	A	3.32	13.73	17.73	21.67	—
d_s	min	产品等级	B	3.20	13.57	17.57	21.48	26.48
d_{wmin}		产品等级	A	5.07	19.64	25.34	31.71	—
d_{wmin}		产品等级	B	4.95	19.15	24.85	31.35	38
e_{min}		产品等级	A	6.58	23.36	30.14	37.72	—
e_{min}		产品等级	B	6.44	22.78	29.56	37.29	45.2
l_{fmax}				1	3	3	4	6
k	公称			2.4	8.8	11.5	14	17
k	产品等级	A	max	2.525	8.98	11.715	14.215	—
k	产品等级	A	min	2.275	8.62	11.285	13.785	—
k	产品等级	B	max	2.6	9.09	11.82	14.35	17.35
k	产品等级	B	min	2.2	8.51	11.15	13.65	16.65
k_{wmin}⑤		产品等级	A	1.59	6.03	7.9	9.65	—
k_{wmin}⑤		产品等级	B	1.54	5.96	7.81	9.56	11.66
r_{min}				0.1	0.6	0.6	0.8	1
s	公称=max			6.00	21.00	27.00	34.00	41
s	min	产品等级	A	5.82	20.67	26.67	33.38	—
s	min	产品等级	B	5.70	20.16	26.16	33.00	40
l				20~35	60~140	70~180	90~220	100~260

螺纹规格 d		M33	M39	M45	M52	M60
P①		3.5	4	4.5	5	5.5
$b_{参考}$	②	—	—	—	—	—
$b_{参考}$	③	78	90	102	116	—
$b_{参考}$	④	91	103	115	129	145

（续）

螺纹规格 d				M33	M39	M45	M52	M60
c			max	0.8	1.0	1.0	1.0	1.0
			min	0.2	0.3	0.3	0.3	0.3
d_{amax}				36.4	42.4	48.6	56.6	67
d_s	公称=max			33.0	39.00	45.00	52.00	60.00
	min	产品等级	A	—	—	—	—	—
			B	32.38	38.38	44.38	51.26	59.26
d_{wmin}		产品等级	A	—	—	—	—	—
			B	46.55	55.86	64.7	74.2	83.41
e_{min}		产品等级	A	—	—	—	—	—
			B	55.37	66.44	76.95	88.25	99.21
l_{fmax}				6	6	8	10	12
k	公称			21	25	28	33	38
	产品等级	A	max	—	—	—	—	—
			min	—	—	—	—	—
		B	max	21.42	25.42	28.42	33.5	38.5
			min	20.58	24.58	27.58	32.5	37.5
k_{wmin} ⑤		产品等级	A	—	—	—	—	—
			B	14.41	17.21	19.31	22.75	26.25
r_{min}				1	1	1.2	1.6	2
s	公称=max			50	60.0	70.0	80.0	90.0
	min	产品等级	A	—	—	—	—	—
			B	49	58.8	68.1	78.1	87.8
l				130~320	150~380	180~440	200~480	240~500

① P—螺距。

② $l_{公称} \leqslant 125$mm。

③ 125mm$< l_{公称} \leqslant 200$mm。

④ $l_{公称} > 200$mm。

⑤ $k_{wmin} = 0.7k_{min}$。

4. A 和 B 级全螺纹六角头螺栓（GB/T 5783—2016）（图 3-20、表 3-49、表 3-50）

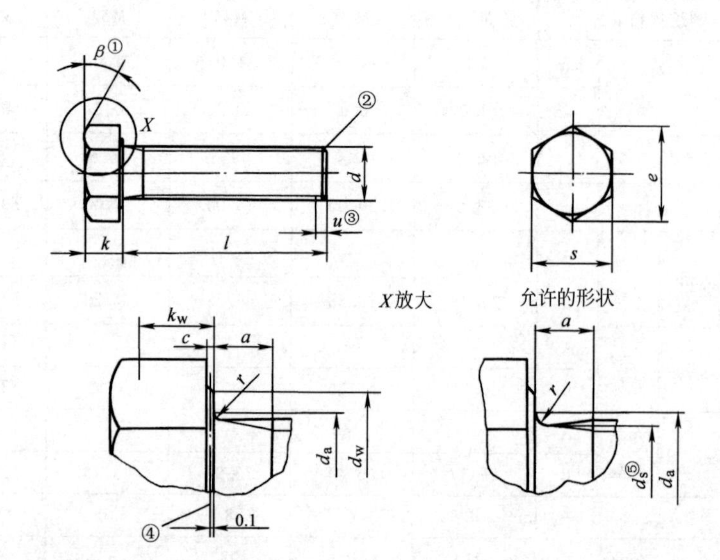

注：尺寸代号和标注符合 GB/T 5276。

① $\beta=15°\sim30°$。

② 末端应倒角，$d\leqslant$M4 为辗制末端（GB/T2）。

③ 不完整螺纹的长度 $u\leqslant2P$。

④ d_w 的仲裁基准。

⑤ $d_s\approx$螺纹中径。

图 3-20　A 和 B 级全螺纹六角头螺栓型式

表 3-49　A 和 B 级全螺纹六角头螺栓优选的螺纹规格　　(mm)

螺纹规格 d			M1.6	M2	M2.5	M3	M4	M5	M6
P①			0.35	0.4	0.45	0.5	0.7	0.8	1
a	max②		1.05	1.2	1.35	1.5	2.1	2.4	3
	min		0.35	0.4	0.45	0.5	0.7	0.8	1
c	max		0.25	0.25	0.25	0.40	0.40	0.50	0.50
	min		0.10	0.10	0.10	0.15	0.15	0.15	0.15
d_{amax}			2	2.6	3.1	3.6	4.7	5.7	6.8
d_{wmin}	产品等级	A	2.27	3.07	4.07	4.57	5.88	6.88	8.88
		B	2.30	2.95	3.95	4.45	5.74	6.74	8.74

（续）

螺纹规格 d			M1.6	M2	M2.5	M3	M4	M5	M6
e_{min}	产品等级	A	3.41	4.32	5.45	6.01	7.66	8.79	11.05
		B	3.28	4.18	5.31	5.88	7.50	8.63	10.89
k	公称		1.1	1.4	1.7	2	2.8	3.5	4
	产品等级 A	max	1.225	1.525	1.825	2.125	2.925	3.65	4.15
		min	0.975	1.275	1.575	1.875	2.675	3.35	3.85
	产品等级 B	max	1.3	1.6	1.9	2.2	3.0	3.74	4.24
		min	0.9	1.2	1.5	1.8	2.6	3.26	3.76
k_{wmin}③	产品等级	A	0.68	0.89	1.10	1.31	1.87	2.35	2.70
		B	0.63	0.84	1.05	1.26	1.82	2.28	2.63
r_{min}			0.1	0.1	0.1	0.1	0.2	0.2	0.25
s	公称=max		3.20	4.00	5.00	5.50	7.00	8.00	10.00
	min 产品等级	A	3.02	3.82	4.82	5.32	6.78	7.78	9.78
		B	2.90	3.70	4.70	5.20	6.64	7.64	9.64
l			2~16	4~20	5~25	6~30	8~40	10~50	12~60

螺纹规格 d			M8	M10	M12	M16	M20	M24
P①			1.25	1.5	1.75	2	2.5	3
a		max②	4	4.5	5.3	6	7.5	9
		min	1.25	1.5	1.75	2	2.5	3
c		max	0.60	0.60	0.60	0.8	0.8	0.8
		min	0.15	0.15	0.15	0.2	0.2	0.2
d_{amax}			9.2	11.2	13.7	17.7	22.4	26.4
d_{wmin}	产品等级	A	11.63	14.63	16.63	22.49	28.19	33.61
		B	11.47	14.47	16.47	22	27.7	33.25
e_{min}	产品等级	A	14.38	17.77	20.03	26.75	33.53	39.98
		B	14.20	17.59	19.85	26.17	32.95	39.55

（续）

螺纹规格 d				M8	M10	M12	M16	M20	M24
k	公称			5.3	6.4	7.5	10	12.5	15
	产品等级	A	max	5.45	6.58	7.68	10.18	12.715	15.215
			min	5.15	6.22	7.32	9.82	12.285	14.785
		B	max	5.54	6.69	7.79	10.29	12.85	15.35
			min	5.06	6.11	7.21	9.71	12.15	14.65
k_{wmin} ③	产品等级	A		3.61	4.35	5.12	6.87	8.6	10.35
		B		3.54	4.28	5.05	6.8	8.51	10.26
r_{min}				0.4	0.4	0.6	0.6	0.8	0.8
s	公称=max			13.00	16.00	18.00	24.00	30.00	36.00
	min	产品等级	A	12.73	15.73	17.73	23.67	29.67	35.38
			B	12.57	15.57	17.57	23.16	29.16	35.00
l				16~80	20~100	25~120	30~100	40~150	50~150

螺纹规格 d				M30	M36	M42	M48	M56	M64
P①				3.5	4	4.5	5	5.5	6
a			max②	10.5	12	13.5	15	16.5	18
			min	3.5	4	4.5	5	5.5	6
c			max	0.8	0.8	1.0	1.0	1.0	1.0
			min	0.2	0.2	0.3	0.3	0.3	0.3
d_{amax}				33.4	39.4	45.6	52.6	63	71
d_{wmin}	产品等级	A		—	—	—	—	—	—
		B		42.75	51.11	59.95	69.45	78.66	88.16
e_{min}	产品等级	A		—	—	—	—	—	—
		B		50.85	60.79	71.3	82.6	93.56	104.86
k	公称			18.7	22.5	26	30	35	40
	产品等级	A	max	—	—	—	—	—	—
			min	—	—	—	—	—	—
		B	max	19.12	22.92	26.42	30.42	35.5	40.5
			min	18.28	22.08	25.58	29.58	34.5	39.5

（续）

螺纹规格 d			M30	M36	M42	M48	M56	M64
k_{wmin}③	产品等级	A	—	—	—	—	—	—
		B	12.8	15.46	17.91	20.71	24.15	27.65
r_{min}			1	1	1.2	1.6	2	2
s	公称 = max		46	55.0	65.0	75.0	85.0	95.0
	min 产品等级	A	—	—	—	—	—	—
		B	45	53.8	63.1	73.1	82.8	92.8
l			60~200	70~200	80~200	100~200	110~200	120~200

① P—螺距。

② 按 GB/T 3 标准系列给出的 a_{max} 值。

③ $k_{wmin}=0.7k_{min}$。

表 3-50　A 和 B 级全螺纹六角头螺栓非优选的螺纹规格　（mm）

螺纹规格 d				M3.5	M14	M18	M22	M27
P①				0.6	2	2.5	2.5	3
a			max②	1.8	6	7.5	7.5	9
			min	0.6	2	2.5	2.5	3
c			max	0.40	0.60	0.8	0.8	0.8
			min	0.15	0.15	0.2	0.2	0.2
d_{amax}				4.1	15.7	20.2	24.4	30.4
d_{wmin}		产品等级	A	5.07	19.64	25.34	31.71	—
			B	4.95	19.15	24.85	31.35	38
e_{min}		产品等级	A	6.58	23.36	30.14	37.72	—
			B	6.44	22.78	29.56	37.29	45.2
k	公称			2.4	8.8	11.5	14	17
	产品等级	A	max	2.525	8.98	11.715	14.215	—
			min	2.275	8.62	11.285	13.785	—
		B	max	2.6	9.09	11.85	14.35	17.35
			min	2.2	8.51	11.15	13.65	16.65
k_{wmin}③		产品等级	A	1.59	6.03	7.9	9.65	—
			B	1.54	5.96	7.81	9.56	11.66

（续）

螺纹规格 d				M3.5	M14	M18	M22	M27
r_{min}				0.1	0.6	0.6	0.8	1
s	公称 = max			6.00	21.00	27.00	34.00	41
	min	产品等级	A	5.82	20.67	26.67	33.38	—
			B	5.70	20.16	26.16	33.00	40
l				8～35	30～140	35～150	45～150	55～200
螺纹规格 d				M33	M39	M45	M52	M60
P[①]				3.5	4	4.5	5	5.5
a			max[②]	10.5	12	13.5	15	16.5
			min	3.5	4	4.5	5	5.5
c			max	0.8	1.0	1.0	1.0	1.0
			min	0.2	0.3	0.3	0.3	0.3
d_{amax}				36.4	42.4	48.6	56.6	67
d_{wmin}		产品等级	A	—	—	—	—	—
			B	46.55	55.86	64.7	74.2	83.41
e_{min}		产品等级	A	—	—	—	—	—
			B	55.37	66.44	76.95	88.25	99.21
k	公称			21	25	28	33	38
	产品等级	A	max	—	—	—	—	—
			min	—	—	—	—	—
		B	max	21.42	25.42	28.42	33.5	38.5
			min	20.58	24.58	27.58	32.5	37.5
k_{wmin}[③]		产品等级	A	—	—	—	—	—
			B	14.41	17.21	19.31	22.75	26.25
r_{min}				1	1	1.2	1.6	2
s	公称 = max			50	60.0	70.0	80.0	90.0
	min	产品等级	A	—	—	—	—	—
			B	49	58.8	68.1	78.1	87.8
l				65～200	80～200	90～200	100～200	120～200

① P—螺距。

② 按 GB/T 3 标准系列给出的 a_{max} 值。

③ $k_{wmin} = 0.7k_{min}$。

5. B级细杆六角头螺栓（GB/T 5784—1986）（图3-21、表3-51）

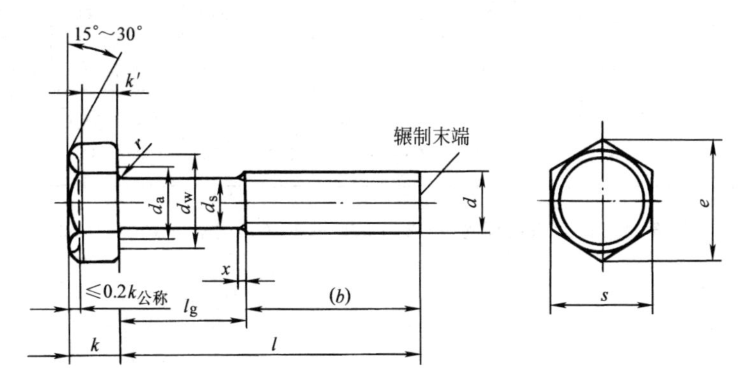

注：末端按GB/T 2规定。

d_s 约等于螺纹中径或螺纹大径。

$l_{gmax}=l_{公称}-b_{参考}$。

$l_{gmin}=l_{gmax}-2P$。

P—螺距。

凹穴型式由制造者选择，亦可不制出凹穴。

图3-21　B级细杆六角头螺栓型式

表3-51　B级细杆六角头螺栓尺寸　（mm）

螺纹规格 d		M3	M4	M5	M6	M8	M10	M12	(M14)	M16	M20
$b_{参考}$	$l≤125$	12	14	16	18	22	26	30	34	38	46
	$125<l≤200$	—	—	—	—	28	32	36	40	44	52
d_{amax}		3.6	4.7	5.7	6.8	9.2	11.2	13.7	15.7	17.7	22.4
d_{wmin}		4.4	5.7	6.7	8.7	11.4	14.4	16.4	19.2	22	27.7
e_{min}		5.98	7.50	8.63	10.89	14.20	17.59	19.85	22.78	26.17	32.95
k	公称	2	2.8	3.5	4	5.3	6.4	7.5	8.8	10	12.5
	min	1.80	2.60	3.26	3.76	5.06	6.11	7.21	8.51	9.71	12.15
	max	2.20	3.00	3.74	4.24	5.54	6.69	7.79	9.09	10.29	12.85
k'_{min}		1.3	1.8	2.3	2.6	3.5	4.3	5	6	6.8	8.5
r_{min}		0.1	0.2	0.2	0.25	0.4	0.4	0.6	0.6	0.6	0.8
s	max	5.5	7	8	10	13	16	18	21	24	30
	min	5.20	6.64	7.64	9.64	12.57	15.57	17.57	20.16	23.16	29.16

（续）

螺纹规格 d	M3	M4	M5	M6	M8	M10	M12	(M14)	M16	M20
x_{max}	1.25	1.75	2	2.5	3.2	3.8	4.3	5	5	6.3
l	20~30	20~40	25~50	25~60	30~80	40~100	45~120	50~140	55~150	65~150

6. A和B级细牙六角头螺栓（GB/T 5785—2016）（图3-22、表3-52、表3-53）

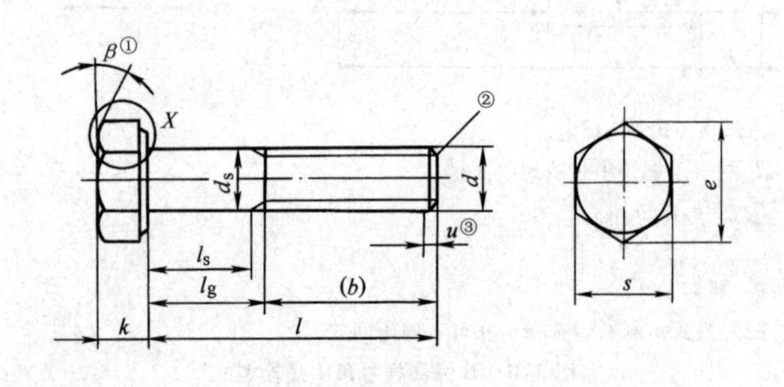

X放大

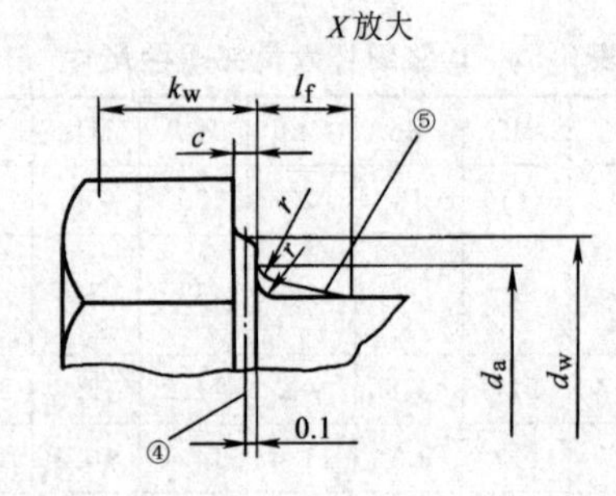

注：尺寸代号和标注符合GB/T 5276。

① $\beta=15°\sim30°$

② 末端应倒角（GB/T 2）。

③ 不完整螺纹的长度 $u\leqslant2P$。

④ d_w 的仲裁基准。

⑤ 最大圆弧过渡。

图3-22　A和B级细牙六角头螺栓型式

表 3-52　A 和 B 级细牙六角头螺栓优选的螺纹规格

(mm)

螺纹规格 $d \times P$			M8×1	M10×1	M12×1.5	M16×1.5	M20×1.5	M24×2	M30×2	M36×3	M42×3	M48×3	M56×4	M64×4
$b_{参考}$		①	22	26	30	38	46	54	66	—	—	—	—	—
		②	28	32	36	44	52	60	72	84	96	108	—	—
		③	41	45	49	57	65	73	85	97	109	121	137	153
c		max	0.60	0.60	0.60	0.8	0.8	0.8	0.8	0.8	1.0	1.0	1.0	1.0
		min	0.15	0.15	0.15	0.2	0.2	0.2	0.2	0.2	0.3	0.3	0.3	0.3
d_{amax}			9.2	11.2	13.7	17.7	22.4	26.4	33.4	39.4	45.6	52.6	63	71
d_s	公称=max		8.00	10.00	12.00	16.00	20.00	24.00	30.00	36.00	42.00	48.00	56.00	64.00
	min 产品等级	A	7.78	9.78	11.73	15.73	19.67	23.67	—	—	—	—	—	—
		B	7.64	9.64	11.57	15.57	19.48	23.48	29.48	35.38	41.38	47.38	55.26	63.26
d_{wmin}	产品等级	A	11.63	14.63	16.63	22.49	28.19	33.61	—	—	—	—	—	—
		B	11.47	14.47	16.47	22	27.7	33.25	42.75	51.11	59.95	69.45	78.66	88.16
e_{min}	产品等级	A	14.38	17.77	20.03	26.75	33.53	39.98	—	—	—	—	—	—
		B	14.2	17.59	19.85	26.17	32.95	39.55	50.85	60.79	71.3	82.6	93.56	104.86
l_{fmax}			2	2	3	3	4	4	6	6	8	10	12	13

（续）

螺纹规格 $d \times P$				M8×1	M10×1	M12×1.5	M16×1.5	M20×1.5	M24×2	M30×2	M36×3	M42×3	M48×3	M56×4	M64×4
k	公称			5.3	6.4	7.5	10	12.5	15	18.7	22.5	26	30	35	40
	产品等级	A	max	5.45	6.58	7.68	10.18	12.715	15.215	—	—	—	—	—	—
			min	5.15	6.22	7.32	9.82	12.285	14.785	—	—	—	—	—	—
		B	max	5.54	6.69	7.79	10.29	12.85	15.35	19.12	22.92	26.42	30.42	35.5	40.5
			min	5.06	6.11	7.21	9.71	12.15	14.65	18.28	22.08	25.58	29.58	34.5	39.5
k_{wmin}④		产品等级	A	3.61	4.35	5.12	6.87	8.6	10.35	—	—	—	—	—	—
			B	3.54	4.28	5.05	6.8	8.51	10.26	12.8	15.46	17.91	20.71	24.15	27.65
r_{min}				0.4	0.4	0.6	0.6	0.8	0.8	1	1	1.2	1.6	2	2
s	公称=max			13.00	16.00	18.00	24.00	30.00	36.00	46	55.0	65.0	75.0	85.0	95.0
	min	产品等级	A	12.73	15.73	17.73	23.67	29.67	35.38	—	—	—	—	—	—
			B	12.57	15.57	17.57	23.16	29.16	35	45	53.8	63.1	73.1	82.8	92.8
l				40~80	45~100	50~120	65~160	80~200	100~240	120~300	140~360	160~440	200~480	220~500	260~500

① $l_{公称} \leqslant 125mm$。

② $125mm < l_{公称} \leqslant 200mm$。

③ $l_{公称} > 200mm$。

④ $k_{wmin} = 0.7k_{min}$。

表 3-53　A 和 B 级细牙六角头螺栓非优选的螺纹规格　(mm)

螺纹规格 $d \times P$				M10×1.25	M12×1.25	M14×1.5	M18×1.5	M20×2	M22×1.5	M27×2	M33×2	M39×3	M45×3	M52×4	M60×4
$b_{参考}$			①	26	30	34	42	46	50	60	—	—	—	—	—
			②	32	36	40	48	52	56	66	78	90	102	116	—
			③	45	49	57	61	65	69	79	91	103	115	129	145
c			max	0.60	0.60	0.60	0.8	0.8	0.8	0.8	0.8	1.0	1.0	1.0	1.0
			min	0.15	0.15	0.15	0.2	0.2	0.2	0.2	0.2	0.3	0.3	0.3	0.3
d_{amax}				11.2	13.7	15.7	20.2	22.4	24.4	30.4	36.4	42.4	48.6	56.6	67
d_s	公称 = max			10.00	12.00	14.00	18.00	20.00	22.00	27.00	33.00	39.00	45.00	52.00	60.00
	min	产品等级	A	9.78	11.73	13.73	17.73	19.67	21.67	—	—	—	—	—	—
			B	9.64	11.57	13.54	17.57	19.48	21.48	26.48	32.38	38.38	44.38	51.26	59.26
d_{wmin}		产品等级	A	14.63	16.63	19.64	25.34	28.19	31.71	—	—	—	—	—	—
			B	14.47	16.47	19.15	24.85	27.7	31.35	38	46.55	55.86	64.7	74.2	83.41
e_{min}		产品等级	A	17.77	20.03	23.36	30.14	33.53	37.42	—	—	—	—	—	—
			B	17.59	19.85	22.78	29.56	32.95	37.29	45.2	55.37	66.44	76.95	88.25	99.21
l_{fmax}				2	3	3	3	4	4	6	6	6	8	10	12

（续）

螺纹规格 $d×P$				M10×1.25	M12×1.25	M14×1.5	M18×1.5	M20×2	M22×1.5	M27×2	M33×2	M39×3	M45×3	M52×4	M60×4
k	公称			6.4	7.5	8.8	11.5	12.5	14	17	21	25	28	33	38
	产品等级	A	max	6.58	7.68	8.98	11.715	12.715	14.215	—	—	—	—	—	—
			min	6.22	7.32	8.62	11.285	12.285	13.785	—	—	—	—	—	—
		B	max	6.69	7.79	9.09	11.85	12.85	14.35	17.35	21.42	25.42	28.42	33.5	38.5
			min	6.11	7.21	8.51	11.15	12.15	13.65	16.65	20.58	24.58	27.58	32.5	37.5
k_{wmin} ④	产品等级	A		4.35	5.12	6.03	7.9	8.6	9.65	—	—	—	—	—	—
		B		4.28	5.05	5.96	7.81	8.51	9.56	11.66	14.41	17.21	19.31	22.75	26.25
r_{min}				0.4	0.6	0.6	0.6	0.8	0.8	1	1	1	1.2	1.6	2
s	公称 = max			16.00	18.00	21.00	27.00	30.00	34.00	41	50	60.0	70.0	80.0	90.0
	min	产品等级 A		15.73	17.73	20.67	26.67	29.67	33.38	—	—	—	—	—	—
		产品等级 B		15.57	17.57	20.16	26.16	29.16	33.00	40	49	58.8	68.1	78.1	87.8
l				45~100	50~120	60~140	70~180	80~200	90~220	100~260	130~320	150~380	180~440	200~480	240~500

① $l_{公称} \leqslant 125$mm。

② 125mm$< l_{公称} \leqslant 200$mm。

③ $l_{公称} > 200$mm。

④ $k_{wmin} = 0.7k_{min}$。

7. A和B级全螺纹细牙六角头螺栓（GB/T 5786—2016）（图 3-23、表 3-54、表 3-55）

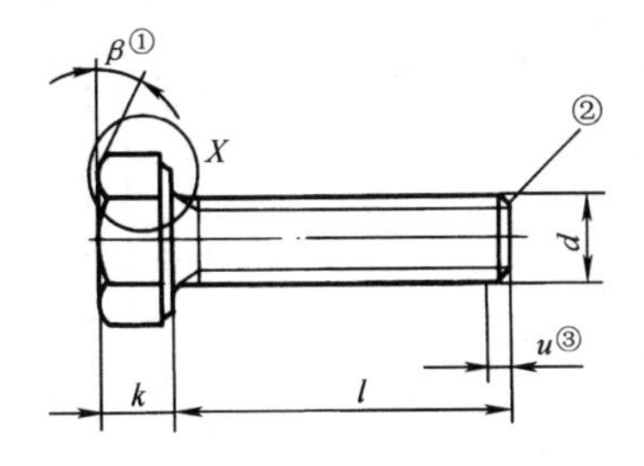

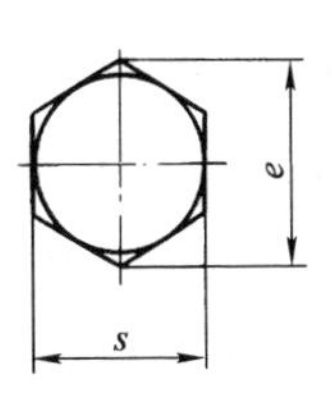

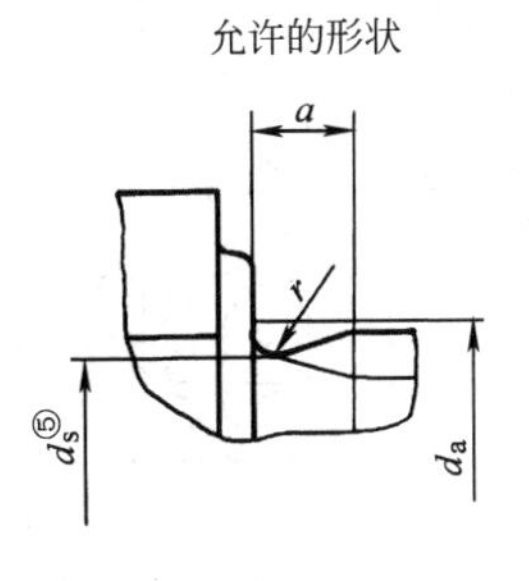

注：尺寸代号和标注符合 GB/T 5276。

① $\beta = 15° \sim 30°$。

② 末端应倒角（GB/T 2）。

③ 不完整螺纹的长度 $u \leqslant 2P$。

④ d_w 的仲裁基准。

⑤ $d_s \approx$ 螺纹中径。

图 3-23　A和B级全螺纹细牙六角头螺栓型式

8. A和B级六角头头部带槽螺栓（GB/T 29.1—2013）（图 3-24、表 3-56）

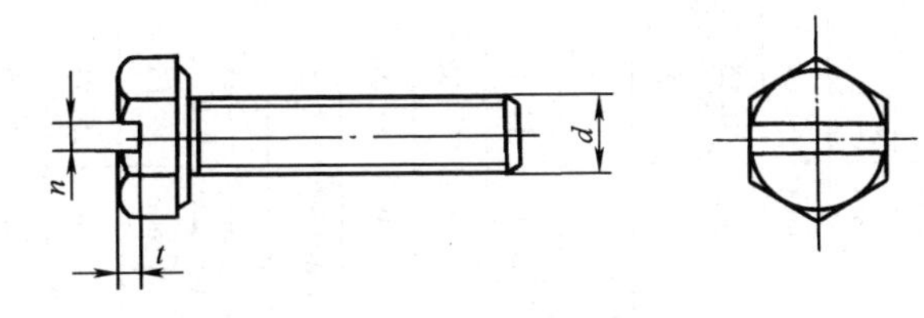

注：其余的型式与尺寸按 GB/T 5783 规定。

图 3-24　A和B级六角头头部带槽螺栓型式

表 3-54　A 和 B 级全螺纹细牙六角头螺栓优选的螺纹规格

（mm）

螺纹规格 $d \times P$				M8 ×1	M10 ×1	M12 ×1.5	M16 ×1.5	M20 ×1.5	M24 ×2	M30 ×2	M36 ×3	M42 ×3	M48 ×3	M56 ×4	M64 ×4
a			max	3	3	4.5	4.5	4.5	6	6	9	9	9	12	12
			min	1	1	1.5	1.5	1.5	2	2	3	3	3	4	4
c			max	0.60	0.60	0.60	0.8	0.8	0.8	0.8	0.8	1.0	1.0	1.0	1.0
			min	0.15	0.15	0.15	0.2	0.2	0.2	0.2	0.2	0.3	0.3	0.3	0.3
d_{amax}				9.2	11.2	13.7	17.7	22.4	26.4	33.4	39.4	45.6	52.6	63	71
d_w	min	产品等级	A	11.63	14.63	16.63	22.49	28.19	33.61	—	—	—	—	—	—
			B	11.47	14.47	16.47	22	27.7	33.25	42.75	51.11	59.95	69.45	78.66	88.16
e_{min}			A	14.38	17.77	20.03	26.75	33.53	39.98	—	—	—	—	—	—
			B	14.20	17.59	19.85	26.17	32.95	39.55	50.85	60.79	71.3	82.6	93.56	104.86
k	公称			5.3	6.4	7.5	10	12.5	15	18.7	22.5	26	30	35	40
	产品等级	A	max	5.45	6.58	7.68	10.18	12.715	15.215	—	—	—	—	—	—
			min	5.15	6.22	7.32	9.82	12.285	14.785	—	—	—	—	—	—
		B	max	5.54	6.69	7.79	10.29	12.85	15.35	19.12	22.92	26.42	30.42	35.5	40.5
			min	5.06	6.11	7.21	9.71	12.15	14.65	18.28	22.08	25.58	29.58	34.5	39.5
k_{wmin} ①		产品等级	A	3.61	4.35	5.12	6.87	8.6	10.35	—	—	—	—	—	—
			B	3.54	4.28	5.05	6.8	8.51	10.26	12.8	15.46	17.91	20.71	24.15	27.65

				13	14	15	16	17	18	19	20	21	22	23	24
r_{min}				0.4	0.4	0.6	0.6	0.8	0.8	1	1	1.2	1.6	2	2
s	公称=max			13.00	16.00	18.00	24.00	30.00	36.00	46	55.0	65.0	75.0	85.0	95.0
	min	产品等级	A	12.73	15.73	17.73	23.67	29.67	35.38	—	—	—	—	—	—
			B	12.57	15.57	17.57	23.16	29.16	35.00	45	53.8	63.1	73.1	82.8	92.8
l				16~80	20~100	25~120	35~160	40~200	40~200	40~200	40~200	90~440	100~480	120~500	130~500

① $k_{wmin}=0.7k_{min}$。

表 3-55 A 和 B 级全螺纹细牙六角头螺栓非优选的螺纹规格 (mm)

螺纹规格 $d \times P$			M10×1.25	M12×1.25	M14×1.5	M18×1.5	M20×2	M22×1.5	M27×2	M33×2	M39×3	M45×3	M52×4	M60×4
a	max		4	4	4.5	4.5	6	4.5	6	6	9	9	12	12
	min		1.25	1.25	1.5	1.5	2	1.5	2	2	3	3	4	4
c	max		0.60	0.60	0.60	0.8	0.8	0.8	0.8	0.8	1.0	1.0	1.0	1.0
	min		0.15	0.15	0.15	0.2	0.2	0.2	0.2	0.2	0.3	0.3	0.3	0.3
d_{amax}			11.2	13.7	15.7	20.2	24.4	24.4	30.4	36.4	42.4	48.6	56.6	67
d_{wmin}	产品等级	A	14.63	16.63	19.64	25.34	28.19	31.71	—	—	—	—	—	—
		B	14.47	16.47	19.15	24.85	27.7	31.35	38	46.55	55.86	64.7	74.2	83.41

（续）

螺纹规格 $d \times P$			M10×1.25	M12×1.25	M14×1.5	M18×1.5	M20×2	M22×1.5	M27×2	M33×2	M39×3	M45×3	M52×4	M60×4
e_{min}	产品等级	A	17.77	20.03	23.36	30.14	33.53	37.42	—	—	—	—	—	—
		B	17.59	19.85	22.78	29.56	32.95	37.29	45.2	55.37	66.44	76.95	88.25	99.21
k	公称		6.4	7.5	8.8	11.5	12.5	14.00	17	21	25	28	33	38
	产品等级 A	max	6.58	7.68	8.98	11.715	12.715	14.215	—	—	—	—	—	—
		min	6.22	7.32	8.62	11.285	12.285	13.785	—	—	—	—	—	—
	产品等级 B	max	6.69	7.79	9.09	11.85	12.85	14.35	17.35	21.42	25.42	28.42	33.5	38.5
		min	6.11	7.21	8.51	11.15	12.15	13.65	16.65	20.58	24.58	27.58	32.5	37.5
k_{wmin} ①	产品等级	A	4.35	5.12	6.03	7.9	8.6	9.65	—	—	—	—	—	—
		B	4.28	5.05	5.96	7.81	8.51	9.56	11.66	14.41	17.21	19.31	22.75	26.25
r_{min}			0.4	0.6	0.6	0.6	0.8	0.8	1	1	1	1.2	1.6	2
s	公称=max		16.00	18.00	21.00	27.00	30.00	34.00	41	50	60.0	70.0	80.0	90.0
	min 产品等级	A	15.73	17.73	20.67	26.67	29.67	33.38	—	—	—	—	—	—
		B	15.57	17.57	20.16	26.16	29.16	33.00	40	49	58.8	68.1	78.1	87.8
l			20~100	25~120	30~140	35~150	40~200	45~220	55~260	65~360	80~380	90~440	100~500	120~500

① $k_{wmin}=0.7k_{min}$。

表 3-56　A 和 B 级六角头头部带槽螺栓的主要尺寸　　(mm)

螺纹规格 d		M3	M4	M5	M6	M8	M10	M12
n	公称	0.8	1.2	1.2	1.6	2	2.5	3
	min	0.86	1.26	1.28	1.66	2.06	2.56	3.06
	max	1	1.51	1.51	1.91	2.31	2.81	3.31
t_{min}		0.7	1	1.2	1.4	1.9	2.4	3
l		6~30	8~40	10~50	12~60	16~80	20~100	25~120

9. 十字槽凹穴六角头螺栓（GB/T 29.2—2013）（图 3-25、表 3-57）

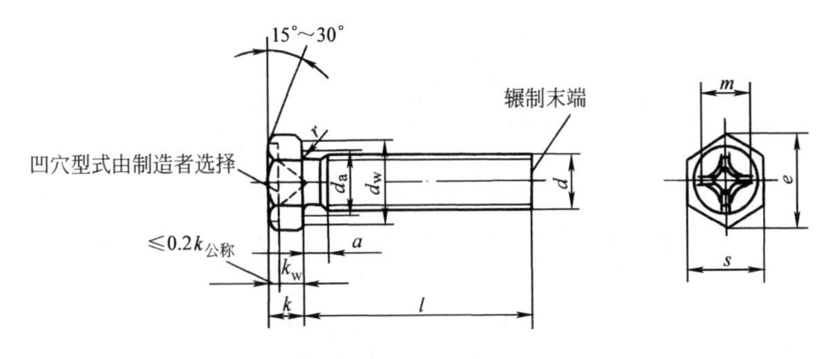

注：末端按 GB/T 2 规定。

图 3-25　十字槽凹穴六角头螺栓型式

表 3-57　十字槽凹穴六角头螺栓尺寸　　(mm)

螺纹规格 d		M4	M5	M6	M8
a_{max}		2.1	2.4	3	3.75
d_{amax}		4.7	5.7	6.8	9.2
d_{wmin}		5.7	6.7	8.7	11.4
e_{min}		7.50	8.63	10.89	14.20
k	公称	2.8	3.5	4	5.3
	min	2.6	3.26	3.76	5.06
	max	3	3.74	4.24	5.54
k_{wmin}		1.8	2.3	2.6	3.5
r_{min}		0.2	0.2	0.25	0.4
s	max	7	8	10	13
	min	6.64	7.64	9.64	12.57

（续）

螺纹规格 d			M4	M5	M6	M8
十字槽 H 型	槽 号		2		3	
	$m_{参考}$		4	4.8	6.2	7.2
	插入深度	max	1.93	2.73	2.86	3.86
		min	1.4	2.19	2.31	3.24
l			8~35	8~40	10~50	12~60

10. A 和 B 级六角头螺杆带孔螺栓（GB/T 31.1—2013）（图 3-26、表 3-58）

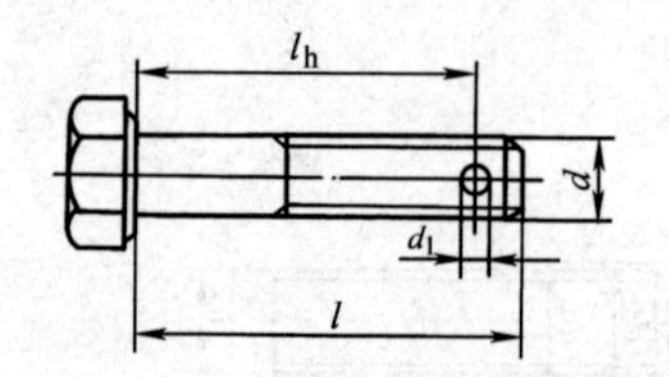

注：其余型式与尺寸按 GB/T 5782 规定。

图 3-26 A 和 B 级六角头螺杆带孔螺栓型式

表 3-58 A 和 B 级六角头螺杆带孔螺栓的尺寸 （mm）

螺纹规格 d	d_1		l_h (+IT14)	l
	max	min		
M6	1.85	1.6	l—3.3	30~60
M8	2.25	2	l—4	35~80
M10	2.75	2.5	l—5	40~100
M12	3.5	3.2	l—6	45~120
(M14)	3.5	3.2	l—6.5	50~140
M16	4.3	4	l—7	55~160
(M18)	4.3	4	l—8	60~180
M20	4.3	4	l—8	65~200
(M22)	5.3	5	l—9	70~220
M24	5.3	5	l—12	80~240
(M27)	5.3	5	l—10	90~300
M30	6.66	6.3	l—12	90~300
M36	6.66	6.3	l—13	110~300
M42	8.36	8	l—15	130~300
M48	8.36	8	l—16	140~300

注：1. 其余型式与尺寸按 GB/T 5782 规定。

2. 尽量不选用括号内的规格。

11. B级细杆六角头螺杆带孔螺栓（GB/T 31.2—1988）（图3-27、表3-59）

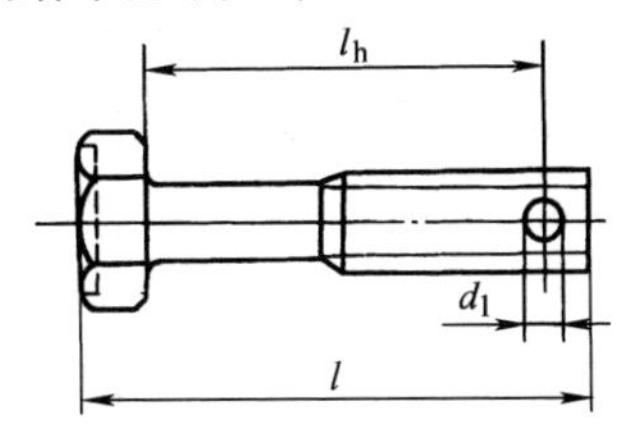

图3-27 B级细杆六角头螺杆带孔螺栓型式

表3-59 B级细杆六角头螺杆带孔螺栓的主要尺寸 （mm）

螺纹规格 d	d_1		l_h （+IT14）	l
	max	min		
M6	1.85	1.6	l−3	25~70
M8	2.25	2	l−4	30~80
M10	2.75	2.5	l−4	40~100
M12	3.5	3.2	l−5	45~120
（M14）	3.5	3.2	l−5	50~140
M16	4.3	4	l−6	55~150
M20	4.3	4	l−6	65~150

注：1. 其余型式与尺寸按GB/T 5784规定。

2. 尽量不选用括号内的规格。

12. A和B级细牙六角头螺杆带孔螺栓（GB/T 31.3—1988）（图3-28、表3-60）

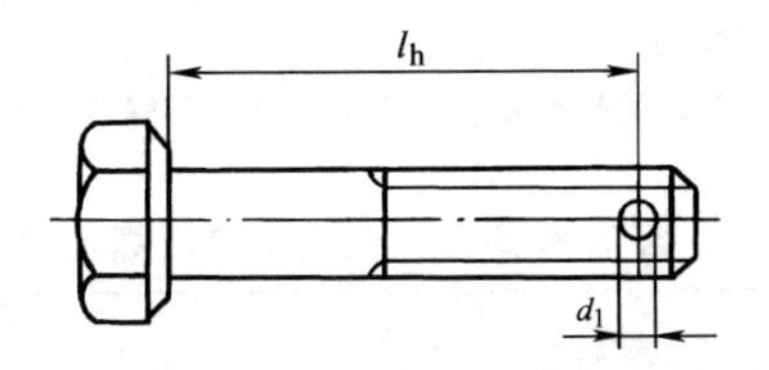

注：其余型式与尺寸按GB/T 5785规定。

图3-28 A和B级细牙六角头螺杆带孔螺栓型式

表3-60 A和B级细牙六角头螺杆带孔螺栓的主要尺寸 （mm）

螺纹规格 $d×P$	d_1		l_h （+IT14）	l
	max	min		
M8×1	2.25	2	l−4	35~80
M10×1	2.75	2.5	l−4	40~100
M12×1.5	3.5	3.2	l−5	45~120
（M14×1.5）	3.5	3.2	l−5	50~140
M16×1.5	4.3	4	l−6	55~160

（续）

螺纹规格 $d \times P$	d_1		l_h （+IT14）	l
	max	min		
（M18×1.5）	4.3	4	l−6	60~180
M20×2	4.3	4	l−6	65~200
（M22×1.5）	5.3	5	l−7	70~220
M24×2	5.3	5	l−7	80~240
（M27×2）	5.3	5	l−8	90~260
M30×2	6.66	6.3	l−9	90~300
M36×3	6.66	6.3	l−10	110~300
M42×3	8.36	8	l−12	130~300
M48×3	8.36	8	l−12	140~300

注：1. 其余型式与尺寸按 GB/T 5785 规定。

2. 尽量不选用括号内的规格。

13. A 和 B 级六角头头部带孔螺栓（GB/T 32.1—2020）（图 3-29、表 3-61）

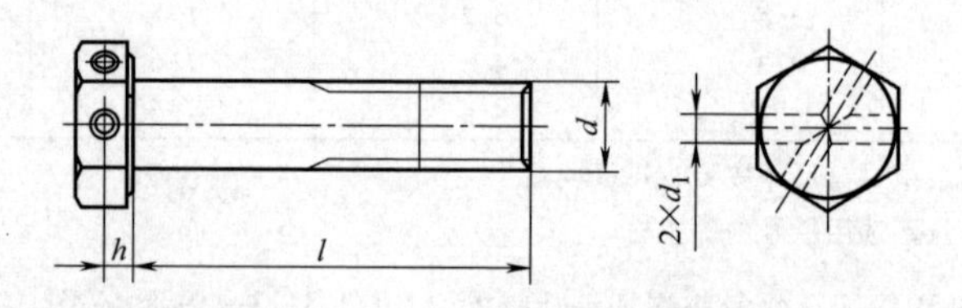

注：其余型式与尺寸按 GB/T 5782 规定。

图 3-29 A 和 B 级六角头头部带孔螺栓型式

表 3-61 A 和 B 级六角头头部带孔螺栓的尺寸 （mm）

d	d_1			$h\approx$	d	d_1			$h\approx$
	公称	min	max			公称	min	max	
M6	1.6	1.6	1.85	2.0	（M22）	3.0	3.0	3.25	7.0
M8	2.0	2.0	2.25	2.6	M24	3.0	3.0	3.25	7.5
M10	2.0	2.0	2.25	3.2	（M27）	3.0	3.0	3.25	8.5
M12	2.0	2.0	2.25	3.7	M30	3.0	3.0	3.25	9.3
（M14）	2.0	2.0	2.25	4.4	M36	4.0	4.0	4.30	11.2
M16	3.0	3.0	3.25	5.0	M42	4.0	4.0	4.30	13
（M18）	3.0	3.0	3.25	5.7	M48	4.0	4.0	4.30	15
M20	3.0	3.0	3.25	6.2					

注：1. 其余型式与尺寸按 GB/T 5782 规定。

2. 括号内规格为非优选的规格和尺寸，其余为优选的规格和尺寸。

14. B 级细杆六角头头部带孔螺栓（GB/T 32.2—1988）（图 3-30、表 3-62）

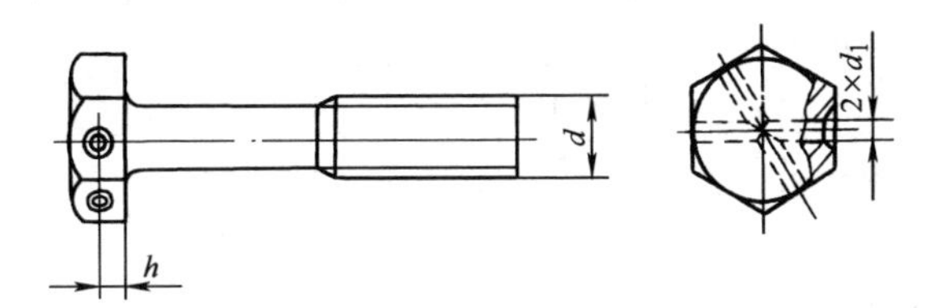

注：其余型式与尺寸按 GB/T 5784 规定。

图 3-30 B 级细杆六角头头部带孔螺栓

表 3-62 B 级细杆六角头头部带孔螺栓的主要尺寸 （mm）

d		M6	M8	M10	M12	(M14)	M16	M20
d_1	公称	1.6	2.0	2.0	2.0	2.0	3.0	3.0
	min	1.6	2.0	2.0	2.0	2.0	3.0	3.0
	max	1.85	2.25	2.25	2.25	2.25	3.25	3.25
$h\approx$		2.0	2.6	3.2	3.7	4.4	5.0	6.2

注：1. d_1—销孔直径；h—销孔中心到支承面的距离。

2. 其余型式与尺寸按 GB/T 5784 规定。

3. 尽量不选用括号内的规格。

15. A 和 B 级细牙六角头头部带孔螺栓（GB/T 32.3—2020）（图 3-31、表 3-63）

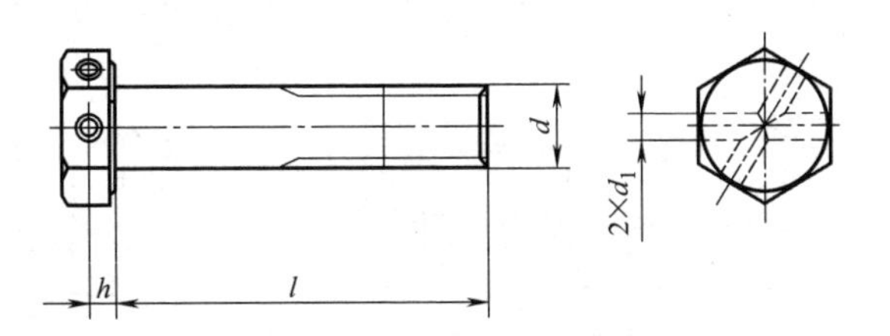

注：其余型式与尺寸按 GB/T 5785 规定。

图 3-31 A 和 B 级细牙六角头头部带孔螺栓型式

表 3-63 A 和 B 级细牙六角头头部带孔螺栓的尺寸 （mm）

螺纹规格 $d\times P$	销孔直径 d_1			$h\approx$
	公称	min	max	
M8×1	2	2	2.25	2.6
M10×1,(M10×1.25)	2	2	2.25	3.2

（续）

螺纹规格 $d \times P$	销孔直径 d_1			$h \approx$
	公称	min	max	
M12×1.5,(M12×1.25)	2	2	2.25	3.7
(M14×1.5)	2	2	2.25	4.4
M16×1.5	3	3	3.25	5.0
(M18×1.5)	3	3	3.25	5.7
M20×2,(M20×1.5)	3	3	3.25	6.2
(M22×1.5)	3	3	3.25	7.0
M24×2	3	3	3.25	7.5
(M27×2)	3	3	3.25	8.5
M30×2	3	3	3.25	9.3
M36×3	4	4	4.30	11.2
M42×3	4	4	4.30	13
M48×3	4	4	4.30	15

注：1. 其余型式与尺寸，按 GB/T 5785 规定。

2. 括号内规格为非优选的规格和尺寸，其余为优选的规格和尺寸。

16. A 和 B 级六角头加强杆螺栓（GB/T 27—2013）（图 3-32、表 3-64）

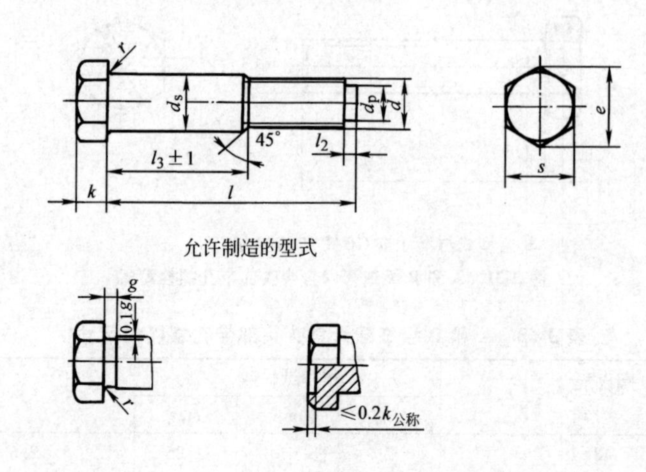

图 3-32　A 和 B 级六角头加强杆螺栓型式

表 3-64　A 和 B 级六角头加强杆螺栓尺寸

（mm）

螺纹规格 d			M6	M8	M10	M12	（M14）	M16	（M18）	M20	（M22）	M24	（M27）	M30	M36	M42	M48
P				1.25	1.5	1.75		2		2.5		3		3.5	4	4.5	5
d_s (h9)	max		7	9	11	13	15	17	19	21	23	25	28	32	38	44	50
	min		6.964	8.964	10.957	12.957	14.957	16.957	18.948	20.948	22.948	24.948	27.948	31.938	37.938	43.938	49.938
s	max		10	13	16	18	21	24	27	30	34	36	41	46	55	65	75
	min	A	9.78	12.73	15.73	17.73	20.67	23.67	26.67	29.67	33.38	35.38	—	—	—	—	—
		B	9.64	12.57	15.57	17.57	20.16	23.16	26.16	29.16	33	35	40	45	53.8	63.8	73.1
k	公称		4	5	6	7	8	9	10	11	12	13	15	17	20	23	26
	A	min	3.85	4.85	5.85	6.82	7.82	8.82	9.82	10.78	11.78	12.78	—	—	—	—	—
		max	4.15	5.15	6.15	7.18	8.18	9.18	10.18	11.22	12.22	13.22	—	—	—	—	—
	B	min	3.76	4.76	5.76	6.71	7.71	8.71	9.71	10.65	11.65	12.65	14.65	16.65	19.58	22.58	25.58
		max	4.24	5.24	6.24	7.29	8.29	9.29	10.29	11.35	12.35	13.35	15.35	17.35	20.42	23.42	26.42
r_{min}			0.25	0.4	0.4	0.6	0.6	0.6	0.6	0.8	0.8	0.8	1	1	1	1.2	1.6
d_p			4	5.5	7	8.5	10	12	13	15	17	18	21	23	28	33	38
l_2			1.5		2		3			4			5		6	7	8
e_{min}	A		11.05	14.38	17.77	20.03	23.35	26.75	30.14	33.53	37.72	39.98	—	—	—	—	—
	B		10.89	14.20	17.59	19.85	22.78	26.17	29.56	32.95	37.29	39.55	45.2	50.85	60.79	72.02	82.60
g			2.5			3.5						5					
l_3(±1)			l−12	l−15	l−18	l−20	l−25	l−28	l−30	l−32	l−35	l−38	l−42	l−50	l−55	l−65	l−70
l			25～65	25～80	30～120	35～180	40～180	45～200	50～200	55～200	60～200	65～200	75～200	80～230	90～300	110～300	120～300

注：尽可能不采用带括号的规格。

17. A 和 B 级六角头螺杆带孔加强杆螺栓（GB/T 28—2013）（图 3-33、表 3-65）

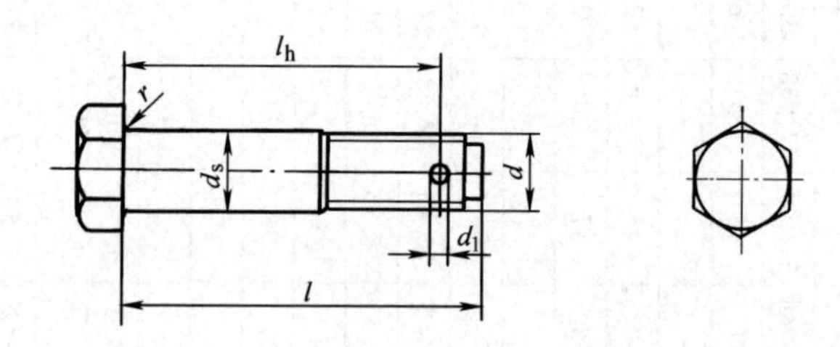

注：其余型式与尺寸按 GB/T 27 规定。

图 3-33 A 和 B 级六角头螺杆带孔加强杆螺栓型式

表 3-65 A 和 B 级六角头螺杆带孔加强杆螺栓的主要尺寸 （mm）

螺纹规格 d	d_1		l_h(+IT14)	l
	max	min		
M6	1.85	1.6	l-4.5	25~65
M8	2.25	2	l-5.5	25~80
M10	2.75	2.5	l-6	30~120
M12	3.5	3.2	l-7	35~180
M(14)	3.5	3.2	l-8	40~180
M16	4.3	4	l-9	45~200
M(18)	4.3	4	l-9	50~200
M20	4.3	4	l-10	55~200
M(22)	5.3	5	l-11	60~200
M24	5.3	5	l-11	65~200
M(27)	5.3	5	l-13	75~200
M30	6.66	6.3	l-14	80~230
M36	6.66	6.3	l-16	90~300
M42	8.36	8	l-19	110~300
M48	8.36	8	l-20	120~300

注：其余型式与尺寸按 GB/T 27 规定。

18. B级加大系列六角法兰面螺栓（GB/T 5789—1986）（图 3-34、表 3-66）

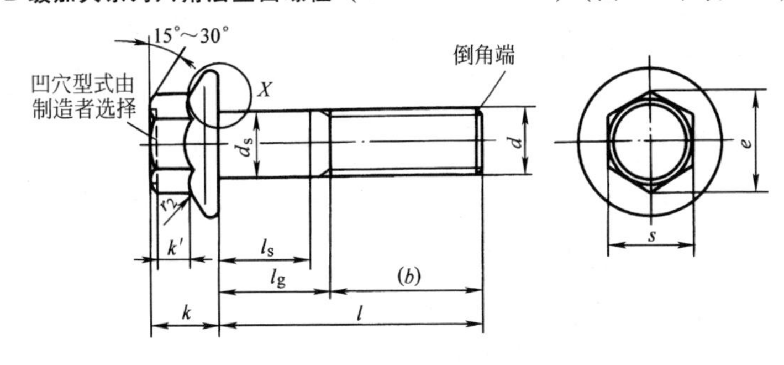

X 放大

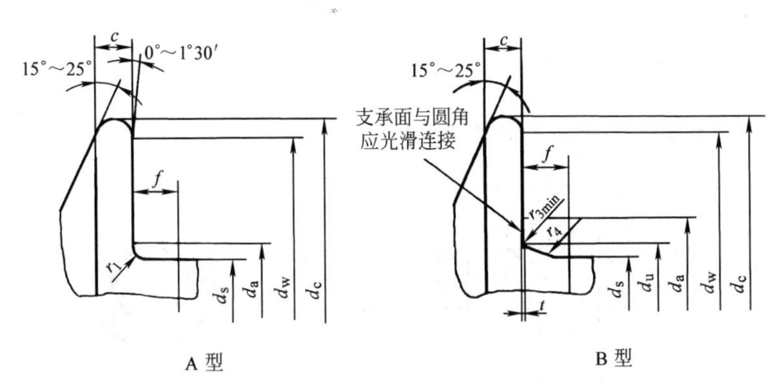

注：末端按 GB/T 2 规定。

$l_{gmax}=l_{公称}-b_{参考}$；$l_{smin}=l_{gmax}-5P$；P—螺距。

图 3-34　B级加大系列六角法兰面螺栓型式

表 3-66　B级加大系列六角法兰面螺栓尺寸　（mm）

螺纹规格 d		M5	M6	M8	M10	M12	(M14)	M16	M20
$b_{参考}$	$l \leqslant 125$	16	18	22	26	30	34	38	46
	$125<l \leqslant 200$	—	—	28	32	36	40	44	52
c_{min}		1	1.1	1.2	1.5	1.8	2.1	2.4	3
d_{amax}	A 型	5.7	6.8	9.2	11.2	13.7	15.7	17.7	22.4
	B 型	6.2	7.4	10	12.6	15.2	17.7	20.7	25.7
d_{cmax}		11.8	14.2	18	22.3	26.6	30.5	35	43
d_s	max	5	6	8	10	12	14	16	20
	min	4.82	5.82	7.78	9.78	11.73	13.73	15.73	19.67
d_{umax}		5.5	6.6	9	11	13.5	15.5	17.5	22
d_{wmin}		9.8	12.2	15.8	19.6	23.8	27.6	31.9	39.9
e_{min}		8.56	10.8	14.08	16.32	19.68	22.58	25.94	32.66

（续）

螺纹规格 d		M5	M6	M8	M10	M12	(M14)	M16	M20
f_{max}		1.4	2	2	2	3	3	3	4
k_{max}		5.4	6.6	8.1	9.2	10.4	12.4	14.1	17.7
k'_{min}		2	2.5	3.2	3.6	4.6	5.5	6.2	7.9
r_{1min}		0.25	0.4	0.4	0.4	0.6	0.6	0.6	0.8
r_{2max}		0.3	0.4	0.5	0.6	0.7	0.9	1	1.2
r_{3min}		0.1	0.1	0.15	0.2	0.25	0.3	0.35	0.4
$r_{4参考}$		3	3.4	4.3	4.3	6.4	6.4	6.4	8.5
s	max	8	10	13	15	18	21	24	30
	min	7.64	9.64	12.57	14.57	17.57	20.16	23.16	29.16
t	max	0.15	0.2	0.25	0.3	0.35	0.45	0.5	0.65
	min	0.05	0.05	0.1	0.15	0.15	0.2	0.25	0.3
l		10~50	12~60	16~80	20~100	25~120	30~140	35~160	40~200

注：尽量不采用带括号的规格。

19. B级细杆加大系列六角法兰面螺栓（GB/T 5790—1986）（图3-35、表3-67）

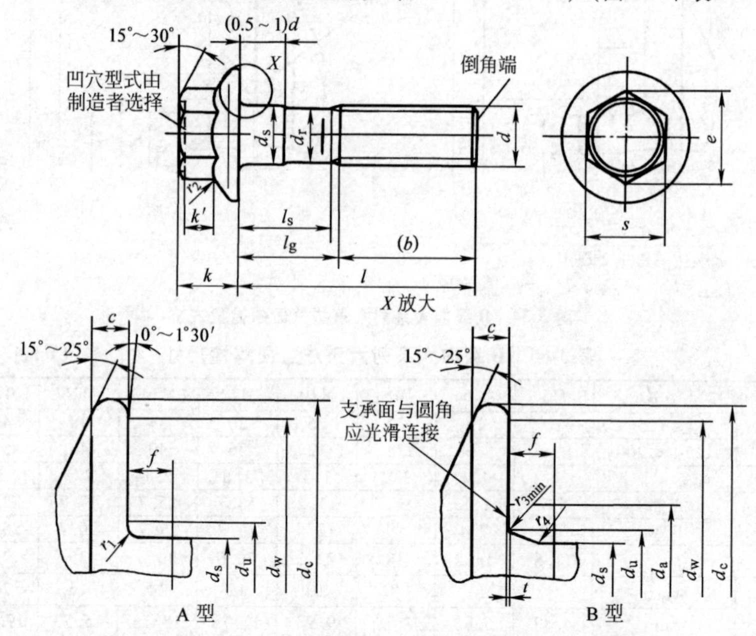

注：末端按GB/T 2规定。

$l_{gmax}=l_{公称}-b_{参考}$；$l_{smin}=l_{gmax}-5P$；d_r 约等于螺纹中径；P—螺距。

图3-35 B级细杆加大系列六角法兰面螺栓型式

表 3-67　B 级细杆加大系列六角法兰面螺栓尺寸　　(mm)

螺纹规格 d		M5	M6	M8	M10	M12	(M14)	M16	M20
$b_{参考}$	$l \leqslant 125$	16	18	22	26	30	34	38	46
	$125<l \leqslant 200$	—	—	28	32	36	40	44	52
c_{min}		1	1.1	1.2	1.5	1.8	2.1	2.4	3
d_{amax}	A 型	5.7	6.8	9.2	11.2	13.7	15.7	17.7	22.4
	B 型	6.2	7.4	10	12.6	15.2	17.7	20.7	25.7
d_{cmax}		11.8	14.2	18	22.3	26.6	30.5	35	43
d_s	max	5	6	8	10	12	14	16	20
	min	4.82	5.82	7.78	9.78	11.73	13.73	15.73	19.67
d_{umax}		5.5	6.6	9	11	13.5	15.5	17.5	22
d_{wmin}		9.8	12.2	15.8	19.6	23.8	27.6	31.9	39.9
e_{min}		8.56	10.8	14.08	16.32	19.68	22.58	25.94	32.66
f_{max}		1.4	2	2	2	3	3	3	4
k_{max}		5.4	6.6	8.1	9.2	10.4	12.4	14.1	17.7
k'_{min}		2	2.5	3.2	3.6	4.6	5.5	6.2	7.9
r_{1min}		0.25	0.4	0.4	0.4	0.6	0.6	0.6	0.8
r_{2max}		0.3	0.4	0.5	0.6	0.7	0.9	1	1.2
r_{3min}		0.1	0.1	0.15	0.2	0.25	0.3	0.35	0.4
$r_{4参考}$		3	3.4	4.3	4.3	6.4	6.4	6.4	8.5
s	max	8	10	13	15	18	21	24	30
	min	7.64	9.64	12.57	14.57	17.57	20.16	23.16	29.16
t	max	0.15	0.2	0.25	0.3	0.35	0.45	0.5	0.65
	min	0.05	0.05	0.1	0.15	0.15	0.2	0.25	0.3
l		30~50	35~60	40~80	45~100	50~120	55~140	60~160	70~200

注：尽量不采用带括号的规格。

20. A 级六角花形法兰面螺栓（GB/T 35481—2017）（图 3-36~图 3-39、表 3-68）

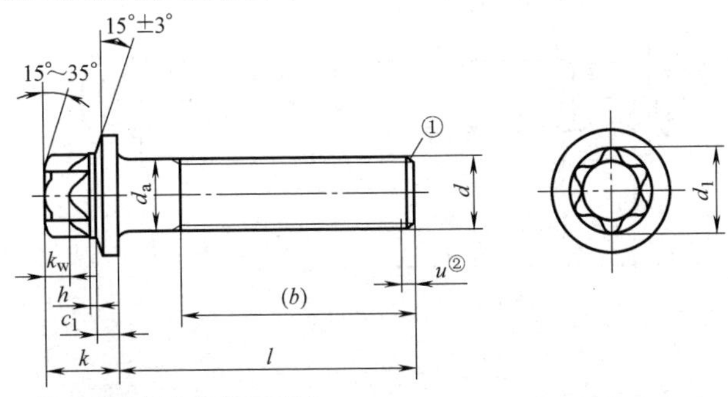

① 末端应倒角符合 GB/T 2。

② 不完整螺纹的长度 $u \leqslant 2P$。

图 3-36　六角花形法兰面螺栓——粗杆（标准型）型式

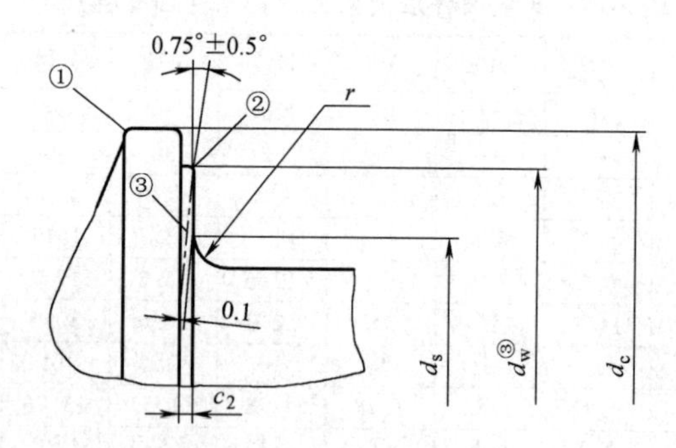

① 自然成型。

② 允许选用的法兰底部边缘型式。

③ d_w 的仲裁基准。

图 3-37 六角花形法兰面螺栓——头下形状（支承面）型式

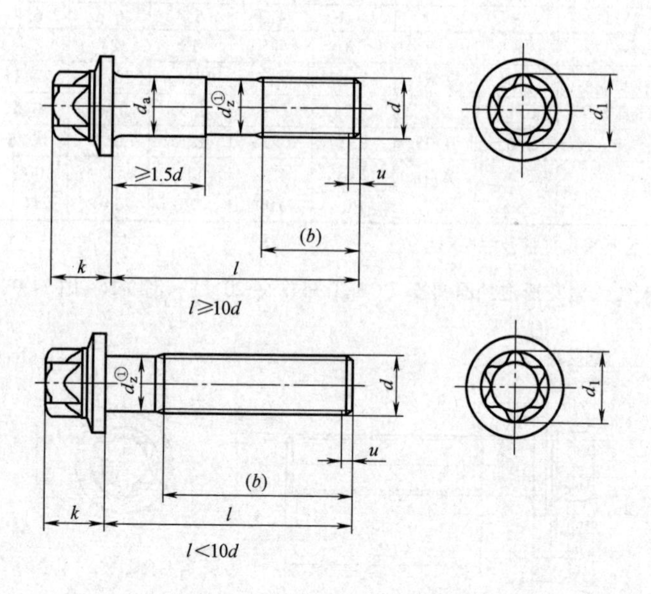

① d_z≈螺纹中径。

图 3-38 六角花形法兰面螺栓——细杆型式

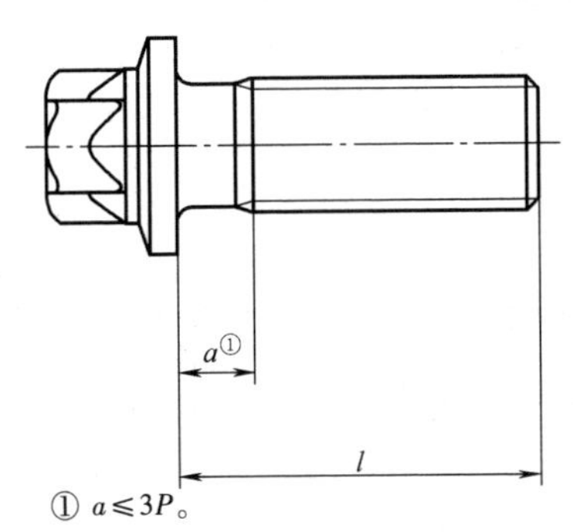

图 3-39　六角花形法兰面螺栓——全螺纹型式

表 3-68　A 级六角花形法兰面螺栓尺寸　（mm）

螺纹规格 d		M5	M6	M8	M10	M12	M14	M16	M18	M20
		—	—	M8×1	M10×1	M12×1.25	M14×1.5	M16×1.5	M18×1.5	M20×1.5
		—	—	—	M10×1.25	M12×1.5	—	—	M18×2	M20×2
P①		0.8	1	1.25	1.5	1.75	2	2	2.5	2.5
$b_{参考}$		40	50	65	80	80	80	80	80	80
c_1	max	1.70	2.00	2.90	3.90	4.40	5.40	5.80	6.40	6.90
	min	1.45	1.75	2.65	3.60	4.10	5.10	5.50	6.00	6.50
c_2	max	0.5	0.5	0.6	0.6	0.6	0.6	0.8	0.8	0.8
d_a	max	5.70	6.80	9.20	11.20	13.70	15.70	17.70	20.20	22.40
d_c	max	11.80	14.20	17.90	21.80	26.00	29.90	34.50	38.60	42.80
d_z	max	5.00	6.00	8.00	10.00	12.00	14.00	16.00	18.00	20.00
	min	4.82	5.82	7.78	9.78	11.73	13.73	15.73	17.73	19.67
d_1	公称	7.30	9.20	10.95	12.65	16.40	18.15	21.85	25.40	28.90
d_w	min	9.80	12.20	15.80	19.60	23.80	27.60	31.90	35.90	39.90
h	max	0.90	0.90	0.90	1.30	1.30	1.30	1.30	1.40	1.40
k	max	6.50	7.50	10.00	12.00	14.00	16.00	19.00	21.50	24.00
	min	6.25	7.25	9.75	11.75	13.75	15.75	18.75	21.25	23.75
k_w	min	1.80	2.00	3.10	3.70	3.90	4.50	6.10	7.10	8.70
r	min	0.20	0.25	0.40	0.40	0.60	0.60	0.60	0.60	0.80
l		10~40	12~50	16~50,(55),60,(65)	20~80	25~80	30~80	35~80	35~80	40~80

注：尽可能不采用括号内的规格。

① 粗牙螺纹螺距。

21. C级方头螺栓（GB/T 8—2021）（图3-40、表3-69）

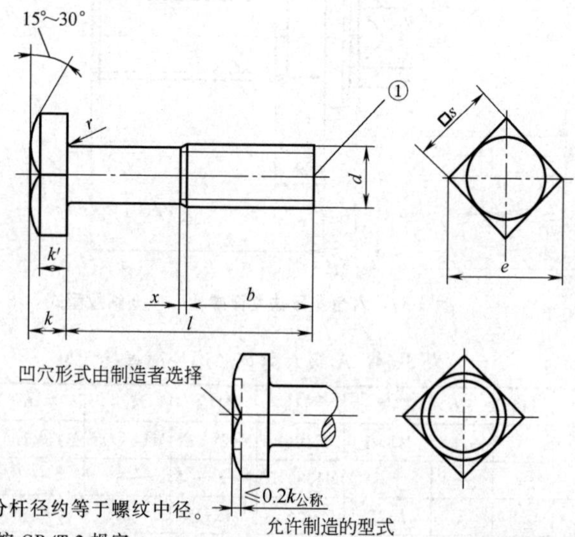

注：无螺纹部分杆径约等于螺纹中径。

① 辗制末端，按GB/T 2规定。

图3-40 C级方头螺栓型式

表3-69 C级方头螺栓尺寸（mm）

螺纹规格 d		M10	M12	(M14)	M16	(M18)[b]	M20	(M22)[b]	M24	(M27)[b]	M30	M36	M42	M48
P		1.5	1.75	2	2	2.5	2.5	2.5	3	3	3.5	4	4.5	5
b	l≤125	26	30	34	38	42	46	50	54	60	66	78	—	—
	125<l≤200	32	36	40	44	48	52	56	60	66	72	84	96	108
	l>200	—	—	53	57	61	65	69	73	79	85	97	109	121
e	min	20.24	22.84	26.21	30.11	34.01	37.91	42.90	45.50	52.00	58.50	69.94	82.03	95.03
k	公称	7	8	9	10	12	13	14	15	17	19	23	26	30
	min	6.55	7.55	8.55	9.25	11.10	12.10	13.10	14.10	16.10	17.95	21.95	24.95	28.95
	max	7.45	8.45	9.45	10.75	12.90	13.90	14.90	15.90	17.90	20.05	24.05	27.05	31.05
k'	min	5.21	5.91	6.61	6.47	7.77	8.47	9.17	9.87	11.27	12.56	15.36	17.46	20.26
r	min	0.4	0.6	0.6	0.6	0.8	0.8	0.8	0.8	1.0	1.0	1.0	1.2	1.6
s	max	16	18	21	24	27	30	34	36	41	46	55	65	75
	min	15.57	17.57	20.16	23.16	26.16	29.16	33.00	35.00	40.00	45.00	53.80	63.10	73.10
x	max	3.8	4.3	5.0	5.0	6.3	6.3	6.3	7.5	7.5	8.8	10.0	11.3	12.5
l		20~100	25~120	25~140	30~160	35~180	35~200	50~220	(55)~240	60~260	60~300	80~300	80~300	110~300

注：1. 尽量不选用括号内的规格。

2. 当 $l=b+x+d$ 时，制成全螺纹，l=65mm为括号内规格。

22. B 级小方头螺栓（GB/T 35—2013）（图 3-41、表 3-70）

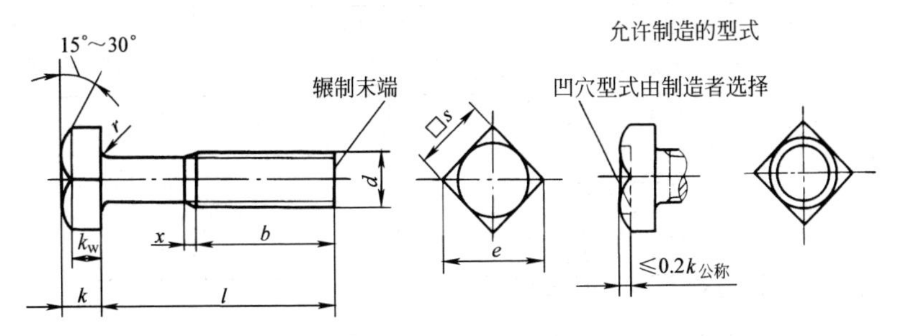

注：末端按 GB/T 2 规定；无螺纹部分杆径约等于螺纹中径或螺纹大径。

图 3-41　B 级小方头螺栓型式

表 3-70　B 级小方头螺栓主要尺寸　　（mm）

螺纹规格 d		M5	M6	M8	M10	M12	(M14)	M16	(M18)
P		0.8	1	1.25	1.5	1.75	2	2	2.5
b	$l≤125$	16	18	22	26	30	34	38	42
	$125<l≤200$	—	—	28	32	36	40	44	48
	$l>200$	—	—	—	—	—	—	57	61
e_{min}		9.93	12.53	16.34	20.24	22.84	26.21	30.11	34.01
k	公称	3.5	4	5	6	7	8	9	10
	min	3.26	3.76	4.76	5.76	6.71	7.71	8.71	9.71
	max	3.74	4.24	5.24	6.24	7.29	8.29	9.29	10.29
k_{wmin}		2.28	2.63	3.33	4.03	4.70	5.4	6.1	6.8
r_{min}		0.2	0.25	0.4	0.4	0.6	0.6	0.6	0.8
s	max	8	10	13	16	18	21	24	27
	min	7.64	9.64	12.57	15.57	17.57	20.16	23.16	26.13
x_{min}		2	2.5	3.2	3.8	4.2	5	5	6.3
l①		20～50	30～60	35～80	40～100	45～120	55～140	55～160	60～180

螺纹规格 d		M20	(M22)	M24	(M27)	M30	M36	M42	M48
P		2.5	2.5	3	3	3.5	4	4.5	5
b	$l≤125$	46	50	54	60	66	78		—
	$125<l≤200$	52	56	60	66	72	84	96	108
	$l>200$	65	69	73	79	85	97	109	121
e_{min}		37.91	42.9	45.5	52	58.5	69.94	82.03	95.05
k	公称	11	12	13	15	17	20	23	26
	min	10.65	11.65	12.65	14.65	16.65	19.58	22.58	25.58
	max	11.35	12.35	13.35	15.35	17.35	20.42	23.42	26.42

（续）

螺纹规格 d		M20	（M22）	M24	（M27）	M30	M36	M42	M48
P		2.5	2.5	3	3	3.5	4	4.5	5
k_{wmin}		7.45	8.15	8.85	10.25	11.65	13.71	15.81	17.91
r_{min}		0.8	0.8	0.8	1	1	1	1.2	1.6
s	max	30	34	36	41	46	55	65	75
	min	29.16	33	35	40	45	53.5	63.1	73.1
x_{min}		6.3	6.3	7.5	7.5	8.8	10	11.3	12.5
l①		65~200	70~260	80~240	90~260	90~300	110~300	130~300	140~300

① 尽量不选 l=55mm、65mm 的螺栓。

23. 圆头方颈螺栓（GB/T 12—2013）（图 3-42、表 3-71）

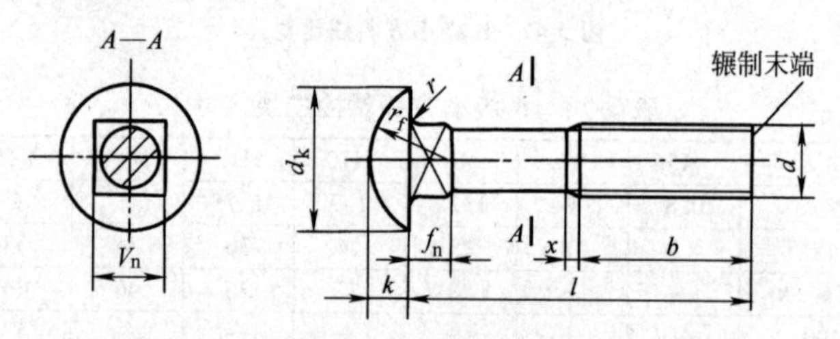

注：末端按 GB/T 2 规定；无螺纹部分杆径约等于螺纹中径或螺纹大径。

图 3-42 圆头方颈螺栓型式

表 3-71 圆头方颈螺栓的主要尺寸 （mm）

螺纹规格 d		M6	M8	M10	M12	（M14）	M16	M20
P		1	1.25	1.5	1.75	2	2	2.5
b	l≤125	18	22	26	30	34	38	46
	125<l≤200	—	28	32	36	40	44	52
d_k	max	13.1	17.1	21.3	25.3	29.3	33.6	41.6
	min	11.3	15.3	19.16	23.16	27.16	31	39
f_n	max	4.4	5.4	6.4	8.45	9.45	10.45	12.55
	min	3.6	4.6	5.6	7.55	8.55	9.55	11.45
k	max	4.08	5.28	6.48	8.9	9.9	10.9	13.1
	min	3.2	4.4	5.6	7.55	8.55	9.55	11.45
V_n	max	6.3	8.36	10.36	12.43	14.43	16.43	20.52
	min	5.84	7.8	9.8	11.76	13.76	15.76	19.22
r_{min}		0.5	0.5	0.5	0.8	0.8	1	1
r_f		7	9	11	13	15	18	22
x_{max}		2.5	3.2	3.8	4.3	5	5	6.3
l		16~60	16~80	25~100	30~120	40~140	45~160	60~200

注：尽量不采用带括号的规格。

24. 加强半圆头方颈螺栓（GB/T 794—2021）（图 3-43、表 3-72、表 3-73）

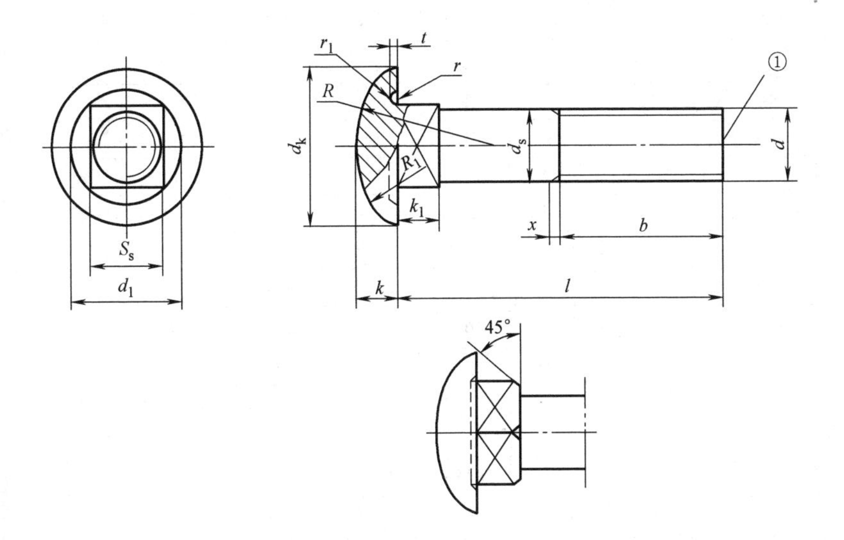

允许制造的方颈倒角型式

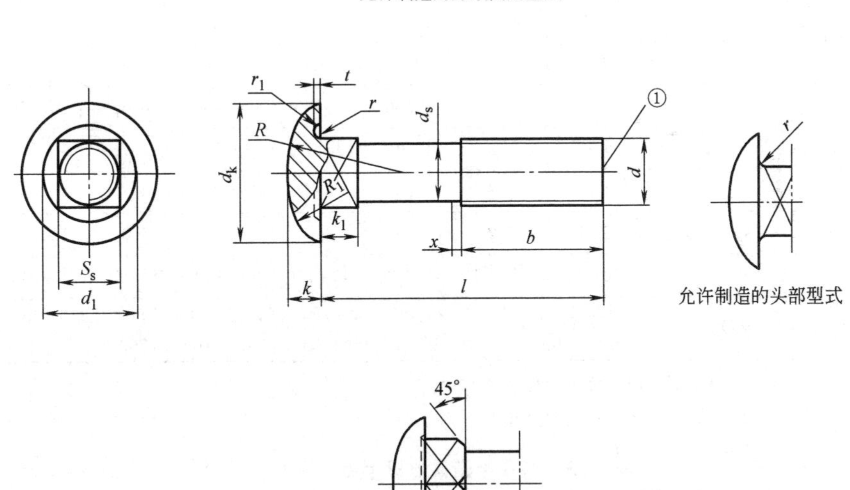

① 辗制末端按 GB/T 2 的规定。

图 3-43　加强半圆头方颈螺栓型式

表 3-72 加强半圆头方颈螺栓（A 型）尺寸 (mm)

螺纹规格 d		M6	M8	M10	M12	(M14)	M16	M20
P		1	1.25	1.5	1.72	2	2	2.5
b	$l \leqslant 125$	18	22	26	30	34	38	46
	$125<l \leqslant 200$	—	28	32	36	40	44	52
d_k	max	15.10	19.10	24.30	29.30	33.60	36.60	45.60
	min	13.30	17.30	22.16	27.16	31.16	34.00	43.00
d_s	max	6.00	8.00	10.00	12.00	14.00	16.00	20.00
	min	5.70	7.64	9.64	11.57	13.57	15.57	19.48
d_1		10.0	13.5	16.5	20.0	23.0	26.0	32.0
k	max	3.98	4.98	6.28	7.48	8.90	9.90	11.90
	min	3.20	4.10	5.40	6.60	7.55	8.55	10.55
k_1	max	4.40	5.40	6.40	8.45	9.45	10.45	12.55
	min	3.60	4.60	5.60	7.55	8.55	9.55	11.45
R		14.0	18.0	24.0	26.0	30.0	34.0	40.0
R_1		4.5	5.0	7.0	9.0	10.0	10.5	14.0
r_{min}		0.25	0.4	0.4	0.6	0.6	0.6	0.8
$r_1 \approx$		0.3	0.3	0.3	0.5	0.5	0.5	0.5
S_s	max	6.30	8.36	10.36	12.43	14.43	16.43	20.52
	min	5.84	7.80	9.80	11.76	13.76	15.76	19.72
t		0.3	0.3	0.3	0.5	0.5	0.5	0.5
x_{max}		2.5	3.2	3.8	4.4	5.0	5.0	6.3
l		20~60	25~80	40~100	45~120	50~140	55~160	65~200
l 系列		20,25,30,35,40,45,50,(55),60,(65),70,(75),80,(85),90,(95),100,110,120,130,140,150,160,(170),180,190,200						

注：1. 尽量不采用带括号的规格和尺寸。

2. 当 $l<b+x+d$ 时，制成全螺纹。

表 3-73 加强半圆头方颈螺栓（B 型）尺寸 (mm)

螺纹规格 d		M6	M8	M10	M12	(M14)	M16	M20
P		1	1.25	1.5	1.75	2	2	2.5
b	$l \leqslant 125$	18	22	26	30	34	38	46
	$125<l \leqslant 200$	—	28	32	36	40	44	52

（续）

螺纹规格 d		M6	M8	M10	M12	（M14）	M16	M20
d_k	max	15.10	19.10	24.30	29.30	33.60	36.60	45.60
	min	13.30	17.30	22.16	27.16	31.16	34.00	43.00
d_s		≈螺纹中径						
d_1		10.0	13.5	16.5	20.0	23.0	26.0	32.0
k	max	3.98	4.98	6.28	7.48	8.90	9.90	11.90
	min	3.20	4.10	5.40	6.60	7.55	8.55	10.55
k_1	max	4.40	5.40	6.40	8.45	9.45	10.45	12.55
	min	3.60	4.60	5.60	7.55	8.55	9.55	11.45
R		14.0	18.0	24.0	26.0	30.0	34.0	40.0
R_1		4.5	5.0	7.0	9.0	10.0	10.5	14.0
r_{min}		0.25	0.4	0.4	0.6	0.6	0.6	0.8
r_1　≈		0.3	0.3	0.3	0.5	0.5	0.5	0.5
S_s	max	6.30	8.36	10.36	12.43	14.43	16.43	20.52
	min	5.84	7.80	9.80	11.76	13.76	15.76	19.72
t		0.3	0.3	0.3	0.5	0.5	0.5	0.5
x_{max}		2.5	3.2	3.8	4.4	5.0	5.0	6.3
l		20~60	25~80	40~100	45~120	50~140	55~160	65~200
l 系列		20,25,30,35,40,45,50,(55),60,(65),70,(75),80,(85),90,(95),100,110,120,130,140,150,160,(170),180,190,200						

25. 圆头带榫螺栓（GB/T 13—2013）（图 3-44、表 3-74）

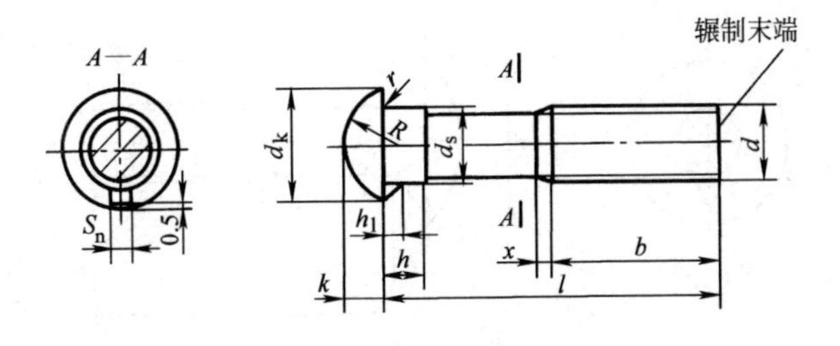

注：末端按 GB/T 2 规定；无螺纹部分杆径约等于螺纹中径或螺纹大径。

图 3-44　圆头带榫螺栓型式

表 3-74 圆头带榫螺栓的尺寸 (mm)

螺纹规格 d		M6	M8	M10	M12	(M14)	M16	M20	M24
b	$l \leqslant 125$	18	22	26	30	34	38	46	54
	$125 < l \leqslant 200$	—	28	32	36	40	44	52	60
d_k	max	12.1	15.1	18.1	22.3	25.3	29.3	35.6	43.6
	min	10.3	13.3	16.3	20.16	23.16	27.16	33	41
S_n	max	2.7	2.7	3.8	3.8	4.8	4.8	4.8	6.3
	min	2.3	2.3	3.2	3.2	4.2	4.2	4.2	5.7
h_1	max	2.7	3.2	3.8	4.3	5.3	5.3	6.3	7.4
	min	2.3	2.8	3.2	3.7	4.7	4.7	5.7	6.6
k	max	4.08	5.28	6.48	8.9	9.9	10.9	13.1	17.1
	min	3.2	4.4	5.6	7.55	8.55	9.55	11.45	15.45
d_s	max	6.48	8.58	10.58	12.7	14.7	16.7	20.84	24.84
	min	5.52	7.42	9.42	11.3	13.3	15.3	19.16	23.16
h_{min}		4	5	6	7	8	9	11	13
r_{min}		0.5	0.5	0.5	0.8	0.8	1	1	1.5
R		6	7.5	9	11	13	15	18	22
x_{max}		2.5	3.2	3.8	4.3	5	5	6.3	7.5
l		20~60	20~80	30~100	35~120	35~140	50~160	60~200	80~200

注：尽量不采用带括号的规格。

26. 扁圆头带榫螺栓（GB/T 15—2013）（图 3-45、表 3-75）

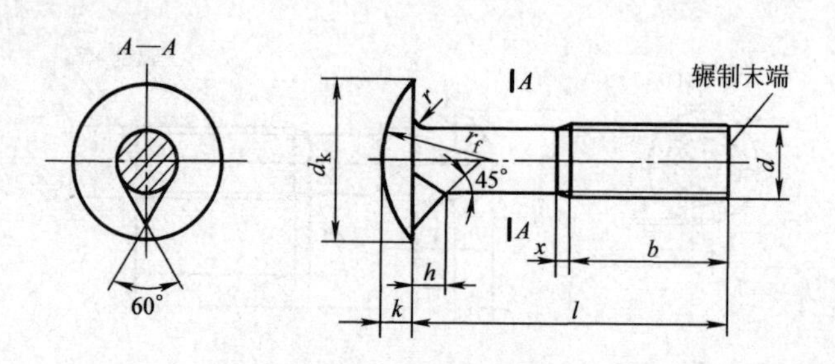

注：末端按 GB/T 2 规定；无螺纹部分杆径约等于螺纹中径或螺纹大径。

图 3-45 扁圆头带榫螺栓型式

表 3-75　扁圆头带榫螺栓的主要尺寸

螺纹规格 d		M6	M8	M10	M12	(M14)	M16	M20	M24
P		1	1.25	1.5	1.75	2	2	2.5	3
b	$l \leqslant 125$	18	22	26	30	34	38	46	54
	$125 < l \leqslant 200$	—	28	32	36	40	44	52	60
d_k	max	15.1	19.1	24.3	29.3	33.6	36.6	45.6	53.9
	min	13.3	17.3	22.16	27.16	31	34	43	50.8
h	max	3.5	4.3	5.5	6.7	7.7	8.8	9.9	12
	min	2.9	3.5	4.5	5.5	6.3	7.2	8.1	10
k	max	3.48	4.48	5.48	6.48	7.9	8.9	10.9	13.1
	min	2.7	3.6	4.6	5.6	6.55	7.55	9.55	11.45
r_{min}		0.5	0.5	0.5	0.8	0.8	1	1	1.5
$r_f \approx$		11	14	18	22	22	26	32	34
x_{max}		2.5	3.2	3.8	4.3	5	5	6.3	7.5
l		20~60	20~80	30~100	35~120	35~140	50~160	60~200	80~200

注：尽量不采用带括号的规格。

27. 沉头方颈螺栓（GB/T 10—2013）（图 3-46、表 3-76）

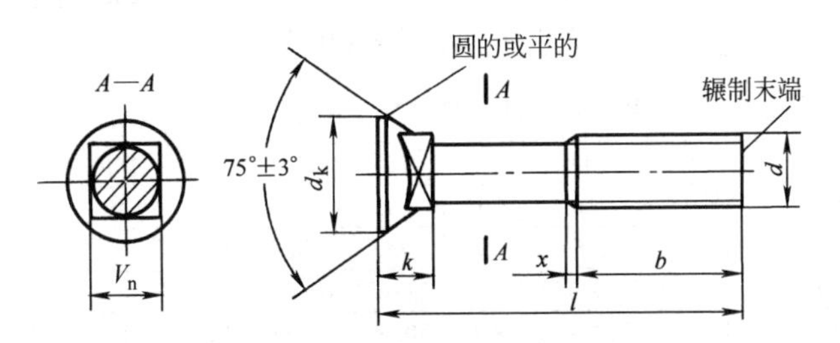

注：末端按 GB/T 2 规定；无螺纹部分杆径约等于螺纹中径或螺纹大径。

图 3-46　沉头方颈螺栓型式

表 3-76　沉头方颈螺栓的主要尺寸　（mm）

螺纹规格 d		M6	M8	M10	M12	M16	M20
P		1	1.25	1.5	1.75	2	2.5
b	$l \leqslant 125$	18	22	26	30	38	46
	$125 < l \leqslant 200$	—	28	32	36	44	52

（续）

螺纹规格 d		M6	M8	M10	M12	M16	M20
d_k	max	11.05	14.55	17.55	21.65	28.65	36.80
	min	9.95	13.45	16.45	20.35	27.35	35.2
k	max	6.1	7.25	8.45	11.05	13.05	15.05
	min	5.3	6.35	7.55	9.95	11.95	13.95
V_n	max	6.36	8.36	10.36	12.43	16.43	20.52
	min	5.84	7.8	9.8	11.76	15.76	19.72
x_{max}		2.5	3.2	3.8	4.3	5	6.3
l		25~60	25~80	30~100	30~120	45~160	55~200

28. 沉头带榫螺栓（GB/T 11—2013）（图 3-47、表 3-77）

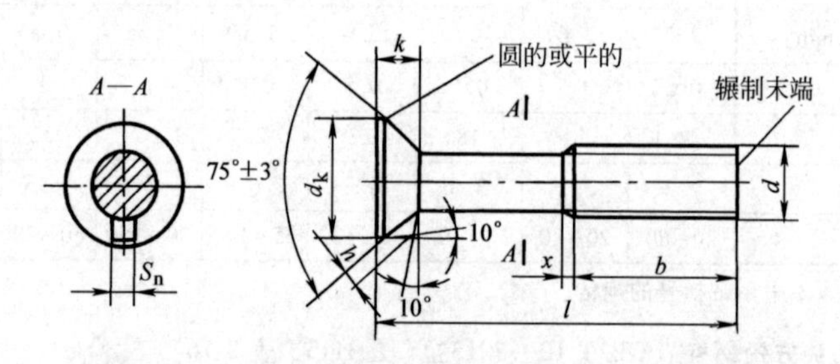

注：末端按 GB/T 2 规定；无螺纹部分杆径约等于螺纹中径或螺纹大径。

图 3-47 沉头带榫螺栓型式

表 3-77 沉头带榫螺栓的主要尺寸 （mm）

螺纹规格 d		M6	M8	M10	M12	（M14）	M16	M20	（M22）	M24
b	l≤125	18	22	26	30	34	38	46	50	54
	125<l≤200	—	28	32	36	40	44	52	56	60
d_k	max	11.05	14.55	17.55	21.65	24.65	28.65	36.8	40.8	45.8
	min	9.95	13.45	16.45	20.35	23.35	27.35	35.2	39.2	44.2
S_n	max	2.7	2.7	3.8	3.8	4.3	4.8	4.8	6.3	6.3
	min	2.3	2.3	3.2	3.2	3.7	4.2	4.2	5.7	5.7
h	max	1.2	1.6	2.1	2.4	2.9	3.3	4.2	4.5	5
	min	0.8	1.1	1.4	1.6	1.9	2.2	2.8	3	3.3
k		4.1	5.3	6.2	8.5	8.9	10.2	13	14.3	16.5
x_{max}		2.5	3.2	3.8	4.3	5	5	6.3	6.3	7.5
l		25~60	30~80	35~100	40~120	45~140	45~160	60~200	65~200	80~200

注：尽量不采用带括号的规格。

29. 沉头双榫螺栓（GB/T 800—2020）（图 3-48、表 3-78）

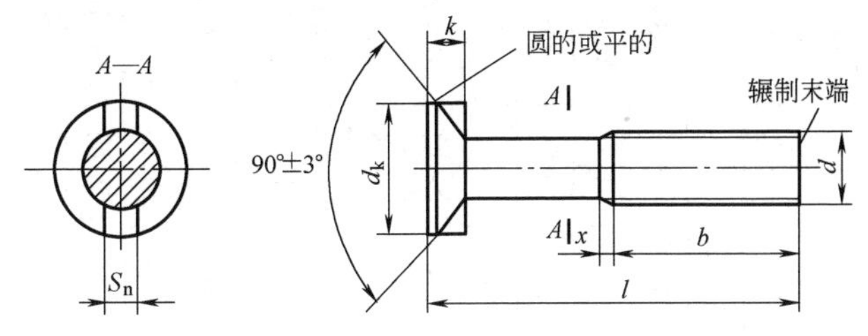

注：辗制末端按 GB/T 2 规定；无螺纹部分杆径约等于螺纹中径或等于螺纹大径。

图 3-48 沉头双榫螺栓型式

表 3-78 沉头双榫螺栓的主要尺寸 （mm）

螺纹规格 d		M6	M8	M10	M12
P		1	1.25	1.5	1.75
b		18	22	26	30
d_k	max	11.05	14.55	17.55	21.65
	min	9.95	13.45	16.45	20.35
S_n	max	3.20	4.20	5.24	5.24
	min	2.80	3.80	4.76	4.76
$k\approx$		3.0	4.1	4.5	5.5
x_{max}		2.5	3.2	3.8	4.3
l		30~60	35~80	40~80	45~80

30. T 形槽用螺栓（GB/T 37—1988）（图 3-49、表 3-79）

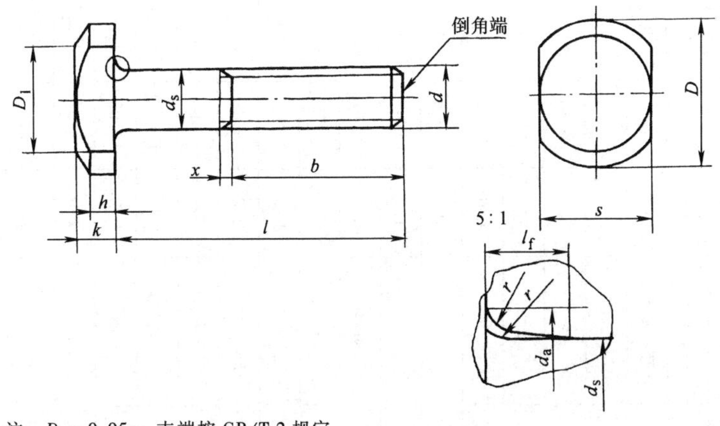

注：$D_1\approx0.95s$；末端按 GB/T 2 规定。

图 3-49 T 形槽用螺栓型式

表 3-79 T 形槽用螺栓的主要尺寸

(mm)

螺纹规格 d		M5	M6	M8	M10	M12	M16	M20	M24	M30	M36	M42	M48
b	$l \leqslant 125$	16	18	22	26	30	38	46	54	66	78	—	—
	$125 < l \leqslant 200$	—	—	28	32	36	44	52	60	72	84	96	108
	$l > 200$	—	—	—	—	—	57	65	73	85	97	109	121
d_{amax}		5.7	6.8	9.2	11.2	13.7	17.7	22.4	26.4	33.4	39.4	45.6	52.6
d_s	max	5	6	8	10	12	16	20	24	30	36	42	48
	min	4.70	5.70	7.64	9.64	11.57	15.57	19.48	23.48	29.48	35.38	41.38	47.38
D		12	16	20	25	30	38	46	58	75	85	95	105
l_{fmax}		1.2	1.4	2	2	3	3	4	4	6	6	8	10
k	max	4.24	5.24	6.24	7.29	8.89	11.95	14.35	16.35	20.42	24.42	28.42	32.50
	min	3.76	4.76	5.76	6.71	8.31	11.25	13.65	15.65	19.58	23.58	27.58	31.50
r_{min}		0.20	0.25	0.40	0.40	0.60	0.60	0.80	0.80	1.00	1.00	1.20	1.60
h		2.8	3.4	4.1	4.8	6.5	9	10.4	11.8	14.5	18.5	22.0	26.0
s	公称	9	12	14	18	22	28	34	44	56	67	76	86
	min	8.64	11.57	13.57	17.57	21.16	27.16	33.00	43.00	54.80	65.10	74.10	83.80
	max	9.00	12.00	14.00	18.00	22.00	28.00	34.00	44.00	56.00	67.00	76.00	86.00
x_{max}		2.0	2.5	3.2	3.8	4.2	5	6.3	7.5	8.8	10	11.3	12.5
l		25~50	30~60	35~80	40~100	45~120	55~160	65~200	80~240	90~300	110~300	130~300	140~300

31. 活节螺栓（GB/T 798—2021）（图 3-50、表 3-80）

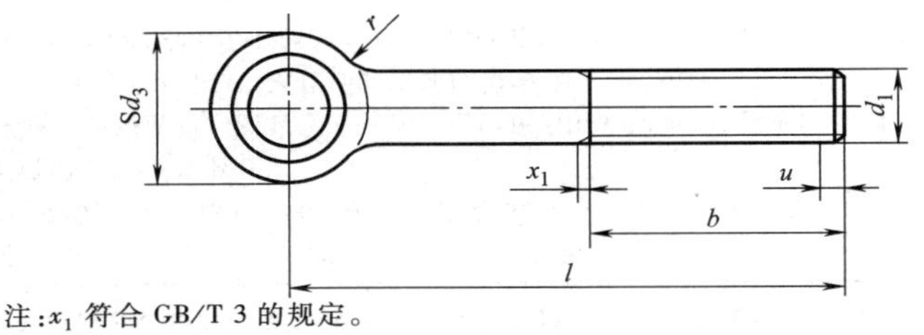

注：x_1 符合 GB/T 3 的规定。

不完整螺纹的长度 $u \leqslant 2P$。

无螺纹部分杆径约等于螺纹中径或螺纹大径。

图 3-50　活节螺栓型式

表 3-80　活节螺栓的主要尺寸

（mm）

螺纹规格 d_1			M5	M6	M8	M10	M12	M16	M20	M24	（M27）		M30		（M33）	M36		（M39）	
P			0.8	1	1.25	1.5	1.75	2	2.5	3	3		3.5		3.5	4		4	
b_0^{+2P}	$l \leqslant 125$		16	18	22	26	30	38	46	54	60		66		—	—		—	
	$125 < l \leqslant 200$		—	—	28	32	36	44	52	60	66		72		78	84		90	
	$l > 200$		—	—	—	—	49	57	65	73	79		85		91	97		103	
d_2	公称		5	6	8	10	12	16	18	22	24②	25	27②	28	30	32	33②	35	36
	A 级和 B 级	min	5.070	6.070	8.080	10.080	12.095	16.095	18.095	22.110	24.110	25.110	27.110	28.110	30.110	32.120	33.120	35.120	36.120
		max	5.145	6.145	8.170	10.170	12.205	16.205	18.205	22.240	24.240	25.240	27.240	28.240	30.240	32.280	32.280	35.280	36.280
	C 级	min	5.070	6.070	8.080	10.080	12.095	16.095	18.095	22.110	24.110	25.110	27.110	28.110	30.110	32.120	33.120	35.120	36.120
		max	5.190	6.190	8.230	10.230	12.275	16.275	18.275	22.320	24.320	25.320	27.320	28.320	30.320	32.370	33.370	35.370	36.370

（续）

螺纹规格 d_1			M5	M6	M8	M10	M12	M16	M20	M24	（M27）	M30	（M33）	M36	（M39）
$d_3$①	max		12	14	18	20	25	32	40	45	50	55	60	65	70
	A 级和 B 级 min		10.9	12.9	16.9	18.7	23.7	30.4	38.4	43.4	48.4	53.1	58.1	63.1	68.1
	C 级 min		11.57	13.57	17.57	19.48	24.48	31.38	39.38	44.38	49.38	54.26	59.26	64.26	69.26
r	公称		2.5	4	4	4	6	6	6	10	10	10	16	16	16
	max		4.0	6.0	6.0	6.0	9.0	9.0	9.0	15.0	15.0	15.0	22.4	22.4	22.4
	min		2.0	3.0	3.0	3.0	4.5	4.5	4.5	7.5	7.5	7.5	12.8	12.8	12.8
s	A 级和 B 级	max	6	7	9	12	14	17	22	25	27	30	34	38	41
		min	5.52	6.42	8.42	11.3	13.3	16.3	21.16	24.16	26.16	29	33	37	40
	C 级	max	8	9	11	14	17	19	24	28	30	34	38	41	46
		min	7.42	8.42	10.3	13.3	16.3	18.16	23.16	27.16	29.16	33	37	40	45

注：1. 公称长度 l（mm）为 20，25，30，35，40，45，50，55，60，65，70，75，80，100，110，120，130，140，150，160，180，200，220，240，260，280，300。公称长度在 300mm 以上，应采用按 20mm 递增的尺寸。

2. 尽可能不使用括号内的规格。

① 如果是采用模锻方法制造的，模锻后毛刺和飞边应按 GB/T 12362 的普通级，加工后的应按表中规定。对于产品等级 A 级和 B 级的杆部粗糙度允许 $Rz_{max}=100\mu m$，销孔处的粗糙度均为 $Rz_{max}=25\mu m$。

② 根据销轴标准 GB/T 880 和 GB/T 882，增加了销孔直径 24mm、27mm、33mm、36mm。如果活节螺栓按照这些直径供货，应标识销孔直径。

32. 地脚螺栓（GB/T 799—2020）（图 3-51、表 3-81）

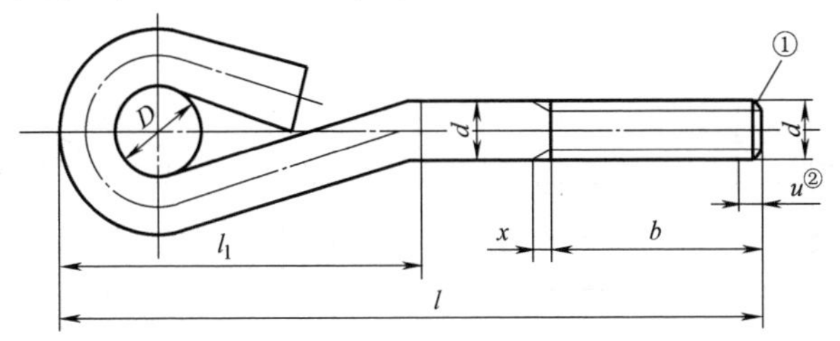

注：应倒角或倒圆，由制造者选择。无螺纹部分杆径 d_s 约等于螺纹中径或螺纹大径型式。

① 末端按 GB/T 2 规定。

② 不完整螺纹长度 $u \leqslant 2P$。

图 3-51 地脚螺栓型式

表 3-81 地脚螺栓尺寸 （mm）

A 型

螺纹规格 d	M8	M10	M12	M16	M20	M24	M30	M36	M42	M48	M56	M64	M72
P	1.25	1.5	1.75	2	2.5	3	3.5	4	4.5	5	5.5	6	6
b^{+2P}_{0}	31	36	40	50	58	68	80	94	106	120	140	160	180
l_1	46	65	82	93	127	139	192	244	261	302	343	385	430
D	10	15	20	20	30	30	45	60	60	70	80	90	100
x_{max}	3.2	3.8	4.3	5	6.3	7.5	9	10	11	12.5	14	15	15

B 型

螺纹规格 d	M8	M10	M12	M16	M20	M24	M30	M36	M42	M48	M56	M64	M72
P	1.25	1.5	1.75	2	2.5	3	3.5	4	4.5	5	5.5	6	6
b^{+2P}_{0}	31	36	40	50	58	68	80	94	106	120	140	160	180
l_1	48	60	72	96	120	144	180	216	252	288	336	384	432
R	16	20	24	32	40	48	60	72	84	96	112	128	144
x_{max}	3.2	3.8	4.3	5	6.3	7.5	9	10	11	12.5	14	15	15

C 型

螺纹规格 d	M8	M10	M12	M16	M20	M24	M30	M36	M42	M48	M56	M64	M72
P	1.25	1.5	1.75	2	2.5	3	3.5	4	4.5	5	5.5	6	6
b^{+2P}_{0}	31	36	40	50	58	68	80	94	106	120	140	160	180
l_1	32	40	48	64	80	96	120	144	168	192	224	256	288
R	16	20	24	32	40	48	60	72	84	96	112	128	144
x_{max}	3.2	3.8	4.3	5	6.3	7.5	9	10	11	12.5	14	15	15
l	80~200	100~250	120~300	160~500	200~800	250~1200	300~2000	400~2500	500~2500	600~3000	800~3500	1000~3500	1600~3500

注：l 的公差（mm）l=80~400，±8；l=500~1600，±12；2000、2500，±17；3000~3500，±20。

33. B级小半圆头低方颈螺栓（GB/T 801—2021）（图3-52、表3-82）

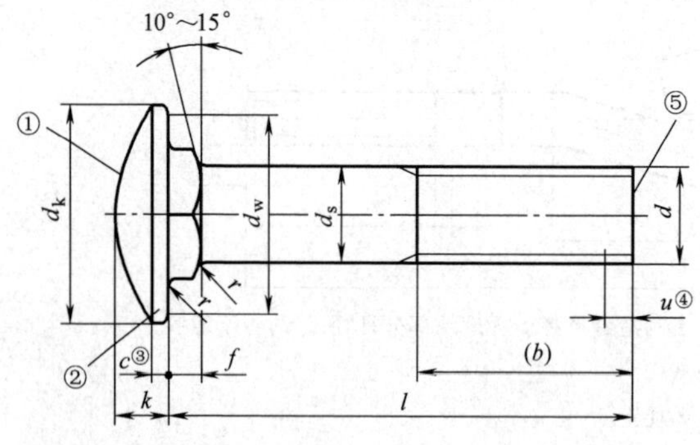

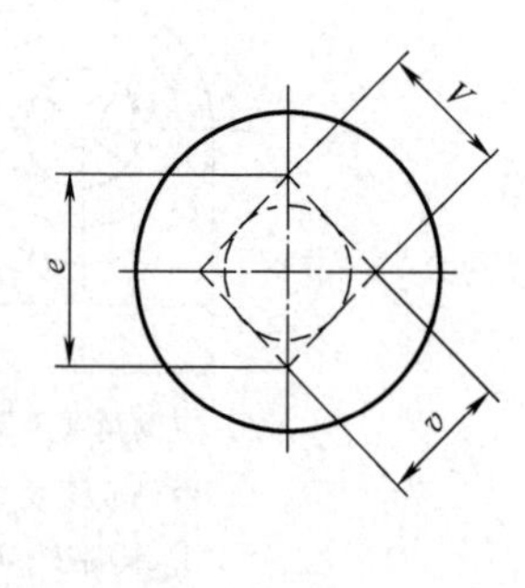

① 球面。
② 型式由制造者选择。
③ 尺寸 c 应以直径 d_w 平面为基准进行测量。
④ 不完整螺纹的长度，$u \leqslant 2P$。
⑤ 辗制末端。

图3-52 B级小半圆头低方颈螺栓型式

表3-82 B级小半圆头低方颈螺栓尺寸 (mm)

螺方规格 d		M6	M8	M10	M12	M16	M20
P		1	1.25	1.5	1.75	2	2.5
$b_{参考}$		18	22	26	30	38	46
		—	—	—	—	44	52
c	max	1.9	2.2	2.5	2.8	3.6	4.2
	min	1.1	1.2	1.5	1.8	2.4	3.0
d_k	max	14.2	18.0	22.3	26.6	35.0	43.0
d_s	max	6	8	10	12	16	20
	min	≈螺纹中径					
d_w	min	12.2	15.8	19.6	23.8	31.9	39.9
e	min	7.64	10.20	12.80	15.37	20.57	25.73
f	max	3	3	4	4	5	5
	min	2.4	2.4	3.2	3.2	4.2	4.2
k	max	3.6	4.8	5.8	6.8	8.9	10.9
	min	3	4	5	6	8	10
r	max	0.5	0.8	0.8	1.2	1.2	1.6
v	max	6.48	8.58	10.58	12.70	16.70	20.84
	min	5.88	7.85	9.85	11.82	15.82	19.79
l		12～50	(14)～80	20～100	20～120	30～160	35～160

注：尽量不使用公称长度14mm。

34. C 级大半圆头方颈螺栓（GB/T 14—2013）（图 3-53、表 3-83）

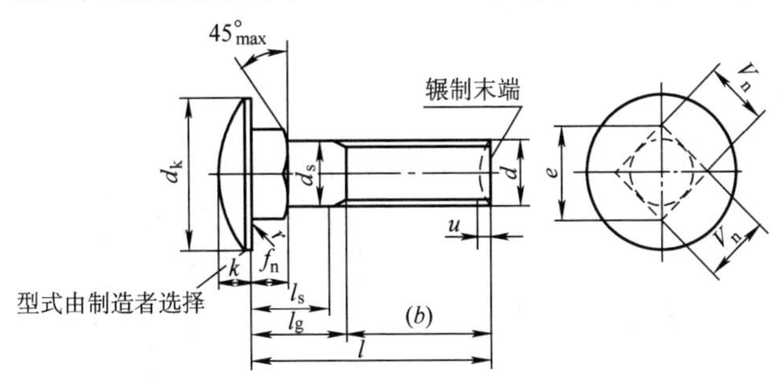

注：u 为不完整螺纹的长度，$u \leqslant 2P$。

$l_{smin} = l_{gmax} - 5P$。

$l_{gmax} = l_{公称} - b$。

图 3-53　C 级大半圆头方颈螺栓型式

表 3-83　C 级大半圆头方颈螺栓的主要尺寸　　（mm）

螺纹规格 d		M5	M6	M8	M10	M12	M16	M20
螺距 P		0.8	1	1.25	1.5	1.75	2	2.5
$b_{参考}$①	$l \leqslant 125$	16	18	22	26	30	38	46
	$125 < l \leqslant 200$	—	—	28	32	36	44	52
	$l > 200$	—	—	—	—	—	57	65
d_k	max = 公称	13	16	20	24	30	38	46
	min	11.9	14.9	18.7	22.7	28.7	36.4	44.4
d_s	max	5.48	6.48	8.58	10.58	12.7	16.7	20.84
	min	≈螺纹中径						
e_{min}②		5.9	7.2	9.6	12.2	14.7	19.9	24.9
f_n	max	4.1	4.6	5.6	6.6	8.8	12.9	15.9
	min	2.9	3.4	4.4	5.4	7.2	11.1	14.1
k	max	3.1	3.6	4.8	5.8	6.8	8.9	10.9
	min	2.5	3	4	5	6	8	10
r_{max}		0.4	0.5	0.8	0.8	1.2	1.2	1.6
V_n	max	5.48	6.48	8.58	10.58	12.7	16.7	20.84
	min	4.52	5.52	7.42	9.42	11.3	15.3	19.16
l③,④		20～50	30～60	40～80	45～100	55～120	65～200	75～200

① 公称长度 $l \leqslant 70$mm 和螺纹直径 $d \leqslant$ M12 的螺栓，允许制出全螺纹（$l_{gmax} = f_{nmax} + 2P$）。

② e_{min} 的测量范围：从支承面起长度等于 $0.8f_{nmin}$（$e_{min} = 1.3V_{nmin}$）。

③ 尽可能不采用 55、65 的规格。

④ 公称长度在 200mm 以上，采用按 20mm 递增的尺寸。

35. 小系列六角法兰面螺栓（GB/T 16674.1—2016）（图 3-54 ~ 图 3-56、表 3-84）

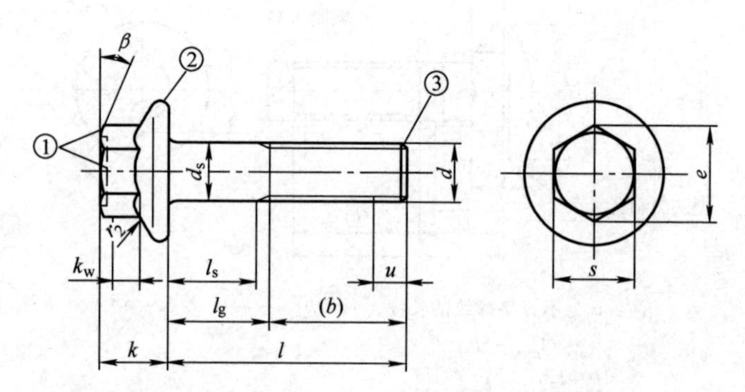

① 头部顶面应为平的或凹穴的，由制造者选择。顶面应倒角或倒圆。倒角或倒圆起始的最小直径应为对边宽度的最大值减去其数值的 15%。如头部顶面制成凹穴型，其边缘可以倒圆。

② 边缘形状可由制造者任选。

③ 倒角端（GB/T 2）。

$\beta=15°\sim30°$。

扳拧高度 k_w 见表 3-84 注。

不完整螺纹的长度 $u\leqslant 2P$。

图 3-54 小系列六角法兰面螺栓——粗杆（标准型）型式

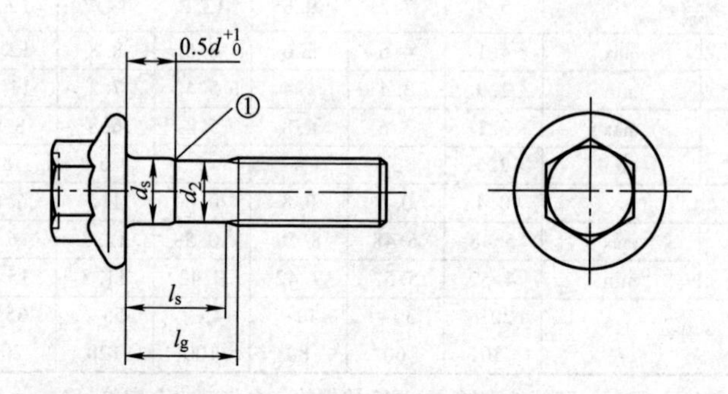

注：其他尺寸见图 3-50。$d_2\approx$螺纹中径（辗制螺纹坯径）。

① 倒圆或倒角或圆锥的。

图 3-55 小系列六角法兰面螺栓——细杆（R 型）（使用要求时）型式

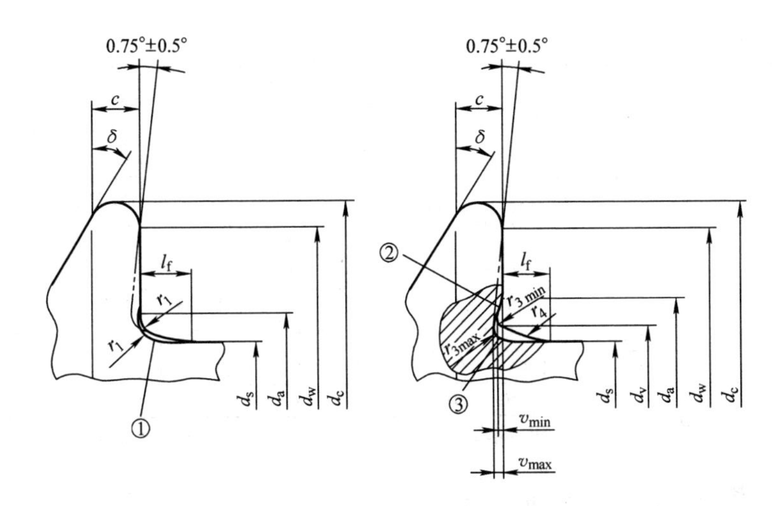

F 型—不带沉割槽（标准型）　　U 型—带沉割槽（使用要求或制造者选择）

注：c 在 d_{wmin} 处测量。

$\delta = 15° \sim 25°$。

① 最大和最小头下圆角。

② 支承面与圆角应光滑连接。

③ 最大和最小头下圆角。

图 3-56　小系列六角法兰面螺栓——头下形状（支承面）型式

表 3-84　小系列六角法兰面螺栓的主要尺寸　（mm）

螺纹规格 d		M5	M6	M8	M10	M12	（M14）	M16
螺距 P		0.8	1	1.25	1.5	1.75	2	2
$b_{参考}$	$l = 125$	16	18	22	26	30	34	38
	$125 < l < 200$	—	—	28	32	36	40	44
	$l > 200$	—	—	—	—	—	—	57
$c_{\min}$		1	1.1	1.2	1.5	1.8	2.1	2.4
d_{amax}	F 型	5.7	6.8	9.2	11.2	13.7	15.7	17.7
	U 型	6.2	7.5	10	12.5	15.2	17.7	20.5
d_{cmax}		11.4	13.6	17	20.8	24.7	28.6	32.8
d_s	max	5.00	6.00	8.00	10.00	12.00	14.00	16.00
	min	4.82	5.82	7.78	9.78	11.73	13.73	15.73
d_{vmax}		5.5	6.6	8.8	10.8	12.8	14.8	17.2
d_{wmin}		9.4	11.6	14.9	18.7	22.5	26.4	30.6
$e_{\min}$		7.59	8.71	10.95	14.26	16.5	19.86	23.15
$k_{\max}$		5.6	6.9	8.5	9.7	12.1	12.9	15.2
k_{wmin}		2.3	2.9	3.8	4.3	5.4	5.6	6.8
l_{fmax}		1.4	1.6	2.1	2.1	2.1	2.1	3.2

（续）

螺纹规格 d		M5	M6	M8	M10	M12	(M14)	M16
$r_{1\min}$		0.2	0.25	0.4	0.4	0.6	0.6	0.6
$r_{2\max}$ ①		0.3	0.4	0.5	0.6	0.7	0.9	1
r_3	max	0.25	0.26	0.36	0.45	0.54	0.63	0.72
	min	0.10	0.11	0.16	0.20	0.24	0.28	0.32
$r_{4参考}$		4	4.4	5.7	5.7	5.7	5.7	8.8
s	max	7.00	8.00	10.00	13.00	15.00	18.00	21.00
	min	6.78	7.78	9.78	12.73	14.73	17.73	20.67
v	max	0.15	0.20	0.25	0.30	0.35	0.45	0.50
	min	0.05	0.05	0.10	0.15	0.15	0.20	0.25
l		25~50	30~60	35~80	40~100	45~120	50~140	55~160

注：1. 如产品通过了 GB/T 16674.1—2016 附录 A 的检验，则应视为满足了尺寸 c、e 和 k_w 的要求。

2. 尽可能不采用括号内的规格。

① r_2 适用于棱角和六角面。

36. 小系列细牙六角法兰面螺栓（GB/T 16674.2—2016）（图 3-57～图 3-60、表 3-85）

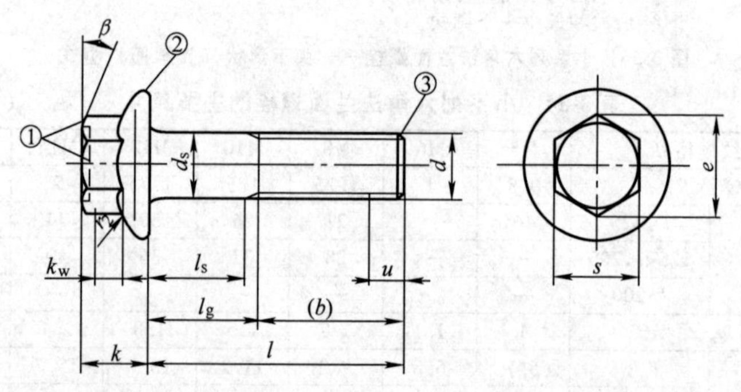

① 头部顶面应为平的或凹穴的，由制造者选择。顶面应倒角或倒圆。倒角或倒圆起始的最小直径应为对边宽度最大的值减去其数值的 15%。如头部顶面制成凹穴型，其边缘可以倒圆。

② 边缘形状可由制造者任选。

③ 倒角端（GB/T 2）。

β=15°~30°。

扳拧高度 k_w，见表 3-86 注。

不完整螺纹的长度 $u \leqslant 2P$。

图 3-57 六角法兰面螺栓——粗杆（标准型）型式

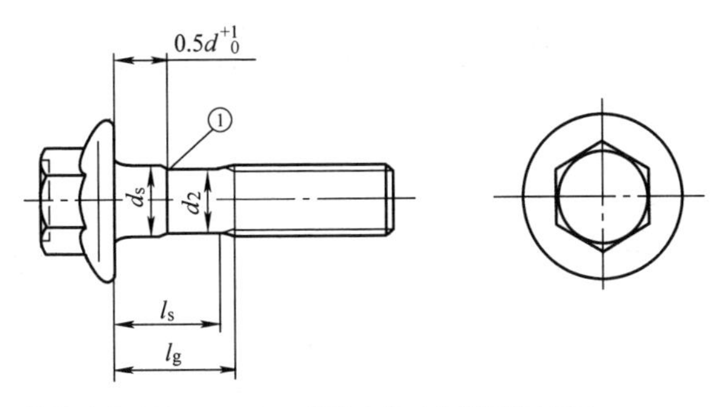

注：其他尺寸见图 3-53。$d_2 \approx$螺纹中径（辊制螺纹坯径）。

① 倒圆或倒角或圆锥的。

图 3-58　六角法兰面螺栓——细杆（R 型）（使用要求时）型式

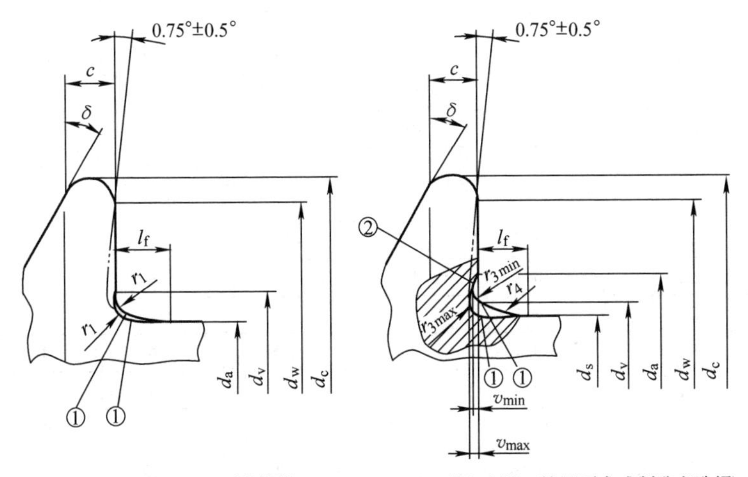

注：c 在 d_{wmin} 处测量；$\delta = 15° \sim 25°$。

① 最大和最小头下圆角。

② 支承面与圆角应光滑连接。

图 3-59　六角法兰面螺栓——头下形状（支承面）型式

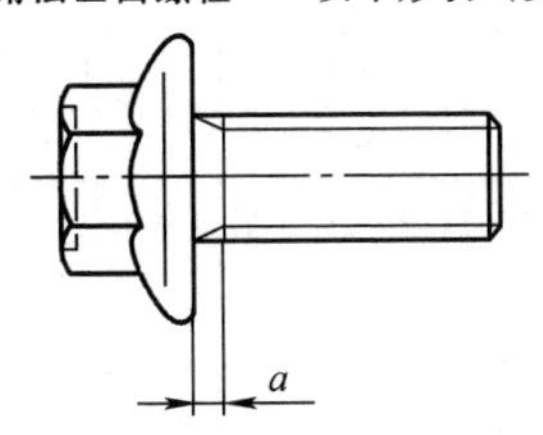

图 3-60　全螺纹六角法兰面螺栓型式

表 3-85　六角法兰面螺栓尺寸　　(mm)

螺纹规格 (d×P)		M8×1	M10×1 M10×1.25	M12×1.25 M12×1.5	(M14×1.5)	M16×1.5
a	max	3	3	4.5	4.5	4.5
	min	1	1	1.5	1.5	1.5
$b_{参考}$	l≤125	22	26	30	34	38
	125<l≤200	28	32	36	40	44
	l>200	—	—	—	—	57
c_{min}		1.2	1.5	1.8	2.1	2.4
d_{amax}	F 型	9.2	11.2	13.7	15.7	17.7
	U 型	10	12.5	15.2	17.7	20.5
d_{cmax}		17	20.8	24.7	28.6	32.8
d_s	max	8.00	10.00	12.00	14.00	16.00
	min	7.78	9.78	11.73	13.73	15.73
d_{vmax}		8.8	10.8	12.8	14.8	17.2
d_{wmin}		14.9	18.7	22.5	26.4	30.6
e_{min}		10.95	14.26	16.50	19.86	23.15
k_{max}		8.5	9.7	12.1	12.9	15.2
k_{wmin}		3.8	4.3	5.4	5.6	6.8
l_{fmax}		2.1	2.1	2.1	2.1	3.2
r_{1min}		0.4	0.4	0.6	0.6	0.6
r_{2max}		0.5	0.6	0.7	0.9	1
r_3	max	0.36	0.45	0.54	0.63	0.72
	min	0.16	0.20	0.24	0.28	0.32
$r_{4参考}$		5.7	5.7	5.7	5.7	8.8
s	max	10.00	13.00	15.00	18.00	21.00
	min	9.78	12.73	14.73	17.73	20.67
v	max	0.25	0.30	0.35	0.45	0.50
	min	0.10	0.15	0.15	0.20	0.25
l		35~80	40~100	45~120	50~140	55~160

注：1. 如产品通过了 GB/T 16674.2—2016 附录 A 的检验，则应视为满足了尺寸 c、e 和 k_w 的要求。

2. 尽可能不采用括号内的规格。

3. r_2 适用于棱角和六角面。

37. 钢结构用高强度大六角头螺栓（GB/T 1228—2006）（图 3-61、表 3-86）

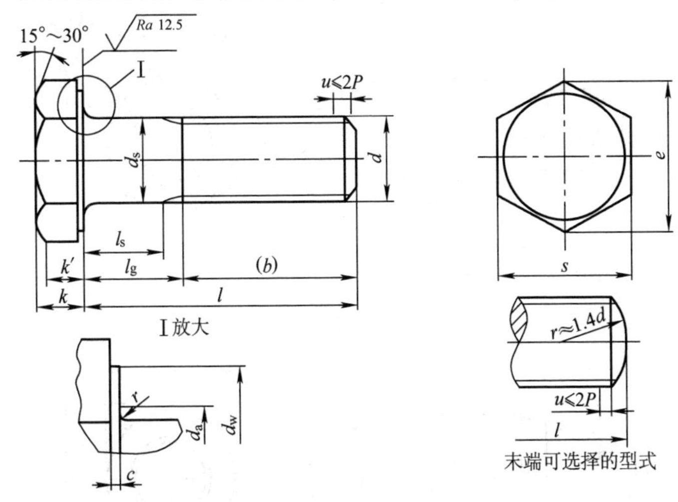

图 3-61　钢结构用高强度大六角头螺栓型式

表 3-86　钢结构用高强度大六角头螺栓尺寸　（mm）

螺纹规格 d		M12	M16	M20	(M22)	M24	(M27)	M30
P		1.75	2	2.5	2.5	3	3	3.5
c	max	0.8	0.8	0.8	0.8	0.8	0.8	0.8
	min	0.4	0.4	0.4	0.4	0.4	0.4	0.4
d_{amax}		15.23	19.23	24.32	26.32	28.32	32.84	35.84
d_s	max	12.43	16.43	20.52	22.52	24.52	27.84	30.84
	min	11.57	15.57	19.48	21.48	23.48	26.16	29.16
d_{wmin}		19.2	24.9	31.4	33.3	38.0	42.8	46.5
e_{min}		22.78	29.56	37.29	39.55	45.20	50.85	55.37
k	公称	7.5	10	12.5	14	15	17	18.7
	max	7.95	10.75	13.40	14.90	15.90	17.90	19.75
	min	7.05	9.25	11.60	13.10	14.10	16.10	17.65
k'_{min}		4.9	6.5	8.1	9.2	9.9	11.3	12.4
r_{min}		1.0	1.0	1.5	1.5	1.5	2.0	2.0
s	max	21	27	34	36	41	46	50
	min	20.16	26.16	33	35	40	45	49
l		35～75	45～130	50～160	55～220	60～240	65～260	70～260

注：括号内的规格为第二选择系列。

38. 扩口式管接头用空心螺栓（GB/T 5650—2008）（图 3-62、表 3-87）

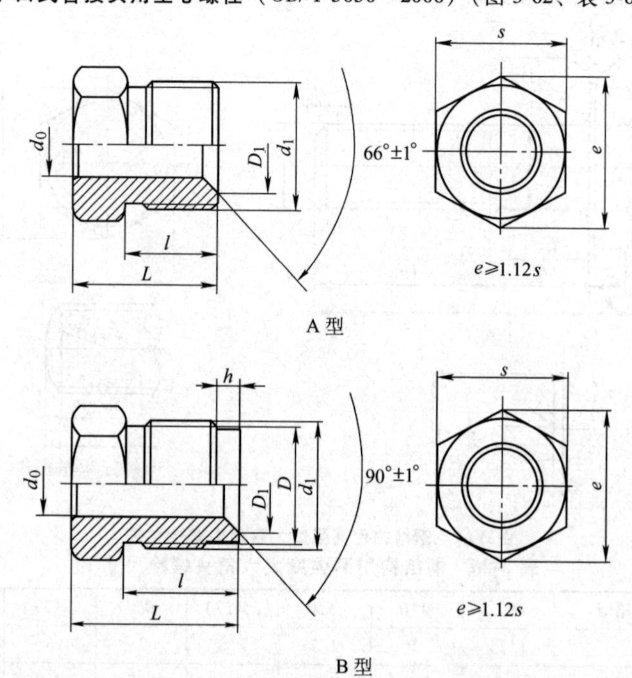

图 3-62　扩口式管接头用空心螺栓型式

表 3-87　扩口式管接头用空心螺栓尺寸　（mm）

管子外径 D_0	d_0 +0.25 +0.15	d_1	D	D_1	h	l A 型	l B 型	L A 型	L B 型	s
4	4	M10×1	8.4	7	4.5	8.5	12.5	13.5	17.5	12
5	5							14.5	18.5	
6	6	M12×1.5	10	8.5		11	14.5	17	20.5	14
8	8	M14×1.5	11.7	10.5	5.5	13	18	19	24	17
10	10	M16×1.5	13.7	12.5		13.5	18.5	20.5	25.5	19
12	12	M18×1.5	15.7	14.5						22
14	14	M22×1.5	19.7	17.5				21.5	26.5	24
16	16	M24×1.5	21.7	19.2						27
18	18	M27×1.5	24.7	22.2						30

39. 土方机械用沉头方颈螺栓（GB/T 21934—2008）（图 3-63、表 3-88）

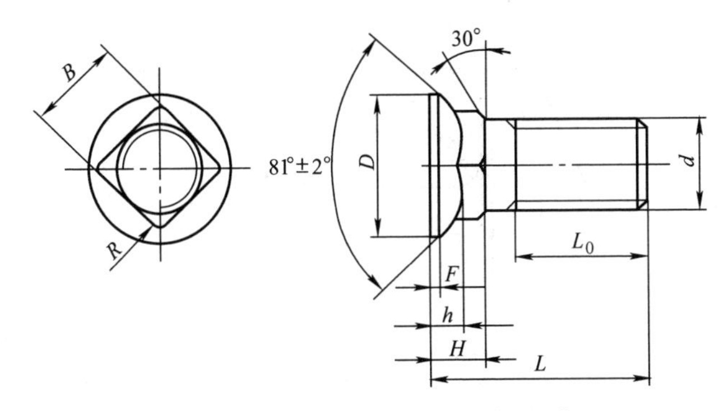

图 3-63 土方机械用沉头方颈螺栓的形状

表 3-88 土方机械用沉头方颈螺栓的尺寸 （mm）

规格 d	B		$R\approx$	D		F_{max}	H		$h\approx$	$L_{0参考}$
	公称尺寸	公差		公称尺寸	公差		max	min		
12	12.7	$^{+0.4}_{0}$	2.0	22.2	$^{+0.8}_{0}$	1.1	9.4	8.3	6.7	25
16	15.9			27.0		1.3	12.3	11.1	7.8	28
20	19.0			31.0		2.0	14.4	13.2	9.0	30
22	22.2	$^{+0.8}_{0}$	2.4	35.7	$^{+0.9}_{0}$	3.2	17.2	15.6	11.1	35
24	25.4			40.5		5.0	20.0	18.4	13.8	40
32	31.8			53.5	$^{+1.4}_{0}$	8.0	27.0	25.4	17.7	50

40. 六角花形法兰面螺栓（GB/T 35481—2017）（图 3-64~图 3-67、表 3-89）

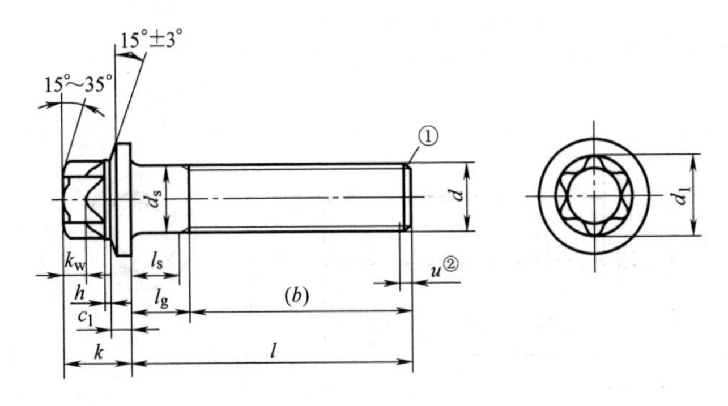

① 末端应倒角（GB/T 2）。

② 不完整螺纹的长度，$u\leqslant 2P$。

图 3-64 六角花形法兰面螺栓——粗杆型式（标准型）

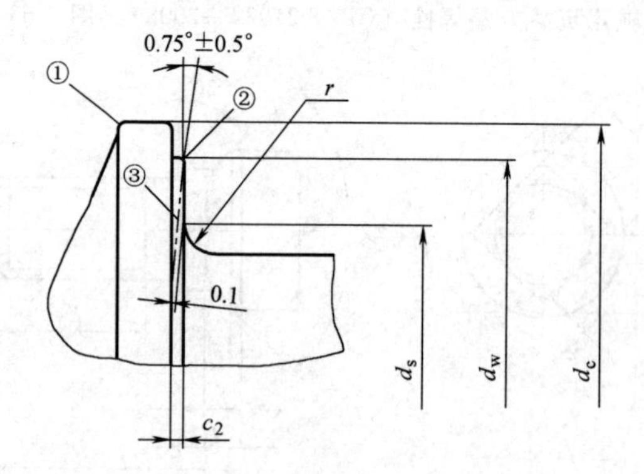

① 自然成型。

② 允许选用的法兰底部边缘型式。

③ d_w 的仲裁基准。

图 3-65 六角花形法兰面螺栓——头下形状（支承面）

$l \geqslant 10d$：

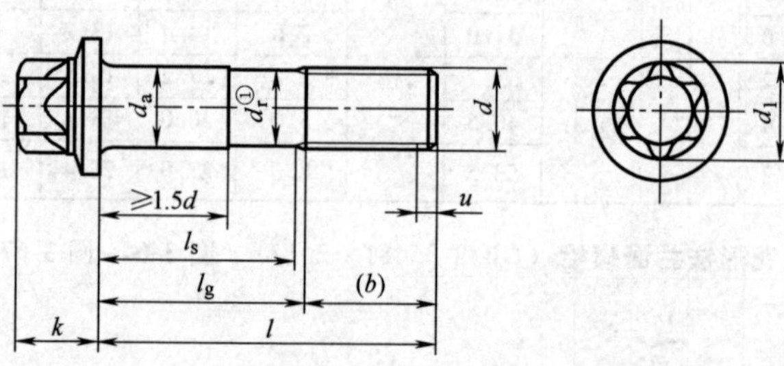

$l < 10d$：

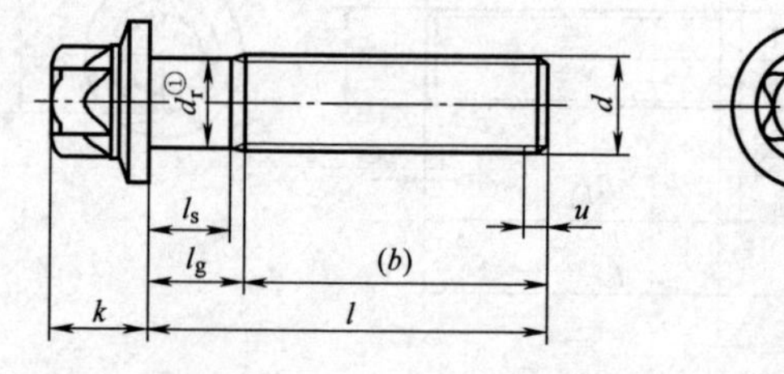

① $d_r \approx$ 螺纹中径。

图 3-66 六角花形法兰面螺栓——细杆型式

表 3-89 六角花形法兰面螺栓尺寸 (mm)

螺纹规格 d		M5	M6	M8	M10	M12	M14	M16	M18	M20
		—	—	M8×1	M10×1	M12×1.25	M14×1.5	M16×1.5	M18×1.5	M20×1.5
		—	—	—	M10×1.25	M12×1.5	—	—	M18×2	M20×2
P[1]		0.8	1	1.25	1.5	1.75	2	2	2.5	2.5
$b_{参考}$		40	50	65	80	80	80	80	80	80
c_1	max	1.70	2.00	2.90	3.90	4.40	5.40	5.80	6.40	6.90
	min	1.45	1.75	2.65	3.60	4.10	5.10	5.50	6.00	6.50
c_2	max	0.5	0.5	0.6	0.6	0.6	0.6	0.8	0.8	0.8
d_a	max	5.70	6.80	9.20	11.20	13.70	15.70	17.70	20.20	22.40
d_c	max	11.80	14.20	17.90	21.80	26.00	29.90	34.50	38.60	42.80
d_s	max	5.00	6.00	8.00	10.00	12.00	14.00	16.00	18.00	20.00
	min	4.82	5.82	7.78	9.78	11.73	13.73	15.73	17.73	19.67
$d_{r公称}$		7.30	9.20	10.95	12.65	16.40	18.15	21.85	25.40	28.90
d_w	min	9.80	12.20	15.80	19.60	23.80	27.60	31.90	35.90	39.90
h	max	0.90	0.90	0.90	1.30	1.30	1.30	1.30	1.40	1.40
k	max	6.50	7.50	10.00	12.00	14.00	16.00	19.00	21.50	24.00
	min	6.25	7.25	9.75	11.75	13.75	15.75	18.75	21.25	23.75
k_{wmin}		1.80	2.00	3.10	3.70	3.90	4.50	6.10	7.10	8.70
r_{min}		0.20	0.25	0.40	0.40	0.60	0.60	0.60	0.60	0.80
代号[2]		E8	E10	E12	E14	E18	E20	E24	E28	E32

（续）

螺纹规格 d			M5		M6		M8		M10		M12		M14		M16		M18		M20	
			—		—		M8×1		M10×1		M12×1.25		M14×1.5		M16×1.5		M18×1.5		M20×1.5	
			—		—		—		M10×1.25		M12×1.5		—		—		M18×2		M20×2	
l			无螺纹杆部长度 l_s 和夹紧长度 l_g																	
公称	min	max	l_s min	l_g max	l_s min	l_g max	l_s min	l_g max	l_s min	l_g max	l_s min	l_g max	l_s min	l_g max	l_s min	l_g max	l_s min	l_g max	l_s min	l_g max
10	9.71	10.29																		
12	11.65	12.35																		
16	15.65	16.35																		
20	19.58	20.42																		
25	24.58	25.42																		
30	29.58	30.42																		
35	34.5	35.5																		
40	39.5	40.5																		
45	44.5	45.5	—	5																
50	49.5	50.5	6	10																
（55）	54.4	55.6			—	5														

60	59.4	60.6			5	10														
(65)	64.4	65.6																		
70	69.4	70.6					—	5												
80	79.4	80.6					8.75	15												
90	89.3	90.7							—	10	—	10	—	10	—	10	—	10	—	10
100	99.3	100.7							12.5	20	11.25	20	10	20	10	20	—	20	—	20
110	109.3	110.7									21.25	30	20	30	20	30	17.5	30	17.5	30
120	119.3	120.7									31.25	40	30	40	30	40	27.5	40	27.5	40
130	129.2	130.8											40	50	40	50	37.5	50	37.5	50
140	139.2	140.8											50	60	50	60	47.5	60	47.5	60
150	149.2	150.8													60	70	57.5	70	57.5	70
160	159.2	160.8													70	80	67.5	80	67.5	80
180	179.2	180.8															87.5	100	87.5	100
200	199.08	200.92															107.5	120	107.5	120

注：1. 阶梯实线间应制出全螺纹。

2. 尽可能不采用括号内的规格。

① 粗牙螺纹螺距。

② 按照 GB/T 6189 测量螺栓六角花形尺寸。

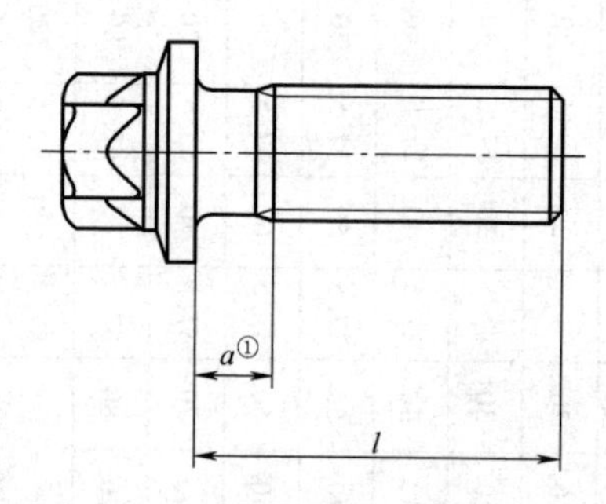

① $a \leqslant 3P$。

图 3-67　六角花形法兰面螺栓——全螺纹型式

三、螺栓的重量

1. B级细杆六角螺栓（适用于 GB/T 5784—1986）（表 3-90）

表 3-90　B 级细杆六角螺栓的重量　（kg）

每 1000 件钢制品的大约重量									
l	G	l	G	l	G	l	G	l	G
d=M3		d=M5		d=M6		d=M10		d=M12	
20	1.28	35	5.78	60	13.15	40	31.60	50	53.47
25	1.49	40	6.38	d=M8		45	34.06	55	57.03
30	1.70	45	6.98	30	15.78	50	36.51	60	60.59
d=M4		50	7.58	35	17.34	(55)	38.97	65	64.15
20	2.45	d=M6		40	18.89	60	41.43	70	67.71
25	2.82	25	7.15	45	20.45	(65)	43.88	80	74.84
30	3.20	30	8.01	50	22.00	70	46.34	90	81.96
35	3.57	35	8.86	(55)	23.56	80	51.25	100	89.09
40	3.95	40	9.72	60	25.11	90	56.16	110	96.21
d=M5		45	10.58	(65)	26.67	100	61.07	120	103.3
25	4.58	50	11.44	70	28.22	d=M12		d=(M14)	
30	5.18	(55)	12.29	80	31.33	45	49.90	50	76.32

（续）

每1000件钢制品的大约重量									
l	*G*	*l*	*G*	*l*	*G*	*l*	*G*	*l*	*G*
d=(M14)		*d*=(M14)		*d*=M16		*d*=M16		*d*=M20	
(55)	81.19	110	134.8	(65)	126.4	130	211.5	90	266.2
60	86.07	120	144.6	70	133.0	140	224.5	100	286.7
(65)	90.94	130	154.3	80	146.0	150	237.6	110	307.2
70	95.82	140	164.1	90	159.1	*d*=M20		120	327.7
80	105.6	*d*=M16		100	172.2	(65)	215.1	130	348.2
90	115.3	(55)	113.3	110	185.3	70	225.3	140	368.6
100	125.1	60	119.9	120	198.4	80	245.8	150	389.1

注：表列规格为商品规格。尽可能不采用括号内的规格。
d—螺纹规格（mm）；*l*—公称长度（mm）。

2. A和B级六角头头部带槽螺栓（适用于GB/T 29.1—2013）（表3-91）

表3-91　A和B级六角头头部带槽螺栓的重量　（kg）

每1000件钢制品的大约重量									
l	*G*	*l*	*G*	*l*	*G*	*l*	*G*	*l*	*G*
d=M3		*d*=M4		*d*=M6		*d*=M8		*d*=M10	
6	0.59	40	3.75	30	7.43	60	23.80	90	53.66
8	0.67	*d*=M5		35	8.28	65	25.36	100	58.57
10	0.76	10	2.47	40	9.14	70	26.91	*d*=M12	
12	0.84	12	2.71	45	10.00	80	30.02	25	31.76
16	1.01	16	3.19	50	10.86	*d*=M10		30	35.32
20	1.18	20	3.67	55	11.71	20	19.28	35	38.88
25	1.40	25	4.27	60	12.57	25	21.74	40	42.45
30	1.61	30	4.87	*d*=M8		30	24.19	45	46.01
d=M4		35	5.47	16	10.12	35	26.65	50	49.57
8	1.36	40	6.07	20	11.36	40	29.1	55	53.13
10	1.51	45	6.67	25	12.92	45	31.56	60	56.69
12	1.65	50	7.27	30	14.47	50	34.02	65	60.26
16	1.95	*d*=M6		35	16.03	55	36.47	70	63.82
20	2.25	12	4.34	40	17.58	60	38.93	80	70.94
25	2.63	16	5.03	45	19.14	65	41.38	90	78.07
30	3.00	20	5.71	50	20.69	70	43.84	100	85.19
35	3.38	25	6.57	55	22.25	80	48.75		

注：*d*—螺纹规格（mm）；*l*—公称长度（mm），未包括GB/T 29.1—2013中公称长度*l*=110mm、120mm的螺栓重量。

3. 十字槽凹穴六角头螺栓（适用于 GB/T 29.2—2013）（表 3-92）

表 3-92 十字槽凹穴六角头螺栓的重量 （kg）

每1000件钢制品的大约重量									
l	*G*	*l*	*G*	*l*	*G*	*l*	*G*	*l*	*G*
d=M4		*d*=M5		*d*=M5		*d*=M6		*d*=M8	
8	1.50	8	2.45	40	6.30	35	8.65	25	13.91
10	1.65	10	2.69	*d*=M6		40	9.51	30	15.47
12	1.80	12	2.93	10	4.37	45	10.37	35	17.02
(14)	1.95	(14)	3.17	12	4.71	50	11.22	40	18.58
16	2.01	16	3.41	(14)	5.05	*d*=M8		45	20.13
20	2.40	20	3.89	16	5.39	12	9.87	50	21.69
25	2.77	25	4.49	20	6.08	(14)	10.49	(55)	23.24
30	3.15	30	5.09	25	6.94	16	11.11	60	24.80
35	3.52	35	5.70	30	7.79	20	12.36		

注：尽可能不采用括号内的规格。

d—螺纹规格（mm）；*l*—公称长度（mm）。

4. A 和 B 级六角头螺杆带孔螺栓（适用于 GB/T 31.1—2013）（表 3-93）

表 3-93 A 和 B 级六角头螺杆带孔螺栓的重量 （kg）

每1000件钢制品的大约重量									
l	*G*	*l*	*G*	*l*	*G*	*l*	*G*	*l*	*G*
d=M6		*d*=M8		*d*=M10		*d*=M10		*d*=M12	
30	7.77	40	18.49	40	30.11	100	65.27	90	85.32
35	8.80	45	20.34	45	33.04	*d*=M12		100	93.75
40	9.84	50	22.19	50	35.97	45	47.39	110	102.2
45	10.88	(55)	24.05	(55)	38.90	50	51.61	120	110.6
50	11.92	60	25.90	60	41.83	(55)	55.82	*d*=(M14)	
(55)	12.95	(65)	27.76	(65)	44.76	60	60.03	50	73.28
60	13.99	70	29.61	70	47.69	(65)	64.25	(55)	79.05
d=M8		80	33.32	80	53.55	70	68.46	60	84.83
35	16.63			90	59.41	80	76.89	(65)	90.60

（续）

每1000件钢制品的大约重量	
l	G
d=(M14)	
70	96.38
80	107.9
90	119.5
100	131.0
110	142.6
120	154.1
130	164.6
140	176.1
d=M16	
(55)	108.1
60	115.7
(65)	123.3
70	130.9
80	146.0
90	161.2
100	176.4
110	191.5
120	206.7
130	220.6
140	235.7
150	250.9
160	266.1
d=(M18)	
60	150.3
(65)	159.9
70	169.6
80	188.8
90	208.1
100	227.3
110	246.6
120	265.9
130	283.3
140	302.6
150	321.8
160	341.1
180	379.6
d=M20	
(65)	204.4
70	216.3
80	240.0
90	263.7
100	287.4
110	311.1
120	334.8
130	356.6
140	380.3
150	404.0
160	427.7
180	475.1
200	522.5
d=(M22)	
70	276.7
80	305.5
90	334.2
100	363.0
110	391.8
120	420.5
130	449.3
140	475.9
150	504.7
160	533.5
180	591.0
200	648.5
220	701.4
d=M24	
80	359.2
90	393.5
100	427.8
110	462.1
120	496.5
130	527.9
140	562.2
150	596.5
160	630.8
180	699.5
200	768.1
220	830.5
240	899.2
d=(M27)	
90	522.1
100	565.1
110	608.0
120	651.0
130	691.0
140	734.0
150	777.0
160	819.9
180	905.8
200	991.7
220	1071
240	1157
260	1243
280	1239
300	1315
d=M30	
90	662.4
100	715.7
110	768.9
120	822.1
130	871.5
140	924.7
150	977.9
160	1031
180	1138
200	1244
220	1342
240	1449
260	1555
280	1662
300	1768
d=M36	
110	1169
120	1246
130	1317
140	1394
150	1471
160	1548
180	1701
200	1854
220	1996
240	2149
260	2303
280	2456
300	2610
d=M42	
130	1888
140	1993
150	2098
160	2203
180	2413
200	2623

（续）

每1000件钢制品的大约重量									
l	*G*	*l*	*G*	*l*	*G*	*l*	*G*	*l*	*G*
d=M42		*d*=M42		*d*=M48		*d*=M48		*d*=M48	
220	2817	280	3446	140	2735	180	3286	240	4090
240	3027	300	3656	150	2873	200	3561	260	4365
260	3237			160	3010	220	3815	280	4640
								300	4915

注：尽可能不采用括号内的规格。

d—螺纹规格（mm），*l*—公称长度（mm）。

5. B级细杆六角头螺杆带孔螺栓（适用于GB/T 31.2—1988）（表3-94）

表3-94 B级细杆六角头螺杆带孔螺栓的重量 （kg）

每1000件钢制品的大约重量									
l	*G*	*l*	*G*	*l*	*G*	*l*	*G*	*l*	*G*
d=M6		*d*=M8		*d*=M12		*d*=(M14)		*d*=M16	
25	7.08	60	24.94	50	52.87	90	114.6	140	223.1
30	7.93	(65)	26.49	(55)	56.43	100	124.4	150	236.2
35	8.79	70	28.05	60	60.00	110	134.1	*d*=M20	
40	9.65	80	31.16	(65)	63.56	120	143.9	(65)	213.2
45	10.51	*d*=M10		70	67.12	130	153.6	70	223.4
50	11.36	40	31.26	80	74.24	140	163.4	80	243.9
(55)	12.22	45	33.72	90	81.37	*d*=M16		90	264.4
60	13.08	50	36.17	100	88.49	(55)	111.9	100	284.9
(65)	13.93	(55)	38.63	110	95.62	60	118.4	110	305.4
70	14.79	60	41.08	120	102.7	(65)	125.0	120	325.8
d=M8		(65)	43.54	*d*=(M14)		70	131.5	130	346.3
30	15.61	70	46.00	50	75.62	80	144.6	140	366.8
35	17.16	80	50.91	(55)	80.50	90	157.7	150	387.3
40	18.72	90	55.82	60	85.37	100	170.8		
45	20.27	100	60.73	(65)	90.25	110	183.9		
50	21.83	*d*=M12		70	95.12	120	196.9		
(55)	23.38	45	49.31	80	104.9	130	210.0		

注：尽可能不采用括号内的规格。*d*—螺纹规格（mm）；*l*—公称长度（mm）。

6. A 和 B 级细牙六角头螺杆带孔螺栓（适用于 GB/T 31.3—1988）（表 3-95）

表 3-95　A 和 B 级细牙六角头螺杆带孔螺栓的重量　　（kg）

每 1000 件钢制品的大约重量

l	*G*
d=M8×1	
35	16.63
40	18.49
45	20.34
50	22.19
(55)	24.05
60	25.90
(65)	27.76
70	29.61
80	33.32
d=M10×1	
40	30.11
45	33.04
50	35.97
(55)	38.90
60	41.83
(65)	44.76
70	47.69
80	53.55
90	59.41
100	65.27
d=M12×1.5	
45	47.39
50	51.61

l	*G*
d=M12×1.5	
(55)	55.82
60	60.03
(65)	64.25
70	68.46
80	76.89
90	85.32
100	93.75
110	102.2
120	110.6
d=(M14×1.5)	
50	73.28
(55)	79.05
60	84.83
(65)	90.60
70	96.38
80	107.9
90	119.5
100	131.0
110	142.6
120	154.1
130	164.6
140	176.1

l	*G*
d=M16×1.5	
(55)	108.1
60	115.7
(65)	123.3
70	130.9
80	146.0
90	161.2
100	176.4
110	191.5
120	206.7
130	220.6
140	235.7
150	250.9
160	266.1
d=(M18×1.5)	
60	150.3
(65)	159.9
70	169.6
80	188.8
90	208.1
100	227.3
110	246.6
120	265.9
130	283.3

l	*G*
d=(M18×1.5)	
140	302.6
150	321.8
160	341.1
180	379.6
d=M20×2	
(65)	204.4
70	216.3
80	240.0
90	263.7
100	287.4
110	311.1
120	334.8
130	356.6
140	380.3
150	404.0
160	427.7
180	475.1
200	522.5
d=(M22×1.5)	
70	276.7
80	305.5
90	334.2
100	363.0

l	*G*
d=(M22×1.5)	
110	391.8
120	420.5
130	449.3
140	475.9
150	504.7
160	533.5
180	591.0
200	648.5
220	701.4
d=M24×2	
80	359.2
90	393.5
100	427.8
110	462.1
120	496.5
130	527.9
140	562.2
150	596.5
160	630.8
180	699.5
200	768.1
220	830.5
240	899.2

（续）

每1000件钢制品的大约重量									
l	*G*	*l*	*G*	*l*	*G*	*l*	*G*	*l*	*G*
d=(M27×2)		*d*=M30×2		*d*=M30×2		*d*=M36×3		*d*=M42×3	
90	522.1	90	662.4	280	1662	260	2303	280	3446
100	565.1	100	715.7	300	1768	280	2456	300	3656
110	608.0	110	768.9	*d*=M36×3		300	2610	*d*=M48×3	
120	651.0	120	822.1	110	1169	*d*=M42×3		140	2735
130	691.0	130	871.5	120	1246	130	1888	150	2873
140	734.0	140	924.7	130	1317	140	1993	160	3010
150	777.0	150	977.9	140	1394	150	2098	180	3286
160	819.9	160	1031	150	1471	160	2203	200	3561
180	905.8	180	1138	160	1548	180	2413	220	3815
200	991.7	200	1244	180	1701	200	2623	240	4090
220	1071	220	1342	200	1854	220	2817	260	4365
240	1157	240	1449	220	1996	240	3027	280	4640
260	1243	260	1555	240	2149	260	3237	300	4915

注：尽可能不采用括号内的规格。

d—螺纹规格（mm）；*l*—公称长度（mm）。

7. A和B级六角头头部带孔螺栓（适用于GB/T 32.1—2020）（表3-96）

表3-96 A和B级六角头头部带孔螺栓的重量 （kg）

每1000件钢制品的大约重量									
l	*G*	*l*	*G*	*l*	*G*	*l*	*G*	*l*	*G*
d=M6		*d*=M6		*d*=M8		*d*=M10		*d*=M10	
30	7.54	60	13.77	(55)	23.60	40	29.25	70	46.83
35	8.58	*d*=M8		60	25.45	45	32.18	80	52.69
40	9.62	35	16.18	(65)	27.31	50	35.11	90	58.55
45	10.66	40	18.04	70	29.16	(55)	38.04	100	64.41
50	11.69	45	19.89	80	32.87	60	40.97	*d*=M12	
(55)	12.73	50	21.75			(65)	43.90	45	45.84

（续）

每1000件钢制品的大约重量

l	G
d=M12	
50	50.06
(55)	54.27
60	58.49
(65)	62.70
70	66.92
80	75.35
90	83.77
100	92.20
110	100.6
120	109.1
d=(M14)	
50	71.48
(55)	77.25
60	83.03
(65)	88.80
70	94.57
80	106.1
90	117.7
100	129.2
110	140.8
120	152.3
130	162.8
140	174.3
d=M16	
(55)	111.6

l	G
d=M16	
60	119.5
(65)	127.4
70	135.3
80	151.1
90	166.9
100	182.7
110	198.5
120	214.3
130	230.1
140	245.9
150	261.7
160	277.5
d=(M18)	
60	146.7
(65)	156.3
70	165.9
80	185.2
90	204.5
100	223.7
110	243.0
120	262.2
130	279.7
140	298.9
150	318.2
160	337.4

l	G
d=(M18)	
180	376.0
d=M20	
(65)	200.4
70	212.3
80	236.0
90	259.7
100	283.4
110	307.1
120	330.8
130	352.6
140	376.3
150	400.0
160	423.7
180	471.1
200	518.5
d=(M22)	
70	269.5
80	298.3
90	327.1
100	355.9
110	384.6
120	413.4
130	442.2
140	468.8
150	497.6

l	G
d=(M22)	
160	526.3
180	583.9
200	641.4
220	694.3
d=M24	
80	351.7
90	386.0
100	420.3
110	454.7
120	489.0
130	520.4
140	554.7
150	589.0
160	623.4
180	692.0
200	760.7
220	823.0
240	891.7
d=(M27)	
90	513.7
100	556.7
110	599.6
120	642.6
130	682.6
140	725.6

l	G
d=(M27)	
150	768.5
160	811.5
180	897.4
200	983.3
220	1063
240	1149
260	1235
d=M30	
90	647.3
100	700.5
110	753.7
120	807.0
130	856.3
140	909.5
150	962.8
160	1016
180	1123
200	1229
220	1327
240	1433
260	1540
280	1646
300	1753
d=M36	
110	1151

（续）

每1000件钢制品的大约重量									
l	*G*	*l*	*G*	*l*	*G*	*l*	*G*	*l*	*G*
d=M36		*d*=M36		*d*=M42		*d*=M42		*d*=M48	
120	1228	280	2438	180	2378	380	4461	260	4326
130	1299	300	2592	200	2588	400	4670	280	4601
140	1376	320	2745	220	2782	*d*=M48		300	4876
150	1453	340	2898	240	2992	140	2696	320	5151
160	1529	360	3052	260	3202	150	2833	340	5426
180	1683	*d*=M42		280	3412	160	2971	360	5701
200	1836	130	1854	300	3621	180	3246	380	5976
220	1978	140	1959	320	3831	200	3521	400	6251
240	2131	150	2063	340	4041	220	3775		
260	2285	160	2168	360	4251	240	4051		

注：尽可能不采用括号内的规格。

d—螺纹规格（mm）；*l*—公称长度（mm）。

8. B级细杆六角头头部带孔螺栓（适用于GB/T 32.2—1988）（表3-97）

表3-97 B级细杆六角头头部带孔螺栓的重量 （kg）

每1000件钢制品的大约重量									
l	*G*	*l*	*G*	*l*	*G*	*l*	*G*	*l*	*G*
d=M6		*d*=M8		*d*=M8		*d*=M10		*d*=M12	
25	6.85	30	15.17	80	30.72	80	50.06	70	65.51
30	7.71	35	16.72	*d*=M10		90	54.97	80	72.63
35	8.56	40	18.28	40	30.41	100	59.88	90	79.76
40	9.42	45	19.83	45	32.87	*d*=M12		100	86.88
45	10.28	50	21.39	50	35.32	45	47.70	110	94.01
50	11.13	(55)	22.94	(55)	37.78	50	51.26	120	101.1
(55)	11.99	60	24.50	60	40.23	55	54.82	*d*=(M14)	
60	12.85	65	26.05	65	42.69	60	58.39	50	73.79
		70	27.61	70	45.15	65	61.95	(55)	78.66

（续）

每1000件钢制品的大约重量									
l	G	l	G	l	G	l	G	l	G
d=(M14)		d=(M14)		d=M16		d=M16		d=M20	
60	83.54	120	142.0	70	130.0	140	221.6	100	280.1
(65)	88.41	130	151.8	80	143.1	150	234.7	110	300.6
70	93.29	140	161.5	90	156.2	d=M20		120	321.1
80	103.0	d=M16		100	169.3	(65)	208.4	130	341.5
90	112.8	(55)	110.4	110	182.4	70	218.7	140	362.0
100	122.5	60	117.0	120	195.5	80	239.2	150	382.5
110	132.3	(65)	123.5	130	208.6	90	259.6		

注：尽可能不采用括号内的规格。

d—螺纹规格（mm）；*l*—公称长度（mm）。

9. A和B级细牙六角头头部带孔螺栓（适用于GB/T 32.3—2020）（表3-98）

表3-98 A和B级细牙六角头头部带孔螺栓的重量 （kg）

每1000件钢制品的大约重量									
l	G	l	G	l	G	l	G	l	G
d=M8×1		d=M10×1		d=M12×1.5		d=(M14×1.5)		d=M16×1.5	
35	16.18	50	35.55	60	59.84	(65)	90.38	(65)	122.1
40	18.04	55	38.48	(65)	64.06	70	96.16	70	129.7
45	19.89	60	41.41	70	68.27	80	107.7	80	144.9
50	21.75	65	44.33	80	76.70	90	119.3	90	160.0
(55)	23.60	70	47.26	90	85.13	100	130.8	100	175.2
60	25.45	80	53.12	100	93.56	110	142.4	110	190.3
(65)	27.31	90	58.98	110	102.0	120	153.9	120	205.5
70	29.16	100	64.84	120	110.4	130	164.4	130	219.4
80	32.87	d=M12×1.5		d=(M14×1.5)		140	175.9	140	234.6
d=M10×1		45	47.20	50	73.06	d=M16×1.5		150	249.7
40	29.69	50	51.41	(55)	78.83	(55)	107.0	160	264.9
45	32.62	(55)	55.63	60	84.61	60	114.5		

（续）

每1000件钢制品的大约重量	
l	G
d=(M18×1.5)	
60	149.0
(65)	158.6
70	168.2
80	187.5
90	206.7
100	226.0
110	245.3
120	264.5
130	282.0
140	301.2
150	320.5
160	339.7
180	378.2
d=M20×2	
(65)	203.0
70	214.8
80	238.5
90	262.2
100	285.9
110	309.6
120	333.3
130	355.1
140	378.8
150	402.5
160	426.2
180	473.6
200	521.0
d=(M22×1.5)	
70	276.1
80	304.9
90	333.7
100	362.4
110	391.2
120	420.0
130	448.7
140	475.4
150	504.1
160	532.9
180	590.4
200	648.0
220	700.9
d=M24×2	
80	358.6
90	392.9
100	427.3
110	461.6
120	495.9
130	527.3
140	561.7
150	596.0
160	630.3
180	699.0
200	767.6
220	830.0
240	898.6
d=(M27×2)	
90	521.5
100	564.5
110	607.5
120	650.4
130	690.5
140	733.4
150	776.4
160	819.3
180	905.2
200	991.1
220	1071
240	1157
260	1243
d=M30×2	
90	664.2
100	717.4
110	770.7
120	823.9
130	873.2
140	926.5
150	979.7
160	1033
180	1139
200	1246
220	1344
240	1450
260	1557
280	1663
300	1770
d=M36×3	
110	1167
120	1244
130	1315
140	1392
150	1468
160	1545
180	1698
200	1852
220	1994
240	2147
260	2300
280	2454
300	2607
d=M42×3	
130	1891
140	1996
150	2101
160	2206
180	2416
200	2625
220	2820
240	3029
260	3239
280	3449
300	3659
320	3869
340	4078
360	4288
380	4498
400	4708
d=M48×3	
140	2739
150	2876
160	3014
180	3289
200	3564
220	3818
240	4094
260	4369
280	4644
300	4919
320	5194
340	5469
360	5744
380	6019
400	6294

注：尽可能不采用括号内的规格。

d—螺纹规格（mm）；l—公称长度（mm）。

10. A和B级六角头加强杆螺栓（适用于GB/T 27—2013）（表3-99）

表3-99 A和B级六角头加强杆螺栓的重量 （kg）

每1000件钢制品的大约重量

l	G
d=M6	
25	8.28
(28)	9.18
30	9.77
(32)	10.36
35	11.25
(38)	12.15
40	12.74
45	14.23
50	15.71
(55)	17.20
60	18.68
(65)	20.17
d=M8	
25	14.64
(28)	16.11
30	17.10
(32)	18.08
35	19.56
(38)	21.04
40	22.02
45	24.48
50	26.94
(55)	29.40
60	31.87
(65)	34.33
70	36.79
(75)	39.25
80	41.71
d=M10	
30	26.88
(32)	28.35
35	30.56
(38)	32.77
40	34.24
45	37.92
50	41.59
(55)	45.27
60	48.95
(65)	52.62
70	56.30
(75)	59.98
80	63.66
(85)	67.33
90	71.01
(95)	74.69
100	78.37
110	85.72
120	93.08
d=M12	
35	42.73
(38)	45.82
40	47.87
45	53.02
50	58.16
55	63.30
60	68.44
65	73.59
70	78.73
75	83.87
80	89.01
85	94.16
90	99.30
95	104.4
100	109.6
110	119.9
120	130.2
130	140.4
140	150.7
150	161.0
160	171.3
170	181.6
180	191.9
d=(M14)	
40	65.94
45	72.79
50	79.65
(55)	86.50
60	93.35
(65)	100.2
70	107.1
(75)	113.9
80	120.8
(85)	127.6
90	134.5
(95)	141.3
100	148.2
110	161.9
120	175.6
130	189.3
140	203.0
150	216.7
160	230.4
170	244.1
180	257.8
d=M16	
45	97.93
50	106.7
(55)	115.6
60	124.4
(65)	133.2
70	142.0
(75)	150.8
80	159.6
(85)	168.4
90	177.2
(95)	186.0
100	194.8
110	212.4
120	230.0
130	247.7
140	265.3
150	282.9
160	300.5
170	318.1
180	335.7
190	353.4
200	371.0
d=(M18)	
50	137.0
(55)	148.0
60	159.0

（续）

每1000件钢制品的大约重量

l	G
d=(M18)	
(65)	170.0
70	181.0
(75)	192.0
80	203.0
(85)	214.0
90	225.0
(95)	236.0
100	246.9
110	268.9
120	290.9
130	312.9
140	334.9
150	356.9
160	378.9
170	400.9
180	422.9
190	444.9
200	466.9
d=M20	
(55)	187.3
60	200.8
(65)	214.2
70	227.7
(75)	241.1
80	254.5
(85)	268.0

l	G
d=M20	
90	281.4
(95)	294.9
100	308.3
110	335.2
120	362.1
130	389.0
140	415.8
150	442.7
160	469.6
170	496.5
180	523.4
190	550.3
200	577.1
d=(M22)	
60	252.4
(65)	268.5
70	284.6
(75)	300.8
80	316.9
(85)	333.0
90	349.1
(95)	365.3
100	381.4
110	413.7
120	445.9
130	478.2

l	G
d=(M22)	
140	510.5
150	542.7
160	575.0
170	607.2
180	639.5
190	671.8
200	704
d=M24	
(65)	316.5
70	335.5
(75)	354.6
80	373.6
(85)	392.7
90	411.8
(95)	430.8
100	449.9
110	488.0
120	526.2
130	564.3
140	602.4
150	640.6
160	678.7
170	716.8
180	754.9
190	793.1
200	831.2

l	G
d=(M27)	
(75)	467.7
80	491.6
(85)	515.6
90	539.5
(95)	563.4
100	587.3
110	635.2
120	683.0
130	730.9
140	778.7
150	826.6
160	874.4
170	922.3
180	970.1
190	1018
200	1066
d=M30	
80	636.5
(85)	667.8
90	699.0
(95)	730.3
100	761.5
110	824.0
120	886.5
130	949.0
140	1012

l	G
d=M30	
150	1074
160	1136
170	1199
180	1261
190	1324
200	1386
210	1449
220	1511
230	1574
d=M36	
90	1044
(95)	1088
100	1132
110	1223
120	1309
130	1397
140	1485
150	1573
160	1661
170	1750
180	1838
190	1926
200	2014
210	2102
220	2191
230	2279

（续）

每1000件钢制品的大约重量									
l	*G*	*l*	*G*	*l*	*G*	*l*	*G*	*l*	*G*
d=M36		*d*=M42		*d*=M42		*d*=M48		*d*=M48	
240	2367	140	2077	230	3141	140	2795	230	4170
250	2455	150	2195	240	3260	150	2947	240	4322
260	2543	160	2314	250	3378	160	3100	250	4475
280	2720	170	2432	260	3496	170	3253	260	4628
300	2896	180	2550	280	3733	180	3406	280	4933
d=M42		190	2668	300	3969	190	3559	300	5239
110	1722	200	2787	*d*=M48		200	3711		
120	1840	210	2905	120	2489	210	3864		
130	1959	220	3023	130	2642	220	4017		

注：尽可能不采用括号内的规格。

d—螺纹规格（mm）；*l*—公称长度（mm）。

11. A和B级六角头螺杆带孔加强杆螺栓（适用于GB/T 28—2013）（表3-100）

表3-100　A和B级六角头螺杆带孔加强杆螺栓的重量　（kg）

每1000件钢制品的大约重量									
l	*G*	*l*	*G*	*l*	*G*	*l*	*G*	*l*	*G*
d=M6		*d*=M6		*d*=M8		*d*=M10		*d*=M10	
25	8. 20	60	18. 60	45	24. 31	(32)	28. 01	(75)	59. 64
(28)	9. 09	(65)	20. 08	50	26. 77	35	30. 22	80	63. 31
30	9. 69	*d*=M8		(55)	29. 23	(38)	32. 42	(85)	66. 99
(32)	10. 28	25	14. 46	60	31. 69	40	33. 90	90	70. 67
35	11. 17	(28)	15. 94	(65)	34. 15	45	37. 57	(95)	74. 35
(38)	12. 06	30	16. 92	70	36. 61	50	41. 25	100	78. 02
40	12. 66	(32)	17. 91	(75)	39. 08	(55)	44. 93	110	85. 38
45	14. 14	35	19. 39	80	41. 54	60	48. 60	120	92. 73
50	15. 63	(38)	20. 86	*d*=M10		(65)	52. 28	*d*=M12	
(55)	17. 11	40	21. 85	30	26. 54	70	55. 96	35	42. 06

（续）

每1000件钢制品的大约重量

l	G
d=M12	
(38)	45.14
40	47.20
45	52.34
50	57.48
(55)	62.63
60	67.77
(65)	72.91
70	78.05
(75)	83.19
80	88.34
(85)	93.48
90	98.62
(95)	103.8
100	108.9
110	119.2
120	129.5
130	139.8
140	150.1
150	160.3
160	170.6
170	180.9
180	191.2
d=(M14)	
40	65.15
45	72.00
50	78.85

l	G
d=(M14)	
(55)	85.71
60	92.56
(65)	99.41
70	106.3
(75)	113.1
80	120.0
(85)	126.8
90	133.7
(95)	140.5
100	147.4
110	161.1
120	174.8
130	188.5
140	202.2
150	215.9
160	229.6
170	243.3
180	257.9
d=M16	
45	96.50
50	105.3
(55)	114.1
60	122.9
(65)	131.7
70	140.5
(75)	149.3

l	G
d=M16	
80	158.2
(85)	167.0
90	175.8
(95)	184.6
100	193.4
110	211.0
120	228.6
130	246.2
140	263.8
150	281.5
160	299.1
170	316.7
180	334.3
190	351.9
200	369.5
d=(M18)	
50	135.4
(55)	146.4
60	157.4
(65)	168.4
70	179.4
(75)	190.4
80	201.4
(85)	212.4
90	223.4
(95)	234.4

l	G
d=(M18)	
100	245.4
110	267.3
120	289.3
130	311.3
140	333.3
150	355.3
160	377.3
170	399.3
180	421.3
190	443.3
200	465.3
d=M20	
(55)	185.5
60	199.0
(65)	212.4
70	225.9
(75)	239.3
80	252.8
(85)	266.2
90	279.6
(95)	293.1
100	306.5
110	333.4
120	360.3
130	387.2
140	414.0

l	G
d=M20	
150	440.9
160	467.8
170	494.7
180	521.6
190	548.5
200	575.3
d=(M22)	
60	249.3
(65)	265.4
70	281.5
(75)	297.7
80	313.8
(85)	329.9
90	346.0
(95)	362.2
100	378.3
110	410.6
120	442.8
130	475.1
140	507.3
150	539.6
160	571.9
170	604.1
180	636.4
190	668.6
200	700.9

（续）

每1000件钢制品的大约重量									
l	G	l	G	l	G	l	G	l	G
d = M24		d = (M27)		d = M30		d = M36		d = M48	
(65)	313.1	110	631.4	200	1380	300	2888	160	3083
70	332.2	120	679.2	210	1442	d = M42		170	3236
(75)	351.2	130	727.1	220	1505	110	1707	180	3388
80	370.3	140	774.9	230	1567	120	1825	190	3541
(85)	389.4	150	822.8	d = M36		130	1943	200	3694
90	408.4	160	870.6	90	1036	140	2062	210	3847
(95)	427.5	170	918.5	(95)	1080	150	2180	220	3999
100	446.5	180	966.3	100	1124	160	2298	230	4152
110	484.7	190	1014	110	1215	170	2417	240	4305
120	522.8	200	1062	120	1301	180	2535	250	4458
130	560.9	d = M30		130	1389	190	2653	260	4610
140	599.1	80	629.8	140	1477	200	2771	280	4916
150	637.2	(85)	661.1	150	1565	210	2890	300	5222
160	675.3	90	692.3	160	1653	220	3008		
170	713.4	(95)	723.5	170	1742	230	3126		
180	751.6	100	754.8	180	1830	240	3244		
190	789.7	110	817.3	190	1918	250	3363		
200	827.8	120	879.8	200	2006	260	3481		
d = (M27)		130	942.3	210	2094	280	3717		
(75)	463.9	140	1005	220	2182	300	3954		
80	487.8	150	1067	230	2271	d = M48			
(85)	511.7	160	1130	240	2359	120	2472		
90	535.7	170	1192	250	2447	130	2624		
(95)	559.6	180	1255	260	2535	140	2777		
100	583.5	190	1317	280	2711	150	2930		

注：尽可能不采用括号内的规格。

d—螺纹规格（mm）；l—公称长度（mm）。

12. B级加大系列六角法兰面螺栓（适用于GB/T 5789—1986）（表3-101）

表3-101 B级加大系列六角法兰面螺栓的重量 (kg)

每1000件钢制品的大约重量									
l	*G*	*l*	*G*	*l*	*G*	*l*	*G*	*l*	*G*
d=M5		*d*=M6		*d*=M10		*d*=M12		*d*=M16	
10	2.66	60	14.02	45	32.14	90	85.69	35	82.14
12	2.90	*d*=M8		50	35.06	100	94.12	40	88.69
16	3.38	16	9.72	(55)	37.99	110	102.6	45	95.23
20	3.87	20	10.96	60	40.92	120	111.0	50	101.8
25	4.58	25	12.52	(65)	43.85	*d*=(M14)		55	108.3
30	5.29	30	14.07	70	46.78	30	62.37	60	117.3
35	6.00	35	16.03	80	52.64	35	68.91	65	124.9
40	6.71	40	17.89	90	58.50	40	75.45	70	132.5
45	7.42	45	19.74	100	64.36	45	81.99	80	147.7
50	8.14	50	21.59	*d*=M12		50	88.54	90	162.8
d=M6		(55)	23.45	25	32.70	(55)	93.39	100	178.0
12	4.46	60	25.30	30	36.26	60	99.16	110	193.1
16	5.14	(65)	27.16	35	39.82	(65)	104.9	120	208.3
20	5.83	70	29.01	40	43.38	70	110.7	130	222.2
25	6.68	80	32.72	45	47.76	80	122.3	140	237.4
30	7.79	*d*=M10		50	51.98	90	133.8	150	252.5
35	8.83	20	18.77	(55)	56.19	100	145.4	160	267.7
40	9.87	25	21.22	60	60.41	110	156.9		
45	10.91	30	23.68	(65)	64.62	120	168.5		
50	11.94	35	26.13	70	68.83	130	180.9		
(55)	12.98	40	29.21	80	77.26	140	192.5		

注：尽量不采用括号内的规格。

d—螺纹规格（mm）；*l*—公称长度（mm）。

13. B级细杆加大系列六角法兰面螺栓（适用于GB/T 5790—1986）（表3-102）

表3-102　B级细杆加大系列六角法兰面螺栓的重量　　（kg）

每1000件钢制品的大约重量									
l	*G*	*l*	*G*	*l*	*G*	*l*	*G*	*l*	*G*
d=M5		*d*=M8		*d*=M12		*d*=(M14)		*d*=M16	
30	5.49	(55)	24.57	50	55.37	90	144.0	140	229.2
35	6.09	60	26.12	(55)	58.93	100	157.1	150	242.3
40	6.69	(65)	27.68	60	62.49	110	170.2	160	255.3
45	7.29	70	29.23	(65)	66.05	120	183.3	*d*=M20	
50	7.89	80	32.34	70	69.61	130	196.4	70	233.5
d=M6		*d*=M10		80	76.74	140	209.5	80	254.0
35	9.60	45	34.11	90	83.86	*d*=M16		90	274.5
40	10.45	50	36.57	100	90.99	60	124.5	100	294.9
45	11.31	(55)	39.03	110	98.11	(65)	131.0	110	315.4
50	12.17	60	41.48	120	105.2	70	137.6	120	335.9
(55)	13.03	(65)	43.94	*d*=(M14)		80	150.7	130	356.4
60	13.88	70	46.39	(55)	98.23	90	163.7	140	376.8
d=M8		80	51.31	60	104.8	100	176.8	150	397.8
40	19.90	90	56.22	(65)	111.3	110	189.9	160	417.8
45	21.46	100	61.13	70	117.9	120	203.0	180	458.8
50	23.01			80	131.0	130	216.1	200	499.7

注：表列规格为商品规格。尽可能不采用括号内的规格。

d—螺纹规格（mm）；*l*—公称长度（mm）。

14. C级方头螺栓（适用于GB/T 8—1988）（表3-103）

表3-103　C级方头螺栓的重量　　（kg）

每1000件钢制品的大约重量									
l	*G*	*l*	*G*	*l*	*G*	*l*	*G*	*l*	*G*
d=M10		*d*=M10		*d*=M10		*d*=M10		*d*=M10	
20	21.01	35	28.37	50	35.74	(65)	43.11	90	55.39
25	23.46	40	30.83	(55)	38.20	70	45.56	100	60.30
30	25.92	45	33.29	60	40.65	80	50.48		

（续）

每1000件钢制品的大约重量									
l	G	l	G	l	G	l	G	l	G
d=M12		d=(M14)		d=(M18)		d=M20		d=(M22)	
25	34.09	80	102.1	35	111.0	70	216.2	160	503.7
30	37.65	90	111.9	40	119.1	80	236.7	180	554.1
35	41.21	100	121.6	45	127.2	90	257.2	200	604.5
40	44.77	110	131.4	50	135.4	100	277.6	220	655.0
45	48.34	120	141.1	(55)	143.5	110	298.1	d=M24	
50	51.90	130	150.9	60	151.6	120	318.6	(55)	283.3
(55)	55.46	140	160.6	(65)	159.7	130	339.1	60	298.1
60	59.02	d=M16		70	167.8	140	359.6	(65)	312.8
(65)	62.58	30	74.61	80	184.1	150	380.0	70	327.6
70	66.15	35	81.16	90	200.3	160	400.5	80	357.1
80	73.27	40	87.70	100	216.6	180	441.5	90	386.6
90	80.39	45	94.24	110	232.8	200	482.4	100	416.1
100	87.52	50	100.8	120	249.0	d=(M22)		110	445.6
110	94.64	(55)	107.3	130	265.3	50	226.5	120	475.1
120	101.8	60	113.9	140	281.5	(55)	239.1	130	504.6
d=(M14)		(65)	120.4	150	297.8	60	251.7	140	534.1
25	48.48	70	127.0	160	314.0	(65)	264.3	150	563.6
30	53.36	80	140.0	180	346.5	70	276.9	160	593.1
35	58.23	90	153.1	d=M20		80	302.1	180	652.1
40	63.11	100	166.2	35	144.5	90	327.3	200	711.1
45	67.98	110	179.3	40	154.8	100	352.5	220	770.0
50	72.86	120	192.4	45	165.0	110	377.7	240	829.0
(55)	77.73	130	205.5	50	175.3	120	402.9	d=(M27)	
60	82.61	140	218.6	(55)	185.5	130	428.1	60	408.0
(65)	87.48	150	231.6	60	195.7	140	453.3	(65)	427.0
70	92.36	160	244.7	(65)	206.0	150	478.5	70	446.1

（续）

每 1000 件钢制品的大约重量									
l	G	l	G	l	G	l	G	l	G
d =（M27）		d = M30		d = M36		d = M42		d = 48	
80	484. 2	70	580. 5	80	981. 4	80	1426	110	2397
90	522. 3	80	627. 2	90	1049	90	1519	120	2519
100	560. 4	90	673. 9	100	1117	100	1611	130	2641
110	598. 5	100	720. 6	110	1185	110	1704	140	2763
120	636. 6	110	767. 3	120	1253	120	1797	150	2885
130	674. 8	120	814. 0	130	1321	130	1890	160	3007
140	712. 9	130	860. 7	140	1388	140	1983	180	3251
150	751. 0	140	907. 4	150	1456	150	2076	200	3494
160	789. 0	150	954. 1	160	1524	160	2169	220	3738
180	865. 3	160	1001	180	1660	180	2355	240	3982
200	941. 6	180	1094	200	1795	200	2540	260	4226
220	1018	200	1188	220	1931	220	2726	280	4470
240	1094	220	1281	240	2067	240	2912	300	4713
260	1170	240	1374	260	2202	260	3098		
d = M30		260	1468	280	2338	280	3284		
60	533. 8	280	1561	300	2474	300	3470		
（65）	557. 1	300	1655						

注：表列规格为商品规格。尽可能不采用括号内的规格。

d—螺纹规格（mm）；l—公称长度（mm）。

15. B 级小方头螺栓（适用于 GB/T 35—2013）（表 3-104）

表 3-104　B 级小方头螺栓的重量　（kg）

每 1000 件钢制品的大约重量									
l	G	l	G	l	G	l	G	l	G
d = M5		d = M5		d = M5		d = M6		d = M6	
20	3. 75	35	5. 55	50	7. 35	35	8. 45	50	11. 02
25	4. 35	40	6. 15	d = M6		40	9. 31	（55）	11. 88
30	4. 95	45	6. 75	30	7. 59	45	10. 16	60	12. 74

（续）

每1000件钢制品的大约重量									
l	G	l	G	l	G	l	G	l	G
d=M8		d=M12		d=M16		d=M20		d=M24	
35	16.09	70	64.11	110	175.8	110	286.9	110	429.4
40	17.65	80	71.24	120	188.8	120	307.4	120	458.9
45	19.20	90	78.36	130	201.9	130	327.9	130	488.4
50	20.76	100	85.48	140	215.0	140	348.3	140	517.9
(55)	22.31	110	92.61	150	228.1	150	368.8	150	547.4
60	23.87	120	99.73	160	241.2	160	389.3	160	576.9
(65)	25.42	d=(M14)		d=(M18)		180	430.3	180	635.9
70	26.98	(55)	75.05	60	142.6	200	471.2	200	694.9
80	30.09	60	79.93	(65)	150.7	d=(M22)①		220	753.9
d=M10		(65)	84.80	70	158.8	70	262.6	240	812.9
40	29.23	70	89.68	80	175.1	80	287.8	d=(M27)	
45	31.69	80	99.43	90	191.3	90	313.0	90	501.2
50	34.14	90	109.2	100	207.5	100	338.2	100	539.3
(55)	36.60	100	118.9	110	223.8	110	363.4	110	577.4
60	39.06	110	128.7	120	240.0	120	388.6	120	615.6
(65)	41.51	120	138.4	130	256.3	130	413.8	130	653.7
70	43.97	130	148.2	140	272.5	140	439.0	140	691.8
80	48.88	140	157.9	150	288.8	150	464.2	150	729.9
90	53.79	d=M16		160	305.0	160	489.4	160	768.0
100	58.70	(55)	103.8	180	337.5	180	539.8	180	844.2
d=M12		60	110.3	d=M20		200	590.2	200	920.5
45	46.30	(65)	116.9	(65)	194.8	220	640.6	220	996.7
50	49.86	70	123.4	70	205.0	d=M24		240	1073
(55)	53.43	80	136.5	80	225.5	80	340.9	260	1149
60	56.99	90	149.6	90	246.0	90	370.4	d=M30	
(65)	60.55	100	162.7	100	266.4	100	399.9	90	647.2

（续）

每1000件钢制品的大约重量									
l	*G*	*l*	*G*	*l*	*G*	*l*	*G*	*l*	*G*
d=M30		*d*=M30		*d*=M36		*d*=M42		*d*=M48	
100	693.9	240	1348	160	1467	140	1983	140	2763
110	740.6	260	1441	180	1603	150	2076	150	2885
120	787.3	280	1535	200	1738	160	2169	160	3007
130	834.0	300	1628	220	1874	180	2355	180	3251
140	880.7	*d*=M36		240	2010	200	2540	200	3494
150	927.4	110	1128	260	2145	220	2726	220	3738
160	974.1	120	1196	280	2281	240	2912	240	3982
180	1068	130	1263	300	2416	260	3098	260	4226
200	1161	140	1331	*d*=M42		280	3284	280	4470
220	1254	150	1399	130	1890	300	3470	300	4713

注：表列规格为通用规格。尽可能不采用括号内的规格。

d—螺纹规格（mm）；*l*—公称长度（mm）。

① 未包括此规格的 *l*=240mm、260mm 的螺栓。

16. 圆头方颈螺栓（适用于 GB/T 12—2013）（表 3-105）

表 3-105　圆头方颈螺栓的重量　（kg）

每1000件钢制品的大约重量									
l	*G*	*l*	*G*	*l*	*G*	*l*	*G*	*l*	*G*
d=M6		*d*=M8		*d*=M8		*d*=M10		*d*=M12	
16	4.57	16	9.30	(65)	24.54	(55)	35.48	40	45.91
20	5.26	20	10.55	70	26.10	60	37.93	45	49.47
25	6.12	25	12.10	80	29.21	65	40.39	50	53.03
30	6.97	30	13.66	*d*=M10		70	42.84	(55)	56.59
35	7.83	35	15.21	25	20.74	80	47.76	60	60.15
40	8.69	40	16.77	30	23.20	90	52.67	(65)	63.72
45	9.54	45	18.32	35	25.65	100	57.58	70	67.28
50	10.40	50	19.88	40	28.11	*d*=M12		80	74.40
(55)	11.26	(55)	21.43	45	30.57	30	38.78	90	81.53
60	12.12	60	22.99	50	33.02	35	42.34	100	88.65

（续）

每1000件钢制品的大约重量									
l	*G*	*l*	*G*	*l*	*G*	*l*	*G*	*l*	*G*
d=M12		*d*=(M14)		*d*=M16		*d*=M16		*d*=M20	
110	95.78	80	104.1	(55)	111.1	140	222.3	110	293.7
120	102.9	90	113.8	60	117.6	150	235.4	120	313.7
d=(M14)		100	123.6	(65)	124.2	160	248.5	130	334.2
40	65.05	110	133.3	70	130.7	*d*=M20		140	354.7
45	69.93	120	143.0	80	143.8	60	190.8	150	375.1
50	74.80	130	152.8	90	156.9	(65)	201.1	160	395.6
(55)	79.68	140	162.5	100	170.0	70	211.3	180	436.6
60	84.55	*d*=M16		110	183.1	80	231.8	200	477.5
(65)	89.42	45	98.00	120	196.1	90	252.3		
70	94.30	50	104.5	130	209.2	100	272.7		

注：表列规格为商品规格。尽可能不采用括号内的规格。

d—螺纹规格（mm）；*l*—公称长度（mm）。

17. B级小半圆头低方颈螺栓（适用于GB/T 801—1998）（表3-106）

表3-106 B级小半圆头低方颈螺栓的重量 （kg）

每1000件钢制品的大约重量									
l	*G*	*l*	*G*	*l*	*G*	*l*	*G*	*l*	*G*
M6		M6		M8		M10		M12	
16	4.48	60	12.02	70	25.77	70	42.33	(65)	62.64
20	5.16	M8		80	28.88	80	47.24	70	66.20
25	6.02	35	14.88	M10		90	52.15	80	73.32
30	6.88	40	16.44	40	27.59	100	57.06	90	80.45
35	7.73	45	17.99	45	30.05	M12		100	87.57
40	8.59	50	19.55	50	32.50	45	48.39	110	94.70
45	9.45	(55)	21.10	(55)	34.96	50	51.95	120	101.8
50	10.31	60	22.66	60	37.42	(55)	55.51		
(55)	11.16	(65)	24.21	(65)	39.87	60	59.07		

注：尽量不采用括号内的规格。

d—螺纹规格（mm）；*l*—公称长度（mm）。

18. 圆头带榫螺栓（适用于 GB/T 13—2013）（表 3-107）

表 3-107 圆头带榫螺栓的重量 （kg）

每1000件钢制品的大约重量									
l	G	l	G	l	G	l	G	l	G
d=M6		d=M10		d=M12		d=M16		d=M20	
20	4.77	30	20.65	90	76.64	(55)	99.93	130	314.6
25	5.62	35	23.10	100	83.76	60	106.5	140	335.1
30	6.48	40	25.56	110	90.89	(65)	113.0	150	355.5
35	7.34	45	28.02	120	98.01	70	119.6	160	376.0
40	8.20	50	30.47	d=(M14)		80	132.6	180	417.0
45	9.05	(55)	32.93	35	53.51	90	145.7	200	457.9
50	9.91	60	35.38	40	58.39	100	158.8	d=M24	
(55)	10.77	(65)	37.84	45	63.26	110	171.9	80	340.1
60	11.62	70	40.29	50	68.14	120	185.0	90	369.6
d=M8		80	45.21	(55)	73.01	130	198.1	100	399.1
20	9.27	90	50.12	60	77.89	140	211.2	110	428.6
25	10.83	100	55.03	(65)	82.76	150	224.2	120	458.1
30	12.38	d=M12		70	87.64	160	237.3	130	487.6
35	13.94	35	37.45	80	97.38	d=M20		140	517.1
40	15.49	40	41.02	90	107.1	60	171.2	150	546.6
45	17.05	45	44.58	100	116.9	(65)	181.5	160	576.1
50	18.60	50	48.14	110	126.6	70	191.7	180	635.1
(55)	20.16	(55)	51.70	120	136.4	80	212.2	200	694.1
60	21.71	60	55.27	130	146.1	90	232.7		
(65)	23.27	(65)	58.83	140	155.9	100	253.2		
70	24.82	70	62.39	d=M16		110	273.6		
80	27.93	80	69.51	50	93.38	120	294.1		

注：表列规格为商品规格。尽可能不采用括号内的规格。

d—螺纹规格（mm）；l—公称长度（mm）。

19. 扁圆头带榫螺栓（适用于 GB/T 15—2013）（表 3-108）

表 3-108　扁圆头带榫螺栓的重量　(kg)

每 1000 件钢制品的大约重量

l	G	l	G	l	G	l	G	l	G
d=M6		d=M10		d=M12		d=M16		d=M20	
20	5.25	30	23.33	90	79.70	(55)	105.0	130	331.0
25	6.11	35	25.79	100	86.82	60	111.6	140	351.4
30	6.96	40	28.24	110	93.95	(65)	118.1	150	371.9
35	7.82	45	30.70	120	101.1	70	124.6	160	392.4
40	8.68	50	33.16	d=(M14)		80	137.7	180	433.3
45	9.53	(55)	35.61	35	55.12	90	150.8	200	474.3
50	10.39	60	38.07	40	59.99	100	163.9	d=M24	
(55)	11.25	(65)	40.52	45	64.87	110	177.0	80	333.6
60	12.11	70	42.98	50	69.74	120	190.1	90	363.1
d=M8		80	47.89	(55)	74.62	130	203.2	100	392.6
20	10.31	90	52.80	60	79.49	140	216.2	110	422.1
25	11.87	100	57.71	(65)	84.36	150	229.3	120	451.6
30	13.42	d=M12		70	89.24	160	242.4	130	481.1
35	14.98	35	40.51	80	98.99	d=M20		140	510.6
40	16.53	40	44.08	90	108.7	60	187.6	150	540.1
45	18.09	45	47.64	100	118.5	(65)	197.9	160	569.6
50	19.64	50	51.20	110	128.2	70	208.1	180	628.6
(55)	21.20	(55)	54.76	120	138.0	80	228.6	200	687.6
60	22.75	60	58.33	130	147.7	90	249.1		
(65)	24.31	(65)	61.89	140	157.5	100	269.5		
70	25.86	70	65.45	d=M16		110	290.0		
80	28.97	80	72.57	50	98.47	120	310.5		

注：表列规格是商品规格。尽可能不采用括号内的规格。

d—螺纹规格（mm）；l—公称长度（mm）。

20. 沉头方颈螺栓（适用于 GB/T 10—2013）（表 3-109）

表 3-109 沉头方颈螺栓的重量 （kg）

每 1000 件钢制品的大约重量									
l	*G*	*l*	*G*	*l*	*G*	*l*	*G*	*l*	*G*
d＝M6		*d*＝M8		*d*＝M10		*d*＝M16		*d*＝M20	
25	5.45	60	21.18	100	53.55	45	78.08	(55)*	150.2
30*	6.30	(65)	22.73	*d*＝M12		50*	84.62	60	160.5
35	7.16	70	24.29	30	30.37	(55)	91.16	(65)	170.7
40	8.02	80	27.40	35	33.93	60	97.71	70	180.9
45	8.88	*d*＝M10		40	37.50	(65)	104.3	80	201.4
50	9.73	30	19.16	45*	41.06	70	110.8	90	221.9
(55)	10.59	35	21.62	50	44.62	80	123.9	100	242.4
60	11.45	40*	24.08	(55)	48.18	90	137.0	110	262.8
d＝M8		45	26.53	60	51.74	100	150.1	120	283.3
25	10.30	50	28.99	(65)	55.31	110	163.1	130	303.8
30	11.85	(55)	31.44	70	58.87	120	176.2	140	324.3
35*	13.41	60	33.90	80	65.99	130	189.3	150	344.7
40	14.96	(65)	36.35	90	73.12	140	202.4	160	365.2
45	16.51	70	38.81	100	80.24	150	215.5	180	406.2
50	18.07	80	43.72	110	87.37	160	228.6	200	447.1
(55)	19.62	90	48.63	120	94.49				

注：等于或大于带 * 符号的 *l* 规格是商品规格。尽量不采用括号内的规格。

d—螺纹规格（mm）；*l*—公称长度（mm）。

21. 沉头带榫螺栓（适用于 GB/T 11—2013）（表 3-110）

表 3-110 沉头带榫螺栓的重量 （kg）

每 1000 件钢制品的大约重量									
l	*G*	*l*	*G*	*l*	*G*	*l*	*G*	*l*	*G*
d＝M6		*d*＝M6		*d*＝M6		*d*＝M6		*d*＝M8	
25	4.87	35	6.58	45	8.29	(55)	10.01	30	10.79
30	5.72	40	7.44	50	9.15	60	10.87	35	12.34

（续）

每1000件钢制品的大约重量									
l	*G*	*l*	*G*	*l*	*G*	*l*	*G*	*l*	*G*
d=M8		*d*=M12		*d*=(M14)		*d*=M20		*d*=(M22)	
40	13.90	40	33.35	100	104.9	60	150.3	120	340.9
45	15.45	45	36.91	110	114.6	(65)	160.6	130	366.1
50	17.01	50	40.47	120	124.4	70	170.8	140	391.3
55	18.56	(55)	44.04	130	134.1	80	191.3	150	416.5
60	20.11	60	47.60	140	143.9	90	211.7	160	441.7
65	21.67	(65)	51.16	*d*=M16		100	232.2	180	492.1
70	23.22	70	54.72	45	71.09	110	252.7	200	542.5
80	26.33	80	61.85	50	77.64	120	273.2	*d*=M24	
d=M10		90	68.97	(55)	84.18	130	293.7	80	294.8
35	19.76	100	76.10	60	90.72	140	314.1	90	324.3
40	22.22	110	83.22	(65)	97.26	150	334.6	100	353.8
45	24.67	120	90.35	70	103.8	160	355.1	110	383.3
50	27.13	*d*=(M14)		80	116.9	180	396.0	120	412.8
(55)	29.58	45	51.23	90	130.0	200	437.0	130	442.3
60	32.04	50	56.10	100	143.1	*d*=(M22)		140	471.8
(65)	34.50	(55)	60.98	110	156.2	(65)	202.3	150	501.3
70	36.95	60	65.85	120	169.2	70	214.9	160	530.8
80	41.86	(65)	70.73	130	182.3	80	240.1	180	589.8
90	46.77	70	75.60	140	195.4	90	265.3	200	648.7
100	51.69	80	85.35	150	208.5	100	290.5		
		90	95.10	160	221.6	110	315.7		

注：表列规格是商品规格。尽可能不采用括号内的规格。

d—螺纹规格（mm）；*l*—公称长度（mm）。

22. 沉头双榫螺栓（适用于 GB/T 800—1988）（表 3-111）

表 3-111 沉头双榫螺栓的重量 （kg）

每 1000 件钢制品的大约重量									
l	G	l	G	l	G	l	G	l	G
d=M6		d=M8		d=M8		d=M10		d=M12	
30	5.71	35	12.30	70	23.18	60	31.91	(55)	43.83
35	6.57	40	13.85	80	26.29	(65)	34.37	60	47.39
40	7.42	45	15.41	d=M10		70	36.83	(65)	50.95
45	8.28	50	16.96	40	22.09	80	41.74	70	54.52
50	9.14	(55)	18.52	45	24.55	d=M12		80	61.64
(55)	10.00	60	20.07	50	27.00	45	36.71		
60	10.85	(65)	21.63	(55)	29.46	50	40.27		

注：表列规格为通用规格。尽可能不采用括号内的规格。

d—螺纹规格（mm）；l—公称长度（mm）。

23. T 形槽用螺栓（适用于 GB/T 37—1988）（表 3-112）

表 3-112 T 形槽用螺栓的重量 （kg）

每 1000 件钢制品的大约重量									
l	G	l	G	l	G	l	G	l	G
d=M5		d=M6		d=M8		d=M10		d=M12	
25	5.84	50	16.66	70	34.83	90	69.34	100	117.3
30	6.52	(55)	17.66	80	38.41	100	75.04	110	125.5
35	7.20	60	18.65	d=M10		d=M12		120	133.7
40	7.87	d=M8		40	40.88	45	72.15	d=M16	
45	8.55	35	22.32	45	43.72	50	76.25	(55)	158.3
50	9.23	40	24.11	50	46.57	(55)	80.35	60	165.7
d=M6		45	25.89	(55)	49.42	60	84.45	(65)	173.1
30	12.68	15	27.68	60	52.26	(65)	88.55	70	180.5
35	13.68	(55)	29.47	(65)	55.11	70	92.65	80	195.4
40	14.67	60	31.26	70	57.96	80	100.9	90	210.2
45	15.67	(65)	33.04	80	63.65	90	109.1	100	225.1

（续）

每1000件钢制品的大约重量

l	*G*
d=M16	
110	239.9
120	254.8
130	269.6
140	284.5
150	299.4
160	314.2
d=M20	
(65)	281.3
70	292.9
80	316.1
90	339.4
100	362.6
110	385.9
120	409.1
130	432.4
140	455.6
150	478.9
160	502.1

l	*G*
d=M20	
180	548.6
200	595.1
d=M24	
80	512.6
90	546.2
100	580.0
110	613.8
120	647.6
130	681.3
140	715.1
150	748.9
160	782.7
180	850.2
200	917.7
220	977.2
240	1045
d=M30	
90	991.8

l	*G*
d=M30	
100	1045
110	1098
120	1152
130	1205
140	1258
150	1311
160	1364
180	1471
200	1577
220	1671
240	1778
260	1884
280	1991
300	2097
d=M36	
110	1664
120	1740
130	1817

l	*G*
d=M36	
140	1894
150	1970
160	2047
180	2201
200	2354
220	2490
240	2644
260	2797
280	2951
300	3104
d=M42	
130	2571
140	2676
150	2781
160	2886
180	3095
200	3305
220	3492

l	*G*
d=M42	
240	3702
260	3912
280	4122
300	4331
d=M48	
140	3638
150	3776
160	3913
180	4188
200	4463
220	4709
240	4984
260	5259
280	5534
300	5809

注：表列规格为通用规格。尽可能不采用括号内的规格。

d—螺纹规格（mm）；*l*—公称长度（mm）。

24. 活节螺栓（适用于GB/T 798—2021）（表3-113）

表3-113 活节螺栓的重量 （kg）

每1000件钢制品的大约重量									
l	*G*	*l*	*G*	*l*	*G*	*l*	*G*	*l*	*G*
d=M5		*d*=M5		*d*=M5		*d*=M5		*d*=M5	
25	6.24	35	6.25	45	7.45	25	7.08	35	8.70
30	7.08	40	6.85	20	6.24	30	7.93	40	9.47

（续）

每1000件钢制品的大约重量

l	G
d = M5	
45	10.3
50	11.0
55	11.8
60	12.6
65	13.3
70	14.1
75	14.9
80	15.7
d = M6	
20	8.99
25	10.19
30	
35	12.6
40	13.7
45	14.8
50	15.9
55	17.0
60	18.1
65	19.2
70	20.3
75	21.5
80	22.6
90	23.7
d = M8	
20	16.34
25	18.51
30	
35	

l	G
d = M8	
40	25.0
45	26.9
50	28.9
55	30.9
60	32.8
65	34.8
70	36.8
75	38.8
80	40.7
90	44.7
100	48.6
110	52.6
120	56.5
130	60.5
140	64.4
d = M10	
45	36.0
50	39.1
55	42.2
60	45.3
65	48.4
70	51.5
75	54.6
80	57.6
90	63.8
100	70.0
110	76.1
120	82.3

l	G
d = M10	
130	88.4
140	94.5
150	101.0
d = M12	
50	62.6
55	67.0
60	71.4
65	75.8
70	80.3
75	84.8
80	89.2
90	98.1
100	106
110	115
120	124
130	133
140	142
150	151
160	160
180	178
200	195
220	211
240	229
260	247
d = M16	
65	141
70	149
75	157

l	G
d = M16	
80	164
90	180
100	196
110	212
120	228
130	244
140	259
150	275
160	291
180	322
200	354
220	383
240	414
260	446
d = M20	
70	255
75	269
80	282
90	308
100	334
110	359
120	383
130	408
140	433
150	457
160	482
180	531
200	581

l	G
d = M20	
220	624
240	674
260	723
280	772
300	823
d = M24	
80	378
90	417
100	454
110	489
120	524
130	560
140	596
150	631
160	667
180	738
200	809
220	868
240	939
260	1010
280	
300	
d = (M27)	
100	528
110	573
120	618
130	663
140	708

（续）

每1000件钢制品的大约重量									
l	*G*	*l*	*G*	*l*	*G*	*l*	*G*	*l*	*G*
d=（M27）		*d*=M30		*d*=M33		*d*=M36		*d*=（M39）	
150	753	130	878	120	1030	140	1250	160	1880
160	798	140	940	130	1100	150	1410	180	2070
180	888	150	997	140	1170	160	1570	200	2250
200	978	160	1050	150	1240	180	1730	220	2420
220	1060	180	1160	160	1310	200	1890	240	2610
240	1140	200	1270	180	1440	220	2050	260	2790
260	1230	220	1370	200	1570	240	2200	280	2970
280	1320	240	1480	220	1690	260	2350	300	3100
300	1400	260	1590	240	1820	280	2500		
d=M30		280	1700	260	1960	300	2650		
110	754	300	1810	280	2100	*d*=（M39）			
120	816			300	2240	150	1690		

注：尽可能不使用括号内的规格。

第四章 螺柱

一、螺柱综述

1. 螺柱的尺寸代号与标注（GB/T 5276—2015）（表4-1）

表4-1 螺柱的尺寸代号与标注内容

尺寸代号	标注内容
b	螺纹长度
b_m	螺柱拧入金属端的螺纹长度
d	螺纹基本大径（螺纹公称直径）
d_s	无螺纹杆径
d_g	退刀槽（凹槽）直径
d_1	开口销或金属丝孔直径
g	退刀槽宽度
l	公称长度
l_f	过渡长度
l_e	开口销孔中心线至螺纹末端的距离
u	不完整螺纹长度
x	螺纹收尾长度

2. 螺柱的有关尺寸

（1）双头螺柱的拧入金属端螺纹长度（GB/T 897~900—1988）（表4-2）

表4-2 双头螺柱的拧入金属端螺纹长度 （mm）

螺纹规格 d/mm	拧入金属端螺纹长度 b_m							
	$b_m=1d$		$b_m=1.25d$		$b_m=1.5d$		$b_m=2d$	
	公称	极限偏差	公称	极限偏差	公称	极限偏差	公称	极限偏差
M2	—	—	—	—	3	±0.40	4	±0.60
M2.5	—	—	—	—	3.5	±0.60	5	±0.60
M3	—	—	—	—	4.5	±0.60	6	±0.60
M4	—	—	—	—	6	±0.60	8	±0.75
M5	5	±0.60	6	±0.60	8	±0.75	10	±0.75
M6	6	±0.60	8	±0.75	10	±0.75	12	±0.90
M8	8	±0.75	10	±0.75	12	±0.90	16	±0.90
M10	10	±0.75	12	±0.90	15	±0.90	20	±1.05
M12	12	±0.90	15	±0.90	18	±0.90	24	±1.05

（续）

螺纹规格 d/mm	拧入金属端螺纹长度 b_m							
	$b_m=1d$		$b_m=1.25d$		$b_m=1.5d$		$b_m=2d$	
	公称	极限偏差	公称	极限偏差	公称	极限偏差	公称	极限偏差
(M14)	14	±0.90	18	±0.90	21	±1.05	28	±1.05
M16	16	±0.90	20	±1.05	24	±1.05	32	±1.25
(M18)	18	±0.90	22	±1.05	27	±1.05	36	±1.25
M20	20	±1.05	25	±1.05	30	±1.05	40	±1.25
(M22)	22	±1.05	28	±1.05	33	±1.25	44	±1.25
M24	24	±1.05	30	±1.05	36	±1.25	48	±1.25
(M27)	27	±1.05	35	±1.25	40	±1.25	54	±1.50
M30	30	±1.05	38	±1.25	45	±1.25	60	±1.50
(M33)	33	±1.25	41	±1.25	49	±1.25	66	±1.50
M36	36	±1.25	45	±1.25	54	±1.50	72	±1.50
(M39)	39	±1.25	49	±1.25	58	±1.50	78	±1.50
M42	42	±1.25	52	±1.50	63	±1.50	84	±1.75
M48	48	±1.25	60	±1.50	72	±1.50	96	±1.75

注：尽量不采用带括号的规格。

（2）A型双头螺柱的无螺纹部分杆径（表4-3）

表4-3 A型双头螺柱的无螺纹部分杆径

d/mm	M2	M2.5	M3	M4	M5	M6	M8	M10
d_{smin}/mm	1.75	2.25	2.75	3.7	4.7	5.7	7.64	9.64
d/mm	M12	M14	M16	M18	M20	M22	M24	M27
d_{smin}/mm	11.57	13.57	15.57	17.57	19.48	21.48	23.48	26.48
d/mm	M30	M33	M36	M39	M42	M48		
d_{smin}/mm	29.48	32.38	35.38	38.38	41.38	47.38		

注：d—螺纹规格。

（3）螺杆的有关结构尺寸（GB/T 15389—1994）（表4-4、表4-5）

表4-4 螺杆的有关结构尺寸（一） （mm）

螺纹规格 $d\times P$	M4	M5	M6	M8	M10	M12	(M14)	M16	(M18)
	—	—	—	M8×1	M10×1	M12×1.5	(M14×1.5)	M16×1.5	(M18×1.5)
	—	—	—	—	(M10×1.25)	(M12×1.25)	—	—	—

（续）

螺纹规格 $d \times P$	M20	(M22)	M24	(M27)	M30	(M33)	M36	(M39)	M42
	M20×1.5	(M22×1.5)	M24×2	(M27×2)	M30×2	(M33×2)	M36×3	(M39×3)	M42×3

注：1. 尽可能不采用括号内的规格。

2. P—螺距。

表 4-5 螺杆的有关结构尺寸（二） （mm）

	公称长度	1000	2000	3000	4000
l	min	990	1985	2980	3975
	max	1010	2015	3020	4025

3. 螺柱的种类简介（表 4-6）

表 4-6 螺柱的种类简介

序号	品种名称与标准号	形式	规格范围	产品等级	螺纹公差	机械性能	表面处理
1	双头螺柱 ($b_m = 1d$) GB/T 897—1988	A 型 B 型	M5～M48	B	6g	钢：4.8、5.8、6.8、8.8、10.9、12.9	不经处理 氧化 镀锌钝化
						不锈钢： A2—50 A2—70	不经处理
2	双头螺柱 ($b_m = 1.25d$) GB/T 898—1988	A 型 B 型	M5～M48	B	6g	钢：4.8、5.8、6.8、8.8、10.9、12.9	不经处理 氧化 镀锌钝化
						不锈钢： A2—50 A2—70	不经处理
3	双头螺柱 ($b_m = 1.5d$) GB/T 899—1988	A 型 B 型	M5～M48	B	6g	钢：4.8、5.8、6.8、8.8、10.9、12.9	不经处理 氧化 镀锌钝化
						不锈钢： A2—50 A2—70	不经处理

（续）

序号	品种名称与标准号	形式	规格范围	产品等级	螺纹公差	机械性能	表面处理
4	双头螺柱 ($b_m=2d$) GB/T 900—1988	A 型 B 型	M2～ M48	B	6g	钢：4.8、5.8、6.8、8.8、10.9、12.9	不经处理 氧化 镀锌钝化
						不锈钢： A2—50 A2—70	不经处理
5	等长双头螺柱（B 级） GB/T 901—1988	只有一种	M2～ M56	B	6g	钢：4.8、5.8、6.8、8.8、10.9、12.9	不经处理 镀锌钝化
						不锈钢： A2—50 A2—70	不经处理
6	等长双头螺柱（C 级） GB/T 953—1988	只有一种	M8～ M48	C	8g	钢：4.8、6.8、8.8	不经处理 镀锌钝化
7	手工焊用焊接螺柱 GB/T 902.1—2008	A 型 B 型	M3～ M20		6g	钢：4.8	不经处理 镀锌钝化
8	电弧螺柱焊用焊接螺柱 GB/T 902.2—2010	PD 型 RD 型 ID 型	M6～M24 M6～M24 M6～M12		A	钢：4.8 A2—50、A2—70、A4—50、A4—70、A5—50、A5—70	不经处理 简单处理
9	储能焊用焊接螺柱 GB/T 902.3—2008	A 型 B 型	M3～ M12		6g	钢：4.8	不经处理 镀铜 镀锌钝化

注：1. 双头螺纹（GB/T 897～GB/T 900）上采用的螺纹，一般都是粗牙普通螺纹，也可以根据需要采用细牙普通螺纹或过渡配合螺纹（按 GB/T 1167 的规定）。

2. 等长双头螺柱（B 级），可根据需要采用 30Cr、40Cr、30CrMnSi、35CrMoA、40MnA 或 40B 等材料制造，其性能按供需双方协议。

3. 焊接螺柱的材料化学成分，按 GB/T 8098.1 的规定，但其最大碳质量分数不应大于 0.20%，且不得采用易切削钢制造。

4. 螺柱的用途简述

等长双头螺柱两端螺纹均需与螺母、垫圈配合，用于两个带有通孔的被连接件。

焊接螺柱一端焊接于被连接件表面上，另一端（螺纹端）穿过带通孔的被连接件，然后套上垫圈，拧上螺母，使两个被连接件连接成为一件整体。

$b_m=1d$ 双头螺柱一般用于两个钢制被连接件之间的连接；$b_m=1.25d$ 和 $b_m=1.5d$ 双头螺柱一般用于铸铁制被连接件与钢制被连接件之间的连接；$b_m=2d$ 双头螺柱一般用于铝合金制被连接件与钢制被连接件之间的连接。

5. 螺柱的机械性能（见第三章一、11）

6. 不锈钢螺柱的机械性能（见第三章一、12）

7. 有色金属制造的螺柱的机械性能（见第三章一、13）

二、螺柱的尺寸

1. 螺柱开口销孔（GB/T 5278—1985）（图 4-1、表 3-8）

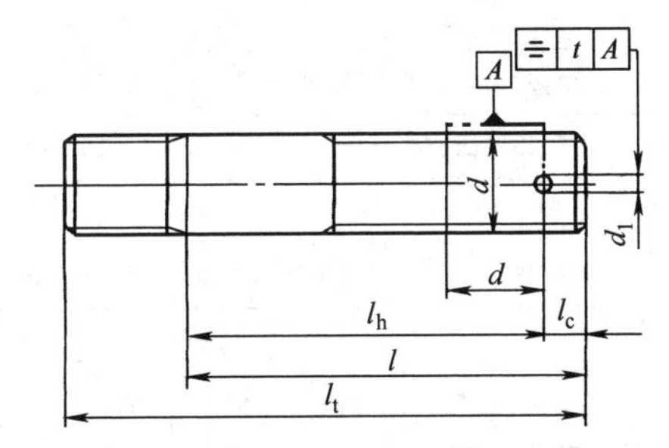

产品等级	A	B	C
公差	2IT13	2IT14	2IT15

注：根据 d 按 GB/T 3103.1《紧固件公差　螺栓、螺钉螺柱和螺母》选取公差 t。

图 4-1　螺柱开口销孔的有关结构尺寸

2. 双头螺柱（$b_m=1d$）（GB/T 897—1988）（图 4-2、表 4-7）

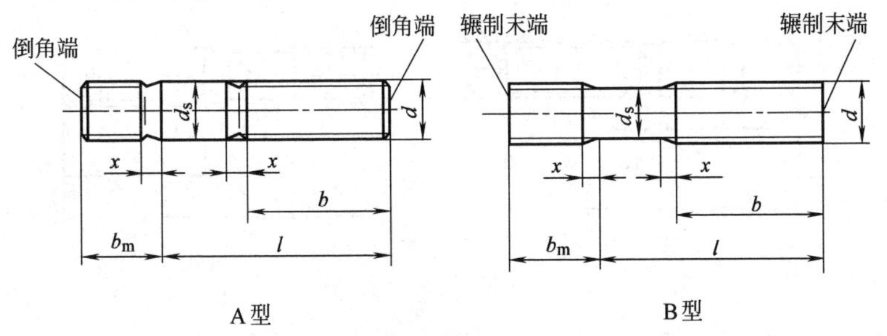

注：d_s 约等于螺纹中径（仅适用于 B 型）；末端按 GB/T 2 规定。

图 4-2　双头螺柱（$b_m=1d$）

表 4-7 双头螺柱（$b_m=1d$）尺寸 （mm）

螺纹规格 d		M5	M6	M8	M10	M12	(M14)	M16	(M18)	M20
b_m	公称	5	6	8	10	12	14	16	18	20
	min	4.40	5.40	7.25	9.25	11.10	13.10	15.10	17.10	18.95
	max	5.60	6.60	8.75	10.75	12.90	14.90	16.90	18.90	21.05
d_s	max	5	6	8	10	12	14	16	18	20
	min	4.7	5.7	7.64	9.64	11.57	13.57	15.57	17.57	19.48
x	max	2.5P								
l		16~50	20~75	20~90	25~130	25~180	30~180	30~200	35~200	35~200
螺纹规格 d		(M22)	M24	(M27)	M30	(M33)	M36	(M39)	M42	M48
b_m	公称	22	24	27	30	33	36	39	42	48
	min	20.95	22.95	25.95	28.95	31.75	34.75	37.75	40.75	46.75
	max	23.05	25.05	28.05	31.05	34.25	37.25	40.25	43.25	49.25
d_s	max	22	24	27	30	33	36	39	42	48
	min	21.48	23.48	26.48	29.48	32.38	35.38	38.38	41.38	47.38
x	max	2.5P								
l		40~200	45~200	50~200	60~250	65~300	65~300	70~300	70~300	80~300

注：尽可能不采用括号内的规格。

3. 双头螺柱（$b_m=1.25d$）（GB/T 898—1988）（图 4-3、表 4-8~表 4-10）

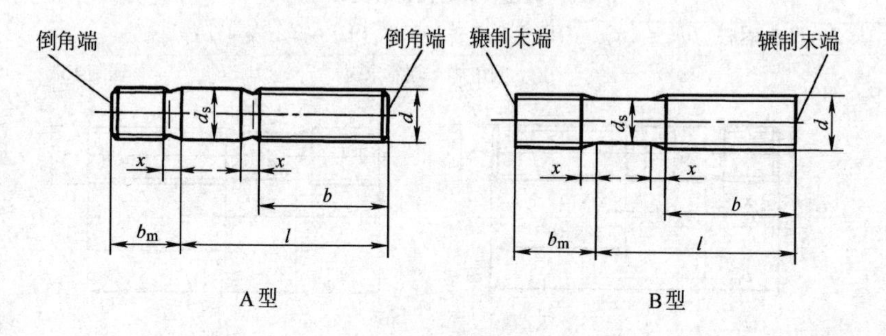

注：d_s 约等于螺纹中径（仅适用于 B 型）；末端按 GB/T 2 规定。

图 4-3 双头螺柱（$b_m=1.25d$）

表 4-8 商品规格 (mm)

螺纹规格 d		M5	M6	M8	M10	M12	M16	M20
b_m	公称	6	8	10	12	15	20	25
	min	5.40	7.25	9.25	11.10	14.10	18.95	23.95
	max	6.60	8.75	10.75	12.90	15.90	21.05	26.05
d_s	max	5	6	8	10	12	16	20
	min	4.7	5.7	7.64	9.64	11.57	15.57	19.48
x	max	$2.5P$						
l		16~50	20~75	20~90	25~130	25~180	30~200	35~200

表 4-9 通用规格 (mm)

螺纹规格 d		M24	M30	M36	M42	M48
b_m	公称	30	38	45	52	60
	min	28.95	36.75	43.75	50.50	58.50
	max	31.05	39.25	46.25	53.50	61.50
d_s	max	24	30	36	42	48
	min	23.48	29.48	35.38	41.38	47.38
x	max	$2.5P$				
l		45~200	60~250	65~300	70~300	80~300

表 4-10 尽量不采用的规格 (mm)

螺纹规格 d		M14	M18	M22	M27	M33	M39
b_m	公称	18	22	28	35	41	49
	min	17.10	20.95	26.95	33.75	39.75	47.75
	max	18.90	23.05	29.05	36.25	42.25	50.25
d_s	max	14	18	22	27	33	39
	min	13.57	17.57	21.48	26.48	32.38	38.38
x	max	$2.5P$					
l		30~180	35~200	40~200	50~200	65~300	70~300

4. 双头螺柱（$b_m=1.5d$）（GB/T 899—1988）（图 4-4、表 4-11）

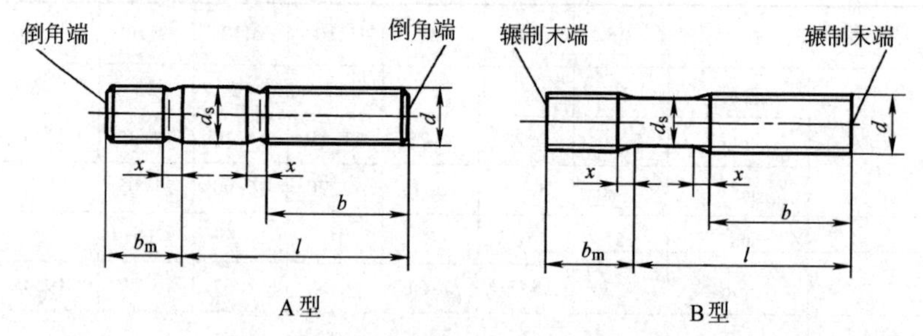

注：d_s 约等于螺纹中径（仅适用于 B 型）；末端按 GB/T 2 规定。

图 4-4 双头螺柱（$b_m=1.5d$）

表 4-11 双头螺柱（$b_m=1.5d$）尺寸 （mm）

螺纹规格 d		M2	M2.5	M3	M4	M5	M6	M8	M10
b_m	公称	3	3.5	4.5	6	8	10	12	15
	min	2.40	2.90	3.90	5.40	7.25	9.25	11.10	14.10
	max	3.60	4.10	5.10	6.60	8.75	10.75	12.90	15.90
d_s	max	2	2.5	3	4	5	6	8	10
	min	1.75	2.25	2.75	3.7	4.7	5.7	7.64	9.64
x	max	2.5P							
l		12~25	14~30	16~40	16~40	16~50	20~75	20~75	25~130

螺纹规格 d		M12	(M14)	M16	(M18)	M20	(M22)	M24
b_m	公称	18	21	24	27	30	33	36
	min	17.10	19.95	22.95	25.95	28.95	32.75	34.75
	max	18.90	22.05	25.05	28.05	31.05	34.25	37.25
d_s	max	12	14	16	18	20	22	24
	min	11.57	13.57	15.57	17.57	19.48	21.48	23.48
x	max	2.5P						
l		25~180	30~180	30~200	35~200	35~200	40~200	45~200

螺纹规格 d		(M27)	M30	(M33)	M36	(M39)	M42	M48
b_m	公称	40	45	49	54	58	63	72
	min	38.75	43.75	47.75	53.5	56.5	61.5	70.5
	max	41.25	46.25	50.25	55.5	59.5	64.5	73.5

（续）

螺纹规格 d		（M27）	M30	（M33）	M36	（M39）	M42	M48
d_s	max	27	30	33	36	39	42	48
	min	26.48	29.48	32.38	35.38	38.38	41.38	47.38
x	max	2.5P						
l		50～200	60～250	65～300	65～300	70～300	70～300	80～300

注：尽可能不采用括号内的规格。

5. 双头螺柱（$b_m=2d$）（GB/T 900—1988）（图 4-5、表 4-12）

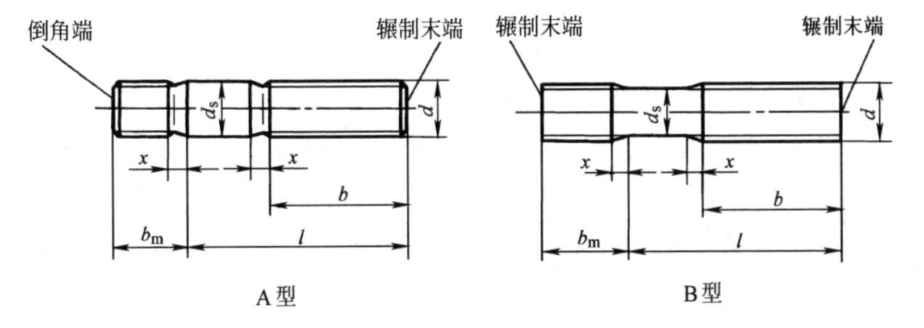

注：d_s 约等于螺纹中径（仅适用于 B 型）；末端按 GB/T 2 规定。

图 4-5　双头螺柱（$b_m=2d$）

表 4-12　双头螺柱（$b_m=2d$）**尺寸**　（mm）

螺纹规格 d		M2	M2.5	M3	M4	M5	M6	M8	M10
b_m	公称	4	5	6	8	10	12	16	20
	min	3.40	4.40	5.40	7.25	9.25	11.10	15.10	18.95
	max	4.60	5.60	6.60	8.75	10.75	12.90	16.90	21.05
d_s	max	2	2.5	3	4	5	6	8	10
	min	1.75	2.25	2.75	3.7	4.7	5.7	7.64	9.64
x	max	2.5P							
l		12～25	14～30	16～40	16～40	16～50	20～75	20～90	25～130

螺纹规格 d		M12	（M14）	M16	（M18）	M20	（M22）	M24
b_m	公称	24	28	32	36	40	44	48
	min	22.95	26.95	30.75	34.75	38.75	42.75	46.75
	max	25.05	29.05	33.25	37.25	41.25	45.25	49.25

（续）

螺纹规格 d		M12	（M14）	M16	（M18）	M20	（M22）	M24
d_s	max	12	14	16	18	20	22	24
	min	11.57	13.57	15.57	17.57	19.48	21.48	23.48
x	max	2.5P						
l		25~180	30~180	30~200	35~200	35~200	40~200	45~200

螺纹规格 d		（M27）	M30	（M33）	M36	（M39）	M42	M48
b_m	公称	54	60	66	72	78	84	96
	min	52.5	58.5	64.5	70.5	76.5	82.25	94.25
	max	55.5	61.5	67.5	73.5	79.5	85.75	97.75
d_s	max	27	30	33	36	39	42	48
	min	26.48	29.48	32.38	35.38	38.38	41.38	47.38
x	max	2.5P						
l		50~200	55~250	65~300	65~300	70~300	70~300	80~300

注：尽可能不采用括号内的规格。

6. B级等长双头螺柱（GB/T 901—1988）（图4-6、表4-13）

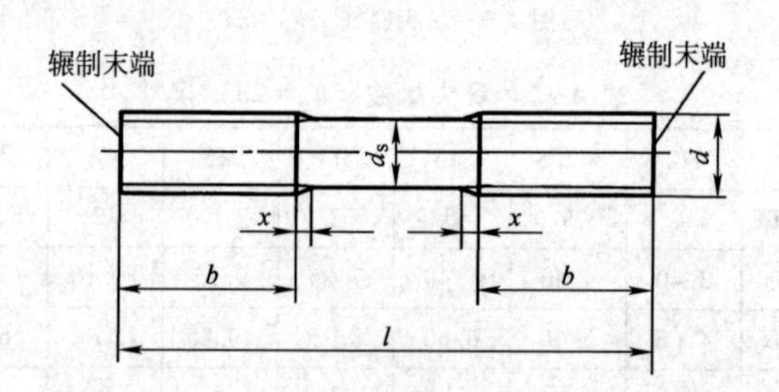

注：d_s 约等于螺纹中径；末端按 GB/T 2 规定。

图 4-6　B 级等长双头螺柱

表 4-13　B 级等长双头螺柱尺寸　（mm）

螺纹规格 d	M2	M2.5	M3	M4	M5	M6	M8	M10
b	10	11	12	14	16	18	28	32
x_{max}	1.5P							
l	10~60	10~80	12~250	16~300	20~300	25~300	32~300	40~300

（续）

螺纹规格 d	M12	（M14）	M16	（M18）	M20	（M22）	M24	（M27）
b	36	40	44	48	52	56	60	66
x_{max}	1.5P							
l	50~300	60~300	60~300	60~300	70~300	80~300	90~300	100~300

螺纹规格 d	M30	（M33）	M36	（M39）	M42	M48	M56
b	72	78	84	89	96	108	124
x_{max}	1.5P						
l	140~400	140~400	140~500	140~500	140~500	150~500	190~500

注：1. 当 $l \leqslant 50$mm 或 $l \leqslant 2b$ 时，允许螺柱上全部制出螺纹；但当 $l \leqslant 2b$ 时，亦允许制出长度不大于 4P 的无螺纹部分。

2. 尽可能不采用括号内的规格。

7. C 级等长双头螺柱（GB/T 953—1988）（图 4-7、表 4-14）

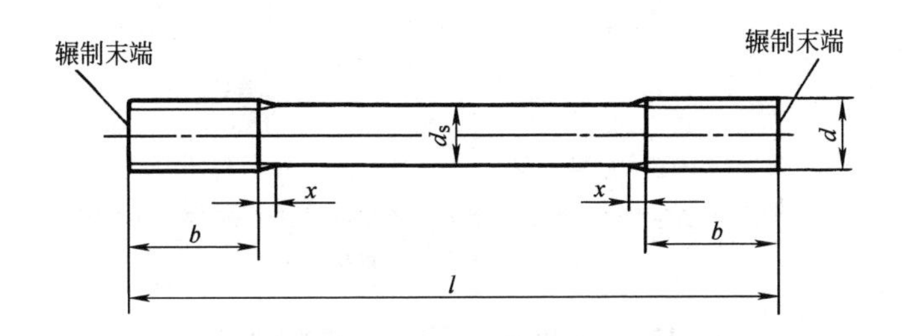

注：d_s 约等于螺纹中径；末端按 GB/T 2 规定。

图 4-7　C 级等长双头螺柱

表 4-14　C 级等长双头螺柱尺寸　（mm）

螺纹规格 d		M8	M10	M12	（M14）	M16	（M18）	M20	（M22）
b	标准	22	26	30	34	38	42	46	50
	加长	41	45	49	53	57	61	65	69
x_{max}		1.5P							
l		100~600	100~800	150~1200	150~1200	200~1500	200~1500	260~1500	260~1800

（续）

螺纹规格 d		M24	（M27）	M30	（M33）	M36	（M39）	M42	M48
b	标准	54	60	66	72	78	84	90	102
	加长	73	79	85	91	97	103	109	121
x_{max}		$1.5P$							
l		300～1800	300～2000	350～2500	350～2500	350～2500	350～2500	500～2500	500～2500

注：尽可能不采用括号内的规格。

8. 焊条电弧焊用焊接螺柱（GB/T 902.1—2008）（图 4-8、表 4-15）

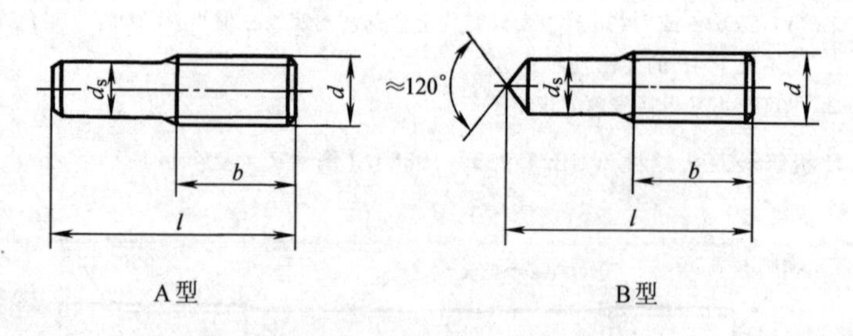

注：d_s 约等于螺纹中径。

螺柱末端应为倒角端，如需方同意亦可制成辗制末端（GB/T 2）。

图 4-8　焊条电弧焊用焊接螺柱

表 4-15　焊条电弧焊用焊接螺柱的主要尺寸　（mm）

螺纹规格 d		M3	M4	M5	M6	M8	M10	M12	（M14）	M16	（M18）	M20
b^{+2P}_{0}	标准	12	14	16	18	22	26	30	34	38	42	46
	加长	15	20	22	24	28	45	49	53	57	61	65
l		10～80	10～80	12～90	16～100	20～200	25～240	30～240	35～280	45～280	50～300	60～300

注：尽可能不采用括号内的规格。

9. 电弧螺柱焊用焊接螺柱（GB/T 902.2—2010）

（1）PD 型螺纹螺柱的型式和尺寸（图 4-9、表 4-16）

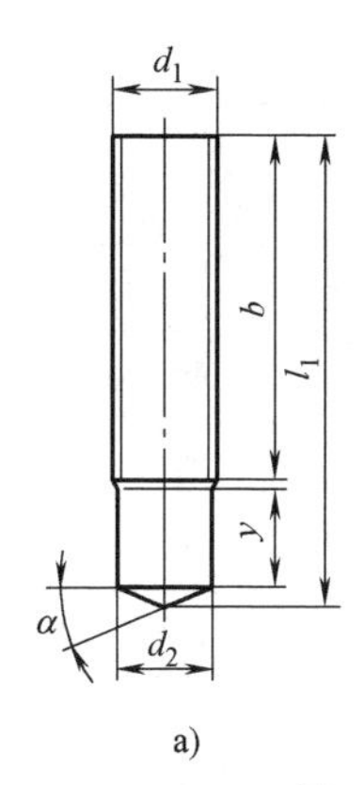

a)

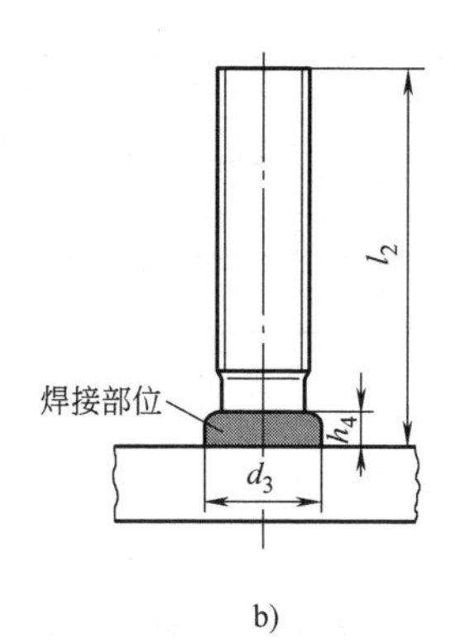

b)

图 4-9　PD 型螺纹螺柱的型式

a）焊接前　b）焊接后

表 4-16　PD 型螺纹螺柱尺寸　（mm）

d_1	M6		M8		M10		M12		M16		M20		M24	
d_2	5.35		7.19		9.03		10.86		14.6		18.38		22.05	
d_3	8.5		10		12.5		15.5		19.5		24.5		30	
h_4	3.5		3.5		4		4.5		6		7		10	
$\alpha \pm 2.5°$	22.5°		22.5°		22.5°		22.5°		22.5°		22.5°		22.5°	
$l_1 \pm 1$	$l_2+2.2$		$l_2+2.4$		$l_2+2.6$		$l_2+3.1$		$l_2+3.9$		$l_2+4.3$		$l_2+5.1$	
l_2	y_{min}	b	y_{min}	b	y_{min}	b	y_{min}	b	y_{min}	b	y_{min}	b	y_{min}	b
15	9	—	—	—	—	—	—	—	—	—	—	—	—	—
20	9	—	9	—	9.5	—	—	—	—	—	—	—	—	—
25	9	—	9	—	9.5	—	11.5	—	—	—	—	—	—	—
30	9	—	9	—	9.5	—	11.5	—	13.5	—	—	—	—	—
35	—	20	9	—	9.5	—	11.5	—	13.5	—	15.5	—	—	—
40	—	20	9	—	9.5	—	11.5	—	13.5	—	15.5	—	—	—
45	—	—	9	—	9.5	—	11.5	—	13.5	—	15.5	—	—	—
50	—	—	—	40	—	40	—	40	13.5	—	—	35	20	—
55	—	—	—	—	—	—	—	—	—	40	—	40	—	—
60	—	—	—	—	—	—	—	—	—	40	—	40	—	—
65	—	—	—	—	—	—	—	—	—	40	—	40	—	—
70	—	—	—	—	—	—	—	—	—	—	—	40	—	50

（续）

d_1	M6		M8		M10		M12		M16		M20		M24	
l_2	y_{min}	b	y_{min}	b	y_{min}	b	y_{min}	b	y_{min}	b	y_{min}	b	y_{min}	b
80	—	—	—	—	—	—	—	—	—	—	—	50	—	50
100	—	—	—	—	—	40	—	40	—	80	—	70	—	70
140	—	—	—	—	—	80	—	80	—	80	—	—	—	—
150	—	—	—	—	—	80	—	80	—	80	—	—	—	—
160	—	—	—	—	—	80	—	80	—	80	—	—	—	—

（2）RD 型带缩杆的螺纹螺柱的型式尺寸（图 4-10、表 4-17）

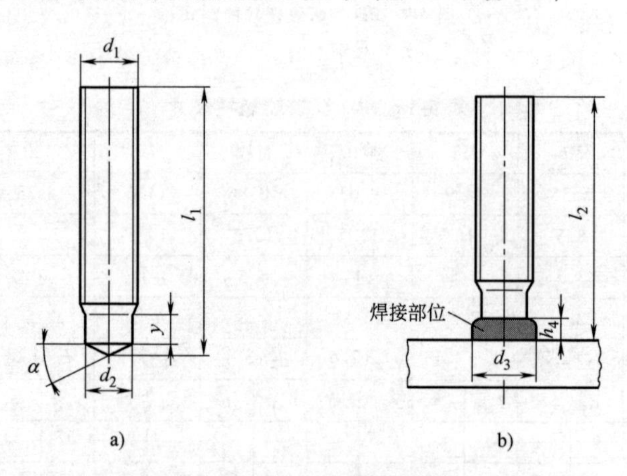

图 4-10 RD 型带缩杆的螺纹螺柱的型式

a）焊接前 b）焊接后

表 4-17 RD 型带缩杆的螺纹螺柱、15mm≤l_2≤100mm 尺寸（mm）

d_1	M6	M8	M10	M12	M16	M20	M24
d_2	4.7	6.2	7.9	9.5	13.2	16.5	20
d_3	7	9	11.5	13.5	18	23	28
h_4	2.5	2.5	3	4	5	6	7
y_{min}	4	4	5	6	7.5/11①	9/13①	12/15①
α±2.5°	22.5°	22.5°	22.5°	22.5°	22.5°	22.5°	22.5°
l_1±1	l_2+2.0	l_2+2.2	l_2+2.4	l_2+2.8	l_2+3.6	l_2+3.9	l_2+4.7

① 斜划（/）后的尺寸适用于表 4-20 斜划后的磁环。

（3）ID 型内螺纹螺柱的型式尺寸（图 4-11、表 4-18）

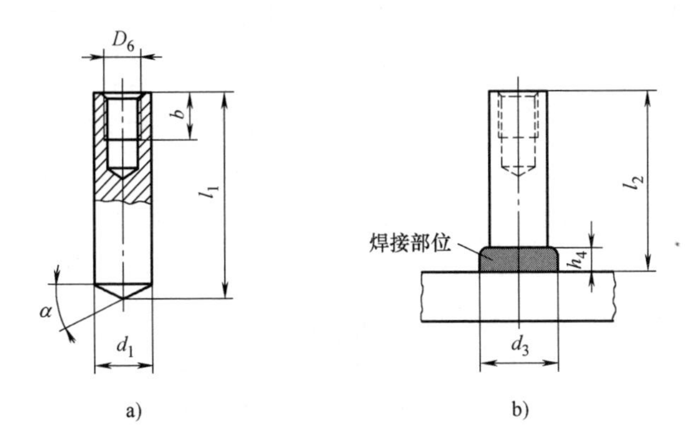

图 4-11　ID 型内螺纹螺柱的型式

a）焊接前　b）焊接后

表 4-18　ID 型内螺纹螺柱尺寸　（mm）

d_1	10	10	12	14.6	14.6	16	18
D_6	M5	M6	M8	M8	M10	M10	M12
d_3	13	13	16	18.5	18.5	21	23
b	7	9	9.5	15	15	15	18
h_4	4	4	5	6	6	7	7
l_2	15	15	20	25	25	25	30
$\alpha\pm2.5°$	22.5°	22.5°	22.5°	22.5°	22.5°	22.5°	22.5°
$l_1\pm1$	$l_2+2.8$	$l_2+2.8$	$l_2+3.4$	$l_2+3.9$	$l_2+3.9$	$l_2+3.9$	$l_2+4.2$

（4）PF 型磁环（适用于 PD 型螺纹螺柱）的型式尺寸（图 4-12、表 4-19）

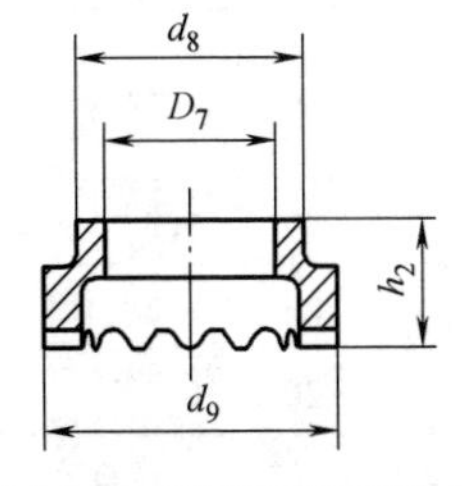

图 4-12　PF 型磁环的型式

表 4-19 PF 型磁环尺寸 (mm)

型 式	$D_7{}^{+0.5}_{0}$	$d_8\pm1$	$d_9\pm1$	$h_2\approx$
PF6	5.6	9.5	11.5	6.5
PF8	7.4	11.5	15	6.5
PF10	9.2	15	17.8	6.5
PF12	11.1	16.5	20	9
PF16	15.0	20	26	11
PF20	18.6	30.7	33.8	10
PF24	22.4	30.7	38.5	18.5

(5) RF 型磁环（适用于 RD 型带缩杆的螺纹螺柱）的型式尺寸（图 4-13、表 4-20）

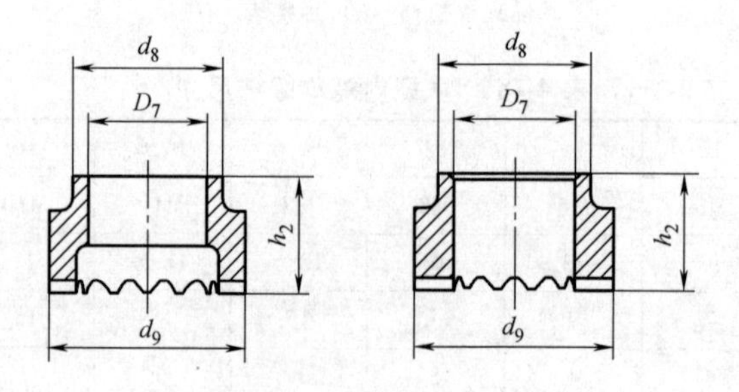

图 4-13 RF 型磁环的型式

表 4-20 RF 型磁环尺寸 (mm)

型 式	$D_7{}^{+0.4}_{0}$	$d_8\pm1$	$d_9\pm1$	$h_2\approx$
RF6	6.2	9.5	12.2	10
RF8	8.2	12	15.3	9
RF10	10.2	15	18.5	11.5
RF12	12.2	17	20	13
RF16	16.3/14①	20.5/26.2①	26.5/32.5①	15.3/8.8①
RF20	20.3/17.5①	26.2/28.5①	32	22/9①
RF24	24.3/21①	26.2/30.4②	33/36②	25/13①

① 斜划（/）后的尺寸适用于表 4-17 斜划后的螺柱。

② 由制造者确定。

（6）UF型磁环（适用于ID型内螺纹螺柱）的型式尺寸（图4-14、表4-21）

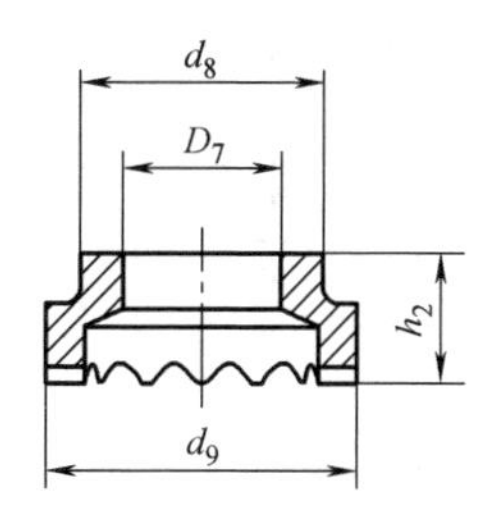

图4-14 UF型磁环的型式

表4-21 UF型磁环尺寸 (mm)

型 式	$D_7{}^{+0.5}_{0}$	$d_8\pm1$	$d_9\pm1$	$h_2\approx$
UF10	10.2	15	17.8	10
UF12	12.2	16.5	20	10.7
UF16	16.3	26	30	13
UF19	19.4	26	30.8	18.7

10. 储能焊用焊接螺柱（GB/T 902.3—2008）

（1）螺纹焊接螺柱（PT型）（图4-15、表4-22）

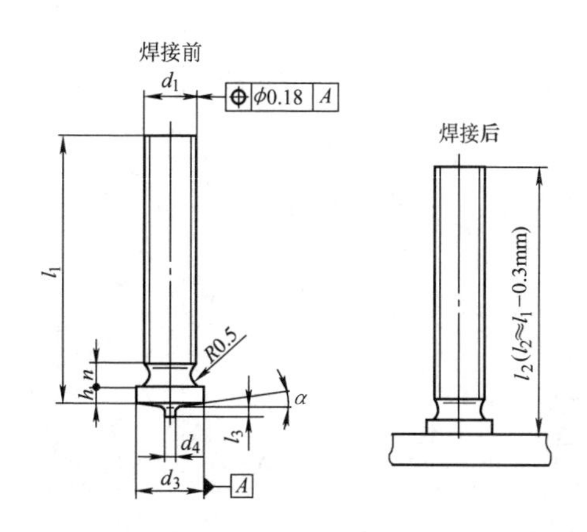

注：$l_2=l_1-0.03\text{mm}$。

图4-15 PT型焊接螺柱

表 4-22 PT 型焊接螺柱尺寸 (mm)

d_1	l_1 $^{+0.6}_{0}$	d_3 ±0.2	d_4 ±0.08	l_3 ±0.05	h	n_{max}	α ±1°
M3	6	4.5	0.6	0.55	0.7~1.4	1.5	3°
	8						
	10						
	12						
	16						
	20						
M4	8	5.5	0.65				
	10						
	12						
	16						
	20						
	25						
M5	10	6.5	0.75	0.80	0.8~1.4	2	
	12						
	16						
	20						
	25						
	30						
M6	10	7.5					
	12						
	16						
	20						
	25						
	30						
M8	12	9		0.85	0.8~1.4	3	
	16						
	20						
	25						
	30						

注：其他长度由双方协议。

（2）内螺纹焊接螺柱（IT 型）（图 4-16、表 4-23）

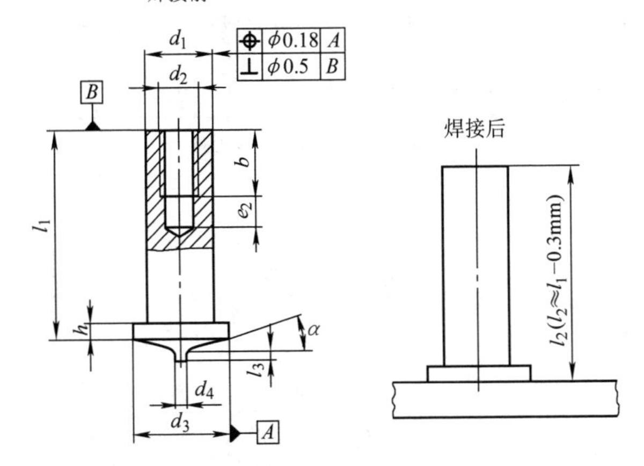

注：$l_2=l_1-0.3\text{mm}$。

图 4-16　IT 型内螺纹焊接螺柱

表 4-23　IT 型内螺纹焊接螺柱尺寸　（mm）

<table>
<tr><th>d_1
±0.1</th><th>d_2</th><th>l_1
+0.6
0</th><th>b
+0.5
0</th><th>$e_{2\min}$</th><th>d_3
±0.2</th><th>d_4
±0.08</th><th>l_3
±0.05</th><th>h</th><th>α
±1°</th></tr>
<tr><td rowspan="5">5</td><td rowspan="5">M3</td><td>10</td><td rowspan="5">5</td><td rowspan="5">2.5</td><td rowspan="5">6.5</td><td rowspan="12">0.75</td><td rowspan="8">0.80</td><td rowspan="12">0.8～1.4</td><td rowspan="12">3°</td></tr>
<tr><td>12</td></tr>
<tr><td>16</td></tr>
<tr><td>20</td></tr>
<tr><td>25</td></tr>
<tr><td rowspan="3">6</td><td rowspan="3">M4</td><td>12</td><td rowspan="3">6</td><td rowspan="3">3</td><td rowspan="3">7.5</td></tr>
<tr><td>16</td></tr>
<tr><td>20</td></tr>
<tr><td rowspan="4">7.1</td><td rowspan="4">M5</td><td>12</td><td rowspan="4">7.5</td><td rowspan="4">3</td><td rowspan="4">9</td><td rowspan="4">0.85</td></tr>
<tr><td>16</td></tr>
<tr><td>20</td></tr>
<tr><td>25</td></tr>
</table>

注：其他长度由双方协议，但 l_1 最小值应大于等于 $1.5d_1$。

三、螺柱的重量

1. 双头螺柱（$b_m = 1d$）（适用于 GB/T 897—1988）（表 4-24）

表 4-24 双头螺柱（$b_m = 1d$）的重量 （kg）

每 1000 件钢制品的大约重量

l	G	l	G	l	G	l	G	l	G
d = M5		d = M6		d = M8		d = M10		d = M12	
16	2.60	40	8.45	(65)	24.62	(85)	51.09	80	70.64
(18)	2.87	45	9.45	70	26.41	90	53.94	(85)	74.74
20	3.14	50	10.44	(75)	28.19	(95)	56.79	90	78.84
(22)	3.41	(55)	11.44	80	29.98	100	59.63	(95)	82.94
25	3.72	60	12.43	(85)	31.77	110	65.33	100	87.04
(28)	4.13	(65)	13.43	90	33.56	120	71.02	110	95.25
30	4.40	70	14.42	d = M10		130	76.24	120	103.5
(32)	4.67	(75)	15.42	25	17.87	d = M12		130	111.0
35	5.08	d = M8		(28)	19.58	25	27.05	140	119.2
(38)	5.48	20	8.99	30	20.56	(28)	29.51	150	127.4
40	5.75	(22)	9.71	(32)	21.70	30	31.15	160	135.6
45	6.43	25	10.59	35	23.41	(32)	32.36	170	143.8
50	7.11	(28)	11.67	(38)	25.12	35	34.82	180	152.0
d = M6		30	12.38	40	25.48	(38)	37.28	d = (M14)	
20	4.69	(32)	12.82	45	28.32	40	38.92	30	44.27
(22)	5.09	35	13.89	50	31.17	45	41.94	(32)	46.53
25	5.58	(38)	14.96	(55)	34.02	50	46.04	35	49.91
(28)	6.17	40	15.68	60	36.86	(55)	50.14	(38)	52.23
30	6.57	45	17.47	(65)	39.71	60	54.24	40	54.48
(32)	6.85	50	19.25	70	42.55	(65)	58.34	45	60.12
35	7.46	(55)	21.04	(75)	45.40	70	62.44	50	64.38
(38)	8.05	60	22.83	80	48.25	(75)	66.54	(55)	70.03

（续）

每1000件钢制品的大约重量									
l	*G*	*l*	*G*	*l*	*G*	*l*	*G*	*l*	*G*
d＝（M14）		*d*＝M16		*d*＝（M18）		*d*＝M20		*d*＝（M22）	
60	75.67	60	102.8	60	132.4	60	169.7	70	239.9
（65）	81.31	（65）	110.2	（65）	140.0	（65）	181.3	75	251.0
70	86.95	70	117.7	70	149.4	70	189.9	80	265.1
（75）	92.59	（75）	125.1	（75）	158.9	（75）	201.5	85	279.2
80	98.23	80	132.5	80	168.3	80	213.2	90	293.4
（85）	103.9	（85）	139.9	（85）	177.8	（85）	224.8	95	307.5
90	109.5	90	147.4	90	187.2	90	236.4	100	321.6
（95）	115.2	（95）	154.8	（95）	196.7	（95）	248.0	110	349.9
100	120.8	100	162.2	100	206.1	100	259.7	120	378.2
110	132.1	110	177.1	110	225.1	110	282.9	130	404.6
120	143.4	120	191.9	120	244.0	120	306.1	140	432.9
130	153.7	130	205.7	130	261.3	130	327.7	150	461.1
140	165.0	140	220.6	140	280.2	140	351.0	160	489.4
150	176.3	150	235.4	150	299.1	150	374.2	170	517.7
160	187.6	160	250.3	160	318.0	160	397.5	180	545.9
170	198.8	170	265.1	170	336.9	170	420.7	190	574.2
180	210.1	180	280.0	180	355.8	180	444.0	200	602.5
d＝M16		190	294.8	190	374.7	190	467.2	*d*＝M24	
30	61.43	200	309.7	200	393.7	200	490.5	45	208.0
（32）	64.40	*d*＝（M18）		*d*＝M20		*d*＝（M22）		50	224.9
35	68.85	35	88.55	35	114.4	40	158.2	（55）	235.4
（38）	73.31	（38）	94.23	（38）	121.3	45	172.3	60	252.3
40	74.51	40	98.01	40	126.0	50	183.4	（65）	269.2
45	81.94	45	104.0	45	134.8	55	197.5	70	286.0
50	89.36	50	113.5	50	146.5	60	211.6	（75）	302.9
（55）	96.79	（55）	122.9	（55）	158.1	65	225.8	80	316.0

（续）

每 1000 件钢制品的大约重量									
l	*G*	*l*	*G*	*l*	*G*	*l*	*G*	*l*	*G*
d = M24		*d* = (M27)		*d* = M30		*d* = (M33)		*d* = M36	
(85)	332.9	110	544.2	170	994.7	190	1353	180	1545
90	349.7	120	587.1	180	1048	200	1417	190	1622
(95)	366.6	130	627.2	190	1101	210	1473	200	1698
100	383.5	140	670.2	200	1154	220	1537	210	1763
110	417.3	150	713.1	210	1199	230	1601	220	1840
120	451.1	160	756.1	220	1252	240	1665	230	1917
130	482.3	170	799.0	230	1306	250	1729	240	1993
140	516.0	180	842.0	240	1359	260	1794	250	2070
150	549.8	190	884.9	250	1412	280	1922	260	2147
160	583.6	200	927.9	*d* = (M33)		300	2051	280	2300
170	617.4	*d* = M30		(65)	572.6	*d* = M36		300	2454
180	651.1	60	430.0	70	604.7	(65)	697.5	*d* = (M39)	
190	684.9	(65)	456.6	(75)	626.6	70	735.8	70	892.2
200	718.7	70	476.7	80	658.7	(75)	774.2	(75)	937.3
d = (M27)		(75)	503.3	(85)	690.8	80	799.2	80	982.4
50	298.6	80	529.9	90	722.9	(85)	837.6	(85)	1013
(55)	320.0	(85)	556.5	(95)	755.0	90	875.9	90	1058
60	341.5	90	583.1	100	779.0	(95)	914.2	(95)	1103
(65)	355.7	(95)	599.3	110	843.2	100	952.6	100	1148
70	377.2	100	625.9	120	907.4	110	1029	110	1239
(75)	398.7	110	679.1	130	967.6	120	1090	120	1311
80	420.2	120	732.4	140	1032	130	1161	130	1395
(85)	441.6	130	781.7	150	1096	140	1238	140	1485
90	458.3	140	834.9	160	1160	150	1315	150	1576
(95)	479.8	150	888.2	170	1225	160	1391	160	1666
100	501.2	160	941.4	180	1289	170	1468	170	1756

（续）

每1000件钢制品的大约重量									
l	*G*	*l*	*G*	*l*	*G*	*l*	*G*	*l*	*G*
d=(M39)		*d*=M42		*d*=M42		*d*=M48		*d*=M48	
180	1846	(75)	1109	170	2050	80	1580	180	2880
190	1937	80	1161	180	2155	(85)	1649	190	3018
200	2027	(85)	1190	190	2260	90	1717	200	3155
210	2105	90	1242	200	2365	(95)	1755	210	3272
220	2195	(95)	1295	210	2454	100	1824	220	3410
230	2285	100	1347	220	2559	110	1961	230	3547
240	2375	110	1452	230	2664	120	2064	240	3685
250	2465	120	1533	240	2769	130	2192	250	3822
260	2556	130	1631	250	2874	140	2330	260	3960
280	2736	140	1736	260	2979	150	2467	280	4235
300	2917	150	1841	280	3189	160	2605	300	4510
d=M42		160	1945	300	3398	170	2742		
70	1056								

注：表列规格为通用规格。尽可能不采用括号内的规格。*d*—螺纹规格（mm），*l*—公称长度（mm）。

2. 双头螺柱（$b_m=1.25d$）（适用于GB/T 898—1988）（表4-25）

表4-25　双头螺柱（$b_m=1.25d$）**的重量**　　（kg）

每1000件钢制品的大约重量									
l	*G*	*l*	*G*	*l*	*G*	*l*	*G*	*l*	*G*
d=M5		*d*=M5		*d*=M6		*d*=M6		*d*=M6	
16	2.72	(32)	4.79	20	5.03	(38)	8.40	70	14.77
(18)	2.99	35	5.20	(22)	5.43	40	8.79	(75)	15.76
20	3.26	(38)	5.60	25	5.92	45	9.79	*d*=M8	
(22)	3.53	40	5.87	(28)	6.52	50	10.79	20	9.62
25	3.84	45	6.55	30	6.91	(55)	11.78	(22)	10.33
(28)	4.25	50	7.23	(32)	7.20	60	12.78	25	11.22
30	4.52			35	7.80	(65)	13.77	(28)	12.29

（续）

每1000件钢制品的大约重量									
l	*G*	*l*	*G*	*l*	*G*	*l*	*G*	*l*	*G*
d=M8		*d*=M10		*d*=M12		*d*=(M14)		*d*=M16	
30	13.00	(55)	35.00	70	64.58	70	90.85	70	122.9
(32)	13.44	60	37.84	(75)	68.68	(75)	96.49	(75)	130.3
35	14.51	(65)	40.69	80	72.78	80	102.1	80	137.7
(38)	15.59	70	43.54	(85)	76.88	(85)	107.8	(85)	145.2
40	16.30	(75)	46.38	90	80.98	90	113.4	90	152.6
45	18.09	80	49.23	(95)	85.08	(95)	119.1	(95)	160.0
50	19.88	(85)	52.08	100	89.18	100	124.7	100	167.4
(55)	21.66	90	54.92	110	97.38	110	136.0	110	182.3
60	23.45	(95)	57.77	120	105.6	120	147.3	120	197.1
(65)	25.24	100	60.62	130	113.1	130	157.6	130	210.9
70	27.03	110	66.31	140	121.3	140	168.9	140	225.8
(75)	28.82	120	72.00	150	129.5	150	180.2	150	240.6
80	30.60	130	77.23	160	137.7	160	191.5	160	255.5
(85)	32.39	*d*=M12		170	145.9	170	202.7	170	270.3
90	34.18	25	29.18	180	154.1	180	214.0	180	285.2
		(28)	31.64	*d*=(M14)		*d*=M16		190	300.0
d=M10		30	33.28	30	48.17	30	66.66	200	314.9
25	18.86	(32)	34.49	(32)	50.43	(32)	69.63	*d*=(M18)	
(28)	20.56	35	36.95	35	53.81	35	74.09	35	95.05
30	21.55	(38)	39.41	(38)	56.13	(38)	78.54	(38)	100.7
(32)	22.69	40	41.05	40	58.38	40	79.75	40	104.5
35	24.39	45	44.08	45	64.02	45	87.17	45	110.5
(38)	26.10	50	48.18	50	68.28	50	94.60	50	120.0
40	26.46	(55)	52.28	(55)	73.92	(55)	102.0	(55)	129.4
45	29.30	60	56.38	60	79.57	60	108.0	60	138.9
50	32.15	(65)	60.48	(65)	85.21	(65)	115.5	(65)	146.5

（续）

每1000件钢制品的大约重量

l	G	l	G	l	G	l	G	l	G
d=(M18)		d=M20		d=(M22)		d=M24		d=(M27)	
70	155.9	70	200.1	80	280.2	(95)	384.3	130	657.7
(75)	165.4	(75)	211.8	(85)	294.4	100	401.2	140	700.6
80	174.8	80	223.4	90	308.5	110	435.0	150	743.6
(85)	184.3	(85)	235.0	(95)	322.6	120	468.8	160	786.6
90	193.7	90	246.6	100	336.8	130	500.0	170	829.5
(95)	203.2	(95)	258.3	110	365.0	140	533.7	180	872.5
100	212.6	100	269.9	120	393.3	150	567.5	190	915.4
110	231.6	110	293.1	130	419.7	160	601.3	200	958.4
120	250.5	120	316.4	140	448.0	170	635.1	d=M30	
130	267.8	130	338.0	150	476.3	180	668.8	60	467.3
140	286.7	140	361.2	160	504.5	190	702.6	(65)	493.9
150	305.6	150	384.5	170	532.8	200	736.4	70	514.0
160	324.5	160	407.7	180	561.0	d=(M27)		(75)	540.6
170	343.4	170	431.0	190	589.3	50	329.1	80	567.3
180	362.3	180	454.2	200	617.6	(55)	350.5	(85)	593.9
190	381.2	190	477.4	d=M24		60	372.0	90	620.5
200	400.2	200	500.7	45	225.7	(65)	386.2	(95)	636.6
d=M20		d=(M22)		50	242.6	70	407.7	100	663.3
35	124.6	40	173.3	(55)	253.1	(75)	429.2	110	716.5
(38)	131.6	45	187.4	60	270.0	80	450.7	120	769.7
40	136.2	50	198.5	(65)	286.9	(85)	472.1	130	819.1
45	145.1	(55)	212.6	70	303.7	90	488.8	140	872.3
50	156.7	60	226.8	(75)	320.6	(95)	510.3	150	925.5
(55)	168.3	(65)	240.9	80	333.7	100	531.7	160	978.8
60	179.9	70	255.0	(85)	350.6	110	574.7	170	1032
(65)	191.6	(75)	266.1	90	367.4	120	617.6	180	1085

（续）

每1000件钢制品的大约重量									
l	G	l	G	l	G	l	G	l	G
d=M30		d=(M33)		d=M36		d=(M39)		d=M42	
190	1139	210	1518	200	1759	200	2107	200	2458
200	1192	220	1583	210	1824	210	2185	210	2547
210	1237	230	1647	220	1901	220	2275	220	2652
220	1290	240	1711	230	1978	230	2366	230	2757
230	1343	250	1775	240	2054	240	2456	240	2862
240	1396	260	1840	250	2131	250	2546	250	2967
250	1449	280	1968	260	2208	260	2636	260	3072
d=(M33)		300	2097	280	2361	280	2817	280	3281
(65)	618.5	d=M36		300	2151	300	2997	300	3491
70	650.6	(65)	758.5	d=(M39)		d=M42		d=M48	
(75)	672.5	70	796.9	70	972.8	70	1149	80	1726
80	704.6	(75)	835.2	(75)	1018	(75)	1202	(85)	1795
(85)	736.7	80	860.3	80	1063	80	1254	90	1864
90	768.8	(85)	898.6	(85)	1094	(85)	1283	(95)	1901
(95)	801.0	90	937.0	90	1139	90	1335	100	1970
100	824.9	(95)	975.3	(95)	1184	(95)	1388	110	2107
110	889.1	100	1014	100	1229	100	1440	120	2211
120	953.3	110	1090	110	1319	110	1545	130	2339
130	1014	120	1151	120	1391	120	1626	140	2476
140	1078	130	1222	130	1476	130	1724	150	2614
150	1142	140	1299	140	1566	140	1829	160	2751
160	1206	150	1376	150	1656	150	1933	170	2889
170	1270	160	1453	160	1746	160	2038	180	3026
180	1335	170	1529	170	1837	170	2143	190	3164
190	1399	180	1606	180	1927	180	2248	200	3301
200	1463	190	1683	190	2017	190	2353	210	3419

（续）

每 1000 件钢制品的大约重量							
l	G	l	G	l	G	l	G
d = M48		d = M48		d = M48		d = M48	
220	3556	240	3831	260	4106	300	4656
230	3694	250	3969	280	4381		

注：表列规格：$d \leqslant$ M20 的规格为商品规格；$d \geqslant$ M24 的规格为通用规格。尽可能不采用括号内的规格。d—螺纹规格（mm），l—公称长度（mm）。

3. 双头螺柱（$b_m = 1.5d$）（适用于 GB/T899—1988）（表 4-26）

表 4-26　双头螺柱（$b_m = 1.5d$）**的重量**　（kg）

每 1000 件钢制品的大约重量									
l	G	l	G	l	G	l	G	l	G
d = M2		d = M3		d = M4		d = M5		d = M6	
12	0.27	16	0.91	(28)	2.66	40	6.11	(65)	14.11
(14)	0.31	(18)	1.00	30	2.83	45	6.79	70	15.11
16	0.35	20	1.09	(32)	3.00	50	7.47	(75)	16.10
(18)	0.38	(22)	1.16	35	3.25	d = M6		d = M8	
20	0.42	25	1.30	(38)	3.50	20	5.38	20	10.24
(22)	0.45	(28)	1.44	40	3.67	(22)	5.78	(22)	10.95
25	0.51	30	1.53	d = M5		25	6.26	25	11.84
d = M2.5		(32)	1.62	16	2.96	(28)	6.86	(28)	12.91
(14)	0.52	35	1.76	(18)	3.23	30	7.26	30	13.63
16	0.58	(38)	1.90	20	3.50	(32)	7.55	(32)	14.06
(18)	0.64	40	2.00	(22)	3.77	35	8.14	35	15.14
20	0.69	d = M4		25	4.08	(38)	8.74	(38)	16.21
(22)	0.76	16	1.71	(28)	4.49	40	9.14	40	16.92
25	0.85	(18)	1.88	30	4.76	45	10.13	45	18.71
(28)	0.94	20	2.05	(32)	5.03	50	11.13	50	20.50
30	1.00	(22)	2.21	35	5.44	(55)	12.12	(55)	22.29
		25	2.41	(38)	5.84	60	13.12	60	24.07

（续）

每1000件钢制品的大约重量									
l	G	l	G	l	G	l	G	l	G
d=M8		d=M10		d=M12		d=(M14)		d=M16	
(65)	25.86	110	67.78	140	123.5	140	171.8	140	231.0
70	27.65	120	73.48	150	131.7	150	183.1	150	245.9
(75)	29.44	130	78.70	160	139.9	160	194.4	160	260.7
80	31.23	d=M12		170	148.1	170	205.7	170	275.6
(85)	33.01	25	31.32	180	156.3	180	216.9	180	290.4
90	34.80	(28)	33.78	d=(M14)		d=M16		190	305.3
d=M10		30	35.42	30	51.10	30	71.90	200	320.1
25	20.33	(32)	36.63	(32)	53.35	(32)	74.87	d=(M18)	
(28)	22.04	35	39.09	35	56.74	35	79.32	35	103.2
30	23.02	(38)	41.55	(38)	59.05	(38)	83.78	(38)	108.9
(32)	24.16	40	43.19	40	61.31	40	84.98	40	112.6
35	25.87	45	46.22	45	66.95	45	92.41	45	118.6
(38)	27.57	50	50.32	50	71.21	50	99.83	50	128.1
40	27.93	(55)	54.42	(55)	76.85	(55)	107.3	(55)	137.5
45	30.78	60	58.52	60	82.49	60	113.3	60	147.0
50	33.62	(65)	62.62	(65)	88.13	(65)	120.7	(65)	154.6
(55)	36.47	70	66.72	70	93.77	70	128.1	70	164.0
60	39.32	(75)	70.82	(75)	99.41	(75)	135.6	(75)	173.5
(65)	42.16	80	74.92	80	105.1	80	143.0	80	182.9
70	45.01	(85)	79.02	(85)	110.7	(85)	150.4	(85)	192.4
(75)	47.86	90	83.12	90	116.3	90	157.8	90	201.9
80	50.70	(95)	87.22	(95)	122.0	(95)	165.3	95	211.3
(85)	53.55	100	91.32	100	127.6	100	172.7	100	220.8
90	56.40	110	99.52	110	138.9	110	187.5	110	239.7
(95)	59.24	120	107.7	120	150.2	120	202.4	120	258.6
100	62.09	130	115.3	130	160.5	130	216.2	130	275.9

（续）

每 1000 件钢制品的大约重量

l	*G*	*l*	*G*	*l*	*G*	*l*	*G*	*l*	*G*
d=(M18)		*d*=M20		*d*=(M22)		*d*=M24		*d*=M30	
140	294.8	140	371.5	160	517.1	190	720.3	(65)	526.6
150	313.7	150	394.7	170	545.4	200	754.1	70	546.7
160	332.6	160	417.9	180	573.7	*d*=(M27)		(75)	573.3
170	351.5	170	441.2	190	601.9	50	348.1	80	599.9
180	370.5	180	464.4	200	630.2	(55)	369.6	85	626.6
190	389.4	190	487.7	*d*=M24		60	391.1	90	653.2
200	408.3	200	510.9	45	243.4	(65)	405.3	95	669.3
d=M20		*d*=(M22)		50	260.3	70	426.8	100	696.0
35	134.8	40	185.9	(55)	270.8	(75)	448.2	110	749.2
38	141.8	45	200.0	60	287.7	80	469.7	120	802.4
40	146.5	50	211.1	(65)	304.6	(85)	491.2	130	851.8
45	155.3	(55)	225.2	70	321.4	90	507.8	140	905.0
50	166.9	60	239.4	75	338.3	(95)	529.3	150	958.2
(55)	178.6	(65)	253.5	80	351.4	100	550.8	160	1012
60	190.2	70	267.6	85	368.3	110	593.7	170	1065
(65)	201.8	(75)	278.7	90	385.1	120	636.7	180	1118
70	210.4	80	292.8	95	402.0	130	676.7	190	1171
(75)	222.0	(85)	307.0	100	418.9	140	719.7	200	1224
80	233.6	90	321.1	110	452.7	150	762.7	210	1269
(85)	245.3	(95)	335.2	120	486.5	160	805.6	220	1322
90	256.9	100	349.4	130	517.7	170	848.6	230	1376
(95)	268.5	110	377.6	140	551.4	180	891.5	240	1429
100	280.1	120	405.9	150	585.2	190	934.5	250	1482
110	303.4	130	432.3	160	619.0	200	977.4	*d*=(M33)	
120	326.6	140	460.6	170	652.8	*d*=M30		65	664.4
130	348.2	150	488.9	180	686.5	60	500.0	70	696.6

（续）

每1000件钢制品的大约重量									
l	*G*	*l*	*G*	*l*	*G*	*l*	*G*	*l*	*G*
d=(M33)		*d*=M36		*d*=(M39)		*d*=M42		*d*=M48	
75	718.4	(65)	819.6	70	1045	70	1252	80	1872
80	750.5	70	857.9	(75)	1090	(75)	1304	(85)	1941
85	782.7	(75)	896.3	80	1136	80	1356	90	2010
90	814.8	80	921.3	(85)	1166	(85)	1385	(95)	2047
(95)	846.9	(85)	959.7	90	1211	90	1437	100	2116
100	870.8	90	998.0	(95)	1257	(95)	1490	110	2254
110	935.0	(95)	1036	100	1302	100	1542	120	2357
120	999.3	100	1075	110	1392	110	1647	130	2485
130	1059	110	1151	120	1464	120	1728	140	2622
140	1124	120	1212	130	1548	130	1826	150	2760
150	1188	130	1284	140	1639	140	1931	160	2897
160	1252	140	1360	150	1729	150	2036	170	3035
170	1316	150	1437	160	1819	160	2141	180	3173
180	1381	160	1514	170	1909	170	2245	190	3310
190	1445	170	1590	180	1999	180	2350	200	3448
200	1509	180	1667	190	2090	190	2455	210	3565
210	1564	190	1744	200	2180	200	2560	220	3702
220	1629	200	1820	210	2258	210	2649	230	3840
230	1693	210	1885	220	2348	220	2754	240	3977
240	1757	220	1962	230	2438	230	2859	250	4115
250	1821	230	2039	240	2528	240	2964	260	4252
260	1886	240	2116	250	2619	250	3069	280	4527
280	2014	250	2192	260	2709	260	3174	300	4802
300	2142	260	2269	280	2889	280	3384		
		280	2422	300	3070	300	3593		
		300	2576						

注：表列规格为通用规格。尽可能不采用括号内的规格。*d*—螺纹规格（mm），*l*—公称长度（mm）。

4. 双头螺柱（$b_m = 2d$）（适用于 GB/T900—1988）（表 4-27）

表 4-27　双头螺柱（$b_m = 2d$）的重量　　（kg）

每1000件钢制品的大约重量									
l	G	l	G	l	G	l	G	l	G
d=M2		d=M3		d=M5		d=M8		d=M10	
12	0.29	(32)	1.69	(32)	5.27	20	11.48	35	28.32
(14)	0.33	35	1.83	35	5.68	(22)	12.20	(38)	30.03
16	0.36	(38)	1.97	(38)	6.08	25	13.08	40	30.39
(18)	0.40	40	2.06	40	6.35	(28)	14.16	45	33.23
20	0.44	d=M4		45	7.03	30	14.87	50	36.08
(22)	0.47	16	1.86	50	7.71	(32)	15.31	(55)	38.93
25	0.53	(18)	2.03	d=M6		35	16.38	60	41.77
d=M2.5		20	2.19	20	5.72	(38)	17.45	(65)	44.62
(14)	0.56	(22)	2.36	(22)	6.12	40	18.17	70	47.47
16	0.62	25	2.56	25	6.61	45	19.95	(75)	50.31
(18)	0.68	(28)	2.81	(28)	7.20	50	21.74	80	53.16
20	0.74	30	2.98	30	7.60	(55)	23.53	(85)	56.01
(22)	0.80	(32)	3.15	(32)	7.89	60	25.32	90	58.85
25	0.89	35	3.40	35	8.49	(65)	27.11	(95)	61.70
(28)	0.99	(38)	3.65	(38)	9.08	70	28.89	100	64.55
30	1.05	40	3.82	40	9.48	(75)	30.68	110	70.24
d=M3		d=M5		45	10.48	80	32.47	120	75.93
16	0.97	16	3.20	50	11.47	(85)	34.26	130	81.16
(18)	1.06	(18)	3.47	(55)	12.47	90	36.05	d=M12	
20	1.16	20	3.74	60	13.46	d=M10		25	35.60
(22)	1.22	(22)	4.01	(65)	14.46	25	22.79	(28)	38.06
25	1.36	25	4.32	70	15.45	(28)	24.49	30	39.70
(28)	1.50	(28)	4.73	(75)	16.45	30	25.48	(32)	40.91
30	1.60	30	5.00			(32)	26.61	35	43.37

（续）

每1000件钢制品的大约重量									
l	*G*	*l*	*G*	*l*	*G*	*l*	*G*	*l*	*G*
d=M12		*d*=(M14)		*d*=M16		*d*=(M18)		*d*=M20	
(38)	45.83	(38)	65.88	(38)	94.25	(38)	123.5	(38)	162.3
40	47.47	40	68.13	40	95.45	40	127.3	40	166.9
45	50.49	45	73.77	45	102.9	45	133.2	45	175.8
50	54.59	50	78.03	50	110.3	50	142.7	50	187.4
(55)	58.69	(55)	83.67	(55)	117.7	(55)	152.1	(55)	199.0
60	62.79	60	89.31	60	123.7	60	161.6	60	210.7
(65)	66.89	(65)	94.95	(65)	131.2	(65)	169.2	(65)	222.3
70	70.99	70	100.6	70	138.6	70	178.6	70	230.9
(75)	75.09	(75)	106.2	(75)	146.0	(75)	188.1	(75)	242.5
80	79.19	80	111.9	80	153.4	80	197.6	80	254.1
(85)	83.29	(85)	117.5	(85)	160.9	(85)	207.0	(85)	265.7
90	87.39	90	123.2	90	168.3	90	216.5	90	277.4
(95)	91.49	(95)	128.8	(95)	175.7	(95)	225.9	(95)	289.0
100	95.59	100	134.4	100	183.1	100	235.4	100	300.6
110	103.8	110	145.7	110	198.0	110	254.3	110	323.9
120	112.0	120	157.0	120	212.9	120	273.2	120	347.1
130	119.6	130	167.4	130	226.6	130	290.5	130	368.7
140	127.8	140	178.6	140	241.5	140	309.4	140	391.9
150	136.0	150	189.9	150	256.3	150	328.3	150	415.2
160	144.2	160	201.2	160	271.2	160	347.3	160	438.4
170	152.4	170	212.5	170	286.0	170	366.2	170	461.7
180	160.6	180	223.8	180	300.9	180	385.1	180	484.9
d=(M14)		*d*=M16		190	315.8	190	404.0	190	508.2
30	57.92	30	82.36	200	330.6	200	422.9	200	531.4
(32)	60.18	(32)	85.33	*d*=(M18)		*d*=M20		*d*=(M22)	
35	63.56	35	89.79	35	117.8	35	155.3	40	213.6

（续）

每1000件钢制品的大约重量									
l	*G*	*l*	*G*	*l*	*G*	*l*	*G*	*l*	*G*
d=(M22)		*d*=M24		*d*=(M27)		*d*=M30		*d*=(M33)	
45	227.8	60	323.1	80	523.1	120	872.5	140	1221
50	238.8	(65)	339.9	(85)	544.6	130	921.8	150	1285
(55)	253.0	70	356.8	90	561.2	140	975.0	160	1350
60	267.1	(75)	373.7	(95)	582.7	150	1028	170	1414
(65)	281.2	80	386.8	100	604.1	160	1082	180	1478
70	295.4	(85)	403.6	110	647.1	170	1135	190	1542
(75)	306.4	90	420.5	120	690.1	180	1188	200	1607
80	320.6	(95)	437.4	130	730.1	190	1241	210	1662
(85)	334.7	100	454.3	140	773.1	200	1295	220	1726
90	348.8	110	488.1	150	816.0	210	1339	230	1790
(95)	363.0	120	521.9	160	859.0	220	1393	240	1855
100	377.1	130	553.1	170	901.9	230	1446	250	1919
110	405.4	140	586.8	180	944.9	240	1499	260	1983
120	433.6	150	620.6	190	987.8	250	1552	280	2112
130	460.0	160	654.4	200	1031	*d*=(M33)		300	2240
140	488.3	170	688.2	*d*=M30		65	762.0	*d*=M36	
150	516.6	180	721.9	60	570.1	70	794.1	(65)	941.7
160	544.8	190	755.7	(65)	596.7	(75)	816.0	70	980.0
170	573.1	200	789.5	70	616.8	80	848.1	(75)	1018
180	601.4	*d*=(M27)		(75)	643.4	(85)	880.2	80	1043
190	629.6	50	401.5	80	670.0	90	912.3	(85)	1082
200	657.9	(55)	422.9	(85)	696.6	(95)	944.5	90	1120
d=M24		60	444.4	90	723.2	100	968.4	(95)	1158
45	278.8	(65)	458.6	(95)	739.4	110	1033	100	1197
50	295.7	70	480.1	100	766.0	120	1097	110	1274
(55)	306.2	(75)	501.6	110	819.2	130	1157	120	1334

（续）

每1000件钢制品的大约重量									
l	G	l	G	l	G	l	G	l	G
d=M36		d=（M39）		d=（M39）		d=M42		d=M48	
130	1406	80	1297	250	2780	180	2545	130	2777
140	1482	（85）	1328	260	2870	190	2650	140	2915
150	1559	90	1373	280	3051	200	2755	150	3052
160	1636	（95）	1418	300	3231	210	2845	160	3190
170	1712	100	1463	d=M42		220	2949	170	3328
180	1789	110	1553	70	1447	230	3054	180	3465
190	1866	120	1625	（75）	1499	240	3159	190	3603
200	1942	130	1710	80	1552	250	3264	200	3740
210	2008	140	1800	（85）	1580	260	3369	210	3857
220	2084	150	1890	90	1633	280	3579	220	3995
230	2161	160	1980	（95）	1685	300	3789	230	4132
240	2238	170	2070	100	1737	d=M48		240	4270
250	2314	180	2161	110	1842	80	2165	250	4407
260	2391	190	2251	120	1923	（85）	2234	260	4545
280	2544	200	2341	130	2021	90	2302	280	4820
300	2698	210	2419	140	2126	（95）	2340	300	5095
d=（M39）		220	2509	150	2231	100	2409		
70	1207	230	2599	160	2336	110	2546		
（75）	1252	240	2690	170	2441	120	2649		

注：表列规格为通用规格。尽可能不采用括号内的规格。d—螺纹规格（mm），l—公称长度（mm）。

5. B 级等长双头螺柱（适用于 GB/T901—1988）（表 4-28）

表 4-28　B 级等长双头螺柱的重量　　（kg）

每 1000 件钢制品的大约重量									
l	*G*	*l*	*G*	*l*	*G*	*l*	*G*	*l*	*G*
d=M2		*d*=M2.5		*d*=M3		*d*=M3		*d*=M4	
10	0.18	25	0.72	(32)	1.36	200	8.49	80	5.99
12	0.21	(28)	0.81	35	1.49	(210)	8.92	(85)	6.36
(14)	0.25	30	0.86	(38)	1.61	220	9.34	90	6.74
16	0.28	(32)	0.92	40	1.70	(230)	9.77	(95)	7.11
(18)	0.32	35	1.01	45	1.91	(240)	10.19	100	7.49
20	0.35	(38)	1.09	50	2.12	250	10.62	110	8.24
(22)	0.39	40	1.15	(55)	2.34	*d*=M4		120	8.98
25	0.44	45	1.29	60	2.55	16	1.20	130	9.73
(28)	0.50	50	1.44	(65)	2.76	(18)	1.35	140	10.48
30	0.53	(55)	1.58	70	2.97	20	1.50	150	11.23
32	0.57	60	1.73	(75)	3.19	(22)	1.65	160	11.98
35	0.62	(65)	1.87	80	3.40	25	1.87	170	12.73
38	0.67	70	2.01	(85)	3.61	(28)	2.10	180	13.48
40	0.71	(75)	2.16	90	3.82	30	2.25	190	14.23
45	0.80	80	2.30	(95)	4.03	(32)	2.40	200	14.97
50	0.89	*d*=M3		100	4.25	35	2.62	(210)	15.72
(55)	0.97	12	0.51	110	4.67	(38)	2.85	220	16.47
60	1.06	(14)	0.59	120	5.10	40	2.99	(230)	17.22
d=M2.5		16	0.68	130	5.52	45	3.37	(240)	17.97
10	0.29	(18)	0.76	140	5.95	50	3.74	250	18.72
12	0.35	20	0.85	150	6.37	(55)	4.12	(260)	19.47
(14)	0.40	(22)	0.93	160	6.80	60	4.49	280	20.96
16	0.46	25	1.06	170	7.22	(65)	4.87	300	22.46
(18)	0.52	(28)	1.19	180	7.64	70	5.24	*d*=M5	
20	0.58	30	1.27	190	8.07	(75)	5.62	20	2.40
(22)	0.63								

（续）

每1000件钢制品的大约重量									
l	*G*	*l*	*G*	*l*	*G*	*l*	*G*	*l*	*G*
d=M5		*d*=M5		*d*=M6		*d*=M8		*d*=M8	
(22)	2.64	170	20.42	(75)	12.86	35	10.88	220	68.42
25	3.00	180	21.62	80	13.71	(38)	11.82	(230)	71.53
(28)	3.36	190	22.82	(85)	14.57	40	12.44	(240)	74.64
30	3.60	200	24.02	90	15.43	45	13.99	250	77.75
(32)	3.84	(210)	25.22	(95)	16.29	50	15.55	(260)	80.86
35	4.20	220	26.43	100	17.14	(55)	17.10	280	87.08
(38)	4.56	(230)	27.63	110	18.86	60	18.66	300	93.30
40	4.80	(240)	28.83	120	20.57	(65)	20.21	*d*=M10	
45	5.41	250	30.03	130	22.29	70	21.77	40	19.52
50	6.01	(260)	31.23	140	24.00	(75)	23.32	45	21.96
(55)	6.61	280	33.63	150	25.72	80	24.88	50	24.40
60	7.21	300	36.03	160	27.43	(85)	26.43	(55)	26.84
(65)	7.81	*d*=M6		170	29.14	90	27.99	60	29.28
70	8.41	25	4.29	180	30.86	(95)	29.54	(65)	31.72
(75)	9.01	(28)	4.80	190	32.57	100	31.10	70	34.16
80	9.61	30	5.14	200	34.29	110	34.21	(75)	36.60
(85)	10.21	(32)	5.49	(210)	36.00	120	37.32	80	39.04
90	10.81	35	6.00	220	37.72	130	40.43	(85)	41.48
(95)	11.41	(38)	6.51	(230)	39.43	140	43.54	90	43.92
100	12.01	40	6.86	(240)	41.14	150	46.65	(95)	46.36
110	13.21	45	7.71	250	42.86	160	49.76	100	48.80
120	14.41	50	8.57	(260)	44.57	170	52.87	110	53.68
130	15.62	(55)	9.43	280	48.00	180	55.98	120	58.56
140	16.82	60	10.29	300	51.43	190	59.09	130	63.44
150	18.02	(65)	11.14	*d*=M8		200	62.20	140	68.32
160	19.22	70	12.00	(32)	9.95	(210)	65.31	150	73.20

（续）

每 1000 件钢制品的大约重量

l	G	l	G	l	G	l	G	l	G
d=M10		d=M12		d=(M14)		d=M16		d=(M18)	
160	78.08	120	85.49	100	97.49	90	117.8	80	129.9
170	82.96	130	92.62	110	107.2	(95)	124.3	(85)	138.1
180	87.84	140	99.74	120	117.0	100	130.9	90	146.2
190	92.72	150	106.9	130	126.7	110	143.9	(95)	154.3
200	97.60	160	114.0	140	136.5	120	157.0	100	162.4
(210)	102.5	170	121.1	150	146.2	130	170.1	110	178.7
220	107.4	180	128.2	160	156.0	140	183.2	120	194.9
(230)	112.2	190	135.4	170	165.7	150	196.3	130	211.2
(240)	117.1	200	142.5	180	175.5	160	209.4	140	227.4
250	122.0	(210)	149.6	190	185.2	170	222.5	150	243.6
(260)	126.9	220	156.7	200	195.0	180	235.5	160	259.9
280	136.6	(230)	163.9	(210)	204.7	190	248.6	170	276.1
300	146.4	(240)	171.0	220	214.5	200	261.7	180	292.4
d=M12		250	178.1	(230)	224.2	(210)	274.8	190	308.6
50	35.62	(260)	185.2	(240)	234.0	220	287.9	200	324.9
(55)	39.18	280	199.5	250	243.7	(230)	301.0	(210)	341.1
60	42.75	300	213.7	(260)	253.5	(240)	314.1	220	357.3
(65)	46.31	d=(M14)		280	273.0	250	327.1	(230)	373.6
70	49.87	60	58.49	300	292.5	(260)	340.2	(240)	389.8
(75)	53.43	(65)	63.37	d=M16		280	366.4	250	406.1
80	56.99	70	68.24	60	78.51	300	392.6	(260)	422.3
(85)	60.56	(75)	73.12	(65)	85.05	d=(M18)		280	454.8
90	64.12	80	77.99	70	91.60	60	97.46	300	487.3
(95)	67.68	(85)	82.87	(75)	98.14	(65)	105.6	d=M20	
100	71.24	90	87.74	80	104.7	70	113.7	70	143.3
110	78.37	(95)	92.62	(85)	111.2	(75)	121.8	(75)	153.6

（续）

每1000件钢制品的大约重量

l	G	l	G	l	G	l	G	l	G
d=M20		d=(M22)		d=M24		d=(M27)		d=M30	
80	163.8	90	226.8	120	354.0	180	686.1	(260)	1214
(85)	174.1	(95)	239.4	130	383.5	190	724.2	280	1308
90	184.3	100	252.0	140	413.0	200	762.3	300	1401
(95)	194.5	110	277.2	150	442.5	(210)	800.4	320	1494
100	204.8	120	302.4	160	472.0	220	838.5	350	1635
110	225.3	130	327.6	170	501.5	(230)	876.6	380	1775
120	245.7	140	352.8	180	530.9	(240)	914.7	400	1868
130	266.2	150	378.0	190	560.4	250	952.8	d=(M33)	
140	286.7	160	403.2	200	589.9	(260)	991.0	140	803.6
150	307.2	170	428.5	(210)	619.4	280	1067	150	861.0
160	327.6	180	453.7	220	648.9	300	1143	160	918.4
170	348.1	190	478.9	(230)	678.4	d=M30		170	975.8
180	368.6	200	504.1	(240)	707.9	120	560.4	180	1033
190	389.1	(210)	529.3	250	737.4	130	607.1	190	1091
200	409.6	220	554.5	(260)	766.9	140	653.8	200	1148
(210)	430.0	(230)	579.7	280	825.9	150	700.5	(210)	1205
220	450.5	(240)	604.9	300	884.9	160	747.2	220	1263
(230)	471.0	250	630.1	d=(M27)		170	793.9	(230)	1320
(240)	491.5	(260)	655.3	100	381.1	180	840.6	(240)	1378
250	511.9	280	705.7	110	419.3	190	887.3	250	1435
(260)	532.4	300	756.1	120	457.4	200	934.0	(260)	1492
280	573.4	d=M24		130	495.5	(210)	980.7	280	1607
300	614.3	90	265.5	140	533.6	220	1027	300	1722
d=(M22)		(95)	280.2	150	571.7	(230)	1074	320	1837
80	201.6	100	295.0	160	609.8	(240)	1121	350	2009
(85)	214.2	110	324.5	170	647.9	250	1168	380	2181
								400	2296

（续）

每1000件钢制品的大约重量									
l	*G*	*l*	*G*	*l*	*G*	*l*	*G*	*l*	*G*
d＝M36		*d*＝(M39)		*d*＝M42		*d*＝M48		*d*＝M56	
140	949.6	140	1129	140	1301	150	1828	190	3181
150	1018	150	1209	150	1394	160	1950	200	3348
160	1085	160	1290	160	1487	170	2072	(210)	3515
170	1153	170	1370	170	1579	180	2194	220	3683
180	1221	180	1451	180	1672	190	2316	(230)	3850
190	1289	190	1532	190	1765	200	2438	(240)	4018
200	1357	200	1612	200	1858	(210)	2560	250	4185
(210)	1424	(210)	1693	(210)	1951	220	2682	(260)	4352
220	1492	220	1774	220	2044	(230)	2804	280	4687
(230)	1560	(230)	1854	(230)	2137	(240)	2925	300	5022
(240)	1628	(240)	1935	(240)	2230	250	3047	320	5357
250	1696	250	2015	250	2323	(260)	3169	350	5859
(260)	1764	(260)	2096	(260)	2416	280	3413	380	6361
280	1899	280	2257	280	2601	300	3657	400	6696
300	2035	300	2418	300	2787	320	3901	420	7031
320	2171	320	2580	320	2973	350	4266	450	7533
350	2374	350	2821	350	3252	380	4632	480	8035
380	2578	380	3063	380	3530	400	4876	500	8370
400	2713	400	3225	400	3716	420	5119		
420	2849	420	3386	420	3902	450	5485		
450	3052	450	3628	450	4181	480	5851		
480	3256	480	3869	480	4460	500	6095		
500	3392	500	4031	500	4645				

注：表列规格：*d*≤M27的规格为商品规格；*d*≥M30的规格为通用规格。尽可能不采用括号内的规格。*d*—螺纹规格（mm），*l*—公称长度（mm）。

6. C 级等长双头螺柱（适用于 GB/T953—1988）（表 4-29）

表 4-29　C 级等长双头螺柱的重量　　（kg）

每 1000 件钢制品的大约重量									
l	G	l	G	l	G	l	G	l	G
d=M8		d=M8		d=M10		d=M12		d=(M14)	
100	31.10	550	171.1	450	219.6	400	285.0	220	214.5
110	34.21	600	186.6	480	234.2	420	299.2	240	234.0
120	37.32	d=M10		500	244.0	450	320.6	260	253.5
130	40.43	100	48.80	550	268.4	480	342.0	280	273.0
140	43.54	110	53.68	600	292.8	500	356.2	300	292.5
150	46.65	120	58.56	650	317.2	550	391.8	320	312.0
160	49.76	130	63.44	700	341.6	600	427.5	350	341.2
170	52.87	140	68.32	750	366.0	650	463.1	380	370.5
180	55.98	150	73.20	800	390.4	700	498.7	400	390.0
190	59.09	160	78.08	d=M12		750	534.3	420	409.5
200	62.20	170	82.96	150	106.9	800	570.0	450	438.7
220	68.42	180	87.84	160	114.0	850	605.6	480	468.0
240	74.64	190	92.72	170	121.1	900	641.2	500	487.5
260	80.86	200	97.60	180	128.2	950	676.8	550	536.2
280	87.08	220	107.4	190	135.4	1000	712.4	600	584.9
300	93.30	240	117.1	200	142.5	1100	783.7	650	633.7
320	99.52	260	126.9	220	156.7	1200	854.9	700	682.4
350	108.9	280	136.6	240	171.0	d=(M14)		750	731.2
380	118.2	300	146.4	260	185.2	150	146.2	800	779.9
400	124.4	320	156.2	280	199.5	160	156.0	850	828.7
420	130.6	350	170.8	300	213.7	170	165.7	900	877.4
450	140.0	380	185.4	320	228.0	180	175.5	950	926.2
480	149.3	400	195.2	350	249.4	190	185.2	1000	974.9
500	155.5	420	205.0	380	270.7	200	195.0	1100	1072

（续）

每 1000 件钢制品的大约重量									
l	G	l	G	l	G	l	G	l	G
d=(M14)		d=M16		d=(M18)		d=M20		d=(M22)	
1200	1170	1100	1439	850	1381	800	1638	750	1890
d=M16		1200	1570	900	1462	850	1741	800	2016
200	261.7	1300	1701	950	1543	900	1843	850	2142
220	287.9	1400	1832	1000	1624	950	1945	900	2268
240	314.1	1500	1963	1100	1787	1000	2048	950	2394
260	340.2	d=(M18)		1200	1949	1100	2253	1000	2520
280	366.4	200	324.9	1300	2112	1200	2457	1100	2772
300	392.6	220	357.3	1400	2274	1300	2662	1200	3024
320	418.7	240	389.8	1500	2436	1400	2867	1300	3276
350	458.0	260	422.3	d=M20		1500	3072	1400	3528
380	497.2	280	454.8	260	532.4	d=(M22)		1500	3780
400	523.4	300	487.3	280	573.4	260	655.3	1600	4033
420	549.6	320	519.8	300	614.3	280	705.7	1700	4285
450	588.8	350	568.5	320	655.3	300	756.1	1800	4537
480	628.1	380	617.2	350	716.7	320	806.5	d=M24	
500	654.3	400	649.7	380	778.2	350	882.1	300	884.9
550	719.7	420	682.2	400	819.1	380	957.7	320	943.9
600	785.1	450	730.9	420	860.1	400	1008	350	1032
650	850.5	480	779.6	450	921.5	420	1059	380	1121
700	916.0	500	812.1	480	982.9	450	1134	400	1180
750	981.4	550	893.3	500	1024	480	1210	420	1239
800	1047	600	974.6	550	1126	500	1260	450	1327
850	1112	650	1056	600	1229	550	1386	480	1416
900	1178	700	1137	650	1331	600	1512	500	1475
950	1243	750	1218	700	1433	650	1638	550	1622
1000	1309	800	1299	750	1536	700	1764	600	1770

（续）

每1000件钢制品的大约重量

l	G	l	G	l	G	l	G	l	G
d=M24		d=(M27)		d=M30		d=M30		d=(M33)	
650	1917	550	2096	480	2242	2500	11675	1800	10332
700	2065	600	2287	500	2335	d=(M33)		1900	10906
750	2212	650	2477	550	2569	350	2009	2000	11480
800	2360	700	2668	600	2802	380	2181	2100	12054
850	2507	750	2859	650	3036	400	2296	2200	12628
900	2655	800	3049	700	3269	420	2411	2300	13202
950	2802	850	3240	750	3503	450	2583	2400	13776
1000	2950	900	3430	800	3736	480	2755	2500	14350
1100	3245	950	3621	850	3970	500	2870	d=M36	
1200	3540	1000	3811	900	4203	550	3157	350	2374
1300	3835	1100	4193	950	4437	600	3444	380	2578
1400	4130	1200	4574	1000	4670	650	3731	400	2713
1500	4425	1300	4955	1100	5137	700	4018	420	2849
1600	4720	1400	5336	1200	5604	750	4305	450	3052
1700	5015	1500	5717	1300	6071	800	4592	480	3256
1800	5309	1600	6098	1400	6538	850	4879	500	3392
d=(M27)		1700	6479	1500	7005	900	5166	550	3731
300	1143	1800	6861	1600	7472	950	5453	600	4070
320	1220	1900	7242	1700	7939	1000	5740	650	4409
350	1334	2000	7623	1800	8406	1100	6314	700	4748
380	1448	d=M30		1900	8873	1200	6888	750	5087
400	1525	350	1635	2000	9340	1300	7462	800	5426
420	1601	380	1775	2100	9807	1400	8036	850	5766
450	1715	400	1868	2200	10274	1500	8610	900	6105
480	1830	420	1961	2300	10741	1600	9184	950	6444
500	1906	450	2102	2400	11208	1700	9758	1000	6783

（续）

每 1000 件钢制品的大约重量									
l	G	l	G	l	G	l	G	l	G
d = M36		d =（M39）		d =（M39）		d = M42		d = M48	
1100	7461	480	3869	2000	16122	1400	13007	900	10970
1200	8140	500	4031	2100	16929	1500	13936	950	11580
1300	8818	550	4434	2200	17735	1600	14865	1000	12189
1400	9496	600	4837	2300	18541	1700	15794	1100	13408
1500	10175	650	5240	2400	19347	1800	16723	1200	14627
1600	10853	700	5643	2500	20153	1900	17652	1300	15846
1700	11531	750	6046	d = M42		2000	18581	1400	17065
1800	12209	800	6449	500	4645	2100	19510	1500	18284
1900	12888	850	6852	550	5110	2200	20439	1600	19503
2000	13566	900	7255	600	5574	2300	21368	1700	20721
2100	14244	950	7658	650	6039	2400	22297	1800	21940
2200	14923	1000	8061	700	6503	2500	23227	1900	23159
2300	15601	1100	8867	750	6968	d = M48		2000	24378
2400	16279	1200	9673	800	7433	500	6095	2100	25597
2500	16957	1300	10480	850	7897	550	6704	2200	26816
d =（M39）		1400	11286	900	8362	600	7313	2300	28035
350	2821	1500	12092	950	8826	650	7923	2400	29254
380	3063	1600	12898	1000	9291	700	8532	2500	30473
400	3225	1700	13704	1100	10220	750	9142		
420	3386	1800	14510	1200	11149	800	9751		
450	3628	1900	15316	1300	12078	850	10361		

注：尽量不采用括号内的规格。d—螺纹规格（mm），l—公称长度（mm）。

7. 电弧螺柱焊用焊接螺柱（适用于 GB/T 902.2—2010）（表 4-30、表 4-31）

表 4-30　PD 型螺纹螺柱的重量　（kg）

每 1000 件钢制品的大约重量									
l_2	G	l_2	G	l_2	G	l_2	G	l_2	G
d = M6		d = M6		d = M8		d = M8		d = M10	
15	2.5	35	6.2	25	8.0	45	14.3	25	12.6
20	3.5	40	7.1	30	9.6	50	15.9	30	15.1
25	4.4	d = M8		35	11.1	d = M10		35	17.6
30	5.3	20	6.4	40	12.70	20	10.0	40	20.1

（续）

每1000件钢制品的大约重量

l_2	G	l_2	G	l_2	G	l_2	G	l_2	G
d=M10		d=M12		d=M16		d=M16		d=M20	
45	22.6	35	25.40	35	46.6	150	199.7	65	135.3
50	25.1	40	29.1	40	53.3	160	213.1	70	145.7
100	50.2	45	32.7	45	59.5	d=M20		d=M24	
140	70.3	50	36.3	50	66.6	35	72.9	45	149.8
150	75.4	100	72.7	55	73.3	40	83.3	75	224.7
160	80.4	140	101.7	60	79.9	45	93.7	100	229.6
d=M12		150	109.0	65	186.6	50	104.1		
25	18.2	160	116.3	100	133.2	55	114.5		
		d=M16							
30	21.8	30	39.9	140	186.4	60	124.9		

表 4-31 RD型带缩杆的螺纹螺柱的重量 （kg）

每1000件钢制品的大约重量

l_2	G	l_2	G	l_2	G	l_2	G	l_2	G
d=M6		d=M8		d=M10		d=M12		d=M20	
15	2.3	40	12.1	50	24.1	60	42.2	35	67.3
20	3.2	45	13.7	55	26.6	d=M16		40	77.8
25	4.1	50	15.3	d=M12		30	36.9	45	88.2
30	5.0	d=M10		25	16.5	35	43.5	50	98.6
40	6.8	20	9.0	30	20.2	40	50.2	55	109.1
d=M8		25	11.5	35	23.9	45	56.9	60	119.5
20	5.7	30	14.0	40	27.5	50	63.5	65	129.9
25	7.3	35	16.5	45	31.2	55	70.2	70	140.4
30	8.9	40	19.0	50	34.8	60	76.8	d=M24	
35	10.5	45	21.6	55	38.5	65	83.5	50	124.4
								75	186.7
								100	249.0

第五章 螺　钉

一、螺钉综述

1. 螺钉的尺寸代号与标注（GB/T 5276—2015）（表 5-1）

表 5-1　螺钉的尺寸代号与标注

尺寸代号	标注内容	尺寸代号	标注内容
A	内六角花形的公称直径	k	头部高度
a	支承面至第一扣完整螺纹的距离	l	公称长度
		l_f	过渡长度
b	螺纹长度	m	十字槽翼直径
d	螺纹基本大径(公称直径)	n	开槽宽度
d_a	支承面内径	P	螺距
d_k	头部直径	r	头下圆角半径
d_p	平端或圆柱端或钻尖直径	r_e	倒圆端半径
d_s	无螺纹杆径	r_f	头部球面半径
d_t	截锥端直径	s	对边宽度
d_w	垫圈面(支承面)直径	t	内扳拧或开槽深度
d_z	凹端直径	u	不完全螺纹的长度
e	对角宽度	w	扳拧部分和支承面间的厚度
f	半沉头球面(椭圆)部分的高度	x	螺纹收尾长度
		z	圆柱端或导向端长度

2. 螺钉用十字槽（GB/T 944.1—1985）

（1）H 型十字槽

1）型式与尺寸，按图 5-1 及表 5-2 规定。

2）H 型十字槽插入深度的测量和量规尺寸按图 5-2 规定。

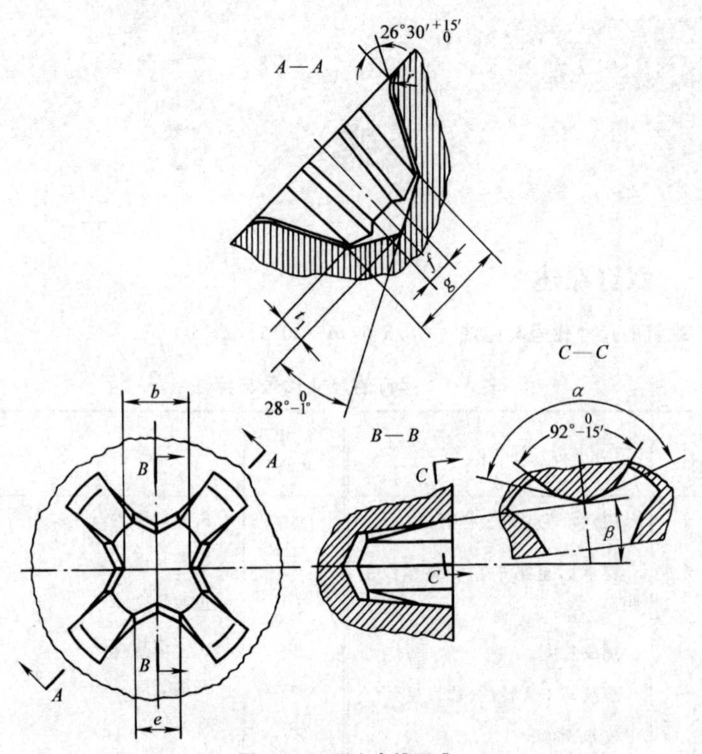

图 5-1　H型十字槽型式

表 5-2　H型十字槽尺寸

槽　号		No.	0	1	2	3	4
b	mm	$^{0}_{-0.03}$	0.61	0.97	1.47	2.41	3.48
e			0.26~0.36	0.41~0.46	0.79~0.84	1.98~2.03	2.39~2.44
g		$^{+0.05}_{0}$	0.81	1.27	2.29	3.81	5.08
f			0.31~0.36	0.51~0.56	0.66~0.74	0.79~0.86	1.19~1.27
r		公称	0.3	0.5	0.6	0.8	1
t_1		参考	0.22	0.34	0.61	1.01	1.35
α		$^{0}_{-15'}$	—	138°	140°	146°	153°
β		$^{+15'}_{0}$	7°	7°	5°45′	5°45′	7°

注：1. 0号槽的 α 角以 r_{min} = 0.25mm，r_{max} = 0.36mm 代替。

2. 表中给出的尺寸都是理论值，供模具制造用，在制品上不予检查。

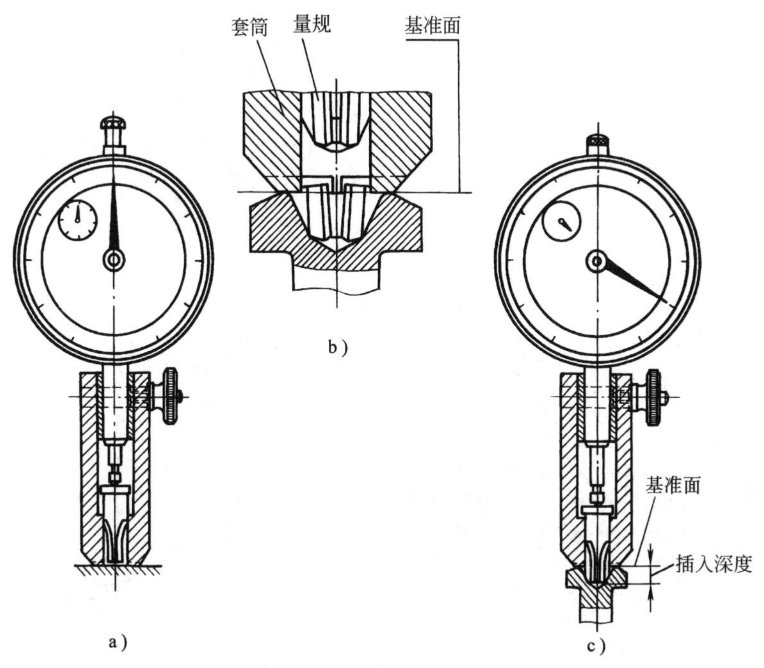

图 5-2　H 型十字槽测深表

a) 0位　b) 基准面　c) 测量位置

(2) Z 型十字槽

1) 型式与尺寸 (图 5-3、表 5-3)。

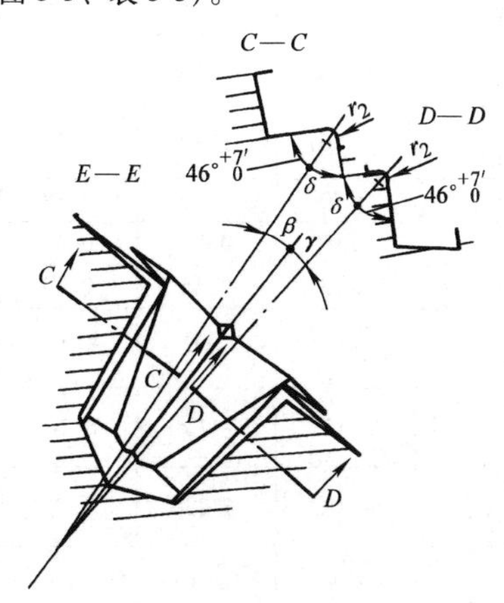

图 5-3　Z 型十字槽型式

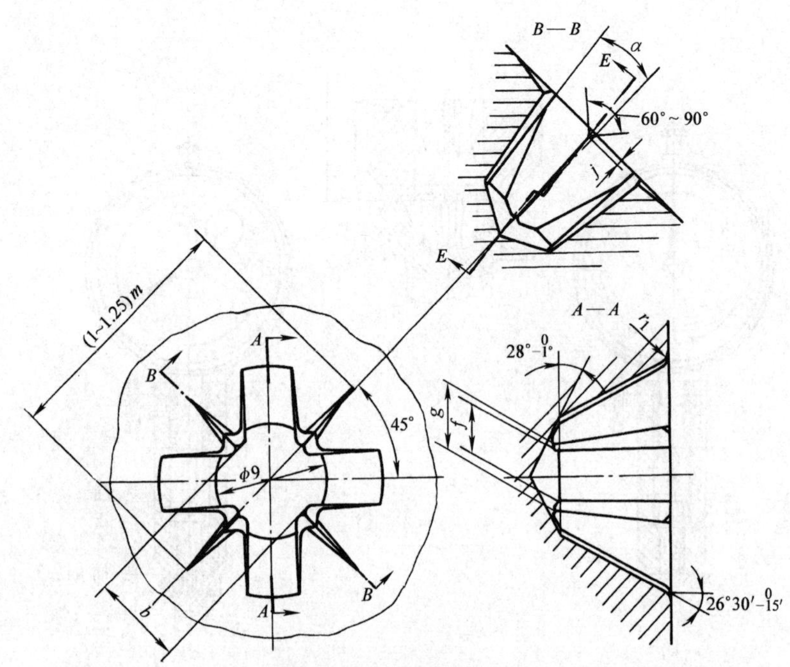

图 5-3 Z 型十字槽型式（续）

表 5-3 Z 型十字槽尺寸

槽号		No.	0	1	2	3	4
b	mm	$_{-0.05}^{0}$	0.76	1.27	1.83	2.72	3.96
f		$_{-0.025}^{0}$	0.48	0.74	1.03	1.42	2.16
g		$_{-0.05}^{0}$	0.86	1.32	2.34	3.86	5.08
r_1		max	0.30	0.30	0.38	0.51	0.64
r_2		max	0.10	0.13	0.15	0.25	0.38
j		max	0.13	0.15	0.15	0.20	0.20
α		$_{0}^{+15'}$	7°	7°	5°45′	5°45′	7°
β		$_{-15'}^{0}$	7°45′	7°45′	6°20′	6°20′	7°45′
γ		$_{-15'}^{0}$	4°23′	4°23′	3°	3°	4°23′
δ		$_{-7'}^{0}$	46°	46°	46°	56°15′	56°15′

注：表中给出的尺寸都是理论值，供模具制品用，在制品上不予检查。

2）Z型十字槽插入深度的测量和量规尺寸（图5-4、图5-5、表5-4）。

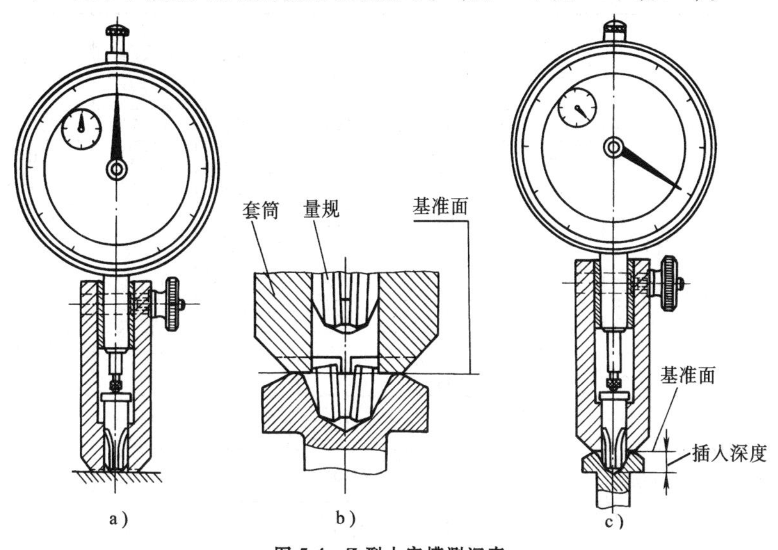

图5-4　Z型十字槽测深表

a）0位　b）基准面　c）测量位置

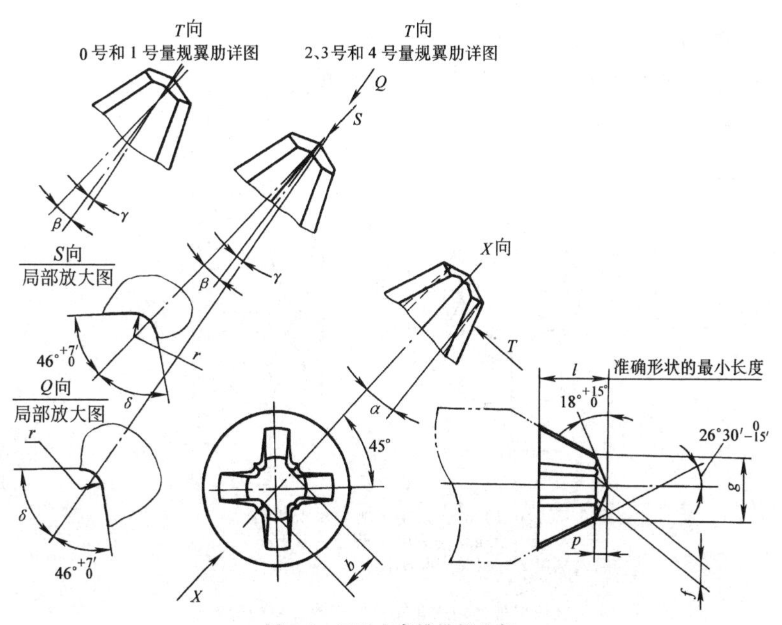

图5-5　Z型十字槽量规头部

表 5-4　Z 型十字槽量规头部尺寸

槽　号		No.	0	1	2	3	4
b	mm	max	0.711	1.112	1.702	2.591	3.861
		min	0.673	1.074	1.664	2.553	3.823
f		max	0.445	0.698	0.990	1.372	2.083
		min	0.420	0.673	0.965	1.346	2.057
g		max	0.915	1.397	2.438	3.962	5.182
		min	0.890	1.372	2.413	3.937	5.157
l		min	3.17	3.17	4.78	7.14	8.74
p		max	0.077	0.166	0.331	0.585	0.788
		min	0.064	0.153	0.318	0.572	0.775
r		max	0.1	0.13	0.2	0.31	0.51
		min	0.08	0.1	0.15	0.2	0.36
α		$^{0}_{-6'}$	7°	7°	5°45′	5°45′	7°
β		$^{+6'}_{0}$	7°45′	7°45′	6°20′	6°20′	7°45′
γ		$^{+6'}_{0}$	4°23′	4°23′	3°	3°	4°23′
δ		$^{+7'}_{0}$	46°	46°	46°	56°15′	56°15′

3. 螺钉用内六角花形（GB/T 6188—2017）

1）内六角花形的形状与基本尺寸见图 5-6 和表 5-5。

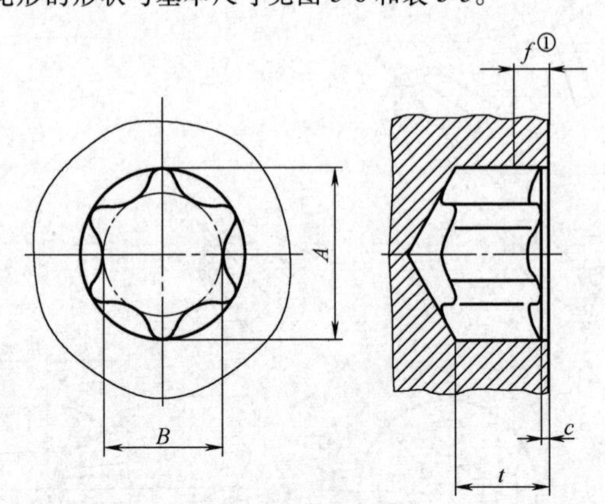

注：沉孔：c≤0.13mm，适用于槽号≤No.15；
c≤0.25mm，适用于槽号>No.15；
插入深度 t 见相关产品标准。
① 见表 5-6。
测量区域以外的内六角花形底部轮廓由制造者确定。

图 5-6　内六角花形的形状

表 5-5　螺钉用内六角花形的基本尺寸　(mm)

槽号 No.	公称尺寸①		槽号 No.	公称尺寸①	
	A	B		A	B
1	0.9	0.6	25	4.5	3.25
2	1.0	0.7	27	5.1	3.68
3	1.2	0.85	30	5.6	4.05
4	1.35	1.0	40	6.75	4.85
5	1.5	1.1	45	7.93	5.64
6	1.75	1.27	50	8.95	6.45
7	2.1	1.5	55	11.35	8.05
8	2.4	1.75	60	13.45	9.6
9	2.6	1.9	70	15.7	11.2
10	2.8	2.05	80	17.75	12.8
15	3.35	2.4	90	20.2	14.4
20	3.95	2.85	100	22.4	16

① 内六角花形的轮廓曲线由表 5-7~表 5-9 规定的量规确定。

表 5-6　止规插入的最大深度　(mm)

槽号 No.	1	2	3	4	5	6	7	8	9	10	15	20
允许的插入深度 f	0.064	0.070	0.114	0.13	0.22	0.35	0.41	0.48	0.51	0.56	0.67	0.79
槽号 No.	25	27	30	40	45	50	55	60	70	80	90	100
允许的插入深度 f	0.90	1.02	1.12	1.18	1.39	1.56	1.98	2.35	2.75	3.11	3.53	3.92

2）通规尺寸（图 5-7）应在表 5-7 规定的极限尺寸内。

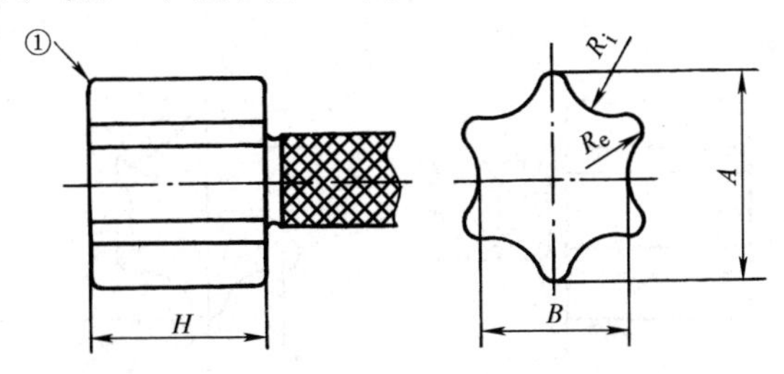

① 圆角最大尺寸：0.076mm，适用于槽号≥No. 10；
0.0254mm，适用于槽号<No. 10。

图 5-7　通规尺寸

表 5-7　通规极限尺寸　(mm)

槽号 No.	A		B		R_i		R_e		H	
	min	max	min	max	min	max	min	max	min	max
1	0.841	0.855	0.592	0.607	0.198	0.204	0.055	0.062	0.64	1.14
2	0.953	0.967	0.674	0.688	0.221	0.227	0.065	0.072	1.15	1.65
3	1.131	1.145	0.800	0.815	0.263	0.270	0.078	0.085	1.15	1.65
4	1.291	1.305	0.912	0.927	0.305	0.312	0.087	0.093	1.15	1.65
5	1.415	1.430	1.013	1.028	0.318	0.342	0.107	0.111	1.15	1.65
6	1.695	1.709	1.210	1.224	0.371	0.396	0.130	0.134	1.33	1.82
7	2.012	2.026	1.437	1.453	0.442	0.450	0.157	0.165	2.54	3.05
8	2.335	2.319	1.672	1.686	0.498	0.523	0.188	0.193	2.54	3.05
9	2.520	2.534	1.809	1.823	0.542	0.566	0.204	0.210	2.79	3.30
10	2.761	2.776	1.979	1.998	0.585	0.609	0.227	0.231	3.05	3.56
15	3.295	3.309	2.353	2.367	0.704	0.728	0.265	0.269	3.30	3.81
20	3.879	3.893	2.764	2.778	0.846	0.871	0.303	0.307	3.56	4.07
25	4.451	4.465	3.170	3.185	0.907	0.932	0.371	0.378	3.94	4.45
27	5.009	5.024	3.564	3.578	1.095	1.120	0.387	0.393	4.19	4.70
30	5.543	5.557	3.958	3.972	1.182	1.206	0.448	0.454	4.44	4.95
40	6.673	6.687	4.766	4.780	1.415	1.440	0.544	0.548	5.08	5.59
45	7.841	7.856	5.555	5.570	1.784	1.808	0.572	0.576	5.71	6.22
50	8.857	8.872	6.366	6.380	1.804	1.828	0.773	0.777	5.97	6.48
55	11.245	11.259	7.930	7.945	2.657	2.682	0.765	0.769	6.22	6.73
60	13.302	13.317	9.490	9.504	2.871	2.895	1.065	1.069	7.68	8.17
70	15.588	15.603	11.085	11.099	3.465	3.489	1.192	1.196	8.46	8.96
80	17.619	17.635	12.646	12.661	3.625	3.629	1.524	1.529	9.40	9.90
90	20.021	20.035	14.232	14.246	4.450	4.480	1.527	1.534	10.06	10.56
100	22.231	22.245	15.820	15.834	4.913	4.937	1.718	1.724	10.85	11.35

3）止规 A 和 R_e 尺寸（见图 5-8）应在表 5-8 规定的极限尺寸内。

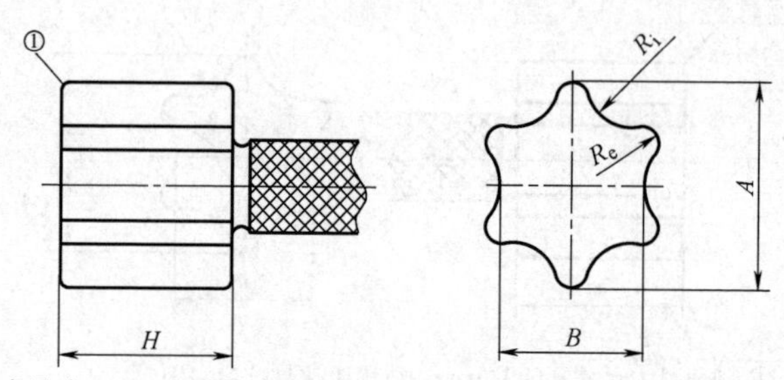

①圆角最大尺寸：0.076mm，适用于槽号≥No.10；0.025 4mm，适用于槽号<No.10。

图 5-8　止规 A 和 R_e 尺寸

表 5-8 止规 A 和 R_e 极限尺寸 (mm)

槽号 No.	A		B	R_i		R_e		H
	min	max	max	min	max	min	max	±0.25
1	0.899	0.907	0.587	0.107	0.114	0.084	0.094	0.89
2	1.011	1.019	0.663	0.124	0.132	0.094	0.104	1.40
3	1.214	1.222	0.790	0.137	0.145	0.119	0.130	1.40
4	1.374	1.382	0.917	0.180	0.191	0.132	0.140	1.40
5	1.499	1.506	1.044	0.208	0.221	0.147	0.157	1.40
6	1.778	1.785	1.181	0.231	0.241	0.173	0.180	1.57
7	2.096	2.103	1.359	0.259	0.267	0.203	0.211	2.80
8	2.419	2.425	1.664	0.360	0.370	0.231	0.238	2.79
9	2.604	2.611	1.664	0.323	0.333	0.248	0.257	3.05
10	2.845	2.852	1.956	0.431	0.441	0.269	0.276	3.30
15	3.379	3.385	1.956	0.398	0.408	0.307	0.315	3.56
20	3.963	3.970	2.616	0.602	0.614	0.345	0.353	3.81
25	4.560	4.566	2.868	0.637	0.647	0.429	0.436	4.19
27	5.118	5.126	3.275	0.735	0.747	0.445	0.452	4.45
30	5.652	5.659	3.886	0.939	0.949	0.505	0.513	4.70
40	6.807	6.814	4.661	1.112	1.125	0.612	0.619	5.33
45	7.976	7.983	4.661	1.110	1.123	0.640	0.648	5.97
50	8.992	8.999	6.413	1.628	1.640	0.840	0.848	6.22
55	11.405	11.412	7.684	2.176	2.189	0.845	0.853	6.48
60	13.488	13.495	7.684	2.153	2.164	1.158	1.165	7.92
70	15.774	15.781	10.262	2.545	2.557	1.285	1.292	8.71
80	17.831	17.838	11.760	2.608	2.621	1.628	1.635	9.52
90	20.257	20.264	12.827	3.111	3.121	1.648	1.656	10.31
100	22.467	22.473	15.240	4.006	4.018	1.839	1.847	11.10

4）圆柱止规直径 B（见图 5-9）应在表 5-9 规定的极限尺寸内。

符合表 5-9 规定的圆柱止规，插入内六角花形的深度不应大于表 5-6 的规定。

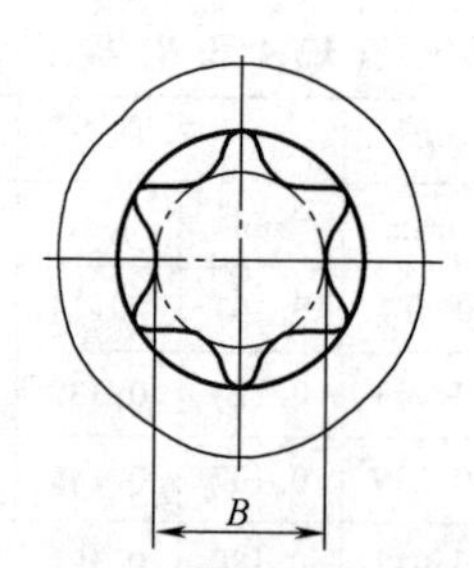

图 5-9　测量圆柱的范围

表 5-9　圆柱止规直径尺寸 *B*

槽号 No.	圆柱止规直径		槽号 No.	圆柱止规直径	
	min	max		min	max
1	0.720	0.725	25	3.720	3.725
2	0.810	0.815	27	4.260	4.265
3	0.960	0.965	30	4.660	4.665
4	1.100	1.105	40	5.600	5.605
5	1.200	1.205	45	6.660	6.665
6	1.440	1.445	50	7.380	7.385
7	1.710	1.715	55	9.660	9.665
8	1.920	1.925	60	11.340	11.345
9	2.140	2.145	70	13.340	13.345
10	2.280	2.285	80	14.920	14.925
15	2.760	2.765	90	17.160	17.165
20	3.280	3.285	100	19.020	19.025

注：符合本表的圆柱止规，插入内六角花形的深度不应大于表 5-6 的规定。

4. E 型紧固件用六角花形（GB/T 6189—1986）（图5-10、图5-11）

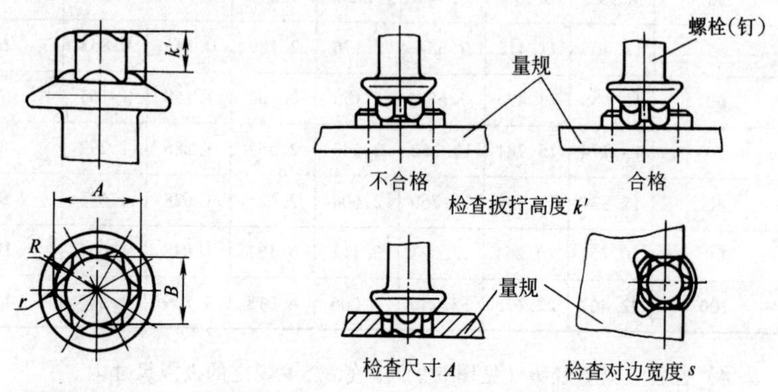

图 5-10　六角花形（E 型）的型式　　　图 5-11　六角花形（E 型）的检查方法

（1）六角花形（E型）的检查方法

1）六角花形（E型）在产品上仅用综合量规检查扳拧高度（k'），以及用万能（或专用）量具检查 A 和 s 尺寸。

2）六角花形（E型）的检查方法，如图5-11所示。

3）六角花形（E型）综合量规的型式与尺寸按图5-12和表5-10规定。

（2）E型旋具扳手的截面尺寸（参见图5-10，表5-11）

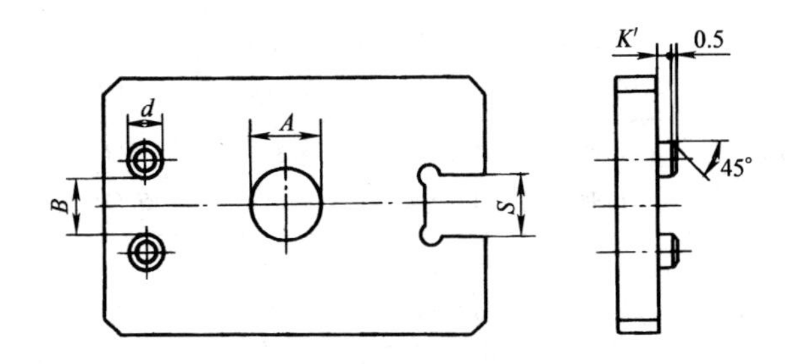

图5-12　六角花形（E型）综合量规的型式

表5-10　六角花形（E型）综合量规的尺寸　（mm）

型式代号		A	B	d	K'	S
E4	max	3.766	2.750	1.346	0.863	3.370
	min	3.757	2.741	1.342	0.737	3.361
E5	max	4.655	3.360	1.803	1.066	4.152
	min	4.646	3.351	1.799	0.940	4.143
E6	max	5.620	3.995	2.514	1.117	4.985
	min	5.611	3.986	2.510	0.991	4.976
E8	max	7.373	5.265	3.225	1.574	6.550
	min	7.364	5.256	3.221	1.448	6.541
E10	max	9.278	6.763	4.648	1.955	8.206
	min	9.269	6.754	4.644	1.829	8.197
E12	max	11.031	7.881	4.800	2.413	9.796
	min	11.022	7.872	4.796	2.287	9.787
E14	max	12.758	9.176	5.257	3.149	11.351
	min	12.749	9.167	5.253	3.023	11.342

（续）

型式代号		*A*	*B*	*d*	*K′*	*S*
E16	max	14.587	10.446	6.019	3.378	12.976
	min	14.578	10.437	6.015	3.252	12.967
E18	max	16.492	11.843	6.730	3.680	14.576
	min	16.483	11.834	6.726	3.734	14.567
E20	max	18.270	13.164	7.264	4.216	16.177
	min	18.261	13.155	7.260	4.090	16.168
E24	max	21.953	15.704	9.321	5.765	19.402
	min	21.944	15.695	9.317	5.639	19.393
E28	max	25.509	18.270	10.794	7.061	22.582
	min	25.500	18.261	10.790	6.935	22.573
E32	max	29.014	21.318	11.302	8.153	25.808
	min	29.005	21.309	11.298	8.027	25.799
E36	max	32.621	23.959	12.725	9.321	29.034
	min	32.612	23.950	12.721	9.195	29.025
E40	max	36.177	26.575	14.096	10.617	32.209
	min	36.168	26.566	14.092	10.491	32.200

表 5-11　E 型旋具扳手的截面尺寸　（mm）

型式代号	*A*		*B*		型式代号	*A*		*B*	
	max	min	max	min		max	min	max	min
E4	3.90	3.83	2.87	2.81	E18	16.75	16.64	12.12	12.01
E5	4.80	4.72	3.50	3.42	E20	18.54	18.41	13.42	13.31
E6	5.77	5.69	4.13	4.05	E24	22.23	22.10	15.98	15.87
E8	7.56	7.47	5.43	5.35	E28	25.78	25.65	18.54	18.41
E10	9.46	9.37	6.96	6.87	E32	29.29	29.16	21.60	21.47
E12	11.23	11.12	8.06	7.97	E36	32.98	32.82	24.30	24.17
E14	12.96	12.85	9.36	9.27	E40	36.53	36.37	26.90	26.77
E16	14.82	14.71	10.69	10.58					

5. 沉头螺钉头部形状和测量（GB/T 5279—1985）

（1）头部形状和尺寸（图 5-13、表 5-12）

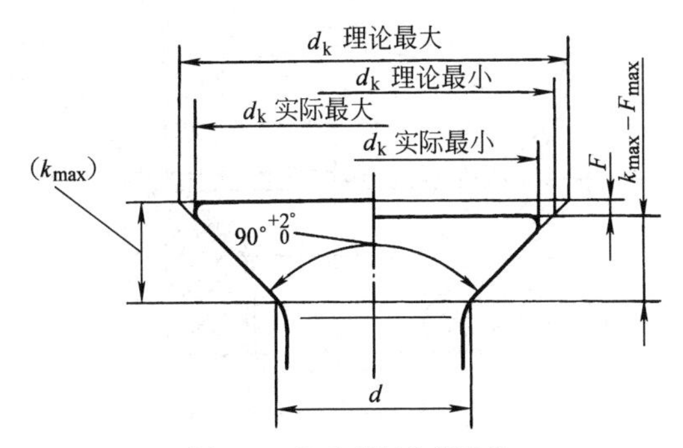

图 5-13　沉头螺钉头部形状

表 5-12　沉头螺钉头部尺寸　　（mm）

螺纹规格 d		螺钉	M1.6	M2	M2.5	M3	M3.5	M4	M5	—
		自攻螺钉	—	ST 2.2	—	ST 2.9	ST 3.5	ST 4.2	ST 4.8	ST5.5
d_k	理论值	max	3.6	4.4	5.5	6.3	8.2	9.4	10.4	11.5
		min	3.3	4.1	5.1	5.9	7.7	8.9	9.8	10.9
	实际值	max	3	3.8	4.7	5.5	7.3	8.4	9.3	10.3
		min	2.7	3.5	4.4	5.2	6.9	8	8.9	9.9
F	max		0.15	0.15	0.2	0.2	0.25	0.25	0.3	0.3
k_{max}（参考）	螺钉		1	1.2	1.5	1.65	2.35	2.7	2.7	—
	自攻螺钉		—	1.1	—	1.7	2.35	2.6	2.8	3
螺纹规格 d		螺钉	M6	M8	M10	M12	M14	M16	M18	M20
		自攻螺钉	ST 6.3	ST 8	ST 9.5	—	—	—	—	—
d_k	理论值	max	12.6	17.3	20	24	28	32	36	40
		min	11.9	16.5	19.2	23.1	27	30.8	34.7	38.5
	实际值	max	11.3	15.8	18.3	22	25.5	29	32.5	36
		min	10.9	15.4	17.8	21.5	25	28.5	31.9	35.4
F	max		0.35	0.4	0.4	0.45	0.5	0.6	0.65	0.75
k_{max}（参考）	螺钉		3.3	4.65	5	6	7	8	9	10
	自攻螺钉		3.15	4.65	5.25	—	—	—	—	—

注：最大头部直径的计算参见 GB/T 5279—1985 的附录。

（2）头部测量方法（图 5-14、图 5-15、表 5-13）

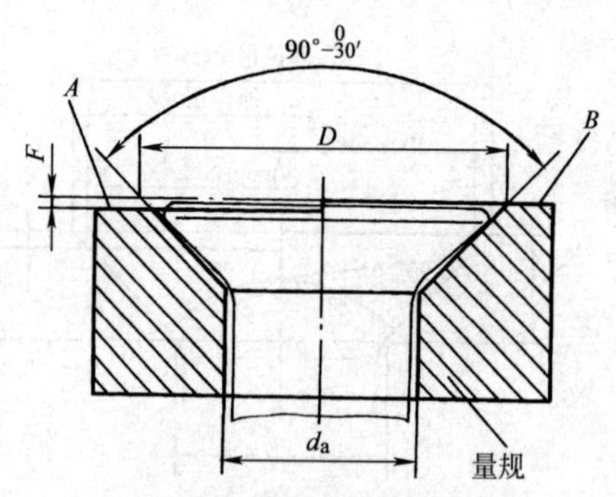

钉头顶面必须在 *A* 和 *B* 面之间

图 5-14 测头部高度的量规

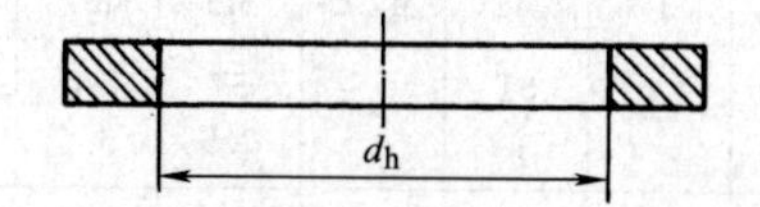

图 5-15 测 d_k 实际最小的止端环规

表 5-13 测量头部量规尺寸 （mm）

螺纹规格 *d*												
	螺钉	M1.6	M2	M2.5	M3	M3.5	M4	M5	—	M6	M8	M10
	自攻螺钉	—	ST 2.2	—	ST 2.9	ST 3.5	ST 4.2	ST 4.8	ST 5.5	ST 6.3	ST 8	ST 9.5
D	max	3.6	4.4	5.5	6.3	8.2	9.4	10.4	11.5	12.6	17.3	20
	min	3.55	4.35	5.45	6.25	8.15	9.35	10.35	11.45	12.55	17.25	19.95
d_a	max	1.84	2.36	2.74	3.3	3.9	4.4	5.5	5.68	6.6	8.54	10.62
	min	1.74	2.26	2.64	3.2	3.8	4.3	5.4	5.58	6.5	8.44	10.52
F	max	0.15	0.15	0.2	0.2	0.25	0.25	0.3	0.3	0.35	0.4	0.4
	min	0.14	0.14	0.19	0.19	0.24	0.24	0.29	0.29	0.34	0.39	0.39
d_h	min	2.68	3.48	4.38	5.18	6.88	7.98	8.88	9.88	10.88	15.38	17.78
	max	2.7	3.5	4.4	5.2	6.9	8	8.9	9.9	10.9	15.4	17.8

注：d_{amin} 是根据螺钉圆角半径 $r=0.25d$ 和自攻螺钉 $r=0.4d$ 确定的。

6. 螺钉的机械性能（见第三章一、11）

7. 不锈钢螺钉的机械性能（见第三章一、12）

表 5-14 中材料的化学成分应按相关的国家标准的规定。某些化学元素受一些国家的法规限制或禁止使用，当涉及有关国家或地区时应当注意。

8. 有色金属制造螺钉的机械性能（见第三章一、13）

9. 紧定螺钉机械性能（GB/T 3098.3—2016）

（1）标记制度

硬度等级的标记，见表 5-14。

代号的数字部分表示最低维氏硬度的 1/10。

代号中的字母 H 表示硬度。

表 5-14　紧定螺钉硬度等级的标记

硬度等级标记	14H	22H	33H	45H
维氏硬度 HV_{min}	140	220	330	450

（2）材料（表 5-15）

表 5-15　材料

硬度等级	材　　料	热处理①	化学成分极限（熔炼分析）②（%）			
			C		P	S
			max	min	max	max
14H	碳钢③	—	0.50	—	0.11	0.15
22H	碳钢④	淬火并回火	0.50	0.19	0.05	0.05
33H	碳钢④	淬火并回火	0.50	0.19	0.05	0.05
45H	碳钢④,⑤	淬火并回火	0.50	0.45	0.05	0.05
	添加元素的碳钢④（如硼或锰或铬）	淬火并回火	0.50	0.28	0.05	0.05
	合金钢④,⑥	淬火并回火	0.50	0.30	0.05	0.05

① 不允许表面硬化。

② 有争议时，实施成品分析。

③ 可以使用易切削钢，其铅、磷和硫的最大含量分别为 $w(Pb)=0.35\%$、$w(P)=0.11\%$、$w(S)=0.34\%$。

④ 可以使用最大含铅量为 $w(Pb)=0.35\%$ 的钢。

⑤ 仅适用于 $d \leqslant$ M16。

⑥ 这些合金钢至少应含有下列的一种元素，其最小含量分别为 $w(Cr)=0.30\%$、$w(Ni)=0.30\%$、$w(Mo)=0.20\%$、$w(V)=0.10\%$。当含有二、三或四种复合的合金成分时，合金元素的含量不能少于单个合金元素含量总和的 70%。

(3) 机械和物理性能(表5-16)

表5-16 机械和物理性能

序号	机械和物理性能				硬度等级			
					14H	22H	33H	45H
1	1.1	维氏硬度 HV10		min	140	220	330	450
				max	290	300	440	560
	1.2	布氏硬度 HBW, $F=30D^2$		min	133	209	314	428
				max	276	285	418	532
	1.3	洛氏硬度	HRB	min	75	95	—	—
				max	105	①	—	—
			HRC	min	—	①	33	45
				max	—	30	44	53
2	扭矩强度				—	—	—	见表5-17
3	螺纹未脱碳层的高度 E/mm			min	—	$1/2H_1$	$2/3H_1$	$3/4H_1$
4	螺纹全脱碳层的深度 G/mm			max	—	0.015	0.015	②
5	表面硬度 HV0.3			max	—	320	450	580
6	无增碳 HV0.3			max	—	③	③	③
7	表面缺陷				GB/T 5779.1			

① 对22H级进行洛氏硬度试验时,需要采用HRB试验最小值和HRC试验最大值。

② 对45H不允许有全脱碳层。

③ 当采用HV0.3测定表面硬度及心部硬度时,紧固件的表面硬度不应比心部硬度高出30HV。

(4) 保证扭矩(表5-17)

表5-17 保证扭矩

螺纹公称直径	试验的内六角紧定螺钉的最小长度①/mm				保证扭矩/N·m
	平端	锥端	圆柱端	凹端	
3	4	5	6	5	0.9
4	5	6	8	6	2.5
5	6	8	8	6	5
6	8	8	10	8	8.5
8	10	10	12	10	20

（续）

螺纹公称直径	试验的内六角紧定螺钉的最小长度①/mm				保证扭矩/N·m
	平端	锥端	圆柱端	凹端	
10	12	12	16	12	40
12	16	16	20	16	65
16	20	20	25	20	160
20	25	25	30	25	310
24	30	30	35	30	520
30	36	36	45	36	860

① 内六角花形紧定螺钉，不要求最小长度（因对所有长度，t_{min} 是相同的）。

10. 吊环螺钉的型式、尺寸、最大起吊重量和技术条件（GB/T 825—1988）

（1）型式、尺寸与最大起吊重量

1）型式（图 5-16）

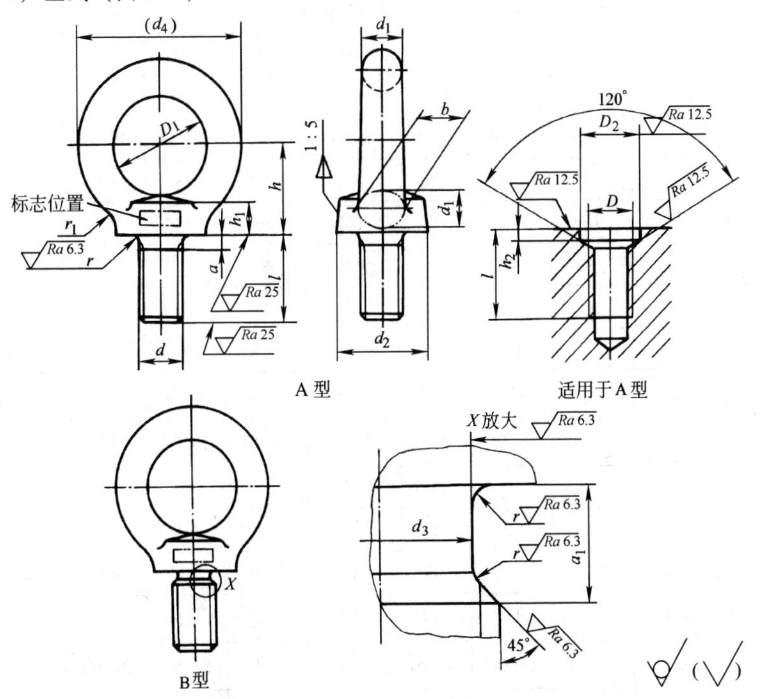

注：1. 末端倒角或倒圆按 GB/T 2 规定。

2. A 型无螺纹部分杆径约等于螺纹中径或螺纹大径。

图 5-16　吊环螺钉的型式

2）尺寸（表5-18）

表 5-18　吊环螺钉尺寸　　（mm）

螺纹规格 d		M8	M10	M12	M16	M20	M24	M30	M36
d_1	max	9.1	11.1	13.1	15.2	17.4	21.4	25.7	30
	min	7.6	9.6	11.6	13.6	15.6	19.6	23.5	27.5
D_1	公称	20	24	28	34	40	48	56	67
	min	19	23	27	32.9	38.8	46.8	54.6	65.5
	max	20.4	24.4	28.4	34.5	40.6	48.6	56.6	67.7
d_2	max	21.1	25.1	29.1	35.2	41.4	49.4	57.7	69
	min	19.6	23.6	27.6	33.6	39.6	47.6	55.5	66.5
h_1	max	7	9	11	13	15.1	19.1	23.2	27.4
	min	5.6	7.6	9.6	11.6	13.5	17.5	21.4	25.4
l	公称	16	20	22	28	35	40	45	55
	min	15.1	18.95	20.95	26.95	33.75	38.75	43.75	53.5
	max	16.9	21.05	23.05	29.05	36.25	41.25	46.25	56.5
$d_{4参考}$		36	44	52	62	72	88	104	123
h		18	22	26	31	36	44	53	63
r_1		4	4	6	6	8	12	15	18
r_{min}		1	1	1	1	1	2	2	3
a_{1max}		3.75	4.5	5.25	6	7.5	9	10.5	12
d_3	公称(max)	6	7.7	9.4	13	16.4	19.6	25	30.8
	min	5.82	7.48	9.18	12.73	16.13	19.27	24.67	29.91
a_{max}		2.5	3	3.5	4	5	6	7	8
b		10	12	14	16	19	24	28	32
D		M8	M10	M12	M16	M20	M24	M30	M36
D_2	公称(min)	13	15	17	22	28	32	38	45
	max	13.43	15.43	17.52	22.52	28.52	32.62	38.62	45.62
h_2	公称(min)	2.5	3	3.5	4.5	5	7	8	9.5
	max	2.9	3.4	3.98	4.98	5.48	7.58	8.58	10.08

（续）

螺纹规格 d		M42	M48	M56	M64	M72×6	M80×6	M100×6
d_1	max	34.4	40.7	44.7	51.4	63.8	71.8	79.2
	min	31.2	37.1	41.1	46.9	58.8	66.8	73.6
D_1	公称	80	95	112	125	140	160	200
	min	78.1	92.9	109.9	122.3	137	157	196.7
	max	80.9	96.1	113.1	126.3	141.5	161.5	201.7
d_2	max	82.4	97.7	114.7	128.4	143.8	163.8	204.2
	min	79.2	94.1	111.1	123.9	138.8	158.8	198.6
h_1	max	31.7	36.9	39.9	44.1	52.4	57.4	62.4
	min	29.2	34.1	37.1	40.9	48.8	53.8	58.8
l	公称	65	70	80	90	100	115	140
	min	63.5	68.5	78.5	88.25	98.25	113.25	138
	max	66.5	71.5	81.5	91.75	101.75	116.75	142
$d_{4参考}$		144	171	196	221	260	296	350
h		74	87	100	115	130	150	175
r_1		20	22	25	25	35	35	40
r_{min}		3	3	4	4	4	4	5
a_{1max}		13.5	15	16.5	18	18	18	18
d_3	公称(max)	35.6	41	48.3	55.7	63.7	71.7	91.7
	min	35.21	40.61	47.91	55.24	63.24	71.24	91.16
a_{max}		9	10	11	12	12	12	12
b		38	46	50	58	72	80	88
D		M42	M48	M56	M64	M72×6	M80×6	M100×6
D_2	公称(min)	52	60	68	75	85	95	115
	max	52.74	60.74	68.74	75.74	85.87	95.87	115.87
h_2	公称(min)	10.5	11.5	12.5	13.5	14	14	14
	max	11.2	12.2	13.2	14.2	14.7	14.7	14.7

注：M8～M36 为商品紧固件规格。

3）最大起吊重量（表 5-19）

表 5-19　吊环螺钉最大起吊重量

（t）

螺纹规格 d		M8	M10	M12	M16	M20	M24	M30	M36	M42	M48	M56	M64	M72×6	M80×6	M100×6
单螺钉起吊	max	0.16	0.25	0.4	0.63	1	1.6	2.5	4	6.3	8	10	16	20	25	40
双螺钉起吊	45°max max	0.08	0.125	0.2	0.32	0.5	0.8	1.25	2	3.2	4	5	8	10	12.5	20

注：表中数值系指平稳起吊时的最大起吊重量。

(2) 锻件的允许错差和残留飞边（表 5-20）

表 5-20 锻件的允许错差和残留飞边 (mm)

螺纹规格 d		M8	M10	M12	M16	M20	M24	M30	M36	M42	M48	M56	M64	M72×6	M80×6	M100×6
错差 max		0.4				0.5		0.6	0.8	1	1.2		1.4	1.6		
残留飞边 max	外缘	0.5				0.6		0.7	0.8	1	1.2		1.4	1.7		
	内孔	0														

(3) 轴向最小断裂载荷

轴向最小断裂载荷不应低于表 5-21 的规定。

表 5-21 吊环螺钉轴向最小断裂载荷 (kN)

螺纹规格 d	M8	M10	M12	M16	M20	M24	M30	M36	M42	M48	M56	M64	M72×6	M80×6	M100×6
轴向保证载荷	3.2	5	8	12.5	20	32	50	80	125	160	200	320	400	500	800
轴向最小断裂载荷	6.3	10	16	25	40	63	100	160	250	320	400	630	800	1000	1600

11. 普通螺钉头下圆角半径（GB/T 3105—2002）(图 5-17、表 5-22)

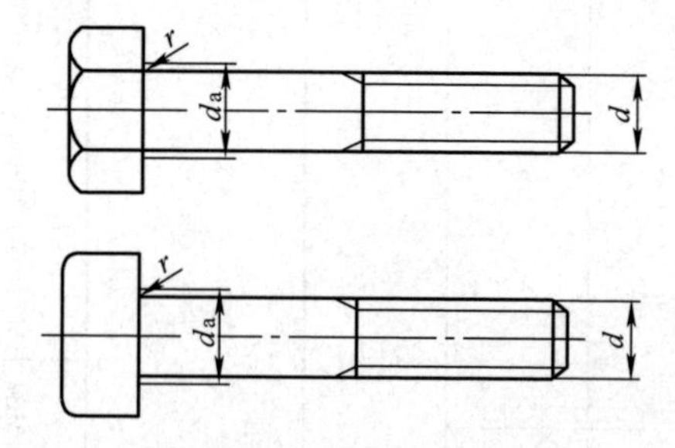

图 5-17 普通螺钉头下圆角半径和过渡圆直径

表 5-22 r_{min} 和 d_{amax} 尺寸 (mm)

螺纹直径 d	圆角半径 r_{min} 产品等级 A,B 和 C	过渡圆直径[①] d_{amax}		螺纹直径 d	圆角半径 r_{min} 产品等级 A,B 和 C	过渡圆直径[①] d_{amax}	
		产品等级 A,B	产品等级 C			产品等级 A,B	产品等级 C
1.6	0.1	2	—	39	1	42.4	45.4
2	0.1	2.6	—	42	1.2	45.6	48.6
2.2	0.1	2.8	—	45	1.2	48.6	52.6
2.5	0.1	3.1	—	48	1.6	52.6	56.6
3	0.1	3.6	—	52	1.6	56.6	62.6
3.5	0.1	4.1	—	56	2	63	67
4	0.2	4.7	—	60	2	67	71
4.5	0.2	5.2	—	64	2	71	75
5	0.2	5.7	6	68	2	75	79
6	0.25	6.8	7.2	72	2	79	83
7	0.25	7.8	8.2	76	2	83	87
8	0.4	9.2	10.2	80	2	87	92
10	0.4	11.2	12.2	85	2	92	97
12	0.6	13.7	14.7	90	2.5	97	102
14	0.6	15.7	16.7	95	2.5	102	108
16	0.6	17.7	18.7	100	2.5	108	113
18	0.6	20.2	21.2	105	2.5	113	118
20	0.8	22.4	24.4	110	2.5	118	123
22	0.8	24.4	26.4	115	2.5	123	128
24	0.8	26.4	28.4	120	2.5	128	133
27	1	30.4	32.4	125	2.5	133	138
30	1	33.4	35.4	130	2.5	138	145
33	1	36.4	38.4	140	2.5	148	156
36	1	39.4	42.4	150	2.5	159	166

① 过渡圆直径 d_a 是头部支承面与圆角 r 交接处形成的圆周直径。

二、螺钉的尺寸

1. 开槽圆柱头螺钉（GB/T 65—2016）（图5-18、表5-23）

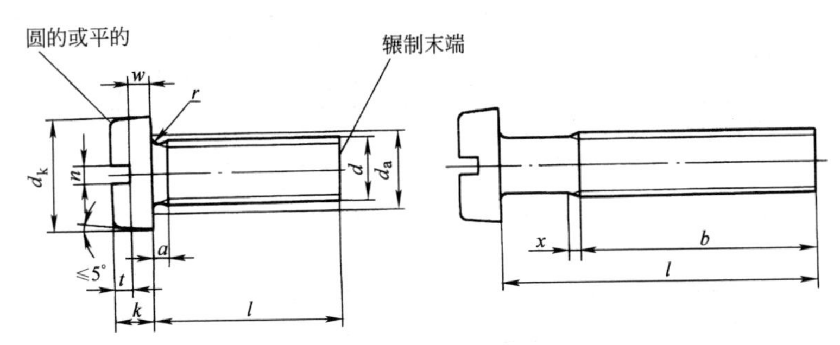

注：1. 尺寸代号和标注符合 GB/T 5276。
2. 无螺纹部分杆径约等于螺纹中径或允许等于螺纹大径。

图 5-18 开槽圆柱头螺钉型式

表 5-23 开槽圆柱头螺钉尺寸 （mm）

螺纹规格 d		M1.6	M2	M2.5	M3	（M3.5）	M4	M5	M6	M8	M10
螺距 P		0.35	0.4	0.45	0.5	0.6	0.7	0.8	1	1.25	1.5
a_{max}		0.7	0.8	0.9	1	1.2	1.4	1.6	2	2.5	3
b_{min}		25	25	25	25	38	38	38	38	38	38
d_k	公称= max	3.00	3.80	4.50	5.50	6.00	7.00	8.50	10.00	13.00	16.00
	min	2.86	3.62	4.32	5.32	5.82	6.78	8.28	9.78	12.73	15.73
d_{amax}		2	2.6	3.1	3.6	4.1	4.7	5.7	6.8	9.2	11.2
k	公称= max	1.10	1.40	1.80	2.00	2.40	2.60	3.30	3.9	5.0	6.0
	min	0.96	1.26	1.66	1.86	2.26	2.46	3.12	3.6	4.7	5.7
n	公称	0.4	0.5	0.6	0.8	1	1.2	1.2	1.6	2	2.5
	max	0.60	0.70	0.80	1.00	1.20	1.51	1.51	1.90	2.31	2.81
	min	0.46	0.56	0.66	0.86	1.06	1.26	1.26	1.66	2.06	2.56
r_{min}		0.1	0.1	0.1	0.1	0.1	0.2	0.2	0.25	0.4	0.4
t_{min}		0.45	0.6	0.7	0.85	1	1.1	1.3	1.6	2	2.4

（续）

螺纹规格 d		M1.6	M2	M2.5	M3	(M3.5)	M4	M5	M6	M8	M10
w	min	0.4	0.5	0.7	0.75	1	1.1	1.3	1.6	2	2.4
x	max	0.9	1	1.1	1.25	1.5	1.75	2	2.5	3.2	3.8
l①		2~16	3~20	3~25	4~30	5~35	5~40	6~50	8~60	10~80	12~80

注：尽可能不采用括号内的规格。

① l=14，55，75 尽可能不采用。$l \leqslant 40$mm 的螺钉，制出全螺纹（$b=l-a$）。

2. 开槽盘头螺钉（GB/T 67—2016）（图5-19、表5-24）

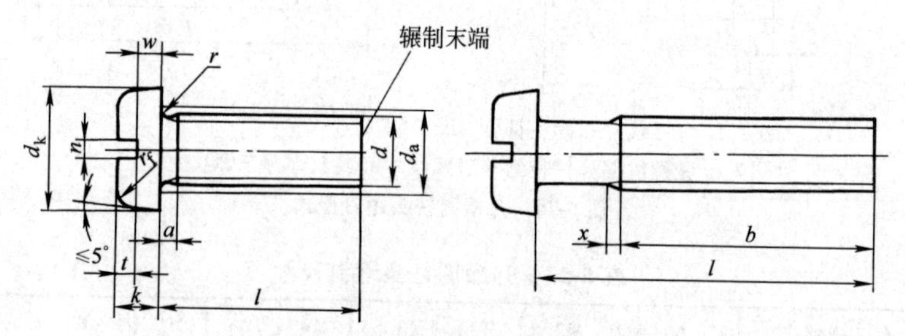

注：1. 尺寸代号和标注符合 GB/T 5276。

2. 无螺纹部分杆径约等于螺纹中径或允许等于螺纹大径。

图 5-19 开槽盘头螺钉型式

表 5-24 开槽盘头螺钉尺寸 （mm）

螺纹规格 d		M1.6	M2	M2.5	M3	(M3.5)	M4	M5	M6	M8	M10
螺距 P		0.35	0.4	0.45	0.5	0.6	0.7	0.8	1	1.25	1.5
a_{max}		0.7	0.8	0.9	1	1.2	1.4	1.6	2	2.5	3
b_{min}		25	25	25	25	38	38	38	38	38	38
d_k	公称 = max	3.2	4.0	5.0	5.6	7.00	8.00	9.50	12.00	16.00	20.00
	min	2.9	3.7	4.7	5.3	6.64	7.64	9.14	11.57	15.57	19.48
d_{amax}		2	2.6	3.1	3.6	4.1	4.7	5.7	6.8	9.2	11.2
k	公称 = max	1.00	1.30	1.50	1.80	2.10	2.40	3.00	3.6	4.8	6.0
	min	0.86	1.16	1.36	1.66	1.96	2.26	2.86	3.3	4.5	5.7

（续）

螺纹规格 *d*		M1.6	M2	M2.5	M3	(M3.5)	M4	M5	M6	M8	M10
n	公称	0.4	0.5	0.6	0.8	1	1.2	1.2	1.6	2	2.5
	max	0.60	0.70	0.80	1.00	1.20	1.51	1.51	1.91	2.31	2.81
	min	0.46	0.56	0.66	0.86	1.06	1.26	1.26	1.66	2.06	2.56
r_{min}		0.1	0.1	0.1	0.1	0.1	0.2	0.2	0.25	0.4	0.4
$r_{f参考}$		0.5	0.6	0.8	0.9	1	1.2	1.5	1.8	2.4	3
t_{min}		0.35	0.5	0.6	0.7	0.8	1	1.2	1.4	1.9	2.4
w_{min}		0.3	0.4	0.5	0.7	0.8	1	1.2	1.4	1.9	2.4
x_{max}		0.9	1	1.1	1.25	1.5	1.75	2	2.5	3.2	3.8
*l*①		2~16	2.5~20	3~25	4~30	5~35	5~40	6~50	8~55	10~80	12~80

注：尽可能不采用括号内的规格。

① 同表 5-23。

3. 开槽沉头螺钉（GB/T 68—2016）（图5-20、表5-25）

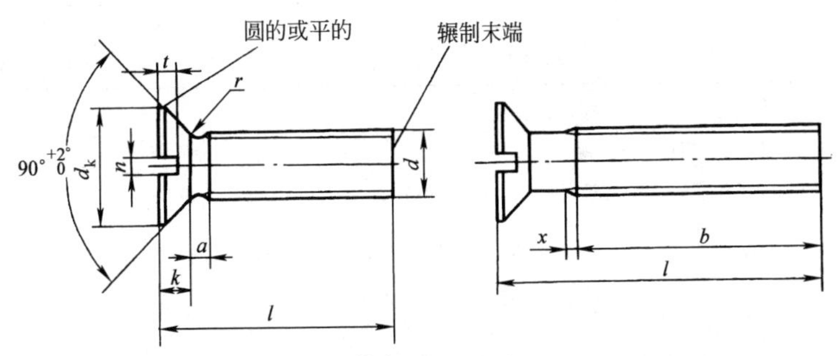

注：1. 尺寸代号和标注符合 GB/T 5276。

2. 无螺纹部分杆径约等于螺纹中径或允许等于螺纹大径。

图 5-20 开槽沉头螺钉型式

表 5-25 开槽沉头螺钉尺寸 （mm）

螺纹规格 *d*	M1.6	M2	M2.5	M3	(M3.5)	M4	M5	M6	M8	M10
螺距 *P*	0.35	0.4	0.45	0.5	0.6	0.7	0.8	1	1.25	1.5
a_{max}	0.7	0.8	0.9	1	1.2	1.4	1.6	2	2.5	3
b_{min}	25	25	25	25	38	38	38	38	38	38

（续）

螺纹规格 d			M1.6	M2	M2.5	M3	(M3.5)	M4	M5	M6	M8	M10
d_k[①]	理论值	max	3.6	4.4	5.5	6.3	8.2	9.4	10.4	12.6	17.3	20
	实际值	公称=max	3.0	3.8	4.7	5.5	7.30	8.40	9.30	11.30	15.80	18.30
		min	2.7	3.5	4.4	5.2	6.94	8.04	8.94	10.87	15.37	17.78
k[①]		公称=max	1	1.2	1.5	1.65	2.35	2.7	2.7	3.3	4.65	5
n	公称		0.4	0.5	0.6	0.8	1	1.2	1.2	1.6	2	2.5
	max		0.60	0.70	0.80	1.00	1.20	1.51	1.51	1.91	2.31	2.81
	min		0.46	0.56	0.66	0.86	1.06	1.26	1.26	1.66	2.06	2.56
r_{max}			0.4	0.5	0.6	0.8	0.9	1	1.3	1.5	2	2.5
t	max		0.50	0.6	0.75	0.85	1.2	1.3	1.4	1.6	2.3	2.6
	min		0.32	0.4	0.50	0.60	0.9	1.0	1.1	1.2	1.8	2.0
x_{max}			0.9	1	1.1	1.25	1.5	1.75	2	2.5	3.2	3.8
l[①]			2.5~16	3~20	4~25	5~30	6~35	6~40	8~50	8~60	10~80	12~80

注：1. 尽可能不采用括号内的规格。

2. d_k、k 值见 GB/T 5279。

① l=14，55，75 尽可能不用。l≤45mm 的螺钉，制出全螺纹[$b=l-(k+a)$]。

4. 开槽半沉头螺钉（GB/T 69—2016）（图5-21、表5-26）

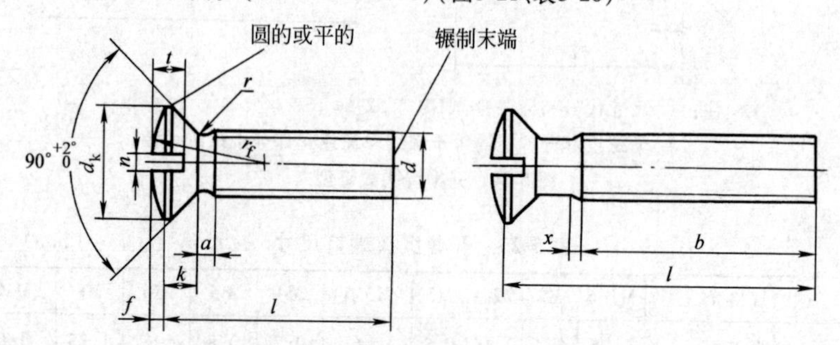

注：1. 尺寸代号和标注符合 GB/T 5276。

2. 无螺纹部分杆径约等于螺纹中径或允许等于螺纹大径。

图 5-21 开槽半沉头螺钉型式

表 5-26 开槽半沉头螺钉尺寸 (mm)

螺纹规格 d			M1.6	M2	M2.5	M3	(M3.5)	M4	M5	M6	M8	M10
螺距 P			0.35	0.4	0.45	0.5	0.6	0.7	0.8	1	1.25	1.5
a_{max}			0.7	0.8	0.9	1	1.2	1.4	1.6	2	2.5	3
b_{min}			25	25	25	25	38	38	38	38	38	38
d_k	理论值	max	3.6	4.4	5.5	6.3	8.2	9.4	10.4	12.6	17.3	20
	实际值	公称=max	3.0	3.8	4.7	5.5	7.30	8.40	9.30	11.30	15.80	18.30
		min	2.7	3.5	4.4	5.2	6.94	8.04	8.94	10.87	15.37	17.78
$f\approx$			0.4	0.5	0.6	0.7	0.8	1	1.2	1.4	2	2.3
k		公称=max	1	1.2	1.5	1.65	2.35	2.7	2.7	3.3	4.65	5
n		公称	0.4	0.5	0.6	0.8	1	1.2	1.2	1.6	2	2.5
		max	0.60	0.70	0.80	1.00	1.20	1.51	1.51	1.91	2.31	2.81
		min	0.46	0.56	0.66	0.86	1.06	1.26	1.26	1.66	2.06	2.56
r_{max}			0.4	0.5	0.6	0.8	0.9	1	1.3	1.5	2	2.5
$r_f\approx$			3	4	5	6	8.5	9.5	9.5	12	16.5	19.5
t		max	0.80	1.0	1.2	1.45	1.7	1.9	2.4	2.8	3.7	4.4
		min	0.64	0.8	1.0	1.20	1.4	1.6	2.0	2.4	3.2	3.8
x_{max}			0.9	1	1.1	1.25	1.5	1.75	2	2.5	3.2	3.8
l①			2.5~16	3~20	4~25	5~30	6~35	6~40	8~50	8~60	10~80	12~80

注：1. 尽可能不采用括号内的规格。
2. d_k、k 值见 GB/T 5279。
① 同表 5-25 中①。

5. 开槽大圆柱头螺钉（GB/T 833—1988）（图5-22、表5-27）

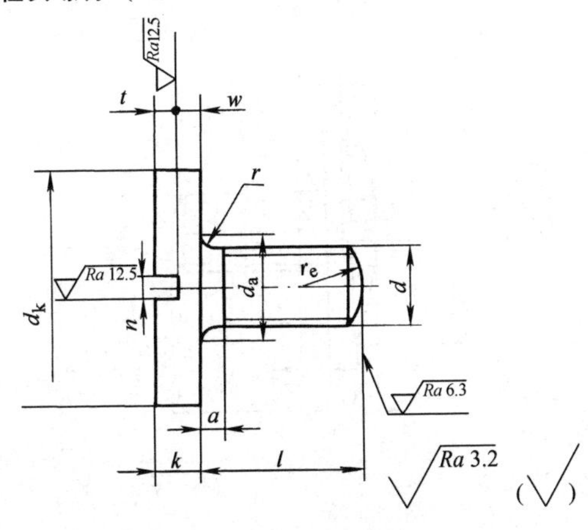

注：末端按 GB/T 2 规定。

图 5-22 开槽大圆柱头螺钉型式

表 5-27　开槽大圆柱头螺钉尺寸　(mm)

螺纹规格 d		M1.6	M2	M2.5	M3	M4	M5	M6	M8	M10
a_{max}		0.7	0.8	0.9	1	1.4	1.6	2	2.5	3
d_k	max	6	7	9	11	14	17	20	25	30
	min	5.82	6.78	8.78	10.73	13.73	16.73	19.67	24.67	29.67
$d_{a\ max}$		2.1	2.6	3.1	3.6	4.7	5.7	6.8	9.2	11.2
k	max	1.2	1.4	1.8	2	2.8	3.5	4	5	6
	min	1.06	1.26	1.66	1.86	2.66	3.32	3.7	4.7	5.7
n	公称	0.4	0.5	0.6	0.8	1.2	1.2	1.6	2	2.5
	min	0.46	0.56	0.66	0.86	1.26	1.26	1.66	2.06	2.56
	max	0.6	0.7	0.8	1	1.51	1.51	1.91	2.31	2.81
r_{min}		0.1	0.1	0.1	0.1	0.2	0.2	0.25	0.4	0.4
t_{min}		0.6	0.7	0.9	1	1.4	1.7	2	2.5	3
w_{min}		0.26	0.36	0.56	1.66	1.06	1.22	1.3	1.5	1.8
$r_e \approx$		2.24	2.8	3.5	4.2	5.6	7	8.4	11.2	14
l		2.5~5	3~6	4~8	4~10	5~12	6~14	8~16	10~16	12~20

6. 开槽球面大圆柱头螺钉（GB/T 947—1988）(图5-23、表5-28)

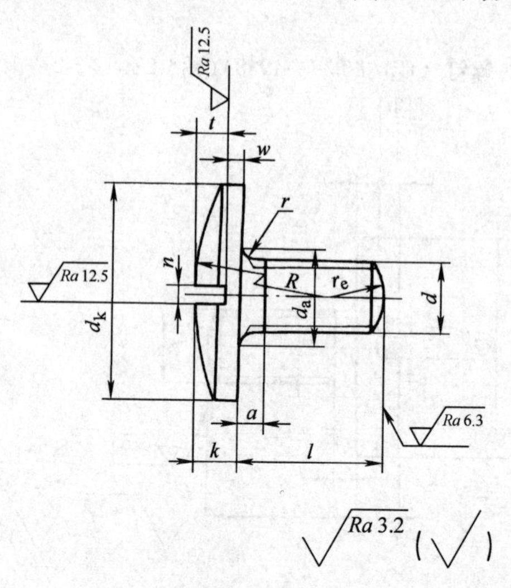

注：末端按 GB/T 2 规定。

图 5-23　开槽球面大圆柱头螺钉型式

表 5-28　开槽球面大圆柱头螺钉尺寸　　　　(mm)

螺纹规格 d		M1.6	M2	M2.5	M3	M4	M5	M6	M8	M10
a_{max}		0.7	0.8	0.9	1	1.4	1.6	2	2.5	3
d_k	max	6	7	9	11	14	17	20	25	30
	min	5.82	6.78	8.78	10.73	13.73	16.73	19.67	24.67	29.67
d_a	max	2.1	2.6	3.1	3.6	4.7	5.7	6.8	9.2	11.2
k	max	1.2	1.4	1.8	2	2.8	3.5	4	5	6
	min	1.06	1.26	1.66	1.86	2.66	3.32	3.7	4.7	5.7
n	公称	0.4	0.5	0.6	0.8	1.2	1.2	1.6	2	2.5
	min	0.46	0.56	0.66	0.86	1.26	1.26	1.66	2.66	2.56
	max	0.6	0.7	0.8	1	1.51	1.51	1.91	2.31	2.81
r_{min}		0.1	0.1	0.1	0.1	0.2	0.2	0.25	0.4	0.4
t_{min}		0.6	0.7	0.9	1	1.4	1.7	2	2.5	3
w_{min}		0.26	0.36	0.56	0.66	1.06	1.22	1.3	1.5	1.8
$R\approx$		10	12	14	16	20	25	30	36	40
$r_e\approx$		2.24	2.8	3.5	4.2	5.6	7	8.4	11.2	14
l		2~5	2.5~6	3~8	4~10	5~12	6~14	8~16	10~20	12~20

7. 开槽带孔球面圆柱头螺钉（GB/T 832—1988）(图5-24、表5-29)

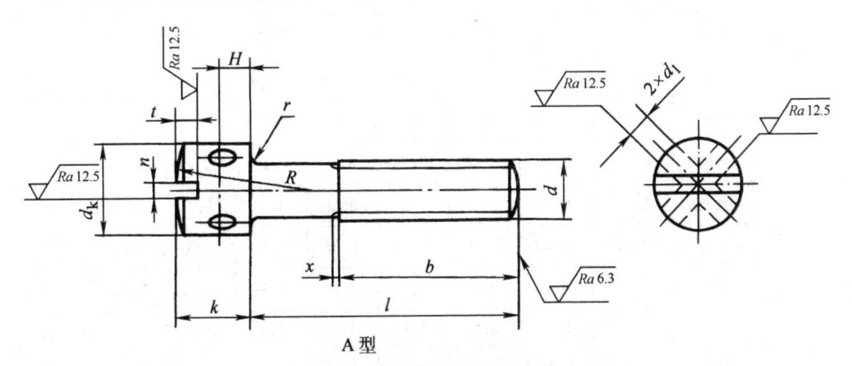

注：无螺纹部分杆径约等于螺纹中径或螺纹大径。

末端按 GB/T 2 规定。

$x\leqslant 2.5P$。

P—螺距。

图 5-24　开槽带孔球面圆柱头螺钉型式

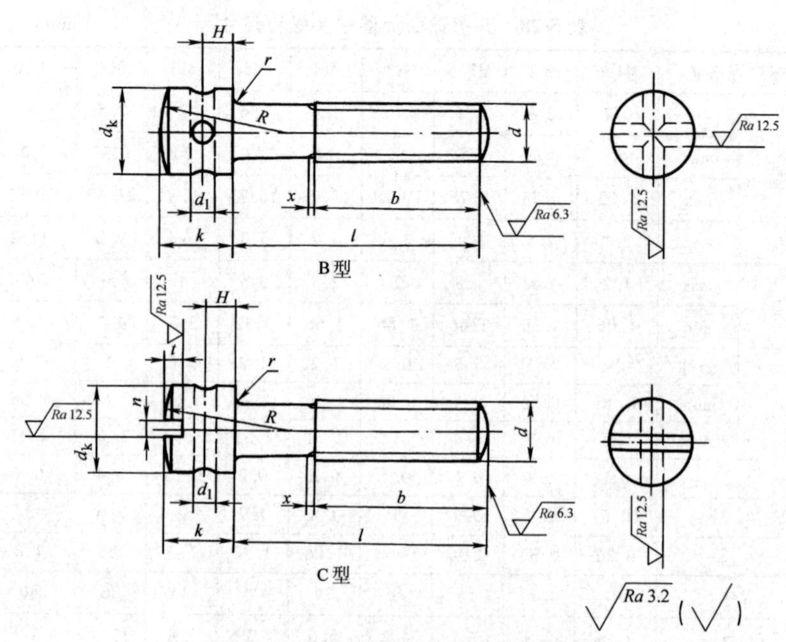

图 5-24　开槽带孔球面圆柱头螺钉型式（续）

表 5-29　开槽带孔球面圆柱头螺钉尺寸　（mm）

螺纹规格 d		M1.6	M2	M2.5	M3	M4	M5	M6	M8	M10
d_k	max	3	3.5	4.2	5	7	8.5	10	12.5	15
	min	2.7	3.2	3.9	4.7	6.64	8.14	9.64	12.07	14.57
k	max	2.6	3	3.6	4	5	6.5	8	10	12.5
	min	2.35	2.75	3.3	3.5	4.7	6.14	7.64	9.64	12.07
n	公称	0.4	0.5	0.6	0.8	1.0	1.2	1.5	2.0	2.5
	min	0.46	0.56	0.66	0.86	1.06	1.26	1.56	2.06	2.56
	max	0.6	0.7	0.8	1	1.2	1.51	1.81	2.31	2.81
t_{min}		0.6	0.7	0.9	1.0	1.4	1.7	2.0	2.5	3.0
d_1	max	1.12	1.12	1.32	1.62	2.12	2.12	3.12	3.12	4.16
	min	1.0	1.0	1.2	1.5	2.0	2.0	3.0	3.0	4.0
H	公称	0.9	1.0	1.2	1.5	2.0	2.5	3.0	4.0	5.0
	min	0.77	0.87	1.07	1.37	1.87	2.37	2.87	3.85	4.85
	max	1.03	1.13	1.37	1.63	2.13	2.63	3.13	4.15	5.15

（续）

螺纹规格 d	M1.6	M2	M2.5	M3	M4	M5	M6	M8	M10
r_{min}	0.1	0.1	0.1	0.1	0.2	0.2	0.25	0.4	0.4
$R\approx$	5	6	8		10	15		20	25
b	15	16	17	18	20	22	24	28	32
l	2.5～16	2.5～20	3～25	4～30	6～40	8～50	10～60	12～60	20～60

8. 内六角花形盘头螺钉（GB/T 2672—2017）（图5-25、表5-30）

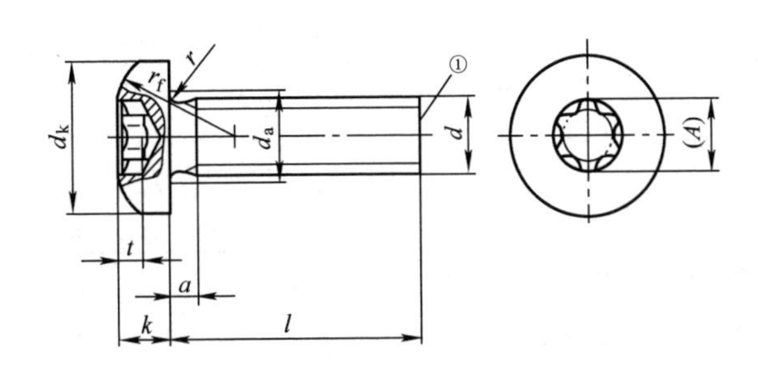

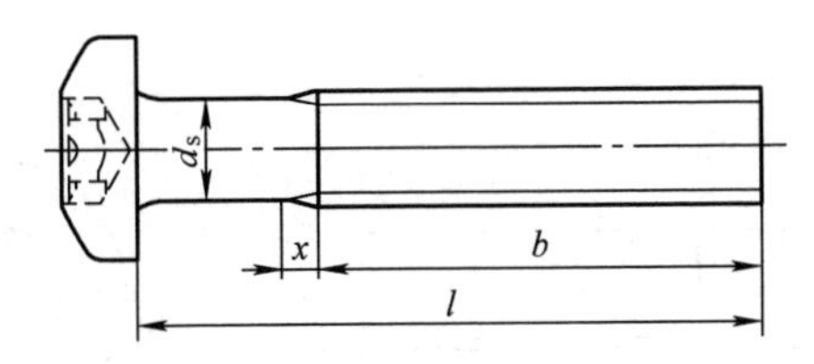

注：无螺纹杆径 d_s 约等于螺纹中径或螺纹大径。

① 辗制末端见 GB/T 2。

图 5-25 内六角花形盘头螺钉型式

表 5-30 内六角花形盘头螺钉尺寸 （mm）

螺纹规格 d		M2	M2.5	M3	（M3.5）	M4	M5	M6	M8	M10
螺距 P		0.4	0.45	0.5	0.6	0.7	0.8	1.0	1.25	1.5
a_{max}		0.8	0.9	1.0	1.2	1.4	1.6	2.0	2.5	3.0
b_{min}		25	25	25	38	38	38	38	38	38
d_{amax}		2.6	3.1	3.6	4.1	4.7	5.7	6.8	9.2	11.2
d_k	公称＝max	4.00	5.00	5.60	7.00	8.00	9.50	12.00	16.00	20.00
	min	3.70	4.70	5.30	6.64	7.64	9.14	11.57	15.57	19.48

（续）

螺纹规格 d			M2	M2.5	M3	(M3.5)	M4	M5	M6	M8	M10
k	公称=max		1.60	2.10	2.40	2.60	3.10	3.70	4.60	6.00	7.50
	min		1.46	1.96	2.26	2.46	2.92	3.52	4.30	5.70	7.14
r_{max}			0.10	0.10	0.10	0.10	0.20	0.02	0.25	0.40	0.40
$r_f \approx$			3.2	4.0	5.0	6.0	6.5	8.0	10.0	13.0	16.0
x_{max}			1.00	1.10	1.25	1.50	1.75	2.00	2.50	3.20	3.80
内六角花形	槽号 No.		6	8	10	15	20	25	30	45	50
	A 参考		1.75	2.40	2.80	3.35	3.95	4.50	5.60	7.95	8.95
	t	max	0.77	1.04	1.27	1.33	1.66	1.91	2.42	3.18	4.02
		min	0.63	0.91	1.01	1.07	1.27	1.52	2.02	2.79	3.62
l			3~20	3~25	4~30	5~35	5~40	6~50	8~60	10~60	12~60

注：尽可能不采用括号内的规格。

9. 内六角花形高沉头螺钉（GB/T 2673.2—2020）(图5-26、表5-31)

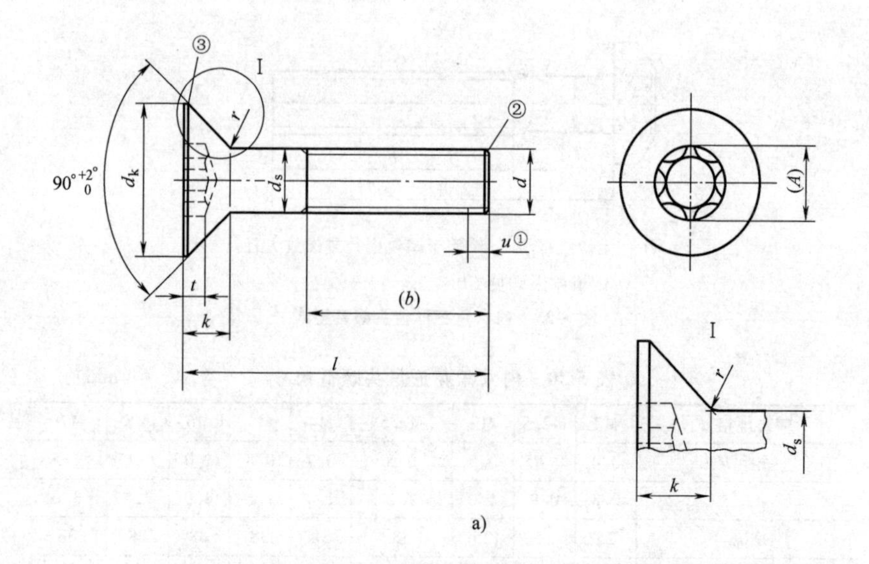

图 5-26 内六角花形高沉头螺钉型式

a）部分螺纹螺钉

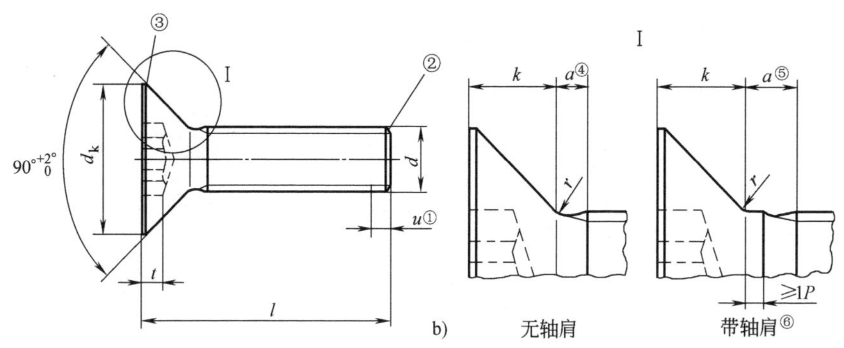

① 不完整螺纹长度 $u \leqslant 2P$。
② 末端倒角，或螺纹规格≤M4 为辗制末端，符合 GB/T 2。
③ 头部棱边可以是圆的或直的。
④ $a_{max} \leqslant 2P$。
⑤ $a_{max} \leqslant 2.5P$。
⑥ 加强颈的形状和尺寸由制造商确定，但直径不应大于 d。

图 5-26 内六角花形高沉头螺钉型式（续）
b）全螺纹螺钉

表 5-31 内六角花形高沉头螺钉尺寸

螺纹规格 d			M3	M4	M5	M6	M8	M10
P			0.5	0.7	0.8	1	1.25	1.5
b	参考		18	20	22	24	28	32
d_k	理论值	max	7.40	10.02	12.00	14.44	19.38	23.00
	实际值	max	6.57	9.02	10.90	13.20	17.90	21.30
		min	6.17	8.52	10.27	12.46	17.09	20.49
d_s	max		3.00	4.00	5.00	6.00	8.00	10.00
	min		2.86	3.82	4.82	5.82	7.78	9.78
k②	max		2.20	3.01	3.50	4.22	5.69	6.50
r	min		0.10	0.20	0.20	0.25	0.40	0.40
内六角花形②	槽号 No.		10	20	25	30	45	50
	$A_{参考}$		2.80	3.95	4.50	5.60	7.93	8.95
	t	max	1.18	1.69	1.89	2.22	2.99	3.30
		min	0.92	1.30	1.50	1.83	2.60	2.91
l③			8~30 (14)	8~30 (14)	8~40 (14)	8~50 (14)	10~80 (14)	12~100 (14)

① $d_{a,min}$ 值基于半径 $r=0.25d$。
② GB/T 5279 规定的量规尺寸不适用于本部分规定的沉头螺钉。
③ 尽可能不采用括号内规格。

10. 内六角花形沉头螺钉（GB/T 2673.1—2018）(图5-27、表5-32)

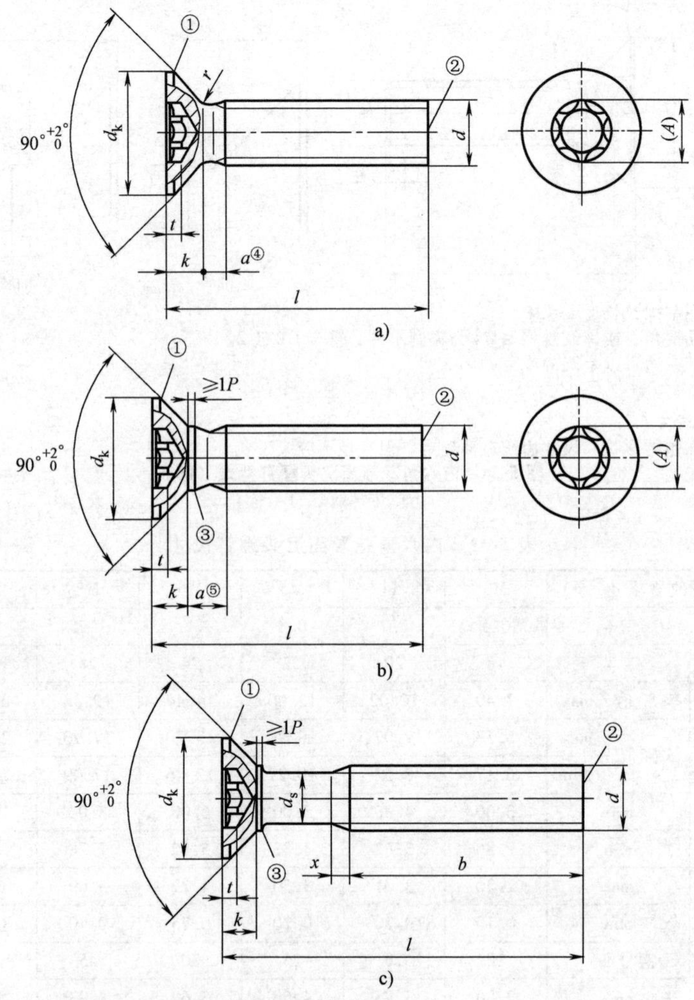

注：无螺纹杆径 d_s 约等于螺纹中径或螺纹大径。

① 棱边可以是圆的或直的。

② 辗制末端见 GB/T 2。

③ 轴肩的形状和尺寸由制造商确定，但最大直径不能超过 d。

④ $a_{max} \leqslant 2P$。

⑤ $a_{max} \leqslant 2.5P$。

图 5-27　内六角花形沉头螺钉型式

a）无轴肩全螺纹螺钉 M2~M4　b）带轴肩的全螺纹螺钉 M5~M10　c）带轴肩的部分螺纹螺钉 M5~M10

表 5-32　内六角花形沉头螺钉尺寸　　(mm)

螺纹规格 d			M2	M2.5	M3	(M3.5)①	M4	M5	M6	M8	M10
			不带轴肩					带轴肩			
P			0.4	0.45	0.5	0.6	0.7	0.8	1	1.25	1.5
b_{min}			25	25	25	38	38	38	38	38	38
d_k②	理论值	max	4.4	5.5	6.3	8.2	9.4	10.4	12.6	17.3	20.0
	实际值	公称=max	3.80	4.70	5.50	7.30	8.40	9.30	11.30	15.80	18.30
		min	3.50	4.40	5.20	6.94	8.04	8.94	10.87	15.37	17.78
k②		公称=max	1.20	1.50	1.65	2.35	2.70	2.70	3.30	4.65	5.00
r		max	0.5	0.6	0.8	0.9	1.0	1.3	1.5	2.0	2.5
x		max	1.00	1.10	1.25	1.50	1.75	2.00	2.50	3.20	3.80
内六角花形③	槽号 No.		6	8	10	15	20	25	30	45	50
	$A_{参考}$		1.75	2.40	2.80	3.35	3.95	4.50	5.60	7.93	8.95
	t	max	0.64	0.79	0.83	1.32	1.53	1.51	1.78	2.54	2.80
		min	0.51	0.66	0.70	1.16	1.14	1.12	1.39	2.15	2.41
l①			3~16	3~25	4~30	5~35	5~40	6~50	8~60	10~60	12~60

① 尽可能不采用括号内的规格及公称长度 l（14、55）。

② 头部尺寸的测量按 GB/T 5279 规定。

③ 内六角花形的验收检查见 GB/T 6188。

11. 内六角花形半沉头螺钉（GB/T 2674—2017）(图5-28、表5-33)

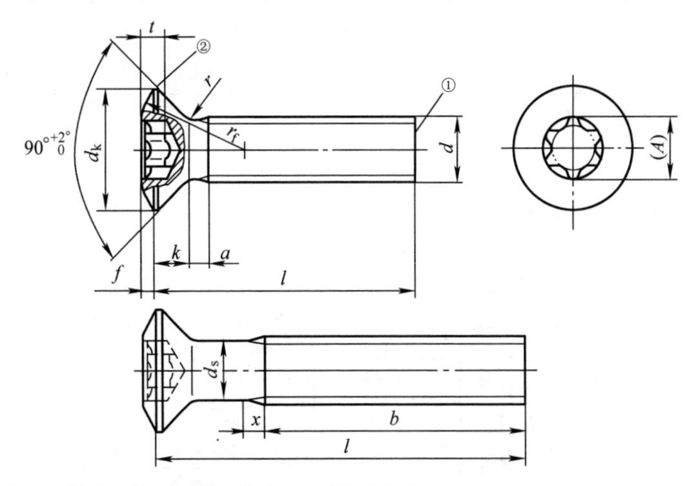

注：无螺纹杆径 d_s 约等于螺纹中径或螺纹大径。

① 辗制末端见 GB/T 2。

② 棱边可以是圆的或直的，由制造者任选。

图 5-28　内六角花形半沉头螺钉型式

表 5-33 内六角花形半沉头螺钉尺寸 (mm)

螺纹规格 d			M2	M2.5	M3	M(3.5)	M4	M5	M6	M8	M10
螺距 P			0.4	0.45	0.5	0.6	0.7	0.8	1.0	1.25	1.5
a_{max}			0.8	0.9	1.0	1.2	1.4	1.6	2.0	2.5	3.0
b_{min}			25	25	25	38	38	38	38	38	38
d_k	理论	max	4.4	5.5	6.3	8.2	9.4	10.4	12.6	17.3	20.0
	实际	公称=max	3.80	4.70	5.50	7.30	8.40	9.30	11.30	15.80	18.30
		min	3.50	4.40	5.20	6.94	8.04	8.94	10.87	15.37	17.78
$f \approx$			0.5	0.6	0.7	0.8	1.0	1.2	1.4	2.0	2.3
k	公称=max		1.20	1.50	1.65	2.35	2.70	2.70	3.30	4.65	5.00
r_{max}			0.5	0.6	0.8	0.9	1.0	1.3	1.5	2.0	2.5
$r_f \approx$			4	5	6	8.5	9.5	9.5	12	16.5	19.5
x_{max}			1.0	1.1	1.25	1.5	1.75	2.0	2.5	3.2	3.8
内六角花形	槽号 No.		6	8	10	15	20	25	30	45	50
	$A_{参考}$		1.75	2.4	2.8	3.35	3.95	4.5	5.6	7.95	8.95
	t	max	0.77	1.04	1.15	1.53	1.80	2.03	2.42	3.31	3.81
		min	0.63	0.91	0.88	1.27	1.42	1.65	2.02	2.92	3.42
l			3~20	3~25	4~30	5~35	5~40	6~50	8~60	10~60	12~60

注：1. 尽可能不采用括号内的规格。

2. 头部尺寸 d_k、k 的测量按 GB/T 5279 规定。

12. 开槽盘头不脱出螺钉（GB/T 837—1988）(图5-29、表5-34)

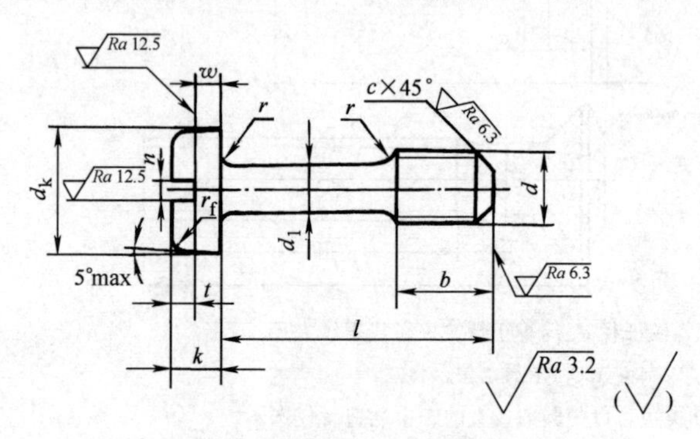

图 5-29 开槽盘头不脱出螺钉型式

表 5-34　开槽盘头不脱出螺钉尺寸　（mm）

螺纹规格 d		M3	M4	M5	M6	M8	M10
d_k	max	5.6	8.0	9.5	12.0	16.0	20.0
	min	5.30	7.64	9.14	11.57	15.57	19.48
k	max	1.8	2.4	3.0	3.6	4.8	6.0
	min	1.6	2.2	2.8	3.3	4.5	5.7
n	公称	0.8	1.2	1.2	1.6	2.0	2.5
	min	0.86	1.26	1.26	1.66	2.06	2.56
	max	1.00	1.51	1.51	1.91	2.31	2.81
r_f	参考	0.9	1.2	1.5	1.8	2.4	3.0
t	min	0.7	1.0	1.2	1.4	1.9	2.4
w	min	0.7	1.0	1.2	1.4	1.9	2.4
d_1	max	2.0	2.8	3.5	4.5	5.5	7.0
	min	1.86	2.66	3.32	4.32	5.32	6.78
b		4	6	8	10	12	15
r_{min}		0.1	0.2	0.2	0.25	0.4	0.4
$c\approx$		1.0	1.2	1.6	2.0	2.5	3.0
l		10~25	12~30	14~40	20~50	25~60	30~60

13. 开槽沉头不脱出螺钉（GB/T 948—1988）（图5-30、表5-35）

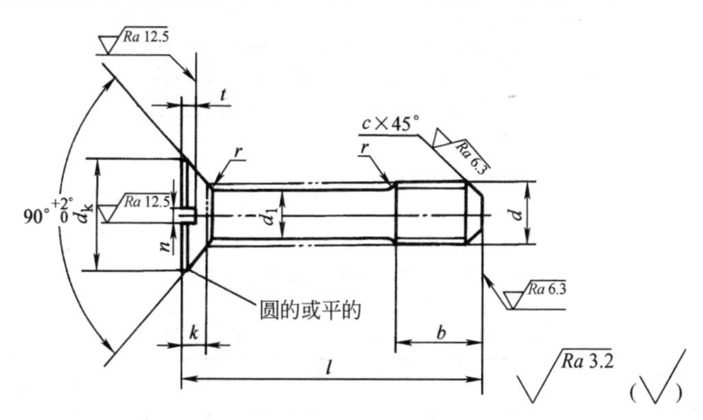

图 5-30　开槽沉头不脱出螺钉型式

表 5-35　开槽沉头不脱出螺钉尺寸　（mm）

螺纹规格 d			M3	M4	M5	M6	M8	M10
d_k	理论值	max	6.3	9.4	10.4	12.6	17.3	20.0
	实际值	max	5.5	8.4	9.3	11.3	15.8	18.3
		min	5.2	8.0	8.9	10.9	15.4	17.8

（续）

螺纹规格 d		M3	M4	M5	M6	M8	M10
k_{max}		1.65	2.70	2.70	3.30	4.65	5.00
n	公称	0.8	1.2	1.2	1.6	2.0	2.5
	min	0.86	1.26	1.26	1.66	2.06	2.56
	max	1.00	1.51	1.51	1.91	2.31	2.81
t	max	0.85	1.3	1.4	1.6	2.3	2.6
	min	0.6	1.0	1.1	1.2	1.8	2.0
d_1	max	2.0	2.8	3.5	4.5	5.5	7.0
	min	1.86	2.66	3.32	4.32	5.32	6.78
b		4	6	8	10	12	15
r_{max}		0.8	1.0	1.3	1.5	2.0	2.5
$c\approx$		1.0	1.2	1.6	2.0	2.5	3.0
l		10~25	12~30	14~40	20~50	25~60	30~60

14. 开槽半沉头不脱出螺钉（GB/T 949—1988）（图5-31、表5-36）

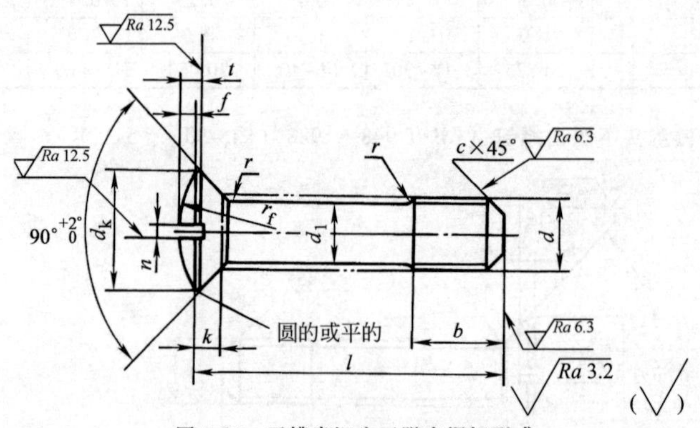

图 5-31　开槽半沉头不脱出螺钉型式

表 5-36　开槽半沉头不脱出螺钉尺寸　（mm）

螺纹规格 d			M3	M4	M5	M6	M8	M10
d_k	理论值	max	6.3	9.4	10.4	12.6	17.3	20.0
	实际值	max	5.5	8.4	9.3	11.3	15.8	18.3
		min	5.2	8.0	8.9	10.9	15.4	17.8
$f\approx$			0.7	1.0	1.2	1.4	2.0	2.3
$k$max			1.65	2.70	2.70	3.30	4.65	5.00
n	公称		0.8	1.2	1.2	1.6	2.0	2.5
	min		0.86	1.26	1.26	1.66	2.06	2.56
	max		1.00	1.51	1.51	1.91	2.31	2.81

（续）

螺纹规格 d		M3	M4	M5	M6	M8	M10
$r_f \approx$		6.0	9.5	9.5	12.0	16.5	19.5
t	max	1.45	1.9	2.4	2.8	3.7	4.4
	min	1.2	1.6	2.0	2.4	3.2	3.8
d_1	max	2.0	2.8	3.5	4.5	5.5	7.0
	min	1.68	2.66	3.32	4.32	5.32	6.78
b		4	6	8	10	12	15
r_{max}		0.8	1.0	1.3	1.5	2.0	2.5
$c \approx$		1.0	1.2	1.6	2.0	2.5	3.0
l		10~25	12~30	14~40	20~50	25~60	30~60

15. 滚花头不脱出螺钉（GB/T 839—1988）（图5-32、表5-37）

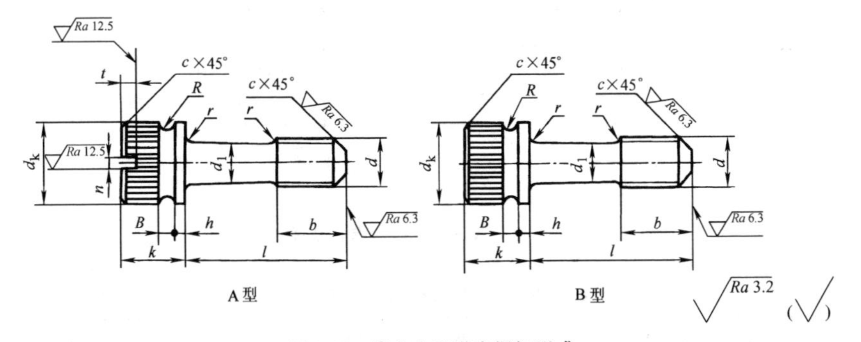

图 5-32　滚花头不脱出螺钉型式

表 5-37　滚花头不脱出螺钉尺寸　（mm）

螺纹规格 d		M3	M4	M5	M6	M8	M10
d_1	max	2	2.8	3.5	4.5	5.5	7
	min	1.86	2.66	3.32	4.32	5.32	6.78
d_k（滚花前）	max	5	8	9	11	14	17
	min	4.82	7.78	8.78	10.73	13.73	16.73
k	max	4.5	6.5	7	10	12	13.5
	min	4.32	6.32	6.78	9.64	11.57	13.07
n	公称	0.8	1.2	1.2	1.6	2	2.5
	min	0.86	1.26	1.28	1.66	2.06	2.56
	max	1	1.51	1.51	1.91	2.31	2.81
t_{min}		0.7	1.0	1.2	1.4	1.9	2.4
b		4	6	8	10	12	15
r_{min}		0.1	0.2	0.2	0.25	0.4	0.4
h		1	1.5		2	2.5	

（续）

螺纹规格 d	M3	M4	M5	M6	M8	M10
$B\approx$	1	1.5		2	2.5	3
$R\approx$	0.5	0.75		1	1.25	1.5
c	1	1.2	1.6	2	2.5	3
l	10~25	12~30	14~40	20~50	25~60	30~60

16. 六角头不脱出螺钉（GB/T 838—1988）(图5-33、表5-38)

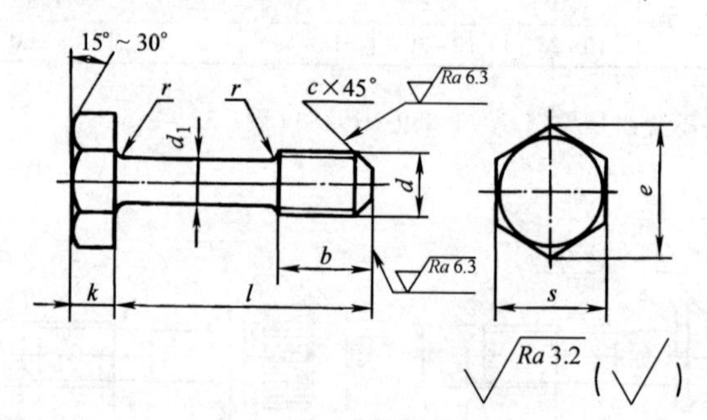

图 5-33　六角头不脱出螺钉型式

表 5-38　六角头不脱出螺钉尺寸　(mm)

螺纹规格 d		M5	M6	M8	M10	M12	(M14)	M16
d_1	max	3.5	4.5	5.5	7	9	11	12
	min	3.32	4.32	5.32	6.78	8.78	10.73	11.73
s	max	8	10	13	16	18	21	24
	min	7.78	9.78	12.73	15.73	17.73	20.67	23.67
k	公称	3.5	4	5.3	6.4	7.5	8.8	10
	min	3.35	3.85	5.15	6.22	7.32	8.62	9.82
	max	3.65	4.15	5.45	6.58	7.68	8.98	10.18
b		8	10	12	15	18	20	24
r_{min}		0.2	0.25	0.4	0.4	0.6	0.6	0.6
c		1.6	2	2.5	3	4	5	6
e_{min}		8.79	11.05	14.38	17.77	20.03	23.35	26.75
l		14~40	20~50	25~65	30~80	30~100	35~100	40~100

注：尽可能不采用括号内规格。

17. 滚花高头螺钉（GB/T 834—1988）（图5-34、表5-39）

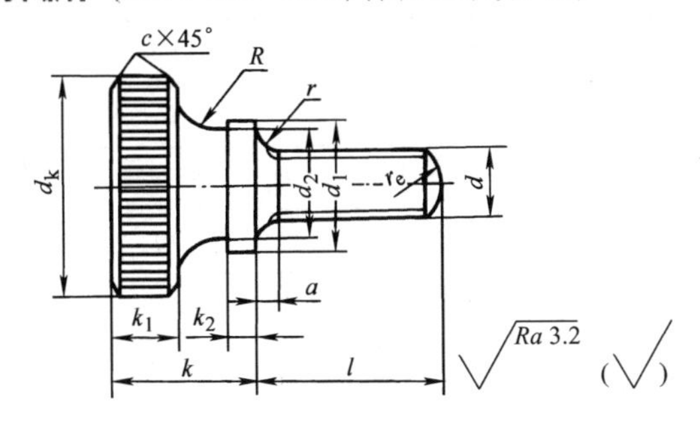

注：末端按 GB/T 2 规定。

图 5-34　滚花高头螺钉型式

表 5-39　滚花高头螺钉尺寸　（mm）

螺纹规格 d		M1.6	M2	M2.5	M3	M4	M5	M6	M8	M10
d_k（滚花前）	max	7	8	9	11	12	16	20	24	30
	min	6.78	7.78	8.78	10.73	11.73	15.73	19.67	23.67	29.67
k	max	4.7	5	5.5	7	8	10	12	16	20
	min	4.52	4.82	5.32	6.78	7.78	9.78	11.57	15.57	19.48
k_1		2	2	2.2	2.8	3	4	5	6	8
k_2		0.8	1	1	1.2	1.5	2	2.5	3	3.8
$R \geqslant$		1.25	1.25	1.5	2	2	2.5	3	4	5
r_{min}		0.1	0.1	0.1	0.1	0.2	0.2	0.25	0.4	0.4
$r_e \approx$		2.24	2.8	3.5	4.2	5.6	7	8.4	11.2	14
c		0.2	0.2	0.2	0.3	0.3	0.5	0.5	0.8	0.8
d_1		4	4.5	5	6	8	10	12	16	20
d_2		3.6	3.8	4.4	5.2	6.4	9	11	13	17.5
l		2~8	2.5~10	3~12	4~16	5~16	6~20	8~25	10~30	12~35

18. 滚花平头螺钉（GB/T 835—1988）（图5-35、表5-40）

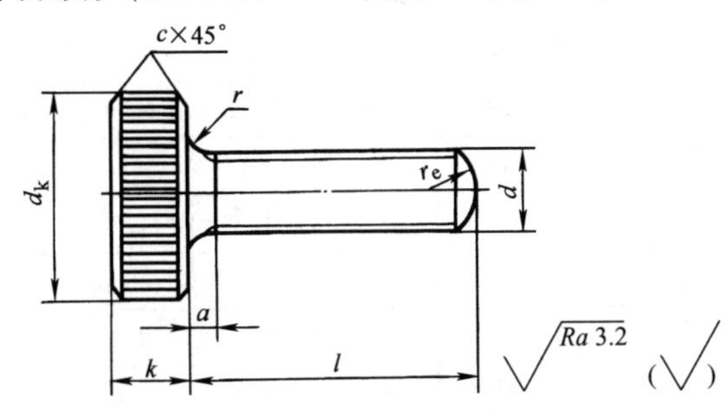

注：末端按 GB/T 2 规定。

图 5-35　滚花平头螺钉型式

表 5-40 滚花平头螺钉尺寸 (mm)

螺纹规格 d		M1.6	M2	M2.5	M3	M4	M5	M6	M8	M10
d_k（滚花前）	max	7	8	9	11	12	16	20	24	30
	min	6.78	7.78	8.78	10.73	11.73	15.73	19.67	23.67	29.67
k	max	4.7	5	5.5	7	8	10	12	16	20
	min	4.52	4.82	5.32	6.78	7.78	9.78	11.57	15.57	19.48
r_{min}		0.1	0.1	0.1	0.1	0.2	0.2	0.25	0.4	0.4
$r_e\approx$		2.24	2.8	3.5	4.2	5.6	7	8.4	11.2	14
c		0.2	0.2	0.2	0.3	0.3	0.5	0.5	0.8	0.8
l		2~12	4~16	5~16	6~20	8~25	10~25	12~30	16~35	20~45

19. 滚花小头螺钉（GB/T 836—1988)(图5-36、表5-41)

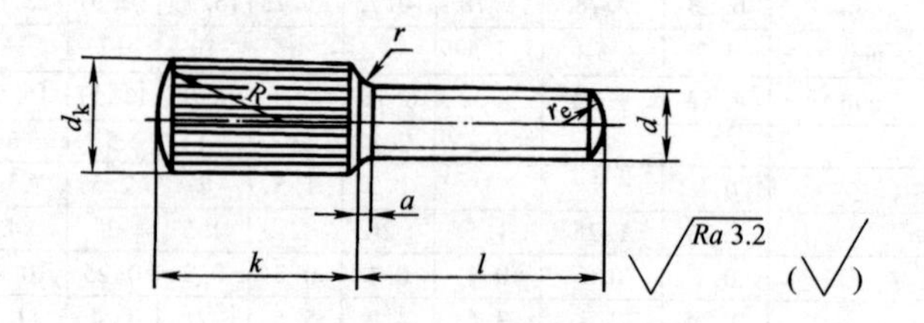

注：末端按 GB/T 2 规定。

图 5-36 滚花小头螺钉型式

表 5-41 滚花小头螺钉尺寸 (mm)

螺纹规格 d		M1.6	M2	M2.5	M3	M4	M5	M6
d_k（滚花前）	max	3.5	4	5	6	7	8	10
	min	3.32	3.82	4.82	5.82	6.78	7.78	9.78
k	max	10	11	11	12	12	13	13
	min	9.78	10.73	10.73	11.73	11.73	12.73	12.73
$R\approx$		4	4	5	6	8	8	10
r_{min}		0.1	0.1	0.1	0.1	0.2	0.2	0.25
$r_e\approx$		2.24	2.8	3.5	4.2	5.6	7	8.4
l		3~16	4~20	5~20	6~25	8~30	10~35	12~40

20. 塑料滚花头螺钉（GB/T 840—1988）(图5-37、表5-42)

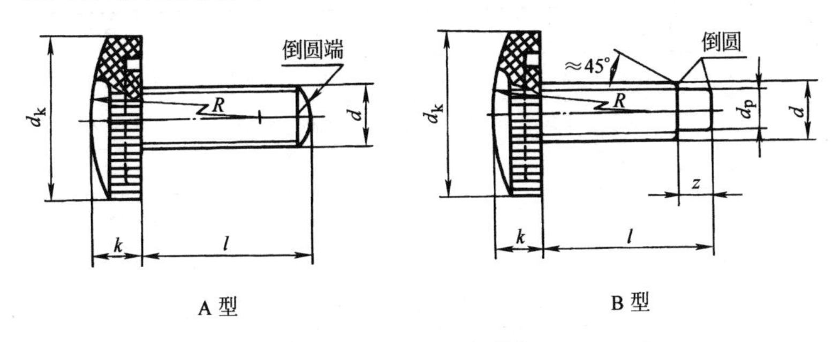

注：末端按 GB/T 2 规定。

图 5-37　塑料滚花头螺钉型式

表 5-42　塑料滚花头螺钉尺寸　（mm）

螺纹规格 d		M4	M5	M6	M8	M10	M12	M16
d_k		12	16	20	25	28	32	40
k		5	6	6	8	8	10	12
d_p	max	2.5	3.5	4	5.5	7	8.5	12
	min	2.25	3.2	3.7	5.2	6.64	8.14	11.57
z	max	2.25	2.75	3.25	4.3	5.3	6.3	8.36
	min	2	2.5	3	4	5	6	8
$R\approx$		25	32	40	50	55	65	80
l		8~30	10~40	12~40	16~45	20~60	25~60	30~80

21. 开槽圆柱头轴位螺钉（GB/T 830—1988）(图5-38、表5-43)

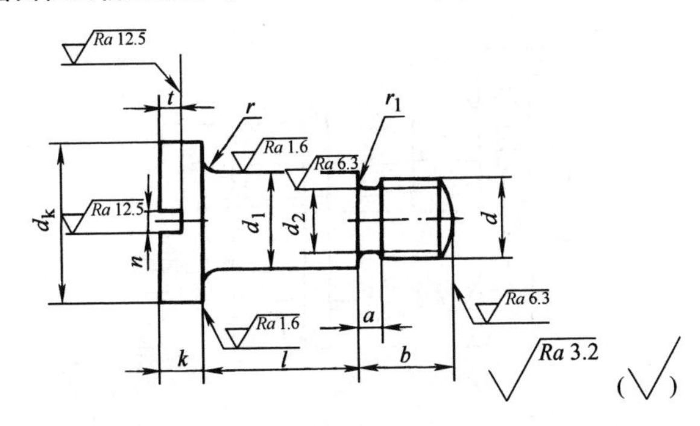

注：末端按 GB/T 2 规定。

图 5-38　开槽圆柱头轴位螺钉型式

表 5-43　开槽圆柱头轴位螺钉尺寸　（mm）

螺纹规格 d		M1.6	M2	M2.5	M3	M4	M5	M6	M8	M10
d_1	max	2.48	2.98	3.47	3.97	4.97	5.97	7.96	9.96	11.95
	min	2.42	2.92	3.395	3.895	4.895	5.895	7.87	9.87	11.84
d_k	max	3.5	4	5	6	8	10	12	15	20
	min	3.2	3.7	4.7	5.7	7.64	9.64	11.57	14.57	19.48
k	max	1.32	1.52	1.82	2.1	2.7	3.2	3.74	5.24	6.24
	min	1.08	1.28	1.58	1.7	2.3	2.8	3.26	4.76	5.76
n	公称	0.4	0.5	0.6	0.8	1.2	1.2	1.6	2	2.5
	min	0.46	0.56	0.66	0.86	1.26	1.28	1.66	2.06	2.56
	max	0.6	0.7	0.8	1	1.51	1.51	1.91	2.31	2.81
t_{min}		0.35	0.5	0.6	0.7	1	1.2	1.4	1.9	2.4
r_{min}		0.1	0.1	0.1	0.1	0.2	0.2	0.25	0.4	0.4
$r_1 \leqslant$		0.3				0.5				1
d_2		1.1	1.4	1.8	2.2	3	3.8	4.5	6.2	7.8
$a \approx$		1				1.5		2		3
b		2.5	3	3.5	4	5	6	8	10	12
l		1～6	1～8	1～8	1～10	1～10	1～12	1～14	2～16	2～20

22. 开槽球面圆柱头轴位螺钉（GB/T 946—1988）(图 5-39、表 5-44)

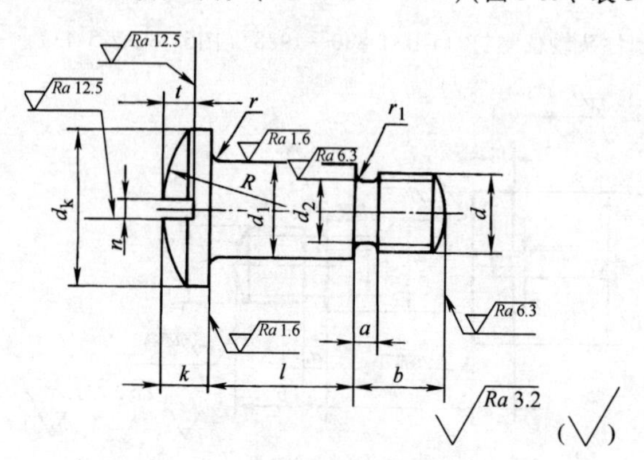

注：末端按 GB/T 2 规定。

图 5-39　开槽球面圆柱头轴位螺钉型式

表 5-44　开槽球面圆柱头轴位螺钉尺寸　(mm)

螺纹规格 d		M1.6	M2	M2.5	M3	M4	M5	M6	M8	M10
d_1	max	2.48	2.98	3.47	3.97	4.97	5.97	7.96	9.96	11.95
	min	2.42	2.92	3.395	3.895	4.895	5.895	7.87	9.87	11.84
d_k	max	3.5	4	5	6	8	10	12	15	20
	min	3.2	3.7	4.7	5.7	7.64	9.64	11.57	14.57	19.48
k	max	1.2	1.6	1.8	2	2.8	3.5	4	5	6
	min	1.06	1.46	1.66	1.86	2.66	3.32	3.82	4.82	5.82
n	公称	0.4	0.5	0.6	0.8	1.2	1.2	1.6	2	2.5
	min	0.46	0.56	0.66	0.86	1.26	1.26	1.66	2.06	2.56
	max	0.6	0.7	0.8	1	1.51	1.51	1.91	2.31	2.81
t_{min}		0.6	0.7	0.9	1	1.4	1.7	2	2.5	3
r_{min}		0.2				0.4				0.5
$r_1 \leqslant$		0.3				0.5				1
d_2		1.1	1.4	1.8	2.2	3	3.8	4.5	6.2	7.8
$a \approx$		1				1.5		2		3
$R \approx$		3.5	4	5	6	8	10	12	15	20
b		2.5	3	3.5	4	5	6	8	10	12
l		1~6	1~8	1~8	1~10	1~10	1~12	1~14	2~16	2~20

23. 开槽无头轴位螺钉（GB/T 831—1988)(图 5-40、表 5-45)

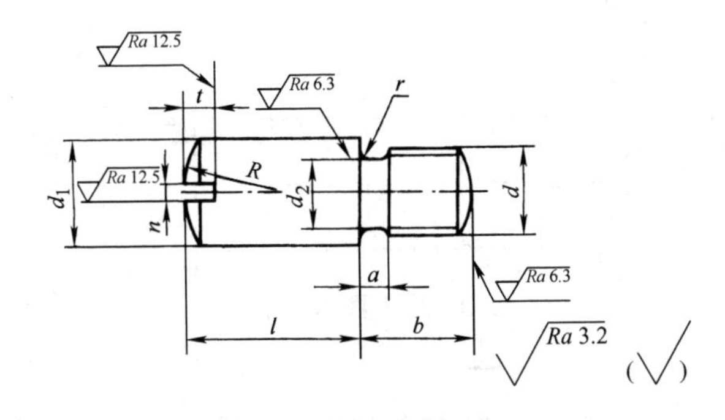

注：末端按 GB/T 2 规定。

图 5-40　开槽无头轴位螺钉型式

表 5-45　开槽无头轴位螺钉尺寸　（mm）

螺纹规格 d		M1.6	M2	M2.5	M3	M4	M5	M6	M8	M10
d_1	max	2.48	2.98	3.47	3.97	4.97	5.97	7.96	9.96	11.95
	min	2.42	2.92	3.395	3.895	4.895	5.895	7.87	9.87	11.84
n	公称	0.4	0.5	0.5	0.6	0.8	0.8	1.2	1.6	2
	min	0.46	0.56	0.66	0.66	0.86	0.86	1.26	1.66	2.06
	max	0.6	0.7	0.7	0.8	1	1	1.51	1.91	2.31
t_{min}		0.6	0.7	0.9	1	1.4	1.7	2	2.5	3
$r\leqslant$		0.3	0.3	0.3	0.3	0.5	0.5	0.5	0.5	1.0
d_2		1.1	1.4	1.8	2.2	3	3.8	4.5	6.2	7.8
$a\approx$		1				1.5		2		3
$R\approx$		2.5	3	3.5	4	5	6	8	10	12
b		2.5	3	3.5	4	5	6	8	10	12
l		2~3	2~4	2~5	2.5~6	3~8	4~10	5~12	6~16	8~20

24. 内六角圆柱头轴肩螺钉的几何公差（GB/T 5281—1985）（图 5-41、表 5-46、表 5-47）

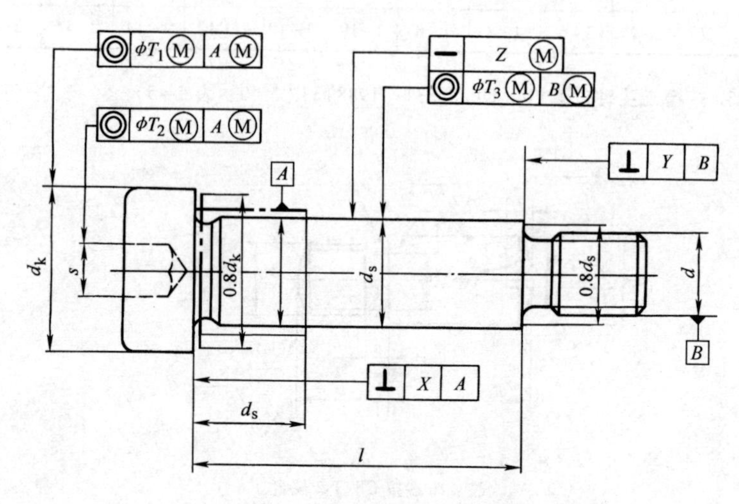

图 5-41　内六角圆柱头轴肩螺钉型式

表 5-46 同轴度与垂直度公差 (mm)

<table>
<tr><th colspan="6">同 轴 度 公 差</th><th colspan="4">垂 直 度 公 差</th></tr>
<tr><th colspan="2">T_1</th><th colspan="2">T_2</th><th colspan="2">T_3</th><th colspan="2">X</th><th colspan="2">Y</th></tr>
<tr><th>基本尺寸 d_k</th><th>公差值</th><th>基本尺寸 d_s</th><th>公差值</th><th>基本尺寸 d</th><th>公差值</th><th>基本尺寸 d_s</th><th>公差值</th><th>基本尺寸 d</th><th>公差值</th></tr>
<tr><td>10</td><td>0.44</td><td>6.5</td><td rowspan="3">0.44</td><td>5</td><td rowspan="4">0.12</td><td>6.5</td><td>0.15</td><td>5</td><td rowspan="4">0.15</td></tr>
<tr><td>13</td><td rowspan="3">0.54</td><td>8</td><td>6</td><td>8</td><td>0.18</td><td>6</td></tr>
<tr><td>16</td><td>10</td><td>8</td><td>10</td><td>0.24</td><td>8</td></tr>
<tr><td>18</td><td>13</td><td rowspan="2">0.54</td><td>10</td><td>13</td><td>0.31</td><td>10</td></tr>
<tr><td>24</td><td rowspan="2">0.66</td><td>16</td><td>12</td><td rowspan="2">0.14</td><td>16</td><td>0.34</td><td>12</td><td rowspan="2">0.20</td></tr>
<tr><td>30</td><td>20</td><td rowspan="2">0.66</td><td>16</td><td>20</td><td>0.42</td><td>16</td></tr>
<tr><td>36</td><td>0.78</td><td>25</td><td>20</td><td>0.17</td><td>25</td><td>0.50</td><td>20</td><td>0.30</td></tr>
</table>

表 5-47 直线度公差 (mm)

基 本 尺 寸 d_s	公 差 值 Z
≤8	$0.002l+0.05$
>8	$0.0025l+0.05$

25. 开槽锥端紧定螺钉（GB/T 71—2018)(图 5-42、表 5-48)

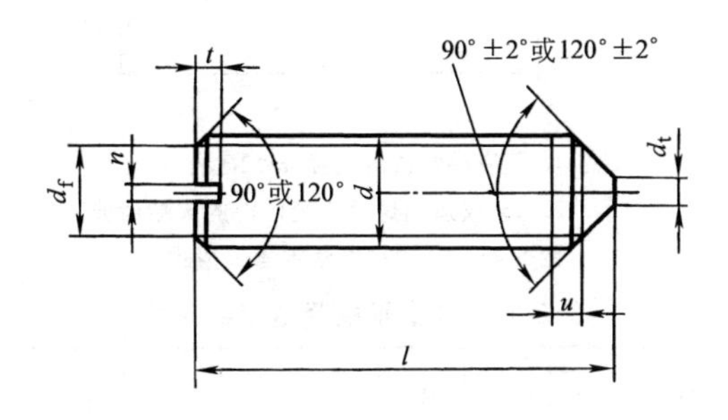

注：不完整螺纹的长度 $u \leq 2P$。

图 5-42 开槽锥端紧定螺钉型式

表 5-48　开槽锥端紧定螺钉尺寸　(mm)

螺纹规格 *d*		M1.2	M1.6	M2	M2.5	M3	M3.5	M4	M5	M6	M8	M10	M12
P		0.25	0.35	0.4	0.45	0.5	0.6	0.7	0.8	1	1.25	1.5	1.75
d_f≈		螺纹小径											
d_t	min	—	—	—	—	—	—	—	—	—	—	—	—
	max	0.12	0.16	0.20	0.25	0.30	0.35	0.40	0.50	1.50	2.00	2.50	3.00
n	公称	0.2	0.25	0.25	0.4	0.4	0.5	0.6	0.8	1	1.2	1.6	2
	min	0.26	0.31	0.31	0.46	0.46	0.56	0.66	0.86	1.06	1.26	1.66	2.06
	max	0.40	0.45	0.45	0.60	0.60	0.70	0.80	1.00	1.20	1.51	1.91	2.31
t	min	0.40	0.56	0.64	0.72	0.80	0.96	1.12	1.28	1.60	2.00	2.40	2.80
	max	0.52	0.74	0.84	0.95	1.05	1.21	1.42	1.63	2.00	2.50	3.00	3.60
l		2~6	2~8	3~10	3~12	4~16	5~20	6~20	8~25	8~30	10~40	12~50	14~60

注：尽可能不使用规格 M3.5 和长度 *l* 为 14。

26. 开槽平端紧定螺钉（GB/T 73—2017)(图 5-43、表 5-49)

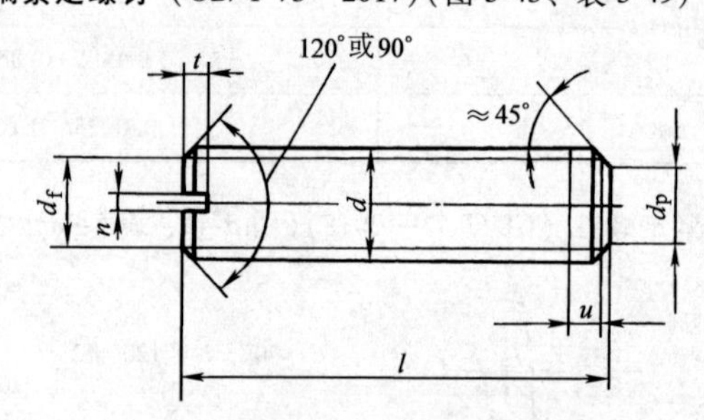

注：1. 不完整螺纹的长度 $u \leqslant 2P$。

2. 45°仅适用螺纹小径以内的末端部分。

图 5-43　开槽平端紧定螺钉型式

表 5-49　开槽平端紧定螺钉尺寸　(mm)

螺纹规格 *d*	M1.2	M1.6	M2	M2.5	M3	(M3.5)	M4	M5	M6	M8	M10	M12
P	0.25	0.35	0.4	0.45	0.5	0.6	0.7	0.8	1	1.25	1.5	1.75
d_{fmax}	螺纹小径											

（续）

螺纹规格 *d*		M1.2	M1.6	M2	M2.5	M3	(M3.5)	M4	M5	M6	M8	M10	M12
d_p	min	0.35	0.55	0.75	1.25	1.75	1.95	2.25	3.2	3.7	5.2	6.64	8.14
	max	0.60	0.80	1.00	1.50	2.00	2.20	2.50	3.50	4.00	5.50	7.00	8.50
n	公称	0.2	0.25	0.25	0.4	0.4	0.5	0.6	0.8	1	1.2	1.6	2
	min	0.26	0.31	0.31	0.46	0.46	0.56	0.66	0.86	1.06	1.26	1.66	2.06
	max	0.40	0.45	0.45	0.60	0.60	0.70	0.80	1.00	1.20	1.51	1.91	2.31
t	min	0.40	0.56	0.64	0.72	0.80	0.96	1.12	1.28	1.60	2.00	2.40	2.80
	max	0.52	0.74	0.84	0.95	1.05	1.21	1.42	1.63	2.00	2.50	3.00	3.60
l		2~6	2~8	2~10	2.5~12	3~16	3~20	4~20	5~25	6~30	8~40	10~50	12~60

27. 开槽凹端紧定螺钉（GB/T 74—2018）(图 5-44、表 5-50)

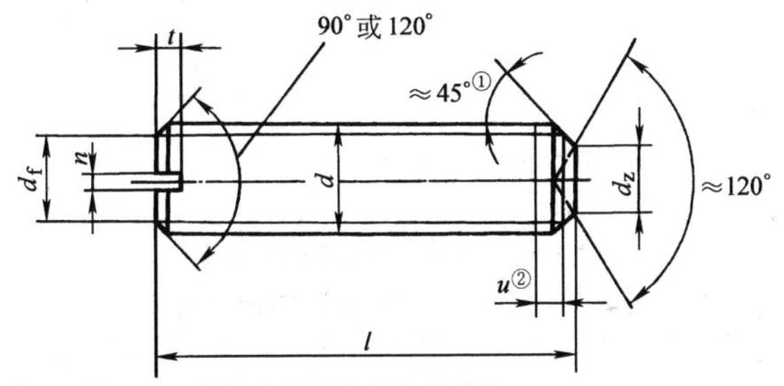

① 45°仅适用于螺纹小径以内的末端部分。

② 不完整螺纹的长度 $u \leqslant 2P$。

图 5-44　开槽凹端紧定螺钉型式

表 5-50　开槽凹端紧定螺钉尺寸　（mm）

螺纹规格 *d*		M1.6	M2	M2.5	M3	(M3.5)	M4	M5	M6	M8	M10	M12
P		0.35	0.4	0.45	0.5	0.6	0.7	0.8	1	1.25	1.5	1.75
$d_f \approx$		螺　纹　小　径										
d_z	min	0.55	0.75	0.95	1.15	1.45	1.75	2.25	2.75	4.70	5.70	7.70
	max	0.80	1.00	1.20	1.40	1.70	2.00	2.50	3.00	5.00	6.00	8.00
n	公称	0.25	0.25	0.4	0.4	0.5	0.6	0.8	1	1.2	1.6	2
	min	0.31	0.31	0.46	0.46	0.56	0.66	0.86	1.06	1.26	1.66	2.06
	max	0.45	0.45	0.60	0.60	0.70	0.80	1.00	1.20	1.51	1.91	2.31

（续）

螺纹规格 d		M1.6	M2	M2.5	M3	(M3.5)	M4	M5	M6	M8	M10	M12
t	min	0.56	0.64	0.72	0.80	0.96	1.12	1.28	1.60	2.00	2.40	2.80
	max	0.74	0.84	0.95	1.05	1.21	1.42	1.63	2.00	2.50	3.00	3.60
l		2~8	2.5~10	3~12	3~16	4~20	4~20	5~25	6~30	8~40	10~50	12~60
应制成120°的长度 l		2	2.5	3	3	4	4	5	6	8	10	12

注：尽量不选用括号的螺纹规格，也不选用 l=14mm 的长度。

28. 开槽长圆柱端紧定螺钉（GB/T 75—2018）（图 5-45、表 5-51）

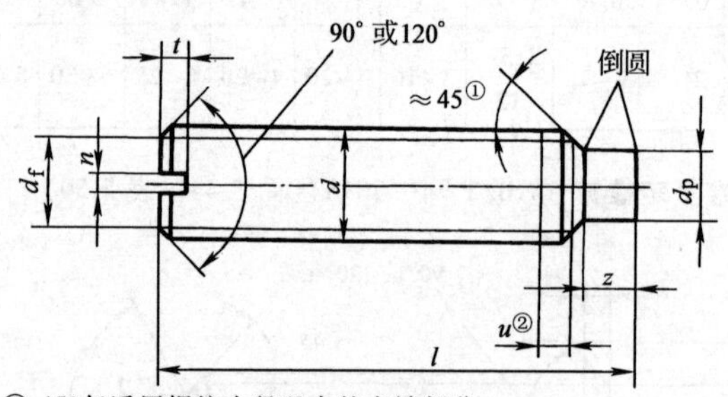

① 45°仅适用螺纹小径以内的末端部分。

② 不完整螺纹的长度 $u \leqslant 2P$。

图 5-45 开槽长圆柱端紧定螺钉型式

表 5-51 开槽长圆柱端紧定螺钉尺寸 （mm）

螺纹规格 d		M1.6	M2	M2.5	M3	(M3.5)	M4	M5	M6	M8	M10	M12
P		0.35	0.4	0.45	0.5	0.6	0.7	0.8	1	1.25	1.5	1.75
$d_f \approx$		螺纹小径										
d_p	min	0.55	0.75	1.25	1.75	1.95	2.25	3.20	3.70	5.20	6.64	8.14
	max	0.80	1.00	1.50	2.00	2.00	2.50	3.50	4.00	5.50	7.00	8.50
n	公称	0.25	0.25	0.4	0.4	0.5	0.6	0.8	1	1.2	1.6	2
	min	0.31	0.31	0.46	0.46	0.56	0.66	0.86	1.06	1.26	1.66	2.06
	max	0.45	0.45	0.60	0.60	0.70	0.80	1.00	1.20	1.51	1.91	2.31
t	min	0.56	0.64	0.72	0.80	0.96	1.12	1.28	1.60	2.00	2.40	2.80
	max	0.74	0.84	0.95	1.05	1.21	1.42	1.63	2.00	2.50	3.00	3.60
z	min	0.80	1.00	1.25	1.50	1.75	2.00	2.50	3.00	4.00	5.00	6.00
	max	1.05	1.25	1.50	1.75	2.00	2.25	2.75	3.25	4.30	5.30	6.30
l		2.5~8	3~10	4~12	5~16	5~20	6~20	8~25	8~30	10~40	12~50	(14)~60
应制成120°的长度 l		2.5	3	4	5	5	6	6、8	8、10	10、12	12、(14)、16	(14)、16、20

29. 方头长圆柱球面端紧定螺钉（GB/T 83—2018）(图 5-46、表 5-52)

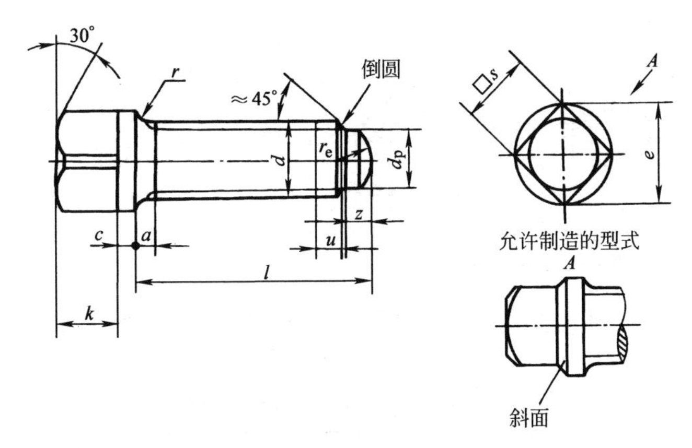

注：$a \leqslant 4P$；u（不完整螺纹的长度）$\leqslant 2P$；P—螺距。

图 5-46　方头长圆柱球面端紧定螺钉型式

表 5-52　方头长圆柱球面端紧定螺钉尺寸　(mm)

螺纹规格 d		M8	M10	M12	M16	M20
d_p	min	5.20	6.64	8.14	11.57	14.57
	max	5.50	7.00	8.50	12.00	15.00
e_{min}		9.7	12.2	14.7	20.9	27.1
k	公称	9	11	13	18	23
	min	8.82	10.78	12.78	17.78	22.58
	max	9.18	11.22	13.22	18.22	23.42
$c \approx$		2	3	3	4	5
r_{min}		0.4	0.5	0.6	0.6	0.8
z	min	4	5	6	8	10
	max	4.3	5.3	6.3	8.36	10.36
$r_e \approx$		7.7	9.8	11.9	16.8	21.0
s	公称	8	10	12	17	22
	min	7.78	9.78	11.73	16.73	21.67
	max	8	10	12	17	22
l		16~40	20~50	25~60	30~80	35~100

30. 方头凹端紧定螺钉（GB/T 84—2018）（图 5-47、表 5-53）

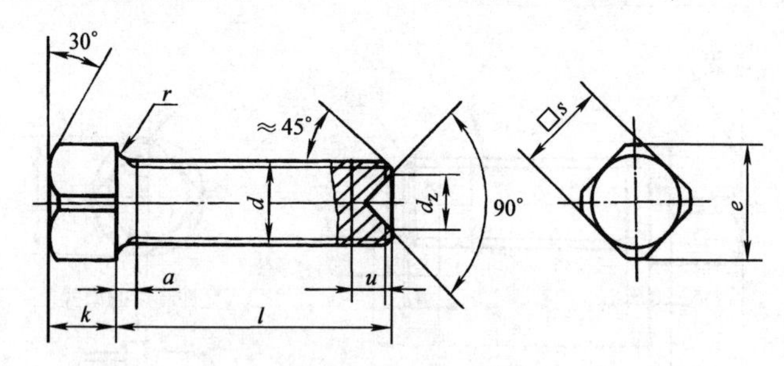

注：$a \leqslant 4P$；u（不完整螺纹的长度）$\leqslant 2P$；P—螺距。

图 5-47 方头凹端紧定螺钉型式

表 5-53 方头凹端紧定螺钉尺寸 （mm）

螺纹规格 d		M5	M6	M8	M10	M12	M16	M20
d_z	min	2.25	2.75	4.70	5.70	6.64	9.64	12.57
	max	2.5	3.0	5.0	6.0	7.0	10.0	13.0
e_{min}		6.0	7.3	9.7	12.2	14.7	20.9	27.1
k	公称	5	6	7	8	10	14	18
	min	4.85	5.85	6.82	7.82	9.82	13.785	17.785
	max	5.15	6.15	7.18	8.18	10.18	14.215	18.215
r_{min}		0.20	0.25	0.40	0.50	0.60	0.60	0.80
s	公称	5	6	8	10	12	17	22
	min	4.82	5.82	7.78	9.78	11.73	16.73	21.67
	max	5	6	8	10	12	17	22
l		10~30	12~30	14~40	20~50	25~60	30~80	40~100

31. 方头长圆柱端紧定螺钉（GB/T 85—2018）（图 5-48、表 5-54）

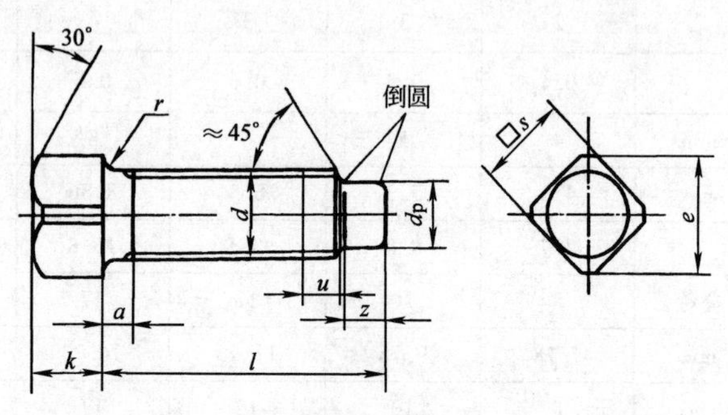

注：$a \leqslant 4P$；u（不完整螺纹的长度）$\leqslant 2P$；P—螺距。

图 5-48 方头长圆柱端紧定螺钉型式

表 5-54　方头长圆柱端紧定螺钉尺寸　(mm)

螺纹规格 d		M5	M6	M8	M10	M12	M16	M20
d_p	min	3.20	3.70	5.20	6.64	8.14	11.57	14.57
	max	3.50	4.00	5.50	7.00	8.50	12.00	15.00
e_{min}		6	7.3	9.7	12.2	14.7	20.9	27.1
k	公称	5	6	7	8	10	14	18
	min	4.85	5.85	6.82	7.82	9.82	13.785	17.785
	max	5.15	6.15	7.18	8.18	10.18	14.215	18.215
r_{min}		0.20	0.25	0.40	0.40	0.60	0.60	0.80
z	max	2.75	3.25	4.3	5.3	6.3	8.36	10.36
	min	2.5	3.0	4.0	5.0	6.0	8.0	10
s	公称	5	6	8	10	12	17	22
	min	4.82	5.82	7.78	9.78	11.73	16.73	21.67
	max	5	6	8	10	12	17	22
l		12~30	12~30	14~40	20~50	25~60	25~80	40~100

32. 方头短圆柱锥端紧定螺钉（GB/T 86—2018）(图 5-49、表 5-55)

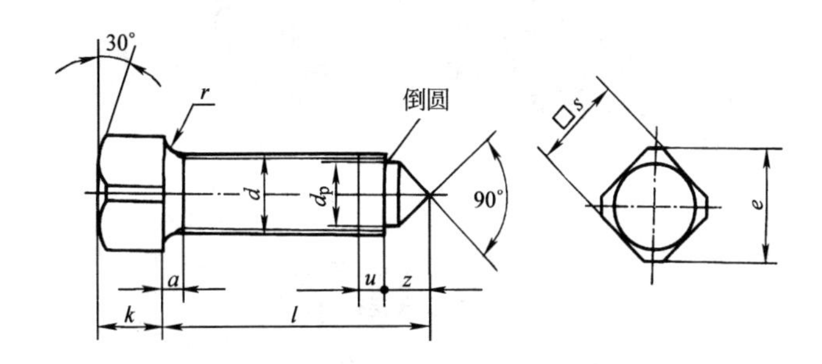

注：$a \leqslant 4P$；不完整螺纹的长度 $u \leqslant 2P$；P—螺距。

图 5-49　方头短圆柱锥端紧定螺钉型式

表 5-55　方头短圆柱锥端紧定螺钉尺寸　(mm)

螺纹规格 d		M5	M6	M8	M10	M12	M16	M20
d_p	min	3.20	3.70	5.20	6.64	8.14	11.57	14.57
	max	3.50	4.00	5.50	7.00	8.50	12.00	15.00
e_{min}		6	7.3	9.7	12.2	14.7	20.9	27.1

(续)

螺纹规格 *d*		M5	M6	M8	M10	M12	M16	M20
k	公称	5	6	7	8	10	14	18
	min	4.85	5.85	6.82	7.82	9.82	13.785	17.785
	max	5.15	6.15	7.18	8.18	10.18	14.215	18.215
r_{min}		0.2	0.25	0.4	0.4	0.6	0.6	0.8
z	min	3.5	4.0	5.0	6.0	7.0	9.0	11.0
	max	3.80	4.30	5.30	6.30	7.36	9.36	11.43
s	公称	5	6	8	10	12	17	22
	min	4.82	5.82	7.78	9.78	11.73	16.73	21.67
	max	5	6	8	10	12	17	22
l		12~30	12~30	(14)~40	20~50	25~60	25~80	40~100

33. 开槽盘头定位螺钉（GB/T 828—1988)(图 5-50、表 5-56)

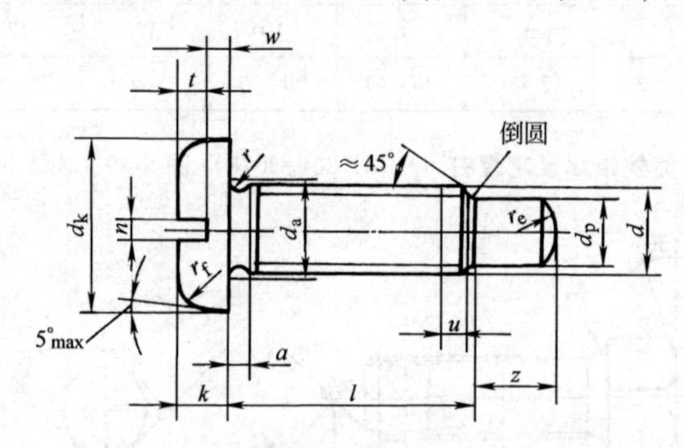

注：*u*（不完整螺纹的长度）≤2*P*；*P*—螺距。

图 5-50 开槽盘头定位螺钉型式

表 5-56 开槽盘头定位螺钉尺寸 (mm)

螺纹规格 *d*		M1.6	M2	M2.5	M3	M4	M5	M6	M8	M10
a_{max}		0.7	0.8	0.9	1.0	1.4	1.6	2.0	2.5	3.0
d_k	max	3.2	4.0	5.0	5.6	8.0	9.5	12.0	16.0	20.0
	min	2.9	3.7	4.7	5.3	7.64	9.14	11.57	15.57	19.48
d_{amax}		2.1	2.6	3.1	3.6	4.7	5.7	6.8	9.2	11.2
k	max	1.0	1.3	1.5	1.8	2.4	3.0	3.6	4.8	6.0
	min	0.85	1.1	1.3	1.6	2.2	2.8	3.3	4.5	5.7

（续）

螺纹规格 d		M1.6	M2	M2.5	M3	M4	M5	M6	M8	M10
n	公称	0.4	0.5	0.6	0.8	1.2	1.2	1.6	2	2.5
	min	0.46	0.56	0.66	0.86	1.26	1.26	1.66	2.06	2.56
	max	0.6	0.7	0.8	1	1.51	1.51	1.91	2.31	2.81
d_p	max	0.8	1	1.5	2	2.5	3.5	4	5.5	7
	min	0.55	0.75	1.25	1.75	2.25	3.2	3.7	5.2	6.64
t_{min}		0.35	0.5	0.6	0.7	1.0	1.2	1.4	1.9	2.4
w_{min}		0.3	0.4	0.5	0.7	1.0	1.2	1.4	1.9	2.4
$r_{f参考}$		0.5	0.6	0.8	0.9	1.2	1.5	1.8	2.4	3.0
r_{min}		0.1	0.1	0.1	0.1	0.2	0.2	0.25	0.4	0.4
$r_e \approx$		1.12	1.4	2.1	2.8	3.5	4.9	5.6	7.7	9.8
l		1.5~3	1.5~4	2~5	2.5~6	3~8	4~10	5~12	6~16	8~20
z		1~1.5	1~2	1.2~2.5	1.5~3	2~4	2.5~5	3~6	4~8	5~10

34. 开槽圆柱端定位螺钉（GB/T 829—1988）（图 5-51、表 5-57）

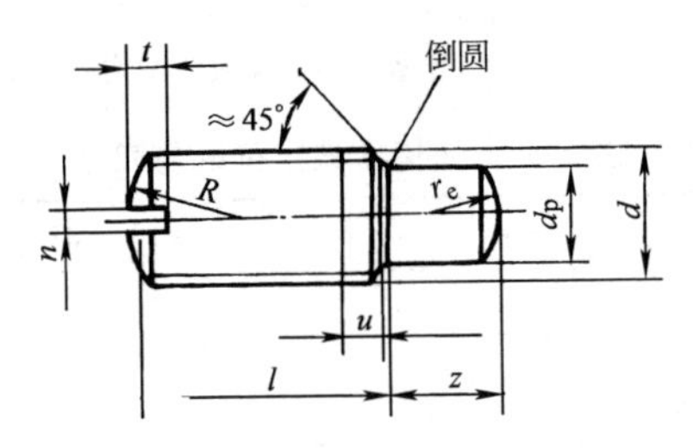

注：u（不完整螺纹的长度）≤$2P$；P—螺距。

图 5-51 开槽圆柱端定位螺钉型式

表 5-57 开槽圆柱端定位螺钉尺寸 （mm）

螺纹规格 d		M1.6	M2	M2.5	M3	M4	M5	M6	M8	M10
d_p	max	0.8	1	1.5	2	2.5	3.5	4	5.5	7
	min	0.55	0.75	1.25	1.75	2.25	3.2	3.7	5.2	6.64
n	公称	0.25	0.25	0.4	0.4	0.6	0.8	1	1.2	1.6
	min	0.31	0.31	0.46	0.46	0.66	0.86	1.06	1.26	1.66
	max	0.45	0.45	0.6	0.6	0.8	1	1.2	1.51	1.91

（续）

螺纹规格 d		M1.6	M2	M2.5	M3	M4	M5	M6	M8	M10
t	max	0.74	0.84	0.95	1.05	1.42	1.63	2	2.5	3
	min	0.56	0.64	0.72	0.8	1.12	1.28	1.6	2	2.4
$R\approx$		1.6	2	2.5	3	4	5	6	8	10
$r_e\approx$		1.12	1.4	2.1	2.8	3.5	4.9	5.6	7.7	9.8
l		1.5~3	1.5~4	2~5	2.5~6	3~8	4~10	5~12	6~16	8~20
z		1~1.5	1~2	1.2~2.5	1.5~3	2~4	2.5~5	3~6	4~8	5~10

35. 开槽锥端定位螺钉（GB/T 72—1988）（图 5-52、表 5-58）

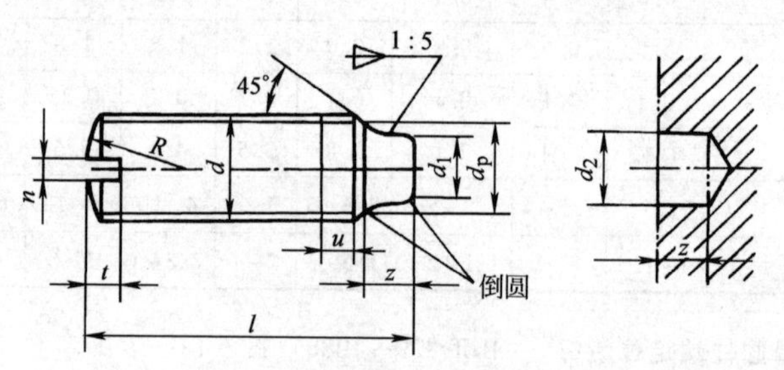

注：u（不完整螺纹的长度）≤$2P$；P—螺距。

图 5-52 开槽锥端定位螺钉型式

表 5-58 开槽锥端定位螺钉尺寸 （mm）

螺纹规格 d		M3	M4	M5	M6	M8	M10	M12
d_p	max	2	2.5	3.0	4	5.5	7	8.5
	min	1.75	2.25	2.75	3.7	5.2	6.64	8.14
n	公称	0.4	0.6	0.8	1	1.2	1.6	2
	min	0.46	0.66	0.86	1.06	1.26	1.66	2.06
	max	0.6	0.8	1	1.2	1.51	1.91	2.31
t	max	1.05	1.42	1.63	2	2.5	3	3.6
	min	0.8	1.12	1.28	1.6	2	2.4	2.8
$d_1\approx$		1.7	2.1	2.5	3.4	4.7	6	7.3
z		1.5	2	2.5	3	4	5	6
$R\approx$		3	4	5	6	8	10	12
d_2（推荐）		1.8	2.2	2.6	3.5	5	6.5	8
l		4~16	4~20	5~20	6~25	8~35	10~45	12~50

36. 沉头螺钉用沉孔（GB/T 152.2—2014）(图 5-53、表 5-59)

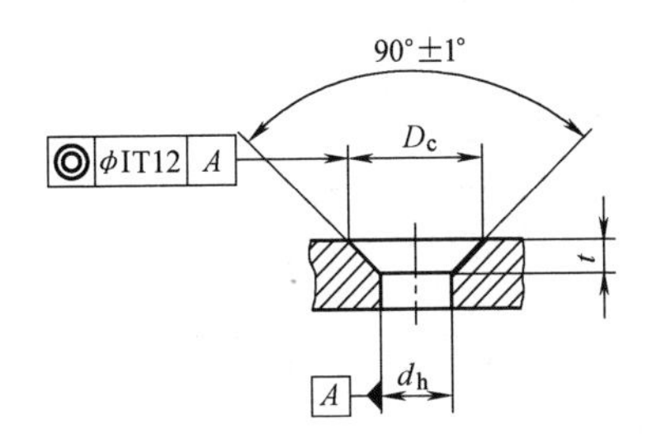

图 5-53　沉头螺钉用沉孔

表 5-59　沉头螺钉用沉孔尺寸　(mm)

公称规格	螺纹规格		d_h①		D_c		t
			min(公称)	max	min(公称)	max	≈
1.6	M1.6	—	1.80	1.94	3.6	3.7	0.95
2	M2	ST2.2	2.40	2.54	4.4	4.5	1.05
2.5	M2.5	—	2.90	3.04	5.5	5.6	1.35
3	M3	ST2.9	3.40	3.58	6.3	6.5	1.55
3.5	M3.5	ST3.5	3.90	4.08	8.2	8.4	2.25
4	M4	ST4.2	4.50	4.68	9.4	9.6	2.55
5	M5	ST4.8	5.50	5.68	10.40	10.65	2.58
5.5	—	ST5.5	6.00②	6.18	11.50	11.75	2.88
6	M6	ST6.3	6.60	6.82	12.60	12.85	3.13
8	M8	ST8	9.00	9.22	17.30	17.55	4.28
10	M10	ST9.5	11.00	11.27	20.0	20.3	4.65

① 按 GB/T 5277 中等装配系列的规定，公差带为 H13。

② GB/T 5277 中无此尺寸。

37. 圆柱头沉孔（GB/T 152.3—1988）(图 5-54、表 5-60、表 5-61)

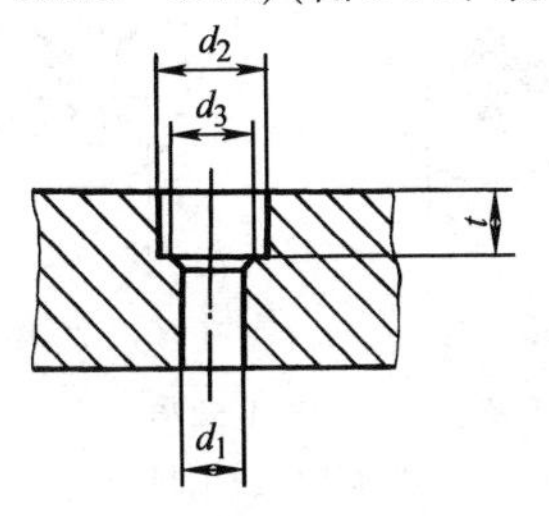

图 5-54　圆柱头沉孔

表 5-60 圆柱头沉孔尺寸（一） (mm)

螺纹规格 d	M1.6	M2	M2.5	M3	M4	M5	M6	M8
d_2	3.3	4.3	5.0	6.0	8.0	10.0	11.0	15.0
t	1.8	2.3	2.9	3.4	4.6	5.7	6.8	9.0
d_3	—	—	—	—	—	—	—	—
d_1	1.8	2.4	2.9	3.4	4.5	5.5	6.6	9.0
螺纹规格 d	M10	M12	M14	M16	M20	M24	M30	M36
d_2	18.0	20.0	24.0	26.0	33.0	40.0	48.0	57.0
t	11.0	13.0	15.0	17.5	21.5	25.5	32.0	38.0
d_3	—	16	18	20	24	28	36	42
d_1	11.0	13.5	15.5	17.5	22.0	26.0	33.0	39.0

注：1. 尺寸 d_1、d_2 和 t 的公差带均为 H13。

2. 本表适用于 GB/T 70 用的圆柱头沉孔尺寸。

表 5-61 圆柱头沉孔尺寸（二） (mm)

螺纹规格 d	M4	M5	M6	M8	M10	M12	M14	M16	M20
d_2	8	10	11	15	18	20	24	26	33
t	3.2	4.0	4.7	6.0	7.0	8.0	9.0	10.5	12.5
d_3	—	—	—	—	—	16	18	20	24
d_1	4.5	5.5	6.6	9.0	11.0	13.5	15.5	17.5	22.0

注：1. 尺寸 d_1、d_2 和 t 的公差带均为 H13。

2. 本表适用于 GB/T 6190、GB/T 6191 及 GB/T 65 用的圆柱头沉孔尺寸。

38. 十字槽圆柱头螺钉（GB/T 822—2016）(图 5-55、表 5-62)

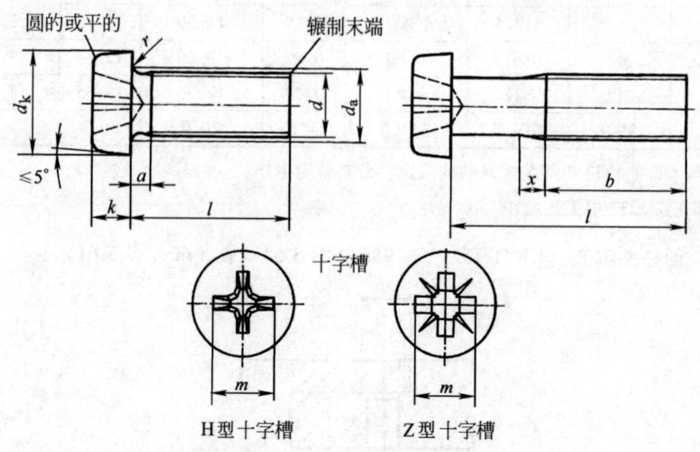

注：尺寸代号和标注符合 GB/T 5276。

无螺纹部分杆径约等于螺纹中径或允许等于螺纹大径。

图 5-55 十字槽圆柱头螺钉型式

表 5-62 十字槽圆柱头螺钉尺寸 (mm)

螺纹规格 d				M2.5	M3	(M3.5)	M4	M5	M6	M8
螺距 P				0.45	0.5	0.6	0.7	0.8	1	1.25
a_{max}				0.9	1	1.2	1.4	1.6	2	2.5
b_{min}				25	25	38	38	38	38	38
d_k	max			4.50	5.50	6.00	7.00	8.50	10.00	13.00
	min			4.32	5.32	5.82	6.78	8.28	9.78	12.73
d_{amax}				3.1	3.6	4.1	4.7	5.7	6.8	9.2
k	max			1.80	2.00	2.40	2.60	3.30	3.9	5.0
	min			1.66	1.86	2.26	2.46	3.12	3.6	4.7
r_{min}				0.1	0.1	0.1	0.2	0.2	0.25	0.4
x_{max}				1.1	1.25	1.5	1.75	2	2.5	3.2
十字槽	槽号 No.			1	2	2	2	2	3	3
	H 型	m	参考	2.7	3.5	3.8	4.1	4.8	6.2	7.7
		插入深度	min	1.20	0.86	1.15	1.45	2.14	2.25	3.73
			max	1.62	1.43	1.73	2.03	2.73	2.86	4.36
	Z 型	m	参考	2.4	3.5	3.7	4.0	4.6	6.1	7.5
		插入深度	min	1.10	1.22	1.34	1.60	2.26	2.46	3.88
			max	1.35	1.47	1.80	2.06	2.72	2.92	4.34
l①				3~25	4~30	5~35	5~40	6~50	8~60	10~60

注：尽可能不采用括号内的规格。

① $l \leqslant 40$mm 的螺钉制出全螺纹（$b=l-a$）。

39. 十字槽盘头螺钉（GB/T 818—2016）（图 5-56、表 5-63）

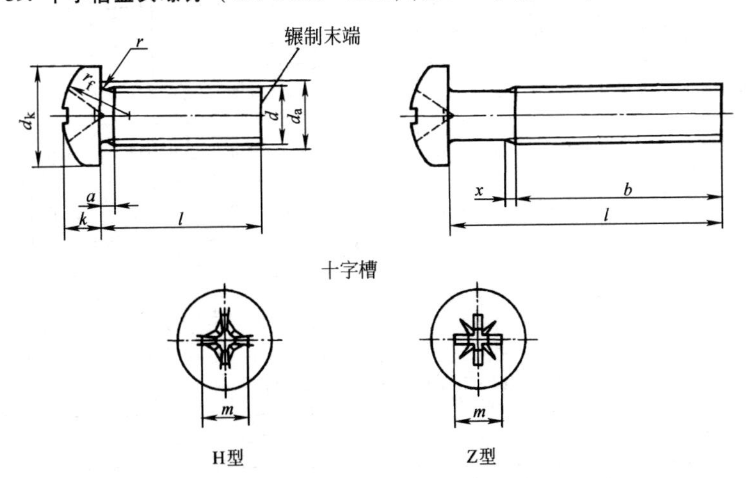

注：尺寸代号和标注符合 GB/T 5276。

无螺纹部分杆径约等于螺纹中径也允许等于螺纹大径。

图 5-56 十字槽盘头螺钉型式

表 5-63　十字槽盘头螺钉尺寸　　　　(mm)

螺纹规格 d			M1.6	M2	M2.5	M3	(M3.5)	M4	M5	M6	M8	M10
螺距 P			0.35	0.4	0.45	0.5	0.6	0.7	0.8	1	1.25	1.5
a_{max}			0.7	0.8	0.9	1	1.2	1.4	1.6	2	2.5	3
b_{min}			25	25	25	25	38	38	38	38	38	38
d_{amax}			2	2.6	3.1	3.6	4.1	4.7	5.7	6.8	9.2	11.2
d_k	公称=max		3.2	4.0	5.0	5.6	7.00	8.00	9.50	12.00	16.00	20.00
	min		2.9	3.7	4.7	5.3	6.64	7.64	9.14	11.57	15.57	19.48
k	公称=max		1.30	1.60	2.10	2.40	2.60	3.10	3.70	4.6	6.0	7.50
	min		1.16	1.46	1.96	2.26	2.46	2.92	3.52	4.3	5.7	7.14
r_{min}			0.1	0.1	0.1	0.1	0.1	0.2	0.2	0.25	0.4	0.4
r_f≈			2.5	3.2	4	5	6	6.5	8	10	13	16
x_{max}			0.9	1	1.1	1.25	1.5	1.75	2	2.5	3.2	3.8
十字槽	槽号 No.		0		1			2		3	4	
	H型	m 参考	1.7	1.9	2.7	3	3.9	4.4	4.9	6.9	9	10.1
		插入深度 max	0.95	1.2	1.55	1.8	1.9	2.4	2.9	3.6	4.6	5.8
		插入深度 min	0.70	0.9	1.15	1.4	1.4	1.9	2.4	3.1	4.0	5.2
	Z型	m 参考	1.6	2.1	2.6	2.8	3.9	4.3	4.7	6.7	8.8	9.9
		插入深度 max	0.90	1.42	1.50	1.75	1.93	2.34	2.74	3.46	4.50	5.69
		插入深度 min	0.65	1.17	1.25	1.50	1.48	1.89	2.29	3.03	4.05	5.24
l①			3~16	3~20	3~25	4~30	5~40	5~40	6~45	8~60	10~60	12~60

注：尽可能不采用括号内的规格。

① l≤40mm 的螺钉，制出全螺纹（$b=l-a$），l=14，55 的螺钉尽可能不采用。

40. 十字槽小盘头螺钉（GB/T 823—2016）（图 5-57、表 5-64）

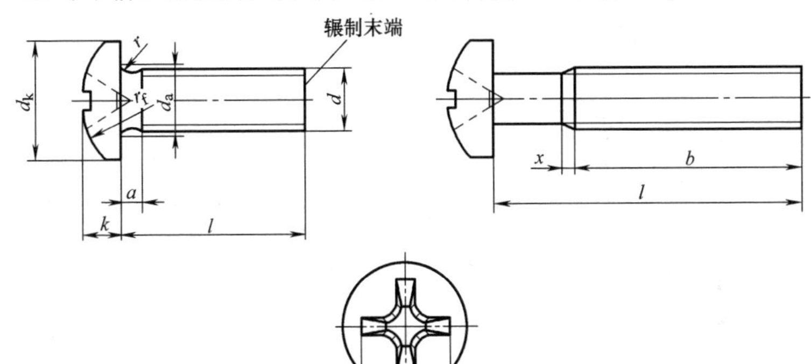

m

H型十字槽

注：无螺纹部分杆径约等于螺纹中径或螺纹大径；末端按 GB/T 2 规定。

图 5-57　十字槽小盘头螺钉型式

表 5-64　十字槽小盘头螺钉尺寸　（mm）

螺纹规格 d		M2	M2.5	M3	（M3.5）	M4	M5	M6	M8
a_{max}		0.8	0.9	1	1.2	1.4	1.6	2	2.5
b_{min}		25	25	25	38	38	38	38	38
d_{amax}		2.6	3.1	3.6	4.1	4.7	5.7	6.8	9.2
d_k	max	3.5	4.5	5.5	6.0	7.0	9.0	10.5	14.0
	min	3.2	4.2	5.2	5.7	6.64	8.64	10.07	13.57
k	max	1.4	1.8	2.15	2.45	2.75	3.45	4.1	5.4
	min	1.26	1.66	2.01	2.31	2.61	3.27	3.8	5.1
r_{min}		0.1	0.1	0.1	0.1	0.2	0.2	0.25	0.40
$r_f \approx$		4.5	6	7	8	9	12	14	18
x_{max}		1	1.1	1.25	1.50	1.75	2	2.5	3.2
十字槽	槽号　No.	1		2			3		
	$m_{参考}$	2.2	2.6	3.5	3.8	4.1	4.8	6.2	7.7
	插入深度 max	1.01	1.42	1.43	1.73	2.03	2.73	2.86	4.36
	插入深度 min	0.60	1.00	0.86	1.15	1.45	2.14	2.26	3.73
l①		3~20	3~25	4~30	5~35	5~40	6~50	8~50	10~50

注：尽可能不采用括号内的规格。

① 制出全螺纹（$b=l-a$）。

41. 十字槽沉头螺钉 第1部分：钢4.8级（GB/T 819.1—2016）(图5-58、表5-65)

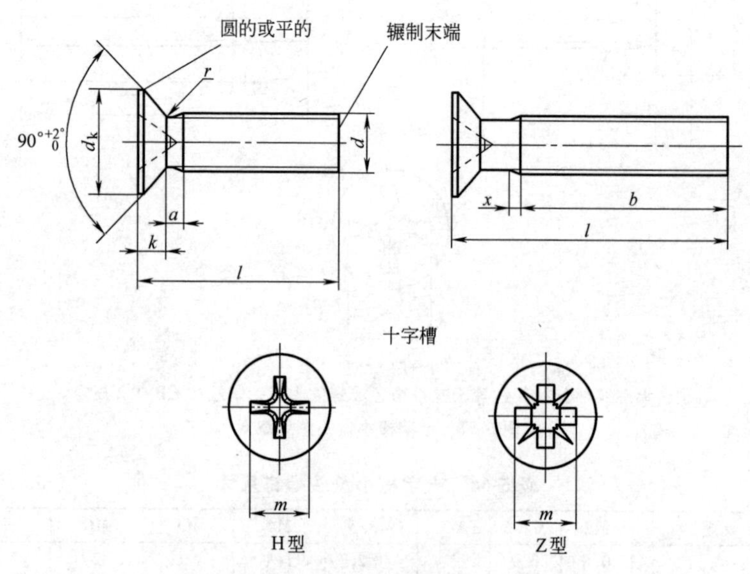

注：尺寸代号和标注符合 GB/T 5276。

无螺纹部分杆径约等于螺纹中径也允许等于螺纹大径。

图5-58 十字槽沉头螺钉型式

表5-65 十字槽沉头螺钉尺寸 (mm)

螺纹规格 d			M1.6	M2	M2.5	M3	(M3.5)	M4	M5	M6	M8	M10
螺距 P			0.35	0.4	0.45	0.5	0.6	0.7	0.8	1	1.25	1.5
a_{max}			0.7	0.8	0.9	1	1.2	1.4	1.6	2	2.5	3
b_{min}			25	25	25	25	38	38	38	38	38	38
d_k	理论值	max	3.6	4.4	5.5	6.3	8.2	9.4	10.4	12.6	17.3	20
	实际值	公称=max	3.0	3.8	4.7	5.5	7.30	8.40	9.30	11.30	15.80	18.30
		min	2.7	3.5	4.4	5.2	6.94	8.04	8.94	10.87	15.37	17.78
k		公称=max	1	1.2	1.5	1.65	2.35	2.7	2.7	3.3	4.65	5
r_{max}			0.4	0.5	0.6	0.8	0.9	1	1.3	1.5	2	2.5
x_{max}			0.9	1	1.1	1.25	1.5	1.75	2	2.5	3.2	3.8

（续）

螺纹规格 d				M1.6	M2	M2.5	M3	(M3.5)	M4	M5	M6	M8	M10
十字槽系列 1①（深的）	槽号　No.			0		1		2			3	4	
	H型	m　参考		1.6	1.9	2.9	3.2	4.4	4.6	5.2	6.8	8.9	10
		插入深度	max	0.9	1.2	1.8	2.1	2.4	2.6	3.2	3.5	4.6	5.7
			min	0.6	0.9	1.4	1.7	1.9	2.1	2.7	3.0	4.0	5.1
	Z型	m　参考		1.6	1.9	2.8	3	4.1	4.4	4.9	6.6	8.8	9.8
		插入深度	max	0.95	1.20	1.73	2.01	2.20	2.51	3.05	3.45	4.60	5.64
			min	0.70	0.95	1.48	1.76	1.75	2.06	2.60	3.00	4.15	5.19
l②				3~16	3~20	3~25	4~30	5~35	5~40	6~50	8~60	10~60	12~60

注：1. 尽可能不采用括号内的规格。

2. d_k、k 值见 GB/T 5279。

① 见 GB/T 5279.2。

② l=14，55 的螺钉尽可能不采用。l≤45mm 的螺钉，制出全螺纹[$b=l-(k+a)$]。

42. 十字槽沉头螺钉　第 2 部分：钢 8.8 级、不锈钢 A2-70 和有色金属 CU2 或 CU3（GB/T 819.2—2016）(图 5-59~图 5-61、表 5-66)

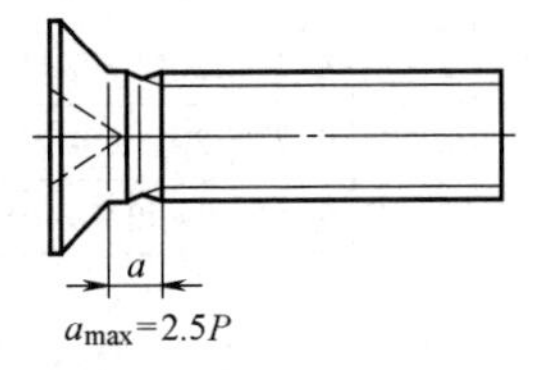

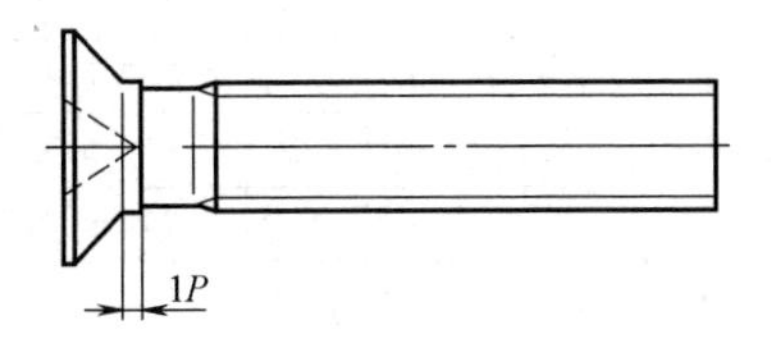

注：1. 尺寸代号和标注按 GB/T 5276 规定。

2. 无螺纹部分杆径约等于螺纹中径或等于螺纹大径。

3. 其余尺寸见图 5-60 和图 5-61。

图 5-59　用于插入深度系列 1（深的）头下带台肩的螺钉型式

表 5-66　十字槽沉头螺钉尺寸　　(mm)

螺纹规格 d			M2	M2.5	M3	(M3.5)	M4	M5	M6	M8	M10
P			0.4	0.45	0.5	0.6	0.7	0.8	1	1.25	1.5
b_{min}			25	25	25	38	38	38	38	38	38
d_k①	理论值	max	4.4	5.5	6.3	8.2	9.4	10.4	12.6	17.3	20
	实际值	max	3.8	4.7	5.5	7.3	8.4	9.3	11.3	15.8	18.3
		min	3.5	4.4	5.2	6.9	8.0	8.9	10.9	15.4	17.8

（续）

螺纹规格 d					M2	M2.5	M3	(M3.5)	M4	M5	M6	M8	M10
k_{max}					1.2	1.5	1.65	2.35	2.7	2.7	3.3	4.65	5
r_{max}					0.5	0.6	0.8	0.9	1	1.3	1.5	2	2.5
x_{max}					1	1.1	1.25	1.5	1.75	2	2.5	3.2	3.8
十字槽	系列 1[②]（深的）	H 型	槽号 No.		0	1		2			3	4	
			m	参考	1.9	2.9	3.2	4.4	4.6	5.2	6.8	8.9	10
			插入深度	min	0.9	1.4	1.7	1.9	2.1	2.7	3.0	4.0	5.1
				max	1.2	1.8	2.1	2.4	2.6	3.2	3.5	4.6	5.7
		Z 型	槽号 No.		0	1		2			3	4	
			m	参考	1.9	2.8	3	4.1	4.4	4.9	6.6	8.8	9.8
			插入深度	min	0.95	1.48	1.76	1.75	2.06	2.60	3.00	4.15	5.19
				max	1.20	1.73	2.01	2.20	2.51	3.05	3.45	4.60	5.64
	系列 2[②]（浅的）	H 型	槽号 No.		0	1		2			3	4	
			m	参考	1.9	2.7	2.9	4.1	4.6	4.8	6.6	8.7	9.6
			插入深度	min	0.9	1.25	1.4	1.6	2.1	2.3	2.8	3.9	4.8
				max	1.2	1.55	1.8	2.1	2.6	2.8	3.3	4.4	5.3
		Z 型	槽号 No.		0	1		2			3	4	
			m	参考	1.9	2.5	2.8	4	4.4	4.6	6.3	8.5	9.4
			插入深度	min	0.95	1.22	1.48	1.61	2.06	2.27	2.73	3.87	4.78
				max	1.20	1.47	1.73	2.05	2.51	2.72	3.18	4.32	5.23
l[③]					3~20	3~25	4~30	5~35	5~40	6~50	8~50	10~50	12~50

注：尽可能不采用括号内的规格。

① 见 GB/T 5279。

② 根据 GB/T 5279.2。

③ l=14，55 的螺钉尽可能不用，l≤45mm 的螺钉，制出全螺纹［$b=l-(k+a)$］。

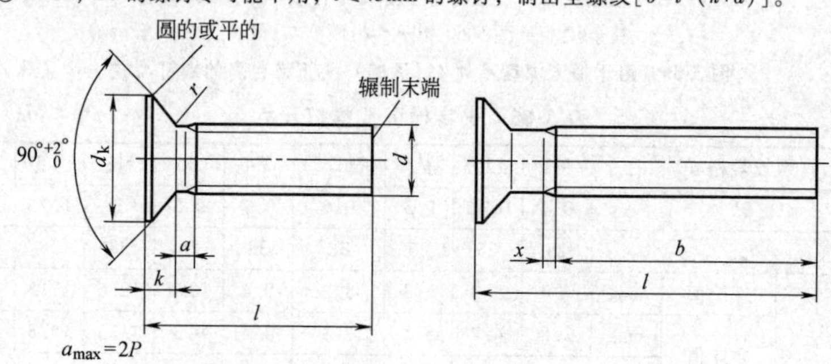

图 5-60　用于插入深度系列 2（浅的）头下不带台肩的螺钉型式

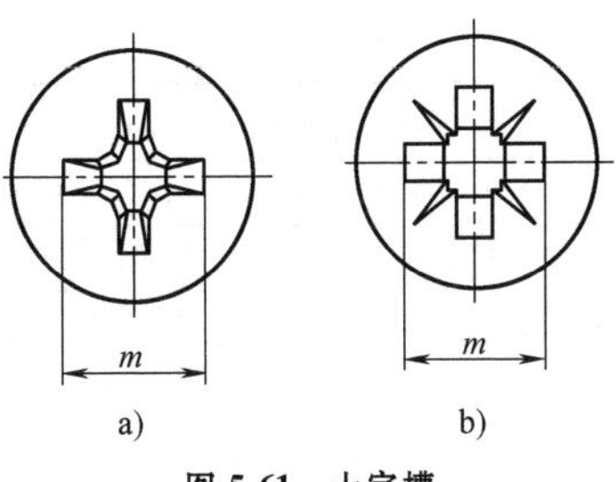

图 5-61　十字槽

a）H 型　b）Z 型

43. 十字槽半沉头螺钉（GB/T 820—2015)(图 5-62、表 5-67)

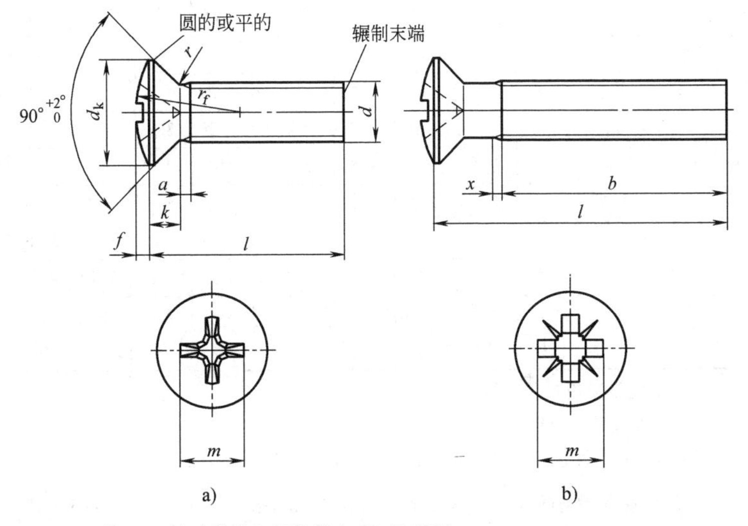

注：1. 尺寸代号和标注符合 GB/T 5276。

2. 无螺纹部分杆径约等于螺纹中径也允许等于螺纹大径。

图 5-62　十字槽半沉头螺钉型式

a）H 型十字槽　b）Z 型十字槽

表 5-67　十字槽半沉头螺钉尺寸　(mm)

螺纹规格 d	M1.6	M2	M2.5	M3	(M3.5)	M4	M5	M6	M8	M10
螺距 P	0.35	0.4	0.45	0.5	0.6	0.7	0.8	1	1.25	1.5
a_{max}	0.7	0.8	0.9	1	1.2	1.4	1.6	2	2.5	3
b_{min}	25	25	25	25	38	38	38	38	38	38

（续）

螺纹规格 d			M1.6	M2	M2.5	M3	(M3.5)	M4	M5	M6	M8	M10
d_k	理论值	max	3.6	4.4	5.5	6.3	8.2	9.4	10.4	12.6	17.3	20
	实际值	公称=max	3.0	3.8	4.7	5.5	7.30	8.40	9.30	11.30	15.80	18.30
		min	2.7	3.5	4.4	5.2	6.94	8.04	8.94	10.87	15.37	17.78
$f\approx$			0.4	0.5	0.6	0.7	0.8	1	1.2	1.4	2	2.3
k		公称=max	1	1.2	1.5	1.65	2.35	2.7	2.7	3.3	4.65	5
r_{max}			0.4	0.5	0.6	0.8	0.9	1	1.3	1.5	2	2.5
$r_f\approx$			3	4	5	6	8.5	9.5	9.5	12	16.5	19.5
x_{max}			0.9	1	1.1	1.25	1.5	1.75	2	2.5	3.2	3.8
十字槽	槽号 No.		0		1		2			3	4	
	H型	m 参考	1.9	2	3	3.4	4.8	5.2	5.4	7.3	9.6	10.4
		插入深度 max	1.2	1.5	1.85	2.2	2.75	3.2	3.4	4.0	5.25	6.0
		插入深度 min	0.9	1.2	1.50	1.8	2.25	2.7	2.9	3.5	4.75	5.5
	Z型	m 参考	1.9	2.2	2.8	3.1	4.6	5	5.3	7.1	9.5	10.3
		插入深度 max	1.20	1.40	1.75	2.08	2.70	3.10	3.35	3.85	5.20	6.05
		插入深度 min	0.95	1.15	1.50	1.83	2.25	2.65	2.90	3.40	4.75	5.60
l①			3~16	3~20	3~25	4~30	5~35	5~40	6~50	8~60	10~60	12~60

注：1. 尽可能不采用括号内的规格。

2. d_k、k 值见 GB/T 5279。

① l=14，55 尽可能不用。$l\leqslant$45mm 的螺钉，制出全螺纹[$b=l-(k+a)$]。

44. 精密机械用紧固件(十字槽螺钉)(GB/T 13806.1—1992)(图 5-63、表 5-68~表 5-70)

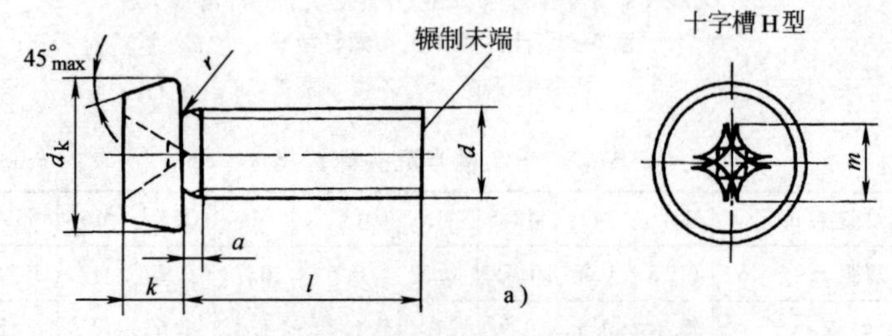

图 5-63 精密机械用紧固件型式（十字槽螺钉）

a）A 型—十字槽圆柱头螺钉

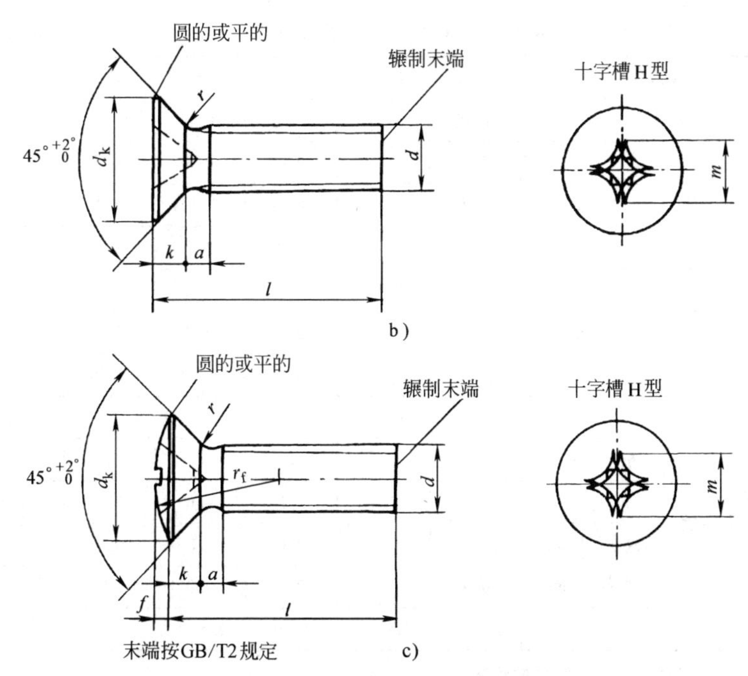

图 5-63 精密机械用紧固件型式（十字槽螺钉）（续）

b）B 型—十字槽沉头螺钉

c）C 型—十字槽半沉头螺钉

表 5-68 A 型十字槽圆柱头螺钉尺寸 （mm）

螺纹规格 d			M1.2	(M1.4)	M1.6	M2	M2.5	M3
螺距 P			0.25	0.3	0.35	0.4	0.45	0.5
a_{max}			0.5	0.6	0.7	0.8	0.9	1
d_k	max		2	2.3	2.6	3	3.8	5
	min		1.86	2.16	2.46	2.86	3.62	4.82
k	max		0.55	0.55	0.55	0.70	0.90	1.40
	min		0.45	0.45	0.45	0.60	0.76	1.26
r_{min}			0.05					
H 型十字槽	槽号 No.		0	0	0	0	1	1
	m 参考		1.0	1.1	1.1	1.2	1.8	2.3
	插入深度	min	0.20	0.25	0.28	0.30	0.40	0.85
		max	0.32	0.35	0.40	0.45	0.60	1.10
l			1.6~4	1.8~5	2~6	2.5~8	3~10	4~10

注：尽可能不采用括号内的规格。

表 5-69 B 型十字槽沉头螺钉尺寸 (mm)

螺纹规格 d			M1.2	(M1.4)	M1.6	M2	M2.5	M3
螺距 P			0.25	0.3	0.35	0.4	0.45	0.5
a_{max}			0.5	0.6	0.7	0.8	0.9	1.0
d_k	理论值	max	2.2	2.64	3.08	3.52	4.4	6.3
	实际值	max	2	2.35	2.7	3.1	3.8	5.5
		min	1.96	2.31	2.66	2.93	3.62	5.36
k		max	0.7	0.7	0.8	0.9	1.1	1.4
		min	0.62	0.62	0.7	0.76	0.95	1.26
$r \approx$			0.10			0.15		0.20
H 型十字槽	槽号 No.		0	0	0	0	1	1
	m 参考		1.3	1.4	1.5	1.6	2.3	2.6
	插入深度	min	0.5	0.5	0.6	0.7	0.8	1.1
		max	0.7	0.7	0.8	0.9	1.1	1.4
l			1.6~4	1.8~5	2~6	2.5~8	3~10	4~10

注：尽可能不采用括号内的规格。

表 5-70 C 型十字槽半沉头螺钉尺寸 (mm)

螺纹规格 d			M1.2	(M1.4)	M1.6	M2	M2.5	M3
螺距 P			0.25	0.3	0.35	0.4	0.45	0.5
a			0.5	0.6	0.7	0.8	0.9	1
d_k		max	2.2	2.5	2.8	3.5	4.3	5.5
		min	2.26	2.46	2.7	3.4	4.16	5.36
k		max	0.7	0.7	0.8	0.9	1.1	1.4
		min	0.6	0.6	0.7	0.76	0.96	1.26
$f \approx$			0.25	0.3	0.3	0.4	0.4	0.45
$r_f \approx$			2.5	2.8	3.2	4.3	4.9	5.20
$r \approx$			0.10			0.15		0.20
H 型十字槽	槽号 No.		0	0	0	0	1	1
	m 参考		1.5	1.6	1.7	1.8	2.6	2.7
	插入深度	min	0.7	0.7	0.8	0.9	1.1	1.2
		max	0.9	0.9	1.0	1.1	1.4	1.5
l			1.6~4	1.8~5	2~6	2.5~8	3~10	4~10

注：尽可能不采用括号内的规格。

45. 内六角圆柱头螺钉（GB/T 70.1—2008）(图 5-64、表 5-71)

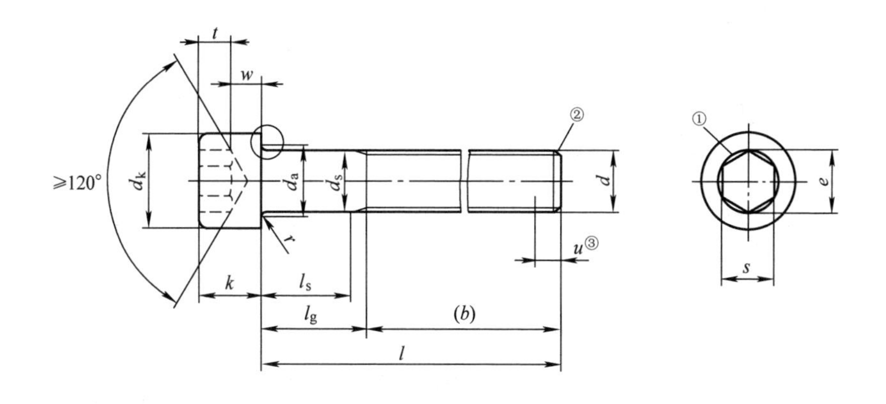

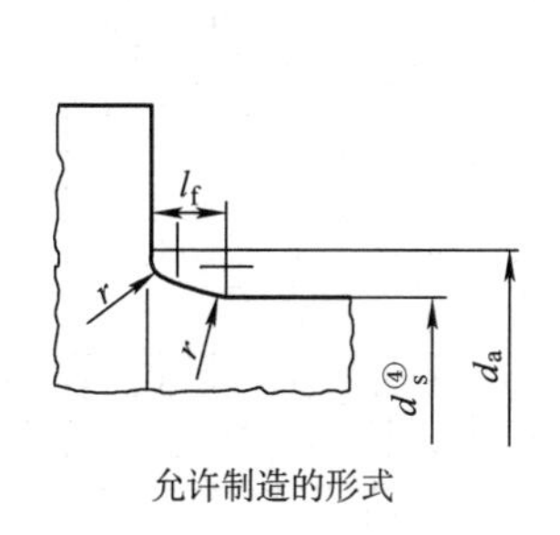

允许制造的形式

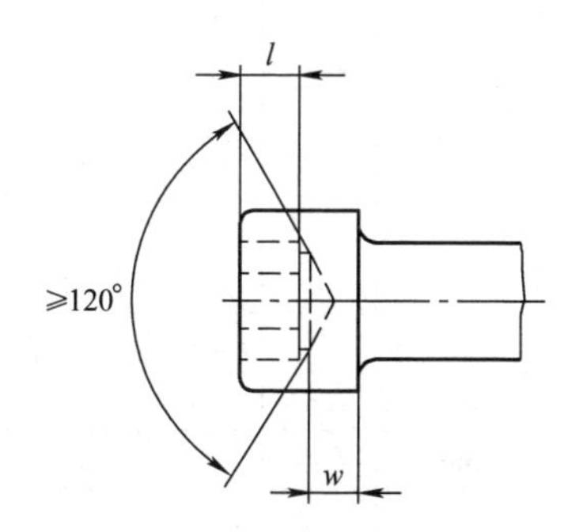

头的顶部和底部棱边

最大的头下圆角：

$l_{fmax}=1.7r_{max}$　　$r_{max}=\dfrac{d_{amax}-d_{smax}}{2}$　　r_{min} 见表 5-71。

注：对切制内六角，当尺寸达到最大极限时，由于钻孔造成的过切不应超过内六角任何一面长度（$e/2$）的 1/3。

① 内六角口部允许稍许倒圆或沉孔。

② 末端倒角，$d \leqslant$ M4 的为辗制末端，见 GB/T 2。

③ 不完整螺纹的长度 $u \leqslant 2P$。

④ d_s 适用于规定了 l_{smin} 数值的产品。

⑤ 头的顶部棱边可以是圆的或倒角的，由制造者任选。

⑥ 底部棱边可以是圆的或倒角到 d_a，但均不得有毛刺。

图 5-64　内六角圆柱头螺钉型式

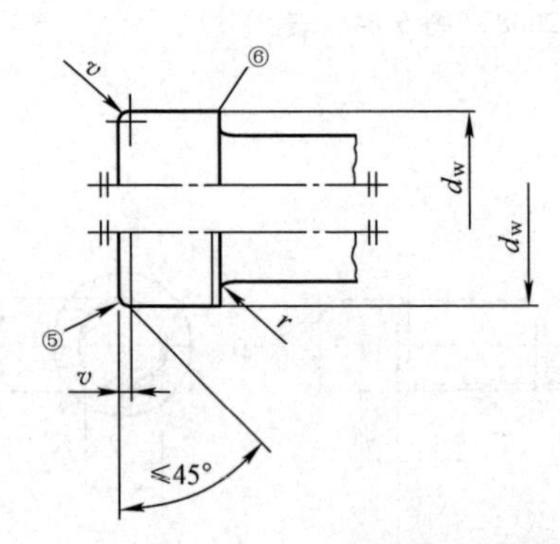

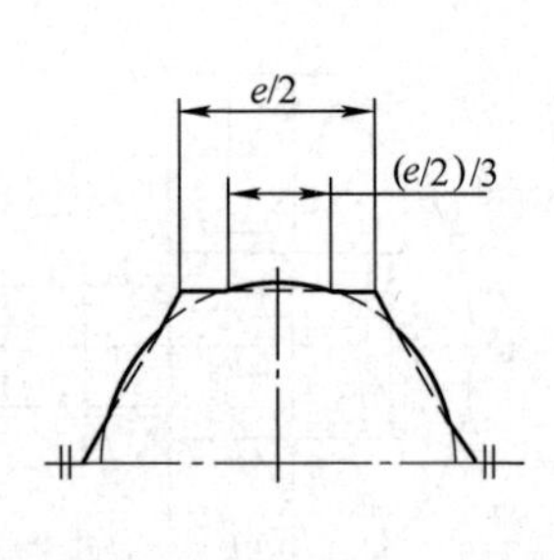

图 5-64 内六角圆柱头螺钉型式（续）

表 5-71 内六角圆柱头螺钉尺寸 （mm）

螺纹规格 d		M1.6	M2	M2.5	M3	M4	M5	M6	M8	M10	M12
螺距 P		0.35	0.4	0.45	0.5	0.7	0.8	1	1.25	1.5	1.75
$b_{参考}$		15	16	17	18	20	22	24	28	32	36
d_k	max①	3.00	3.80	4.50	5.50	7.00	8.50	10.00	13.00	16.00	18.00
	max②	3.14	3.98	4.68	5.68	7.22	8.72	10.22	13.27	16.27	18.27
	min	2.86	3.62	4.32	5.32	6.78	8.28	9.78	12.73	15.73	17.73
$d_{a\,max}$		2	2.6	3.1	3.6	4.7	5.7	6.8	9.2	11.2	13.7
d_s	max	1.60	2.00	2.50	3.00	4.00	5.00	6.00	8.00	10.00	12.00
	min	1.46	1.86	2.36	2.86	3.82	4.82	5.82	7.78	9.78	11.73
e_{min}③,④		1.733	1.733	2.303	2.873	3.443	4.583	5.723	6.683	9.149	11.429
l_{fmax}		0.34	0.51	0.51	0.51	0.6	0.6	0.68	1.02	1.02	1.45
k	max	1.60	2.00	2.50	3.00	4.00	5.00	6.00	8.00	10.00	12.00
	min	1.46	1.86	2.36	2.86	3.82	4.82	5.7	7.64	9.64	11.57
r_{min}		0.1	0.1	0.1	0.1	0.2	0.2	0.25	0.4	0.4	0.6
s④	公称	1.5	1.5	2	2.5	3	4	5	6	8	10
	max	1.58	1.58	0.28	2.58	3.08	4.095	5.14	6.14	8.175	10.175
	min	1.52	1.52	2.02	2.52	3.02	4.020	5.02	6.02	8.025	10.025
t_{min}		0.7	1	1.1	1.3	2	2.5	3	4	5	6
v_{max}		0.16	0.2	0.25	0.3	0.4	0.5	0.6	0.8	1	1.2
$d_{w\,min}$		2.72	3.48	4.18	5.07	6.53	8.03	9.38	12.33	15.33	17.23
w_{min}		0.55	0.55	0.85	1.15	1.4	1.9	2.3	3.3	4	4.8
l		2.5~16	3~20	4~25	5~30	6~40	8~50	10~60	12~80	16~100	20~120

（续）

螺纹规格 d		M14	M16	M20	M24	M30	M36	M42	M48	M56	M64
螺距 P		2	2	2.5	3	3.5	4	4.5	5	5.5	6
$b_{参考}$		40	44	52	60	72	84	96	108	124	140
d_k	max①	21.00	24.00	30.00	36.00	45.00	54.00	63.00	72.00	84.00	96.00
	max②	21.33	24.33	30.33	36.39	45.39	54.46	63.46	72.46	84.54	96.54
	min	20.67	23.67	29.67	35.61	44.61	53.54	62.54	71.54	83.46	95.46
d_{amax}		15.7	17.7	22.4	26.4	33.4	39.4	45.6	52.6	63	71
d_s	max	14.00	16.00	20.00	24.00	30.00	36.00	42.00	48.00	56.00	64.00
	min	13.73	15.73	19.67	23.67	29.67	35.61	41.61	47.61	55.54	63.54
e_{min}③,④		13.716	15.996	19.437	21.734	25.154	30.854	36.571	41.131	46.831	52.531
l_{fmax}		1.45	1.45	2.04	2.04	2.89	2.89	3.06	3.91	5.95	5.95
k	max	14.00	16.00	20.00	24.00	30.00	36.00	42.00	48.00	56.00	64.00
	min	13.57	15.57	19.48	23.48	29.48	35.38	41.38	47.38	55.26	63.26
r_{min}		0.6	0.6	0.8	0.8	1	1	1.2	1.6	2	2
s④	公称	12	14	17	19	22	27	32	36	41	46
	max	12.212	14.212	17.23	19.275	22.275	27.275	32.33	36.33	41.33	46.33
	min	12.032	14.032	17.05	19.065	22.065	27.065	32.08	36.08	41.08	46.08
t_{min}		7	8	10	12	15.5	19	24	28	34	38
v_{max}		1.4	1.6	2	2.4	3	3.6	4.2	4.8	5.6	6.4
d_{wmin}		20.17	23.17	28.87	34.81	43.61	52.54	61.34	70.34	82.26	94.26
w_{min}		5.8	6.8	8.6	10.4	13.1	15.3	16.3	17.5	19	22
l		25～140	25～160	30～200	40～200	45～200	55～200	60～300	70～300	80～300	90～300

注：尽可能不采用括号内的规格。

① 对光滑头部。

② 对滚花头部。

③ $e_{min}=1.14s_{min}$。

④ 内六角组合量规尺寸见 GB/T 70.5。

46. 内六角平圆头螺钉（GB/T 70.2—2015）（图 5-65、表 5-72）

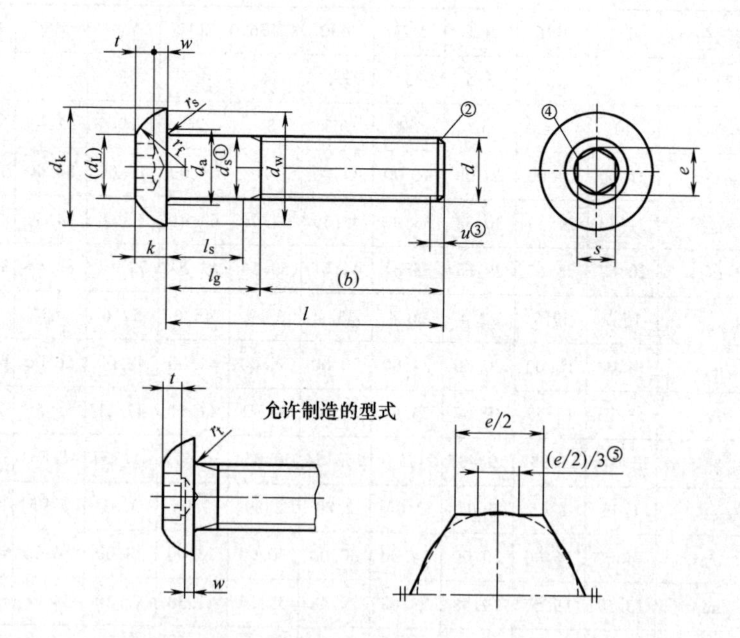

注：r_s—带无螺纹杆部的螺钉头下圆角半径；

r_t—全螺纹螺钉头下圆角半径。

① 在 l_{smin} 范围内，d_s 应符合规定。

② 按 GB/T 2 倒角端或对 M4 及其以下“辗制末端”。

③ 不完整螺纹的长度 $u \leqslant 2P$。

④ 内六角口部允许倒圆或沉孔。

⑤ 对切制内六角，当尺寸达到最大极限时，由于钻孔造成的过切不应超过内六角任何一面长度（$e/2$）的 1/3。

图 5-65 内六角平圆头螺钉型式

表 5-72 内六角平圆头螺钉尺寸 （mm）

螺纹规格 d		M3	M4	M5	M6	M8	M10	M12	M16
P		0.5	0.7	0.8	1	1.25	1.5	1.75	2
b （适用的 l）	≈	18 （≥25）	20 （≥30）	22 （≥30）	24 （≥35）	28 （≥40）	32 （≥45）	36 （≥55）	44 （≥65）
d_a	max	3.6	4.7	5.7	6.8	9.2	11.2	13.7	17.7

（续）

螺纹规格 d		M3	M4	M5	M6	M8	M10	M12	M16
d_k	max	5.70	7.60	9.50	10.50	14.00	17.50	21.00	28.00
	min	5.40	7.24	9.14	10.07	13.57	17.07	20.48	27.48
d_L	≈	2.6	3.8	5.0	6.0	7.7	10.0	12.0	16.0
d_s	max	3	4	5	6	8	10	12	16
	min	2.86	3.82	4.82	5.82	7.78	9.78	11.73	15.73
d_w	min	5.00	6.84	8.74	9.57	13.07	16.57	19.68	26.68
e①,②	min	2.303	2.873	3.443	4.583	5.723	6.863	9.149	11.429
k	max	1.65	2.20	2.75	3.30	4.40	5.50	6.60	8.80
	min	1.40	1.95	2.50	3.00	4.10	5.20	6.24	8.44
r_f	max	3.70	4.60	5.75	6.15	7.95	9.80	11.20	15.30
	min	3.30	4.20	5.25	5.65	7.45	9.20	10.50	14.50
r_s	min	0.10	0.20	0.20	0.25	0.40	0.40	0.60	0.60
r_t	min	0.30	0.40	0.45	0.50	0.70	0.70	1.10	1.10
s②	公称	2	2.5	3	4	5	6	8	10
	max	2.080	2.580	3.080	4.095	5.140	6.140	8.175	10.175
	min	2.020	2.520	3.020	4.020	5.020	6.020	8.025	10.025
t	min	1.04	1.30	1.56	2.08	2.60	3.12	4.16	5.20
w	min	0.20	0.30	0.38	0.74	1.05	1.45	1.63	2.25
l公称		6~30	6~40	8~50	10~60	12~80	16~90	20~90	25~90
制成全螺纹（距头部3P以内）的长度l③		6~20	6~25	8~25	10~30	12~35	16~40	20~50	25~60

① $e_{min}=1.14s_{min}$。

② e和s内六角尺寸综合测量，见GB/T 70.5。

③ 其他长度l的l_g和l_s尺寸按下式计算：$l_{g,max}=l_{公称}-b$；$l_{s,min}=l_{g,max}-5P$。

47. 内六角沉头螺钉（GB/T 70.3—2008）(图 5-66、表 5-73)

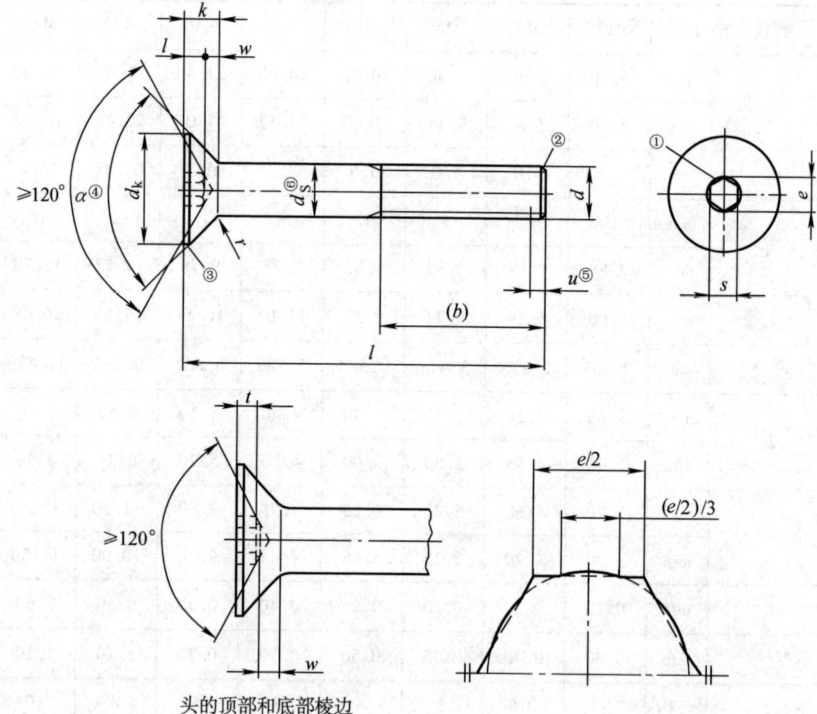

头的顶部和底部棱边

注：对切制内六角，当尺寸达到最大极限时，由于钻孔造成的过切不应超过内六角任何一面长度（$e/2$）的 1/3。

① 内六角口部允许稍许倒圆或沉孔。

② 末端倒角，$d \leqslant$ M4 的为辗制末端，见 GB/T 2。

③ 头部棱边可以是圆的或平的，由制造者任选。

④ $\alpha = 90° \sim 92°$。

⑤ 不完整螺纹的长度 $u \leqslant 2P$。

⑥ d_s 适用于规定了 l_{smin} 数值的产品。

图 5-66 内六角沉头螺钉型式

表 5-73 内六角沉头螺钉尺寸

螺纹规格 d	M3	M4	M5	M6	M8	M10	M12	(M14)	M16	M20
螺距 P	0.5	0.7	0.8	1	1.25	1.5	1.75	2	2	2.5
$b_{参考}$	18	20	22	24	28	32	36	40	44	52

（续）

螺纹规格 d		M3	M4	M5	M6	M8	M10	M12	(M14)	M16	M20
d_k	理论值 max	6.72	8.96	11.20	13.44	17.92	22.40	26.88	30.8	33.60	40.32
	实际值 max	5.54	7.53	9.43	11.34	15.24	19.22	23.12	26.52	29.01	36.05
d_s	max	3.00	4.00	5.00	6.00	8.00	10.00	12.00	14.00	16.00	20.00
	min	2.86	3.82	4.82	5.82	7.78	9.78	11.73	13.73	15.73	19.67
e_{min}①,②		2.303	2.873	3.443	4.583	5.723	6.863	9.149	11.429	11.429	13.716
k	max	1.86	2.48	3.1	3.72	4.96	6.2	7.44	8.4	8.8	10.16
F_{max}③		0.25	0.25	0.3	0.35	0.4	0.4	0.45	0.5	0.6	0.75
r_{min}		0.1	0.2	0.2	0.25	0.4	0.4	0.6	0.6	0.6	0.8
s②	公称	2	2.5	3	4	5	6	8	10	10	12
	max	2.08	2.58	3.08	4.095	5.14	6.140	8.175	10.175	10.175	12.212
	min	2.02	2.52	3.02	4.020	5.02	6.020	8.025	10.025	10.025	12.032
t_{min}		1.1	1.5	1.9	2.2	3	3.6	4.3	4.5	4.8	5.6
w_{min}		0.25	0.45	0.66	0.7	1.16	1.62	1.8	1.62	2.2	2.2
l		8～30	8～40	8～50	8～60	10～80	12～100	20～100	25～100	30～100	35～100

注：尽可能不采用括号内的规格。

① $e_{min}=1.14s_{min}$。

② 内六角组合量规尺寸见 GB/T 70.5。

③ F 是头部的沉头公差，量规的 F 尺寸公差为：${}^{0}_{-0.01}$。

48. 内六角圆柱头轴肩螺钉（GB/T 5281—1985）（图 5-67、表 5-74）

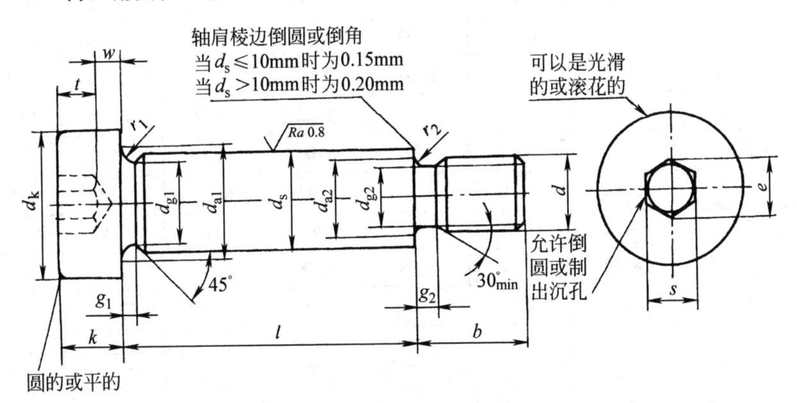

图 5-67　内六角圆柱头轴肩螺钉型式

可选择的头－杆结合处的型式

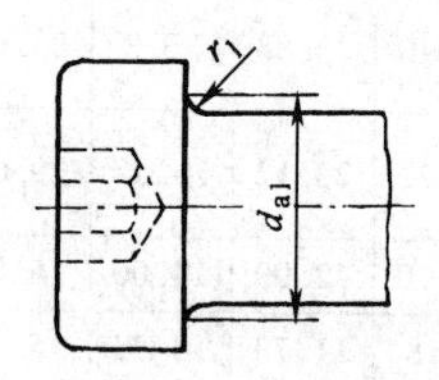

末端按GB/T2规定

可选择的内六角孔的型式

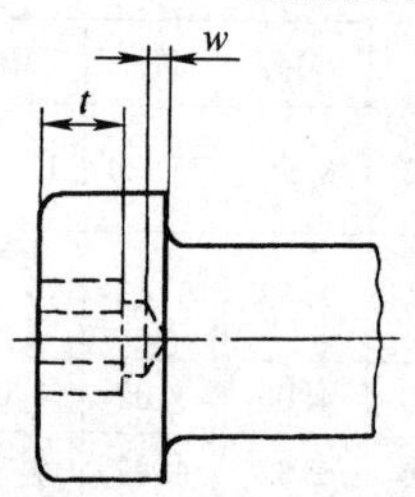

图 5-67　内六角圆柱头轴肩螺钉型式（续）

表 5-74　内六角圆柱头轴肩螺钉尺寸　(mm)

d_s	公称	6.5	8	10	13	16	20	25
	max	6.487	7.987	9.987	12.984	15.984	19.980	24.980
	min	6.451	7.951	9.951	12.941	15.941	19.928	24.928
d	公称	M5	M6	M8	M10	M12	M16	M20
螺距 P		0.8	1	1.25	1.5	1.75	2	2.5
b	max	9.75	11.25	13.25	16.40	18.40	22.40	27.40
	min	9.25	10.75	12.75	15.60	17.60	21.60	26.60
d_k	max①	10	13	16	18	24	30	36
	max②	10.22	13.27	16.27	18.27	24.33	30.33	36.39
	min	9.78	12.73	15.73	17.73	23.67	29.67	35.61
d_{g1min}		5.92	7.42	9.42	12.42	15.42	19.42	24.42
d_{g2}	max	3.86	4.58	6.25	7.91	9.57	13.33	16.57
	min	3.68	4.40	6.03	7.69	9.35	12.96	16.30
d_{a1max}		7.5	9.2	11.2	15.2	18.2	22.4	27.4
d_{a2max}		5	6	8	10	12	16	20
e_{min}		3.44	4.58	5.72	6.86	9.15	11.43	13.72
k	max	4.5	5.5	7	9	11	14	16
	min	4.32	5.32	6.78	8.78	10.73	13.73	15.73
g_{1max}		2.5	2.5	2.5	2.5	2.5	2.5	3
g_{2max}		2	2.5	3.1	3.7	4.4	5	6.3
r_{1min}		0.25	0.4	0.6	0.6	0.6	0.8	0.8
r_{2min}		0.5	0.53	0.64	0.77	0.87	1.14	1.38

（续）

s	公称	3	4	5	6	8	10	12
	max	3.08	4.095	5.095	6.095	8.115	10.115	12.142
	min	3.02	4.02	5.02	6.02	8.025	10.025	12.032
t_{min}		2.4	3.3	4.2	4.9	6.6	8.8	10
w_{min}		1	1.15	1.6	1.8	2	3.2	3.25
l		10~40	12~50	16~120	16~120	30~120	40~120	50~120

注：允许根据 GB/T 3106 选取中间长度规格。

① 光滑头部。

② 滚花头部。

49. 内六角圆柱头细牙螺纹螺钉（GB/T 70.6—2020）（图 5-68、表 5-75）

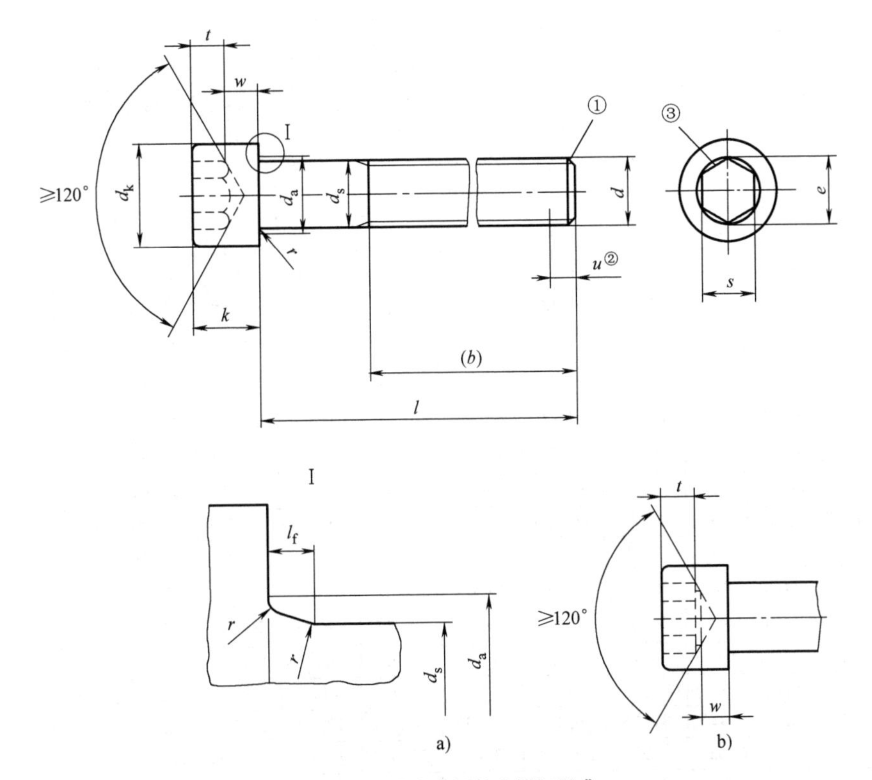

图 5-68　内六角圆柱头螺钉型式

a）允许制造的型式　b）允许制造的槽型

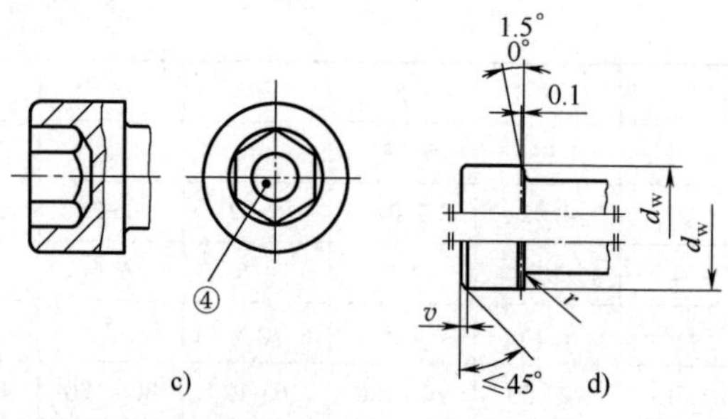

① 末端倒角按 GB/T 2。

② 不完整螺钉长度 $u \leqslant 2P$。

③ 内六角口部允许倒圆或沉孔。

④ 用于打印标记的区域。

图 5-68 内六角圆柱头螺钉型式（续）

c）允许制造的槽型底部 d）头部的上下棱边

表 5-75 内六角圆柱头细牙螺纹螺钉尺寸 （mm）

螺纹规格 $d \times P$		M8 ×1	M10 ×1	M12 ×1.5	—	M16 ×1.5	M20 ×1.5	M24 ×2	M30 ×2	M36 ×3
		—	(M10 ×1.25)	(M12 ×1.25)	(M14 ×1.5)	—	(M20 ×2)	—	—	—
b	参考	28	32	36	40	44	52	60	72	84
d_a	max	9.2	11.2	13.7	15.7	17.7	22.4	26.4	33.4	39.4
d_k	max①	13.00	16.00	18.00	21.00	24.00	30.00	36.00	45.00	54.00
	max②	13.27	16.27	18.27	21.33	24.33	30.33	36.39	45.39	54.46
	min	12.73	15.73	17.73	20.67	23.67	29.67	35.61	44.61	53.54
d_s	max	8.00	10.00	12.00	14.00	16.00	20.00	24.00	30.00	36.00
	min	7.78	9.78	11.73	13.73	15.73	19.67	23.67	29.67	35.61
d_w	min	12.33	15.33	17.23	20.17	23.17	28.87	34.81	43.61	52.54
e③,④	min	6.863	9.149	11.429	13.716	15.996	19.437	21.734	25.154	30.854
l_f	max	1.02	1.02	1.45	1.45	1.45	2.04	2.04	2.89	2.89
k	max	8.00	10.00	12.00	14.00	16.00	20.00	24.00	30.00	36.00
	min	7.64	9.64	11.57	13.57	15.57	19.48	23.48	29.48	35.38
r	min	0.4	0.4	0.6	0.6	0.6	0.8	0.8	1	1
s④	公称	6	8	10	12	14	17	19	22	27
	max	6.14	8.175	10.175	12.212	14.212	17.23	19.275	22.275	27.275
	min	6.02	8.025	10.025	12.032	14.032	17.05	19.065	22.065	27.065
t	min	4	5	6	7	8	10	12	15.5	19
v	max	0.8	1	1.2	1.4	1.6	2	2.4	3	3.6

（续）

螺纹规格 $d\times P$	M8 ×1	M10 ×1	M12 ×1.5	—	M16 ×1.5	M20 ×1.5	M24 ×2	M30 ×2	M36 ×3
	—	(M10 ×1.25)	(M12 ×1.25)	(M14 ×1.5)	—	(M20 ×2)	—	—	—
w min	3.3	4	4.8	5.8	6.8	8.6	10.4	13.1	15.3
l	12~80	20~100	20~120	25~100	25~160	30~200	35~200	45~200	55~200

① 用于光滑头部。

② 用于滚花头部。

③ $e_{min}=1.14s_{min}$。

④ e 和 s 内六角尺寸综合测量，见 GB/T 70.5。

50. 内六角平端紧定螺钉（GB/T 77—2007）（图 5-69、表 5-76）

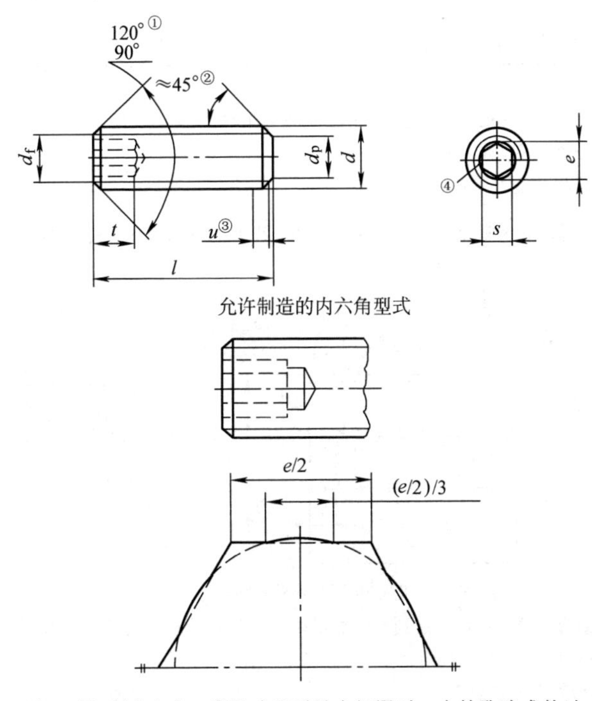

注：对切制内六角，当尺寸达到最大极限时，由钻孔造成的过切不应超过内六角任何一面长度（$e/2$）的 1/3。

① 部分螺钉应制成 120°。

② 45°仅适用于螺纹小径以内的末端部分。

③ 不完整螺纹的长度 $u\leqslant 2P$。

④ 内六角口部允许稍许倒圆或沉孔。

图 5-69 内六角平端紧定螺钉型式

表 5-76　内六角平端紧定螺钉尺寸　(mm)

螺纹规格 d		M1.6	M2	M2.5	M3	M4	M5	M6	M8	M10	M12	M16	M20	M24
螺距 P		0.35	0.4	0.45	0.5	0.7	0.8	1	1.25	1.5	1.75	2	2.5	3
d_p	max	0.80	1.00	1.50	2.00	2.50	3.50	4.00	5.50	7.00	8.50	12.0	15.0	18.0
	min	0.55	0.75	1.25	1.75	2.25	3.20	3.70	5.20	6.64	8.14	11.57	14.57	17.57
d_{fmin}		≈螺纹小径												
e_{min} ①,②		0.809	1.011	1.454	1.733	2.303	2.873	3.443	4.583	5.723	6.863	9.149	11.429	13.716
s ②	公称	0.7	0.9	1.3	1.5	2	2.5	3	4	5	6	8	10	12
	max	0.724	0.913	1.300	1.58	2.08	2.58	3.08	4.095	5.14	6.14	8.175	10.175	12.212
	min	0.710	0.887	1.275	1.52	2.02	2.52	3.02	4.02	5.02	6.02	8.025	10.025	12.032
t	min③	0.7	0.8	1.2	1.2	1.5	2	2	3	4	4.8	6.4	8	10
	min④	1.5	1.7	2	2	2.5	3	3.5	5	6	8	10	12	15
l		2*, 2.5~8	2*~3*, 4~10	2.5*、3*, 4~12	3*, 4~16	4*, 5~20	5*, 6~25	6*, 8~30	8*, 10~40	10*, 12~50	12*, 16~60	16*, 20~60	20*, 25~60	25*, 30~60

① $e_{min}=1.14s_{min}$。

② 内六角尺寸 e 和 s 的综合测量见 ISO 23429：2004。

③ 适用于公称长度 l 带 * 的螺钉。

④ 适用于公称长度 l 不带 * 的螺钉。

51. 内六角圆柱端紧定螺钉（GB/T 79—2007）(图 5-70、表 5-77)

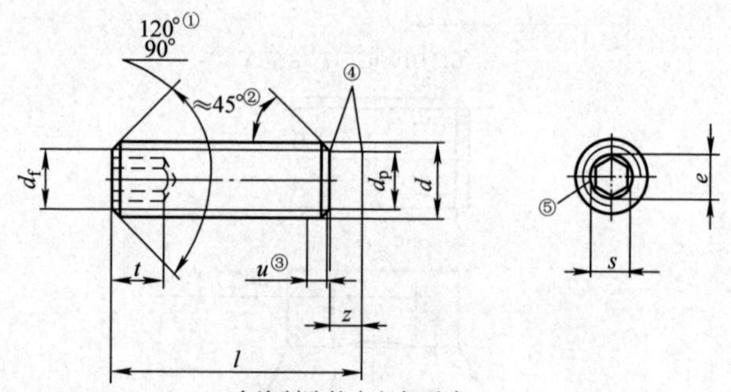

注：对切制内六角，当尺寸达到最大极限时，由钻孔造成的过切不应超过内六角任何一面长度（$e/2$）的 1/3。

① 部分螺钉应制成 120°。

② 45°仅适用于螺纹小径以内的末端部分。

③ 不完整螺纹的长度 $u \leqslant 2P$。

④ 稍许倒圆。

⑤ 内六角口部允许稍许倒圆或沉孔。

图 5-70　内六角圆柱端紧定螺钉型式

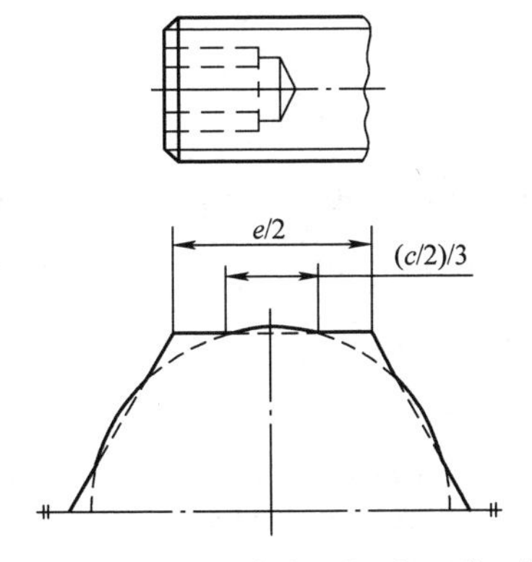

图 5-70　内六角圆柱端紧定螺钉型式（续）

表 5-77　内六角圆柱端紧定螺钉尺寸　　（mm）

螺纹规格 d		M1.6	M2	M2.5	M3	M4	M5	M6	M8	M10	M12	M16	M20	M24
螺距 P		0.35	0.4	0.45	0.5	0.7	0.8	1	1.25	1.5	1.75	2	2.5	3
d_p	max	0.80	1.00	1.50	2.00	2.50	3.5	4.0	5.5	7.0	8.5	12.0	15.0	18.0
	min	0.55	0.75	1.25	1.75	2.25	3.2	3.7	5.2	6.64	8.14	11.57	14.57	17.57
d_{fmin}		≈螺纹小径												
e_{min} ①,②		0.809	1.011	1.454	1.733	2.303	2.873	3.443	4.583	5.723	6.863	9.149	11.429	13.716
s ②	公称	0.7	0.9	1.3	1.5	2	2.5	3	4	5	6	8	10	12
	max	0.724	0.913	1.300	1.58	2.08	2.58	3.08	4.095	5.14	6.14	8.175	10.175	12.212
	min	0.710	0.887	1.275	1.52	2.02	2.52	3.02	4.02	5.02	6.02	8.025	10.025	12.032
t	min③	0.7	0.8	1.2	1.2	1.5	2	2	3	4	4.8	6.4	8	10
	min④	1.5	1.7	2	2	2.5	3	3.5	5	6	8	10	12	15
z 短圆柱端	max	0.65	0.75	0.88	1.00	1.25	1.50	1.75	2.25	2.75	3.25	4.3	5.3	6.3
	min	0.40	0.50	0.63	0.75	1.00	1.25	1.50	2.00	2.50	3.0	4.0	5.0	6.0
z 长圆柱端	max	1.05	1.25	1.50	1.75	2.25	2.75	3.25	4.3	5.3	6.3	8.36	10.36	12.43
	min	0.80	1.00	1.25	1.50	2.00	2.50	3.0	4.0	5.0	6.0	8.0	10.0	12.0
l		2*、2.5*，3~8	2.5*、3*，3~10	3*、4*，5~12	4*、5*，6~16	5*，6~20	6*，8~25	8*，10~30	8*、10*，12~40	10*、12*，16~50	12*、16*，20~60	16*、20*，25~60	20*、25*，30~60	25*、30*，35~60

① $e_{min}=1.14s_{min}$。

② 内六角尺寸 e 和 s 的综合测量见 ISO 23429：2004。

③、④见表 5-76 的③、④。

52. 内六角锥端紧定螺钉（GB/T 78—2007）（图 5-71、表 5-78）

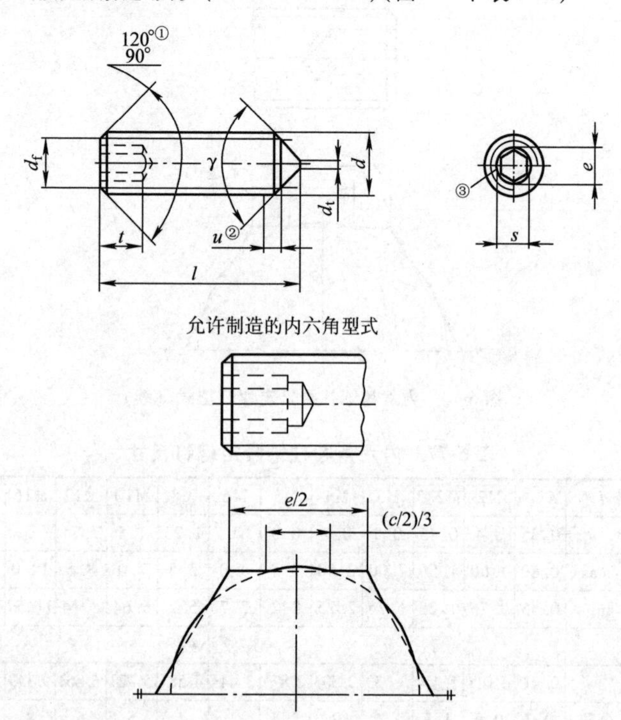

注：对切制内六角，当尺寸达到最大极限时，由钻孔造成的过切不应超过内六角任何一面长度（$e/2$）的1/3。

① 部分螺钉应制成120°。

② 不完整螺纹的长度 $u \leqslant 2P$。

③ 内六角口部允许稍许倒圆或沉孔。

图 5-71 内六角锥端紧定螺钉型式

表 5-78 内六角锥端紧定螺钉尺寸 （mm）

螺纹规格 d		M1.6	M2	M2.5	M3	M4	M5	M6	M8	M10	M12	M16	M20	M24
螺距 P		0.35	0.4	0.45	0.5	0.7	0.8	1	1.25	1.5	1.75	2	2.5	3
d_{tmax}		0.4	0.5	0.65	0.75	1	1.25	1.5	2	2.5	3	4	5	6
d_{fmin}		≈螺纹小径												
e_{min}①,②		0.809	1.011	1.454	1.733	2.303	2.873	3.443	4.583	5.723	6.863	9.149	11.429	13.716
s②	公称	0.7	0.9	1.3	1.5	2	2.5	3	4	5	6	8	10	12
	max	0.724	0.913	1.300	1.58	2.08	2.58	3.08	4.095	5.14	6.14	8.175	10.175	12.212
	min	0.710	0.887	1.275	1.52	2.02	2.52	3.02	4.02	5.02	6.02	8.025	10.025	12.032

（续）

螺纹规格 d		M1.6	M2	M2.5	M3	M4	M5	M6	M8	M10	M12	M16	M20	M24
t	min③	0.7	0.8	1.2	1.2	1.5	2	2	3	4	4.8	6.4	8	10
	min④	1.5	1.7	2	2	2.5	3	3.5	5	6	8	10	12	15
l		2*~3*，4~8	2*~3*，4~10	2.5*、3*，4~12	3*，4~16	4*、5*，6~20	5*、6*，8~25	6*，8~30	8*，10~40	10*，12~50	12*，16~60	16*，20~60	20*，25~60	25*，30~60

① $e_{\min}=1.14s_{\min}$。

② 内六角尺寸 e 和 s 的综合测量见 ISO 23429：2004。

③、④见表 5-76 的③、④。

53. 内六角凹端紧定螺钉（GB/T 80—2007）（图 5-72、表 5-79）

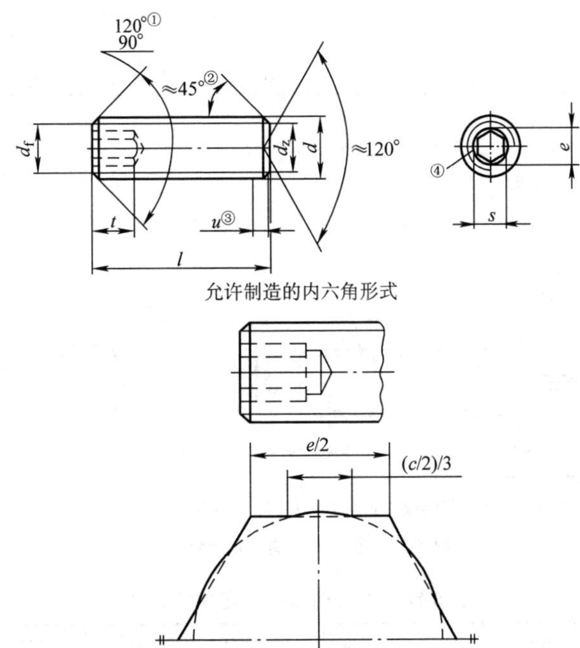

注：对切制内六角，当尺寸达到最大极限时，由钻孔造成的过切不应超过内六角任何一面长度（$e/2$）的 1/3。

① 部分螺钉应制成 120°。

② 45°仅适用于螺纹小径以内的末端部分。

③ 不完整螺纹的长度 $u\leqslant 2P$。

④ 内六角口部允许稍许倒圆或沉孔。

图 5-72　内六角凹端紧定螺钉型式

表 5-79　内六角凹端紧定螺钉尺寸　（mm）

螺纹规格 d		M1.6	M2	M2.5	M3	M4	M5	M6	M8	M10	M12	M16	M20	M24
螺距 P		0.35	0.4	0.45	0.5	0.7	0.8	1	1.25	1.5	1.75	2	2.5	3
d_z	max	0.80	1.00	1.20	1.40	2.00	2.50	3.0	5.0	6.0	8.0	10.0	14.0	16.0
	min	0.55	0.75	0.95	1.15	1.75	2.25	2.75	4.7	5.7	7.64	9.64	13.57	15.57
d_{fmin}		≈螺纹小径												
e_{min}①,②		0.809	1.011	1.454	1.733	2.303	2.873	3.443	4.583	5.723	6.863	9.149	11.429	13.716
s②	公称	0.7	0.9	1.3	1.5	2	2.5	3	4	5	6	8	10	12
	max	0.724	0.913	1.300	1.58	2.08	2.58	3.08	4.095	5.14	6.14	8.175	10.175	12.212
	min	0.710	0.887	1.275	1.52	2.02	2.52	3.02	4.02	5.02	6.02	8.025	10.025	12.032
t	min③	0.7	0.8	1.2	1.2	1.5	2	2	3	4	4.8	6.4	8	10
	min④	1.5	1.7	2	2	2.5	3	3.5	5	6	8	10	12	15
l		2*、2.5*，3~8	2*~3*，4~10	2.5*、3*，4~12	3*，4~16	3*、4*，5~20	5*、6*，8~25	6*，8~30	8*，10~40	10*，12~50	12*，16~60	16*，20~60	20*，25~60	25*，30~60

① $e_{min}=1.14s_{min}$。

② 内六角尺寸 e 和 s 的综合测量见 ISO 23429：2004。

③、④见表 5-76 的③、④。

54. 方头倒角端紧定螺钉（GB/T 821—2018）(图 5-73、表 5-80)

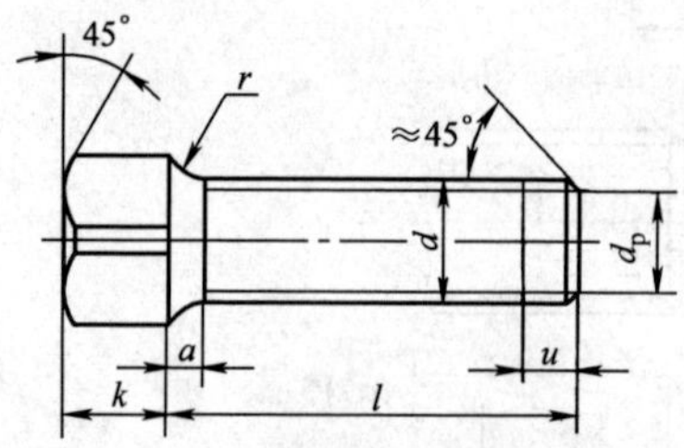

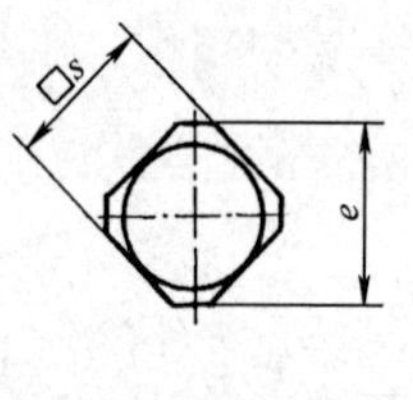

注：$a \leqslant 4P$；不完整螺纹的长度 $u \leqslant 2P$；P——螺距。

图 5-73　方头倒角端紧定螺钉型式

表 5-80　方头倒角端紧定螺钉尺寸　（mm）

螺纹规格 d		M5	M6	M8	M10	M12	M16	M20
d_p	min	3.2	3.7	5.20	6.64	8.14	11.57	14.57
	max	3.5	4.00	5.50	7.00	8.50	12.00	15.00
e_{min}		6.0	7.3	9.7	12.2	14.7	20.9	27.1
k	公称	5	6	7	8	10	14	18
	min	4.85	5.85	6.82	7.82	9.82	13.785	17.785
	max	5.15	6.15	7.18	8.18	10.18	14.215	18.215
r_{min}		0.2	0.25	0.4	0.4	0.6	0.6	0.8

（续）

螺纹规格 d		M5	M6	M8	M10	M12	M16	M20
s	公称	5	6	8	10	12	17	22
	min	4.82	5.82	7.78	9.78	11.73	16.73	21.67
	max	5	6	8	10	12	17	22
l		8～30	8～30	10～40	12～55	(14)～60	20～80	40～100

注：尽量不采用括号内规格。

55. 内六角花形低圆柱头螺钉（GB/T 2671.1—2017）（图 5-74、表 5-81）

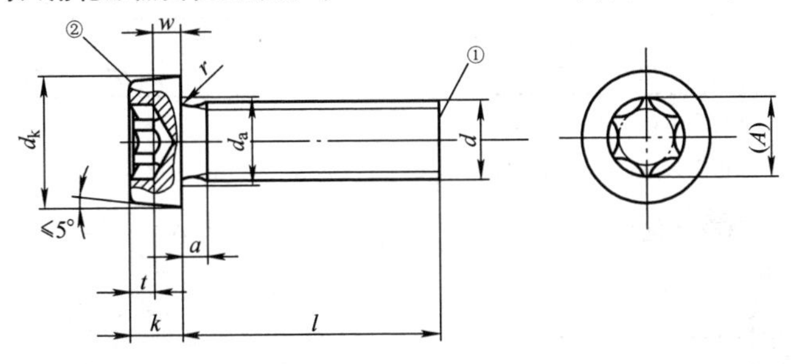

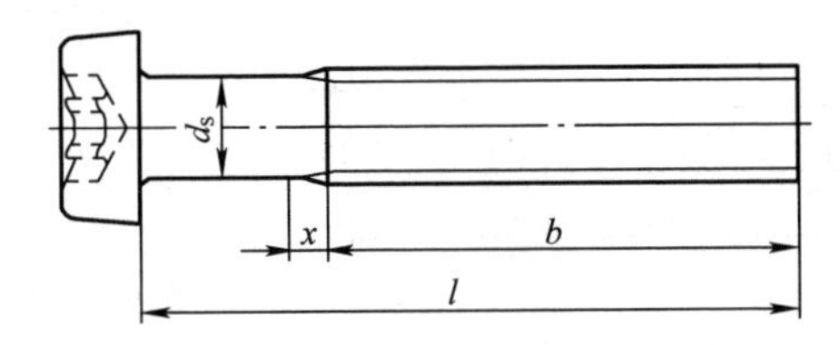

注：无螺纹杆径 d_s 约等于螺纹中径或螺纹大径。

① 辗制末端见 GB/T 2。

② 棱边可以是圆的或直的，由制造者任选。

图 5-74 内六角花形低圆柱头螺钉型式

表 5-81 内六角花形低圆柱头螺钉尺寸 （mm）

螺纹规格 d		M2	M2.5	M3	(M3.5)	M4	M5	M6	M8	M10
螺距 P		0.4	0.45	0.5	0.6	0.7	0.8	1	1.25	1.5
a_{max}		0.8	0.9	1.0	1.2	1.4	1.6	2.0	2.5	3.0
b_{min}		25	25	25	38	38	38	38	38	38
d_k	公称=max	3.80	4.50	5.50	6.00	7.00	8.50	10.00	13.00	16.00
	min	3.62	4.32	5.32	5.82	6.78	8.28	9.78	12.73	15.73
d_{amax}		2.60	3.10	3.60	4.10	4.70	5.70	6.80	9.20	11.20
k①	公称=max	1.55	1.85	2.40	2.60	3.10	3.65	4.40	5.80	6.90
	min	1.41	1.71	2.26	2.46	2.92	3.47	4.10	5.50	6.54

（续）

螺纹规格 d			M2	M2.5	M3	(M3.5)	M4	M5	M6	M8	M10
r_{max}			0.10	0.10	0.10	0.10	0.20	0.20	0.25	0.40	0.40
w_{min}			0.50	0.70	0.75	1.00	1.10	1.30	1.60	2.00	2.40
x_{max}			1.00	1.10	1.25	1.50	1.75	2.00	2.50	3.20	3.80
内六角花形	槽号 No.		6	8	10	15	20	25	30	45	50
	A	参考	1.75	2.40	2.80	3.35	3.95	4.50	5.60	7.95	8.95
	t	max	0.84	0.91	1.27	1.33	1.66	1.91	2.29	3.05	3.43
		min	0.71	0.78	1.01	1.07	1.27	1.52	1.90	2.66	3.04
l			3~20	3~25	4~30	5~35	5~40	6~50	8~60	10~80	12~80

注：尽可能不采用括号内的规格。

① 比国标 GB/T 65 增加了头部高度，以改善头部强度。

56. 内六角花形圆柱头螺钉（GB/T 2671.2—2017）(图 5-75、表 5-82)

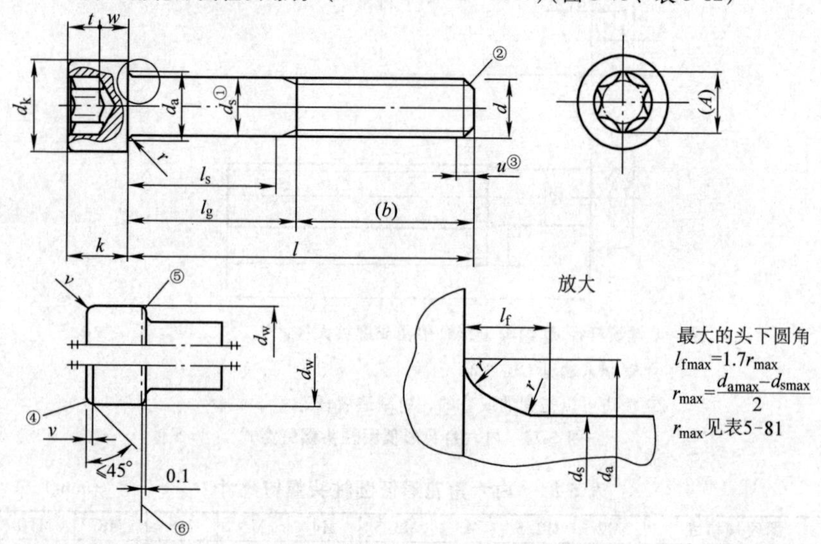

① d_s 适用于规定了 l_{smin} 数值的产品。

② 末端倒角，或 $d \leqslant$ M4 的规格为辗制末端，见 GB/T 2。

③ 不完整螺纹的长度 $u \leqslant 2P$。

④ 头的顶部棱边可以是圆的或倒角的，由制造者任选。

⑤ 底部棱边可以是圆的或倒角到 d_w，但均不得有毛刺。

⑥ d_w 的仲裁基准。

图 5-75 内六角花形圆柱头螺钉型式

表 5-82 内六角花形圆柱头螺钉尺寸 (mm)

螺纹规格 d			M2	M2.5	M3	M4	M5	M6	M8
螺距 P			0.4	0.45	0.5	0.7	0.8	1	1.25
$b_{参考}$			16	17	18	20	22	24	28
d_k	max①		3.80	4.50	5.50	7.00	8.50	10.00	13.00
	max②		3.98	4.68	5.68	7.22	8.72	10.22	13.27
	min		3.62	4.32	5.32	6.78	8.28	9.78	12.73
d_{amax}			2.60	3.10	3.60	4.70	5.70	6.80	9.20
d_s	max		2.00	2.50	3.00	4.00	5.00	6.00	8.00
	min		1.86	2.36	2.86	3.82	4.82	5.82	7.78
l_{fmax}			0.51	0.51	0.51	0.60	0.60	0.68	1.02
k	max		2.00	2.50	3.00	4.00	5.00	6.00	8.00
	min		1.86	2.36	2.86	3.82	4.82	5.70	7.64
r_{min}			0.10	0.10	0.10	0.20	0.20	0.25	0.40
v_{max}			0.20	0.25	0.30	0.40	0.50	0.60	0.80
d_{wmin}			3.48	4.18	5.07	6.53	8.03	9.38	12.33
w_{min}			0.55	0.85	1.15	1.40	1.90	2.30	3.30
内六角花形	槽号 No.		6	8	10	20	25	30	45
	A 参考		1.75	2.40	2.80	3.95	4.50	5.60	7.95
	t	max	0.84	1.04	1.27	1.80	2.03	2.42	3.31
		min	0.71	0.91	1.01	1.42	1.65	2.02	2.92
l			3~20	4~25	5~30	6~40	8~50	10~60	16~80

螺纹规格 d		M10	M12	(M14)	M16	(M18)	M20
螺距 P		1.5	1.75	2	2	2.5	2.5
$b_{参考}$		32	36	40	44	48	52
d_k	max①	16.00	18.00	21.00	24.00	27.00	30.00
	max②	16.27	18.27	21.33	24.33	27.33	30.33
	min	15.73	17.73	20.67	23.67	26.67	29.67
d_{amax}		11.20	13.70	15.70	17.70	20.20	22.40
d_s	max	10.00	12.00	14.00	16.00	18.00	20.00
	min	9.78	11.73	13.73	15.73	17.73	19.67

（续）

螺纹规格 d			M10	M12	(M14)	M16	(M18)	M20
l_{fmax}			1.02	1.45	1.45	1.45	1.87	2.04
k	max		10.00	12.00	14.00	16.00	18.00	20.00
	min		9.64	11.57	13.57	15.57	17.57	19.48
r_{min}			0.4	0.6	0.6	0.6	0.6	0.8
v_{max}			1.0	1.2	1.4	1.6	1.8	2.0
d_{wmin}			15.33	17.23	20.17	23.17	25.87	28.87
w_{min}			4.0	4.8	5.8	6.8	7.8	8.6
内六角花形	槽号 No.		50	55	60	70	80	90
	A	参考	8.95	11.35	13.45	15.70	17.75	20.20
	t	max	4.02	5.21	5.99	7.01	8.00	9.20
		min	3.62	4.82	5.62	6.62	7.50	8.69
l			16~100	20~120	25~140	25~160	30~180	30~200

注：尽可能不采用括号内的规格。

① 对光滑头部。

② 对滚花头部。

57. 开槽无头螺钉（GB/T 878—2007）（图 5-76、表 5-83）

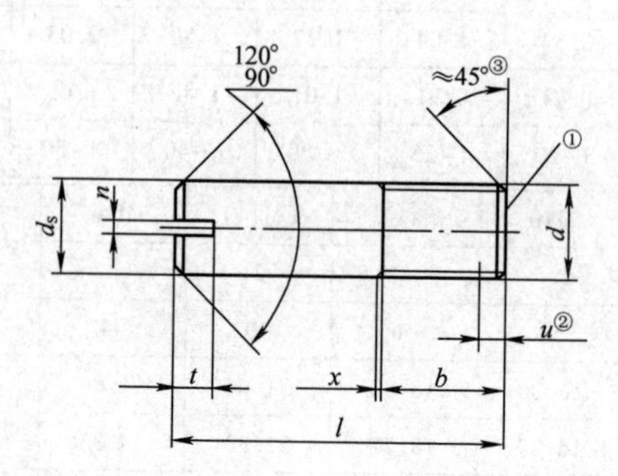

① 平端（GB/T 2）。

② 不完整螺纹的长度 $u \leqslant 2P$。

③ 45°仅适用于螺纹小径以内的末端部分。

图 5-76 开槽无头螺钉型式

表 5-83　开槽无头螺钉尺寸　(mm)

螺纹规格 d		M1	M1.2	M1.6	M2	M2.5	M3	(M3.5)	M4	M5	M6	M8	M10
螺距 P		0.25	0.25	0.35	0.4	0.45	0.5	0.6	0.7	0.8	1	1.25	1.5
b^{+2P}_{0}		1.2	1.4	1.9	2.4	3	3.6	4.2	4.8	6	7.2	9.6	12
d_s	min	0.86	1.06	1.46	1.86	2.36	2.86	3.32	3.82	4.82	5.82	7.78	9.78
	max	1.0	1.2	1.6	2.0	2.5	3.0	3.5	4.0	5.0	6.0	8.0	10.0
n	公称	0.2	0.25	0.3	0.3	0.4	0.5	0.5	0.6	0.8	1	1.2	1.6
	min	0.26	0.31	0.36	0.36	0.46	0.56	0.56	0.66	0.86	1.06	1.26	1.66
	max	0.40	0.45	0.50	0.50	0.60	0.70	0.70	0.80	1.0	1.2	1.51	1.91
t	min	0.63	0.63	0.88	1.0	1.10	1.25	1.5	1.75	2.0	2.5	3.1	3.75
	max	0.78	0.79	1.06	1.2	1.33	1.5	1.78	2.05	2.35	2.9	3.6	4.25
x_{max}		0.6	0.6	0.9	1	1.1	1.25	1.5	1.75	2	2.5	3.2	3.8
l		2.5~4	3~5	4~6	5~8	5~10	6~12	8~14	8~14	10~20	12~25	14~30	16~35

注：尽可能不采用括号内的规格。

三、螺钉的重量

1. 开槽圆柱头螺钉（适用于 GB/T 65—2016）（表 5-84）

表 5-84　开槽圆柱头螺钉的重量　(kg)

每 1000 件钢制品的大约重量									
l	G	l	G	l	G	l	G	l	G
d=M1.6		d=M2		d=M2.5		d=M2.5		d=M3	
2	0.07	3	0.163	3	0.272	25*	0.932	20	1.22
3	0.082	4	0.179	4	0.302	d=M3		25	1.44
4	0.094	5	0.198	5	0.332	4	0.515	30*	1.66
5	0.105	6	0.217	6	0.362	5	0.56	d=(M3.5)	
6	0.117	8	0.254	8	0.422	6	0.604	5	0.786
8	0.14	10	0.291	10	0.482	8	0.692	6	0.845
10	0.163	12	0.329	12	0.542	10	0.78	8	0.966
12	0.186	(14)	0.365	(14)	0.602	12	0.868	10	1.08
(14)	0.209	16	0.402	16	0.662	(14)	0.956	12	1.2
16*	0.232	20*	0.478	20	0.782	16	1.04	(14)	1.32

（续）

每1000件钢制品的大约重量									
l	*G*	*l*	*G*	*l*	*G*	*l*	*G*	*l*	*G*
d=(M3.5)		*d*=M4		*d*=M6		*d*=M8		*d*=M10	
16	1.44	35	3.41	8	3.56	12	8.49	12	14.6
20	1.68	40*	3.8	10	3.92	(14)	9.13	(14)	15.6
25	1.98	*d*=M5		12	4.27	16	9.77	16	16.6
30	2.28	6	2.06	(14)	4.62	20	11	20	18.6
35*	2.57	8	2.3	16	4.98	25	12.6	25	21.1
d=M4		10	2.55	20	5.69	30	14.2	30	23.6
5	1.09	12	2.8	25	6.56	35	15.8	35	26.1
6	1.17	(14)	3.05	30	7.45	40*	17.4	40*	28.6
8	1.33	16	3.3	35	8.25	45	18.9	45	31.1
10	1.47	20	3.78	40*	9.2	50	20.6	50	33.6
12	1.63	25	4.4	45	10	(55)	22.1	(55)	36.1
(14)	1.79	30	5.02	50	10.9	60	23.7	60	38.6
16	1.95	35	5.62	(55)	11.8	(65)	25.2	(65)	41.1
20	2.25	40*	6.25	60	12.7	70	26.8	70	43.6
25	2.64	45	6.88	*d*=M8		(75)	28.3	(75)	46.1
30	3.02	50	7.5	10	7.85	80	29.8	80	48.6

注：1. *l* 小于或等于带*符号的螺钉，制出全螺纹。*d*—螺纹规格（mm），*l*—公称长度（mm）。

2. 表列规格为商品规格。尽可能不采用括号内的规格。

2. 开槽盘头螺钉（适用于 GB/T 67—2016）(表 5-85)

表 5-85　开槽盘头螺钉的重量　（kg）

每1000件钢制品的大约重量									
l	*G*	*l*	*G*	*l*	*G*	*l*	*G*	*l*	*G*
d=M1.6		*d*=M1.6		*d*=M1.6		*d*=M2		*d*=M2	
2	0.075	6	0.122	16*	0.238	5	0.198	(14)	0.366
2.5	0.081	8	0.145	*d*=M2		6	0.217	16	0.404
3	0.087	10	0.168	2.5	0.152	8	0.254	20*	0.478
4	0.099	12	0.192	3	0.161	10	0.292	*d*=M2.5	
5	0.11	(14)	0.215	4	0.18	12	0.329	3	0.281

（续）

每1000件钢制品的大约重量									
l	G	l	G	l	G	l	G	l	G
d=M2.5		d=(M3.5)		d=M4		d=M6		d=M8	
4	0.311	5	0.825	35	3.48	20	6.14	60	25.3
5	0.341	6	0.885	40*	3.87	25	7.01	(65)	26.9
6	0.371	8	1	d=M5		30	7.9	70	28.5
8	0.431	10	1.12	6	2.12	35	8.78	(75)	30.1
10	0.491	12	1.24	8	2.37	40*	9.66	80	31.7
12	0.551	(14)	1.36	10	2.61	45	10.5	d=M10	
(14)	0.611	16	1.48	12	2.86	50	11.4	12	18.2
16	0.671	20	1.72	(14)	3.11	(55)	12.3	(14)	19.2
20	0.792	25	2.02	16	3.36	60	13.2	16	20.2
25*	0.942	30	2.32	20	3.85	d=M8		20	22.2
d=M3		35*	2.62	25	4.47	10	9.38	25	24.7
4	0.463	d=M4		30	5.09	12	10	30	27.2
5	0.507	5	1.16	35	5.71	(14)	10.6	35	29.7
6	0.551	6	1.24	40*	6.32	16	11.2	40*	32.2
8	0.639	8	1.39	45	6.94	20	12.6	45	34.7
10	0.727	10	1.55	50	7.56	25	14.1	50	37.2
12	0.816	12	1.7	d=M6		30	15.7	(55)	39.7
(14)	0.904	(14)	1.86	8	4.02	35	17.3	60	42.2
16	0.992	16	2.01	10	4.37	40*	18.9	(65)	44.7
20	1.17	20	2.32	12	4.72	45	20.5	70	47.2
25	1.39	25	2.71	(14)	5.1	50	22.1	(75)	49.7
30*	1.61	30	3.1	16	5.45	(55)	23.7	80	52.2

注：1. l 小于或等于带 * 符号的螺钉，制出全螺纹。d—螺纹规格（mm），l—公称长度（mm）。

2. 表列规格为商品规格。尽可能不采用括号内的规格。

3. 开槽沉头螺钉（适用于 GB/T 68—2016）(表 5-86)

表 5-86 开槽沉头螺钉的重量 (kg)

每 1000 件钢制品的大约重量

l	*G*	*l*	*G*	*l*	*G*	*l*	*G*	*l*	*G*
d=M1.6		*d*=M2.5		*d*=(M3.5)		*d*=M5		*d*=M8	
2.5	0.053	10	0.386	30	2.07	50	6.52	45*	16.9
3	0.058	12	0.446	35*	2.37	*d*=M6		50	18.5
4	0.069	(14)	0.507	*d*=M4		8	2.38	(55)	20.1
5	0.081	16	0.567	6	0.903	10	2.73	60	21.7
6	0.093	20	0.687	8	1.06	12	3.08	(65)	23.3
8	0.116	25*	0.838	10	1.22	(14)	3.43	70	24.9
10	0.139	*d*=M3		12	1.37	16	3.78	(75)	26.5
12	0.162	5	0.335	(14)	1.53	20	4.48	80	28.1
(14)	0.185	6	0.379	16	1.68	25	5.36	*d*=M10	
16*	0.208	8	0.467	20	2	30	6.23	12	9.54
d=M2		10	0.555	25	2.39	35	7.11	(14)	10.6
3	0.101	12	0.643	30	2.78	40	7.98	16	11.6
4	0.119	(14)	0.731	35	3.17	45*	8.86	20	13.6
5	0.137	16	0.82	40*	3.56	50	9.73	25	16.1
6	0.152	20	0.996	*d*=M5		(55)	10.6	30	18.7
8	0.193	25	1.22	8	1.48	60	11.5	35	21.2
10	0.231	30*	1.44	10	1.72	*d*=M8		40	23.7
12	0.268	*d*=(M3.5)		12	1.96	10	5.68	45*	26.2
(14)	0.306	6	0.633	(14)	2.2	12	6.32	50	28.8
16	0.343	8	0.753	16	2.44	(14)	6.96	(55)	31.3
20*	0.417	10	0.873	20	2.92	16	7.6	60	33.8
d=M2.5		12	0.993	25	3.52	20	8.88	(65)	36.3
4	0.206	(14)	1.11	30	4.12	25	10.5	70	38.9
5	0.236	16	1.23	35	4.72	30	12.1	(75)	41.4
6	0.266	20	1.47	40	5.32	35	13.7	80	43.9
8	0.326	25	1.77	45*	5.92	40	15.3		

注：1. *l* 小于或等于带 * 符号的螺钉，制出全螺纹。*d*—螺纹规格（mm），*l*—公称长度（mm）。

2. 表列规格为商品规格。尽可能不采用括号内的规格。

4. 开槽半沉头螺钉（适用于 GB/T 69—2016）（表 5-87）

表 5-87　开槽半沉头螺钉的重量　（kg）

每 1000 件钢制品的大约重量

l	G	l	G	l	G	l	G	l	G
d=M1.6		d=M2.5		d=(M3.5)		d=M5		d=M8	
2.5	0.062	10	0.422	30	2.17	50	6.76	45*	18.1
3	0.067	12	0.482	35*	2.47	d=M6		50	19.7
4	0.078	(14)	0.543	d=M4		8	2.79	(55)	21.3
5	0.09	16	0.603	6	1.07	10	3.14	60	22.9
6	0.102	20	0.723	8	1.23	12	3.49	(65)	24.5
8	0.125	25*	0.874	10	1.39	(14)	3.84	70	26.1
10	0.145	d=M3		12	1.54	16	4.19	(75)	27.7
12	0.165	5	0.395	(14)	1.7	20	4.89	80	29.3
(14)	0.185	6	0.439	16	1.85	25	5.77	d=M10	
16*	0.205	8	0.527	20	2.17	30	6.64	12	11.4
d=M2		10	0.615	25	2.56	35	7.52	(14)	12.5
3	0.119	12	0.703	30	2.95	40	8.39	16	13.5
4	0.138	(14)	0.791	35	3.34	45*	9.27	20	15.5
5	0.156	16	0.879	40*	3.73	50	10.1	25	18
6	0.175	20	1.06	d=M5		(55)	11	30	20.6
8	0.212	25	1.28	8	1.73	60	11.9	35	23.1
10	0.249	30*	1.5	10	1.97	d=M8		40	25.6
12	0.287	d=(M3.5)		12	2.21	10	6.89	45*	28.1
(14)	0.325	6	0.729	(14)	2.45	12	7.53	50	30.7
16	0.362	8	0.849	16	2.69	(14)	8.17	(55)	33.2
20*	0.436	10	0.969	20	3.17	16	8.81	60	35.7
d=M2.5		12	1.09	25	3.77	20	10.1	(65)	38.2
4	0.242	(14)	1.21	30	4.37	25	11.7	70	40.8
5	0.272	16	1.33	35	4.97	30	13.3	(75)	43.3
6	0.302	20	1.57	40	5.57	35	14.9	80	45.8
8	0.362	25	1.87	45*	6.16	40	16.5		

注：1. l 小于或等于带 * 符号的螺钉，制出全螺纹。d—螺纹规格（mm），l—公称长度（mm）。

2. 表列规格为商品规格。尽可能不采用括号内的规格。

5. 开槽大圆柱头螺钉（适用于 GB/T 833—1988）（表 5-88）

表 5-88 开槽大圆柱头螺钉的重量 （kg）

每1000件钢制品的大约重量									
l	G	l	G	l	G	l	G	l	G
d=M1.6		d=M2.5		d=M4		d=M5		d=M8	
2.5	0.24	4	0.86	5	3.27	(14)	7.11	(14)	20.29
3	0.24	5	0.89	6	3.34	d=M6		16	20.92
4	0.25	6	0.92	8	3.49	8	9.65	d=M10	
5	0.26	8	0.98	10	3.64	10	9.99	12	34.90
d=M2		d=M3		12	3.79	12	10.34	(14)	35.88
3	0.39	4	1.41	d=M5		(14)	10.68	16	36.86
4	0.41	5	1.46	6	6.15	16	11.02	20	38.83
5	0.42	6	1.50	8	6.39	d=M8			
6	0.44	8	1.58	10	6.63	10	19.05		
		10	1.67	12	6.87	12	19.67		

注：尽量不采用括号内的规格。d—螺纹规格（mm），l—公称长度（mm）。

6. 开槽球面大圆柱头螺钉（适用于 GB/T 947—1988）（表 5-89）

表 5-89 开槽球面大圆柱头螺钉的重量 （kg）

每1000件钢制品的大约重量									
l	G	l	G	l	G	l	G	l	G
d=M1.6		d=M2.5		d=M4		d=M6		d=M10	
2	0.16	3	0.56	5	2.12	8	6.43	12	22.36
2.5	0.16	4	0.59	6	2.19	10	6.77	(14)	23.34
3	0.17	5	0.62	8	2.34	12	7.12	16	24.33
4	0.18	6	0.65	10	2.49	(14)	7.46	20	26.29
5	0.19	8	0.70	12	2.64	16	7.80		
d=M2		d=M3		d=M5		d=M8			
2.5	0.27	4	0.88	6	4.12	10	13.03		
3	0.28	5	0.92	8	4.37	12	13.65		
4	0.29	6	0.97	10	4.61	(14)	14.27		
5	0.31	8	1.05	12	4.85	16	14.89		
6	0.33	10	1.13	(14)	5.09	20	16.14		

注：表列规格为通用规格。尽可能不采用括号内的规格。d—螺纹规格（mm），l—公称长度（mm）。

7. 开槽带孔球面圆柱头螺钉（适用于 GB/T 832—1988）（表 5-90）

表 5-90　开槽带孔球面圆柱头螺钉的重量　（kg）

每 1000 件钢制品的大约重量									
l	*G*	*l*	*G*	*l*	*G*	*l*	*G*	*l*	*G*
d = M1.6		*d* = M2.5		*d* = M3		*d* = M5		*d* = M8	
2.5	0.09	3	0.30	30	1.57	35	6.03	20	12.50
3	0.10	4	0.33	*d* = M4		40	6.63	25	14.06
4	0.11	5	0.36	6	1.24	45	7.23	30	15.61
5	0.12	6	0.39	8	1.39	50	7.83	35	17.17
6	0.13	8	0.44	10	1.54	*d* = M6		40	18.72
8	0.15	10	0.50	12	1.69	10	4.57	45	20.28
10	0.18	12	0.56	(14)	1.84	12	4.91	50	21.83
12	0.20	(14)	0.62	16	1.99	(14)	5.26	55	23.39
(14)	0.22	16	0.67	20	2.29	16	5.60	60	24.94
16	0.24	20	0.79	25	2.67	20	6.28	*d* = M10	
d = M2		25	0.93	30	3.04	25	7.14	20	21.04
2.5	0.16	*d* = M3		35	3.42	30	8.00	25	23.50
3	0.17	4	0.47	40	3.79	35	8.86	30	25.95
4	0.19	5	0.51	*d* = M5		40	9.71	35	28.41
5	0.21	6	0.55	8	2.79	45	10.57	40	30.87
6	0.23	8	0.64	10	3.03	50	11.43	45	33.32
8	0.26	10	0.72	12	3.27	(55)	12.28	50	35.78
10	0.30	12	0.81	(14)	3.51	60	13.14	(55)	38.23
12	0.33	(14)	0.89	16	3.75	*d* = M8		60	40.69
(14)	0.37	16	0.98	20	4.23	12	10.02		
16	0.40	20	1.15	25	4.83	(14)	10.64		
20	0.47	25	1.36	30	5.43	16	11.26		

注：表列规格为通用规格。尽可能不采用括号内的规格。*d*—螺纹规格（mm），*l*—公称长度（mm）。

8. 内六角花形沉头螺钉（适用于 GB/T 2673—2007）（表 5-91）

表 5-91　内六角花形沉头螺钉的重量　（kg）

每 1000 件钢制品的大约重量									
l	*G*	*l*	*G*	*l*	*G*	*l*	*G*	*l*	*G*
d = M6		*d* = M6		*d* = M8		*d* = M8		*d* = M10	
8	1.75	35	6.38	12	5.19	45*	15.45	(14)	8.45
10	2.10	40	7.24	(14)	5.81	50	17.01	16	9.44
12	2.44	45*	8.10	16	6.43	(55)	18.56	20	11.40
(14)	2.78	50	8.95	20	7.68	60	20.12	25	13.86
16	3.12	(55)	9.81	25	9.23	70	23.23	30	16.31
20	3.81	60	10.67	30	10.79	80	26.34	35	18.77
25	4.67	*d* = M8		35	12.34	*d* = M10		40	21.22
30	5.52	10	4.57	40	13.90	12	7.47	45*	23.68

（续）

每1000件钢制品的大约重量									
l	G	l	G	l	G	l	G	l	G
d=M10		d=M12		d=(M14)		d=M16		d=M20	
50	26.13	40	31.14	35	39.43	30	46.26	35	81.98
(55)	28.59	45	34.70	40	44.31	35	52.80	40	92.22
60	31.05	50	38.26	45	49.18	40	59.34	45	102.5
70	35.96	(55)*	41.82	50	54.06	45	65.89	50	112.7
80	40.87	60	45.38	(55)*	58.93	50	72.43	(55)*	122.9
d=M12		70	52.51	60	63.80	(55)*	78.97	60	133.2
20	16.89	80	59.63	70	73.55	60	85.51	70	153.7
25	20.45	d=(M14)		80	83.30	70	98.60	80	174.1
30	24.01	25	29.68	d=M16		80	111.7		
35	27.57	30	34.56	25	39.72				

注：1. l小于或等于带*符号的螺钉，制出全螺纹，$b=l-(K+a)$。

2. 表列规格为商品规格范围。尽可能不采用括号内的规格。d—螺纹规格（mm），l—公称长度（mm）。

9. 开槽盘头不脱出螺钉（适用于GB/T 837—1988)(表5-92)

表5-92 开槽盘头不脱出螺钉的重量 (kg)

每1000件钢制品的大约重量									
l	G	l	G	l	G	l	G	l	G
M3		M4		M5		M8		M10	
10	0.55	20	1.77	40	4.45	25	12.21	35	25.55
12	0.59	25	1.99	M6		30	13.07	40	26.96
(14)	0.63	30	2.20	20	5.36	35	13.94	45	28.36
16	0.68	M5		25	5.93	40	14.81	50	29.77
20	0.76	(14)	2.70	30	6.50	45	15.68	(55)	31.18
25	0.87	16	2.83	35	7.08	50	16.54	60	32.59
M4		20	3.10	40	7.65	(55)	17.41		
12	1.42	25	3.44	45	8.22	60	18.28		
(14)	1.51	30	3.78	50	8.79	M10			
16	1.60	35	4.11			30	24.14		

注：表列规格为商品规格范围。尽可能不采用括号内的规格。d—螺纹规格（mm），l—公称长度（mm）。

10. 开槽沉头不脱出螺钉（适用于 GB/T 948—1988)(表 5-93)

表 5-93 开槽沉头不脱出螺钉的重量 (kg)

每 1000 件钢制品的大约重量									
l	G	l	G	l	G	l	G	l	G
d=M3		d=M4		d=M5		d=M8		d=M10	
10	0.55	20	1.77	40	4.45	25	12.21	35	25.55
12	0.59	25	1.99	d=M6		30	13.07	40	26.96
(14)	0.63	30	2.20	20	5.36	35	13.94	45	28.36
16	0.68	d=M5		25	5.93	40	14.81	50	29.77
20	0.76	(14)	2.70	30	6.50	45	15.68	(55)	31.18
25	0.87	16	2.83	35	7.08	50	16.54	60	32.59
d=M4		20	3.10	40	7.65	(55)	17.41		
12	1.42	25	3.44	45	8.22	60	18.28		
(14)	1.51	30	3.78	50	8.79	d=M10			
16	1.60	35	4.11			30	24.14		

注：表列规格为通用规格。尽可能不采用括号内的规格。d—螺纹规格（mm），l—公称长度（mm）。

11. 开槽半沉头不脱出螺钉（适用于 GB/T 949—1988)(表 5-94)

表 5-94 开槽半沉头不脱出螺钉的重量 (kg)

每 1000 件钢制品的大约重量									
l	G	l	G	l	G	l	G	l	G
M3		M4		M5		M8		M10	
10	0.42	20	1.58	40	3.81	25	9.64	35	18.29
12	0.46	25	1.79	M6		30	10.51	40	19.70
(14)	0.49	30	2.01	20	4.03	35	11.38	45	21.10
16	0.53	M5		25	4.60	40	12.24	50	22.51
20	0.59	(14)	2.05	30	5.17	45	13.11	(55)	23.92
25	0.68	16	2.19	35	5.74	50	13.98	60	25.33
M4		20	2.46	40	6.31	(55)	14.84		
12	1.23	25	2.80	45	6.88	60	15.71		
(14)	1.32	30	3.13	50	7.46	M10			
16	1.40	35	3.47			30	16.88		

注：尽可能不采用括号内的规格。d—螺纹规格（mm），l—公称长度（mm）。

12. 滚花头不脱出螺钉（适用于 GB/T 839—1988)(表 5-95)

表 5-95 滚花头不脱出螺钉的重量 (kg)

每 1000 件钢制品的大约重量									
l	G	l	G	l	G	l	G	l	G
d=M3		d=M4		d=M5		d=M8		d=M10	
10	0.84	20	3.13	40	6.00	25	17.98	35	32.95
12	0.88	25	3.35	d=M6		30	18.85	40	34.36
(14)	0.92	30	3.57	20	8.99	35	19.72	45	35.76
16	0.97	d=M5		25	9.56	40	20.59	50	37.17
20	1.05	(14)	4.25	30	10.14	45	21.45	(55)	38.58
25	1.16	16	4.38	35	10.71	50	22.32	60	39.99
d=M4		20	4.65	40	11.28	(55)	23.19		
12	2.79	25	4.99	45	11.85	60	24.05		
(14)	2.87	30	5.33	50	12.42	d=M10			
16	2.96	35	5.67			30	31.54		

注：表列规格为通用规格。尽可能不采用括号内的规格。d—螺纹规格（mm），l—公称长度（mm）。

13. 六角头不脱出螺钉（适用于 GB/T 838—1988）(表 5-96)

表 5-96 六角头不脱出螺钉的重量 (kg)

每1000件钢制品的大约重量									
l	*G*	*l*	*G*	*l*	*G*	*l*	*G*	*l*	*G*
d=M5		*d*=M8		*d*=M10		*d*=M12		*d*=(M14)	
(14)	2.74	25	11.54	(55)	28.87	70	52.63	80	86.12
16	2.87	30	12.41	60	30.28	75	54.99	90	93.18
20	3.14	35	13.27	(65)	31.69	80	57.35	100	100.2
25	3.48	40	14.14	70	33.09	90	62.07	*d*=M16	
30	3.82	45	15.01	75	34.50	100	66.79	40	81.14
35	4.15	50	15.87	80	35.91	*d*=(M14)		45	85.36
40	4.49	(55)	16.74	*d*=M12		35	54.39	50	89.57
d=M6		60	17.61	30	33.74	40	57.91	(55)	93.79
20	5.33	(65)	18.47	35	36.10	45	61.44	60	98.00
25	5.90	*d*=M10		40	38.46	50	64.97	(65)	102.2
30	6.48	30	21.83	45	40.82	(55)	68.49	70	106.4
35	7.05	35	23.24	50	43.18	60	72.02	75	110.7
40	7.62	40	24.65	(55)	45.54	65	75.55	80	114.9
45	8.19	45	26.05	60	47.90	70	79.07	90	123.3
50	8.76	50	27.46	(65)	50.26	75	82.60	100	131.7

注：表列规格为通用规格。尽可能不采用括号内的规格。*d*—螺纹规格（mm），*l*—公称长度（mm）。

14. 滚花高头螺钉（适用于 GB/T 834—1988）(表 5-97)

表 5-97 滚花高头螺钉的重量 (kg)

每1000件钢制品的大约重量									
l	*G*	*l*	*G*	*l*	*G*	*l*	*G*	*l*	*G*
d=M1.6		*d*=M1.6		*d*=M2		*d*=M2.5		*d*=M3	
2	0.80	8	0.87	6	1.13	5	1.59	4	2.87
2.5	0.81	*d*=M2		8	1.17	6	1.62	5	2.91
3	0.81	2.5	1.07	10	1.20	8	1.67	6	2.95
4	0.82	3	1.08	*d*=M2.5		10	1.73	8	3.04
5	0.83	4	1.10	3	1.53	12	1.79	10	3.12
6	0.84	5	1.12	4	1.56			12	3.21

（续）

每1000件钢制品的大约重量									
l	*G*	*l*	*G*	*l*	*G*	*l*	*G*	*l*	*G*
d=M3		*d*=M4		*d*=M6		*d*=M8		*d*=M10	
(14)	3.29	16	5.14	8	18.44	12	35.83	16	74.72
16	3.38	*d*=M5		10	18.79	(14)	36.45	20	76.69
d=M4		6	9.88	12	19.13	16	37.08	25	79.14
5	4.31	8	10.13	(14)	19.47	20	38.32	30	81.60
6	4.39	10	10.37	16	19.82	25	39.88	35	84.05
8	4.54	12	10.61	20	20.50	30	41.43		
10	4.69	(14)	10.85	25	21.36	*d*=M10			
12	4.84	16	11.09	*d*=M8		12	72.76		
(14)	4.99	20	11.57	10	35.21	(14)	73.74		

注：表列规格为通用规格。尽可能不采用括号内的规格。*d*—螺纹规格（mm），*l*—公称长度（mm）。

15. 滚花平头螺钉（适用于 GB/T 835—1988）（表 5-98）

表 5-98 滚花平头螺钉的重量 （kg）

每1000件钢制品的大约重量									
l	*G*	*l*	*G*	*l*	*G*	*l*	*G*	*l*	*G*
d=M1.6		*d*=M2		*d*=M3		*d*=M5		*d*=M8	
2	1.29	10	1.96	8	5.12	10	16.03	16	58.42
2.5	1.30	12	2.00	10	5.21	12	16.27	20	59.66
3	1.31	(14)	2.04	12	5.29	(14)	16.51	25	61.22
4	1.32	16	2.07	(14)	5.38	16	16.75	30	62.77
5	1.33	*d*=M2.5		16	5.46	20	17.23	35	64.33
6	1.34	5	2.66	20	5.63	25	17.83	*d*=M10	
8	1.36	6	2.68	*d*=M4		*d*=M6		20	117.7
10	1.38	8	2.74	8	7.16	12	29.48	25	120.1
12	1.40	10	2.80	10	7.31	(14)	29.82	30	122.6
d=M2		12	2.86	12	7.46	16	30.17	35	125.1
4	1.86	(14)	2.92	(14)	7.61	20	30.85	40	127.5
5	1.88	16	2.97	16	7.76	25	31.71	45	130.0
6	1.89	*d*=M3		20	8.06	30	32.57		
8	1.93	6	5.04	25	8.43				

注：表列规格为通用规格。带括号的规格尽量不采用。*d*—螺纹规格（mm），*l*—公称长度（mm）。

16. 滚花小头螺钉（适用于 GB/T 836—1988）（表 5-99）

表 5-99 滚花小头螺钉的重量 （kg）

每 1000 件钢制品的大约重量									
l	*G*	*l*	*G*	*l*	*G*	*l*	*G*	*l*	*G*
d=M1.6		*d*=M2		*d*=M2.5		*d*=M4		*d*=M5	
3	0.69	8	1.10	16	1.99	10	4.05	25	7.72
4	0.70	10	1.14	20	2.10	12	4.20	30	8.32
5	0.71	12	1.17	*d*=M3		(14)	4.35	35	8.92
6	0.73	14	1.21	6	2.69	16	4.50	*d*=M6	
8	0.75	16	1.24	8	2.77	20	4.80	12	9.42
10	0.77	20	1.31	10	2.86	25	5.18	(14)	9.77
12	0.79	*d*=M2.5		12	2.94	30	5.55	16	10.11
(14)	0.81	5	1.67	(14)	3.03	*d*=M5		20	10.79
16	0.84	6	1.70	16	3.11	10	5.92	25	11.65
d=M2		8	1.76	20	3.28	12	6.16	30	12.51
4	1.03	10	1.81	25	3.50	(14)	6.40	35	13.37
5	1.05	12	1.87	*d*=M4		16	6.64	40	14.22
6	1.07	(14)	1.93	8	3.90	20	7.12		

注：表列规格为通用规格。带括号的规格尽量不采用。*d*—螺纹规格（mm），*l*—公称长度（mm）。

17. 塑料滚花头螺钉（适用于 GB/T 840—1988）（表 5-100）

表 5-100 塑料滚花头螺钉的重量 （kg）

每 1000 件钢制品的大约重量									
l	*G*	*l*	*G*	*l*	*G*	*l*	*G*	*l*	*G*
d=M4		*d*=M5		*d*=M5		*d*=M6		*d*=M8	
8	1.41	10	2.89	40	6.49	35	8.59	35	16.45
10	1.56	12	3.13	*d*=M6		40	9.45	40	18.00
12	1.71	16	3.61	12	4.64	*d*=M8		45	19.56
16	2.01	20	4.09	16	5.33	16	10.54	*d*=M10	
20	2.31	25	4.69	20	6.02	20	11.78	20	17.21
25	2.68	30	5.29	25	6.87	25	13.34	25	19.66
30	3.06	35	5.89	30	7.73	30	14.89	30	22.12

（续）

每1000件钢制品的大约重量									
l	*G*	*l*	*G*	*l*	*G*	*l*	*G*	*l*	*G*
d＝M10		*d*＝M12		*d*＝M12		*d*＝M16		*d*＝M16	
35	24.57	25	30.22	50	48.03	40	76.78	80	129.1
40	27.03	30	33.78	60	55.15	45	83.32		
45	29.49	35	37.34	*d*＝M16		50	89.86		
50	31.94	40	40.91	30	63.69	60	103.0		
60	36.85	45	44.47	35	70.24	70	116.0		

注：表列规格为通用规格。*d*—螺纹规格（mm），*l*—公称长度（mm）。

18. 开槽圆柱头轴位螺钉（适用于GB/T 830—1988）(表5-101)

表5-101　开槽圆柱头轴位螺钉的重量　(kg)

每1000件钢制品的大约重量									
l	*G*	*l*	*G*	*l*	*G*	*l*	*G*	*l*	*G*
d＝M1.6		*d*＝M2		*d*＝M3		*d*＝M4		*d*＝M6	
1	0.13	5	0.41	16	0.63	5	1.86	1	4.22
1.2	0.13	6	0.47	2	0.67	6	2.01	1.2	4.30
1.6	0.15	8	0.57	2.5	0.72	8	2.30	1.6	4.45
2	0.16	*d*＝M2.5		3	0.76	10	2.59	2	4.60
2.5	0.18	1	0.37	4	0.86	*d*＝M5		2.5	4.79
3	0.20	1.2	0.39	5	0.95	1	2.42	3	4.98
4	0.24	1.6	0.41	6	1.04	1.2	2.46	4	5.36
5	0.27	2	0.44	8	1.23	1.6	2.55	5	5.74
6	0.31	2.5	0.48	10	1.41	2	2.63	6	6.12
d＝M2		3	0.51	*d*＝M4		2.5	2.74	8	6.88
1	0.21	4	0.58	1	1.27	3	2.85	10	7.64
1.2	0.22	5	0.65	1.2	1.30	4	3.06	12	8.40
1.6	0.24	6	0.72	1.6	1.36	5	3.27	(14)	9.15
2	0.26	8	0.87	2	1.42	6	3.48	*d*＝M8	
2.5	0.28	*d*＝M3		2.5	1.49	8	3.91	2	10.06
3	0.31	1	0.58	3	1.57	10	4.34	2.5	10.36
4	0.36	1.2	0.59	4	1.71	12	4.76	3	10.66

（续）

每1000件钢制品的大约重量									
l	G	l	G	l	G	l	G	l	G
d=M8		d=M8		d=M10		d=M10		d=M10	
4	11.26	10	14.84	2	20.09	5	22.67	12	28.68
5	11.85	12	16.03	2.5	20.52	6	23.53	(14)	30.40
6	12.45	(14)	17.22	3	20.95	8	25.24	16	32.11
8	13.64	16	18.42	4	21.81	10	26.96	20	35.55

注：1. 表列规格为通用规格。尽可能不采用括号内的规格。d—螺纹规格（mm），l—公称长度（mm）。

2. 轴位直径 d_1 亦可按 f9 制造。

19. 开槽球面圆柱头轴位螺钉（适用于 GB/T 946—1988）（表 5-102）

表 5-102 开槽球面圆柱头轴位螺钉的重量 （kg）

每1000件钢制品的大约重量									
l	G	l	G	l	G	l	G	l	G
d=M1.6		d=M2		d=M3		d=M4		d=M6	
1	0.10	5	0.40	1.6	0.54	5	1.70	1	3.64
1.2	0.11	6	0.45	2	0.58	6	1.84	1.2	3.71
1.6	0.13	8	0.55	2.5	0.62	8	2.14	1.6	3.86
2	0.14	d=M2.5		3	0.67	10	2.43	2	4.02
2.5	0.16	1	0.31	4	0.76	d=M5		2.5	4.21
3	0.18	1.2	0.33	5	0.85	1	2.11	3	4.40
4	0.21	1.6	0.35	6	0.95	1.2	2.15	4	4.78
5	0.25	2	0.38	8	1.13	1.6	2.23	5	5.15
6	0.28	2.5	0.42	10	1.32	2	2.32	6	5.53
d=M2		3	0.45	d=M4		2.5	2.43	8	6.29
1	0.19	4	0.52	1	1.11	3	2.53	10	7.05
1.2	0.20	5	0.59	1.2	1.14	4	2.74	12	7.81
1.6	0.22	6	0.67	1.6	1.20	5	2.96	(14)	8.57
2	0.24	8	0.81	2	1.26	6	3.17	d=M8	
2.5	0.27	d=M3		2.5	1.33	8	3.60	2	8.04
3	0.29	1	0.48	3	1.40	10	4.02	2.5	8.34
4	0.34	1.2	0.50	4	1.55	12	4.45	3	8.64

（续）

每1000件钢制品的大约重量									
l	G	l	G	l	G	l	G	l	G
d=M8		d=M8		d=M10		d=M10		d=M10	
4	9.23	10	12.81	2	15.30	5	17.87	12	23.88
5	9.83	12	14.01	2.5	15.72	6	18.73	(14)	25.60
6	10.43	(14)	15.20	3	16.15	8	20.45	16	27.32
8	11.62	16	16.40	4	17.01	10	22.17	20	30.75

注：1. 表列规格为通用规格。尽可能不采用括号内的规格。d—螺纹规格（mm），l—公称长度（mm）。

2. 轴位直径 d_1 亦可按 f9 制造。

20. 开槽无头轴位螺钉（适用于 GB/T 831—1988）(表 5-103)

表 5-103　开槽无头轴位螺钉的重量　（kg）

每1000件钢制品的大约重量									
l	G	l	G	l	G	l	G	l	G
d=M1.6		d=M2.5		d=M4		d=M6		d=M8	
2	0.09	3	0.30	4	0.92	5	3.12	16	12.37
2.5	0.11	4	0.37	5	1.07	6	3.50	d=M10	
3	0.13	5	0.44	6	1.21	8	4.26	8	12.21
d=M2		d=M3		8	1.51	10	5.02	10	13.93
2	0.15	2.5	0.38	d=M5		12	5.78	12	15.65
2.5	0.18	3	0.43	4	1.51	d=M8		(14)	17.36
3	0.20	4	0.52	5	1.72	6	6.40	16	19.08
4	0.25	5	0.62	6	1.94	8	7.60	20	22.52
d=M2.5		6	0.71	8	2.36	10	8.79		
2	0.23	d=M4		10	2.79	12	9.98		
2.5	0.27	3	0.77			(14)	11.18		

注：表列规格为通用规格；带括号的规格尽量不采用。d—螺纹规格（mm），l—公称长度（mm）。

21. 内六角圆柱头轴肩螺钉（适用于 GB/T 5281—1985）(表 5-104)

表 5-104　内六角圆柱头轴肩螺钉的重量　(kg)

每 1000 件钢制品的大约重量

l	G	l	G	l	G	l	G	l	G
$d_s=6.5$		$d_s=8$		$d_s=13$		$d_s=16$		$d_s=20$	
10	6.09	50	26.38	16	39.97	40	109.3	90	317.0
12	6.60	$d_s=10$		20	44.11	50	125.0	100	341.5
16	7.64	16	23.35	25	49.28	60	140.7	120	390.5
20	8.68	20	25.80	30	54.46	70	156.4	$d_s=25$	
25	9.97	25	28.86	40	64.81	80	172.0	50	358.6
30	11.26	30	31.92	50	75.71	90	187.7	60	396.9
40	13.85	40	38.05	60	85.52	100	203.4	70	435.2
$d_s=8$		50	44.18	70	95.87	120	234.8	80	473.4
12	11.48	60	50.30	80	106.2	$d_s=20$		90	511.7
16	13.05	70	56.43	90	116.6	40	194.5	100	550.0
20	14.62	80	62.55	100	126.9	50	219.0	120	626.6
25	16.58	90	68.68	120	147.6	60	243.5		
30	18.54	100	74.81	$d_s=16$		70	268.0		
40	22.46	120	87.06	30	93.62	80	292.5		

注：表列规格为通用规格。d_s—螺纹规格（mm），l—公称长度（mm）。

22. 开槽锥端紧定螺钉（适用于 GB/T 71—1985）（表 5-105）

表 5-105　开槽锥端紧定螺钉的重量　(kg)

每 1000 件钢制品的大约重量

l	G	l	G	l	G	l	G	l	G
d=M1.2		d=M1.6		d=M2		d=M2.5		d=M3	
2	0.01	2	0.02	3	0.04	3	0.06	4	0.13
2.5	0.01	2.5	0.02	4	0.06	4	0.09	5	0.17
3	0.02	3	0.03	5	0.08	5	0.12	6	0.22
4	0.02	4	0.04	6	0.10	6	0.15	8	0.30
5	0.03	5	0.05	8	0.13	8	0.21	10	0.39
6	0.03	6	0.06	10	0.17	10	0.27	12	0.47
		8	0.08			12	0.32	(14)	0.56

（续）

每 1000 件钢制品的大约重量									
l	*G*	*l*	*G*	*l*	*G*	*l*	*G*	*l*	*G*
d=M3		*d*=M5		*d*=M6		*d*=M10		*d*=M12	
16	0.64	12	1.26	25	4.04	12	4.76	16	9.41
d=M4		(14)	1.50	30	4.90	(14)	5.74	20	12.26
6	0.36	16	1.74	*d*=M8		16	6.72	25	15.82
8	0.51	20	2.22	10	2.54	20	8.69	30	19.38
10	0.66	25	2.82	12	3.16	25	11.14	35	22.94
12	0.81	*d*=M6		(14)	3.78	30	13.60	40	26.51
(14)	0.96	8	1.13	16	4.41	35	16.05	45	30.07
16	1.11	10	1.47	20	5.65	40	18.51	50	33.63
20	1.41	12	1.81	25	7.21	45	20.97	(55)	37.19
d=M5		(14)	2.16	30	8.76	50	23.42	60	40.76
8	0.78	16	2.50	35	10.32	*d*=M12			
10	1.02	20	3.19	40	11.87	(14)	7.98		

注：表列规格为商品规格。尽可能不采用括号内的规格。*d*—螺纹规格（mm），*l*—公称长度（mm）。

23. 开槽平端紧定螺钉（适用于 GB/T 73—2017）（表 5-106）

表 5-106 开槽平端紧定螺钉的重量 （kg）

每 1000 件钢制品的大约重量									
l	*G*	*l*	*G*	*l*	*G*	*l*	*G*	*l*	*G*
d=M1.2		*d*=M1.6		*d*=M2		*d*=M3		*d*=M4	
2	0.01	5	0.05	8	0.14	3	0.12	5	0.34
2.5	0.01	6	0.06	10	0.17	4	0.16	6	0.42
3	0.02	8	0.08	*d*=M2.5		5	0.20	8	0.57
4	0.02	*d*=M2		2.5	0.06	6	0.24	10	0.72
5	0.03	2	0.03	3	0.08	8	0.33	12	0.87
6	0.04	2.5	0.04	4	0.11	10	0.41	(14)	1.02
d=M1.6		3	0.05	5	0.13	12	0.50	16	1.16
2	0.02	4	0.06	6	0.16	(14)	0.58	20	1.46
2.5	0.02	5	0.08	8	0.22	16	0.67	*d*=M5	
3	0.03	6	0.10	10	0.28	*d*=M4		5	0.55
4	0.04			12	0.34	4	0.27	6	0.67

（续）

每1000件钢制品的大约重量									
l	*G*	*l*	*G*	*l*	*G*	*l*	*G*	*l*	*G*
d=M5		*d*=M6		*d*=M8		*d*=M10		*d*=M12	
8	0.91	12	1.95	16	4.77	20	9.42	20	13.57
10	1.15	(14)	2.30	20	6.01	25	11.88	25	17.13
12	1.39	16	2.64	25	7.57	30	14.33	30	20.69
(14)	1.63	20	3.33	30	9.12	35	16.79	35	24.25
16	1.87	25	4.18	35	10.68	40	19.24	40	27.81
20	2.35	30	5.04	40	12.23	45	21.70	45	31.38
25	2.95	*d*=M8		*d*=M10		50	24.16	50	34.94
d=M6		8	2.28	10	4.51	*d*=M12		(55)	38.50
6	0.93	10	2.90	12	5.49	12	7.87	60	42.06
8	1.27	12	3.52	(14)	6.47	(14)	9.29		
10	1.61	(14)	4.15	16	7.46	16	10.72		

注：表列规格为商品规格。带括号的规格尽量不采用。*d*—螺纹规格（mm），*l*—公称长度（mm）。

24. 开槽凹端紧定螺钉（适用于GB/T 74—1985）（表5-107）

表5-107　开槽凹端紧定螺钉的重量　（kg）

每1000件钢制品的大约重量									
l	*G*	*l*	*G*	*l*	*G*	*l*	*G*	*l*	*G*
d=M1.6		*d*=M2		*d*=M3		*d*=M4		*d*=M6	
2	0.02	10	0.17	8	0.32	20	1.45	10	1.55
2.5	0.02	*d*=M2.5		10	0.40	*d*=M5		12	1.89
3	0.03	3	0.07	12	0.49	5	0.50	(14)	2.23
4	0.04	4	0.10	(14)	0.57	6	0.62	16	2.58
5	0.05	5	0.13	16	0.66	8	0.87	20	3.26
6	0.06	6	0.16	*d*=M4		10	1.11	25	4.12
8	0.08	8	0.22	4	0.25	12	1.35	30	4.98
d=M2		10	0.27	5	0.33	(14)	1.59	*d*=M8	
2.5	0.04	12	0.33	6	0.40	16	1.83	8	2.18
3	0.05	*d*=M3		8	0.55	20	2.31	10	2.80
4	0.06	3	0.11	10	0.70	25	2.91	12	3.42
5	0.08	4	0.15	12	0.85	*d*=M6		(14)	4.05
6	0.10	5	0.19	(14)	1.00	6	0.86	16	4.67
8	0.14	6	0.23	16	1.15	8	1.21	20	5.91

（续）

每1000件钢制品的大约重量									
l	*G*	*l*	*G*	*l*	*G*	*l*	*G*	*l*	*G*
d=M8		*d*=M10		*d*=M10		*d*=M12		*d*=M12	
25	7.47	12	5.26	35	16.56	(14)	8.95	40	27.47
30	9.02	(14)	6.24	40	19.01	16	10.37	45	31.04
35	10.58	16	7.23	45	21.47	20	13.22	50	34.60
40	12.13	20	9.19	50	23.93	25	16.79	(55)	38.16
d=M10		25	11.65	*d*=M12		30	20.35	60	41.72
10	4.28	30	14.10	12	7.52	35	23.91		

注：表列规格为商品规格。尽可能不采用括号内的规格。*d*—螺纹规格（mm），*l*—公称长度（mm）。

25. 开槽长圆柱端紧定螺钉（适用于GB/T 75—1985）（表5-108）

表5-108　开槽长圆柱端紧定螺钉的重量　（kg）

每1000件钢制品的大约重量									
l	*G*	*l*	*G*	*l*	*G*	*l*	*G*	*l*	*G*
d=M1.6		*d*=M2.5		*d*=M5		*d*=M8		*d*=M10	
2.5	0.03	10	0.29	8	1.06	12	4.19	50	25.51
3	0.03	12	0.35	10	1.30	(14)	4.81	*d*=M12	
4	0.04	*d*=M3		12	1.54	16	5.43	(14)	11.73
5	0.05	5	0.23	(14)	1.78	20	6.68	16	13.15
6	0.06	6	0.27	16	2.02	25	8.23	20	16.00
8	0.09	8	0.36	20	2.51	30	9.79	25	19.56
d=M2		10	0.44	25	3.11	35	11.34	30	23.13
3	0.05	12	0.53	*d*=M6		40	12.90	35	26.69
4	0.07	(14)	0.61	8	1.52	*d*=M10		40	30.25
5	0.09	16	0.70	10	1.86	12	6.84	45	33.81
6	0.10	*d*=M4		12	2.21	(14)	7.82	50	37.37
8	0.14	6	0.48	(14)	2.55	16	8.81	(55)	40.94
10	0.17	8	0.63	16	2.89	20	10.77	60	44.50
d=M2.5		10	0.78	20	3.58	25	13.23		
4	0.12	12	0.93	25	4.43	30	15.68		
5	0.15	(14)	1.08	30	5.29	35	18.14		
6	0.17	16	1.23	*d*=M8		40	20.59		
8	0.23	20	1.53	10	3.57	45	23.05		

注：表列规格为商品规格。尽量不采用括号内的规格。*d*—螺纹规格（mm），*l*—公称长度（mm）。

26. 方头长圆柱球面端紧定螺钉（适用于 GB/T 83—1988）(表 5-109)

表 5-109　方头长圆柱球面端紧定螺钉的重量　(kg)

每 1000 件钢制品的大约重量									
l	*G*	*l*	*G*	*l*	*G*	*l*	*G*	*l*	*G*
d = M8		*d* = M10		*d* = M12		*d* = M16		*d* = M20	
16	8.85	30	22.75	40	41.59	45	96.34	45	173.1
20	10.09	35	25.21	45	45.15	50	102.9	50	183.3
25	11.65	40	27.66	50	48.71	(55)	109.4	(55)	193.5
30	13.20	45	30.12	(55)	52.27	60	116.0	60	203.8
35	14.76	50	32.57	60	55.83	70	129.1	70	224.2
40	16.31	*d* = M12		*d* = M16		80	142.1	80	244.7
d = M10		25	30.90	30	76.72	*d* = M20		90	265.2
20	17.84	30	34.46	35	83.26	35	152.6	100	285.7
25	20.29	35	38.02	40	89.80	40	162.8		

注：表列规格为通用规格。尽可能不采用括号内的规格。*d*—螺纹规格（mm），*l*—公称长度（mm）。

27. 方头凹端紧定螺钉（适用于 GB/T 84—1988）（表 5-110）

表 5-110　方头凹端紧定螺钉的重量　(kg)

每 1000 件钢制品的大约重量									
l	*G*	*l*	*G*	*l*	*G*	*l*	*G*	*l*	*G*
d = M5		*d* = M6		*d* = M10		*d* = M12		*d* = M16	
10	1.89	25	5.51	25	16.73	50	43.75	80	127.6
12	2.13	30	6.37	30	19.19	(55)	47.31	*d* = M20	
(14)	2.37	*d* = M8		35	21.65	60	50.87	40	131.4
16	2.61	(14)	6.82	40	24.10	*d* = M16		45	141.7
20	3.09	16	7.44	45	26.56	30	62.19	50	151.9
25	3.69	20	8.68	50	29.01	35	68.73	(55)	162.2
30	4.29	25	10.24	*d* = M12		40	75.28	60	172.4
d = M6		30	11.79	25	25.94	40	81.82	70	192.9
12	3.28	35	13.35	30	29.50	45	88.36	80	213.4
(14)	3.63	40	14.90	35	33.06	(55)	94.90	90	233.8
16	3.97	*d* = M10		40	36.63	60	101.5	100	254.3
20	4.65	20	14.28	45	40.19	70	114.5		

注：表列规格为通用规格。尽可能不采用括号内的规格。*d*—螺纹规格（mm），*l*—公称长度（mm）。

28. 方头长圆柱端紧定螺钉（适用于 GB/T 85—1988）（表 5-111）

表 5-111 方头长圆柱端紧定螺钉的重量 （kg）

每 1000 件钢制品的大约重量									
l	*G*	*l*	*G*	*l*	*G*	*l*	*G*	*l*	*G*
d=M5		*d*=M6		*d*=M10		*d*=M12		*d*=M16	
12	2.00	30	6.13	30	18.27	(55)	45.77	80	124.6
(14)	2.24	*d*=M8		35	20.73	60	49.33	*d*=M20	
16	2.48	(14)	6.34	40	23.18	*d*=M16		40	126.0
20	2.96	16	6.96	45	25.64	25	52.66	45	136.2
25	3.56	20	8.21	50	28.10	30	59.20	50	146.5
30	4.16	25	9.76	*d*=M12		35	65.74	(55)	156.7
d=M6		30	11.32	25	24.40	40	72.28	60	167.0
12	3.04	35	12.87	30	27.96	45	78.83	70	187.4
(14)	3.38	40	14.43	35	31.52	50	85.37	80	207.9
16	3.73	*d*=M10		40	35.09	(55)	91.91	90	228.4
20	4.41	20	13.36	45	38.65	60	98.45	100	248.9
25	5.27	25	15.82	50	42.21	70	111.5		

注：表列规格为通用规格。带括号的规格尽量不采用。*d*—螺纹规格（mm），*l*—公称长度（mm）。

29. 方头短圆柱锥端紧定螺钉（适用于 GB/T 86—1988）（表 5-112）

表 5-112 方头短圆柱锥端紧定螺钉的重量 （kg）

每 1000 件钢制品的大约重量									
l	*G*	*l*	*G*	*l*	*G*	*l*	*G*	*l*	*G*
d=M5		*d*=M6		*d*=M10		*d*=M12		*d*=M16	
12	1.88	30	5.94	30	17.45	(55)	44.36	80	121.0
(14)	2.12	*d*=M8		35	19.91	60	47.93	*d*=M20	
16	2.36	(14)	5.91	40	22.37	*d*=M16		40	118.9
20	2.84	16	6.53	45	24.82	25	49.00	45	129.2
25	3.44	20	7.77	50	27.28	30	55.55	50	139.4
30	4.04	25	9.33	*d*=M12		35	62.09	(55)	149.7
d=M6		30	10.88	25	22.99	40	68.63	60	159.9
12	2.85	35	12.44	30	26.55	45	75.17	70	180.4
(14)	3.19	40	13.99	35	30.12	50	81.72	80	200.8
16	3.54	*d*=M10		40	33.68	(55)	88.26	90	221.3
20	4.22	20	12.54	45	37.24	60	94.80	100	241.8
25	5.08	25	15.00	50	40.80	70	107.9		

注：表列规格为通用规格。带括号的规格尽可能不采用。*d*—螺纹规格（mm），*l*—公称长度（mm）。

30. 开槽盘头定位螺钉（适用于 GB/T 828—1988）（表 5-113）

表 5-113 开槽盘头定位螺钉的重量

（1）每 1000 件钢制品的大约重量 G_1/kg

l	G_1	l	G_1	l	G_1	l	G_1	l	G_1
d=M1.6		d=M2.5		d=M4		d=M6		d=M10	
1.5	0.06	2	0.22	3	0.94	5	3.36	8	16.27
2	0.06	2.5	0.23	4	1.01	6	3.53	10	17.25
2.5	0.07	3	0.25	5	1.09	8	3.88	12	18.23
3	0.07	4	0.28	6	1.16	10	4.22	16	20.20
d=M2		5	0.31	8	1.31	12	4.56	20	22.16
1.5	0.11	d=M3		d=M5		d=M8			
2	0.12	2.5	0.36	4	1.81	6	8.09		
2.5	0.13	3	0.38	5	1.93	8	8.71		
3	0.14	4	0.42	6	2.05	10	9.33		
4	0.16	5	0.46	8	2.29	12	9.95		
		6	0.51	10	2.53	16	11.20		

（2）末端长度 z 及每 1000 件钢制品的质量 G_2/kg≈

z	G_2	z	G_2	z	G_2	z	G_2	z	G_2
d=M1.6		d=M2.5		d=M4		d=M6		d=M10	
1	0	1.2	0.01	2	0.06	3	0.25	5	1.35
1.2	0	1.5	0.01	2.5	0.08	4	0.34	6	1.62
1.5	0	2	0.02	3	0.09	5	0.42	8	2.16
d=M2		2.5	0.02	4	0.12	6	0.50	10	2.70
1	0	d=M3		d=M5		d=M8			
1.2	0	1.5	0.03	2.5	0.16	4	0.66		
1.5	0.01	2	0.04	3	0.19	5	0.83		
2	0.01	2.5	0.05	4	0.25	6	0.99		
		3	0.06	5	0.31	8	1.33		

注：1. 螺钉每 1000 件钢制品的质量 $G \approx G_1 + G_2$。

2. 表列规格为通用规格。d—螺纹规格（mm），l—公称长度（mm）。

31. 开槽圆柱端定位螺钉（适用于 GB/T 829—1988）（表 5-114）

表 5-114　开槽圆柱端定位螺钉的重量

（1）每 1000 件钢制品的大约重量 G_1/kg

l	G_1	l	G_1	l	G_1	l	G_1	l	G_1
d=M1.6		d=M2.5		d=M4		d=M6		d=M10	
1.5	0.01	2	0.05	3	0.21	5	0.79	8	3.66
2	0.02	2.5	0.07	4	0.28	6	0.96	10	4.64
2.5	0.03	3	0.08	5	0.36	8	1.31	12	5.63
3	0.03	4	0.11	6	0.43	10	1.65	16	7.59
d=M2		5	0.14	8	0.58	12	1.99	20	9.55
1.5	0.02	d=M3		d=M5		d=M8			
2	0.03	2.5	0.10	4	0.45	6	1.73		
2.5	0.04	3	0.12	5	0.57	8	2.35		
3	0.05	4	0.16	6	0.69	10	2.98		
4	0.07	5	0.21	8	0.93	12	3.60		
		6	0.25	10	1.17	16	4.84		

（2）末端长度 z 及每 1000 件钢制品的质量 G_2/kg≈

z	G_2	z	G_2	z	G_2	z	G_2	z	G_2
d=M1.6		d=M2.5		d=M4		d=M6		d=M10	
1	0	1.2	0.01	2	0.06	3	0.25	5	1.35
1.2	0	1.5	0.01	2.5	0.08	4	0.34	6	1.62
1.5	0	2	0.02	3	0.09	5	0.42	8	2.16
d=M2		2.5	0.02	4	0.12	6	0.50	10	2.70
1	0	d=M3		d=M5		d=M8			
1.2	0	1.5	0.03	2.5	0.16	4	0.66		
1.5	0.01	2	0.04	3	0.19	5	0.83		
2	0.01	2.5	0.05	4	0.25	6	0.99		
		3	0.06	5	0.31	8	1.33		

注：1. 螺钉每 1000 件钢制品的质量 $G \approx G_1 + G_2$。

2. 表列规格为通用规格。d—螺纹规格（mm），l—公称长度（mm）。

32. 开槽锥端定位螺钉（适用于 GB/T 72—1988）（表 5-115）

表 5-115 开槽锥端定位螺钉的重量 （kg）

每1000件钢制品的大约重量									
l	*G*	*l*	*G*	*l*	*G*	*l*	*G*	*l*	*G*
d=M3		*d*=M4		*d*=M6		*d*=M8		*d*=M10	
4	0.13	12	0.79	6	0.68	20	5.44	45	20.60
5	0.17	(14)	0.94	8	1.02	25	7.00	*d*=M12	
6	0.21	16	1.09	10	1.37	30	8.55	12	6.00
8	0.30	20	1.39	12	1.71	35	10.11	(14)	7.42
10	0.38	*d*=M5		(14)	2.05	*d*=M10		16	8.85
12	0.47	5	0.39	16	2.39	10	3.41	20	11.70
(14)	0.55	6	0.51	20	3.08	12	4.39	25	15.26
16	0.64	8	0.75	25	3.94	(14)	5.38	30	18.82
d=M4		10	0.99	*d*=M8		16	6.36	35	22.38
4	0.19	12	1.23	8	1.71	20	8.32	40	25.94
5	0.26	(14)	1.47	10	2.33	25	10.78	45	29.51
6	0.34	16	1.71	12	2.96	30	13.24	50	33.07
8	0.49	20	2.19	(14)	3.58	35	15.69		
10	0.64			16	4.20	40	18.15		

注：表列规格为通用规格范围；带括号的规格尽量不采用。*d*—螺纹规格（mm），*l*—公称长度（mm）。

33. 十字槽圆柱头螺钉（适用于 GB/T 822—2016）（表 5-116）

表 5-116 十字槽圆柱头螺钉的重量 （kg）

每1000件钢制品的大约重量									
l	*G*	*l*	*G*	*l*	*G*	*l*	*G*	*l*	*G*
d=M2.5		*d*=M2.5		*d*=M3		*d*=(M3.5)		*d*=(M3.5)	
3	0.272	16	0.662	8	0.692	5	0.786	25	1.98
4	0.302	20	0.782	10	0.780	6	0.845	30	2.28
5	0.332	25*	0.932	12	0.868	8	0.966	35*	2.57
6	0.362	*d*=M3		16	1.04	10	1.08	*d*=M4	
8	0.422	4	0.515	20	1.22	12	1.20	5	1.09
10	0.482	5	0.560	25	1.44	16	1.44	6	1.17
12	0.542	6	0.604	30*	1.66	20	1.68	8	1.33

（续）

每1000件钢制品的大约重量									
l	G	l	G	l	G	l	G	l	G
d=M4		d=M5		d=M5		d=M6		d=M8	
10	1.47	8	2.20	50	7.50	40*	9.20	30	14.2
12	1.63	10	2.55	d=M6		45	10.0	35	15.8
16	1.95	12	2.80	8	3.56	50	10.9	40*	17.4
20	2.25	16	3.30	10	3.92	60	12.7	45	18.9
25	2.64	20	3.78	12	4.27	d=M8		50	20.6
30	3.02	25	4.40	16	4.98	10	7.85	60	23.7
35	3.41	30	5.02	20	5.69	12	8.49	70	26.8
40*	3.80	35	5.62	25	6.56	16	9.77	80	29.8
d=M5		40*	6.25	30	7.45	20	11.0		
6	2.06	45	6.88	35	8.25	25	12.6		

注：1. l小于或等于带*符号的螺钉，制出全螺纹。d—螺纹规格（mm），l—公称长度（mm）。

2. 表列规格为商品规格。尽可能不采用括号内的规格。

34. 十字槽盘头螺钉（适用于GB/T 818—2016）（表5-117）

表5-117　十字槽盘头螺钉的重量　（kg）

每1000件钢制品的大约重量									
l	G	l	G	l	G	l	G	l	G
d=M1.6		d=M2		d=M2.5		d=M3		d=(M3.5)	
3	0.099	5	0.215	6	0.426	8	0.72	10	1.19
4	0.111	6	0.233	8	0.486	10	0.808	12	1.31
5	0.123	8	0.27	10	0.546	12	0.896	(14)	1.43
6	0.134	10	0.307	12	0.606	(14)	0.984	16	1.55
8	0.157	12	0.344	(14)	0.666	16	1.07	20	1.79
10	0.18	(14)	0.381	16	0.726	20	1.25	25	2.09
12	0.203	16	0.418	20	0.846	25	1.47	30	2.39
(14)	0.226	20*	0.492	25*	0.996	30*	1.69	35*	2.68
16*	0.245	d=M2.5		d=M3		d=(M3.5)		d=M4	
d=M2		3	0.336	4	0.544	5	0.891	5	1.3
3	0.178	4	0.366	5	0.588	6	0.951	6	1.38
4	0.196	5	0.396	6	0.632	8	1.07	8	1.53

（续）

每1000件钢制品的大约重量									
l	*G*	*l*	*G*	*l*	*G*	*l*	*G*	*l*	*G*
d=M4		*d*=M5		*d*=M6		*d*=M8		*d*=M10	
10	1.69	12	3.06	(14)	5.42	12	10.6	12	19.8
12	1.84	(14)	3.31	16	5.78	(14)	11.2	(14)	20.8
(14)	2	16	3.56	20	6.48	16	11.9	16	21.8
16	2.15	20	4.05	25	7.36	20	13.2	20	23.8
20	2.46	25	4.67	30	8.24	25	14.8	25	26.3
25	2.85	30	5.29	35	9.12	30	16.4	30	28.8
30	3.23	35	5.91	40*	10	35	18	35	31.3
35	3.62	40*	6.52	45	10.9	40*	19.6	40*	33.9
40*	4.01	45	7.14	50	11.8	45	21.2	45	36.4
d=M5		*d*=M6		(55)	12.6	50	22.8	50	38.9
6	2.32	8	4.37	60	13.5	(55)	24.4	(55)	41.4
8	2.57	10	4.72	*d*=M8		60	26	60	43.9
10	2.81	12	5.07	10	9.96				

注：1. *l* 小于或等于带 * 符号的螺钉，制出全螺纹。

2. 表列规格为商品规格。尽可能不采用括号内的规格。*d*—螺纹规格（mm），*l*—公称长度（mm）。

35. 十字槽小盘头螺钉（适用于 GB/T 823—2016）（表 5-118）

表 5-118　十字槽小盘头螺钉的重量　（kg）

每1000件钢制品的大约重量									
l	*G*	*l*	*G*	*l*	*G*	*l*	*G*	*l*	*G*
d=M2		*d*=M2		*d*=M2.5		*d*=M3		*d*=(M3.5)	
3	0.13	20*	0.43	(14)	0.57	10	0.73	6	0.77
4	0.14	*d*=M2.5		16	0.63	12	0.81	8	0.89
5	0.16	3	0.26	20	0.75	(14)	0.90	10	1.01
6	0.18	4	0.28	25*	0.89	16	0.98	12	1.13
8	0.21	5	0.31	*d*=M3		20	1.15	(14)	1.24
10	0.25	6	0.34	4	0.47	25	1.36	16	1.36
12	0.29	8	0.40	5	0.52	30*	1.58	20	1.60
(14)	0.32	10	0.46	6	0.56	*d*=(M3.5)		25	1.89
16	0.36	12	0.52	8	0.64	5	0.71	30	2.18

（续）

每1000件钢制品的大约重量									
l	*G*	*l*	*G*	*l*	*G*	*l*	*G*	*l*	*G*
d=(M3.5)		*d*=M4		*d*=M5		*d*=M6		*d*=M8	
35*	2.48	30	2.90	25	4.42	16	4.89	(14)	9.73
d=M4		35	3.27	30	5.02	20	5.58	16	10.35
5	1.03	40*	3.65	35	5.62	25	6.44	20	11.59
6	1.10	*d*=M5		40	6.22	30	7.29	25	13.15
8	1.25	6	2.14	45	6.82	35	8.15	30	14.70
10	1.40	8	2.38	50	7.42	40	9.01	35	16.26
12	1.55	10	2.62	*d*=M6		45	9.87	40	17.81
(14)	1.70	12	2.86	8	3.52	50*	10.72	45	19.37
16	1.85	(14)	3.10	10	3.87	*d*=M8		50*	20.92
20	2.15	16	3.34	12	4.21	10	8.48		
25	2.53	20	3.82	(14)	4.55	12	9.11		

注：1. *l* 小于或等于带 * 符号的螺钉，制出全螺纹。

2. 表列规格为商品规格。尽可能不采用括号内的规格。*d*—螺纹规格（mm），*l*—公称长度（mm）。

36. 十字槽沉头螺钉　第1部分：钢4.8级（适用于GB/T 819.1—2016）(表5-119)

表5-119　十字槽沉头螺钉　第1部分：钢4.8级的重量　(kg)

每1000件钢制品的大约重量									
l	*G*	*l*	*G*	*l*	*G*	*l*	*G*	*l*	*G*
d=M1.6		*d*=M2		*d*=M2		*d*=M2.5		*d*=M3	
3	0.058	3	0.101	20*	0.417	(14)	0.507	10	0.555
4	0.069	4	0.119	*d*=M2.5		16	0.567	12	0.643
5	0.081	5	0.137	3	0.176	20	0.687	(14)	0.731
6	0.093	6	0.152	4	0.206	25*	0.838	16	0.82
8	0.116	8	0.193	5	0.236	*d*=M3		20	0.996
10	0.139	10	0.231	6	0.266	4	0.291	25	1.22
12	0.162	12	0.268	8	0.326	5	0.335	30*	1.44
(14)	0.185	(14)	0.306	10	0.386	6	0.379	*d*=M(3.5)	
16*	0.208	16	0.343	12	0.446	8	0.467	5	0.573

（续）

每1000件钢制品的大约重量									
l	*G*	*l*	*G*	*l*	*G*	*l*	*G*	*l*	*G*
d=M(3.5)		*d*=M4		*d*=M5		*d*=M6		*d*=M8	
6	0.633	(14)	1.53	30	4.12	45*	8.86	(55)	20.1
8	0.753	16	1.68	35	4.72	50	9.73	60	21.7
10	0.873	20	2	40	5.32	(55)	10.6	*d*=M10	
12	0.993	25	2.39	45*	5.92	60	11.5	12	9.54
(14)	1.11	30	2.78	50	6.52	*d*=M8		(14)	10.6
16	1.23	35	3.17	*d*=M6		10	5.68	16	11.6
20	1.47	40*	3.56	8	2.38	12	6.32	20	13.6
25	1.77	*d*=M5		10	2.73	(14)	6.96	25	16.1
30	2.07	6	1.24	12	3.08	16	7.6	30	18.7
35*	2.37	8	1.48	(14)	3.43	20	8.88	35	21.2
d=M4		10	1.72	16	3.78	25	10.5	40	23.7
5	0.825	12	1.96	20	4.48	30	12.1	45*	26.2
6	0.903	(14)	2.2	25	5.36	35	13.7	50	28.8
8	1.06	16	2.44	30	6.23	40	15.3	(55)	31.3
10	1.22	20	2.92	35	7.11	45*	16.9	60	33.8
12	1.37	25	3.52	40	7.98	50	18.5		

注：1. *l* 小于或等于带*符号的螺钉，制出全螺纹。*d*—螺纹规格（mm），*l*—公称长度（mm）。

2. 表列规格为商品规格。尽可能不采用括号内的规格。

37. 十字槽半沉头螺钉（适用于 GB/T 820—2015）（表 5-120）

表 5-120 十字槽半沉头螺钉的重量 （kg）

每1000件钢制品的大约重量									
l	*G*	*l*	*G*	*l*	*G*	*l*	*G*	*l*	*G*
d=M1.6		*d*=M1.6		*d*=M2		*d*=M2		*d*=M2.5	
3	0.067	12	0.165	5	0.156	16	0.362	6	0.302
4	0.078	(14)	0.185	6	0.175	20*	0.436	8	0.362
5	0.09	16*	0.205	8	0.212	*d*=M2.5		10	0.422
6	0.102	*d*=M2		10	0.249	3	0.212	12	0.482
8	0.125	3	0.119	12	0.287	4	0.242	(14)	0.543
10	0.145	4	0.138	(14)	0.325	5	0.272	16	0.603

（续）

每 1000 件钢制品的大约重量									
l	*G*	*l*	*G*	*l*	*G*	*l*	*G*	*l*	*G*
d=M2.5		*d*=(M3.5)		*d*=M5		*d*=M6		*d*=M8	
20	0.723	(14)	1.21	6	1.49	25	5.77	(55)	21.3
25*	0.874	16	1.33	8	1.73	30	6.64	60	22.9
d=M3		20	1.57	10	1.97	35	7.52	*d*=M10	
4	0.351	25	1.87	12	2.21	40	8.39	12	11.4
5	0.395	30	2.17	(14)	2.45	45*	9.27	(14)	12.5
6	0.439	35*	2.47	16	2.69	50	10.1	16	13.5
8	0.527	*d*=M4		20	3.17	(55)	11.0	20	15.5
10	0.615	5	0.99	25	3.77	60	11.9	25	18.0
12	0.703	6	1.07	30	4.37	*d*=M8		30	20.6
(14)	0.791	8	1.23	35	4.97	10	6.89	35	23.1
16	0.879	10	1.39	40	5.57	12	7.53	40	25.6
20	1.06	12	1.54	45*	6.16	(14)	8.17	45*	28.1
25	1.28	(14)	1.70	50	6.76	16	8.81	50	30.7
30*	1.50	16	1.85	*d*=M6		20	10.1	(55)	33.2
d=(M3.5)		20	2.17	8	2.79	25	11.7	60	35.7
5	0.669	25	2.56	10	3.14	30	13.3		
6	0.729	30	2.95	12	3.49	35	14.9		
8	0.849	35	3.34	(14)	3.84	40	16.5		
10	0.969	40*	3.73	16	4.19	45*	18.1		
12	1.09			20	4.89	50	19.7		

注：1. *l* 小于或等于带 * 符号的螺钉，制出全螺纹。

2. 表列规格为商品规格。尽可能不采用括号内的规格。*d*—螺纹规格（mm），*l*—公称长度（mm）。

38. 内六角圆柱头螺钉（适用于 GB/T 70.1—2008）（表 5-121）

表 5-121 内六角圆柱头螺钉的重量 （kg）

每 1000 件钢制品的大约重量									
l	*G*	*l*	*G*	*l*	*G*	*l*	*G*	*l*	*G*
d=M1.6		*d*=M1.6		*d*=M1.6		*d*=M1.6		*d*=M1.6	
2.5	0.085	4	0.100	6	0.120	10	0.160	16*	0.220
3	0.090	5	0.110	8	0.140	12	0.180		

（续）

每1000件钢制品的大约重量									
l	G	l	G	l	G	l	G	l	G
d=M2		d=M4		d=M6		d=M12		d=(M14)	
3	0.155	10	1.80	60	15.4	20	32.1	130	168
4	0.175	12	1.95	d=M8		25	35.7	140	180
5	0.195	16	2.25	12	10.9	30	39.3	d=M16	
6	0.215	20	2.65	16	12.1	35	42.9	25	71.3
8	0.255	25*	3.15	20	13.4	40	46.5	30	77.8
10	0.295	30	3.65	25	15.0	45	50.1	35	84.4
12	0.355	35	4.15	30	16.9	50*	54.5	40	91.0
16*	0.415	40	4.65	35*	18.9	55	58.9	45	97.6
20	0.495	d=M5		40	20.9	60	63.4	50	106
d=M2.5		8	2.45	45	22.9	65	67.8	55	114
4	0.345	10	2.70	50	24.9	70	71.3	60*	122
5	0.375	12	2.95	55	26.9	80	80.2	65	130
6	0.405	16	3.45	60	28.9	90	89.1	70	138
8	0.465	20	4.01	65	31.0	100	98.0	80	154
10	0.525	25*	4.78	70	33.0	110	107	90	170
12	0.585	30	5.55	80	37.0	120	116	100	186
16	0.705	35	6.32	d=M10		d=(M14)		110	202
20*	0.825	40	7.09	16	20.9	25	48.0	120	218
25	0.975	45	7.86	20	22.9	30	53.0	130	234
d=M3		50	8.63	25	25.4	35	58.0	140	250
5	0.67	d=M6		30	27.9	40	63.0	150	266
6	0.71	10	4.70	35	30.4	45	68.0	160	282
8	0.80	12	5.07	40*	32.9	50	73.0	d=M20	
10	0.88	16	5.75	45	36.1	55*	78.0	30	128
12	0.96	20	6.53	50	39.3	60	84.0	35	139
16	1.16	25	7.59	55	42.5	65	90.0	40	150
20*	1.36	30*	8.30	60	45.7	70	96.0	45	161
25	1.61	35	9.91	65	48.9	80	108	50	172
30	1.86	40	11.0	70	52.1	90	120	55	183
d=M4		45	12.1	80	58.5	100	132	60	194
6	1.50	50	13.2	90	64.9	110	144	65	205
8	1.65	55	14.3	100	71.2	120	156	70*	216

（续）

每1000件钢制品的大约重量									
l	G	l	G	l	G	l	G	l	G
d=M20		d=M24		d=M36		d=M42		d=M56	
80	241	220	903	80	1070	200	2860	130	4300
90	266	240	975	90	1150	220	3080	140	4490
100	291	d=M30		100	1230	240	3300	150	4680
110	316	45	500	110*	1310	260	3520	160*	4880
120	341	50	527	120	1390	280	3740	180	5270
130	366	55	554	130	1470	300	3960	200	5650
140	391	60	581	140	1550	d=M48		220	6040
150	416	65	608	150	1630	70	2040	240	6420
160	441	70	635	160	1710	80	2180	260	6810
180	491	80	690	180	1870	90	2320	280	7200
200	541	90	745	200	2030	100	2460	300	7580
d=M24		100*	800	220	2190	110	2600	d=M64	
40	270	110	855	240	2250	120	2740	90	5220
45	285	120	910	260	2410	130	2880	100	5470
50	300	130	965	280	2570	140	3020	110	5730
55	316	140	1020	300	2730	150*	3160	120	5980
60	330	150	1080	d=M42		160	3300	130	6230
65	345	160	1130	60	1370	180	3590	140	6490
70	363	180	1240	65	1420	200	3870	150	6740
80*	399	200	1350	70	1470	220	4150	160	6900
90	435	220	1460	80	1580	240	4430	180*	7250
100	471	240	1570	90	1680	260	4710	200	7750
110	507	260	1680	100	1790	280	4990	220	8250
120	543	280	1790	110	1890	300	5270	240	8750
130	579	300	1900	120	2000	d=M56		260	9260
140	615	d=M36		130*	2100	80	3340	280	9760
150	651	55	870	140	2210	90	3530	300	10300
160	687	60	910	150	2320	100	3720		
180	759	65	950	160	2420	110	3920		
200	831	70	990	180	2640	120	4110		

注：1. l小于或等于带*符号的螺钉，螺纹制到距头部$3P$以内。

2. 表列规格为商品规格。尽可能不采用括号内的规格。d—螺纹规格（mm），l—公称长度（mm）。

39. 内六角圆柱头轴肩螺钉（适用于 GB/T 5281—1985）(表 5-122)

表 5-122　内六角圆柱头轴肩螺钉的重量　(kg)

每1000件钢制品的大约重量									
l	G	l	G	l	G	l	G	l	G
$d_s=6.5$		$d_s=8$		$d_s=13$		$d_s=16$		$d_s=20$	
10	6.09	50	26.38	16	38.97	40	109.3	90	317.0
12	6.60	$d_s=10$		20	44.11	50	125.0	100	341.5
16	7.64	16	23.35	25	49.28	60	140.7	120	390.5
20	8.68	20	25.80	30	54.46	70	156.4	$d_s=25$	
25	9.97	25	28.86	40	64.81	80	172.0	50	358.6
30	11.26	30	31.92	50	75.71	90	187.7	60	396.9
40	13.85	40	38.05	60	85.52	100	203.4	70	435.2
$d_s=8$		50	44.18	70	95.87	120	234.8	80	473.4
12	11.48	60	50.30	80	106.2	$d_s=20$		90	511.7
16	13.05	70	56.43	90	116.6	40	194.5	100	550.0
20	14.62	80	62.55	100	129.6	50	219.0	120	626.6
25	16.58	90	68.68	120	147.6	60	243.5		
30	18.54	100	74.81	$d_s=16$		70	268.0		
40	22.46	120	87.06	30	93.62	80	292.5		

注：1. d_s—轴肩直径（mm）；l—公称长度（mm）。

2. 表列规格为通用规格范围。

40. 内六角平端紧定螺钉（适用于 GB/T 77—2007）(表 5-123)

表 5-123　内六角平端紧定螺钉的重量　(kg)

每1000件钢制品的大约重量									
l	G	l	G	l	G	l	G	l	G
d=M1.6		d=M1.6		d=M2		d=M2		d=M2.5	
2*	0.021	6	0.054	3*	0.044	10	0.148	5	0.125
2.5	0.025	8	0.07	4	0.059	d=M2.5		6	0.15
3	0.029	d=M2		5	0.074	2.5*	0.063	8	0.199
4	0.037	2*	0.029	6	0.089	3*	0.075	10	0.249
5	0.046	2.5*	0.037	8	0.119	4	0.1	12	0.299

（续）

每 1000 件钢制品的大约重量	
l	G
d = M3	
3*	0.09
4	0.13
5	0.17
6	0.21
8	0.29
10	0.37
12	0.45
16	0.61
d = M4	
4*	0.18
5*	0.26
6	0.34
8	0.5
10	0.66
12	0.82
16	1.14
20	1.46
d = M5	
5*	0.37
6*	0.49
8	0.73
10	0.97
12	1.21
16	1.69
20	2.17
25	2.77
d = M6	
6*	0.69
8	1.04
10	1.39
12	1.74
16	2.44
20	3.14
25	4.02
30	4.89
d = M8	
8*	1.72
10	2.35
12	2.98
16	4.24
20	5.5
25	7.08
30	8.65
35	10.2
40	11.8
d = M10	
10*	3.41
12	4.42
16	6.43
20	8.44
25	10.9
30	13.5
35	16
40	18.5
45	21
50	23.5
d = M12	
12*	6.1
16	8.9
20	11.7
25	15.3
30	18.8
35	22.3
40	25.8
45	29.3
50	32.8
55	36.3
60	39.8
d = M16	
16*	14.9
20	20.1
25	26.6
30	33.1
35	39.6
40	46.1
45	52.6
50	59.1
55	65.6
60	72.2
d = M20	
20*	30.4
25	40.7
30	51
35	61.3
40	71.6
45	81.9
50	92.2
55	103
60	113
d = M24	
25*	54.2
30	68.7
35	83.2
40	97.7
45	112
50	127
55	141
60	156

注：1. 表列规格为商品规格。d—螺纹规格（mm），l—公称长度（mm）。

2. 带 * 的规格适合于开槽深度 t 较小者，见表 5-76 中带 * 的 l 值对应的 t 值。

41. 内六角圆柱端紧定螺钉（适用于 GB/T 79—2007）(表 5-124)

表 5-124 内六角圆柱端紧定螺钉的重量 (kg)

每1000件钢制品的大约重量

l	G
d=M1.6	
2*	0.024
2.5*	0.028
3	0.029
4	0.037
5	0.046
6	0.054
8	0.07
d=M2	
2.5*	0.046
3*	0.053
4	0.059
5	0.074
6	0.089
8	0.119
10	0.148
d=M2.5	
3*	0.085
4*	0.11
5	0.125
6	0.15
8	0.199
10	0.249
12	0.299
d=M3	
4*	0.12
5*	0.161
6	0.186
8	0.266
10	0.346
12	0.427
16	0.586
d=M4	
5*	0.239
6*	0.319
8	0.442
10	0.602
12	0.763
16	1.08
20	1.4
d=M5	
6*	0.528
8	0.708
10	0.948
12	1.19
16	1.67
20	2.15
25	2.75
d=M6	
8*	1.07
10	1.29
12	1.63
16	2.31
20	2.99
25	3.84
30	4.69
d=M8	
8*	1.68
10*	2.31
12	2.68
16	3.94
20	5.2
25	6.78
30	8.35
35	9.93
40	11.5
d=M10	
10*	3.6
12*	4.78
16	6.05
20	8.02
25	10.5
30	13
35	15.5
40	18
45	20.5
50	23
d=M12	
12*	6.06
16*	8.94
20	11
25	14.6
30	18.2
35	21.8
40	25.4
45	29
50	32.6
55	36.2
60	39.8
d=M16	
16*	15
20*	20.3
25	25.1
30	31.7
35	38.3
40	44.9
45	51.5
50	58.1
55	64.7
60	71.3
d=M20	
20*	28.3
25*	38.6
30	45.5
35	55.8
40	66.1
45	76.4
50	86.7
55	97
60	107
d=M24	
25*	55.4
30*	69.9
35	78.4
40	92.9
45	107
50	122
55	136
60	151

注：1. 表列规格为商品规格。d—螺纹规格（mm），l—公称长度（mm）。

2. 带＊的规格适合于开槽深度 t 较小者，见表 5-77 中带＊的 l 值对应的 t 值。

42. 内六角锥端紧定螺钉（适用于 GB/T 78—2007）（表 5-125）

表 5-125 内六角锥端紧定螺钉的重量 （kg）

每 1000 件钢制品的大约重量

l	G
d=M1.6	
2*	0.021
2.5*	0.025
3*	0.029
4	0.037
5	0.046
6	0.054
8	0.07
d=M2	
2*	0.029
2.5*	0.037
3*	0.044
4	0.059
5	0.074
6	0.089
8	0.119
10	0.148
d=M2.5	
2.5*	0.063
3*	0.075
4	0.1
5	0.125
6	0.15
8	0.199
10	0.249
12	0.299
d=M3	
2.5*	0.07
3*	0.09
4	0.13
5	0.17
6	0.21
8	0.29
10	0.37
12	0.45
16	0.61
d=M4	
4*	0.18
5*	0.26
6	0.34
8	0.5
10	0.66
12	0.82
16	1.14
20	1.46
d=M5	
5*	0.37
6*	0.49
8	0.73
10	0.97
12	1.21
16	1.69
20	2.17
25	2.77
d=M6	
6*	0.69
8	1.04
10	1.39
12	1.74
16	2.44
20	3.14
25	4.02
30	4.89
d=M8	
8*	1.72
10	2.35
12	2.98
16	4.24
20	5.5
25	7.08
30	8.65
35	10.2
40	11.8
d=M10	
10*	3.41
12	4.42
16	6.43
20	8.44
25	10.9
30	13.5
35	16
40	18.5
45	21
50	23.5
d=M12	
12*	6.1
16	8.9
20	11.7
25	15.3
30	18.8
35	22.3
40	25.8
45	29.3
50	32.8
55	36.3
60	39.8
d=M16	
16*	14.9
20	20.1
25	26.6
30	33.1
35	39.6
40	46.1
45	52.6
50	59.1
55	65.6
60	72.2
d=M20	
20*	30.4
25	40.7
30	51
35	61.3
40	71.6
45	81.9
50	92.2
55	103
60	113
d=M24	
25*	54.2
30	68.7
35	83.2
40	97.7
45	112
50	127
55	141
60	156

注：1. 表列规格为商品规格。*d*—螺纹规格（mm），*l*—公称长度（mm）。

2. 带 * 的规格适合于开槽深度 *t* 较小者，见表 5-78 中带 * 的 *l* 值对应的 *t* 值。

43. 内六角凹端紧定螺钉（适用于 GB/T 80—2007）（表 5-126）

表 5-126 内六角凹端紧定螺钉的重量 （kg）

每 1000 件钢制品的大约重量

l	*G*
d=M1.6	
2*	0.019
2.5*	0.025
3	0.029
4	0.037
5	0.046
6	0.054
8	0.07
d=M2	
2*	0.029
2.5*	0.037
3*	0.044
4	0.059
5	0.074
6	0.089
8	0.119
10	0.148
d=M2.5	
2.5*	0.063
3*	0.075
4	0.1
5	0.125
6	0.15
8	0.199
10	0.249
12	0.299

l	*G*
d=M3	
3*	0.1
4	0.14
5	0.18
6	0.22
8	0.3
10	0.38
12	0.46
16	0.62
d=M4	
4*	0.23
5*	0.305
6	0.38
8	0.53
10	0.68
12	0.83
16	1.13
20	1.4
d=M5	
5*	0.42
6*	0.54
8	0.78
10	1.02
12	1.26
16	1.74

l	*G*
d=M5	
20	2.22
25	2.82
d=M6	
6*	0.74
8	1.09
10	1.44
12	1.79
16	2.49
20	3.19
25	4.07
30	4.94
d=M8	
8*	1.88
10	2.51
12	3.14
16	4.4
20	5.66
25	7.24
30	8.81
35	10.4
40	12
d=M10	
10*	3.72
12	4.73

l	*G*
d=M10	
16	6.73
20	8.72
25	11.2
30	13.7
35	16.2
40	18.7
45	21.2
50	23.6
d=M12	
12*	6.7
16	9.5
20	12.3
25	15.8
30	19.3
35	22.7
40	26.2
45	29.7
50	33.2
55	36.6
60	40.1
d=M16	
16*	15.7
20	20.9
25	27.4
30	33.9

l	*G*
d=M16	
35	40.4
40	46.9
45	53.3
50	59.8
55	66.3
60	72.8
d=M20	
20*	31.1
25	41.4
30	51.7
35	62
40	72.3
45	82.6
50	92.6
55	103
60	114
d=M24	
25*	55.4
30	70.3
35	85.3
40	100
45	115
50	130
55	145
60	160

注：1. 表列规格为商品规格。*d*—螺纹规格（mm），*l*—公称长度（mm）。

2. 带 * 的规格适合于开槽深度 *t* 较小者，见表 5-79 中带 * 的 *l* 值对应的 *t* 值。

44. 方头倒角端紧定螺钉（适用于 GB/T 821—1988）（表 5-127）

表 5-127 方头倒角端紧定螺钉的重量 （kg）

每 1000 件钢制品的大约重量									
l	G	l	G	l	G	l	G	l	G
d=M5		d=M6		d=M10		d=M12		d=M16	
8	1.66	25	5.53	16	12.50	40	36.92	70	115.5
10	1.90	30	6.39	20	14.47	45	40.49	80	128.5
12	2.14	d=M8		25	16.92	50	44.05	d=M20	
(14)	2.38	10	5.68	30	19.38	(55)	47.61	40	133.5
16	2.62	12	6.30	35	21.83	60	51.17	45	143.7
20	3.10	(14)	6.92	40	24.29	d=M16		50	153.9
25	3.70	16	7.54	45	26.75	20	50.02	(55)	164.2
30	4.31	20	8.79	50	29.20	25	56.56	60	174.4
d=M6		25	10.34	d=M12		30	63.11	70	194.9
8	2.62	30	11.90	(14)	18.40	35	69.65	80	215.4
10	2.96	35	13.45	16	19.83	40	76.19	90	235.9
12	3.30	40	15.01	20	22.68	45	82.73	100	256.3
(14)	3.65	d=M10		25	26.24	50	89.28		
16	3.99	12	10.54	30	29.80	(55)	95.82		
20	4.68	(14)	11.52	35	33.26	60	102.4		

注：表列规格为通用规格；带括号的规格尽量不采用。d—螺纹规格（mm），l—公称长度（mm）。

45. 内六角花形盘头螺钉（适用于 GB/T 2672—2017）（表 5-128）

表 5-128 内六角花形盘头螺钉的重量

每 1000 件钢螺钉的重量 G/kg≈									
l	G	l	G	l	G	l	G	l	G
d=M2		d=M2		d=M2		d=M2.5		d=M2.5	
3	0.178	8	0.270	16	0.418	4	0.366	10	0.546
4	0.196	10	0.307	20	0.492	5	0.396	12	0.606
5	0.215	12	0.344	d=M2.5		6	0.426	(14)	0.666
6	0.233	(14)	0.381	3	0.336	8	0.486	16	0.726

（续）

每1000件钢螺钉的重量 *G*/kg≈									
l	*G*	*l*	*G*	*l*	*G*	*l*	*G*	*l*	*G*
d=M2.5		*d*=(M3.5)		*d*=M4		*d*=M6		*d*=M8	
20	0.846	12	1.31	40	4.01	(14)	5.42	35	18.0
25	0.996	(14)	1.43	*d*=M5		16	5.78	40	19.6
d=M3		16	1.55	6	2.32	20	6.48	45	21.2
4	0.544	20	1.79	8	2.57	25	7.36	50	22.8
5	0.588	25	2.09	10	2.81	30	8.24	(55)	24.4
6	0.632	30	2.39	12	3.06	35	9.12	60	26.0
8	0.720	35	2.68	(14)	3.31	40	10.0	*d*=M10	
10	0.808	*d*=M4		16	3.56	45	10.9	12	19.8
12	0.896	5	1.30	20	4.05	50	11.8	(14)	20.5
(14)	0.984	6	1.38	25	4.67	(55)	12.6	16	21.8
16	1.07	8	1.53	30	5.29	60	13.5	20	23.8
20	1.25	10	1.69	35	5.91	*d*=M8		25	26.3
25	1.47	12	1.84	40	6.52	10	9.96	30	28.8
30	1.69	(14)	2.00	45	7.14	12	10.6	35	31.3
d=(M3.5)		16	2.15	50	7.76	(14)	11.2	40	33.9
5	0.891	20	2.46	*d*=M6		16	11.9	45	36.4
6	0.951	25	2.85	8	4.37	20	13.2	50	38.9
8	1.07	30	3.23	10	4.72	25	14.8	(55)	41.4
10	1.19	35	3.62	12	5.07	30	16.4	60	43.9

注：1. 表中数据为商品规格。

2. 尽量不采用括号内的规格。

3. *l*—公称长度（mm）。

46. 内六角花形半沉头螺钉（适用于GB/T 2674—2017）（表5-129）

表5-129　内六角花形半沉头螺钉的重量

每1000件钢螺钉的重量 *G*/kg≈									
l	*G*	*l*	*G*	*l*	*G*	*l*	*G*	*l*	*G*
d=M2		*d*=M2		*d*=M2.5		*d*=M2.5		*d*=M2.5	
3	0.119	10	0.249	3	0.212	10	0.422	25	0.874
4	0.138	12	0.287	4	0.242	12	0.482	*d*=M3	
5	0.156	(14)	0.325	5	0.272	(14)	0.543	3	0.351
6	0.175	16	0.362	6	0.302	16	0.603	4	0.395
8	0.212	20	0.436	8	0.362	20	0.723	5	0.439

（续）

每1000件钢螺钉的重量 G/kg≈									
l	G	l	G	l	G	l	G	l	G
d=M3		d=(M3.5)		d=M5		d=M6		d=M8	
6	0.527	30	2.17	10	1.97	30	6.64	50	19.7
8	0.615	35	2.47	12	2.21	35	7.52	(55)	21.3
10	0.703	d=(M4)		16	2.45	40	8.39	60	22.9
12	0.791	5	0.99	20	2.69	45	9.27	d=M10	
(14)	0.879	6	1.07	25	3.17	50	10.1	12	11.4
16	1.06	8	1.23	30	3.77	(55)	11.0	(14)	12.5
20	1.28	10	1.39	35	4.37	60	11.9	16	13.5
25	1.50	12	1.54	40	5.57	d=M8		20	15.5
d=(M3.5)		(14)	1.70	45	6.16	10	6.89	25	18.0
5	0.669	16	1.85	50	6.76	12	7.53	30	20.6
6	0.729	20	2.17	d=M6		(14)	8.17	35	23.1
8	0.849	25	2.56	8	2.79	16	8.81	40	25.6
10	0.969	30	2.95	10	31.4	20	10.1	45	28.1
12	1.09	35	3.34	12	34.9	25	11.7	50	30.7
(14)	1.21	40	3.73	(14)	3.84	30	13.3	(55)	33.2
16	1.33	d=M5		16	4.19	35	14.9	60	35.7
20	1.57	6	1.49	20	4.89	40	16.5		
25	1.87	8	1.73	25	5.77	45	18.1		

47. 内六角花形低圆柱头螺钉（适用于GB/T 2671.1—2017）（表5-130）

表5-130　内六角花形低圆柱头螺钉的重量

每1000件钢螺钉的重量 G/kg≈									
l	G	l	G	l	G	l	G	l	G
d=M2		d=M2		d=M2		d=M2		d=M2	
3	0.160	4	0.179	5	0.198	6	0.217	8	0.254

（续）

每1000件钢螺钉的重量 G/kg≈									
l	G	l	G	l	G	l	G	l	G
d=M2		d=M3		d=M4		d=M6		d=M8	
10	0.291	(14)	0.956	16	1.95	(14)	4.62	(65)	25.2
12	0.329	16	1.04	20	2.25	16	4.98	70	26.8
(14)	0.365	20	1.22	25	2.64	20	5.56	(75)	28.3
16	0.402	25	1.44	30	3.02	25	7.45	80	29.8
20	0.478	30	1.66	35	3.41	30	8.25	d=M10	
d=M2.5		d=(M3.5)		40	3.80	35	9.20	12	14.6
3	0.272	5	0.786	d=M5		40	10.0	(14)	15.6
4	0.302	6	0.845	8	2.06	45	10.9	16	16.6
5	0.332	8	0.966	10	2.30	50	11.8	20	18.6
6	0.362	10	1.08	12	2.55	(55)	12.7	25	21.1
8	0.422	12	1.20	(14)	2.80	d=M8		30	23.6
10	0.482	(14)	1.32	16	3.05	10	7.85	35	26.1
12	0.542	16	1.44	20	3.30	12	8.49	40	28.6
(14)	0.602	20	1.68	25	3.78	(14)	9.13	45	31.1
16	0.662	25	1.98	30	4.40	16	9.77	50	33.6
20	0.782	30	2.28	35	5.02	20	11.0	(55)	36.1
25	0.932	35	2.57	40	5.62	25	12.6	60	38.6
d=M3		d=M4		45	6.25	30	14.2	(65)	41.1
4	0.515	5	1.09	50	6.88	35	15.8	70	43.6
5	0.560	6	1.17	(55)	7.50	40	17.4	(75)	46.1
6	0.604	8	1.33	d=M6		45	18.9	80	48.6
8	0.692	10	1.47	8	3.56	50	20.6		
10	0.780	12	1.63	10	3.92	(55)	22.1		
12	0.868	(14)	1.79	12	4.27	60	23.7		

注：1. 尽可能不采用括号内的规格。

2. 表中数据为商品规格。

3. l—公称长度（mm）。

48. 内六角花形圆柱头螺钉（适用于 GB/T 2671.2—2017）（表 5-131）

表 5-131 内六角花形圆柱头螺钉的重量

每 1000 件钢螺钉的重量 G/kg≈

l	G
d = M2	
3	0.155
4	0.175
5	0.195
6	0.215
8	0.255
10	0.295
12	0.355
16	0.415
20	0.495
d = M2.5	
4	0.345
5	0.375
6	0.405
8	0.465
10	0.525
12	0.585
16	0.705
20	0.825
25	0.975
d = M3	
5	0.67
6	0.71
8	0.80
10	0.88
12	0.96
16	1.16

l	G
d = M3	
20	1.36
25	1.61
30	1.86
d = M4	
6	1.50
8	1.65
10	1.80
12	1.95
16	2.25
20	2.65
25	3.15
30	3.65
35	4.15
40	4.65
d = M5	
8	2.45
10	2.70
12	2.95
16	3.45
20	4.01
25	4.78
30	5.55
35	6.32
40	7.09
45	7.86
50	8.63

l	G
d = M6	
10	4.70
12	5.07
16	5.75
20	6.53
25	7.59
30	8.30
35	9.91
40	11.0
45	12.1
50	13.2
55	14.3
60	15.4
d = M8	
12	10.9
16	12.1
20	13.4
25	15.0
30	16.9
35	18.9
40	20.9
45	22.9
50	24.9
55	26.9
60	28.9
65	31.0
70	33.0

l	G
d = M8	
80	37.0
d = M10	
16	20.9
20	22.9
25	25.4
30	27.9
35	30.4
40	32.9
45	36.1
50	30.3
55	42.5
60	45.7
65	48.9
70	52.1
80	58.5
90	64.9
100	71.2
d = M12	
20	32.1
25	35.7
30	39.3
35	42.9
40	46.5
45	50.1
50	54.5
55	58.9

l	G
d = M12	
60	63.4
65	67.8
70	71.3
80	80.2
90	89.1
100	98.0
110	107
120	116
d = (M14)	
25	48.0
30	53.0
35	58.0
40	63.0
45	68.0
50	73.0
55	78.0
60	84.0
65	90.0
70	96.0
80	108
90	120
100	132
110	144
120	156
130	168
140	180

（续）

每1000件钢螺钉的重量 *G*/kg≈									
l	*G*	*l*	*G*	*l*	*G*	*l*	*G*	*l*	*G*
d＝M16		*d*＝M16		*d*＝(M18)		*d*＝(M18)		*d*＝M20	
25	71.3	100	186	50	147	150	343	80	216
30	77.8	110	202	55	156	160	363	90	241
35	84.4	120	218	60	165	180	403	100	266
40	91.0	130	234	65	174	*d*＝M20		110	291
45	97.6	140	250	70	183	30	128	120	316
50	106	150	266	80	203	35	139	130	341
55	114	160	282	90	223	40	150	140	366
60	122	*d*＝(M18)		100	243	45	161	150	391
65	130	30	111	110	263	50	172	160	416
70	138	35	120	120	283	55	183	170	441
80	154	40	129	130	303	65	194	180	491
90	170	45	128	140	323	70	205	200	541

注：1. 尽量不采用括号内的规格。

2. 表中数据为商品规格。

3. *l*—公称长度（mm）。

49. 内六角圆柱头细牙螺纹螺钉（适用于GB/T 70.6—2020）（表5-132）

表5-132　内六角圆柱头细牙螺纹螺钉的重量　（kg）

l	*G*	*l*	*G*	*l*	*G*	*l*	*G*	*l*	*G*	*l*	*G*	*l*	*G*	*l*	*G*
d＝M8×1		*d*＝M8×1		*d*＝M10×1 *d*＝M10×1.25		*d*＝M10×1 *d*＝M10×1.25		*d*＝M12×1.5 *d*＝M12×1.25		*d*＝M12×1.5 *d*＝M12×1.25		*d*＝M14		*d*＝M14	
12	10.9	55	26.9	25	25.4	55	42.5	20	32.1	60	63.4	25	48.0	70	96.0
16	12.1	60	28.9	30	27.9	60	45.7	25	35.7	65	67.8	30	53.0	80	108
20	13.4	65	31.0	35	30.4	65	48.9	30	39.3	70	71.3	35	58.0	90	120
25	15.0	70	33.0	40	32.9	70	52.1	35	42.9	80	80.2	40	63.0	100	132
30	16.9	80	37.0	45	36.1	80	58.5	40	46.5	90	89.1	45	68.0	110	144
35	18.9	*d*＝M10×1 *d*＝M10×1.25		50	39.3	90	64.9	45	50.1	100	98.0	50	73.0	120	156
40	20.9	16	20.9			100	71.2	50	54.5	110	107	55	78.0	130	168
45	22.9	20	22.9					55	58.9	120	116	60	84.0	140	180
50	24.9											65	90.0		

（续）

l	G
d=M16×1.5	
25	71.3
30	77.8
35	84.4
40	91.0
45	97.6
50	106
55	114
60	122
65	130
70	138
80	154
90	170

l	G
d=M16×1.5	
100	186
110	202
120	218
130	234
140	250
150	266
160	282
d=M20×1.5 d=M20×2	
30	128
35	139

l	G
d=M20×1.5 d=M20×2	
40	150
45	161
50	172
55	183
60	194
65	205
70	216
80	241
90	266
100	291
110	316
120	341

l	G
d=M20×1.5 d=M20×2	
130	366
140	391
150	416
160	441
180	491
200	541
d=M24×2	
35	270
40	285
50	300
55	316

l	G
d=M24×2	
60	330
65	345
70	363
80	399
90	435
100	471
110	507
120	543
130	579
140	615
150	651
160	687

l	G
d=M24×2	
180	759
200	831
d=M30×2	
40	500
50	527
55	554
60	581
65	608
70	635
80	690
90	745
100	800

l	G
d=M30×2	
110	855
120	910
130	965
140	1020
150	1080
160	1130
180	1240
200	1350
d=M36×2	
55	870
60	910
65	950

l	G
d=M36×2	
70	990
80	1070
90	1150
100	1230
110	1310
120	1390
130	1470
140	1550
150	1630
160	1710
180	1870
200	2030

第六章

螺　母

一、螺母综述

1. 螺母的尺寸代号与标注（GB/T 5276—2015）(表 6-1)

表 6-1　螺母尺寸代号与标注

代　号	标注内容	代　号	标注内容
c	垫圈面高度或法兰或凸缘厚度	$m(m')$	螺母高度或无有效力矩型螺母高度
D	螺纹基本大径(公称直径)	m_w	扳拧高度
d_a	沉孔直径	n	开槽宽度
d_c	法兰或凸缘直径	s	对边宽度
d_e	皇冠直径	w	底部厚度
d_w	支承面大径	β	倒角
e	对角宽度	δ	法兰角
h	有效力矩型螺母或开槽螺母的总高度	θ	沉头角

2. 螺母的机械性能（GB/T 3098. 2—2015）

（1）范围

GB/T 3098. 2—2015 标准规定了在环境温度为 10～35℃条件下进行试验时，由碳钢和合金钢制造的粗牙螺纹和细牙螺纹的螺母机械物理性能。

该环境温度范围内，符合本部分技术要求的螺母，在较高或较低温度下，有可能达不到规定的机械物理性能。

本标准适用的螺母：

由碳钢或合金钢制造的。

粗牙螺纹规格：M5≤D≤M39；细牙螺纹规格：M8×1≤D≤M39×3。

符合 GB/T 192 规定的普通螺纹。

符合 GB/T 193 和 GB/T 9144 规定的直径与螺距组合。

规定性能等级和保证载荷。

规定了薄螺母、标准螺母和高螺母三种螺母型式。

螺母高度 m_{min}≥0. 45D。

外径或对边宽度 $s_{min} \geqslant 1.45D$（参见表 6-2）。

能与规定性能等级（GB/T 3098.1）的螺栓、螺钉和螺柱搭配使用。

对热浸镀锌螺母表面处理的技术要求，见 GB/T 5267.3。

本部分未规定以下性能要求：

——有效力矩型锁紧性能（见 GB/T 3098.9）。

——扭矩-夹紧力性能（试验方法见 GB/T 16823.3）。

——可焊接性。

——耐腐蚀性。

注意：

按本部分生产的螺母适用的使用温度为 -50～+150℃。当使用温度超过 -50～+150℃，甚至高达+300℃时，使用者应当咨询有经验的紧固件材料专家。

对低温和高温用钢的选择与应用实例，可参考 EN10269、ASTM F 2281 和 ASTM A 320/A 320M。

（2）标记制度

1）螺母型式标记

——2 型、高螺母：最小高度 $m_{min} \approx 0.9D$ 或 $>0.9D$，参见表 6-2。

——1 型、标准螺母：最小高度 $m_{min} \geqslant 0.8D$，参见表 6-2。

——0 型、薄螺母：最小高度：$0.5D \leqslant m_{min} < 0.8D$。

表 6-2 六角螺母的最小高度

螺纹规格 D	对边宽度 s/mm	螺母高度			
		标准螺母(1 型)		高螺母(2 型)	
		m_{min}/mm	m_{min}/D	m_{min}/mm	m_{min}/D
M5	8	4.40	0.88	4.80	0.96
M6	10	4.90	0.82	5.40	0.90
M7	11	6.14	0.88	6.84	0.98
M8	13	6.44	0.81	7.14	0.90
M10	16	8.04	0.80	8.94	0.89
M12	18	10.37	0.86	11.57	0.96
M14	21	12.10	0.86	13.40	0.96
M16	24	14.10	0.88	15.70	0.98
M18	27	15.10	0.84	16.90	0.94
M20	30	16.90	0.85	19.00	0.95
M22	34	18.10	0.82	20.50	0.93

（续）

螺纹规格 D	对边宽度 s/mm	螺母高度			
		标准螺母(1型)		高螺母(2型)	
		m_{min}/mm	m_{min}/D	m_{min}/mm	m_{min}/D
M24	36	20.20	0.84	22.60	0.94
M27	41	22.50	0.83	25.40	0.94
M30	46	24.30	0.81	27.30	0.91
M33	50	27.40	0.83	30.90	0.94
M36	55	29.40	0.82	33.10	0.92
M39	60	31.80	0.82	35.90	0.92

2）性能等级标志

只有符合本部分所有技术要求的螺母，才能按“（6）性能等级标志”的规定标志性能等级和拴标签。

标准螺母（1型）和高螺母（2型）螺母性能等级的代号由数字组成。它相当于可与其搭配使用的螺栓、螺钉或螺柱的最高性能等级标记中左边的数字。

薄螺母（0型）性能等级的代号由两位数字组成：

第一位数字为“0”，表示这种螺母比标准螺母（1型）和高螺母（2型）规定的标准螺母或高螺母降低了承载能力。因此，当超载时，可能发生螺纹脱扣。

第二位数字表示用淬硬试验芯棒测试的公称保证应力的1/100，以MPa计。

螺母型式和性能等级对应的公称直径范围（表6-3）。

表6-3 螺母型式和性能等级对应的公称直径范围

性能等级	公称直径范围 D/mm		
	标准螺母(1型)	高螺母(2型)	薄螺母(0型)
04	—	—	M5≤D≤M39 M8×1≤D≤M39×3
05	—	—	M5≤D≤M39 M8×1≤D≤M39×3
5	M5≤D≤M39 M8×1≤D≤M39×3	—	—
6	M5≤D≤M39 M8×1≤D≤M39×3	—	—
8	M5≤D≤M39 M8×1≤D≤M39×3	M16≤D≤M39 M8×1≤D≤M16×1.5	—

(续)

性能等级	公称直径范围 D/mm		
	标准螺母(1型)	高螺母(2型)	薄螺母(0型)
10	M5≤D≤M39 M8×1≤D≤M16×1.5	M5≤D≤M39 M8×1≤D≤M39×3	—
12	M5≤D≤M16	M5≤D≤M39 M8×1≤D≤M16×1.5	—

(3) 标准螺母(1型)和高螺母(2型)与外螺纹紧固件性能等级的搭配使用

标准螺母(1型)和高螺母(2型)应按表6-4与外螺纹紧固件性能等级的搭配使用,较高性能等级的螺母可以替代低性能等级的螺母。

表6-4 标准螺母(1型)和高螺母(2型)与外螺纹紧固件性能等级的搭配使用

螺母性能等级	搭配使用的螺栓、螺钉或螺柱的最高性能等级
5	5.8
6	6.8
8	8.8
10	10.9
12	12.9/12.9

(4) 材料

表6-5规定了各性能等级螺母的材料与热处理。

05、8[D>M16的标准螺母(1型)]、10和12级粗牙螺母应淬火并回火。

05、6(D>M16)、8[标准螺母(1型)]、10和12级细牙螺母应淬火并回火。

化学成分应按相关标准进行评定。某些化学元素受一些国家的法规限制或禁止使用,当涉及有关国家或地区时应当注意。

表6-5 各性能等级螺母的材料与热处理

性能等级			材料与螺母热处理	化学成分极限(熔炼分析,%)[1]			
				C max	Mn min	P max	S max
粗牙螺纹	04[2]		碳钢[4]	0.58	0.25	0.60	0.150
	05[2]		碳钢淬火并回火[5]	0.58	0.30	0.048	0.058

（续）

性能等级			材料与螺母热处理	化学成分极限（熔炼分析,%）[1]			
				C max	Mn min	P max	S max
粗牙螺纹	5[3]		碳钢[4]	0.58	—	0.60	0.150
	6[3]		碳钢[4]	0.58	—	0.60	0.150
	8	高螺母（2 型）	碳钢[4]	0.58	0.25	0.60	0.150
	8	标准螺母（1 型）$D \leqslant$M16	碳钢[4]	0.58	0.25	0.60	0.150
	8[2]	标准螺母（1 型）D>M16	碳钢淬火并回火[5]	0.58	0.30	0.048	0.058
	10[2]		碳钢淬火并回火[5]	0.58	0.30	0.048	0.058
	12[2]		碳钢淬火并回火[5]	0.58	0.45	0.048	0.058
细牙螺纹	04[3]		碳钢[4]	0.58	0.25	0.060	0.150
	05[2]		碳钢淬火并回火[5]	0.58	0.30	0.048	0.058
	5[3]		碳钢[4]	0.58	—	0.060	0.150
	6[3]	$D \leqslant$M16	碳钢[4]	0.58	—	0.060	0.150
	6[3]	D>M16	碳钢淬火并回火[5]	0.58	0.30	0.048	0.058
	8	高螺母（2 型）	碳钢[4]	0.58	0.25	0.060	0.150
	8[3]	标准螺母（1 型）	碳钢淬火并回火[5]	0.58	0.30	0.048	0.058
	10[3]		碳钢淬火并回火[5]	0.58	0.30	0.048	0.058
	12[3]		碳钢淬火并回火[5]	0.58	0.45	0.048	0.058

注：“—” 未规定极限。

① 有争议时，实施成品分析。

② 为满足对机械性能的要求，可能需要添加合金元素。

③ 根据供需协议，这些性能等级的螺母可以用易切削结构钢制造。其硫、磷和铅的最大含量为：w(S) 0.34%；w(P) 0.11%；w(Pb) 0.35%。

④ 由制造者选择，可以淬火并回火。

⑤ 对这些性能等级用的材料，应有足够的淬透性，以确保紧固件基体金属在“淬硬”状态、回火前，在螺母螺纹截面中，获得约 90%的马氏体组织。

（5）机械性能

保证载荷应符合表 6-6 和表 6-7 的规定。使用薄螺母时，应考虑其脱扣载荷低于全承载能力螺母的保证载荷，参见 GB/T 3098.2—2015 附录 A。硬度应符合表 6-8 和表 6-9 的规定。

使用薄螺母时，应考虑其脱扣载荷低于全承载能力螺母的保证载荷。

表 6-6　粗牙螺纹螺母保证载荷值

螺纹规格 D /mm	螺距 P /mm	保证载荷/N						
		性能等级						
		04	05	5	6	8	10	12
M5	0.8	5400	7100	8250	9500	12140	14800	16300
M6	1	7640	10000	11700	13500	17200	20900	23100
M7	1	11000	14500	16800	19400	24700	30100	33200
M8	1.25	13900	18300	21600	24900	31800	38100	42500
M10	1.5	22000	29000	34200	39400	50500	60300	67300
M12	1.75	32000	42200	51400	59000	74200	88500	100300
M14	2	43700	57500	70200	80500	101200	120800	136900
M16	2	59700	78500	95800	10900	138200	164900	186800
M18	2.5	73000	96000	121000	138200	176600	203500	230400
M20	2.5	93100	122500	154400	176400	225400	259700	294000
M22	2.5	115100	151500	190900	218200	278800	321200	363600
M24	3	134100	176500	222400	254200	324800	374200	423600
M27	3	174400	229500	289200	330500	422300	486500	550800
M30	3.5	213200	280500	353400	403900	516100	594700	673200
M33	3.5	263700	347000	437200	499700	638500	735600	832800
M36	4	310500	408500	514700	588200	751600	866000	980400
M39	4	370900	488000	614900	702700	897900	1035000	1171000

表 6-7　细牙螺纹螺母保证载荷值

螺纹规格 D×P mm	保证载荷/N						
	性能等级						
	04	05	5	6	8	10	12
M8×1	14900	19600	27000	30200	37400	43100	47000
M10×1.25	23300	30600	44200	47100	58400	67300	73400
M10×1	24500	32200	44500	49700	61600	71000	77400
M12×1.5	33500	44000	60800	68700	84100	97800	105700
M12×1.25	35000	46000	63500	71800	88000	102200	110500

（续）

螺纹规格 D×P mm	保证载荷/N						
	性能等级						
	04	05	5	6	8	10	12
M14×1.5	47500	62500	86300	97500	119400	138800	150000
M16×1.5	63500	83500	115200	130300	159500	185400	200400
M18×2	77500	102000	146900	177500	210100	220300	—
M18×1.5	81700	107500	154800	187000	221500	23200	—
M20×2	98000	129000	185800	224500	265700	278600	—
M20×1.5	103400	136000	195800	236600	280200	293800	—
M22×2	120800	159000	229000	276700	327500	343400	—
M22×1.5	126500	166500	239800	289700	343000	359600	—
M24×2	145900	192000	276500	334100	395500	414700	—
M27×2	188500	248000	351100	431500	510900	536700	—
M30×2	236000	310500	447100	540300	639600	670700	—
M33×2	289200	380500	547900	662100	783800	821900	—
M36×3	328700	432500	622800	804400	942800	934200	—
M39×3	391400	5158000	741600	957900	1123000	1112000	—

表 6-8 粗牙螺纹螺母硬度性能

螺纹规格 D mm	性能等级													
	04		05		5		6		8		10		12	
	维氏硬度 HV													
	min	max	min	max	min	max	min	max	min	max	min	max	min	max
M5≤D≤M16	188	302	272	353	130	302	150	302	200	302	272	353	295[3]	353
M16<D≤M39					146		170		233[1]	353[2]			272	
布氏硬度 HBW														
M5≤D≤M16	179	287	259	336	124	287	143	287	190	287	259	336	280[3]	336
M16<D≤M39					139		162		221[1]	336[2]			259	

（续）

螺纹规格 *D* mm	性能等级													
	04		05		5		6		8		10		12	
	维氏硬度 HV													
	min	max	min	max	min	max	min	max	min	max	min	max	min	max
洛氏硬度 HRC														
M5≤*D*≤M16	—	30	26	36	—	30	—	30	—	30	26	36	29③	36
M16<*D*≤M39									—	36②			26	

① 对高螺母（2 型）的最低硬度值：180HV（171HBW）。

② 对高螺母（2 型）的最高硬度值：302HV（287HBW；30HRC）。

③ 对高螺母（2 型）的最低硬度值：272HV（259HBW；26HRC）。

表 6-9 细牙螺纹螺母硬度性能

螺纹规格 *D*×*P* mm	性能等级													
	04		05		5		6		8		10		12	
	维氏硬度 HV													
	min	max	min	max	min	max	min	max	min	max	min	max	min	max
8×1≤*D*≤16×1.5	188	302	272	353	175	302	188	302	250①	353②	295③	353	295	353
16×1.5<*D*≤39×3					190		233		295	353	260		—	—
布氏硬度 HBW														
8×1≤*D*≤16×1.5	179	287	259	336	166	287	179	287	238①	336②	280③	36	280	336
16×1.5<*D*≤39×3					181		221		280	336	247		—	—
洛氏硬度 HRC														
8×1≤*D*≤16×1.5	—	30	26	36	—	30	—	30	22.2①	36②	29③	36	29	36
16×1.5<*D*≤39×3					—		—		29.2	36	24		—	—

① 对高螺母（2 型）的最低硬度值：195HV（185HBW）。

② 对高螺母（2 型）的最高硬度值：302HV（287HBW；30HRC）。

③ 对高螺母（2 型）的最低硬度值：250HV（238HBW；22.2HRC）。

（6）性能等级标志

标准螺母（1 型）和高螺母（2 型）的性能等级代号，应按表 6-10 第二行的规定。当螺母规格小或螺母的形状不允许时，则可按表 6-10 使用时钟面法标志。

表 6-10　标准螺母（1 型）和高螺母（2 型）性能等级标志代号

性能等级	5	6	8
标志代号	5	6	8
标志符号(时钟面法)①			
性能等级	9	10	12
标志代号	9	10	12
标志符号(时钟面法)①			

① 12 点位置（基准标志）可用制造者识别标志或一个圆点标志。

薄螺母（0 型）性能等级代号，应符合表 6-11 的规定。

表 6-11　薄螺母（0 型）性能等级标志代号

性能等级	04	05
标志代号	04	05

六角螺母标志示例见图 6-1～图 6-4。

3. 螺母锥形保证载荷试验（GB/T 3098.12—1996）

（1）范围

该标准规定了螺母在锥形保证载荷试验条件下的性能。

该标准适用于螺纹直径为 5～39mm、产品等级为 A 和 B 级以及性能等级为 8～12 级的螺母，并要求进行锥形保证载荷试验的情况。

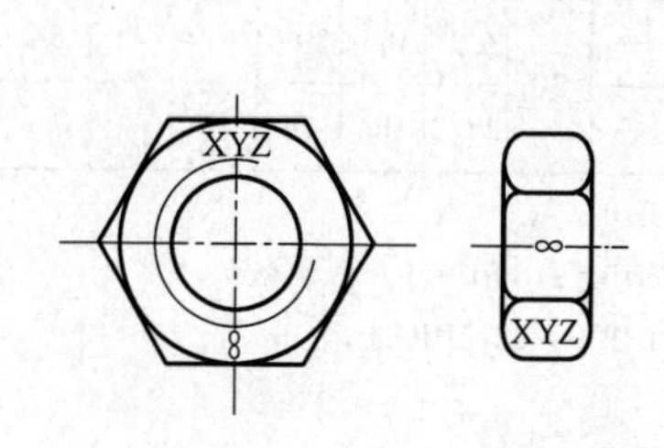

图 6-1　标志代号示例

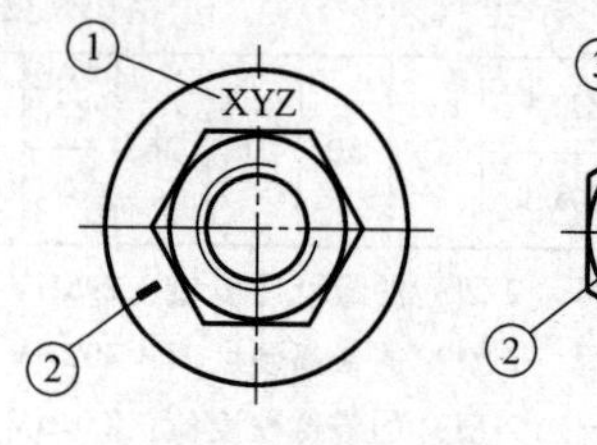

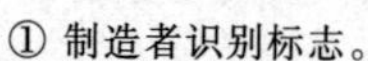

① 制造者识别标志。

② 性能等级。

③ 该圆点可以用制造者识别标志替代。

图 6-2　时钟面法（可任选的标志）标志示例

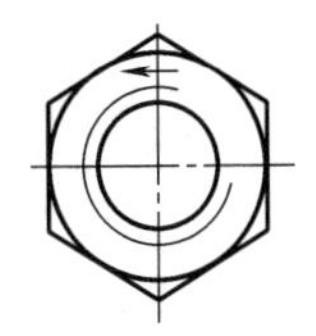

图 6-3　左旋螺纹的标志

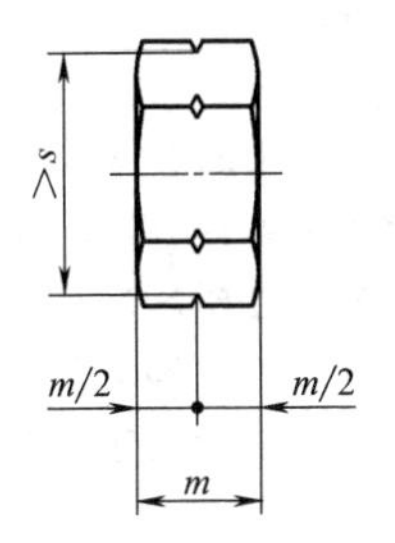

图 6-4　可任选的左旋螺纹标志

（2）螺母锥形保证载荷试验（表 6-12）

表 6-12　螺母锥形保证载荷试验

原理		为测出有害的裂缝或裂纹，采用锥形垫圈使螺母孔的扩大与拉脱同时作用于螺母，扩大这些缺陷对其承载能力的影响
装置	锥形垫圈	锥形垫圈（见图 6-5）应淬硬，最低硬度为 57HRC；锥端顶部接触部分应是平面：当螺纹直径 $d \leqslant 12$mm 时，其宽度为 0.13mm±0.03mm；当螺纹直径 $D>12$mm 时，其宽度为 0.38mm±0.03mm
	芯棒	芯棒应淬硬，最低硬度为 45HRC。其螺纹按 6g，但大径应控制在 6g 公差带靠近下限的四分之一的范围内
程序		将螺母和锥形垫圈按图 6-6 所示方法装于芯棒上。锥形垫圈应支承螺母的支承面并垂直于螺母轴心线。对螺母施加 GB/T 3098.2 规定的保证载荷，而没有脱扣或破裂 试验速度不应超过 3mm/min。锥形保证载荷应保持 10s

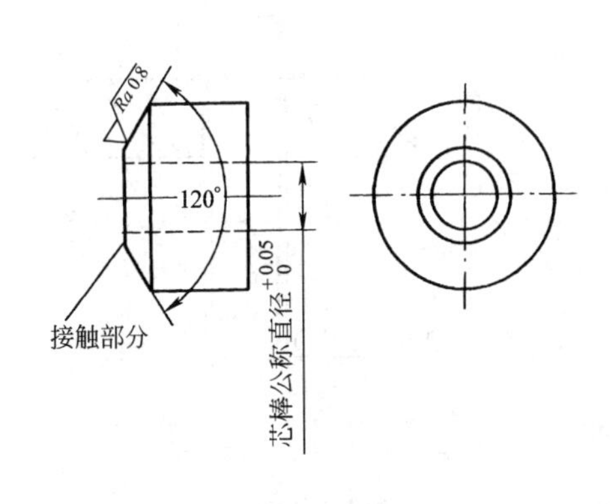

图 6-5　锥形垫圈

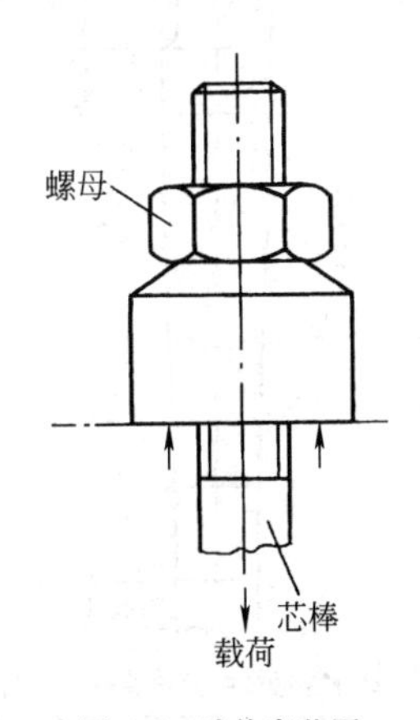

图 6-6　试件安装图

4. 螺母扩孔试验（GB/T 3098.14—2000）

（1）范围

该标准规定了由易切钢制造的、被 GB/T 5779.2 表面缺陷检查判为拒收的螺母的试验程序。

该标准适用的螺母：

性能等级符合 GB/T 3098.2；

螺纹公称直径为 5~39mm；

产品等级为 A 和 B 级。

（2）扩孔试验（表 6-13）

表 6-13 螺母扩孔试验

原理	去除内螺纹达到螺纹公称直径后，将锥形芯棒推入螺母测量孔径扩张的百分比
试验芯棒	图 6-7 所示的试验芯棒分别用于扩张量为 6% 或 4% 的测量值，其最低硬度 ≥45HRC，锥度部分应磨光（表面粗糙度 $Ra=2.5\mu m$）
螺母试件	去除螺母螺纹使其等于螺纹公称直径（公差 H12）。该螺母应能承受扩孔试验
程序	试验前，对芯棒涂以二硫化钼（MoS_2）润滑剂 如图 6-8 所示将芯棒插入螺母试件。缓慢、连续、同轴地施加载荷，直至芯棒的圆柱部分通过螺母孔 芯棒的上端应当紧固。对仲裁试验，芯棒插入的速度应不超过 25mm/min

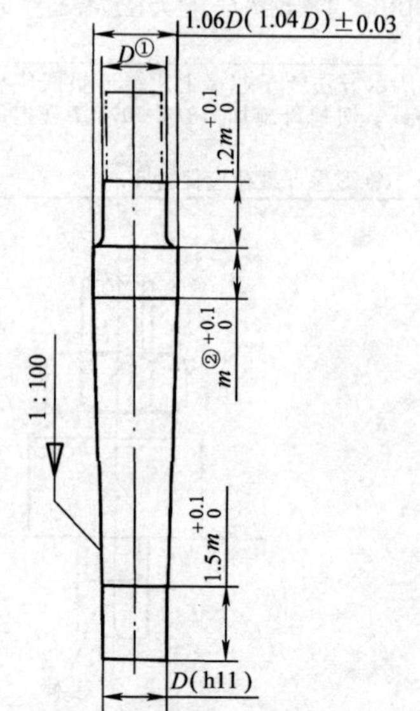

① D—螺母螺纹公称直径。对加大攻螺纹尺寸螺母的试验，直径 D 应按内螺纹大径增大。

② m—螺母公称高度。

图 6-7 分别用于扩张量 6%（1.06D）或 4%（1.04D）的试验芯棒

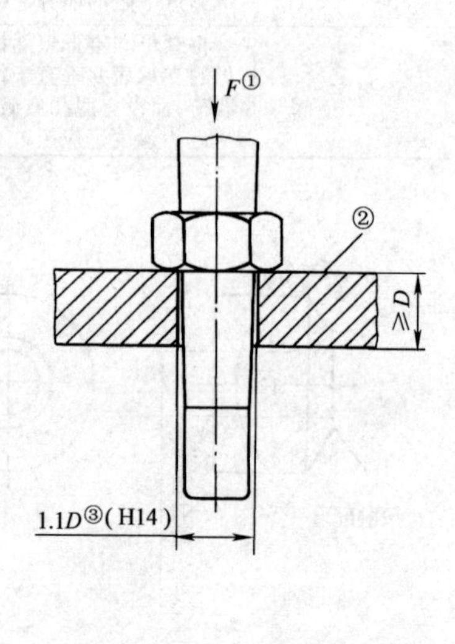

① F—载荷。

② 淬硬。

③ D—螺母螺纹公称直径。

图 6-8 试验装置

（3）判定

螺母的总扩张量为：

性能等级 4~12 级螺母为 6%。

性能等级 04 和 05 级螺母为 4%。

在达到规定的最小扩张量数值之前，螺母壁完全断裂，则该螺母应判为不合格。有争议时，切开裂缝相对的一边，如果螺母分为两半，则判定该螺母不合格。

（4）特殊情况——有效力矩型螺母

符合 GB/T 3098.9 的有效力矩型螺母，其最小扩张量应为规定的六角螺母数值的 20%以下。

5. 不锈钢螺母的机械性能（GB/T 3098.15—2014）

（1）范围

GB/T 3098.15—2014 标准规定了由奥氏体型、马氏体型和铁素体型耐腐蚀不锈钢制造的、在环境温度为 10~35℃条件下进行测试时，螺母的机械性能。在较高或较低温度下，其性能可能不同。

本部分适用的螺母：

——螺纹公称直径 $D \leqslant 39$mm。

——直径和螺距符合直径和螺距符合 GB/T 192、GB/T 193 和 GB/T 9144 普通螺纹。

——任何形状的。

——对边宽度符合 GB/T 3104 的规定。

——公称高度 $m \geqslant 0.5D$。

本部分不适用于有以下性能要求的螺母：

——锁紧性能。

——可焊接性。

本部分未规定特殊环境下的耐腐蚀性和耐氧化性。

（2）螺母的不锈钢组别和性能等级的标记制度

螺母的不锈钢组别和性能等级的标记制度，如图 6-9 所示。材料标记由短划隔开的两部分组成。第一部分标记钢的组别，第二部分标记性能等级。

不锈钢的组别（第一部分）标记，由一个字母和数字组成，其中：

——A 是奥氏体型不锈钢。

——C 是马氏体型不锈钢。

——F 是铁素体型不锈钢。

字母表示钢的类别，数字表示该类钢的化学成分范围（见表 6-14）。

性能等级（第二部分）标记：对螺母高度 $m \geqslant 0.8D$（1 型或 2 型或六角法兰螺母）的螺母，由两个数字组成，并表示保证应力的 1/10；对螺母高度 $0.5D \leqslant m < 0.8D$（薄螺母/0 型）的螺母由 3 个数字组成，第一位数字“0”表示降低承载能力的螺母，后两位数字表示保证应力的 1/10。以下是材料标记示例：

示例 1：A2-70 表示：奥氏体钢、冷加工、最小保证应力为 700MPa（$m \geqslant 0.8D$ 螺母）。

示例 2：C4-70 表示：马氏体钢、淬火并回火、最小保证应力为 700MPa（$m \geqslant 0.8D$ 螺母）。

示例 3：A2-035 表示：奥氏体钢、冷加工、最小保证应力为 350MPa（$0.5D \leqslant m < 0.8D$ 螺母）。

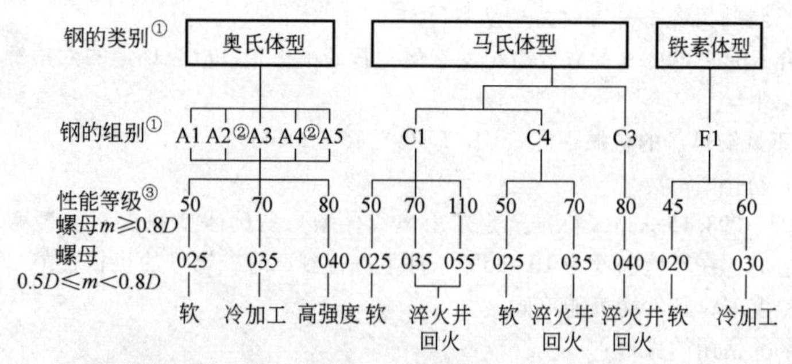

① 图中钢的类别和组别的分级，化学成分按表 6-14 规定。含碳量低于 0.03%的低碳奥氏体型不锈钢可增加标记“L”。

② 示例：A4L-80

按 GB/T 5267.4 进行表面钝化处理，可以增加标记“P”。

③ 示例：A4-80P

图 6-9 螺母不锈钢组别和性能等级标记制度

(3) 标志（图 6-10）

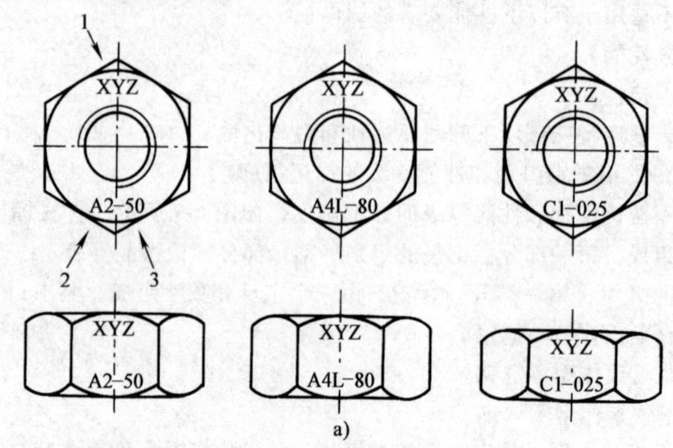

注：1. 螺纹公称直径 $D \geqslant 5$mm 的螺母，标志是强制性的。

2. 左旋螺纹的标志见 GB/T 3098.2。

图 6-10 螺母的标志

a) 材料和制造者的识别标志

1—制造者识别标志 2—钢的组别 3—性能等级

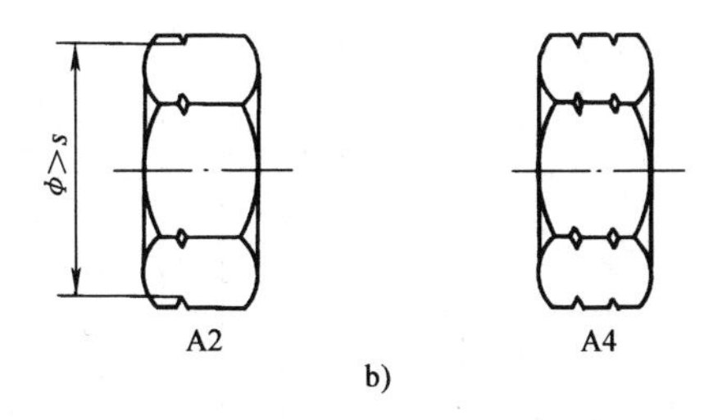

图 6-10 螺母的标志(续)

b) 可选用的刻槽标志(仅适用于 A2 和 A4 组钢)

s—对边宽度

(4) 材料(表 6-14)

表 6-14 不锈钢组别与化学成分

类别	组别	化学成分①(质量分数,%)											注
		C	Si	Mn	P	S	N	Cr	Mo	Ni	Cu	W	
奥氏体	A1	0.12	1	6.5	0.2	0.15~0.35		16~19	0.7	5~10	1.75~2.25	—	②,③,④
	A2	0.10	1	2	0.05	0.03		15~20	—⑤	8~19	4	—	⑥,⑦
	A3	0.08	1	2	0.045	0.03		17~19	—⑤	9~12	1	—	⑧
	A4	0.08	1	2	0.045	0.03		16~18.5	2~3	10~15	4	—	⑦,⑨
	A5	0.08	1	2	0.045	0.03		16~18.5	2~3	10.5~14	1	—	⑧,⑨
马氏体	C1	0.09~0.15	1	1	0.05	0.03		11.5~14	—	1	—	—	⑨
	C3	0.17~0.25	1	1	0.04	0.03		16~18	—	1.5~2.5	—	—	—
	C4	0.08~0.15	1	1.5	0.06	0.15~0.35		12~14	0.6	1	—	—	②,⑨
铁素体	F1	0.12	1	1	0.04	0.03		15~18	—⑩	1	—	—	⑪,⑫

注:1. 不锈钢的类别和组别,以及涉及其特性和应用的说明,在 GB/T 3098.15—2014 附录 A 中给出。

2. 按 ISO 683-13 和 ISO 4954 已标准化的不锈钢材料示例见表 6-15 和表 6-16。

3. 某些特殊用途的材料见表 6-17。

① 除已表明者外,均系最大值。

② 硫可用硒代替。

③ 如镍含量低于 $w(\mathrm{Ni})$ 8%,则锰的最小含量应为 $w(\mathrm{Mn})$ 5%。

④ 镍含量大于 $w(\mathrm{Ni})$ 8%时,对铜的最小含量不予限制。

⑤ 由制造者决定可以有钼含量。但对某些使用场合,如有必要限定钼的极限含量时,则应在订单中由用户注明。

⑥ 如果铬含量低于 $w(\mathrm{Cr})$ 17%,则镍的最小含量应为 w(Ni) 12%。

⑦ 对最大含碳量达到 $w(\mathrm{C})$ 0.03%的奥氏体不锈钢,氮含量最高可以达到 $w(\mathrm{N})$ 0.22%。

⑧ 为了稳定组织,钛含量应 $w(\mathrm{Ti})\geqslant(5\times \mathrm{C}\%)\sim0.8\%$,并应按本表适当标志,或者铌和/或钽的质量分数应 $\geqslant(10\times \mathrm{C}\%)\sim1.0\%$,并应按本表适当标志。

⑨ 对较大直径的产品,为达到规定的机械性能,由制造者决定可以用较高的含碳量,但对奥氏体钢不应超过 0.12%。

⑩ 由制造者决定可以有钼含量。

⑪ 钛含量可能为 $w(\mathrm{Ti})\geqslant(5\times \mathrm{C}\%)\sim0.8\%$。

⑫ 铌和/或钽的质量分数 $\geqslant(10\times \mathrm{C}\%)\sim1.0\%$。

表 6-15 不锈钢化学成分技术条件

钢的类型[①]	化学成分[②](质量分数,%)								钢的组别标记[③]
	C	Si max	Mn max	P max	S	Cr	Ni	其他	
铁素体型钢									
8	0.08max	1.0	1.0	0.040	0.030max	16.0~18.0	1.0max	—	F1
8b	0.07max	1.0	1.0	0.040	0.030max	16.0~18.0	1.0max	Ti 7×%C≤10	F1
9c	0.08max	1.0	1.0	0.040	0.030max	16.0~18.0	1.0max	Mo 0.9~1.30	F1
F1	0.025max[④]	1.0	1.0	0.040	0.030max	17.0~19.0	0.60max	N 0.025max[④],Ni、Ti[⑤]	F1
马氏体型钢									
3	0.09~0.15	1.0	1.0	0.040	0.030max	11.5~13.5	1.0max	—[⑥]	C1
7	0.08~0.15	1.0	1.5	0.060	0.15~0.35	12.0~14.0	1.0max	Mo 0.06max[⑦]	C4
4	0.16~0.25	1.0	1.0	0.040	0.030max	12.0~14.0	1.0max	—	C1
9a	0.10~0.17	1.0	1.5	0.060	0.15~0.35	15.5~17.5	1.0max	Mo 0.60max	C3
9b	0.14~0.23	1.0	1.0	0.040	0.030max	15.0~17.5	1.5~2.5	—	C3
5	0.26~0.35	1.0	1.0	0.040	0.030max	12.0~14.0	1.0max	—	C1
奥氏体型钢									
10	0.030max	1.0	2.0	0.045	0.030max	17.0~19.0	9.0~12.0	—	A2[⑧]
11	0.07max	1.0	2.0	0.045	0.030max	17.0~19.0	8.0~11.0	—	A2
15	0.08max	1.0	2.0	0.045	0.030max	17.0~19.0	9.0~12.0	Ti 5×%C≤0.08	A3[⑨]
16	0.08max	1.0	2.0	0.045	0.030max	17.0~19.0	9.0~12.0	Nb[⑧] 10×%C≤1.0	A3[⑨]
17	0.12max	1.0	2.0	0.060	0.15~0.35	17.0~19.0	8.0~10.0[⑪]	Mo[⑩]	A1
18	0.10max	1.0	2.0	0.045	0.030max	17.0~19.0	11.0~13.0	—	A2

19	0.030max	1.0	2.0	0.045	0.030max	16.5~18.5	11.0~14.0	2.0~2.5	A4
20	0.07max	1.0	2.0	0.045	0.030max	16.5~18.5	10.5~13.5	2.0~2.5	A4
21	0.08max	1.0	2.0	0.045	0.030max	16.5~18.5	11.0~14.0	2.0~2.5 Ti 5×10C%≤0.80	A5⑨
23	0.08max	1.0	2.0	0.045	0.030max	16.5~18.5	11.0~14.0	2.0~2.5 Nb⑧ 10×C%≤1.0	A5⑨
19a	0.030max	1.0	2.0	0.045	0.030max	16.5~18.5	11.5~14.5	2.5~3.0	A4
20a	0.007max	1.0	2.0	0.045	0.030max	16.5~18.5	11.0~14.0	2.5~3.0	A4
10N	0.030max	1.0	2.0	0.045	0.030max	17.0~19.0	8.5~11.5	—	A2
19N	0.030max	1.0	2.0	0.045	0.030max	16.5~18.5	10.5~13.5	2.0~2.5	A4⑧
19aN	0.030max	1.0	2.0	0.045	0.030max	16.5~18.5	11.5~14.5	N 0.12~0.22 Mo 2.5~3.0	A4⑧

① 类型编号是暂定的，当制定有关的国际标准时，还会改变。

② 本表未列出的元素，未经用户同意，不能增中，除非要精炼。应采取合理的预防措施，以防止某些元素（来自制造过程中混入的废料或其他金属）的增加，因为这些元素会影响材料的淬透性、机械性能和使用性能。

③ 不是 ISO 683-13 的内容。

④ w(C+N) max 为0.040%。

⑤ w8×(C+N)≤w(Nb+Ti)≤0.80%。

⑥ 在询问和签约订单之后，可能提供 Mo 含量为 w(Mo) 0.20%~0.60%的钢。

⑦ 有极好的耐晶间腐蚀性。

⑧ 钽含量取决于铌含量。

⑨ 稳定型钢。

⑩ 制造者可选择添加最大到 w(Mo) 0.70 的钼。

⑪ 对制造无缝钢管的半成品，镍含量可能增加 w(Ni) 0.5%。

表 6-16 冷镦和冷挤压用不锈钢的化学成分

序号	钢的类型标记[①] 名称	ISO 4954:1979	化学成分[②](质量分数,%) C	Si max	Mn max	P max	S max	Cr	Mo	Ni	其他	钢的组别标记[③]
						铁素体型钢						
71	X 3 Cr 17 E	—	≤0.04	1.00	1.00	0.040	0.030	16.0~18.0		≤1.0		F1
72	X 6 Cr 17 E	D1	≤0.08	1.00	1.00	0.040	0.030	16.0~18.0		≤1.0		F1
73	X 6 CrMo 17 1 E	D2	≤0.08	1.00	1.00	0.040	0.030	16.0~18.0	0.90~13.0	≤1.0		F1
74	X 6 CrTi 12 E	—	≤0.08	1.00	1.00	0.040	0.030	10.5~12.5		≤0.50	Ti 6×%C≤1.0	F1
75	X 6 CrNb 12 E	—	≤0.08	1.00	1.00	0.040	0.030	10.0~12.5		≤0.50	Nb 6×%C≤1.0	F1
						马氏体型钢						
76	X 12 Cr 13 E	D10	0.90~0.15	1.00	1.00	0.040	0.030	11.5~13.5		≤1.0		C1
77	X 19 CrNi 16 2 E	D12	0.14~0.23	1.00	1.00	0.040	0.030	15.0~17.5		1.5~2.5		C3
						奥氏体型钢						
78	X 2 CrNi 18 10 E	D20	≤0.030	1.00	2.00	0.045	0.030	17.0~19.0		9.0~12.0		A2[④]
79	X 5 CrNi 18 9 E	D21	≤0.07	1.00	2.00	0.045	0.030	17.0~19.0		8.0~11.0		A2
80	X 10 CrNi 18 9 E	D22	≤0.12	1.00	2.00	0.045	0.030	17.0~19.0		8.0~10.0		A2

81	X 5 CrNi 18 12 E	D23	≤0.07	1.00	2.00	0.045	0.030	17.0~19.0		11.0~13.0		A2
82	X 6 CrNi 18 16 E	D25	≤0.08	1.00	2.00	0.045	0.030	15.0~17.0	2.0~2.5	17.0~19.0		A2
83	X 6 CrNiTi 18 10 E	D26	≤0.030	1.00	2.00	0.045	0.030	17.0~19.0	2.0~2.5	9.0~12.0	Ti 5×%C≤0.80	A3⑤
84	X 5 CrNiMo 17 12 2 E	D29	≤0.037	1.00	2.00	0.045	0.030	16.5~18.5	2.5~3.0	10.5~13.5		A4
85	X 6 CrNiMoTi 17 12 2 E	D30	≤0.08	1.00	2.00	0.045	0.030	16.5~18.5	2.5~3.0	11.0~14.0	Ti 5×%C≤0.80	A5⑤
86	X 2 CrNiMo 17 13 3 E	—	≤0.030	1.00	2.00	0.045	0.030	16.5~18.5		11.5~14.5		A4④
87	X 2 CrNiMoN 17 13 3 E	—	≤0.030	1.00	2.00	0.045	0.030	16.5~18.5		11.5~14.5	N 0.12×%C ≤0.22	A4④
88	X 3 CrNiCu 18 9 3 E	D32	≤0.04	1.00	2.00	0.045	0.030	17.0~19.0		8.5~10.5	Cu 3.00~4.00	A2

① 第 1 列的标记是顺序编号。第 2 列的标记是根据 ISO/TC 17/SC 2 建议的标记制度。第 3 列的标记是在 ISO 4954：1979（1993 修订）中使用并已作废的编号。

② 本表未列出的元素，未经用户同意，不能增加，除非要精炼。应采取合理的预防措施，以防止某些元素（来自制造过程中混入的废料或其他金属）的增加，因为这些元素会影响材料的淬透性、机械性能和使用性能。

③ 不是 ISO 4954 的内容。

④ 有极好的耐晶间腐蚀性。

⑤ 稳定型钢。

表 6-17 氯化物导致的奥氏体不锈钢应力腐蚀

奥氏体不锈钢（代号/材料编号）	C max	Si max	Mn max	P max	S max	N	Cr	Mo	Ni	Cu
X2CrNiMoN17-13-5（1.4439）	0.030	1.00	2.00	0.045	0.015	0.12~0.22	16.5~18.5	4.0~5.0	12.5~14.5	
X1NiCrMoCu25-20-5（1.4539）	0.020	0.70	2.00	0.030	0.010	≤0.15	19.0~21.0	4.0~5.0	24.0~26.0	1.20~2.00
X1NiCrMoCuN25-20-7（1.4529）	0.020	0.50	1.00	0.030	0.010	0.15~0.25	19.0~21.0	6.0~7.0	24.0~26.0	0.50~1.50
X2CrNiMoN22-5-3①（1.4462）	0.030	1.00	2.00	0.035	0.015	0.10~0.22	21.0~23.0	2.5~3.5	4.5~6.5	

注：因氯化物导致应力腐蚀（如室内游泳池）造成螺栓、螺钉和螺柱失效的风险，可通过使用本表给出的材料而降低。

① 铁素体-奥氏体不锈钢。

（5）机械性能（表 6-18、表 6-19）

表 6-18 螺母机械性能——奥氏体钢组

类别	组别	性能等级		保证应力 S_p/MPa min	
		螺母 $m \geqslant 0.8D$	螺母 $0.5D \leqslant m < 0.8D$	螺母 $m \geqslant 0.8D$	螺母 $0.5D \leqslant m < 0.8D$
奥氏体	A1、A2、A3、A4、A5	50	025	500	250
		70	035	700	350
		80	040	800	400

表 6-19 螺母机械性能——马氏体和铁素钢组

类别	组别	性能等级		保证应力 S_p/MPa min		硬度		
		螺母 $m \geqslant 0.8D$	螺母 $0.5D \leqslant m < 0.8D$	螺母 $m \geqslant 0.8D$	螺母 $0.5D \leqslant m < 0.8D$	HBW	HRC	HV
马氏体	C1	50	025	500	250	147~209	—	155~220
		70	—	700	—	209~314	20~34	220~330
		110①	055①	1100	550	—	36~45	350~440

（续）

类别	组别	性能等级		保证应力 S_p/MPa min		硬度		
		螺母 $m \geqslant 0.8D$	螺母 $0.5D \leqslant m < 0.8D$	螺母 $m \geqslant 0.8D$	螺母 $0.5D \leqslant m < 0.8D$	HBW	HRC	HV
马氏体	C3	80	040	800	400	228～323	21～35	240～340
	C4	50	—	500	—	147～209	—	155～220
		70	035	700	350	209～314	20～34	220～330
铁素体	F1②	45	020	450	200	128～209	—	135～220
		60	030	600	300	171～271	—	180～285

① 淬火并回火，最低回火温度为275℃。

② 螺纹公称直径 $D \leqslant 24$mm。

（6）高温下的机械性能和低温下的适用性（表6-20、表6-21）

表 6-20 受温度影响的 R_{eL} 和 $R_{p0.2}$

钢的组别	R_{eL} 和 $R_{p0.2}$(%)			
	+100℃	+200℃	+300℃	+400℃
A2、A4	85	80	75	70
C1	95	90	80	65
C3	90	85	80	60

注：仅适用于性能等级70和80。

表 6-21 低温下不锈钢螺栓、螺钉和螺柱的适用性（奥氏体型不锈钢）

钢的组别	持续工作温度 min	
A2、A3	-200℃	
A4、A5	螺栓和螺钉①	-60℃
	螺柱	-200℃

① 加工变形量较大的紧固件时，应考虑合金元素Mo能降低奥氏体的稳定性，并提高脆性转变温度的问题。

6. 有色金属制造的螺母的机械性能

见第三章一、12。

7. 精密机械用六角螺母（GB/T 18195—2000）

（1）尺寸（图6-11、表6-22）

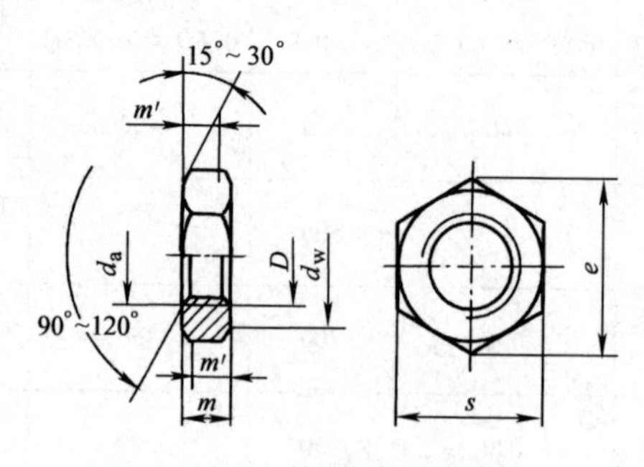

注：尺寸代号和标注符合GB/T 5276。

图6-11 精密机械用六角螺母型式

表6-22 精密机械用六角螺母尺寸 （mm）

螺纹规格 D		M1	M1.2	M1.4
螺距 P		0.25	0.25	0.3
d_a	min	1	1.2	1.4
	max	1.15	1.35	1.6
d_{wmin}		2.25	2.7	2.7
e_{min}		2.69	3.25	3.25
m	max	0.8	1	1.2
	min	0.66	0.86	1.06
m'	min	0.53	0.69	0.85
s	max	2.5	3	3
	min	2.4	2.9	2.9

（2）技术条件和引用标准（表6-23）

表6-23 技术条件和引用标准

材料		钢	不锈钢
通用技术条件		GB/T 16938	
螺纹	公差	5H	
	标准	GB/T 196、GB/T 197	

（续）

材料		钢		不锈钢
机械性能	等级	11H 维氏硬度≥110HV	14H 维氏硬度≥140HV	A1-50、A4-50
	标准	—		GB/T 3098.15
公差	产品等级	F		
	标准	GB/T 3103.2		
表面处理		不经处理		简单处理
		电镀技术要求按 GB/T 5267 如需其他表面镀层或表面处理,应由供需双方协议		
验收及包装		GB/T 90		

8. 有效力矩型钢锁紧螺母的机械性能（GB/T 3098.9—2020）

有效力矩型螺母的机械性能与 GB/T 3098.2 的规定是相同的（见本章一、2. 小节），其试验夹紧力和有效力矩见表 6-24~表 6-31。

表 6-24　04 级有效力矩型螺母试验夹紧力和有效力矩

螺纹规格 (D)或 (D×P)	试验夹紧力 F_{80}①/N	评价总摩擦系数夹紧力 (μ_{tot}②)		有效力矩/N·m		
		上极限 F_{75}③/N	下极限 F_{65}④/N	第一次拧入 $T_{Fv,max}$⑤	第一次拧出 $T_{Fd,min}$	第五次拧出 $T_{Fd,min}$
M5	4320	4050	3510	1.6	0.29	0.2
M6	6112	5730	4966	3	0.45	0.3
M7	8800	8250	7150	4.5	0.65	0.45
M8	11120	10425	9035	6	0.85	0.6
M8×1	11920	11175	9685			
M10	17600	16500	14300	10.5	1.5	1
M10×1.25	18640	17475	15145			
M10×1	19600	18375	15925			
M12	25600	24000	20800	15.5	2.3	1.6
M12×1.5	26800	25125	21775			
M12×1.25	28000	26250	22750			

（续）

螺纹规格(*D*)或(*D*×*P*)	试验夹紧力 F_{80}①/N	评价总摩擦系数夹紧力(μ_{tot}②)		有效力矩/N·m		
		上极限 F_{75}③/N	下极限 F_{65}④/N	第一次拧入 $T_{Fv,max}$⑤	第一次拧出 $T_{Fd,min}$	第五次拧出 $T_{Fd,min}$
M14	34960	32775	28405	24	3.3	2.3
M14×1.5	38000	35625	30875			
M16	47760	44775	38805	32	4.5	3
M16×1.5	50800	47625	41275			
M18	58400	54750	47450	42	6	4.2
M18×1.5	65360	61275	53105			
M20	74480	69825	60515	54	7.5	5.3
M20×1.5	82720	77550	67210			
M22	92080	86325	74815	68	9.5	6.5
M22×1.5	101200	94875	82225			
M24	107280	100575	87165	80	11.5	8
M24×2	116720	109425	94835			
M27	139520	130800	113360	94	13.5	10
M27×2	150800	141375	122525			
M30	170560	159900	138580	108	16	12
M30×2	188800	177000	153400			
M33	210960	197775	171405	122	18	14
M33×2	231360	216900	187980			
M36	248400	232875	201825	136	21	16
M36×3	262960	246525	213655			
M39	296720	278175	241085	150	23	18
M39×3	313120	293550	254410			

① 3mm≤*D*≤39mm 的 04 级螺母的夹紧力，等于 04 级螺母保证载荷的 80%。保证载荷值在 GB/T 3098.2 中给出，见本章一、2. 小节。

② 参见 GB/T 3098.9—2020 附录 B。

③ 夹紧力的上极限值等于保证载荷的 75%，参见 GB/T 3098.9—2020 附录 B。

④ 夹紧力的下极限值等于保证载荷的 65%，参见 GB/T 3098.9—2020 附录 B。

⑤ 第 1 次拧入有效力矩仅适用于全金属锁紧螺母；对非金属嵌件锁紧螺母，第 1 次拧入有效力矩的最大值为这些数值的 50%。

表 6-25　05 级有效力矩型螺母试验夹紧力和有效力矩

<table>
<tr><th rowspan="2">螺纹规格
(D)或
(D×P)</th><th rowspan="2">试验夹紧力
F_{80}[1]/N</th><th colspan="2">评价总摩擦系数夹紧力
(μ_{tot}[2])</th><th colspan="3">有效力矩/N·m</th></tr>
<tr><th>上极限
F_{75}[3]/N</th><th>下极限
F_{65}[4]/N</th><th>第一次拧入
$T_{Fv,max}$[5]</th><th>第一次拧出
$T_{Fd,min}$</th><th>第五次拧出
$T_{Fd,min}$</th></tr>
<tr><td>M5</td><td>5680</td><td>5325</td><td>4615</td><td>2.1</td><td>0.35</td><td>0.24</td></tr>
<tr><td>M6</td><td>8000</td><td>7500</td><td>6500</td><td>4</td><td>0.55</td><td>0.4</td></tr>
<tr><td>M7</td><td>11600</td><td>10875</td><td>9425</td><td>6</td><td>0.85</td><td>0.6</td></tr>
<tr><td>M8</td><td>14640</td><td>13725</td><td>11895</td><td rowspan="2">8</td><td rowspan="2">1.15</td><td rowspan="2">0.8</td></tr>
<tr><td>M8×1</td><td>15680</td><td>14700</td><td>12740</td></tr>
<tr><td>M10</td><td>23200</td><td>21750</td><td>18850</td><td rowspan="3">14</td><td rowspan="3">2</td><td rowspan="3">1.4</td></tr>
<tr><td>M10×1.25</td><td>24480</td><td>22950</td><td>19890</td></tr>
<tr><td>M10×1</td><td>25760</td><td>24150</td><td>20930</td></tr>
<tr><td>M12</td><td>33760</td><td>31650</td><td>27430</td><td rowspan="3">21</td><td rowspan="3">3.1</td><td rowspan="3">2.1</td></tr>
<tr><td>M12×1.5</td><td>35200</td><td>33000</td><td>28600</td></tr>
<tr><td>M12×1.25</td><td>36800</td><td>34500</td><td>29900</td></tr>
<tr><td>M14</td><td>46000</td><td>43125</td><td>37375</td><td rowspan="2">31</td><td rowspan="2">4.4</td><td rowspan="2">3</td></tr>
<tr><td>M14×1.5</td><td>50000</td><td>46875</td><td>40625</td></tr>
<tr><td>M16</td><td>62800</td><td>58875</td><td>51025</td><td rowspan="2">42</td><td rowspan="2">6</td><td rowspan="2">4.2</td></tr>
<tr><td>M16×1.5</td><td>66800</td><td>62625</td><td>54275</td></tr>
<tr><td>M18</td><td>76800</td><td>72000</td><td>62400</td><td rowspan="2">56</td><td rowspan="2">8</td><td rowspan="2">5.5</td></tr>
<tr><td>M18×1.5</td><td>86000</td><td>80625</td><td>69875</td></tr>
<tr><td>M20</td><td>98000</td><td>91875</td><td>79625</td><td rowspan="2">72</td><td rowspan="2">10.5</td><td rowspan="2">7</td></tr>
<tr><td>M20×1.5</td><td>108800</td><td>102000</td><td>88400</td></tr>
<tr><td>M22</td><td>121200</td><td>113625</td><td>98475</td><td rowspan="2">90</td><td rowspan="2">13</td><td rowspan="2">9</td></tr>
<tr><td>M22×1.5</td><td>133200</td><td>124875</td><td>108225</td></tr>
<tr><td>M24</td><td>141200</td><td>132375</td><td>114725</td><td rowspan="2">106</td><td rowspan="2">15</td><td rowspan="2">10.5</td></tr>
<tr><td>M24×2</td><td>153600</td><td>144000</td><td>124800</td></tr>
<tr><td>M27</td><td>183600</td><td>172125</td><td>149175</td><td rowspan="2">123</td><td rowspan="2">17</td><td rowspan="2">12</td></tr>
<tr><td>M27×2</td><td>198400</td><td>186000</td><td>161200</td></tr>
</table>

（续）

螺纹规格 (D)或 (D×P)	试验夹紧力 F_{80}①/N	评价总摩擦系数夹紧力 (μ_{tot}②)		有效力矩/N·m		
		上极限 F_{75}③/N	下极限 F_{65}④/N	第一次拧入 $T_{Fv,max}$⑤	第一次拧出 $T_{Fd,min}$	第五次拧出 $T_{Fd,min}$
M30	224400	210375	182325	140	19	14
M30×2	248400	232875	201825			
M33	277600	260250	225550	160	21.5	15.5
M33×2	304400	285375	247325			
M36	326800	306375	265525	180	24	17.5
M36×3	346000	324375	281125			
M39	390400	366000	317200	200	26.5	19.5
M39×3	412000	386250	334750			

① 3mm≤D≤39mm 的 05 级螺母的夹紧力，等于 05 级螺母保证载荷的 80%。保证载荷值在 GB/T 3098.2 中给出。

②~⑤见表 6-24 的②~⑤。

表 6-26 5 级有效力矩型螺母试验夹紧力和有效力矩

螺纹规格 (D)或 (D×P)	试验夹紧力 F_{80}①/N	评价总摩擦系数夹紧力 (μ_{tot}②)		有效力矩/N·m		
		上极限 F_{75}③/N	下极限 F_{65}④/N	第一次拧入 $T_{Fv,max}$⑤	第一次拧出 $T_{Fd,min}$	第五次拧出 $T_{Fd,min}$
M5	4320	4050	3510	1.6	0.29	0.2
M6	6112	5730	4966	3	0.45	0.3
M7	8800	8250	7150	4.5	0.65	0.45
M8	11120	10425	9035	6	0.85	0.6
M8×1	11920	11175	9685			
M10	17600	16500	14300	10.5	1.5	1
M10×1.25	18640	17475	15145			
M10×1	19600	18375	15925			
M12	25600	24000	20800	15.5	2.3	1.6
M12×1.5	26800	25125	21775			
M12×1.25	28000	26250	22750			

（续）

螺纹规格 (D)或 ($D \times P$)	试验夹紧力 F_{80} ① /N	评价总摩擦系数夹紧力 (μ_{tot} ②)		有效力矩/N·m		
		上极限 F_{75} ③ /N	下极限 F_{65} ④ /N	第一次拧入 $T_{Fv,max}$ ⑤	第一次拧出 $T_{Fd,min}$	第五次拧出 $T_{Fd,min}$
M14	34960	32775	28405	24	3.3	2.3
M14×1.5	38000	35625	30875			
M16	47760	44775	38805	32	4.5	3
M16×1.5	50800	47625	41275			
M18	58400	54750	47450	42	6	4.2
M18×1.5	65680	61575	53365			
M20	74480	69825	60515	54	7.5	5.3
M20×1.5	82400	77250	66950			
M22	92000	86250	74750	68	9.5	6.5
M22×1.5	100800	94500	81900			
M24	107200	100500	87100	80	11.5	8
M24×2	116800	109500	94900			
M27	113600	106500	92300	94	13.5	10
M27×2	123200	115500	100100			
M30	139200	130500	113100	108	16	12
M30×2	153600	144000	124800			
M33	172000	161250	139750	122	18	14
M33×2	188800	177000	153400			
M36	202400	189750	164450	136	21	16
M36×3	214400	201000	174200			
M39	242400	227250	196950	150	23	18
M39×3	255200	239250	207350			

① 5 级螺母的夹紧力：当 $3\text{mm} \leqslant D \leqslant 24\text{mm}$ 时，等于 5.8 级螺栓保证载荷的 80%；当 $d>24\text{mm}$ 时，等于 4.8 级螺栓保证载荷的 80%。螺栓保证载荷值在 GB/T 3098.1 中给出。

②~⑤见表 6-24 的②~⑤。

表 6-27 6级有效力矩型螺母试验夹紧力和有效力矩

螺纹规格 (D)或 (D×P)	试验夹紧力 F_{80}①/N	评价总摩擦系数夹紧力 (μ_{tot}②)		有效力矩/N·m		
		上极限 F_{75}③/N	下极限 F_{65}④/N	第一次拧入 $T_{Fv,max}$⑤	第一次拧出 $T_{Fd,min}$	第五次拧出 $T_{Fd,min}$
M5	5000	4688	4063	1.6	0.29	0.2
M6	7072	6630	5746	3	0.45	0.3
M7	10160	9525	8255	4.5	0.65	0.45
M8	12880	12075	10465	6	0.85	0.6
M8×1	13760	12900	11180			
M10	20400	19125	16575	10.5	1.5	1
M10×1.25	21520	20175	17485			
M10×1	22720	21300	18460			
M12	29680	27825	24115	15.5	2.3	1.6
M12×1.5	31040	29100	25220			
M12×1.25	32400	30375	26325			
M14	40480	37950	32890	24	3.3	2.3
M14×1.5	44000	41250	35750			
M16	55280	51825	44915	32	4.5	3
M16×1.5	58800	55125	47775			
M18	67600	63375	54925	42	6	4.2
M18×1.5	76000	71250	61750			
M20	86400	81000	70200	54	7.5	5.3
M20×1.5	96000	90000	78000			
M22	106400	99750	86450	68	9.5	6.5
M22×1.5	116800	109500	94900			
M24	124000	116250	100750	80	11.5	8
M24×2	135200	126750	109850			
M27	161600	151500	131300	94	13.5	10
M27×2	174400	163500	141700			

（续）

螺纹规格 (D) 或 $(D \times P)$	试验夹紧力 F_{80}①/N	评价总摩擦系数夹紧力 (μ_{tot}②)		有效力矩/N·m		
		上极限 F_{75}③/N	下极限 F_{65}④/N	第一次拧入 $T_{Fv,max}$⑤	第一次拧出 $T_{Fd,min}$	第五次拧出 $T_{Fd,min}$
M30	197600	185250	160550	108	16	12
M30×2	218400	204750	177450			
M33	244000	228750	198250	122	18	14
M33×2	268000	251250	217750			
M36	287200	269250	233350	136	21	16
M36×3	304800	285750	247650			
M39	343200	321750	278850	150	23	18
M39×3	362400	339750	294450			

① 6级螺母的夹紧力等于6.8级螺栓保证载荷的80%。螺栓保证载荷值在GB/T 3098.1中给出。

②~⑤见表6-24的②~⑤。

表6-28 8级有效力矩型螺母试验夹紧力和有效力矩

螺纹规格 (D) 或 $(D \times P)$	试验夹紧力 F_{80}①/N	评价总摩擦系数夹紧力 (μ_{tot}②)		有效力矩/N·m		
		上极限 F_{75}③/N	下极限 F_{65}④/N	第一次拧入 $T_{Fv,max}$⑤	第一次拧出 $T_{Fd,min}$	第五次拧出 $T_{Fd,min}$
M5	6584	6173	5350	1.6	0.29	0.2
M6	9280	8700	7540	3	0.45	0.3
M7	13440	12600	10920	4.5	0.65	0.45
M8	16960	15900	13780	6	0.85	0.6
M8×1	18160	17025	14755			
M10	26960	25275	21905	10.5	1.5	1
M10×1.25	28400	26625	23075			
M10×1	29920	28050	24310			
M12	39120	36675	31785	15.5	2.3	1.6
M12×1.5	40880	38325	33215			
M12×1.25	42720	40050	34710			

（续）

螺纹规格(D)或(D×P)	试验夹紧力 F_{80}①/N	评价总摩擦系数夹紧力(μ_{tot}②)		有效力矩/N·m		
		上极限 F_{75}③/N	下极限 F_{65}④/N	第一次拧入 $T_{Fv,max}$⑤	第一次拧出 $T_{Fd,min}$	第五次拧出 $T_{Fd,min}$
M14	53360	50025	43355	24	3.3	2.3
M14×1.5	58000	54375	47125			
M16	72800	68250	59150	32	4.5	3
M16×1.5	77520	72675	62985			
M18	92000	86250	74750	42	6	4.2
M18×1.5	104000	97500	84500			
M20	117600	110250	95550	54	7.5	5.3
M20×1.5	130400	122250	105950			
M22	145600	136500	118300	68	9.5	6.5
M22×1.5	160000	150000	130000			
M24	169600	159000	137800	80	11.5	8
M24×2	184000	172500	149500			
M27	220000	206250	178750	94	13.5	10
M27×2	238400	223500	193700			
M30	269600	252750	219050	108	16	12
M30×2	298400	279750	242450			
M33	332800	312000	270400	122	18	14
M33×2	365600	342750	297050			
M36	392000	367500	318500	136	21	16
M36×3	415200	389250	337350			
M39	468800	439500	380900	150	23	18
M39×3	494400	463500	401700			

① 8级螺母的夹紧力等于8.8级螺栓保证载荷的80%。螺栓保证载荷值在GB/T 3098.1中给出。

②～⑤见表6-24的②～⑤。

表 6-29　10 级有效力矩型螺母试验夹紧力和有效力矩

螺纹规格 (*D*)或 (*D*×*P*)	试验夹紧力 F_{80}①/N	评价总摩擦系数夹紧力 (μ_{tot}②)		有效力矩/N·m		
		上极限 F_{75}③/N	下极限 F_{65}④/N	第一次拧入 $T_{Fv,max}$⑤	第一次拧出 $T_{Fd,min}$	第五次拧出 $T_{Fd,min}$
M5	9440	8850	7670	2.1	0.35	0.24
M6	13360	12525	10855	4	0.55	0.4
M7	19200	18000	15600	6	0.85	0.6
M8	24320	22800	19760	8	1.15	0.8
M8×1	26000	24375	21125			
M10	38480	36075	31265	14	2	1.4
M10×1.25	40640	38100	33020			
M10×1	42800	40125	34775			
M12	56000	52500	45500	21	3.1	2.1
M12×1.5	58480	54825	47515			
M12×1.25	61120	57300	49660			
M14	76400	71625	62075	31	4.4	3
M14×1.5	83200	78000	67600			
M16	10400	97500	84500	42	6	4.2
M16×1.5	111200	104250	90350			
M18	127200	119250	103350	56	8	5.5
M18×1.5	143200	134250	116350			
M20	162400	152250	131950	72	10.5	7
M20×1.5	180800	169500	146900			
M22	201600	189000	163800	90	13	9
M22×1.5	220800	207000	179400			
M24	234400	219750	190450	106	15	10.5
M24×2	255200	239250	207350			
M27	304800	285750	247650	123	17	12
M27×2	329600	309000	267800			
M30	372800	349500	302900	140	19	14
M30×2	412000	386250	334750			
M33	460800	432000	374400	160	21.5	15.5
M33×2	505600	474000	410800			

（续）

螺纹规格 (D)或 ($D \times P$)	试验夹紧力 F_{80}①/N	评价总摩擦系数夹紧力 (μ_{tot}②)		有效力矩/N·m		
		上极限 F_{75}③/N	下极限 F_{65}④/N	第一次拧入 $T_{Fv,max}$⑤	第一次拧出 $T_{Fd,min}$	第五次拧出 $T_{Fd,min}$
M36	542400	508500	440700	180	24	17.5
M36×3	574400	538500	466700			
M39	648000	607500	526500	200	26.5	19.5
M39×3	684000	641250	555750			

① 10级螺母的夹紧力等于10.9级螺栓保证载荷的80%。螺栓保证载荷值在GB/T 3098.1中给出。

②~⑤见表6-24的②~⑤。

表6-30 12级有效力矩型螺母试验夹紧力和有效力矩

螺纹规格 (D)或 ($D \times P$)	试验夹紧力 F_{80}①/N	评价总摩擦系数夹紧力 (μ_{tot}②)		有效力矩/N·m		
		上极限 F_{75}③/N	下极限 F_{65}④/N	第一次拧入 $T_{Fv,max}$⑤	第一次拧出 $T_{Fd,min}$	第五次拧出 $T_{Fd,min}$
M5	11040	10350	8970	2.1	0.35	0.24
M6	15600	14625	12675	4	0.55	0.4
M7	22400	21000	18200	6	0.85	0.6
M8	28400	26625	23075	8	1.15	0.8
M8×1	30400	28500	24700			
M10	45040	42225	36595	14	2	1.4
M10×1.25	47520	44550	38610			
M10×1	50160	47025	40755			
M12	65440	61350	53170	21	3.1	2.1
M12×1.5	68400	64125	55575			
M12×1.25	71440	66975	58045			
M14	89600	84000	72800	31	4.4	3
M14×1.5	96800	90750	78650			
M16	121600	114000	98800	42	6	4.2
M16×1.5	129600	121500	105300			
M18	148800	139500	120900	56	8	5.5
M18×1.5	168000	157500	136500			
M20	190400	178500	154700	72	10.5	7
M20×1.5	211200	198000	171600			

（续）

螺纹规格 (D)或 (D×P)	试验夹紧力 F_{80}①/N	评价总摩擦系数夹紧力 (μ_{tot}②)		有效力矩/N·m		
		上极限 F_{75}③/N	下极限 F_{65}④/N	第一次拧入 $T_{Fv,max}$⑤	第一次拧出 $T_{Fd,min}$	第五次拧出 $T_{Fd,min}$
M22	235200	220500	191100	90	13	9
M22×1.5	258400	242250	209950			
M24	273600	256500	222300	106	15	10.5
M24×2	297600	279000	241800			
M27	356000	333750	289250	123	17	12
M27×2	384800	360750	312650			
M30	435200	408000	353600	140	19	14
M30×2	481600	451500	391300			
M33	538400	504750	437450	160	21.5	15.5
M33×2	590400	553500	479700			
M36	633600	594000	514800	180	24	17.5
M36×3	671200	629250	545350			
M39	757600	710250	615550	200	26.5	19.5
M39×3	799200	749250	649350			

① 12级螺母的夹紧力等于12.9级螺栓保证载荷的80%。螺栓保证载荷值在GB/T 3098.1中给出。

②~⑤见表6-24的②~⑤。

二、螺母的尺寸

1. C级六角螺母（GB/T 41—2016）(图6-12、表6-31、表6-32)

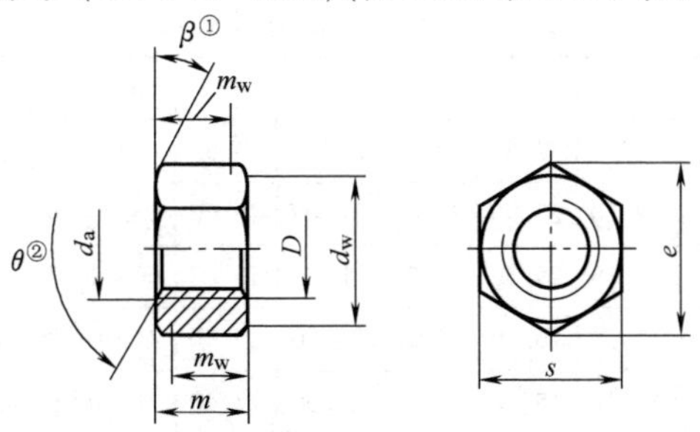

注：尺寸代号和标注符合GB/T 5276。

① $\beta=15°\sim30°$。

② $\theta=90°\sim120°$。

图6-12　C级六角螺母型式

表 6-31 优选的螺纹规格 (mm)

螺纹规格 D		M5	M6	M8	M10	M12	M16	M20
螺距 P		0.8	1	1.25	1.5	1.75	2	2.5
d_{wmin}		6.70	8.70	11.50	14.50	16.50	22.00	27.70
e_{min}		8.63	10.89	14.20	17.59	19.85	26.17	32.95
m	max	5.60	6.40	7.90	9.50	12.20	15.90	19.00
	min	4.40	4.90	6.40	8.00	10.40	14.10	16.90
m_{wmin}		3.50	3.70	5.10	6.40	8.30	11.30	13.50
s	公称=max	8.00	10.00	13.00	16.00	18.00	24.00	30.00
	min	7.64	9.64	12.57	15.57	17.57	23.16	29.16
螺纹规格 D		M24	M30	M36	M42	M48	M56	M64
螺距 P		3	3.5	4	4.5	5	5.5	6
d_{wmin}		33.30	42.80	51.10	60.00	69.50	78.70	88.20
e_{min}		39.55	50.85	60.79	71.30	82.60	93.56	104.86
m	max	22.30	26.40	31.90	34.90	38.90	45.90	52.40
	min	20.20	24.30	29.40	32.40	36.40	43.40	49.40
m_{wmin}		16.20	19.40	23.20	25.90	29.10	34.70	39.50
s	公称=max	36.00	46.00	55.00	65.00	75.00	85.00	95.00
	min	35.00	45.00	53.80	63.10	73.10	82.80	92.80

表 6-32 非优选的螺纹规格 (mm)

螺纹规格 D		M14	M18	M22	M27	M33	M39	M45	M52	M60
螺距 P		2	2.5	2.5	3	3.5	4	4.5	5	5.5
d_{wmin}		19.20	24.90	31.40	38.00	46.60	55.90	64.70	74.20	83.40
e_{min}		22.78	29.56	37.29	45.2	55.37	66.44	76.95	88.25	99.21
m	max	13.90	16.90	20.20	24.70	29.50	34.30	36.90	42.90	48.90
	min	12.1c	15.10	18.10	22.60	27.40	31.80	34.40	40.40	46.40
m_{wmin}		9.70	12.10	14.50	18.10	21.90	25.40	27.50	32.20	37.10
s	公称=max	21.00	27.00	34.00	41.00	50.00	60.00	70.00	80.00	90.00
	min	20.16	26.16	33.00	40.00	49.00	58.80	68.10	78.10	87.80

2. 1型六角螺母（GB/T 6170—2015）(图 6-13、表 6-33、表 6-34)

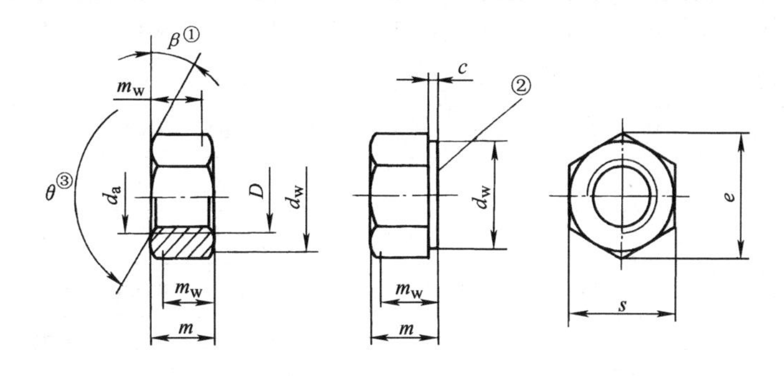

注：尺寸代号和标注符合 GB/T 5276。

① $\beta = 15° \sim 30°$。

② 要求垫圈面型式时，应在订单中注明。

③ $\theta = 90° \sim 120°$

图 6-13　1型六角螺母型式

表 6-33　优选的螺纹规格　(mm)

螺纹规格 D		M1.6	M2	M2.5	M3	M4	M5	M6	M8	M10	M12
螺距 P		0.35	0.4	0.45	0.5	0.7	0.8	1	1.25	1.5	1.75
c	max	0.20	0.20	0.30	0.40	0.40	0.50	0.50	0.60	0.60	0.60
	min	0.10	0.10	0.10	0.15	0.15	0.15	0.15	0.15	0.15	0.15
d_a	max	1.84	2.30	2.90	3.45	4.60	5.75	6.75	8.75	10.80	13.00
	min	1.60	2.00	2.50	3.00	4.00	5.00	6.00	8.00	10.00	12.00
d_{wmin}		2.40	3.10	4.10	4.60	5.90	6.90	8.90	11.60	14.60	16.60
e_{min}		3.41	4.32	5.45	6.01	7.66	8.79	11.05	14.38	17.77	20.03
m	max	1.30	1.60	2.00	2.40	3.20	4.70	5.20	6.80	8.40	10.80
	min	1.05	1.35	1.75	2.15	2.90	4.40	4.90	6.44	8.04	10.37
m_{wmin}		0.80	1.10	1.40	1.70	2.30	3.50	3.90	5.20	6.40	8.30
s	公称=max	3.20	4.00	5.00	5.50	7.00	8.00	10.00	13.00	16.00	18.00
	min	3.02	3.82	4.82	5.32	6.78	7.78	9.78	12.73	15.73	17.73

（续）

螺纹规格 D		M16	M20	M24	M30	M36	M42	M48	M56	M64
螺距 P		2	2.5	3	3.5	4	4.5	5	5.5	6
c	max	0.80	0.80	0.80	0.80	0.80	1.00	1.00	1.00	1.00
	min	0.20	0.20	0.20	0.20	0.20	0.30	0.30	0.30	0.30
d_a	max	17.30	21.60	25.90	32.40	38.90	45.40	51.80	60.50	69.10
	min	16.00	20.00	24.00	30.00	36.00	42.00	48.00	56.00	64.00
d_{wmin}		22.50	27.70	33.30	42.80	51.10	60.00	69.50	78.70	88.20
e_{min}		26.75	32.95	39.55	50.85	60.79	71.30	82.60	93.56	104.86
m	max	14.80	18.00	21.50	25.60	31.00	34.00	38.00	45.00	51.00
	min	14.10	16.90	20.20	24.30	29.40	32.40	36.40	43.40	49.10
m_{wmin}		11.30	13.50	16.20	19.40	23.50	25.90	29.10	34.70	39.30
s	公称=max	24.00	30.00	36.00	46.00	55.00	65.00	75.00	85.00	95.00
	min	23.67	29.16	35.00	45.00	53.80	63.10	73.10	82.80	92.80

表 6-34 非优选的螺纹规格 （mm）

螺纹规格 D		M3.5	M14	M18	M22	M27	M33	M39	M45	M52	M60
螺距 P		0.06	2	2.5	2.5	3	3.5	4	4.5	5	5.5
c	max	0.40	0.60	0.80	0.80	0.80	0.80	1.00	1.00	1.00	1.00
	min	0.15	0.15	0.20	0.20	0.20	0.20	0.30	0.30	0.30	0.30
d_a	max	4.00	15.10	19.50	23.70	29.10	35.60	42.10	48.60	56.20	64.80
	min	3.50	14.00	18.00	22.00	27.00	33.00	39.00	45.00	52.00	60.00
d_{wmin}		5.00	19.60	24.90	31.40	38.00	46.60	55.90	64.70	74.20	83.40
e_{min}		6.58	23.36	29.56	37.29	45.20	55.37	66.44	76.95	88.25	99.21
m	max	2.80	12.80	15.80	19.40	23.80	28.70	33.40	36.00	42.00	48.00
	min	2.55	12.10	15.10	18.10	22.50	27.40	31.80	34.40	40.40	46.40
m_{wmin}		2.00	9.70	12.10	14.50	18.00	21.90	25.40	27.50	32.30	37.10
s	公称=max	6.00	21.00	27.00	34.00	41.00	50.00	60.00	70.00	80.00	90.00
	min	5.82	20.67	26.16	33.00	40.00	49.00	58.80	68.10	78.10	87.80

3. 细牙1型六角螺母（GB/T 6171—2016）（图6-14、表6-35、表6-36）

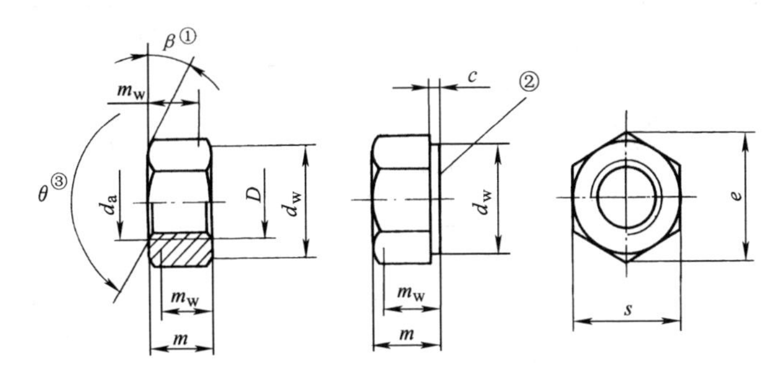

注：尺寸代号和标注符合GB/T 5276。

① $\beta=15°\sim30°$。

② 要求垫圈面型式时，应在订单中注明。

③ $\theta=90°\sim120°$。

图6-14　细牙1型六角螺母型式

表6-35　优选的螺纹规格　　（mm）

螺纹规格 $D\times P$		M8×1	M10×1	M12×1.5	M16×1.5	M20×1.5	M24×2
c	max	0.60	0.60	0.60	0.80	0.80	0.80
	min	0.15	0.15	0.15	0.20	0.20	0.20
d_a	max	8.75	10.80	13.00	17.30	21.60	25.90
	min	8.00	10.00	12.00	16.00	20.00	24.00
d_{wmin}		11.63	14.63	16.63	22.49	27.70	33.25
e_{min}		14.38	17.77	20.03	26.75	32.95	39.55
m	max	6.80	8.40	10.80	14.80	18.00	21.50
	min	6.44	8.04	10.37	14.10	16.90	20.20
m_{wmin}		5.15	6.43	8.30	11.28	13.52	16.16
s	公称=max	13.00	16.00	18.00	24.00	30.00	36.00
	min	12.73	15.73	17.73	23.67	29.16	35.00

（续）

螺纹规格 $D \times P$		M30×2	M36×3	M42×3	M48×3	M56×4	M64×4
c	max	0.80	0.80	1.00	1.00	1.00	1.00
	min	0.20	0.20	0.30	0.30	0.30	0.30
d_a	max	32.40	38.90	45.40	51.80	60.50	69.10
	min	30.00	36.00	42.00	48.00	56.00	64.00
d_{wmin}		42.75	51.11	59.95	69.45	78.66	88.16
e_{min}		50.85	60.79	71.30	82.60	93.56	104.86
m	max	25.60	31.00	34.00	38.00	45.00	51.00
	min	24.30	29.40	32.40	36.40	43.40	49.10
m_{wmin}		19.44	23.52	25.92	29.12	34.72	39.28
s	公称=max	46.00	55.00	65.00	75.00	85.00	95.00
	min	45.00	53.80	63.10	73.10	82.80	92.80

表 6-36　非优选的螺纹规格　（mm）

螺纹规格 $D \times P$		M10×1.25	M12×1.25	M14×1.5	M18×1.5	M20×2	M22×1.5
c	max	0.60	0.60	0.60	0.80	0.80	0.80
	min	0.15	0.15	0.15	0.20	0.20	0.20
d_a	max	10.80	13.00	15.10	19.50	21.60	23.70
	min	10.00	12.00	14.00	18.00	20.00	22.00
d_{wmin}		14.63	16.63	19.64	24.85	27.70	31.35
e_{min}		17.77	20.03	23.36	29.56	32.95	37.29
m	max	8.40	10.80	12.80	15.80	18.00	19.40
	min	8.04	10.37	12.10	15.10	16.90	18.10
m_{wmin}		6.43	8.30	9.68	12.08	13.52	14.48
s	公称=max	16.00	18.00	21.00	27.00	30.00	34.00
	min	15.73	17.73	20.67	26.16	29.16	33.00

（续）

螺纹规格 $D \times P$		M27×2	M33×2	M39×3	M45×3	M52×4	M60×4
c	max	0.80	0.80	1.00	1.00	1.00	1.00
	min	0.20	0.20	0.30	0.30	0.30	0.30
d_a	max	29.10	35.60	42.10	48.60	56.20	64.80
	min	27.00	33.00	39.00	45.00	52.00	60.00
d_{wmin}		38.00	46.55	55.86	64.70	74.20	83.41
e_{min}		45.20	55.37	66.44	76.95	88.25	99.21
m	max	23.80	28.70	33.40	36.00	42.00	48.00
	min	22.50	27.40	31.80	34.40	40.40	46.40
m_{wmin}		18.00	21.92	25.44	27.52	32.32	37.12
s	公称=max	41.00	50.00	60.00	70.00	80.00	90.00
	min	40.00	49.00	58.80	68.10	78.10	87.80

4. 2型六角螺母（GB/T 6175—2016）（图6-15、表6-37）

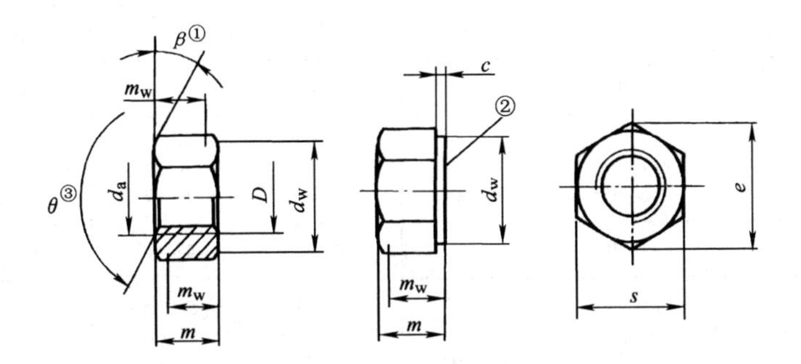

注：尺寸代号和标注符合GB/T 5276。

① $\beta=15°\sim30°$。

② 要求垫圈面型式时，应在订单中注明。

③ $\theta=90°\sim120°$。

图6-15　2型六角螺母型式

表 6-37　2 型六角螺母尺寸　(mm)

螺纹规格 D		M5	M6	M8	M10	M12	(M14)
螺距 P		0.8	1	1.25	1.5	1.75	2
c_{max}		0.50	0.50	0.60	0.60	0.60	0.60
d_a	max	5.75	6.75	8.75	10.80	13.00	15.10
	min	5.00	6.00	8.00	10.00	12.00	14.00
d_{wmin}		6.90	8.90	11.60	14.60	16.60	19.60
e_{min}		8.79	11.05	14.38	17.77	20.03	23.36
m	max	5.10	5.70	7.50	9.30	12.00	14.10
	min	4.80	5.40	7.14	8.94	11.57	13.40
m_{wmin}		3.84	4.32	5.71	7.15	9.26	10.70
s	max	8.00	10.00	13.00	16.00	18.00	21.00
	min	7.78	9.78	12.73	15.73	17.73	20.67

螺纹规格 D		M16	M20	M24	M30	M36
螺距 P		2	2.5	3	3.5	4
c_{max}		0.80	0.80	0.80	0.80	0.80
d_a	max	17.30	21.60	25.90	32.40	38.90
	min	16.00	20.00	24.00	30.00	36.00
d_{wmin}		22.50	27.70	33.20	42.70	51.10
e_{min}		26.75	32.95	39.55	50.85	60.79
m	max	16.40	20.30	23.90	28.60	34.70
	min	15.70	19.00	22.60	27.30	33.10
m_{wmin}		12.60	15.20	18.10	21.80	26.50
s	max	24.00	30.00	36.00	46.00	55.00
	min	23.67	29.16	35.00	45.00	53.80

注：尽可能不采用括号内的规格。

5. **细牙 2 型六角螺母**（GB/T 6176—2016）（图 6-16、表 6-38、表 6-39）

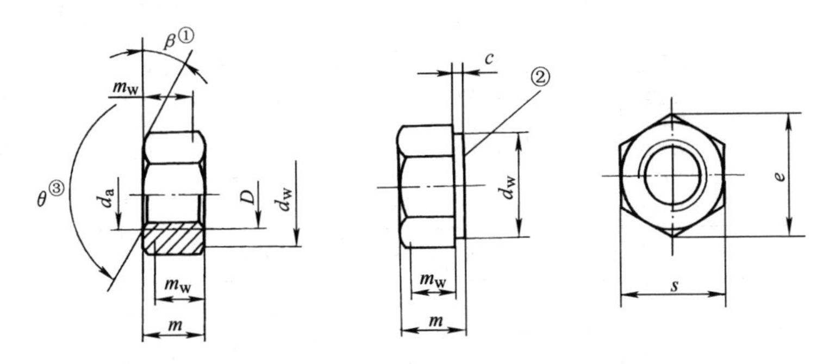

注：尺寸代号和标注符合 GB/T 5276。

① $\beta=15°\sim30°$。

② 要求垫圈面型式时，应在订单中注明。

③ $\theta=90°\sim120°$。

图 6-16 细牙 2 型六角螺母型式

表 6-38 优选的螺纹规格 （mm）

螺纹规格 $D\times P$		M8×1	M10×1	M12×1.5	M16×1.5	M20×1.5	M24×2	M30×2	M36×3
c	max	0.60	0.60	0.60	0.80	0.80	0.80	0.80	0.80
	min	0.15	0.15	0.15	0.20	0.20	0.20	0.20	0.20
d_a	max	8.75	10.80	13.00	17.30	21.60	25.90	32.40	38.90
	min	8.00	10.00	12.00	16.00	20.00	24.00	30.00	36.00
d_{wmin}		11.63	14.63	16.63	22.49	27.70	33.25	42.75	51.11
e_{min}		14.38	17.77	20.03	26.75	32.95	39.55	50.85	60.79
m	max	7.50	9.30	12.00	16.40	20.30	23.90	28.60	34.70
	min	7.14	8.94	11.57	15.70	19.00	22.60	27.30	33.10
m_{wmin}		5.71	7.15	9.26	12.56	15.20	18.08	21.84	26.48
s	公称=max	13.00	16.00	18.00	24.00	30.00	36.00	46.00	55.00
	min	12.73	15.73	17.73	23.67	29.16	35.00	45.00	53.80

表 6-39 非优选的螺纹规格 (mm)

螺纹规格 $D \times P$		M10×1.25	M12×1.25	M14×1.5	M18×1.5	M20×2	M22×1.5	M27×2	M33×2
c	max	0.60	0.60	0.60	0.80	0.80	0.80	0.80	0.80
	min	0.15	0.15	0.15	0.20	0.20	0.20	0.20	0.20
d_a	max	10.80	3.00	15.10	19.50	21.60	23.70	29.10	35.60
	min	10.00	2.00	14.00	18.00	20.00	22.00	27.00	33.00
d_{wmin}		14.63	16.63	19.64	24.85	27.70	31.35	38.00	46.55
e_{min}		17.77	20.03	23.36	29.56	32.95	37.29	45.20	55.37
m	max	9.30	12.00	14.10	17.60	20.30	21.80	26.70	32.50
	min	8.94	11.57	13.40	16.90	19.00	20.50	25.40	30.90
m_{wmin}		7.15	9.26	10.72	13.52	15.20	16.40	20.32	24.72
s	公称=max	16.00	18.00	21.00	27.00	30.00	34.00	41.00	50.00
	min	15.73	17.73	20.67	26.16	29.16	33.00	40.00	49.00

6. 六角法兰面螺母（GB/T 6177.1—2016）(图 6-17、表 6-40)

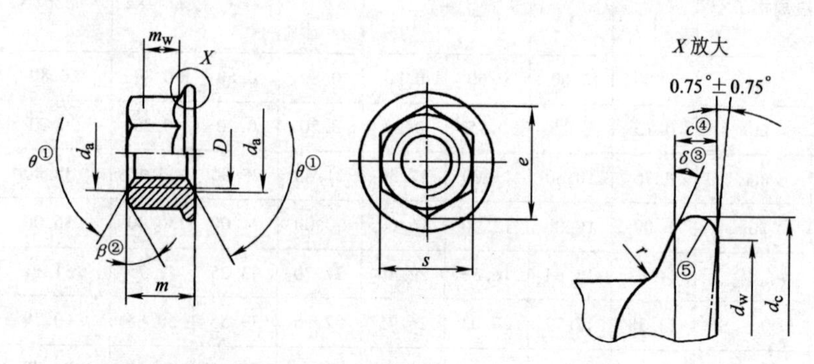

注：尺寸代号和标注符合 GB/T 5276。

① $\theta=90° \sim 120°$

② $\beta=15° \sim 30°$。

③ $\delta=15° \sim 25°$。

④ c 在 d_{wmin} 处测量。

⑤ 棱边形状由制造者任选。

图 6-17 六角法兰面螺母型式

表 6-40　六角法兰面螺母尺寸　(mm)

螺纹规格 D		M5	M6	M8	M10	M12	(M14)	M16	M20
螺距 P		0.8	1	1.25	1.5	1.75	2	2	2.5
c_{min}		1.0	1.1	1.2	1.5	1.8	2.1	2.4	3.0
d_a	max	5.75	6.75	8.75	10.80	13.00	15.10	17.30	21.60
	min	5.00	6.00	8.00	10.00	12.00	14.00	16.00	20.00
d_{cmax}		11.8	14.2	17.9	21.8	26.0	29.9	34.5	42.8
d_{wmin}		9.8	12.2	15.8	19.6	23.8	27.6	31.9	39.9
e_{min}		8.79	11.05	14.38	16.64	20.03	23.36	26.75	32.95
m	max	5.00	6.00	8.00	10.00	12.00	14.00	16.00	20.00
	min	4.70	5.70	7.64	9.64	11.57	13.30	15.30	18.70
m_{wmin}		2.5	3.1	4.6	5.6	6.8	7.7	8.9	10.7
s	max	8.00	10.00	13.00	15.00	18.00	21.00	24.00	30.00
	min	7.78	9.78	12.73	14.73	17.73	20.67	23.67	29.16
r_{max}①		0.3	0.4	0.5	0.6	0.7	0.9	1.0	1.2

注：尽可能不采用括号内的规格。

① r 适用于棱角和六角面。

7. 六角薄螺母（GB/T 6172.1—2016）(图 6-18、表 6-41、表 6-42)

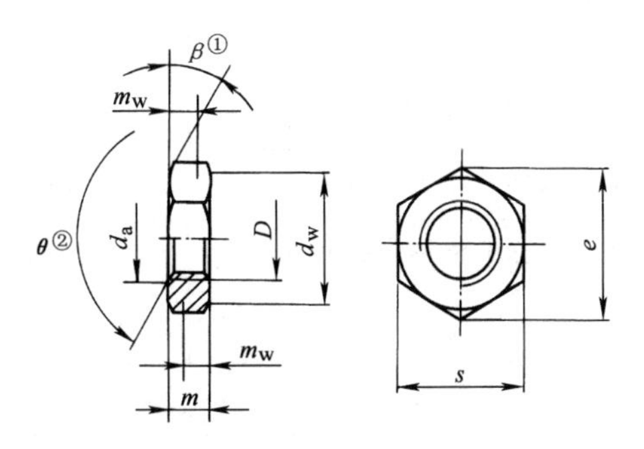

注：尺寸代号和标注符合 GB/T 5276。

① $\beta=15°\sim30°$。

② $\theta=110°\sim120°$

图 6-18　六角薄螺母型式

表 6-41 优选的螺纹规格 (mm)

螺纹规格 D		M1.6	M2	M2.5	M3	M4	M5	M6	M8	M10	M12
螺距 P		0.35	0.4	0.45	0.5	0.7	0.8	1	1.25	1.5	1.75
d_a	max	1.84	2.30	2.90	3.45	4.60	5.75	6.75	8.75	10.80	13.00
	min	1.60	2.00	2.50	3.00	4.00	5.00	6.00	8.00	10.00	12.00
d_{wmin}		2.40	3.10	4.10	4.60	5.90	6.90	8.90	11.60	14.60	16.60
e_{min}		3.41	4.32	5.45	6.01	7.66	8.79	11.05	14.38	17.77	20.03
m	max	1.00	1.20	1.60	1.80	2.20	2.70	3.20	4.00	5.00	6.00
	min	0.75	0.95	1.35	1.55	1.95	2.45	2.90	3.70	4.70	5.70
m_{wmin}		0.60	0.80	1.10	1.20	1.60	2.00	2.30	3.00	3.80	4.60
s	公称=max	3.20	4.00	5.00	5.50	7.00	8.00	10.00	13.00	16.00	18.00
	min	3.02	3.82	4.82	5.32	6.78	7.78	9.78	12.73	15.73	17.73

螺纹规格 D		M16	M20	M24	M30	M36	M42	M48	M56	M64
螺距 P		2	2.5	3	3.5	4	4.5	5	5.5	6
d_a	max	17.30	21.60	25.90	32.40	38.90	45.40	51.80	60.50	69.10
	min	16.00	20.00	24.00	30.00	36.00	42.00	48.00	56.00	64.00
d_{wmin}		22.50	27.70	33.20	42.80	51.10	60.00	69.50	78.70	88.20
e_{min}		26.75	32.95	39.55	50.85	60.79	71.30	82.60	93.56	104.86
m	max	8.00	10.00	12.00	15.00	18.00	21.00	24.00	28.00	32.00
	min	7.42	9.10	10.90	13.90	16.90	19.70	22.70	26.70	30.40
m_{wmin}		5.90	7.30	8.70	11.10	13.50	15.80	18.20	21.40	24.30
s	公称=max	24.00	30.00	36.00	46.00	55.00	65.00	75.00	85.00	95.00
	min	23.67	29.16	35.00	45.00	53.80	63.10	73.10	82.80	92.80

表 6-42 非优选的螺纹规格 (mm)

螺纹规格 D		M3.5	M14	M18	M22	M27	M33	M39	M45	M52	M60
螺距 P		0.6	2	2.5	2.5	3	3.5	4	4.5	5	5.5
d_a	max	4.00	15.10	19.50	23.70	29.10	35.60	42.10	48.60	56.20	64.80
	min	3.50	14.00	18.00	22.00	27.00	33.00	39.00	45.00	52.00	60.00
d_{wmin}		5.10	19.60	24.90	31.40	38.00	46.60	55.90	64.70	74.20	83.40
e_{min}		6.58	23.36	29.56	37.29	45.20	55.37	66.44	76.95	88.25	99.21
m	max	2.00	7.00	9.00	11.00	13.50	16.50	19.50	22.50	26.00	30.00
	min	1.75	6.42	8.42	9.90	12.40	15.40	18.20	21.20	24.70	28.70
m_{wmin}		1.40	5.10	6.70	7.90	9.90	12.30	14.60	17.00	19.80	23.00
s	公称=max	6.00	21.00	27.00	34.00	41.00	50.00	60.00	70.00	80.00	90.00
	min	5.82	20.67	26.16	33.00	40.00	49.00	58.80	68.10	78.10	87.80

8. 非金属嵌件六角锁紧薄螺母（GB/T 6172.2—2016）(图 6-19、表 6-43)

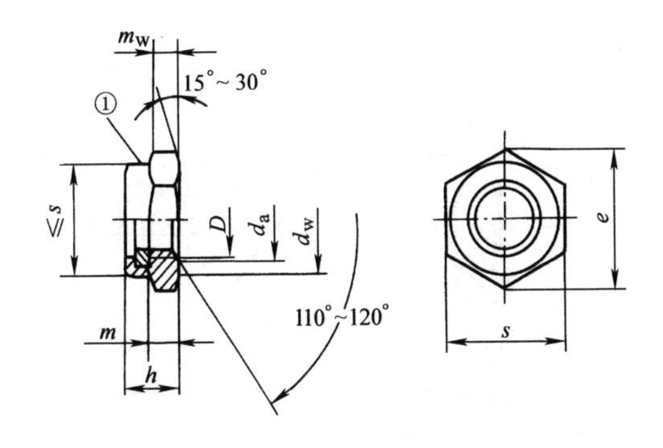

注：尺寸代号和标注符合 GB/T 5276。

① 有效力矩部分形状由制造者任选。

图 6-19 非金属嵌件六角锁紧薄螺母型式

表 6-43 非金属嵌件六角锁紧薄螺母尺寸 (mm)

螺纹规格 D		M3	M4	M5	M6	M8	M10	M12	(M14)	M16	M20	M24	M30	M36
螺距 P		0.5	0.7	0.8	1	1.25	1.5	1.75	2	2	2.5	3	3.5	4
d_a	max	3.45	4.60	5.75	6.75	8.75	10.80	13.00	15.10	17.30	21.60	25.90	32.40	38.90
	min	3.00	4.00	5.00	6.00	8.00	10.00	12.00	14.00	16.00	20.00	24.00	30.00	36.00
d_{wmin}		4.56	5.90	6.90	8.90	11.60	14.60	16.60	19.60	22.50	27.70	33.20	42.80	51.10
e_{min}		6.01	7.66	8.79	11.05	14.38	17.77	20.03	23.35	26.75	32.95	39.55	50.85	60.79
h	max	3.90	5.00	5.00	6.00	6.76	8.56	10.23	11.32	12.42	14.90	17.80	22.20	25.50
	min	3.42	4.52	4.52	5.52	6.18	7.98	9.53	10.22	11.32	13.10	16.00	20.10	23.40
m_{min}		1.55	1.95	2.45	2.90	3.70	4.70	5.70	6.42	7.42	9.10	10.90	13.90	16.90
m_{wmin}		1.24	1.56	1.96	2.32	2.96	3.76	4.56	5.14	5.94	7.28	8.72	11.12	13.52
s	max	5.50	7.00	8.00	10.00	13.00	16.00	18.00	21.00	24.00	30.00	36.00	46.00	55.00
	min	5.32	6.78	7.78	9.78	12.73	15.73	17.73	20.67	23.67	29.16	35.00	45.00	53.80

注：尽可能不采用括号内的规格。

9. 细牙六角薄螺母（GB/T 6173—2015)(图 6-20、表 6-44、表 6-45)

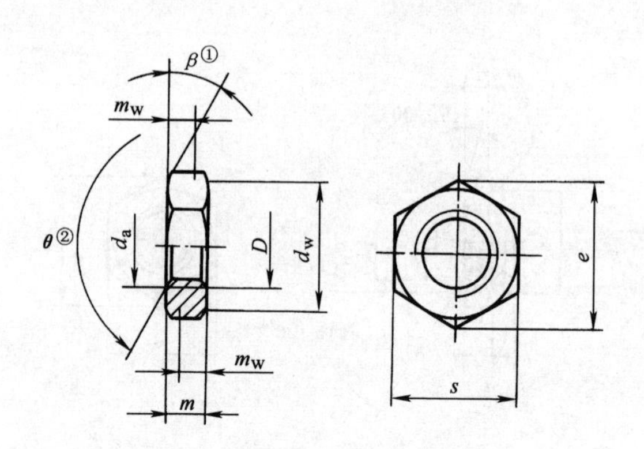

注：尺寸代号和标注符合 GB/T 5276。

① $\beta=15°\sim30°$。

② $\theta=110°\sim120°$。

图 6-20 细牙六角薄螺母型式

表 6-44 优选的螺纹规格 (mm)

螺纹规格 $D \times P$		M8×1	M10×1	M12×1.5	M16×1.5	M20×1.5	M24×2
d_a	max	8.75	10.80	13.00	17.30	21.60	25.90
	min	8.00	10.00	12.00	16.00	20.00	24.00
d_{wmin}		11.63	14.63	16.63	22.49	27.70	33.25
e_{min}		14.38	17.77	20.03	26.75	32.95	39.55
m	max	4.00	5.00	6.00	8.00	10.00	12.00
	min	3.70	4.70	5.70	7.42	9.10	10.90
m_{wmin}		2.96	3.76	4.56	5.94	7.28	8.72
s	公称=max	13.00	16.00	18.00	24.00	30.00	36.00
	min	12.73	15.73	17.73	23.67	29.16	35.00
螺纹规格 $D \times P$		M30×2	M36×3	M42×3	M48×3	M56×4	M64×4
d_a	max	32.40	38.90	45.40	51.80	60.50	69.10
	min	30.00	36.00	42.00	48.00	56.00	64.00
d_{wmin}		42.75	51.11	59.95	69.45	78.66	88.16
e_{min}		50.85	60.79	71.30	82.60	93.56	104.86
m	max	15.00	18.00	21.00	24.00	28.00	32.00
	min	13.90	16.90	19.70	22.70	26.70	30.40
m_{wmin}		11.12	13.52	15.76	18.16	21.36	24.32
s	公称=max	46.00	55.00	65.00	75.00	85.00	95.00
	min	45.00	53.80	63.10	73.10	82.80	92.80

表 6-45 非优选的螺纹规格 (mm)

螺纹规格 $D \times P$		M10×1.25	M12×1.25	M14×1.5	M18×1.5	M20×2	M22×1.5
d_a	max	10.80	13.00	15.10	19.50	21.60	23.70
	min	10.00	12.00	14.00	18.00	20.00	22.00
d_{wmin}		14.63	16.63	19.64	24.85	27.70	31.35
e_{min}		17.77	20.03	23.36	29.56	32.95	37.29
m	max	5.00	6.00	7.00	9.00	10.00	11.00
	min	4.70	5.70	6.42	8.42	9.10	9.90

（续）

螺纹规格 $D \times P$		M10×1.25	M12×1.25	M14×1.5	M18×1.5	M20×2	M22×1.5
m_{wmin}		3.76	4.56	5.14	6.74	7.28	7.92
s	公称=max	16.00	18.00	21.00	27.00	30.00	34.00
	min	15.73	17.73	20.67	26.16	29.16	33.00
螺纹规格 $D \times P$		M27×2	M33×2	M39×3	M45×3	M52×4	M60×4
d_a	max	29.10	35.60	42.10	48.60	56.20	64.80
	min	27.00	33.00	39.00	45.00	52.00	60.00
d_{wmin}		38.00	46.55	55.86	64.70	74.20	83.41
e_{min}		45.20	55.37	66.44	76.95	88.25	99.21
m	max	13.50	16.50	19.50	22.50	26.00	30.00
	min	12.40	15.40	18.20	21.20	24.70	28.70
m_{wmin}		9.92	12.32	14.56	16.96	19.76	22.96
s	公称=max	41.00	50.00	60.00	70.00	80.00	90.00
	min	40.00	49.00	58.80	68.10	78.10	87.80

10. 无倒角六角薄螺母（GB/T 6174—2016）(图 6-21、表 6-46)

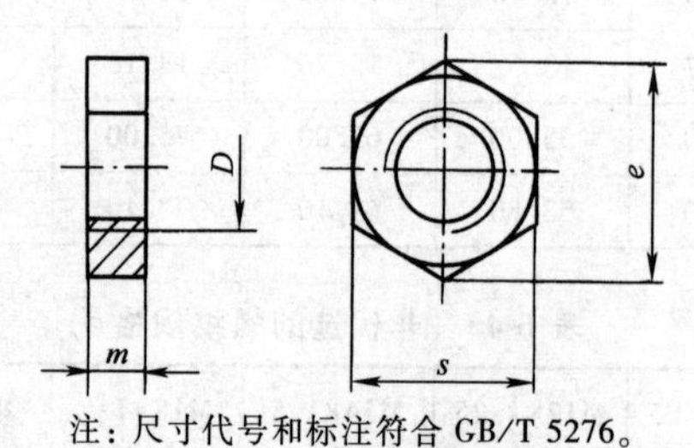

注：尺寸代号和标注符合 GB/T 5276。

图 6-21 无倒角六角薄螺母型式

表 6-46 无倒角六角薄螺母尺寸 (mm)

螺纹规格 D	M1.6	M2	M2.5	M3	(M3.5)	M4	M5	M6	M8	M10
螺距 P	0.35	0.4	0.45	0.5	0.6	0.7	0.8	1	1.25	1.5
e_{min}	3.28	4.18	5.31	5.88	6.44	7.50	8.63	10.89	14.20	17.59

（续）

螺纹规格 D		M1.6	M2	M2.5	M3	(M3.5)	M4	M5	M6	M8	M10
m	max	1.00	1.20	1.60	1.80	2.00	2.20	2.70	3.20	4.00	5.00
	min	0.75	0.95	1.35	1.55	1.75	1.95	2.45	2.90	3.70	4.70
s	公称=max	3.20	4.00	5.00	5.50	6.00	7.00	8.00	10.00	13.00	16.00
	min	2.90	3.70	4.70	5.20	5.70	6.64	7.64	9.64	12.57	15.57

注：尽可能不采用括号内的规格。

11. 小六角特扁细牙螺母（GB/T 808—1988）(图 6-22、表 6-47)

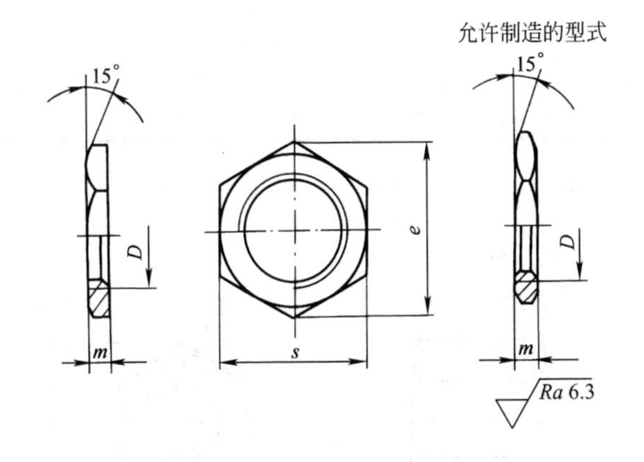

图 6-22　小六角特扁细牙螺母型式

表 6-47　小六角特扁细牙螺母尺寸　(mm)

螺纹规格 $D \times P$		M4×0.5	M5×0.5	M6×0.75	M8×1	M8×0.75	M10×1
e_{min}		7.66	8.79	11.05	13.25	13.25	15.51
m	max	1.7	1.7	2.4	3.0	2.4	3.0
	min	1.3	1.3	2.0	2.6	2.0	2.6
s	max	7	8	10	12	12	14
	min	6.78	7.78	9.78	11.73	11.73	13.73

（续）

螺纹规格 $D\times P$		M10×0.75	M12×1.25	M12×1	M14×1	M16×1.5	M16×1
e_{min}		15.51	18.90	18.90	21.10	24.29	24.49
m	max	2.4	3.74	3	3.2	4.24	3.2
	min	2.0	3.26	2.6	2.8	3.76	2.8
s	max	14	17	17	19	22	22
	min	13.73	16.73	16.73	18.67	21.67	21.67
螺纹规格 $D\times P$		M18×1.5	M18×1	M20×1	M22×1	M24×1.5	M24×1
e_{min}		26.75	26.75	30.14	33.53	35.72	35.72
m	max	4.24	3.44	3.74	3.74	4.24	3.74
	min	3.76	2.96	3.26	3.26	3.76	3.26
s	max	24	24	27	30	32	32
	min	23.16	23.16	26.16	29.16	31	31

12. 六角厚螺母（GB/T 56—1988）(图 6-23、表 6-48)

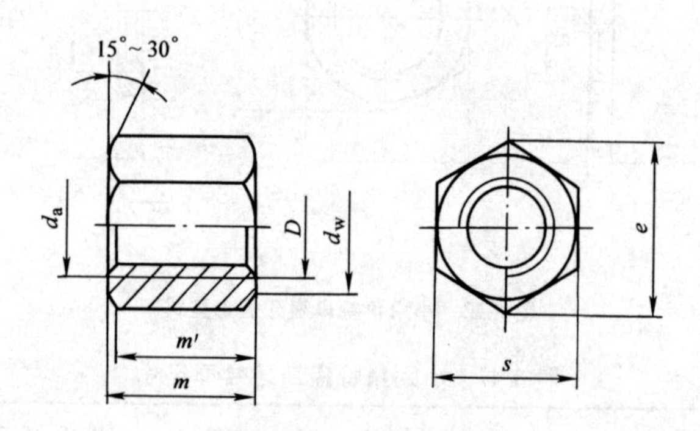

图 6-23 六角厚螺母型式

表 6-48 六角厚螺母尺寸 （mm）

螺纹规格 D		M16	(M18)	M20	(M22)	M24	(M27)	M30	M36	M42	M48
d_a	max	17.3	19.5	21.6	23.7	25.9	29.1	32.4	38.9	45.4	51.8
	min	16	18	20	22	24	27	30	36	42	48
d_{wmin}		22.5	24.8	27.7	31.4	33.2	38	42.7	51.1	60.6	69.4
e_{min}		26.17	29.56	32.95	37.29	39.55	45.2	50.85	60.79	72.09	82.6

（续）

螺纹规格 D		M16	(M18)	M20	(M22)	M24	(M27)	M30	M36	M42	M48
m	max	25	28	32	35	38	42	48	55	65	75
	min	24.16	27.16	30.4	33.4	36.4	40.4	46.4	53.1	63.1	73.1
m'_{min}		19.33	21.73	24.32	26.72	29.12	32.32	37.12	42.48	50.48	58.48
s	max	24	27	30	34	36	41	46	55	65	75
	min	23.16	26.16	29.16	33	35	40	45	53.8	63.8	73.1

注：尽可能不采用括号内的规格。

13. 球面六角螺母（GB/T 804—1988）（图 6-24、表 6-49）

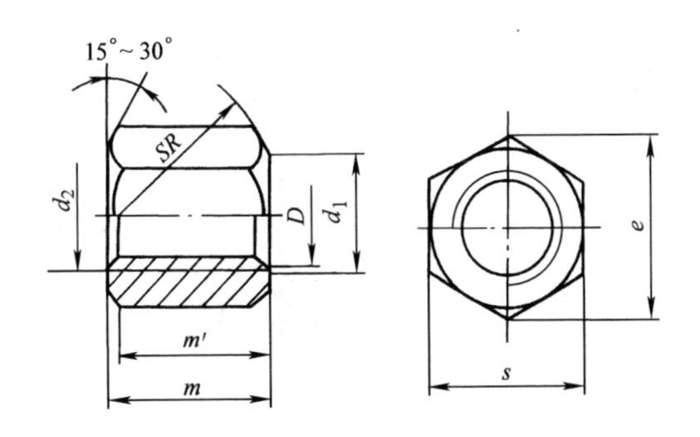

图 6-24　球面六角螺母型式

表 6-49　球面六角螺母尺寸　（mm）

螺纹规格 D		M6	M8	M10	M12	M16	M20	M24	M30	M36	M42	M48
d_2	max	6.75	8.75	10.8	13	17.3	21.6	25.9	32.4	38.9	45.4	51.8
	min	6	8	10	12	16	20	24	30	36	42	48
d_1		7.5	9.5	11.5	14	18	22	26	32	38	44	50
e_{min}		11.05	14.38	17.77	20.03	26.75	32.95	39.85	50.85	60.79	72.09	82.6
m	max	10.29	12.35	16.35	20.42	25.42	32.5	38.5	48.5	55.6	65.6	75.6
	min	9.71	11.65	15.65	19.58	24.58	31.5	37.5	47.5	54.4	64.4	74.4

（续）

螺纹规格 D		M6	M8	M10	M12	M16	M20	M24	M30	M36	M42	M48
m'_{min}		7.77	9.32	12.52	15.66	19.66	25.2	30.0	38.0	43.52	51.52	59.52
SR		10	12	16	20	25	32	36	40	50	63	70
s	max	10	13	16	18	24	30	36	46	55	65	75
	min	9.78	12.73	15.73	17.73	23.67	29.16	35	45	53.8	63.8	73.1

14. A 和 B 级 1 型六角开槽螺母（GB/T 6178—1986）(图 6-25、表 6-50)

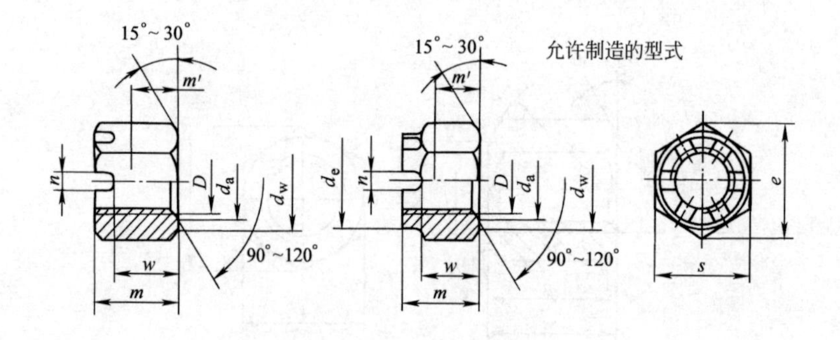

注：1. 槽的底部允许制成平底。

2. （$m-w$）长度内允许制成喇叭形的螺纹孔。

3. 六角与螺母开槽端的端面交接处允许有圆钝。

图 6-25 A 和 B 级 1 型六角开槽螺母型式

表 6-50 A 和 B 级 1 型六角开槽螺母尺寸 (mm)

螺纹规格 D		M4	M5	M6	M8	M10	M12
d_a	max	4.6	5.75	6.75	8.75	10.8	13
	min	4	5	6	8	10	12
d_e	max	—	—	—	—	—	—
	min	—	—	—	—	—	—
d_{wmin}		5.9	6.9	8.9	11.6	14.6	16.6
e_{min}		7.66	8.79	11.05	14.38	17.77	20.03

（续）

螺纹规格 D		M4	M5	M6	M8	M10	M12
m	max	5	6.7	7.7	9.8	12.4	15.8
	min	4.7	6.34	7.34	9.44	11.97	15.37
m'_{min}		2.32	3.52	3.92	5.15	6.43	8.3
n	min	1.2	1.4	2	2.5	2.8	3.5
	max	1.8	2	2.6	3.1	3.4	4.25
s	max	7	8	10	13	16	18
	min	6.78	7.78	9.78	12.73	15.73	17.73
w	max	3.2	4.7	5.2	6.8	8.4	10.8
	min	2.9	4.4	4.9	6.44	8.04	10.37
开口销		1×10	1.2×12	1.6×14	2×16	2.5×20	3.2×22
螺纹规格 D		（M14）	M16	M20	M24	M30	M36
d_a	max	15.1	17.3	21.6	25.9	32.4	38.9
	min	14	16	20	24	30	36
d_e	max	—	—	28	34	42	50
	min	—	—	27.16	33	41	49
d_{wmin}		19.6	22.5	27.7	33.2	42.7	51.1
e_{min}		23.35	26.75	32.95	39.55	50.85	60.79
m	max	17.8	20.8	24	29.5	34.6	40
	min	17.37	20.28	23.16	28.66	33.6	39
m'_{min}		9.68	11.28	13.52	16.16	19.44	23.52
n	min	3.5	4.5	4.5	5.5	7	7
	max	4.25	5.7	5.7	6.7	8.5	8.5
s	max	21	24	30	36	46	55
	min	20.67	23.67	29.16	35	45	53.8
w	max	12.8	14.8	18	21.5	25.6	31
	min	12.37	14.37	17.3	20.66	24.76	30
开口销		3.2×26	4×28	4×36	5×40	6.3×50	6.3×65

注：尽可能不采用括号内的规格。

15. A和B级细牙1型六角开槽螺母(GB/T 9457—1988)(图6-26、表6-51)

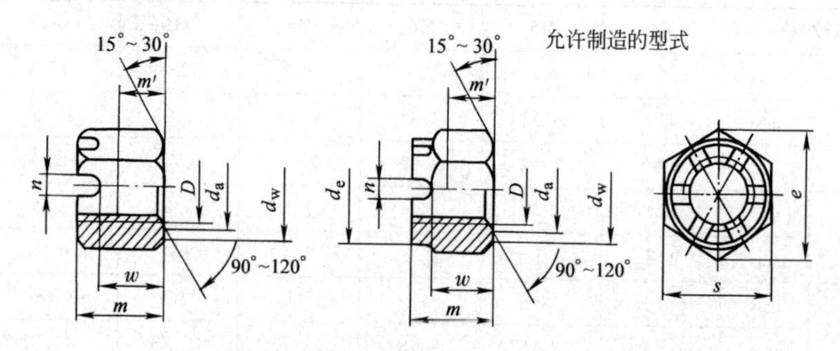

注:1. 槽的底部允许制成平底。
2. (m−w)长度内允许制成喇叭形的螺纹孔。
3. 六角与螺母开槽端的端面交接处允许有圆钝。

图6-26 A和B级细牙1型六角开槽螺母型式

表6-51 A和B级细牙1型六角开槽螺母尺寸 (mm)

螺纹规格 $D \times P$		M8×1	M10×1 (M10×1.25)	M12×1.5 (M12×1.25)	(M14×1.5)
d_a	max	8.75	10.8	13	15.1
	min	8	10	12	14
d_e	max	—	—	—	—
	min	—	—	—	—
d_{wmin}		11.6	14.6	16.6	19.6
e_{min}		14.38	17.77	20.03	23.35
m	max	9.8	12.4	15.8	17.8
	min	9.44	11.97	15.37	17.37
m'_{min}		5.15	6.43	8.3	9.68
n	max	3.1	3.4	4.25	4.25
	min	2.5	2.8	3.5	3.5
s	max	13	16	18	21
	min	12.73	15.73	17.73	20.67
w	max	6.8	8.4	10.8	12.8
	min	6.44	8.04	10.37	12.37
开口销		2×16	2.5×20	3.2×22	3.2×26

（续）

螺纹规格 $D \times P$		M16×1.5	（M18×1.5）	M20×2 （M20×1.5）	（M22×1.5）
d_a	max	17.3	19.5	21.6	23.7
	min	16	18	20	22
d_e	max	—	25	28	30
	min	—	24.16	27.16	29.16
d_{wmin}		22.5	24.8	27.7	31.4
e_{min}		26.75	29.56	32.95	37.29
m	max	20.8	21.8	24	27.4
	min	20.28	20.96	23.16	26.56
m'_{min}		11.28	12.08	13.52	14.85
n	max	5.7	5.7	5.7	6.7
	min	4.5	4.5	4.5	5.5
s	max	24	27	30	34
	min	23.67	26.16	29.16	33
w	max	14.8	15.8	18	19.4
	min	14.37	15.1	17.3	18.56
开口销		4×28	4×32	4×36	5×40

螺纹规格 $D \times P$		M24×2	（M27×2）	M30×2	（M33×2）	M36×3
d_a	max	25.9	29.1	32.4	35.6	38.9
	min	24	27	30	33	36
d_e	max	34	38	42	46	50
	min	33	37	41	45	49
d_{wmin}		33.2	38	42.7	46.6	51.1
e_{min}		39.55	45.2	50.85	55.37	60.79
m	max	29.5	31.8	34.6	37.7	40
	min	28.66	30.8	33.6	36.7	39
m'_{min}		16.16	18.37	19.44	22.16	23.52
n	max	6.7	6.7	8.5	8.5	8.5
	min	5.5	5.5	7	7	7
s	max	36	41	46	50	55
	min	35	40	45	49	53.8
w	max	21.5	23.8	25.6	28.7	31
	min	20.66	22.96	24.76	27.86	30
开口销		5×40	5×45	6.3×50	6.3×60	6.3×65

注：尽可能不采用括号内的规格。

16. C 级 1 型六角开槽螺母（GB/T 6179—1986）（图 6-27、表 6-52）

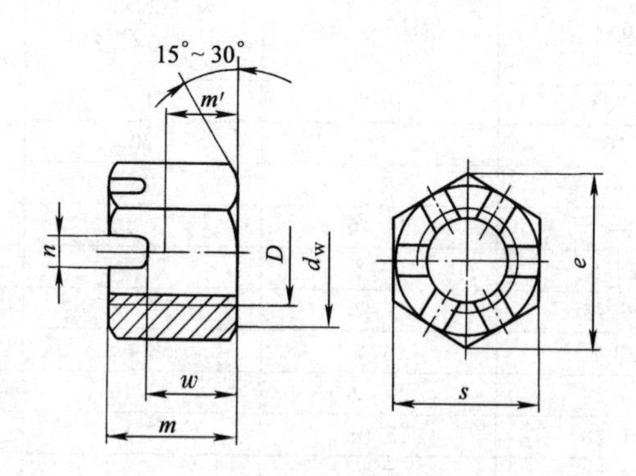

注：1. 槽的底部允许制成平底。
2. （$m-w$）长度内允许制成喇叭形的螺纹孔。
3. 六角与螺母开槽端的端面交接处允许有圆钝。

图 6-27 C 级 1 型六角开槽螺母型式

表 6-52 C 级 1 型六角开槽螺母尺寸 （mm）

螺纹规格 D		M5	M6	M8	M10	M12	(M14)
d_{wmin}		6.9	8.7	11.5	14.5	16.5	19.2
e_{min}		8.63	10.89	14.20	17.59	19.85	22.78
m	max	7.6	8.9	10.94	13.54	17.17	18.9
	min	6.1	7.4	9.14	11.74	15.37	16.8
m'_{min}		3.5	3.9	5.1	6.4	8.3	9.7
n	max	2	2.6	3.1	3.4	4.25	4.25
	min	1.4	2	2.5	2.8	3.5	3.5
s	max	8	10	13	16	18	21
	min	7.64	9.64	12.57	15.57	17.57	20.16
w	max	5.6	6.4	7.94	9.54	12.17	13.9
	min	4.4	4.9	6.44	8.04	10.37	12.1
开口销		1.2×12	1.6×14	2×16	2.5×20	3.2×22	3.2×26

（续）

螺纹规格 D		M16	M20	M24	M30	M36
d_{wmin}		22	27.7	33.2	42.7	51.1
e_{min}		26.17	32.95	39.55	50.85	60.79
m	max	21.9	25	30.3	35.4	40.9
	min	19.8	22.9	27.8	32.4	38.4
m'_{min}		11.3	13.5	16.2	19.5	23.5
n	max	5.7	5.7	6.7	8.5	8.5
	min	4.5	4.5	5.5	7	7
s	max	24	30	36	46	55
	min	23.16	29.16	35	45	53.8
w	max	15.9	19	22.3	26.4	31.9
	min	14.1	16.9	20.2	24.3	29.4
开口销		4×28	4×36	5×40	6.3×50	6.3×65

注：尽可能不采用括号内的规格。

17. A和B级2型六角开槽螺母（GB/T 6180—1986)(图6-28、表6-53)

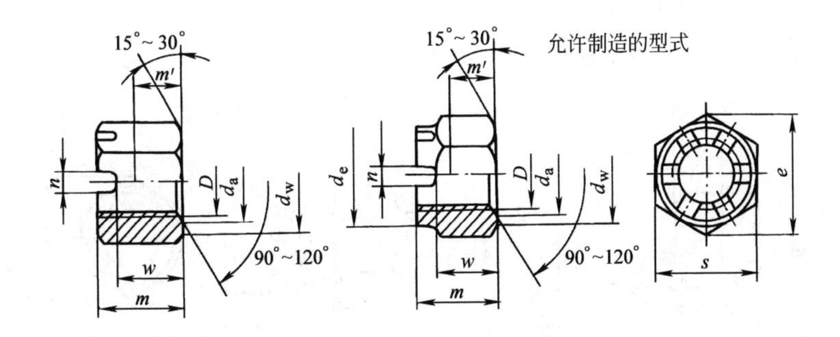

注：1. 槽的底部允许制成平底。

2. ($m-w$) 长度内允许制成喇叭形的螺纹孔。

3. 六角与螺母开槽端的端面交接处允许有圆钝。

图6-28　A和B级2型六角开槽螺母型式

表 6-53　A 和 B 级 2 型六角开槽螺母尺寸　(mm)

螺纹规格 D		M5	M6	M8	M10	M12	(M14)	M16	M20	M24	M30	M36
d_a	max	5.75	6.75	8.75	10.8	13	15.1	17.3	21.6	25.9	32.4	38.9
	min	5	6	8	10	12	14	16	20	24	30	36
d_e	max	—	—	—	—	—	—	—	28	34	42	50
	min	—	—	—	—	—	—	—	27.16	33	41	49
d_{wmin}		6.9	8.9	11.6	14.6	16.6	19.6	22.5	27.7	33.2	42.7	51.1
e_{min}		8.79	11.05	14.38	17.77	20.03	23.35	26.75	32.95	39.55	50.85	60.79
m	max	7.1	8.2	10.5	13.3	17	19.1	22.4	26.3	31.9	37.6	43.7
	min	6.74	7.84	10.07	12.87	16.57	18.58	21.88	25.46	30.9	36.6	42.7
m'_{min}		3.84	4.32	5.71	7.15	9.26	10.7	12.6	15.2	18.1	21.8	26.5
n	min	1.4	2	2.5	2.8	3.5	3.5	4.5	4.5	5.5	7	7
	max	2	2.6	3.1	3.4	4.25	4.25	5.7	5.7	6.7	8.5	8.5
s	max	8	10	13	16	18	21	24	30	36	46	55
	min	7.85	9.78	12.73	15.73	17.73	20.67	23.67	29.16	35	45	53.8
w	max	5.1	5.7	7.5	9.3	12	14.1	16.4	20.3	23.9	28.6	34.7
	min	4.8	5.4	7.14	8.94	11.57	13.67	15.97	19.46	23.06	27.76	33.7
开口销		1.2×12	1.6×14	2×16	2.5×20	3.2×22	3.2×26	4×28	4×36	5×40	6.3×50	6.3×65

注：尽可能不采用括号内的规格。

18. A 和 B 级细牙 2 型六角开槽螺母（GB/T 9458—1986）(图 6-29、表 6-54)

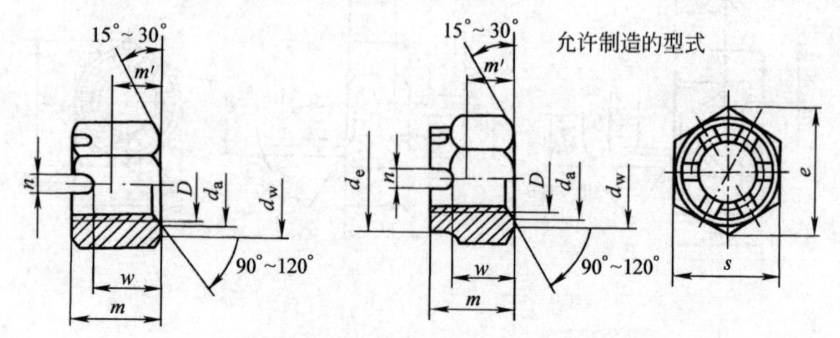

注：1. 槽的底部允许制成平底。

2. ($m-w$) 长度内允许制成喇叭形的螺纹孔。

3. 六角与螺母开槽端的端面交接处允许有圆钝。

图 6-29　A 和 B 级细牙 2 型六角开槽螺母型式

表 6-54　A 和 B 级细牙 2 型六角开槽螺母尺寸　（mm）

螺纹规格 $D \times P$		M8×1	M10×1 （M10×1.25）	M12×1.5 （M12×1.25）	（M14×1.5）
d_a	max	8.75	10.8	13	15.1
	min	8	10	12	14
d_e	max	—	—	—	—
	min	—	—	—	—
d_{wmin}		11.6	14.6	16.6	19.6
e_{min}		14.38	17.77	20.03	23.35
m	max	10.5	13.3	17	19.1
	min	10.07	12.87	16.57	18.58
m'_{min}		5.71	7.15	9.26	10.7
n	max	3.1	3.4	4.25	4.25
	min	2.5	2.8	3.5	3.5
s	max	13	16	18	21
	min	12.73	15.73	17.73	20.67
w	max	7.5	9.3	12	14.1
	min	7.14	8.94	11.57	13.67
开口销		2×16	2.5×20	3.2×22	3.2×26
螺纹规格 $D \times P$		M16×1.5	（M18×1.5）	M20×2 （M20×1.5）	（M22×1.5）
d_a	max	17.3	19.5	21.6	23.7
	min	16	18	20	22
d_e	max	—	25	28	30
	min	—	24.16	27.16	29.16
d_{wmin}		22.5	24.8	27.7	31.4
e_{min}		26.75	29.56	32.95	37.29
m	max	22.4	23.6	26.3	29.8
	min	21.88	22.76	25.46	28.96
m'_{min}		12.6	13.5	15.2	16.4
n	max	5.7	5.7	5.7	6.7
	min	4.5	4.5	4.5	5.5
s	max	24	27	30	34
	min	23.67	26.16	29.16	33
w	max	16.4	17.6	20.3	21.8
	min	15.97	16.9	19.46	20.5
开口销		4×28	4×32	4×36	5×40

（续）

螺纹规格 $D \times P$		M24×2	（M27×2）	M30×2	（M33×2）	M36×3
d_a	max	25.9	29.1	32.4	35.6	38.9
	min	24	27	30	33	36
d_e	max	34	38	42	46	50
	min	33	37	41	45	49
d_{wmin}		33.2	38	42.7	46.6	51.1
e_{min}		39.55	45.2	50.85	55.37	60.79
m	max	31.9	34.7	37.6	41.5	43.7
	min	30.9	33.7	36.6	40.5	42.7
m'_{min}		18.1	20.3	21.8	24.7	26.5
n	max	6.7	6.7	8.5	8.5	8.5
	min	5.5	5.5	7	7	7
s	max	36	41	46	50	55
	min	35	40	45	49	53.8
w	max	23.9	26.7	28.6	32.5	34.7
	min	23.06	25.4	27.76	30.9	33.7
开口销		5×40	5×45	6.3×50	6.3×60	6.3×65

注：尽可能不采用括号内的规格。

19. A和B级六角开槽薄螺母（GB/T 6181—1986）(图6-30、表6-55)

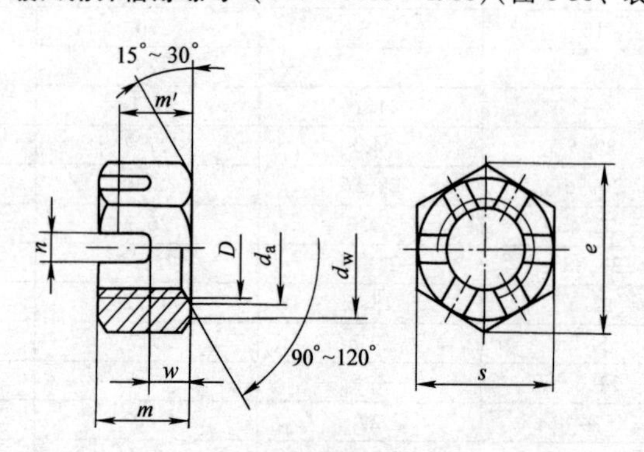

注：1. 槽的底部允许制成平底。

2. （$m-w$）长度内允许制成喇叭形的螺纹孔。

3. 六角与螺母开槽端的端面交接处允许有圆钝。

图6-30　A和B级六角开槽薄螺母型式

表 6-55 A 和 B 级六角开槽薄螺母尺寸 (mm)

螺纹规格 D		M5	M6	M8	M10	M12	(M14)	M16	M20	M24	M30	M36
d_a	max	5.75	6.75	8.75	10.8	13	15.1	17.3	21.6	25.9	32.4	38.9
	min	5	6	8	10	12	14	16	20	24	30	36
d_{wmin}		6.9	8.9	11.6	14.6	16.6	19.6	22.5	27.7	33.2	42.7	51.1
e_{min}		8.79	11.05	14.38	17.77	20.03	23.35	26.75	32.95	39.55	50.85	60.79
m	max	5.1	5.7	7.5	9.3	12	14.1	16.4	20.3	23.9	28.6	34.7
	min	4.8	5.4	7.14	8.94	11.57	13.4	15.7	19	22.6	27.3	33.1
m'_{min}		3.84	4.32	5.71	7.15	9.26	10.7	12.6	15.2	18.1	21.8	26.5
n	max	2	2.6	3.1	3.4	4.25	4.25	5.7	5.7	6.7	8.5	8.5
	min	1.4	2	2.5	2.8	3.5	3.5	4.5	4.5	5.5	7	7
s	max	8	10	13	16	18	21	24	30	36	46	55
	min	7.78	9.78	12.73	15.73	17.73	20.67	23.67	29.16	35	45	53.8
w	max	3.1	3.2	4.5	5.3	7	9.1	10.4	14.3	15.9	19.6	25.7
	min	2.8	2.9	4.2	5	6.64	8.74	9.97	13.6	15.2	18.76	24.86
开口销		1.2×12	1.6×14	2×16	2.5×20	3.2×20	3.2×26	4×28	4×36	5×40	6.3×50	6.3×65

注：尽可能不采用括号内的规格。

20. A 和 B 级细牙六角开槽薄螺母（GB/T 9459—1988）（图 6-31、表 6-56）

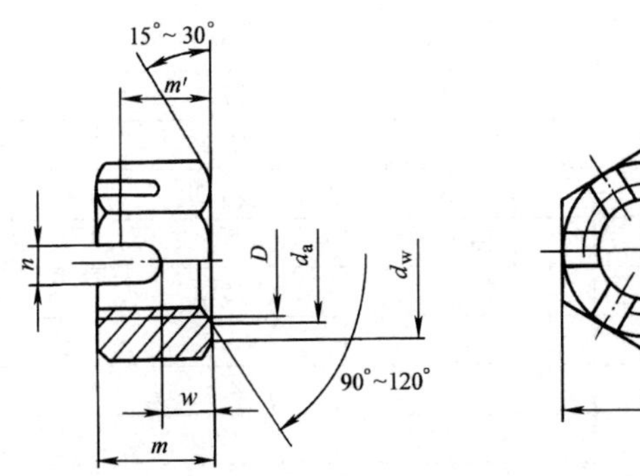

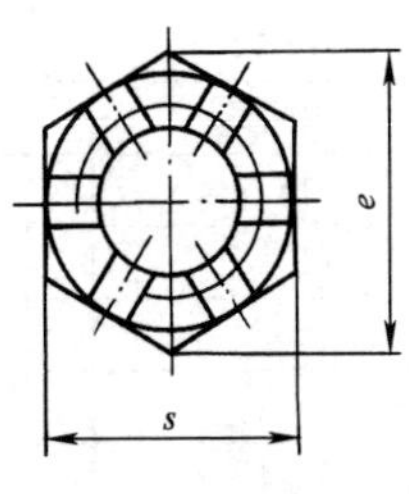

注：1. 槽的底部允许制成平底。

2. （$m-w$）长度内允许制成喇叭形的螺纹孔。

3. 六角与螺母开槽端面交接处允许有圆钝。

图 6-31 A 和 B 级细牙六角开槽薄螺母型式

表 6-56 A 和 B 级细牙六角开槽薄螺母尺寸 (mm)

螺纹规格 $D \times P$		M8×1	M10×1 (M10×1.25)	M12×1.5 (M12×1.25)	(M14×1.5)
d_a	max	8.75	10.8	13	15.1
	min	8	10	12	14
d_{wmin}		11.6	14.6	16.6	19.6
e_{min}		14.38	17.77	20.03	23.35
m	max	7.5	9.3	12	14.1
	min	7.14	8.94	11.57	13.4
m'_{min}		5.71	7.15	9.26	10.7
n	max	3.1	3.4	4.25	4.25
	min	2.5	2.8	3.5	3.5
s	max	13	16	18	21
	min	12.73	15.73	17.73	20.67
w	max	4.5	5.3	7	9.1
	min	4.2	5	6.64	8.74
开口销		2×16	2.5×20	3.2×22	3.2×26
螺纹规格 $D \times P$		M16×1.5	(M18×1.5)	M20×2 (M20×1.5)	(M22×1.5)
d_a	max	17.3	19.5	21.6	23
	min	16	18	20	22
d_{wmin}		22.5	24.8	27.7	31.4
e_{min}		26.75	29.56	32.95	37.29
m	max	16.4	17.6	20.3	21.8
	min	15.7	16.9	19	20.5
m'_{min}		12.6	13.5	15.2	16.4
n	max	5.7	5.7	5.7	6.7
	min	4.5	4.5	4.5	5.5
s	max	24	27	30	34
	min	23.67	26.16	29.16	33
w	max	10.4	11.6	14.3	14.8
	min	9.97	10.9	13.6	14.1
开口销		4×28	4×32	4×36	5×40

（续）

螺纹规格 $D\times P$		M24×2	（M27×2）	M30×2	（M33×2）	M36×3
d_a	max	25.9	29.1	32.4	35.6	38.9
	min	24	27	30	33	36
d_{wmin}		33.2	38	42.7	46.6	51.1
e_{min}		39.55	45.2	50.85	55.37	60.79
m	max	23.9	26.7	28.6	32.5	34.7
	min	22.6	25.4	27.3	30.9	33.1
m'_{min}		18.1	20.3	21.8	24.7	26.5
n	max	6.7	6.7	8.5	8.5	8.5
	min	5.5	5.5	7	7	7
s	max	36	41	46	50	55
	min	35	40	45	49	53.8
w	max	15.9	18.7	19.6	23.5	25.7
	min	15.2	17.86	18.76	22.66	24.86
开口销		5×40	5×45	6.3×50	6.3×60	6.3×65

注：尽可能不采用括号内的规格。

21. 1型非金属嵌件六角锁紧螺母（GB/T 889.1—2015）（图6-32、表6-57）

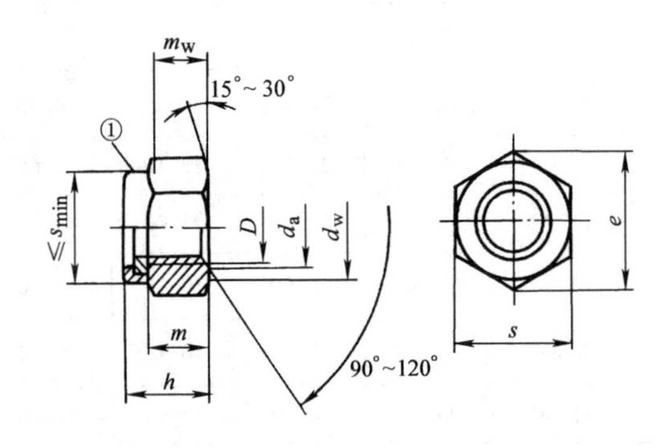

注：尺寸代号和标注符合GB/T 5276。
① 有效力矩部分形状由制造者自选。

图6-32　1型非金属嵌件六角锁紧螺母型式

表 6-57 1 型非金属嵌件六角锁紧螺母尺寸 (mm)

螺纹规格 D		M3	M4	M5	M6	M8	M10	M12
螺距 P		0.5	0.7	0.8	1	1.25	1.5	1.75
d_a	max	3.45	4.60	5.75	6.75	8.75	10.80	13.00
	min	3.00	4.00	5.00	6.00	8.00	10.00	12.00
d_{wmin}		4.57	5.88	6.88	8.88	11.63	14.63	16.63
e_{min}		6.01	7.66	8.79	11.05	14.38	17.77	20.03
h	max	4.50	6.00	6.80	8.00	9.50	11.90	14.90
	min	4.02	5.52	6.22	7.42	8.92	11.20	14.20
m_{min}		2.15	2.90	4.40	4.90	6.44	8.04	10.37
m_{wmin}		1.72	2.32	3.52	3.92	5.15	6.43	8.30
s	max	5.50	7.00	8.00	10.00	13.00	16.00	18.00
	min	5.32	6.78	7.78	9.78	12.73	15.73	17.73

螺纹规格 D		(M14)	M16	M20	M24	M30	M36
螺距 P		2	2	2.5	3	3.5	4
d_a	max	15.10	17.30	21.60	25.90	32.40	38.90
	min	14.00	16.00	20.00	24.00	30.00	36.00
d_{wmin}		19.64	22.49	27.70	33.25	42.75	51.11
e_{min}		23.36	26.75	32.95	39.55	50.85	60.79
h	max	17.00	19.10	22.80	27.10	32.60	38.90
	min	15.90	17.80	20.70	25.00	30.10	36.40
m_{min}		12.10	14.10	16.90	20.20	24.30	29.40
m_{wmin}		9.68	11.28	13.52	16.16	19.44	23.52
s	max	21.00	24.00	30.00	36.00	46.00	55.00
	min	20.67	23.67	29.16	35.00	45.00	53.80

注：尽可能不采用括号内的规格。

22. 细牙 1 型非金属嵌件六角锁紧螺母（GB/T 889.2—2016）(图 6-33、表 6-58)

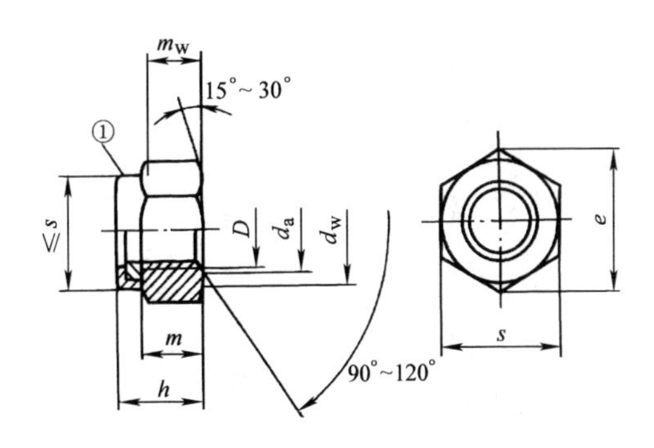

注：尺寸代号和标注符合 GB/T 5276。
① 有效力矩部分形状由制造者任选。

图 6-33　细牙 1 型非金属嵌件六角锁紧螺母型式

表 6-58　细牙 1 型非金属嵌件六角锁紧螺母尺寸　（mm）

螺纹规格 $D \times P$		M8×1	M10×1 M10×1.25	M12×1.25 M12×1.5	(M14×1.5)	M16×1.5	M20×1.5	M24×2	M30×2	M36×3
d_a	max	8.75	10.80	13.00	15.10	17.30	21.60	25.90	32.40	38.90
	min	8.00	10.00	12.00	14.00	16.00	20.00	24.00	30.00	36.00
d_{wmin}		11.63	14.63	16.63	19.64	22.49	27.70	33.25	42.75	51.11
e_{min}		14.38	17.77	20.03	23.36	26.75	32.95	39.55	50.85	60.79
h	max	9.50	11.90	14.90	17.00	19.10	22.80	27.10	32.60	38.90
	min	8.92	11.20	14.20	15.90	17.80	20.70	25.00	30.10	36.40
m_{min}		6.44	8.04	10.37	12.10	14.10	16.90	20.20	24.30	29.40
m_{wmin}		5.15	6.43	8.30	9.68	11.28	13.52	16.16	19.44	23.52
s	max	13.00	16.00	18.00	21.00	24.00	30.00	36.00	46.00	55.00
	min	12.73	15.73	17.73	20.67	23.67	29.16	35.00	45.00	53.80

注：尽可能不采用括号内的规格。

23. 2型非金属嵌件六角锁紧螺母（GB/T 6182—2016）(图 6-34、表 6-59)

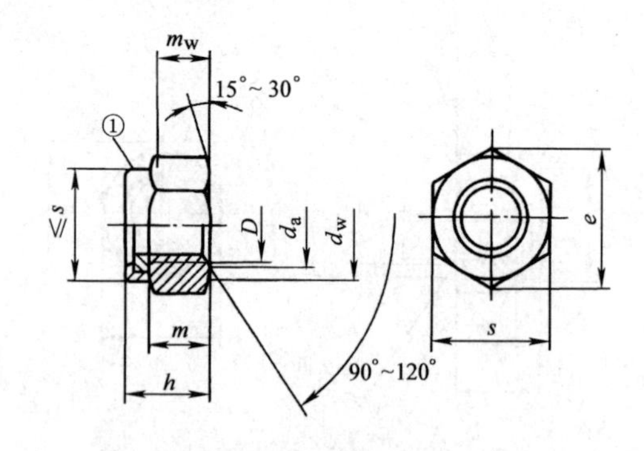

注：尺寸代号和标注符合 GB/T 5276。
① 有效力矩部分，形状由制造者任选。

图 6-34 2型非金属嵌件六角锁紧螺母型式

表 6-59 2型非金属嵌件六角锁紧螺母尺寸 (mm)

螺纹规格 D		M5	M6	M8	M10	M12	(M14)	M16	M20	M24	M30	M36
螺距 P		0.8	1	1.25	1.5	1.75	2	2	2.5	3	3.5	4
d_a	max	5.75	6.75	8.75	10.80	13.00	15.10	17.30	21.60	25.90	32.40	38.90
	min	5.00	6.00	8.00	10.00	12.00	14.00	16.00	20.00	24.00	30.00	36.00
d_{wmin}		6.88	8.88	11.63	14.63	16.63	19.64	22.49	27.7	33.25	42.75	51.11
e_{min}		8.79	11.05	14.38	17.77	20.03	23.36	26.75	32.95	39.55	50.85	60.79
h	max	7.20	8.50	10.20	12.80	16.10	18.30	20.70	25.10	29.50	35.60	42.60
	min	6.62	7.92	9.50	12.10	15.40	17.00	19.40	23.00	27.40	33.10	40.10
m_{min}		4.80	5.40	7.14	8.94	11.57	13.40	15.70	19.00	22.60	27.30	33.10
m_{wmin}		3.84	4.32	5.71	7.15	9.26	10.70	12.60	15.20	18.10	21.80	26.50
s	max	8.00	10.00	13.00	16.00	18.00	21.00	24.00	30.00	36.00	46.00	55.00
	min	7.78	9.78	12.73	15.73	17.73	20.67	23.67	29.16	35.00	45.00	53.80

注：尽可能不采用括号内的规格。

24. 非金属嵌件六角锁紧螺母（GB/T 6183.1—2016）（图 6-35、表 6-60）

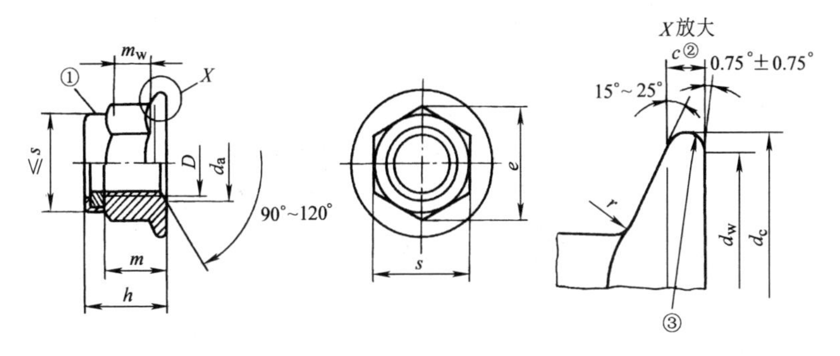

注：尺寸代号和标注符合 GB/T 5276。

① 有效力矩部分形状由制造者自选。

② c 在 d_{wmin} 处测量。

③ 棱边形状由制造者任选。

图 6-35　非金属嵌件六角锁紧螺母型式

表 6-60　非金属嵌件六角锁紧螺母尺寸　（mm）

螺纹规格 D		M5	M6	M8	M10	M12	（M14）	M16	M20
螺距 P		0.8	1	1.25	1.5	1.75	2	2	2.5
c_{min}		1.0	1.1	1.2	1.5	1.8	2.1	2.4	3.0
d_a	max	5.75	6.75	8.75	10.80	13.00	15.10	17.30	21.60
	min	5.00	6.00	8.00	10.00	12.00	14.00	16.00	20.00
d_{cmax}		11.80	14.20	17.90	21.80	26.00	29.90	34.50	42.80
d_{wmin}		9.80	12.20	15.80	19.60	23.80	27.60	31.90	39.90
e_{min}		8.79	11.05	14.38	16.64	20.03	23.36	26.75	32.95
h	max	7.10	9.10	11.10	13.50	16.10	18.20	20.30	24.80
	min	6.52	8.52	10.40	12.80	15.40	16.90	19.00	22.70
m_{min}		4.70	5.70	7.640	9.64	11.57	13.30	15.30	18.70
m_{wmin}		2.5	3.1	4.6	5.6	6.8	7.7	8.9	10.7
s	max	8.00	10.00	13.00	15.00	18.00	21.00	24.00	30.00
	min	7.78	9.78	12.73	14.73	17.73	20.67	23.67	29.16
r_{max}①		0.3	0.4	0.5	0.6	0.7	0.9	1.0	1.2

注：尽可能不采用括号内的规格。

① r 适用于棱角和六角面。

25. 1型全金属六角锁紧螺母（GB/T 6184—2000）(图 6-36、表 6-61)

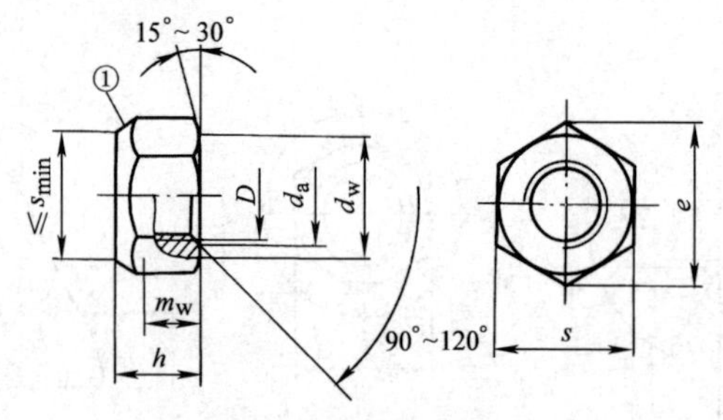

注：尺寸代号和标注符合 GB/T 5276。

① 有效力矩部分，形状任选。

图 6-36　1型全金属六角锁紧螺母型式

表 6-61　1型全金属六角锁紧螺母尺寸　(mm)

螺纹规格 D		M5	M6	M8	M10	M12	(M14)	M16
螺距 P		0.8	1	1.25	1.5	1.75	2	2
d_a	max	5.75	6.75	8.75	10.8	13	15.1	17.3
	min	5.00	6.00	8.00	10.0	12	14.0	16.0
d_{wmin}		6.88	8.88	11.63	14.63	16.63	19.64	22.49
e_{min}		8.79	11.05	14.38	17.77	20.03	23.36	26.75
h	max	5.3	5.9	7.10	9.00	11.60	13.2	15.2
	min	4.8	5.4	6.44	8.04	10.37	12.1	14.1
m_{wmin}		3.52	3.92	5.15	6.43	8.3	9.68	11.28
s	max	8.00	10.00	13.00	15.00	18.00	21.00	24.00
	min	7.78	9.78	12.73	14.73	17.73	20.67	23.67

螺纹规格 D		(M18)	M20	(M22)	M24	M30	M36
螺距 P		2.5	2.5	2.5	3	3.5	4
d_a	max	19.5	21.6	23.7	25.9	32.4	38.9
	min	18.0	20.0	22.0	24.0	30.0	36.0
d_{wmin}		24.9	27.7	31.4	33.25	42.75	51.11
e_{min}		29.56	32.95	37.29	39.55	50.85	60.79
h	max	17.00	19.0	21.0	23.0	26.9	32.5
	min	15.01	16.9	18.1	20.2	24.3	29.4
m_{wmin}		12.08	13.52	14.5	16.16	19.44	23.52
s	max	27.00	30.00	34	36	46	55.0
	min	26.16	29.16	33	35	45	53.8

注：尽可能不采用括号内的规格。

26. 2型全金属六角锁紧螺母（GB/T 6185.1—2016）(图6-37、表6-62)

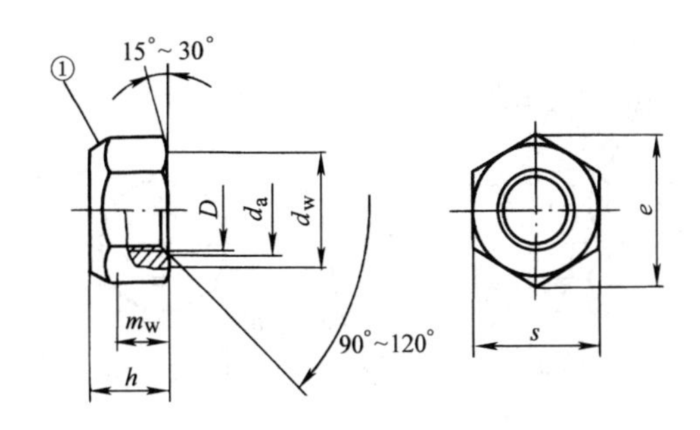

注：尺寸代号和标注符合GB/T 5276。

① 有效力矩部分形状由制造者自选。

图6-37　2型全金属六角锁紧螺母型式

表6-62　2型全金属六角锁紧螺母尺寸　(mm)

螺纹规格 D		M5	M6	M8	M10	M12	(M14)	M16	M20	M24	M30	M36
螺距 P		0.8	1	1.25	1.5	1.75	2	2	2.5	3	3.5	4
d_a	max	5.75	6.75	8.75	10.80	13.00	15.10	17.30	21.60	25.90	32.40	38.90
	min	5.00	6.00	8.00	10.00	12.00	14.00	16.00	20.00	24.00	30.00	36.00
d_{wmin}		6.88	8.88	11.63	14.63	16.63	19.64	22.49	27.70	33.25	42.75	51.11
e_{min}		8.79	11.05	14.38	17.77	20.03	23.36	26.75	32.95	39.55	50.85	60.79
h	max	5.10	6.00	8.00	10.00	13.30	14.10	16.40	20.30	23.90	30.00	36.00
	min	4.80	5.40	7.14	8.94	11.57	13.40	15.70	19.00	22.60	27.30	33.10
m_{wmin}		3.52	3.92	5.15	6.43	8.30	9.68	11.28	13.52	16.16	19.44	23.52
s	max	8.00	10.00	13.00	16.00	18.00	21.00	24.00	30.00	36.00	46.00	55.00
	min	7.78	9.78	12.73	15.73	17.73	20.67	23.67	29.16	35.00	45.00	53.80

注：尽可能不采用括号内的规格。

27. 细牙 2 型全金属六角锁紧螺母（GB/T 6185.2—2016）(图 6-38、表 6-63)

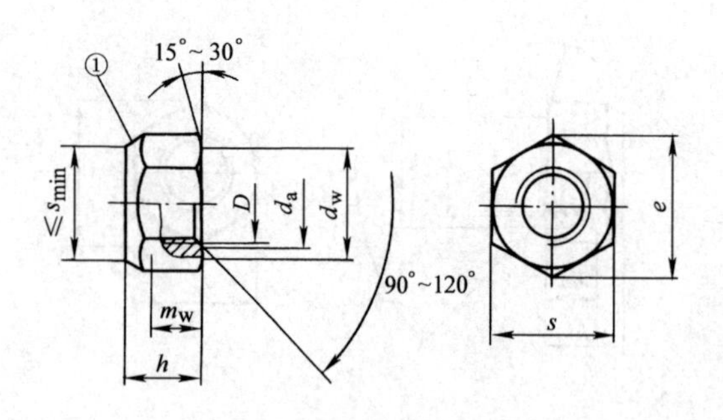

注：尺寸代号和标注符合 GB/T 5276。

① 有效力矩部分，形状任选。

图 6-38 细牙 2 型全金属六角锁紧螺母型式

表 6-63 细牙 2 型全金属六角锁紧螺母尺寸 (mm)

螺纹规格 $D \times P$		M8×1	M10×1 M10×1.5	M12×1.25 M12×1.5	(M14× 1.5)	M16× 1.5	M20× 1.5	M24 ×2	M30 ×2	M36 ×3
d_a	max	8.75	10.80	13.00	15.10	17.30	21.60	25.90	32.40	38.90
	min	8.00	10.00	12.00	14.00	16.00	20.00	24.00	30.00	36.00
d_{wmin}		11.63	14.63	16.63	19.64	22.49	27.70	33.25	42.75	51.11
e_{min}		14.38	17.77	20.03	23.36	26.75	32.95	39.55	50.85	60.79
h	max	8.00	10.00	13.30	14.10	16.40	20.30	23.90	30.00	36.00
	min	7.14	8.94	11.57	13.40	15.70	19.00	22.60	27.30	33.10
m_{wmin}		5.15	6.43	8.3	9.68	11.28	13.52	16.16	19.44	23.52
s	max	13.00	16.00	18.00	21.00	24.00	30.00	36.00	46.00	55.00
	min	12.73	15.73	17.73	20.67	23.67	29.16	35.00	45.00	53.80

注：尽可能不采用括号内的规格。

28. 全金属弹簧箍六角锁紧螺母（JB/T 6545—2007）(图 6-39、表 6-64)

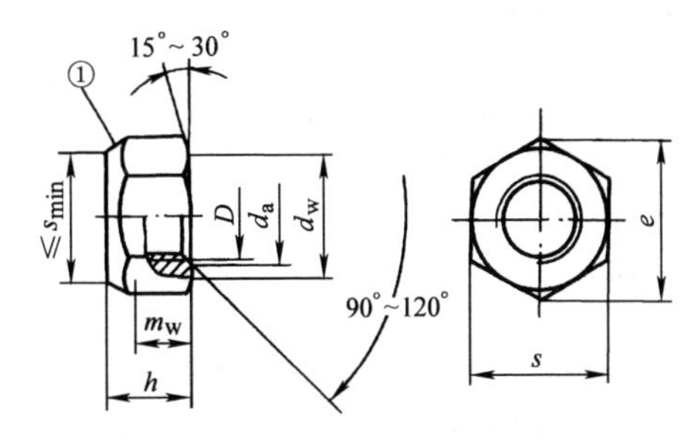

① 有效力矩部分形状由制造者自选。

图 6-39　全金属弹簧箍六角锁紧螺母型式

表 6-64　全金属弹簧箍六角锁紧螺母尺寸　　(mm)

优选尺寸

螺纹规格 D		M8	M10	M12	M16	M20	M24	M30	M36	M42	M48
d_a	max	8.75	10.8	13	17.3	21.6	25.9	32.4	38.9	45.4	51.8
	min	8	10	12	16	20	24	30	36	42	48
d_w	min	11.6	14.6	16.6	22.5	27.7	33.2	42.7	51.1	60.6	69.4
e	min	14.38	17.77	20.03	26.75	32.95	39.55	50.85	60.79	72.02	82.6
h	max	9	11	13	16.4	20.3	23.9	30	36	42	48
	min	8.14	9.94	12.57	15.7	19	22.6	27.3	33.1	39	45
m'	min	4.5	5.5	6.6	8.8	11	13.2	16.5	19.8	25	27
s	max	13	16	18	24	30	36	46	55	65	75
	min	12.73	15.73	17.73	23.67	29.16	35	45	53.8	63.8	73.1

非优选尺寸

螺纹规格 D		M14	M18	M22	M27	M33	M39
d_a	max	15.1	19.5	23.7	29.1	35.6	42.1
	min	14	18	22	27	33	39
d_w	min	19.6	24.8	31.4	38	46.6	55.9
e	min	23.35	29.56	37.29	45.2	55.37	66.44

（续）

非优选尺寸							
螺纹规格 *D*		M14	M18	M22	M27	M33	M39
h	max	14.1	18	22	27	33	39
	min	13.4	17.3	20.7	25.7	31.7	37.4
m'	min	7.7	9.2	12.1	13.7	19	22
s	max	21	27	34	41	50	60
	min	20.67	26.16	33	40	49	58.8

29. C级方螺母（GB/T 39—1988）(图6-40、表6-65)

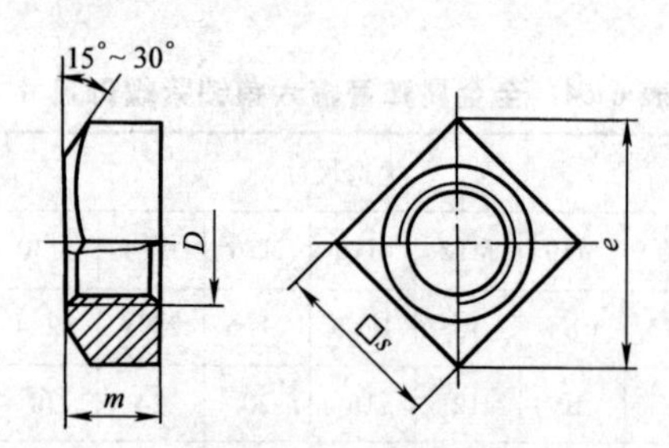

图6-40　C级方螺母型式

表6-65　C级方螺母尺寸　（mm）

螺纹规格 *D*		M3	M4	M5	M6	M8	M10	M12
s	max	5.5	7	8	10	13	16	18
	min	5.2	6.64	7.64	9.64	12.57	15.57	17.57
m	max	2.4	3.2	4	5	6.5	8	10
	min	1.4	2.0	2.8	3.8	5	6.5	8.5
e_{min}		6.76	8.63	9.93	12.53	16.34	20.24	22.84

螺纹规格 *D*		(M14)	M16	(M18)	M20	(M22)	M24
s	max	21	24	27	30	34	36
	min	20.16	23.16	26.16	29.16	33	35
m	max	11	13	15	16	18	19
	min	9.2	11.2	13.2	14.2	16.2	16.9
e_{min}		26.21	30.11	34.01	37.91	42.9	45.5

注：尽可能不采用括号内的规格。

30. 六角盖形螺母（GB/T 923—2009）（图 6-41、表 6-66）

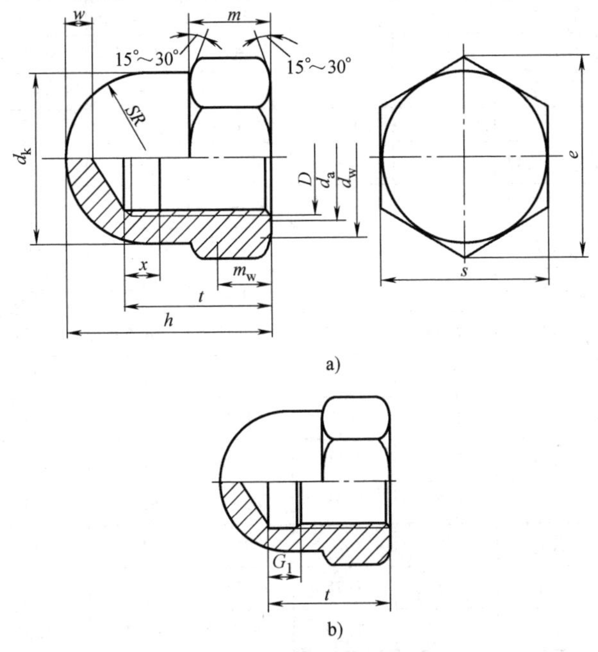

图 6-41 六角盖形螺母型式

a）$D \leqslant 10$mm 盖形螺母型式

b）$D \geqslant 12$mm 盖形螺母型式（其余尺寸见图 a）

表 6-66 六角盖形螺母尺寸 （mm）

螺纹规格 D							
螺纹规格 D	第 1 系列	M4	M5	M6	M8	M10	M12
	第 2 系列	—	—	—	M8×1	M10×1	M12×1.5
	第 3 系列	—	—	—	—	M10×1.25	M12×1.25
P①		0.7	0.8	1	1.25	1.5	1.75
d_a	max	4.6	5.75	6.75	8.75	10.8	13
	min	4	5	6	8	10	12
d_k	max	6.5	7.5	9.5	12.5	15	17
d_w	min	5.9	6.9	8.9	11.6	14.6	16.6
e	min	7.66	8.79	11.05	14.38	17.77	20.03
x_{max}②	第 1 系列	1.4	1.6	2	2.5	3	—
	第 2 系列	—	—	—	2	2	—
	第 3 系列	—	—	—	—	2.5	—

（续）

螺纹规格 D	第 1 系列	M4	M5	M6	M8	M10	M12
	第 2 系列	—	—	—	M8×1	M10×1	M12×1.5
	第 3 系列	—	—	—	—	M10×1.25	M12×1.25
P①		0.7	0.8	1	1.25	1.5	1.75
G_{1max}③	第 1 系列	—	—	—	—	—	6.4
	第 2 系列	—	—	—	—	—	5.6
	第 3 系列	—	—	—	—	—	4.9
h	公称 = max	8	10	12	15	18	22
	min	7.64	9.64	11.57	14.57	17.57	21.48
m	max	3.2	4	5	6.5	8	10
	min	2.9	3.7	4.7	6.14	7.64	9.64
m_w	min	2.32	2.96	3.76	4.91	6.11	7.71
SR	≈	3.25	3.75	4.75	6.25	7.5	8.5
s	公称	7	8	10	13	16	18
	min	6.78	7.78	9.78	12.73	15.73	17.73
t	max	5.74	7.79	8.29	11.35	13.35	16.35
	min	5.26	7.21	7.71	10.65	12.65	15.65
w	min	2	2	2	2	2	3
螺纹规格 D	第 1 系列	(M14)	M16	(M18)	M20	(M22)	M24
	第 2 系列	(M14×1.5)	M16×1.5	(M18×1.5)	M20×2	(M22×1.5)	M24×2
	第 3 系列	—	—	(M18×2)	M20×1.5	(M22×2)	—
P①		2	2	2.5	2.5	2.5	3
d_a	max	15.1	17.3	19.5	21.6	23.7	25.9
	min	14	16	18	20	22	24
d_k	max	20	23	26	28	33	34
d_w	min	19.6	22.5	24.9	27.7	31.4	33.3
e	min	23.35	26.75	29.56	32.95	37.29	39.55
x_{max}②	第 1 系列	—	—	—	—	—	—
	第 2 系列	—	—	—	—	—	—
	第 3 系列	—	—	—	—	—	—

（续）

螺纹规格 D		(M14)	M16	(M18)	M20	(M22)	M24
	第 1 系列	(M14)	M16	(M18)	M20	(M22)	M24
	第 2 系列	(M14×1.5)	M16×1.5	(M18×1.5)	M20×2	(M22×1.5)	M24×2
	第 3 系列	—	—	(M18×2)	M20×1.5	(M22×2)	—
P①		2	2	2.5	2.5	2.5	3
G_{1max}③	第 1 系列	7.3	7.3	9.3	9.3	9.3	10.7
	第 2 系列	5.6	5.6	5.6	7.3	5.6	7.3
	第 3 系列	—	—	7.3	5.6	7.3	—
h	公称=max	25	28	32	34	39	42
	min	24.48	27.48	31	33	39	41
m	max	11	13	15	16	18	19
	min	10.3	12.3	14.3	14.9	16.9	17.7
m_w	min	8.24	9.84	11.44	11.92	13.52	14.16
SR	≈	10	11.5	13	14	16.5	17
s	公称	21	24	27	30	34	36
	min	20.67	23.67	26.16	29.16	33	35
t	max	18.35	21.42	25.42	26.42	29.42	31.5
	min	17.65	20.58	24.58	25.58	28.58	30.5
w	min	4	4	5	5	5	6

注：尽可能不采用括号内的规格；按螺纹规格第 1~3 系列，依次优先选用。

① P——粗牙螺纹螺距，按 GB/T 197。

② 内螺纹的收尾 $x_{max}=2P$，适用于 $D \leqslant$ M10。

③ 内螺纹的退刀槽 G_{1max}，适用于 D>M10。

31. 组合式盖形螺母（GB/T 802.1—2008）（图 6-42、表 6-67）

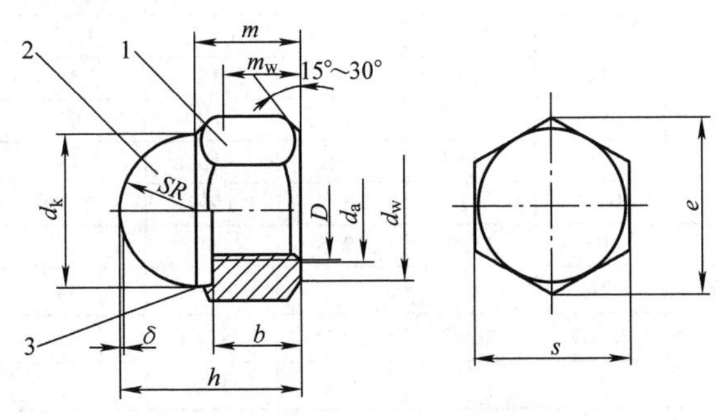

图 6-42　组合式盖形螺母型式

1—螺母体　2—螺母盖　3—铆合部位，形状由制造者任选

表 6-67 组合式盖形螺母尺寸 (mm)

螺纹规格 D							
螺纹规格 D	第1系列	M4	M5	M6	M8	M10	M12
	第2系列	—	—	—	M8×1	M10×1	M12×1.5
	第3系列	—	—	—	—	M10×1.25	M12×1.25
P①		0.7	0.8	1	1.25	1.5	1.75
d_a	max	4.6	5.75	6.75	8.75	10.8	13
	min	4	5	6	8	10	12
$d_k \approx$		6.2	7.2	9.2	13	16	18
d_{wmin}		5.9	6.9	8.9	11.6	14.6	16.6
e_{min}		7.66	8.79	11.05	14.38	17.77	20.03
h_{max}=公称		7	9	11	15	18	22
$m \approx$		4.5	5.5	6.5	8	10	12
$b \approx$		2.5	4	5	6	8	10
m_{wmin}		3.6	4.4	5.2	6.4	8	9.6
$SR \approx$		3.2	3.6	4.6	6.5	8	9
s	公称	7	8	10	13	16	18
	min	6.78	7.78	9.78	12.73	15.73	17.73
$\delta \approx$		0.5	0.5	0.8	0.8	0.8	1
螺纹规格 D	第1系列	(M14)	M16	(M18)	M20	(M22)	M24
	第2系列	(M14×1.5)	M16×1.5	(M18×1.5)	M20×2	(M22×1.5)	M24×2
	第3系列	—	—	(M18×2)	M20×1.5	(M22×2)	—
P①		2	2	2.5	2.5	2.5	3
d_a	max	15.1	17.3	19.5	21.6	23.7	25.9
	min	14	16	18	20	22	24
$d_k \approx$		20	22	25	28	30	34
d_{wmin}		19.6	22.5	24.9	27.7	31.4	33.3
e_{min}		23.35	26.75	29.56	32.95	37.29	39.55
h_{max}=公称		24	26	30	35	38	40
$m \approx$		13	15	17	19	21	22
$b \approx$		11	13	14	16	18	19
m_{wmin}		10.4	12	13.6	15.2	16.8	17.6
$SR \approx$		10	11.5	12.5	14	15	17
s	公称	21	24	27	30	34	36
	min	20.67	23.67	26.16	29.16	33	35
$\delta \approx$		1	1	1.2	1.2	1.2	1.2

注：尽可能不采用括号内的规格；按螺纹规格第1至第3系列，依次优先选用。

① P—粗牙螺纹螺距。

32. 滚花高螺母（GB/T 806—1988）（图 6-43、表 6-68）

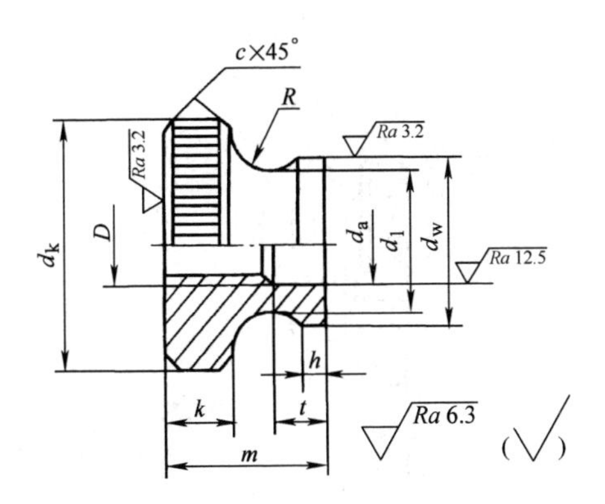

图 6-43　滚花高螺母型式

表 6-68　滚花高螺母尺寸　（mm）

螺纹规格 D		M1.6	M2	M2.5	M3	M4	M5	M6	M8	M10
d_k（滚花前）	max	7	8	9	11	12	16	20	24	30
	min	6.78	7.78	8.78	10.73	11.73	15.73	19.67	23.67	29.67
m	max	4.7	5	5.5	7	8	10	12	16	20
	min	4.4	4.7	5.2	6.64	7.64	9.64	11.57	15.57	19.48
k		2		2.2	2.8	3	4	5	6	8
d_w	max	4	4.5	5	6	8	10	12	16	20
	min	3.7	4.2	4.7	5.7	7.64	9.64	11.57	15.57	19.48
d_a	max	2.05	2.45	2.95	3.5	4.5	5.5	6.56	8.86	10.93
	min	1.8	2.2	2.7	3.2	4.2	5.2	6.2	8.5	10.5
t_{max}		1.5		2		2.5	3	4	5	6.5
R_{min}		1.25		1.5	2		2.5	3	4	5
h		0.8	1		1.2	1.5	2	2.5	3	3.8
d_1		3.6	3.8	4.4	5.2	6.4	9	11	13	17.5
c		0.2			0.3		0.5		0.8	

33. 滚花薄螺母（GB/T 807—1988)(图 6-44、表 6-69)

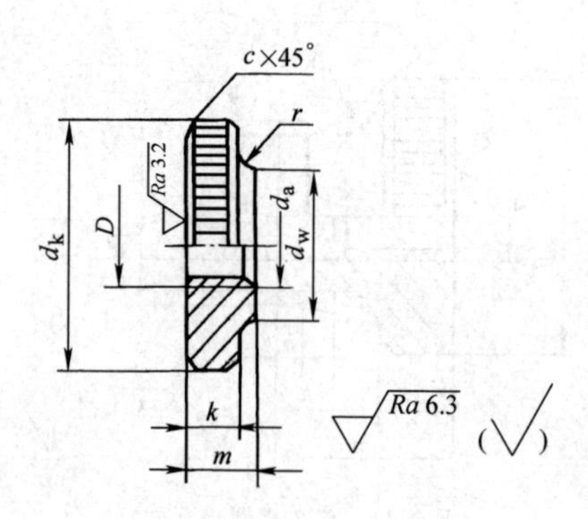

图 6-44 滚花薄螺母型式

表 6-69 滚花薄螺母尺寸 (mm)

螺纹规格 D		M1.4	M1.6	M2	M2.5	M3	M4	M5	M6	M8	M10
d_k（滚花前）	max	6	7	8	9	11	12	16	20	24	30
	min	5.78	6.78	7.78	8.78	10.73	11.73	15.73	19.67	23.67	29.67
m	max	2	2.5	2.5	2.5	3	3	4	5	6	8
	min	1.75	2.25	2.25	2.25	2.75	2.75	3.7	4.7	5.7	7.64
k		1.5	2			2.5		3.5	4	5	6
d_w	max	3.5	4	4.5	5	6	8	10	12	16	20
	min	3.2	3.7	4.2	4.7	5.7	7.64	9.64	11.57	15.57	19.48
r		0.5							1		2
c		0.2				0.3		0.5		0.8	
d_a	max	1.64	1.84	2.3	2.9	3.45	4.6	5.75	6.75	8.75	10.8
	min	1.4	1.6	2	2.5	3	4	5	6	8	10

34. 圆翼蝶形螺母（GB/T 62.1—2004）（图 6-45、表 6-70）

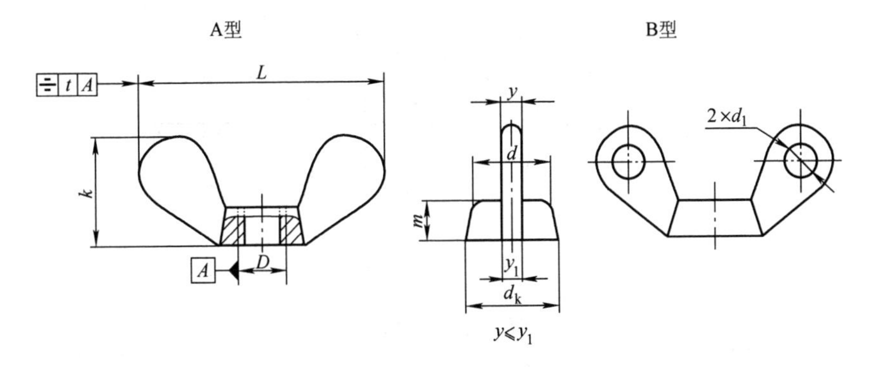

图 6-45　圆翼蝶形螺母型式

表 6-70　圆翼蝶形螺母尺寸　（mm）

螺纹规格 D	d_{kmin}	d ≈	L		k		m_{min}	y_{max}	y_{1max}	d_{1max}	t_{max}
M2	4	3	12	±1.5	6	±1.5	2	2.5	3	2	0.3
M2.5	5	4	16		8		3	2.5	3	2.5	0.3
M3	5	4	16		8		3	2.5	3	3	0.4
M4	7	6	20		10		4	3	4	4	0.4
M5	8.5	7	25		12		5	3.5	4.5	4	0.5
M6	10.5	9	32	±2	16		6	4	5	5	0.5
M8	14	12	40		20		8	4.5	5.5	6	0.6
M10	18	15	50		25		10	5.5	6.5	7	0.7
M12	22	18	60		30		12	7	8	8	1
(M14)	26	22	70		35	±2	14	8	9	9	1.1
M16	26	22	70		35		14	8	9	10	1.2
(M18)	30	25	80		40		16	8	10	10	1.4
M20	34	28	90	±2.5	45		18	9	11	11	1.5
(M22)	38	32	100		50		20	10	12	11	1.6
M24	43	36	112		56		22	11	13	12	1.8

注：尽可能不采用括号内的规格。

35. 方翼蝶形螺母 （GB/T 62.2—2004）(图 6-46、表 6-71)

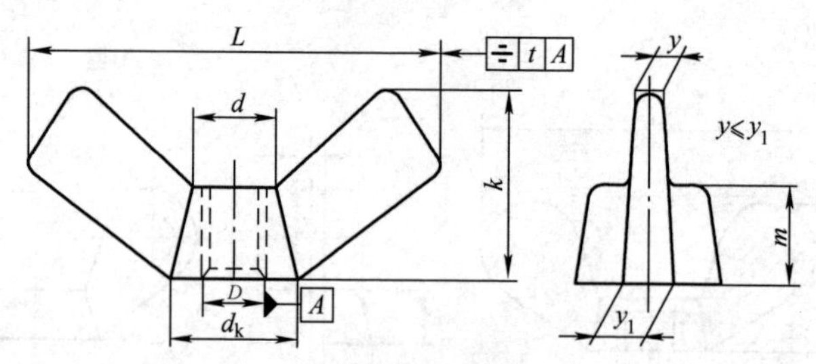

图 6-46 方翼蝶形螺母型式

表 6-71 方翼蝶形螺母尺寸 (mm)

<table>
<tr><th>螺纹规格 D</th><th>d_{kmin}</th><th>d ≈</th><th colspan="2">L</th><th colspan="2">k</th><th>$m_{\min}$</th><th>$y_{\max}$</th><th>$y_{1\max}$</th><th>$t_{\max}$</th></tr>
<tr><td>M3</td><td>6.5</td><td>4</td><td>17</td><td rowspan="4">±1.5</td><td>9</td><td rowspan="8">±1.5</td><td>3</td><td>3</td><td>4</td><td>0.4</td></tr>
<tr><td>M4</td><td>6.5</td><td>4</td><td>17</td><td>9</td><td>3</td><td>3</td><td>4</td><td>0.4</td></tr>
<tr><td>M5</td><td>8</td><td>6</td><td>21</td><td>11</td><td>4</td><td>3.5</td><td>4.5</td><td>0.5</td></tr>
<tr><td>M6</td><td>10</td><td>7</td><td>27</td><td>13</td><td>4.5</td><td>4</td><td>5</td><td>0.5</td></tr>
<tr><td>M8</td><td>13</td><td>10</td><td>31</td><td rowspan="7">±2</td><td>16</td><td>6</td><td>4.5</td><td>5.5</td><td>0.6</td></tr>
<tr><td>M10</td><td>16</td><td>12</td><td>36</td><td>18</td><td>7.5</td><td>5.5</td><td>6.5</td><td>0.7</td></tr>
<tr><td>M12</td><td>20</td><td>16</td><td>48</td><td>23</td><td>9</td><td>7</td><td>8</td><td>1</td></tr>
<tr><td>(M14)</td><td>20</td><td>16</td><td>48</td><td>23</td><td>9</td><td>7</td><td>8</td><td>1.1</td></tr>
<tr><td>M16</td><td>27</td><td>22</td><td>68</td><td>35</td><td rowspan="3">±2</td><td>12</td><td>8</td><td>9</td><td>1.2</td></tr>
<tr><td>(M18)</td><td>27</td><td>22</td><td>68</td><td>35</td><td>12</td><td>8</td><td>9</td><td>1.4</td></tr>
<tr><td>M20</td><td>27</td><td>22</td><td>68</td><td>35</td><td>12</td><td>8</td><td>9</td><td>1.5</td></tr>
</table>

注：尽可能不采用括号内的规格。

36. 冲压蝶形螺母 （GB/T 62.3—2004）(图 6-47、表 6-72)

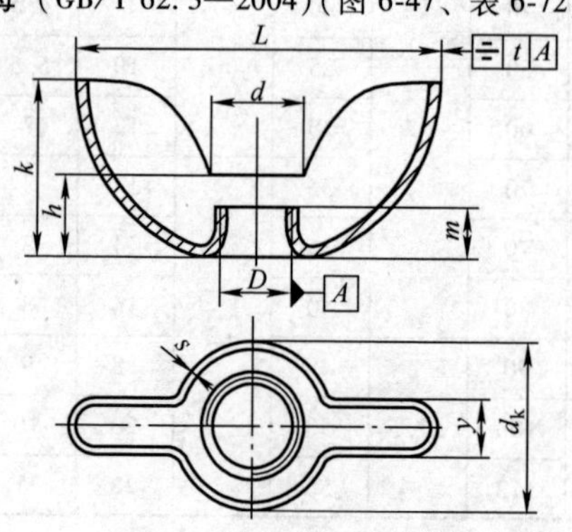

图 6-47 冲压蝶形螺母型式

表 6-72　冲压蝶形螺母尺寸　（mm）

螺纹规格 D	d_{kmax}	d ≈	L		k		h ≈	y_{max}	A 型（高型）			B 型（低型）			t_{max}
									m		S	m		S	
M3	10	5	16	±1	6.5	±1	2	4	3.5	±0.5	1	1.4	±0.3	0.8	0.4
M4	12	6	19		8.5		2.5	5	4			1.6			0.4
M5	13	7	22		9		3	5.5	4.5			1.8			0.5
M6	15	9	25		9.5		3.5	6	5	±0.8		2.4	±0.4	1	0.5
M8	17	10	28		11		5	7	6		1.2	3.1	±0.5	1.2	0.6
M10	20	12	35	±1.5	12		6	8	7			3.8			0.7

37. 压铸蝶形螺母（GB/T 62.4—2004）(图 6-48、表 6-73)

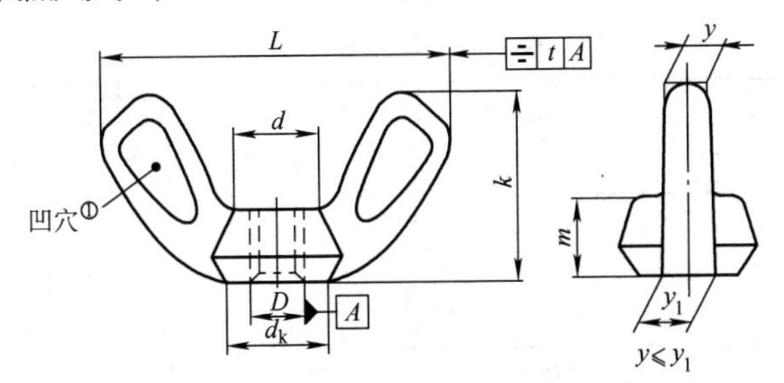

① 有无凹穴及其形式与尺寸，由制造者确定。

图 6-48　压铸蝶形螺母型式

表 6-73　压铸蝶形螺母尺寸　（mm）

螺纹规格 D	d_{kmin}	d ≈	L		k		m_{min}	y_{max}	y_{1max}	t_{max}
M3	5	4	16	±1.5	8.5	±1.5	2.4	2.5	3	0.4
M4	7	6	21		11		3.2	3	4	0.4
M5	8.5	7	21		11		4	3.5	4.5	0.5
M6	10.5	9	23		14		5	4	5	0.5
M8	13	10	30		16		6.5	4.5	5.5	0.6
M10	16	12	37	±2	19		8	5.5	6.5	0.7

38. 环形螺母（GB/T 63—1988）(图 6-49、表 6-74)

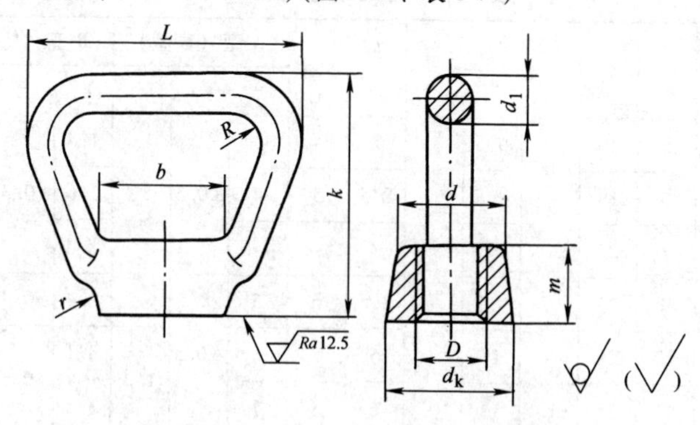

注：$b \approx d_k$

图 6-49 环形螺母型式

表 6-74 环形螺母尺寸

(mm)

螺纹规格 D	M12	(M14)	M16	(M18)	M20	(M22)	M24
d_k	24		30		36		46
d	20		26		30		38
m	15		18		22		26
k	52		60		72		84
L	66		76		86		98
d_1	10		12		13		14
R	6				8		10
r	6		8		11		14

注：尽可能不采用括号内的规格。

39. 圆螺母（GB/T 812—1988）(图 6-50、表 6-75)

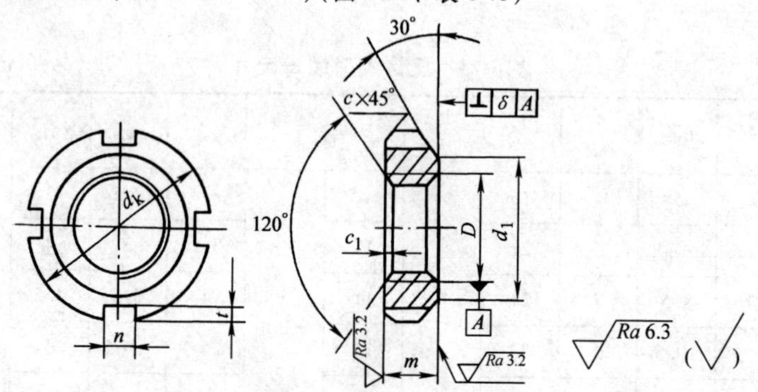

注：$D \times P \leqslant$ M100×2 槽数 4

$D \times P \geqslant$ M105×2 槽数 6

图 6-50 圆螺母型式

表 6-75　圆螺母尺寸　(mm)

<table>
<tr><th rowspan="2">螺纹规格
$D \times P$</th><th rowspan="2">d_k</th><th rowspan="2">d_1</th><th rowspan="2">m</th><th colspan="2">n</th><th colspan="2">t</th><th rowspan="2">c</th><th rowspan="2">c_1</th></tr>
<tr><th>max</th><th>min</th><th>max</th><th>min</th></tr>
<tr><td>M10×1</td><td>22</td><td>26</td><td rowspan="6">8</td><td rowspan="3">4.3</td><td rowspan="3">4</td><td rowspan="3">2.6</td><td rowspan="3">2</td><td rowspan="6">0.5</td><td rowspan="22">0.5</td></tr>
<tr><td>M12×1.25</td><td>25</td><td>19</td></tr>
<tr><td>M14×1.5</td><td>28</td><td>20</td></tr>
<tr><td>M16×1.5</td><td>30</td><td>22</td><td rowspan="8">5.3</td><td rowspan="8">5</td><td rowspan="8">3.1</td><td rowspan="8">2.5</td></tr>
<tr><td>M18×1.5</td><td>32</td><td>24</td></tr>
<tr><td>M20×1.5</td><td>35</td><td>27</td></tr>
<tr><td>M22×1.5</td><td>38</td><td>30</td><td rowspan="12">10</td><td rowspan="7">1</td></tr>
<tr><td>M24×1.5</td><td rowspan="2">42</td><td rowspan="2">34</td></tr>
<tr><td>M25×1.5[①]</td></tr>
<tr><td>M27×1.5</td><td>45</td><td>37</td></tr>
<tr><td>M30×1.5</td><td>48</td><td>40</td></tr>
<tr><td>M33×1.5</td><td rowspan="2">52</td><td rowspan="2">43</td><td rowspan="7">6.3</td><td rowspan="7">6</td><td rowspan="7">3.6</td><td rowspan="7">3</td></tr>
<tr><td>M35×1.5[①]</td></tr>
<tr><td>M36×1.5</td><td>55</td><td>46</td><td rowspan="19">1.5</td></tr>
<tr><td>M39×1.5</td><td rowspan="2">58</td><td rowspan="2">49</td></tr>
<tr><td>M40×1.5[①]</td></tr>
<tr><td>M42×1.5</td><td>62</td><td>53</td></tr>
<tr><td>M45×1.5</td><td>68</td><td>59</td></tr>
<tr><td>M48×1.5</td><td rowspan="2">72</td><td rowspan="2">61</td><td rowspan="9">12</td><td rowspan="9">8.36</td><td rowspan="9">8</td><td rowspan="9">4.25</td><td rowspan="9">3.5</td></tr>
<tr><td>M50×1.5[①]</td></tr>
<tr><td>M52×1.5</td><td rowspan="2">78</td><td rowspan="2">67</td></tr>
<tr><td>M55×2[①]</td></tr>
<tr><td>M56×2</td><td>85</td><td>74</td><td rowspan="10">1</td></tr>
<tr><td>M60×2</td><td>90</td><td>79</td></tr>
<tr><td>M64×2</td><td rowspan="2">95</td><td rowspan="2">84</td></tr>
<tr><td>M65×2[①]</td></tr>
<tr><td>M68×2</td><td>100</td><td>88</td></tr>
<tr><td>M72×2</td><td rowspan="2">105</td><td rowspan="2">93</td><td rowspan="5">15</td><td rowspan="5">10.36</td><td rowspan="5">10</td><td rowspan="5">4.75</td><td rowspan="5">4</td></tr>
<tr><td>M75×2[①]</td></tr>
<tr><td>M76×2</td><td>110</td><td>98</td></tr>
<tr><td>M80×2</td><td>115</td><td>103</td></tr>
<tr><td>M85×2</td><td>120</td><td>108</td></tr>
</table>

（续）

<table>
<tr><th rowspan="2">螺纹规格
$D \times P$</th><th rowspan="2">d_k</th><th rowspan="2">d_1</th><th rowspan="2">m</th><th colspan="2">n</th><th colspan="2">t</th><th rowspan="2">c</th><th rowspan="2">c_1</th></tr>
<tr><th>max</th><th>min</th><th>max</th><th>min</th></tr>
<tr><td>M90×2</td><td>125</td><td>112</td><td rowspan="5">18</td><td rowspan="4">12.43</td><td rowspan="4">12</td><td rowspan="4">5.75</td><td rowspan="4">5</td><td rowspan="11">1.5</td><td rowspan="11">1</td></tr>
<tr><td>M95×2</td><td>130</td><td>117</td></tr>
<tr><td>M100×2</td><td>135</td><td>122</td></tr>
<tr><td>M105×2</td><td>140</td><td>127</td></tr>
<tr><td>M110×2</td><td>150</td><td>135</td><td rowspan="6">14.43</td><td rowspan="6">14</td><td rowspan="6">6.75</td><td rowspan="6">6</td></tr>
<tr><td>M115×2</td><td>155</td><td>140</td><td rowspan="4">22</td></tr>
<tr><td>M120×2</td><td>160</td><td>145</td></tr>
<tr><td>M125×2</td><td>165</td><td>150</td></tr>
<tr><td>M130×2</td><td>170</td><td>155</td></tr>
<tr><td>M140×2</td><td>180</td><td>165</td><td rowspan="4">26</td></tr>
<tr><td>M150×2</td><td>200</td><td>180</td><td rowspan="6">16.43</td><td rowspan="6">16</td><td rowspan="6">7.9</td><td rowspan="6">7</td></tr>
<tr><td>M160×3</td><td>210</td><td>190</td><td rowspan="5">2</td><td rowspan="5">1.5</td></tr>
<tr><td>M170×3</td><td>220</td><td>200</td></tr>
<tr><td>M180×3</td><td>230</td><td>210</td><td rowspan="3">30</td></tr>
<tr><td>M190×3</td><td>240</td><td>220</td></tr>
<tr><td>M200×3</td><td>250</td><td>230</td></tr>
</table>

① 仅用于滚动轴承锁紧装置。

40. 小圆螺母（GB/T 810—1988）(图 6-51、表 6-76)

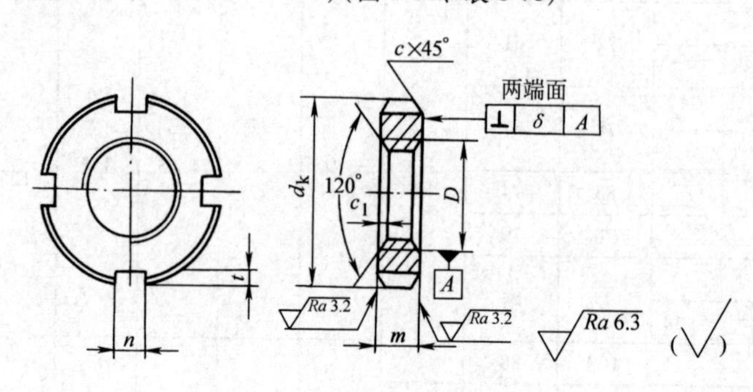

注：$D \times P \leqslant$ M100×2　　槽数 4
　　$D \times P \geqslant$ M105×2　　槽数 6

图 6-51　小圆螺母型式

表 6-76 小圆螺母尺寸 (mm)

螺纹规格 $D \times P$		M10×1	M12×1.25	M14×1.5	M16×1.5	M18×1.5	M20×1.5	M22×1.5
d_k		20	22	25	28	30	32	35
m		6						8
n	max	4.3				5.30		
	min	4				5		
t	max	2.6				3.10		
	min	2				2.5		
c		0.5						
c_1		0.5						

螺纹规格 $D \times P$		M24×1.5	M27×1.5	M30×1.5	M33×1.5	M36×1.5	M39×1.5	M42×1.5
d_k		38	42	45	48	52	55	58
m		8						
n	max	5.30				6.30		
	min	5				6		
t	max	3.10				3.60		
	min	2.5				3		
c		0.5	1					
c_1		0.5						

螺纹规格 $D \times P$		M45×1.5	M48×1.5	M52×1.5	M56×2	M60×2	M64×2	M68×2
d_k		62	68	72	78	80	85	90
m		8	10					
n	max	6.3		8.36				
	min	6		8				
t	max	3.6		4.25				
	min	3		3.5				
c		1						
c_1		0.5			1			

螺纹规格 $D \times P$		M72×2	M76×2	M80×2	M85×2	M90×2	M95×2	M100×2
d_k		95	100	105	110	115	120	125
m		12						
n	max	8.36	10.36					12.43
	min	8	10					12
t	max	4.25	4.75					5.75
	min	3.5	4					5
c		1		1.5				
c_1		1						

（续）

螺纹规格 $D \times P$		M105×2	M110×2	M115×2	M120×2	M125×2	M130×2	M140×2
d_k		130	135	140	145	150	160	170
m		15						18
n	max	12.43			14.43			
	min	12			14			
t	max	5.75			6.75			
	min	5			6			
c		1.5						
c_1		1						

螺纹规格 $D \times P$		M150×2	M160×3	M170×3	M180×3	M190×3	M200×3
d_k		180	195	205	220	230	240
m		18		22			
n	max	14.43		16.43			
	min	14		16			
t	max	6.75		7.90			
	min	6		7			
c		1.5	2				
c_1		1	1.5				

41. 端面带孔圆螺母（GB/T 815—1988）(图 6-52、表 6-77)

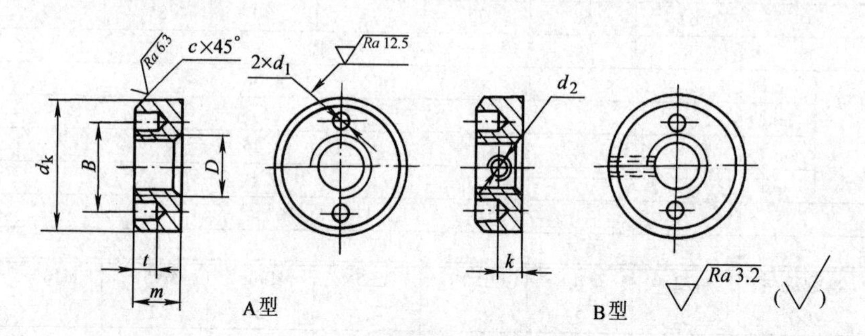

图 6-52　端面带孔圆螺母型式

表 6-77　端面带孔圆螺母尺寸　(mm)

螺纹规格 D		M2	M2.5	M3	M4	M5	M6	M8	M10
d_k	max	5.5	7	8	10	12	14	18	22
	min	5.32	6.78	7.78	9.78	11.73	13.73	17.73	21.67

（续）

螺纹规格 D		M2	M2.5	M3	M4	M5	M6	M8	M10
m	max	2	2.2	2.5	3.5	4.2	5	6.5	8
	min	1.75	1.95	2.25	3.2	3.9	4.7	6.14	7.64
d_1		1	1.2	1.5		2	2.5	3	3.5
t		2	2.2	1.5	2	2.5	3	3.5	4
B		4	5	5.5	7	8	10	13	15
k		1	1.1	1.3	1.8	2.1	2.5	3.3	4
c		0.2		0.3	0.4		0.5		0.8
d_2		M1.2	M1.4		M2		M2.5	M3	

42. 侧面带孔圆螺母（GB/T 816—1988）（图 6-53、表 6-78）

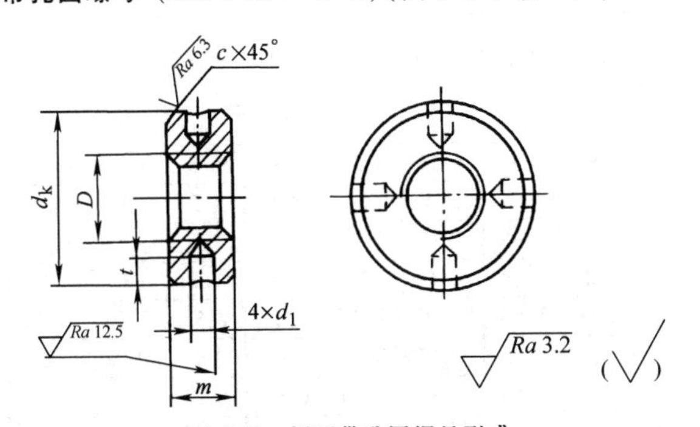

图 6-53　侧面带孔圆螺母型式

表 6-78　侧面带孔圆螺母尺寸　（mm）

螺纹规格 D		M2	M2.5	M3	M4	M5	M6	M8	M10
d_k	max	5.5	7	8	10	12	14	18	22
	min	5.32	6.78	7.78	9.78	11.73	13.73	17.73	21.67
m	max	2	2.2	2.5	3.5	4.2	5	6.5	8
	min	1.75	1.95	2.25	3.2	3.9	4.7	6.14	7.64
d_1		1	1.2	1.5		2	2.5	3	3.5
t		1.2		1.5	2	2.5	3	3.5	4
c		0.2		0.3	0.4		0.5		0.8

43. 带槽圆螺母（GB/T 817—1988）（图 6-54、表 6-79）

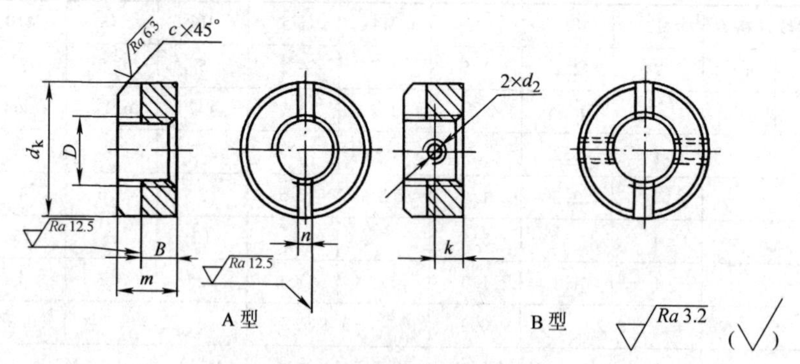

图 6-54 带槽圆螺母型式

表 6-79 带槽圆螺母尺寸 (mm)

螺纹规格 D		M1.4	M1.6	M2	M2.5	M3	M4	M5	M6	M8	M10	M12
d_k	max	3	4	4.5	5.5	6	8	10	11	14	18	22
	min	2.86	3.82	4.32	5.32	5.82	7.78	9.78	10.73	13.73	17.73	21.67
m	max	1.6	2	2.2	2.5	3	3.5	4.2	5	6.5	8	10
	min	1.35	1.75	1.95	2.25	2.70	3.2	3.9	4.7	6.14	7.64	9.64
B	max	1.1	1.2	1.4	1.6	2	2.5	2.8	3	4	5	6
	min	0.85	0.95	1.15	1.35	1.75	2.25	2.55	2.75	3.70	4.70	5.70
n	公称	0.4		0.5	0.6	0.8	1	1.2	1.6	2	2.5	3
	min	0.46		0.56	0.66	0.86	0.96	1.26	1.66	2.06	2.56	3.06
	max	0.6		0.7	0.8	1	1.31	1.51	1.91	2.31	2.81	3.31
k		—	—	—	1.1	1.3	1.8	2.1	2.5	3.3	4	5
c		0.1		0.2			0.3	0.4		0.5		0.8
d_2		—	—	—	M1.4			M2			M3	M4

44. 嵌装圆螺母（GB/T 809—1988）（图 6-55、表 6-80）

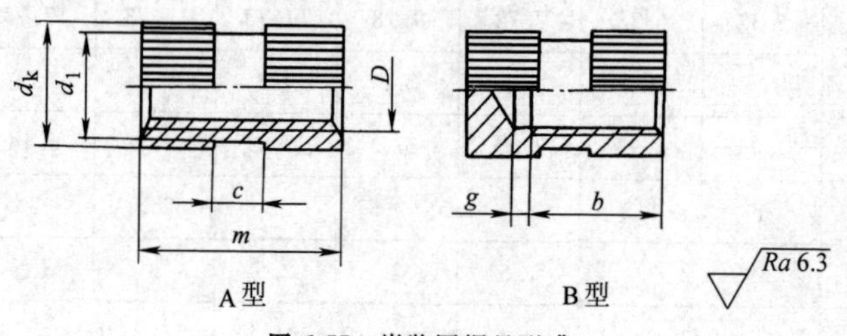

图 6-55 嵌装圆螺母型式

表 6-80　嵌装圆螺母尺寸　(mm)

螺纹规格 D		M2	M2.5	M3	M4	M5	M6	M8	M10	M12
d_k (滚花前)	max	4	4.5	5	6	8	10	12	15	18
	min	3.82	4.32	4.82	6.82	7.78	9.78	11.73	14.73	17.73
d_{1max}		3	3.5	4	5	7	9	10	13	16
m	A 型	2~5	3~8	3~10	4~12	5~16	6~18	8~25	10~30	12~30
	B 型	6	6~8	6~10	8~12	10~16	12~18	16~25	18~30	20~30

45. 扣紧螺母 (GB/T 805—1988)(图 6-56、表 6-81)

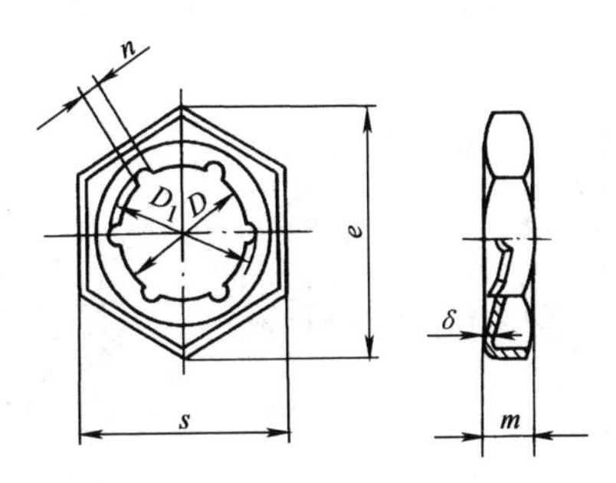

图 6-56　扣紧螺母型式

表 6-81　扣紧螺母尺寸　(mm)

螺纹规格 $D \times P$	D max	D min	s max	s min	D_1	n	e	m	δ
6×1	5.3	5	10	9.73	7.5	1	11.5	3	0.4
8×1.25	7.16	6.8	13	12.73	9.5		16.2	4	0.5
10×1.5	8.86	8.5	16	15.73	12		19.6	5	0.6
12×1.75	10.73	10.3	18	17.73	14	1.5	21.9		0.7
(14×2)	12.43	12	21	20.67	16		25.4	6	0.8
16×2	14.43	14	24	23.67	18		27.7		
(18×2.5)	15.93	15.5	27	26.16	20.5	2	31.2	7	1
20×2.5	17.93	17.5	30	29.16	22.5		34.6		
(22×2.5)	20.02	19.5	34	33	25		36.9		
24×3	21.52	21	36	35	27	2.5	41.6	9	1.2

（续）

螺纹规格 D×P	D		s		D_1	n	e	m	δ
	max	min	max	min					
（27×3）	24.52	24	41	40	30	2.5	47.3	9	1.2
30×3.5	27.02	26.5	46	45	34		53.1		1.4
36×4	32.62	32	55	53.8	40	3	63.5	12	
42×4.5	38.12	37.5	65	63.8	47		75		1.8
48×5	43.62	43	75	73.1	54		86.5	14	

注：尽可能不采用括号内的规格。

46. 焊接六角螺母（GB/T 13681—1992）（图 6-57、表 6-82）

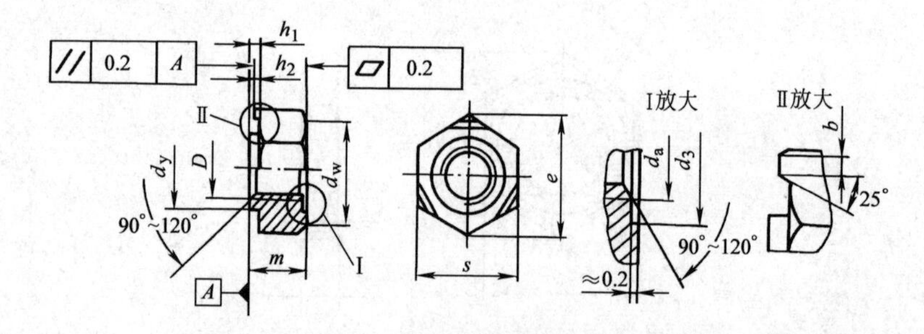

图 6-57 焊接六角螺母型式

表 6-82 焊接六角螺母尺寸 （mm）

螺纹规格（D 或 D×P）		M4	M5	M6	M8	M10	M12	（M14）	M16
		—	—	—	M8×1	M10×1	M12×1.5	（M14×1.5）	M16×1.5
		—	—	—	—	（M10×1.25）	（M12×1.25）	—	—
d_a	max	4.6	5.75	6.75	8.75	10.8	13	15.1	17.3
	min	4	5	6	8	10	12	14	16
d_w	min	7.88	8.88	9.63	12.63	15.63	17.37	19.57	21.57
e	min	9.83	10.95	12.02	15.38	18.74	20.91	24.27	26.51
d_y	max	5.97	6.96	7.96	10.45	12.45	14.75	16.75	18.735
	min	5.885	6.87	7.87	10.34	12.34	14.64	16.64	18.605
d_3	max	6.18	7.22	8.22	10.77	12.77	15.07	17.07	19.13
	min	6	7	8	10.5	12.5	14.8	16.8	18.8
h_1	max	0.65	0.70	0.75	0.90	1.15	1.40	1.80	1.80

（续）

螺纹规格（D 或 $D\times P$）		M4	M5	M6	M8	M10	M12	(M14)	M16
		—	—	—	M8×1	M10×1	M12×1.5	(M14×1.5)	M16×1.5
		—	—	—	—	(M10×1.25)	(M12×1.25)	—	—
h_1	min	0.55	0.60	0.60	0.75	0.95	1.20	1.60	1.60
h_2	max	0.35	0.40	0.40	0.50	0.65	0.80	1.0	1.0
	min	0.25	0.30	0.30	0.35	0.50	0.60	0.80	0.80
b	max	1	1	1.12	1.25	1.55	1.55	1.9	1.9
	min	0.6	0.6	0.68	0.75	0.95	0.95	1.1	1.1
m	max	3.5	4	5	6.5	8	10	11	13
	min	3.2	3.7	4.7	6.14	7.64	9.64	10.3	12.3
s	max	9	10	11	14	17	19	22	24
	min	8.78	9.78	10.73	13.73	16.73	18.67	21.67	23.67

注：尽可能不采用括号内的规格。

47. 焊接六角法兰面螺母（GB/T 13681.2—2017）（图 6-58、表 6-83）

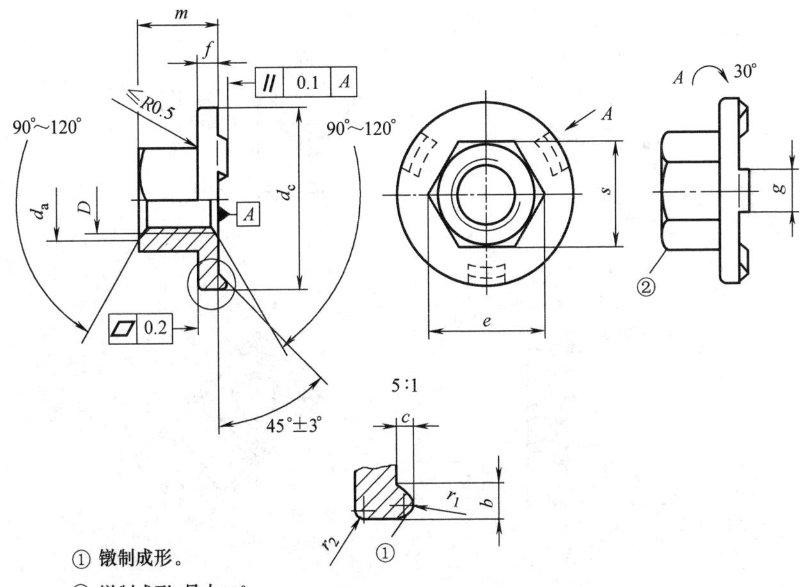

图 6-58　焊接六角法兰面螺母型式

表 6-83　焊接六角法兰面螺母尺寸　(mm)

螺纹规格		$P_2$②	$b_{-0.2}^{0}$	c	d_a	d_{c-1}^{0}	e	f	g	m		s		r_1	r_2
D	$D\times P_1$①			±0.1	max		min	±0.25	±0.1	min	max	min	公称=max	±0.1	±0.1
M5	—	0.8	2.20	0.8	6.0	15.5	8.2	1.7	4.0	4.70	5.00	7.7	8	0.6	0.3
M6	—	1	2.70	0.8	7.0	18.5	10.6	2.0	5.0	6.64	7.00	9.7	10	0.6	0.5
M8	M8×1	1.25	2.70	1.0	9.5	22.5	13.6	2.5	6.0	9.64	10.00	12.64	13	0.8	0.8
M10	M10×1.25 M10×1	1.5	2.95	1.2	11.5	26.5	16.9	3.0	7.0	12.57	13.00	15.64	16	1.0	1.0
M12	M12×1.5 M12×1.25	1.75	3.20	1.2	14.0	30.5	19.4	3.0	8.0	14.57	15.00	17.57	18	1.0	1.2
M14	M14×1.5	2	3.45	1.2	16.0	33.5	22.4	4.0	8.0	16.16	17.00	20.57	21	1.0	1.2
M16	M16×1.5	2	3.70	1.2	18.0	36.5	25.0	4.0	8.0	18.66	19.50	23.57	24	1.0	1.2

① 细牙螺纹螺距。

② 粗牙螺纹螺距。

48. 焊接方螺母（GB/T 13680—1992）(图 6-59、表 6-84)

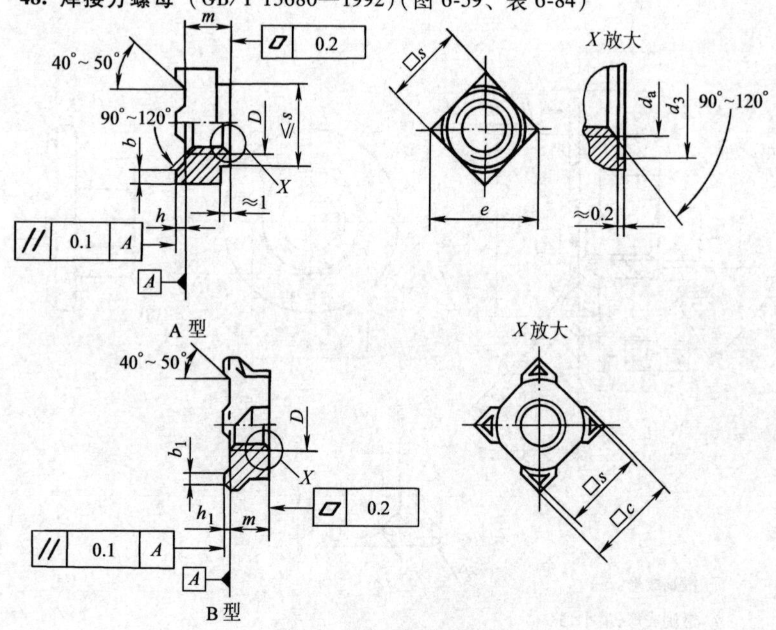

注：尽可能不采用 B 型。

图 6-59　焊接方螺母型式

表 6-84　焊接方螺母尺寸　（mm）

螺纹规格 (D 或 D×P)		M4	M5	M6	M8	M10	M12	(M14)	M16
		—	—	—	M8×1	M10×1	M12×1.5	(M14×1.5)	M16×1.5
		—	—	—	—	M10×1.25	M12×1.25	—	—
b	max	0.8	1.0	1.2	1.5	1.8	2.0	2.5	2.5
	min	0.5	0.7	0.9	1.2	1.4	1.6	2.1	2.1
b_1	max	1.5				1.5	2	—	—
	min	0.3				0.3	0.5	—	—
d_3	max	5.18	6.18	7.72	10.22	12.77	13.77	17.07	19.13
	min	5	6	7.5	10	12.5	13.5	16.8	18.8
d_a	max	4.6	5.75	6.75	8.75	10.8	13	15.1	17.3
	min	4	5	6	8	10	12	14	16
e	min	8.63	9.93	12.53	16.34	20.24	22.84	26.21	30.11
h	max	0.7	0.9	0.9	1.1	1.3	1.5	1.5	1.7
	min	0.5	0.7	0.7	0.9	1.1	1.3	1.3	1.5
h_1	max	1				1	1.2	—	—
	min	0.8				0.8	1	—	—
m	max	3.5	4.2	5.0	6.5	8.0	9.5	11.0	13.0
	min	3.2	3.9	4.7	6.14	7.64	9.14	10.3	12.3
s	max	7	8	10	13	16	18	21	24
	min	6.64	7.64	9.64	12.57	15.57	17.57	20.16	23.16
0.5(c—s)		0.3~0.5			0.5~1	0.5~1		—	—

注：尽可能不采用括号内的规格。

49. 2型细牙六角法兰面螺母（GB/T 6177.2—2016）（图 6-60、表 6-85）

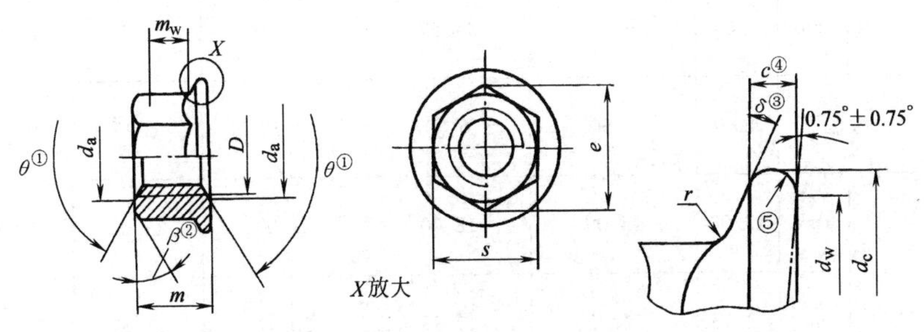

注：尺寸代号和标注符合 GB/T 5276。

① $\theta=90°\sim120°$。

② $\beta=15°\sim30°$。

③ $\delta=15°\sim25°$。

④ c 在 d_{wmin} 处测量。

⑤ 棱边形状由制造者任选。

图 6-60　2型细牙六角法兰面螺母型式

表 6-85 2 型细牙六角法兰面螺母尺寸 (mm)

螺纹规格 $D \times P$		M8×1	M10×1.25 (M10×1)	M12×1.25 (M12×1.5)	(M14×1.5)	M16×1.5	M20×1.5
c_{min}		1.2	1.5	1.8	2.1	2.4	3.0
d_a	max	8.75	10.80	13.00	15.10	17.30	21.60
	min	8.00	10.00	12.00	14.00	16.00	20.00
d_{cmax}		17.90	21.80	26.00	29.90	34.50	42.80
d_{wmin}		15.80	19.60	23.80	27.60	31.90	39.90
e_{min}		14.38	16.64	20.03	23.36	26.75	32.95
m	max	8.00	10.00	12.00	14.00	16.00	20.00
	min	7.64	9.64	11.57	13.30	15.30	18.70
m_{wmin}		4.60	5.60	6.80	7.70	8.90	10.70
s	max	13.00	15.00	18.00	21.00	24.00	30.00
	min	12.73	14.73	17.73	20.67	23.67	29.16
r_{max}①		0.5	0.6	0.7	0.9	1.0	1.2

注：尽可能不采用括号内的规格。

① r 适用于棱角和六角面。

50. 2型六角法兰面螺母（GB/T 6177.1—2016）（图6-61、表6-86）

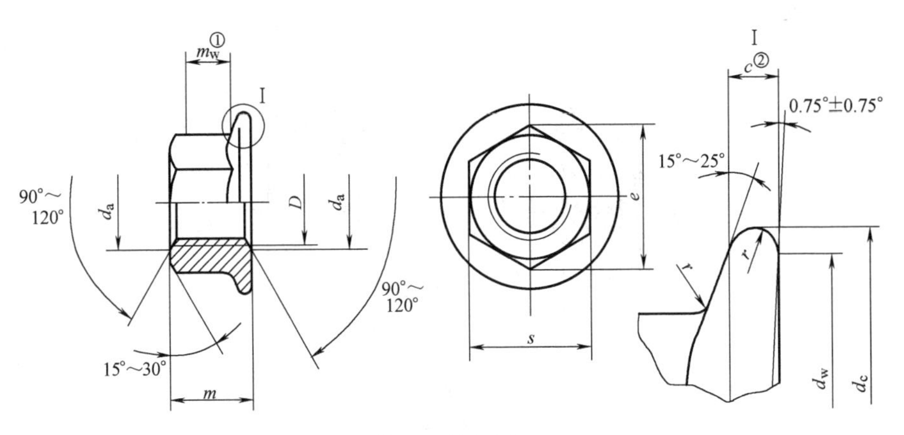

① m_w—扳定高度

② 棱边形状由制造者任选

图6-61　2型六角法兰面螺母型式

表6-86　2型六角法兰面螺母尺寸　（mm）

螺纹规格 D		M5	M6	M8	M10	M12	（M14）	M16	M20
螺距 P		0.8	1	1.25	1.5	1.75	2	2	2.5
c	min	1.0	1.1	1.2	1.5	1.8	2.1	2.4	3.0
d_a	max	5.75	6.75	8.75	10.80	13.00	15.10	17.30	21.60
	min	5.00	6.00	8.00	10.00	12.00	14.00	16.00	20.00
d_c	max	11.8	14.2	17.9	21.8	26.0	29.9	34.5	42.8
d_w	min	9.8	12.2	15.8	19.6	23.8	27.6	31.9	39.9
e	min	8.79	11.05	14.38	16.64	20.03	23.36	26.75	32.95
m	max	5.00	6.00	8.00	10.00	12.00	14.00	16.00	20.00
	min	4.70	5.70	7.64	9.64	11.57	13.30	15.30	18.70
m_w	min	2.5	3.1	4.6	5.6	6.8	7.7	8.9	10.7
s	max	8.00	10.00	13.00	15.00	18.00	21.00	24.00	30.00
	min	7.78	9.78	12.73	14.73	17.73	20.67	23.67	29.16
r①	max	0.3	0.4	0.5	0.6	0.7	0.9	1.0	1.2

注：尽可能不采用括号内的规格。

① 适用于棱角和六角面。

51. 2型细牙非金属嵌件六角法兰面锁紧螺母（GB/T 6183.2—2016）（图 6-62、表 6-87）

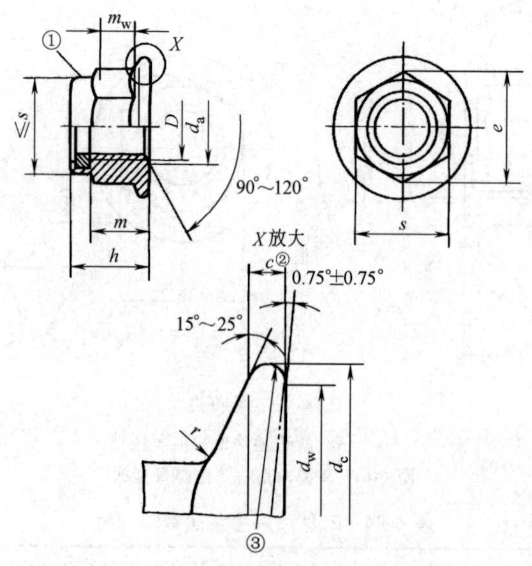

注：尺寸代号和标注符合 GB/T 5276。

① 有效力矩部分，形状任选。

② c 在 d_{wmin} 处测量。

③ 棱边形状由制造者任选。

图 6-62 2型细牙非金属嵌件六角法兰面锁紧螺母型式

表 6-87 2型细牙非金属嵌件六角法兰面锁紧螺母尺寸 （mm）

螺纹规格 $D\times P$		M8×1	M10×1 （M10×1.25）	M12×1.5 （M12×1.25）	（M14×1.5）	M16×1.5	M20×1.5
c		1.2	1.5	1.8	2.1	2.4	3.0
d_a	max	8.75	10.80	13.00	15.10	17.30	21.60
	min	8.00	10.00	12.00	14.00	16.00	20.00
d_{cmax}		17.9	21.80	26.00	29.90	34.50	42.80
d_{wmin}		15.8	19.60	23.80	27.60	31.90	39.90
e_{min}		14.38	16.64	20.03	23.36	26.75	32.95
h	max	11.10	13.50	16.10	18.20	20.30	24.80
	min	8.74	10.30	12.57	14.80	17.20	20.30
m_{min}①		7.64	9.64	11.57	13.30	15.30	18.70
m_{wmin}		4.6	5.6	6.8	7.7	8.9	10.7

（续）

螺纹规格 $D \times P$		M8×1	M10×1 (M10×1.25)	M12×1.5 (M12×1.25)	(M14×1.5)	M16×1.5	M20×1.5
s	max	13.00	15.00	18.00	21.00	24.00	30.00
	min	12.73	14.73	17.73	20.67	23.67	29.16
r_{max}②		0.5	0.6	0.7	0.9	1.0	1.2

注：尽可能不采用括号内的规格。

① 最小螺纹高度。

② r 适用于棱角和六角面。

52. 全金属六角法兰面锁紧螺母（GB/T 6187.1—2016）（图 6-63、表 6-88）

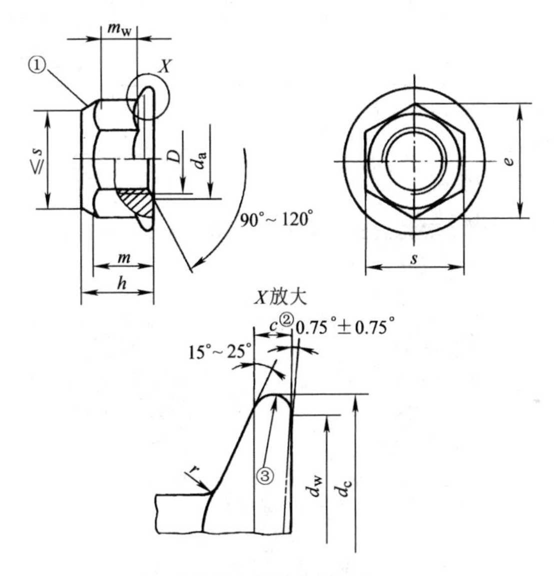

注：尺寸代号和标注符合 GB/T 5276。

① 有效力矩部分形状由制造者自选。

② c 在 d_{wmin} 处测量。

③ 棱边形状由制造者任选。

图 6-63　全金属六角法兰面锁紧螺母型式

表 6-88　全金属六角法兰面锁紧螺母尺寸　（mm）

螺纹规格 D	M5	M6	M8	M10	M12	(M14)	M16	M20
螺距 P	0.8	1	1.25	1.5	1.75	2	2	2.5
c_{min}	1	1.1	1.2	1.5	1.8	2.1	2.4	3.0

（续）

螺纹规格 D		M5	M6	M8	M10	M12	(M14)	M16	M20
d_a	max	5.75	6.75	8.75	10.80	13.00	15.10	17.30	21.60
	min	5.00	6.00	8.00	10.00	12.00	14.00	16.00	20.00
d_{cmax}		11.8	14.2	17.9	21.8	26.0	29.9	34.5	42.8
d_{wmin}		9.8	12.2	15.8	19.6	23.8	27.6	31.9	39.9
e_{min}		8.79	11.05	14.38	16.64	20.03	23.36	26.75	32.95
h	max	6.20	7.30	9.40	11.40	13.80	15.90	18.30	22.40
	min	5.70	6.80	8.74	10.34	12.57	14.80	17.20	20.30
m_{min}①		4.70	5.70	7.64	9.64	11.57	13.30	15.30	18.70
m_{wmin}		2.5	3.1	4.6	5.6	6.8	7.7	8.9	10.7
s	max	8.00	10.00	13.00	15.00	18.00	21.00	24.00	30.00
	min	7.78	9.78	12.73	14.73	17.73	20.67	23.67	29.16
r_{max}②		0.3	0.4	0.5	0.6	0.7	0.9	1.0	1.2

注：尽可能不采用括号内的规格。

① 最小螺纹高度。

② r 适用于棱角和六角面。

53. 2型细牙全金属六角法兰面锁紧螺母（GB/T 6187.2—2016）(图 6-64、表 6-89)

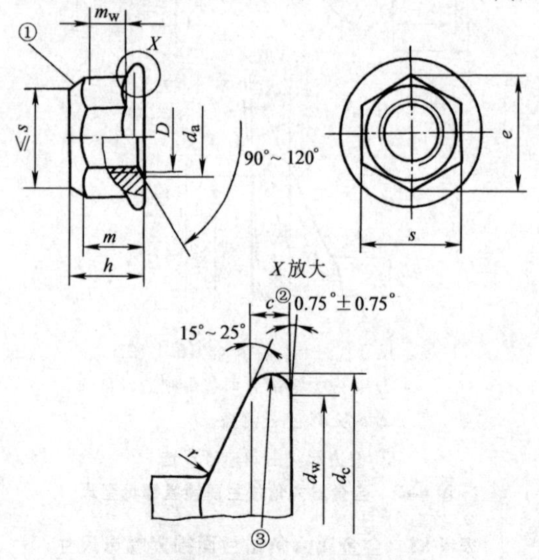

注：尺寸代号和标注符合 GB/T 5276。

① 有效力矩部分形状由制造者自选。

② c 在 d_{wmin} 处测量。

③ 棱边形状由制造者任选。

图 6-64 2型细牙全金属六角法兰面锁紧螺母型式

表 6-89　2 型细牙全金属六角法兰面锁紧螺母尺寸　（mm）

螺纹规格 $D \times P$		M8×1	M10×1 (M10×1.25)	M12×1.5 (M12×1.25)	(M14×1.5)	M16×1.5	M20×1.5
c_{min}①		1.2	1.5	1.8	2.1	2.4	3.0
d_a	max	8.75	10.80	13.00	15.10	17.30	21.60
	min	8.00	10.00	12.00	14.00	16.00	20.00
d_{cmax}		17.9	21.8	26	29.9	34.5	42.8
d_{wmin}		15.8	19.6	23.8	27.6	31.9	39.9
e_{min}		14.38	16.64	20.03	23.36	26.00	32.95
h	max	9.40	11.40	13.80	15.90	18.30	22.40
	min	8.74	10.34	12.57	14.80	17.20	20.30
m_{min}		7.64	9.64	11.57	13.30	15.30	18.70
m_{wmin}		4.6	5.6	6.8	7.7	8.9	10.7
s	max	13.00	15.00	18.00	21.00	24.00	30.00
	min	12.73	14.73	17.73	20.67	23.67	29.16
r_{max}②		0.5	0.6	0.7	0.9	1.0	1.2

注：尽可能不采用括号内的规格。

① 最小螺纹高度。

② r 适用于棱角和六角面。

54. 钢结构用高强度大六角螺母（GB/T 1229—2006）（图 6-65、表 6-90）

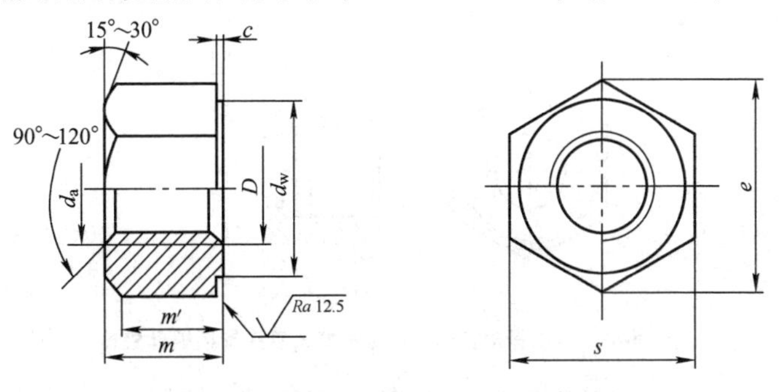

图 6-65　钢结构用高强度大六角螺母型式

表 6-90　钢结构用高强度大六角螺母尺寸　（mm）

螺纹规格 D	M12	M16	M20	(M22)	M24	(M27)	M30
螺距 P	1.75	2	2.5	2.5	3	3	3.5

（续）

螺纹规格 D		M12	M16	M20	（M22）	M24	（M27）	M30
d_a	max	13	17.3	21.6	23.8	25.9	29.1	32.4
	min	12	16	20	22	24	27	30
d_{wmin}		19.2	24.9	31.4	33.3	38.0	42.8	46.5
e_{min}		22.78	29.56	37.29	39.55	45.20	50.85	55.37
m	max	12.3	17.1	20.7	23.6	24.2	27.6	30.7
	min	11.87	16.4	19.4	22.3	22.9	26.3	29.1
m'_{min}		8.3	11.5	13.6	15.6	16.0	18.4	20.4
c	max	0.8	0.8	0.8	0.8	0.8	0.8	0.8
	min	0.4	0.4	0.4	0.4	0.4	0.4	0.4
s	max	21	27	34	36	41	46	50
	min	20.16	20.16	33	35	40	45	49
支承面对螺纹轴线的垂直度公差		0.29	0.38	0.47	0.50	0.57	0.64	0.70

注：括号内的规格为第2选择系列。

55. 植物保护机械用风送喷雾机喷头旋接螺母（GB/T 18677—2002）（图6-66、表6-91）

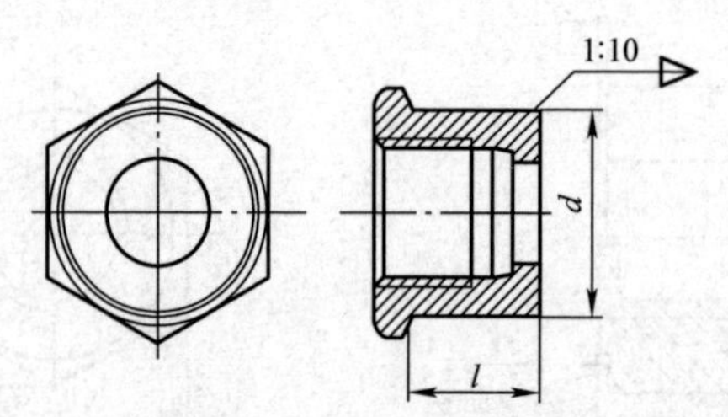

图6-66 植物保护机械用风送喷雾机喷头旋接螺母型式

表6-91 植物保护机械用风送喷雾机喷头旋接螺母尺寸 （mm）

d	l
25±0.1	≥15
30±0.1	≥15
35±0.1	≥15
40±0.1	≥15

56. 扩口式管接头用 A 型螺母（GB/T 5647—2008）(图 6-67、表 6-92)

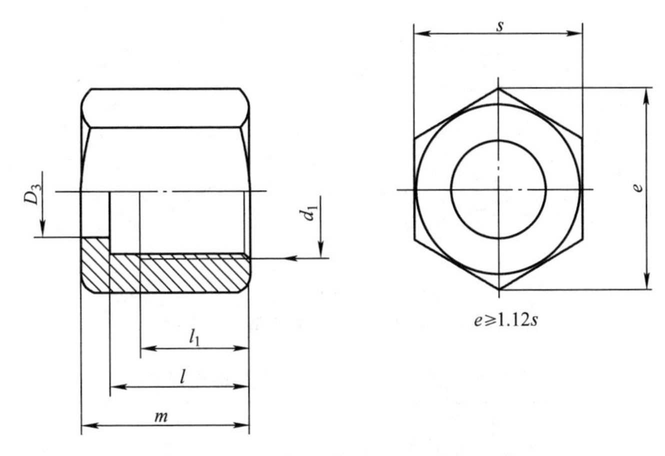

图 6-67　扩口式管接头用 A 型螺母型式

表 6-92　扩口式管接头用 A 型螺母尺寸　(mm)

<table>
<tr><th rowspan="2">管子外径 D_0</th><th rowspan="2">d_1</th><th colspan="2">D_3</th><th rowspan="2">l_1</th><th rowspan="2">l</th><th rowspan="2">m</th><th rowspan="2">s</th></tr>
<tr><th>公称尺寸</th><th>极限公差</th></tr>
<tr><td>4</td><td rowspan="2">M10×1</td><td>5.5</td><td>+0.075
0</td><td rowspan="2">6.5</td><td rowspan="2">11.5</td><td rowspan="2">13.5</td><td rowspan="2">12</td></tr>
<tr><td>5</td><td>6.5</td><td rowspan="3">+0.09</td></tr>
<tr><td>6</td><td>M12×1.5</td><td>7.5</td><td>7.5</td><td>13.5</td><td>16.5</td><td>14</td></tr>
<tr><td>8</td><td>M14×1.5</td><td>9.5</td><td>8.5</td><td>15.5</td><td>18.5</td><td>17</td></tr>
<tr><td>10</td><td>M16×1.5</td><td>11.5</td><td rowspan="3">+0.11
0</td><td rowspan="3">9.5</td><td rowspan="3">16.5</td><td rowspan="3">19.5</td><td>19</td></tr>
<tr><td>12</td><td>M18×1.5</td><td>13.5</td><td>22</td></tr>
<tr><td>14</td><td>M22×1.5</td><td>16</td><td>27</td></tr>
<tr><td>16</td><td>M24×1.5</td><td>18</td><td rowspan="5">+0.13
0</td><td rowspan="2">10</td><td rowspan="2">17</td><td rowspan="2">20</td><td>30</td></tr>
<tr><td>18</td><td>M27×1.5</td><td>20</td><td>32</td></tr>
<tr><td>20</td><td>M30×2</td><td>22</td><td>10.5</td><td>20.5</td><td>24.5</td><td rowspan="2">36</td></tr>
<tr><td>22</td><td>M33×2</td><td>24</td><td>11.5</td><td>21.5</td><td>25.5</td></tr>
<tr><td>25</td><td>M36×2</td><td>27</td><td>12</td><td>22</td><td>26</td><td>41</td></tr>
<tr><td>28</td><td>M39×2</td><td>30</td><td rowspan="3">+0.16
0</td><td>13</td><td>23</td><td>27.5</td><td>46</td></tr>
<tr><td>32</td><td>M42×2</td><td>34</td><td>13.5</td><td>23.5</td><td>28.5</td><td rowspan="2">50</td></tr>
<tr><td>34</td><td>M45×2</td><td>36</td><td>14</td><td>24</td><td>29</td></tr>
</table>

57. 扩口式管接头用 B 型螺母（GB/T 5648—2008）(图 6-68、表 6-93)

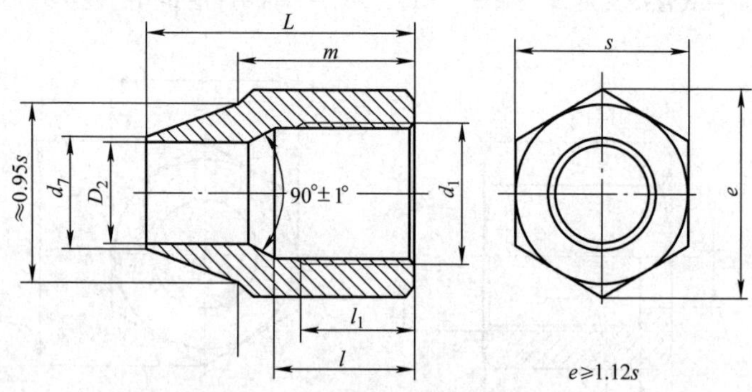

图 6-68　扩口式管接头用 B 型螺母型式

表 6-93　扩口式管接头用 B 型螺母尺寸　(mm)

管子外径 D_0	d_1	D_2 +0.25 +0.15	d_7	l	l_1	L	m	s
4	M10×1	4	6	7	5	16	10	12
5		5	8					
6	M12×1.5	6	9	9.5	7			14
8	M14×1.5	8	11	11	8	20	12	17
10	M16×1.5	10	14	11.5	8.5	26	14	19
12	M18×1.5	12	16			28	16	22
14	M22×1.5	14	17	12	9	32	18	27
16	M24×1.5	16	19	13	10	34	20	
18	M27×1.5	18	22	14	11	38	22	30

58. 管接头用锁紧螺母和垫圈（GB/T 5649—2008）(表 6-94、图 6-69、表 6-95、图 6-70)

表 6-94　管接头用锁紧螺母尺寸　(mm)

d_1	d_2 ±0.2	L_{10} ±0.1	L_2 ±0.2		s
			L 系列	S 系列	
M10×1	13.8	1.5	6	7	14
M12×1.5	16.8	2	7.5	8.5	17
M14×1.5	18.8	2	7.5	8.5	19
M16×1.5	21.8	2	7.5	9	22

（续）

d_1	d_2 ±0.2	L_{10} ±0.1	L_2 ±0.2		s
			L 系列	S 系列	
M18×1.5	23.8	2.5	7.5	10.5	24
M20×1.5	26.8	2.5	8	11	27
M22×1.5	26.8	2.5	8	11	27
M27×2	31.8	2.5	10	13.5	32
M33×2	40.8	3	10	13.5	41
M42×2	49.8	3	10	14	50
M48×2	54.8	3	10	15	55

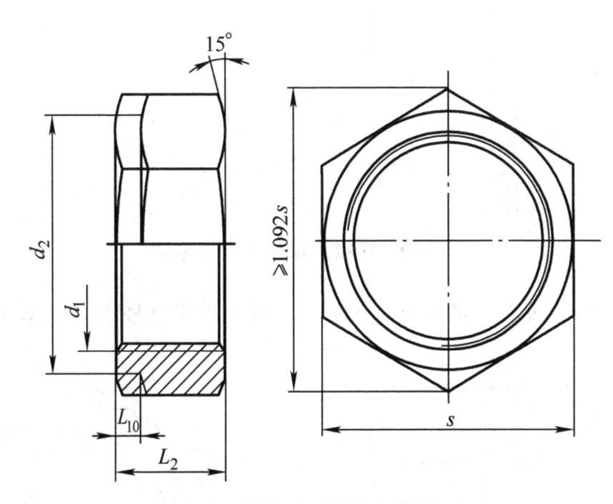

图 6-69　管接头用锁紧螺母型式

表 6-95　管接头用锁紧垫圈尺寸　（mm）

适用螺纹 d_1	d_4 ±0.4	d_5	L_8 ±0.08
M10×1	14.5	8.4	0.9
M12×1.5	17.5	9.7	0.9
M14×1.5	19.5	11.7	0.9
M16×1.5	22.5	13.7	0.9
M18×1.5	24.5	15.7	0.9
M20×1.5	27.5	17.7	1.25
M22×1.5	27.5	19.7	1.25
M27×2	32.5	24	1.25

（续）

适用螺纹 d_1	d_4 ±0.4	d_5	L_8 ±0.08
M33×2	41.5	30	1.25
M42×2	50.5	39	1.25
M48×2	55.5	45	1.25

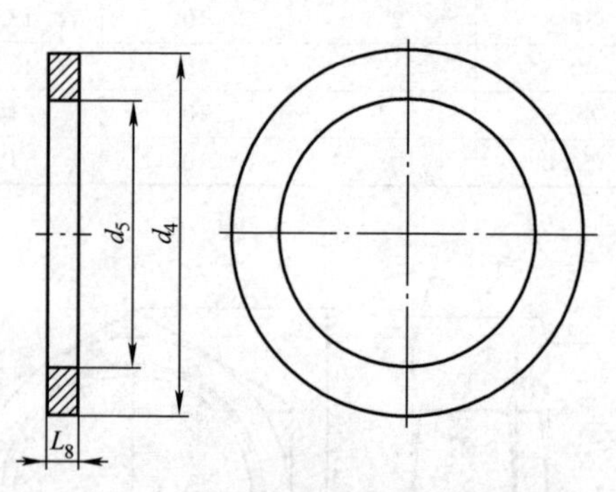

图 6-70 管接头用锁紧垫圈型式

59. 卡套式管接头用连接螺母（GB/T 3759—2008）（图 6-71、表 6-96）

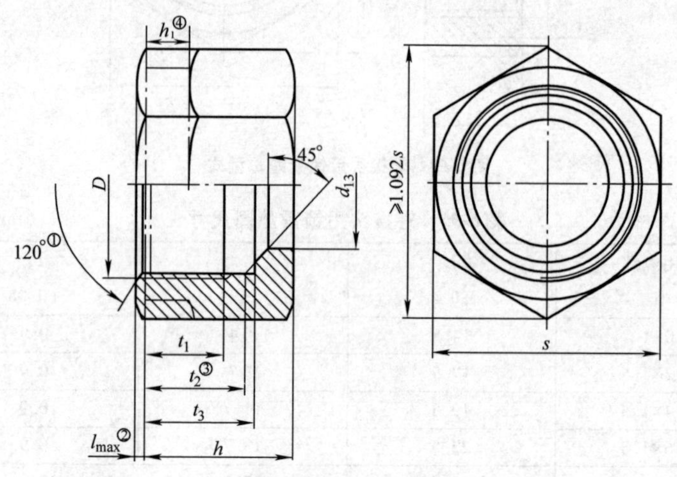

① 螺口倒角。
② 冷成形时许用加高。
③ 全锥面时尺寸。
④ 可选机加工圆柱肩高。

图 6-71 卡套式管接头用连接螺母型式

表 6-96　卡套式管接头用连接螺母尺寸　(mm)

系列	最大工作压力/MPa	管子外径 D_0	D	d_{13} 公称尺寸	d_{13} 极限偏差	t_{1min}	h +0.5 −0.2	h_1 ①	s	t_2 +0.2 0	t_3 +0.2 0
LL	10	4	M8×1	4	+0.215 +0.140	5	11	3.5	10	7.5	8
		5	M10×1	5		5.5	11.5	3.5	12	7.8	8.5
		6	M10×1	6		5.5	11.5	3.5	12	8.2	8.5
		8	M12×1	8	+0.240 +0.150	6	12	3.5	14	8.7	9
L	25	6	M12×1.5	6	+0.215 +0.140	7	14.5	4	14	10	10.5
		8	M14×1.5	8	+0.240 +0.150	7	14.5	4	17	10	10.5
		10	M16×1.5	10		8	15.5	4	19	11	11.5
		12	M18×1.5	12	+0.260 +0.150	8	15.5	5	22	11	11.5
		(14)	M20×1.5	14		8	15.5	5	24	11	11.5
		15	M22×1.5	15		8.5	17	5	27	11.5	12.5
		(16)	M24×1.5	16		8.5	17.5	5	30	11.5	13
	16	18	M26×1.5	18		8.5	18	5	32	11.5	13
		22	M30×2	22	+0.290 +0.160	9.5	20	7	36	13.5	14.5
	10	28	M36×2	28		10	21	7	41	14	15
		35	M45×2	35.3	+0.100 0	12	24	8	50	16	17
		42	M52×2	42.3		12	24	8	60	16	17
S	63	6	M14×1.5	6	+0.215 +0.140	8.5	16.5	5	17	11	12.5
		8	M16×1.5	8	+0.240 +0.150	8.5	16.5	5	19	11	12.5
		10	M18×1.5	10		8.5	17.5	5	22	11	12.5
		12	M20×1.5	12	+0.260 +0.150	8.5	17.5	5	24	11	12.5
		(14)	M22×1.5	14		10	19	6	27	12	13.5
	40	16	M24×1.5	16		10.5	20.5	6	30	13	14.5
		20	M30×2	20	+0.290 +0.160	12	24	8	36	15.5	17
		25	M36×2	25		14	27	9	46	17	19

（续）

系列	最大工作压力/MPa	管子外径 D_0	D	d_{13} 公称尺寸	d_{13} 极限偏差	t_{1min}	h +0.5 −0.2	$h_1$①	s	t_2 +0.2 0	t_3 +0.2 0
S	25	30	M42×2	30	+0.290 +0.160	15	29	10	50	18	20
		38	M52×2	38.3	+0.100 0	17	32.5	10	60	19.5	22.5

注：尽可能不采用括号内的规格。

① 尺寸 h_1 为可选机加工圆柱肩高。

60. 管接头用六角薄螺母（GB/T 3763—2008）（表 6-97、图 6-72）

表 6-97　管接头用六角薄螺母尺寸　（mm）

D	s_1	m ±0.2
M10×1	14	6
M12×1.5	17	6
M14×1.5	19	6
M16×1.5	22	6
M18×1.5	24	6
M20×1.5	27	6
M22×1.5	30	7
M24×1.5	32	7
M26×1.5	36	8
M27×1.5	36	8
M30×2	41	8
M33×2	46	8
M36×2	46	9
M39×2	50	9
M42×2	50	9
M45×2	55	9
M52×2	65	10

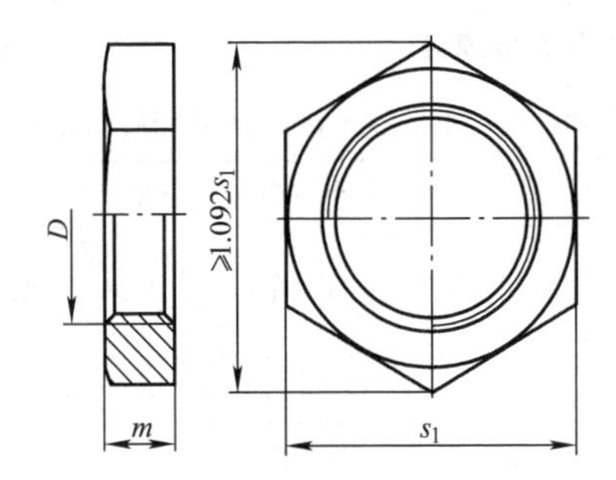

图 6-72　管接头用六角薄螺母型式

三、螺母的重量

1. 小六角特扁细牙螺母（适用于 GB/T 808—1988）（表 6-98）

表 6-98　小六角特扁细牙螺母的重量　（kg）

每 1000 件钢制品的大约重量						
螺纹规格	M4×0.5	M5×0.5	M6×0.75	M8×1	M8×0.75	M10×1
重量	0.28	0.33	0.86	1.45	1.09	1.78
螺纹规格	M10×0.75	M12×1.25	M12×1	M14×1	M16×1.5	M16×1
重量	1.33	3.40	2.65	3.26	6.22	4.47
螺纹规格	M18×1.5	M18×1	M20×1	M22×1	M24×1.5	M24×1
重量	6.95	5.27	7.53	9.47	12.09	10.18

2. 六角厚螺母（适用于 GB/T 56—1988）（表 6-99）

表 6-99　六角厚螺母的重量　（kg）

每 1000 件钢制品的大约重量										
螺纹规格	M16	（M18）	M20	（M22）	M24	（M27）	M30	M36	M42	M48
重量	45.94	66.33	92.72	136.3	160.0	237.7	352.0	572.6	979.5	1 495

注：尽可能不采用括号内的规格。

3. 球面六角螺母（适用于 GB/T 804—1988）（表 6-100）

表 6-100　球面六角螺母的重量　（kg）

每 1000 件钢制品的大约重量											
螺纹规格	M6	M8	M10	M12	M16	M20	M24	M30	M36	M42	M48
重量	3.87	7.64	15.45	22.53	50.56	96.08	164.9	360.4	586.6	999.7	1 522

4. **A和B级1型六角开槽螺母**（适用于GB/T 6178—1985)(表6-101)

表6-101 A和B级1型六角开槽螺母的重量 (kg)

每1000件钢制品的大约重量												
螺纹规格	M4	M5	M6	M8	M10	M12	(M14)	M16	M20	M24	M30	M36
重量	0.80	1.33	2.49	5.36	10.34	15.34	24.76	36.94	64.99	114.7	233.2	394.3

注：表列规格为商品规格。尽可能不采用括号内的规格。

5. **A和B级细牙1型六角开槽螺母**（适用于GB/T 9457—1988)(表6-102)

表6-102 A和B级细牙1型六角开槽螺母的重量 (kg)

每1000件钢制品的大约重量						
螺纹规格	M8×1	M10×1	(M10×1.25)	M12×1.5	(M12×1.25)	(M14×1.5)
重量	521	10.34	10.34	15.34	15.34	24.87

螺纹规格	M16×1.5	(M18×1.5)	M20×2	(M20×1.5)	(M22×1.5)
重量	36.94	46.15	64.99	64.99	97.04
螺纹规格	M24×2	(M27×2)	M30×2	(M33×2)	M36×3
重量	114.7	168.1	233.2	302.0	394.3

注：尽可能不采用括号内的规格。

6. **C级1型六角开槽螺母**（适用于GB/T 6179—1986)(表6-103)

表6-103 C级1型六角开槽螺母的重量 (kg)

每1000件钢制品的大约重量											
螺纹规格	M5	M6	M8	M10	M12	(M14)	M16	M20	M24	M30	M36
重量	1.22	2.36	5.03	9.86	14.84	21.62	33.35	64.06	41.5	228.5	387.8

注：尽可能不采用括号内的规格。

7. **A和B级2型六角开槽螺母**（适用于GB/T 6180—1986)(表6-104)

表6-104 A和B级2型六角开槽螺母的重量 (kg)

每1000件钢制品的大约重量											
螺纹规格	M5	M6	M8	M10	M12	(M14)	M16	M20	M24	M30	M36
重量	1.43	2.69	5.79	11.23	16.72	26.33	40.23	71.87	124.7	256.0	434.2

注：表列规格为商品规格。尽可能不采用括号内的规格。

8. A 和 B 级细牙 2 型六角开槽螺母（适用于 GB/T 9458—1986）（表 6-105）

表 6-105 A 和 B 级细牙 2 型六角开槽螺母的重量 （kg）

每 1000 件钢制品的大约重量						
螺纹规格	M8×1	M10×1	(M10×1.25)	M12×1.5	(M12×1.25)	(M14×1.5)
重量	5.79	11.23	11.23	16.72	16.72	26.38

螺纹规格	M16×1.5	(M18×1.5)	M20×2	(M20×1.5)	(M22×1.5)
重量	40.23	50.55	71.81	71.81	106.2
螺纹规格	M24×2	(M27×2)	M30×2	(M33×2)	M36×3
重量	124.7	184.4	256.0	333.7	434.2

注：尽可能不采用括号内的规格。

9. A 和 B 级六角开槽薄螺母（适用于 GB/T 6181—1986）（表 6-106）

表 6-106 A 和 B 级六角开槽薄螺母的重量 （kg）

每 1000 件钢制品的大约重量											
螺纹规格	M5	M6	M8	M10	M12	(M14)	M16	M20	M24	M30	M36
重量	0.96	1.71	3.87	7.35	11.00	13.38	27.67	52.74	88.88	186.1	332.9

注：表列规格为商品规格。尽可能不采用括号内的规格。

10. A 和 B 级细牙六角开槽薄螺母（适用于 GB/T 9459—1988）（表 6-107）

表 6-107 A 和 B 级细牙六角开槽薄螺母的重量 （kg）

每 1000 件钢制品的大约重量						
螺纹规格	M8×1	M10×1	(M10×1.25)	M12×1.5	(M12×1.25)	(M14×1.5)
重量	3.87	7.35	7.35	11.00	11.00	18.41

螺纹规格	M16×1.5	(M18×1.5)	M20×2	(M20×1.5)	(M22×1.5)
重量	27.67	36.11	52.74	52.74	73.16
螺纹规格	M24×2	(M27×2)	M30×2	(M33×2)	M36×3
重量	88.88	136.9	186.1	252.1	332.9

注：尽可能不采用括号内的规格。

11. C级方螺母（适用于GB/T 39—1988）（表6-108）

表6-108 C级方螺母的重量 (kg)

每1000件钢制品的大约重量						
螺纹规格	M3	M4	M5	M6	M8	M10
重量	0.22	0.49	0.85	1.92	4.2	8.31

螺纹规格	M12	(M14)	M16	(M18)	M20	(M22)	M24
重量	12.97	18.12	29.29	44.26	59.38	89.57	101.9

注：尽可能不采用括号内的规格。

12. 六角盖形螺母（适用于GB/T 923—2009）（表6-109）

表6-109 六角盖形螺母的重量 (kg)

每1000件钢制品的大约重量					
螺纹规格	M4	M5	M6	M8	M10
重量	①	①	4.66	11	20.1

螺纹规格	M12	(M14)	M16	(M18)	M20	(M22)	M24
重量	28.3	①	54.3	95	104	①	216

注：尽可能不采用括号内的规格。

① 目前尚无数据。

13. 组合式盖形螺母（适用于GB/T 802.1—2008）（表6-110）

表6-110 组合式盖形螺母的重量 (kg)

每1000件钢制品的大约重量											
螺纹规格	M5	M6	M8	M10	M12	(M14)	M16	(M18)	M20	(M22)	M24
重量	1.59	3.28	6.71	12.14	17.35	24.76	36.79	49.85	68.52	97.88	112.5

注：尽可能不采用括号内的规格。

14. 滚花高螺母（适用于GB/T 806—1988）（表6-111）

表6-111 滚花高螺母的重量 (kg)

每1000件钢制品的大约重量									
螺纹规格	M1.6	M2	M2.5	M3	M4	M5	M6	M8	M10
重量	0.71	0.91	1.26	2.36	3.26	7.82	14.89	26.92	56.66

15. 滚花薄螺母（适用于GB/T 807—1988）（表6-112）

表6-112 滚花薄螺母的重量 (kg)

每1000件钢制品的大约重量										
螺纹规格	M1.4	M1.6	M2	M2.5	M3	M4	M5	M6	M8	M10
重量	0.31	0.56	0.73	0.91	1.69	1.98	4.96	9.23	16.4	32.36

16. 圆翼蝶形螺母（适用于 GB/T 62.1—2004）（表 6-113）

表 6-113　圆翼蝶形螺母的重量　(kg)

螺纹规格	M2	M2.5	M3	M4	M5
每 1000 件钢制品的质量≈	0.922	1.65	1.95	3.54	6.60
螺纹规格	M6	M8	M10	M12	M14
每 1000 件钢制品的质量≈	11.03	19.76	36.15	65.74	98.27
螺纹规格	M16	M18	M20	M22	M24
每 1000 件钢制品的质量≈	101.0	144.4	211.9	301.9	424.8

17. 方翼蝶形螺母（适用于 GB/T 62.2—2004）（表 6-114）

表 6-114　方翼蝶形螺母的重量　(kg)

螺纹规格	M3	M4	M5	M6	M8	M10
每 1000 件钢制品的质量≈	1.99	1.89	3.31	5.82	9.60	15.53
螺纹规格	M12	M14	M16	M18	M20	
每 1000 件钢制品的质量≈	33.17	30.77	82.29	78.44	73.29	

18. 冲压蝶形螺母（适用于 GB/T 62.3—2004）（表 6-115）

表 6-115　冲压蝶形螺母的重量　(kg)

螺纹规格	M3	M4	M5	M6	M8	M10
每 1000 件钢制品的质量≈	1.90	2.88	3.58	4.52	7.48	10.40

19. 压铸蝶形螺母（适用于 GB/T 62.4—2004）（表 6-116）

表 6-116　压铸蝶形螺母的重量　(kg)

螺纹规格	M3	M4	M5	M6	M8	M10
每 1000 件钢制品的重量≈	1.30	2.85	3.41	5.52	9.54	16.90

20. 环形螺母（适用于 GB/T 63—1988）（表 6-117）

表 6-117　环形螺母的重量　(kg)

每 1000 件钢制品的大约重量							
螺纹规格	M12	(M14)	M16	(M18)	M20	(M22)	M24
重量	153.9	149.3	262.9	256.3	370	358.1	568.9

21. 圆螺母（适用于 GB/T 812—1988)(表 6-118)

表 6-118 圆螺母的重量 (kg)

每1000件钢制品的大约重量						
螺纹规格	M10×1	M12×1.25	M14×1.5	M16×1.5	M18×1.5	M20×1.5
重量	16.82	21.58	26.82	28.44	31.19	37.31
螺纹规格	M22×1.5	M24×1.5	M25×1.5	M27×1.5	M30×1.5	M33×1.5
重量	54.91	68.88	65.88	75.49	82.11	93.32
螺纹规格	M35×1.5	M36×1.5	M39×1.5	M40×1.5	M42×1.5	M45×1.5
重量	84.99	100.3	107.3	102.5	121.8	153.6
螺纹规格	M48×1.5	M50×1.5	M52×2	M55×2	M56×2	M60×2
重量	201.2	186.8	238	214.4	290.1	320.3
螺纹规格	M64×2	M65×2	M68×2	M72×2	M75×2	M76×2
重量	351.9	342.4	380.2	518	477.5	562.4
螺纹规格	M80×2	M85×2	M90×2	M95×2	M100×2	M105×2
重量	608.4	640.6	796.1	834.7	873.3	895
螺纹规格	M110×2	M115×2	M120×2	M125×2	M130×2	M140×2
重量	1076	1369	1423	1477	1531	1937
螺纹规格	M150×2	M160×3	M170×3	M180×3	M190×3	M200×3
重量	2651	2810	2970	3610	3794	3978

22. 小圆螺母（适用于 GB/T 810—1988)(表 6-119)

表 6-119 小圆螺母的重量 (kg)

每1000件钢制品的大约重量						
螺纹规格	M10×1	M12×1.25	M14×1.5	M16×1.5	M18×1.5	M20×1.5
重量	9.53	11	14.27	17.91	18.83	20.6
螺纹规格	M22×1.5	M24×1.5	M27×1.5	M30×1.5	M33×1.5	M36×1.5
重量	33.2	39.42	47.6	52.01	56.43	64.51
螺纹规格	M39×1.5	M42×1.5	M45×1.5	M48×1.5	M52×1.5	M56×2
重量	69.22	73.92	84.65	136.5	143.2	171.9
螺纹规格	M60×1.5	M64×2	M68×2	M72×2	M76×2	M80×2
重量	162.8	183	204.2	271.9	295.5	325

（续）

每1000件钢制品的大约重量						
螺纹规格	M85×2	M90×2	M95×2	M100×2	M105×2	M110×2
重量	343.4	361.8	380.2	391.1	497.7	520.7
螺纹规格	M115×2	M120×2	M125×2	M130×2	M140×2	M150×2
重量	543.7	549.8	572.8	740.5	954.8	1021
螺纹规格	M160×3	M170×3	M180×3	M190×3	M200×3	
重量	1299	1353	2041	2149	2257	

23. 端面带孔圆螺母（适用于 GB/T 815—1988）（表 6-120）

表 6-120 端面带孔圆螺母的重量 （kg）

每1000件钢制品的大约重量								
螺纹规格	M2	M2.5	M3	M4	M5	M6	M8	M10
重量	0.24	0.44	0.67	1.51	2.57	4.16	9.03	16.7

24. 侧面带孔圆螺母（适用于 GB/T 816—1988）（表 6-121）

表 6-121 侧面带孔圆螺母的重量 （kg）

每1000件钢制品的大约重量								
螺纹规格	M2	M2.5	M3	M4	M5	M6	M8	M10
重量	0.23	0.43	0.63	1.45	2.45	3.93	8.64	16.1

25. 带槽圆螺母（适用于 GB/T 817—1988）（表 6-122）

表 6-122 带槽圆螺母的重量 （kg）

每1000件钢制品的大约重量											
螺纹规格	M1.4	M1.6	M2	M2.5	M3	M4	M5	M6	M8	M10	M12
重量	0.05	0.12	0.17	0.29	0.39	0.84	1.63	2.16	4.47	9.59	18.34

26. 嵌装圆螺母（适用于 GB/T 809—1988）（表 6-123）

表 6-123 嵌装圆螺母的重量 （kg）

l/mm	每1000件钢制品的大约重量								
	M2	M2.5	M3	M4	M5	M6	M8	M10	M12
2	0.12	0.15	0.17	0.34	0.45	0.77	0.91	1.48	2.19
3	0.19	0.22	0.26	0.52	0.69	1.16	1.39	2.26	3.32
4	0.24	0.29	0.34	0.67	0.91	1.53	1.83	2.97	4.38

（续）

l/mm	每1000件钢制品的大约重量								
	M2	M2.5	M3	M4	M5	M6	M8	M10	M12
5	0.31	0.38	0.44	0.88	1.15	1.95	2.36	3.8	5.59
6	0.36	0.43	0.5	0.98	1.35	2.28	2.7	4.39	6.5
8	0.5	0.6	0.7	1.4	1.84	3.11	3.75	6.05	8.91
10	0.61	0.73	0.85	1.68	2.27	3.84	4.57	7.42	10.96
12	0.75	0.9	1.05	2.1	2.76	4.66	5.63	9.08	13.36
14	0.85	1.03	1.2	2.38	3.19	5.39	6.45	10.45	15.41
16	1	1.19	1.4	2.8	3.68	6.21	7.5	12.11	17.82
18	1.14	1.36	1.6	3.22	4.18	7.03	8.55	13.77	20.22
20	1.21	1.45	1.7	3.37	4.53	7.67	9.15	14.84	21.91
25	1.57	1.88	2.2	4.41	5.77	9.73	11.78	18.99	27.93
30	1.85	2.22	2.6	5.18	6.87	11.6	13.95	22.55	33.23

27. 扣紧螺母（适用于GB/T 805—1988）（表6-124）

表6-124　扣紧螺母的重量　（kg）

每1000件钢制品的大约重量					
螺纹规格	M6×1	M8×1.25	M10×1.5	M12×1.75	（M14×2）
重量	0.52	1.26	2.24	2.99	4.68
螺纹规格	M16×2	（M18×2.5）	M20×2.5	（M22×2.5）	M24×3
重量	5.16	8.4	9.66	10.4	17.46
螺纹规格	（M27×3）	M30×3.5	M36×4	M42×4.5	M48×5
重量	20.94	29.06	43.99	72.37	97.16

28. 全金属弹簧箍六角锁紧螺母（适用于JB/T 6545—2007）（表6-125）

表6-125　全金属弹簧箍六角锁紧螺母的重量

每1000件钢制品的大约重量										
优选尺寸										
螺纹规格	M8	M10	M12	M16	M20	M24	M30	M36	M42	M48
重量	4.10	7.65	10.8	25.1	45.8	79.05	174.08	300.63	546.08	783.51

非优选尺寸						
螺纹规格	M14	M18	M22	M27	M33	M39
重量	16.5	31.53	66.72	111.08	235.77	401.75

第七章

自攻螺钉和自挤螺钉及自钻自攻螺钉

一、自攻螺钉和自挤螺钉及自钻自攻螺钉综述

1. 自攻螺钉和自挤螺钉及自钻自攻螺钉的尺寸代号与标注（表 7-1）（GB 5726—2015）

表 7-1　自攻螺钉和自挤螺钉及自钻自攻螺钉的尺寸代号与标注

尺寸代号	标　注　内　容
a	支承面至第一扣完整螺纹的距离
b	螺纹长度
A	六角花形的公称直径
c	自钻自攻螺钉垫圈面高度
d	墙板自攻螺钉的螺纹大径
d_1	自攻螺钉的螺纹大径或墙板自攻螺钉的螺纹小径
d_2	自攻螺钉的螺纹小径
d_3	F 型自攻螺钉的平端直径
d_a	过渡圆直径
d_k	头部直径
d_p	平端或圆柱端或钻尖直径
d_r	刮削宽度
d_w	支承面直径
e	对角宽度
f	半沉头球面部分高度
h	自攻锁紧螺钉的螺纹三角截面高度
k	头部高度
k_w	扳拧高度
l	公称长度
l_n	刮削端长度
m	十字槽翼直径
n	开槽宽度
P	螺距
$r_e(r)$	头下圆角半径
r_f	半沉头球面半径或盘头圆角半径
s	对边宽度
t	开槽深度或内六角花形深度
w	槽底至支承面之间的厚度
x	螺纹收尾长度
y	不完整螺纹长度

2. 自攻螺钉用螺纹（GB/T 5280—2002）（图 7-1、图 7-2、表 7-2）

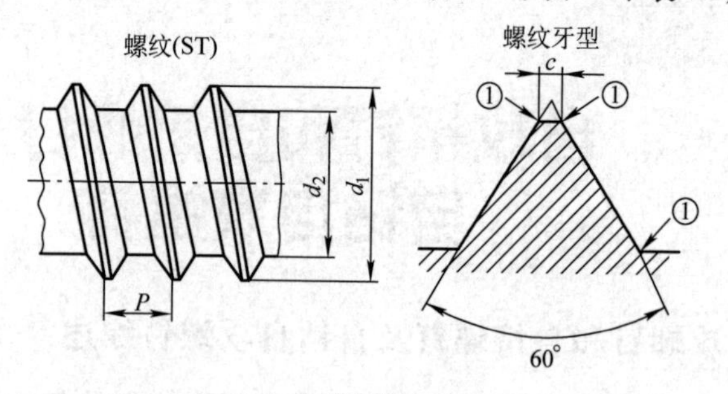

①圆角

图 7-1 自攻螺钉用螺纹

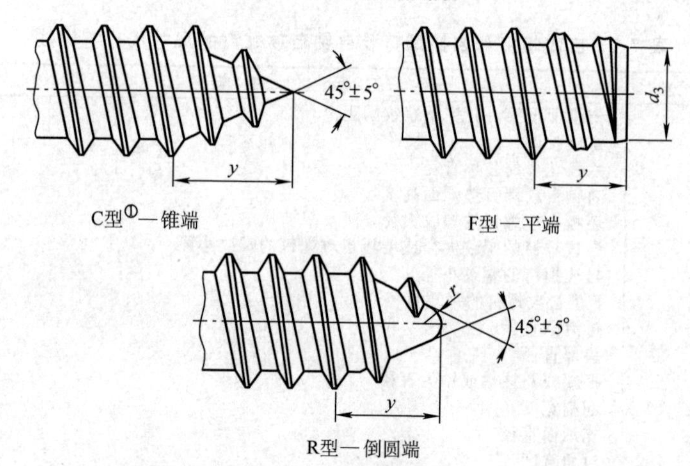

① 由辗制螺纹形成不超出 C 型锥端顶点多余的金属是允许的。顶点轻微的倒圆或截锥较理想。

图 7-2 螺纹末端形式

表 7-2 自攻螺钉用螺纹尺寸（mm）

螺纹规格		ST 1.5	ST 1.9	ST 2.2	ST 2.6	ST 2.9	ST 3.3	ST 3.5	ST 3.9	ST 4.2	ST 4.8	ST 5.5	ST 6.3	ST 8	ST 9.5
$P\approx$		0.5	0.6	0.8	0.9	1.1	1.3	1.3	1.3	1.4	1.6	1.8	1.8	2.1	2.1
d_1	max	1.52	1.90	2.24	2.57	2.90	3.30	3.53	3.91	4.22	4.80	5.46	6.25	8.00	9.65
	min	1.38	1.76	2.10	2.43	2.76	3.12	3.35	3.73	4.04	4.62	5.28	6.03	7.78	9.43
d_2	max	0.91	1.24	1.63	1.90	2.18	2.39	2.64	2.92	3.10	3.58	4.17	4.88	6.20	7.85
	min	0.84	1.17	1.52	1.80	2.08	2.29	2.51	2.77	2.95	3.43	3.99	4.70	5.99	7.59
d_3	max	0.79	1.12	1.47	1.73	2.01	2.21	2.41	2.67	2.84	3.30	3.86	4.55	5.84	7.44
	min	0.69	1.02	1.37	1.60	1.88	2.08	2.26	2.51	2.69	3.12	3.68	4.34	5.64	7.24

（续）

螺纹规格		ST 1.5	ST 1.9	ST 2.2	ST 2.6	ST 2.9	ST 3.3	ST 3.5	ST 3.9	ST 4.2	ST 4.8	ST 5.5	ST 6.3	ST 8	ST 9.5
c_{max}		0.1	0.1	0.1	0.1	0.1	0.1	0.1	0.1	0.1	0.15	0.15	0.15	0.15	0.15
r① ≈		—	—	—	—	—	—	0.5	0.6	0.6	0.7	0.8	0.9	1.1	1.4
y 参考②	C 型	1.4	1.6	2	2.3	2.6	3	3.2	3.5	3.7	4.3	5	6	7.5	8
	F 型	1.1	1.2	1.6	1.8	2.1	2.5	2.5	2.7	2.8	3.2	3.6	3.6	4.2	4.2
	R 型	—	—	—	—	—	—	2.7	3	3.2	3.6	4.3	5	6.3	—
号码 No.③		0	1	2	3	4	5	6	7	8	10	12	14	16	20

① r 是参考尺寸，仅供指导。末端不一定是完整的球面，但触摸时不应是尖锐的。

② 不完整螺纹的长度。

③ 以前的螺纹标记，仅为信息。

3. 沉头自攻螺钉用沉孔（GB/T 152.2—2014）（图 7-3、表 7-3）

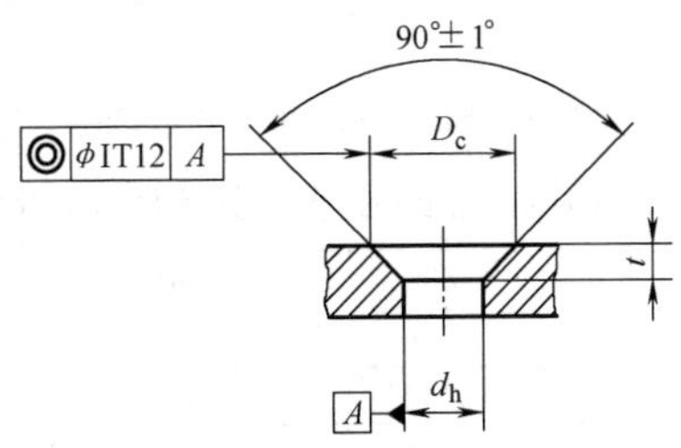

图 7-3　沉头自攻螺钉用沉孔型式

表 7-3　沉头自攻螺钉用沉孔尺寸　（mm）

公称规格	螺纹规格		d_h①		D_c		t ≈
			min(公称)	max	min(公称)	max	
1.6	M1.6	—	1.80	1.94	3.6	3.7	0.95
2	M2	ST2.2	2.40	2.54	4.4	4.5	1.05
2.5	M2.5	—	2.90	3.04	5.5	5.6	1.35
3	M3	ST2.9	3.40	3.58	6.3	6.5	1.55
3.5	M3.5	ST3.5	3.90	4.08	8.2	8.4	2.25
4	M4	ST4.2	4.50	4.68	9.4	9.6	2.55
5	M5	ST4.8	5.50	5.68	10.40	10.65	2.58
5.5	—	ST5.5	6.00②	6.18	11.50	11.75	2.88
6	M6	ST6.3	6.60	6.82	12.60	12.85	3.13
8	M8	ST8	9.00	9.22	17.30	17.55	4.28
10	M10	ST9.5	11.00	11.27	20.0	20.3	4.65

① 按 GB/T 5277 中等装配系列的规定，公差带为 H13。

② GB/T 5277 中无此尺寸。

4. 粗牙普通螺纹系列自攻锁紧螺钉的螺杆（GB/T 6559—1986）（图 7-4、表 7-4）

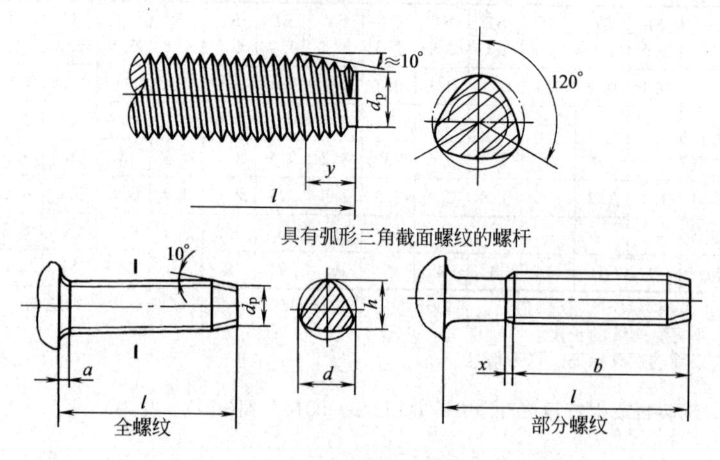

图 7-4 粗牙普通螺纹系列自攻锁紧螺钉的螺杆型式

表 7-4 粗牙普通螺纹系列自攻锁紧螺钉的螺杆尺寸 （mm）

螺纹规格		M2	M2.5	M3	(M3.5)	M4	M5	M6	M8	M10	M12
P		0.4	0.45	0.5	0.6	0.7	0.8	1	1.25	1.5	1.75
a_{max}		0.8	0.9	1	1.2	1.4	1.6	2	2.5	3	3.5
b_{min}		10	12	16	20	25	30	35	35	35	35
d	max	2.04	2.58	3.08	3.58	4.13	5.13	6.16	8.17	10.18	12.19
	min	1.96	2.48	2.98	3.48	3.98	4.98	5.99	7.98	9.97	11.95
h	max	1.95	2.46	2.95	3.43	3.96	4.93	5.93	7.91	9.89	11.87
	min	1.87	2.36	2.85	3.33	3.81	4.78	5.78	7.76	9.74	11.72
$y\approx$		1.4	1.4	1.5	1.8	2.0	2.5	3.0	3.8	4.5	5.5
d_{pmax}		1.65	2.14	2.60	3.00	3.45	4.35	5.19	6.96	8.72	10.49
x_{max}		1	1.1	1.25	1.5	1.75	2	2.5	3.2	3.8	4.4
l	全螺纹	4*、5~10	5*、6~12	6*、8~16	8*、10~20	8*、10~25	10*、12~30	12*、14~35	16*、20~35	20*、25~35	25*、30~35
	部分螺纹	12	14、16	20	25	30	35	40	40~50	40~60	40~80

注：1. 螺纹其余参数的基本尺寸按 GB/T 196—2003 规定；公差按 GB/T 197—2003 的 6g 级规定，供制造辗制螺纹工具使用，在制品上不予检查。

2. d_p 由制造工艺保证，在制品上不予检查。

3. 标有“*”符号者，不适用于沉头及半沉头螺钉。

4. 尽可能不采用括号内的规格。

5. 自攻螺钉的机械性能（GB/T 3098.5—2016）

（1）机械性能（表 7-5）

（2）标准试验板厚度和孔径（表 7-6）

（3）破坏力矩（表 7-7）

表 7-5　自攻螺钉的机械性能

项　　目	要　　求	
材料	螺钉应由冷镦渗碳钢制造	
表面硬度	螺钉的表面硬度≥450HV0.3	
心部硬度	螺纹≤ST3.9：270~370HV5 螺纹≥ST4.2：270~370HV10	
显微组织	在渗碳层与心部间的显微组织不应呈现带状亚共析铁素体	
拧入性能试验	将螺钉拧入符合表 7-6 中规定的试验板内，螺钉的螺纹不应损坏；试验板用 C≤0.23%低碳钢制造，其硬度为 130~170HV	
扭矩试验	将螺钉杆部装入专用夹具内进行扭矩试验时，其破坏力矩不得小于表 7-7 中规定的破坏力矩	
螺纹规格[①]	渗碳层深度 /mm	
	min	max
ST2.2	0.04	0.10
ST2.6	0.04	0.10
ST2.9	0.05	0.18
ST3.3	0.05	0.18
ST3.5	0.05	0.18
ST3.9	0.10	0.23
ST4.2	0.10	0.23
ST4.8	0.10	0.23
ST5.5	0.10	0.23
ST6.3	0.15	0.28
ST8	0.15	0.28
ST9.5	0.15	0.28

① 自攻螺钉的螺纹大径。

表 7-6　拧入性能试验用标准试验板厚度和孔径　　（mm）

螺纹规格	板　厚		孔　径	
	min	max	min	max
ST2.2	1.17	1.30	1.905	1.955
ST2.6	1.17	1.30	2.185	2.235
ST2.9	1.17	1.30	2.415	2.465
ST3.3	1.17	1.30	2.68	2.73
ST3.5	1.85	2.06	2.92	2.97
ST3.9	1.85	2.06	3.24	3.29

（续）

螺纹规格	板厚		孔径	
	min	max	min	max
ST4.2	1.85	2.06	3.43	3.48
ST4.8	3.10	3.23	4.015	4.065
ST5.5	3.10	3.23	4.735	4.785
ST6.3	4.67	5.05	5.475	5.525
ST8	4.67	5.05	6.885	6.935
ST9.5	4.67	5.05	8.270	8.330

表 7-7 破坏力矩 （N·m）

螺纹规格	破坏力矩 min	螺纹规格	破坏力矩 min
ST2.2	0.45	ST4.2	4.4
ST2.6	0.9	ST4.8	6.3
ST2.9	1.5	ST5.5	10.0
ST3.3	2.0	ST6.3	13.6
ST3.5	2.7	ST8	30.5
ST3.9	3.4	ST9.5	68.0

6. 自挤螺钉的机械性能（GB/T 3098.7—2000）

（1）材料的化学成分（表 7-8）

表 7-8 材料的化学成分

分析	成分极限（质量分数，%）	
	C	Mn
桶样	0.15~0.25	0.70~1.65
检验	0.13~0.27	0.64~1.71

注：1. 自挤螺钉应由渗碳钢冷镦制造。该表给出的材料化学成分仅是指导性的。
2. 如果通过添加钛和（或）铝使不起作用的硼受到控制，则硼含量可达到 $w(\mathrm{B})0.005\%$。

（2）机械和工作性能要求（表 7-9）

表 7-9 机械和工作性能要求

螺纹公称直径/mm	破坏扭矩/N·m min	拧入扭矩/N·m max	破坏拉力载荷（参考）/N min
2	0.5	0.3	1 940
2.5	1.2	0.6	3 150
3	2.1	1.1	4 680
3.5	3.4	1.7	6 300
4	4.9	2.5	8 170
5	10	5	13 200

（续）

螺纹公称直径/ mm	破坏扭矩/ N·m　min	拧入扭矩/ N·m　max	破坏拉力载荷(参考)/ N　min
6	17	8.5	18 700
8	42	21	34 000
10	85	43	53 900
12	150	75	78 400

注：螺钉成品应进行表面淬火和回火处理，最低回火温度为340℃。

（3）表面渗碳层深度（表7-10）

表7-10　表面渗碳层深度　（mm）

螺纹公称直径	表面渗碳层深度	
	min	max
2、2.5	0.04	0.12
3、3.5	0.05	0.18
4、5	0.10	0.25
6、8	0.15	0.28
10、12	0.15	0.32

注：心部硬度应为290~370HV10，最低表面硬度为450HV0.3。

（4）拧入性能试验用试板的厚度和孔径（表7-11）

表7-11　拧入性能试验用试板的厚度和孔径　（mm）

螺纹公称直径		2	2.5	3	3.5	4	5	6	8	10	12
厚度		2	2.5	3	3.5	4	5	6	8	10	12
孔径	max	1.825	2.275	2.775	3.18	3.68	4.53	5.43	7.336	9.236	11.143
	min	1.800	2.250	2.750	3.15	3.65	4.50	5.40	7.300	9.200	11.100

注：1. 试板应由低碳轧制钢板制成，硬度为140~180HV30，试板厚度应等于螺钉的螺纹公称直径。

2. 试板的厚度公差应符合GB/T 709（轧制钢板）的规定。

7. 墙板自攻螺钉的机械性能（GB/T 14210—1993）（表7-12）

表7-12　墙板自攻螺钉的机械性能

材料	化　学　成　分(质量分数,%)				
	C	Si≤	Mn	P≤	S≤
	0.15~0.20 0.15~0.20	0.10 0.10	0.60~0.90 0.60~0.90	0.030 0.040	0.035 0.050

（续）

<table>
<tr><td colspan="3">螺纹规格 d/mm</td><td>3.5</td><td>3.9</td><td>4.2</td></tr>
<tr><td rowspan="9">性能要求</td><td rowspan="3">拧入性能试验</td><td>拧入转速/(r/min)</td><td colspan="3">2000~3000</td></tr>
<tr><td>轴向总推力/N</td><td colspan="3">150±3</td></tr>
<tr><td colspan="4">试板材料为Q215或Q235的半软(BR)钢带,厚度0.6mm,拧入时间不大于1s,经试验后,螺钉的螺纹不得破坏</td></tr>
<tr><td rowspan="3">机械性能</td><td>渗碳层深度mm　min</td><td>0.05</td><td>0.05</td><td>0.05</td></tr>
<tr><td>表面硬度HV0.3　min</td><td>560</td><td>560</td><td>560</td></tr>
<tr><td>破坏力矩/(N·m)　min</td><td>2.8</td><td>3.4</td><td>3.4</td></tr>
<tr><td colspan="5">弯折角试验:对螺钉进行15°弯折角试验,螺钉允许出现裂纹,但不得折断
形位公差:头部对螺杆轴线的同轴度,按GB/T 3103.1中的A级产品的规定</td></tr>
<tr><td>表面缺陷</td><td colspan="4">不允许有淬火裂缝;头部不允许有肉眼可见的裂纹,头杆结合处应光滑无毛刺;表面不允许有浮锈</td></tr>
<tr><td rowspan="2">表面处理</td><td colspan="4">螺钉表面应进行磷化处理,其外观为干性的连续、细小、均匀的磷酸盐结晶;不允许有明显的结晶粗大、色泽不匀、花斑等缺陷</td></tr>
<tr><td></td><td colspan="4">螺钉应进行耐腐蚀性试验,试验周期由供需双方商定</td></tr>
</table>

8. 自钻自攻螺钉的机械性能（GB/T 3098.11—2002）

（1）材料

自钻自攻螺钉应使用渗碳钢或热处理钢制造。

（2）金相性能

1）热处理后自钻自攻螺钉的表面硬度应≥530HV0.3。

2）热处理后的心部硬度为：

——320~400HV5　　有于螺纺规格≤ST4.2；

——320~400HV10　　用于螺纹规格>ST4.2。

推荐的最低回火温度为330℃。应避免275~315℃的回火温度范围，以便将回火马氏体脆断风险关减少到最低程度。

3）渗碳层深度应符合表7-13给出的数值。

表 7-13　渗碳层深度　(mm)

螺纹规格	渗碳层深度	
	min	max
ST2. 9 和 ST3. 5	0. 05	0. 18
ST4. 2～ST5. 5	0. 10	0. 23
ST6. 3	0. 15	0. 28

4）显微组织。在热处理后自钻自攻螺钉的显微组织，表面硬化层和心部之间不应出现带状铁素体。

5）氢脆。电镀自钻自攻螺钉存在因氢脆而断裂的危险。因此，应由制造者和（或）电镀者采取措施，包括按 GB/T 3098. 17 进行试验检查，以控制该危险的发生。

GB/T 5267. 1 中有关电镀紧固件消除氢脆的测量要求，也应予以考虑。

（3）扭转强度

按规定的试验方法对自钻自攻螺钉进行试验时，其扭转强度应能保证螺钉的破坏扭矩等于或大于表 7-14 的规定。

表 7-14　破坏扭矩　(N · m)

螺纹规格	最小破坏扭矩
ST2. 9	1. 5
ST3. 5	2. 8
ST4. 2	4. 7
ST4. 8	6. 9
ST5. 5	10. 4
ST6. 3	16. 9

9. 不锈钢自攻螺钉的机械性能（GB/T 3098. 21—2014）

（1）标记

自攻螺钉的不锈钢组别和性能硬度等级的标记制度，如图 7-5 所示。材料标记由短划隔开的两部分组成。第一部分标记钢的组别，第二部分标记硬度等级。

钢的组别（第一部分）标记由一个字母和数字组成，其中：

——A 为奥氏体型钢；

——C 为马氏体型钢；

——F 为铁素体型钢。

字母表示钢的类别，数字表示该类钢的化学成分范围，如表 7-16 所示。

硬度等级（第二部分）标记由 2 个数字和字母 H 组成。其中，数字表示最低维氏硬度的 1/10，字母表示硬度，见表 7-15。

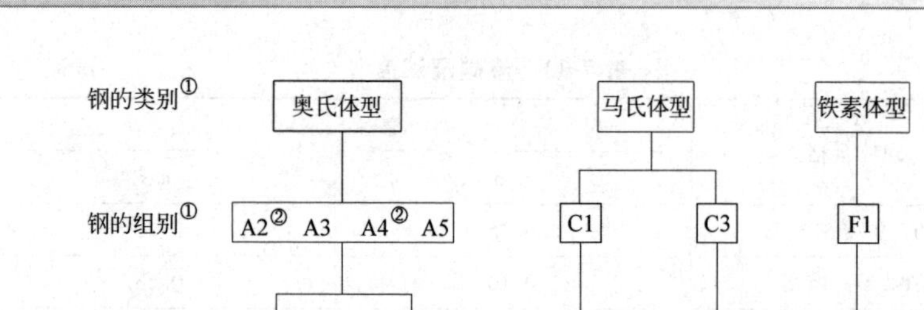

① 钢的类别和组别的分级，在 GB/T 3098.21—2014 附录 A 中说明，化学成分按表 7-16 规定。

② 含碳量低于 0.03%的低碳奥氏体不锈钢，可增加标记“L”，如 A4L-25H。

③ 自攻螺钉按 GB/T 5267.4 钝化处理，可增加标记 P，如 A4-25HP。

图 7-5 自攻螺钉不锈钢组别和性能等级标记制度

表 7-15 性能等级的标记与维氏硬度对照

性能等级	20H	25H	30H	40H
维氏硬度 HV min	200	250	300	400

示例 1：A4-25H 表示：奥氏体钢、冷加工、最低硬度为 250HV。

示例 2：C3-40H 表示：马氏体钢、淬火并回火、最低硬度为 400HV。

(2) 化学成分

表 7-16 给出不锈钢自攻螺钉的组别与化学成分。对同一钢组给出的化学成分，与 GB/T 3098.6 的规定一致。

除非之前购买者与制造者另有协议，否则在规定钢组的范围内的化学成分，由制造者选择。

在有晶间腐蚀倾向的场合，推荐按 GB/T 4334 的规定进行试验。在此情况下，推荐采用稳定型的 A3 和 A5，或者采用含碳量不超过 0.03%的 A2 和 A4 不锈钢。

表 7-16 不锈钢组别与化学成分

类别	组别	化学成分(质量分数,%)①									注
		C	Si	Mn	P	S	Cr	Mo	Ni	Cu	
奥氏体	A2	0.1	1	2	0.050	0.03	15~20	②	8~19	4	③、④
	A3	0.08	1	2	0.045	0.03	17~19	②	9~12	1	⑤
	A4	0.08	1	2	0.045	0.03	16.0~18.5	2~3	10~15	4	④、⑥
	A5	0.08	1	2	0.045	0.03	16.0~18.5	2~3	10.5~14	1	⑤、⑥

（续）

类别	组别	化学成分(质量分数,%)[1]									注
		C	Si	Mn	P	S	Cr	Mo	Ni	Cu	
马氏体	C1	0.09~0.15	1	1	0.050	0.03	11.5~14	—	1	—	⑥
	C3	0.17~0.25	1	1	0.040	0.03	16~18	—	1.5~2.5	—	—
铁素体	F1	0.12	1	1	0.040	0.03	15~18	⑦	1	—	⑧、⑨

注：1. 不锈钢的类别和组别，以及涉及其特性和应用的说明，在 GB/T 3098.21—2014 附录 A 中给出。

2. 已由 ISO 4954 标准化了的不锈钢示例，分别在 GB/T 3098.21—2014 附录 A 和附录 B 中给出。

3. 某些特殊用途的材料，在 GB/T 3098.21—2014 附录 C 中给出。

① 除另有表示外，均为最大值。

② 由制造者决定可以有钼含量，但对某些使用场合，如有必要限定钼的极限含量时，则应在订单中由用户注明。

③ 如铬含量低于 w(Cr)17%，则镍的最小含量应为 w(Ni)12%。

④ 对最大含碳量达到 w(C)0.03%的奥氏体型不锈钢，氮含量最高可达到 w(N)0.22%。

⑤ 为稳定组织，钛含量应为 w(Ti)≥(5×C%)~0.8%，并应按本表适当标志，或者铌和/或钽的质量分数应为≥(10×C%)~1.0%，并应按本表规定适当标志。

⑥ 对较大直径的产品，为达到规定的机械性能，由制造者决定可以用较高的含碳量，但对奥氏体型钢不应超过 w(C)0.12%。

⑦ 由制造者决定可以有钼含量。

⑧ 钛含量可能为 w(Ti)≥(5×C%)~0.8%。

⑨ 铌和/或钽的质量分数应为≥(10×C%)~1.0%。

（3）表面硬度

按规定进行试验时，马氏体型钢螺钉的表面硬度应符合表 7-17 的规定。

表 7-17　表面硬度

类　别	组　别	性能等级	表面硬度最小值
马氏体	C1	30H	300HV
	C3	40H	400HV

（4）心部硬度

当按芯部硬度试验的规定进行试验时，奥氏体型和铁素体型钢自攻螺钉的心部硬度应符合表 7-18 的规定。如有争议，应按破坏扭矩试验规定的性能特性要求进行验收检查。

表 7-18　心部硬度

类　别	组　别	性能等级	心部硬度[1]最小值
奥氏体	A2、A3、A4、A5	20H	200HV

（续）

类　　别	组　　别	性能等级	心部硬度[①]最小值
奥氏体	A2、A3、A4、A5	25H	250HV
铁素体	F1	25H	250HV

① 螺纹规格≤ST3.9，应使用HV5；螺纹规格>ST3.9，应使用HV10。

（5）抗扭强度

按破坏扭矩试验的规定进行试验时，不锈钢自攻螺钉的破坏扭矩应等于或大于表7-19对各性能等级给出的最小扭矩值。

（6）螺纹成形能力

按拧入性能试验的规定拧入试验板时，不锈钢自攻螺钉应能攻出与其匹配的内螺纹，而螺钉的螺纹不应损坏。

表7-19　最小破坏扭矩

螺纹规格 d/mm	最小破坏扭矩 M_{Bmin}/N·m			
	性能等级			
	20H	25H	30H	40H
ST2.2	0.38	0.48	0.54	0.6
ST2.6	0.64	0.8	0.9	1
ST2.9	1	1.2	1.4	1.5
ST3.3	1.3	1.6	1.8	2
ST3.5	1.7	2.2	2.4	2.7
ST3.9	2.3	2.9	3.3	3.6
ST4.2	2.8	3.5	3.9	4.4
ST4.8	4.4	5.5	6.2	6.9
ST5.5	6.9	8.7	9.7	10.8
ST6.3	11.4	14.2	15.9	17.7
ST8	23.5	29.4	32.9	36.5

二、自攻螺钉和自挤螺钉及自钻自攻螺钉的尺寸

1. 开槽盘头自攻螺钉（GB/T 5282—2017）（图7-6、表7-20）

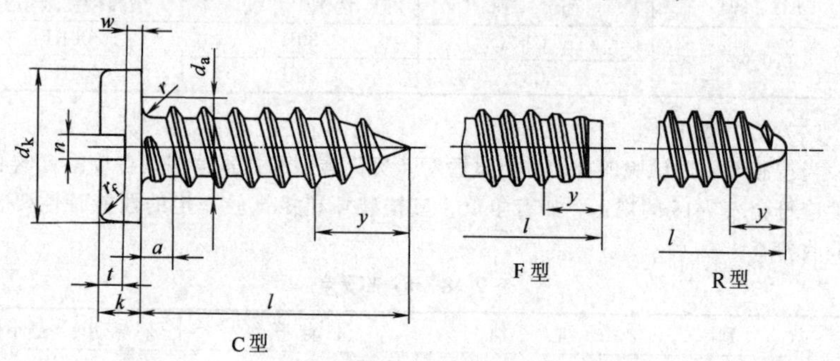

图7-6　开槽盘头自攻螺钉型式

表 7-20　开槽盘头自攻螺钉尺寸　　(mm)

螺纹规格		ST2.2	ST2.9	ST3.5	ST4.2	ST4.8	ST5.5	ST6.3	ST8	ST9.5
螺距 P		0.8	1.1	1.3	1.4	1.6	1.8	1.8	2.1	2.1
a_{max}		0.8	1.1	1.3	1.4	1.6	1.8	1.8	2.1	2.1
d_{amax}		2.8	3.5	4.1	4.9	5.5	6.3	7.1	9.2	10.7
d_k	max	4.0	5.6	7.0	8.0	9.5	11.0	12.0	16.0	20.0
	min	3.7	5.3	6.6	7.6	9.1	10.6	11.6	15.6	19.5
k	max	1.3	1.8	2.1	2.4	3.0	3.2	3.6	4.8	6.0
	min	1.1	1.6	1.9	2.2	2.7	2.9	3.3	4.5	5.7
n	公称	0.5	0.8	1.0	1.2	1.2	1.6	1.6	2.0	2.5
	min	0.56	0.86	1.06	1.26	1.26	1.66	1.66	2.06	2.56
	max	0.70	1.00	1.20	1.51	1.51	1.91	1.91	2.31	2.81
r_{min}		0.10	0.10	0.10	0.20	0.20	0.25	0.25	0.40	0.40
$r_{f参考}$		0.6	0.8	1.0	1.2	1.5	1.6	1.8	2.4	3.0
t_{min}		0.5	0.7	0.8	1.0	1.2	1.3	1.4	1.9	2.4
w_{min}		0.5	0.7	0.8	0.9	1.2	1.3	1.4	1.9	2.4
$y_{参考}$	C 型	2.0	2.6	3.2	3.7	4.3	5.0	6.0	7.5	8.0
	F 型	1.6	2.1	2.5	2.8	3.2	3.6	3.6	4.2	4.2
	R 型	—	—	2.7	3.2	3.6	4.3	5.0	6.3	—
l		4.5~16	6.5~19	6.5~22	9.5~25	9.5~32	13~32	13~38	16~50	16~50

2. 开槽沉头自攻螺钉（GB/T 5283—2017）（图 7-7、表 7-21）

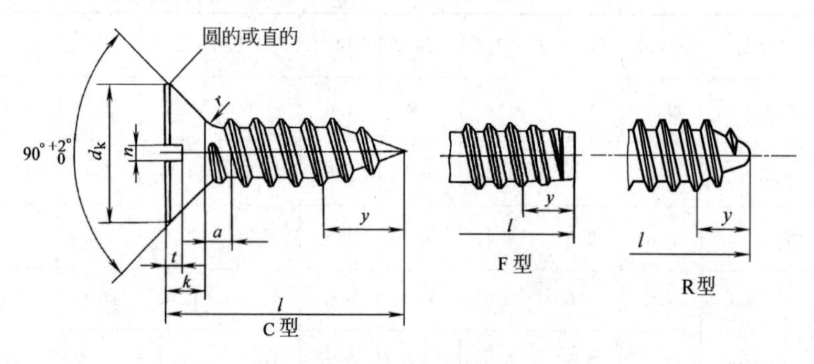

图 7-7　开槽沉头自攻螺钉型式

表 7-21　开槽沉头自攻螺钉尺寸　（mm）

螺纹规格			ST2.2	ST2.9	ST3.5	ST4.2	ST4.8	ST5.5	ST6.3	ST8	ST9.5
螺距 P			0.8	1.1	1.3	1.4	1.6	1.8	1.8	2.1	2.1
a_{max}			0.8	1.1	1.3	1.4	1.6	1.8	1.8	2.1	2.1
d_k	理论值 max		4.4	6.3	8.2	9.4	10.4	11.5	12.6	17.3	20.0
	实际值	max	3.8	5.5	7.3	8.4	9.3	10.3	11.3	15.8	18.3
		min	3.5	5.2	6.9	8.0	8.9	9.9	10.9	15.4	17.8
k_{max}			1.10	1.70	2.35	2.60	2.80	3.00	3.15	4.65	5.25
n	公称		0.5	0.8	1.0	1.2	1.2	1.6	1.6	2.0	2.5
	min		0.56	0.86	1.06	1.26	1.26	1.66	1.66	2.06	2.56
	max		0.70	1.00	1.20	1.51	1.51	1.91	1.91	2.31	2.81
r_{max}			0.8	1.2	1.4	1.6	2.0	2.2	2.4	3.2	4.0
t	min		0.40	0.60	0.90	1.00	1.10	1.10	1.20	1.80	2.00
	max		0.6	0.85	1.2	1.3	1.4	1.5	1.6	2.3	2.6
$y_{参考}$	C 型		2.0	2.6	3.2	3.7	4.3	5.0	6.0	7.5	8.0
	F 型		1.6	2.1	2.5	2.8	3.2	3.6	3.6	4.2	4.2
	R 型		—	—	2.7	3.2	3.6	4.3	5.0	6.3	—
l			4.5～16	6.5～19	9.5～25	9.5～32	9.5～32	13～38	13～38	16～50	19～50

注：d_k 的理论值按 GB/T 5279 规定。

3. 开槽半沉头自攻螺钉（GB/T 5284—2017）（图 7-8、表 7-22）

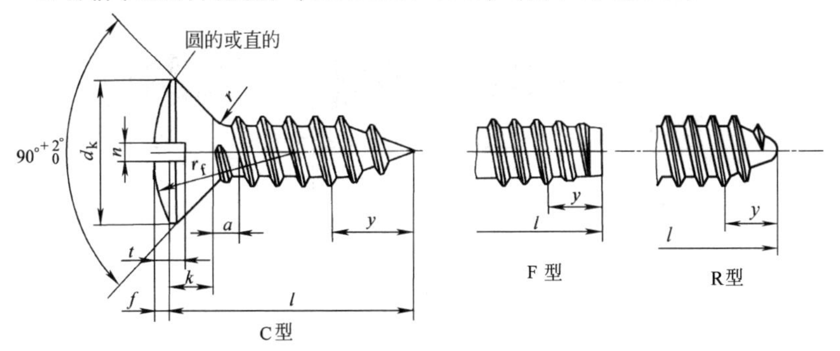

图 7-8　开槽半沉头自攻螺钉型式

表 7-22　开槽半沉头自攻螺钉尺寸　（mm）

螺纹规格			ST2.2	ST2.9	ST3.5	ST4.2	ST4.8	ST5.5	ST6.3	ST8	ST9.5
螺距 P			0.8	1.1	1.3	1.4	1.6	1.8	1.8	2.1	2.1
a_{max}			0.8	1.1	1.3	1.4	1.6	1.8	1.8	2.1	2.1
d_k	理论值 max		4.4	6.3	8.2	9.4	10.4	11.5	12.6	17.3	20.0
	实际值	max	3.8	5.5	7.3	8.4	9.3	10.3	11.3	15.8	18.3
		min	3.5	5.2	6.9	8.0	8.9	9.9	10.9	15.4	17.8
$f\approx$			0.5	0.7	0.8	1.0	1.2	1.3	1.4	2.0	2.3
k_{max}			1.10	1.70	2.35	2.60	2.80	3.00	3.15	4.65	5.25
n	公称		0.5	0.8	1.0	1.2	1.2	1.6	1.6	2.0	2.5
	min		0.56	0.86	1.06	1.26	1.26	1.66	1.66	2.06	2.56
	max		0.70	1.00	1.20	1.51	1.51	1.91	1.91	2.31	2.81
r_{max}			0.8	1.2	1.4	1.6	2	2.2	2.4	3.2	4
$r_f\approx$			4.0	6.0	8.5	9.5	9.5	11.0	12.0	16.5	19.5
t	min		0.8	1.2	1.4	1.6	2	2.2	2.4	3.2	3.8
	max		1.00	1.45	1.70	1.90	2.40	2.60	2.80	3.70	4.40
$y_{参考}$	C 型		2.0	2.6	3.2	3.7	4.3	5.0	6.0	7.5	8.0
	F 型		1.6	2.1	2.5	2.8	3.2	3.6	3.6	4.2	4.2
	R 型		—	—	2.7	3.2	3.6	4.3	5.0	6.3	—
l			4.5~16	6.5~19	9.5~22	9.5~25	9.5~32	13~32	13~38	16~50	19~50

注：d_k 的理论值按 GB/T 5279 规定。

4. 十字槽盘头自攻螺钉（GB/T 845—2017）（图 7-9、表 7-23）

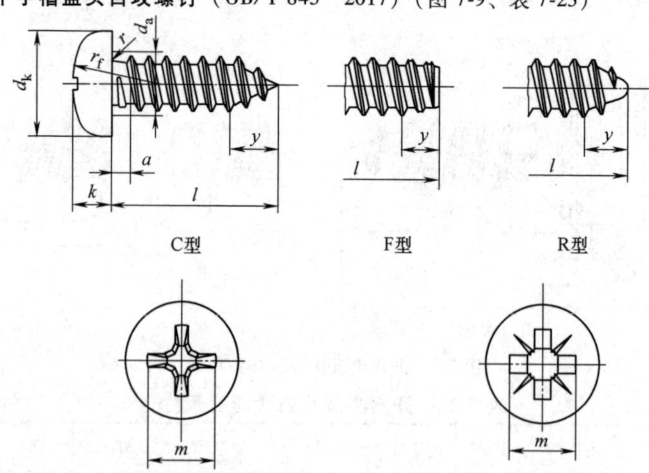

图 7-9　十字槽盘头自攻螺钉型式

表 7-23　十字槽盘头自攻螺钉尺寸　（mm）

螺纹规格		ST2.2	ST2.9	ST3.5	ST4.2	ST4.8	ST5.5	ST6.3	ST8	ST9.5
螺距 P		0.8	1.1	1.3	1.4	1.6	1.8	1.8	2.1	2.1
a_{max}		0.8	1.1	1.3	1.4	1.6	1.8	1.8	2.1	2.1
d_{amax}		2.8	3.5	4.1	4.9	5.5	6.3	7.1	9.2	10.7
d_k	max	4.00	5.60	7.00	8.00	9.50	11.00	12.00	16.00	20.00
	min	3.70	5.30	6.64	7.64	9.14	10.57	11.57	15.57	19.48
k	max	1.60	2.40	2.60	3.10	3.70	4.00	4.60	6.00	7.50
	min	1.40	2.15	2.35	2.80	3.40	3.70	4.30	5.60	7.10
r_{min}		0.10	0.10	0.10	0.20	0.20	0.25	0.25	0.40	0.40
$r_f \approx$		3.2	5.0	6.0	6.5	8.0	9.0	10.0	13.0	16.0
十字槽　槽号 No.		0	1	2			3		4	
十字槽　H型　$m_{参考}$		1.9	3.0	3.9	4.4	4.9	6.4	6.9	9.0	10.1
十字槽　H型　插入深度	min	0.85	1.40	1.40	1.90	2.40	2.60	3.10	4.15	5.20
	max	1.20	1.80	1.90	2.40	2.90	3.10	3.60	4.70	5.80

（续）

螺纹规格			ST2.2	ST2.9	ST3.5	ST4.2	ST4.8	ST5.5	ST6.3	ST8	ST9.5
十字槽 Z型	$m_{参考}$		2.0	3.0	4.0	4.4	4.8	6.2	6.8	8.9	10.1
	插入深度	min	0.95	1.45	1.50	1.95	2.30	2.55	3.05	4.05	5.25
		max	1.20	1.75	1.90	2.35	2.75	3.00	3.50	4.50	5.70
$y_{参考}$		C型	2.0	2.6	3.2	3.7	4.3	5.0	6.0	7.5	8.0
		F型	1.6	2.1	2.5	2.8	3.2	3.6	3.6	4.2	4.2
		R型	—	—	2.7	3.2	3.6	4.3	5.0	6.3	—
l			4.5~16	6.5~19	9.5~25	9.5~32	9.5~38	13~38	13~38	16~50	16~50

5. 十字槽沉头自攻螺钉（GB/T 846—2017）（图 7-10、表 7-24）

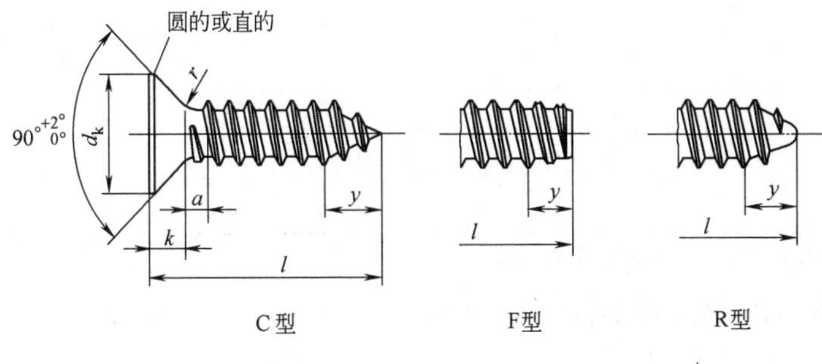

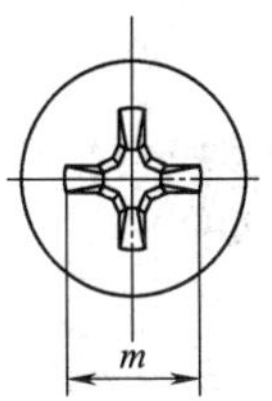

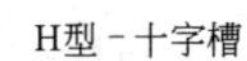
H型－十字槽

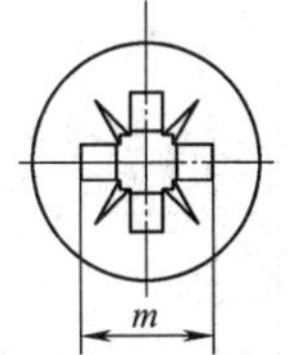

Z型－十字槽

图 7-10　十字槽沉头自攻螺钉型式

表 7-24　十字槽沉头自攻螺钉尺寸　（mm）

螺纹规格			ST2.2	ST2.9	ST3.5	ST4.2	ST4.8	ST5.5	ST6.3	ST8	ST9.5
螺距 P			0.8	1.1	1.3	1.4	1.6	1.8	1.8	2.1	2.1
a_{max}			1.6	2.2	2.6	2.8	3.2	3.6	3.6	4.2	4.2
d_k	理论值	max	4.4	6.3	8.2	9.4	10.4	11.5	12.6	17.3	20.0
	实际值	max	3.8	5.5	7.3	8.4	9.3	10.3	11.3	15.8	18.3
		min	3.5	5.2	6.9	8.0	8.9	9.9	10.9	15.4	17.8

（续）

<table>
<tr><td colspan="3">螺纹规格</td><td>ST2.2</td><td>ST2.9</td><td>ST3.5</td><td>ST4.2</td><td>ST4.8</td><td>ST5.5</td><td>ST6.3</td><td>ST8</td><td>ST9.5</td></tr>
<tr><td colspan="3">k_{max}</td><td>1.10</td><td>1.70</td><td>2.35</td><td>2.60</td><td>2.80</td><td>3.00</td><td>3.15</td><td>4.65</td><td>5.25</td></tr>
<tr><td colspan="3">r_{max}</td><td>0.8</td><td>1.2</td><td>1.4</td><td>1.6</td><td>2.0</td><td>2.2</td><td>2.4</td><td>3.2</td><td>4.0</td></tr>
<tr><td rowspan="7">十字槽</td><td colspan="2">槽号 No.</td><td>0</td><td>1</td><td colspan="3">2</td><td colspan="2">3</td><td colspan="2">4</td></tr>
<tr><td rowspan="3">H型</td><td>$m_{参考}$</td><td>1.9</td><td>3.2</td><td>4.4</td><td>4.6</td><td>5.2</td><td>6.6</td><td>6.8</td><td>8.9</td><td>10.0</td></tr>
<tr><td>插入深度 min</td><td>0.9</td><td>1.7</td><td>1.9</td><td>2.1</td><td>2.7</td><td>2.8</td><td>3.0</td><td>4.0</td><td>5.1</td></tr>
<tr><td>插入深度 max</td><td>1.2</td><td>2.1</td><td>2.4</td><td>2.6</td><td>3.2</td><td>3.3</td><td>3.5</td><td>4.6</td><td>5.7</td></tr>
<tr><td rowspan="3">Z型</td><td>$m_{参考}$</td><td>2.0</td><td>3.0</td><td>4.1</td><td>4.4</td><td>4.9</td><td>6.3</td><td>6.6</td><td>8.8</td><td>9.8</td></tr>
<tr><td>插入深度 min</td><td>0.95</td><td>1.56</td><td>1.75</td><td>2.06</td><td>2.60</td><td>2.73</td><td>3.00</td><td>4.15</td><td>5.19</td></tr>
<tr><td>插入深度 max</td><td>1.20</td><td>2.01</td><td>2.20</td><td>2.51</td><td>3.05</td><td>3.18</td><td>3.45</td><td>4.60</td><td>5.64</td></tr>
<tr><td colspan="2" rowspan="3">$y_{参考}$</td><td>C型</td><td>2.0</td><td>2.6</td><td>3.2</td><td>3.7</td><td>4.3</td><td>5.0</td><td>6.0</td><td>7.5</td><td>8.0</td></tr>
<tr><td>F型</td><td>1.6</td><td>2.1</td><td>2.5</td><td>2.8</td><td>3.2</td><td>3.6</td><td>3.6</td><td>4.2</td><td>4.2</td></tr>
<tr><td>R型</td><td>—</td><td>—</td><td>2.7</td><td>3.2</td><td>3.6</td><td>4.3</td><td>5.0</td><td>6.3</td><td>—</td></tr>
<tr><td colspan="3">l</td><td>4.5～16</td><td>6.5～19</td><td>9.5～25</td><td>9.5～32</td><td>9.5～32</td><td>13～38</td><td>13～38</td><td>16～50</td><td>16～50</td></tr>
</table>

注：d_k 的理论值按 GB/T 5279 规定。

6. 十字槽半沉头自攻螺钉（GB/T 847—2017）（图 7-11、表 7-25）

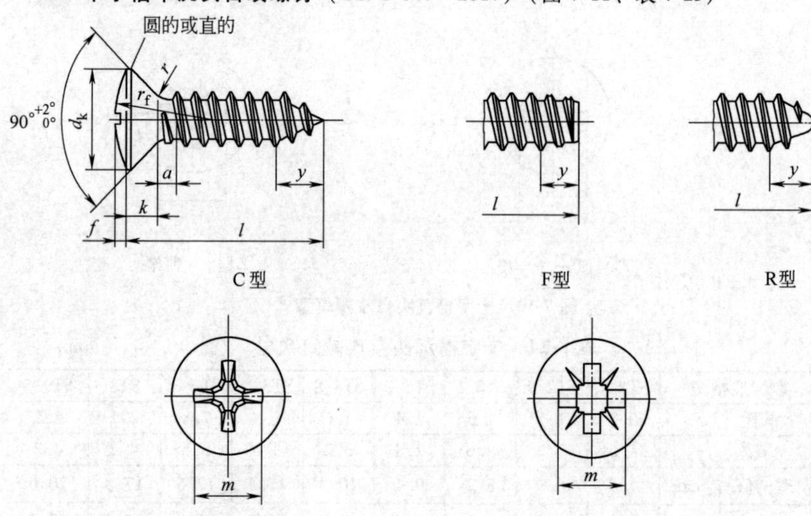

图 7-11　十字槽半沉头自攻螺钉型式

表 7-25　十字槽半沉头自攻螺钉尺寸　　(mm)

螺纹规格			ST2.2	ST2.9	ST3.5	ST4.2	ST4.8	ST5.5	ST6.3	ST8	ST9.5
螺距 P			0.8	1.1	1.3	1.4	1.6	1.8	1.8	2.1	2.1
a_{max}			1.6	2.2	2.6	2.8	3.2	3.6	3.6	4.2	4.2
d_k	理论值	max	4.4	6.3	8.2	9.4	10.4	11.5	12.6	17.3	20.0
	实际值	max	3.8	5.5	7.3	8.4	9.3	10.3	11.3	15.8	18.3
		min	3.5	5.2	6.9	8.0	8.9	9.9	10.9	15.4	17.8
$f\approx$			0.5	0.7	0.8	1.0	1.2	1.3	1.4	2.0	2.3
k_{max}			1.10	1.70	2.35	2.60	2.80	3.00	3.15	4.65	5.25
r_{max}			0.8	1.2	1.4	1.6	2.0	2.2	2.4	3.2	4.0
$r_f\approx$			4.0	6.0	8.5	9.5	9.5	11.0	12.0	16.5	19.5
十字槽	槽号 No.		0	1	2			3		4	
	H 型	$m_{参考}$	1.9	3.2	4.4	4.6	5.2	6.6	6.8	8.9	10.0
	H 型 插入深度	min	0.9	1.7	1.9	2.1	2.7	2.8	3.0	4.0	5.1
		max	1.2	2.1	2.4	2.6	3.2	3.3	3.5	4.6	5.7
	Z 型	$m_{参考}$	2.0	3.0	4.1	4.4	4.9	6.3	6.6	8.8	9.8
	Z 型 插入深度	min	0.95	1.76	1.75	2.06	2.60	2.73	3.00	4.15	5.19
		max	1.20	2.01	2.20	2.51	3.05	3.18	3.45	4.60	5.64
$y_{参考}$	C 型		2.0	2.6	3.2	3.7	4.3	5.0	6.0	7.5	8.0
	F 型		1.6	2.1	2.5	2.8	3.2	3.6	3.6	4.2	4.2
	R 型		—	—	2.7	3.2	3.6	4.3	5.0	6.3	—
l			4.5~16	6.5~19	9.5~25	9.5~32	9.5~32	13~38	13~38	16~50	16~50

注：d_k 理论值按 GB/T 5279 规定。

7. 十字槽凹穴六角头自攻螺钉（GB/T 9456—1988）（图 7-12、表 7-26）

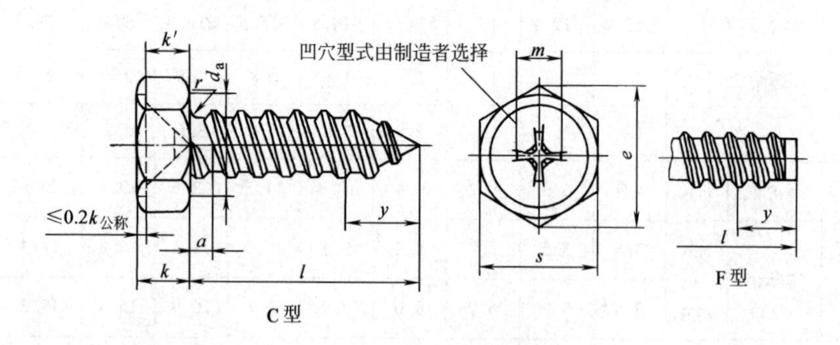

图 7-12　十字槽凹穴六角头自攻螺钉型式

表 7-26　十字槽凹穴六角头自攻螺钉尺寸　（mm）

螺纹规格			ST2.9	ST3.5	ST4.2	ST4.8	ST6.3	ST8
螺距 P			1.1	1.3	1.4	1.6	1.8	2.1
a_{max}			1.1	1.3	1.4	1.6	1.8	2.1
d_{amax}			3.5	4.1	4.9	5.5	7.1	9.2
s		max	5.00	5.50	7.00	8.00	10.00	13.00
		min	4.82	5.32	6.78	7.78	9.78	12.73
e_{min}			5.4	5.96	7.59	8.71	10.95	14.26
k		max	2.3	2.6	3.0	3.8	4.7	6.0
		min	2.0	2.3	2.6	3.3	4.1	5.2
k'_{min}			1.4	1.6	1.8	2.3	2.9	3.6
r_{min}			0.10	0.10	0.20	0.20	0.25	0.40
$y_{参考}$		C 型	2.6	3.2	3.7	4.3	6.0	7.5
		F 型	2.1	2.5	2.8	3.2	3.6	4.2
十字槽H型	槽号 No.		1	2			3	
	$m_{参考}$		2.5	3.5	4.0	4.4	6.2	7.2
	插入深度	min	0.95	0.91	1.40	1.80	2.36	3.20
		max	1.32	1.43	1.90	2.33	2.86	3.86
l			6.5~19	6.5~22	9.5~25	9.5~32	13~38	13~50

8. 精密机械用十字槽自攻螺钉（刮削端）（GB/T 13806.2—1992）（图 7-13、表 7-27～表 7-29）

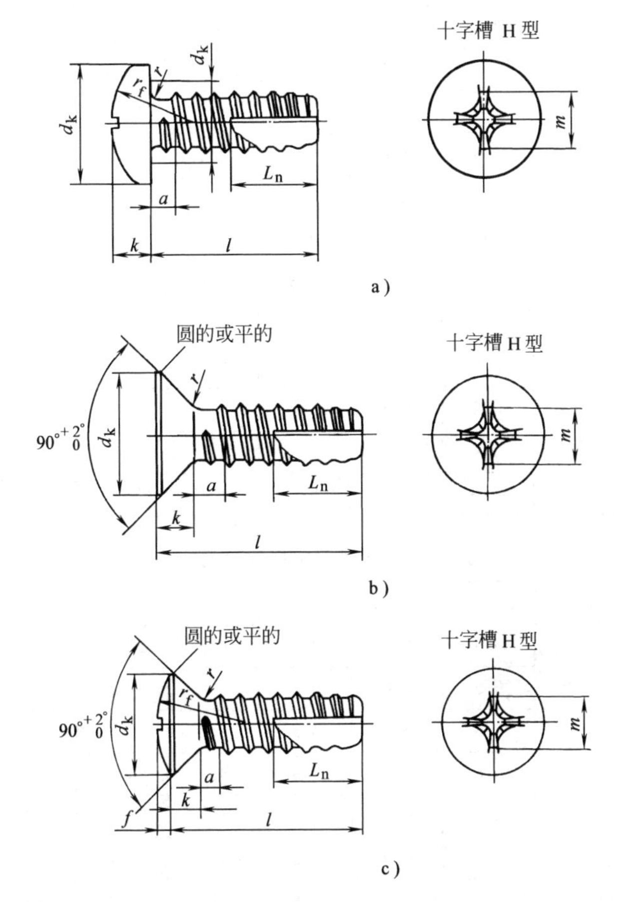

图 7-13 精密机械用十字槽自攻螺钉（刮削端）**型式**

a）A 型——十字槽盘头自攻螺钉（刮削端）

b）B 型——十字槽沉头自攻螺钉（刮削端）

c）C 型——十字槽半沉头自攻螺钉（刮削端）

表 7-27 A 型——十字槽盘头自攻螺钉（刮削端）**尺寸**（mm）

螺纹规格 d	ST1.5	（ST1.9）	ST2.2	（ST2.6）	ST2.9	ST3.5	ST4.2
螺距 P	0.5	0.6	0.8	0.9	1.1	1.3	1.4
a	0.5	0.6	0.8	0.9	1.1	1.3	1.4

（续）

螺纹规格 d			ST1.5	(ST1.9)	ST2.2	(ST2.6)	ST2.9	ST3.5	ST4.2
d_k	max		2.8	3.5	4.0	4.3	5.6	7.0	8.0
	min		2.66	3.3	3.7	4.1	5.3	6.64	7.64
k	max		0.9	1.1	1.6	2.0	2.4	2.6	3.1
	min		0.8	1.0	1.4	1.8	2.15	2.35	2.8
$r_f \approx$			2.0	2.6	3.2	4.0	5.0	6.0	6.5
r_{min}			0.05	0.05	0.1	0.1	0.1	0.1	0.2
L_{nmax}			0.7	0.9	1.6	1.6	2.1	2.5	2.8
H型十字槽	槽号 No.		0	0	0	1	1	2	2
	$m_{参考}$		1.5	1.7	1.9	2.7	3	3.9	4.4
	插入深度	min	0.5	0.7	0.85	1.1	1.4	1.4	1.95
		max	0.7	0.9	1.2	1.5	1.8	1.9	2.35
l			4~8	4~8	4.5~10	4.5~16	4.5~20	7~25	7~25

表 7-28 B 型——十字槽沉头自攻螺钉（刮削端）尺寸 (mm)

螺纹规格 d			ST1.5	(ST1.9)	ST2.2	(ST2.6)	ST2.9	ST3.5	ST4.2
螺距 P			0.5	0.6	0.8	0.9	1.1	1.3	1.4
a_{max}			0.5	0.6	0.8	0.9	1.1	1.3	1.4
d_k	max		2.8	3.5	3.8	4.8	5.5	7.3	8.4
	min		2.6	3.3	3.5	4.5	5.2	6.9	8.0
k_{max}			0.8	0.9	1.1	1.4	1.7	2.35	2.6
L_{nmax}			0.7	0.9	1.6	1.6	2.1	2.5	2.8
r_{max}			0.5		0.8	1	1.2	1.4	1.6
H型十字槽	槽号 No.		0	0	0	1	1	2	2
	$m_{参考}$		1.6	1.7	1.9	2.8	3.2	4.4	4.6
	插入深度	min	0.7	0.8	0.9	1.3	1.7	1.9	2.1
		max	0.9	1.0	1.2	1.6	2.1	2.4	2.6
l			4~8	4~8	4.5~10	4.5~16	4.5~20	7~25	7~25

注：尽可能不采用括号内的规格。

表 7-29　C 型——十字槽半沉头自攻螺钉（刮削端）尺寸　（mm）

螺纹规格 d			ST1.5	(ST1.9)	ST2.2	(ST2.6)	ST2.9	ST3.5
螺距 P			0.5	0.6	0.8	0.9	1.1	1.3
a_{max}			0.5	0.6	0.8	0.9	1.1	1.3
d_k	max		2.8	3.5	3.8	4.8	5.5	7.3
	min		2.6	3.3	3.5	4.5	5.2	6.9
k_{max}			0.8	0.9	1.1	1.4	1.7	2.35
$f\approx$			0.3	0.4	0.5	0.6	0.7	0.8
$r_f\approx$			3.2	4	4	4.8	6	8.5
r_{max}			0.5	0.6	0.8	1.0	1.2	1.4
L_{nmax}			0.7	0.9	1.6	1.6	2.1	2.5
H 型十字槽	槽号 No.		0	0	0	1	1	2
	$m_{参考}$		1.8	1.9	2.2	3.0	3.4	4.8
	插入深度	min	0.9	1.0	1.2	1.4	1.8	2.25
		max	1.1	1.2	1.5	1.8	2.2	2.75
l			4~8	4~8	4.5~10	4.5~16	4.5~20	7~25

注：1. 尽可能不采用括号内的规格。

9. 墙板自攻螺钉（GB/T 14210—1993）（图 7-14、表 7-30）

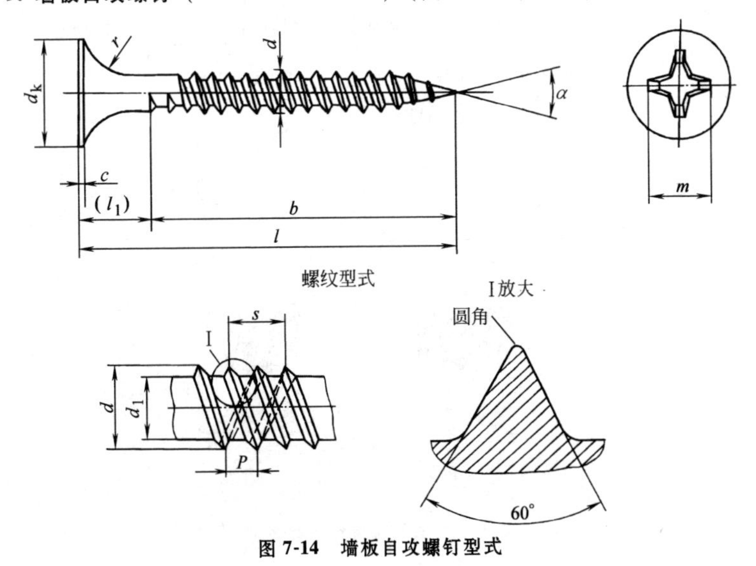

图 7-14　墙板自攻螺钉型式

表 7-30 墙板自攻螺钉尺寸 (mm)

螺纹规格 d			3.5	3.9	4.2
螺距 P			1.4	1.6	1.7
导程 s			2.8	3.2	3.4
d_k	max		8.58	8.58	8.58
	min		8.00	8.00	8.00
c	max		0.8	0.8	0.8
	min		0.5	0.5	0.5
r	≈		4.5	5.0	5.0
d	max		3.65	3.95	4.30
	min		3.45	3.75	4.10
d_1	max		2.46	2.74	2.93
	min		2.33	2.59	2.78
α			22°~28°		
H型十字槽	槽号 No.		2		
	$m_{参考}$		5.0		
	插入深度	max	3.10		
		min	2.50		
l			19~45	35~55	40~70

10. 六角头自攻螺钉（GB/T 5285—2017）（图 7-15、表 7-31）

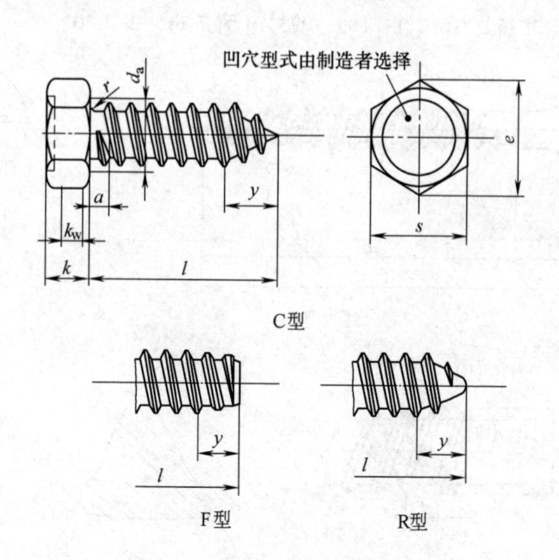

图 7-15 六角头自攻螺钉型式

表 7-31　六角头自攻螺钉尺寸　（mm）

螺纹规格		ST2.2	ST2.9	ST3.5	ST4.2	ST4.8	ST5.5	ST6.3	ST8	ST9.5
螺距 P		0.8	1.1	1.3	1.4	1.6	1.8	1.8	2.1	2.1
a_{max}		0.8	1.1	1.3	1.4	1.6	1.8	1.8	2.1	2.1
d_{amax}		2.8	3.5	4.1	4.9	5.5	6.3	7.1	9.2	10.7
s	max	3.20	5.00	5.50	7.00	8.00	8.00	10.00	13.00	16.00
	min	3.02	4.82	5.32	6.78	7.78	7.78	9.78	12.73	15.73
e_{min}		3.38	5.40	5.96	7.59	8.71	8.71	10.95	14.26	17.62
k	max	1.6	2.3	2.6	3.0	3.8	4.1	4.7	6.0	7.5
	min	1.3	2.0	2.3	2.6	3.3	3.6	4.1	5.2	6.5
k_{wmin}		0.9	1.4	1.6	1.8	2.3	2.5	2.9	3.6	4.5
r_{min}		0.1	0.1	0.1	0.2	0.2	0.25	0.25	0.40	0.40
$y_{参考}$	C型	2.0	2.6	3.2	3.7	4.3	5.0	6.0	7.5	8.0
	F型	1.6	2.1	2.5	2.8	3.2	3.6	3.6	4.2	4.2
	R型	—	—	2.7	3.2	3.6	4.3	5.0	6.3	—
l		4.5~50	6.5~50	6.5~50	9.5~50	9.5~50	13~50	13~50	15~50	16~50

11. 内六角花形盘头自攻螺钉（GB/T 2670.1—2017）（图 7-16、表 7-32）

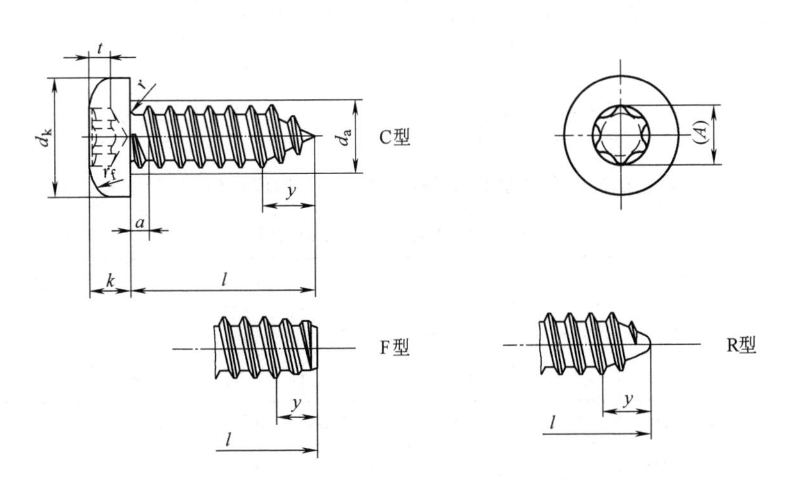

图 7-16　内六角花形盘头自攻螺钉型式

表 7-32 内六角花形盘头自攻螺钉尺寸 (mm)

螺纹规格			ST2.9	ST3.5	ST4.2	ST4.8	ST5.5	ST6.3
螺距 P			1.1	1.3	1.4	1.6	1.8	1.8
a			1.1	1.3	1.4	1.6	1.8	1.8
d_{amax}			3.5	4.1	4.9	5.6	6.3	7.3
d_k	公称=max		5.60	7.00	8.00	9.50	11.00	12.00
	min		5.30	6.64	7.64	9.14	10.57	11.57
k	公称=max		2.40	2.60	3.10	3.70	4.00	4.60
	min		2.15	2.35	2.80	3.40	3.70	4.30
r_{max}			0.10	0.10	0.20	0.20	0.25	0.25
$r_f\approx$			5.0	6.0	6.5	8.0	9.0	10.0
$y_{参考}$	C 型		2.6	3.2	3.7	4.3	5.0	6.0
	F 型		2.1	2.5	2.8	3.2	3.6	3.6
	R 型		—	2.7	3.2	3.6	4.3	5.0
内六角花形	槽号 No.		10	15	20	25	25	30
	$A_{参考}$		2.80	3.35	3.95	4.50	4.50	5.60
	t	max	1.27	1.40	1.80	2.03	2.03	2.42
		min	1.01	1.14	1.42	1.65	1.65	2.02
l			6.5~19	9.5~25	9.5~32	9.5~38	13~38	13~38

12. 内六角花形沉头自攻螺钉（GB/T 2670.2—2017）（图 7-17、表 7-33）

表 7-33 内六角花形沉头自攻螺钉尺寸 (mm)

螺纹规格			ST2.9	ST3.5	ST4.2	ST4.8	ST5.5	ST6.3
螺距 P			1.1	1.3	1.4	1.6	1.8	1.8
a			1.1	1.3	1.4	1.6	1.8	1.8
d_k[①]	理论 max		6.3	8.2	9.4	10.4	11.5	12.6
	实际	max	5.5	7.3	8.4	9.3	10.3	11.3
		min	5.2	6.9	8.0	8.9	9.9	10.9

（续）

螺纹规格			ST2.9	ST3.5	ST4.2	ST4.8	ST5.5	ST6.3
k_{max}①			1.70	2.35	2.60	2.80	3.00	3.15
r_{max}			1.2	1.4	1.6	2.0	2.2	2.4
$y_{参考}$	C 型		2.6	3.2	3.7	4.3	5.0	6.0
	F 型		2.1	2.5	2.8	3.2	3.6	3.6
	R 型		—	2.7	3.2	3.6	4.3	5.0
内六角花形	槽号 No.		10	15	20	25	25	30
	$A_{参考}$		2.80	3.35	3.95	4.50	4.50	5.60
	t	max	0.91	1.30	1.58	1.78	2.03	2.42
		min	0.65	1.00	1.14	1.39	1.65	2.02
l			6.5~19	9.5~25	9.5~32	9.5~32	13~38	13~38

① 头部尺寸的测量按 GB/T 5279 规定。

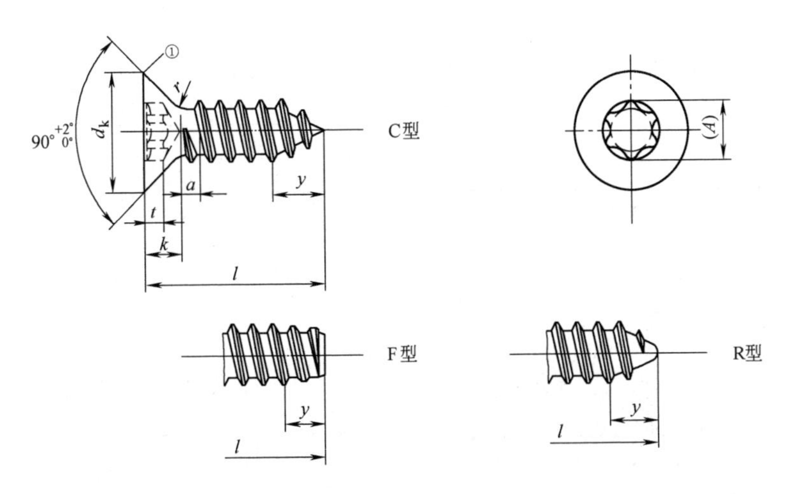

① 棱边可以是圆的或直的，由制造者任选。

图 7-17　内六角花形沉头自攻螺钉型式

13. 内六角花形半沉头自攻螺钉（GB/T 2670.3—2017）（图 7-18、表 7-34）

表 7-34　内六角花形半沉头自攻螺钉尺寸　（mm）

螺纹规格	ST2.9	ST3.5	ST4.2	ST4.8	ST5.5	ST6.3
螺距 P	1.1	1.3	1.4	1.6	1.8	1.8
a	1.1	1.3	1.4	1.6	1.8	1.8

（续）

螺纹规格			ST2.9	ST3.5	ST4.2	ST4.8	ST5.5	ST6.3
d_k①	理论 max		6.3	8.2	9.4	10.4	11.5	12.6
	实际	max	5.5	7.3	8.4	9.3	10.3	11.3
		min	5.2	6.9	8.0	8.9	9.9	10.9
$f \approx$			0.7	0.8	1.0	1.2	1.3	1.4
k_{max}①			1.70	2.35	2.60	2.80	3.00	3.15
r_{max}			1.2	1.4	1.6	2.0	2.2	2.4
$r_f \approx$			6.0	8.5	9.5	9.5	11.0	12.0
$y_{参考}$	C 型		2.6	3.2	3.7	4.3	5.0	6.0
	F 型		2.1	2.5	2.8	3.2	3.6	3.6
	R 型		—	2.7	3.2	3.6	4.3	5.0
内六角花形	槽号 No.		10	15	20	25	25	30
	$A_{参考}$		2.80	3.35	3.95	4.50	4.50	5.60
	t	max	1.27	1.40	1.80	2.03	2.03	2.42
		min	1.01	1.14	1.42	1.65	1.65	2.02
l			6.5~19	9.5~25	9.5~32	9.5~32	13~38	13~38

① 头部尺寸的测量按 GB/T 5279 规定。

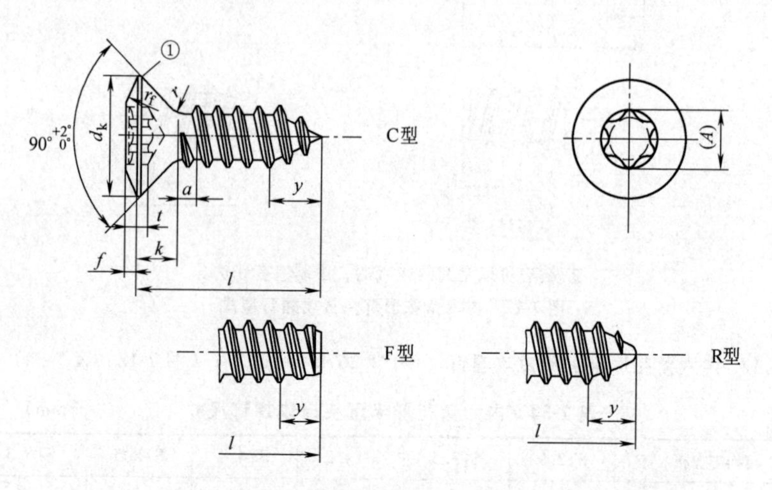

① 棱边可以是圆的或直的，由制造者任选。

图 7-18　内六角花形半沉头自攻螺钉型式

14. 十字槽盘头自挤螺钉（GB/T 6560—2014）（图 7-19、表 7-35）

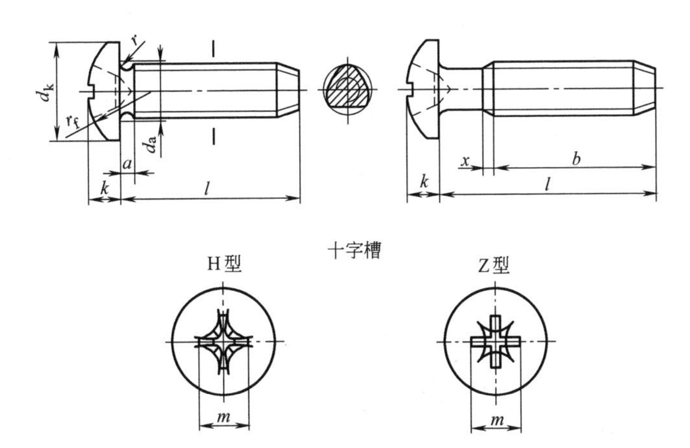

图 7-19　十字槽盘头自挤螺钉型式

表 7-35　十字槽盘头自挤螺钉尺寸　（mm）

螺纹规格			M2	M2.5	M3	M4	M5	M6	M8	M10
P			0.4	0.45	0.5	0.7	0.8	1	1.25	1.5
y_{max}①			1.6	1.8	2	2.8	3.2	4	5	6
a_{max}			0.8	0.9	1	1.4	1.6	2	2.5	3
b_{min}			25	25	25	38	38	38	38	38
d_{amax}			2.6	3.1	3.6	4.7	5.7	6.8	9.2	11.2
d_k	公称=max		4	5	5.6	8	9.5	12	16	20
	min		3.7	4.7	5.3	7.64	9.14	11.57	15.57	19.48
k	公称=max		1.6	2.1	2.4	3.1	3.7	4.6	6	7.5
	min		1.46	1.96	2.26	2.92	3.52	4.3	5.7	7.14
r_{min}			0.1	0.1	0.1	0.2	0.2	0.25	0.4	0.4
$r_f\approx$			3.2	4	5	6.5	8	10	13	16
x_{max}			1	1.1	1.25	1.75	2	2.5	3.2	3.8
十字槽	槽号 No.		0	1		2		3	4	
	H型	$m_{参考}$	1.9	2.7	3	4.4	4.9	6.9	9	10.1
		插入深度 max	1.2	1.55	1.8	2.4	2.9	3.6	4.6	5.8
		插入深度 min	0.9	1.15	1.4	1.9	2.4	3.1	4	5.2
	Z型	$m_{参考}$	2.1	2.6	2.8	4.3	4.7	6.7	8.8	9.9
		插入深度 max	1.42	1.5	1.75	2.34	2.74	3.46	4.5	5.69
		插入深度 min	1.17	1.25	1.5	1.89	2.29	3.03	4.05	5.24
l②			3~16	4~20	4~25	6~30	8~40	8~55	10~60	16~80

① 螺纹末端长度见 GB/T 6559 图 1。

② 公称长度 $l\leqslant$40mm 的螺钉，制出全螺纹（$b=l-a$），且尽可能不重用 l=14、55 两种规格。

15. 十字槽沉头自挤螺钉（GB/T 6561—2014）（图 7-20、表 7-36）

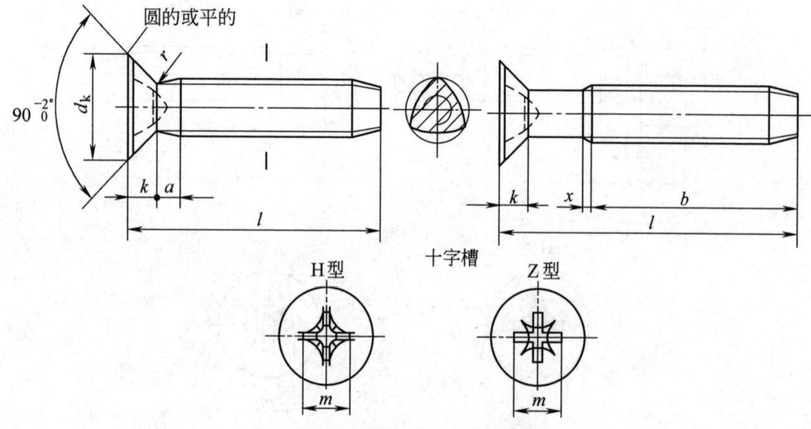

图 7-20 十字槽沉头自挤螺钉型式

表 7-36 十字槽沉头自挤螺钉尺寸 （mm）

螺纹规格				M2	M2.5	M3	M4	M5	M6	M8	M10
P				0.4	0.45	0.5	0.7	0.8	1	1.25	1.5
y_{max}①				1.6	1.8	2	2.8	3.2	4	5	6
a_{max}				0.8	0.9	1	1.4	1.6	2	2.5	3
b_{min}				25	25	25	38	38	38	38	38
d_k②	理论值 max			4.4	5.5	6.3	9.4	10.4	12.6	17.3	20
	实际值	公称=max		3.8	4.7	5.5	8.4	9.3	11.3	15.8	18.3
		min		3.5	4.4	5.2	8.04	8.94	10.87	15.37	17.78
k②	公称=max			1.2	1.5	1.65	2.7	2.7	3.3	4.65	5
r_{max}				0.5	0.6	0.8	1	1.3	1.5	2	2.5
x_{max}				1	1.1	1.25	1.75	2	2.25	3.2	3.8
十字槽（系列2）③	槽号 No.			0	1		2		3	4	
	H型	$m_{参考}$		1.9	2.7	2.9	4.6	4.8	6.6	8.7	9.6
		插入深度	max	1.2	1.55	1.8	2.6	2.8	3.3	4.4	5.3
			min	0.9	1.25	1.4	2.1	2.3	2.8	3.9	4.8
	Z型	$m_{参考}$		1.9	2.5	2.8	4.4	4.6	6.3	8.5	9.4
		插入深度	max	1.2	1.47	1.73	2.51	2.72	3.18	4.32	5.23
			min	0.95	1.22	1.48	2.06	2.27	2.73	3.87	4.78
l④				4~16	5~20	6~25	8~30	10~40	10~50	14~55	20~80

① y—螺纹末端长度（见 GB/T 6559 图 1）。

② 见 GB/T 5279。

③ 头部尺寸的测量按 GB/T 5279.2 规定。

④ 尽可能不采用 l=14、55 的规格。l≤45mm 的螺钉，制出全螺纹［$b=l-(k+a)$］。

16. 十字槽半沉头自挤螺钉（GB/T 6562—2014）（图 7-21、表 7-37）

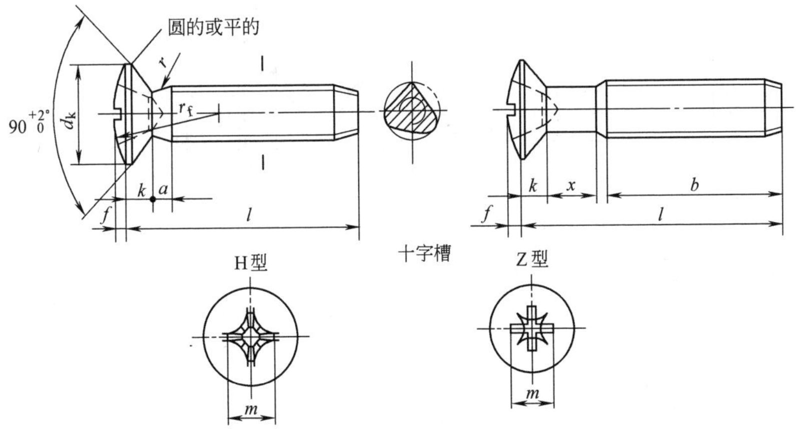

图 7-21　十字槽半沉头自挤螺钉型式

表 7-37　十字槽半沉头自挤螺钉尺寸　（mm）

螺纹规格				M2	M2.5	M3	M4	M5	M6	M8	M10
P				0.4	0.45	0.5	0.7	0.8	1	1.25	1.5
y_{max}①				1.6	1.8	2	2.8	3.2	4	5	6
a_{max}				0.8	0.9	1	1.4	1.6	2	2.5	3
b_{min}				25	25	25	38	38	38	38	38
d_k②	理论值		max	4.4	5.5	6.3	9.4	10.4	12.6	17.3	20
	实际值		公称=max	3.8	4.7	5.5	8.4	9.3	11.3	15.8	18.3
			min	3.5	4.4	5.2	8.04	8.94	10.87	15.37	17.78
$f\approx$				0.5	0.6	0.7	1	1.2	1.4	2	2.3
k②	公称=max			1.2	1.5	1.65	2.7	2.7	3.3	4.65	5
r_{max}				0.5	0.6	0.8	1	1.3	1.5	2	2.5
$r_f\approx$				4	5	6	9.5	9.5	12	16.5	19.5
x_{max}				1	1.1	1.25	1.75	2	2.5	3.2	3.8
十字槽	槽号 No.			0	1		2		3	4	
	H型	$m_{参考}$		2	3	3.4	5.2	5.4	7.3	9.6	10.4
		插入深度	max	1.5	1.85	2.2	3.2	3.4	4	5.25	6
			min	1.2	1.5	1.8	2.7	2.9	3.5	4.75	5.5
	Z型	$m_{参考}$		2.2	2.8	3.1	5	5.3	7.1	9.5	10.3
		插入深度	max	1.4	1.75	2.08	3.1	3.35	3.85	5.2	6.05
			min	1.15	1.5	1.83	2.65	2.9	3.4	4.75	5.6
l③				4~16	5~20	6~25	8~30	10~40	10~50	14~60	20~80

①、②见表 7-36 中①、②。

③ 见表 7-36 中④。

17. 六角头自挤螺钉（GB/T 6563—2014）（图 7-22、表 7-38）

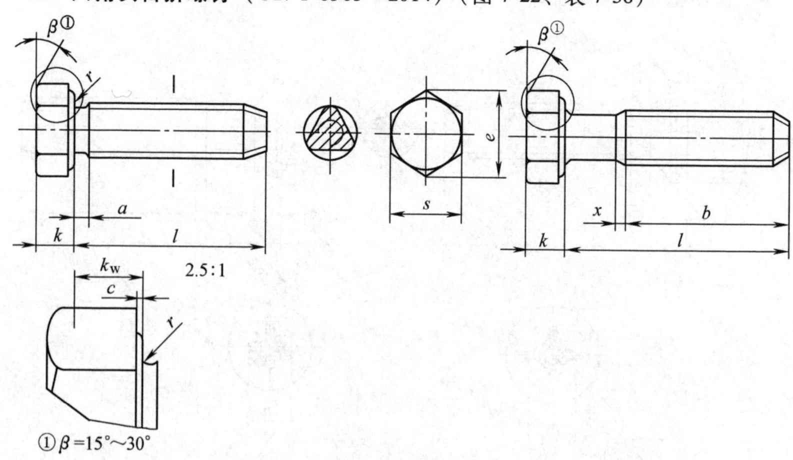

图 7-22 六角头自挤螺钉型式

表 7-38 六角头自挤螺钉尺寸 （mm）

螺纹规格		M2	M2.5	M3	M4	M5	M6	M8	M10	M12
P		0.4	0.45	0.5	0.7	0.8	1	1.25	1.5	1.75
y_{max}①		1.6	1.8	2	2.8	3.2	4	5	6	7
a_{max}		1.2	1.35	1.5	2.1	2.4	3	4	4.5	5.3
b_{min}		25	25	25	33	38	38	38	38	38
c	max	0.25	0.25	0.4	0.4	0.5	0.5	0.6	0.6	0.6
	min	0.10	0.10	0.15	0.15	0.15	0.15	0.15	0.15	0.15
e_{min}		4.32	5.45	6.01	7.66	8.79	11.05	14.38	17.77	20.03
k	公称	1.4	1.7	2	2.8	3.5	4	5.3	6.4	7.5
	max	1.525	1.825	2.125	2.925	3.65	4.15	5.45	6.58	7.68
	min	1.275	1.575	1.875	2.675	3.35	3.85	5.15	6.22	7.32
k_{wmin}		0.89	1.1	1.31	1.87	2.35	2.7	3.61	4.35	5.12
r_{min}		0.1	0.1	0.1	0.2	0.2	0.25	0.4	0.4	0.6
x_{max}		1	1.1	1.25	1.75	2	2.5	3.2	3.8	4.4
s	max	4	5	5.5	7	8	10	13	16	18
	min	3.82	4.82	5.32	6.78	7.78	9.78	12.78	15.73	17.73
l②		3~16	4~20	4~25	6~30	8~40	8~50	10~60	12~80	14~80

① 见表 7-36 中①。

② 见表 7-36 中④。

18. 内六角花形圆柱头自挤螺钉（GB/T 6564.1—2014）（图 7-23、表 7-39）

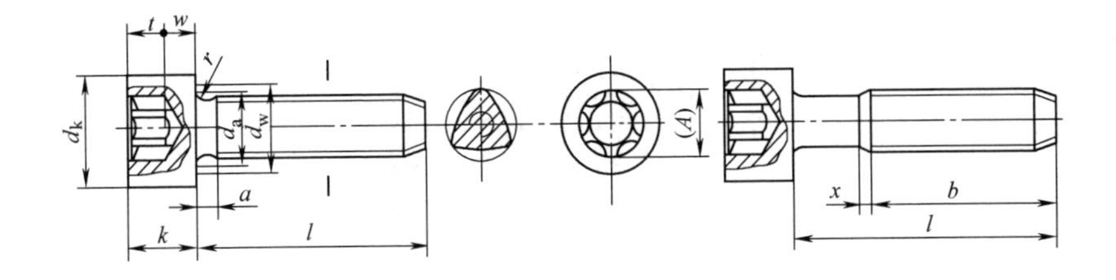

图 7-23　内六角花形圆柱头自挤螺钉型式

表 7-39　内六角花形圆柱头自挤螺钉尺寸　（mm）

螺纹规格		M2	M2.5	M3	M4	M5	M6	M8	M10	M12
P		0.4	0.45	0.5	0.7	0.8	1	1.25	1.5	1.75
y_{max} ①		1.6	1.8	2	2.8	3.2	4	5	6	7
a_{max}		0.8	0.9	1	1.4	1.6	2	2.5	3	3.5
b_{min}		25	25	25	38	38	38	38	38	38
d_k	max②	3.8	4.5	5.5	7	8.5	10	13	16	18
	max③	3.98	4.68	5.68	7.22	8.72	10.22	13.27	16.27	18.27
	min	3.62	4.32	5.32	6.78	8.28	9.78	12.73	15.73	17.73
d_{amax}		2.6	3.1	3.6	4.7	5.7	6.8	9.2	11.2	13.7
k	max	2	2.5	3	4	5	6	8	10	12
	min	1.86	2.36	2.86	3.82	4.82	5.7	7.64	9.64	11.57
r_{min}		0.1	0.1	0.1	0.2	0.2	0.25	0.4	0.4	0.6
d_{wmin}		3.48	4.18	5.07	6.53	8.03	9.38	12.33	15.33	17.23
w_{min}		0.55	0.85	1.15	1.4	1.9	2.3	3.3	4	4.8
内六角花形	槽号 No.	6	8	10	20	25	30	45	50	55
	$A_{参考}$	1.75	2.4	2.8	3.95	4.5	5.6	7.95	8.95	11.35
	t max	0.84	1.04	1.27	1.8	2.03	2.42	3.31	4.02	5.21
	t min	0.71	0.91	1.01	1.42	1.65	2.02	2.92	3.62	4.82
x_{max}		1	1.1	1.25	1.75	2	2.5	3.2	3.8	4.4
l ④,⑤		3~16	4~20	4~25	6~30	8~40	8~50	10~60	12~80	16~80

① y—螺纹末端长度（见 GB/T 6559 图 1）。

② 对光滑头部。

③ 对滚花头部。

④ 尽可能不采用 $l=14$，55 的规格。

⑤ 公称长度 $l \geqslant 45$mm 的螺钉，制出全螺纹（$b=l-a$）。

19. 十字槽盘头自钻自攻螺钉（GB/T 15856.1—2002）（图 7-24、表 7-40）

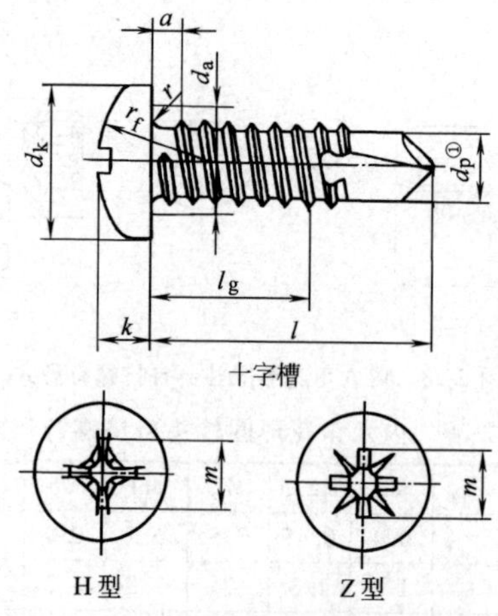

① 钻头部分（直径 d_p）的工作性能按 GB/T 3098.11 规定。

图 7-24 十字槽盘头自钻自攻螺钉型式

表 7-40 十字槽盘头自钻自攻螺钉尺寸 （mm）

螺纹规格			ST2.9	ST3.5	ST4.2	ST4.8	ST5.5	ST6.3
螺距 P			1.1	1.3	1.4	1.6	1.8	1.8
a_{max}			1.1	1.3	1.4	1.6	1.8	1.8
d_{amax}			3.5	4.1	4.9	5.6	6.3	7.3
d_k		max	5.6	7.00	8.00	9.50	11.00	12.00
		min	5.3	6.64	7.64	9.14	10.57	11.57
k		max	2.40	2.60	3.1	3.7	4.0	4.6
		min	2.15	2.35	2.8	3.4	3.7	4.3
r_{min}			0.1	0.1	0.2	0.2	0.25	0.25
r_f			5	6	6.5	8	9	10
十字槽	槽号 No.		1	2			3	
	H型	$m_{参考}$	3	3.9	4.4	4.9	6.4	6.9
	H型 插入深度	max	1.8	1.9	2.4	2.9	3.1	3.6
	H型 插入深度	min	1.4	1.4	1.9	2.4	2.6	3.1
	Z型	$m_{参考}$	3	4	4.4	4.8	6.2	6.8
	Z型 插入深度	max	1.75	1.9	2.35	2.75	3.00	3.50
	Z型 插入深度	min	1.45	1.5	1.95	2.3	2.55	3.05
钻削范围（板厚）①		≥	0.7	0.7	1.75	1.75	1.75	2
		≤	1.9	2.25	3	4.4	5.25	6
l			9.5~19	9.5~25	13~38	13~50	16~50	19~50

① 为确定公称长度 l，需对每个板的厚度加上间隙或夹层厚度。

20. 十字槽沉头自钻自攻螺钉（GB/T 15856.2—2002）（图 7-25、表 7-41）

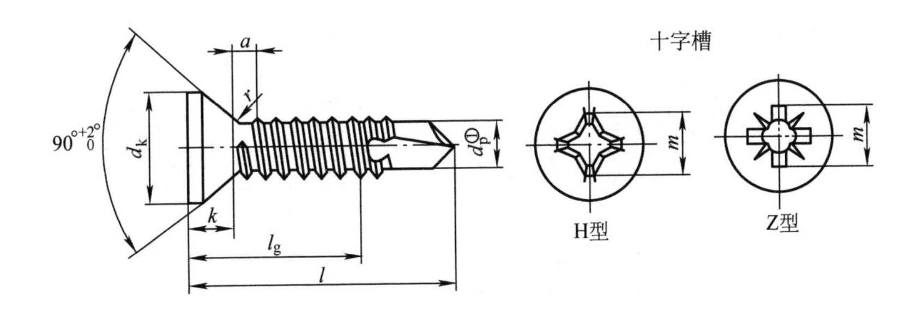

① 钻头部分（直径 d_p）的工作性能按 GB/T 3098.11 规定。

图 7-25　十字槽沉头自钻自攻螺钉型式

表 7-41　十字槽沉头自钻自攻螺钉尺寸　（mm）

螺纹规格				ST2.9	ST3.5	ST4.2	ST4.8	ST5.5	ST6.3
螺距 P				1.1	1.3	1.4	1.6	1.8	1.8
a_{max}				1.1	1.3	1.4	1.6	1.8	1.8
d_k	理论值① max			6.3	8.2	9.4	10.4	11.5	12.6
	实际值	max		5.5	7.3	8.4	9.3	10.3	11.3
		min		5.2	6.9	8.0	8.9	9.9	10.9
k_{max}				1.7	2.35	2.6	2.8	3	3.15
r_{max}				1.2	1.4	1.6	2	2.2	2.4
十字槽	槽号 No.			1	2			3	
	H型	$m_{参考}$		3.2	4.4	4.6	5.2	6.6	6.8
		插入深度	max	2.1	2.4	2.6	3.2	3.3	3.5
			min	1.7	1.9	2.1	2.7	2.8	3.0
	Z型	$m_{参考}$		3.2	4.3	4.6	5.1	6.5	6.8
		插入深度	max	2	2.2	2.5	3.05	3.2	3.45
			min	1.6	1.75	2.05	2.6	2.75	3.00
钻削范围（板厚）②	≥			0.7	0.7	1.75	1.75	1.75	2
	≤			1.9	2.25	3	4.4	5.25	6
l				13~19	13~25	13~38	13~50	16~50	19~50

① 见 GB/T 5279。
② 为确定公称长度 l，需对每个板的厚度加上间隙或夹层厚度。

21. 十字槽半沉头自钻自攻螺钉（GB/T 15856.3—2002）（图 7-26、表 7-42）

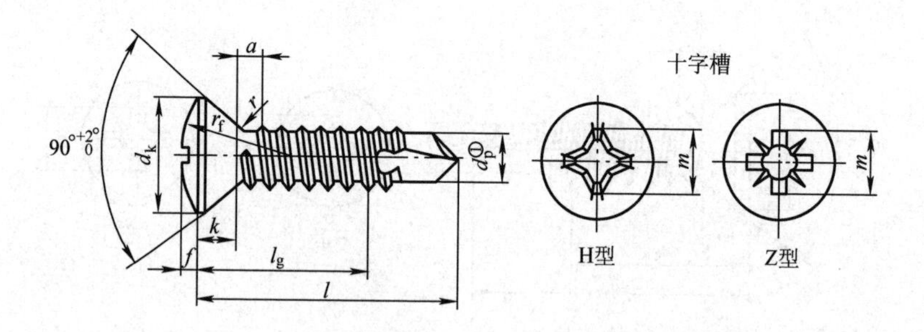

① 钻头部分（直径 d_p）的工作性能按 GB/T 3098.11 规定。

图 7-26 十字槽半沉头自钻自攻螺钉型式

表 7-42 十字槽半沉头自钻自攻螺钉尺寸（mm）

螺纹规格			ST2.9	ST3.5	ST4.2	ST4.8	ST5.5	ST6.3
螺距 P			1.1	1.3	1.4	1.6	1.8	1.8
a_{max}			1.1	1.3	1.4	1.6	1.8	1.8
d_k	理论值① max		6.3	8.2	9.4	10.4	11.5	12.6
	实际值	max	5.5	7.3	8.4	9.3	10.3	11.3
		min	5.2	6.9	8.0	8.9	9.9	10.9
$f≈$			0.7	0.8	1	1.2	1.3	1.4
k_{max}			1.7	2.35	2.6	2.8	3	3.15
r_{max}			1.2	1.4	1.6	2	2.2	2.4
r_f			6	8.5	9.5	9.5	11	12
十字槽	槽号 No.		1	2			3	
	H型	$m_{参考}$	3.4	4.8	5.2	5.4	6.7	7.3
		插入深度 max	2.2	2.75	3.2	3.4	3.45	4.0
		插入深度 min	1.8	2.25	2.7	2.9	2.95	3.5
	Z型	$m_{参考}$	3.3	4.8	5.2	5.6	6.6	7.2
		插入深度 max	2.1	2.70	3.10	3.35	3.40	3.85
		插入深度 min	1.8	2.25	2.65	2.90	2.95	3.40
钻削范围（板厚）②	≥		0.7	0.7	1.75	1.75	1.75	2
	≤		1.9	2.25	3	4.4	5.25	6
l			13~19	13~25	13~38	13~50	16~50	19~50

① 见 GB/T 5279。

② 为确定公称长度 l，需对每个板的厚度加上间隙或夹层厚度。

22. 六角法兰面自钻自攻螺钉（GB/T 15856.4—2002）（图 7-27、表 7-43）

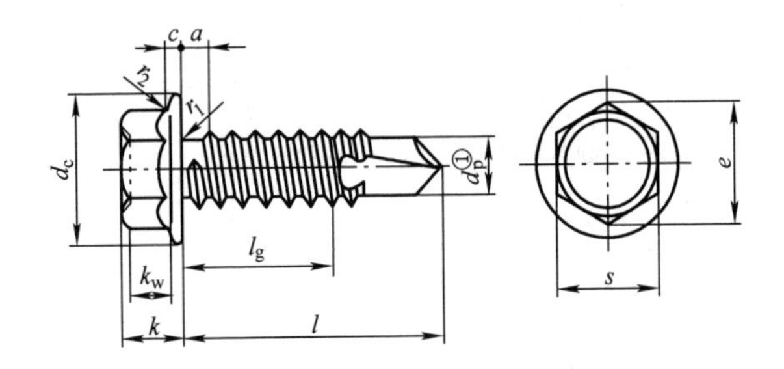

① 钻头部分（直径 d_p）的工作性能按 GB/T 3098.11 规定。

图 7-27　六角法兰面自钻自攻螺钉型式

表 7-43　六角法兰面自钻自攻螺钉尺寸　（mm）

螺纹规格		ST2.9	ST3.5	ST4.2	ST4.8	ST5.5	ST6.3
螺距 P		1.1	1.3	1.4	1.6	1.8	1.8
a_{max}		1.1	1.3	1.4	1.6	1.8	1.8
d_c	max	6.3	8.3	8.8	10.5	11	13.5
	min	5.8	7.6	8.1	9.8	10	12.2
c_{min}		0.4	0.6	0.8	0.9	1	1
s	公称=max	4.00	5.50	7.00	8.00	8.00	10.00
	min	3.82	5.32	6.78	7.78	7.78	9.78
e_{min}		4.28	5.96	7.59	8.71	8.71	10.95
k	公称=max	2.8	3.4	4.1	4.3	5.4	5.9
	min	2.5	3.0	3.6	3.8	4.8	5.3
k_{wmin}		1.3	1.5	1.8	2.2	2.7	3.1
r_{1max}		0.4	0.5	0.6	0.7	0.8	0.9
r_{2max}		0.2	0.25	0.3	0.3	0.4	0.5
钻削范围（板厚）①	≥	0.7	0.7	1.75	1.75	1.75	2
	≤	1.9	2.25	3	4.4	5.25	6
l②		9.5~19	9.5~25	13~38	13~50	16~50	19~50

注：产品通过了 GB/T 15856.4—2002 附录 A 的检验，则应视为满足了尺寸 e、c 和 k_w 的要求。

① 为确定公称长度 l，需对每个板的厚度加上间隙或夹层厚度。

② l>50mm 的长度规格，由供需双方协议。但其长度规格应符合 l=（55、60、65、70、75、80、85、90、95、100、110、120、130、140、150、160、170、180、190、200）mm。

23. 六角凸缘自钻自攻螺钉（GB/T 15856.5—2002）（图 7-28、表 7-44）

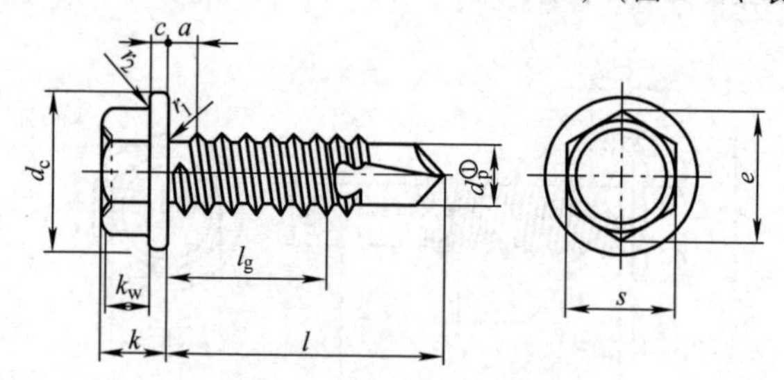

① 钻头部分（直径 d_p）的工作性能按 GB/T 3098.11 规定。

图 7-28 六角凸缘自钻自攻螺钉型式

表 7-44 六角凸缘自钻自攻螺钉尺寸 （mm）

螺纹规格		ST2.9	ST3.5	ST4.2	ST4.8	ST5.5	ST6.3
螺距 P		1.1	1.3	1.4	1.6	1.8	1.8
a_{max}		1.1	1.3	1.4	1.6	1.8	1.8
d_c	max	6.3	8.3	8.8	10.5	11	13.5
	min	5.8	7.6	8.1	9.8	10	12.2
c_{min}		0.4	0.6	0.8	0.9	1	1
s	公称=max	4.00①	5.50	7.00	8.00	8.00	10.00
	min	3.82	5.32	6.78	7.78	7.78	9.78
e_{min}		4.28	5.96	7.59	8.71	8.71	10.95
k	公称=max	2.8	3.4	4.1	4.3	5.4	5.9
	min	2.5	3.0	3.6	3.8	4.8	5.3
k_{wmin}		1.3	1.5	1.8	2.2	2.7	3.1
r_{1max}		0.4	0.5	0.6	0.7	0.8	0.9
r_{2max}		0.2	0.25	0.3	0.3	0.4	0.5
钻削范围（板厚）②	≥	0.7	0.7	1.75	1.75	1.75	2
	≤	1.9	2.25	3	4.4	5.25	6
l		9.5~19	9.5~25	13~38	13~50	16~50	19~50

① 该尺寸与 GB/T 5285 对六角头自攻螺钉规定的 s=5mm 不一致。GB/T 16824.1 对六角凸缘自攻螺钉规定的 s=4mm 在世界范围内业已采用，因此也适用于本标准。

② 为确定公称长度 l，需对每个板的厚度加上间隙或夹层厚度。

三、自攻自挤螺钉的重量

1. 开槽盘头自攻螺钉（适用于 GB/T 5282—2017）（表 7-45）

表 7-45　开槽盘头自攻螺钉的重量　（kg）

每 1000 件钢制品的大约重量

l	G
ST2.2	
4.5	0.15
6.5	0.18
9.5	0.24
13	0.30
16	0.36
ST2.9	
6.5	0.41
9.5	0.51
13	0.62
16	0.71
19	0.81
ST3.5	
6.5	0.69
9.5	0.83

l	G
ST3.5	
13	0.99
16	1.12
19	1.26
22	1.40
ST4.2	
9.5	1.21
13	1.44
16	1.64
19	1.83
22	2.03
25	2.23
ST4.8	
9.5	1.91
13	2.22

l	G
ST4.8	
16	2.49
19	2.75
22	3.02
25	3.28
32	3.90
ST5.5	
13	3.04
16	3.39
19	3.74
22	4.09
25	4.44
32	5.26
ST6.3	
13	4.08

l	G
ST6.3	
16	4.55
19	5.03
22	5.51
25	5.98
32	7.10
38	8.05
ST8	
16	9.41
19	10.20
22	10.99
25	11.78
32	13.63
38	15.21
45	17.05

l	G
ST8	
50	18.37
ST9.5	
16	17.10
19	18.33
22	19.57
25	20.80
32	23.67
35	26.14
45	29.01
50	31.06

注：表列规格为商品规格范围。l—公称长度（mm）。

2. 开槽沉头自攻螺钉（适用于 GB/T 5283—2017）（表 7-46）

表 7-46　开槽沉头自攻螺钉的重量　（kg）

每 1000 件钢制品的大约重量

l	G
ST2.2	
4.5	0.08
6.5	0.12
9.5	0.17
13	0.23
16	0.29
ST2.9	
6.5	0.23
9.5	0.32
13	0.43
16	0.53
19	0.62
ST3.5	
9.5	0.54

l	G
ST3.5	
13	0.70
16	0.83
19	0.97
22	1.11
25	1.24
ST4.2	
9.5	0.77
13	1.00
16	1.19
19	1.39
22	1.59
25	1.79
32	2.24

l	G
ST4.8	
9.5	1.00
13	1.31
16	1.58
19	1.84
22	2.11
25	2.37
32	2.99
ST5.5	
16	2.03
19	2.38
22	2.73
25	3.08
32	3.89

l	G
ST5.5	
38	4.59
ST6.3	
16	2.61
19	3.09
22	3.57
25	4.04
32	5.16
38	6.11
ST8	
19	5.85
22	6.64
25	7.43
32	9.27

l	G
ST8	
38	10.85
45	12.70
50	14.01
ST9.5	
22	9.79
25	11.02
32	13.90
38	16.36
45	19.23
50	21.29

注：表列规格为商品规格范围。l—公称长度（mm）。

3. 开槽半沉头自攻螺钉（适用于 GB/T 5284—2017）（表 7-47）

表 7-47 开槽半沉头自攻螺钉的重量 （kg）

每1000件钢制品的大约重量									
l	*G*	*l*	*G*	*l*	*G*	*l*	*G*	*l*	*G*
ST2.2		ST3.5		ST4.8		ST6.3		ST8	
4.5	0.10	13	0.81	13	1.59	13	2.58	38	12.20
6.5	0.14	16	0.95	16	1.85	16	3.06	45	14.05
9.5	0.19	19	1.08	19	2.12	19	3.54	50	15.36
13	0.25	22	1.22	22	2.38	22	4.02	ST9.5	
16	0.31	ST4.2		25	2.65	25	4.49	19	10.60
ST2.9		9.5	0.97	32	3.26	32	5.61	22	11.83
6.5	0.29	13	1.20	ST5.5		38	6.56	25	13.06
9.5	0.38	16	1.39	13	2.03	ST8		32	15.94
13	0.49	19	1.59	16	2.38	16	6.40	38	18.40
16	0.58	22	1.79	19	2.73	19	7.19	45	21.27
19	0.68	25	1.99	22	3.08	22	7.99	50	23.33
ST3.5		ST4.8		25	3.43	25	8.78		
9.5	0.65	9.5	1.28	32	4.25	32	10.62		

注：表列规格为商品规格范围。*l*—公称长度（mm）。

4. 十字槽盘头自攻螺钉（适用于 GB/T 845—2017）（表 7-48）

表 7-48 十字槽盘头自攻螺钉的重量 （kg）

每1000件钢制品的大约重量									
l	*G*	*l*	*G*	*l*	*G*	*l*	*G*	*l*	*G*
ST2.2		ST3.5		ST4.8		ST5.5		ST8	
4.5	0.18	16	1.24	13	2.60	38	6.43	32	15.01
6.5	0.21	19	1.38	16	2.87	ST6.3		38	16.59
9.5	0.27	22	1.52	19	3.13	13	4.79	45	18.43
13	0.33	25	1.66	22	3.40	16	5.27	50	19.75
16	0.38	ST4.2		25	3.66	19	5.74	ST9.5	
ST2.9		9.5	1.44	32	4.28	22	6.22	16	20.32
6.5	0.52	13	1.67	38	4.81	25	6.70	19	21.55
9.5	0.61	16	1.86	ST5.5		32	7.81	22	22.78
13	0.72	19	2.06	13	3.51	38	8.76	25	24.01
16	0.81	22	2.26	16	3.86	ST8		32	26.89
19	0.91	25	2.45	19	4.21	16	10.79	38	29.35
ST3.5		32	2.91	22	4.56	19	11.58	45	32.23
9.5	0.95	ST4.8		25	4.91	22	12.37	50	34.28
13	1.11	9.5	2.30	32	5.73	25	13.16		

注：表列规格为商品规格范围。*l*—公称长度（mm）。

5. 十字槽沉头自攻螺钉（适用于 GB/T 846—2017）（表 7-49）

表 7-49　十字槽沉头自攻螺钉的重量　(kg)

每 1000 件钢制品的大约重量									
l	*G*	*l*	*G*	*l*	*G*	*l*	*G*	*l*	*G*
ST2. 2		ST3. 5		ST4. 8		ST6. 3		ST8	
4. 5	0. 08	16	0. 81	13	1. 28	13	2. 00	45	12. 41
6. 5	0. 12	19	0. 94	16	1. 55	16	2. 47	50	13. 73
9. 5	0. 17	22	1. 08	19	1. 81	19	2. 95	ST9. 5	
13	0. 23	25	1. 22	22	2. 08	22	3. 43	16	7. 04
16	0. 29	ST4. 2		25	2. 34	25	3. 90	19	8. 27
ST2. 9		9. 5	0. 76	32	2. 96	32	5. 02	22	9. 51
6. 5	0. 22	13	0. 99	ST5. 5		38	5. 97	25	10. 74
9. 5	0. 32	16	1. 18	13	1. 54	ST8		32	13. 61
13	0. 43	19	1. 38	16	1. 89	16	4. 77	38	16. 08
16	0. 52	22	1. 58	19	2. 24	19	5. 56	45	18. 95
19	0. 62	25	1. 77	22	2. 59	22	6. 35	50	21. 00
ST3. 5		32	2. 23	25	2. 94	25	7. 14		
9. 5	0. 51	ST4. 8		32	3. 75	32	8. 99		
13	0. 67	9. 5	0. 98	38	4. 45	38	10. 57		

注：表列规格为商品规格范围。*l*—公称长度（mm）。

6. 十字槽半沉头自攻螺钉（适用于 GB/T 847—2017）（表 7-50）

表 7-50　十字槽半沉头自攻螺钉的重量　(kg)

每 1000 件钢制品的大约重量									
l	*G*	*l*	*G*	*l*	*G*	*l*	*G*	*l*	*G*
ST2. 2		ST3. 5		ST4. 8		ST6. 3		ST8	
4. 5	0. 10	16	0. 92	13	1. 59	13	2. 49	45	13. 81
6. 5	0. 14	19	1. 06	16	1. 86	16	2. 97	50	15. 13
9. 5	0. 19	22	1. 19	19	2. 12	19	3. 45	ST9. 5	
13	0. 25	25	1. 33	22	2. 39	22	3. 92	16	9. 38
16	0. 31	ST4. 2		25	2. 65	25	4. 40	19	10. 61
ST2. 9		9. 5	0. 95	32	3. 27	32	5. 51	22	11. 84
6. 5	0. 29	13	1. 18	ST5. 5		38	6. 47	25	13. 07
9. 5	0. 39	16	1. 38	13	1. 96	ST8		32	15. 95
13	0. 50	19	1. 57	16	2. 31	16	6. 17	38	18. 41
16	0. 59	22	1. 77	19	2. 66	19	6. 96	45	21. 29
19	0. 68	25	1. 97	22	3. 01	22	7. 75	50	23. 34
ST3. 5		32	2. 43	25	3. 36	25	8. 54		
9. 5	0. 62	ST4. 8		32	4. 17	32	10. 39		
13	0. 78	9. 5	1. 29	38	4. 87	38	11. 97		

注：表列规格为商品规格范围。*l*—公称长度（mm）。

7. 六角头自攻螺钉（适用于 GB/T 5285—2017）（表 7-51）

表 7-51 六角头自攻螺钉的重量 （kg）

每 1000 件钢制品的大约重量

l	G	l	G	l	G	l	G	l	G
ST2.2		ST2.9		ST4.2		ST5.5		ST8	
4.5	0.12	32	1.20	19	1.74	16	2.68	16	7.48
6.5	0.16	38	1.39	22	1.93	19	3.03	19	8.27
9.5	0.21	45	1.61	25	2.13	22	3.38	22	9.06
13	0.28	50	1.77	32*	2.59	25	3.73	25	9.85
16	0.33	ST3.5		38	2.98	32	4.55	32	11.69
19*	0.38	6.5	0.56	45	3.44	38*	5.25	38	13.27
22	0.44	9.5	0.69	50	3.77	45	6.06	45	15.12
25	0.49	13	0.85	ST4.8		50	6.65	50	16.44
32	0.62	16	0.99	9.5	1.67	ST6.3		ST9.5	
38	0.73	19	1.13	13	1.98	13	3.56	16	12.97
45	0.85	22	1.27	16	2.24	16	4.04	19	14.20
50	0.94	25*	1.40	19	2.51	19	4.52	22	15.43
ST2.9		32	1.72	22	2.77	22	4.99	25	16.66
6.5	0.40	38	2.00	25	3.04	25	5.47	32	19.54
9.5	0.49	45	2.32	32	3.65	32	6.58	38	22.00
13	0.60	50	2.54	38*	4.18	38	7.54	45	24.87
16	0.70	ST4.2		45	4.80	45*	8.65	50	26.93
19	0.79	9.5	1.11	50	5.24	50	9.45		
22*	0.89	13	1.34	ST5.5		ST8			
25	0.98	16	1.54	13	2.33	13	6.69		

注：表中 l（mm）等于或大于带 * 的规格为特殊规格范围，其余规格均为通用规格范围。

8. 十字槽凹穴六角自攻螺钉（适用于 GB/T 9456—1988）（表 7-52）

表 7-52　十字槽凹穴六角自攻螺钉的重量　（kg）

每 1000 件钢制品的大约重量					
l	*G*	*l*	*G*	*l*	*G*
ST2.9		ST4.2		ST6.3	
6.5	0.39	16	1.49	19	4.30
9.5	0.48	19	1.69	22	4.78
13	0.59	22	1.89	25	5.26
16	0.69	25	2.08	32	6.37
19	0.78	ST4.8		38	7.33
ST3.5		9.5	1.60	ST8	
6.5	0.53	13	1.91	13	6.37
9.5	0.66	16	2.18	16	7.16
13	0.82	19	2.44	19	7.96
16	0.96	22	2.71	22	8.75
19	1.10	25	2.97	25	9.54
22	1.23	32	3.59	32	11.38
ST4.2		ST6.3		38	12.96
9.5	1.07	13	3.35	45	14.81
13	1.30	16	3.83	50	16.12

注：表列规格为通用规格范围。*l*—公称长度（mm）。

9. 十字槽盘头自挤螺钉（适用于 GB/T 6560—2014）（表 7-53）

表 7-53　十字槽盘头自挤螺钉的重量　（kg）

每 1000 件钢制品的大约重量									
l	*G*	*l*	*G*	*l*	*G*	*l*	*G*	*l*	*G*
M2		M2.5		M3		M4		M6	
4	0.19	10	0.54	16	1.05	30	3.00	12	5.29
5	0.21	12	0.60	20	1.22	M5		(14)	5.63
6	0.22	(14)	0.65	M4		10	2.91	16	5.97
8	0.26	16	0.71	8	1.35	12	3.15	20	6.66
10	0.30	M3		10	1.50	(14)	3.39	25	7.52
12	0.33	6	0.63	12	1.65	16	3.63	30	8.37
M2.5		8	0.71	(14)	1.80	20	4.11	35	9.23
5	0.40	10	0.80	16	1.95	25	4.71	40	10.09
6	0.42	12	0.88	20	2.25	30	5.31		
8	0.48	(14)	0.97	25	2.62	35	5.91		

注：1. 表中规格全部制成全螺纹。

2. 表列规格为商品规格范围，带括号的规格尽量不采用。

10. 十字槽沉头自挤螺钉（适用于 GB/T 6561—2014）（表 7-54）

表 7-54 十字槽沉头自挤螺钉的重量 (kg)

每 1000 件钢制品的大约重量									
l	*G*	*l*	*G*	*l*	*G*	*l*	*G*	*l*	*G*
M2.5		M3		M4		M5		M6	
6	0.20	10	0.47	(14)	1.27	16	2.17	20	3.82
8	0.25	12	0.55	16	1.42	20	2.65	25	4.68
10	0.31	(14)	0.64	20	1.72	25	3.25	30	5.53
12	0.37	16	0.72	25	2.10	30	3.85	35	6.39
(14)	0.43	20	0.89	30	2.47	35	4.45	40	7.25
16	0.48	M4		M5		M6			
M3		10	0.97	12	1.69	(14)	2.79		
8	0.38	12	1.12	(14)	1.93	16	3.13		

注：1. 表中规格全部制成全螺纹。

2. 表列规格为商品规格范围，带括号的规格尽量不采用。

11. 十字槽半沉头自挤螺钉（适用于 GB/T 6562—2014）（表 7-55）

表 7-55 十字槽半沉头自挤螺钉的重量 (kg)

每 1000 件钢制品的大约重量									
l	*G*	*l*	*G*	*l*	*G*	*l*	*G*	*l*	*G*
M2.5		M3		M4		M5		M6	
6	0.24	10	0.54	(14)	1.47	16	2.48	20	4.31
8	0.29	12	0.62	16	1.62	20	2.96	25	5.17
10	0.35	(14)	0.71	20	1.92	25	3.56	30	6.03
12	0.41	16	0.79	25	2.29	30	4.16	35	6.89
(14)	0.47	20	0.96	30	2.67	35	4.76	40	7.74
16	0.52	M4		M5		M6			
M3		10	1.17	12	2.00	(14)	3.29		
8	0.45	12	1.32	(14)	2.24	16	3.63		

注：1. 表中规格全部制成全螺纹。

2. 表列规格为商品规格，带括号的规格尽量不采用。

12. 六角头自挤螺钉（适用于 GB/T 6563—2014）（表 7-56）

表 7-56　六角头自挤螺钉的重量　（kg）

每 1000 件钢制品的大约重量									
l	*G*	*l*	*G*	*l*	*G*	*l*	*G*	*l*	*G*
M5		M6		M8		M10		M12	
10	2.31	16	4.74	30	13.82	35	25.46	45	44.38
12	2.55	20	5.43	35	15.37	40	27.92	50*	47.94
(14)	2.79	25	6.29	40	16.93	45	30.38	(55)	51.50
16	3.03	30	7.14	45	18.48	50*	32.83	60	55.07
20	3.51	35	8.00	50*	20.04	(55)	35.29	(65)	58.63
25	4.11	40	8.86	(55)	21.59	60	37.74	70	62.19
30	4.71	45	9.71	60	23.15	(65)	40.20	80	69.31
35	5.31	50*	10.57	(65)	24.70	70	42.66		
40	5.91	(55)	11.43	70	26.26	80	47.57		
45	6.51	60	12.29	80	29.37	M12			
50*	7.11	M8		M10		25	30.13		
M6		16	9.46	20	18.10	30	33.69		
12	4.06	20	10.71	25	20.55	35	37.25		
(14)	4.40	25	12.26	30	23.01	40	40.82		

注：1. *l*（mm）小于或等于带 * 符号的螺钉，制成全螺纹。

2. 表列规格为商品规格。尽可能不采用括号内的规格。

13. 内六角花形圆柱头自挤螺钉（适用于 GB/T 6564.1—2014）（表 7-57）

表 7-57　内六角花形圆柱头自挤螺钉的重量　（kg）

每 1000 件钢制品的大约重量					
l	*G*	*l*	*G*	*l*	*G*
M6		M8		M10	
12	3.85	35	14.94	60	36.76
(14)	4.19	40	16.49	M12	
16	4.53	45	18.05	25	28.09
20	5.22	50*	19.60	30	31.65
25	6.07	M10		35	35.21
30	6.93	20	17.11	40	38.78
35	7.79	25	19.57	45	42.34
40	8.65	30	22.03	50*	45.90
M8		35	24.48	(55)	49.46
16	9.03	40	26.94	60	53.02
20	10.27	45	29.39	(65)	56.59
25	11.83	50*	31.85	70	60.15
30	13.38	(55)	34.30	80	67.27

注：1. *l*（mm）小于或等于带 * 符号的规格制成全螺纹螺钉，其余规格制成部分螺纹螺钉。

2. 表列规格为商品规格范围，带括号的规格尽量不采用。

第八章

木 螺 钉

一、木螺钉综述

1. 木螺钉的尺寸代号与标注（表 8-1）

表 8-1 木螺钉尺寸代号与标注

尺寸代号	标注内容	尺寸代号	标注内容
b	螺纹顶部宽度	l	公称长度
c	垫圈厚度	l_o	螺纹长度
d	螺纹公称直径(螺纹大径)	m	十字槽翼直径
d_1	螺纹小径	n	开槽宽度
d_a	过渡圆直径	P	螺距
d_k	头部直径	r	头下圆角半径
d_w	垫圈面直径	r_2	球面半径
e	对角宽度	r_f	球面半径
f	半沉头球面部分高度	s	对边宽度
k	头部高度	t	开槽深度

2. 沉头木螺钉用沉孔（GB/T 152.5—2014）（见图 8-1、表 8-2）

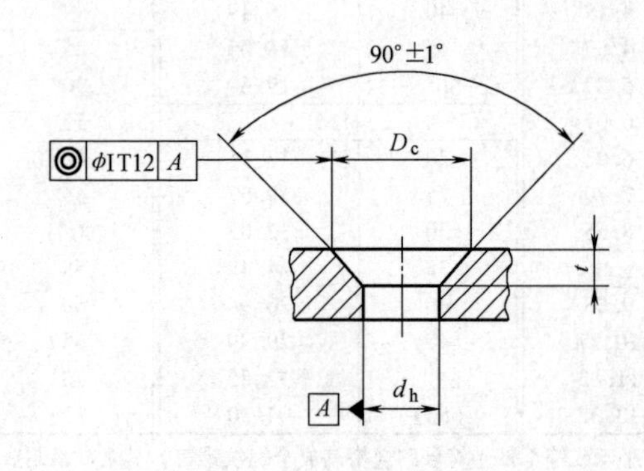

图 8-1 沉头木螺钉用沉孔型式

表 8-2　沉头木螺钉用沉孔尺寸　（mm）

公称规格	d_h[①]		D_c		t ≈
	min(公称)	max	min(公称)	max	
1.6	1.8	1.94	3.7	3.88	1.0
2	2.4	2.54	4.5	4.68	1.2
2.5	2.9	3.04	5.4	5.58	1.4
3	3.4	3.58	6.6	6.82	1.7
3.5	3.9	4.08	7.7	7.92	2.0
4	4.5	4.68	8.6	8.82	2.2
4.5	5.0	5.18	10.1	10.37	2.7
5	5.5	5.68	11.2	11.47	3.0
5.5	6.0	6.18	12.1	12.37	3.2
6	6.6	6.82	13.2	13.47	3.5
7	7.6	7.82	15.3	15.57	4.0
8	9.0	9.22	17.3	17.57	4.5
10	11.0	11.27	21.9	22.23	5.8

① 公差带为 H13。

3. 木螺钉的技术条件（GB/T 922—1986）

（1）材料（表 8-3）

（2）木螺钉用螺纹（图 8-2、表 8-4）

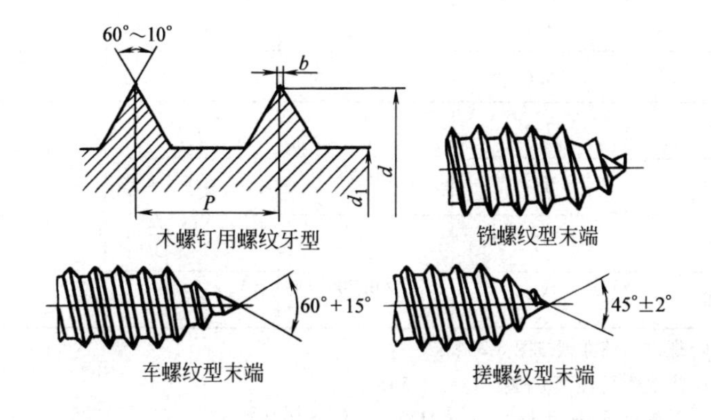

图 8-2　木螺钉用螺纹末端类型

表 8-3 材料

碳钢牌号:Q215 或 Q235(GB/T 700)
铜及铜合金牌号:H62(GB/T 4424)或 HPb59—1(GB/T 4425)

表 8-4 木螺钉用螺纹尺寸 (mm)

d	螺纹小径 d_1		螺距 P	$b\leqslant$
	基本尺寸	极限偏差		
1.6	1.2	0 -0.25	0.8	0.25
2	1.4		0.9	
2.5	1.8		1	
3	2.1		1.2	
3.5	2.5	0 -0.40	1.4	0.3
4	2.8		1.6	
4.5	3.2	0 -0.48	1.8	
5	3.5		2	
5.5	3.8		2.2	
6	4.2		2.5	
7	4.9		2.8	0.35
8	5.6		3	
10	7.2	0 -0.58	3.5	0.4
12	8.7		4	
16	12	0 -0.70	5	
20	15		6	

注：1. 螺纹末端类型按图 8-2 规定。

2. 螺纹侧面表面粗糙度 $Ra=12.5\mu m$。

3. 总螺纹数/收尾螺纹数：≤10/(1~2)；>10/(3~5)。

4. 螺纹应做到钉尖。

（3）形状和位置公差（图 8-3~图 8-6、表 8-5）

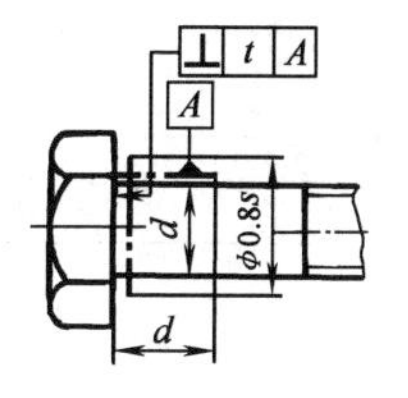

图 8-3 垂直度

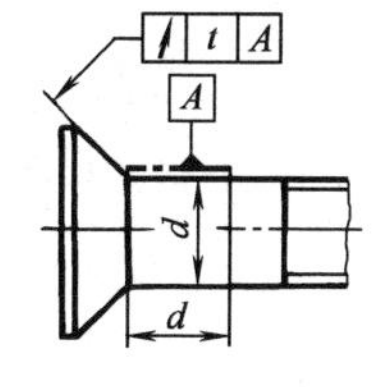

图 8-4 跳动

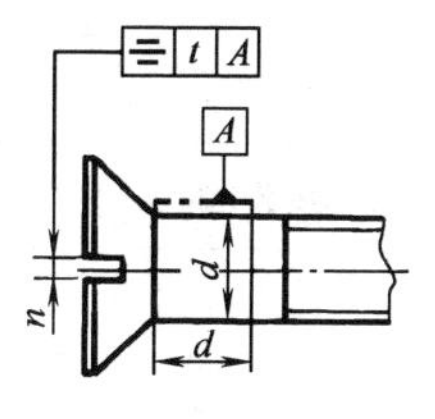

图 8-5 对称度

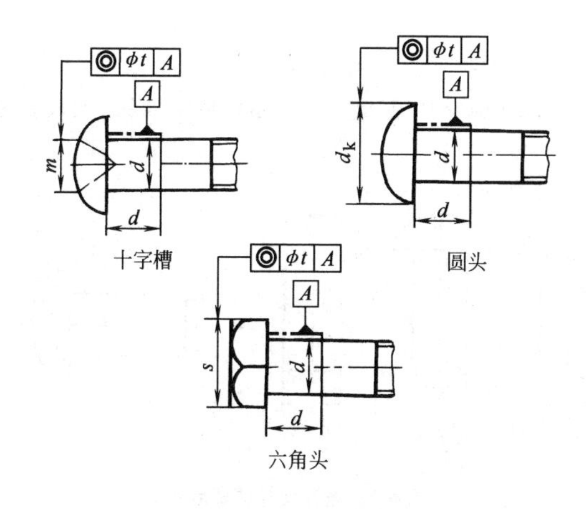

图 8-6 同轴度

表 8-5 形状和位置公差要求 （mm）

<table>
<tr><td colspan="2">公称直径 d</td><td>1.6</td><td>2</td><td>2.5</td><td>3</td><td>3.5</td><td>4</td><td>4.5</td><td>5</td></tr>
<tr><td colspan="2">跳动公差 t</td><td colspan="3">0.36</td><td colspan="5">0.44</td></tr>
<tr><td colspan="2">对称度公差 t</td><td colspan="4">0.28</td><td colspan="4">0.36</td></tr>
<tr><td rowspan="3">同轴度公差 t</td><td>十字槽</td><td colspan="3">0.50</td><td colspan="5">0.60</td></tr>
<tr><td>圆　头</td><td colspan="3">0.60</td><td colspan="5">0.72</td></tr>
<tr><td>六角头</td><td colspan="8">—</td></tr>
</table>

（续）

<table>
<tr><td colspan="2">公称直径 d</td><td>5.5</td><td>6</td><td>7</td><td>8</td><td>10</td><td>12</td><td>16</td><td>20</td></tr>
<tr><td colspan="2">跳动公差 t</td><td colspan="6">0.54</td><td colspan="2">0.66</td></tr>
<tr><td colspan="2">对称度公差 t</td><td colspan="2">0.36</td><td colspan="3">0.44</td><td colspan="3">—</td></tr>
<tr><td rowspan="3">同轴度公差 t</td><td>十字槽</td><td colspan="2">0.60</td><td colspan="3">0.72</td><td colspan="3">—</td></tr>
<tr><td>圆　头</td><td colspan="2">0.86</td><td colspan="3">0.86</td><td colspan="3">—</td></tr>
<tr><td>六角头</td><td>—</td><td>0.72</td><td>—</td><td colspan="3">0.86</td><td colspan="2">1.04</td></tr>
<tr><td colspan="2">垂直度公差 t</td><td>—</td><td>0.15</td><td>—</td><td>0.18</td><td>0.24</td><td>0.27</td><td>0.34</td><td>0.42</td></tr>
</table>

（4）螺钉旋具槽底形状（图 8-7、表 8-6）

开槽木螺钉的螺钉旋具槽应制成平底，亦可制成凹底或凸底。螺钉旋具槽底形不作检查。

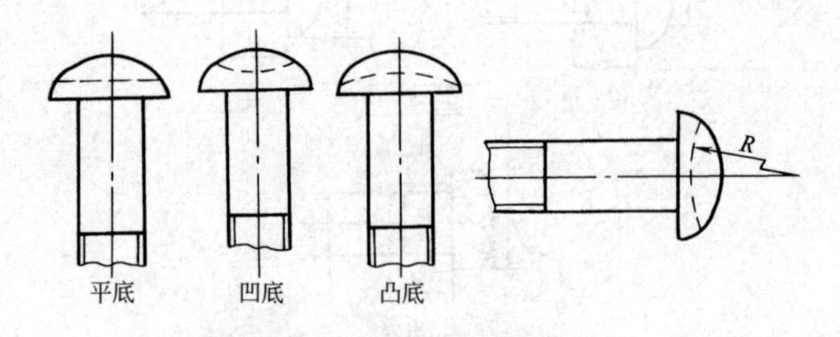

图 8-7　螺钉旋具槽底形状

表 8-6　螺钉旋具槽凹底的曲率半径　（mm）

<table>
<tr><td>n</td><td>$R\geqslant$</td></tr>
<tr><td>≤1.2</td><td>20</td></tr>
<tr><td>1.4、1.6</td><td>25</td></tr>
<tr><td>1.8、2</td><td rowspan="2">30</td></tr>
<tr><td>2.5</td></tr>
</table>

（5）表面缺陷

螺纹表面不允许有裂缝、折叠。除最初两道螺纹和螺尾外，不允许有螺纹不完整现象。木螺钉表面不允许有浮锈，也不允许有影响使用的裂缝、凹痕、毛刺、圆钝和飞边。

二、木螺钉的尺寸

1. 开槽圆头木螺钉（GB/T 99—1986）（图 8-8、表 8-7）

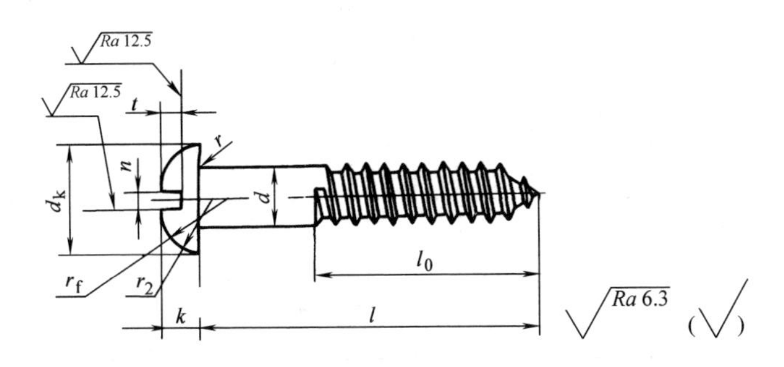

图 8-8　开槽圆头木螺钉

表 8-7　开槽圆头木螺钉尺寸　　（mm）

d	公称	1.6	2	2.5	3	3.5	4	(4.5)
	min	1.46	1.86	2.25	2.75	3.20	3.70	4.20
	max	1.6	2.0	2.5	3.0	3.5	4.0	4.5
d_k	max	3.2	3.9	4.63	5.8	6.75	7.65	8.6
	min	2.8	3.5	4.23	5.3	6.25	7.15	8.0
k	max	1.4	1.6	1.98	2.37	2.65	2.95	3.25
	min	1.2	1.4	1.78	2.07	2.35	2.65	2.95
n	公称	0.4	0.5	0.6	0.8	0.9	1	1.2
	min	0.4	0.5	0.6	0.8	0.9	1	1.2
	max	0.65	0.75	0.85	1.05	1.15	1.35	1.55
$r\approx$		0.2	0.2	0.2	0.2	0.4	0.4	0.4
r_f		1.6	2.3	2.6	3.4	4	4.8	5.2
r_2		0.64	1.4	1.5	1.9	2.1	2.4	2.6
t	max	0.96	1.10	1.30	1.54	1.74	1.98	2.20
	min	0.64	0.70	0.90	1.06	1.26	1.38	1.60
l		6~12	6~14	6~22	8~25	8~38	12~65	14~80

（续）

d	公称	5	（5.5）	6	（7）	8	10
	min	4.70	5.20	5.70	6.64	7.64	9.64
	max	5.0	5.5	6.0	7.0	8.0	10.0
d_k	max	9.5	10.5	11.05	13.35	15.2	18.9
	min	8.9	9.9	10.35	12.55	14.4	18.1
k	max	3.5	3.95	4.34	4.86	5.5	6.8
	min	3.2	3.65	3.94	4.46	5.1	6.4
n	公称	1.2	1.4	1.6	1.8	2	2.5
	min	1.2	1.4	1.6	1.8	2.0	2.5
	max	1.55	1.75	1.95	2.15	2.35	2.85
$r\approx$		0.4	0.4	0.4	0.5	0.5	0.5
r_f		6	6.5	6.8	8.2	9.7	12.1
r_2		2.9	3.2	3.5	3.8	4.4	5.5
t	max	2.50	2.70	2.80	3.06	3.66	4.32
	min	1.90	2.10	2.20	2.34	2.94	3.60
l		16~90	22~90	22~120	38~120	38~120	65~120

注：尽可能不采用括号内的规格。

2. 开槽沉头木螺钉（GB/T 100—1986）（图 8-9、表 8-8）

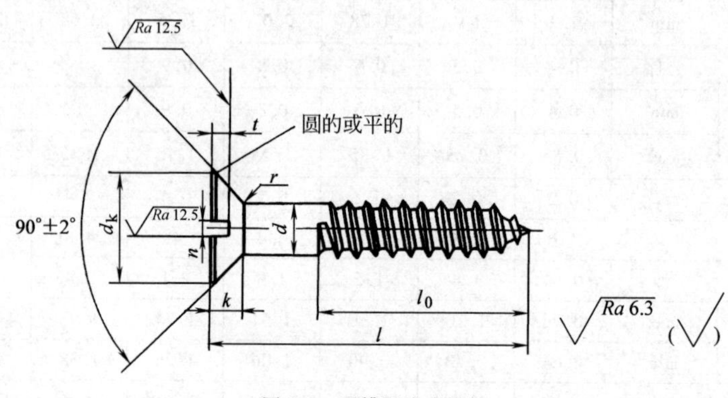

图 8-9　开槽沉头木螺钉

表 8-8　开槽沉头木螺钉尺寸　　(mm)

d	公称	1.6	2	2.5	3	3.5	4	(4.5)
	min	1.46	1.86	2.25	2.75	3.2	3.7	4.2
	max	1.6	2	2.5	3	3.5	4	4.5
d_k	max	3.2	4	5	6	7	8	9
	min	2.9	3.7	4.7	5.7	6.64	7.64	8.64
k_{max}		1	1.2	1.4	1.7	2	2.2	2.7
n	公称	0.4	0.5	0.6	0.8	0.9	1.0	1.2
	min	0.4	0.5	0.6	0.8	0.9	1.0	1.2
	max	0.65	0.75	0.85	1.05	1.15	1.35	1.55
$r\approx$		0.2	0.2	0.2	0.2	0.4	0.4	0.4
t	max	0.72	0.82	0.96	1.11	1.35	1.45	1.70
	min	0.48	0.58	0.64	0.79	0.95	1.05	1.30
l		6~12	6~16	6~25	8~30	8~40	12~70	16~85

d	公称	5	(5.5)	6	(7)	8	10
	min	4.7	5.2	5.7	6.64	7.64	9.64
	max	5	5.5	6	7	8	10
d_k	max	10	11	12	14	16	20
	min	9.64	10.57	11.57	13.57	15.57	19.48
k_{max}		3	3.2	3.5	4	4.5	5.8
n	公称	1.2	1.4	1.6	1.8	2.0	2.5
	min	1.2	1.4	1.6	1.8	2.0	2.5
	max	1.55	1.75	1.95	2.15	2.35	2.85
$r\approx$		0.4	0.4	0.4	0.5	0.5	0.5
t	max	1.94	2.04	2.19	2.55	2.80	3.50
	min	1.46	1.56	1.71	1.95	2.20	2.90
l		18~100	25~100	25~120	40~120	40~120	75~120

注：尽可能不采用带括号的规格。

3. 开槽半沉头木螺钉（GB/T 101—1986）（图 8-10、表 8-9）

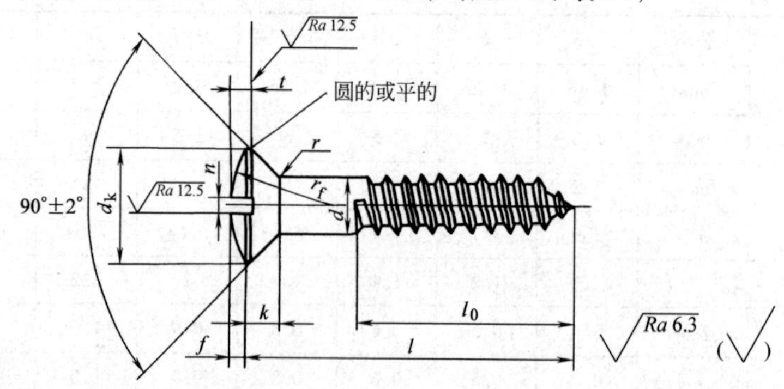

图 8-10　开槽半沉头木螺钉

表 8-9　开槽半沉头木螺钉尺寸　（mm）

d	公称	1.6	2	2.5	3	3.5	4	(4.5)
	min	1.46	1.86	2.25	2.75	3.2	3.7	4.2
	max	1.6	2.0	2.5	3.0	3.5	4.0	4.5
d_k	max	3.2	4	5	6	7	8	9
	min	2.9	3.7	4.7	5.7	6.64	7.64	8.64
$f\approx$		0.5	0.6	0.8	0.9	1.1	1.2	1.4
k_{max}		1	1.2	1.4	1.7	2	2.2	2.7
n	公称	0.4	0.5	0.6	0.8	0.9	1.0	1.2
	min	0.4	0.5	0.6	0.8	0.9	1.0	1.2
	max	0.65	0.75	0.85	1.05	1.15	1.35	1.55
$r\approx$		0.2	0.2	0.2	0.2	0.4	0.4	0.4
$r_f\approx$		2.8	3.6	4.3	5.5	6.1	7.3	7.9
t	max	0.96	1.06	1.3	1.5	1.84	1.94	2.4
	min	0.64	0.74	0.9	1.1	1.36	1.46	1.8
l		6~12	6~16	6~25	8~30	8~40	12~70	16~85

d	公称	5	(5.5)	6	(7)	8	10
	min	4.7	5.2	5.7	6.64	7.64	9.64
	max	5.0	5.5	6.0	7.0	8.0	10.0
d_k	max	10	11	12	14	16	20
	min	9.64	10.57	11.57	13.57	15.57	19.48
$f\approx$		1.5	1.7	1.8	2.1	2.4	3
k_{max}		3	3.2	3.5	4	4.5	5.8

（续）

d	公称	5	（5.5）	6	（7）	8	10
	min	4.7	5.2	5.7	6.64	7.64	9.64
	max	5.0	5.5	6.0	7.0	8.0	10.0
n	公称	1.2	1.4	1.6	1.8	2.0	2.5
	min	1.2	1.4	1.6	1.8	2.0	2.5
	max	1.55	1.75	1.95	2.15	2.35	2.85
$r\approx$		0.4	0.4	0.4	0.5	0.5	0.5
$r_f\approx$		9.1	9.7	10.9	12.4	14.5	18.2
t	max	2.6	2.8	2.9	3.4	3.7	4.76
	min	2.0	2.2	2.3	2.8	3.1	4.04
l		18~100	30~100	30~120	40~120	40~120	70~120

注：尽可能不采用括号内的规格。

4. 十字槽圆头木螺钉（GB/T 950—1986）（图 8-11、表 8-10）

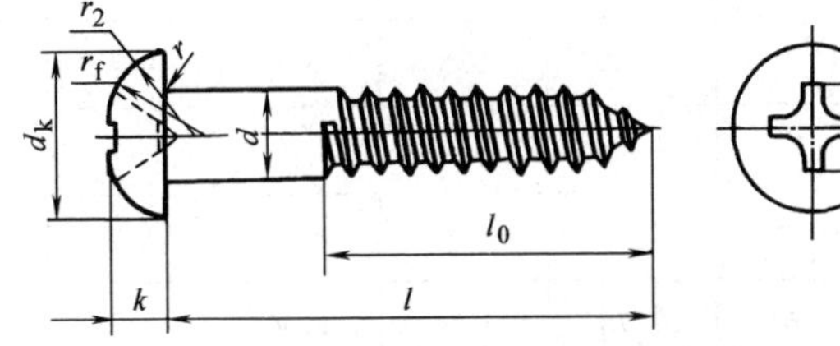

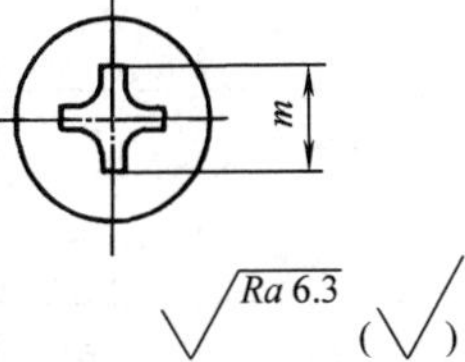

图 8-11　十字槽圆头木螺钉

表 8-10　十字槽圆头木螺钉尺寸　（mm）

d	公称	2	2.5	3	3.5	4	（4.5）
	min	1.86	2.25	2.75	3.2	3.7	4.2
	max	2	2.5	3	3.5	4	4.5
d_k	max	3.9	4.63	5.8	6.75	7.65	8.6
	min	3.5	4.23	5.3	6.25	7.15	8
k	max	1.6	1.98	2.37	2.65	2.95	3.25
	min	1.4	1.78	2.07	2.35	2.65	2.95
$r\approx$		0.2	0.2	0.2	0.4	0.4	0.4
r_f		2.3	2.6	3.4	4	4.8	5.2
r_2		1.4	1.5	1.9	2.1	2.4	2.6
十字槽（H型）插入深度	槽号 No.	1		2			
	$m_{参考}$	2.5	2.7	3.7	3.9	4.3	4.5
	max	1.32	1.52	1.63	1.83	2.23	2.43
	min	0.90	1.10	1.06	1.25	1.64	1.84
l		6~16	6~25	8~30	8~40	12~70	16~85

（续）

d	公称	5	（5.5）	6	（7）	8	10
	min	4.7	5.2	5.7	6.64	7.64	9.64
	max	5	5.5	6	7	8	10
d_k	max	9.5	10.5	11.05	13.35	15.2	18.9
	min	8.9	9.9	10.35	12.55	14.4	18.1
k	max	3.5	3.95	4.34	4.86	5.5	6.8
	min	3.2	3.65	3.94	4.46	5.1	6.4
$r \approx$		0.4	0.4	0.4	0.5	0.5	0.5
r_f		6	6.5	6.8	8.2	9.7	12.1
r_2		2.9	3.2	3.5	3.8	4.4	5.5
十字槽（H型）插入深度	槽号 No.	2	3			4	
	$m_{参考}$	4.7	6.1	6.6	6.9	8.7	9.7
	max	2.63	2.76	3.26	3.56	4.35	4.75
	min	2.04	2.16	2.65	2.93	3.77	5.35
l		18~100	25~120	25~120	40~120	40~120	70~120

注：尽可能不采用括号内的规格。

5. 十字槽沉头木螺钉（GB/T 951—1986）（图 8-12、表 8-11）

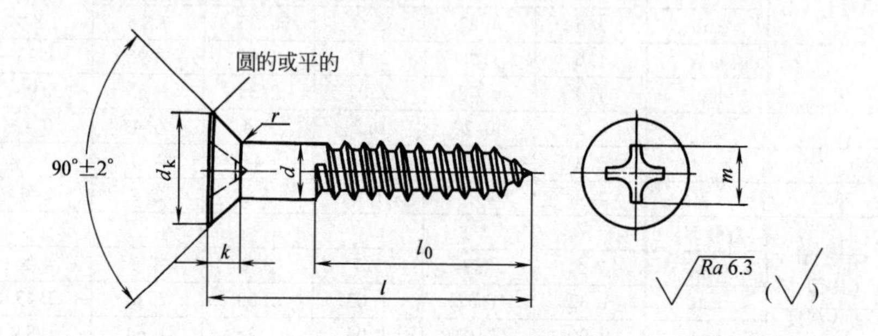

图 8-12　十字槽沉头木螺钉

表 8-11　十字槽沉头木螺钉尺寸　(mm)

d	公称	2	2.5	3	3.5	4	(4.5)
	min	1.86	2.25	2.75	3.2	3.7	4.2
	max	2.0	2.5	3	3.5	4	4.5
d_k	max	4	5	6	7	8	9
	min	3.70	4.70	5.70	6.64	7.64	8.64
k_{max}		1.2	1.4	1.7	2	2.2	2.7
$r\approx$		0.2	0.2	0.2	0.4	0.4	0.4
十字槽（H 型）插入深度	槽号 No.	1		2			
	$m_{参考}$	2.5	1.7	3.8	4.2	4.8	5.2
	min	0.95	1.14	1.20	1.60	2.19	2.58
	max	1.32	1.52	1.73	2.13	2.73	3.13
l		6~16	6~25	8~30	8~40	12~70	16~85

d	公称	5	(5.5)	6	(7)	8	10
	min	4.7	5.2	5.7	6.64	7.64	9.64
	max	5	5.5	6	7	8	10
d_k	max	10	11	12	14	16	20
	min	9.64	10.57	11.57	13.57	15.57	19.48
k_{max}		3	3.2	3.5	4	4.5	5.8
$r\approx$		0.4	0.4	0.4	0.5	0.5	0.5
十字槽（H 型）插入深度	槽号 No.	2	3			4	
	$m_{参考}$	5.4	6.7	7.3	78	9.3	10.3
	min	2.77	2.80	3.39	3.87	4.41	5.39
	max	3.33	3.36	3.96	4.46	4.95	5.95
l		18~100	25~100	25~100	40~120	40~120	70~120

注：尽可能不采用括号内的规格。

6. 十字槽半沉头木螺钉（GB/T 952—1986）（图 8-13、表 8-12）

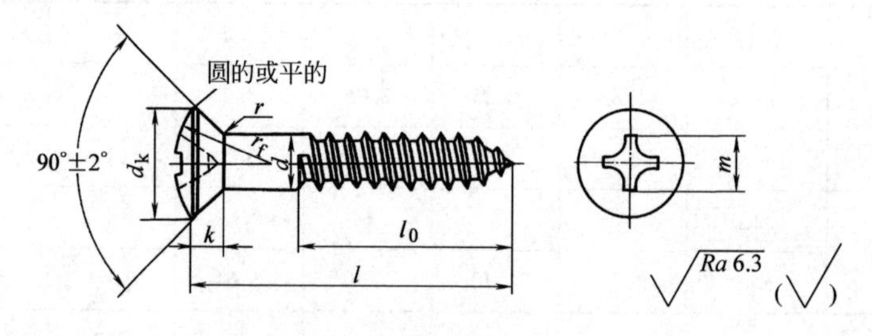

图 8-13 十字槽半沉头木螺钉

表 8-12 十字槽半沉头木螺钉尺寸 （mm）

d	公称	2	2.5	3	3.5	4	(4.5)
	min	1.86	2.25	2.75	3.20	3.70	4.20
	max	2.0	2.5	3.0	3.5	4.0	4.5
d_k	max	4	5	6	7	8	9
	min	3.70	4.70	5.70	6.64	7.64	8.64
k_{max}		1.2	1.4	1.7	2	2.2	2.7
$r \approx$		0.2	0.2	0.2	0.4	0.4	0.4
$r_f \approx$		3.6	4.3	5.5	6.1	7.3	7.9
十字槽（H型）插入深度	槽号 No.	1		2			
	$m_{参考}$	2.7	2.9	3.9	4.3	4.9	5.3
	min	1.14	1.34	1.30	1.69	2.28	2.68
	max	1.52	1.72	1.83	2.23	2.83	3.23
l		6~16	6~25	8~30	8~40	12~70	16~85
d	公称	5	(5.5)	6	(7)	8	10
	min	4.70	5.20	5.70	6.64	7.64	9.64
	max	5.0	5.5	6.0	7.0	8.0	10.0
d_k	max	10	11	12	14	16	20
	min	9.64	10.57	11.57	13.57	15.57	19.48
k_{max}		3	3.2	3.5	4	4.5	5.8
$r \approx$		0.4	0.4	0.4	0.5	0.5	0.5
$r_f \approx$		9.1	9.7	10.9	12.4	14.5	16.2
十字槽（H型）插入深度	槽号 No.	2	3			4	
	$m_{参考}$	5.5	6.8	7.4	7.9	9.5	10.5
	min	2.87	2.90	3.48	3.97	4.60	5.58
	max	3.43	3.46	4.06	4.56	5.15	6.15
l		18~100	25~100	25~120	40~120	40~120	70~120

注：尽可能不采用带括号的规格。

7. 六角头木螺钉（GB/T 102—1986）（图 8-14、表 8-13）

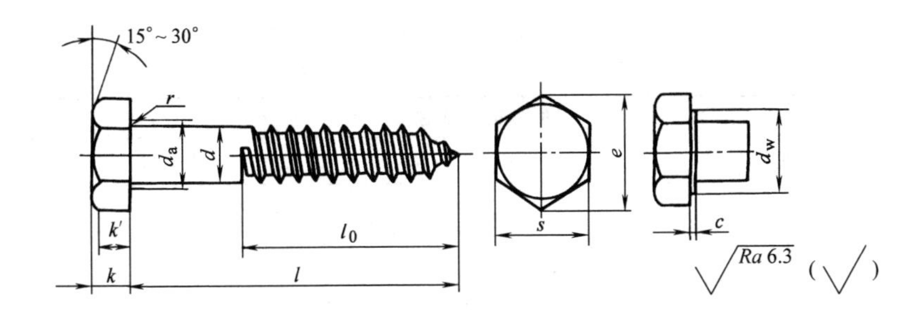

图 8-14　六角头木螺钉

表 8-13　六角头木螺钉尺寸　（mm）

d	公称	6	8	10	12	16	20
	min	5.7	7.64	9.64	11.57	15.57	19.48
	max	6	8	10	12	16	20
c_{max}		0.5	0.6	0.6	0.6	0.8	0.8
d_{amax}		7.2	10.2	12.2	14.7	18.7	24.4
d_{wmin}		8.7	11.4	14.4	16.4	22	27.7
e_{min}		10.89	14.20	17.59	19.85	26.17	32.95
k	公称	4	5.3	6.4	7.5	10	12.5
	min	3.62	4.92	5.95	7.05	9.25	11.6
	max	4.38	5.68	6.85	7.95	10.75	13.4
k'_{min}		2.5	3.45	4.2	4.95	6.5	8.1
r_{min}		0.25	0.4	0.4	0.6	0.6	0.8
s	max	10	13	16	18	24	30
	min	9.64	12.57	15.57	17.57	23.16	29.16
l		35～65	40～80	40～120	65～140	80～180	120～250

三、木螺钉的重量

1. 开槽圆头木螺钉（适用于GB/T 99—1986）（表8-14）

表8-14 开槽圆头木螺钉的重量 （kg）

每1000件钢制品的大约重量									
l	*G*	*l*	*G*	*l*	*G*	*l*	*G*	*l*	*G*
d=1.6		*d*=3		*d*=4		*d*=(4.5)		*d*=5	
6	0.11	14	0.86	18	1.96	(38)	4.46	60	8.16
8	0.14	16	0.95	20	2.13	40	4.66	(65)	8.76
10	0.17	18	1.03	(22)	2.29	45	5.12	70	9.37
12	0.19	20	1.12	25	2.49	50	5.62	(75)	9.93
d=2		(22)	1.21	30	2.89	(55)	6.12	80	10.59
6	0.19	25	1.32	(32)	3.05	60	6.58	(85)	11.14
8	0.24	*d*=3.5		35	3.28	(65)	7.07	90	11.70
10	0.28	8	0.86	(38)	3.51	70	7.57	*d*=(5.5)	
12	0.31	10	0.98	40	3.67	(75)	8.03	(22)	4.63
14	0.35	12	1.09	45	4.04	80	8.57	25	4.99
d=2.5		14	1.22	50	4.43	*d*=5		30	5.72
6	0.32	16	1.34	(55)	4.83	16	3.00	(32)	6.02
8	0.39	18	1.45	60	5.19	18	3.20	35	6.44
10	0.45	20	1.58	(65)	5.58	20	3.45	(38)	6.87
12	0.51	(22)	1.70	*d*=(4.5)		(22)	3.70	40	7.17
14	0.57	25	1.86	14	2.13	25	4.01	45	7.84
16	0.64	30	2.17	16	2.34	30	4.61	50	8.56
18	0.69	(32)	2.29	18	2.51	(32)	4.87	(55)	9.29
20	0.76	35	2.47	20	2.71	35	5.22	60	9.95
22	0.82	(38)	2.65	(22)	2.92	(38)	5.58	(65)	10.68
d=3		*d*=4		25	3.17	40	5.83	70	11.41
8	0.60	12	1.50	30	3.67	45	6.38	(75)	12.07
10	0.69	14	1.67	(32)	3.88	50	6.99	80	12.87
12	0.76	16	1.83	35	4.17	(55)	7.60	(85)	13.53

（续）

每1000件钢制品的大约重量									
l	*G*	*l*	*G*	*l*	*G*	*l*	*G*	*l*	*G*
d=(5.5)		*d*=6		*d*=(7)		*d*=8		*d*=8	
90	14.19	60	11.81	45	13.08	(38)	15.82	100	34.46
d=6		(65)	12.67	50	14.26	40	16.47	120	40.36
(22)	5.50	70	13.53	(55)	15.44	45	17.88	*d*=10	
25	5.93	(75)	14.31	60	16.51	50	19.42	(65)	39.47
30	6.79	80	15.26	(65)	17.69	(55)	20.97	70	41.91
(32)	7.15	(85)	16.04	70	18.87	60	22.37	(75)	44.14
35	7.65	90	16.82	(75)	19.95	(65)	23.92	80	46.79
(38)	8.15	100	18.55	80	21.23	70	25.46	(85)	49.02
(40)	8.51	120	21.84	(85)	22.31	(75)	26.87	90	51.25
45	9.30	*d*=(7)		90	23.38	80	28.55	100	56.13
50	10.16	(38)	11.51	100	25.24	(85)	29.96	120	65.47
(55)	11.02	40	12.01	120	30.25	90	31.37		

注：表列规格为商品规格范围；带括号的规格尽量不采用。*d*—螺纹直径（mm），*l*—公称长度（mm）。

2. 开槽沉头木螺钉（适用于 GB/T 100—1986）（表 8-15）

表 8-15 开槽沉头木螺钉的重量 （kg）

每1000件钢制品的大约重量									
l	*G*	*l*	*G*	*l*	*G*	*l*	*G*	*l*	*G*
d=1.6		*d*=2		*d*=2.5		*d*=3		*d*=3.5	
6	0.11	14	0.33	18*	0.66	16*	0.89	12*	1.01
8	0.13	16	0.37	20	0.73	18*	0.96	14	1.13
10	0.16	*d*=2.5		(22)	0.79	20*	1.06	16*	1.26
12	0.18	6	0.29	25	0.88	22	1.15	18*	1.36
d=2		8	0.35	*d*=3		25*	1.26	20*	1.49
6	0.17	10*	0.42	8	0.53	30*	1.49	(22)	1.62
8*	0.21	12*	0.48	10*	0.63	*d*=3.5		25*	1.78
10*	0.26	14*	0.54	12*	0.70	8	0.77	30*	2.08
12*	0.29	16*	0.61	14	0.79	10	0.90	(32)	2.21

（续）

每1000件钢制品的大约重量

l	G	l	G	l	G	l	G	l	G
d=3.5		d=(4.5)		d=5		d=6		d=(7)	
35*	2.39	25	3.06	(55)	7.43	25*	5.65	80	20.82
(38)	2.57	30	3.56	60*	7.99	30*	6.52	(85)	21.89
40*	2.70	(32)	3.76	(65)	8.60	(32)	6.88	90	22.96
d=4		35	4.05	70*	9.20	35	7.38	100	25.32
12*	1.34	(38)	4.34	(75)	9.76	(38)	7.88	120	29.83
14	1.50	40	4.55	80	10.42	40*	8.24	d=8	
16*	1.67	45	5.01	(85)	10.97	45	9.02	40*	15.58
18*	1.80	50	5.51	90*	11.53	50*	9.89	45*	16.99
20*	1.96	(55)	6.00	100*	12.75	(55)	10.75	50*	18.54
(22)	2.13	60	6.46	d=(5.5)		60	11.53	(55)	20.08
25*	2.33	(65)	6.96	25	4.66	(65)	12.40	60*	21.49
30*	2.72	70	7.46	30	5.39	70*	13.26	(65)	23.03
(32)	2.88	(75)	7.92	(32)	5.70	(75)	14.04	70*	24.58
35*	3.11	80	8.45	35	6.12	80*	14.98	(75)	25.98
(38)	3.34	(85)	8.91	(38)	6.54	(85)	15.77	80*	27.67
40*	3.51	d=5		40	6.85	90*	16.55	(85)	29.07
45*	3.87	18	3.03	45	7.51	100*	18.27	90*	30.48
50*	4.27	20	3.28	50	8.24	120*	21.57	100*	33.57
(55)	4.66	(22)	3.54	(55)	8.97	d=(7)		120*	39.47
60*	5.02	25*	3.84	60	9.63	40	11.59	d=10	
(65)	5.42	30*	4.45	(65)	10.36	45	12.66	(75)	42.59
70*	5.81	(32)	4.70	70	11.08	50	13.84	80	45.24
d=(4.5)		35	5.05	(75)	11.75	(55)	15.02	(85)	47.47
16	2.23	(38)	5.41	80	12.54	60	16.10	90	49.70
18	2.39	40*	5.66	(85)	13.20	(65)	17.28	100	54.58
20	2.60	45*	6.22	90	13.87	70	18.46	120	63.92
22	2.81	50*	6.83	100	15.32	(75)	19.53		

注：1. 带 * 符号的 l 应优先选用。d—螺纹直径（mm），l—公称长度（mm）。

2. 表列规格为商品规格，尽可能不采用括号内的规格。

3. 开槽半沉头木螺钉（适用于 GB/T 101—1986）（表 8-16）

表 8-16　开槽半沉头木螺钉的重量　（kg）

每1000件钢制品的大约重量	
l	*G*
d=1.6	
6	0.11
8	0.13
10	0.16
12	0.18
d=2	
6	0.17
8	0.21
10	0.26
12	0.29
14	0.33
16	0.37
d=2.5	
6	0.30
8	0.36
10	0.43
12	0.48
14	0.55
16	0.61
18	0.67
20	0.74
(22)	0.80
25	0.88
d=3	
8	0.54
10	0.63
d=3	
12	0.71
14	0.80
16	0.89
18	0.97
20	1.06
(22)	1.15
25	1.27
30	1.49
d=3.5	
8	0.79
10	0.91
12	1.02
14	1.14
16	1.27
18	1.38
20	1.50
(22)	1.63
25	1.79
30	2.09
(32)	2.22
35	2.40
(38)	2.58
40	2.71
d=4	
12	1.36
d=4	
14	1.52
16	1.69
18	1.82
20	1.98
(22)	2.15
25	2.35
30	2.74
(32)	2.90
35	3.13
(38)	3.36
40	3.53
45	3.89
50	4.28
(55)	4.68
60	5.04
(65)	5.44
70	5.83
d=(4.5)	
16	2.23
18	2.40
20	2.61
(22)	2.81
25	3.06
30	3.56
(32)	3.77
d=(4.5)	
35	4.06
(38)	4.35
40	4.56
45	5.01
50	5.51
(55)	6.01
60	6.47
(65)	6.97
70	7.46
(75)	7.92
80	8.46
(85)	8.92
d=5	
18	3.02
20	3.23
22	3.53
25	3.83
30	4.44
(32)	4.69
35	5.05
(38)	5.40
40	5.66
45	6.21
50	6.82
(55)	7.43
d=5	
60	7.98
(65)	8.59
70	9.20
(75)	9.75
80	10.41
(85)	10.97
90	11.52
100	12.74
d=(5.5)	
30	5.41
(32)	5.72
35	6.14
(38)	6.57
40	6.87
45	7.53
50	8.26
(55)	8.99
60	9.65
(65)	10.38
70	11.11
(75)	11.77
80	12.56
(85)	13.23
90	13.89
100	15.34

（续）

每1000件钢制品的大约重量									
l	G	l	G	l	G	l	G	l	G
$d=6$		$d=6$		$d=(7)$		$d=8$		$d=8$	
30	6.53	(75)	14.06	60	16.08	45	17.07	120	39.55
(32)	6.89	80	15.00	(65)	17.26	50	18.61	$d=10$	
35	7.39	(85)	15.78	70	18.44	55	20.16	70	40.41
(38)	7.90	90	16.56	(75)	19.52	60	21.56	75	42.64
40	8.26	100	18.29	80	20.80	65	23.11	80	45.28
45	9.04	120	21.58	(85)	21.88	70	24.65	85	47.52
50	9.90	$d=(7)$		90	22.95	75	26.06	90	49.75
(55)	10.76	40	11.58	100	25.31	80	27.74	100	54.63
60	11.55	45	12.65	120	29.82	85	29.15	120	63.97
(65)	12.41	50	13.83	$d=8$		90	30.56		
70	13.27	(55)	15.01	40	15.66	100	33.65		

注：表列规格为商品规格范围；带括号的规格尽量不采用。d—螺纹直径（mm），l—公称长度（mm）。

4. 十字槽圆头木螺钉（适用于 GB/T 950—1986）（表 8-17）

表 8-17 十字槽圆头木螺钉的重量 （kg）

每1000件钢制品的大约重量									
l	G	l	G	l	G	l	G	l	G
$d=2$		$d=2.5$		$d=3$		$d=3.5$		$d=3.5$	
6	0.20	12	0.52	12	0.77	10	1.01	35	2.49
8	0.24	14	0.58	14	0.86	12	1.11	(38)	2.67
10	0.28	16	0.65	16	0.96	14	1.24	40	2.80
12	0.31	18	0.70	18	1.03	16	1.36	$d=4$	
14	0.36	20	0.77	20	1.12	18	1.47	12	1.54
16	0.40	(20)	0.83	(22)	1.22	20	1.60	14	1.70
$d=2.5$		25	0.92	25	1.33	(22)	1.72	16	1.86
6	0.33	$d=3$		30	1.55	25	1.88	18	2.00
8	0.39	8	0.60	$d=3.5$		30	2.19	20	2.16
10	0.46	10	0.69	8	0.88	(32)	2.31	22	2.32

（续）

每1000件钢制品的大约重量									
l	*G*	*l*	*G*	*l*	*G*	*l*	*G*	*l*	*G*
d=4		*d*=(4.5)		*d*=5		*d*=6		*d*=(7)	
25	2.52	60	6.65	100	13.00	40	8.58	120	30.46
30	2.92	(65)	7.14	*d*=(5.5)		45	9.36	*d*=8	
32	3.08	70	7.64	25	5.03	50	10.22	40	16.56
35	3.31	(75)	8.10	30	5.76	(55)	11.09	45	17.97
38	3.54	80	8.64	(32)	6.07	60	11.87	50	19.51
40	3.71	(85)	9.10	35	6.49	(65)	12.73	(55)	21.06
45	4.07	*d*=5		(38)	6.91	70	13.60	60	22.46
50	4.46	18	3.29	40	7.22	(75)	14.38	65	24.01
55	4.86	20	3.54	45	7.88	80	15.32	70	25.55
60	5.22	(22)	3.79	50	8.61	(85)	16.10	75	26.96
65	5.61	25	4.10	(55)	9.34	90	16.89	80	28.64
70	6.01	30	4.70	60	10.00	100	18.61	85	30.05
d=(4.5)		(32)	4.96	(65)	10.73	120	21.90	90	31.45
16	2.41	35	5.31	70	11.46	*d*=(7)		100	34.54
18	2.58	38	5.66	(75)	12.12	40	12.22	120	40.45
20	2.78	40	5.92	80	12.91	45	13.29	*d*=10	
(22)	2.99	45	6.47	(85)	13.57	50	14.47	70	42.40
25	3.24	50	7.03	90	14.24	(55)	15.65	75	44.63
30	3.74	(55)	7.69	100	15.69	60	16.73	80	47.28
(32)	3.95	60	8.24	120	18.47	(65)	17.91	85	49.51
35	4.24	(65)	8.85	*d*=6		70	19.09	90	51.74
(38)	4.53	70	9.46	25	5.99	(75)	20.16	100	56.62
40	4.74	(75)	10.01	30	6.85	80	21.45	120	65.96
45	5.19	80	10.68	(32)	7.21	(85)	22.52		
50	5.69	(85)	11.23	35	7.72	90	23.59		
(55)	6.19	90	11.79	(38)	8.22	100	25.95		

注：表列规格为商品规格；尽可能不采用括号内的规格。*d*—螺纹直径（mm），*l*—公称长度（mm）。

5. 十字槽沉头木螺钉（适用于 GB/T 951—1986）（表 8-18）

表 8-18 十字槽沉头木螺钉的重量 （kg）

每1000件钢制品的大约重量									
l	*G*	*l*	*G*	*l*	*G*	*l*	*G*	*l*	*G*
d=2		*d*=3		*d*=4		*d*=(4.5)		*d*=5	
6	0.17	(22)	1.13	25	2.30	(55)	5.99	(85)	10.97
8	0.21	25	1.24	30	2.69	60	6.45	90	11.53
10	0.25	30	1.47	(32)	2.86	(65)	6.95	100	12.74
12	0.29	*d*=3.5		35	3.09	70	7.45	*d*=(5.5)	
14	0.33	8	0.75	(38)	3.32	(75)	7.90	25	4.55
16	0.37	10	0.88	40	3.48	80	8.44	30	5.28
d=2.5		12	0.99	45	3.84	(85)	8.90	(32)	5.58
6	0.29	14	1.11	50	4.24	*d*=5		35	6.01
8	0.35	16	1.24	(55)	4.63	18	3.03	(38)	6.43
10	0.42	18	1.35	60	4.99	20	3.28	40	6.74
12	0.47	20	1.47	(65)	5.39	(22)	3.54	45	7.40
14	0.54	(22)	1.60	70	5.78	25	3.84	50	8.13
16	0.61	25	1.76	*d*=(4.5)		30	4.45	(55)	8.85
18	0.66	30	2.06	16	2.21	(32)	4.70	60	9.52
20	0.73	(32)	2.19	18	2.38	35	5.05	(65)	10.25
(22)	0.79	35	2.37	20	2.59	38	5.41	70	10.97
25	0.87	(38)	2.55	(22)	2.79	40	5.66	(75)	11.64
d=3		40	2.68	25	3.04	45	6.22	80	12.43
8	0.52	*d*=4		30	3.54	50	6.82	(85)	13.09
10	0.61	12	1.31	(32)	3.75	(55)	7.43	90	13.75
12	0.68	14	1.47	35	4.04	60	7.99	100	15.21
14	0.78	16	1.64	(38)	4.33	(65)	8.59	*d*=6	
16	0.87	18	1.77	40	4.54	70	9.20	25	5.53
18	0.95	20	1.93	45	5.00	(75)	9.76	30	6.39
20	1.04	(22)	2.10	50	5.49	80	10.42	(32)	6.75

（续）

每1000件钢制品的大约重量									
l	*G*	*l*	*G*	*l*	*G*	*l*	*G*	*l*	*G*
d=6		*d*=6		*d*=(7)		*d*=8		*d*=8	
35	7.26	80	14.86	60	16.02	40	15.29	100	33.28
(38)	7.76	(85)	15.64	(65)	17.20	45	16.70	120	39.18
40	8.12	90	16.43	70	18.38	50	18.25	*d*=10	
45	8.90	100	18.15	(75)	19.45	(55)	19.79	70	40.33
50	9.76	120	21.44	80	20.74	60	21.20	(75)	42.56
(55)	10.63	*d*=(7)		(85)	21.81	(65)	22.74	80	45.21
60	11.41	40	11.51	90	22.89	70	24.29	(85)	47.44
(65)	12.27	45	12.59	100	25.25	(75)	25.69	90	49.67
70	13.14	50	13.77	120	29.75	80	27.38	100	54.55
(75)	13.92	(55)	14.95	—	—	(85)	28.78	120	63.89
						90	30.19		

注：表列规格为商品规格范围；带括号的规格尽量不采用。*d*—螺纹直径（mm），*l*—公称长度（mm）。

6. 十字槽半沉头木螺钉（适用于GB/T 952—1986）（表8-19）

表8-19　十字槽半沉头木螺钉的重量　（kg）

每1000件钢制品的大约重量									
l	*G*	*l*	*G*	*l*	*G*	*l*	*G*	*l*	*G*
d=2		*d*=2.5		*d*=3		*d*=3.5		*d*=3.5	
6	0.17	12	0.48	12	0.69	10	0.90	35	2.39
8	0.21	14	0.54	14	0.78	12	1.00	(38)	2.57
10	0.25	16	0.61	16	0.88	14	1.13	40	2.69
12	0.29	18	0.67	18	0.95	16	1.26	*d*=4	
14	0.33	20	0.73	20	1.04	18	1.36	12	1.33
16	0.37	(22)	0.80	(22)	1.14	20	1.49	14	1.50
d=2.5		25	0.88	25	1.25	(22)	1.62	16	1.66
6	0.29	*d*=3		30	1.47	25	1.77	18	1.79
8	0.36	8	0.52	*d*=3.5		30	2.08	20	1.96
10	0.43	10	0.61	8	0.77	(32)	2.21	(22)	2.12

（续）

每1000件钢制品的大约重量									
l	G	l	G	l	G	l	G	l	G
$d=4$		$d=(4.5)$		$d=5$		$d=6$		$d=(7)$	
25	2.32	60	6.47	100	12.75	40	8.15	120	29.81
30	2.71	(65)	6.96	$d=(5.5)$		45	8.94	$d=8$	
(32)	2.88	70	7.46	22	4.24	50	9.80	40	15.42
35	3.11	(75)	7.92	25	4.59	(55)	10.66	45	16.83
(38)	3.34	80	8.46	30	5.32	60	11.44	50	18.37
40	3.50	(85)	8.92	(32)	5.63	(65)	12.31	(55)	19.92
45	3.87	$d=5$		35	6.05	70	13.17	60	21.33
50	4.26	18	3.04	(38)	6.47	(75)	13.95	(65)	22.87
(55)	4.65	20	3.29	40	6.78	80	14.90	70	24.42
60	5.02	(22)	3.55	45	7.44	(85)	15.68	(75)	25.82
(65)	5.41	25	3.85	50	8.17	90	16.46	80	27.51
70	5.81	30	4.45	(55)	8.90	100	18.19	(85)	28.91
$d=(4.5)$		(32)	4.71	60	9.56	120	21.48	90	30.32
16	2.23	35	5.06	(65)	10.29	$d=(7)$		100	33.41
18	2.40	(38)	5.42	70	11.02	40	11.56	120	39.31
20	2.60	40	5.67	(75)	11.68	45	12.64	$d=10$	
(22)	2.81	45	6.23	80	12.47	50	13.82	70	40.09
25	3.06	50	6.83	(85)	13.13	(55)	15.00	(75)	42.32
30	3.56	55	7.44	90	13.80	60	16.07	80	44.96
(32)	3.77	60	8.00	100	15.25	(65)	17.25	(85)	47.19
35	4.06	65	8.60	$d=6$		70	18.43	90	49.43
(38)	4.35	70	9.21	25	5.56	(75)	19.50	100	54.30
40	4.55	(75)	9.77	30	6.43	80	20.79	120	63.64
45	5.01	80	10.43	(32)	6.79	(85)	21.86		
50	5.51	85	10.98	35	7.29	90	22.94		
(55)	6.01	90	11.54	(38)	7.79	100	25.30		

注：表列规格为商品规格；尽可能不采用括号内的规格。d—螺纹直径（mm），l—公称长度（mm）。

7. 六角头木螺钉（适用于 GB/T 102—1986）（表 8-20）

表 8-20　六角头木螺钉的重量　　（kg）

每 1000 件钢制品的大约重量									
l	*G*	*l*	*G*	*l*	*G*	*l*	*G*	*l*	*G*
d=6		*d*=8		*d*=12		*d*=16		*d*=20	
35	8.28	80	29.58	65	59.76	120	183.4	180	409.0
40	9.15	*d*=10		80	70.37	140	208.3	200	455.7
50	10.79	40	29.13	100	83.92	160	233.3	(225)	493.7
65	13.30	50	33.80	120	97.48	180	252.8	(250)	552.7
d=8		65	40.91	140	111.3	*d*=20			
40	17.50	80	48.23	*d*=16		120	300.8		
50	20.45	100	57.57	80	134.5	140	339.7		
65	24.94	120	66.91	100	158.9	160	378.6		

注：表列规格为通用规格范围；带括号的规格尽量不采用。*d*—螺纹直径（mm），*l*—公称长度（mm）。

第九章 垫 圈

一、垫圈综述

1. 垫圈的尺寸代号与标注（表9-1）

表 9-1 垫圈的尺寸代号与标注

尺寸代号	标 注 内 容
a	圆螺母用止动垫圈内齿距
b	弹簧垫圈宽度、圆螺母用止动垫圈齿宽、开口垫圈开口宽度
B	单(双)耳止动垫圈耳宽、方斜垫圈边长
B_1	单(双)耳止动垫圈宽度
c	倒角尺寸
d	垫圈内径
d_1	平垫圈内径、外舌止动垫圈舌孔直径
d_2	平垫圈外径
D	垫圈外径
D_1	开口垫圈凹面内径
h	垫圈厚度、圆螺母用止动垫圈齿高
H	垫圈厚度、方斜垫圈窄边厚、球面和锥面垫圈总厚度、弹簧垫圈自由高度、锁紧垫圈齿高
H_1	方斜垫圈宽边厚
L	(长)耳端(或舌端)至孔中心距
L_1	短耳端至孔中心距
m	弹簧垫圈开口距离(压平后)
r	圆角半径
SR	球面垫圈球面半径
t	外舌止动垫圈舌孔深度

2. 螺栓、螺钉和螺母用平垫圈总方案（GB/T 5286—2001）

（1）内径

垫圈内径 d_1（图 9-1）应按 GB/T 5277 及以下规定进行选择：

精装配系列用于公称厚度<6mm、产品等级为 A 级，即公称规格尺寸<39mm 的垫圈。

中等装配系列用于公称厚度≥6mm、产品等级为 A 级，即公称规格尺寸≥39mm 的垫圈，以及产品等级为 C 级的垫圈。

GB/T 5277 规定的通孔公差不适用于 A 和 C 级平垫圈。

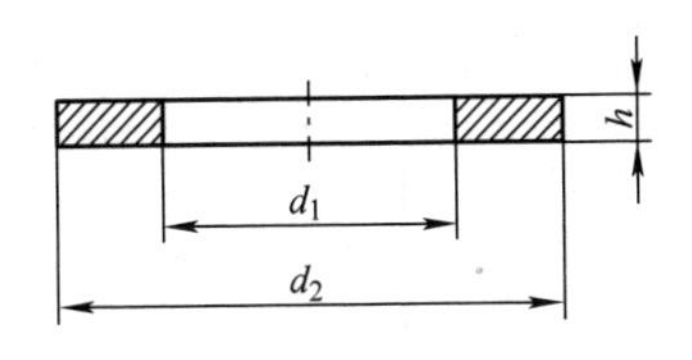

图 9-1　基本型式

（2）外径

垫圈外径 d_2（图 9-1）的数值从表 9-2 中选择。

表 9-2　垫圈外径 d_2 的数值　（mm）

2.5	8	18	39	80	125	185
3	9	20	44	85	135	200
3.5	10	22	50	92	140	210
4	11	24	56	98	145	220
4.5	12	28	60	105	160	230
5	14	30	66	110	165	240
6	15	34	72	115	175	250
7	16	37	78	120	180	

（3）厚度

垫圈厚度 h（图 9-1）数值从表 9-3 中选择。

表 9-3　垫圈厚度 h 的数值　（mm）

0.3	1	2	4	8	14
0.5	1.2	2.5	5	10	16
0.8	1.6	3	6	12	18

（4）平垫圈尺寸优选组合

A 和 C 级平垫圈的 d_1、d_2 和 h（图 9-1）公称尺寸的优选组合在表 9-4 中给出。垫圈分为 4 个系列：小系列、标准系列、大系列和特大系列。这些系列与外径 d_2 的大小有关。

表 9-4 平垫圈的公称尺寸

（mm）

公称规格（螺纹规格 d）	系列												
	小系列				标准系列								
	A 级				A 级					C 级			
	d_1	d_2	h	GB/T 848	d_1	d_2	h	GB/T 97.1	GB/T 97.2	d_1	d_2	h	GB/T 95
1	1.1	2.5	0.3		1.1	3	0.3			1.2	3	0.3	
1.2	1.3	3	0.3		1.3	3.5	0.3			1.4	3.5	0.3	
1.4	1.5	3	0.3		1.5	4	0.3			1.6	4	0.3	
1.6	1.7	3.5	0.3	×	1.7	4	0.3	×		1.8	4	0.3	×
1.8	2	4	0.3		2	4.5	0.3			2.1	4.5	0.3	
2	2.2	4.5	0.3	×	2.2	5	0.3	×		2.4	5	0.3	×
2.2	2.4	4.5	0.3		2.4	6	0.5			2.6	6	0.5	
2.5	2.7	5	0.5	×	2.7	6	0.5	×		2.9	7	0.5	×
3	3.2	6	0.5	×	3.2	7	0.5	×		3.4	7	0.5	×
3.5	3.7	7	0.5	×	3.7	8	0.5	×		3.9	8	0.5	×
4	4.3	8	0.5	×	4.3	9	0.8	×		4.5	9	0.8	×
4.5	4.8	9	0.8		4.8	10	0.8			5	10	0.8	
5	5.3	9	1	×	5.3	10	1	×	×	5.5	10	1	×
6	6.4	11	1.6	×	6.4	12	1.6	×	×	6.6	12	1.6	×
7	7.4	12	1.6		7.4	14	1.6			7.6	14	1.6	
8	8.4	15	1.6	×	8.4	16	1.6	×	×	9	16	1.6	×
10	10.5	18	1.6	×	10.5	20	2	×	×	11	20	2	×
12	13	20	2	×	13	24	2.5	×	×	13.5	24	2.5	×
14	15	24	2.5	×	15	28	2.5	×	×	15.5	28	2.5	×
16	17	28	2.5	×	17	30	3	×	×	17.5	30	3	×
18	19	30	3	×	19	34	3	×	×	20	34	3	×
20	21	34	3	×	21	37	3	×	×	22	37	3	×
22	23	37	3	×	23	39	3	×	×	24	39	3	×
24	25	39	4	×	25	44	4	×	×	26	44	4	×
27	28	44	4	×	28	50	4	×	×	30	50	4	×
30	31	50	4	×	31	56	4	×	×	33	56	4	×
33	34	56	5	×	34	60	5	×	×	36	60	5	×

36	37	60	5	×	37	66	5	×	×	39	66	5	×
39					42	72	6	×	×	42	72	6	×
42					45	78	8	×	×	45	78	8	×
45					48	85	8	×	×	48	85	8	×
48					52	92	8	×	×	52	92	8	×
52					56	98	8	×	×	56	98	8	
56					62	105	10	×	×	62	105	10	×
60					66	110	10	×	×	66	110	10	×
64					70	115	10	×	×	70	115	10	×
68					74	120	10			74	120	10	
72					78	125	10			78	125	10	
76					82	135	10			82	135	10	
80					86	140	12			86	140	12	
85					91	145	12			91	145	12	
90					96	160	12			96	160	12	
95					101	165	12			101	165	12	
100					107	175	14			107	175	14	
105					112	180	14			112	180	14	
110					117	185	14			117	185	14	
115					122	200	14			122	200	14	
120					127	210	16			127	210	16	
125					132	220	16			132	220	16	
130					137	230	16			137	230	16	
140					147	240	18			147	240	18	
150					157	250	18			157	250	18	

（续）

公称规格（螺纹规格 d）	系　列											
	大系列								特大系列			
	A 级				C 级				C 级			
	d_1	d_2	h	GB/T 96	d_1	d_2	h	GB/T 96	d_1	d_2	h	GB/T 5287
1												
1.2												
1.4												
1.6	1.7	5	0.3		1.8	5	0.3					
1.8	2	—	—		2.1	—	—					
2	2.2	6	0.5		2.4	6	0.5					
2.2	2.4	—	—		2.6	—	—					
2.5	2.7	8	0.5		2.9	8	0.5					
3	3.2	9	0.8	×	3.4	9	0.8	×				
3.5	3.7	11	0.8	×	3.9	11	0.8	×				
4	4.3	12	1	×	4.5	12	1	×				
4.5	4.8	15	1		5	15	1					
5	5.3	15	1.2	×	5.5	15	1.2	×	5.5	18	2	×
6	6.4	18	1.6	×	6.6	18	1.6	×	6.6	22	2	×
7	7.4	22	2		7.6	22	2		7.6	24	2	
8	8.4	24	2	×	9	24	2	×	9	28	3	×
10	10.5	30	2.5	×	11	30	2.5	×	11	34	3	×
12	13	37	3	×	13.5	37	3	×	13.5	44	4	×

14	15	44	3	×	15.5	44	3	×	15.5	50	4	×
16	17	50	3	×	17.5	50	3	×	17.5	56	5	×
18	19	56	4	×	20	56	4	×	20	60	5	×
20	21	60	4	×	22	60	4	×	22	72	6	×
22	23	66	5	×	24	66	5	×	24	80	6	×
24	25	72	5	×	26	72	5	×	26	85	6	×
27	30	85	6	×	30	85	6	×	30	98	6	×
30	33	92	6	×	33	92	6	×	33	105	6	×
33	36	105	6	×	36	105	6	×	36	115	6	×
36	39	110	8	×	39	110	8	×	39	125	8	×
39	42	120	8		42	120	8	×	42	140	10	
42	45	125	10		45	125	10					
45	48	135	10		48	135	10					
48	52	145	10		52	145	10					
52	56	160	10		56	160	10					

注：表中打“×”者表示已列入相应的垫圈国际标准和国家标准。

(5) 平垫圈与螺栓、螺钉或螺母配套使用指南

平垫圈与螺栓、螺钉或螺母的性能（硬度）等级和产品等级组合一览表在表 9-5 中给出。

表 9-5 平垫圈与螺栓、螺钉或螺母组合一览表

垫圈	硬度等级		100HV	200HV	300HV
	产品等级		C	A	A
螺栓、螺钉、螺母	产品等级	A	不合适	合适	合适
		B	不合适	合适	合适
		C	合适	不合适	不合适
螺栓、螺钉	性能等级	≤6.8	合适	合适	合适
		8.8	不合适	合适	合适
		9.8、10.9	不合适	不合适	合适
		12.9	不合适	不合适	不合适
螺母	性能等级	≤6	合适	合适	合适
		8	不合适	合适	合适
		9、10	不合适	不合适	合适
		12	不合适	不合适	不合适
表面淬硬自挤螺钉(如自攻锁紧螺钉)			合适	合适	合适
不锈钢螺栓、螺钉和螺母			—	合适	—

3. 平垫圈的机械性能和表面处理（表 9-6）

表 9-6 平垫圈的机械性能和表面处理

材料	机械性能		表面处理
	等级(代号)	硬度 HV	
不锈钢	A140 A200 A350	≥140 200~300 350~400	不经处理
钢	100HV 140HV 200HV 300HV	≥100 ≥140 200~300 300~400	不经处理;镀锌钝化

注：300HV 级垫圈应经淬火并回火处理。

4. 弹簧垫圈的技术条件（GB/T 94.1—2008）

(1) 材料、热处理和表面处理

材料、热处理和表面处理按表 9-7 规定。

(2) 弹性

1) 弹簧钢垫圈按规定进行弹性试验，试验后的自由高度应不小于 $1.67s_{公称}$（s 见产品标准）。

表 9-7 弹性垫圈的材料、热处理和表面处理

材料				热处理	表面处理
种类	牌号	标准编号			
弹簧钢	70	GB/T 4354	GB/T 5222	淬火并回火 40~50HRC 或 392~513HV	氧化、磷化 镀锌钝化按 GB/T 5267.1 非电解锌片涂层按 GB/T 5267.2
	65Mn 60Si2Mn	GB/T 1222			
不锈钢	30Cr13 06Cr18Ni10 06Cr18Ni11Ti 06Cr17Ni12Mo2	GB/T 1220 GB/T 4240		回火 ≥34HRC 或 336HV	简单处理
磷青铜	QSi3-1	GB/T 3114		≥90HRB 或 192HV	—

注：1. 垫圈电镀后，必须立即进行驱氢处理。

2. 热处理硬度供生产工艺参考。

2）鞍形和波形弹性垫圈按规定进行弹性试验，试验后的自由高度应不小于表 9-8 的规定。

表 9-8 试验后的自由高度

规格	3	4	5	6	8	10	12	14	16	18	20	22	24	27	30
试验后的自由高度≥	0.9	1	1.25	1.6	2.1	2.4	2.8	3.2	3.8	3.8	4.4	4.4	5.6	5.6	8

3）不锈钢和磷青铜垫圈的弹性试验由供需双方协议。

5. 齿形、锯齿锁紧垫圈的技术条件（GB/T94.2—1987）

（1）材料、热处理和表面处理（表 9-9）

（2）弹性、韧性、抗氢脆性试验及表面缺陷（表 9-10）

表 9-9 齿形、锯齿锁紧垫圈的材料、热处理和表面处理

材料			热处理	表面处理
种类	牌号	标准编号		
弹簧钢	65Mn	GB/T 3525	淬火并回火 40~50 HRC	氧化
				镀锌钝化
铜及其合金	QSn6.5-0.1(硬)	GB/T 2066	—	钝化

注：垫圈镀锌后，必须立即进行驱氢处理；热处理硬度供生产工艺参考。

表 9-10 齿形、锯齿锁紧垫圈的弹性、韧性、抗氢脆性试验及表面缺陷

弹性试验：将齿形锁紧垫圈压缩到 h+0.12mm，然后松开，测量其高度，应大于 h+0.12mm（h：材料的实际厚度）

对内、外锁紧垫圈，应在两平面进行压缩

对锥形锁紧垫圈，应在相应的内、外锥面间进行压缩

抗氢脆性试验：将镀锌齿形锁紧垫圈用平垫（或锥垫）隔开穿在试棒上，并将垫圈压缩到 h+0.12mm，放置 48h 以上，然后松开，垫圈不得有断裂现象

韧性试验：将齿形锁紧垫圈的齿圈切开，固定一端，拉伸另一端，使分开的距离约等于垫圈的内径，拉伸方向如右图所示，然后检查垫圈不得有断裂现象

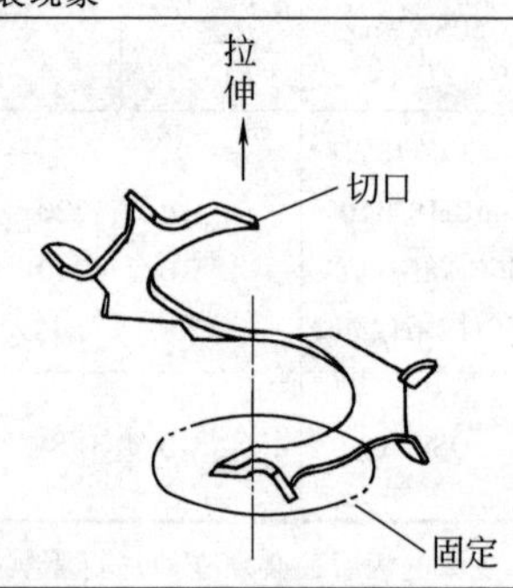

表面缺陷：垫圈表面不得有裂缝、浮锈和影响使用的毛刺

6. 鞍形、波形弹性垫圈的技术条件（GB/T 94.3—2008）

（1）鞍形、波形弹性垫圈的材料、热处理和表面处理按表 9-11 规定。

表 9-11 鞍形、波形弹性垫圈的材料、热处理和表面处理

材料			热处理	表面处理
种类	牌号	标准编号		
弹簧钢	65Mn	GB/T 1222	淬火并回火 40~50 HRC 或 392~513HV	氧化；镀锌钝化按 GB/T 5267.1； 非电解锌片涂层按 GB/T 5267.2
铜合金	QSn6.5-0.1（硬）	GB/T 3114	≥85HRB 或 164HV	钝化

注：1. 垫圈电镀后，必须立即进行驱氢处理。

2. 热处理硬度供生产工艺参考。

（2）弹性试验

将垫圈试件按表 9-12 规定的试验载荷进行压缩，然后松开，测量其高度。

表 9-12 弹性试验载荷

规格尺寸/mm	4	5	6	8	10	12	14
试验载荷/N	2700	4400	6150	11300	18000	26300	36100
规格尺寸/mm	16	18	20	22	24	27	30
试验载荷/N	49200	60000	78000	97000	111000	146000	178000

7. 平垫圈公差（GB/T 3103.3—2020）

（1）公差

产品等级 A、C 和 F 级的垫圈公差在表 9-13 中给出。

表 9-13 A、C 和 F 级垫圈公差 （mm）

特征	厚度	公差						
		产品等级						
		F			A			C
		d_1 公差	t_1 min	e_1 max	d_1 公差	t_1 min	e_1 max	d_1 公差
(1)通孔 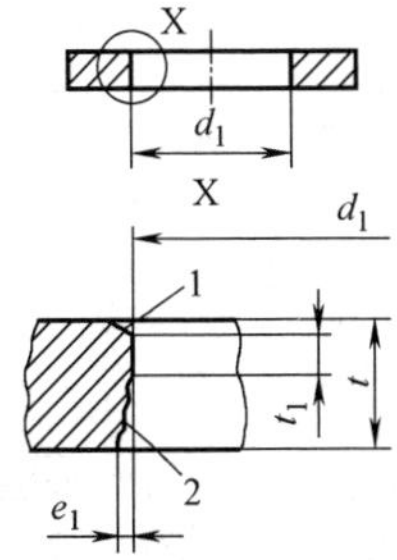 1—塌边 2—撕裂带	$t<2$	H12	$0.5t$	$0.10t$	H13	$0.3t$	$0.15t$	H14
	$2 \leqslant t<4$	H12	$0.3t$	$0.15t$	H13	$0.25t$	$0.20t$	H14
	$t \geqslant 4$	H13	$0.2t$	$0.20t$	H14	$0.2t$	$0.25t$	H15
		塌边尚未定义，但允许存在						撕裂带（e_1）、t_1 和塌边尚未定义，但允许存在
		t_1 是在 d_1 规定公差范围内孔的部分						

特征	厚度	公差				
		产品等级				
		F		A		C
		d_2 公差	e_2 max	d_2 公差	e_2 max	d_2 公差
(2)外径 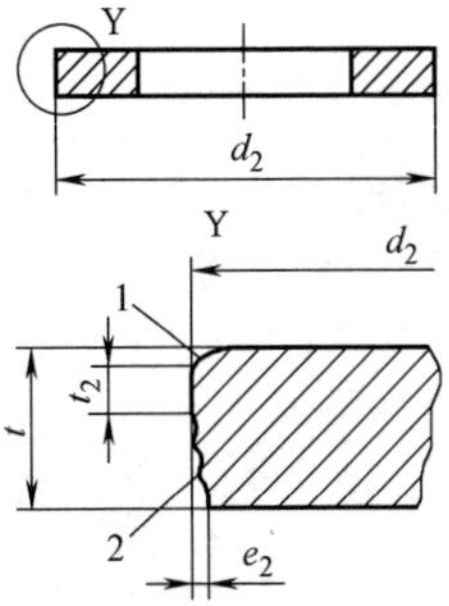 1—塌边 2—撕裂带	$t<2$	h13	$0.13t$	h14	$0.18t$	h16
	$2 \leqslant t<4$	h13	$0.15t$	h14	$0.20t$	h16
	$t \geqslant 4$	h14	$0.18t$	h15	$0.25t$	h16
		塌边和 t_2 尚未定义，但允许存在				撕裂带（e_2）、t_2 和塌边尚未定义，但允许存在
		t_2 是在 d_2 规定公差范围内外径的部分				

（续）

特征	厚度	公差		
		产品等级		
		F	A	C
(3)厚度 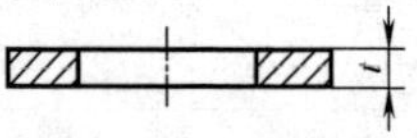 厚度公差应在去除毛刺后测量	$t \leqslant 0.5$	±0.04	±0.05	±0.10
	$0.5<t \leqslant 1$	±0.06	±0.10	±0.20
	$1<t \leqslant 2.5$	±0.12	±0.20	±0.30
	$2.5<t \leqslant 4$	±0.16	±0.30	±0.60
	$4<t \leqslant 6$	±0.20	±0.60	±1.00
	$6<t \leqslant 10$	±0.24	±1.00	±1.20
	$10<t \leqslant 20$	±0.28	±1.20	±1.60

特征	厚度	公差					
		产品等级					
		F		A		C	
(4)倒角 1)外倒角 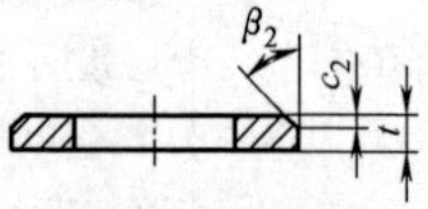 2)内倒角 尺寸 t_1 按(1)，与内倒角高度无关 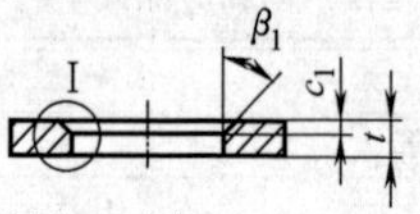 倒角尺寸如下： 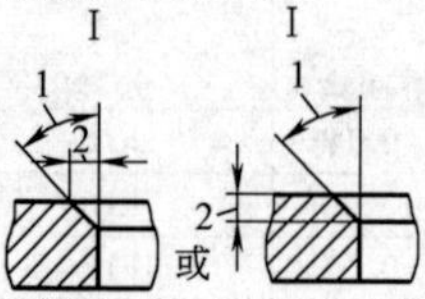 1—角度 2—尺寸±公差 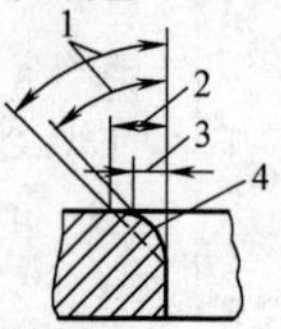 1—角度 2—尺寸+公差 3—尺寸-公差 4—未定义形状	公差	c_1 min	c_2 min	c_1 min	c_2 min	c_1 min	c_2 min
	$1 \leqslant t<2$	$0.20t$	$0.25t$	$0.20t$	$0.25t$	$0.20t$	$0.25t$
	$2 \leqslant t<4$	$0.18t$	$0.22t$	$0.18t$	$0.22t$	$0.18t$	$0.22t$
	$t \geqslant 4$	$0.15t$	$0.20t$	$0.15t$	$0.20t$	$0.15t$	$0.20t6$
		$\beta_1=35°\sim45°$ $\beta_2=35°\sim45°$					

（续）

特征	厚度	公　差					
		产品等级					
		F		A		C	
3）组合垫圈补充可选择要求 当买方要求时，倒角的位置相对于冲压过程产生的偏差应在订货时指定。	公差	c_1 min	c_2 min	c_1 min	c_2 min	c_1 min	c_2 min
	$1 \leqslant t < 2$	0. 20t	0. 25t	0. 20t	0. 25t	0. 20t	0. 25t
	$2 \leqslant t < 4$	0. 18t	0. 22t	0. 18t	0. 22t	0. 18t	0. 22t
	$t \geqslant 4$	0. 15t	0. 20t	0. 15t	0. 20t	0. 15t	0. 20t6
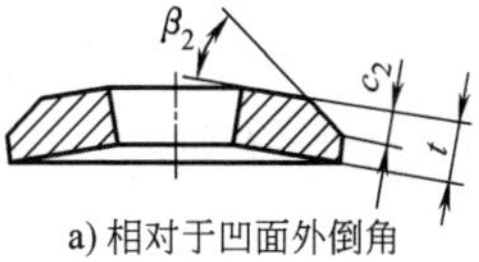 a）相对于凹面外倒角 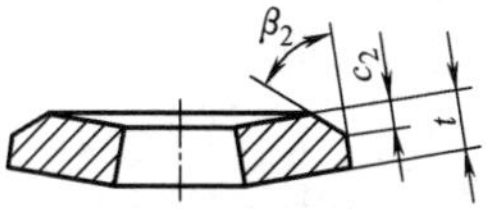 b）相对于凸面外倒角 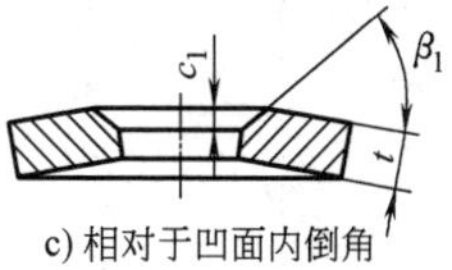 c）相对于凹面内倒角 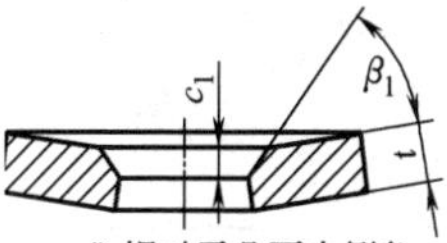 d）相对于凸面内倒角		$\beta_1 = 35° \sim 45°$ $\beta_2 = 35° \sim 45°$					

特征	厚度	公　差		
		产品等级		
		F	A	C
（5）形状和位置公差 1）同一位置厚度偏差 Δt		Δt max	Δt max	—
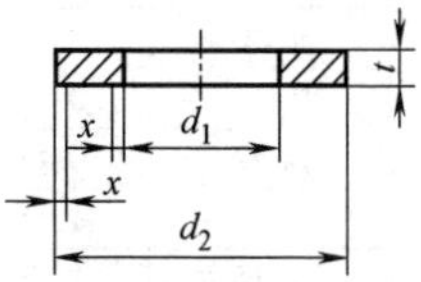	$t \leqslant 0.5$	0. 020	0. 025	无要求
	$0.5 < t \leqslant 1$	0. 030	0. 050	
	$1 < t \leqslant 2.5$	0. 060	0. 100	
	$2.5 < t \leqslant 4$	0. 080	0. 150	
	$4 < t \leqslant 6$	0. 100	0. 200	
	$6 < t \leqslant 10$	0. 120	0. 300	
Δt 要求适用于 $x = 0.1(d_2 - d_1)$ 以外的部位，即仅圆环宽度的 60%	$10 < t \leqslant 20$	0. 140	0. 400	

（续）

特征	厚度	公差		
		产品等级		
		F	A	C
2）同轴度 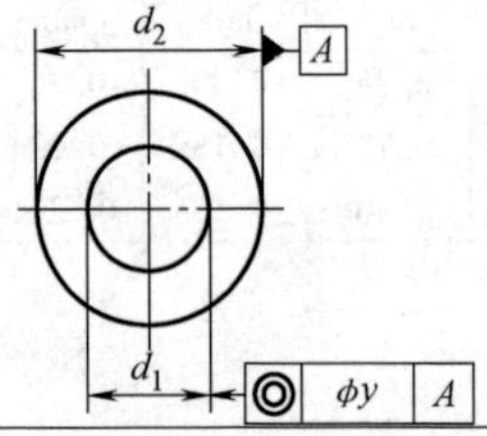		y max	y max	y max
	$t<2$ $2\leqslant t<4$ $t\geqslant 4$	2IT11 2IT12 2IT13	2IT12 2IT13 2IT14	2IT13 2IT14 2IT15
		公差 y 基于直径 d_2（见表 9-14）		
3）平面度（挠度） 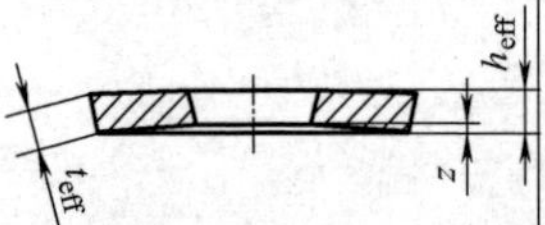		z max	z max	z max
平面度（挠度）z 是垫圈有效高度 h_{eff} 和垫圈有效厚度 t_{eff} 之差 z 的公差与厚度公差互为独立公差 附加工艺，如磨削，可能要求更小的挠度 平面度公差应在去除毛刺后测量	$t\leqslant 0.5$ $0.5<t\leqslant 1$ $1<t\leqslant 2.5$ $2.5<t\leqslant 4$ $4<t\leqslant 6$ $6<t\leqslant 10$ $10<t\leqslant 20$	0.07 0.10 0.20 0.30 0.40 0.60 1.00	0.10 0.15 0.20 0.30 0.40 0.60 1.00	0.13 0.20 0.25 0.30 0.40 0.60 1.00

（2）标准公差等级 IT 值（表 9-14）

表 9-14　标准公差等级 IT 值　（mm）

公称直径		标准公差等级				
		IT11	IT12	IT13	IT14	IT15
大于	至	公差				
	3	0.06	0.10	0.14	0.25	0.40
3	6	0.08	0.12	0.18	0.30	0.48
6	10	0.09	0.15	0.22	0.36	0.58
10	18	0.11	0.18	0.27	0.43	0.70
18	30	0.13	0.21	0.33	0.52	0.84
30	50	0.16	0.25	0.39	0.62	1.00
50	80	0.19	0.30	0.46	0.74	1.20
80	120	0.22	0.35	0.54	0.87	1.40
120	180	0.25	0.40	0.63	1.00	1.60
180	250	0.29	0.46	0.72	1.15	1.85

(3) 轴的极限偏差(表 9-15)

表 9-15 轴的极限偏差 (mm)

公称直径		极限偏差			
大于	至	h13	h14	h15	h16
	3	0 -0.14	0 -0.25	0 -0.40	0 -0.60
3	6	0 -0.18	0 -0.30	0 -0.48	0 -0.75
6	10	0 -0.22	0 -0.36	0 -0.58	0 -0.90
10	18	0 -0.27	0 -0.43	0 -0.70	0 -1.10
18	30	0 -0.33	0 -0.52	0 -0.84	0 -1.30
30	50	0 -0.39	0 -0.62	0 -1.00	0 -1.60
50	80	0 -0.46	0 -0.74	0 -1.20	0 -1.90
80	120	0 -0.54	0 -0.87	0 -1.40	0 -2.20
120	180	0 -0.63	0 -1.00	0 -1.60	0 -2.50
180	250	0 -0.72	0 -1.15	0 -1.85	0 -2.90

(4) 孔的极限偏差(表 9-16)

表 9-16 孔的极限偏差 (mm)

公称直径		极限偏差			
大于	至	H12	H13	H14	H15
	3	+0.10 0	+0.14 0	+0.25 0	+0.40 0
3	6	+0.12 0	+0.18 0	+0.30 0	+0.48 0
6	10	+0.15 0	+0.22 0	+0.36 0	+0.58 0
10	18	+0.18 0	+0.27 0	+0.46 0	+0.70 0
18	30	+0.21 0	+0.33 0	+0.52 0	+0.84 0
30	50	+0.25 0	+0.39 0	+0.62 0	+1.00 0
50	80	+0.30 0	+0.46 0	+0.74 0	+1.20 0
80	120	+0.35 0	+0.54 0	+0.87 0	+1.40 0
120	180	+0.40 0	+0.63 0	+1.00 0	+1.60 0
180	250	+0.46 0	+0.72 0	+1.15 0	+1.85 0

8. 滑动轴承用整圆止推垫圈的尺寸和公差（GB/T 10446—2008）

(1) 符号

符号见表 9-17 和图 9-2。

表 9-17　符号和单位

符号	定义	单位	符号	定义	单位
D	止推垫圈外径	mm	F	定位孔直径	mm
d	止推垫圈内径	mm	D_R	轴承座上的凹座直径	mm
e_T	止推垫圈厚度	mm	e_R	轴承座上的凹座深度	mm
C	定位孔中心位置圆直径	mm	p	平面度公差	mm

(2) 型式

整圆止推垫圈的型式见图 9-2。

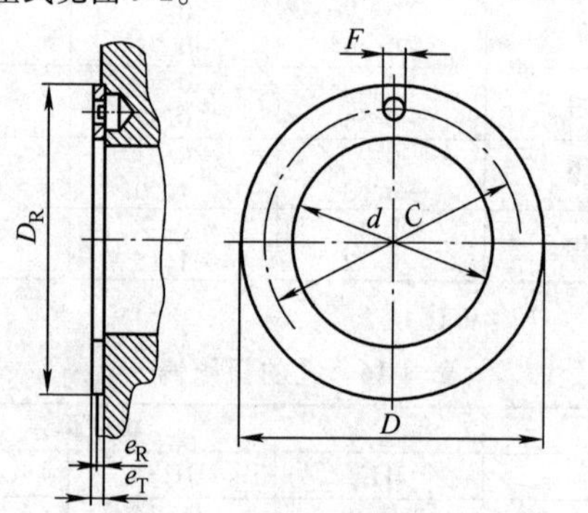

图 9-2　整圆止推垫圈型式

(3) 基本尺寸与公差

整圆止推垫圈的基本尺寸与公差见表 9-18。

表 9-18　整圆止推垫圈的基本尺寸与公差　(mm)

卷制轴套外径 (GB/T 12613.1)		d	D	e_T	C	F
优选系列	非优选系列	$^{+0.25}_{0}$	$^{0}_{-0.25}$	$^{0}_{-0.05}$	±0.15	$^{+0.40}_{+0.10}$
6		6	16	1.00	11	1.5
7		7	17	1.00	12	1.5
8		8	18	1.00	13	1.5
9		9	19	1.00	14	1.5
10		10	22	1.00	16	1.5

（续）

卷制轴套外径 (GB/T 12613.1)		d +0.25 0	D 0 -0.25	e_T 0 -0.05	C ±0.15	F +0.40 +0.10
优选系列	非优选系列					
11		12	24	1.50	18	1.5
12		12	24	1.50	18	1.5
13		14	26	1.50	20	2.0
14		14	26	1.50	20	2.0
15		16	30	1.50	23	2.0
16		16	30	1.50	23	2.0
17		18	32	1.50	25	2.0
18		18	32	1.50	25	2.0
19		20	36	1.50	28	3.0
20		20	36	1.50	28	3.0
21		22	38	1.50	30	3.0
22		22	38	1.50	30	3.0
	23	24	42	1.50	33	3.0
24		24	42	1.50	33	3.0
25		26	44	1.50	35	3.0
26		26	44	1.50	35	3.0
	27	28	48	1.50	39	4.0
28		28	48	1.50	39	4.0
30		32	54	1.50	43	4.0
32		32	54	1.50	43	4.0
34		36	60	1.50	48	4.0
36		36	60	1.50	48	4.0
38		40	64	1.50	52	4.0
	39	40	64	1.50	52	4.0
40		40	64	1.50	52	4.0
42		45	70	1.50	57.5	4.0
	44	45	70	1.50	57.5	4.0
45		45	70	1.50	57.5	4.0

（续）

卷制轴套外径（GB/T 12613.1）		d +0.25 0	D 0 −0.25	e_T 0 −0.05	C ±0.15	F +0.40 +0.10
优选系列	非优选系列					
48		50	76	2.00	63	4.0
50		50	76	2.00		4.0
53		55	80	2.00	67.5	5.0
	55	55	80	2.00		5.0
56		60	90	2.00	75	5.0
	57	60	90	2.00	75	5.0
60		60	90	2.00	75	5.0
63		65	100	2.00	83.5	5.0
	65	65	100	2.00	83.5	5.0
67		70	105	2.00	88	5.0
	70	70	105	2.00	88	5.0
71		75	110	2.00	92.5	5.0
75		75	110	2.00	92.5	5.0
80		80	120	2.00	100	5.0

（4）轴承座上凹座尺寸与公差

轴承座上凹座直径 D_R 等于止推垫圈外径 D，其公差为 G10。

轴承座上凹座深度 e_R 取决于止推垫圈可能出现的磨损量、载荷条件，并要求卸荷后保证止推垫圈不致脱落。

（5）油槽

油槽尺寸由供需双方协商。油槽的典型型式见图 9-3。油槽深度一般不超过减

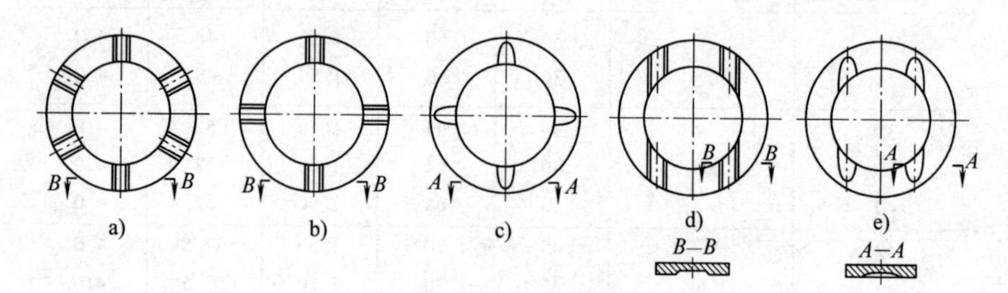

图 9-3　油槽的典型型式

摩合金层厚度。油槽均应去毛刺。

（6）平面度

对带油槽的止推垫圈，不规定其平面度公差。

对不带油槽的止推垫圈，其平面度公差 p 应在自由状态下测量。其中：$D \leqslant 80\text{mm}$，$p=0.10\text{mm}$；$D>80\text{mm}$，$p=0.12\text{mm}$。

9. 滑动轴承用半圆止推垫圈的要素和公差（GB/T 10447—2008）

（1）术语及代号（表9-19）

表9-19　术语及代号

序　号	代　号	名　称
1	D	止推垫圈外径
2	d	止推垫圈内径
3	H_D	止推垫圈高度
4	e_T	止推垫圈总厚度
5	E_D	定位凸缘顶部高度
6	F_D	定位凸缘根部高度
7	A	定位凸缘宽度
8	α	油槽倒角
9	G_W	油槽底部宽度
10	G_E	油槽底部壁厚
11	G_X	油槽距中心轴线的距离
12	r_1	钢背倒角或圆角
13	r_2	定位凸缘和对接平面圆角半径
14	r_3	合金表面倒角或圆角
15	L_j	对接面处宽度
16	$t(t_1,t_2)$	合金表面削薄深度
17	l	合金表面削薄高度
18	β	对接面处滑动表面削薄角度
19	p	平面度公差
20	e	合金层厚度

（2）结构型式

半圆止推垫圈的一般型式见图9-4和图9-5。推荐选用图9-5的型式。

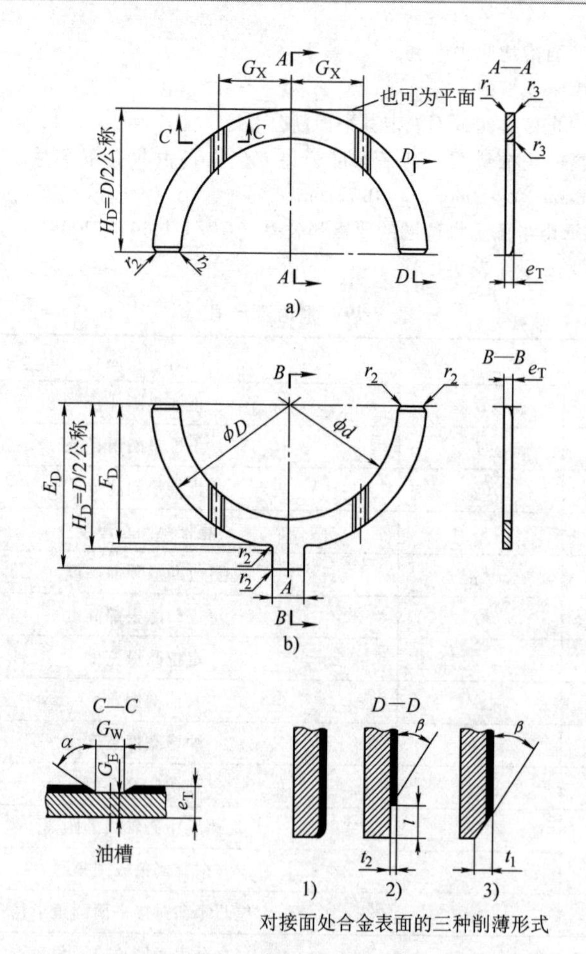

图 9-4　不带定位凸缘和带定位凸缘的半圆止推垫圈一般型式

a）不带定位凸缘　b）带定位凸缘

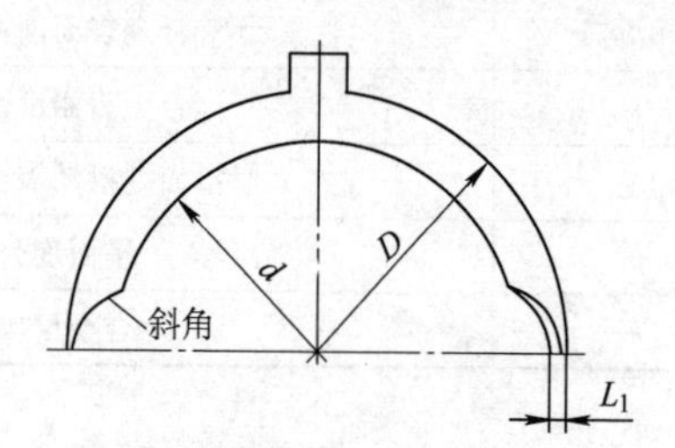

图 9-5　带斜角的止推垫圈型式

（3）未注公差

未注长度和角度公差按如下规定：

长度：±0.25mm；角度：±5°。

（4）直径和高度公差

1）外径 D 的极限偏差见表 9-20。

2）内径 d 的极限偏差见表 9-21。

表 9-20 外径 D 的极限偏差 （mm）

外径 D		D 的极限偏差
大于	至	
—	120	0 -0.25
120	160	0 -0.35

表 9-21 内径 d 的极限偏差 （mm）

外径 D		d 的极限偏差
大于	至	
—	120	+0.25 0
120	160	+0.35 0

注：$(D-d)$ 应大于 $5e_T$。

3）高度 H_D 与 F_D 的极限偏差见表 9-22。

表 9-22 高度 H_D 与 F_D 的极限偏差 （mm）

外径 D		H_D 的极限偏差	$F_D=H_{Dmin}-(r_{2max}+0.5)$ 的极限偏差
大于	至		
—	120	0 -0.20	0 -0.50
120	160	0 -0.25	

（5）止推垫圈总厚度 e_T

止推垫圈总厚度 e_T 的尺寸与极限偏差见表 9-23。

（6）定位凸缘宽度 A

定位凸缘宽度 A 的尺寸和极限偏差见表 9-24。

表 9-23 止推垫圈总厚度 e_T 的尺寸和极限偏差 (mm)

外径 D		推荐的止推垫圈总厚度 e_T ①				e_T 的极限偏差
大于	至	1.75	2	2.5	3	
—	80	○	○			$^{0}_{-0.05}$
80	120		○	○		$^{0}_{-0.06}$
120	160			○	○	$^{0}_{-0.07}$

注：“○”为推荐值。

① 对超出这些尺寸范围的总厚度，推荐用这些尺寸加上 0.1 的倍数，公差应符合这些原始尺寸的公差要求。

表 9-24 定位凸缘宽度 A 的尺寸和极限偏差 (mm)

外径 D		A	
大于	至	推荐尺寸	极限偏差
—	80	8	$^{-0.25}_{-0.50}$
80	120	10	
120	160	12	

(7) 凹槽槽口

轴承座上定位凹槽槽口的公差带为 Js13。

(8) 定位凸缘顶部高度

定位凸缘顶部高度 E_D 见表 9-25。

表 9-25 定位凸缘顶部高度 E_D (mm)

外径 D		E_D	
大于	至	基本尺寸	极限偏差
—	80	H_D+5	±0.25
80	160	H_D+8	

(9) 油槽

油槽的一般型式见图 9-4。经供需双方协商，也可采用其他型式的油槽。

1) 油槽底部宽度 G_W

油槽底部宽度 G_W 的尺寸和极限偏差见表 9-26。

表 9-26　油槽底部宽度 G_W 的尺寸和极限偏差　　(mm)

外径 D		G_W	
大于	至	推荐尺寸	极限偏差
—	60	3.5	$^{+0.50}_{0}$
60	160	4.5	

2）油槽底部厚度 G_E

油槽底部厚度 G_E 的极限偏差为 $^{0}_{-0.30}$mm。

3）油槽位置

油槽位置距中心轴线的距离 G_X 的极限偏差见表 9-27。

表 9-27　油槽位置距中心轴线距离 G_X 的极限偏差　　(mm)

外径 D		G_X 的极限偏差
大于	至	
—	60	±1.5
60	160	±2.5

(10) 对口面

对口面的型式见图 9-4 和图 9-5。图 9-5 中尺寸 $L_{1\min}=(D-d)/4$，但不小于 3mm。

(11) 圆角半径或倒角

1）定位凸缘和对接平面圆角半径 r_2 见表 9-28。

表 9-28　定位凸缘和对接平面圆角半径 r_2　　(mm)

壁厚 e_T		$r_{2\max}$
大于	至	
—	2.59	1
2.59	—	1.5

2）对口面削薄

对口面削薄型式见图 9-4 的 D—D 剖视图，尺寸 t（t_1，t_2）应不超过 e_T 的 30%，角度 β 不超过 30°。

3）滑动表面圆角或倒角

滑动表面圆角或倒角半径 r_3 见表 9-29。

表 9-29 滑动表面圆角或倒角半径 r_3 (mm)

壁厚 e_T		r_{3max}
大于	至	
—	2.59	$0.1\times\frac{(D-d)}{2}$
2.59	—	$0.15\times\frac{(D-d)}{2}$

4）钢背与外圆表面间倒角或圆角

钢背与外圆表面间倒角或圆角半径 r_1，当 $0.3mm \leqslant r_1 \leqslant 0.6mm$ 时，极限偏差为±0.20mm，倒角角度为45°，并应去毛刺。

（12）平面度

止推垫圈应在间距为 $e_{Tmax}+p$ 的两平行板间通过。平面度公差 p 见表 9-30。

表 9-30 平面度公差 p (mm)

外径 D		p
大于	至	
—	80	0.10
80	120	0.12
120	160	0.15

二、垫圈的尺寸

1. A级小垫圈（GB/T 848—2002）（图 9-6、表 9-31、表 9-32）

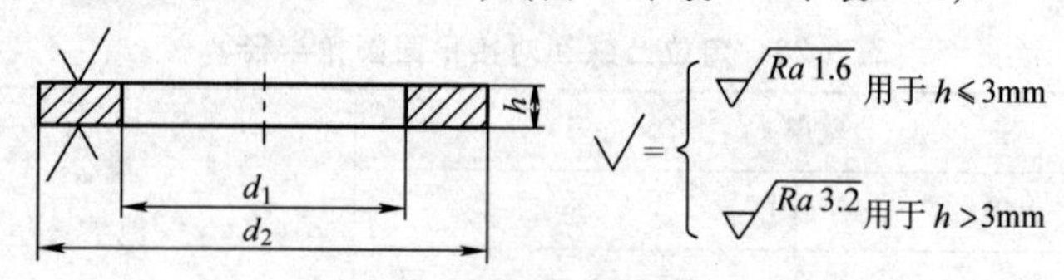

图 9-6 A级小垫圈型式

表 9-31 A级小垫圈优选尺寸 (mm)

公称规格（螺纹大径 d）	内径 d_1		外径 d_2		厚度 h		
	公称(min)	max	公称(max)	min	公称	max	min
1.6	1.7	1.84	3.5	3.2	0.3	0.35	0.25
2	2.2	2.34	4.5	4.2	0.3	0.35	0.25
2.5	2.7	2.84	5	4.7	0.5	0.55	0.45

（续）

公称规格（螺纹大径 d）	内径 d_1		外径 d_2		厚度 h		
	公称(min)	max	公称(max)	min	公称	max	min
3	3.2	3.38	6	5.7	0.5	0.55	0.45
4	4.3	4.48	8	7.64	0.5	0.55	0.45
5	5.3	5.48	9	8.64	1	1.1	0.9
6	6.4	6.62	11	10.57	1.6	1.8	1.4
8	8.4	8.62	15	14.57	1.6	1.8	1.4
10	10.5	10.77	18	17.57	1.6	1.8	1.4
12	13	13.27	20	19.48	2	2.2	1.8
16	17	17.27	28	27.48	2.5	2.7	2.3
20	21	21.33	34	33.38	3	3.3	2.7
24	25	25.33	39	38.38	4	4.3	3.7
30	31	31.39	50	49.38	4	4.3	3.7
36	37	37.62	60	58.8	5	5.6	4.4

表 9-32 A 级小垫圈非优选尺寸 （mm）

公称规格（螺纹大径 d）	内径 d_1		外径 d_2		厚度 h		
	公称(min)	max	公称(max)	min	公称	max	min
3.5	3.7	3.88	7	6.64	0.5	0.55	0.45
14	15	15.27	24	23.48	2.5	2.7	2.3
18	19	19.33	30	29.48	3	3.3	2.7
22	23	23.33	37	36.38	3	3.3	2.7
27	28	28.33	44	43.38	4	4.3	3.7
33	34	34.62	56	54.8	5	5.6	4.4

2. A 级平垫圈（GB/T 97.1—2002）（图 9-7、表 9-33、表 9-34）

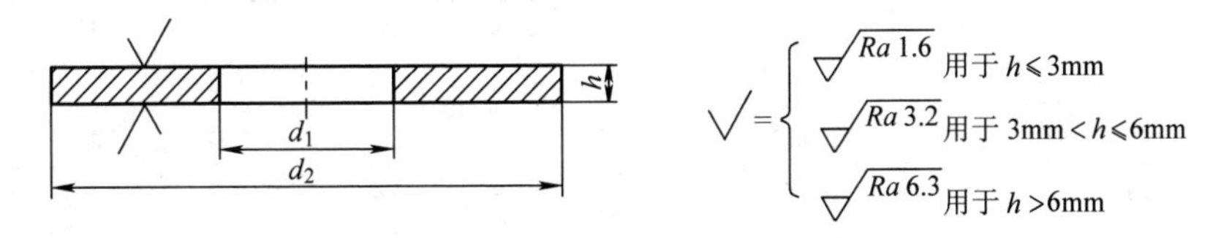

图 9-7 A 级平垫圈型式

表 9-33 A 级平垫圈优选尺寸 (mm)

公称规格（螺纹大径 d）	内径 d_1		外径 d_2		厚度 h		
	公称(min)	max	公称(max)	min	公称	max	min
1.6	1.7	1.84	4	3.7	0.3	0.35	0.25
2	2.2	2.34	5	4.7	0.3	0.35	0.25
2.5	2.7	2.84	6	5.7	0.5	0.55	0.45
3	3.2	3.38	7	6.64	0.5	0.55	0.45
4	4.3	4.48	9	8.64	0.8	0.9	0.7
5	5.3	5.48	10	9.64	1	1.1	0.9
6	6.4	6.62	12	11.57	1.6	1.8	1.4
8	8.4	8.62	16	15.57	1.6	1.8	1.4
10	10.5	10.77	20	19.48	2	2.2	1.8
12	13	13.27	24	23.48	2.5	2.7	2.3
16	17	17.27	30	29.48	3	3.3	2.7
20	21	21.33	37	36.38	3	3.3	2.7
24	25	25.33	44	43.38	4	4.3	3.7
30	31	31.39	56	55.26	4	4.3	3.7
36	37	37.62	66	64.8	5	5.6	4.4
42	45	45.62	78	76.8	8	9	7
48	52	52.74	92	90.6	8	9	7
56	62	62.74	105	103.6	10	11	9
64	70	70.74	115	113.6	10	11	9

表 9-34 A 级平垫圈非优选尺寸 (mm)

公称规格（螺纹大径 d）	内径 d_1		外径 d_2		厚度 h		
	公称(min)	max	公称(max)	min	公称	max	min
14	15	15.27	28	27.48	2.5	2.7	2.3
18	19	19.33	34	33.38	3	3.3	2.7
22	23	23.33	39	38.38	3	3.3	2.7
27	28	28.33	50	49.38	4	4.3	3.7
33	34	34.62	60	58.8	5	5.6	4.4
39	42	42.62	72	70.8	6	6.6	5.4

（续）

公称规格（螺纹大径 d）	内径 d_1		外径 d_2		厚度 h		
	公称（min）	max	公称（max）	min	公称	max	min
45	48	48.62	85	83.6	8	9	7
52	56	56.74	98	96.6	8	9	7
60	66	66.74	110	108.6	10	11	9

3. A 级倒角型平垫圈（GB/T 97.2—2002）（图 9-8、表 9-35、表 9-36）

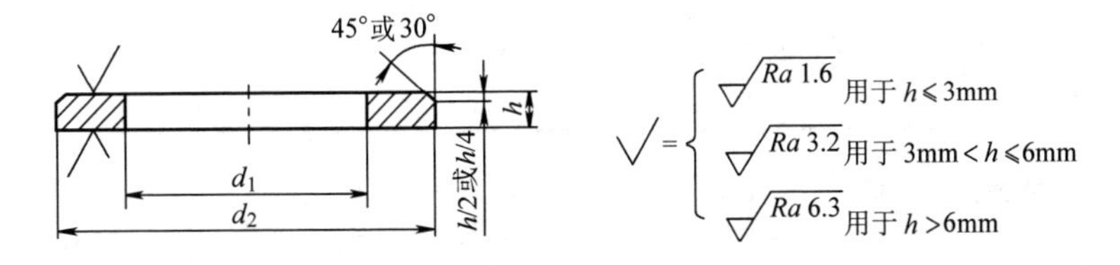

图 9-8 A 级倒角型平垫圈型式

表 9-35 A 级倒角型平垫圈优选尺寸 （mm）

公称规格（螺纹大径 d）	内径 d_1		外径 d_2		厚度 h		
	公称（min）	max	公称（max）	min	公称	max	min
5	5.3	5.48	10	9.64	1	1.1	0.9
6	6.4	6.62	12	11.57	1.6	1.8	1.4
8	8.4	8.62	16	15.57	1.6	1.8	1.4
10	10.5	10.77	20	19.48	2	2.2	1.8
12	13	13.27	24	23.48	2.5	2.7	2.3
16	17	17.27	30	29.48	3	3.3	2.7
20	21	21.33	37	36.38	3	3.3	2.7
24	25	25.33	44	43.38	4	4.3	3.7
30	31	31.39	56	55.26	4	4.3	3.7
36	37	37.62	66	64.8	5	5.6	4.4
42	45	45.62	78	76.8	8	9	7
48	52	52.74	92	90.6	8	9	7
56	62	62.74	105	103.6	10	11	9
64	70	70.74	115	113.6	10	11	9

表 9-36 A级倒角型平垫圈非优选尺寸 (mm)

公称规格（螺纹大径 d）	内径 d_1		外径 d_2		厚度 h		
	公称(min)	max	公称(max)	min	公称	max	min
14	15	15.27	28	27.48	2.5	2.7	2.3
18	19	19.33	34	33.38	3	3.3	2.7
22	23	23.33	39	38.38	3	3.3	2.7
27	28	28.33	50	49.38	4	4.3	3.7
33	34	34.62	60	58.8	5	5.6	4.4
39	42	42.62	72	70.8	6	6.6	5.4
45	48	48.62	85	83.6	8	9	7
52	56	56.74	98	96.6	8	9	7
60	66	66.74	110	108.6	10	11	9

4. 销轴用平垫圈（GB/T 97.3—2000）（图 9-9、表 9-37）

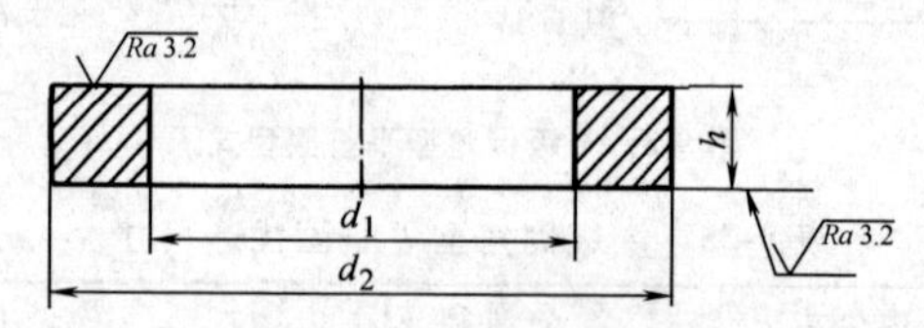

图 9-9 销轴用平垫圈型式

表 9-37 销轴用平垫圈尺寸 (mm)

公称规格	内径 d_1		外径 d_2		厚度 h		
	公称(min)	max	公称(max)	min	公称	max	min
3	3	3.14	6	5.70	0.8	0.9	0.7
4	4	4.18	8	7.64	0.8	0.9	0.7
5	5	5.18	10	9.64	1	1.1	0.9
6	6	6.18	12	11.57	1.6	1.8	1.4
8	8	8.22	15	14.57	2	2.2	1.8
10	10	10.22	18	17.57	2.5	2.7	2.3
12	12	12.27	20	19.48	3	3.3	2.7
14	14	14.27	22	21.48	3	3.3	2.7
16	16	16.27	24	23.48	3	3.3	2.7
18	18	18.27	28	27.48	4	4.3	3.7
20	20	20.33	30	29.48	4	4.3	3.7
22	22	22.33	34	33.38	4	4.3	3.7

（续）

公称规格	内径 d_1		外径 d_2		厚度 h		
	公称(min)	max	公称(max)	min	公称	max	min
24	24	24.33	37	36.38	4	4.3	3.7
25	25	25.33	38	37.38	4	4.3	3.7
27	27	27.52	39	38	5	5.6	4.4
28	28	28.52	40	39	5	5.6	4.4
30	30	30.52	44	43	5	5.6	4.4
32	32	32.62	46	45	5	5.6	4.4
33	33	33.62	47	46	5	5.6	4.4
36	36	36.62	50	49	6	6.6	5.4
40	40	40.62	56	54.8	6	6.6	5.4
45	45	45.62	60	58.8	6	6.6	5.4
50	50	50.62	66	64.8	8	9	7
55	55	55.74	72	70.8	8	9	7
60	60	60.74	78	76.8	10	11	9
70	70	70.74	92	90.6	10	11	9
80	80	80.74	98	96.6	12	13.2	10.8
90	90	90.87	110	108.6	12	13.2	10.8
100	100	100.87	120	118.6	12	13.2	10.8

5. C 级平垫圈（GB/T 95—2002）（图 9-10、表 9-38、表 9-39）

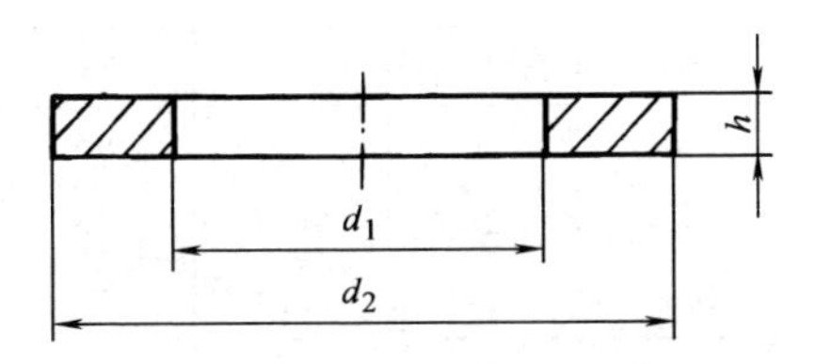

图 9-10 C 级平垫圈型式

表 9-38 C 级平垫圈优选尺寸 （mm）

公称规格（螺纹大径 d）	内径 d_1		外径 d_2		厚度 h		
	公称(min)	max	公称(max)	min	公称	max	min
1.6	1.8	2.05	4	3.25	0.3	0.4	0.2
2	2.4	2.65	5	4.25	0.3	0.4	0.2
2.5	2.9	3.15	6	5.25	0.5	0.6	0.4

（续）

公称规格（螺纹大径 d）	内径 d_1		外径 d_2		厚度 h		
	公称（min）	max	公称（max）	min	公称	max	min
3	3.4	3.7	7	6.1	0.5	0.6	0.4
4	4.5	4.8	9	8.1	0.8	1.0	0.6
5	5.5	5.8	10	9.1	1	1.2	0.8
6	6.6	6.96	12	10.9	1.6	1.9	1.3
8	9	9.36	16	14.9	1.6	1.9	1.3
10	11	11.43	20	18.7	2	2.3	1.7
12	13.5	13.93	24	22.7	2.5	2.8	2.2
16	17.5	17.93	30	28.7	3	3.6	2.4
20	22	22.52	37	35.4	3	3.6	2.4
24	26	26.52	44	42.4	4	4.6	3.4
30	33	33.62	56	54.1	4	4.6	3.4
36	39	40	66	64.1	5	6	4
42	45	46	78	76.1	8	9.2	6.8
48	52	53.2	92	89.8	8	9.2	6.8
56	62	63.2	105	102.8	10	11.2	8.8
64	70	71.2	115	112.8	10	11.2	8.8

表 9-39　C 级平垫圈非优选尺寸　（mm）

公称规格（螺纹大径 d）	内径 d_1		外径 d_2		厚度 h		
	公称（min）	max	公称（max）	min	公称	max	min
3.5	3.9	4.2	8	7.1	0.5	0.6	0.4
14	15.5	15.93	28	26.7	2.5	2.8	2.2
18	20	20.43	34	32.4	3	3.6	2.4
22	24	24.52	39	37.4	3	3.6	2.4
27	30	30.52	50	48.4	4	4.6	3.4
33	36	37	60	58.1	5	6	4
39	42	43	72	70.1	6	7	5
45	48	49	85	82.8	8	9.2	6.8
52	56	57.2	98	95.8	8	9.2	6.8
60	66	67.2	110	107.8	10	11.2	8.8

6. A 级大垫圈（GB/T 96.1—2002）（图 9-11、表 9-40、表 9-41）

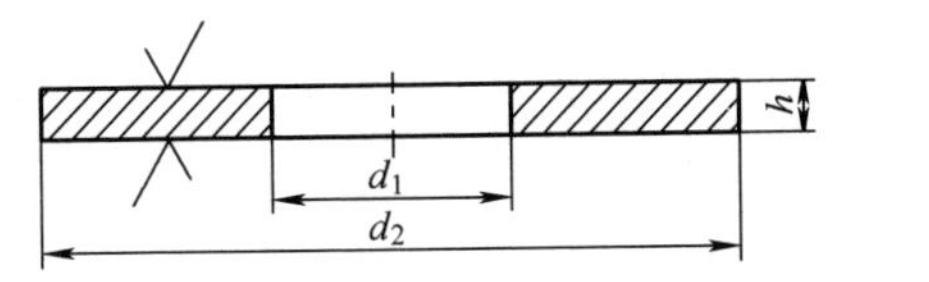

图 9-11　A 级大垫圈型式

表 9-40　A 级大垫圈优选尺寸　（mm）

公称规格（螺纹大径 d）	内径 d_1		外径 d_2		厚度 h		
	公称(min)	max	公称(max)	min	公称	max	min
3	3.2	3.38	9	8.64	0.8	0.9	0.7
4	4.3	4.48	12	11.57	1	1.1	0.9
5	5.3	5.48	15	14.57	1	1.1	0.9
6	6.4	6.62	18	17.57	1.6	1.8	1.4
8	8.4	8.62	24	23.48	2	2.2	1.8
10	10.5	10.77	30	29.48	2.5	2.7	2.3
12	13	13.27	37	36.38	3	3.3	2.7
16	17	17.27	50	49.38	3	3.3	2.7
20	21	21.33	60	59.26	4	4.3	3.7
24	25	25.52	72	70.8	5	5.6	4.4
30	33	33.62	92	90.6	6	6.6	5.4
36	39	39.62	110	108.6	8	9	7

表 9-41　A 级大垫圈非优选尺寸　（mm）

公称规格（螺纹大径 d）	内径 d_1		外径 d_2		厚度 h		
	公称(min)	max	公称(max)	min	公称	max	min
3.5	3.7	3.88	11	10.57	0.8	0.9	0.7
14	15	15.27	44	43.38	3	3.3	2.7
18	19	19.33	56	55.26	4	4.3	3.7
22	23	23.52	66	64.8	5	5.6	4.4
27	30	30.52	85	83.6	6	6.6	5.4
33	36	36.62	105	103.6	6	6.6	5.4

7. C级大垫圈（GB/T 96.2—2002）（图9-12、表9-42、表9-43）

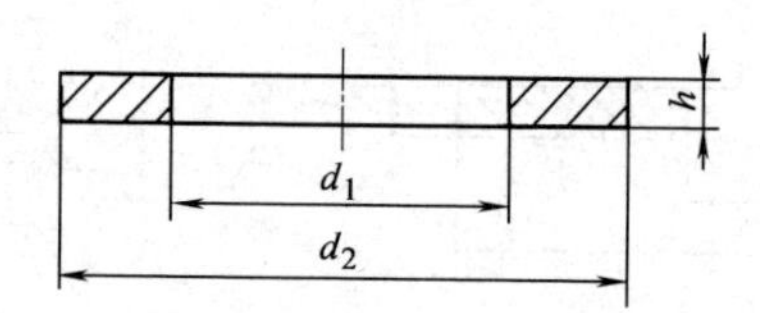

图9-12　C级大垫圈型式

表9-42　C级大垫圈优选尺寸　（mm）

公称规格（螺纹大径 d）	内径 d_1		外径 d_2		厚度 h		
	公称(min)	max	公称(max)	min	公称	max	min
3	3.4	3.7	9	8.1	0.8	1.0	0.6
4	4.5	4.8	12	10.9	1	1.2	0.8
5	5.5	5.8	15	13.9	1	1.2	0.8
6	6.6	6.96	18	16.9	1.6	1.9	1.3
8	9	9.36	24	22.7	2	2.3	1.7
10	11	11.43	30	28.7	2.5	2.8	2.2
12	13.5	13.93	37	35.4	3	3.6	2.4
16	17.5	17.93	50	48.4	3	3.6	2.4
20	22	22.52	60	58.1	4	4.6	3.4
24	26	26.84	72	70.1	5	6	4
30	33	34	92	89.8	6	7	5
36	39	40	110	107.8	8	9.2	6.8

表9-43　C级大垫圈非优选尺寸　（mm）

公称规格（螺纹大径 d）	内径 d_1		外径 d_2		厚度 h		
	公称(min)	max	公称(max)	min	公称	max	min
3.5	3.9	4.2	11	9.9	0.8	1.0	0.6
14	15.5	15.93	44	42.4	3	3.6	2.4
18	20	20.43	56	54.9	4	4.6	3.4
22	24	24.84	66	64.9	5	6	4
27	30	30.84	85	82.8	6	7	5
33	36	37	105	102.8	6	7	5

8. C级特大垫圈（GB/T 5287—2002）（图9-13、表9-44、表9-45）

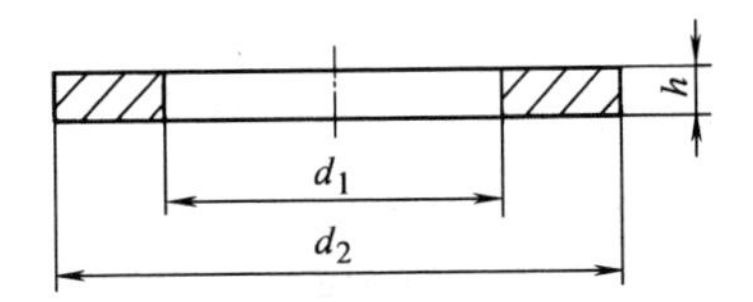

图9-13 C级特大垫圈型式

表9-44 C级特大垫圈优选尺寸 （mm）

公称规格（螺纹大径 d）	内径 d_1		外径 d_2		厚度 h		
	公称（min）	max	公称（max）	min	公称	max	min
5	5.5	5.8	18	16.9	2	2.3	1.7
6	6.6	6.96	22	20.7	2	2.3	1.7
8	9	9.36	28	26.7	3	3.6	2.4
10	11	11.43	34	32.4	3	3.6	2.4
12	13.5	13.93	44	42.4	4	4.6	3.4
16	17.5	18.2	56	54.1	5	6	4
20	22	22.84	72	70.1	6	7	5
24	26	26.84	85	82.8	6	7	5
30	33	34	105	102.8	6	7	5
36	39	40	125	122.5	8	9.2	6.8

表9-45 C级特大垫圈非优选尺寸 （mm）

公称规格（螺纹大径 d）	内径 d_1		外径 d_2		厚度 h		
	公称（min）	max	公称（max）	min	公称	max	min
14	15.5	15.93	50	48.1	4	4.6	3.4
18	20	20.84	60	58.1	5	6	4
22	24	24.84	80	78.1	6	7	5
27	30	30.84	98	95.8	6	7	5
33	36	37	115	112.8	8	9.2	6.8

9. 轻型弹簧垫圈（GB/T 859—1987）（图 9-14、表 9-46）

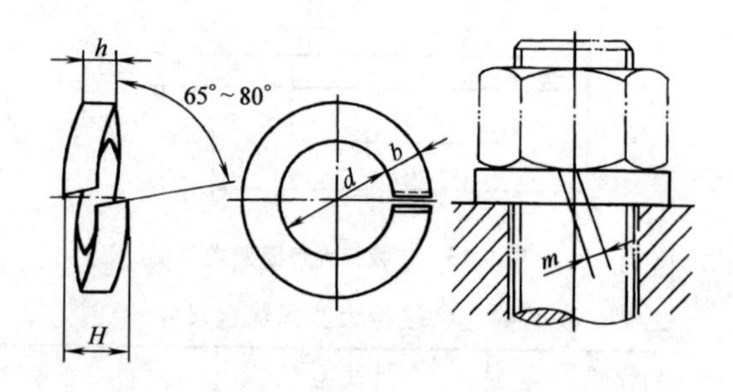

图 9-14 轻型弹簧垫圈型式

表 9-46 轻型弹簧垫圈尺寸 (mm)

规格（螺纹大径）	d		h			b			H		m
	min	max	公称	min	max	公称	min	max	min	max	≤
3	3.1	3.4	0.6	0.52	0.68	1	0.9	1.1	1.2	1.5	0.3
4	4.1	4.4	0.8	0.70	0.90	1.2	1.1	1.3	1.6	2	0.4
5	5.1	5.4	1.1	1	1.2	1.5	1.4	1.6	2.2	2.75	0.55
6	6.1	6.68	1.3	1.2	1.4	2	1.9	2.1	2.6	3.25	0.65
8	8.1	8.68	1.6	1.5	1.7	2.5	2.35	2.65	3.2	4	0.8
10	10.2	10.9	2	1.9	2.1	3	2.85	3.15	4	5	1
12	12.2	12.9	2.5	2.35	2.65	3.5	3.3	3.7	5	6.25	1.25
(14)	14.2	14.9	3	2.85	3.15	4	3.8	4.2	6	7.5	1.5
16	16.2	16.9	3.2	3	3.4	4.5	4.3	4.7	6.4	8	1.6
(18)	18.2	19.04	3.6	3.4	3.8	5	4.8	5.2	7.2	9	1.8
20	20.2	21.04	4	3.8	4.2	5.5	5.3	5.7	8	10	2
(22)	22.5	23.34	4.5	4.3	4.7	6	5.8	6.2	9	11.25	2.25
24	24.5	25.5	5	4.8	5.2	7	6.7	7.3	10	12.5	2.5
(27)	27.5	28.5	5.5	5.3	5.7	8	7.7	8.3	11	13.75	2.75
30	30.5	31.5	6	5.3	6.2	9	8.7	9.3	12	15	3

注：1. 尽可能不采用括号内的规格。

2. *m* 应大于零。

10. 标准型弹簧垫圈（GB/T 93—1987）（图 9-15、表 9-47）

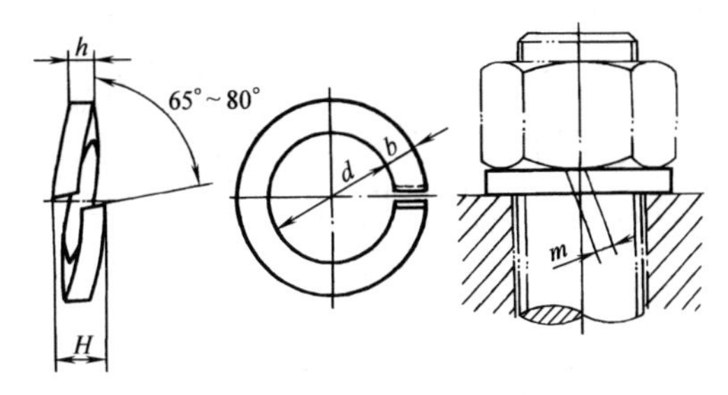

图 9-15　标准型弹簧垫圈型式

表 9-47　标准型弹簧垫圈尺寸　（mm）

规格（螺纹大径）	d		$h(b)$			H		m
	min	max	公称	min	max	min	max	≤
2	2.1	2.35	0.5	0.42	0.58	1	1.25	0.25
2.5	2.6	2.85	0.65	0.57	0.73	1.3	1.63	0.33
3	3.1	3.4	0.8	0.7	0.9	1.6	2	0.4
4	4.1	4.4	1.1	1	1.2	2.2	2.75	0.55
5	5.1	5.4	1.3	1.2	1.4	2.6	3.25	0.65
6	6.1	6.68	1.6	1.5	1.7	3.2	4	0.8
8	8.1	8.68	2.1	2	2.2	4.2	5.25	1.05
10	10.2	10.9	2.6	2.45	2.75	5.2	6.5	1.3
12	12.2	12.9	3.1	2.95	3.25	6.2	7.75	1.55
(14)	14.2	14.9	3.6	3.4	3.8	7.2	9	1.8
16	16.2	16.9	4.1	3.9	4.3	8.2	10.25	2.05
(18)	18.2	19.04	4.5	4.3	4.7	9	11.25	2.25
20	20.2	21.04	5	4.8	5.2	10	12.5	2.5
(22)	22.5	23.34	5.5	5.3	5.7	11	13.75	2.75
24	24.5	25.5	6	5.8	6.2	12	15	3
(27)	27.5	28.5	6.8	6.5	7.1	13.6	17	3.4
30	30.5	31.5	7.5	7.2	7.8	15	18.75	3.75
(33)	33.5	34.7	8.5	8.2	8.8	17	21.25	4.25
36	36.5	37.7	9	8.7	9.3	18	22.5	4.5

（续）

规 格 （螺纹大径）	d		h(b)			H		m
	min	max	公称	min	max	min	max	≤
(39)	39.5	40.7	10	9.7	10.3	20	25	5
42	42.5	43.7	10.5	10.2	10.8	21	26.25	5.25
(45)	45.5	46.7	11	10.7	11.3	22	27.5	5.5
48	48.5	49.7	12	11.7	12.3	24	30	6

注：1. 尽可能不采用括号内的规格。

2. m 应大于零。

11. 重型弹簧垫圈（GB/T 7244—1987）（图 9-16、表 9-48）

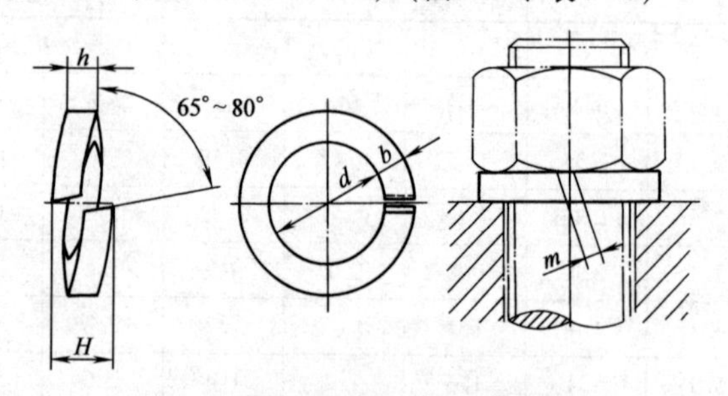

图 9-16 重型弹簧垫圈型式

表 9-48 重型弹簧垫圈尺寸 （mm）

规 格 （螺纹大径）	d		h			b			H		m
	min	max	公称	min	max	公称	min	max	min	max	≤
6	6.1	6.68	1.8	1.65	1.95	2.6	2.45	2.75	3.6	4.5	0.9
8	8.1	8.68	2.4	2.25	2.55	3.2	3	3.4	4.8	6	1.2
10	10.2	10.9	3	2.85	3.15	3.8	3.6	4	6	7.5	1.5
12	12.2	12.9	3.5	3.3	3.7	4.3	4.1	4.5	7	8.75	1.75
(14)	14.2	14.9	4.1	3.9	4.3	4.8	4.6	5	8.2	10.25	2.05
16	16.2	16.9	4.8	4.6	5	5.3	5.1	5.5	9.6	12	2.4
(18)	18.2	19.04	5.3	5.1	5.5	5.8	5.6	6	10.6	13.25	2.65
20	20.2	21.04	6	5.8	6.2	6.4	6.1	6.7	12	15	3
(22)	22.5	23.34	6.6	6.3	6.9	7.2	6.9	7.5	13.2	16.5	3.3
24	24.5	25.5	7.1	6.8	7.4	7.5	7.2	7.8	14.2	17.75	3.55

（续）

规　格（螺纹大径）	d		h			b			H		m
	min	max	公称	min	max	公称	min	max	min	max	≤
(27)	27.5	28.5	8	7.7	8.3	8.5	8.2	8.8	16	20	4
30	30.5	31.5	9	8.7	9.3	9.3	9	9.6	18	22.5	4.5
(33)	33.5	34.7	9.9	9.6	10.2	10.2	9.9	10.5	19.8	24.75	4.95
36	36.5	37.7	10.8	10.5	11.1	11	10.7	11.3	21.6	27	5.4

注：1. 尽可能不采用括号内的规格。

2. m 应大于零。

12. 鞍形弹簧垫圈（GB/T 7245—1987）（图 9-17、表 9-49）

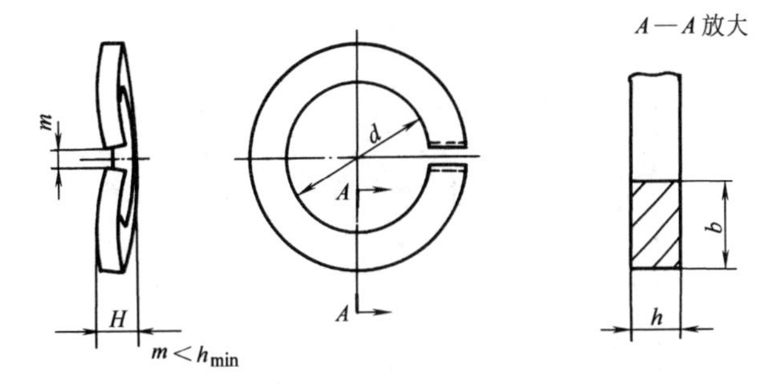

图 9-17　鞍形弹簧垫圈型式

表 9-49　鞍形弹簧垫圈尺寸　（mm）

规　格（螺纹大径）	d		H		h			b		
	min	max	min	max	公称	min	max	公称	min	max
3	3.1	3.4	1.1	1.3	0.6	0.52	0.68	1	0.9	1.1
4	4.1	4.4	1.2	1.4	0.8	0.70	0.90	1.2	1.1	1.3
5	5.1	5.4	1.5	1.7	1.1	1	1.2	1.5	1.4	1.6
6	6.1	6.68	2	2.2	1.3	1.2	1.4	2	1.9	2.1
8	8.1	8.68	2.45	2.75	1.6	1.5	1.7	2.5	2.35	2.65
10	10.2	10.9	2.85	3.15	2	1.9	2.1	3	2.85	3.15
12	12.2	12.9	3.35	3.65	2.5	2.35	2.65	3.5	3.3	3.7
(14)	14.2	14.9	3.9	4.3	3	2.85	3.15	4	3.8	4.2
16	16.2	16.9	4.5	5.1	3.2	3	3.4	4.5	4.3	4.7

（续）

规 格 （螺纹大径）	d		H		h			b		
	min	max	min	max	公称	min	max	公称	min	max
（18）	18.2	19.04	4.5	5.1	3.6	3.4	3.8	5	4.8	5.2
20	20.2	21.04	5.1	5.9	4	3.8	4.2	5.5	5.3	5.7
（22）	22.5	23.34	5.1	5.9	4.5	4.3	4.7	6	5.8	6.2
24	24.5	25.5	6.5	7.5	5	4.8	5.2	7	6.7	7.3
（27）	27.5	28.5	6.5	7.5	5.5	5.3	5.7	8	7.7	8.3
30	30.5	31.5	9.5	10.5	6	5.8	6.2	9	8.7	9.3

注：尽可能不采用括号内的规格。

13. 波形弹簧垫圈（GB/T 7246—1987）（图 9-18、表 9-50）

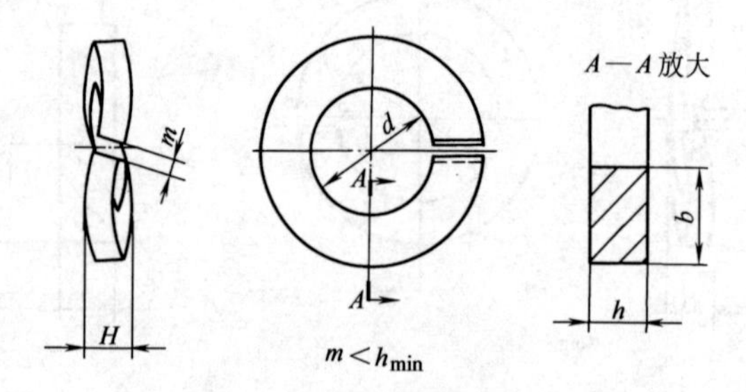

图 9-18 波形弹簧垫圈型式

表 9-50 波形弹簧垫圈尺寸 （mm）

规 格 （螺纹大径）	d		H		h			b		
	min	max	min	max	公称	min	max	公称	min	max
3	3.1	3.4	1.1	1.3	0.6	0.52	0.68	1	0.9	1.1
4	4.1	4.4	1.2	1.4	0.8	0.70	0.90	1.2	1.1	1.3
5	5.1	5.4	1.5	1.7	1.1	1	1.2	1.5	1.4	1.6
6	6.1	6.68	2	2.2	1.3	1.2	1.4	2	1.9	2.1
8	8.1	8.68	2.45	2.75	1.6	1.5	1.7	2.5	2.35	2.65
10	10.2	10.9	2.85	3.15	2	1.9	2.1	3	2.85	3.15
12	12.2	12.9	3.35	3.65	2.5	2.35	2.65	3.5	3.3	3.7
（14）	14.2	14.9	3.9	4.3	3	2.85	3.15	4	3.8	4.2
16	16.2	16.9	4.5	5.1	3.2	3	3.4	4.5	4.3	4.7

（续）

规　格（螺纹大径）	d		H		h			b		
	min	max	min	max	公称	min	max	公称	min	max
(18)	18.2	19.04	4.5	5.1	3.6	3.4	3.8	5	4.8	5.2
20	20.2	21.04	5.1	5.9	4	3.8	4.2	5.5	5.3	5.7
(22)	22.5	23.34	5.1	5.9	4.5	4.3	4.7	6	5.8	6.2
24	24.5	25.5	6.5	7.5	5	4.8	5.2	7	6.7	7.3
(27)	27.5	28.5	6.5	7.5	5.5	5.3	5.7	8	7.7	8.3
30	30.5	31.5	9.5	10.5	6	5.8	6.2	9	8.7	9.3

注：尽可能不采用括号内的规格。

14. 鞍形弹性垫圈（GB/T 860—1987）（图 9-19、表 9-51）

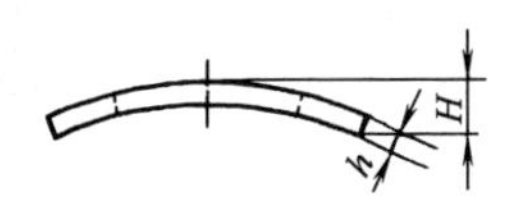

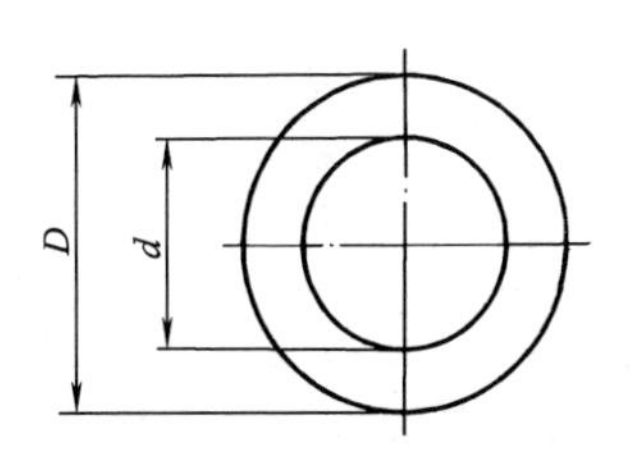

图 9-19　鞍形弹性垫圈型式

表 9-51　鞍形弹性垫圈尺寸　（mm）

规　格（螺纹大径）	d		D		H		h
	min	max	min	max	min	max	
2	2.2	2.45	4.2	4.5	0.5	1	0.3
2.5	2.7	2.95	5.2	5.5	0.55	1.1	
3	3.2	3.5	5.7	6	0.65	1.3	0.4
4	4.3	4.6	7.64	8	0.8	1.6	0.5
5	5.3	5.6	9.64	10	0.9	1.8	
6	6.4	6.76	10.57	11	1.1	2.2	
8	8.4	8.76	14.57	15	1.7	3.4	
10	10.5	10.93	17.57	18	2	4	0.8

15. 波形弹性垫圈（GB/T 955—1987）（图 9-20、表 9-52）

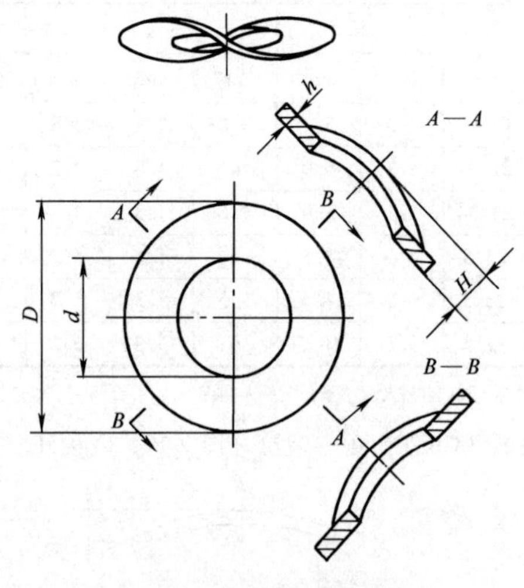

图 9-20 波形弹性垫圈型式

表 9-52 波形弹性垫圈尺寸 （mm）

规格（螺纹大径）	d		D		H		h
	min	max	min	max	min	max	
3	3.2	3.5	7.42	8	0.8	1.6	0.5
4	4.3	4.6	8.42	9	1	2	
5	5.3	5.6	10.30	11	1.1	2.2	
6	6.4	6.76	11.30	12	1.3	2.6	
8	8.4	8.76	14.30	15	1.5	3	0.8
10	10.5	10.93	20.16	21	2.1	4.2	1.0
12	13	13.43	23.16	24	2.5	5	1.2
(14)	15	15.43	27.16	28	3	5.9	1.5
16	17	17.43	29	30	3.2	6.3	
(18)	19	19.52	33	34	3.3	6.5	
20	21	21.52	35	36	3.7	7.4	1.6
(22)	23	23.52	39	40	3.9	7.8	1.8
24	25	25.52	43	44	4.1	8.2	
(27)	28	28.52	49	50	4.7	9.4	2
30	31	31.62	54.8	56	5	10	

注：尽可能不采用括号内的规格。

16. 内齿锁紧垫圈（GB/T 861.1—1987）（图 9-21、表 9-53）

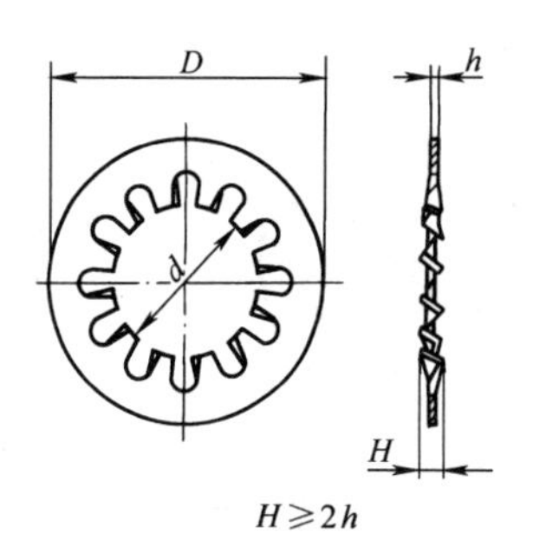

图 9-21 内齿锁紧垫圈型式

表 9-53 内齿锁紧垫圈尺寸 （mm）

<table>
<tr><th rowspan="2">规 格
（螺纹大径）</th><th colspan="2">d</th><th colspan="2">D</th><th rowspan="2">h</th><th>齿 数</th></tr>
<tr><th>min</th><th>max</th><th>min</th><th>max</th><th>min</th></tr>
<tr><td>2</td><td>2.2</td><td>2.45</td><td>4.2</td><td>4.5</td><td rowspan="2">0.3</td><td rowspan="3">6</td></tr>
<tr><td>2.5</td><td>2.7</td><td>2.95</td><td>5.2</td><td>5.5</td></tr>
<tr><td>3</td><td>3.2</td><td>3.5</td><td>5.7</td><td>6</td><td>0.4</td></tr>
<tr><td>4</td><td>4.3</td><td>4.6</td><td>7.64</td><td>8</td><td>0.5</td><td rowspan="4">8</td></tr>
<tr><td>5</td><td>5.3</td><td>5.6</td><td>9.64</td><td>10</td><td rowspan="2">0.6</td></tr>
<tr><td>6</td><td>6.4</td><td>6.76</td><td>10.57</td><td>11</td></tr>
<tr><td>8</td><td>8.4</td><td>8.76</td><td>14.57</td><td>15</td><td>0.8</td></tr>
<tr><td>10</td><td>10.5</td><td>10.93</td><td>17.57</td><td>18</td><td rowspan="2">1.0</td><td>9</td></tr>
<tr><td>12</td><td>12.5</td><td>12.93</td><td>19.98</td><td>20.5</td><td rowspan="2">10</td></tr>
<tr><td>（14）</td><td>14.5</td><td>14.93</td><td>23.48</td><td>24</td><td rowspan="2">1.2</td></tr>
<tr><td>16</td><td>16.5</td><td>16.93</td><td>25.48</td><td>26</td><td rowspan="3">12</td></tr>
<tr><td>（18）</td><td>19</td><td>19.52</td><td>29.48</td><td>30</td><td rowspan="2">1.5</td></tr>
<tr><td>20</td><td>21</td><td>21.52</td><td>32.38</td><td>33</td></tr>
</table>

注：尽可能不采用括号内的规格。

17. 内锯齿锁紧垫圈（GB/T 861.2—1987）（图 9-22、表 9-54）

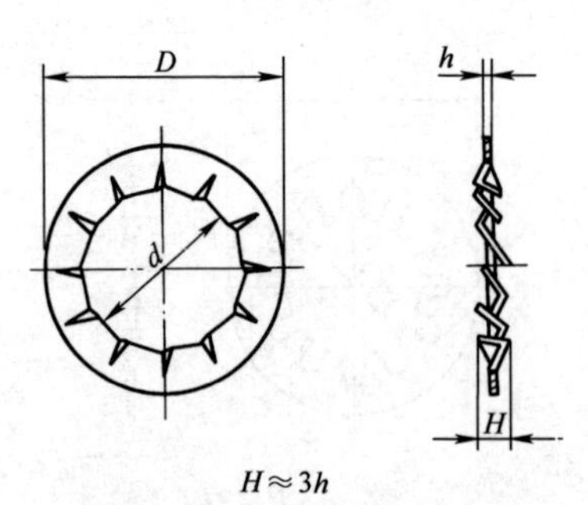

$H \approx 3h$

图 9-22 内锯齿锁紧垫圈型式

表 9-54 内锯齿锁紧垫圈尺寸 （mm）

<table>
<tr><th rowspan="2">规　格
（螺纹大径）</th><th colspan="2">d</th><th colspan="2">D</th><th rowspan="2">h</th><th>齿　数</th></tr>
<tr><th>min</th><th>max</th><th>min</th><th>max</th><th>min</th></tr>
<tr><td>2</td><td>2.2</td><td>2.45</td><td>4.2</td><td>4.5</td><td rowspan="2">0.3</td><td rowspan="3">7</td></tr>
<tr><td>2.5</td><td>2.7</td><td>2.95</td><td>5.2</td><td>5.5</td></tr>
<tr><td>3</td><td>3.2</td><td>3.5</td><td>5.7</td><td>6</td><td>0.4</td></tr>
<tr><td>4</td><td>4.3</td><td>4.6</td><td>7.64</td><td>8</td><td>0.5</td><td rowspan="2">8</td></tr>
<tr><td>5</td><td>5.3</td><td>5.6</td><td>9.64</td><td>10</td><td rowspan="2">0.6</td></tr>
<tr><td>6</td><td>6.4</td><td>6.76</td><td>10.57</td><td>11</td><td>9</td></tr>
<tr><td>8</td><td>8.4</td><td>8.76</td><td>14.57</td><td>15</td><td>0.8</td><td>10</td></tr>
<tr><td>10</td><td>10.5</td><td>10.93</td><td>17.57</td><td>18</td><td rowspan="2">1.0</td><td rowspan="2">12</td></tr>
<tr><td>12</td><td>12.5</td><td>12.93</td><td>19.98</td><td>20.5</td></tr>
<tr><td>（14）</td><td>14.5</td><td>14.93</td><td>23.48</td><td>24</td><td rowspan="2">1.2</td><td rowspan="3">14</td></tr>
<tr><td>16</td><td>16.5</td><td>16.93</td><td>25.48</td><td>26</td></tr>
<tr><td>（18）</td><td>19</td><td>19.52</td><td>29.48</td><td>30</td><td rowspan="2">1.5</td></tr>
<tr><td>20</td><td>21</td><td>21.52</td><td>32.38</td><td>33</td><td>16</td></tr>
</table>

注：尽可能不采用括号内的规格。

18. 外齿锁紧垫圈（GB/T 862.1—1987）（图 9-23、表 9-55）

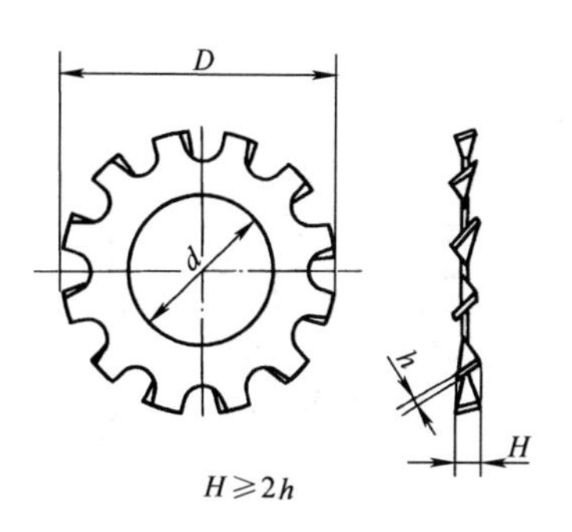

图 9-23 外齿锁紧垫圈型式

表 9-55 外齿锁紧垫圈尺寸 (mm)

<table>
<tr><th rowspan="2">规 格
(螺纹大径)</th><th colspan="2">d</th><th colspan="2">D</th><th rowspan="2">h</th><th>齿 数</th></tr>
<tr><th>min</th><th>max</th><th>min</th><th>max</th><th>min</th></tr>
<tr><td>2</td><td>2.2</td><td>2.45</td><td>4.2</td><td>4.5</td><td rowspan="2">0.3</td><td rowspan="3">6</td></tr>
<tr><td>2.5</td><td>2.7</td><td>2.95</td><td>5.2</td><td>5.5</td></tr>
<tr><td>3</td><td>3.2</td><td>3.5</td><td>5.7</td><td>6</td><td>0.4</td></tr>
<tr><td>4</td><td>4.3</td><td>4.6</td><td>7.64</td><td>8</td><td>0.5</td><td rowspan="4">8</td></tr>
<tr><td>5</td><td>5.3</td><td>5.6</td><td>9.64</td><td>10</td><td rowspan="2">0.6</td></tr>
<tr><td>6</td><td>6.4</td><td>6.76</td><td>10.57</td><td>11</td></tr>
<tr><td>8</td><td>8.4</td><td>8.76</td><td>14.57</td><td>15</td><td>0.8</td></tr>
<tr><td>10</td><td>10.5</td><td>10.93</td><td>17.57</td><td>18</td><td rowspan="2">1.0</td><td>9</td></tr>
<tr><td>12</td><td>12.5</td><td>12.93</td><td>19.98</td><td>20.5</td><td rowspan="2">10</td></tr>
<tr><td>(14)</td><td>14.5</td><td>14.93</td><td>23.48</td><td>24</td><td rowspan="2">1.2</td></tr>
<tr><td>16</td><td>16.5</td><td>16.93</td><td>25.48</td><td>26</td><td rowspan="3">12</td></tr>
<tr><td>(18)</td><td>19</td><td>19.52</td><td>29.48</td><td>30</td><td rowspan="2">1.5</td></tr>
<tr><td>20</td><td>21</td><td>21.52</td><td>32.38</td><td>33</td></tr>
</table>

注：尽可能不采用括号内的规格。

19. 外锯齿锁紧垫圈（GB/T 862.2—1987）（图 9-24、表 9-56）

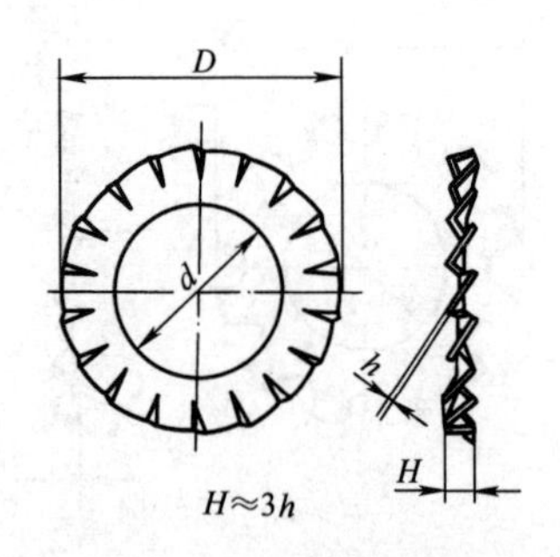

图 9-24 外锯齿锁紧垫圈型式

表 9-56 外锯齿锁紧垫圈尺寸 （mm）

<table>
<tr><th rowspan="2">规 格
（螺纹大径）</th><th colspan="2">d</th><th colspan="2">D</th><th rowspan="2">h</th><th>齿 数</th></tr>
<tr><th>min</th><th>max</th><th>min</th><th>max</th><th>min</th></tr>
<tr><td>2</td><td>2.2</td><td>2.45</td><td>4.2</td><td>4.5</td><td rowspan="2">0.3</td><td rowspan="3">9</td></tr>
<tr><td>2.5</td><td>2.7</td><td>2.95</td><td>5.2</td><td>5.5</td></tr>
<tr><td>3</td><td>3.2</td><td>3.5</td><td>5.7</td><td>6</td><td>0.4</td></tr>
<tr><td>4</td><td>4.3</td><td>4.6</td><td>7.64</td><td>8</td><td>0.5</td><td rowspan="2">11</td></tr>
<tr><td>5</td><td>5.3</td><td>5.6</td><td>9.64</td><td>10</td><td rowspan="2">0.6</td></tr>
<tr><td>6</td><td>6.4</td><td>6.76</td><td>10.57</td><td>11</td><td>12</td></tr>
<tr><td>8</td><td>8.4</td><td>8.76</td><td>14.57</td><td>15</td><td>0.8</td><td>14</td></tr>
<tr><td>10</td><td>10.5</td><td>10.93</td><td>17.57</td><td>18</td><td rowspan="2">1.0</td><td rowspan="2">16</td></tr>
<tr><td>12</td><td>12.5</td><td>12.93</td><td>19.98</td><td>20.5</td></tr>
<tr><td>（14）</td><td>14.5</td><td>14.93</td><td>23.48</td><td>24</td><td rowspan="2">1.2</td><td rowspan="3">18</td></tr>
<tr><td>16</td><td>16.5</td><td>16.93</td><td>25.48</td><td>26</td></tr>
<tr><td>（18）</td><td>19</td><td>19.52</td><td>29.48</td><td>30</td><td rowspan="2">1.5</td></tr>
<tr><td>20</td><td>21</td><td>21.52</td><td>32.38</td><td>33</td><td>20</td></tr>
</table>

注：尽可能不采用括号内的规格。

20. 锥形锁紧垫圈（GB/T 956.1—1987）（图 9-25、表 9-57）

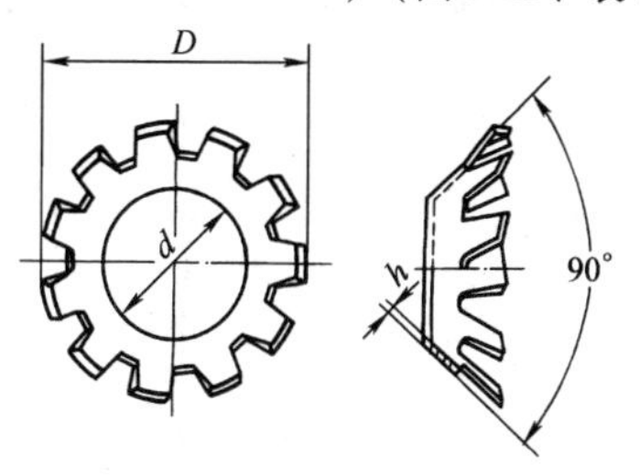

图 9-25　锥形锁紧垫圈型式

表 9-57　锥形锁紧垫圈尺寸　（mm）

<table>
<tr><th rowspan="2">规　格
（螺纹大径）</th><th colspan="2">d</th><th>D</th><th rowspan="2">h</th><th>齿　数</th></tr>
<tr><th>min</th><th>max</th><th>≈</th><th>min</th></tr>
<tr><td>3</td><td>3.2</td><td>3.5</td><td>6</td><td>0.4</td><td>6</td></tr>
<tr><td>4</td><td>4.3</td><td>4.6</td><td>8</td><td>0.5</td><td rowspan="2">8</td></tr>
<tr><td>5</td><td>5.3</td><td>5.6</td><td>9.8</td><td rowspan="2">0.6</td></tr>
<tr><td>6</td><td>6.4</td><td>6.76</td><td>11.8</td><td rowspan="4">10</td></tr>
<tr><td>8</td><td>8.4</td><td>8.76</td><td>15.3</td><td>0.8</td></tr>
<tr><td>10</td><td>10.5</td><td>10.93</td><td>19</td><td rowspan="2">1.0</td></tr>
<tr><td>12</td><td>12.5</td><td>12.93</td><td>23</td></tr>
</table>

21. 锥形锯齿锁紧垫圈（GB/T 956.2—1987）（图 9-26、表 9-58）

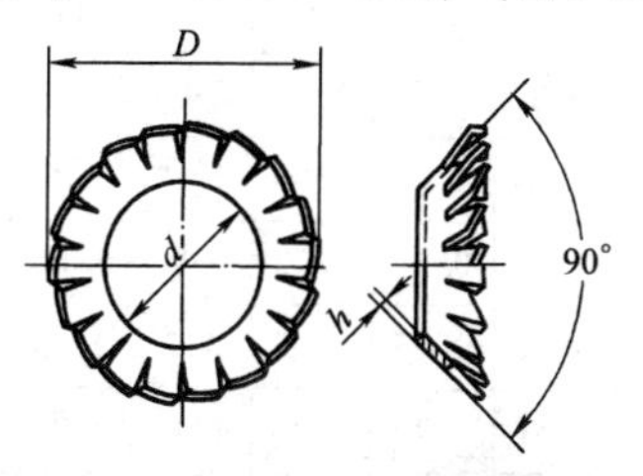

图 9-26　锥形锯齿锁紧垫圈型式

表 9-58　锥形锯齿锁紧垫圈尺寸　（mm）

<table>
<tr><th rowspan="2">规　格
（螺纹大径）</th><th colspan="2">d</th><th>D</th><th rowspan="2">h</th><th>齿　数</th></tr>
<tr><th>min</th><th>max</th><th>≈</th><th>min</th></tr>
<tr><td>3</td><td>3.2</td><td>3.5</td><td>6</td><td>0.4</td><td>12</td></tr>
<tr><td>4</td><td>4.3</td><td>4.6</td><td>8</td><td>0.5</td><td rowspan="2">14</td></tr>
<tr><td>5</td><td>5.3</td><td>5.6</td><td>9.8</td><td rowspan="2">0.6</td></tr>
<tr><td>6</td><td>6.4</td><td>6.76</td><td>11.8</td><td>16</td></tr>
<tr><td>8</td><td>8.4</td><td>8.76</td><td>15.3</td><td>0.8</td><td>18</td></tr>
<tr><td>10</td><td>10.5</td><td>10.93</td><td>19</td><td rowspan="2">1.0</td><td>20</td></tr>
<tr><td>12</td><td>12.5</td><td>12.93</td><td>23</td><td>26</td></tr>
</table>

22. 锥形弹性垫圈（GB/T 956.3—2017）（图 9-27、表 9-59）

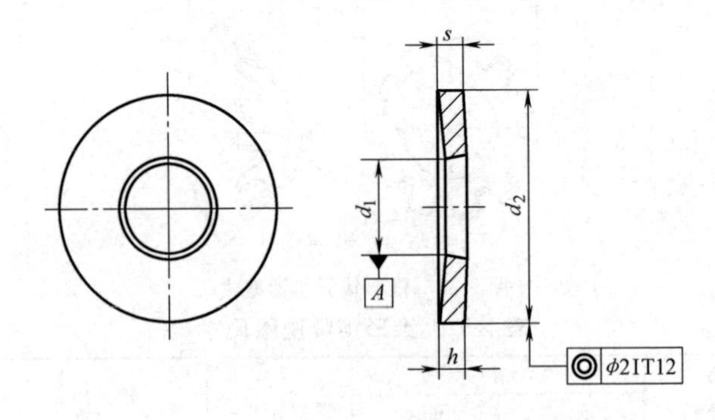

图 9-27 锥形弹性垫圈型式

表 9-59 锥形弹性垫圈尺寸

规格		2[①]	2.5[①]	3[①]	3.5[①]	4	5	6	7	8	10
d_1	max	2.45	2.95	3.50	4.00	4.60	5.60	6.76	7.76	8.76	10.93
	公称=min	2.20	2.70	3.20	3.70	4.30	5.30	6.40	7.40	8.40	10.50
d_2	公称=max	5	6	7	8	9	11	14	17	18	23
	min	4.7	5.7	6.64	7.64	8.64	10.57	13.57	16.57	17.57	22.48
s	max	0.45	0.55	0.70	0.90	1.10	1.40	1.70	1.95	2.20	2.70
	min	0.35	0.45	0.50	0.70	0.90	1.00	1.30	1.55	1.80	2.30
h[②]	max	0.6	0.72	0.85	1.06	1.3	1.55	2	2.3	2.6	3.2
	min	0.5	0.61	0.72	0.92	1.12	1.35	1.7	2	2.24	2.8
适用螺纹规格		M2	M2.5	M3	M3.5	M4	M5	M6	M7	M8	M10

规格		12	14	16	18	20	22	24	27	30
d_1	max	13.43	15.43	17.43	19.52	21.52	23.52	25.52	28.52	31.62
	公称=min	13	15	17	19	21	23	25	28	31
d_2	公称=max	29	35	39	42	45	49	56	60	70
	min	28.48	34.38	38.38	41.38	44.38	48.38	55.26	59.26	69.26
s	max	3.30	3.80	4.30	5.10	5.60	6.10	6.60	7.50	8.00
	min	2.70	3.20	3.70	3.90	4.40	4.90	5.40	5.50	6.00

（续）

<table>
<tr><td colspan="2">规格</td><td>12</td><td>14</td><td>16</td><td>18</td><td>20</td><td>22</td><td>24</td><td>27</td><td>30</td></tr>
<tr><td rowspan="2">h②</td><td>max</td><td>3.95</td><td>4.65</td><td>5.25</td><td>5.8</td><td>6.4</td><td>7.05</td><td>7.75</td><td>8.35</td><td>9.2</td></tr>
<tr><td>min</td><td>3.43</td><td>4.04</td><td>4.58</td><td>5.08</td><td>5.6</td><td>6.15</td><td>6.77</td><td>7.3</td><td>8</td></tr>
<tr><td colspan="2">适用螺纹规格</td><td>M12</td><td>M14</td><td>M16</td><td>M18</td><td>M18</td><td>M22</td><td>M24</td><td>M27</td><td>M30</td></tr>
</table>

① 国标 GB/T 94.5 未规定这些规格的残余应力。

② 交货时按最大尺寸验收。

23. 圆螺母用止动垫圈（GB/T 858—1988）（图 9-28、表 9-60）

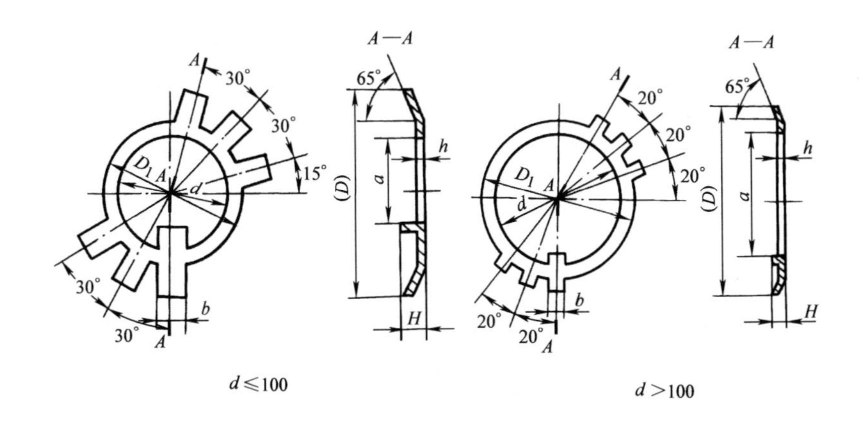

图 9-28　圆螺母用止动垫圈型式

表 9-60　圆螺母用止动垫圈尺寸　（mm）

<table>
<tr><td>规　　格
（螺纹大径）</td><td>d</td><td>（D）
参考</td><td>D_1</td><td>h</td><td>H</td><td>b</td><td>a</td></tr>
<tr><td>10</td><td>10.5</td><td>25</td><td>16</td><td rowspan="5">1</td><td rowspan="4">3</td><td rowspan="3">3.8</td><td>8</td></tr>
<tr><td>12</td><td>12.5</td><td>28</td><td>19</td><td>9</td></tr>
<tr><td>14</td><td>14.5</td><td>32</td><td>20</td><td>11</td></tr>
<tr><td>16</td><td>16.5</td><td>34</td><td>22</td><td rowspan="3">4.8</td><td>13</td></tr>
<tr><td>18</td><td>18.5</td><td>35</td><td>24</td><td rowspan="2">4</td><td>15</td></tr>
<tr><td>20</td><td>20.5</td><td>38</td><td>27</td><td>1</td><td>17</td></tr>
</table>

（续）

规　　格 （螺纹大径）	d	（D） 参考	D_1	h	H	b	a
22	22.5	42	30	1	4	4.8	19
24	24.5	45	34				21
25[①]	25.5	45	34				22
27	27.5	48	37		5		24
30	30.5	52	40				27
33	33.5	56	43	1.5		5.7	30
35[①]	35.5						32
36	36.5	60	46				33
39	39.5	62	49				36
40[①]	40.5						37
42	42.5	66	53				39
45	45.5	72	59				42
48	48.5	76	61			7.7	45
50[①]	50.5						47
52	52.5	82	67		6		49
55[①]	56						52
56	57	90	74				53
60	61	94	79				57
64	65	100	84				61
65[①]	66						62
68	69	105	88			9.6	65
72	73	110	93		7		69
75[①]	76						71
76	77	115	98				72
80	81	120	103				76
85	86	125	108				81

（续）

规　　格（螺纹大径）	d	（D）参考	D_1	h	H	b	a
90	91	130	112	2	7	11.6	86
95	96	135	117				91
100	101	140	122				96
105	106	145	127				101
110	111	156	135			13.5	106
115	116	160	140				111
120	121	166	145				116
125	126	170	150				121
130	131	176	155				126
140	141	186	165				136
150	151	206	180	2.5		15.5	146
160	161	216	190		8		156
170	171	226	200				166
180	181	236	210				176
190	191	246	220				186
200	201	256	230				196

① 仅用于滚动轴承锁紧装置。

24. 单耳止动垫圈（GB/T 854—1988）（图 9-29、表 9-61）

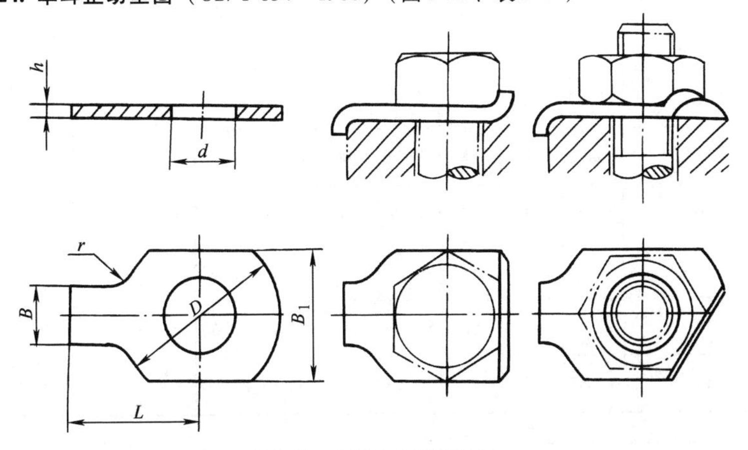

图 9-29　单耳止动垫圈型式

表 9-61 单耳止动垫圈尺寸 (mm)

规 格 (螺纹大径)	d		D		L			h	B	B_1	r
	max	min	max	min	公称	min	max				
2.5	2.95	2.7	8	7.64	10	9.71	10.29	0.4	3	6	2.5
3	3.5	3.2	10	9.64	12	11.65	12.35		4	7	
4	4.5	4.2	14	13.57	14	13.65	14.35		5	9	
5	5.6	5.3	17	16.57	16	15.65	16.35	0.5	6	11	
6	6.76	6.4	19	18.48	18	17.65	18.35		7	12	4
8	8.76	8.4	22	21.48	20	19.58	20.42		8	16	
10	10.93	10.5	26	25.48	22	21.58	22.42		10	19	6
12	13.43	13	32	31.38	28	27.58	28.42	1	12	21	10
(14)	15.43	15	32	31.38	28	27.58	28.42			25	
16	17.43	17	40	39.38	32	31.50	32.50		15	32	
(18)	19.52	19	45	44.38	36	35.50	36.50		18	38	
20	21.52	21	45	49.38	36	36.50	36.50				
(22)	23.52	23	50	49.38	42	41.50	42.50		20	39	
24	25.52	25	50	49.38	42	41.50	42.50			42	
(27)	28.52	28	58	57.26	48	47.50	48.50		24	48	
30	31.62	31	63	62.26	52	51.40	52.60	1.5	26	55	16
36	37.62	37	75	74.26	62	61.40	62.60		30	65	
42	43.62	43	88	87.13	70	69.40	70.60		35	78	
48	50.62	50	100	99.13	80	79.40	80.60		40	90	

注：尽可能不采用括号内的规格。

25. 双耳止动垫圈（GB/T 855—1988）（图 9-30、表 9-62）

表 9-62　双耳止动垫圈尺寸

（mm）

规格（螺纹大径）	d		D		L			L_1			B	h	r
	max	min	max	min	公称	min	max	公称	min	max			
2.5	2.95	2.7	5	4.7	10	9.71	10.29	4	3.76	4.24	3	0.4	1
3	3.5	3.2	5	4.7	12	11.65	12.35	5	4.76	5.24	4		
4	4.5	4.2	8	7.64	14	13.65	14.35	7	6.71	7.29	5		
5	5.6	5.3	9	8.64	16	15.65	16.35	8	7.71	8.29	6	0.5	
6	6.76	6.4	11	10.57	18	17.65	18.35	9	8.71	9.29	7		
8	8.76	8.4	14	13.57	20	19.58	20.42	11	10.65	11.35	8		2
10	10.93	10.5	17	16.57	22	21.58	22.42	13	12.65	13.35	10		
12	13.43	13	22	21.48	28	27.58	28.42	16	15.65	16.35	12	1	
(14)	15.43	15	22	21.48	28	27.58	28.42	16	15.65	16.35			
16	17.43	17	27	26.48	32	31.5	32.5	20	19.58	20.42	15		
(18)	19.52	19	32	31.38	36	35.5	36.5	22	21.58	22.42	18		3
20	21.52	21	32	31.38	36	35.5	36.5	22	21.58	22.42			
(22)	23.52	23	36	35.38	42	41.5	42.5	25	24.58	25.42	20		
24	25.52	25	36	35.38	42	41.5	42.5	25	24.58	25.42			
(27)	28.52	28	41	40.38	48	47.5	48.5	30	29.58	30.42	24	1.5	
30	31.62	31	46	45.38	52	51.4	52.6	32	31.50	32.50	26		
36	37.62	37	55	54.26	62	61.4	62.6	38	37.50	38.50	30		
42	43.62	43	65	64.26	70	69.4	70.6	44	43.50	44.50	35		4
48	50.62	50	75	74.26	80	79.4	80.6	50	49.50	50.50	40		

注：尽可能不采用括号内的规格。

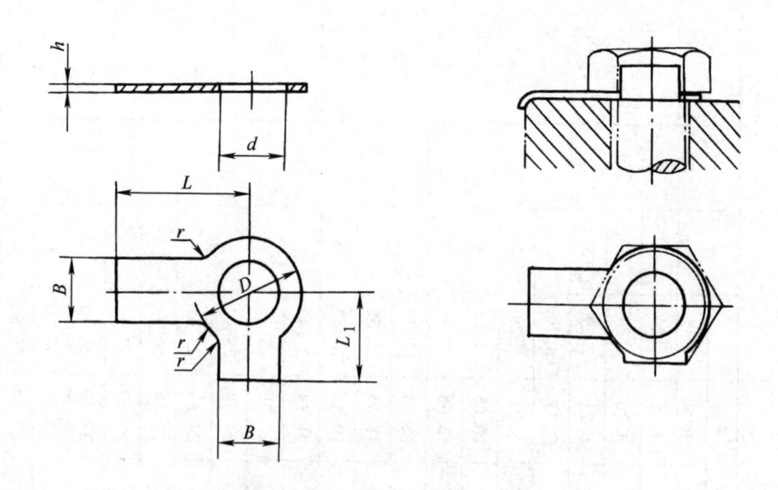

图 9-30 双耳止动垫圈型式

26. 外舌止动垫圈（GB/T 856—1988）（图 9-31、表 9-63）

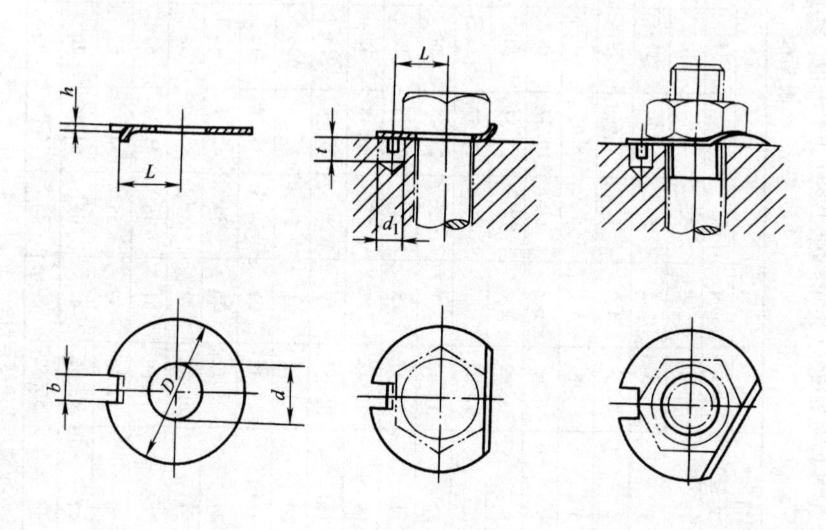

图 9-31 外舌止动垫圈型式

表 9-63 外舌止动垫圈尺寸

（mm）

规 格（螺纹大径）	d		D		b		L			h	d_1	t
	max	min	max	min	max	min	公称	min	max			
2.5	2.95	2.7	10	9.64	2	1.75	3.5	3.2	3.8	0.4	2.5	3
3	3.5	3.2	12	11.57	2.5	2.25	4.5	4.2	4.8		3	
4	4.5	4.2	14	13.57	2.5	2.25	5.5	5.2	5.8			
5	5.6	5.3	17	16.57	3.5	3.2	7	6.64	7.36	0.5	4	4
6	6.76	6.4	19	18.48	3.5	3.2	7.5	7.14	7.86			
8	8.76	8.4	22	21.48	3.5	3.2	8.5	8.14	8.86			
10	10.93	10.5	26	25.48	4.5	4.2	10	9.64	10.36		5	5
12	13.43	13	32	31.38	4.5	4.2	12	11.57	12.43	1		6
(14)	15.43	15	32	31.38	4.5	4.2	12	11.57	12.43			
16	17.43	17	40	39.38	5.5	5.2	15	14.57	15.43		6	
(18)	19.52	19	45	44.38	6	5.7	18	17.57	18.43		7	7
20	21.52	21	45	44.38	6	5.7	18	17.57	18.43			
(22)	23.52	23	50	49.38	7	6.64	20	19.48	20.52		8	
24	25.52	25	50	49.38	7	6.64	20	19.48	20.52			
(27)	28.52	28	58	57.26	8	7.64	23	22.48	23.52	1.5	9	10
30	31.62	31	63	62.26	8	7.64	25	24.48	25.52			
36	37.62	37	75	74.26	11	10.57	31	30.38	31.62		12	
42	43.62	43	88	87.13	11	10.57	36	35.38	36.62			12
48	50.62	50	100	99.13	13	12.57	40	39.38	40.62		14	13

注：尽可能不采用括号内的规格。

27. 球面垫圈（GB/T 849—1988）（图 9-32、表 9-64）

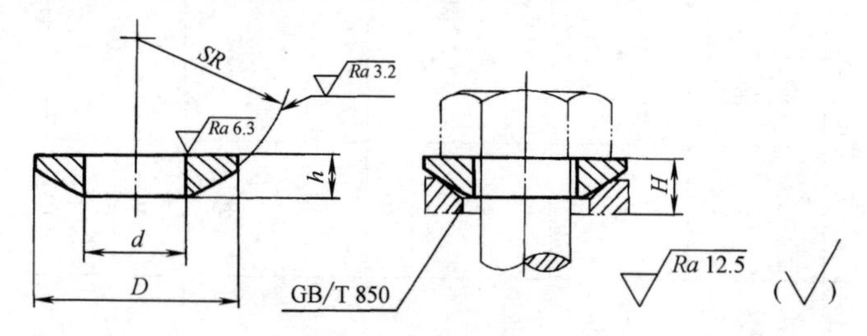

图 9-32　球面垫圈型式

表 9-64　球面垫圈尺寸　（mm）

规格（螺纹大径）	d max	d min	D max	D min	h max	h min	SR	H≈
6	6.60	6.40	12.50	12.07	3.00	2.75	10	4
8	8.60	8.40	17.00	16.57	4.00	3.70	12	5
10	10.74	10.50	21.00	20.48	4.00	3.70	16	6
12	13.24	13.00	24.00	23.48	5.00	4.70	20	7
16	17.24	17.00	30.00	29.48	6.00	5.70	25	8
20	21.28	21.00	37.00	36.38	6.60	6.24	32	10
24	25.28	25.00	44.00	43.38	9.60	9.24	36	13
30	31.34	31.00	56.00	55.26	9.80	9.44	40	16
36	37.34	37.00	66.00	65.26	12.00	11.57	50	19
42	43.34	43.00	78.00	77.26	16.00	15.57	63	24
48	50.34	50.00	92.00	91.13	20.00	19.48	70	30

28. 锥面垫圈（GB/T 850—1988）（图 9-33、表 9-65）

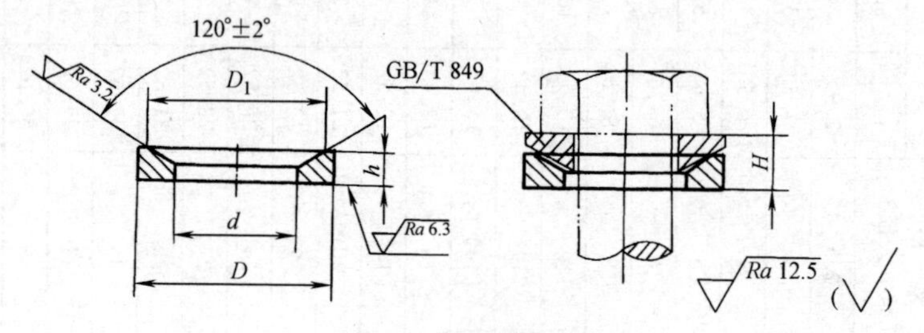

图 9-33　锥面垫圈型式

表 9-65　锥面垫圈尺寸　　(mm)

规　格 (螺纹大径)	d		D		h		D_1	$H\approx$
	max	min	max	min	max	min		
6	8. 36	8	12. 5	12. 07	2. 6	2. 35	12	4
8	10. 36	10	17	16. 57	3. 2	2. 9	16	5
10	12. 93	12. 5	21	20. 48	4	3. 70	18	6
12	16. 43	16	24	23. 48	4. 7	4. 40	23. 5	7
16	20. 52	20	30	29. 48	5. 1	4. 80	29	8
20	25. 52	25	37	36. 38	6. 6	6. 24	34	10
24	30. 52	30	44	43. 38	6. 8	6. 44	38. 5	13
30	36. 62	36	56	55. 26	9. 9	9. 54	45. 2	16
36	43. 62	43	66	65. 26	14. 3	13. 87	64	19
42	50. 62	50	78	77. 26	14. 4	13. 97	69	24
48	60. 74	60	92	91. 13	17. 4	16. 97	78. 6	30

29. 开口垫圈（GB/T 851—1988）（图 9-34、表 9-66）

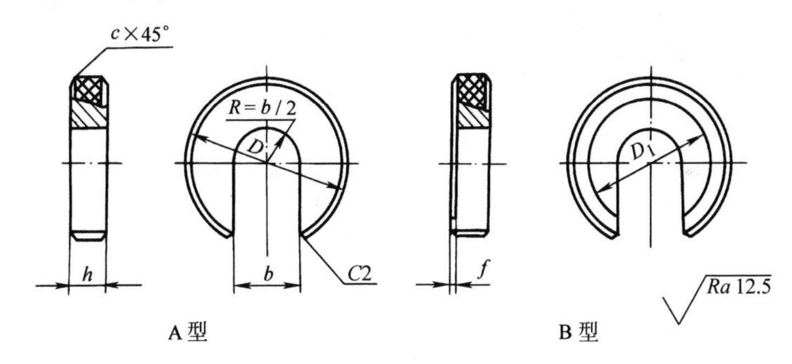

$h=4$mm，$D=16$mm

图 9-34　开口垫圈型式

表 9-66　开口垫圈尺寸　　(mm)

规格 (螺纹大径)	5	6	8	10	12	16	20	24	30	36
开口宽度 b	6	8	10	12	14	18	22	26	32	40
凹面内径 D_1	13	15	19	23	26	32	42	50	60	72
凹面深度 f	0. 6	0. 8	1. 0	1. 0	1. 5	1. 5	2. 0	2. 0	2. 0	2. 5
倒角尺寸 c	0. 5	0. 5	0. 8	1. 0	1. 0	1. 5	1. 5	2. 0	2. 0	2. 5

30. 工字钢用方斜垫圈（GB/T 852—1988）（图 9-35、表 9-67）

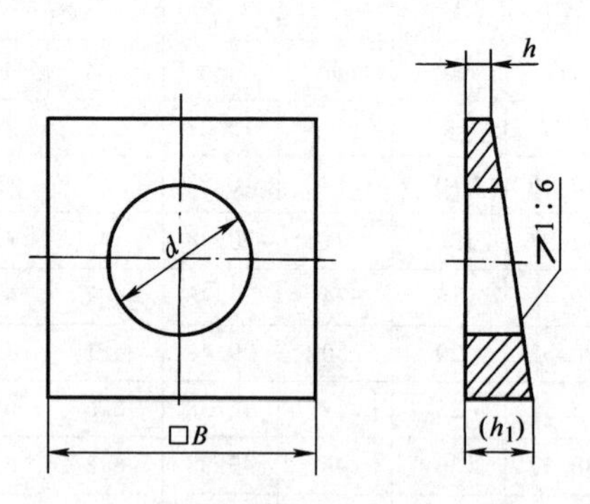

图 9-35 工字钢用方斜垫圈型式

表 9-67 工字钢用方斜垫圈尺寸 （mm）

规 格 （螺纹大径）	d		B	h	(h_1)
	max	min			
6	6.96	6.6	16	2	4.7
8	9.36	9	18		5.0
10	11.43	11	22		5.7
12	13.93	13.5	28		6.7
16	17.93	17.5	35	2	7.7
（18）	20.52	20	40	3	9.7
20	22.52	22			9.7
（22）	24.52	24			9.7
24	26.52	26	50		11.3
（27）	30.52	30			11.3
30	33.62	33	60		13.0
36	39.62	39	70		14.7

注：尽可能不采用括号内的规格。

31. 槽钢用方斜垫圈（GB/T 853—1988）（图 9-36、表 9-68）

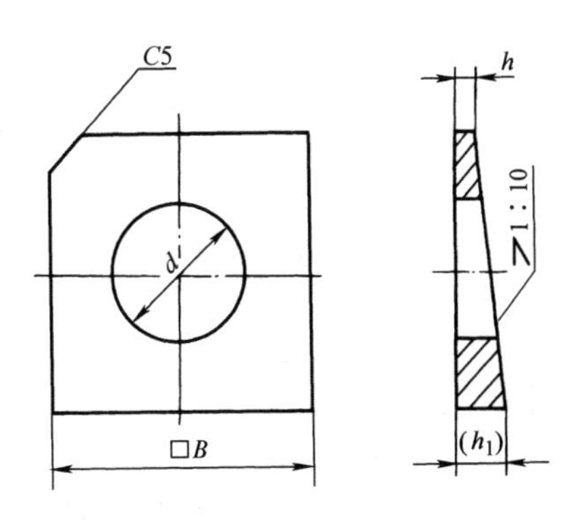

图 9-36　槽钢用方斜垫圈型式

表 9-68　槽钢用方斜垫圈尺寸　（mm）

<table>
<tr><th rowspan="2">规　格
（螺纹大径）</th><th colspan="2">d</th><th rowspan="2">B</th><th rowspan="2">h</th><th rowspan="2">（h1）</th></tr>
<tr><th>max</th><th>min</th></tr>
<tr><td>6</td><td>6.96</td><td>6.6</td><td>16</td><td rowspan="5">2</td><td>3.6</td></tr>
<tr><td>8</td><td>9.36</td><td>9</td><td>18</td><td>3.8</td></tr>
<tr><td>10</td><td>11.43</td><td>11</td><td>22</td><td>4.2</td></tr>
<tr><td>12</td><td>13.93</td><td>13.5</td><td>28</td><td>4.8</td></tr>
<tr><td>16</td><td>17.93</td><td>17.5</td><td>35</td><td>5.4</td></tr>
<tr><td>（18）</td><td>20.52</td><td>20</td><td rowspan="3">40</td><td rowspan="7">3</td><td rowspan="3">7</td></tr>
<tr><td>20</td><td>22.52</td><td>22</td></tr>
<tr><td>（22）</td><td>24.52</td><td>24</td></tr>
<tr><td>24</td><td>26.52</td><td>26</td><td rowspan="2">50</td><td rowspan="2">8</td></tr>
<tr><td>（27）</td><td>30.52</td><td>30</td></tr>
<tr><td>30</td><td>33.62</td><td>33</td><td>60</td><td>9</td></tr>
<tr><td>36</td><td>39.62</td><td>39</td><td>70</td><td>10</td></tr>
</table>

注：尽可能不采用括号内的规格。

三、垫圈的重量

1. 轻型弹簧垫圈（适用于 GB/T 859—1987）（表 9-69）

表 9-69 轻型弹簧垫圈的重量 （kg）

每1000件钢制品的大约重量								
规格/mm	3	4	5	6	8	10	12	(14)
重量	0.03	0.05	0.11	0.21	0.43	0.81	1.41	2.24
规格/mm	16	(18)	20	(22)	24	(27)	30	—
重量	3.08	4.31	5.84	7.96	11.20	16.04	21.89	—

注：尽量不采用括号内的规格。

2. 标准型弹簧垫圈（适用于 GB/T 93—1987）（表 9-70）

表 9-70 标准型弹簧垫圈的重量 （kg）

每1000件钢制品的大约重量											
规格/mm	2	2.5	3	4	5	6	8	10	12	(14)	16	(18)
重量	0.01	0.01	0.02	0.05	0.08	0.15	0.35	0.68	1.15	1.81	2.68	3.65
规格/mm	20	(22)	24	(27)	30	(33)	36	(39)	42	(45)	48
重量	5	6.76	8.76	12.6	17.02	23.84	29.32	38.92	46.44	54.84	69.2

注：尽量不采用括号内的规格。

3. 重型弹簧垫圈（适用于 GB/T 7244—1987）（表 9-71）

表 9-71 重型弹簧垫圈的重量 （kg）

每1000件钢制品的大约重量							
规格/mm	6	8	10	12	(14)	16	(18)
重量	0.39	0.84	1.56	2.44	3.69	5.40	7.31
规格/mm	20	(22)	24	(27)	30	(33)	36
重量	10.11	13.97	16.96	24.33	33.11	43.86	56.13

注：尽量不采用括号内的规格。

4. 鞍形弹簧垫圈（适用于 GB/T 7245—1987）（表 9-72）

表 9-72 鞍形弹簧垫圈的重量 （kg）

每1000件钢制品的大约重量								
规格/mm	3	4	5	6	8	10	12	(14)
重量	0.02	0.05	0.11	0.2	0.41	0.77	1.34	2.12
规格/mm	16	(18)	20	(22)	24	(27)	30	—
重量	2.92	4.09	5.53	7.53	10.7	15.16	20.71	—

注：尽量不采用括号内的规格。

5. 波形弹簧垫圈（适用于 GB/T 7246—1987）（表 9-73）

表 9-73 波形弹簧垫圈的重量 （kg）

每 1000 件钢制品的大约重量								
规格/mm	3	4	5	6	8	10	12	(14)
重量	0.02	0.05	0.11	0.2	0.41	0.77	1.34	2.12
规格/mm	16	(18)	20	(22)	24	(27)	30	—
重量	2.92	4.09	5.53	7.53	10.7	15.16	20.71	—

注：尽量不采用括号内的规格。

6. 鞍形弹性垫圈（适用于 GB/T 860—1987）（表 9-74）

表 9-74 鞍形弹性垫圈的重量 （kg）

每 1000 件钢制品的大约重量								
规格/mm	2	2.5	3	4	5	6	8	10
重量	0.02	0.04	0.05	0.12	0.2	0.22	0.43	0.97

7. 波形弹性垫圈（适用于 GB/T 955—1987）（表 9-75）

表 9-75 波形弹性垫圈的重量 （kg）

每 1000 件钢制品的大约重量								
规格/mm	3	4	5	6	8	10	12	(14)
重量	0.14	0.16	0.24	0.27	0.66	1.81	2.7	4.71
规格/mm	16	(18)	20	(22)	24	(27)	30	—
重量	5.07	6.69	7.68	10.94	13.5	19.81	25.02	—

注：尽量不采用括号内的规格。

8. 内齿锁紧垫圈（适用于 GB/T 861.1—1987）（表 9-76）

表 9-76 内齿锁紧垫圈的重量 （kg）

每 1000 件钢制品的大约重量							
规格/mm	2	2.5	3	4	5	6	8
重量	0.02	0.02	0.04	0.09	0.18	0.19	0.54
规格/mm	10	12	(14)	16	(18)	20	—
重量	0.92	1.08	1.94	2.07	3.66	4.34	—

注：尽量不采用括号内的规格。

9. 内锯齿锁紧垫圈（适用于 GB/T 861.2—1987）（表 9-77）

表 9-77 内锯齿锁紧垫圈的重量 (kg)

每 1000 件钢制品的大约重量							
规格/mm	2	2.5	3	4	5	6	8
重量	0.02	0.04	0.05	0.12	0.24	0.26	0.69
规格/mm	10	12	(14)	16	(18)	20	—
重量	1.22	1.49	2.51	2.77	4.67	5.58	—

注：尽量不采用括号内的规格。

10. 外齿锁紧垫圈（适用于 GB/T 862.1—1987）（表 9-78）

表 9-78 外齿锁紧垫圈的重量 (kg)

每 1000 件钢制品的大约重量							
规格/mm	2	2.5	3	4	5	6	8
重量	0.02	0.03	0.04	0.1	0.18	0.21	0.47
规格/mm	10	12	(14)	16	(18)	20	—
重量	0.8	1.12	1.69	2.1	3.14	3.8	—

注：尽量不采用括号内的规格。

11. 外锯齿锁紧垫圈（适用于 GB/T 862.2—1987）（表 9-79）

表 9-79 外锯齿锁紧垫圈的重量 (kg)

每 1000 件钢制品的大约重量							
规格/mm	2	2.5	3	4	5	6	8
重量	0.02	0.04	0.05	0.12	0.24	0.26	0.69
规格/mm	10	12	(14)	16	(18)	20	—
重量	1.22	1.49	2.51	2.77	4.67	5.58	—

注：尽量不采用括号内的规格。

12. 锥形锁紧垫圈（适用于 GB/T 956.1—1987）（表 9-80）

表 9-80 锥形锁紧垫圈的重量 (kg)

每 1000 件钢制品的大约重量							
规格/mm	3	4	5	6	8	10	12
重量	0.02	0.06	0.12	0.2	0.44	0.76	1.24

13. 锥形锯齿锁紧垫圈（适用于 GB/T 956.2—1987）（表 9-81）

表 9-81　锥形锯齿锁紧垫圈的重量　（kg）

每 1000 件钢制品的大约重量							
规格/mm	3	4	5	6	8	10	12
重量	0.05	0.1	0.18	0.28	0.62	1.17	1.85

14. 锥形弹性垫圈（适用于 GB/T 956.3—2017）（表 9-82）

表 9-82　锥形弹性垫圈的重量　（kg）

每 1000 件钢垫圈的重量										
尺寸/mm	2	2.5	3	3.5	4	5	6	7	8	10
重量	0.05	0.09	0.14	0.25	0.38	0.69	1.43	2.53	3.13	6.45
适用螺纹规格/mm	M12	M14	M16	M18	M20	M22	M24	M27	M30	
重量	12.4	21.6	30.4	38.9	48.8	63.5	92.9	113	170	

15. 圆螺母用止动垫圈（适用于 GB/T 858—1988）（表 9-83）

表 9-83　圆螺母用止动垫圈的重量　（kg）

每 1000 件钢制品的大约重量										
规格/mm	10	12	14	16	18	20	22	24	25	27
重量	1.91	2.3	2.5	2.99	3.04	3.5	4.14	5.01	4.7	5.4
规格/mm	30	33	35	36	39	40	42	45	48	50
重量	5.87	10.01	8.75	10.76	11.06	10.33	12.55	16.3	17.68	15.86
规格/mm	52	55	56	60	64	65	68	72	75	76
重量	21.12	17.67	26	28.4	31.55	30.35	34.69	37.9	33.9	41.27
规格/mm	80	85	90	95	100	105	110	115	120	125
重量	44.7	46.72	64.82	67.4	69.97	72.54	89.08	91.33	94.96	97.21
规格/mm	130	140	150	160	170	180	190	200	—	—
重量	100.8	106.7	175.9	185.1	194	202.9	211.7	220.6	—	—

注：尽量不采用括号内的规格。

16. 单耳止动垫圈（适用于 GB/T 854—1988）（表 9-84）

表 9-84　单耳止动垫圈的重量　（kg）

每 1000 件钢制品的大约重量										
规格/mm	2.5	3	4	5	6	8	10	12	(14)	16
重量	0.17	0.25	0.42	0.74	0.91	1.27	1.7	4.8	5.12	8.21
规格/mm	(18)	20	(22)	24	(27)	30	36	42	48	—
重量	10.93	11.83	12.61	12.68	25.81	31.17	43.81	60.28	77.9	—

注：尽量不采用括号内的规格。

17. 双耳止动垫圈（适用于 GB/T 855—1988）（表 9-85）

表 9-85 双耳止动垫圈的重量 (kg)

每1000件钢制品的大约重量										
规格/mm	2.5	3	4	5	6	8	10	12	(14)	16
重量	0.12	0.17	0.3	0.48	0.64	0.81	1.11	3.78	3.43	5.32
规格/mm	(18)	20	(22)	24	(27)	30	36	42	48	—
重量	7.27	6.78	9.01	8.43	17.54	20.95	29.39	39.81	51.84	—

注：尽量不采用括号内的规格。

18. 外舌止动垫圈（适用于 GB/T 856—1988）（表 9-86）

表 9-86 外舌止动垫圈的重量 (kg)

每1000件钢制品的大约重量										
规格/mm	2.5	3	4	5	6	8	10	12	(14)	16
重量	0.21	0.3	0.41	0.75	0.92	1.2	1.65	5	4.65	7.73
规格/mm	(18)	20	(22)	24	(27)	30	36	42	48	—
重量	9.85	9.36	11.7	11.11	22.92	26.79	38.09	52.77	67.33	—

注：尽量不采用括号内的规格。

19. 球面垫圈（适用于 GB/T 849—1988）（表 9-87）

表 9-87 球面垫圈的重量 (kg)

每1000件钢制品的大约重量						
规格/mm	6	8	10	12	16	20
重量	0.97	2.52	3.71	5.93	10.88	17.86
规格/mm	24	30	36	42	48	—
重量	38.79	63.95	108.7	211.9	376.5	—

20. 锥面垫圈（适用于 GB/T 850—1988）（表 9-88）

表 9-88 锥面垫圈的重量 (kg)

每1000件钢制品的大约重量						
规格/mm	6	8	10	12	16	20
重量	0.91	2.34	5.2	6.12	10.5	22.69
规格/mm	24	30	36	42	48	—
重量	34.54	96.88	165.8	260.9	448.6	—

21. 开口垫圈（适用于 GB/T 851—1988）（表 9-89）

表 9-89 开口垫圈的重量

每 1000 件钢制品的大约重量		
D/mm	h/mm	G/kg
规格=5mm		
16	4	4.31
20	4	7.47
25	4	12.52
30	4	18.79
规格=6mm		
20	5	8.08
25	5	14.21
30	6	26.28
35	6	37.29
规格=8mm		
25	6	15.12
30	6	24.09
35	7	40.78
40	7	55.50
50	7	91.38
规格=10mm		
30	7	25.38
35	7	37.73
40	8	59.78
50	8	100.2
60	8	150.4
规格=12mm		
35	8	39.44
40	8	55.71
50	8	95.54
60	10	181.7
70	10	255.9
80	10	342.3
规格=16mm		
40	10	58.69
50	10	107.1
60	10	167.7
70	10	240.4
80	12	390.9
90	12	507.5
100	12	638.7
规格=20mm		
50	10	92.11
60	10	151.6
70	10	223.0
80	12	368.9
90	12	483.8
100	12	613.3
110	14	884.2
120	14	1070
规格=24mm		
60	12	161.5
70	12	245.8
80	12	344.5
90	12	457.8
100	14	684.4
110	14	850.6
120	16	1182
130	16	1411
规格=30mm		
70	14	242.8
80	14	355.6
90	14	485.2
100	14	631.6
110	16	910.7
120	16	1117
130	18	1511
140	18	1787
规格=36mm		
90	16	467.5
100	16	631.5
120	16	1017
140	18	1668
160	20	2530

22. 工字钢用方斜垫圈（适用于 GB/T 852—1988）（表 9-90）

表 9-90 工字钢用方斜垫圈的重量 (kg)

每 1000 件钢制品的大约重量						
规格/mm	6	8	10	12	16	(18)
重量	5.8	7.11	11.69	21.76	37.6	63.73
规格/mm	20	(22)	24	(27)	30	36
重量	60.47	56.9	109.8	99.91	171.3	255.9

注：尽量不采用括号内的规格。

23. 槽钢用方斜垫圈（适用于 GB/T 853—1988）（表 9-91）

表 9-91 槽钢用方斜垫圈的重量 (kg)

每 1000 件钢制品的大约重量						
规格/mm	6	8	10	12	16	(18)
重量	4.75	5.79	9.31	16.9	28.22	50
规格/mm	20	(22)	24	(27)	30	36
重量	47.43	44.61	84.33	76.78	128.3	187.7

注：尽量不采用括号内的规格。

第十章 挡圈

一、挡圈综述

1. 挡圈的尺寸代号与标注（表10-1）

表10-1 挡圈的尺寸代号与标注

尺寸代号	标注内容
(1)A型和B型孔用弹性挡圈	
b	顶部高度
d	内径
d_0	孔径
d_1	钳孔直径
d_2	沟槽直径
d_3	轴径
D	外径
m	沟槽宽度
n	沟槽与孔端部距离
h	厚度
(2)A型和B型轴用弹性挡圈	
b	顶部宽度
d	内径
d_0	轴径
d_1	钳孔直径
d_2	沟槽直径
d_3	孔径
H	钳孔中心与内径边缘距离
m	沟槽宽度
n	沟槽与轴端部距离
h	厚度

（续）

尺寸代号	标 注 内 容
(3)孔用钢丝挡圈和轴用钢丝挡圈	
B	开口宽度
d	内径
d_0	孔径或轴径
d_1	钢丝直径
d_2	沟槽直径
D	外径
r	沟槽半径

2. 弹性挡圈的技术条件（GB/T 959.1—2017）

（1）材料

采用 GB/T 1222 中的 70，GB/T 1222 和 GB/T 4357 中的 65Mn、60Si2MnA，GB/T 959.1—2017 附录中的 C67S、C75S 钢带制造。

（2）热处理和表面处理（硬度仅供生产工艺参考）（表 10-2）

表 10-2 热处理硬度①

公称规格 d_1	维氏硬度 HA	洛氏硬度 HRC
$d_1 \leqslant 48$mm	470~580	47~54
48mm$<d_1 \leqslant 200$mm	435~530	44~51
200mm$<d_1 \leqslant 300$mm	390~470	40~47

① 热处理硬度仅供生产工艺参考，不作为验收依据。

（3）性能

1）弹性试验：

a. 孔用挡圈弹性试验：应使用符号 JB/T 3411.48 规定的安装钳将挡圈压缩到 $0.99 \times d_1$ 三次，或将挡圈穿过一个直径为 $0.99 \times d_1$ 的锥套（图 10-1）三次后，再安装到最大直径 $d_{2\max}$ 的沟槽内。

b. 轴用挡圈弹性试验：应使用符合 JB/T 3411.47 规定的安装钳将挡圈扩张到 $1.01 \times d_1$ 三次，或将挡圈穿过一个直径为 $1.01 \times d_1$ 的锥棒（图 10-2）三次后，再安装到最小直径 $d_{2\min}$ 的沟槽内。

c. 开口挡圈弹性试验：将开口挡圈装入试验轴上，然后拆下测量内径（d）尺寸。试验轴的直径应等于沟槽直径（d_2）的基本尺寸。

2）孔用和轴用弹性挡圈的缝规检查。试验时，将挡圈放入缝规（图 10-3）挡圈应能自由通过缝规。缝规尺寸见表 10-3。

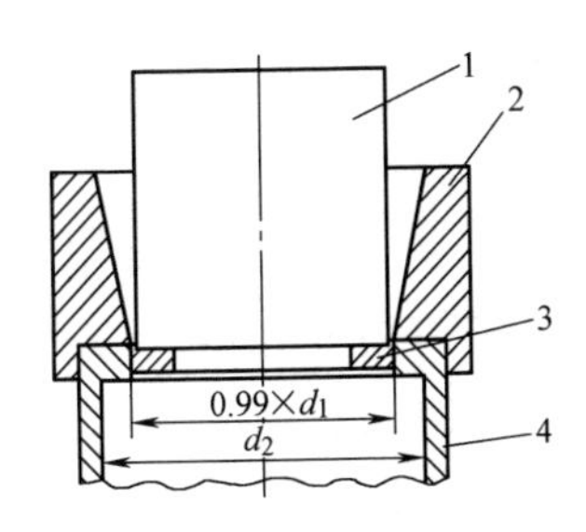

图 10-1 孔用挡圈弹性试验

1—压力顶杆 2—锥套 3—挡圈 4—支座

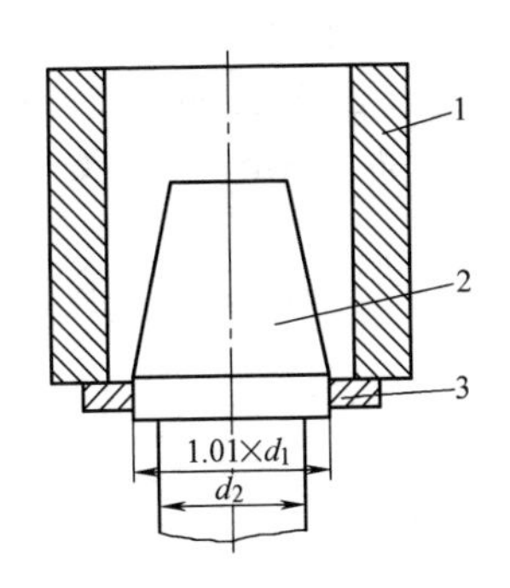

图 10-2 轴用挡圈弹性试验

1—压力套 2—锥棒 3—挡圈

表 10-3 缝规尺寸

孔径或轴径 d_1/mm	缝规宽度 c
$d_1 \leqslant 100$	1.5s
$100 < d_1 \leqslant 300$	1.8s

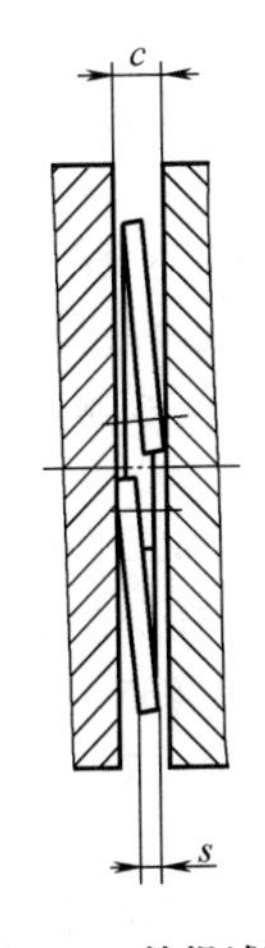

图 10-3 缝规试验

c—缝规间隙

s—挡圈厚度

3）开口挡圈的韧性试验：将挡圈装在试验轴上，保持 48h 目测检查。试验轴的直径应等于沟槽直径（d_2）的 1.1 倍。

（4）表面缺陷

1）挡圈表面不允许有裂纹。

2）挡圈不允许有影响使用的毛刺。

3. 钢丝挡圈的技术条件（GB/T 959.2—1986）

（1）材料

采用碳素弹簧钢丝（GB/T 4357）制造。

（2）热处理和表面处理

挡圈应进行低温回火处理，并进行表面氧化处理。

（3）性能

1）弹性试验：

a. 孔用钢丝挡圈：将挡圈装在图 10-4 所示的套筒内，再用芯轴压出，连续进行三次试验。试验后，其外径（D）和开口（B）的尺寸应符合尺寸标准的规定。图 10-4 中：d_0—孔径；D—挡圈外径；d_1—挡圈钢丝直径。

b. 轴用钢丝挡圈：将挡圈装在图 10-5 所示的芯轴上，再用套筒压出，连续进行三次试验。试验后，其内径（d）和开口（B）的尺寸应符合尺寸标准的规定。图 10-5 中：d_0—轴径，d—挡圈内径，d_1—挡圈钢丝直径。

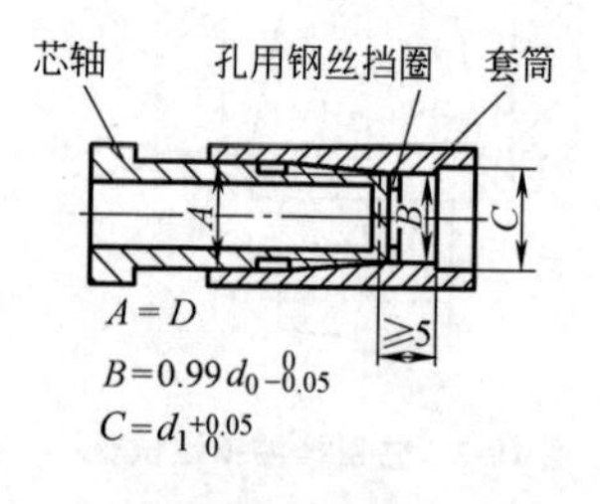

图 10-4　孔用钢丝挡圈弹性试验

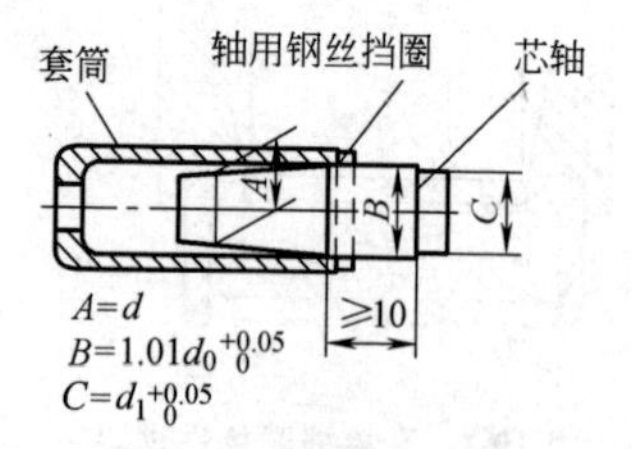

图 10-5　轴用钢丝挡圈弹性试验

2）缝规检查。将挡圈放入缝规（图 10-6）中，挡圈应能自由通过。

（4）表面缺陷

1）挡圈表面不允许有裂缝。

2）挡圈不允许有影响使用的毛刺。

4. 切制挡圈的技术条件（GB/T 959.3—1986）

（1）材料

采用 GB/T 700 的 Q235 钢、GB/T 699 的 35、45 钢和 GB/T 8731 的 Y12 钢制造。

（2）热处理（35 和 45 钢）及表面处理（根据使用要求进行）（表 10-4）

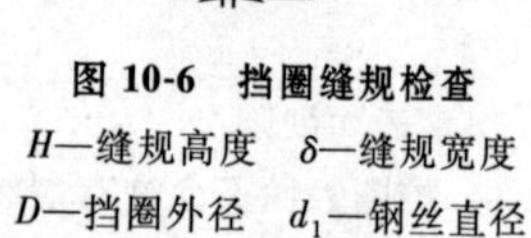

图 10-6　挡圈缝规检查

H—缝规高度　δ—缝规宽度

D—挡圈外径　d_1—钢丝直径

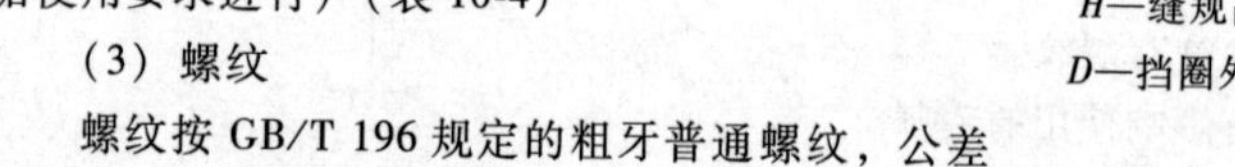

（3）螺纹

螺纹按 GB/T 196 规定的粗牙普通螺纹，公差按 GB/T 197 规定的 7H 级。

（4）轴肩挡圈两端面的平行度

按 GB/T 1184《形状和位置公差　未注公差值》附表 3 中规定的 6 级公差。

（5）表面缺陷

挡圈表面不允许有影响使用的毛刺、浮锈。

表 10-4　热处理及表面处理

材料牌号	热处理(淬火并回火)硬度　HRC	表面处理
35	25~35	氧化
45	39~44	

二、挡圈的尺寸

1. 标准型（A 型）孔用弹性挡圈（GB/T 893—2017）（图 10-7、表 10-5）

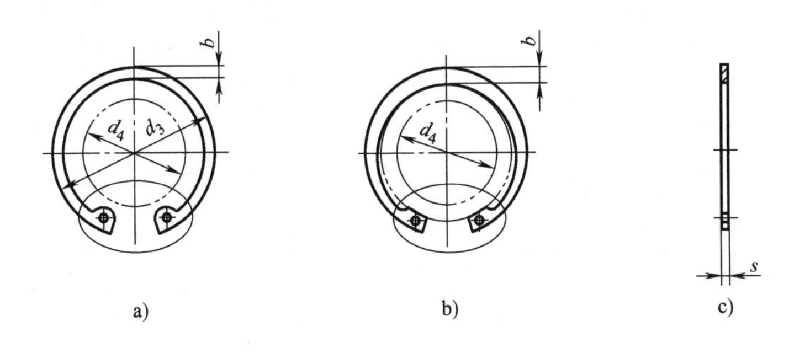

2.5:1

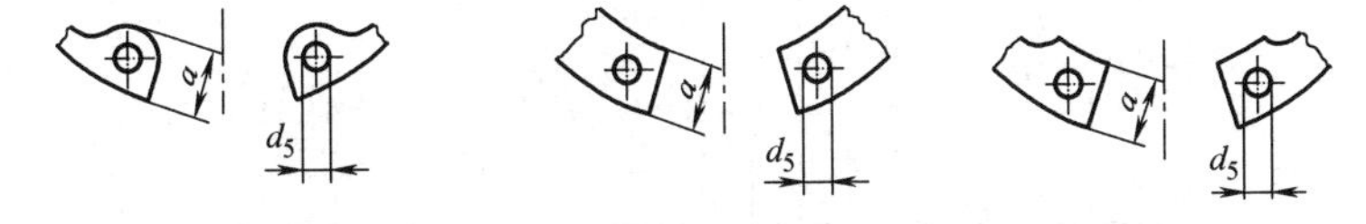

注：挡圈形状由制造者确定。

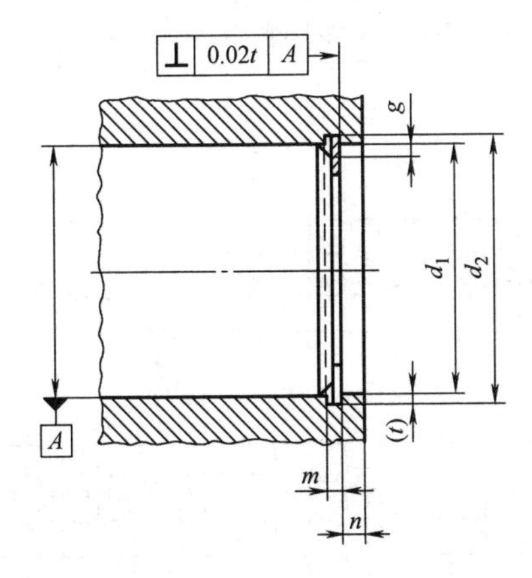

图 10-7　孔用弹性挡圈

a）$d_1 \leqslant 300$mm　b）$d_1 \geqslant 170$mm 由制造者确定　c）$d_1 \geqslant 25$mm 由制造者确定

表 10-5　标准型（A 型）孔用弹性挡圈尺寸

（mm）

公称规格 d_1	挡圈							沟槽					其他	
	s		d_3		a	b①	d_5	d_2		m	t	n	d_4	g
	基本尺寸	极限偏差	基本尺寸	极限偏差	max	≈	min	基本尺寸	极限偏差	H13		min		
8	0.80	0 −0.05	8.7		2.4	1.1	1.0	8.4	+0.09 0	0.9	0.20	0.6	3.0	0.5
9	0.80		9.8		2.5	1.3	1.0	9.4		0.9	0.20	0.6	3.7	0.5
10	1.00		10.8		3.2	1.4	1.2	10.4		1.1	0.20	0.6	3.3	0.5
11	1.00		11.8		3.3	1.5	1.2	11.4		1.1	0.20	0.6	4.1	0.5
12	1.00		13	+0.36 −0.10	3.4	1.7	1.5	12.6		1.1	0.26	0.8	4.9	0.5
13	1.00		14.1		3.6	1.8	1.5	13.6	+0.11 0	1.1	0.30	0.9	5.4	0.5
14	1.00		15.1		3.7	1.9	1.7	14.6		1.1	0.30	0.9	6.2	0.5
15	1.00		16.2		3.7	2.0	1.7	15.3		1.1	0.35	1.1	7.2	0.5
16	1.00		17.3		3.8	2.0	1.7	16.8		1.1	0.40	1.2	8.0	1.0
17	1.00		18.3		3.9	2.1	1.7	17.8		1.1	0.40	1.2	8.8	1.0
18	1.00		19.5		4.1	2.2	2.0	19		1.1	0.50	1.5	9.4	1.0
19	1.00		20.5	+0.42 −0.13	4.1	2.2	2.0	20		1.1	0.50	1.5	10.4	1.0
20	1.00		21.5		4.2	2.3	2.0	21	+0.13 0	1.1	0.50	1.5	11.2	1.0
21	1.00	0 −0.06	22.5		4.2	2.4	2.0	22		1.1	0.60	1.6	12.2	1.0
22	1.00		23.5		4.2	2.5	2.0	23		1.1	0.60	1.6	13.2	1.0
24	1.20		25.9		4.4	2.6	2.0	25.2		1.1	0.60	1.8	14.8	1.0
25	1.20		26.9	+0.42 −0.21	4.5	2.7	2.0	26.2	+0.21 0	1.3	0.60	1.8	15.5	1.0
26	1.20		27.9		4.7	2.8	2.0	27.2		1.3	0.60	1.8	16.1	1.0
28	1.20		30.1		4.8	2.9	2.0	29.4		1.3	0.70	2.1	17.9	1.0
30	1.20		32.1		4.8	3.0	2.0	31.4		1.3	0.70	2.1	19.9	1.0
31	1.20		33.4		5.2	3.2	2.5	32.7		1.3	0.85	2.6	20.0	1.0
32	1.20		34.4	+0.50 −0.25	5.4	3.2	2.5	33.7	+0.25 0	1.3	0.85	2.6	20.6	1.0
34	1.50		36.5		5.4	3.3	2.5	35.7		1.60	0.85	2.6	22.6	1.5
35	1.50		37.8		5.4	3.4	2.5	37.0		1.60	1.00	3.0	23.6	1.5
36	1.50		38.8		5.4	3.5	2.5	38.0		1.60	1.00	3.0	24.6	1.5

37	1.50	0 −0.06	39.8	+0.50 −0.25	5.5	3.6	2.5	39	+0.25 0	1.60	1.00	3.0	25.4	1.5
38	1.50		40.8		5.5	3.7	2.5	40		1.60	1.00	3.0	26.4	1.5
40	1.75		43.5	+0.90 −0.39	5.8	3.9	2.5	42.5		1.85	1.25	3.8	27.8	2.0
42	1.75		45.5		5.9	4.1	2.5	44.5		1.85	1.25	3.8	29.6	2.0
45	1.75		48.5		6.2	4.3	2.5	47.5		1.85	1.25	3.8	32.0	2.0
47	1.75		50.5	+0.10 −0.46	6.4	4.4	2.5	49.5		1.85	1.25	3.8	33.5	2.0
48	1.75		51.5		6.4	4.5	2.5	50.5		1.85	1.25	3.8	34.5	2.0
50	2.00	0 −0.07	54.2		6.5	4.6	2.5	53.0	+0.30 0	2.15	1.50	4.5	36.3	2.0
52	2.00		56.2		6.7	4.7	2.5	55.0		2.15	1.50	4.5	37.9	2.0
55	2.00		59.2		6.8	5.0	2.5	58.0		2.15	1.50	4.5	40.7	2.0
56	2.00		60.2		6.8	5.1	2.5	59.0		2.15	1.50	4.5	41.7	2.0
58	2.00		62.2		6.9	5.2	2.5	61.0		2.15	1.50	4.5	43.5	2.0
60	2.00		64.2		7.3	5.4	2.5	63.0		2.15	1.50	4.5	44.7	2.0
62	2.00		66.2		7.3	5.5	2.5	65.0		2.15	1.50	4.5	46.7	2.0
63	2.00		67.2		7.3	5.6	2.5	66.0		2.15	1.50	4.5	47.7	2.0
65	2.50		69.2		7.6	5.8	3.0	68.0		2.65	1.50	4.5	49.0	2.5
68	2.50		72.5		7.8	6.1	3.0	71.0		2.65	1.50	4.5	51.6	2.5
70	2.50		74.5		7.8	6.2	3.0	73.0		2.65	1.50	4.5	53.6	2.5
72	2.50		76.5		7.8	6.4	3.0	75.0		2.65	1.50	4.5	55.6	2.5
75	2.50		79.5		7.8	6.6	3.0	78.0		2.65	1.50	4.5	58.6	2.5
78	2.50		82.5	+1.30 −0.54	8.5	6.6	3.0	81.0		2.65	1.50	4.5	60.1	2.5
80	2.50		85.5		8.5	6.8	3.0	83.5	+0.35 0	2.65	1.75	5.3	62.1	2.5
82	2.50		87.5		8.5	7.0	3.0	85.5		2.65	1.75	5.3	64.1	2.5
85	3.00	0 −0.08	90.5		8.6	7.0	3.5	88.5		3.15	1.75	5.3	66.9	3.0
88	3.00		93.5		8.6	7.2	3.5	91.5		3.15	1.75	5.3	69.9	3.0

（续）

公称规格 d_1	挡圈							沟槽					其他	
	s		d_3		a	b[1]	d_5	d_2		m	t	n	d_4	g
	基本尺寸	极限偏差	基本尺寸	极限偏差	max	≈	min	基本尺寸	极限偏差	H13		min		
90	3.00	0 -0.08	95.5	+1.30 -0.54	8.6	7.6	3.5	93.5	+0.35 0	3.15	1.75	5.3	71.9	3.0
92	3.00		97.5		8.7	7.8	3.5	95.5		3.15	1.75	5.3	73.7	3.0
95	3.00		100.5		8.8	8.1	3.5	98.5		3.15	1.75	5.3	76.5	3.0
98	3.00		103.5		9.0	8.3	3.5	101.5		3.15	1.75	5.3	79.0	3.0
100	3.00		105.5		9.2	8.4	3.5	103.5		3.15	1.75	5.3	80.6	3.0
102	4.00	0 -0.10	108		9.5	8.5	3.5	106.0	+0.54 0	4.15	2.00	6.0	82.0	3.0
105	4.00		112		9.5	8.7	3.5	109.0		4.15	2.00	6.0	85.0	3.0
108	4.00		115		9.5	8.9	3.5	112.0		4.15	2.00	6.0	88.0	3.0
110	4.00		117		10.4	9.0	3.5	114.0		4.15	2.00	6.0	88.2	3.0
112	4.00		119		10.5	9.1	3.5	116.0		4.15	2.00	6.0	90.0	3.0
115	4.00		122	+1.50 -0.63	10.5	9.3	3.5	119.0	+0.63 0	4.15	2.00	6.0	93.0	3.0
120	4.00		127		11.0	9.7	3.5	124.0		4.15	2.00	6.0	96.9	3.0
125	4.00		132		11.0	10.0	4.0	129.0		4.15	2.00	6.0	101.9	3.0
130	4.00		137		11.0	10.2	4.0	134.0		4.15	2.00	6.0	106.9	3.0
135	4.00		142		11.2	10.5	4.0	139.0		4.15	2.00	6.0	111.5	3.0
140	4.00		147		11.2	10.7	4.0	144.0		4.15	2.00	6.0	116.5	3.0
145	4.00		152		11.4	10.9	4.0	149.0		4.15	2.00	6.0	121.0	3.0
150	4.00		158		12.0	11.2	4.0	155.0		4.15	2.50	7.5	124.8	3.0

155	4.00	0 -0.10	164	+1.50 -0.63	12.0	11.4	4.0	160.0	+0.63 0	4.15	2.50	7.5	129.8	3.5
160	4.00		169		13.0	11.6	4.0	165.0		4.15	2.50	7.5	132.7	3.5
165	4.00		174.5		13.0	11.8	4.0	170.0		4.15	2.50	7.5	137.7	3.5
170	4.00		179.5		13.5	12.2	4.0	175.0		4.15	2.50	7.5	141.6	3.5
175	4.00		184.5	+1.70 -0.72	13.5	12.7	4.0	180.0		4.15	2.50	7.5	146.6	3.5
180	4.00		189.5		14.2	13.2	4.0	185.0	+0.72 0	4.15	2.50	7.5	150.2	3.5
185	4.00		194.5		14.2	13.7	4.0	190.0		4.15	2.50	7.5	155.2	3.5
190	4.00		199.5		14.2	13.8	4.0	195.0		4.15	2.50	7.5	160.2	3.5
195	4.00		204.5		14.2	14.0	4.0	200.0		4.15	2.50	7.5	165.2	3.5
200	4.00		209.5		14.2	14.0	4.0	205.0		4.15	2.50	7.5	170.2	3.5
210	5.00	0 -0.12	222.0		14.2	14.0	4.0	216.0		5.15	3.00	9.0	180.2	4.0
220	5.00		232.0		14.2	14.0	4.0	226.0		5.15	3.00	9.0	190.2	4.0
230	5.00		242.0		14.2	14.0	4.0	236.0		5.15	3.00	9.0	200.2	4.0
240	5.00		252.0	+2.00 -0.81	14.2	14.0	4.0	346.0		4.15	3.00	10.0	210.2	4.0
250	5.00		262.0		16.2	16.0	5.0	256.0	+0.81 0	5.15	3.00	9.0	220.2	4.0
260	5.00		275.0		16.2	16.0	5.0	268.0		5.15	4.00	12.0	226.0	4.0
270	5.00		285.0		16.2	16.0	5.2	278.0		5.15	4.00	12.0	236.0	4.0
280	5.00		295.0		16.2	16.0	5.0	288.0		5.15	4.00	12.0	246.0	4.0
290	5.00		305.0		16.2	16.0	5.0	298.0		5.15	4.00	12.0	256.0	4.0
300	5.00		315.0		16.2	16.0	5.0	308.0		5.15	4.00	12.0	266.0	4.0

① 尺寸 b 不能超过 a_{max}。

2. 重型（B型）孔用弹性挡圈（GB/T 893—2017）（图10-7、表10-6）

表10-6　重型（B型）孔用弹性挡圈尺寸

（mm）

公称规格 d_1	挡圈							沟槽					其他	
	s		d_3		a max	b[①] ≈	d_5 min	d_2		m H13	t	n min	d_4	g
	基本尺寸	极限偏差	基本尺寸	极限偏差				基本尺寸	极限偏差					
20	1.50		21.5		4.5	2.4	2.0	21.0		1.60	0.50	1.5	10.5	1.0
22	1.50		23.5		4.7	2.8	2.0	23.0	+0.13 0	1.60	0.50	1.5	12.1	1.0
24	1.50		25.9	+0.42 -0.21	4.9	3.0	2.0	25.2		1.60	0.60	1.8	13.7	1.0
25	1.50		26.9		5.0	3.1	2.0	26.2		1.60	0.60	1.8	14.5	1.0
26	1.50		27.9		5.1	3.1	2.0	27.2	+0.21 0	1.60	0.60	1.8	15.3	1.0
28	1.50	0 -0.06	30.1		5.3	3.2	2.0	29.4		1.60	0.70	2.1	16.9	1.0
30	1.50		32.1		5.5	3.3	2.0	31.4		1.60	0.70	2.1	18.4	1.0
32	1.50		34.4		5.7	3.4	2.0	33.7		1.60	0.85	2.6	20.0	1.0
34	1.75		36.5	+0.50 -0.25	5.9	3.7	2.5	35.7		1.85	0.85	2.6	21.6	1.5
35	1.75		37.8		6.0	3.8	2.5	37.0		1.85	1.00	3.0	22.4	1.5
37	1.75		39.8		6.2	3.9	2.5	39.0	+0.25 0	1.85	1.00	3.0	24.0	1.5
38	2.00		40.8		6.3	3.9	2.5	40.0		1.85	1.00	3.0	24.7	1.5
40	2.00		43.5		6.5	3.9	2.5	42.5		2.15	1.25	3.8	26.3	2.0
42	2.00	0 -0.07	45.5	+0.90 -0.39	6.7	4.1	2.5	44.5		2.15	1.25	3.8	27.9	2.0
45	2.00		48.5		7.0	4.3	2.5	47.5		2.15	1.25	3.8	30.3	2.0

47	2.00	0 -0.07	50.5	+1.10 -0.46	7.2	4.4	2.5	49.5	+0.25 0	2.15	1.25	3.8	31.9	2.0
50	2.50		54.2		7.5	4.6	2.5	53.0	+0.30 0	2.65	1.50	4.5	34.2	2.0
52	2.50		56.2		7.7	4.7	2.5	55.0		2.65	1.50	4.5	35.8	2.0
55	2.50		59.2		8.0	5.0	2.5	58.0		2.65	1.50	4.5	38.2	2.0
60	3.00	0 -0.08	64.2		8.5	5.4	2.5	63.0		3.15	1.50	4.5	42.1	2.0
62	3.00		66.2		9.6	5.5	2.5	65.0		3.15	1.50	4.5	43.9	2.0
65	3.00		69.2		8.7	5.8	3.0	68.0		3.15	1.50	4.5	46.7	2.5
68	3.00		72.5		8.8	6.1	3.0	71.0		3.15	1.50	4.5	49.5	2.5
70	3.00		74.5		9.0	6.2	3.0	73.0		3.15	1.50	4.5	51.1	2.5
72	3.00		76.5		9.2	6.4	3.0	75.0		3.15	1.50	4.5	52.7	2.5
75	3.00		79.5		9.3	6.6	3.0	78.0		3.15	1.50	4.5	55.5	2.5
80	4.00	0 -0.10	85.5	+1.30 -0.54	9.5	7.0	3.0	83.5	+0.35 0	4.15	1.75	5.3	60.0	2.5
85	4.00		90.5		9.7	7.2	3.5	88.5		4.15	1.75	5.3	64.6	3.0
90	4.00		95.5		10.0	7.6	3.5	93.5		4.15	1.75	5.3	69.0	3.0
95	4.00		100.5		10.3	8.1	3.5	98.5		4.15	1.75	5.3	73.4	3.0
100	4.00		105.5		10.5	8.4	3.5	103.5		4.15	1.75	5.3	78.0	3.0

① 尺寸 b 不能超过 a_{max}。

3. 标准型（A 型）轴用弹性挡圈（GB/T 894—2017）（图 10-8、表 10-7）

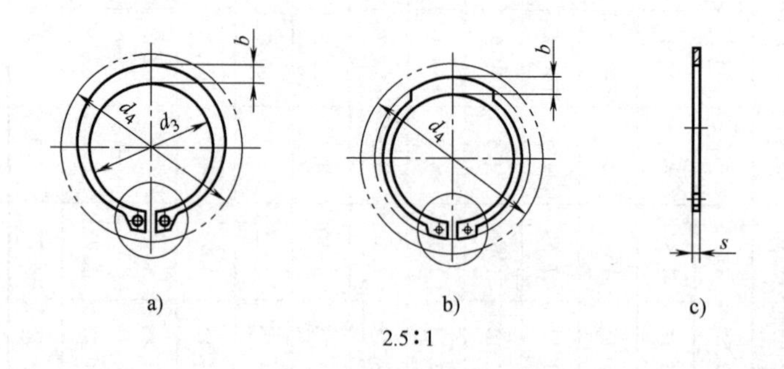

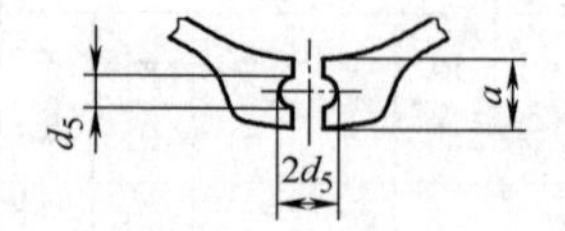

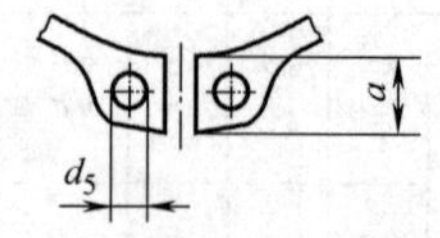

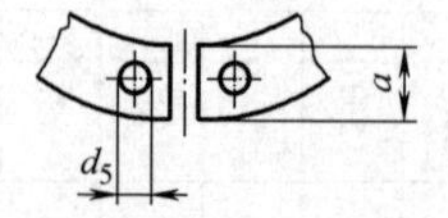

注:挡圈形状由制造者确定。

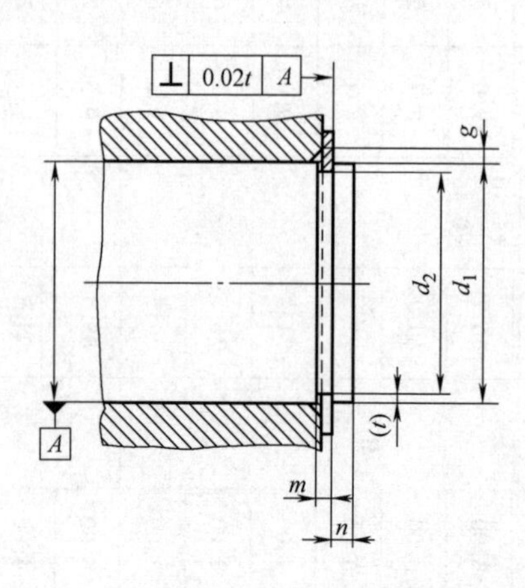

图 10-8 轴用弹性挡圈

a）$d_1 \leqslant 9$mm b）9mm<$d_1 \leqslant 300$mm c）$d_1 \geqslant 170$mm 由制造者确定

表 10-7 标准型（A 型）轴用弹性挡圈尺寸 （mm）

公称规格 d_1	挡圈							沟槽					其他	
	s		d_3		a max	b[①] ≈	d_5 min	d_2		m H13	t	n min	d_4	g
	基本尺寸	极限偏差	基本尺寸	极限偏差				基本尺寸	极限偏差					
3	0.40	0 −0.05	2.7	+0.04 −0.15	1.9	0.8	1.0	2.8	0 −0.04	0.5	0.10	0.3	7.0	0.5
4	0.40		3.7		2.2	0.9	1.0	3.8	0 −0.05	0.5	0.10	0.3	8.6	0.5
5	0.60		4.7		2.5	1.1	1.0	4.8		0.7	0.10	0.3	10.3	0.5
6	0.70		5.6		2.7	1.3	1.2	5.7		0.8	0.15	0.5	11.7	0.5
7	0.80		6.5	+0.06 −0.18	3.1	1.4	1.2	6.7	0 −0.06	0.9	0.15	0.5	13.5	0.5
8	0.80		7.4		3.2	1.5	1.2	7.6		0.9	0.20	0.6	14.7	0.5
9	1.00	0 −0.06	8.4		3.3	1.7	1.2	8.6	0 −0.11	1.1	0.20	0.6	16.0	0.5
10	1.00		9.3	+0.10 −0.36	3.3	1.8	1.5	9.6		1.1	0.20	0.6	17.0	1.0
11	1.00		10.2		3.3	1.8	1.5	10.5		1.1	0.26	0.8	18.0	1.0
12	1.00		11.0		3.3	1.8	1.7	11.5		1.1	0.25	0.8	19.0	1.0
13	1.00		11.9		3.4	2.0	1.7	12.4		1.1	0.30	0.9	20.2	1.0
14	1.00		12.9		3.5	2.1	1.7	13.4		1.1	0.30	0.9	21.4	1.0
15	1.00		13.8		3.6	2.2	1.7	14.3		1.1	0.35	1.1	22.6	1.0
16	1.00		14.7		3.7	2.2	1.7	15.2		1.1	0.40	1.2	23.8	1.0
17	1.00		15.7		3.8	2.3	1.7	16.2		1.1	0.40	1.2	25.0	1.0

（续）

公称规格 d_1	挡圈							沟槽						其他	
	s		d_3		a max	b[①] ≈	d_5 min	d_2		m H13	t	n min		d_4	g
	基本尺寸	极限偏差	基本尺寸	极限偏差				基本尺寸	极限偏差						
18	1.20		16.5	+0.10 −0.36	3.9	2.4	2.0	17.0	0 −0.11	1.30	0.50	1.5		26.2	1.5
19	1.20		17.5		3.9	2.5	2.0	18.0		1.30	0.50	1.5		27.2	1.5
20	1.20		18.5	+0.13 −0.42	4.0	2.6	2.0	19.0	0 −0.13	1.30	0.50	1.5		28.4	1.5
21	1.20		19.5		4.1	2.7	2.0	20.0		1.30	0.50	1.5		29.6	1.5
22	1.20		20.5		4.2	2.8	2.0	21.0		1.30	0.50	1.5		30.8	1.5
24	1.20	0 −0.06	22.2	+0.21 −0.42	4.4	3.0	2.0	22.9	0 −0.21	1.30	0.55	1.7		33.2	1.5
25	1.20		23.2		4.4	3.0	2.0	23.9		1.30	0.55	1.7		34.2	1.5
26	1.20		24.2		4.5	3.1	2.0	24.9		1.30	0.55	1.7		35.5	1.5
28	1.50		25.9		4.7	3.2	2.0	26.6		1.60	0.70	2.1		37.9	1.5
29	1.50		26.9		4.8	3.4	2.0	27.6		1.60	0.70	2.1		39.1	1.5
30	1.50		27.9		5.0	3.5	2.0	28.6		1.60	0.70	2.1		40.5	1.5
32	1.50		29.6	+0.25 −0.50	5.2	3.6	2.5	30.3	0 −0.25	1.60	0.85	2.6		43.0	2.0
34	1.50		31.5		5.4	3.8	2.5	32.3		1.60	0.85	2.6		45.4	2.0
35	1.50		32.2		5.6	3.9	2.5	33.0		1.60	1.00	3.0		46.8	2.0
36	1.75		33.2		5.6	4.0	2.5	34.0		1.85	1.00	3.0		47.8	2.0
38	1.75		35.2		5.8	4.2	2.5	36.0		1.85	1.00	3.0		50.2	2.0

40	1.75	0 −0.06	36.5	+0.39 −0.90	6.0	4.4	2.5	37.0	0 −0.25	1.85	1.25	3.8	52.6	2.0
42	1.75		38.5		6.5	4.5	2.5	39.5		1.85	1.25	3.8	55.7	2.0
45	1.75		41.5		6.7	4.7	2.5	42.5		1.85	1.25	3.8	59.1	2.0
48	1.75		44.5		6.9	5.0	2.5	45.5		1.85	1.25	3.8	62.5	2.0
50	2.00	0 −0.07	45.8		6.9	5.1	2.5	47.0		2.15	1.50	4.5	64.5	2.0
52	2.00		47.8		7.0	5.2	2.5	49.0		2.15	1.50	4.5	66.7	2.5
55	2.00		50.8	+0.46 −1.10	7.2	5.4	2.5	52.0	0 −0.30	2.15	1.50	4.5	70.2	2.5
56	2.00		51.8		7.3	5.5	2.5	53.0		2.15	1.50	4.5	71.6	2.5
58	2.00		53.8		7.3	5.6	2.5	55.0		2.15	1.50	4.5	73.6	2.5
60	2.00		55.8		7.4	5.8	2.5	57.0		2.15	1.50	4.5	75.6	2.5
62	2.00		57.8		7.5	6.0	2.5	59.0		2.15	1.50	4.5	77.8	2.5
63	2.00		58.8		7.6	6.2	2.5	60.0		2.15	1.50	4.5	79.0	2.5
65	2.50		60.8		7.8	6.3	3.0	62.0		2.65	1.50	4.5	81.4	2.5
68	2.50		63.5		8.0	6.5	3.0	65.0		2.65	1.50	4.5	84.6	2.5
70	2.50		65.5		8.1	6.6	3.0	67.0		2.65	1.50	4.5	87.0	2.5
72	2.50		67.5		8.2	6.8	3.0	69.0		2.65	1.50	4.5	89.2	2.5

（续）

公称规格 d_1	挡圈							沟槽					其他	
	s		d_3		a max	b① ≈	d_5 min	d_2		m H13	t	n min	d_4	g
	基本尺寸	极限偏差	基本尺寸	极限偏差				基本尺寸	极限偏差					
75	2.50	0 −0.07	70.5	+0.46 −0.10	8.4	7.0	3.0	72.0	0 −0.30	2.65	1.50	4.5	92.7	2.5
78	2.50		73.5		8.6	7.3	3.0	75.0		2.65	1.50	4.5	96.1	3.0
80	2.50		74.5		8.6	7.4	3.0	76.5		2.65	1.75	5.3	98.1	3.0
82	2.50		76.5		8.7	7.6	3.0	78.5		2.65	1.75	5.3	100.3	3.0
85	3.50	0 −0.08	79.5		8.7	7.8	3.5	81.5	0 −0.35	3.15	1.75	5.3	103.3	3.0
88	3.00		82.5	+0.54 −1.30	8.8	8.0	3.5	84.5		3.15	1.75	5.3	106.5	3.0
90	3.00		84.5		8.8	8.2	3.5	86.5		3.15	1.75	5.3	108.5	3.0
95	3.00		89.5		9.4	8.6	3.5	91.5		3.15	1.75	5.3	114.8	3.5
100	3.00		94.5		9.6	9.0	3.5	96.5		3.15	1.75	5.3	120.2	3.5
105	4.00	0 −0.10	98.0		9.9	9.3	3.5	101.0	0 −0.54	4.15	2.00	6.0	125.8	3.5
110	4.00		103.0		10.1	9.6	3.5	106.0		4.15	2.00	6.0	131.2	3.5
115	4.00		108.0		10.6	9.8	3.5	111.0		4.15	2.00	6.0	137.3	3.5
120	4.00		113.0		11.0	10.2	3.5	116.0		4.15	2.00	6.0	143.1	3.5
125	4.00		118.0		11.4	10.4	4.0	121.0	0 −0.63	4.15	2.00	6.0	149.0	4.0
130	4.00		123.0	+0.62 −1.50	11.6	10.7	4.0	126.0		4.15	2.00	6.0	154.4	4.0
135	4.00		128.0		11.8	11.0	4.0	131.0		4.15	2.00	6.0	159.8	4.0

140	4.00	0 -0.10	133.0	+0.63 -1.50	12.0	11.2	4.0	136.0	0 -0.63	4.15	2.0	6.0	165.2	4.0
145	4.00		138.0		12.2	11.5	4.0	141.0		4.15	2.0	6.0	170.6	4.0
150	4.00		142.0		13.0	11.8	4.0	145.0		4.15	2.5	7.5	177.3	4.0
155	4.00		146.0		13.0	12.0	4.0	150.0		4.15	2.5	7.5	182.3	4.0
160	4.00		151.0		13.3	12.2	4.0	155.0		4.15	2.5	7.5	188.0	4.0
165	4.00		155.5		13.5	12.5	4.0	160.0		4.15	2.5	7.5	193.4	5.0
170	4.00		160.5		13.5	12.9	4.0	165.0		4.15	2.5	7.5	198.4	5.0
175	4.00		165.5		13.5	13.5	4.0	170.0		4.15	2.5	7.5	203.4	5.0
180	4.00		170.5		14.2	13.5	4.0	175.0		4.15	2.5	7.5	210.0	5.0
185	4.00		175.5		14.2	14.0	4.0	180.0		4.15	2.5	7.5	215.0	5.0
190	4.00		180.5	+0.72 -1.70	14.2	14.0	4.0	185.0	0 -0.72	4.15	2.5	7.5	220.0	5.0
195	4.00	0 -0.12	185.5		14.2	14.0	4.0	190.0		4.15	2.5	7.5	225.0	5.0
200	4.00		190.5		14.2	14.0	4.0	195.0		4.15	2.5	7.5	230.0	5.0
210	5.00		198.0		14.2	14.0	4.0	204.0		5.15	3.0	9.0	240.0	5.0
220	5.00		208.0		14.2	14.0	4.0	214.0		5.15	3.0	9.0	250.0	6.0
230	5.00		218.0		14.2	14.0	4.0	224.0		5.15	3.0	9.0	260.0	6.0
240	5.00		228.0		14.2	14.0	4.0	234.0		5.15	3.0	9.0	270.0	6.0
250	5.00		238.0		14.2	14.0	4.0	244.0		5.15	3.0	9.0	280	6.0
260	5.00		245.0		16.2	16.0	5.0	252.0		5.15	4.0	12.0	294	6.0
270	5.00		255.0	+0.81 -2.00	16.2	16.0	5.0	262.0	0 -0.81	5.15	4.0	12.0	304	6.0
280	5.00		265.0		16.2	16.0	5.0	272.0		5.15	4.0	12.0	314	6.0
290	5.00		275.0		16.2	16.0	5.0	282.0		5.15	4.0	12.0	324	6.0
300	5.00		285.0		16.2	16.0	5.0	292.0		5.15	4.0	12.0	334	6.0

① 尺寸 b 不能超过 a_{max}。

4. 重型（B 型）轴用弹性挡圈（GB/T 894—2017）（图 10-8、表 10-8）

表 10-8　重型（B 型）轴用弹性挡圈尺寸　（mm）

公称规格 d_1	挡圈							沟槽					其他	
	s		d_3		a	b①	d_5	d_2		m	t	n	d_4	g
	基本尺寸	极限偏差	基本尺寸	极限偏差	max	≈	min	基本尺寸	极限偏差	H13		min		
15	1.50	0 −0.06	13.8	+0.10 −0.36	4.8	2.4	2.0	14.3	0 −0.11	1.60	0.35	1.1	25.1	1.0
16	1.50		14.7		5.0	2.5	2.0	15.2		1.60	0.40	1.2	26.5	1.0
17	1.50		15.7		5.0	2.6	2.0	16.2		1.60	0.40	1.2	27.5	1.0
18	1.50		16.5		5.1	2.7	2.0	17.0		1.60	0.50	1.5	28.7	1.5
20	1.75		18.5	+0.13 −0.42	5.5	3.0	2.0	19.0	0 −0.13	1.85	0.50	1.5	31.6	1.5
22	1.75		20.5		6.0	3.1	2.0	21.0		1.85	0.50	1.5	34.6	1.5
24	1.75		22.2	+0.21 −0.42	6.3	3.2	2.0	22.9	0 −0.21	1.85	0.55	1.7	37.3	1.5
25	2.00	0 −0.07	23.2		6.4	3.4	2.0	23.9		2.15	0.55	1.7	38.5	1.5
28	2.00		25.9		6.5	3.5	2.0	26.6		2.15	0.70	2.1	41.7	1.5
30	2.00		27.9		6.5	4.1	2.0	28.6		2.15	0.70	2.1	43.7	1.5
32	2.00		29.6	+0.25 −0.50	6.5	4.1	2.5	30.3	0 −0.25	2.15	0.85	2.6	45.7	2.0
34	2.50		31.5		6.6	4.2	2.5	32.3		2.65	0.85	2.6	47.9	2.0
35	2.50		32.2		6.7	4.2	2.5	33.0		2.65	1.00	3.0	49.1	2.0

38	2.50	0 −0.07	35.2	+0.25 −0.50	6.8	4.3	2.5	36.0	0 −0.25	2.65	1.00	3.0	52.3	2.0
40	2.50		36.5	+0.39 −0.90	7.0	4.4	2.5	37.5		2.65	1.25	3.8	54.7	2.0
42	2.50		38.5		7.2	4.5	2.5	39.5		2.65	1.25	3.8	57.2	2.0
45	2.50		41.5		7.5	4.7	2.5	42.5		2.65	1.25	3.8	60.8	2.0
48	2.50		44.5		7.8	5.0	2.5	45.5		2.65	1.25	3.8	64.4	2.0
50	3.00	0 −0.08	45.8		8.0	5.1	2.5	47.0		3.15	1.50	4.5	66.8	2.0
52	3.00		47.8		8.2	5.2	2.5	49.0		3.15	1.50	4.5	69.3	2.5
55	3.00		50.8	+0.46 −1.10	8.5	5.4	2.5	52.0	0 −0.30	3.15	1.50	4.5	72.9	2.5
58	3.00		53.8		8.8	5.6	2.5	55.0		3.15	1.50	4.5	76.5	2.5
60	3.00		55.8		9.0	5.8	2.5	57.0		3.15	1.50	4.5	78.9	2.5
65	4.00	0 −0.10	60.8		9.3	6.3	3.0	62.0		4.15	1.50	4.5	84.6	2.5
70	4.00		65.5		9.5	6.6	3.0	67.0		4.15	1.50	4.5	90.0	2.5
75	4.00		70.5		9.7	7.0	3.0	72.0		4.15	1.60	4.5	95.4	2.5
80	4.00		74.5		9.8	7.4	3.0	76.5		4.15	1.75	6.3	100.6	3.0
85	4.00		79.5		10.0	7.8	3.5	81.5	0 −0.35	4.15	1.75	5.3	106.0	3.0
90	4.00		84.5	+0.54 −1.30	10.2	8.2	3.5	86.5		4.15	1.75	5.3	111.5	3.0
100	4.00		94.5		10.5	9.0	3.5	96.5		4.15	1.75	5.3	122.1	3.0

① 尺寸 b 不能超过 a_{max}。

5. 孔用钢丝挡圈（GB/T 895.1—1986）（图 10-9、表 10-9）

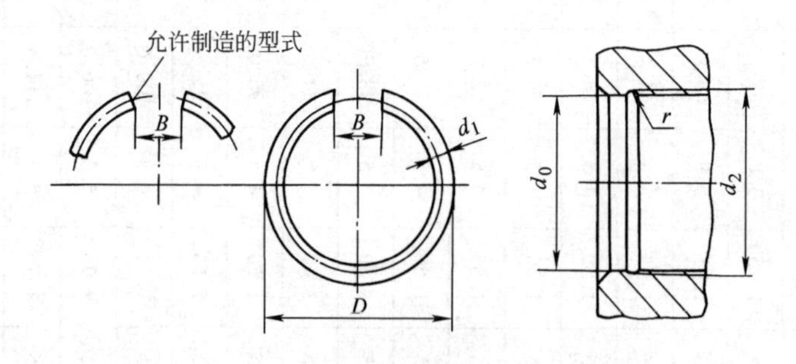

图 10-9 孔用钢丝挡圈

表 10-9 孔用钢丝挡圈尺寸 （mm）

<table>
<tr><th rowspan="3">孔径
d_0</th><th colspan="5">挡 圈</th><th colspan="3">沟 槽（推荐）</th></tr>
<tr><th colspan="2">D</th><th rowspan="2">d_1</th><th rowspan="2">B
≈</th><th rowspan="2">r</th><th colspan="2">d_2</th></tr>
<tr><th>基本尺寸</th><th>极限偏差</th><th>基本尺寸</th><th>极限偏差</th></tr>
<tr><td>7</td><td>8.0</td><td rowspan="2">+0.22
0</td><td rowspan="3">0.8</td><td rowspan="3">4</td><td rowspan="3">0.5</td><td>7.8</td><td rowspan="2">±0.045</td></tr>
<tr><td>8</td><td>9.0</td><td>8.8</td></tr>
<tr><td>10</td><td>11.0</td><td rowspan="4">+0.43
0</td><td>10.8</td><td rowspan="4">±0.055</td></tr>
<tr><td>12</td><td>13.5</td><td rowspan="2">1.0</td><td rowspan="2">6</td><td rowspan="2">0.6</td><td>13.0</td></tr>
<tr><td>14</td><td>15.5</td><td>15.0</td></tr>
<tr><td>16</td><td>18.0</td><td>1.6</td><td>8</td><td>0.9</td><td>17.6</td></tr>
<tr><td>18</td><td>20.0</td><td rowspan="6">+0.52
0</td><td>1.6</td><td>8</td><td>0.9</td><td>19.6</td><td>±0.065</td></tr>
<tr><td>20</td><td>22.5</td><td rowspan="7">2.0</td><td rowspan="7">10</td><td rowspan="7">1.1</td><td>22.0</td><td rowspan="6">±0.105</td></tr>
<tr><td>22</td><td>24.5</td><td>24.0</td></tr>
<tr><td>24</td><td>26.5</td><td>26.0</td></tr>
<tr><td>25</td><td>27.5</td><td>27.0</td></tr>
<tr><td>26</td><td>28.5</td><td>28.0</td></tr>
<tr><td>28</td><td>30.5</td><td rowspan="2">+0.62
0</td><td>30.0</td></tr>
<tr><td>30</td><td>32.5</td><td>32.0</td><td>±0.125</td></tr>
</table>

（续）

孔径 d_0	挡　圈				沟　槽(推荐)		
	D		d_1	B ≈	r	d_2	
	基本尺寸	极限偏差				基本尺寸	极限偏差
32	35.0	+0.62 0	2.5	12	1.4	34.5	±0.125
35	38.0	+1.00 0				37.6	
38	41.0					40.6	
40	43.0					42.6	
42	45.0			16		44.5	
45	48.0					47.5	
48	51.0	+1.20 0				50.5	±0.150
50	53.0					52.5	
55	59.0		3.2	20	1.8	58.2	
60	64.0					63.2	
65	69.0					68.2	
70	74.0					73.2	
75	79.0			25		78.2	
80	84.0	+1.40 0				83.2	±0.175
85	89.0					88.2	
90	94.0					93.2	
95	99.0					98.2	
100	104.0	+1.40 0	3.2	32	1.8	103.2	±0.175
105	109.0					108.2	
110	114.0					113.2	
115	119.0					118.2	
120	124.0	+1.60 0				123.2	±0.200
125	129.0					128.2	

6. 轴用钢丝挡圈（GB/T 895.2—1986）（图 10-10、表 10-10）

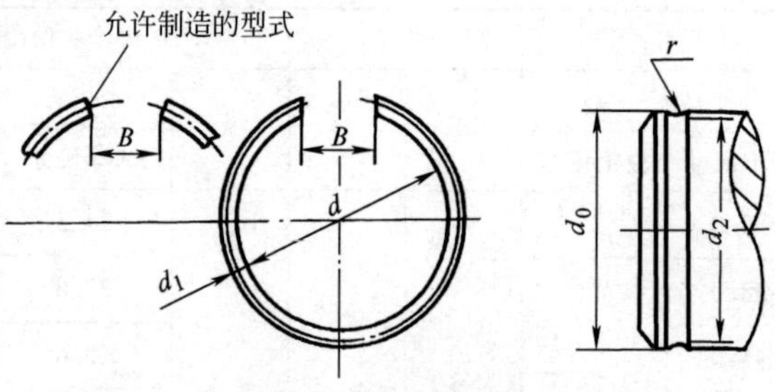

图 10-10 轴用钢丝挡圈

表 10-10 轴用钢丝挡圈尺寸 （mm）

轴径 d_0	挡圈 d 基本尺寸	挡圈 d 极限偏差	挡圈 d_1	挡圈 B ≈	沟槽（推荐）r	沟槽（推荐）d_2 基本尺寸	沟槽（推荐）d_2 极限偏差
4	3	0 -0.18	0.6	1	0.4	3.4	±0.037
5	4					4.4	
6	5					5.4	
7	6	0 -0.22	0.8	2	0.5	6.2	±0.045
8	7					7.2	
10	9					9.2	
12	10.5	0 -0.47	1.0	3	0.6	11.0	±0.055
14	12.5					13.0	
16	14.0		1.6		0.9	14.4	
18	16.0					16.4	
20	17.5		2.0		1.1	18.0	0.09
22	19.5	0 -0.52				20.0	±0.105
24	21.5					22.0	
25	22.5					23.0	
26	23.5					24.0	
28	25.5					26.0	
30	27.5					28.0	

（续）

轴径 d_0	挡圈				沟槽（推荐）		
	d		d_1	B ≈	r	d_2	
	基本尺寸	极限偏差				基本尺寸	极限偏差
32	29.0	0 -0.52	2.5	4	1.4	29.5	±0.105
35	32.0	0 -1.00				32.5	±0.125
38	35.0					35.5	
40	37.0					37.5	
42	39.0					39.5	
45	42.0					42.5	
48	45.0					45.5	
50	47.0					47.5	
55	51.0	0 -1.20	3.2		1.8	51.8	±0.15
60	56.0					56.8	
65	61.0					61.8	
70	66.0			5		66.8	
75	71.0					71.8	
80	76.0					76.8	
85	81.0	0 -1.40	3.2		1.8	81.8	±0.175
90	86.0					86.8	
95	91.0					91.8	
100	96.0					96.8	
105	101.0					101.8	
110	106.0					106.8	
115	111.0					111.8	
120	116.0					116.8	
125	121.0	0 -1.60				121.8	±0.20

7. 带锁圈的螺钉锁紧挡圈（GB/T 885—1986）（图 10-11、表 10-11）

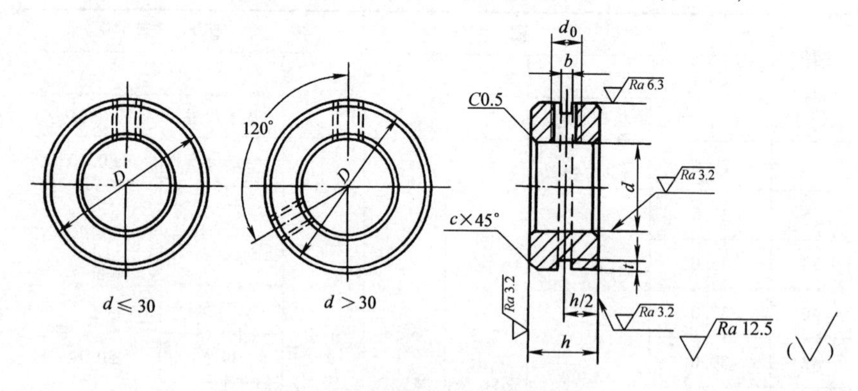

图 10-11　带锁圈的螺钉锁紧挡圈

表 10-11　带锁圈的螺钉锁紧挡圈尺寸　　(mm)

公称直径 *d*		*h*		*b*		*t*		*D*	d_0	*c*	螺钉规格 GB/T 71—1985（推荐）	锁圈规格 GB/T 921—1986
基本尺寸	极限偏差	基本尺寸	极限偏差	基本尺寸	极限偏差	基本尺寸	极限偏差					
8	+0.036 0	10	0 -0.36	1	+0.20 +0.06	1.8	±0.18	20	M5	0.5	M5×8	15
(9)		10		1		1.8		22				17
10		10		1		1.8						
12	+0.043 0	10		1		1.8		25				20
(13)		10		1		1.8						
14		12	0 -0.43	1		2	±0.20	28	M6	1	M6×10	23
15		12		1		2		30				25
16		12		1		2						
17		12		1		2		32				27
18		12		1		2						
(19)	+0.052 0	12		1		2		35				30
20		12		1		2						
22		12		1		2		38				32

（续）

公称直径 d		h		b		t		D	d_0	c	螺钉规格 GB/T 71—1985（推荐）	锁圈规格 GB/T 921—1986
基本尺寸	极限偏差	基本尺寸	极限偏差	基本尺寸	极限偏差	基本尺寸	极限偏差					
25	+0.052 0	14	0 -0.43	1.2	+0.31 +0.06	2.5	±0.25	42	M8	1	M8×12	35
28		14		1.2		2.5		45				38
30		14		1.2		2.5		48				41
32	+0.062 0	14		1.2		2.5		52				44
35		16		1.6		3	±0.30	56	M10		M10×16	47
40		16		1.6		3		62				54
45		18		1.6		3		70				62
50		18		1.6		3		80			M10×20	71
55	+0.074 0	18		1.6		3		85				76
60		20	0 -0.52	1.6		3		90				81
65		20		1.6		3		95				86
70		20		1.6		3		100				91
75		22		2		3.6	±0.36	110	M12		M12×25	100
80		22		2		3.6		115				105
85	+0.087 0	22		2		3.6		120				110
90		22		2		3.6		125				115
95		25		2		3.6		130		1.5		120
100		25		2		3.6		135				124
105		25		2		3.6		140				129
110		30		2		4.5	±0.45	150				136
115		30		2		4.5		155				142
120		30		2		4.5		160				147
(125)	+0.10 0	30		2		4.5		165				152
130		30		2		4.5		170				156

（续）

公称直径 d		h		b		t		D	d_0	c	螺钉规格 GB/T 71—1985（推荐）	锁圈规格 GB/T 921—1986
基本尺寸	极限偏差	基本尺寸	极限偏差	基本尺寸	极限偏差	基本尺寸	极限偏差					
(135)	+0.10 0	30	0 −0.52	2	+0.31 +0.06	4.5	±0.45	175	M12	1.5	M12×25	162
140		30		2		4.5		180				166
(145)		30		2		4.5		190			M12×30	176
150		30		2		4.5		200				186
160		30		2		4.5		210				196
170		30		2		4.5		220				206
180		30		2		4.5		230				216
190	+0.115 0	30		2		4.5		240				226
200		30		2		4.5		250				236

注：尽可能不采用括号内的规格。

8. 轴肩挡圈（GB/T 886—1986）（图 10-12、表 10-12~表 10-14）

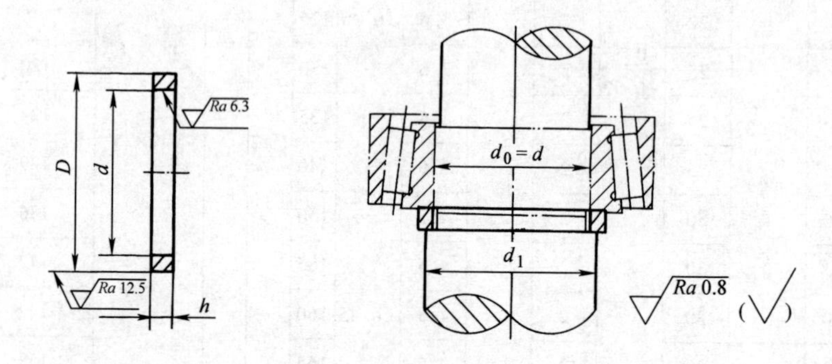

图 10-12 轴肩挡圈

表 10-12 轻系列径向轴承用轴肩挡圈尺寸 (mm)

公称直径 d		D	h		d_1
基本尺寸	极限偏差		基本尺寸	极限偏差	≥
30	+0.13 0	36	4	0 -0.30	32
35	+0.16 0	42	4		37
40		47	4		42
45		52	4		47
50		58	4		52
55	+0.19 0	65	5		58
60		70	5		63
65		75	5		68
70		80	5		73
75		85	5		78
80		90	6		83
85	+0.22 0	95	6		88
90		100	6		93
95		110	6		98
100		115	8	0 -0.36	103
105		120	8		109
110		125	8		114
120		135	8		124

表 10-13 中系列径向轴承和轻系列径向推力轴承用轴肩挡圈尺寸 (mm)

公称直径 d		D	h		d_1
基本尺寸	极限偏差		基本尺寸	极限偏差	≥
20	+0.13 0	27	4	0 -0.30	22
25		32	4		27
30		38	4		32
35		45	4		37

（续）

公称直径 d		D	h		d_1
基本尺寸	极限偏差		基本尺寸	极限偏差	≥
40	+0.16 0	50	4	0 −0.30	42
45		55	4		47
50		60	4		52
55	+0.19 0	68	5		58
60		72	5		63
65		78	5		68
70		82	5		73
75		88	5		78
80		95	6		83
85	+0.22 0	100	6		88
90		105	6		93
95		110	6		98
100		115	8	0 −0.36	103
105		120	8		109
110		130	8		114
120		140	8		124

表 10-14 重系列径向轴承和中系列径向推力轴承用轴肩挡圈尺寸

（mm）

公称直径 d		D	h		d_1
基本尺寸	极限偏差		基本尺寸	极限偏差	≥
20	+0.13 0	30	5	0 −0.30	22
25		35	5		27
30		40	5		32
35	+0.17 0	47	5		37
40		52	5		42

（续）

公称直径 d		D	h		d_1
基本尺寸	极限偏差		基本尺寸	极限偏差	≥
45	+0.17 0	58	5	0 -0.30	47
50		65	5		52
55	+0.19 0	70	6		58
60		75	6		63
65		80	6		68
70		85	6		73
75		90	6		78
80		100	8	0 -0.36	83
85	+0.22 0	105	8		88
90		110	8		93
95		115	8		98
100		120	10		103
105		130	10		109
110		135	10		114
120		145	10		124

9. 螺钉紧固轴端挡圈（GB/T 891—1986）（图 10-13、表 10-15）

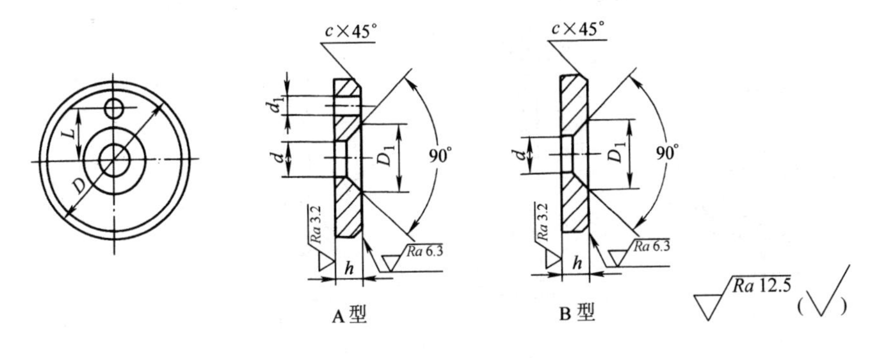

图 10-13　螺钉紧固轴端挡圈

表 10-15 螺钉紧固轴端挡圈尺寸 （mm）

轴径 ≤	公称直径 D	h		L		d	d_1	D_1	c	螺钉规格 GB/T 819.1—2000 GB/T 819.2—1997	圆柱销规格 GB 119.1、2—2000
		基本尺寸	极限偏差	基本尺寸	极限偏差						
14	20	4	0 −0.30	—	±0.11	5.5	2.1	11	0.5	M5×12	2×10
16	22	4		—							
18	25	4		—							
20	28	4		7.5							
22	30	4		7.5							
25	32	5		10		6.6	3.2	13	1	M6×16	3×12
28	35	5		10							
30	38	5		10							
32	40	5		12	±0.135						
35	45	5		12							
40	50	5		12							
45	55	6		16		9	4.2	17	1.5	M8×20	4×14
50	60	6		16							
55	65	6		16							
60	70	6		20	±0.165						
65	75	6		20							
70	80	6		20							
75	90	8	0 −0.36	25		13	5.2	25	2	M12×25	5×16
85	100	8		25							

注：当挡圈装在带螺纹孔的轴端时，紧固用螺钉允许加长。

10. 螺栓紧固轴端挡圈（GB/T 892—1986）（图 10-14、表 10-16）

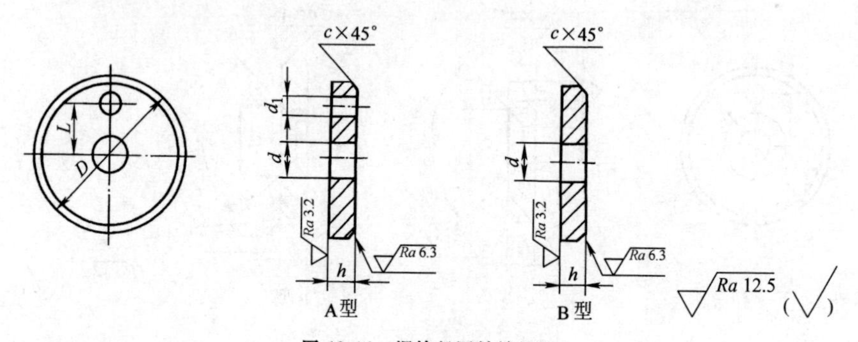

图 10-14 螺栓紧固轴端挡圈

表 10-16　螺栓紧固轴端挡圈尺寸　　（mm）

<table>
<tr><th rowspan="2">轴径≤</th><th rowspan="2">公称直径D</th><th colspan="2">h</th><th colspan="2">L</th><th rowspan="2">d</th><th rowspan="2">d₁</th><th rowspan="2">c</th><th rowspan="2">螺栓规格 GB/T 5783—2016</th><th rowspan="2">圆柱销规格 GB/T 119.1、2—2000</th><th rowspan="2">垫圈规格 GB/T 93—1987</th></tr>
<tr><th>基本尺寸</th><th>极限偏差</th><th>基本尺寸</th><th>极限偏差</th></tr>
<tr><td>14</td><td>20</td><td>4</td><td rowspan="17">0
-0.30</td><td>—</td><td rowspan="8">±0.11</td><td rowspan="5">5.5</td><td rowspan="5">2.1</td><td rowspan="5">0.5</td><td rowspan="5">M5×16</td><td rowspan="5">A2×10</td><td rowspan="5">5</td></tr>
<tr><td>16</td><td>22</td><td>4</td><td>—</td></tr>
<tr><td>18</td><td>25</td><td>4</td><td>—</td></tr>
<tr><td>20</td><td>28</td><td>4</td><td>7.5</td></tr>
<tr><td>22</td><td>30</td><td>4</td><td>7.5</td></tr>
<tr><td>25</td><td>32</td><td>5</td><td>10</td><td rowspan="6">6.6</td><td rowspan="6">3.2</td><td rowspan="6">1</td><td rowspan="6">M6×20</td><td rowspan="6">A3×12</td><td rowspan="6">6</td></tr>
<tr><td>28</td><td>35</td><td>5</td><td>10</td></tr>
<tr><td>30</td><td>38</td><td>5</td><td>10</td></tr>
<tr><td>32</td><td>40</td><td>5</td><td>12</td><td rowspan="6">±0.135</td></tr>
<tr><td>35</td><td>45</td><td>5</td><td>12</td></tr>
<tr><td>40</td><td>50</td><td>5</td><td>12</td></tr>
<tr><td>45</td><td>55</td><td>6</td><td>16</td><td rowspan="6">9</td><td rowspan="6">4.2</td><td rowspan="6">1.5</td><td rowspan="6">M8×25</td><td rowspan="6">A4×14</td><td rowspan="6">8</td></tr>
<tr><td>50</td><td>60</td><td>6</td><td>16</td></tr>
<tr><td>55</td><td>65</td><td>6</td><td>16</td></tr>
<tr><td>60</td><td>70</td><td>6</td><td>20</td><td rowspan="5">±0.165</td></tr>
<tr><td>65</td><td>75</td><td>6</td><td>20</td></tr>
<tr><td>70</td><td>80</td><td>6</td><td>20</td></tr>
<tr><td>75</td><td>90</td><td>8</td><td rowspan="2">0
-0.36</td><td>25</td><td rowspan="2">13</td><td rowspan="2">5.2</td><td rowspan="2">2</td><td rowspan="2">M12×30</td><td rowspan="2">A5×16</td><td rowspan="2">12</td></tr>
<tr><td>85</td><td>100</td><td>8</td><td>25</td></tr>
</table>

注：当挡圈装在带螺纹孔的轴端时，紧固用螺栓允许加长。

11. 开口挡圈（GB/T 896—2020）

（1）开口挡圈尺寸（图 10-15、表 10-17）

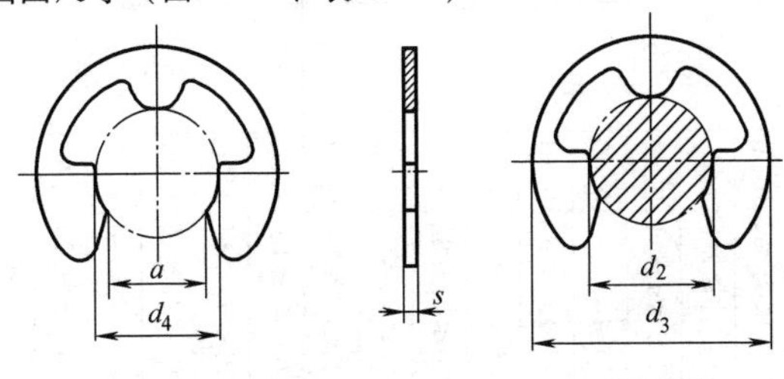

a) 自然状态　　b) 装配状态

图 10-15　开口挡圈

表 10-17　开口挡圈尺寸

公称直径 d_2	d_1	挡圈						沟槽					补充数据						
		s		a		d_4		d_2		m①		n	d_3	F_N		F_S	g	F_{Sg}	n_{abl}③
		基本尺寸	极限偏差	基本尺寸	极限偏差	基本尺寸	极限偏差	基本尺寸	极限偏差	基本尺寸	极限偏差	min	max	kN	$d_1$②	kN		kN	r/min
0.8	$1 \leqslant d_1 \leqslant 1.4$	0.20		0.58		0.74	0 −0.040	0.8	0 −0.04	0.24		0.4	2.25	0.03	1.2	0.08	0.30	0.04	50000
1.2	$1.4 \leqslant d_1 \leqslant 2$	0.30		1.01		1.12	0 −0.060	1.2		0.34	+0.04 0	0.6	3.25	0.04	1.5	0.12	0.40	0.06	47000
1.5	$2 \leqslant d_1 \leqslant 2.5$	0.40		1.28		1.41	0 −0.060	1.5		0.44		0.8	4.25	0.07	2.0	0.22	0.60	0.11	43000
1.9	$2.5 \leqslant d_1 \leqslant 3$	0.50		1.61	±0.040	1.80	0 −0.060	1.9	0 −0.06	0.54		1.0	4.80	0.10	2.5	0.35	0.70	0.17	40000
2.3	$3 \leqslant d_1 \leqslant 4$	0.60		1.94		2.20	0 −0.060	2.3		0.64		1.0	6.30	0.15	3.0	0.50	0.90	0.24	38000
3.2	$4 \leqslant d_1 \leqslant 5$	0.60	±0.02	2.70		3.06	0 −0.075	3.2		0.64		1.0	7.30	0.22	4.0	0.65	0.90	0.32	35000
4	$5 \leqslant d_1 \leqslant 7$	0.70		3.34		3.85	0 −0.075	4.0	0 −0.075	0.74	+0.05 0	1.2	9.30	0.25	5.0	0.95	1.00	0.47	32000
5	$6 \leqslant d_1 \leqslant 8$	0.70		4.11	±0.048	4.83	0 −0.075	5.0		0.74		1.2	11.30	0.90	7.0	1.15	1.00	0.60	28000
6	$7 \leqslant d_1 \leqslant 9$	0.70		5.26		5.81	0 −0.075	6.0		0.74		1.2	12.30	1.10	8.0	1.35	1.10	0.70	25000
7	$8 \leqslant d_1 \leqslant 11$	0.90		5.84		6.79	0 −0.075	7.0		0.94		1.5	14.30	1.25	9.0	1.80	1.30	1.00	22000
8	$9 \leqslant d_1 \leqslant 12$	1.00		6.52		7.75	0 −0.090	8.0		1.05		1.8	16.30	1.42	10.0	2.50	1.50	1.25	20000
9	$10 \leqslant d_1 \leqslant 14$	1.10		7.63	±0.058	8.73	0 −0.090	9.0	0 −0.09	1.15		2.0	18.80	1.60	11.0	3.0	1.61	1.50	17000
10	$11 \leqslant d_1 \leqslant 15$	1.20		8.32		9.71	0 −0.090	10.0		1.25		2.0	20.40	1.70	12.0	3.50	1.80	1.75	15000
12	$13 \leqslant d_1 \leqslant 18$	1.30	±0.03	10.45		11.65	0 −0.110	12.0		1.35	+0.08 0	2.5	23.40	3.10	15.0	4.70	1.90	2.30	13000
15	$16 \leqslant d_1 \leqslant 24$	1.50		12.61	±0.070	14.59	0 −0.110	15.0	0 −0.11	1.55		3.0	29.40	7.00	20.0	7.80	2.20	3.30	11000
19	$20 \leqslant d_1 \leqslant 31$	1.75		15.92		18.49	0 −0.130	19.0		1.80		3.5	37.60	10.00	25.0	11.00	2.50	3.60	7600
24	$25 \leqslant d_1 \leqslant 38$	2.00		21.88	±0.084	23.39	0 −0.130	24.0	0 −0.13	2.05		4.0	44.60	13.00	30.0	15.00	3.00	4.00	5500
30	$32 \leqslant d_1 \leqslant 42$	2.50		25.80		29.25	0 −0.150	30.0		2.55		4.5	52.60	16.50	36.0	23.00	3.50	5.30	4200

① 表中给出的沟槽宽度 m 适用于标准情况。如果要求高精度或者交变承载能力，应选用较小的槽宽，如果要求精度低，可选用较大的槽宽。

② F_N 数值对应的轴径。

③ 按图 10-16 安装后，当转速达到表中给出的极限转速 n_{abl} 时，挡圈不应脱出沟槽。

(2) 开口挡圈安装尺寸（图 10-16、表 10-17）

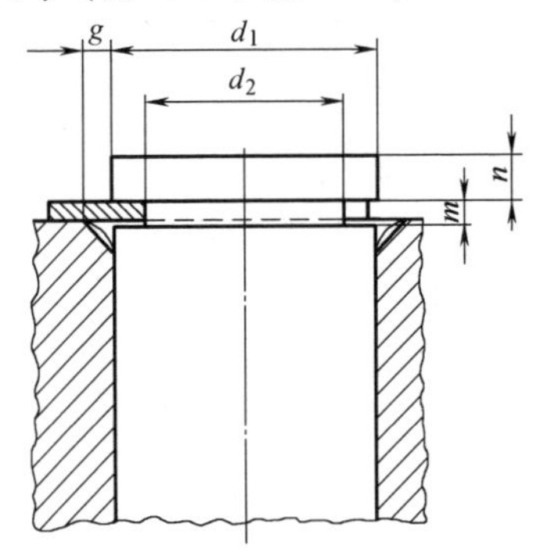

图 10-16 开口挡圈安装示例

(3) 挡圈承载能力

表 10-17 给出的 F_S 值适用于挡圈与零件直角接触的装配（见图 10-17）。

表 10-17 给出的 F_{Sg} 值适用于挡圈与零件倒角尺寸为 g 的接触装配（见图 10-18）。

F_S 和 F_{Sg} 值适用于材料弹性模量为 210GPa 的挡圈。

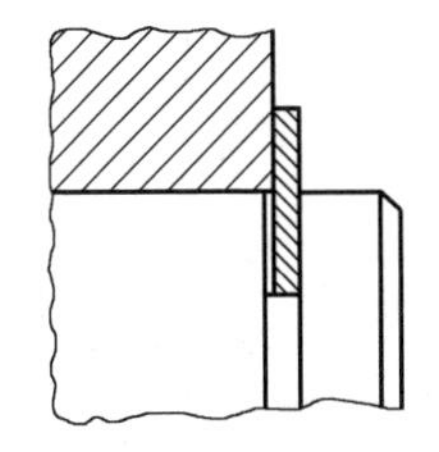

图 10-17 直角接触

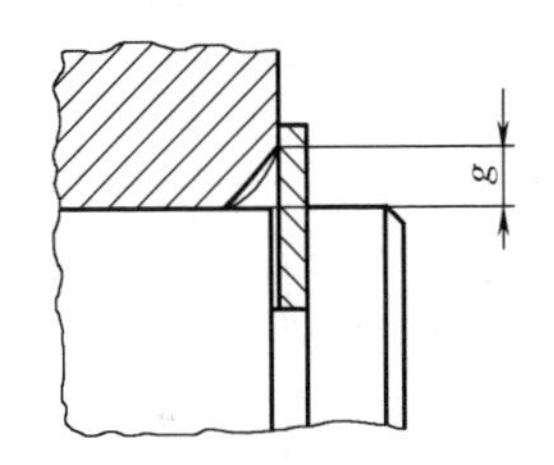

图 10-18 倒角接触

12. 锥销锁紧挡圈（GB/T 883—1986）（图 10-19、表 10-18）

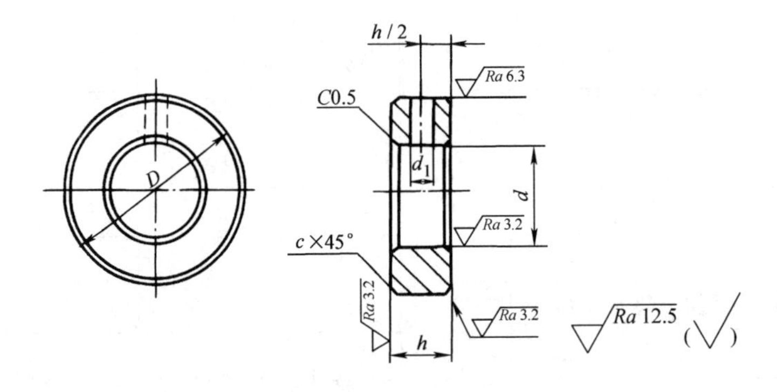

图 10-19 锥销锁紧挡圈

表 10-18 锥销锁紧挡圈尺寸 (mm)

公称直径 d		h		D	d_1	c	圆锥销规格 GB/T 117—2000（推荐）
基本尺寸	极限偏差	基本尺寸	极限偏差				
8		10		20			
(9)	$^{+0.036}_{0}$	10		22			3×22
10		10	$^{0}_{-0.36}$		3		
12		10		25			3×25
(13)		10					
14		12		28			4×28
(15)	$^{+0.043}_{0}$	12		30		0.5	
16		12					4×32
(17)		12		32	4		
18		12					
(19)		12		35			4×35
20		12					
22	$^{+0.052}_{0}$	12		38			5×40
25		14	$^{0}_{-0.43}$	42	5		5×45
28		14		45			
30		14		48			6×50
32		14		52			6×55
35		16		56	6		
40	$^{+0.062}_{0}$	16		62		1	6×60
45		18		70			6×70
50		18		80			8×80
55		18		85	8		8×90
60	$^{+0.074}_{0}$	20		90			
65		20	$^{0}_{-0.52}$	95			10×100
70		20		100	10		

（续）

公称直径 d		h		D	d_1	c	圆锥销规格 GB/T 117—2000（推荐）
基本尺寸	极限偏差	基本尺寸	极限偏差				
75	+0.074 0	22	0 −0.52	110	10	1	10×110
80		22		115			10×120
85	+0.087 0	22		120			
90		22		125			
95		25		130		1.5	10×130
100		25		135			10×140
105		25		140			
110		30		150	12		12×150
115		30		155			
120		30		160			12×160
（125）	+0.10 0	30		165			
130		30		170			12×180

注：1. 尽可能不采用括号内的规格。

2. d_1 孔在加工时，只钻一面；在装配时钻透并铰孔。

13. 螺钉锁紧挡圈（GB/T 884—1986）（图 10-20、表 10-19）

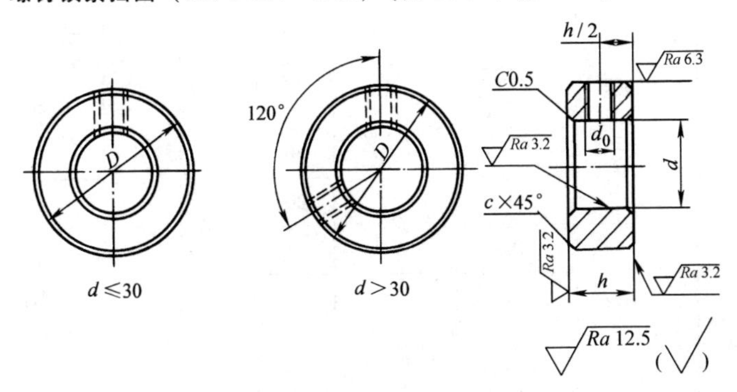

图 10-20 螺钉锁紧挡圈

表 10-19 螺钉锁紧挡圈尺寸 (mm)

公称直径 d		h		D	d_0	c	螺钉规格 GB/T 71—1985
基本尺寸	极限偏差	基本尺寸	极限偏差				
8	+0.036 0	10	0 -0.36	20	M5	0.5	M5×8
(9)		10		22			
10		10					
12	+0.043 0	10		25			
(13)		10					
14		12	0 -0.43	28	M6	1	M6×10
(15)		12		30			
16		12					
17		12		32			
18		12					
(19)	+0.052 0	12		35			
20		12					
22		12		38			
25		14		42	M8		M8×12
28		14		45			
30		14		48			
32	+0.062 0	14		52			
35		16		56	M10		M10×16
40		16		62			
45		18		70			
50		18		80			M10×20
55	+0.074 0	18		85			
60		20	0 -0.52	90			
65		20		95			
70		20		100			

（续）

公称直径 d		h		D	d_0	c	螺钉规格 GB/T 71—1985
基本尺寸	极限偏差	基本尺寸	极限偏差				
75	+0.074 0	22	0 -0.52	110	M12	1	M12×25
80		22		115			
85	+0.087 0	22		120			
90		22		125			
95		25		130		1.5	
100		25		135			
105		25		140			
110		30		150			
115		30		155			
120		30		160			
(125)	+0.1 0	30		165			
130		30		170			
(135)		30		175			
140		30		180			
(145)		30		190			M12×30
150		30		200			
160		30		210			
170		30		220			
180		30		230			
190	+0.115 0	30		240			
200		30		250			

注：尽可能不采用括号内的规格。

14. 钢丝锁圈（GB/T 921—1986）（图 10-21、表 10-20）

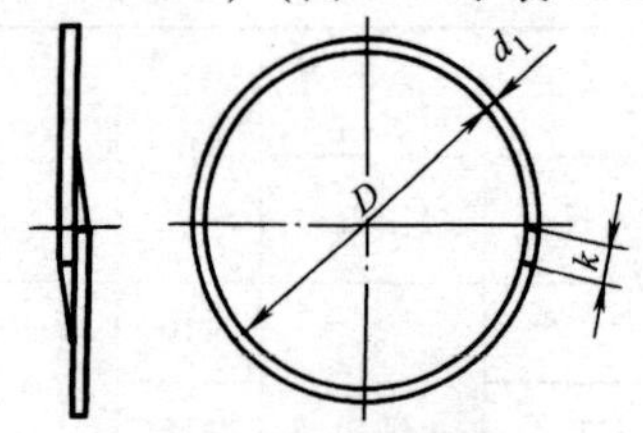

图 10-21 钢丝锁圈

表 10-20 钢丝锁圈尺寸 （mm）

公称直径 D	d_1	k	适用的挡圈规格 GB/T 885	公称直径 D	d_1	k	适用的挡圈规格 GB/T 885
15			8	105			80
17	0.7	2	9、10	110		9	85
20			12、13	115			90
23			14	120			95
25			15、16	124			100
27	0.8	3	17、18	129			105
30			19、20	136			110
32			22	142			115
35			25	147			120
38	1		28	152			125
41			30	156	1.8		130
44		6	32	162			135
47			35	166		12	140
54			40	176			145
62			45	186			150
71	1.4		50	196			160
76			55	206			170
81		9	60	216			180
86			65	226			190
91			70	236			200
100	1.8		75	—			—

15. 夹紧挡圈（GB/T 960—1986）（图 10-22、表 10-21）

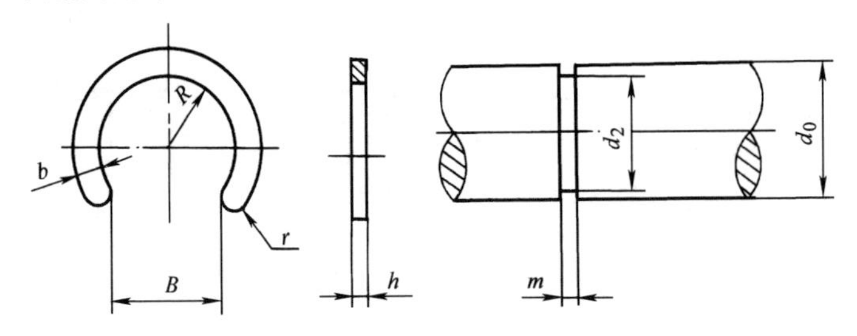

图 10-22　夹紧挡圈

表 10-21　夹紧挡圈尺寸　（mm）

轴径 d_0	挡圈						沟槽（推荐）	
	B		R	b	h	r	d_2	m
	基本尺寸	极限偏差						
1.5	1.2	$^{+0.14}_{0}$	0.65	0.6	0.35	0.3	1	0.4
2	1.7		0.95		0.4		1.5	0.45
3	2.5		1.4	0.8	0.6	0.4	2.2	0.65
4	3.2	$^{+0.18}_{0}$	1.9	1		0.5	3	
5	4.3		2.5	1.2	0.8	0.6	3.8	0.85
6	5.6		3.2				4.8	1.05
8	7.7	$^{+0.22}_{0}$	4.5	1.6	1	0.8	6.6	
10	9.6		5.8				8.4	

16. 圆柱滚子轴承用平挡圈和套圈无挡边端倒角尺寸（GB/T 20057—2012）（图 10-23、表 10-22）

除另有规定外，与图 10-21 所示符号对应的表 10-23 中给出的尺寸均为公称尺寸。

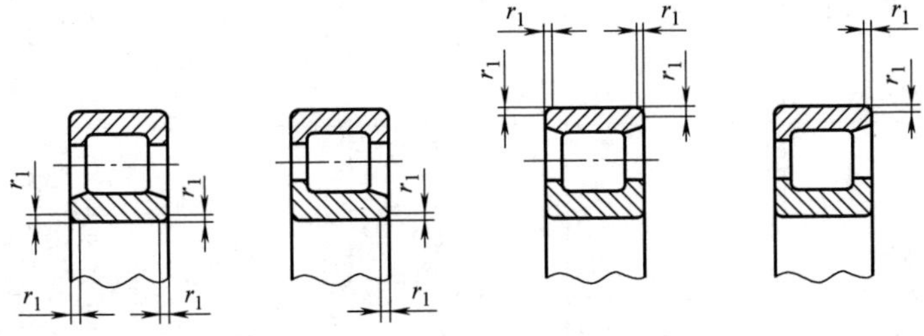

图 10-23　圆柱滚子轴承用平挡圈和套圈无挡边端倒角尺寸

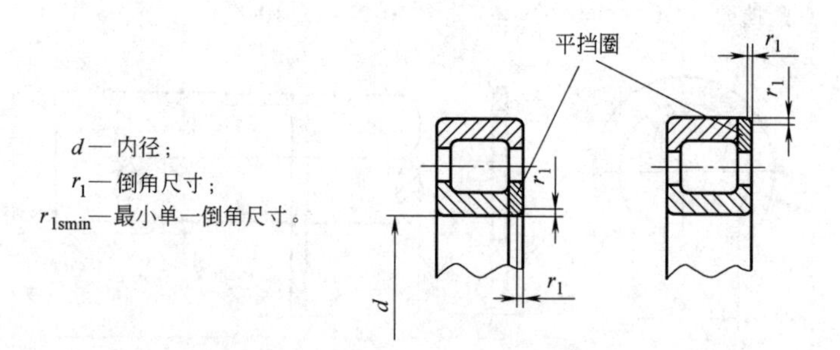

图 10-23　圆柱滚子轴承用平挡圈和套圈无挡边端倒角尺寸（续）

表 10-22　圆柱滚子轴承用平挡圈和套圈无挡边端倒角尺寸　（mm）

d	直径系列			
	0	2	3	4[③]
	r_{1smin}[①]			
15	—	0.3	0.6	—
17	—	0.3	0.6	—
20	0.3	0.6	0.6	—
25	0.3	0.6	1.1[②]	1.5[②]
30	0.6	0.6	1.1[②]	1.5[②]
35	0.6	0.6	1.1	1.5[②]
40	0.6	1.1[②]	1.5[②]	2[②]
45	0.6	1.1[②]	1.5[②]	2[②]
50	0.6	1.1[②]	2[②]	2.1[②]
55	1	1.1	2[②]	2.1[②]
60	1	1.5[②]	2.1[②]	2.1[②]
65	1	1.5[②]	2.1[②]	2.1[②]
70	1	1.5[②]	2.1[②]	3[②]
75	1	1.5[②]	2.1[②]	3[②]
80	1	2[②]	2.1[②]	3[②]
85	1	2[②]	3[②]	4[②]
90	1.1	2[②]	3[②]	4[②]
95	1.1	2.1[②]	3[②]	4[②]
100	1.1	2.1[②]	3[②]	4[②]
105	1.1	2.1[②]	3[②]	4[②]

（续）

d	直径系列			
	0	2	3	4③
	r_{1smin}①			
110	1.1	2.1②	3②	4②
120	1.1	2.1②	3②	5②
130	1.1	3②	4②	—
140	1.1	3②	4②	—
150	1.5	3②	4②	—
160	1.5	3②	4②	—
170	2.1②	4②	4②	—
180	2.1②	4②	4②	—
190	2.1②	4②	5②	—
200	2.1②	4②	5②	—
220	3②	4②	5②	—
240	3②	4②	5②	—
260	4②	5②	6②	—
280	4②	5②	6②	—
300	4②	5②	—	—
320	4②	5②	—	—
340	5②	—	—	—
360	5②	—	—	—
380	5②	—	—	—
400	5②	—	—	—
420	5②	—	—	—
440	6②	—	—	—
460	6②	—	—	—
480	6②	—	—	—
500	6②	—	—	—

注：1. 对于标准设计和E—设计的圆柱滚子轴承，表中所列数值是有效的。

2. 对于圆柱滚子轴承，E表示滚子和保持架组件为加强型设计，可增加径向承载能力。

3. 表中所有数值均为公称尺寸。

① 最大倒角尺寸规定在ISO 582中。

② 倒角尺寸与ISO 15中的$r_{s\,min}$值一致。

③ 尺寸系列24除外。

17. 圆柱滚子轴承用可分离斜挡圈外形尺寸（GB/T 20060—2011）（图 10-24、表 10-23、表 10-24）

除另有说明外，图 10-24 中所示符号所对应的表 10-23、表 10-24 中的尺寸均为公称尺寸。

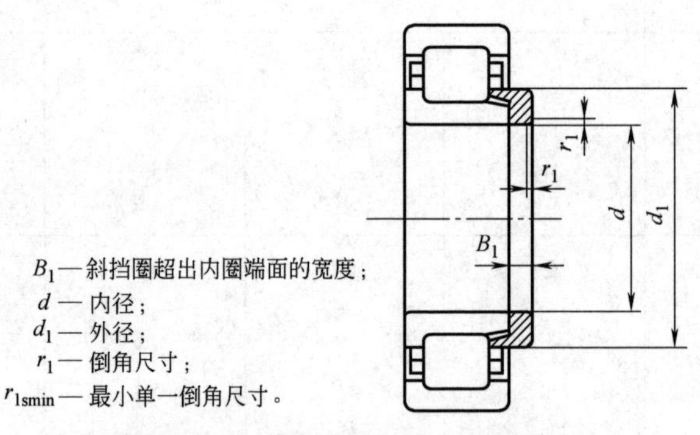

图 10-24 圆柱滚子轴承用可分离斜挡圈

表 10-23 标准设计的圆柱滚子轴承用可分离斜挡圈尺寸 (mm)

d	直径系列 0			直径系列 2			直径系列 3			直径系列 4		
	B_1	d_1 max	r_{1smin}①	B_1	d_1 max	r_{1smin}①	B_1	d_1 max	r_{1smin}①	B_1	d_1 max	r_{1smin}①
15	—	—	—	2.5	22	0.3	—	—	—	—	—	—
17	—	—	—	3	26	0.3	3	31	0.6	—	—	—
20	—	—	—	3	31	0.6	4	35	0.6	—	—	—
25	3	33	0.3	3	36	0.6	4	41	1.1	6	51	1.5
30	3	39	0.6	4	43	0.6	5	49	1.1	7	51	1.5
35	4	45	0.6	4	49	0.6	6	55	1.1	8	59.5	1.5
40	4	50	0.6	5	55	1.1	7	61	1.5	8	65	2
45	4	56	0.6	5	60	1.1	7	69	1.5	8	72	2
50	4	61	0.6	5	65	1.1	8	74	2	9	79	2.1
55	5	68	1	6	72	1.1	9	82	2	10	85.5	2.1
60	5	73	1	6	79	1.5	9	91	2.1	10	92	2.1
65	5	78	1	6	87	1.5	10	96	2.1	11	99	2.1
70	5	84.5	1	7	91	1.5	10	107	2.1	12	111	3
75	5	89.5	1	7	96	1.5	11	110	2.1	13	116.5	3
80	6	96	1	8	105	2	11	121	2.1	13	123	3

（续）

d	直径系列 0			直径系列 2			直径系列 3			直径系列 4		
	B_1	d_1 max	r_{1smin}①	B_1	d_1 max	r_{1smin}①	B_1	d_1 max	r_{1smin}①	B_1	d_1 max	r_{1smin}①
85	6	101	1	8	110	2	12	127	3	14	126.5	4
90	6	108	1.1	9	116	2	12	133	3	14	137.5	4
95	6	113	1.1	9	123	2.1	13	141	3	15	147.5	4
100	6	118	1.1	10	130	2.1	13	147	3	16	154	4
105	7	125	1.1	10	136	2.1	13	154	3	16	160	4
110	7	131.5	1.1	11	144	2.1	14	163	3	17	171.5	4
120	7	141.5	1.1	11	155	2.1	14	175	3	17	188.5	5
130	8	155	1.1	11	170	3	14	185	4	18	208	5
140	8	165	1.1	11	182	3	15	204	4	18	226	5
150	9.5	177	1.5	12	195	3	15	214	4	20	236	5
160	10	189	1.5	12	208	3	15	227	4	20	249	5
170	11	202	2.1	12	225	4	16	246	4	20	269	5
180	12	215.5	2.1	12	236	4	17	256	4	23	281	6
190	12	225	2.1	13	246	4	18	268	5	23	294	6
200	13	240	2.1	14	260	4	18	283	5	24	305	6
220	14	262	3	15	287	4	20	311	5	26	340	6
240	144	282.5	3	16	316	4	22	337	5	28	370	6
260	16	310	4	18	343	5	24	365	6	—	—	—
280	16	330	4	—	—	—	—	—	—	—	—	—
300	19	357	4	—	—	—	—	—	—	—	—	—
320	19	377	4	—	—	—	—	—	—	—	—	—
340	21	404	5	—	—	—	—	—	—	—	—	—
360	21	424	5	—	—	—	—	—	—	—	—	—
380	21	444	5	—	—	—	—	—	—	—	—	—
400	23	471	5	—	—	—	—	—	—	—	—	—
420	23	491	5	—	—	—	—	—	—	—	—	—
440	24	515	6	—	—	—	—	—	—	—	—	—
460	25	539	6	—	—	—	—	—	—	—	—	—
480	25	559	6	—	—	—	—	—	—	—	—	—
500	25	579	6	—	—	—	—	—	—	—	—	—

注：表中数值均为公称尺寸。

① 最大倒角尺寸规定在 ISO 582 中。

表 10-24 E-加强型设计的圆柱滚子轴承用可分离斜挡圈尺寸（mm）

d	直径系列 2E			直径系列 3E		
	B_1	d_1 max	r_{1smin}①	B_1	d_1 max	r_{1smin}①
15	2.5	22	0.3	—	—	—
17	3	25.5	0.3	3	28	0.6
20	3	30.5	0.6	4	32	0.6
25	3	35.5	0.6	4	39	1.1
30	4	42	0.6	5	45.5	1.1
35	4	48.5	0.6	6	51.5	1.1
40	5	54.5	1.1	7	58	1.5
45	5	59.5	1.1	7	65	1.5
50	5	65	1.1	8	71.5	2
55	6	71	1.1	9	78	2
60	6	78	1.5	9	84.5	2.1
65	6	85	1.5	10	91	2.1
70	7	90	1.5	10	97.5	2.1
75	7	94.5	1.5	11	105	2.1
80	8	102	2	11	111	2.1
85	8	108	2	12	119	3
90	9	115	2	12	125	3
95	9	122	2.1	13	133	3
100	10	128	2.1	13	140	3
105	—	—	—	13	147	3
110	11	142	2.1	14	156	3
120	11	154	2.1	14	169	3
130	11	165	3	14	183	4
140	11	180	3	15	196	4
150	12	194	3	15	211	4
160	12	209	3	15	223	4
170	12	221	4	16	238	4
180	12	233	4	17	252	4
190	13	245	4	18	266	5
200	14	259	4	18	280	5

（续）

d	直径系列 2E			直径系列 3E		
	B_1	d_1 max	r_{1smin}①	B_1	d_1 max	r_{1smin}①
220	15	286	4	20	306	5
240	16	313	4	22	332	5
260	18	339	5	24	364	6
280	18	359	5	26	391	6

注：表中所有数值均为公称尺寸。

① 最大倒角尺寸规定在 ISO 582 中。

三、挡圈的重量

1. 标准型（A 型）孔用弹性挡圈（适用于 GB/T 893—2017）（表 10-25）

表 10-25　标准型（A 型）孔用弹性挡圈的重量　　（kg）

每 1000 件钢制品的大约重量										
规格尺寸/mm	8	9	10	11	12	13	14	15	16	17
重量	0.14	0.15	0.18	0.31	0.37	0.42	0.52	0.56	0.60	0.65
规格尺寸/mm	18	19	20	21	22	24	25	26	28	30
重量	0.74	0.83	0.90	1.00	1.10	1.42	1.50	1.60	1.80	2.06
规格尺寸/mm	31	32	34	35	36	37	38	40	42	45
重量	2.10	2.21	3.20	3.54	3.70	3.74	3.90	4.70	5.40	6.00
规格尺寸/mm	47	48	50	52	55	56	58	60	62	63
重量	6.10	6.70	7.30	8.20	8.30	8.70	10.50	11.10	11.20	12.40
规格尺寸/mm	65	68	70	72	75	78	80	82	85	88
重量	14.30	16.00	16.50	18.10	18.80	20.4	22.0	24.0	25.3	28.0
规格尺寸/mm	90	92	95	98	10	102	105	108	110	112
重量	31.0	32.0	35.0	37.0	38.0	55.0	56.0	60.0	64.5	72.0
规格尺寸/mm	115	120	125	130	135	140	145	150	155	160
重量	74.5	77.0	79.0	82.0	84.0	87.5	93.0	105.0	107.0	110.0
规格尺寸/mm	165	170	175	180	185	190	195	200	210	220
重量	125.0	140.0	150.0	165.0	170.0	175.0	183.0	195.0	270.0	315.0
规格尺寸/mm	230	240	250	260	270	280	290	300		
重量	330.0	345.0	360.0	375.0	388.0	400.0	415.0	435.0		

2. 重型（B型）孔用弹性挡圈（适用于GB/T 893—2017）（表10-26）

表10-26 重型（B型）孔用弹性挡圈的重量 (kg)

每1000件钢制品的大约重量									
规格尺寸/mm	20	22	24	25	26	28	30	32	34
重量	1.41	1.85	1.98	2.16	2.25	2.48	2.84	2.94	4.20
规格尺寸/mm	35	37	38	40	42	45	47	50	52
重量	4.62	4.73	4.80	5.38	6.18	6.86	7.00	9.15	10.20
规格尺寸/mm	55	60	62	65	68	70	72	75	
重量	10.40	16.60	16.80	17.20	19.20	19.80	21.70	22.60	
规格尺寸/mm	80	85	90	95	100				
重量	35.20	38.80	41.50	46.70	50.70				

3. 标准型（A型）轴用弹性挡圈（适用于GB/T 894—2017）（表10-27）

表10-27 标准型（A型）轴用弹性挡圈的重量 (kg)

每1000件钢制品的大约重量										
规格尺寸/mm	3	4	5	6	7	8	9	10	11	12
重量	0.017	0.022	0.066	0.084	0.121	0.158	0.300	0.340	0.410	0.500
规格尺寸/mm	13	14	15	16	17	18	19	20	21	22
重量	0.530	0.640	0.670	0.700	0.820	1.11	1.22	1.30	1.42	1.50
规格尺寸/mm	24	25	26	28	29	30	32	34	35	36
重量	1.77	1.90	1.96	2.92	3.20	3.31	3.54	3.80	4.00	5.00
规格尺寸/mm	38	40	42	45	48	50	52	55	56	
重量	5.62	6.03	6.5	7.5	7.9	10.2	11.1	11.4	11.8	
规格尺寸/mm	58	60	62	63	65	68	70	72	75	78
重量	12.6	12.9	14.3	15.9	18.2	21.8	22.0	22.5	24.6	26.2
规格尺寸/mm	80	82	85	88	90	95	100	105	110	115
重量	27.3	31.2	36.4	41.2	44.5	49.0	53.7	80.0	82.0	84.0
规格尺寸/mm	120	125	130	135	140	145	150	155	160	165
重量	86.0	90.0	100.0	104.0	110.0	115.0	120.0	135.0	150.0	160.0

（续）

每1000件钢制品的大约重量										
规格尺寸/mm	170	175	180	185	190	195	200	210	220	230
重量	170.0	180.0	190.0	200.0	210.0	220.0	230.0	248.0	265.0	290.0
规格尺寸/mm	240	250	260	270	280	290	300			
重量	310.0	335.0	355.0	375.0	398.0	418.0	440.0			

4. 重型（B型）轴用弹性挡圈（适用于GB/T 894—2017）（表10-28）

表10-28 重型（B型）轴用弹性挡圈的重量 （kg）

每1000件钢制品的大约重量										
规格尺寸/mm	15	16	17	18	20	22	24	25	28	30
重量	1.50	1.19	1.39	1.56	2.19	2.42	2.76	3.59	4.25	5.35
规格尺寸/mm	32	34	35	38	40	42	45	48	50	52
重量	5.85	7.05	7.20	8.30	8.60	9.30	10.7	11.3	15.3	16.6
规格尺寸/mm	55	58	60	65	70	75	80	85	90	100
重量	17.1	18.9	19.4	29.1	35.3	39.3	43.7	48.5	59.4	71.6

5. 孔用钢丝挡圈（适用于GB/T 895.1—1986）（表10-29）

表10-29 孔用钢丝挡圈的重量 （kg）

每1000件钢制品的大约重量									
d_0	G	d_0	G	d_0	G	d_0	G	d_0	G
7	0.07	22	1.49	38	4.17	65	11.71	105	18.84
8	0.09	24	1.64	40	4.41	70	12.38	110	19.83
10	0.11	25	1.72	42	4.50	75	13.37	115	20.81
12	0.20	26	1.79	45	4.86	80	14.36	120	21.80
14	0.24	28	1.95	48	5.22	85	15.34	125	22.78
16	0.68	30	2.10	50	5.46	90	16.33		
18	0.78	32	3.45	55	9.74	95	17.31		
20	1.33	35	3.81	60	10.73	100	17.86		

注：d_0—孔径（mm）。

6. 轴用钢丝挡圈（适用于 GB/T 895.2—1986）（表 10-30）

表 10-30 轴用钢丝挡圈的重量 (kg)

每 1000 件钢制品的大约重量									
d_0	G	d_0	G	d_0	G	d_0	G	d_0	G
4	0.02	16	0.72	30	2.20	50	5.80	90	17.27
5	0.03	18	0.82	32	3.64	55	10.43	95	18.25
6	0.04	20	1.43	35	4.00	60	11.42	100	19.24
7	0.08	22	1.58	38	4.36	65	12.40	105	20.22
8	0.09	24	1.74	40	4.60	70	13.32	110	21.21
10	0.11	25	1.81	42	4.84	75	14.31	115	22.19
12	0.20	26	1.89	45	5.20	80	15.29	120	23.18
14	0.24	28	2.04	48	5.56	85	16.28	125	24.16

注：d_0—孔径（mm）。

7. 带锁圈的螺钉锁紧挡圈（适用于 GB/T 885—1986）（表 10-31）

表 10-31 带锁圈的螺钉锁紧挡圈的重量 (kg)

每 1000 件钢制品的大约重量										
规格尺寸/mm	8	(9)	10	12	(13)	14	(15)	16	(17)	18
重量	19.04	23	21.9	27.64	26.17	40.72	46.93	44.74	51.25	48.76
规格尺寸/mm	(19)	20	22	25	28	30	32	35	40	45
重量	60.5	57.72	67.41	92.09	100.6	114.2	134.1	170.6	202	296.7
规格尺寸/mm	50	55	60	65	70	75	80	85	90	95
重量	406	438.5	526.1	562.3	598.5	828.6	874.9	921.2	967.5	1159
规格尺寸/mm	100	105	110	115	120	(125)	130	(135)	140	(145)
重量	1211	1264	1850	1923	1995	2068	2140	2212	2285	2697
规格尺寸/mm	150	160	170	180	190	200	—	—	—	—
重量	3137	3319	3500	3682	3863	4045	—	—	—	—

注：尽可能不采用括号内的规格。

8. 轴肩挡圈（适用于 GB/T 886—1986）（表 10-32）

表 10-32　轴肩挡圈的重量　（kg）

每 1000 件钢制品的大约重量

（1）轻系列径向轴承用的轴肩挡圈

规格尺寸/mm	30	35	40	45	50	55	60	65	70	75
重量	9.7	13.21	14.92	16.64	21.17	36.76	39.82	42.88	45.95	49.01
规格尺寸/mm	80	85	90	95	100	105	110	120	—	—
重量	62.49	66.16	69.84	113	158.1	165.4	172.8	187.5	—	—

（2）中系列径向轴承和轻系列径向推力轴承用轴肩挡圈

规格尺寸/mm	20	25	30	35	40	45	50	55	60	65
重量	8.06	9.78	13.33	19.6	22.05	24.5	26.95	48.98	48.52	56.94
规格尺寸/mm	70	75	80	85	90	95	100	105	110	120
重量	55.87	64.91	96.49	102	107.5	113	158.1	165.4	235.2	254.9

（3）重系列径向轴承和中系列径向推力轴承用轴肩挡圈

规格尺寸/mm	20	25	30	35	40	45	50	55	60	65
重量	15.32	18.38	21.44	30.14	33.82	41.01	52.84	68.92	74.43	79.95
规格尺寸/mm	70	75	80	85	90	95	100	105	110	120
重量	85.46	90.97	176.4	186.2	196	205.8	269.6	339.5	375.2	405.9

9. 螺钉紧固轴端挡圈（适用于 GB/T 891—1986）（表 10-33）

表 10-33　螺钉紧固轴端挡圈的重量　（kg）

每 1000 件钢制品的大约重量

规格尺寸/mm	20	22	25	28	30	32	35	38	40	45
重量	8.27	10.33	13.79	17.68	20.53	28.62	34.78	41.49	46.27	59.28
规格尺寸/mm	50	55	60	65	70	75	80	90	100	—
重量	73.83	105.3	126.4	149.4	174.2	200.8	229.3	379.9	473	—

10. 螺栓紧固轴端挡圈（适用于 GB/T 892—1986）（表 10-34）

表 10-34 螺栓紧固轴端挡圈的重量 (kg)

每1000件钢制品的大约重量										
规格尺寸/mm	20	22	25	28	30	32	35	38	40	45
重量	8.95	11.01	14.47	18.36	21.2	29.72	35.87	42.58	47.36	60.38
规格尺寸/mm	50	55	60	65	70	75	80	90	100	—
重量	74.93	107.6	128.7	151.7	176.5	203.1	231.6	387.4	480.5	—

11. 开口挡圈（适用于 GB/T 896—2020）（表 10-35）

表 10-35 开口挡圈的重量 (kg)

每1000件钢制品的大约重量									
规格尺寸/mm	0.8	1.2	1.5	1.9	2.3	3.2	4	5	6
重量	0.003	0.009	0.021	0.040	0.069	0.088	0.158	0.236	0.255
规格尺寸/mm	7	8	9	10	12	15	19	24	30
重量	0.474	0.660	1.090	1.250	1.630	3.370	6.420	8.550	13.500

12. 锥销锁紧挡圈（适用于 GB/T 883—1986）（表 10-36）

表 10-36 锥销锁紧挡圈的重量 (kg)

每1000件钢制品的大约重量										
规格尺寸/mm	8	(9)	10	12	(13)	14	(15)	16	(17)	18
重量	20.25	24.33	23.19	29.11	27.6	42.54	48.89	46.66	53.3	50.77
规格尺寸/mm	(19)	20	22	25	28	30	32	35	40	45
重量	62.73	59.91	69.35	96.39	105.1	118.4	141.9	185	217.5	314.3
规格尺寸/mm	50	55	60	65	70	75	80	85	90	95
重量	424.2	457.3	545.5	578.9	615.7	861.9	909.1	956.3	1004	1195
规格尺寸/mm	100	105	110	115	120	(125)	130	—	—	—
重量	1249	1303	1894	1967	2041	2114	2188	—	—	—

注：尽可能不采用括号内的规格。

13. 螺钉锁紧挡圈（适用于 GB/T 884—1986）（表 10-37）

表 10-37 螺钉锁紧挡圈的重量 (kg)

每1000件钢制品的大约重量										
规格尺寸/mm	8	(9)	10	12	(13)	14	(15)	16	(17)	18
重量	19.85	23.89	22.79	28.67	27.2	42	48.31	46.12	52.72	50.23

（续）

每1000件钢制品的大约重量										
规格尺寸/mm	(19)	20	22	25	28	30	32	35	40	45
重量	62.11	59.33	69.17	95	103.7	117.6	137.8	176.8	209	304.6
规格尺寸/mm	50	55	60	65	70	75	80	85	90	95
重量	415.1	448.2	536.4	573.1	609.9	847.4	894.7	941.7	988.9	1181
规格尺寸/mm	100	105	110	115	120	(125)	130	(135)	140	(145)
重量	1234	1288	1882	1956	2030	2103	2177	2250	2324	2738
规格尺寸/mm	150	160	170	180	190	200	—	—	—	—
重量	3180	3364	3548	3731	3915	4099	—	—	—	—

注：尽可能不采用括号内的规格。

14. 钢丝锁圈（适用于GB/T 921—1986）（表10-38）

表10-38　钢丝锁圈夹紧挡圈的重量　（kg）

每1000件钢制品的大约重量										
规格尺寸/mm	15	17	20	23	25	27	30	32	35	38
重量	0.15	0.17	0.2	0.3	0.33	0.35	0.39	0.42	0.73	0.79
规格尺寸/mm	41	44	47	54	62	71	76	81	86	91
重量	0.85	0.9	1.9	2.16	2.46	2.84	3.03	3.22	3.4	3.59
规格尺寸/mm	100	105	110	115	120	124	129	136	142	147
重量	6.53	6.84	7.15	7.46	7.77	8.08	8.39	8.83	9.2	9.52

规格尺寸/mm	152	156	162	166	176	186
重量	9.83	10.08	10.45	10.7	11.33	11.95

规格尺寸/mm	196	206	216	226	236
重量	12.57	13.2	13.82	14.44	15.07

15. 夹紧挡圈（适用于GB/T 960—1986）（表10-39）

表10-39　夹紧挡圈的重量　（kg）

每1000件钢制品的大约重量								
规格尺寸/mm	1.5	2	3	4	5	6	8	10
重量	0.01	0.01	0.03	0.05	0.1	0.12	0.29	0.37

第十一章 销

一、销的综述

1. 销的尺寸代号与标注（表11-1）

表11-1 销的尺寸代号与标注

尺寸代号	标注内容
a	伸出长度或倒角宽度
b	头部高度或开口宽度或螺纹长度
c	头部直径或倒角宽度
d	公称直径
k	头部高度
l_h	孔中心与头部距离
n	槽宽
s	厚度
t	开槽深度
x	螺纹收尾

2. 开口销的技术条件（GB/T 91—2000）（表11-2）

表11-2 开口销的技术条件和引用标准

材　料	碳素钢：Q215、Q235（GB/T 700） 铜合金：H63（GB/T 5232） 不锈钢：12Cr17Ni7、06Cr18Ni11Ti（GB/T 1220） 其他材料由供需双方协议
韧　性	开口销的每一个脚应能经受反复一次的弯曲，而在弯曲部分不发生断裂或裂缝 弯曲方法：把开口销拉开，将其任意一只脚部分夹紧在检验模内（不应产生压扁），然后将开口销弯曲90°，往返一次为一次弯曲。试验速度不应超过60次/min。检验模应制出半圆槽孔，其直径等于开口销的公称规格，钳口应有$r=0.5$mm 的圆角

（续）

工作质量	1)眼圈应尽可能制成圆形 2)开口销两脚的横截面应为圆形,但允许开口销两脚平面与圆周交接处有半径 $r=(0.05\sim0.1)d_{max}$ 的圆角 3)开口销两脚的间隙和两脚的错移量应不大于开口销公称规格与 d_{max} 之差值 4)开口销允许制成开口的(α——两脚内平面的夹角);公称规格≤1.6mm,$\alpha\leqslant8°$;2~6.3 mm,$\alpha\leqslant4°$;≥8mm,$\alpha\leqslant2°$
表面缺陷	不允许有毛刺、不规则的和有害的缺陷

<table>
<tr><td rowspan="3">表面处理</td><td>钢</td><td>铜、不锈钢</td></tr>
<tr><td>不经处理
镀锌钝化按 GB/T 5267
磷化按 GB/T 11376</td><td>简单处理</td></tr>
<tr><td colspan="2">其他表面镀层或表面处理应由供需双方协议</td></tr>
<tr><td>验收及包装</td><td colspan="2">GB/T 90</td></tr>
</table>

3. 销的技术条件（GB/T 121—1986）

（1）销的材料、热处理及表面处理（表 11-3）

表 11-3　销的材料、热处理及表面处理

<table>
<tr><td colspan="3">材　料</td><td rowspan="2">热处理
（淬火并回火）</td><td rowspan="2">表面处理</td></tr>
<tr><td>种　类</td><td>牌　号</td><td>标准编号</td></tr>
<tr><td rowspan="2">碳素钢</td><td>35</td><td rowspan="2">GB/T 699</td><td>28~38HRC</td><td rowspan="3">氧化
镀锌钝化
（磨削表面除外）</td></tr>
<tr><td>45</td><td>38~46HRC</td></tr>
<tr><td>合金钢</td><td>30CrMnSiA</td><td>GB/T 3077</td><td>35~41HRC</td></tr>
<tr><td rowspan="3">铜及其合金</td><td>H62</td><td>GB/T 4424</td><td rowspan="2">—</td><td rowspan="2">—</td></tr>
<tr><td>HPb59—1</td><td>GB/T 4425</td></tr>
<tr><td>QSi3—1</td><td>GB/T 4431</td><td>—</td><td>—</td></tr>
<tr><td rowspan="3">特　种　钢</td><td>12Cr13、20Cr13</td><td rowspan="3">GB/T 1220</td><td>—</td><td>—</td></tr>
<tr><td>14Cr17Ni2</td><td>—</td><td>—</td></tr>
<tr><td>06Cr18Ni11Ti</td><td>—</td><td>—</td></tr>
</table>

注：1. 不同冶炼及浇注方法制造的钢材同样可以采用。

2. 材料栏内每一通栏中所列各种材料，可以互相通用。

3. 对 35 或 45 钢，根据使用要求，允许不进行热处理。

（2）螺纹

1）带螺纹的销，其螺纹公差规定为7H（内螺纹）或8g（外螺纹）。

2）锥内螺纹的销，其螺孔内倒角的型式与尺寸，由制造厂确定。

（3）锥销锥度

锥销的锥度公差，由供需双方按GB/T 11334《产品几何量技术规范（GPS）圆锥公差》协议规定。

（4）销的端面

根据生产工艺的需要，销的端面允许有自然形成的凹穴或留有中心孔。

（5）销表面

销表面不允许有裂缝和浮锈，不允许有影响使用的凹痕和毛刺。

（6）测试方法

1）在端面进行硬度试验。验收时，如有争议，则应在距端面一个$d_{\text{公称}}$的截面上进行仲裁试验。$d \leqslant 5$mm的销，不进行硬度试验。

2）$d \leqslant 4$mm的锥销，不进行锥度检查。

3）用螺纹通规或光滑止端量规（或万能量具）进行螺纹检查。

4. 重型直槽弹性圆柱销的技术条件（GB/T 879.1—2018）（表11-4）

表11-4 重型直槽弹性圆柱销的技术条件

	钢		奥氏体型不锈钢	马氏体型不锈钢
	St(由制造者任选)		A	C
	化学成分(质量分数,%)			
	优质碳素钢	硅锰钢		
材料[①]	C≥0.65 Mn≥0.5 淬火并回火 硬度: 420~520HV30 或奥氏体回火 硬度: 500~560HV30	C≥0.5 Si≥1.5 Mn≥0.7 淬火并回火 硬度: 420~560HV30	C≤0.15 Mn≤2.00 Si≤1.50 Cr:16~20 Ni:6~12 P≤0.045 S≤0.03 Mo≤0.8 冷加工	C≥0.15 Mn≤1.00 Si≤1.00 Cr:11.5~14 Ni≤1.00 P≤0.04 S≤0.03 淬火并回火 硬度: 440~560HV30
直槽	一般情况	槽的形状和宽度由制造者任选		
直槽	N型	为不出现环环相扣,非连锁弹性销槽的形状和宽度按特殊协议		
表面缺陷	不允许有不规则的和有害的缺陷 销的任何部位不得有毛刺			

（续）

<table>
<tr><td>剪切试验</td><td colspan="2">GB/T 13683</td></tr>
<tr><td rowspan="2">表面处理</td><td>不经处理
氧化
磷化按 GB/T 11376
镀锌钝化按 GB/T 5267</td><td>简单处理</td></tr>
<tr><td colspan="2">其他表面镀层或表面处理，应由供需双方协议
所有公差仅适用于涂、镀前的公差</td></tr>
<tr><td>验收及包装</td><td colspan="2">GB/T 90</td></tr>
</table>

① 其他材料由供需双方协议。

5. 轻型直槽弹性圆柱销的技术条件（GB/T 879.2—2018）（表 11-5）

表 11-5　轻型直槽弹性圆柱销的技术条件

<table>
<tr><td rowspan="5">材料①</td><td colspan="2">钢</td><td>奥氏体型不锈钢</td><td>马氏体型不锈钢</td></tr>
<tr><td colspan="2">St（由制造者任选）</td><td>A</td><td>C</td></tr>
<tr><td colspan="4">化学成分（质量分数，%）</td></tr>
<tr><td>优质碳素钢</td><td>硅锰钢</td><td rowspan="2">C≤0.15
Mn≤2.00
Si≤1.50
Cr：16~20
Ni：6~12
P≤0.045
S≤0.03
Mo≤0.8
冷加工</td><td rowspan="2">C≥0.15
Mn≤1.00
Si≤1.00
Cr：11.5~14
Ni≤1.00
P≤0.04
S≤0.03
淬火并回火硬度：
440~560HV30</td></tr>
<tr><td>C≥0.65
Mn≥0.60
淬火并回火硬度：
420~520HV30
或奥氏体回火硬度：
500~560HV30</td><td>C≥0.5
Si≥1.5
Mn≥0.7
淬火并回火硬度：
420~560HV30</td></tr>
<tr><td rowspan="2">直槽</td><td>一般情况</td><td colspan="3">槽的形状和宽度由制造者任选</td></tr>
<tr><td>N 型</td><td colspan="3">为保证不出现环环相扣，非连锁弹性销槽的形状和宽度按特殊协议</td></tr>
<tr><td>表面缺陷</td><td colspan="4">不允许有不规则的和有害的缺陷
销的任何部位不得有毛刺</td></tr>
<tr><td>剪切试验</td><td colspan="4">GB/T 13683</td></tr>
</table>

（续）

表面处理	不经处理 氧化 磷化按 GB/T 11376 镀锌钝化按 GB/T 5267	简单处理
	其他表面镀层或表面处理,应由供需双方协议 所有公差仅适用于涂、镀前的公差	
验收及包装	GB/T 90	

① 其他材料由供需双方协议。

6. 重型卷制弹性圆柱销的技术条件（GB/T 879.3—2018）（表11-6）

表 11-6 重型卷制弹性圆柱销的技术条件

材料[①]	钢		奥氏体型不锈钢	马氏体型不锈钢
	St		A	C
	化学成分(质量分数,%)			
	所有直径	d_1>12mm 也可选用	C≤0.15 Mn≤2.00 Si≤1.50 Cr:16~20 Ni:6~12 P≤0.045 S≤0.03 Mo≤0.8 冷加工	C≥0.15 Mn≤1.00 Si≤1.00 Cr:11.5~14 Ni≤1.00 P≤0.04 S≤0.03 淬火并回火 硬度: 460~560HV30
	C≥0.64 Mn≥0.60 Si≥0.15 Cr[②] P≤0.04 S≤0.05	C≥0.38 Mn≥0.70 Si≥0.20 Cr≥0.80 V≥0.15 P≤0.035 S≤0.04		
	淬火并回火硬度:420~545HV30			
表面缺陷	不允许有不规则的和有害的缺陷 销的任何部位不得有毛刺			
剪切试验	GB/T 13683			
表面处理	不经处理 氧化 磷化按 GB/T 11376 镀锌钝化按 GB/T 5267	简单处理		

（续）

表面处理	其他表面镀层或表面处理，应由供需双方协议 所有公差仅适用于涂、镀前的公差
验收及包装	GB/T 90

① 其他材料由供需双方协议。

② Cr 的使用，可由制造者任选。

7. 标准型卷制弹性圆柱销的技术条件（GB/T 879.4—2018）（表 11-7）

表 11-7 标准型卷制弹性圆柱销的技术条件

<table>
<tr><td rowspan="5">材料①</td><td colspan="2">钢</td><td>奥氏体型不锈钢</td><td>马氏体型不锈钢</td></tr>
<tr><td colspan="2">St</td><td>A</td><td>C</td></tr>
<tr><td colspan="4">化学成分(质量分数,%)</td></tr>
<tr><td>所有直径</td><td>d_1>12mm 也可选用</td><td rowspan="2">C≤0.15
Mn≤2.00
Si≤1.50
Cr:16~20
Ni:6~12
P≤0.045
S≤0.03
Mo≤0.8
冷加工</td><td rowspan="2">C≥0.15
Mn≤1.00
Si≤1.00
Cr:11.5~14
Ni≤1.00
P≤0.04
S≤0.03
淬火并回火硬度：460~560HV30</td></tr>
<tr><td>C≥0.64
Mn≥0.60
Si≥0.15
Cr②
P≤0.04
S≤0.05
淬火并回火硬度:420~545HV30</td><td>C≥0.38
Mn≥0.70
Si≥0.20
V≥0.15
P≤0.035
S≤0.04</td></tr>
<tr><td>表面缺陷</td><td colspan="4">不允许有不规则的和有害的缺陷
销的任何部位不得有毛刺</td></tr>
<tr><td>剪切试验</td><td colspan="4">GB/T 13683</td></tr>
<tr><td rowspan="2">表面处理</td><td colspan="2">不经处理
氧化
磷化按 GB/T 11376
镀锌钝化按 GB/T 5267</td><td colspan="2">简单处理</td></tr>
<tr><td colspan="4">其他表面镀层或表面处理，应由供需双方协议
所有公差仅适用于涂、镀前的公差</td></tr>
<tr><td>验收及包装</td><td colspan="4">GB/T 90</td></tr>
</table>

① 其他材料由供需双方协议。

② Cr 的使用，可由制造者任选。

8. 轻型卷制弹性圆柱销的技术条件（GB/T 879.5—2018）（表 11-8）

表 11-8 轻型卷制弹性圆柱销的技术条件

<table>
<tr><td rowspan="6">材料①</td><td colspan="2">钢</td><td>奥氏体型不锈钢</td><td>马氏体型不锈钢</td></tr>
<tr><td colspan="2">St</td><td>A</td><td>C</td></tr>
<tr><td colspan="4">化学成分(质量分数,%)</td></tr>
<tr><td>所有直径</td><td>d>12mm 也可选用</td><td rowspan="3">C≤0.15
Mn≤2.00
Si≤1.50
Cr:16~20
Ni:6~12
P≤0.045
S≤0.03
Mo≤0.8
冷加工</td><td rowspan="3">C≥0.15
Mn≤1.00
Si≤1.00
Cr:11.5~14
Ni≤1.00
P≤0.04
S≤0.03
淬火并回火硬度:
460~560HV30</td></tr>
<tr><td>C≥0.64
Mn≥0.60
Si≥0.15
Cr②
P≤0.04
S≤0.05</td><td>C≥0.38
Mn≥0.70
Si≥0.20
Cr≥0.80
V≥0.15
P≤0.035
S≤0.04</td></tr>
<tr><td colspan="2">淬火并回火硬度:420~545HV30</td></tr>
<tr><td>表面缺陷</td><td colspan="4">不允许有不规则的和有害的缺陷
销的任何部位不得有毛刺</td></tr>
<tr><td>剪切试验</td><td colspan="4">GB/T 13683</td></tr>
<tr><td rowspan="2">表面处理</td><td colspan="2">不经处理
氧化
磷化按 GB/T 11376
镀锌钝化按 GB/T 5267</td><td colspan="2">简单处理</td></tr>
<tr><td colspan="4">其他表面镀层或表面处理,应由供需双方协议
所有公差仅适用于涂、镀前的公差</td></tr>
<tr><td>验收及包装</td><td colspan="4">GB/T 90</td></tr>
</table>

① 其他材料由供需双方协议。

② Cr 的使用，可由制造者任选。

二、销的尺寸

1. 开口销（GB/T 91—2000）（图 11-1、表 11-9）

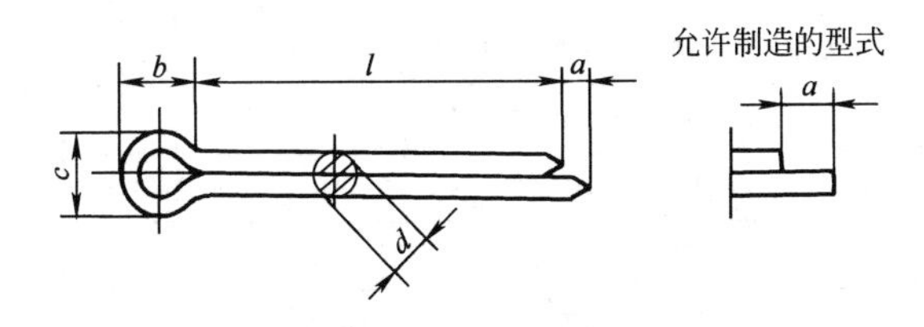

图 11-1 开口销

表 11-9 开口销尺寸 （mm）

公称规格①			0.6	0.8	1	1.2	1.6	2	2.5	3.2
d		max	0.5	0.7	0.9	1.0	1.4	1.8	2.3	2.9
		min	0.4	0.6	0.8	0.9	1.3	1.7	2.1	2.7
a		max	1.6	1.6	1.6	2.50	2.50	2.50	2.50	3.2
		min	0.8	0.8	0.8	1.25	1.25	1.25	1.25	1.6
b		≈	2	2.4	3	3	3.2	4	5	6.4
c		max	1.0	1.4	1.8	2.0	2.8	3.6	4.6	5.8
		min	0.9	1.2	1.6	1.7	2.4	3.2	4.0	5.1
适用的直径②	螺栓	>	—	2.5	3.5	4.5	5.5	7	9	11
		≤	2.5	3.5	4.5	5.5	7	9	11	14
	U 形销	>	—	2	3	4	5	6	8	9
		≤	2	3	4	5	6	8	9	12
l			4~12	5~16	6~20	8~26	8~32	10~40	12~50	14~65

公称规格①			4	5	6.3	8	10	13	16	20
d		max	3.7	4.6	5.9	7.5	9.5	12.4	15.4	19.3
		min	3.5	4.4	5.7	7.3	9.3	12.1	15.1	19.0
a		max	4	4	4	4	6.30	6.30	6.30	6.30
		min	2	2	2	2	3.15	3.15	3.15	3.15
b		≈	8	10	12.6	16	20	26	32	40

（续）

公称规格①			4	5	6.3	8	10	13	16	20
c		max	7.4	9.2	11.8	15.0	19.0	24.8	30.8	38.5
		min	6.5	8.0	10.3	13.1	16.6	21.7	27.0	33.8
适用的直径②	螺栓	>	14	20	27	39	56	80	120	170
		≤	20	27	39	56	80	120	170	—
	U形销	>	12	17	23	29	44	69	110	160
		≤	17	23	29	44	69	110	160	—
l			18~80	22~100	30~120	40~160	45~200	71~250	112~280	160~280

① 公称规格等于开口销孔的直径。对销孔直径推荐的公差为：
公称规格≤1.2mm：H13；公称规格>1.2mm：H14
根据供需双方协议，允许采用公称规格为3mm、6mm和12mm的开口销。

② 用于铁道和在U形销中开口销承受交变横向力的场合，推荐使用的开口销规格应较本表规定的加大一档。

2. 不淬硬钢和奥氏体型不锈钢圆柱销（GB/T 119.1—2000）（图11-2、表11-10）

末端形状，由制造者确定

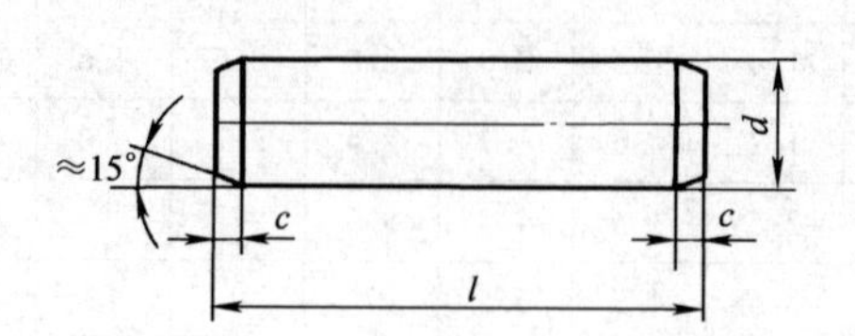

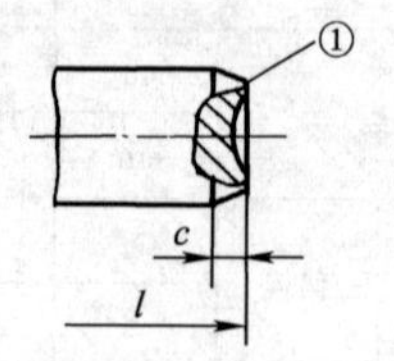

图中：①允许倒圆或凹穴。

图11-2 不淬硬钢和奥氏体型不锈钢圆柱销

表11-10 不淬硬钢和奥氏体型不锈钢圆柱销尺寸 （mm）

d m6/h8①	0.6	0.8	1	1.2	1.5	2	2.5	3	4	5
c ≈	0.12	0.16	0.2	0.25	0.3	0.35	0.4	0.5	0.63	0.8
l②	2~6	2~8	4~10	4~12	4~16	6~20	6~24	8~30	8~40	10~50
d m6/h8①	6	8	10	12	16	20	25	30	40	50
c ≈	1.2	1.6	2	2.5	3	3.5	4	5	6.3	8
l②	12~60	14~80	18~95	22~140	26~180	35~200	50~200	60~200	80~200	95~200

① 其他公差由供需双方协议。

② 公称长度大于200mm，按20mm递增。

3. 淬硬钢和马氏体型不锈钢圆柱销（GB/T 119.2—2000）（图 11-3、表 11-11）

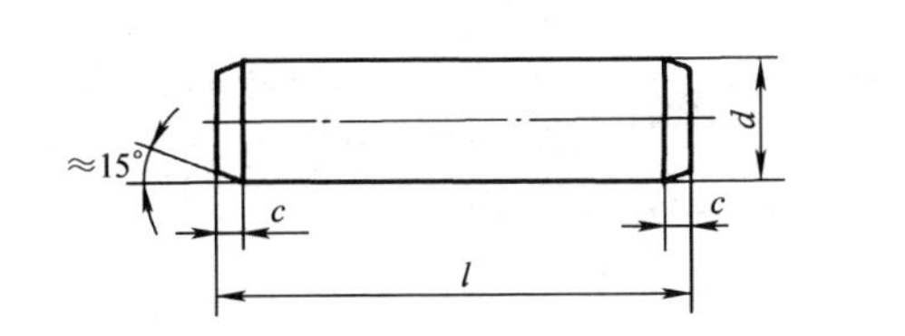

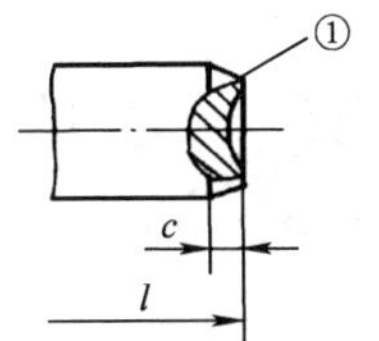

图中：①允许倒圆或凹穴。

图 11-3　淬硬钢和马氏体型不锈钢圆柱销

表 11-11　淬硬钢和马氏体型不锈钢圆柱销尺寸　（mm）

d m6①	1	1.5	2	2.5	3	4	5	6	8	10	12	16	20
c ≈	0.2	0.3	0.35	0.4	0.5	0.63	0.8	1.2	1.6	2	2.5	3	3.5
l②	3~10	4~16	5~20	6~24	8~30	10~40	12~50	14~60	18~80	22~100	26~100	40~100	50~100

① 其他公差由供需双方协议。

② 公称长度大于 100mm，按 20mm 递增。

4. 不淬硬钢和奥氏体型不锈钢内螺纹圆柱销（GB/T 120.1—2000）（图 11-4、表 11-12）

表 11-12　不淬硬钢和奥氏体型不锈钢内螺纹圆柱销尺寸　（mm）

d m6①	6	8	10	12	16	20	25	30	40	50
c_1 ≈	0.8	1	1.2	1.6	2	2.5	3	4	5	6.3
c_2 ≈	1.2	1.6	2	2.5	3	3.5	4	5	6.3	8
d_1	M4	M5	M6	M6	M8	M10	M16	M20	M20	M24
螺距 P	0.7	0.8	1	1	1.25	1.5	2	2.5	2.5	3
d_2	4.3	5.3	6.4	6.4	8.4	10.5	17	21	21	25
t_1	6	8	10	12	16	18	24	30	30	36
t_{2min}	10	12	16	20	25	28	35	40	40	50
t_3	1	1.2	1.2	1.2	1.5	1.5	2	2	2.5	2.5
l②	16~60	18~80	22~100	26~120	32~160	40~200	50~200	60~200	80~200	100~200

① 其他公差由供需双方协议。

② 公称长度大于 100mm，按 20mm 递增。

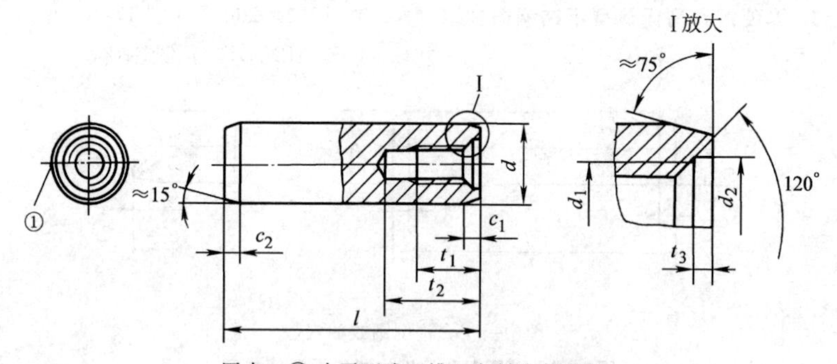

图中：① 小平面或凹槽，由制造者确定。

图 11-4　不淬硬钢和奥氏体型不锈钢内螺纹圆柱销

5. 淬硬钢和马氏体型不锈钢内螺纹圆柱销（GB/T 120.2—2000）（图 11-5、表 11-13）

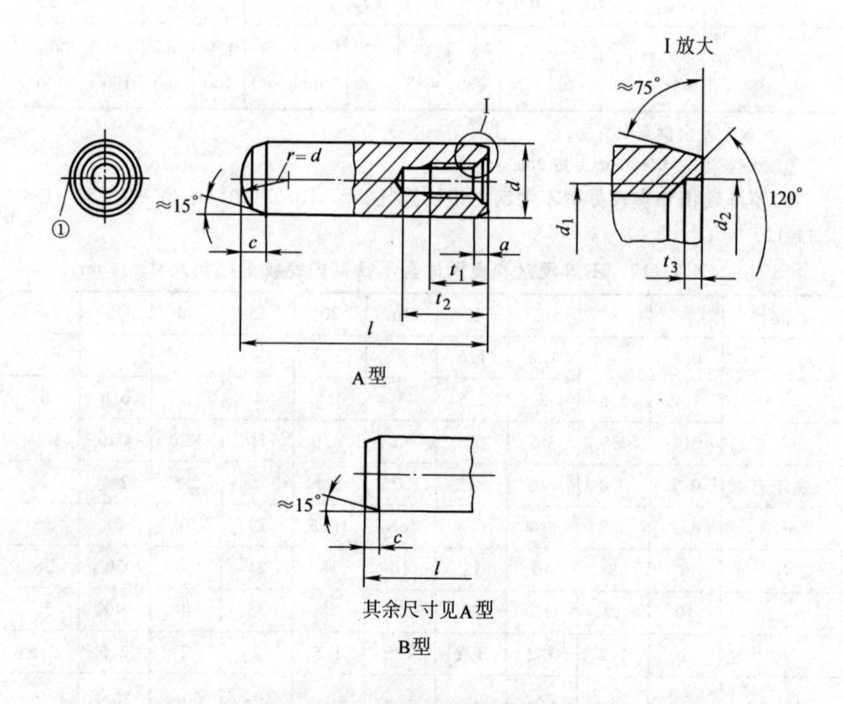

图中：A 型—球面圆柱端，适用于普通淬火钢和马氏体型不锈钢

B 型—平端，适用于表面淬火钢

①小平面或凹槽，由制造者确定。

图 11-5　淬硬钢和马氏体型不锈钢内螺纹圆柱销

表 11-13 淬硬钢和马氏体型不锈钢内螺纹圆柱销尺寸 (mm)

d m6[①]	6	8	10	12	16	20	25	30	40	50
a ≈	0.8	1	1.2	1.6	2	2.5	3	4	5	6.3
c	2.1	2.6	3	3.8	4.6	6	6	7	8	10
d_1	M4	M5	M6	M6	M8	M10	M16	M20	M20	M24
螺距 P	0.7	0.8	1	1	1.25	1.5	2	2.5	2.5	3
d_2	4.3	5.3	6.4	6.4	8.4	10.5	17	21	21	25
t_1	6	8	10	12	16	18	24	30	30	36
t_{2min}	10	12	16	20	25	28	35	40	40	50
t_3	1	1.2	1.2	1.2	1.5	1.5	2	2	2.5	2.5
l[②]	16~60	18~80	22~100	26~120	32~160	40~200	50~200	60~200	80~200	100~200

① 其他公差由供需双方协议。

② 公称长度大于 200mm，按 20mm 递增。

6. 无头销轴（GB/T 880—2008）（图 11-6、表 11-14）

无头销轴型式尺寸见图 11-6 和表 11-14。用于铁路和开口销承受交变横向力的场合，推荐采用表 11-14 规定的下一档较大的开口销及相应的孔径。

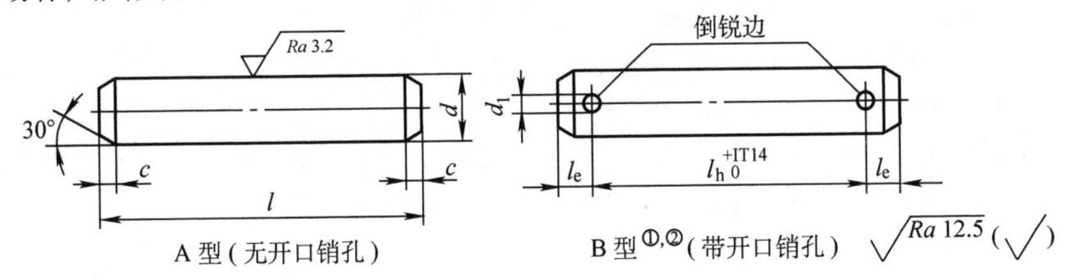

图中：① 其余尺寸、角度和表面粗糙度值见 A 型。

② 某些情况下，不能按 $l-l_e$ 计算 l_h 尺寸，所需要的尺寸应在标记中注明，但不允许 l_h 尺寸小于表 11-14 规定的数值。

图 11-6 无头销轴型式

表 11-14 无头销轴尺寸 (mm)

d h11[①]	3	4	5	6	8	10	12	14	16
d_1 H13[②]	0.8	1	1.2	1.6	2	3.2	3.2	4	4
c_{max}	1	1	2	2	2	2	3	3	3
l_{emin}	1.6	2.2	2.9	3.2	3.5	4.5	5.5	6	6
l[③]	6~30	8~40	10~50	12~60	16~80	20~100	24~120	28~140	32~160

（续）

d h11①	18	20	22	24	27	30	33	36	40
d_1 H13②	5	5	5	6.3	6.3	8	8	8	8
c_{max}	3	4	4	4	4	4	4	4	4
l_{emin}	7	8	8	9	9	10	10	10	10
l③	35~180	40~200	45~200	50~200	55~200	60~200	65~200	70~200	80~200

d h11①	45	50	55	60	70	80	90	100
d_1 H13②	10	10	10	10	13	13	13	13
c_{max}	4	4	6	6	6	6	6	6
l_{emin}	12	12	14	14	16	16	16	16
l③	90~200	100~200	120~200	120~200	140~200	160~200	180~200	≥200

① 其他公差，如 a11、c11、f 8 应由供需双方协议。

② 孔径 d_1 等于开口销的公称规格（见 GB/T 91）。

③ 公称长度大于 200mm，按 20mm 递增。

7. 销轴（GB/T 882—2008）（图 11-7、表 11-15）

销轴型式尺寸见图 11-7 和表 11-15。用于铁路和开口销承受交变横向力的场合，推荐采用表 11-15 规定的下一档较大的开口销及相应的孔径。

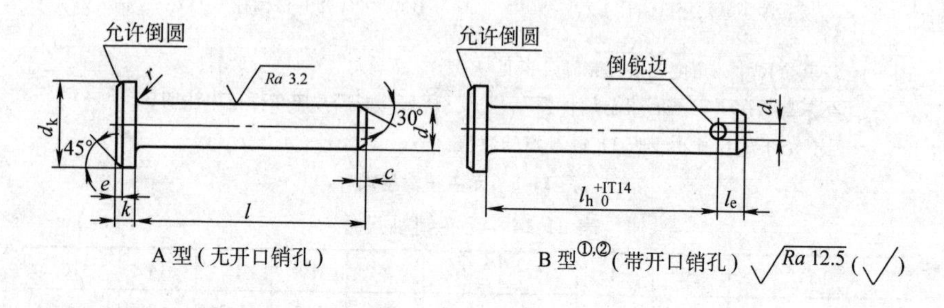

图中：① 其余尺寸、角度和表面粗糙度值见 A 型。

② 某些情况下，不能按 l-l_e 计算 l_h 尺寸，所需要的尺寸应在标记中注明，但不允许 l_h 尺寸小于表 11-15 规定的数值。

图 11-7 销轴型式

表 11-15 销轴尺寸 (mm)

d h11①	3	4	5	6	8	10	12	14	16
d_k h14	5	6	8	10	14	18	20	22	25
d_1 H13②	0.8	1	1.2	1.6	2	3.2	3.2	4	4
c_{max}	1	1	2	2	2	2	3	3	3
$e\approx$	0.5	0.5	1	1	1	1	1.6	1.6	1.6
k js14	1	1	1.6	2	3	4	4	4	4.5
l_{emin}	1.6	2.2	2.9	3.2	3.5	4.5	5.5	6	6
r	0.6	0.6	0.6	0.6	0.6	0.6	0.6	0.6	0.6
l③	6~30	8~40	10~50	12~60	16~80	20~100	24~120	28~140	32~160
d h11①	18	20	22	24	27	30	33	36	40
d_k h14	28	30	33	36	40	44	47	50	55
d_1 H13②	5	5	5	6.3	6.3	8	8	8	8
c_{max}	3	4	4	4	4	4	4	4	4
$e\approx$	1.6	2	2	2	2	2	2	2	2
k js14	5	5	5.5	6	6	8	8	8	8
l_{emin}	7	8	8	9	9	10	10	10	10
r	1	1	1	1	1	1	1	1	1
l③	35~180	40~200	45~200	50~200	55~200	60~200	65~200	70~200	80~200

d h11①	45	50	55	60	70	80	90	100
d_k h14	60	66	72	78	90	100	110	120
d_1 H13②	10	10	10	10	13	13	13	13
c_{max}	4	4	6	6	6	6	6	6
$e\approx$	2	2	3	3	3	3	3	3
k js14	9	9	11	12	13	13	13	13
l_{emin}	12	12	14	14	16	16	16	16
r	1	1	1	1	1	1	1	1
l③	90~200	100~200	120~200	120~200	140~200	160~200	180~200	≥200

① 其他公差，如 a11、c11、f8 应由供需双方协议。

② 孔径 d_1 等于开口销的公称规格（见 GB/T 91）。

③ 公称长度大于 200mm，按 20mm 递增。

8. 圆锥销（GB/T 117—2000）（图 11-8、表 11-16）

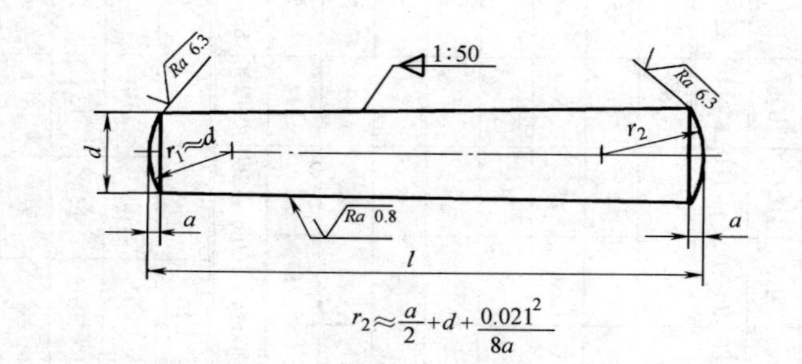

$$r_2 \approx \frac{a}{2} + d + \frac{0.021^2}{8a}$$

注：A 型（磨削）：锥面表面粗糙度 $Ra=0.8\mu m$。

B 型（切削或冷墩）：锥面表面粗糙度 $Ra=3.2\mu m$。

图 11-8 圆锥销

表 11-16 圆锥销尺寸

（mm）

d	h10①	0.6	0.8	1	1.2	1.5	2	2.5	3	4	5	6	8	10	12	16	20	25	30	40	50
a	≈	0.08	0.1	0.12	0.16	0.2	0.25	0.3	0.4	0.5	0.63	0.8	1	1.2	1.6	2	2.5	3	4	5	6.3
l②		2~8	5~12	6~16	6~20	8~24	10~35	10~35	12~45	14~55	18~60	22~90	22~120	26~160	32~180	40~200	45~200	50~200	55~200	60~200	65~200

① 其他公差，如 a11，c11 和 f8 由供需双方协议。

② 公称长度大于 200mm，按 20mm 递增。

9. 内螺纹圆锥销（GB/T 118—2000）（图 11-9、表 11-17）

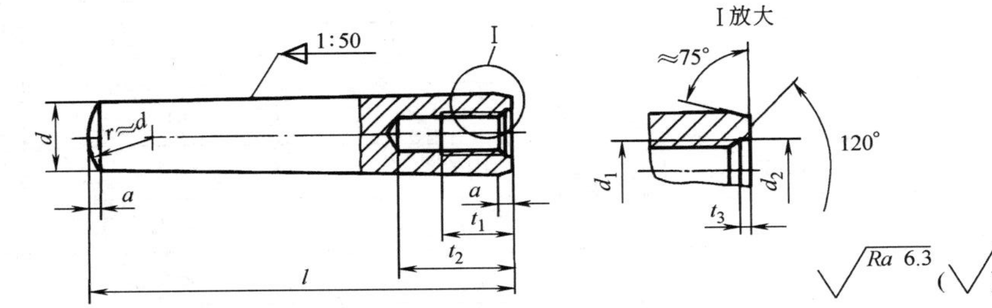

注：A 型（磨削）：锥面表面粗糙度 $Ra=0.8\mu m$。

B 型（切削或冷镦）：锥面表面粗糙度 $Ra=3.2\mu m$。

图 11-9 内螺纹圆锥销

表 11-17 内螺纹圆锥销尺寸

（mm）

d h10①	6	8	10	12	16	20	25	30	40	50
a ≈	0.8	1	1.2	1.6	2	2.5	3	4	5	6.3
d_1	M4	M5	M6	M18	M10	M12	M16	M20	M20	M24
螺距 P	0.7	0.8	1	1.25	1.5	1.75	2	2.5	2.5	3
d_2	4.3	5.3	6.4	8.4	10.5	13	17	21	21	25
t_1	6	8	10	12	16	18	24	30	30	36
t_{2min}	10	12	16	20	25	28	35	40	40	50
t_3	1	1.2	1.2	1.2	1.5	1.5	2	2	2.5	2.5
l②	16~60	18~80	22~100	24~120	32~160	40~200	50~200	60~200	80~200	100~200

① 其他公差，如 a11，c11 和 f8，由供需双方协议。

② 公称长度大于 200mm，按 20mm 递增。

10. 开尾圆锥销（GB/T 877—1986）（图 11-10、表 11-18）

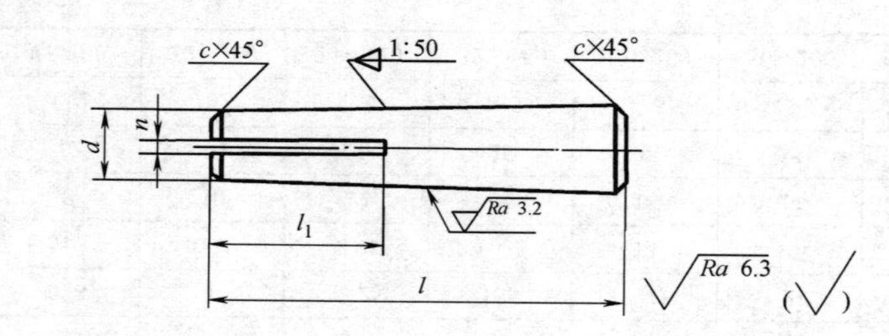

图 11-10 开尾圆锥销

表 11-18 开尾圆锥销尺寸

（mm）

d	公　称	3	4	5	6	8	10	12	16
	min	2.96	3.952	4.952	5.952	7.942	9.942	11.93	15.93
	max	3	4	5	6	8	10	12	16
n	公　称	0.8		1		1.6		2	
	min	0.86		1.06		1.66		2.06	
	max	1		1.2		1.91		2.31	
l_1		10		12	15	20	25	30	40
c	≈	0.5		1			1.5		
l		30~55	35~60	40~80	50~100	60~120	70~160	80~200	100~200

11. 螺尾锥销（GB/T 881—2000）（图 11-11、表 11-19）

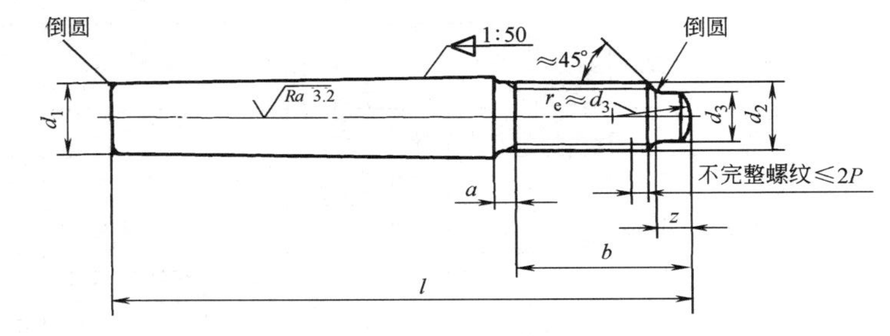

图 11-11 螺尾锥销

表 11-19 螺尾锥销尺寸 (mm)

d_1	h10①	5	6	8	10	12	16	20	25	30	40	50
a_{max}		2.4	3	4	4.5	5.3	6	6	7.5	9	10.5	12
b	max	15.6	20	24.5	27	30.5	39	39	45	52	65	78
	min	14	18	22	24	27	35	35	40	46	58	70
d_2		M5	M6	M8	M10	M12	M16	M16	M20	M24	M30	M36
螺距 P		0.8	1	1.25	1.5	1.75	2	2	2.5	3	3.5	4
d_3	max	3.5	4	5.5	7	8.5	12	12	15	18	23	28
	min	3.25	3.7	5.2	6.6	8.1	11.5	11.5	14.5	17.5	22.5	27.5
z	max	1.5	1.75	2.25	2.75	3.25	4.3	4.3	5.3	6.3	7.5	9.4
	min	1.25	1.5	2	2.5	3	4	4	5	6	7	9
l②		40~50	45~60	55~85	65~100	85~140	100~160	120~220	140~250	160~320	190~360	220~400

① 其他公差由供需双方协议。

② 公称长度大于 400mm，按 40mm 递增。

12. 重型直槽弹性圆柱销（GB/T 879.1—2018）（图 11-12、表 11-20）

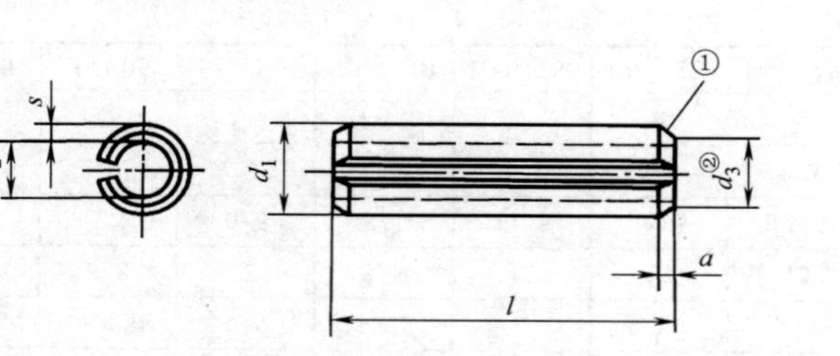

图中：① 对公称直径 $d_1 \geqslant 10$mm 的弹性销，可由制造者选用单面倒角的型式。
② $d_3 < d_1$。

图 11-12　重型直槽弹性圆柱销型式

表 11-20　重型直槽弹性圆柱销尺寸

（mm）

公称			1	1.5	2	2.5	3	3.5	4	4.5	5	6	8	10	12	13
d_1	装配前	max	1.3	1.8	2.4	2.9	3.5	4.0	4.6	5.1	5.6	6.7	8.8	10.8	12.8	13.8
		min	1.2	1.7	2.3	2.8	3.3	3.8	4.4	4.9	5.4	6.4	8.5	10.5	12.5	13.5
d_2	装配前①		0.8	1.1	1.5	1.8	2.1	2.3	2.8	2.9	3.4	4	5.5	6.5	7.5	8.5
a		max	0.35	0.45	0.55	0.6	0.7	0.8	0.85	1.0	1.1	1.4	2.0	2.4	2.4	2.4
		min	0.15	0.25	0.35	0.4	0.5	0.6	0.65	0.8	0.9	1.2	1.6	2.0	2.0	2.0
s			0.2	0.3	0.4	0.5	0.6	0.75	0.8	1.0	1.0	1.2	1.5	2.0	2.5	2.5
最小剪切载荷/kN 双面剪②			0.7	1.58	2.82	4.38	6.32	9.06	11.24	15.36	17.54	26.04	42.76	70.16	104.1	115.1
l③			4~20	4~20	4~30	4~30	4~40	4~40	5~50	5~50	5~80	10~100	10~120	10~160	10~180	10~180

（续）

			14	16	18	20	21	25	28	30	32	35	38	40	45	50
d_1	公称		14	16	18	20	21	25	28	30	32	35	38	40	45	50
	装配前	max	14.8	16.8	18.9	20.9	21.9	25.9	28.9	30.9	32.9	35.9	38.9	40.9	45.9	50.9
		min	14.5	16.5	18.5	20.5	21.5	25.5	28.5	30.5	32.5	35.5	38.5	40.5	45.5	50.5
d_2	装配前[①]		8.5	10.5	11.5	12.5	13.5	15.5	17.5	18.5	20.5	21.5	23.5	25.5	28.5	31.5
a		max	2.4	2.4	2.4	3.4	3.4	3.4	3.4	3.4	3.6	3.6	4.6	4.6	4.6	4.6
		min	2.0	2.0	2.0	3.0	3.0	3.0	3.0	3.0	3.0	3.0	4.0	4.0	4.0	4.0
s			3.0	3.0	3.5	4.0	4.0	5.0	5.5	6.0	6.0	7.0	7.5	7.5	8.5	9.5
最小剪切载荷/kN 双面剪[②]			144.7	171	222.5	280.6	298.2	438.5	542.6	631.4	684	859	1 003	1 068	1 360	1 685
l[③]			10~200	10~200	10~200	10~200	14~200	14~200	14~200	14~200	20~200	20~200	20~200	20~200	20~200	20~200

① 参考。

② 仅适用于钢和马氏体型不锈钢产品；对奥氏体型不锈钢弹性销，不规定双面剪切载荷值。

③ 公称长度大于 200mm，按 20mm 递增。

13. 轻型直槽弹性圆柱销（GB/T 879.2—2018）（图 11-13、表 11-21）

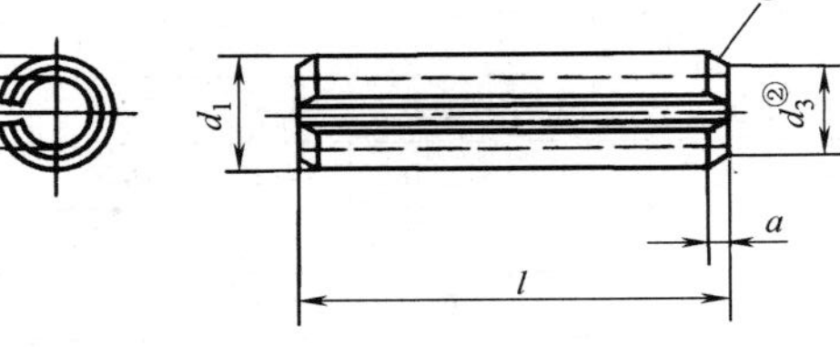

图中：① 公称直径 $d_1 \geqslant 10$mm 的弹性销，可由制造者选用单面倒角的型式。

② $d_3 < d_1$。

图 11-13 轻型直槽弹性圆柱销型式

表 11-21　轻型直槽弹性圆柱销尺寸

(mm)

d_1	公称		2	2.5	3	3.5	4	4.5	5	6	8	10	12	13
	装配前	max	2.4	2.9	3.5	4.0	4.6	5.1	5.6	6.7	8.8	10.8	12.8	13.8
		min	2.3	2.8	3.3	3.8	4.4	4.9	5.4	6.4	8.5	10.5	12.5	13.5
d_2	装配前①		1.9	2.3	2.7	3.1	3.4	3.9	4.4	4.9	7.0	8.5	10.5	11
a		max	0.4	0.45	0.45	0.5	0.7	0.7	0.7	0.9	1.8	2.4	2.4	2.4
		min	0.2	0.25	0.25	0.3	0.5	0.5	0.5	0.7	1.5	2.0	2.0	2.0
s			0.2	0.25	0.3	0.35	0.5	0.5	0.5	0.75	0.75	1.0	1.0	1.2
最小剪切载荷/kN 双面剪②			1.5	2.4	3.5	4.6	8	8.8	10.4	18	24	40	48	66
l③			4~30	4~30	4~40	4~40	4~50	6~50	6~80	10~100	10~120	10~160	10~180	10~180
d_1	公称		14	16	18	20	21	25	28	30	35	40	45	50
	装配前	max	14.8	16.8	18.9	20.9	21.9	25.9	28.9	30.9	35.9	40.9	45.9	50.9
		min	14.5	16.5	18.5	20.5	21.5	25.5	28.5	30.5	35.5	40.5	45.5	50.5
d_2	装配前①		11.5	13.5	15.0	16.5	17.5	21.5	23.5	25.5	28.5	32.5	37.5	40.5
a		max	2.4	2.4	2.4	2.4	2.4	3.4	3.4	3.4	3.6	4.6	4.6	4.6
		min	2.0	2.0	2.0	2.0	2.0	3.0	3.0	3.0	3.0	4.0	4.0	4.0
s			1.5	1.5	1.7	2.0	2.0	2.0	2.5	2.5	3.5	4.0	4.0	5.0
最小剪切载荷/kN 双面剪②			84	98	126	58	168	202	280	302	490	634	720	1000
l③			10~200	10~200	10~200	10~200	14~200	14~200	14~200	14~200	20~200	20~200	20~200	20~200

① 参考。

② 仅适用于钢和马氏体型不锈钢产品；对奥氏体型不锈钢弹性销，不规定双面剪切载荷值。

③ 公称长度大于 200mm，按 20mm 递增。

14. 重型卷制弹性圆柱销（GB/T 879.3—2018）（图 11-14、表 11-22）

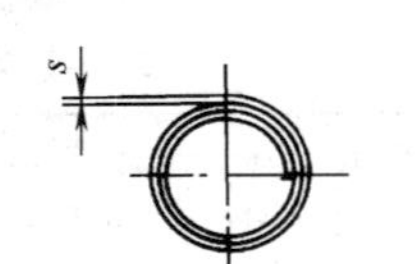

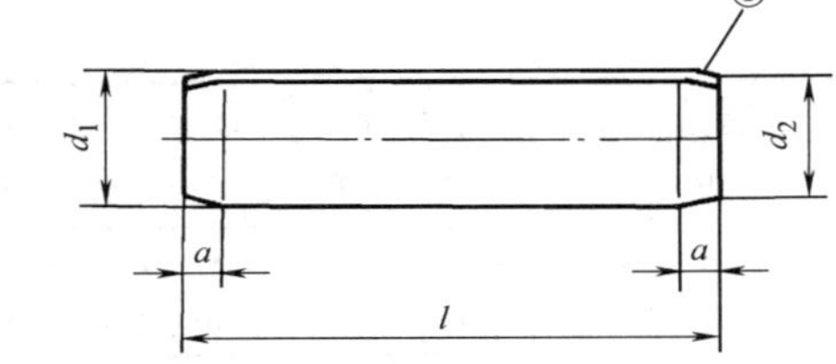

图中：① 两端挤压倒角

图 11-14 重型卷制弹性圆柱销型式

表 11-22 重型卷制弹性圆柱销尺寸（mm）

			1.5	2	2.5	3	3.5	4	5	6	8	10	12	14	16	20
d_1	公称		1.5	2	2.5	3	3.5	4	5	6	8	10	12	14	16	20
	装配前	max	1.71	2.21	2.73	3.25	3.79	4.30	5.35	6.40	8.55	10.65	12.75	14.85	16.9	21.0
		min	1.61	2.11	2.62	3.12	3.64	4.15	5.15	6.18	8.25	10.30	12.35	14.40	16.4	20.4
d_2	装配前	max	1.4	1.9	2.4	2.9	3.4	3.9	4.85	5.85	7.8	9.75	11.7	13.6	15.6	19.6
a		≈	0.5	0.7	0.7	0.9	1	1.1	1.3	1.5	2	2.5	3	3.5	4	4.5
s			0.17	0.22	0.28	0.33	0.39	0.45	0.56	0.67	0.9	1.1	1.3	1.6	1.8	2.2
最小剪切载荷/kN 双面剪	①		1.9	3.5	5.5	7.6	10	13.5	20	30	53	84	120	165	210	340
	②		1.45	2.5	3.8	5.7	7.6	10	15.5	23	41	64	91	—	—	—
l[③]			4~26	4~40	5~45	6~50	6~50	8~60	10~60	12~75	16~120	20~120	24~160	28~200	35~200	45~200

① 适用于钢和马氏体型不锈钢产品。

② 适用于奥氏体型不锈钢产品。

③ 公称长度大于 200mm，按 20mm 递增。

15. 标准型卷制弹性圆柱销（GB/T 879.4—2018）（图 11-15、表 11-23）

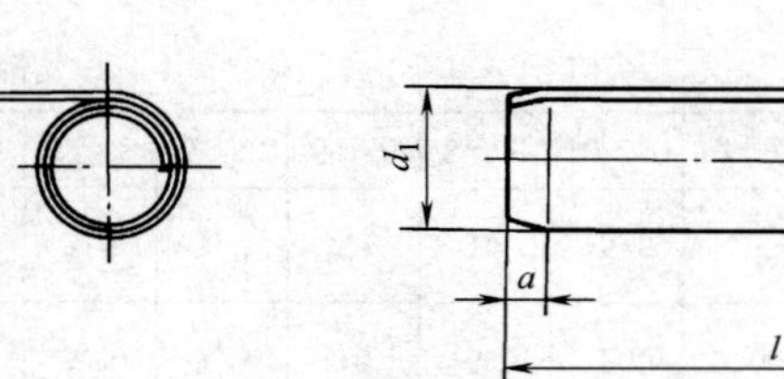

图中：① 两端挤压倒角。

图 11-15　标准型卷制弹性圆柱销型式

表 11-23　标准型卷制弹性圆柱销尺寸　（mm）

			0.8	1	1.2	1.5	2	2.5	3	3.5	4	5	6	8	10	12	14	16	20
d_1	公称		0.8	1	1.2	1.5	2	2.5	3	3.5	4	5	6	8	10	12	14	16	20
	装配前	max	0.91	1.15	1.35	1.73	2.25	2.78	3.30	3.84	4.4	5.50	6.50	8.63	10.80	12.85	14.95	17.00	21.1
		min	0.85	1.05	1.25	1.62	2.13	2.65	3.15	3.67	4.2	5.25	6.25	8.30	10.35	12.40	14.45	16.45	20.4
d_2	装配前 max		0.75	0.95	1.15	1.4	1.9	2.4	2.9	3.4	3.9	4.85	5.85	7.8	9.75	11.7	13.6	15.6	19.6
a	≈		0.3	0.3	0.4	0.5	0.7	0.7	0.9	1	1.1	1.3	1.5	2	2.5	3	3.5	4	4.5
s			0.07	0.08	0.1	0.13	0.17	0.21	0.25	0.29	0.33	0.42	0.5	0.67	0.84	1	1.2	1.3	1.7
最小剪切载荷/kN 双面剪	①		0.4	0.6	0.9	1.45	2.5	3.9	5.5	7.5	9.6	15	22	39	62	89	120	155	250
	②		0.3	0.45	0.65	1.05	1.9	2.9	4.2	5.7	7.6	11.5	16.8	30	48	67	—	—	—
l[3]			4~16	4~16	4~16	4~24	4~40	5~45	6~50	6~50	8~60	10~60	12~75	16~120	20~120	24~160	28~200	32~200	45~200

① 适用于钢和马氏体型不锈钢产品。

② 适用于奥氏体型不锈钢产品。

③ 公称长度大于200mm，按20mm递增。

16. 轻型卷制弹性圆柱销（GB/T 879.5—2018）（图 11-16、表 11-24）

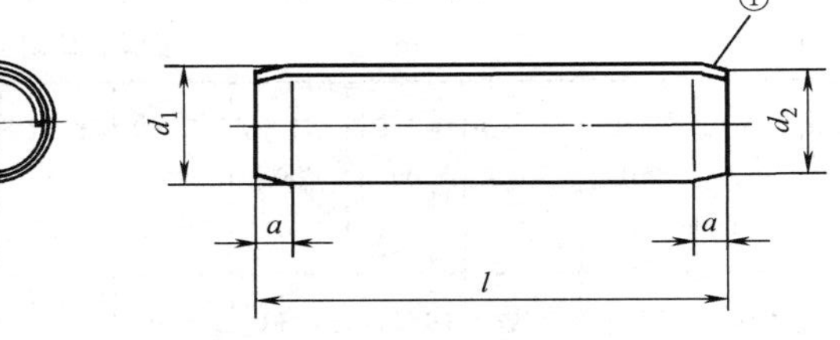

图中：① 两端挤压倒角。

图 11-16　轻型卷制弹性圆柱销型式

表 11-24　轻型卷制弹性圆柱销尺寸　（mm）

			1.5	2	2.5	3	3.5	4	5	6	8
d_1	公称		1.5	2	2.5	3	3.5	4	5	6	8
	装配前	max	1.75	2.28	2.82	3.35	3.87	4.45	5.5	6.55	8.65
		min	1.62	2.13	2.65	3.15	3.67	4.20	5.2	6.25	8.30
d_2	装配前	max	1.4	1.9	2.4	2.9	3.4	3.9	4.85	5.85	7.8
a		≈	0.5	0.7	0.7	0.9	1	1.1	1.3	1.5	2
s			0.08	0.11	0.14	0.17	0.19	0.22	0.28	0.33	0.45
最小剪切载荷/kN 双面剪	①		0.8	1.5	2.3	3.3	4.5	5.7	9	13	23
	②		0.65	1.1	1.8	2.5	3.4	4.4	7	10	18
l③			4~24	4~40	5~45	6~50	6~50	8~60	10~60	12~75	16~120

① 适用于钢和马氏体型不锈钢产品。

② 适用于奥氏体型不锈钢产品。

③ 公称长度大于 120mm，按 20mm 递增。

17. 带导杆及全长平行沟槽槽销（GB/T 13829.1—2004）（图 11-17、表 11-25）

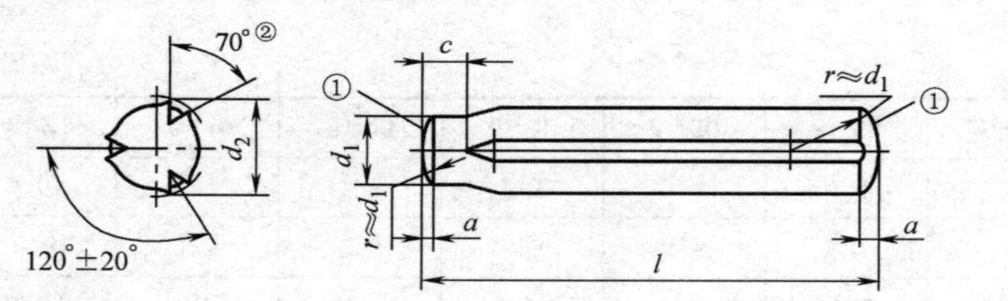

图中：① 允许制成倒角端

② 70°槽角仅适用于由碳钢制造的槽销。槽角应按材料的弹性进行修正。

图 11-17 带导杆及全长平行沟槽槽销型式

表 11-25 带导杆及全长平行沟槽槽销尺寸

（mm）

d_1	公称	1.5	2	2.5	3	4	5	6	8	10	12	16	20	25
	公差	h9				h11								
c	max	2	2	2.5	2.5	3	3	4	4	5	5	5	7	7
	min	1	1	1.5	1.5	2	2	3	3	4	4	4	6	6
a ≈		0.2	0.25	0.3	0.4	0.5	0.63	0.8	1	1.2	1.6	2	2.5	3
最小剪切载荷/kN 双面剪①		1.6	2.84	4.4	6.4	11.3	17.6	25.4	45.2	70.4	101.8	181	283	444
l（$d_2$②）		8~20 (1.6)	8~30 (2.15)	10~30 (2.65)	10~40 (3.2)	10~60 (4.25)	14~60 (5.25)	14~80 (6.3)	14~100 (8.3)	14~100 (10.35)	18~100 (12.35)	22~100 (16.4)	26~100 (20.5)	26~100 (25.5)

① 仅适用由碳钢（硬度：125~245HV30）制造的槽销。

② 扩展直 d_2 仅适用由碳钢（硬度：125~245HV30）制造的槽销。对其他材料，如不锈钢，则应从给出的数值中减去一定的数量，并由供需双方协议。

18. 带倒角及全长平行沟槽槽销（GB/T 13829.2—2004）（图 11-18、表 11-26）

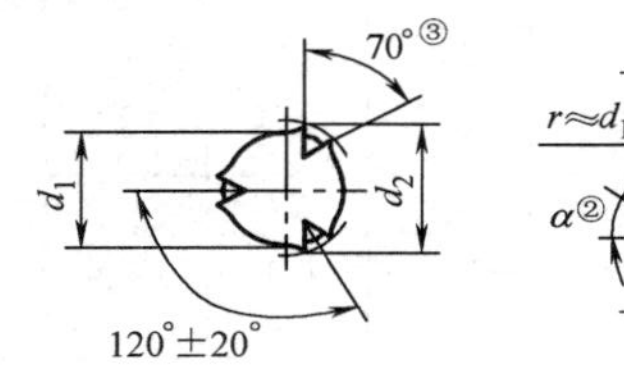

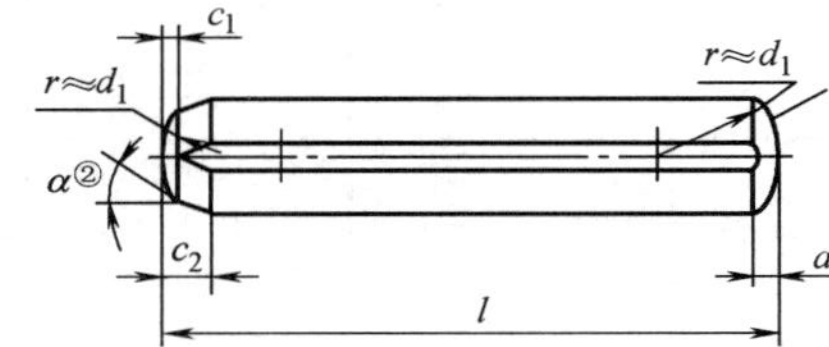

图中：① 允许制成倒角端。

② $\alpha=15°\sim30°$。

③ 70°槽角仅适用于由碳钢制造的槽销。槽角应按材料的弹性进行修正。

图 11-18　带倒角及全长平行沟槽槽销型式

表 11-26　带倒角及全长平行沟槽槽销尺寸

（mm）

d_1		1.5	2	2.5	3	4	5	6	8	10	12	16	20	25
	公称	1.5	2	2.5	3	4	5	6	8	10	12	16	20	25
	公差	h9				h11								
c_1 ≈		0.12	0.18	0.25	0.3	0.4	0.5	0.6	0.8	1	1.2	1.6	2	2.5
c_2		0.6	0.8	1	1.2	1.4	1.7	2.1	2.6	3	3.8	4.6	6	7.5
a ≈		0.2	0.25	0.3	0.4	0.5	0.63	0.8	1	1.2	1.6	2	2.5	3
最小剪切载荷/kN 双面剪①		1.6	2.84	4.4	6.4	11.3	17.6	25.4	45.2	70.4	101.8	181	283	444
$l(d_2^{②})$		8~20 (1.6)	8~30 (2.15)	10~30 (2.65)	10~40 (3.2)	10~60 (4.25)	14~60 (5.25)	14~80 (6.3)	14~100 (8.3)	14~100 (10.35)	16~100 (12.35)	22~100 (16.4)	26~100 (20.5)	26~100 (25.5)

①、②见表 11-25。

19. 中部槽长为 1/3 全长槽销（GB/T 13829.3—2004）（图 11-19、表 11-27）

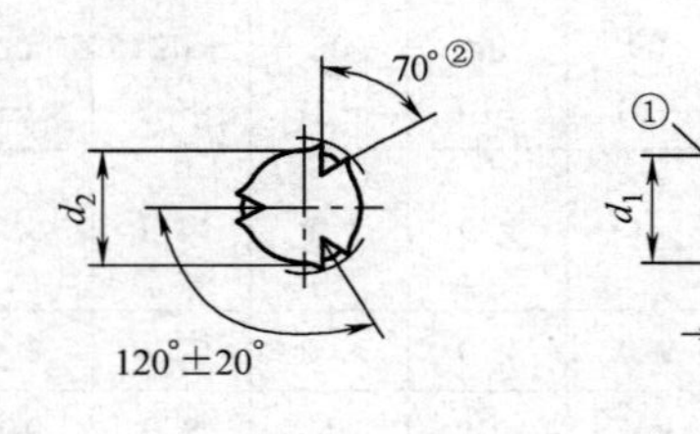

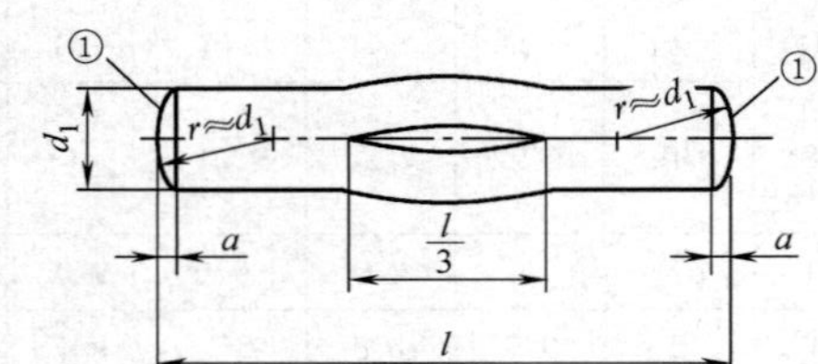

图中：① 允许制成倒角端。

② 70°槽角仅适用于由碳钢制造的槽销。槽角应按材料的弹性进行修正。

图 11-19 中部槽长为 1/3 全长槽销型式

表 11-27 中部槽长为 1/3 全长槽销尺寸 （mm）

d_1	公称	1.5	2	2.5	3	4	5	6	8	10	12	16	20	25
	公差	h9				h11								
a	≈	0.2	0.25	0.3	0.4	0.5	0.63	0.8	1	1.2	1.6	2	2.5	3
最小剪切载荷/kN 双面剪①		1.6	2.84	4.4	6.4	11.3	17.6	25.4	45.2	70.4	101.8	181	283	444
l		8~20	12~30	12~30	12~40	18~60	18~60	22~80	26~100	32~160	40~200	45~200	45~200	45~200

① 仅适用由碳钢（硬度：125~245HV30）制造的槽销。

20. 中部槽长为 1/2 全长槽销（GB/T 13829.4—2004）（图 11-20、表 11-28）

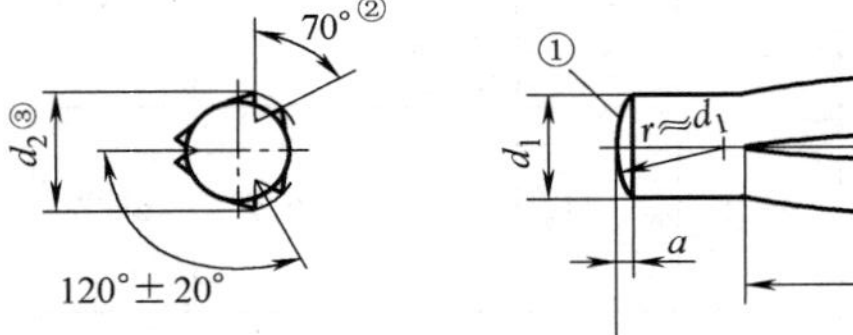

图中：① 允许制成倒角端。

② 70°槽角仅适用于由碳钢制造的槽销。槽角应按材料的弹性进行修正。

③ d_2 见 GB/T 13829.4—2004。

图 11-20　中部槽长为 1/2 全长槽销型式

表 11-28　中部槽长为 1/2 全长槽销尺寸

（mm）

d_1	公称	1.5	2	2.5	3	4	5	6	8	10	12	16	20	25
	公差	h9				h11								
a	≈	0.2	0.25	0.3	0.4	0.5	0.63	0.8	1	1.2	1.6	2	2.5	3
最小剪切载荷/kN 双面剪①		1.6	2.84	4.4	6.4	11.3	17.6	25.4	45.2	70.4	101.8	181	283	444
l		8~20	12~30	12~30	12~40	18~60	18~60	22~80	26~100	32~160	40~200	45~200	45~200	45~200

① 仅适用由碳钢（硬度：125~245HV30）制造的槽销。

21. 全长锥槽槽销（GB/T 13829.5—2004）（图 11-21、表 11-29）

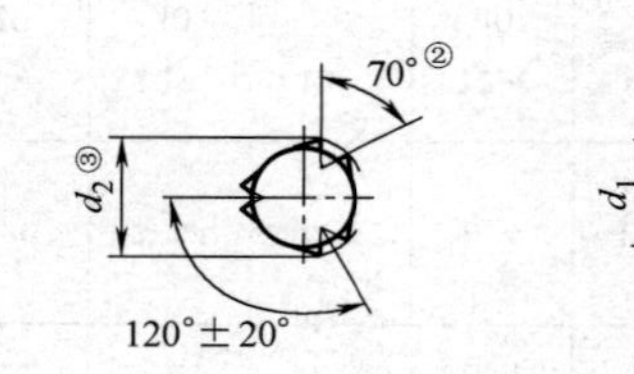

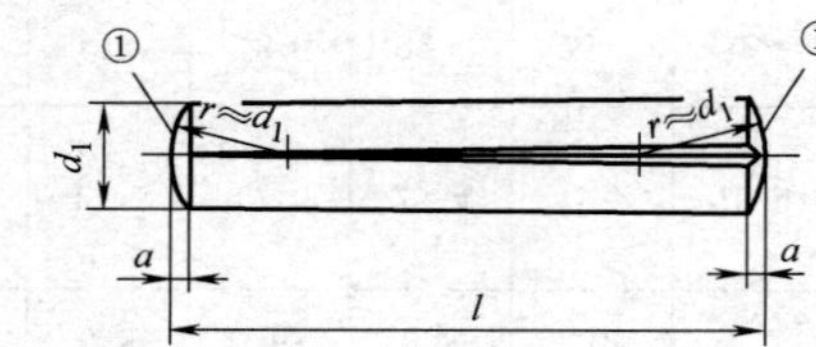

图中：① 允许制成倒角端。

② 70°槽角仅适用于由碳钢制造的槽销。槽角应按材料的弹性进行修正。

③ d_2 见 GB/T 13829.4—2004。

图 11-21　全长锥槽槽销型式

表 11-29　全长锥槽槽销尺寸

（mm）

d_1														
d_1	公称	1.5	2	2.5	3	4	5	6	8	10	12	16	20	25
	公差	h9				h11								
a ≈		0.2	0.25	0.3	0.4	0.5	0.63	0.8	1	1.2	1.6	2	2.5	3
最小剪切载荷/kN 双面剪①		1.6	2.84	4.4	6.4	11.3	17.6	25.4	45.2	70.4	101.8	181	283	444
l		8~20	8~30	8~30	8~40	8~60	8~60	10~80	12~100	12~120	12~120	24~120	26~120	26~120

① 仅适用由碳钢（硬度：125~245HV30）制造的槽销。

22. 半长锥槽槽销（GB/T 13829.6—2004）（图 11-22、表 11-30）

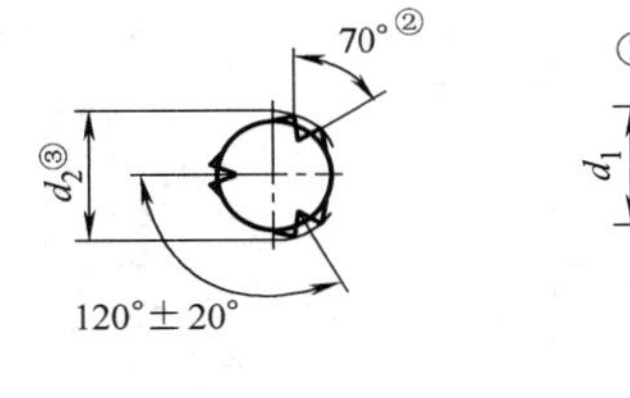

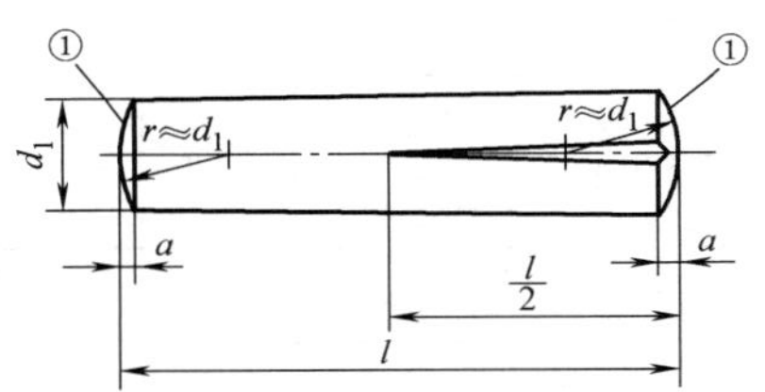

图中：① 允许制成倒角端。
② 70°槽角仅适用于由碳钢制造的槽销。槽角应按材料的弹性进行修正。
③ d_2 见 GB/T 13829.6—2004。

图 11-22 半长锥槽槽销型式

表 11-30 半长锥槽槽销尺寸

（mm）

d_1														
d_1	公称	1.5	2	2.5	3	4	5	6	8	10	12	16	20	25
	公差	h9				h11								
a ≈		0.2	0.25	0.3	0.4	0.5	0.63	0.8	1	1.2	1.6	2	2.5	3
最小剪切载荷/kN 双面剪①		1.6	2.84	4.4	6.4	11.3	17.6	25.4	45.2	70.4	101.8	181	283	444
l		8~20	8~30	8~30	8~40	10~60	10~60	10~80	14~100	14~200	18~200	26~200	26~200	26~200

① 仅适用由碳钢（硬度：125~245HV30）制造的槽销。

23. 半长倒锥槽槽销（GB/T 13829.7—2004）（图 11-23、表 11-31）

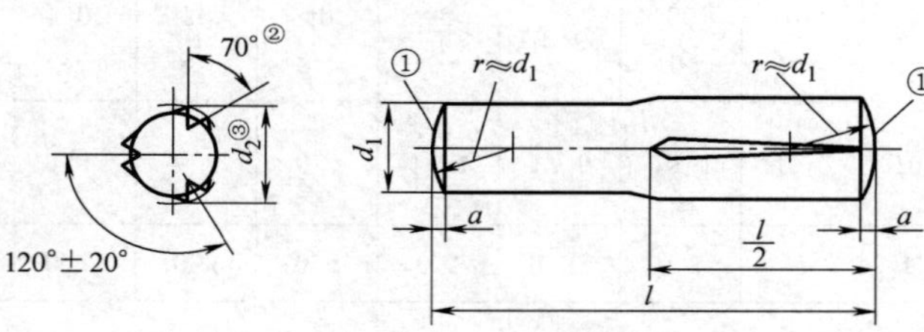

图中：① 允许制成倒角端。

② 70°槽角仅适用于由碳钢制造的槽销。槽角应按材料的弹性进行修正。

③ d_2 见 GB/T 13829.7—2004。

图 11-23 半长倒锥槽槽销型式

表 11-31 半长倒锥槽槽销尺寸

（mm）

d_1														
d_1	公称	1.5	2	2.5	3	4	5	6	8	10	12	16	20	25
	公差	h9				h11								
a	≈	0.2	0.25	0.3	0.4	0.5	0.63	0.8	1	1.2	1.6	2	2.5	3
最小剪切载荷/kN 双面剪①		1.6	2.84	4.4	6.4	11.3	17.6	25.4	45.2	70.4	101.8	181	283	444
l		8~20	8~30	8~30	8~40	10~60	10~60	12~80	14~100	18~160	26~200	26~200	26~200	26~200

① 仅适用由碳钢（硬度：125~245HV30）制造的槽销。

24. 圆头槽销（GB/T 13829.8—2004）（图 11-24、表 11-32）

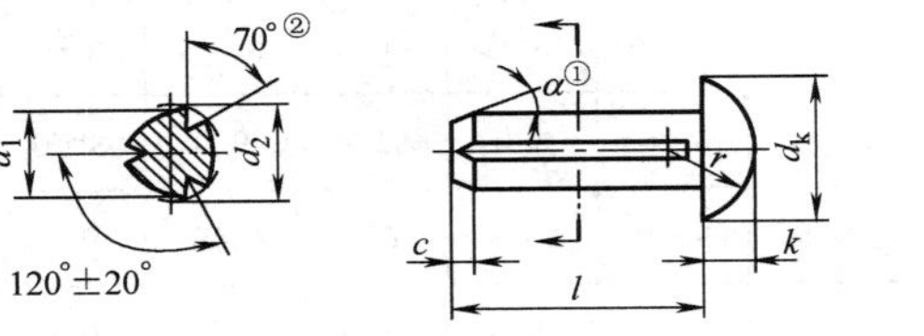

图中：A 型和 B 型由制造者选择，或由需方特殊指定。

① $\alpha = 15° \sim 30°$

② 70°槽角仅适用于由冷墩钢制造的槽销。槽角应按材料的弹性进行修正。

图 11-24　圆头槽销型式

表 11-32　圆头槽销尺寸

（mm）

d_1	公称	1.4	1.6	2	2.5	3	4	5	6	8	10	12	16	20
	max	1.40	1.60	2.00	2.500	3.000	4.0	5.0	6.0	8.00	10.00	12.0	16.0	20.0
	min	1.35	1.55	1.95	2.425	2.925	3.9	4.9	5.9	7.85	9.85	11.8	15.8	19.8
d_k	max	2.6	3.0	3.7	4.6	5.45	7.25	9.1	10.8	14.4	16.0	19.0	25.0	32.0
	min	2.2	2.6	3.3	4.2	4.95	6.75	8.5	10.2	13.6	14.9	17.7	23.7	30.7
k	max	0.9	1.1	1.3	1.6	1.95	2.55	3.15	3.75	5.0	7.4	8.4	10.9	13.9
	min	0.7	0.9	1.1	1.4	1.65	2.25	2.85	3.45	4.6	6.5	7.5	10.0	13.0
r	≈	1.4	1.6	1.9	2.4	2.8	3.8	4.6	5.7	7.5	8	9.5	13	16.5
c		0.42	0.48	0.6	0.75	0.9	1.2	1.5	1.8	2.4	3.0	3.6	4.8	6
$l(d_2)$		3~6 (1.5)	3~8 (1.7)	3~10 (2.15)	3~12 (2.7)	4~16 (3.2)	5~20 (4.25)	6~25 (5.25)	8~30 (6.3)	10~40 (8.3)	12~40 (10.35)	16~40 (12.35)	20~40 (16.4)	25~40 (20.5)

25. 沉头槽销（GB/T 13829.9—2004）（图 11-25、表 11-33）

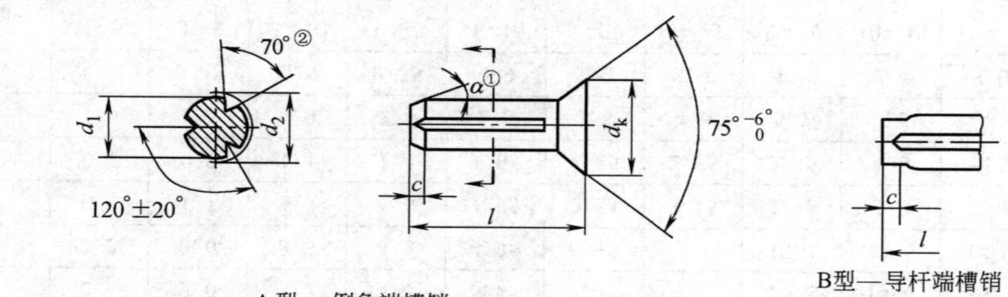

图中：A 型和 B 型由制造者选择，或由需方特殊指定。

① $\alpha = 15° \sim 30°$

② 70°槽角仅适用于由冷墩钢制造的槽销。槽角按材料的弹性进行修正。

图 11-25 沉头槽销型式

表 11-33 沉头槽销尺寸

（mm）

d_1	公称	1.4	1.6	2	2.5	3	4	5	6	8	10	12	16	20
	max	1.40	1.60	2.00	2.500	3.000	4.0	5.0	6.0	8.00	10.00	12.0	16.0	20.0
	min	1.35	1.55	1.95	2.425	2.925	3.9	4.9	5.9	7.85	9.85	11.8	15.8	19.8
d_k	max	2.7	3.0	3.7	4.6	5.45	7.25	9.1	10.8	14.4	16.0	19.0	26.0	31.5
	min	2.3	2.6	3.3	4.2	4.95	6.75	8.5	10.2	13.6	14.9	17.7	23.7	30.7
c		0.42	0.48	0.6	0.75	0.9	1.2	1.5	1.8	2.4	3.0	3.6	4.8	6
$l(d_2)$		3~6 (1.5)	3~8 (1.7)	4~10 (2.15)	4~12 (2.7)	5~16 (3.2)	6~20 (4.25)	8~25 (5.25)	8~30 (6.3)	10~40 (8.3)	12~40 (10.35)	16~40 (12.35)	20~40 (16.4)	25~40 (20.5)

三、销的重量

开尾圆锥销的重量（适用于 GB/T 877—1986）见表 11-34。

表 11-34　开尾圆锥销的重量　　（kg）

每 1000 件钢制品的大约重量									
l	*G*	*l*	*G*	*l*	*G*	*l*	*G*	*l*	*G*
d = 3		*d* = 5		*d* = 6		*d* = 10		*d* = 12	
30	1.82	45	7.74	85	23.86	70	46.05	120	122.8
32	1.98	50	8.82	90	25.70	75	50.06	140	148.9
35	2.23	55	9.94	95	27.58	80	54.15	160	176.5
40	2.66	60	11.10	100	29.52	85	58.31	180	205.6
45	3.11	65	12.30	*d* = 8		90	62.53	200	236.2
50	3.59	70	13.53	60	25.23	95	66.84	*d* = 16	
55	4.09	75	14.81	65	27.85	100	71.21	100	167.3
d = 4		80	16.12	70	30.53	120	89.45	120	207.9
35	3.82	*d* = 6		75	33.27	140	108.9	140	250.2
40	4.51	50	12.26	80	36.06	160	129.6	160	294.5
45	5.23	55	13.79	85	38.91	*d* = 12		180	340.6
50	5.98	60	15.35	90	41.82	80	74.78	200	388.6
55	6.76	65	16.96	95	44.80	85	80.49		
60	7.57	70	18.62	100	47.83	90	86.28		
d = 5		75	20.32	120	60.58	95	92.16		
40	6.69	80	22.06	—	—	100	98.12		

注：表列规格为商品规格范围。*d*—螺纹直径（mm），*l*—公称长度（mm）。

第十二章 铆钉

一、铆钉综述

1. 铆钉的尺寸代号与标注（表 12-1）

表 12-1　铆钉的尺寸代号与标注

尺寸代号	标注内容	尺寸代号	标注内容
b	平边宽度	k	头部高度
d	公称直径	r	圆角半径
d_h	通孔直径	R	头部半径
d_k	头部直径	W	沉头高度

2. 铆钉用通孔（GB/T 152.1—1988）（图 12-1、表 12-2）

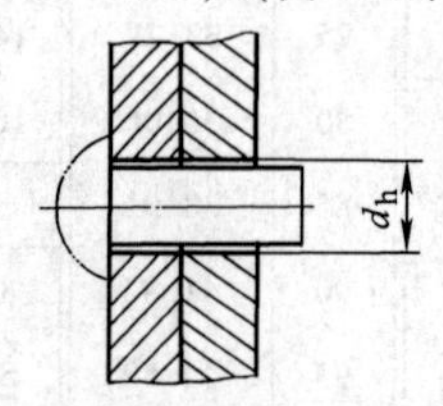

图 12-1　铆钉用通孔

表 12-2　铆钉用通孔尺寸　（mm）

铆钉公称直径 d		0.6	0.7	0.8	1	1.2	1.4	1.6	2	2.5	3	3.5	4	5	6	8
d_h	精装配	0.7	0.8	0.9	1.1	1.3	1.5	1.7	2.1	2.6	3.1	3.6	4.1	5.2	6.2	8.2

铆钉公称直径 d		10	12	14	16	18	20	22	24	27	30	36
d_h	精装配	10.3	12.4	14.5	16.5	—	—	—	—	—	—	—
	粗装配	11	13	15	17	19	21.5	23.5	25.5	28.5	32	38

3. 铆钉的技术条件（GB/T 116—1986）

（1）铆钉材料、热处理及表面处理（表 12-3）

表 12-3　铆钉材料、热处理与表面处理

材料			热处理	表面处理
种　类	牌　号	标准编号		
碳素钢	Q215、Q235	GB/T 700	退火	无
	10　15 ML10　ML20	GB/T 699 GB/T 6478	退火 （冷镦产品）	无 镀锌钝化
特种钢	06Cr19Ni10 06Cr18Ni11Ti	GB/T 1220	无	无
			淬火	
铜及其合金	T2 T3 H62	GB/T 3117	无	无
				钝化
			退火	无
				钝化
铝及其合金	1035	GB/T 3195	无	无
	2A01		淬火时效状态	阳极氧化
	2A10		淬火时效状态	无
				阳极氧化
	5B05		退火	无
				阳极氧化
	3A21		无	无

注：1. 不同冶炼及浇注方法制造的钢料同样可以采用。
2. “牌号”栏内每一通栏中所列各种材料，可以互相通用。
3. 对冷镦钢铆钉应退火处理，并由供需双方协议有关事宜。

（2）材料标志

1）材料标志样式见表 12-4。

2）材料标志的尺寸和位置（供模具制造用，在铆钉上不予检查）（图 12-2、表 12-5）。

表 12-4　材料标志样式

材　料	标　志
2A10	无标志

（续）

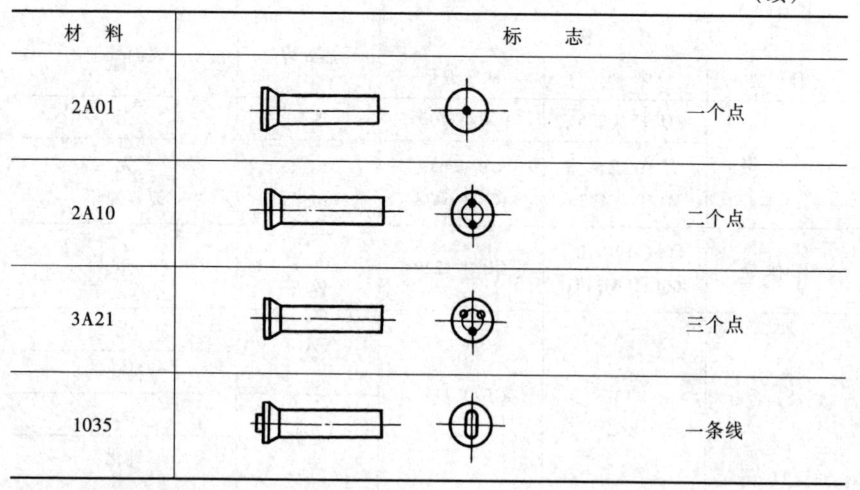

材 料	标 志
2A01	一个点
2A10	二个点
3A21	三个点
1035	一条线

注：1. 标志为凸起的。

2. 直径 $d \geqslant 2$mm 的铆钉才制出材料标志。

表 12-5 材料标志尺寸 (mm)

d	高度	点的直径或线的宽度	线的长度	R
2~5	0.2~0.3	0.4~0.6	1.5~2	1
>5	0.4~0.6	0.6~0.8	2.0~2.5	1.5

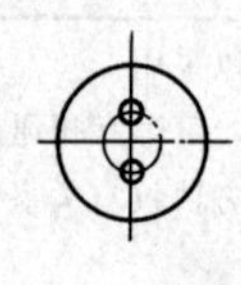
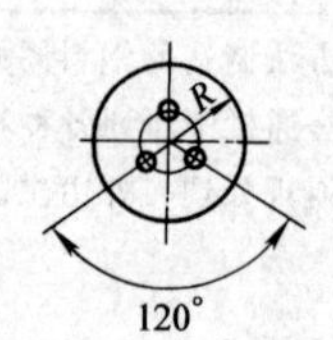

图 12-2 材料标志

（3）性能

由供需双方协议，根据使用要求，可对铆钉进行可铆性及抗剪强度试验。

（4）几何公差

1）垂直度：

a. 铆钉支承面对钉杆轴线垂直度公差，按图 12-3 及表 12-6、表 12-7 规定。

b. 铆钉钉杆末端端面对钉杆轴线的垂直度公差：

粗制铆钉：≤5°；精制铆钉：≤3°。

表 12-6　精制铆钉用垂直度公差 t　(mm)

d	≤2	2.5~4	5~7	8	10	12	14	16
t	0.05	0.1	0.15	0.18	0.24	0.27	0.31	0.34

表 12-7　粗制铆钉用垂直度公差 t　(mm)

d	10	12	14	16	18	20	22	24	27	30	33	36
t	0.48	0.54	0.62	0.68	0.76	0.84	0.9	1	1.14	1.28	1.4	1.54

2）同轴度：

a. 铆钉钉头对钉杆轴线的同轴度公差，按图 12-4 及表 12-8、表 12-9 规定。

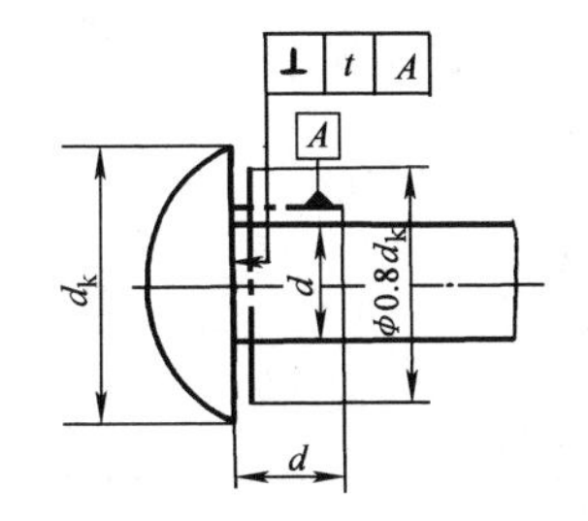

图 12-3　垂直度

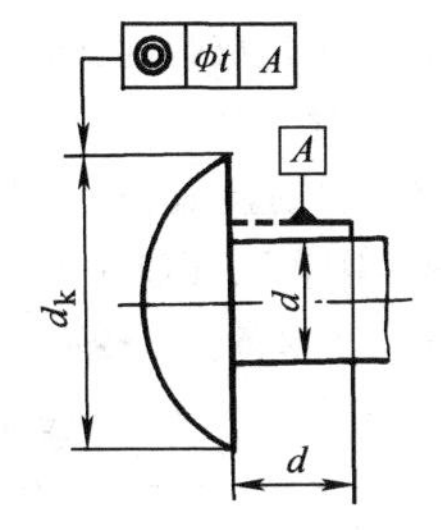

图 12-4　同轴度

表 12-8　精制铆钉的同轴度公差 t　(mm)

d	≤3	>3~6	>6~10	>10~16
t	0.28	0.30	0.44	0.54

表 12-9　粗制铆钉的同轴度公差 t　(mm)

d	10	>10~18	>18~30	>30~36
t	0.72	0.86	1.04	1.24

b. 半空心、空心及无头铆钉的孔对钉杆轴线的同轴度公差，按图 12-5 及表 12-10 规定。

表 12-10　孔对轴线的同轴度公差 t　(mm)

d	1.2~3	3.5~6	8~10
t	0.28	0.36	0.44

(5) 表面缺陷

1）铆钉表面不允许有影响使用的裂缝。

2）钉头顶面不允许有影响使用的金属小凸起。

3）不允许有影响使用的圆钝、飞边、碰伤、条痕、浮锈以及杆部末端的压扁。

4）粗制铆钉表面不允许有超过 0.2mm 厚度的氧化层。氧化

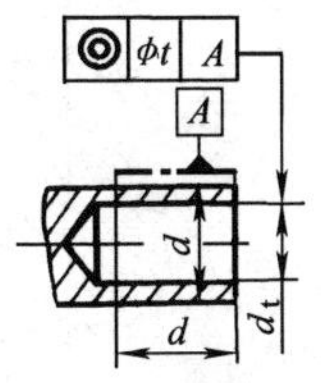

图 12-5　同轴度

层厚度不应计算在钉杆直径内。

（6）测试方法

1）钉杆直径检查的测量位置按表12-11规定。

表12-11 钉杆直径检查的测量位置 （mm）

公称长度 l	测量位置与铆钉头的距离
≤20	$0.5d(\geqslant 2)$
>20	$0.5d$ 和 $0.5l$

2）可铆性及抗剪强度试验方法，由供需双方协议。

3）钉杆长度（l）的检查，以短边为准。

4. 管状铆钉的技术条件（JB/T 10582—2006）

（1）材料和表面处理（表12-12）

（2）其他技术条件，按GB/T 116规定

表12-12 材料和表面处理

材料			表面处理
种类	牌号	标准编号	
碳素结构钢	20（冷拔）	GB/T 8162 GB/T 3639	—
			镀锌钝化
铜及其合金	T2 软(M)	GB/T 1527	—
			钝化
			镀锡
			镀银
	H62 软(M)	GB/T 8006	—
			钝化
			镀锡
			镀银
	H96 软(M)	GB/T 8006	—
			钝化
			镀锡
			镀银

5. 击芯铆钉的技术条件（GB/T 15855.3—1995）

（1）材料（表 12-13）

表 12-13　击芯铆钉材料

钉体材料			钉芯材料		
种类	牌号	标准编号	种类	牌号	标准编号
铝合金	5056	GB/T 3190	低碳、中碳结构钢丝	由制造者选择	GB/T 699 GB/T 3206
铝合金	5056	GB/T 3190	不锈钢	20Cr13	GB/T 1220
低碳钢	08F、10、15	GB/T 699	低碳、中碳结构钢丝	由制造者选择	GB/T 699 GB/T 3206

（2）形状和位置公差

扁圆头击芯铆钉的支承面对钉体轴线的垂直度和铆钉钉头对钉体轴线的同轴度，分别按图 12-6、图 12-7 及表 12-14 规定。

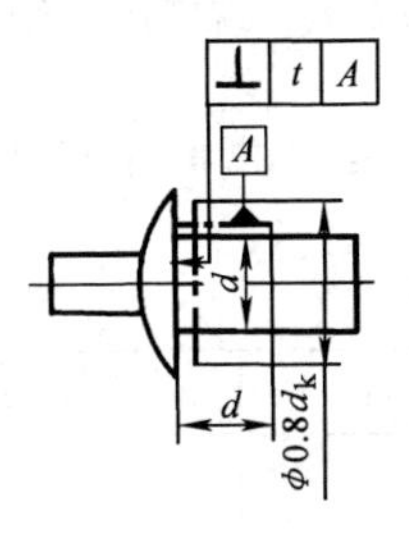

图 12-6　垂直度

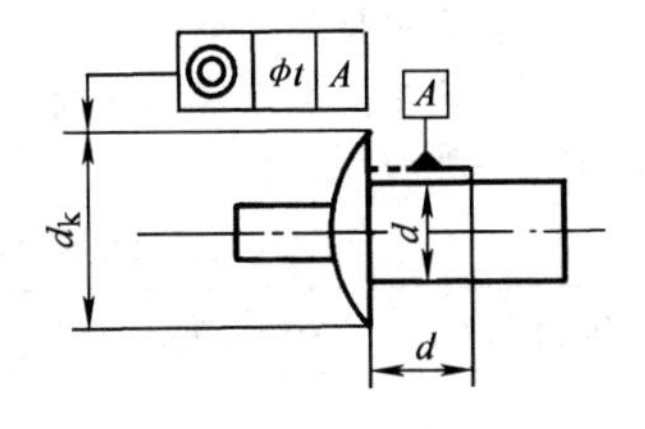

图 12-7　同轴度

表 12-14　击芯铆钉的垂直度和同轴度公差　（mm）

公称直径 d	3	4	5	6	6.4
垂直度公差 t	0.10		0.15		
同轴度公差 t	0.10		0.15		

（3）表面缺陷

铆钉表面不允许有影响使用的裂缝、圆钝、飞边、条痕、浮锈。铆钉铆接后，形成的花瓣应基本一致。

（4）表面处理

钉体一般不进行表面处理，钉芯表面应采取防锈措施。

（5）测量方法

1）钉体直径检查的测量位置按表 12-15 规定。

表 12-15 钉体直径检查的测量位置 (mm)

公称长度 l	测量位置与铆钉头距离
≤20	$0.5d(\geqslant 2)$
>20	$0.6d$ 和 $0.5l$

2）铆钉公称长度（l）的检查，以短边为准。

（6）铆接厚度

被铆接件的铆钉孔应比铆钉公称直径大 0.1mm，推荐的铆接厚度按表 12-16 规定。

表 12-16 推荐铆接厚度

公称直径 d/mm		3	4	5~6.4
推荐铆接厚度 /mm	最小值	l—3.5	l—4.5	l—5
	最大值	l—3	l—3.5	l—3.5

6. 铆钉的杆径（GB/T 18194—2000）

（1）范围

该标准规定了一般用途的、公称杆径为 1~36mm 的两个铆钉杆径系列。

（2）公称铆钉杆径

生产标准规格的铆钉（不含抽芯铆钉）时，应按表 12-17 选用铆钉杆径。这些杆径也可用于非标准产品。

表 12-17 公称铆钉杆径 (mm)

基本系列	第二系列	基本系列	第二系列
1		8	
1.2		10	
	1.4	12	
1.6			14
2		16	
2.5			18
3		20	
	3.5		22
4		24	
5			27
6		30	
	7		33
		36	

7. 抽芯铆钉机械性能（GB/T 3098.19—2004）

（1）机械性能等级

抽芯铆钉的机械性能等级由两位数字组成，表示不同的钉体与钉芯材料组合或机械性能。同一机械性能等级、不同的抽芯铆钉形式，其机械性能不同。

机械性能等级与材料组合按表 12-18 规定。其中，材料牌号及技术条件仅系推荐采用，铆钉制造者可根据实际条件与经验选用其他材料牌号及技术条件。

表 12-18 机械性能等级与材料组合

性能等级	钉体材料			钉芯材料	
	种类	材料牌号	标准编号	材料牌号	标准编号
06	铝	1035	GB/T 3190	7A03 5183	GB/T 3190
08	铝合金	5005、5A05	GB/T 3190	10、15、 35、45	GB/T 699 GB/T 3206
10	铝合金	5052、5A02	GB/T 3190	10、15、 35、45	GB/T 699 GB/T 3206
11	铝合金	5056、5A05	GB/T 3190	10、15、 35、45	GB/T 699 GB/T 3206
12	铝合金	5052、5A02	GB/T 3190	7A03 5183	GB/T 3190
15	铝合金	5056、5A05	GB/T 3190	06Cr19Ni9 12Cr18Ni9	GB/T 4232
20	铜	T1 T2 T3	GB/T 14956	10、15、 35、45	GB/T 699 GB/T 3206
21	铜	T1 T2 T3	GB/T 14956	青铜①	①
22	铜	T1 T2 T3	GB/T 14956	ML06Cr19Ni9 12Cr18Ni9	GB/T 4232 GB/T 1220
23	黄铜	①	①	①	①
30	碳素钢	08F、10	GB/T 699 GB/T 3206	10、15、 35、45	GB/T 699 GB/T 3206
40	镍铜合金	28-2. 5-1. 5 镍铜合金 (NiCu28-2. 5-1. 5)	GB/T 5235	10、15、 35、45	GB/T 699 GB/T 3206
41	镍铜合金	28-2. 5-1. 5 镍铜合金 (NiCu28-2. 5-1. 5)	GB/T 5235	ML06Cr19Ni9 ML20Cr13	GB/T 4232
50	不锈钢	06Cr19Ni10 12Cr18Ni9	GB/T 1220	10、15、 35、45	GB/T 699 GB/T 3206
51	不锈钢	06Cr19Ni10 12Cr18Ni9	GB/T 1220	ML06Cr19Ni9 ML20Cr13	GB/T 4232

① 数据待生产验证（含选用材料牌号）。

(2) 剪切载荷与拉力载荷

抽芯铆钉的最小剪切载荷与最小拉力载荷按表 12-19～表 12-22 规定。

表 12-19 最小剪切载荷——开口型

钉体直径 d/mm	性能等级							
	0.6	0.8	10 12	11 15	20 21	30	40 41	50 51
	最小剪切载荷/N							
2.4	—	172	250	350	—	650	—	—
3.0	240	300	400	550	760	950	—	1800①
3.2	285	360	500	750	800	1100①	1400	1900①
4.0	450	540	850	1250	1500①	1700	2200	2700
4.8	660	935	1200	1850	2000	2900①	3300	4000
5.0	710	990	1400	2150	—	3100	—	4700
6.0	940	1170	2100	3200	—	4300	—	—
6.4	1070	1460	2200	3400	—	4900	5500	—

① 数据待生产验证（含选用材料牌号）。

表 12-20 最小拉力载荷——开口型

钉体直径 d/mm	性能等级							
	0.6	0.8	10 12	11 15	20 21	30	40 41	50 51
	最小拉力载荷/N							
2.4	—	258	350	550	—	700	—	—
3.0	310	380	550	850	950	1100	—	2200①
3.2	370	450	700	1100	1000	1200	1900	2500①
4.0	590	750	1200	1800	1800	2200	3000	3500
4.8	860	1050	1700	2600	2500	3100	3700	5000
5.0	920	1150	2000	3100	—	4000	—	5800
6.0	1250	1560	3000	4600	—	4800	—	—
6.4	1430	2050	3150	4850	—	5700	6800	—

① 数据待生产验证（含选用材料牌号）。

（3）钉芯拆卸力

钉芯拆卸力仅适用于开口型抽芯铆钉，应大于 10N。

（4）钉头保持能力

钉头保持能力仅适用于开口型抽芯铆钉，按表 12-23 规定。

表 12-21 最小剪切载荷——封闭型

钉体直径 d/mm	性能等级				
	0.6	11 15	20 21	30	50 51
	最小剪切载荷/N				
3.0	—	930	—	—	—
3.2	460	1100	850	1150	2000
4.0	720	1600	1350	1700	3000
4.8	1000①	2200	1950	2400	4000
5.0	—	2420	—	—	—
6.0	—	3350	—	—	—
6.4	1220	3600①	—	3600	6000

① 数据待生产验证（含选用材料牌号）。

表 12-22 最小拉力载荷——封闭型

钉体直径 d/mm	性能等级				
	0.6	11 15	20 21	30	50 51
	最小拉力载荷/N				
3.0	—	1080	—	—	—
3.2	540	1450	1300	1300	2200
4.0	760	2200	2000	1550	3500
4.8	1400①	3100	2800	2800	4400
5.0	—	3500	—	—	—
6.0	—	4285	—	—	—
6.4	1580	4900①	—	4000	8000

① 数据待生产验证（含选用材料牌号）。

表 12-23 钉头保持能力——开口型

钉体直径 d/mm	性能等级	
	06、08、10、11、12、15、20、21、40、41	30、50、51
	钉头保持能力/N	
2.4	10	30
3.0	15	35
3.2	15	35
4.0	20	40

（续）

钉体直径 d/mm	性能等级	
	06、08、10、11、12、15、20、21、40、41	30、50、51
	钉头保持能力/N	
4.8	25	45
5.0	25	45
6.0	30	50
6.4	30	50

（5）钉芯断裂载荷

抽芯铆钉的钉芯断裂载荷按表12-24或表12-25规定。

表12-24　钉芯断裂载荷——开口型

钉体材料	铝	铝	铜	钢	镍铜合金	不锈钢
钉芯材料	铝	钢、不锈钢	钢、不锈钢	钢	钢、不锈钢	钢、不锈钢
钉体直径 d/mm	钉芯断裂载荷(最大)/N					
2.4	1100	2000	—	2000	—	—
3.0	—	3000	3000	3200	—	4100
3.2	1800	3500	3000	4000	4500	4500
4.0	2700	5000	4500	5800	6500	6500
4.8	3700	6500	5000	7500	8500	8500
5.0	—	6500	—	8000	—	9000
6.0	—	9000	—	12500	—	—
6.4	6300	11000	—	13000	14700	—

表12-25　钉芯断裂载荷——封闭型

钉体材料	铝	铝	钢	不锈钢
钉芯材料	铝	钢、不锈钢	钢	钢、不锈钢
钉体直径 d/mm	钉芯断裂载荷(最大)/N			
3.2	1780	3500	4000	4500
4.0	2670	5000	5700	6500
4.8	3560	7000	7500	8500
5.0	4200	8000	8500	—
6.0	—	—	—	—
6.4	8000	10230	10500	16000

二、铆钉的尺寸

1. 半圆头铆钉（GB/T 867—1986）（图 12-8、表 12-26）

表 12-26　半圆头铆钉尺寸　（mm）

d	公称	0.6	0.8	1	(1.2)	1.4	(1.6)	2	2.5	3
	max	0.64	0.84	1.06	1.26	1.46	1.66	2.06	2.56	3.06
	min	0.56	0.76	0.94	1.14	1.34	1.54	1.94	2.44	2.94
d_k	max	1.3	1.6	2	2.3	2.7	3.2	3.74	4.84	5.54
	min	0.9	1.2	1.6	1.9	2.3	2.8	3.26	4.36	5.06
k	max	0.5	0.6	0.7	0.8	0.9	1.2	1.4	1.8	2
	min	0.3	0.4	0.5	0.6	0.7	0.8	1	1.4	1.6
R ≈		0.58	0.74	1	1.2	1.4	1.6	1.9	2.5	2.9
r_{max}		0.05	0.05	0.1	0.1	0.1	0.1	0.1	0.1	0.1
l		1~6	1.5~8	2~8	2.5~8	3~12	3~12	3~16	5~20	5~26
d	公称	(3.5)	4	5	6	8	10	12	(14)	16
	max	3.58	4.08	5.08	6.08	8.1	10.1	12.12	14.12	16.12
	min	3.42	3.92	4.92	5.92	7.9	9.9	11.88	13.88	15.88
d_k	max	6.59	7.39	9.09	11.35	14.35	17.35	21.42	24.42	29.42
	min	6.01	6.81	8.51	10.65	13.65	16.65	20.58	23.58	28.58
k	max	2.3	2.6	3.2	3.84	5.04	6.24	8.29	9.29	10.29
	min	1.9	2.2	2.8	3.36	4.56	5.76	7.71	8.71	9.71
R ≈		3.4	3.8	4.7	6	8	9	11	12.5	15.5
r_{max}		0.3	0.3	0.3	0.3	0.3	0.3	0.4	0.4	0.4
l		7~26	7~50	7~55	8~60	15~65	15~85	20~90	22~100	26~110

注：尽可能不采用括号内的规格。

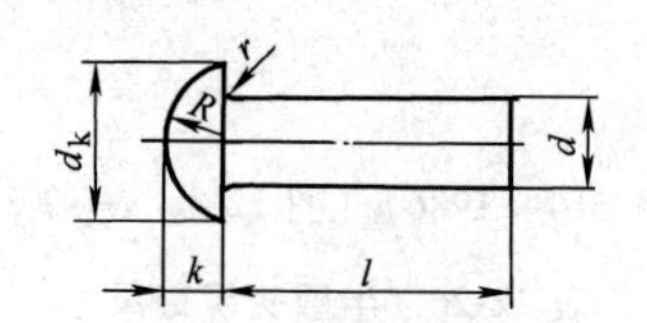

图 12-8　半圆头铆钉

2. 粗制半圆头铆钉（GB/T 863.1—1986）（图 12-9、表 12-27）

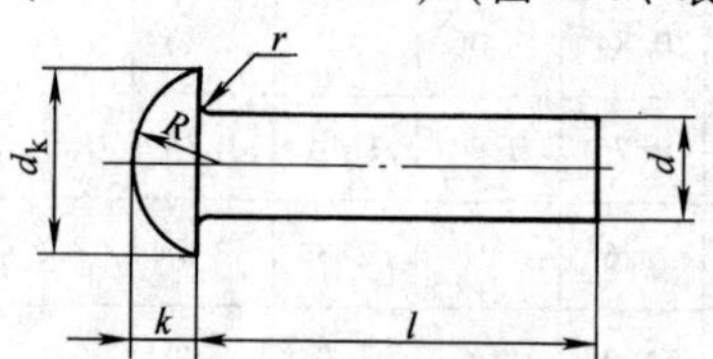

图 12-9　粗制半圆头铆钉

表 12-27　粗制半圆头铆钉尺寸　（mm）

d	公称	12	(14)	16	(18)	20	(22)	24	(27)	30	36
	max	12.3	14.3	16.3	18.3	20.35	22.35	24.35	27.35	30.35	36.4
	min	11.7	13.7	15.7	17.7	19.65	21.65	23.65	26.65	29.65	35.6
d_k	max	22	25	30	33.4	36.4	40.4	44.4	49.4	54.8	63.8
	min	20	23	28	30.6	33.6	37.6	41.6	46.6	51.2	60.2
k	max	8.5	9.5	10.5	13.3	14.8	16.3	17.8	20.2	22.2	26.2
	min	7.5	8.5	9.5	11.7	13.2	11.7	16.2	17.8	19.8	23.8
r_{max}		0.5	0.5	0.5	0.5	0.8	0.8	0.8	0.8	0.8	0.8
R ≈		11	12.5	15.5	16.5	18	20	22	26	27	32
l		20~90	22~100	26~110	32~150	32~150	38~180	52~180	55~180	55~180	58~200

注：尽可能不采用括号内的规格。

3. 粗制小半圆头铆钉（GB/T 863.2—1986）（图 12-10、表 12-28）

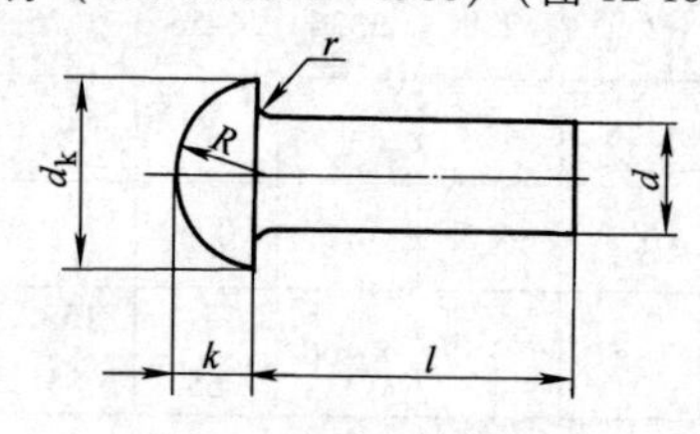

图 12-10　粗制小半圆头铆钉

表 12-28　粗制小半圆头铆钉尺寸　　(mm)

d	公称	10	12	(14)	16	(18)	20	(22)	24	(27)	30	36
	max	10.3	12.3	14.3	16.3	18.3	20.35	22.35	24.35	27.35	30.35	36.4
	min	9.7	11.7	13.7	15.7	17.7	19.65	21.65	23.65	26.65	29.65	35.6
d_k	max	16	19	22	25	28	32	36	40	43	48	58
	min	14.9	17.7	20.7	23.7	26.7	30.4	34.4	38.4	41.4	46.4	56.1
k	max	7.4	8.4	9.9	10.9	12.6	14.1	15.1	17.1	18.1	20.3	24.3
	min	6.5	7.5	9	10	11.5	13	14	16	17	19	23
r_{max}		0.5	0.6	0.6	0.8	0.8	1	1	1.2	1.2	1.6	2
R ≈		8	9.5	11	13	14.5	16.5	18.5	20.5	22	24.5	30
l		10~50	16~60	20~70	25~80	28~90	30~200	35~200	38~200	40~200	42~200	48~200

注：尽可能不采用括号内的规格。

4. 平锥头铆钉（GB/T 868—1986）（图 12-11、表 12-29）

表 12-29　平锥头铆钉尺寸　　(mm)

d	公称	2	2.5	3	(3.5)	4	5	6	8	10	12	(14)	16
	max	2.06	2.56	3.06	3.58	4.08	5.08	6.08	8.1	10.1	12.12	14.12	16.12
	min	1.94	2.44	2.94	3.42	3.92	4.92	5.92	7.9	9.9	11.88	13.88	15.88
d_k	max	3.84	4.74	5.64	6.59	7.49	9.29	11.15	14.75	18.35	20.42	24.42	28.42
	min	3.36	4.26	5.16	6.01	6.91	8.71	10.45	14.05	17.65	19.58	23.58	27.58
k	max	1.2	1.5	1.7	2	2.2	2.7	3.2	4.24	5.24	6.24	7.29	8.29
	min	0.8	1.1	1.3	1.6	1.8	2.3	2.8	3.76	4.76	5.76	6.71	7.71
r_{max}		0.1	0.1	0.1	0.3	0.3	0.3	0.3	0.3	0.3	0.4	0.4	0.4
r_{1max}		0.7	0.7	0.7	1	1	1	1	1	1	1.5	1.5	1.5
l		3~16	4~20	6~24	6~28	8~32	10~40	12~40	16~60	16~90	18~110	18~110	24~110

注：尽可能不采用括号内的规格。

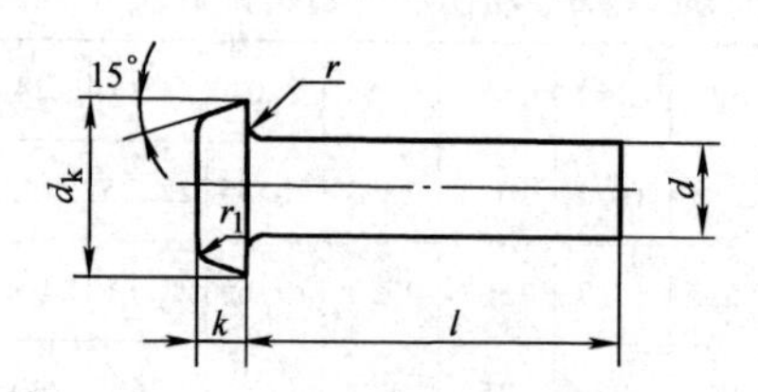

图 12-11　平锥头铆钉

5. 粗制平锥头铆钉（GB/T 864—1986）（图 12-12、表 12-30）

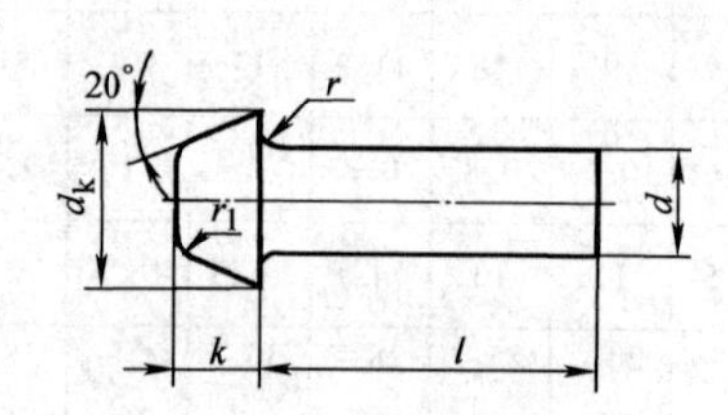

图 12-12　粗制平锥头铆钉

表 12-30　粗制平锥头铆钉尺寸　（mm）

d	公称	12	(14)	16	(18)	20	(22)	24	(27)	30	36
	max	12.3	14.3	16.3	18.3	20.35	22.35	24.35	27.35	30.35	36.4
	min	11.7	13.7	15.7	17.7	19.65	21.65	23.65	26.65	29.65	35.6
d_k	max	21	25	29	32.4	35.4	39.9	41.4	46.4	51.4	61.8
	min	19	23	27	29.6	32.6	37.1	38.6	43.6	48.6	58.2
k	max	10.5	12.8	14.8	16.8	17.8	20.2	22.7	24.7	28.2	34.6
	min	9.5	11.2	13.2	15.2	16.2	17.8	20.3	22.3	25.8	31.4
r_{max}		0.5	0.5	0.5	0.5	0.8	0.8	0.8	0.8	0.8	0.8
r_{1max}		2	2	2	2	3	3	3	3	3	3
l		20～100	20～100	24～110	30～150	30～150	38～180	50～180	58～180	65～180	70～200

注：尽可能不采用括号内的规格。

6. 沉头铆钉（GB/T 869—1986）（图 12-13、表 12-31）

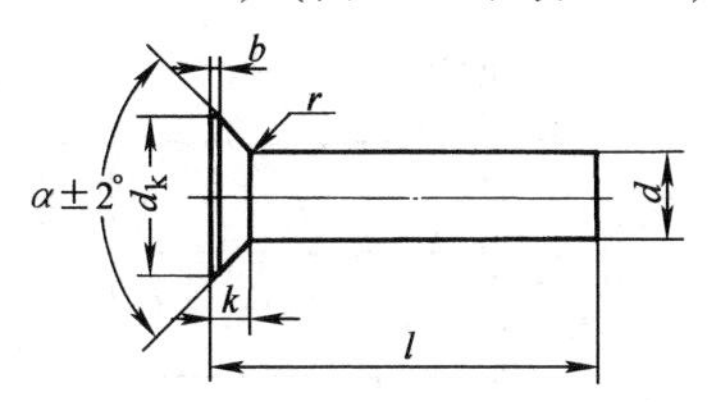

图 12-13　沉头铆钉

表 12-31　沉头铆钉尺寸　（mm）

d	公称	1	（1. 2）	1. 4	（1. 6）	2	1. 5	3	（3. 5）
	max	1. 06	1. 26	1. 46	1. 66	2. 06	2. 56	3. 06	3. 58
	min	0. 94	1. 14	1. 34	1. 54	1. 94	2. 44	2. 94	3. 42
d_k	max	2. 03	2. 23	2. 83	3. 03	4. 05	4. 75	5. 35	6. 28
	min	1. 77	1. 97	2. 57	2. 77	3. 75	4. 45	5. 05	5. 92
α		90°							
r_{max}		0. 1	0. 1	0. 1	0. 1	0. 1	0. 1	0. 1	0. 3
b_{max}		0. 2	0. 2	0. 2	0. 2	0. 2	0. 2	0. 2	0. 4
k ≈		0. 5	0. 5	0. 7	0. 7	1	1. 1	1. 2	1. 4
l		2～8	2. 5～8	3～12	3～12	3. 5～16	5～18	5～22	6～24
d	公称	4	5	6	8	10	12	（14）	16
	max	4. 08	5. 08	6. 08	8. 1	10. 1	12. 12	14. 12	16. 12
	min	3. 92	4. 92	5. 92	7. 9	9. 9	11. 88	13. 88	15. 88
d_k	max	7. 18	8. 98	10. 62	14. 22	17. 82	18. 86	21. 76	24. 96
	min	6. 82	8. 62	10. 18	13. 78	17. 38	18. 34	21. 24	24. 44
α		90°					60°		
r_{max}		0. 3	0. 3	0. 3	0. 3	0. 3	0. 4	0. 4	0. 4
b_{max}		0. 4	0. 4	0. 4	0. 4	0. 4	0. 5	0. 5	0. 5
k ≈		1. 6	2	2. 4	3. 2	4	6	7	8
l		6～30	6～50	6～50	12～60	16～75	18～75	20～100	24～100

注：尽可能不采用括号内的规格。

7. 粗制沉头铆钉（GB/T 865—1986）（图 12-14、表 12-32）

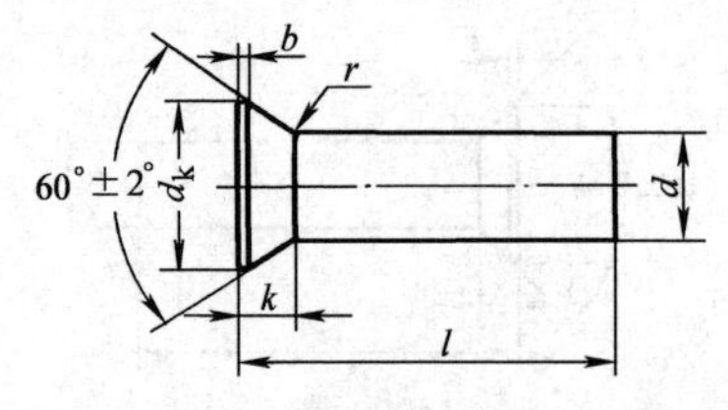

图 12-14　粗制沉头铆钉

表 12-32　粗制沉头铆钉尺寸　　（mm）

d	公称	12	(14)	16	(18)	20	(22)	24	(27)	30	36
	max	12.3	14.3	16.3	18.30	20.35	22.35	24.35	27.35	30.35	36.4
	min	11.7	13.7	15.7	17.7	19.65	21.65	23.65	26.65	29.65	35.6
d_k	max	19.6	22.5	25.7	29	33.4	37.4	40.4	44.4	51.4	59.8
	min	17.6	20.6	23.7	27	30.6	34.6	37.6	41.6	48.6	56.2
r_{max}		0.5	0.5	0.5	0.5	0.8	0.8	0.8	0.8	0.8	0.8
b_{max}		0.6	0.6	0.6	0.8	0.8	0.8	0.8	0.8	0.8	0.8
k ≈		6	7	8	9	11	12	13	14	17	19
l		20~75	20~100	24~100	28~150	30~150	38~180	50~180	55~180	60~200	65~200

注：尽可能不采用括号内的规格。

8. 半沉头铆钉（GB/T 870—1986）（图 12-15、表 12-33）

表 12-33　半沉头铆钉尺寸　　（mm）

d	公称	1	(1.2)	1.4	(1.6)	2	1.5	3	(3.5)
	max	1.06	1.26	1.46	1.66	2.06	2.56	3.06	3.58
	min	0.94	1.14	1.34	1.54	1.94	2.44	2.94	3.42
d_k	max	2.03	2.23	2.83	3.03	4.05	4.75	5.35	6.28
	min	1.77	1.97	2.57	2.77	3.75	4.45	5.05	5.92
α		90°							
k		0.8	0.85	1.1	1.15	1.55	1.8	2.05	2.4
W		0.5	0.5	0.7	0.7	1	1.1	1.2	1.4
r_{max}		0.1	0.1	0.1	0.1	0.1	0.1	0.1	0.3
b_{max}		0.2	0.2	0.2	0.2	0.2	0.2	0.2	0.4
R		1.8	1.8	2.5	2.6	3.8	4.2	4.5	5.3
l		2~8	2.5~8	3~12	3~12	3.5~16	5~18	5~22	6~24

（续）

d	公称	4	5	6	8	10	12	(14)	16
	max	4.08	5.08	6.08	8.1	10.1	12.12	14.12	16.12
	min	3.92	4.92	5.92	7.9	9.9	11.88	13.88	15.88
d_k	max	7.18	8.98	10.62	14.22	17.82	18.86	21.76	24.96
	min	6.82	8.62	10.18	13.78	17.38	18.34	21.24	24.44
α		90°					60°		
k		2.7	3.1	4	5.2	6.6	8.8	10.4	11.1
W		1.6	2	2.4	3.2	4	6	7	8
r_{max}		0.3	0.3	0.3	0.3	0.3	0.4	0.4	0.4
b_{max}		0.4	0.4	0.4	0.4	0.4	0.4	0.5	0.5
R		6.3	7.6	9.5	13.6	17	17.5	19.5	21.7
l		6~30	6~50	6~50	12~60	16~75	18~75	20~100	24~100

注：尽可能不采用括号内的规格。

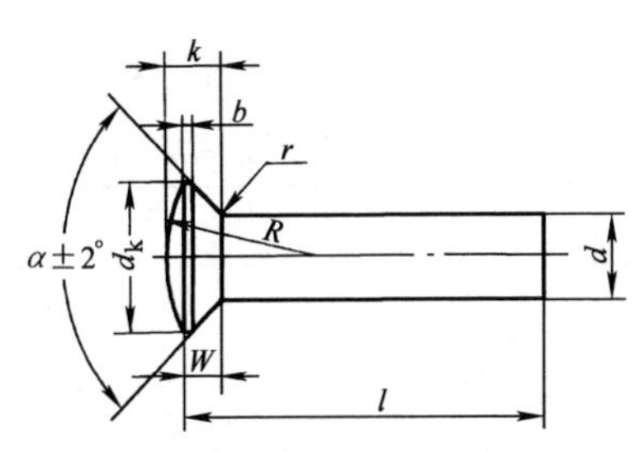

图 12-15　半沉头铆钉

9. 粗制半沉头铆钉（GB/T 866—1986）（图 12-16、表 12-34）

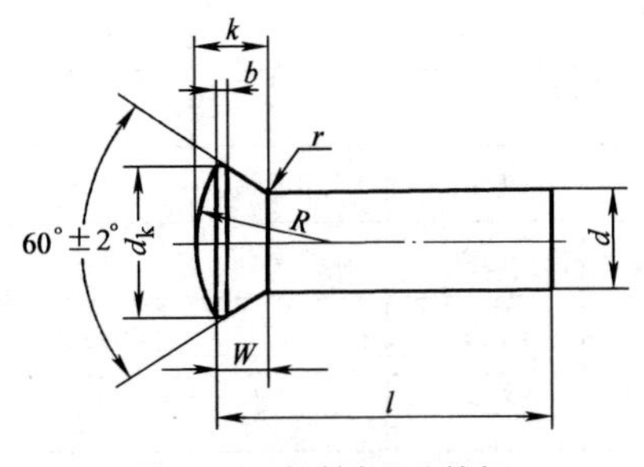

图 12-16　粗制半沉头铆钉

表 12-34 粗制半沉头铆钉尺寸 (mm)

d	公称	12	(14)	16	(18)	20	(22)	24	(27)	30	36
	max	12.3	14.3	16.3	18.3	20.35	22.35	24.35	27.35	30.35	36.4
	min	11.7	13.7	15.7	17.7	19.65	21.65	23.65	26.65	29.65	35.6
d_k	max	19.6	22.5	25.7	29	33.4	37.4	40.4	44.4	51.4	59.8
	min	17.6	20.5	23.7	27	30.6	34.6	37.6	41.6	48.6	56.2
$k \approx$		8.8	10.4	11.4	12.8	15.3	16.8	18.3	19.5	23	26
$W \approx$		6	7	8	9	11	12	13	14	17	19
r_{max}		0.5	0.5	0.5	0.5	0.8	0.8	0.8	0.8	0.8	0.8
b_{max}		0.6	0.6	0.6	0.8	0.8	0.8	0.8	0.8	0.8	0.8
$R \approx$		17.5	19.5	24.7	27.7	32	36	38.5	44.5	55	63.6
l		20~75	20~100	24~100	28~150	30~150	38~180	50~180	55~180	60~200	65~200

注：尽可能不采用括号内的规格。

10. 120°半沉头铆钉（GB/T 1012—1986）（图 12-17、表 12-35）

表 12-35 120°半沉头铆钉尺寸 (mm)

d	公称	3	(3.5)	4	5	6
	max	3.06	3.58	4.08	5.08	6.08
	min	2.94	3.42	3.92	4.92	5.92
d_k	max	6.28	7.08	7.98	9.68	11.72
	min	5.92	6.72	7.62	9.32	11.28
$k \approx$		1.8	1.9	2	2.2	2.5
$W \approx$		1	1.1	1.2	1.4	1.7
r_{max}		0.1	0.3	0.3	0.3	0.3
b_{max}		0.2	0.4	0.4	0.4	0.4
$R \approx$		6.5	7.5	11	15.7	19
l		5~24	6~28	6~32	8~40	10~40

注：尽可能不采用括号内的规格。

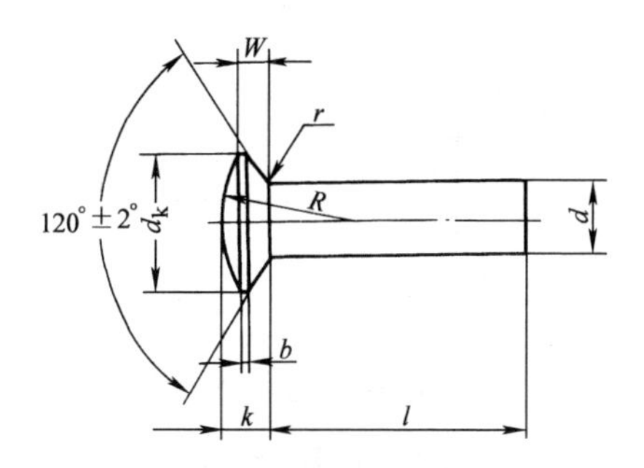

图 12-17 120°半沉头铆钉

11. 扁平头铆钉（GB/T 872—1986）（图 12-18、表 12-36）

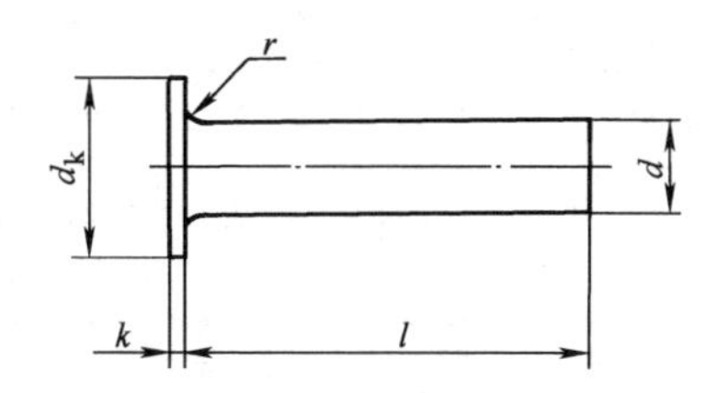

图 12-18 扁平头铆钉

表 12-36 扁平头铆钉尺寸 (mm)

d	公称	(1.2)	1.4	(1.6)	2	2.5	3	(3.5)	4	5	6	8	10
	max	1.26	1.46	1.66	2.06	2.56	3.06	3.58	4.08	5.08	6.08	8.1	10.1
	min	1.14	1.34	1.54	1.94	2.44	2.94	3.42	3.92	4.92	5.92	7.9	9.9
d_k	max	2.4	2.7	3.2	3.74	4.74	5.74	6.79	7.79	9.79	11.85	15.85	19.42
	min	2	2.3	2.8	3.26	4.26	5.26	6.21	7.21	9.21	11.15	15.15	18.58
k	max	0.58	0.58	0.58	0.68	0.68	0.88	0.88	1.13	1.13	1.33	1.33	1.63
	min	0.42	0.42	0.42	0.52	0.52	0.72	0.72	0.87	0.87	1.07	1.07	1.37
r_{max}		0.1	0.1	0.1	0.1	0.1	0.1	0.3	0.3	0.3	0.3	0.3	0.3
l		1.5~6	2~7	2~8	2~13	3~15	3.5~30	5~36	5~40	6~50	7~50	9~50	10~50

注：尽可能不采用括号内的规格。

12. 扁圆头铆钉（GB/T 871—1986）（图 12-19、表 12-37）

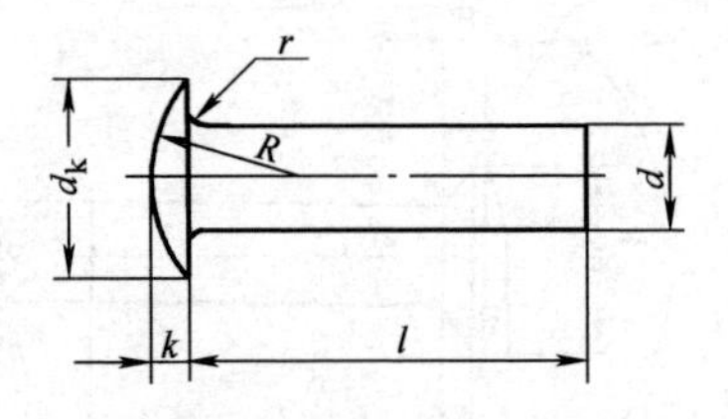

图 12-19　扁圆头铆钉

表 12-37　扁圆头铆钉尺寸　（mm）

d	公称	(1.2)	1.4	(1.6)	2	2.5	3	(3.5)	4	5	6	8	10
	max	1.26	1.46	1.66	2.06	2.56	3.06	3.58	4.08	5.08	6.08	8.1	10.1
	min	1.14	1.34	1.54	1.94	2.44	2.94	3.42	3.92	4.92	5.92	7.9	9.9
d_k	max	2.6	3	3.44	4.24	5.24	6.24	7.29	8.29	10.29	12.35	16.35	20.42
	min	2.2	2.6	2.96	3.76	4.76	5.76	6.71	7.71	9.71	11.65	15.65	19.58
k	max	0.6	0.7	0.8	0.9	0.9	1.2	1.4	1.5	1.9	2.4	3.2	4.24
	min	0.4	0.5	0.6	0.7	0.7	0.8	1	1.1	1.5	2	2.8	3.76
r_{max}		0.1	0.1	0.1	0.1	0.1	0.1	0.3	0.3	0.3	0.3	0.3	0.3
R	≈	1.7	1.9	2.2	2.9	4.3	5	5.7	6.8	8.7	9.3	12.2	14.5
l		1.5~6	2~8	2~8	2~13	3~16	3.5~30	5~36	5~40	6~50	7~50	9~50	10~50

注：尽可能不采用括号内的规格。

13. 大扁圆头铆钉（GB/T 1011—1986）（图 12-20、表 12-38）

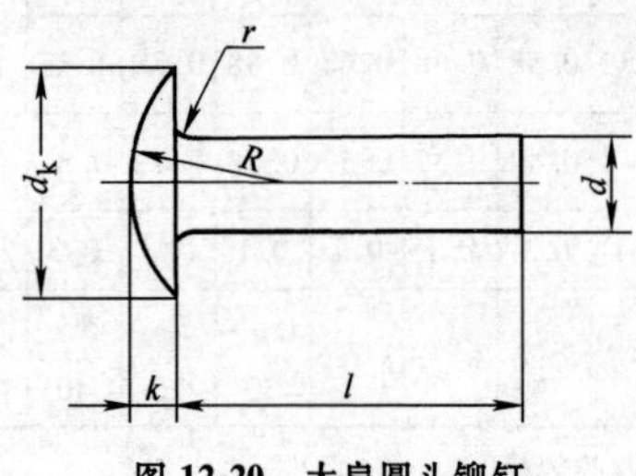

图 12-20　大扁圆头铆钉

表 12-38　大扁圆头铆钉尺寸　　(mm)

d	公称	2	2.5	3	(3.5)	4	5	6	8
	max	2.06	2.56	3.06	3.58	4.08	5.08	6.08	8.1
	min	1.94	2.44	2.94	3.42	3.92	4.92	5.92	7.9
d_k	max	5.04	6.49	7.49	8.79	9.89	12.45	14.85	19.92
	min	4.56	5.91	6.91	8.21	9.31	11.75	14.15	19.08
k	max	1.0	1.4	1.6	1.9	2.1	2.6	3.0	4.14
	min	0.8	1.0	1.2	1.5	1.7	2.2	2.6	3.66
R ≈		3.6	4.7	5.4	6.3	7.3	9.1	10.9	14.5
r_{max}		0.1	0.1	0.1	0.3	0.3	0.3	0.3	0.3
l		3.5~16	3.5~20	3.5~24	6~28	6~32	8~40	10~40	14~50

注：尽可能不采用括号内的规格。

14. 扁圆头半空心铆钉（GB/T 873—1986）（图 12-21、表 12-39）

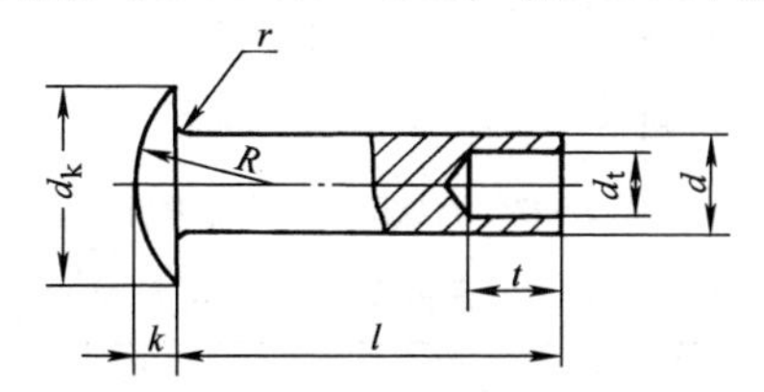

图 12-21　扁圆头半空心铆钉

表 12-39　扁圆头半空心铆钉尺寸　　(mm)

d		公称	(1.2)	1.4	(1.6)	2	2.5	3	(3.5)	4	5	6	8	10
		max	1.26	1.46	1.66	2.06	0.56	3.06	3.58	4.08	5.08	6.08	8.1	10.1
		min	1.14	1.34	1.54	1.94	2.44	2.94	3.42	3.92	4.92	5.92	7.9	9.9
d_k		max	2.6	3	3.44	4.24	5.24	6.24	7.29	8.29	10.29	12.35	16.35	20.42
		min	2.2	2.6	2.96	3.76	4.76	5.76	6.71	7.71	9.71	11.65	15.65	19.58
k		max	0.6	0.7	0.8	0.9	0.9	1.2	1.4	1.5	1.9	2.4	3.2	4.24
		min	0.4	0.5	0.6	0.7	0.7	0.8	1	1.1	1.5	2	2.8	3.76
d_t	黑色	max	0.66	0.77	0.87	1.12	1.62	2.12	2.32	2.62	3.66	4.66	6.16	7.7
		min	0.56	0.65	0.75	0.94	1.44	1.94	2.14	2.44	3.42	4.42	5.92	7.4
	有色	max	0.66	0.77	0.87	1.12	1.62	2.12	2.32	2.52	3.46	4.16	4.66	7.7
		min	0.56	0.65	0.75	0.94	1.44	1.94	2.14	2.34	3.22	3.92	4.42	7.4
t		max	1.44	1.64	1.84	2.24	2.74	3.24	3.79	4.29	5.29	6.29	8.35	10.35
		min	0.96	1.16	1.36	1.76	2.26	2.76	3.21	3.71	4.71	5.71	7.65	9.65

（续）

d	公称	(1.2)	1.4	(1.6)	2	2.5	3	(3.5)	4	5	6	8	10
	max	1.26	1.46	1.66	2.06	0.56	3.06	3.58	4.08	5.08	6.08	8.1	10.1
	min	1.14	1.34	1.54	1.94	2.44	2.94	3.42	3.92	4.92	5.92	7.9	9.9
r_{max}		0.1	0.1	0.1	0.1	0.1	0.1	0.3	0.3	0.3	0.3	0.3	0.3
R ≈		1.7	1.9	2.2	2.9	4.3	5	5.7	6.8	8.7	9.3	12.2	14.5
l		1.5~6	2~8	2~8	2~13	3~16	3.5~30	5~36	5~40	6~50	7~50	9~50	10~50

注：1. 尽可能不采用括号内的规格。

2. d_t 栏内“黑色”适用于由钢材制成的铆钉，“有色”适用于由铝或铜材制成的铆钉。

15. 大扁圆头半空心铆钉（GB/T 1014—1986）（图 12-22、表 12-40）

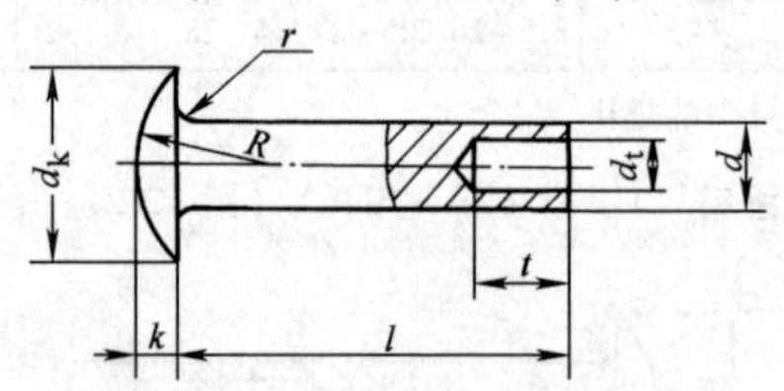

图 12-22 大扁圆头半空心铆钉

表 12-40 大扁圆头半空心铆钉尺寸 （mm）

d		公称	2	2.5	3	(3.5)	4	5	6	8
		max	2.06	2.56	3.06	3.58	4.08	5.08	6.08	8.1
		min	1.94	2.44	2.94	3.42	3.92	4.92	5.92	7.9
d_k		max	5.04	6.49	7.49	8.79	9.89	12.45	14.85	19.92
		min	4.56	5.91	6.91	8.21	9.31	11.75	14.15	19.08
k		max	1	1.4	1.6	1.9	2.1	2.6	3	4.14
		min	0.8	1	1.2	1.5	1.7	2.2	2.6	3.66
d_t	黑色	max	1.12	1.62	2.12	2.32	2.62	3.66	4.66	6.16
		min	0.94	1.44	1.94	2.14	2.44	3.42	4.42	5.92
	有色	max	1.12	1.62	2.12	2.32	2.52	3.46	4.16	4.66
		min	0.94	1.44	1.94	2.14	2.34	3.22	3.92	4.42
t		max	2.24	2.74	3.24	3.79	4.29	5.29	6.29	8.35
		min	1.76	2.26	2.76	3.21	3.71	4.71	5.71	7.65
R ≈			3.6	4.7	5.4	6.3	7.3	9.1	10.9	14.5
r_{max}			0.1	0.1	0.1	0.3	0.3	0.3	0.3	0.3
l			4~14	5~16	6~18	8~20	8~24	10~40	12~40	14~40

注：1. 尽可能不采用括号内的规格。

2. d_t 栏内“黑色”适用于由钢材制成的铆钉，“有色”适用于由铝或铜材制成的铆钉。

16. 扁平头半空心铆钉（GB/T 875—1986）（图 12-23、表 12-41）

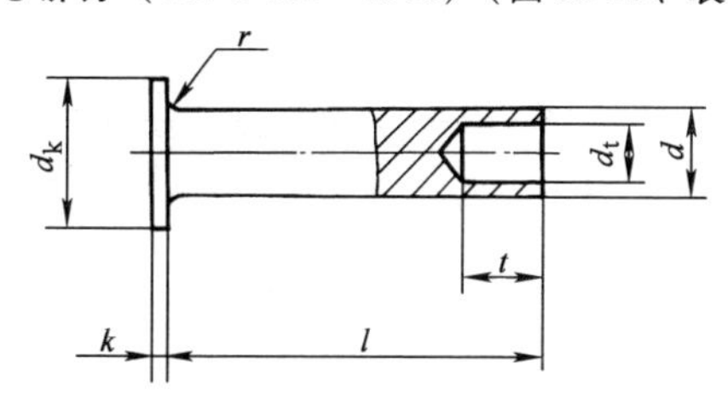

图 12-23　扁平头半空心铆钉

表 12-41　扁平头半空心铆钉尺寸　　（mm）

d		公称	(1.2)	1.4	(1.6)	2	2.5	3	(3.5)	4	5	6	8	10
		max	1.26	1.46	1.66	2.06	0.56	3.06	3.58	4.08	5.08	6.08	8.1	10.1
		min	1.14	1.34	1.54	1.94	2.44	2.94	3.42	3.92	4.92	5.92	7.9	9.9
d_k		max	2.4	2.7	3.2	3.74	4.74	5.74	6.79	7.79	9.79	11.85	15.85	19.42
		min	2	2.3	2.8	3.26	4.26	5.26	6.21	7.21	9.21	11.15	15.15	18.58
k		max	0.58	0.58	0.58	0.68	0.68	0.88	0.88	1.13	1.13	1.33	1.33	1.63
		min	0.42	0.42	0.42	0.52	0.52	0.72	0.72	0.87	0.87	1.07	1.07	1.37
d_t	黑色	max	0.66	0.77	0.87	1.12	1.62	2.12	2.32	2.62	3.66	4.66	6.16	7.7
		min	0.56	0.65	0.75	0.94	1.44	1.94	2.14	2.44	3.42	4.42	5.92	7.4
	有色	max	0.66	0.77	0.87	1.12	1.62	2.12	2.32	2.52	3.46	4.16	4.66	7.7
		min	0.56	0.65	0.75	0.94	1.44	1.94	2.14	2.34	3.22	3.92	4.42	7.4
t		max	1.44	1.64	1.84	2.24	2.74	3.24	3.79	4.29	5.29	6.29	8.35	10.35
		min	0.96	1.16	1.36	1.76	2.26	2.76	3.21	3.71	4.71	5.71	7.65	9.65
r_{max}			0.1	0.1	0.1	0.1	0.1	0.1	0.3	0.3	0.3	0.3	0.3	0.3
l			1.5~6	2~7	2~8	2~13	3~15	3.5~30	5~36	5~40	6~50	7~50	9~50	10~50

注：1. 尽可能不采用括号内的规格。

2. d_t 栏内"黑色"适用于由钢材制成的铆钉，"有色"适用于由铝或铜材制成的铆钉。

17. 平锥头半空心铆钉（GB/T 1013—1986）（图 12-24、表 12-42）

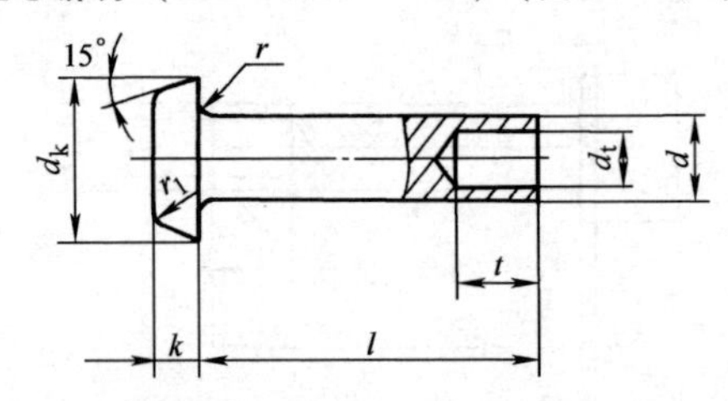

图 12-24 平锥头半空心铆钉

表 12-42 平锥头半空心铆钉尺寸 （mm）

d		公称	1.4	(1.6)	2	2.5	3	(3.5)	4	5	6	8	10
		max	1.46	1.66	2.06	2.56	3.06	3.58	4.08	5.08	6.08	8.1	10.1
		min	1.34	1.54	1.94	2.44	2.94	3.42	3.92	4.92	5.92	7.9	9.9
d_k		max	2.7	3.2	3.84	4.74	5.64	6.59	7.49	9.29	11.15	14.75	18.35
		min	2.3	2.8	3.36	4.26	5.16	6.01	6.91	8.71	10.45	14.05	17.65
k		max	0.9	0.9	1.2	1.5	1.7	2	2.2	2.7	3.2	4.24	5.24
		min	0.7	0.7	0.8	1.1	1.3	1.6	1.8	2.3	2.8	3.76	4.76
d_t	黑色	max	0.77	0.87	1.12	1.62	2.12	2.32	2.62	3.66	4.66	6.16	7.7
		min	0.65	0.75	0.94	1.44	1.94	2.14	2.44	3.42	4.42	5.92	7.4
	有色	max	0.77	0.87	1.42	1.62	2.12	2.32	2.52	3.46	4.16	4.66	7.7
		min	0.65	0.75	0.94	1.44	1.94	2.14	2.34	3.22	3.92	4.42	7.4
t		max	1.64	1.84	2.24	2.74	3.24	3.79	4.29	5.29	6.29	8.35	10.35
		min	1.16	1.36	1.76	2.26	2.76	3.21	3.71	4.71	5.71	7.65	9.65
r_{max}			0.1	0.1	0.1	0.1	0.1	0.3	0.3	0.3	0.3	0.3	0.3
r_{1max}			0.7	0.7	0.7	0.7	0.7	1	1	1	1	1	1
l			3~8	3~10	4~14	5~16	6~18	8~20	8~24	10~40	12~40	14~50	18~50

注：1. 尽可能不采用括号内的规格。

2. d_t 栏内“黑色”适用于由钢材制成的铆钉，“有色”适用于由铝或铜材制成的铆钉。

18. 沉头半空心铆钉（GB/T 1015—1986）（图 12-25、表 12-43）

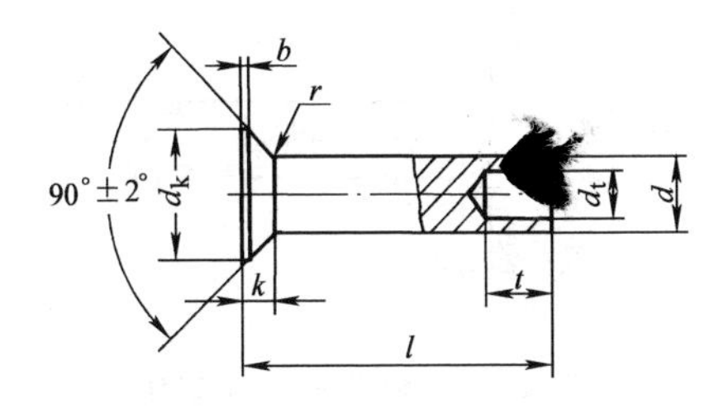

图 12-25 沉头半空心铆钉

表 12-43 沉头半空心铆钉尺寸 （mm）

		公称	1.4	(1.6)	2	2.5	3	(3.5)	4	5	6	8	10
d		max	1.46	1.66	2.06	2.56	3.06	3.58	4.08	5.08	6.08	8.1	10.1
		min	1.34	1.54	1.94	2.44	2.94	3.42	3.92	4.92	5.92	7.9	9.9
d_k		max	2.83	3.03	4.05	4.75	5.35	6.28	7.18	8.98	10.62	14.22	17.82
		min	2.57	2.77	3.75	4.45	5.05	5.92	6.82	8.62	10.18	13.78	17.38
d_t	黑色	max	0.77	0.87	1.12	1.62	2.12	2.32	2.62	3.66	4.66	6.16	7.7
		min	0.65	0.75	0.94	1.44	1.94	2.14	2.44	3.42	4.42	5.92	7.4
	有色	max	0.77	0.87	1.12	1.62	2.12	2.32	2.52	3.46	4.16	4.66	7.7
		min	0.65	0.75	0.94	1.44	1.94	2.14	2.34	3.22	3.92	4.42	7.4
t		max	1.64	1.84	2.24	2.74	3.24	3.79	4.29	5.29	6.29	8.35	10.35
		min	1.16	1.36	1.76	2.26	2.76	3.21	3.71	4.71	5.71	7.65	9.65
k ≈			0.7	0.7	1	1.1	1.2	1.4	1.6	2	2.4	3.2	4
r_{max}			0.1	0.1	0.1	0.1	0.1	0.3	0.3	0.3	0.3	0.3	0.3
b_{max}			0.2	0.2	0.2	0.2	0.2	0.4	0.4	0.4	0.4	0.4	0.4

注：1. 尽可能不采用括号内的规格。

2. d_t 栏内“黑色”适用于由钢材制成的铆钉，“有色”适用于由铝或铜材制成的铆钉。

19. 120°沉头半空心铆钉（GB/T 874—1986）（图 12-26、表 12-44）

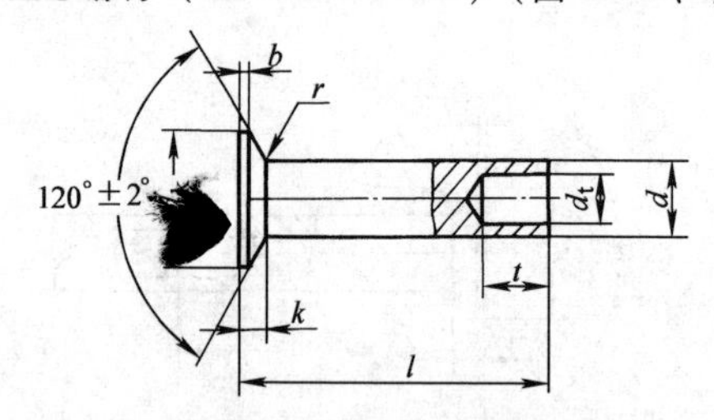

图 12-26 120°沉头半空心铆钉

表 12-44 120°沉头半空心铆钉尺寸 (mm)

			(1.2)	1.4	(1.6)	2	2.5	3	(3.5)	4	5	6	8
d		公称	(1.2)	1.4	(1.6)	2	2.5	3	(3.5)	4	5	6	8
		max	1.26	1.46	1.66	2.06	2.56	3.06	3.58	4.08	5.08	6.08	8.1
		min	1.14	1.34	1.54	1.94	2.44	2.94	3.42	3.92	4.92	5.92	7.9
d_k		max	2.83	3.45	3.95	4.75	5.35	6.28	7.08	7.98	9.68	11.72	15.82
		min	2.57	3.15	3.65	4.45	5.05	5.92	6.72	7.62	9.32	11.28	15.38
d_t	黑色	max	0.66	0.77	0.87	1.12	1.62	2.12	2.32	2.62	3.66	4.66	6.16
		min	0.56	0.65	0.75	0.94	1.44	1.94	2.14	2.44	3.42	4.42	5.92
	有色	max	0.66	0.77	0.87	1.12	1.62	2.12	2.32	2.52	3.46	4.16	4.66
		min	0.56	0.65	0.75	0.94	1.44	1.94	2.14	2.34	3.22	3.92	4.42
t		max	1.44	1.64	1.84	2.24	2.74	3.24	3.79	4.29	5.29	6.29	8.35
		min	0.96	1.16	1.36	1.76	2.26	2.76	3.21	3.71	4.71	5.71	7.65
r_{max}			0.1	0.1	0.1	0.1	0.1	0.1	0.3	0.3	0.3	0.3	0.3
b_{max}			0.2	0.2	0.2	0.2	0.2	0.2	0.4	0.4	0.4	0.4	0.4
k ≈			0.5	0.6	0.7	0.8	0.9	1	1.1	1.2	1.4	1.7	2.3
l			1.5~6	2.5~8	2.5~10	3~10	4~15	5~20	6~36	6~42	7~50	8~50	10~50

注：1. 尽可能不采用括号内的规格。

2. d_t 栏内“黑色”适用于由钢材制成的铆钉，“有色”适用于由铝或铜材制成的铆钉。

20. 无头铆钉（GB/T 1016—1986）（图 12-27、表 12-45）

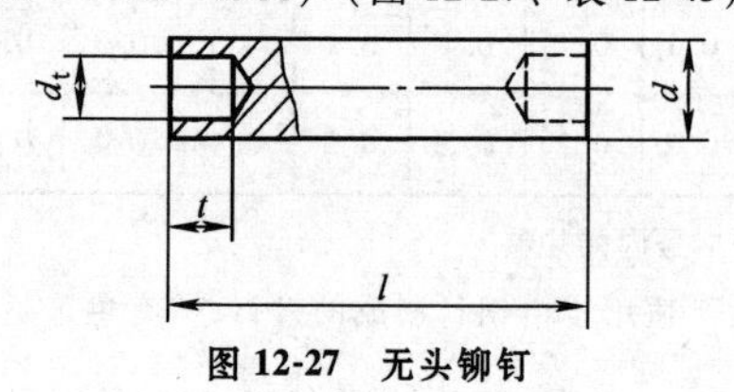

图 12-27 无头铆钉

表 12-45　无头铆钉尺寸　(mm)

d	公称	1.4	2	2.5	3	4	5	6	8	10
	max	1.4	2	2.5	3	4	5	6	8	10
	min	1.34	1.94	2.44	2.94	3.92	4.92	5.92	7.9	9.9
d_t	max	0.77	1.32	1.72	1.92	2.92	3.76	4.66	6.16	7.2
	min	0.65	1.14	1.54	1.74	2.74	3.52	4.42	5.92	6.9
t	max	1.74	1.74	2.24	2.74	3.24	4.29	5.29	6.29	7.35
	min	1.26	1.26	1.76	2.26	2.76	3.71	4.71	5.71	6.65
l		6~14	6~20	8~33	8~38	10~60	10~60	16~60	18~60	22~60

21. 空心铆钉（GB/T 876—1986）（图 12-28、表 12-46）

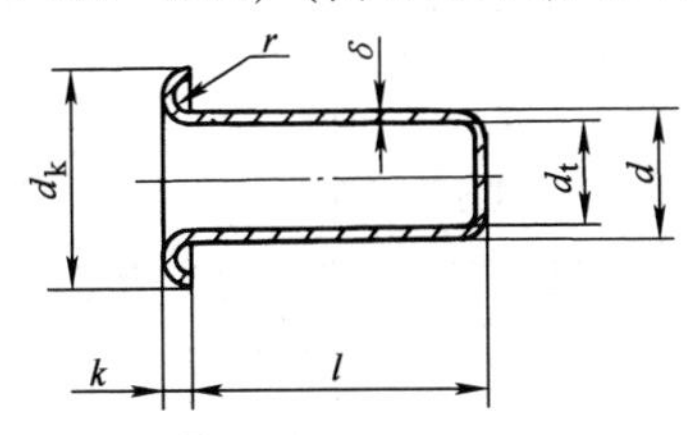

图 12-28　空心铆钉

表 12-46　空心铆钉尺寸　(mm)

d	公称	1.4	(1.6)	2	2.5	3	(3.5)	4	5	6
	max	1.53	1.73	2.13	2.63	3.13	3.65	4.15	5.15	6.15
	min	1.27	1.47	1.87	2.37	2.87	3.35	3.85	4.85	5.85
d_k	max	2.6	2.8	3.5	4	5	5.5	6	8	10
	min	2.35	2.55	3.2	3.7	4.7	5.2	5.7	7.64	9.64
k	max	0.5	0.5	0.6	0.6	0.7	0.7	0.82	1.12	1.12
	min	0.3	0.3	0.4	0.4	0.5	0.5	0.58	0.88	0.88
d_{tmin}		0.8	0.9	1.2	1.7	2	2.5	2.9	4	5
δ		0.2	0.22	0.25	0.25	0.3	0.3	0.35	0.35	0.35
r_{max}		0.15	0.2	0.25	0.25	0.25	0.3	0.3	0.5	0.7
l		1.5~5	2~5	2~6	2~8	2~10	2.5~10	3~12	3~15	4~15

注：尽可能不采用括号内的规格。

22. 10 级、11 级开口型平圆头抽芯铆钉（GB/T 12618.1—2006）

(1) 铆钉尺寸（图 12-29、表 12-47）

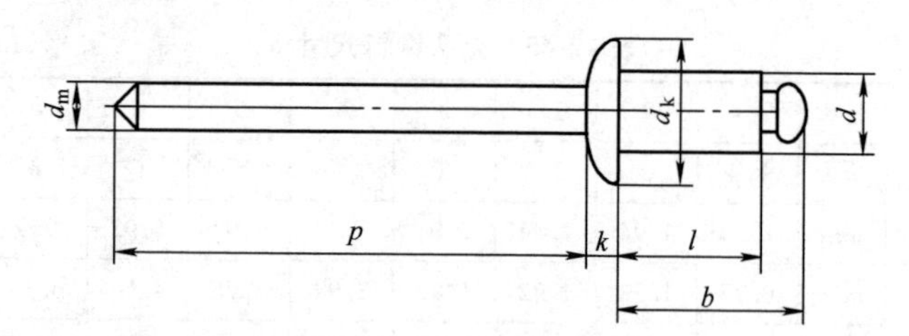

图 12-29　开口型平圆头抽芯铆钉

表 12-47　开口型平圆头抽芯铆钉尺寸　　(mm)

<table>
<tr><td rowspan="6">钉体</td><td rowspan="3">d</td><td>公称</td><td>2.4</td><td>3</td><td>3.2</td><td>4</td><td>4.8</td><td>5</td><td>6</td><td>6.4</td></tr>
<tr><td>max</td><td>2.48</td><td>3.08</td><td>3.28</td><td>4.08</td><td>4.88</td><td>5.08</td><td>6.08</td><td>6.48</td></tr>
<tr><td>min</td><td>2.25</td><td>2.85</td><td>3.05</td><td>3.85</td><td>4.65</td><td>4.85</td><td>5.85</td><td>6.25</td></tr>
<tr><td rowspan="2">d_k</td><td>max</td><td>5.0</td><td>6.3</td><td>6.7</td><td>8.4</td><td>10.1</td><td>10.5</td><td>12.6</td><td>13.4</td></tr>
<tr><td>min</td><td>4.2</td><td>5.4</td><td>5.8</td><td>6.9</td><td>8.3</td><td>8.7</td><td>10.8</td><td>11.6</td></tr>
<tr><td colspan="2">k_{max}</td><td>1</td><td>1.3</td><td>1.3</td><td>1.7</td><td>2</td><td>2.1</td><td>2.5</td><td>2.7</td></tr>
<tr><td rowspan="2">钉芯</td><td colspan="2">d_{mmax}</td><td>1.55</td><td>2</td><td>2</td><td>2.45</td><td>2.95</td><td>2.95</td><td>3.4</td><td>3.9</td></tr>
<tr><td colspan="2">p_{min}</td><td colspan="3">25</td><td colspan="5">27</td></tr>
<tr><td>盲区长度</td><td colspan="2">b_{max}</td><td>l_{max}+3.5</td><td>l_{max}+3.5</td><td>l_{max}+4</td><td>l_{max}+4</td><td>l_{max}+4.5</td><td>l_{max}+4.5</td><td>l_{max}+5</td><td>l_{max}+5.5</td></tr>
<tr><td colspan="3">铆钉长度 l</td><td>4~12</td><td>4~25</td><td>4~25</td><td>6~25</td><td>6~30</td><td>6~30</td><td>8~30</td><td>12~30</td></tr>
</table>

（2）铆钉孔直径

用于被铆接件的铆钉孔直径（d_{h1}）见图 12-30，其尺寸在表 12-48 中给出。

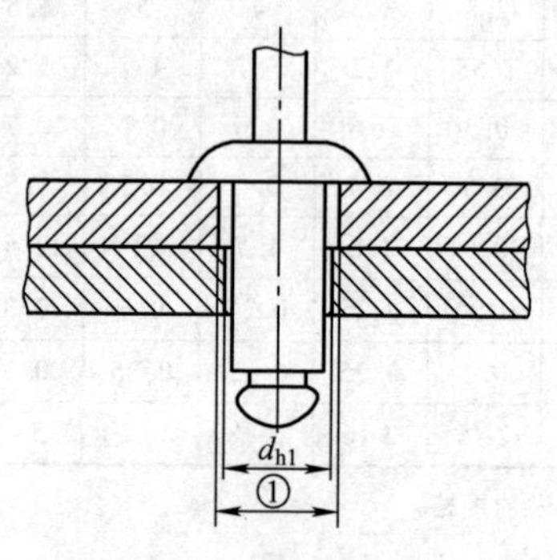

图中：① 加大的铆钉孔。

图 12-30　为便于对中加大的铆钉孔

表 12-48　铆钉孔直径　(mm)

公称直径 d	d_{h1}		公称直径 d	d_{h1}	
	min	max		min	max
2.4	2.5	2.6	4.8	4.9	5.0
3	3.1	3.2	5	5.1	5.2
3.2	3.3	3.4	6	6.1	6.2
4	4.1	4.2	6.4	6.5	6.6

23. 30级开口型平圆头抽芯铆钉（GB/T 12618.2—2006）（图 12-29、表 12-49）

表 12-49　30级开口型平圆头抽芯铆钉尺寸　(mm)

钉体	d	公称	2.4	3	3.2	4	4.8	5	6	6.4
		max	2.48	3.08	3.28	4.08	4.88	5.08	6.08	6.48
		min	2.25	2.85	3.05	3.85	4.65	4.85	5.85	6.25
	d_k	max	5.0	6.3	6.7	8.4	10.1	10.5	12.6	13.4
		min	4.2	5.4	5.8	6.9	8.3	8.7	10.8	11.6
	k_{max}		1	1.3	1.3	1.7	2	2.1	2.5	2.7
钉芯	d_{mmax}		1.5	2.15	2.15	2.8	3.5	3.5	3.4	4
	p_{min}		25			27				
盲区长度	b_{max}		l_{max}+3.5	l_{max}+3.5	l_{max}+4	l_{max}+4	l_{max}+4.5	l_{max}+4.5	l_{max}+5	l_{max}+5.5
铆钉长度 l			6~12	6~20	6~20	6~30	8~30	8~30	10~30	10~30

24. 12级开口型平圆头抽芯铆钉（GB/T 12618.3—2006）（图 12-29、表 12-50）

表 12-50　12级开口型平圆头抽芯铆钉尺寸　(mm)

钉体	d	公称	2.4	3.2	4	4.8	6.4
		max	2.48	3.28	4.08	4.88	6.48
		min	2.25	3.05	3.85	4.65	6.25
	d_k	max	5.0	6.7	8.4	10.1	13.4
		min	4.2	5.8	6.9	8.3	11.6
	k_{max}		1	1.3	1.7	2	2.7
钉芯	d_{mmax}		1.6	2.1	2.55	3.05	4
	p_{min}		25			27	
盲区长度	b_{max}		l_{max}+3	l_{max}+3	l_{max}+3.5	l_{max}+4	l_{max}+5.5
铆钉长度 l			5~12	5~25	6~25	6~30	12~30

25. 51级开口型平圆头抽芯铆钉（GB/T 12618.4—2006）（图12-29、表12-51）

表12-51 51级开口型平圆头抽芯铆钉尺寸 (mm)

钉体	d	公称	3	3.2	4	4.8	5
		max	3.08	3.28	4.08	4.88	5.08
		min	2.85	3.05	3.85	4.65	4.85
	d_k	max	6.3	6.7	8.4	10.1	10.5
		min	5.4	5.8	6.9	8.3	8.7
	k_{max}		1.3	1.3	1.7	2	2.1
钉芯	d_{mmax}		2.05	2.15	2.75	3.2	3.25
	p_{min}		25			27	
盲区长度	b_{max}		$l_{max}+14$	$l_{max}+4$	$l_{max}+4.5$	$l_{max}+5$	$l_{max}+5$
铆钉长度 l			6~16	6~16	6~25	6~25	6~25

26. 20级、21级、22级开口型平圆头抽芯铆钉（GB/T 12618.5—2006）（图12-29、表12-52）

表12-52 20级、21级、22级开口型平圆头抽芯铆钉尺寸 (mm)

钉体	d	公称	3	3.2	4	4.8
		max	3.08	3.28	4.08	4.88
		min	2.85	3.05	3.85	4.65
	d_k	max	6.3	6.7	8.4	10.1
		min	5.4	5.8	6.9	8.3
	k_{max}		1.3	1.3	1.7	2
钉芯	d_{mmax}		2	2	2.45	2.95
	p_{min}		25			27
盲区长度	b_{max}		$l_{max}+3.5$	$l_{max}+4$	$l_{max}+4$	$l_{max}+4.5$
铆钉长度 l			5~14	5~14	5~16	8~20

27. 40级、41级开口型平圆头抽芯铆钉（GB/T 12618.6—2006）（图12-29、表12-53）

表12-53 40级、41级开口型平圆头抽芯铆钉尺寸 (mm)

钉体	d	公称	3.2	4	4.8	6.4
		max	3.28	4.08	4.88	6.48
		min	3.05	3.85	4.65	6.25
	d_k	max	6.7	8.4	10.1	13.4
		min	5.8	6.9	8.3	11.6
	k_{max}		1.3	1.7	2	2.7
钉芯	d_{mmax}		2.15	2.75	3.2	3.9
	p_{min}		25	27		
盲区长度	b_{max}		$l_{max}+4$	$l_{max}+4$	$l_{max}+4.5$	$l_{max}+5.5$
铆钉长度 l			5~12	5~20	6~20	12~20

28. 10级、11级开口型沉头抽芯铆钉（GB/T 12617.1—2006）（图12-31、表12-54）

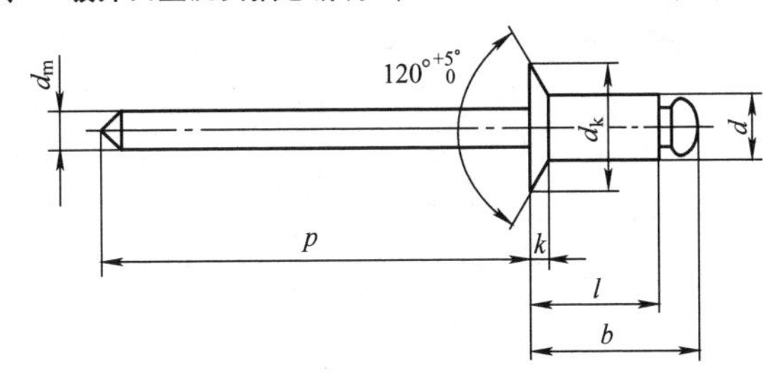

图12-31　开口型沉头抽芯铆钉

表12-54　10级、11级开口型沉头抽芯铆钉尺寸　（mm）

钉体	d	公称	2.4	3	3.2	4	4.8	5
		max	2.48	3.08	3.28	4.08	4.88	5.08
		min	2.25	2.85	3.05	3.85	4.65	4.85
	d_k	max	5.0	6.3	6.7	8.4	10.1	10.5
		min	4.2	5.4	5.8	6.9	8.3	8.7
	k_{max}		1	1.3	1.3	1.7	2	2.1
钉芯	d_{mmax}		1.55	2	2	2.45	2.95	2.95
	p_{min}		25			27		
盲区长度	b_{max}		l_{max}+3.5	l_{max}+3.5	l_{max}+4	l_{max}+4	l_{max}+4.5	l_{max}+4.5
铆钉长度 l			4~12	6~25	6~25	8~25	8~30	8~30

29. 30级开口型沉头抽芯铆钉（GB/T 12617.2—2006）（图12-31、表12-55）

表12-55　30级开口型沉头抽芯铆钉尺寸　（mm）

钉体	d	公称	2.4	3	3.2	4	4.8	5	6	6.4
		max	2.48	3.08	3.28	4.08	4.88	5.08	6.08	6.48
		min	2.25	2.85	3.05	3.85	4.65	4.85	5.85	6.25
	d_k	max	5.0	6.3	6.7	8.4	10.1	10.5	12.6	13.4
		min	4.2	5.4	5.8	6.9	8.3	8.7	10.8	11.6
	k_{max}		1	1.3	1.3	1.7	2	2.1	2.5	2.7
钉芯	d_{mmax}		1.5	2.15	2.15	2.8	3.5	3.5	3.4	4
	p_{min}		25			27				
盲区长度	b_{max}		l_{max}+3.5	l_{max}+3.5	l_{max}+4	l_{max}+4	l_{max}+4.5	l_{max}+4.5	l_{max}+5	l_{max}+5.5
铆钉长度 l			6~12	6~20	6~20	6~20	8~25	8~25	10~25	10~25

30. 12级开口型沉头抽芯铆钉（GB/T 12617.3—2006）（图12-31、表12-56）

表12-56　12级开口型沉头抽芯铆钉尺寸　　（mm）

钉体	d	公称	2.4	3.2	4	4.8	6.4
		max	2.48	3.28	4.08	4.88	6.48
		min	2.25	3.05	3.85	4.65	6.25
	d_k	max	5.0	6.7	8.4	10.1	13.4
		min	4.2	5.8	6.9	8.3	11.6
	k_{max}		1	1.3	1.7	2	2.7
钉芯	d_{mmax}		1.6	2.1	2.55	3.05	4
	p_{min}		25			27	
盲区长度	b_{max}		$l_{max}+3$	$l_{max}+3$	$l_{max}+3.5$	$l_{max}+4$	$l_{max}+5.5$
铆钉长度 l			6~7	6~20	8~20	8~20	12~20

31. 51级开口型沉头抽芯铆钉（GB/T 12617.4—2006）（图12-31、表12-57）

表12-57　51级开口型沉头抽芯铆钉尺寸　　（mm）

钉体	d	公称	3	3.2	4	4.8	5
		max	3.08	3.28	4.08	4.88	5.08
		min	2.85	3.05	3.85	4.65	4.85
	d_k	max	6.3	6.7	8.4	10.1	10.5
		min	5.4	5.8	6.9	8.3	8.7
	k_{max}		1.3	1.3	1.7	2	2.1
钉芯	d_{mmax}		2.05	2.15	2.75	3.2	3.25
	p_{min}		25			27	
盲区长度	b_{max}		$l_{max}+4$	$l_{max}+4$	$l_{max}+4.5$	$l_{max}+5$	$l_{max}+5$
铆钉长度 l			6~16	6~16	6~16	8~18	8~18

32. 20级、21级、22级开口型沉头抽芯铆钉（GB/T 12617.5—2006）（图12-31、表12-58）

表12-58　20级、21级、22级开口型沉头抽芯铆钉尺寸　　（mm）

钉体	d	公称	3	3.2	4	4.8
		max	3.08	3.28	4.08	4.88
		min	2.85	3.05	3.85	4.65
	d_k	max	6.3	6.7	8.4	10.1
		min	5.4	5.8	6.9	8.3
	k_{max}		1.3	1.3	1.7	2
钉芯	d_{mmax}		2	2	2.45	2.95
	p_{min}		25			27
盲区长度	b_{max}		$l_{max}+3.5$	$l_{max}+4$	$l_{max}+4$	$l_{max}+4.5$
铆钉长度 l			5~14	5~14	5~16	8~18

33. 11 级封闭型平圆头抽芯铆钉（GB/T 12615.1—2004）（图 12-32、表 12-59）

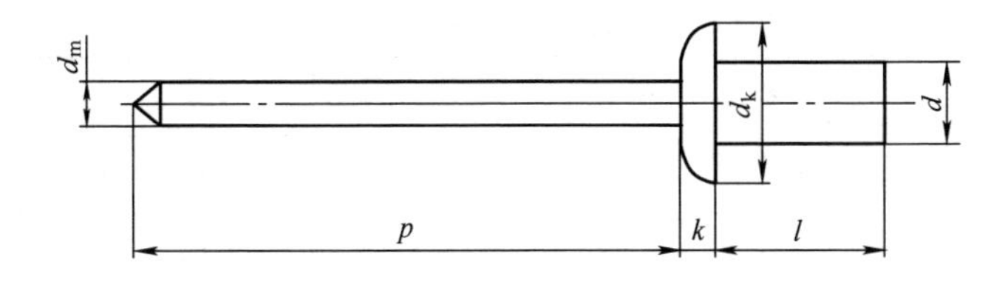

图 12-32 封闭型平圆头抽芯铆钉

表 12-59 11 级封闭型平圆头抽芯铆钉尺寸 （mm）

钉体	d	公称	3.2	4	4.8	5	6.4
		max	3.28	4.08	4.88	5.08	6.48
		min	3.05	3.85	4.65	4.85	6.25
	d_k	max	6.7	8.4	10.1	10.5	13.4
		min	5.8	6.9	8.3	8.7	11.6
	k_{max}		1.3	1.7	2	2.1	2.7
钉芯	d_{mmax}		1.85	2.35	2.77	2.8	3.71
	p_{min}		25		27		
铆钉长度 l			6.5~12.5	8~14.5	8.5~21	8.5~21	12.5~21

34. 30 级封闭型平圆头抽芯铆钉（GB/T 12615.2—2004）（图 12-32、表 12-60）

表 12-60 30 级封闭型平圆头抽芯铆钉尺寸 （mm）

钉体	d	公称	3.2	4	4.8	6.4
		max	3.28	4.08	4.88	6.48
		min	3.05	3.85	4.65	6.25
	d_k	max	6.7	8.4	10.1	13.4
		min	5.8	6.9	8.3	11.6
	k_{max}		1.3	1.7	2	2.7
钉芯	d_{mmax}		2	2.35	2.95	3.9
	p_{min}		25		27	
铆钉长度 l			6~12	6~15	8~15	15~21

35. 06级封闭型平圆头抽芯铆钉（GB/T 12615.3—2004）（图12-32、表12-61）

表12-61　06级封闭型平圆头抽芯铆钉尺寸　（mm）

钉体	d	公称	3.2	4	4.8	6.4
		max	3.28	4.08	4.88	6.48
		min	3.05	3.85	4.65	6.25
	d_k	max	6.7	8.4	10.1	13.4
		min	5.8	6.9	8.3	11.6
	k_{max}		1.3	1.7	2	2.7
钉芯	d_{mmax}		1.85	2.35	2.77	3.75
	p_{min}		25		27	
铆钉长度 l			8~11	8~12.5	8~18	12.5~18

36. 51级封闭型平圆头抽芯铆钉（GB/T 12615.4—2004）（图12-32、表12-62）

表12-62　51级封闭型平圆头抽芯铆钉尺寸　（mm）

钉体	d	公称	3.2	4	4.8	6.4
		max	3.28	4.08	4.88	6.48
		min	3.05	3.85	4.65	6.25
	d_k	max	6.7	8.4	10.1	13.4
		min	5.8	6.9	8.3	11.6
	k_{max}		1.3	1.7	2	2.7
钉芯	d_{mmax}		2.15	2.75	3.2	3.9
	p_{min}		25		27	
铆钉长度 l			6~14	6~16	8~20	12~20

37. 11级封闭型沉头抽芯铆钉（GB/T 12616.1—2004）（图12-33、表12-63）

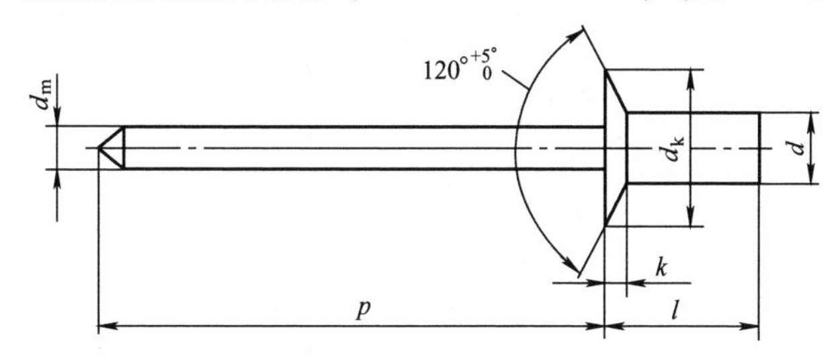

图12-33　11级封闭型沉头抽芯铆钉

表12-63　11级封闭型沉头抽芯铆钉尺寸　(mm)

钉体	d	公称	3.2	4	4.8	5	6.4
		max	3.28	4.08	4.88	5.08	6.48
		min	3.05	3.85	4.65	4.85	6.25
	d_k	max	6.7	8.4	10.1	10.5	13.4
		min	5.8	6.9	8.3	8.7	11.6
	k_{max}		1.3	1.7	2	2.1	2.7
钉芯	d_{mmax}		1.85	2.35	2.77	2.8	3.75
	p_{min}		25		27		
铆钉长度 l			8~12.5	8~14.5	8.5~21	8.5~21	12.5~21

38. 120°沉头铆钉（GB/T 954—1986）（图12-34、表12-64）

表12-64　120°沉头铆钉尺寸　(mm)

d	公称	(1.2)	1.4	(1.6)	2	2.5	3	(3.5)	4	5	6	8
	max	1.26	1.46	1.66	2.06	2.56	3.06	3.58	4.08	5.08	6.08	8.1
	min	1.14	1.34	1.54	1.94	2.44	2.94	3.42	3.92	4.92	5.92	7.9
d_k	max	2.83	3.45	3.95	4.75	5.35	6.28	7.08	7.98	9.68	11.72	15.82
	min	2.57	3.15	3.65	4.45	5.05	5.92	6.72	7.62	9.32	11.28	15.38
r_{max}		0.1	0.1	0.1	0.1	0.1	0.1	0.3	0.3	0.3	0.3	0.3
b_{max}		0.2	0.2	0.2	0.2	0.2	0.2	0.4	0.4	0.4	0.4	0.4
$k\ \approx$		0.5	0.6	0.7	0.8	0.9	1	1.1	1.2	1.4	1.7	2.3
l		1.5~6	2.5~8	2.5~10	3~10	4~15	5~20	6~36	6~42	7~50	8~50	10~50

注：尽可能不采用括号内的规格。

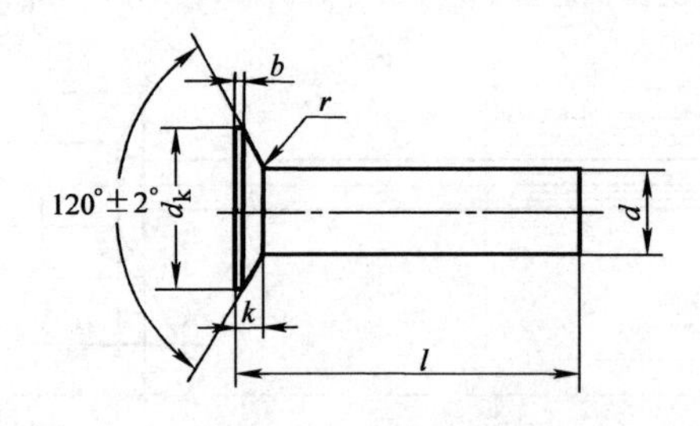

图 12-34　120°沉头铆钉

39. 平头铆钉（GB/T 109—1986）（图 12-35、表 12-65）

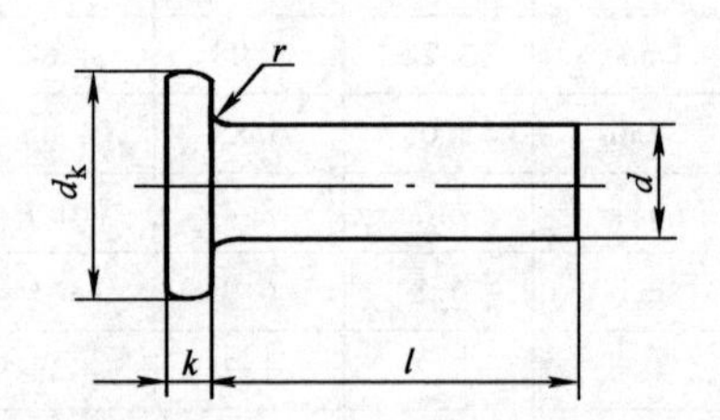

图 12-35　平头铆钉

表 12-65　平头铆钉尺寸　（mm）

d	公称	2	2.5	3	(3.5)	4	5	6	8	10
	max	2.06	2.56	3.06	3.58	4.08	5.08	6.08	8.1	10.1
	min	1.94	2.44	2.94	3.42	3.92	4.92	5.92	7.9	9.9
d_k	max	4.24	5.24	6.24	7.29	8.29	10.29	12.35	16.35	20.42
	min	3.76	4.76	5.76	6.71	7.71	9.71	11.65	15.65	19.58
k	max	1.2	1.4	1.6	1.8	2	2.2	2.6	3	3.44
	min	0.8	1	1.2	1.4	1.6	1.8	2.2	2.6	2.96
r_{max}		0.1	0.1	0.1	0.3	0.3	0.3	0.3	0.5	0.5
l		4~8	5~10	6~14	6~18	8~22	10~26	12~30	16~30	20~30

注：尽可能不采用括号内的规格。

40. 标牌铆钉（GB/T 827—1986）（图 12-36、表 12-66）

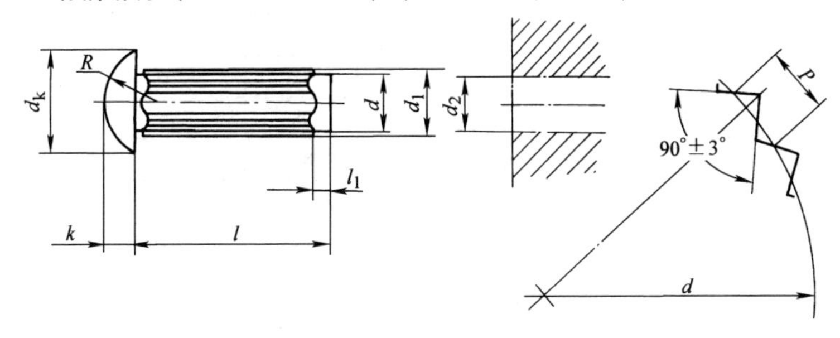

图 12-36　标牌铆钉

表 12-66　标牌铆钉尺寸　（mm）

d　公称		(1.6)	2	2.5	3	4	5
d_k	max	3.2	3.74	4.84	5.54	7.39	9.09
	min	2.8	3.26	4.36	5.06	6.81	8.51
k	max	1.2	1.4	1.8	2.0	2.6	3.2
	min	0.8	1.0	1.4	1.6	2.2	2.8
d_{1min}		1.75	2.15	2.65	3.15	4.15	5.15
P　≈		0.72	0.72	0.72	0.72	0.84	0.92
l_1		1	1	1	1	1.5	1.5
R　≈		1.6	1.9	2.5	2.9	3.8	4.7
d_2（推荐）	max	1.56	1.96	2.46	2.96	3.96	4.96
	min	1.5	1.9	2.4	2.9	3.9	4.9
l		3~6	3~8	3~10	4~12	6~18	8~20

注：尽可能不采用括号内的规格。

41. 扁圆头击芯铆钉（GB/T 15855.1—1995）（图 12-37、表 12-67）

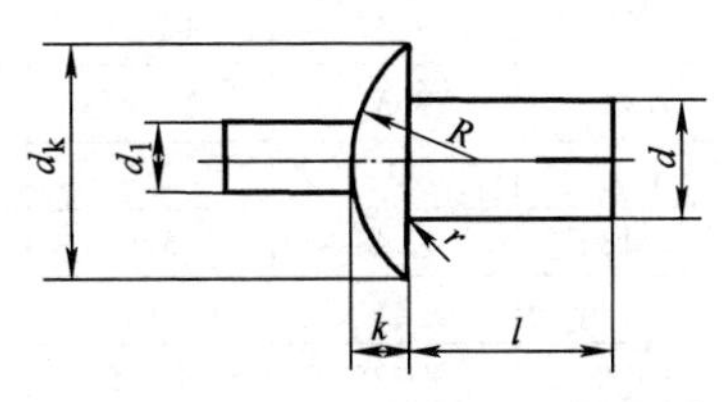

允许制造的钉芯型式

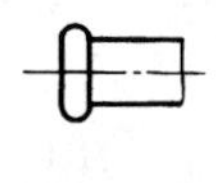

图 12-37　扁圆头击芯铆钉

表 12-67 扁圆头击芯铆钉尺寸 (mm)

d	公称	3	4	5	(6)	6.4
	min	2.94	3.92	4.92	5.92	6.32
	max	3.06	4.08	5.08	6.08	6.48
d_k	max	6.24	8.29	9.89	12.35	13.29
	min	5.76	7.71	9.31	11.65	12.71
k_{max}		1.4	1.7	2	2.4	3
$d_{1参考}$		1.8	2.18	2.8	3.6	3.8
R ≈		5	6.8	8.7	9.3	9.3
r_{max}		0.5		0.7		
l		6~15	6~20	8~25	8~45	8~45

注：尽可能不采用括号内的规格。

42. 沉头击芯铆钉 (GB/T 15855.2—1995)(图 12-38、表 12-68)

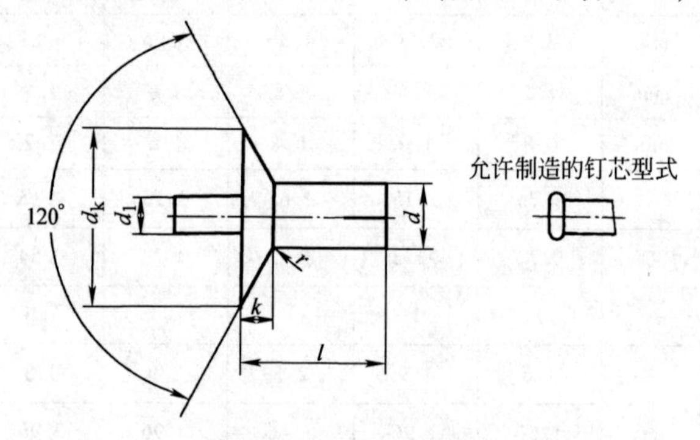

图 12-38 沉头击芯铆钉

表 12-68 沉头击芯铆钉尺寸 (mm)

d	公称	3	4	5	(6)	6.4
	min	2.94	3.92	4.92	5.92	6.32
	max	3.06	4.08	5.08	6.08	6.48
d_k	max	6.24	8.29	9.89	12.35	13.29
	min	5.76	7.71	9.31	11.65	12.71
k ≈		1.4	1.7	2	2.4	3
$d_{1参考}$		1.8	2.18	2.8	3.6	3.8
r_{max}		0.5		0.7		
l		6~15	6~20	8~25	8~45	8~45

注：尽可能不采用括号内的规格。

三、铆钉的重量

1. 半圆头铆钉（适用于 GB/T 867—1986）（表 12-69）

表 12-69　半圆头铆钉的重量　　（kg）

每 1000 件钢制品的大约重量

l	G	l	G	l	G	l	G	l	G
d=0.6		d=1		d=1.4		d=2		d=2.5	
1	—	3	0.02	8	0.11	7	0.21	17	0.75
1.5	—	3.5	0.03	9	0.12	8	0.23	18	0.79
2	0.01	4	0.03	10	0.13	9	0.26	19	0.83
2.5	0.01	5	0.04	11	0.15	10	0.28	20	0.86
3	0.01	6	0.04	12	0.16	11	0.31	d=3	
3.5	0.01	7	0.05	d=(1.6)		12	0.33	5	0.42
4	0.01	8	0.05	3	0.07	13	0.36	6	0.48
5	0.01	d=(1.2)		3.5	0.08	14	0.38	7	0.53
6	0.01	2.5	0.03	4	0.08	15	0.41	8	0.59
d=0.8		3	0.04	5	0.10	16	0.43	9	0.64
1.5	0.01	3.5	0.04	6	0.12	d=2.5		10	0.70
2	0.01	4	0.04	7	0.13	5	0.29	11	0.75
2.5	0.01	5	0.05	8	0.15	6	0.33	12	0.81
3	0.01	7	0.06	9	0.16	7	0.37	13	0.87
3.5	0.02	6	0.07	10	0.18	8	0.40	14	0.92
4	0.02	8	0.08	11	0.19	9	0.44	15	0.98
5	0.02	d=1.4		12	0.21	10	0.48	16	1.03
6	0.03	3	0.05	d=2		11	0.52	17	1.09
7	0.03	3.5	0.06	3	0.11	12	0.56	18	1.14
8	0.03	4	0.06	3.5	0.12	13	0.60	19	1.20
d=1		5	0.07	4	0.14	14	0.63	20	1.25
2	0.02	6	0.09	5	0.16	15	0.67	22	1.36
2.5	0.02	7	0.10	6	0.19	16	0.71	24	1.47

（续）

每1000件钢制品的大约重量									
l	*G*	*l*	*G*	*l*	*G*	*l*	*G*	*l*	*G*
d=3		*d*=4		*d*=5		*d*=5		*d*=6	
26	1.58	13	1.64	9	2.10	50	8.38	40	10.17
d=(3.5)		14	1.74	10	2.26	52	8.69	42	10.61
7	0.77	15	1.83	11	2.41	55	9.15	44	11.05
8	0.85	16	1.93	12	2.56	*d*=6		46	11.49
9	0.92	17	2.03	13	2.71	8	3.11	48	11.94
10	1.00	18	2.13	14	2.87	9	3.33	50	12.38
11	1.07	19	2.23	15	3.02	10	3.56	52	12.82
12	1.15	20	2.32	16	3.17	11	3.78	55	13.48
13	1.22	22	2.52	17	3.33	12	4.00	58	14.14
14	1.30	24	2.72	18	3.48	13	4.22	60	14.58
15	1.37	26	2.91	19	3.63	14	4.44	*d*=8	
16	1.45	28	3.11	20	3.79	15	4.66	16	9.57
17	1.52	30	3.30	22	4.09	16	4.88	17	9.97
18	1.60	32	3.50	24	4.40	17	5.10	18	10.36
19	1.67	34	3.70	26	4.71	18	5.32	19	10.75
20	1.75	36	3.89	28	5.01	19	5.54	20	11.14
22	1.90	38	4.09	30	5.32	20	5.76	22	11.93
24	2.05	40	4.28	32	5.62	22	6.20	24	12.71
26	2.20	42	4.48	34	5.93	24	6.64	26	13.50
d=4		44	4.68	36	6.24	26	7.08	28	14.28
7	1.05	46	4.87	38	6.54	28	7.53	30	15.06
8	1.15	48	5.07	40	6.85	30	7.97	32	15.85
9	1.25	50	5.62	42	7.16	32	8.41	34	16.63
10	1.34	*d*=5		44	7.46	34	8.85	36	17.42
11	1.44	7	1.80	46	7.77	36	9.29	38	18.20
12	1.54	8	1.95	48	8.07	38	9.73	40	18.98

（续）

每 1000 件钢制品的大约重量

l	G
$d=8$	
42	19.77
44	20.55
46	21.34
48	22.12
50	22.91
52	23.69
55	24.87
58	26.04
60	26.83
62	27.61
65	28.79
$d=10$	
16	15.56
17	16.17
18	16.78
19	17.40
20	18.01
22	19.23
24	20.46
26	21.68
28	22.91
30	24.13
32	25.36
34	26.58
36	27.81
38	29.04

l	G
$d=10$	
40	30.26
42	31.49
44	32.71
46	33.94
48	35.16
50	36.39
52	37.61
55	39.45
58	41.29
60	42.51
62	43.74
65	45.58
68	47.41
70	48.64
75	51.70
80	54.76
85	57.83
$d=12$	
20	29.92
22	31.69
24	33.54
26	35.22
28	36.98
30	38.74
32	40.51
34	42.27

l	G
$d=12$	
36	44.04
38	45.80
40	47.57
42	49.33
44	51.09
46	52.86
48	54.62
50	56.39
52	58.15
55	60.80
58	63.44
60	65.21
62	66.97
65	69.92
68	72.27
70	74.03
75	78.44
80	82.85
85	87.26
90	91.67
$d=(14)$	
22	44.26
24	46.66
26	49.06
28	51.46
30	53.86

l	G
$d=(14)$	
32	56.26
34	58.66
36	61.07
38	63.47
40	65.87
42	68.27
44	70.67
46	73.07
48	75.47
50	77.88
52	80.28
55	83.88
58	87.48
60	89.88
62	92.28
65	95.89
68	99.49
70	101.9
75	107.9
80	113.9
85	119.9
90	125.9
95	131.9
100	137.9
$d=16$	
26	69.11

l	G
$d=16$	
28	72.24
30	75.38
32	78.52
34	81.65
36	84.79
38	87.93
40	91.06
42	94.20
44	97.34
46	100.5
48	103.6
50	106.8
52	109.9
55	114.6
58	119.3
60	122.4
62	125.6
65	130.3
68	135.0
70	138.1
75	146.0
80	153.8
85	161.6
90	169.5
95	177.3
100	185.2
110	200.8

注：表列规格：$d=2\sim10$mm 的规格为商品规格，其余为通用规格，尽可能不采用括号内的规格。d—规格（mm），l—公称长度（mm）。

2. 粗制半圆头铆钉（适用于 GB/T 863.1—1986）（表 12-70）

表 12-70 粗制半圆头铆钉的重量 （kg）

每1000件钢制品的大约重量									
l	*G*	*l*	*G*	*l*	*G*	*l*	*G*	*l*	*G*
d=12		*d*=(14)		*d*=(14)		*d*=16		*d*=(18)	
20	29.36	22	43.53	100	137.2	100	184.1	120	280.5
22	31.12	24	45.93	*d*=16		110	199.8	130	300.3
24	32.89	26	48.33	26	68.05	*d*=(18)		140	320.2
26	34.65	28	50.73	28	71.19	32	105.8	150	340.0
28	36.42	30	53.14	30	74.32	35	111.7	*d*=20	
30	38.18	32	55.54	32	77.46	38	117.7	32	136.5
32	39.95	35	59.14	35	82.17	40	121.7	35	143.8
35	42.59	38	62.74	38	86.87	42	125.6	38	151.2
38	45.24	40	65.14	40	90.01	45	131.6	40	156.1
40	47.00	42	67.54	42	93.14	48	137.5	42	161.0
42	48.77	45	71.15	45	97.85	50	141.5	45	168.3
45	51.41	48	74.75	48	102.6	52	145.5	48	175.7
48	54.06	50	77.15	50	105.7	55	151.4	50	180.6
50	55.82	52	79.55	52	108.8	58	157.4	52	185.5
52	57.59	55	83.15	55	113.5	60	161.4	55	192.8
55	60.23	58	86.76	58	118.2	65	171.3	58	200.2
58	62.88	60	89.16	60	121.4	70	181.2	60	205.1
60	64.65	65	95.16	65	129.2	75	191.1	65	217.4
65	69.06	70	101.2	70	137.1	80	201.1	70	229.6
70	73.47	75	107.2	75	144.9	85	211.0	75	241.9
75	77.88	80	113.2	80	152.7	90	220.9	80	254.1
80	82.29	85	119.2	85	160.6	95	230.8	85	266.4
85	86.70	90	125.2	90	168.4	100	240.8	90	278.6
90	91.11	95	131.2	95	176.3	110	260.6	95	290.9

（续）

每 1000 件钢制品的大约重量									
l	G	l	G	l	G	l	G	l	G
$d=20$		$d=(22)$		$d=24$		$d=(27)$		$d=36$	
100	303.1	100	376.5	130	565.5	170	915.0	60	810.4
110	327.6	110	406.1	140	600.8	180	959.7	65	850.1
120	352.1	120	435.8	150	636.1	$d=30$		70	889.8
130	376.6	130	465.4	160	671.3	55	499.2	75	929.5
140	401.1	140	495.1	170	706.6	58	515.8	80	969.2
150	425.6	150	524.7	180	741.9	60	526.8	85	1009
$d=(22)$		160	554.4	$d=(27)$		65	554.4	90	1049
38	192.6	170	584.0	55	401.4	70	581.9	95	1088
40	198.6	180	613.7	58	414.8	75	609.5	100	1128
42	204.5	$d=24$		60	423.8	80	637.1	110	1207
45	213.4	52	290.2	65	446.1	85	664.6	120	1287
48	222.3	55	300.8	70	468.4	90	692.2	130	1366
50	228.2	58	311.4	75	490.7	95	719.8	140	1446
52	234.1	60	318.5	80	513.1	100	747.3	150	1525
55	243.0	65	336.1	85	535.4	110	802.5	160	1604
58	251.9	70	353.8	90	557.7	120	857.6	170	1684
60	257.9	75	371.4	95	580.1	130	912.7	180	1763
65	272.7	80	389.0	100	602.4	140	967.9	190	1843
70	287.5	85	406.7	110	647.1	150	1023	200	1922
75	302.3	90	424.3	120	691.7	160	1078		
80	317.2	95	442.0	130	736.4	170	1133		
85	332.0	100	459.6	140	781.0	180	1188		
90	346.8	110	494.9	150	825.7	$d=36$			
95	361.6	120	530.2	160	870.4	58	794.5		

注：表列规格为商品规格。尽可能不采用括号内的规格。d—规格（mm），l—公称长度（mm）。

3. 粗制小半圆头铆钉（适用于 GB/T 863.2—1986）（表 12-71）

表 12-71 粗制小半圆头铆钉的重量 （kg）

每 1000 件钢制品的大约重量

l	G
$d=10$	
12	13.39
14	14.62
16	15.84
18	17.07
20	18.29
22	19.52
25	21.35
28	23.19
30	24.42
32	25.64
35	27.48
38	29.32
40	30.54
42	31.77
45	33.61
48	35.44
50	36.67
$d=12$	
16	23.76
18	25.53
20	27.29
22	29.06
25	31.70
28	34.35
30	36.11
32	37.88
35	40.52
38	43.17
40	44.93
42	46.70
45	49.35
48	51.99
50	53.76
52	55.52
55	58.17
58	60.81
60	62.58
$d=(14)$	
20	39.89
22	42.29
25	45.90
28	49.50
30	51.90
32	54.30
35	57.90
38	61.51
40	63.91
42	66.31
45	69.91
48	73.51
50	75.91
52	78.32
55	81.92
58	85.52
60	87.92
62	90.32
65	93.93
68	97.53
70	99.93
$d=16$	
25	62.89
28	67.60
30	70.74
32	73.87
35	78.58
38	83.28
40	86.42
42	89.56
45	94.26
48	98.97
50	102.1
52	105.2
55	109.9
58	114.7
60	117.8
62	120.9
65	125.6
68	130.3
70	133.5
75	141.3
80	149.2
$d=(18)$	
28	90.14
30	94.11
32	98.08
35	104.0
38	110.0
40	114.0
42	117.9
45	123.9
48	129.8
50	133.8
52	137.8
55	143.7
58	149.7
60	153.7
62	157.6
65	163.6
68	169.5
70	173.5
75	183.4
80	193.4
85	203.3
90	213.2
$d=20$	
30	123.9
32	128.8
35	136.2
38	143.5
40	148.4
42	153.3
45	160.7
48	168.0
50	172.9
52	177.8
55	185.2
58	192.5
60	197.4
62	202.3
65	209.7
68	217.0
70	221.9
75	234.2
80	246.4
85	258.7

（续）

每1000件钢制品的大约重量									
l	G	l	G	l	G	l	G	l	G
$d=20$		$d=(22)$		$d=24$		$d=(27)$		$d=(27)$	
90	270.9	65	259.2	52	278.6	42	303.2	190	964.2
95	283.2	68	268.1	55	289.2	45	316.6	200	1009
100	295.4	70	274.0	58	299.8	48	330.0	$d=30$	
110	319.9	75	288.8	60	306.9	50	339.0	42	392.3
120	344.4	80	303.6	62	313.9	52	347.9	45	408.8
130	368.9	85	318.5	65	324.5	55	361.3	48	425.4
140	393.5	90	333.3	68	335.1	58	374.7	50	436.4
150	418.0	95	348.1	70	342.2	60	383.6	52	447.4
160	442.5	100	362.9	75	359.8	62	392.6	55	464.0
170	467.0	110	392.6	80	377.4	65	406.0	58	480.5
180	491.5	120	422.2	85	395.1	68	419.4	60	491.5
190	516.0	130	451.9	90	412.7	70	428.3	62	502.5
200	540.5	140	481.5	95	430.4	75	450.6	65	519.1
$d=(22)$		150	511.2	100	448.0	80	472.9	68	535.6
35	170.2	160	540.8	110	483.3	85	495.3	70	546.7
38	179.1	170	570.5	120	518.6	90	517.6	75	574.2
40	185.0	180	600.2	130	553.9	95	539.9	80	601.8
42	191.0	190	629.8	140	589.2	100	562.3	85	629.4
45	199.9	200	659.5	150	624.4	110	606.9	90	656.9
48	208.8	$d=24$		160	659.7	120	651.6	95	684.5
50	214.7	38	229.2	170	695.0	130	696.2	100	712.1
52	220.6	40	236.3	180	730.3	140	740.9	110	767.2
55	229.5	42	243.4	190	765.6	150	785.6	120	822.3
58	238.4	45	253.9	200	800.9	160	830.2	130	877.5
60	244.3	48	264.5	$d=(27)$		170	874.9	140	932.6
62	250.3	50	271.6	40	294.3	180	919.5	150	987.7

（续）

每1000件钢制品的大约重量									
l	*G*	*l*	*G*	*l*	*G*	*l*	*G*	*l*	*G*
d=30		*d*=36		*d*=36		*d*=36		*d*=36	
160	1043	50	686.5	68	829.4	100	1084	170	1639
170	1098	52	702.4	70	845.3	110	1163	180	1719
180	1153	55	726.2	75	885.0	120	1242	190	1798
190	1208	58	750.0	80	924.7	130	1322	200	1877
200	1263	60	765.9	85	964.4	140	1401		
d=36		62	781.8	90	1004	150	1480		
48	670.6	65	805.6	95	1044	160	1560		

注：表列规格为商品规格。尽可能不采用括号内的规格。*d*—规格（mm），*l*—公称长度（mm）。

4. 平锥头铆钉（适用于GB/T 868—1986）（表12-72）

表12-72 平锥头铆钉的重量 （kg）

每1000件钢制品的大约重量									
l	*G*	*l*	*G*	*l*	*G*	*l*	*G*	*l*	*G*
d=2		*d*=2		*d*=2.5		*d*=3		*d*=(3.5)	
3	0.12	16	0.44	16	0.72	14	0.96	10	1.06
3.5	0.13	*d*=2.5		17	0.76	15	1.01	11	1.13
4	0.15	4	0.26	18	0.80	16	1.07	12	1.21
5	0.17	5	0.30	19	0.83	17	1.12	13	1.28
6	0.20	6	0.34	20	0.87	18	1.18	14	1.36
7	0.22	7	0.37	*d*=3		19	1.23	15	1.43
8	0.24	8	0.41	6	0.52	20	1.29	16	1.51
9	0.27	9	0.45	7	0.57	22	1.40	17	1.58
10	0.29	10	0.49	8	0.63	24	1.51	18	1.66
11	0.32	11	0.53	9	0.58	*d*=(3.5)		19	1.73
12	0.34	12	0.57	10	0.74	6	0.76	20	1.81
13	0.37	13	0.60	11	0.79	7	0.83	22	1.96
14	0.39	14	0.64	12	0.85	8	0.91	24	2.11
15	0.42	15	0.68	13	0.90	9	0.98	26	2.26

（续）

每 1000 件钢制品的大约重量

l	G
d=(3.5)	
28	2.41
d=4	
8	1.24
9	1.34
10	1.44
11	1.53
12	1.63
13	1.73
14	1.83
15	1.93
16	2.02
17	2.12
18	2.22
19	2.32
20	2.42
22	2.61
24	2.81
26	3.00
28	3.20
30	3.40
32	3.59
d=5	
10	2.46
11	2.61
12	2.76
13	2.92

l	G
d=5	
14	3.07
15	3.22
16	3.38
17	3.53
18	3.68
19	3.83
20	3.99
22	4.29
24	4.60
26	4.91
28	5.21
30	5.52
32	5.83
34	6.13
36	6.44
38	6.74
40	7.05
d=6	
12	4.26
13	4.48
14	4.70
15	4.93
16	5.15
17	5.37
18	5.59
19	5.81

l	G
d=6	
20	6.03
22	6.47
24	6.91
26	7.35
28	7.79
30	8.23
32	8.67
34	9.12
36	9.56
38	10.00
40	10.44
d=8	
16	10.20
17	10.59
18	10.98
19	11.38
20	11.77
22	12.55
24	13.34
26	14.12
28	14.90
30	15.69
32	16.47
34	17.26
36	18.04
38	18.82

l	G
d=8	
40	19.61
42	20.39
44	21.18
46	21.96
48	22.75
50	23.53
52	24.31
55	25.49
58	26.67
60	27.45
d=10	
16	17.64
17	18.25
18	18.86
19	19.47
20	20.09
22	21.31
24	22.54
26	23.76
28	24.99
30	26.21
32	27.44
34	28.66
36	29.89
38	31.11
40	32.34

l	G
d=10	
42	33.56
44	34.79
46	36.01
48	37.24
50	38.46
52	39.69
55	41.53
58	43.37
60	44.59
62	45.82
65	47.65
68	49.49
70	50.72
75	53.78
80	56.84
85	59.91
90	62.97
d=12	
18	27.39
19	28.27
20	29.15
22	30.91
24	32.68
26	34.44
28	36.21
30	37.97

（续）

每1000件钢制品的大约重量									
l	G	l	G	l	G	l	G	l	G
$d=12$		$d=12$		$d=(14)$		$d=(14)$		$d=16$	
32	39.74	75	77.67	36	62.77	85	121.6	48	106.1
34	41.50	80	82.08	38	65.17	90	127.6	50	109.2
36	43.27	85	86.49	40	67.58	95	133.6	52	112.4
38	45.03	90	90.90	42	69.98	100	139.6	55	117.1
40	46.79	95	95.31	44	72.38	110	151.6	58	121.8
42	48.56	100	99.72	46	74.78	$d=16$		60	124.9
44	50.32	110	108.5	48	77.18	24	68.45	62	128.1
46	52.09	$d=(14)$		50	79.58	26	71.59	65	132.8
48	53.85	18	41.16	52	81.98	28	74.73	68	137.5
50	55.62	19	42.36	55	85.59	30	77.86	70	140.6
52	57.38	20	43.56	58	89.19	32	81.00	75	148.4
55	60.03	22	45.96	60	91.59	34	84.14	80	156.3
58	62.67	24	48.36	62	93.99	36	87.27	85	164.1
60	64.44	26	50.77	65	97.59	38	90.41	90	172.0
62	66.20	28	53.17	68	101.2	40	93.55	95	179.8
65	68.85	30	55.57	70	103.6	42	96.68	100	187.6
68	71.49	32	57.97	75	109.6	44	99.82	110	203.3
70	73.26	34	60.37	80	115.6	46	103.0		

注：表列规格：$d \leqslant 10$mm 的规格为商品规格，$d \geqslant 12$mm 的规格为通用规格。尽可能不采用括号内的规格。d—规格（mm），l—公称长度（mm）。

5. 粗制平锥头铆钉（适用于 GB/T 864—1986）（表 12-73）

表 12-73　粗制平锥头铆钉的重量　（kg）

每1000件钢制品的大约重量									
l	G	l	G	l	G	l	G	l	G
$d=12$		$d=12$		$d=12$		$d=12$		$d=12$	
20	31.93	24	35.46	28	38.99	32	42.52	38	47.81
22	33.70	26	37.23	30	40.76	35	45.17	40	49.58

（续）

每1000件钢制品的大约重量									
l	G	l	G	l	G	l	G	l	G
$d=12$		$d=(14)$		$d=16$		$d=(18)$		$d=20$	
42	51.34	40	72.98	42	106.3	50	154.1	48	189.5
45	53.99	42	75.38	45	111.0	52	158.1	50	194.4
48	56.63	45	78.98	48	115.7	55	164.1	52	199.3
50	58.40	48	82.58	50	118.9	58	170.0	55	206.7
52	60.16	50	84.99	52	122.0	60	174.0	58	214.0
55	62.81	52	87.39	55	126.7	65	183.9	60	219.0
58	65.46	55	90.99	58	131.4	70	193.8	65	231.2
60	67.22	58	94.59	60	134.6	75	203.8	70	243.5
65	71.63	60	96.99	65	142.4	80	213.7	75	255.7
70	76.04	65	103.0	70	150.2	85	223.6	80	268.0
75	80.45	70	109.0	75	158.1	90	233.5	85	280.3
80	84.86	75	115.0	80	165.9	95	243.5	90	292.5
85	89.27	80	121.0	85	173.8	100	253.4	95	304.7
90	93.68	85	127.0	90	181.6	110	273.2	100	317.0
95	98.10	90	133.0	95	189.5	120	293.1	110	341.5
100	102.5	95	139.0	100	197.3	130	312.9	120	366.0
$d=(14)$		100	145.0	110	213.0	140	332.8	130	390.5
20	48.96	$d=16$		$d=(18)$		150	352.6	140	415.0
22	51.37	24	78.10	30	114.4	$d=20$		150	439.5
24	53.77	26	81.23	32	118.4	30	145.4	$d=(22)$	
26	56.17	28	84.37	35	124.4	32	150.3	38	216.4
28	58.57	30	87.51	38	130.3	35	157.7	40	222.4
30	60.97	32	90.64	40	134.3	38	165.0	42	228.3
32	63.37	35	95.35	42	138.3	40	169.9	45	237.2
35	66.98	38	100.1	45	144.2	42	174.8	48	246.1
38	70.58	40	103.2	48	150.2	45	182.2	50	252.0

（续）

每1000件钢制品的大约重量									
l	G	l	G	l	G	l	G	l	G
$d=(22)$		$d=24$		$d=24$		$d=30$		$d=36$	
52	258.0	50	299.8	180	758.6	65	606.0	85	1104
55	266.9	52	306.9	$d=(27)$		70	633.6	90	1144
58	275.7	55	317.5	58	434.0	75	661.2	95	1183
60	281.7	58	328.1	60	443.0	80	688.7	100	1223
65	296.5	60	335.1	65	465.3	85	716.3	110	1303
70	311.3	65	352.8	70	487.6	90	743.9	120	1382
75	326.2	70	370.4	75	510.0	95	771.4	130	1461
80	341.0	75	388.1	80	532.3	100	799.0	140	1541
85	355.8	80	405.7	85	554.6	110	854.1	150	1620
90	370.6	85	423.3	90	576.9	120	909.3	160	1700
95	385.5	90	441.0	95	599.3	130	964.4	170	1779
100	400.3	95	458.6	100	621.6	140	1020	180	1858
110	429.9	100	476.3	110	666.3	150	1075	190	1938
120	459.6	110	511.6	120	710.9	160	1130	200	2017
130	489.2	120	546.8	130	755.6	170	1185		
140	518.9	130	582.1	140	800.2	180	1240		
150	548.5	140	617.4	150	844.9	$d=36$			
160	578.2	150	652.7	160	889.6	70	984.9		
170	607.8	160	688.0	170	934.2	75	1025		
180	637.5	170	723.3	180	978.9	80	1064		

注：表列规格为通用规格。尽可能不采用括号内的规格。d—规格（mm），l—公称长度（mm）。

6. 沉头铆钉（适用于 GB/T 869—1986）（表 12-74）

表 12-74　沉头铆钉的重量　（kg）

每 1000 件钢制品的大约重量

l	G	l	G	l	G	l	G	l	G
d=1		d=1.4		d=2		d=3		d=(3.5)	
2	0.02	8	0.12	10	0.31	7	0.53	15	1.35
2.5	0.02	9	0.13	11	0.33	8	0.58	16	1.43
3	0.03	10	0.14	12	0.36	9	0.64	17	1.50
3.5	0.03	11	0.15	13	0.38	10	0.69	18	1.58
4	0.03	12	0.16	14	0.41	11	0.75	19	1.65
5	0.04	d=(1.6)		15	0.43	12	0.80	20	1.73
6	0.04	3	0.07	16	0.45	13	0.86	22	1.88
7	0.05	3.5	0.08	d=2.5		14	0.91	24	2.03
8	0.06	4	0.09	5	0.29	15	0.97	d=4	
d=(1.2)		5	0.10	6	0.33	16	1.02	6	0.93
2.5	0.03	6	0.12	7	0.37	17	1.08	7	1.03
3	0.04	7	0.13	8	0.41	18	1.13	8	1.13
3.5	0.04	8	0.15	9	0.44	19	1.19	9	1.23
4	0.04	9	0.17	10	0.48	20	1.24	10	1.32
5	0.05	10	0.18	11	0.52	22	1.35	11	1.42
6	0.06	11	0.20	12	0.56	d=(3.5)		12	1.52
7	0.07	12	0.21	13	0.60	6	0.68	13	1.62
8	0.08	d=2		14	0.64	7	0.75	14	1.72
d=1.4		3.5	0.15	15	0.67	8	0.83	15	1.81
3	0.06	4	0.16	16	0.71	9	0.90	16	1.91
3.5	0.06	5	0.18	17	0.75	10	0.98	17	2.01
4	0.07	6	0.21	18	0.79	11	1.05	18	2.11
5	0.08	7	0.23	d=3		12	1.13	19	2.21
6	0.09	8	0.26	5	0.42	13	1.20	20	2.30
7	0.10	9	0.28	6	0.47	14	1.28	22	2.50

（续）

每1000件钢制品的大约重量

l	G
d=4	
24	2.70
26	2.89
28	3.09
30	3.28
d=5	
6	1.61
7	1.76
8	1.91
9	2.07
10	2.22
11	2.37
12	2.53
13	2.68
14	2.83
15	2.99
16	3.14
17	3.29
18	3.45
19	3.60
20	3.75
22	4.06
24	4.36
26	4.67
28	4.98
30	5.28
32	5.59

l	G
d=5	
34	5.90
36	6.20
38	6.51
40	6.81
42	7.12
44	7.43
46	7.73
48	8.04
50	8.35
d=6	
6	2.47
7	2.69
8	2.91
9	3.13
10	3.35
11	3.57
12	3.79
13	4.01
14	4.23
15	4.45
16	4.68
17	4.90
18	5.12
19	5.34
20	5.56
22	6.00

l	G
d=6	
24	6.44
26	6.88
28	7.32
30	7.76
32	8.20
34	8.64
36	9.09
38	9.53
40	9.87
42	10.41
44	10.85
46	11.29
48	11.73
50	12.17
d=8	
12	7.52
13	7.91
14	8.30
15	8.69
16	9.09
17	9.48
18	9.87
19	10.26
20	10.65
22	11.44
24	11.22

l	G
d=8	
26	13.01
28	13.79
30	14.58
32	15.36
34	16.14
36	16.93
38	17.71
40	18.50
42	19.23
44	20.08
46	20.85
48	21.63
50	22.42
52	23.20
55	24.38
58	25.55
60	26.34
d=10	
16	15.41
17	16.02
18	16.64
19	17.25
20	17.86
22	19.09
24	20.31
26	21.54

l	G
d=10	
28	22.76
30	23.99
32	25.21
34	26.44
36	27.66
38	28.89
40	30.11
42	31.34
44	32.56
46	33.79
48	35.01
50	36.24
52	37.46
55	39.30
58	41.14
60	42.37
62	43.59
65	45.43
68	47.27
70	48.49
75	51.55
d=12	
18	24.16
19	25.04
20	25.92
22	27.69

（续）

每 1000 件钢制品的大约重量									
l	G	l	G	l	G	l	G	l	G
$d=12$		$d=12$		$d=(14)$		$d=(14)$		$d=16$	
24	29.45	60	61.21	40	60.95	90	121.0	50	98.02
26	31.22	62	62.97	42	63.35	95	127.0	52	101.2
28	32.98	65	65.62	44	65.75	100	133.0	55	105.9
30	34.75	68	68.27	46	68.15	$d=16$		58	110.6
32	36.51	70	70.03	48	70.55	24	57.24	60	113.7
34	38.27	75	74.44	50	72.95	26	60.38	62	116.8
36	40.04	$d=(14)$		52	75.35	28	63.51	65	121.5
38	41.80	20	36.93	55	78.96	30	66.65	68	126.3
40	43.57	22	39.33	58	82.56	32	69.79	70	129.4
42	45.33	24	41.73	60	84.96	34	72.92	75	137.2
44	47.10	26	44.14	62	87.36	36	76.06	80	145.1
46	48.86	28	46.54	65	90.96	38	79.20	85	152.9
48	50.62	30	48.94	68	94.57	40	82.33	90	160.8
50	52.39	32	51.34	70	96.97	42	85.17	95	168.6
52	54.15	34	53.74	75	103.0	44	88.61	100	176.4
55	56.80	36	56.14	80	109.0	46	91.74		
58	59.45	38	58.54	85	115.0	48	94.88		

注：表列规格：$d=2\sim10$mm 的规格为商品规格，其余为通用规格。尽可能不采用括号内的规格。d—规格（mm），l—公称长度（mm）。

7. 粗制沉头铆钉（适用于 GB/T 865—1986）（表 12-75）

表 12-75　粗制沉头铆钉的重量　（kg）

每 1000 件钢制品的大约重量									
l	G	l	G	l	G	l	G	l	G
$d=12$		$d=12$		$d=12$		$d=12$		$d=12$	
20	25.14	26	30.43	32	35.72	40	42.78	48	49.84
22	26.90	28	32.19	35	38.37	42	44.54	50	51.60
24	28.66	30	33.96	38	41.01	45	47.19	52	53.36

（续）

每1000件钢制品的大约重量

l	G
$d=12$	
55	56.01
58	58.66
60	60.42
65	64.83
70	69.24
75	73.65
$d=(14)$	
20	36.01
22	38.41
24	40.81
26	43.21
28	45.61
30	48.01
32	50.41
35	54.02
38	57.62
40	60.02
42	62.42
45	66.02
48	69.63
50	72.03
52	74.43
55	78.03
58	81.63
60	84.03
65	90.04

l	G
$d=(14)$	
70	96.04
75	102.0
80	108.1
85	114.1
90	120.1
95	126.1
100	132.1
$d=16$	
24	55.83
26	58.97
28	62.10
30	65.24
32	68.38
35	73.08
38	77.79
40	80.92
42	84.06
45	88.76
48	93.47
50	96.61
52	99.74
55	104.5
58	109.2
60	112.3
65	120.1
70	128.0

l	G
$d=16$	
75	135.8
80	143.7
85	151.5
90	159.3
95	167.2
100	175.0
$d=(18)$	
28	82.28
30	86.25
32	90.22
35	96.18
38	102.1
40	106.1
42	110.1
45	116.0
48	122.0
50	126.0
52	129.9
55	135.9
58	141.8
60	145.8
65	155.7
70	165.7
75	175.6
80	185.5
85	195.4

l	G
$d=(18)$	
90	205.3
95	215.3
100	225.2
110	245.0
120	264.9
130	284.7
140	304.6
150	324.4
$d=20$	
30	114.0
32	119.0
35	126.3
38	133.7
40	138.6
42	143.5
45	150.8
48	158.2
50	163.1
52	168.0
55	175.3
58	182.7
60	187.6
65	199.8
70	212.1
75	224.3
80	236.6

l	G
$d=20$	
85	248.8
90	261.1
95	273.3
100	285.6
110	310.1
120	334.6
130	359.1
140	383.6
150	408.1
$d=(22)$	
38	170.1
40	176.1
42	182.0
45	190.9
48	199.8
50	205.7
52	211.7
55	220.5
58	229.4
60	234.4
65	250.2
70	265.0
75	279.8
80	294.7
85	309.5
90	324.3

（续）

每 1000 件钢制品的大约重量									
l	G	l	G	l	G	l	G	l	G
$d=(22)$		$d=24$		$d=(27)$		$d=30$		$d=36$	
95	339.2	75	338.3	65	388.5	65	518.4	65	758.9
100	354.0	80	355.9	70	410.8	70	546.0	70	798.6
110	383.6	85	373.6	75	433.2	75	573.5	75	838.3
120	413.3	90	391.2	80	455.5	80	601.1	80	877.9
130	442.9	95	408.8	85	477.8	85	628.7	85	917.6
140	472.6	100	426.5	90	500.2	90	656.2	90	957.3
150	502.2	110	461.8	95	522.5	95	683.8	95	997.0
160	531.9	120	497.1	100	544.8	100	711.4	100	1037
170	561.5	130	532.4	110	589.5	110	766.5	110	1116
180	591.2	140	567.6	120	634.1	120	821.6	120	1196
$d=24$		150	602.9	130	678.8	130	876.8	130	1275
50	250.1	160	638.2	140	723.5	140	931.9	140	1354
52	257.1	170	673.5	150	768.1	150	987.0	150	1434
55	267.7	180	708.8	160	812.8	160	1042	160	1513
58	278.3	$d=(27)$		170	857.4	170	1097	170	1593
60	285.3	55	343.8	180	902.1	180	1152	180	1672
65	303.0	58	357.2	$d=30$		190	1208	190	1751
70	320.6	60	366.2	60	490.8	200	1263	200	1831

注：表列规格为商品规格。尽可能不采用括号内的规格。d—规格（mm），l—公称长度（mm）。

8. 半沉头铆钉（适用于 GB/T 870—1986）（表 12-76）

表 12-76　半沉头铆钉的重量　（kg）

每 1000 件钢制品的大约重量									
l	G	l	G	l	G	l	G	l	G
$d=1$		$d=1$		$d=1$		$d=1$		$d=1$	
2	0.02	3	0.03	4	0.04	6	0.05	8	0.06
2.5	0.03	3.5	0.03	5	0.04	7	0.05		

（续）

每1000件钢制品的大约重量

l	G
d=(1.2)	
2.5	0.04
3	0.04
3.5	0.04
4	0.05
5	0.06
6	0.07
7	0.08
8	0.08
d=1.4	
3	0.07
3.5	0.07
4	0.08
5	0.09
6	0.10
7	0.11
8	0.13
9	0.14
10	0.15
11	0.16
12	0.17
d=(1.6)	
3	0.08
3.5	0.09
4	0.10
5	0.11
6	0.13

l	G
d=(1.6)	
7	0.15
8	0.16
9	0.18
10	0.19
11	0.21
12	0.22
d=2	
3.5	0.17
4	0.19
5	0.21
6	0.24
7	0.26
8	0.29
9	0.31
10	0.33
11	0.36
12	0.38
13	0.41
14	0.43
15	0.46
16	0.48
d=2.5	
5	0.34
6	0.38
7	0.41
8	0.45

l	G
d=2.5	
9	0.49
10	0.53
11	0.57
12	0.61
13	0.64
14	0.68
15	0.72
16	0.76
17	0.80
18	0.84
d=3	
5	0.49
6	0.55
7	0.60
8	0.66
9	0.71
10	0.77
11	0.82
12	0.88
13	0.93
14	0.99
15	1.04
16	1.10
17	1.15
18	1.21
19	1.26

l	G
d=3	
20	1.32
22	1.43
d=(3.5)	
6	0.80
7	0.87
8	0.95
9	1.02
10	1.10
11	1.17
12	1.25
13	1.32
14	1.40
15	1.47
16	1.55
17	1.62
18	1.70
19	1.77
20	1.85
22	2.00
24	2.15
d=4	
6	1.11
7	1.21
8	1.30
9	1.40
10	1.50

l	G
d=4	
11	1.60
12	1.70
13	1.79
14	1.89
15	1.99
16	2.09
17	2.19
18	2.28
19	2.38
20	2.48
22	2.68
24	2.87
26	3.07
28	3.26
30	3.46
d=5	
6	1.95
7	2.10
8	2.26
9	2.41
10	2.56
11	2.72
12	2.87
13	3.02
14	3.18
15	3.33

（续）

每1000件钢制品的大约重量									
l	G	l	G	l	G	l	G	l	G
$d=5$		$d=6$		$d=8$		$d=8$		$d=10$	
16	3.48	11	4.13	12	8.79	58	26.82	60	45.04
17	3.63	12	4.36	13	9.18	60	27.61	62	46.26
18	3.79	13	4.58	14	9.57	$d=10$		65	48.10
19	3.94	14	4.80	15	9.96	16	18.08	68	49.94
20	4.09	15	5.02	16	10.35	17	18.70	70	51.16
22	4.40	16	5.24	17	10.75	18	19.31	75	54.23
24	4.71	17	5.46	18	11.14	19	19.92	$d=12$	
26	5.01	18	5.68	19	11.53	20	20.52	18	27.34
28	5.32	19	5.90	20	11.92	22	21.76	19	28.22
30	5.63	20	6.12	22	12.71	24	22.98	20	29.11
32	5.93	22	6.56	24	13.49	26	24.21	22	30.87
34	6.24	24	7.00	26	14.28	28	25.43	24	32.64
36	6.54	26	7.44	28	15.06	30	26.66	26	34.40
38	6.85	28	7.88	30	15.84	32	27.89	28	36.16
40	7.16	30	8.33	32	16.63	34	29.11	30	37.93
42	7.46	32	8.77	34	17.41	36	30.34	32	39.69
44	7.77	34	9.21	36	18.20	38	31.56	34	41.46
46	8.08	36	9.65	38	18.98	40	32.79	36	43.22
48	8.38	38	10.09	40	19.76	42	34.01	38	44.99
50	8.69	40	10.53	42	20.55	44	35.24	40	46.75
$d=6$		42	10.97	44	21.33	46	36.46	42	48.51
6	3.03	44	11.41	46	22.12	48	37.69	44	50.28
7	3.25	46	11.85	48	22.90	50	38.91	46	52.04
8	3.47	48	12.29	50	23.68	52	40.14	48	53.81
9	3.69	50	12.74	52	24.47	55	41.98	50	55.57
10	3.91			55	25.65	58	43.81	52	57.34

（续）

每1000件钢制品的大约重量									
l	*G*	*l*	*G*	*l*	*G*	*l*	*G*	*l*	*G*
d=12		*d*=(14)		*d*=(14)		*d*=16		*d*=16	
55	59.98	30	54.14	60	90.16	28	70.19	58	117.2
58	62.63	32	56.54	62	92.56	30	73.33	60	120.4
60	64.39	34	58.94	65	96.17	32	76.46	62	123.5
62	66.16	36	61.35	68	99.77	34	79.60	65	128.2
65	68.80	38	63.75	70	102.2	36	82.74	68	132.9
68	71.45	40	66.15	75	108.2	38	85.87	70	136.1
70	73.21	42	68.55	80	114.2	40	89.01	75	143.9
75	77.63	44	70.95	85	120.2	42	92.15	80	151.7
d=(14)		46	73.35	90	126.2	44	95.28	85	159.6
20	42.13	48	75.75	95	132.2	46	98.42	90	167.4
22	44.54	50	78.16	100	138.2	48	101.6	95	175.3
24	46.94	52	80.56	*d*=16		50	104.7	100	183.1
26	49.34	55	84.16	24	63.92	52	107.8		
28	51.74	58	87.76	26	67.05	55	112.5		

注：表列规格为通用规格。尽可能不采用括号内的规格。*d*—规格（mm），*l*—公称长度（mm）。

9. 粗制半沉头铆钉（适用于 GB/T 866—1986）（表 12-77）

表 12-77 粗制半沉头铆钉的重量 （kg）

每1000件钢制品的大约重量									
l	*G*	*l*	*G*	*l*	*G*	*l*	*G*	*l*	*G*
d=12		*d*=12		*d*=12		*d*=12		*d*=(14)	
20	28.32	32	38.90	48	53.02	65	68.01	24	45.87
22	30.08	35	41.55	50	54.78	70	72.43	26	48.27
24	31.85	38	44.20	52	56.55	75	76.84	28	50.67
26	33.61	40	45.96	55	59.19	*d*=(14)		30	53.07
28	35.38	42	47.73	58	61.84	20	41.07	32	55.48
30	37.14	45	50.37	60	63.60	22	43.47	35	59.08

（续）

每 1000 件钢制品的大约重量

l	G
d=(14)	
38	62.68
40	65.08
42	67.48
45	71.08
48	74.69
50	77.09
52	79.49
55	83.09
58	86.69
60	89.10
65	95.10
70	101.1
75	107.1
80	113.1
85	119.1
90	125.1
95	131.1
100	137.1
d=16	
24	62.51
26	65.64
28	68.78
30	71.92
32	75.05
35	79.76
38	84.46
40	87.60
42	90.74
45	95.44
48	100.2
50	103.3
52	106.4
55	111.1
58	115.8
60	119.0
65	126.8
70	134.7
75	142.5
80	150.3
85	158.2
90	166.0
95	173.9
100	181.7
d=(18)	
28	91.64
30	95.61
32	99.58
35	105.5
38	111.5
40	115.5
42	119.4
45	125.4
48	131.3
50	135.3
52	139.3
55	145.2
58	151.2
60	155.2
65	165.1
70	175.0
75	184.9
80	194.9
85	204.8
90	214.7
95	224.6
100	234.6
110	254.4
120	274.2
130	294.1
140	313.9
150	333.8
d=20	
30	127.9
32	132.8
35	140.2
38	147.5
40	152.4
42	157.3
45	164.7
48	172.0
50	176.9
52	181.8
55	189.2
58	196.5
60	201.4
65	213.7
70	225.9
75	238.2
80	250.4
85	262.7
90	274.9
95	287.2
100	299.4
110	323.9
120	348.4
130	372.9
140	397.4
150	422.0
d=(22)	
38	189.6
40	195.5
42	201.4
45	210.3
48	219.2
50	225.1
52	231.1
55	240.0
58	248.9
60	254.8
65	269.6
70	284.4
75	299.3
80	314.1
85	328.9
90	343.7
95	358.6
100	373.4
110	403.0
120	432.7
130	462.3
140	492.0
150	521.6
160	551.3
170	580.9
180	610.6
d=24	
50	275.3
52	282.4
55	293.0
58	303.6

（续）

每1000件钢制品的大约重量									
l	*G*	*l*	*G*	*l*	*G*	*l*	*G*	*l*	*G*
d=24		*d*=24		*d*=(27)		*d*=30		*d*=36	
60	310.6	180	734.1	140	755.1	120	868.4	95	1071
65	328.3	*d*=(27)		150	799.7	130	923.5	100	1110
70	345.9	55	375.5	160	844.4	140	978.7	110	1190
75	363.6	58	388.9	170	889.1	150	1034	120	1269
80	381.2	60	397.8	180	933.7	160	1089	130	1349
85	398.8	65	420.1	*d*=30		170	1144	140	1428
90	416.5	70	442.5	60	537.6	180	1199	150	1507
95	434.1	75	464.8	65	565.1	190	1254	160	1587
100	451.8	80	487.1	70	592.7	200	1310	170	1666
110	487.1	85	509.5	75	620.3	*d*=36		180	1746
120	522.3	90	531.8	80	647.8	65	832.4	190	1825
130	557.6	95	554.1	85	675.4	70	872.1	200	1904
140	592.9	100	576.4	90	703.0	75	911.8		
150	628.2	110	621.1	95	730.5	80	951.5		
160	663.5	120	665.8	100	758.1	85	991.2		
170	698.8	130	710.4	110	813.2	90	1031		

注：表列规格为通用规格。尽可能不采用括号内的规格。*d*—规格（mm），*l*—公称长度（mm）。

10. 120°半沉头铆钉（适用于GB/T 1012—1986）（表12-78）

表12-78　120°半沉头铆钉的重量　（kg）

每1000件钢制品的大约重量									
l	*G*	*l*	*G*	*l*	*G*	*l*	*G*	*l*	*G*
d=3		*d*=3		*d*=3		*d*=3		*d*=3	
5	0.49	9	0.71	13	0.93	17	1.15	22	1.42
6	0.54	10	0.76	14	0.98	18	1.20	24	1.53
7	0.60	11	0.82	15	1.04	19	1.26	*d*=(3.5)	
8	0.65	12	0.87	16	1.09	20	1.31	6	0.73

（续）

每1000件钢制品的大约重量									
l	G	l	G	l	G	l	G	l	G
d=(3.5)		d=4		d=4		d=5		d=6	
7	0.80	6	0.99	28	3.15	24	4.34	18	5.02
8	0.88	7	1.09	30	3.35	26	4.65	19	5.24
9	0.95	8	1.19	32	3.54	28	4.95	20	5.46
10	1.03	9	1.29	d=5		30	5.26	22	5.90
11	1.10	10	1.38	8	1.89	32	5.57	24	6.34
12	1.18	11	1.48	9	2.04	34	5.87	26	6.78
13	1.25	12	1.58	10	2.20	36	6.18	28	7.22
14	1.33	13	1.68	11	2.35	38	6.49	30	7.66
15	1.40	14	1.78	12	2.50	40	6.79	32	8.10
16	1.48	15	1.87	13	2.66	d=6		34	8.55
17	1.55	16	1.97	14	2.81	10	3.25	36	8.99
18	1.63	17	2.07	15	2.96	11	3.47	38	9.43
19	1.70	18	2.17	16	3.12	12	3.69	40	9.87
20	1.78	19	2.27	17	3.27	13	3.91		
22	1.93	20	2.37	18	3.42	14	4.14		
24	2.08	22	2.56	19	3.58	15	4.36		
26	2.23	24	2.76	20	3.73	16	4.58		
28	2.38	26	2.95	22	4.04	17	4.80		

注：表列规格为通用规格。尽可能不采用括号内的规格。d—规格（mm），l—公称长度（mm）。

11. 扁平头铆钉（适用于GB/T 872—1986）（表12-79）

表12-79 扁平头铆钉的重量 （kg）

每1000件钢制品的大约重量									
l	G	l	G	l	G	l	G	l	G
d=(1.2)		d=(1.2)		d=(1.2)		d=(1.2)		d=1.4	
1.5	0.02	2.5	0.03	3.5	0.04	5	0.05	2	0.04
2	0.03	3	0.04	4	0.05	6	0.06	2.5	0.04

（续）

每1000件钢制品的大约重量

l	G
$d=1.4$	
3	0.05
3.5	0.06
4	0.06
5	0.07
6	0.09
7	0.10
$d=(1.6)$	
2	0.05
2.5	0.06
3	0.07
3.5	0.08
4	0.08
5	0.10
6	0.11
7	0.13
8	0.15
$d=2$	
2	0.08
2.5	0.10
3	0.11
3.5	0.12
4	0.13
5	0.16
6	0.18
7	0.21
8	0.23

l	G
$d=2$	
9	0.25
10	0.28
11	0.30
12	0.33
13	0.35
$d=2.5$	
3	0.17
3.5	0.19
4	0.21
5	0.25
6	0.29
7	0.33
8	0.36
9	0.40
10	0.44
11	0.48
12	0.52
13	0.56
14	0.59
15	0.63
$d=3$	
3.5	0.32
4	0.34
5	0.40
6	0.45
7	0.51

l	G
$d=3$	
8	0.56
9	0.62
10	0.67
11	0.73
12	0.78
13	0.84
14	0.89
15	0.95
16	1.00
17	1.06
18	1.11
19	1.17
20	1.22
22	1.34
24	1.45
26	1.56
28	1.67
30	1.78
$d=(3.5)$	
5	0.55
6	0.62
7	0.70
8	0.77
9	0.85
10	0.92
11	1.00

l	G
$d=(3.5)$	
12	1.07
13	1.15
14	1.22
15	1.30
16	1.37
17	1.45
18	1.52
19	1.60
20	1.67
22	1.82
24	1.97
26	2.12
28	2.27
30	2.42
32	2.57
34	2.72
36	2.87
$d=4$	
5	0.77
6	0.87
7	0.96
8	1.06
9	1.16
10	1.26
11	1.36
12	1.45

l	G
$d=4$	
13	1.55
14	1.65
15	1.75
16	1.85
17	1.94
18	2.04
19	2.14
20	2.24
22	2.43
24	2.63
26	2.83
28	3.02
30	3.22
32	3.41
34	3.61
36	3.81
38	4.00
40	4.20
$d=5$	
6	1.37
7	1.52
8	1.68
9	1.83
10	1.98
11	2.14
12	2.29

（续）

每1000件钢制品的大约重量									
l	G	l	G	l	G	l	G	l	G
$d=5$		$d=5$		$d=6$		$d=8$		$d=10$	
13	2.44	50	8.11	34	8.31	22	10.13	16	12.70
14	2.60	$d=6$		36	8.75	24	10.91	17	13.31
15	2.75	7	2.36	38	9.20	26	11.70	18	13.92
16	2.90	8	2.58	40	9.64	28	12.48	19	14.54
17	3.06	9	2.80	42	10.08	30	13.27	20	15.15
18	3.21	10	3.02	44	10.52	32	14.05	22	16.37
19	3.36	11	3.24	46	10.96	34	14.83	24	17.60
20	3.52	12	3.46	48	11.40	36	15.62	26	18.83
22	3.82	13	3.68	50	11.84	38	16.40	28	20.05
24	4.13	14	3.90	$d=8$		40	17.19	30	21.28
26	4.43	15	4.12	9	5.03	42	17.97	32	22.50
28	4.74	16	4.34	10	5.43	44	18.76	34	23.73
30	5.05	17	4.56	11	5.82	46	19.54	36	24.95
32	5.35	18	4.78	12	6.21	48	20.32	38	26.18
34	5.66	19	5.01	13	6.60	50	21.11	40	27.40
36	5.97	20	5.23	14	6.99	$d=10$		42	28.63
38	6.27	22	5.67	15	7.39	10	9.02	44	29.85
40	6.58	24	6.11	16	7.78	11	9.64	46	31.08
42	6.88	26	6.55	17	8.17	12	10.25	48	32.30
44	7.19	28	6.99	18	8.56	13	10.86	50	33.53
46	7.50	30	7.43	19	8.95	14	11.47		
48	7.80	32	7.87	20	9.35	15	12.09		

注：表列规格为商品规格。尽可能不采用带括号的规格。d—规格（mm），l—公称长度（mm）。

12. 扁圆头铆钉（适用于 GB/T 871—1986）（表 12-80）

表 12-80 扁圆头铆钉的重量 （kg）

每1000件钢制品的大约重量

l	G
d=(1.2)	
1.5	0.02
2	0.02
2.5	0.03
3	0.03
3.5	0.04
4	0.04
5	0.05
6	0.06
d=1.4	
2	0.03
2.5	0.04
3	0.05
3.5	0.05
4	0.06
5	0.07
6	0.08
7	0.09
8	0.11
d=(1.6)	
2	0.05
2.5	0.06
3	0.06
3.5	0.07
4	0.08
5	0.10
6	0.11
7	0.13
8	0.14
d=2	
2	0.08
2.5	0.09
3	0.11
3.5	0.12
4	0.13
5	0.15
6	0.18
7	0.20
8	0.23
9	0.25
10	0.28
11	0.30
12	0.33
13	0.35
d=2.5	
3	0.16
3.5	0.18
4	0.20
5	0.24
6	0.28
7	0.32
8	0.36
9	0.39
10	0.43
11	0.47
12	0.51
13	0.55
14	0.58
15	0.62
16	0.66
d=3	
3.5	0.27
4	0.29
5	0.35
6	0.41
7	0.46
8	0.52
9	0.57
10	0.63
11	0.68
12	0.74
13	0.79
14	0.85
15	0.90
16	0.96
17	1.01
18	1.07
19	1.12
20	1.18
22	1.29
24	1.40
26	1.51
28	1.62
30	1.73
d=(3.5)	
5	0.51
6	0.58
7	0.66
8	0.73
9	0.81
10	0.88
11	0.94
12	1.03
13	1.11
14	1.18
15	1.26
16	1.33
17	1.41
18	1.48
19	1.56
20	1.63
22	1.78
24	1.93
26	2.08
28	2.23
30	2.38
32	2.53
34	2.68
36	2.83
d=4	
5	0.68
6	0.78
7	0.88
8	0.97
9	1.07
10	1.17
11	1.27
12	1.37
13	1.46
14	1.56
15	1.66

（续）

每1000件钢制品的大约重量									
l	G	l	G	l	G	l	G	l	G
$d=4$		$d=5$		$d=6$		$d=8$		$d=10$	
16	1.76	16	2.90	12	3.49	10	6.09	10	10.72
17	1.86	17	3.06	13	3.71	11	6.48	11	11.33
18	1.96	18	3.21	14	3.93	12	6.87	12	11.94
19	2.05	19	3.36	15	4.15	13	7.26	13	12.55
20	2.15	20	3.52	16	4.37	14	7.65	14	13.17
22	2.35	22	3.82	17	4.60	15	8.05	15	13.78
24	2.54	24	4.13	18	4.82	16	8.44	16	14.39
26	2.74	26	4.43	19	5.04	17	8.83	17	15.00
28	2.94	28	4.74	20	5.26	18	9.22	18	15.62
30	3.13	30	5.05	22	5.70	19	9.61	19	16.23
32	3.33	32	5.35	24	6.14	20	10.01	20	16.84
34	3.52	34	5.66	26	6.58	22	10.79	22	18.07
36	3.72	36	5.97	28	7.02	24	11.57	24	19.29
38	3.92	38	6.27	30	7.46	26	12.36	26	20.52
40	4.11	40	6.58	32	7.90	28	13.14	28	21.74
$d=5$		42	6.88	34	8.34	30	13.93	30	22.97
6	1.37	44	7.19	36	8.79	32	14.71	32	24.19
7	1.52	46	7.50	38	9.23	34	15.49	34	25.42
8	1.68	48	7.80	40	9.67	36	16.28	36	26.64
9	1.83	50	8.11	42	10.11	38	17.06	38	27.87
10	1.98	$d=6$		44	10.55	40	17.85	40	29.09
11	2.14	7	2.39	46	10.99	42	18.63	42	30.32
12	2.29	8	2.61	48	11.43	44	19.42	44	31.54
13	2.44	9	2.83	50	11.87	46	20.20	46	32.77
14	2.60	10	3.05	$d=8$		48	20.98	48	33.99
15	2.75	11	3.27	9	5.69	50	21.77	50	35.22

注：表列规格为通用规格。尽可能不采用括号内的规格。d—规格（mm），l—公称长度（mm）。

13. 大扁圆头铆钉（适用于 GB/T 1011—1986）（表 12-81）

表 12-81　大扁圆头铆钉的重量　（kg）

每 1000 件钢制品的大约重量									
l	G	l	G	l	G	l	G	l	G
$d=2$		$d=2.5$		$d=3$		$d=(3.5)$		$d=5$	
3.5	0.14	12	0.57	17	1.11	26	2.27	8	2.22
4	0.15	13	0.60	18	1.17	28	2.42	9	2.37
5	0.17	14	0.64	19	1.22	$d=4$		10	2.52
6	0.20	15	0.68	20	1.28	6	1.06	11	2.68
7	0.22	16	0.72	22	1.39	7	1.16	12	2.83
8	0.25	17	0.76	24	1.50	8	1.26	13	2.98
9	0.27	18	0.80	$d=(3.5)$		9	1.36	14	3.14
10	0.30	19	0.83	6	0.77	10	1.46	15	3.29
11	0.32	20	0.87	7	0.85	11	1.56	16	3.44
12	0.35	$d=3$		8	0.92	12	1.65	17	3.60
13	0.37	3.5	0.37	9	1.00	13	1.75	18	3.75
14	0.40	4	0.40	10	1.07	14	1.85	19	3.90
15	0.42	5	0.45	11	1.15	15	1.95	20	4.06
16	0.44	6	0.51	12	1.22	16	2.05	22	4.36
$d=2.5$		7	0.56	13	1.30	17	2.14	24	4.67
3.5	0.24	8	0.62	14	1.37	18	2.24	26	4.97
4	0.26	9	0.67	15	1.45	19	2.34	28	5.28
5	0.30	10	0.73	16	1.52	20	2.44	30	5.59
6	0.34	11	0.78	17	1.60	22	2.63	32	5.89
7	0.38	12	0.84	18	1.67	24	2.83	34	6.20
8	0.41	13	0.89	19	1.75	26	3.03	36	6.51
9	0.45	14	0.95	20	1.82	28	3.22	38	6.81
10	0.49	15	1.00	22	1.97	30	3.42	40	7.12
11	0.53	16	1.06	24	2.12	32	3.61		

（续）

每1000件钢制品的大约重量									
l	G	l	G	l	G	l	G	l	G
$d=6$		$d=6$		$d=6$		$d=8$		$d=8$	
10	3.87	19	5.85	36	9.60	19	11.81	36	18.47
11	4.09	20	6.07	38	10.04	20	12.20	38	19.26
12	4.31	22	6.51	40	10.48	22	12.98	40	20.04
13	4.53	24	6.95	$d=8$		24	13.77	42	20.83
14	4.75	26	7.40	14	9.85	26	14.55	44	21.61
15	4.97	28	7.84	15	10.24	28	15.34	46	22.39
16	5.19	30	8.28	16	10.63	30	16.12	48	23.18
17	5.41	32	8.72	17	11.02	32	16.91	50	23.96
18	5.63	34	9.16	18	11.42	34	17.69		

注：表列规格为通用规格。可能不采用括号内的规格。d—规格（mm），l—公称长度（mm）。

14. 扁圆头半空心铆钉（适用于GB/T 873—1986）（表12-82）

表12-82　扁圆头半空心铆钉的重量　（kg）

每1000件钢制品的大约重量									
l	G	l	G	l	G	l	G	l	G
$d=(1.2)$		$d=1.4$		$d=(1.6)$		$d=2$		$d=2.5$	
1.5	0.02	3.5	0.05	5	0.09	7	0.19	6	0.25
2	0.02	4	0.06	6	0.11	8	0.22	7	0.29
2.5	0.03	5	0.07	7	0.12	9	0.24	8	0.32
3	0.03	6	0.08	8	0.14	10	0.27	9	0.36
3.5	0.03	7	0.09	$d=2$		11	0.29	10	0.40
4	0.04	8	0.10	2	0.07	12	0.32	11	0.44
5	0.05	$d=(1.6)$		2.5	0.08	13	0.34	12	0.48
6	0.06	2	0.04	3	0.10	$d=2.5$		13	0.51
$d=1.4$		2.5	0.05	3.5	0.11	3	0.13	14	0.55
2	0.03	3	0.06	4	0.12	3.5	0.15	15	0.59
2.5	0.04	3.5	0.07	5	0.14	4	0.17	16	0.63
3	0.04	4	0.08	6	0.17	5	0.21		

（续）

每1000件钢制品的大约重量

l	G	l	G	l	G	l	G	l	G
$d=3$		$d=(3.5)$		$d=4$		$d=5$		$d=5$	
3.5	0.20	7	0.56	8	0.82	8	1.30	48	7.43
4	0.22	8	0.63	9	0.92	9	1.45	50	7.73
5	0.28	9	0.71	10	1.02	10	1.61	$d=6$	
6	0.33	10	0.78	11	1.12	11	1.76	7	1.62
7	0.39	11	0.86	12	1.22	12	1.91	8	1.84
8	0.44	12	0.93	13	1.31	13	2.06	9	2.06
9	0.50	13	1.01	14	1.41	14	2.22	10	2.28
10	0.55	14	1.08	15	1.51	15	2.37	11	2.50
11	0.61	15	1.16	16	1.61	16	2.52	12	2.72
12	0.66	16	1.23	17	1.71	17	2.68	13	2.94
13	0.72	17	1.31	18	1.80	18	2.83	14	3.16
14	0.78	18	1.38	19	1.90	19	2.98	15	3.38
15	0.83	19	1.46	20	2.00	20	3.14	16	3.60
16	0.89	20	1.53	22	2.20	22	3.44	17	3.82
17	0.94	22	1.68	24	2.39	24	3.75	18	4.04
18	1.00	24	1.83	26	2.59	26	4.06	19	4.26
19	1.05	26	1.98	28	2.79	28	4.36	20	4.49
20	1.11	28	2.13	30	2.98	30	4.67	22	4.93
22	1.22	30	2.28	32	3.18	32	4.97	24	5.37
24	1.33	32	2.43	34	3.37	34	5.28	26	5.81
26	1.44	34	2.58	36	3.57	36	5.59	28	6.25
28	1.55	36	2.73	38	3.77	38	5.89	30	6.69
30	1.66	$d=4$		40	3.96	40	6.20	32	7.13
$d=(3.5)$		5	0.53	$d=5$		42	6.51	34	7.57
5	0.41	6	0.63	6	0.99	44	6.81	36	8.01
6	0.48	7	0.73	7	1.15	46	7.12	38	8.46

（续）

每1000件钢制品的大约重量									
l	G	l	G	l	G	l	G	l	G
$d=6$		$d=8$		$d=8$		$d=10$		$d=10$	
40	8.90	15	6.19	36	14.42	14	9.51	34	21.77
42	9.34	16	6.58	38	15.21	15	10.13	36	22.99
44	9.78	17	6.98	40	15.99	16	10.74	38	24.22
46	10.22	18	7.37	42	16.78	17	11.35	40	25.44
48	10.66	19	7.76	44	17.56	18	11.97	42	26.67
50	11.10	20	8.15	46	18.35	19	12.58	44	27.89
$d=8$		22	8.94	48	19.13	20	13.19	46	29.12
9	3.84	24	9.72	50	19.91	22	14.42	48	30.34
10	4.23	26	10.50	$d=10$		24	15.64	50	31.57
11	4.62	28	11.29	10	7.06	26	16.87		
12	5.02	30	12.07	11	7.68	28	18.09		
13	5.41	32	12.86	12	8.29	30	19.32		
14	5.80	34	13.64	13	8.90	32	20.54		

注：表列规格为商品规格。尽可能不采用括号内的规格。d—规格（mm），l—公称长度（mm）。

15. 大扁圆头半空心铆钉（适用于GB/T 1014—1986）（表12-83）

表12-83 大扁圆头半空心铆钉的重量 （kg）

每1000件钢制品的大约重量									
l	G	l	G	l	G	l	G	l	G
$d=2$		$d=2$		$d=2.5$		$d=2.5$		$d=3$	
4	0.14	10	0.29	6	0.30	14	0.61	8	0.55
5	0.16	12	0.34	7	0.34	16	0.69	10	0.66
6	0.19	14	0.38	8	0.38	$d=3$		12	0.77
7	0.21	$d=2.5$		10	0.46	6	0.44	14	0.88
8	0.24	5	0.27	12	0.53	7	0.49	16	0.99

（续）

每1000件钢制品的大约重量									
l	*G*	*l*	*G*	*l*	*G*	*l*	*G*	*l*	*G*
d=3		*d*=4		*d*=5		*d*=6		*d*=8	
18	1.10	16	1.89	26	4.60	22	5.74	20	10.35
d=(3.5)		18	2.09	28	4.90	24	6.18	22	11.13
8	0.82	20	2.29	30	5.21	26	6.62	24	11.91
10	0.97	22	2.48	32	5.51	28	7.07	26	12.70
10	1.12	24	2.68	34	5.82	30	7.51	28	13.48
14	1.27	*d*=5		36	6.13	32	7.95	30	14.27
16	1.42	10	2.15	38	6.43	34	8.39	32	15.05
18	1.57	12	2.45	40	6.74	36	8.83	34	15.84
20	1.72	14	2.76	*d*=6		38	9.27	36	16.62
d=4		16	3.06	12	3.54	40	9.71	38	17.40
8	1.11	18	3.37	14	3.98	*d*=8		40	18.19
10	1.31	20	3.68	16	4.42	14	7.99		
12	1.50	22	3.98	18	4.86	16	8.78		
14	1.70	24	4.29	20	5.30	18	9.56		

注：表列规格为通用规格。带括号的规格尽量不采用。*d*—规格（mm），*l*—公称长度（mm）。

16. 扁平头半空心铆钉（适用于 GB/T 875—1986）（表 12-84）

表 12-84 扁平头半空心铆钉的重量 （kg）

每1000件钢制品的大约重量									
l	*G*	*l*	*G*	*l*	*G*	*l*	*G*	*l*	*G*
d=(1.2)		*d*=(1.2)		*d*=1.4		*d*=(1.6)		*d*=(1.6)	
1.5	0.02	5	0.05	3.5	0.05	2	0.05	6	0.11
2	0.03	6	0.06	4	0.06	2.5	0.05	7	0.12
2.5	0.03	*d*=1.4		5	0.07	3	0.06	8	0.14
3	0.03	2	0.03	6	0.08	3.5	0.07	*d*=2	
3.5	0.04	2.5	0.04	7	0.09	4	0.08	2	0.07
4	0.04	3	0.05			5	0.09	2.5	0.08

（续）

每1000件钢制品的大约重量									
l	G	l	G	l	G	l	G	l	G
$d=2$		$d=2.5$		$d=(3.5)$		$d=4$		$d=5$	
3	0.10	15	0.60	5	0.45	6	0.72	6	0.99
3.5	0.11	$d=3$		6	0.52	7	0.81	7	1.15
4	0.12	3.5	0.24	7	0.60	8	0.91	8	1.30
5	0.15	4	0.27	8	0.67	9	1.01	9	1.45
6	0.17	5	0.33	9	0.75	10	1.11	10	1.61
7	0.20	6	0.38	10	0.82	11	1.21	11	1.76
8	0.22	7	0.44	11	0.90	12	1.30	12	1.91
9	0.24	8	0.49	12	0.97	13	1.40	13	2.06
10	0.27	9	0.55	13	1.05	14	1.50	14	2.22
11	0.29	10	0.60	14	1.12	15	1.60	15	2.37
12	0.32	11	0.66	15	1.20	16	1.70	16	2.52
13	0.34	12	0.71	16	1.27	17	1.79	17	2.68
$d=2.5$		13	0.77	17	1.35	18	1.89	18	2.83
3	0.14	14	0.82	18	1.42	19	1.99	19	2.98
3.5	0.16	15	0.88	19	1.50	20	2.09	20	3.14
4	0.18	16	0.93	20	1.57	22	2.28	22	3.44
5	0.22	17	0.99	22	1.72	24	2.48	24	3.75
6	0.26	18	1.04	24	1.87	26	2.68	26	4.06
7	0.29	19	1.10	26	2.02	28	2.87	28	4.36
8	0.33	20	1.15	28	2.17	30	3.07	30	4.67
9	0.37	22	1.26	30	2.32	32	3.26	32	4.97
10	0.41	24	1.37	32	2.47	34	3.46	34	5.28
11	0.45	26	1.48	34	2.62	36	3.66	36	5.59
12	0.49	28	1.59	36	2.77	38	3.85	38	5.89
13	0.52	30	1.70	$d=4$		40	4.05	40	6.20
14	0.56			5	0.62			42	6.51

（续）

每1000件钢制品的大约重量									
l	G	l	G	l	G	l	G	l	G
$d=5$		$d=6$		$d=8$		$d=8$		$d=10$	
44	6.81	20	4.45	10	3.57	36	13.76	19	10.89
46	7.12	22	4.90	11	3.96	38	14.55	20	11.50
48	7.43	24	5.34	12	4.36	40	15.33	22	12.72
50	7.73	26	5.78	13	4.75	42	16.12	24	13.95
$d=6$		28	6.22	14	5.14	44	16.90	26	15.17
7	1.59	30	6.66	15	5.53	46	17.69	28	16.40
8	1.81	32	7.10	16	5.92	48	18.47	30	17.62
9	2.03	34	7.54	17	6.32	50	19.25	32	18.85
10	2.25	36	7.98	18	6.71	$d=10$		34	20.08
11	2.47	38	8.42	19	7.10	10	5.37	36	21.30
12	2.69	40	8.86	20	7.49	11	5.99	38	22.53
13	2.91	42	9.31	22	8.28	12	6.60	40	23.75
14	3.13	44	9.75	24	9.06	13	7.21	42	24.98
15	3.35	46	10.19	26	9.84	14	7.82	44	26.20
16	3.57	48	10.63	28	10.63	15	8.44	46	27.43
17	3.79	50	11.07	30	11.41	16	9.05	48	28.65
18	4.01	$d=8$		32	12.20	17	9.66	50	29.88
19	4.23	9	3.18	34	12.98	18	10.27		

注：表列规格为商品规格。带括号的规格尽量不采用。d—规格（mm），l—公称长度（mm）。

17. 平锥头半空心铆钉（适用于 GB/T 1013—1986）（表 12-85）

表 12-85　平锥头半空心铆钉的重量　（kg）

每1000件钢制品的大约重量									
l	G	l	G	l	G	l	G	l	G
$d=1.4$		$d=1.4$		$d=1.4$		$d=(1.6)$		$d=(1.6)$	
3	0.05	5	0.08	7	0.10	3	0.07	5	0.10
4	0.06	6	0.09	8	0.11	4	0.09	6	0.12

（续）

每1000件钢制品的大约重量

l	G
d=(1.6)	
7	0.13
8	0.15
10	0.18
d=2	
4	0.14
5	0.16
6	0.19
7	0.21
8	0.23
10	0.28
12	0.33
14	0.38
d=2.5	
5	0.27
6	0.30
7	0.34
8	0.38
10	0.46
12	0.53
14	0.61
16	0.69
d=3	
6	0.44
7	0.50
8	0.55

l	G
d=3	
10	0.66
12	0.78
14	0.89
16	1.00
18	1.11
d=(3.5)	
8	0.81
10	0.96
12	1.11
14	1.26
16	1.41
18	1.56
20	1.71
d=4	
8	1.09
10	1.29
12	1.48
14	1.68
16	1.87
18	2.07
20	2.27
22	2.46
24	2.66
d=5	
10	2.08

l	G
d=5	
12	2.38
14	2.69
16	3.00
18	3.30
20	3.61
22	3.92
24	4.22
26	4.53
28	4.83
30	5.14
32	5.45
34	5.75
36	6.06
38	6.37
40	6.67
d=6	
12	3.49
14	3.93
16	4.37
18	4.82
20	5.26
22	5.70
24	6.14
26	6.58
28	7.02

l	G
d=6	
30	7.46
32	7.90
34	8.34
36	8.78
38	9.23
40	9.67
d=8	
14	7.56
16	8.34
18	9.13
20	9.91
22	10.70
24	11.48
26	12.27
28	13.05
30	13.83
32	14.62
34	15.40
36	16.19
38	16.97
40	17.75
42	18.54
44	19.32
46	20.11
48	20.89

l	G
d=8	
50	21.68
d=10	
18	15.21
20	16.44
22	17.66
24	18.89
26	20.11
28	21.34
30	22.56
32	23.79
34	25.01
36	26.24
38	27.46
40	28.69
42	29.91
44	31.14
46	32.36
48	33.59
50	34.81

注：表列规格为通用规格。尽可能不采用括号内的规格。d—规格（mm），l—公称长度（mm）。

18. 沉头半空心铆钉（适用于 GB/T 1015—1986）（表 12-86）

表 12-86 沉头半空心铆钉的重量 （kg）

每1000件钢制品的大约重量									
l	*G*	*l*	*G*	*l*	*G*	*l*	*G*	*l*	*G*
d=1.4		*d*=2.5		*d*=4		*d*=6		*d*=8	
3	0.05	7	0.31	12	1.30	14	3.23	36	14.52
4	0.06	8	0.35	14	1.50	16	3.68	38	15.31
5	0.07	10	0.43	16	1.69	18	4.12	40	16.09
6	0.08	12	0.51	18	1.89	20	4.56	42	16.87
7	0.10	14	0.58	20	2.09	22	5.00	44	17.66
8	0.11	16	0.66	22	2.28	24	5.44	46	18.44
d=(1.6)		*d*=3		24	2.48	26	5.88	48	19.23
3	0.06	6	0.37	*d*=5		28	6.32	50	20.01
4	0.08	7	0.43	10	1.71	30	6.76	*d*=10	
5	0.09	8	0.48	12	2.01	32	7.20	18	11.89
6	0.11	10	0.59	14	2.32	34	7.64	20	13.12
7	0.12	12	0.70	16	2.63	36	8.09	22	14.34
8	0.14	14	0.81	18	2.93	38	8.53	24	15.57
10	0.17	16	0.92	20	3.24	40	8.97	26	16.79
d=2		18	1.03	22	3.54	*d*=8		28	18.02
4	0.14	*d*=(3.5)		24	3.85	14	5.90	30	19.24
5	0.16	8	0.68	26	4.16	16	6.68	32	20.47
6	0.19	10	0.83	28	4.46	18	7.46	34	21.70
7	0.21	12	0.98	30	4.77	20	8.25	36	22.92
8	0.23	14	1.13	32	5.08	22	9.03	38	24.15
10	0.28	16	1.28	34	5.38	24	9.82	40	25.37
12	0.33	18	1.43	36	5.69	26	10.60	42	26.60
14	0.38	20	1.58	38	5.99	28	11.38	44	27.82
d=2.5		*d*=4		40	6.30	30	12.17	46	29.05
5	0.24	8	0.91	*d*=6		32	12.95	48	30.27
6	0.28	10	1.11	12	2.79	34	13.74	50	31.50

注：表列规格为通用规格。尽可能不采用括号内的规格。*d*—规格（mm），*l*—公称长度（mm）。

19. 120°沉头半空心铆钉（适用于 GB/T 874—1986）（表 12-87）

表 12-87 120°沉头半空心铆钉的重量 （kg）

每 1000 件钢制品的大约重量

l	*G*	*l*	*G*	*l*	*G*	*l*	*G*	*l*	*G*
d=(1.2)		*d*=(1.6)		*d*=2.5		*d*=(3.5)		*d*=4	
1.5	0.02	7	0.13	13	0.54	9	0.74	9	0.97
2	0.03	8	0.15	14	0.58	10	0.81	10	1.07
2.5	0.03	9	0.16	15	0.61	11	0.89	11	1.16
3	0.03	10	0.18	*d*=3		12	0.96	12	1.26
3.5	0.04	*d*=2		5	0.32	13	1.04	13	1.36
4	0.04	3	0.11	6	0.37	14	1.11	14	1.46
5	0.05	3.5	0.12	7	0.43	15	1.19	15	1.56
6	0.06	4	0.14	8	0.48	16	1.27	16	1.65
d=1.4		5	0.16	9	0.54	17	1.34	17	1.75
2.5	0.04	6	0.19	10	0.59	18	1.42	18	1.85
3	0.05	7	0.21	11	0.65	19	1.49	19	1.95
3.5	0.06	8	0.23	12	0.70	20	1.57	20	2.05
4	0.06	9	0.26	13	0.76	22	1.72	22	2.24
5	0.07	10	0.28	14	0.81	24	1.87	24	2.44
6	0.09	*d*=2.5		15	0.87	26	2.02	26	2.63
7	0.10	4	0.19	16	0.92	28	2.17	28	2.83
8	0.11	5	0.23	17	0.98	30	2.32	30	3.03
d=(1.6)		6	0.27	18	1.03	32	2.47	32	3.22
2.5	0.06	7	0.31	19	1.09	34	2.62	34	3.42
3	0.07	8	0.35	20	1.15	36	2.77	36	3.61
3.5	0.08	9	0.38	*d*=(3.5)		*d*=4		38	3.81
4	0.09	10	0.42	6	0.51	6	0.67	40	4.01
5	0.10	11	0.46	7	0.59	7	0.77	42	4.20
6	0.12	12	0.50	8	0.66	8	0.87		

（续）

每1000件钢制品的大约重量									
l	G	l	G	l	G	l	G	l	G
$d=5$		$d=5$		$d=6$		$d=6$		$d=8$	
7	1.12	28	4.33	12	2.63	38	8.36	19	7.50
8	1.27	30	4.64	13	2.85	40	8.80	20	7.89
9	1.42	32	4.95	14	3.07	42	9.24	22	8.68
10	1.58	34	5.25	15	3.29	44	9.69	24	9.46
11	1.73	36	5.56	16	3.51	46	10.13	26	10.24
12	1.88	38	5.87	17	3.73	48	10.57	28	11.03
13	2.04	40	6.17	18	3.95	50	11.01	30	11.81
14	2.19	42	6.48	19	4.17	$d=8$		32	12.60
15	2.34	44	6.78	20	4.39	10	3.97	34	13.38
16	2.50	46	7.09	22	4.83	11	4.36	36	14.16
17	2.65	48	7.40	24	5.28	12	4.76	38	14.95
18	2.80	50	7.70	26	5.72	13	5.15	40	15.73
19	2.96	$d=6$		28	6.16	14	5.54	42	16.52
20	3.11	8	1.75	30	6.60	15	5.93	44	17.30
22	3.42	9	1.97	32	7.04	16	6.32	46	18.09
24	3.72	10	2.19	34	7.48	17	6.72	48	18.87
26	4.03	11	2.41	36	7.92	18	7.11	50	19.65

注：表列规格为通用规格，尽可能不采用括号内的规格。d—规格（mm），l—公称长度（mm）。

20. 无头铆钉（适用于GB/T 1016—1986）（表12-88）

表12-88　无头铆钉的重量　（kg）

每1000件钢制品的大约重量									
l	G	l	G	l	G	l	G	l	G
$d=1.4$		$d=1.4$		$d=2$		$d=2$		$d=2$	
6	0.06	12	0.14	6	0.12	12	0.27	18	0.42
8	0.09	14	0.16	8	0.17	14	0.32	20	0.47
10	0.11			10	0.22	16	0.37		

（续）

每 1000 件钢制品的大约重量

l	G
$d=2.5$	
8	0.25
10	0.32
12	0.40
14	0.48
16	0.55
18	0.63
20	0.71
22	0.78
24	0.86
26	0.94
28	1.01
30	1.09
$d=3$	
8	0.35
10	0.46
12	0.57
14	0.68
16	0.79
18	0.90
20	1.01
22	1.12
24	1.23
26	1.34
28	1.45
30	1.56
32	1.67

l	G
$d=3$	
35	1.84
38	2.00
$d=4$	
10	0.68
12	0.88
14	1.08
16	1.27
18	1.47
20	1.66
22	1.86
24	2.06
26	2.25
28	2.45
30	2.64
32	2.84
35	3.13
38	3.43
40	3.62
42	3.82
45	4.11
48	4.41
50	4.60
$d=5$	
14	1.49
16	1.80
18	2.10

l	G
$d=5$	
20	2.41
22	2.72
24	3.02
26	3.33
28	3.64
30	3.94
32	4.25
35	4.71
38	5.17
40	5.47
42	5.78
45	6.24
48	6.70
50	7.01
52	7.31
55	7.77
58	8.23
60	8.54
$d=6$	
16	2.22
18	2.67
20	3.11
22	3.55
24	3.99
26	4.43
28	4.87

l	G
$d=6$	
30	5.31
32	5.75
35	6.42
38	7.08
40	7.52
42	7.96
45	8.62
48	9.28
50	9.72
52	10.16
55	10.83
58	11.49
60	11.93
$d=8$	
18	4.18
20	4.97
22	5.75
24	6.53
26	7.32
28	8.10
30	8.89
32	9.67
35	10.85
38	12.02
40	12.81
42	13.59

l	G
$d=8$	
45	14.77
48	15.94
50	16.73
52	17.51
55	18.69
58	19.86
60	20.65
$d=10$	
22	8.93
24	10.15
26	11.38
28	12.60
30	13.83
32	15.05
35	16.89
38	18.73
40	19.95
42	21.18
45	23.02
48	24.86
50	26.08
52	27.31
55	29.14
58	30.98
60	32.21

注：表列规格为通用规格。d—规格（mm），l—公称长度（mm）。

21. 空心铆钉（适用于 GB/T 876—1986）（表 12-89）

表 12-89 空心铆钉的重量 （kg）

每 1000 件钢制品的大约重量									
l	*G*	*l*	*G*	*l*	*G*	*l*	*G*	*l*	*G*
d=1.4		*d*=2		*d*=3		*d*=4		*d*=5	
1.5	0.01	4	0.05	5	0.12	3.5	0.15	10	0.49
2	0.02	5	0.06	6	0.14	4	0.17	11	0.53
2.5	0.02	6	0.07	7	0.16	5	0.20	12	0.57
3	0.02	*d*=2.5		8	0.18	6	0.23	13	0.61
3.5	0.02	2	0.04	9	0.20	7	0.26	14	0.65
4	0.03	2.5	0.05	10	0.22	8	0.29	15	0.69
5	0.03	3	0.05	*d*=(3.5)		9	0.32	*d*=6	
d=(1.6)		3.5	0.06	2.5	0.08	10	0.35	4	0.30
2	0.02	4	0.07	3	0.10	11	0.38	5	0.35
2.5	0.02	5	0.08	3.5	0.11	12	0.42	6	0.40
3	0.03	6	0.09	4	0.12	*d*=5		7	0.45
3.5	0.03	7	0.11	5	0.14	3	0.21	8	0.49
4	0.03	8	0.12	6	0.17	3.5	0.23	9	0.54
5	0.04	*d*=3		7	0.19	4	0.25	10	0.59
d=2		2	0.06	8	0.21	5	0.29	11	0.64
2	0.03	2.5	0.07	9	0.24	6	0.33	12	0.69
2.5	0.04	3	0.08	10	0.26	7	0.37	13	0.74
3	0.04	3.5	0.09	*d*=4		8	0.41	14	0.79
3.5	0.05	4	0.10	3	0.13	9	0.45	15	0.83

注：表列规格为商品规格。带括号的规格尽量不采用。*d*—规格（mm），*l*—公称长度（mm）。

22. 120°沉头铆钉（适用于 GB/T 954—1986）（表 12-90）

表 12-90 120°沉头铆钉的重量 (kg)

每 1000 件钢制品的大约重量									
l	*G*	*l*	*G*	*l*	*G*	*l*	*G*	*l*	*G*
d=(1.2)		*d*=(1.6)		*d*=2.5		*d*=(3.5)		*d*=4	
1.5	0.02	7	0.14	13	0.57	9	0.84	9	1.12
2	0.03	8	0.15	14	0.61	10	0.91	10	1.22
2.5	0.03	9	0.17	15	0.65	11	0.99	11	1.31
3	0.04	10	0.18	*d*=3		12	1.06	12	1.41
3.5	0.04	*d*=2		5	0.39	13	1.14	13	1.51
4	0.04	3	0.12	6	0.44	14	1.21	14	1.61
5	0.05	3.5	0.13	7	0.50	15	1.29	15	1.71
6	0.06	4	0.15	8	0.55	16	1.37	16	1.80
d=1.4		5	0.17	9	0.61	17	1.44	17	1.90
2.5	0.05	6	0.20	10	0.66	18	1.52	18	2.00
3	0.05	7	0.22	11	0.72	19	1.59	19	2.10
3.5	0.06	8	0.25	12	0.78	20	1.67	20	2.20
4	0.07	9	0.27	13	0.83	22	1.82	22	2.39
5	0.08	10	0.29	14	0.89	24	1.97	24	2.59
6	0.09	*d*=2.5		15	0.94	26	2.12	26	2.78
7	0.10	4	0.22	16	1.00	28	2.27	28	2.98
8	0.11	5	0.26	17	1.05	30	2.42	30	3.18
d=(1.6)		6	0.30	18	1.11	32	2.57	32	3.37
2.5	0.07	7	0.34	19	1.16	34	2.72	34	3.57
3	0.07	8	0.38	20	1.22	36	2.87	36	3.76
3.5	0.08	9	0.42	*d*=(3.5)		*d*=4		38	3.96
4	0.09	10	0.45	6	0.61	6	0.82	40	4.16
5	0.11	11	0.49	7	0.69	7	0.92	42	4.35
6	0.12	12	0.53	8	0.76	8	1.02		

（续）

每1000件钢制品的大约重量									
l	G	l	G	l	G	l	G	l	G
$d=5$		$d=5$		$d=6$		$d=6$		$d=8$	
7	1.50	28	4.71	12	3.40	38	9.13	19	9.35
8	1.65	30	5.02	13	3.62	40	9.58	20	9.75
9	1.80	32	5.33	14	3.84	42	10.02	22	10.53
10	1.96	34	5.63	15	4.06	44	10.46	24	11.31
11	2.11	36	5.94	16	4.28	46	10.90	26	12.10
12	2.26	38	6.24	17	4.50	48	11.34	28	12.88
13	2.42	40	6.55	18	4.72	50	11.78	30	13.67
14	2.57	42	6.86	19	4.94	$d=8$		32	14.45
15	2.72	44	7.16	20	5.16	10	5.83	34	15.23
16	2.88	46	7.47	22	5.61	11	6.22	36	16.02
17	3.03	48	7.78	24	6.05	12	6.61	38	16.80
18	3.18	50	8.08	26	6.49	13	7.00	40	17.59
19	3.33	$d=6$		28	6.93	14	7.39	42	18.37
20	3.49	8	2.52	30	7.37	15	7.79	44	19.16
22	3.79	9	2.74	32	7.81	16	8.18	46	19.94
24	4.10	10	2.96	34	8.25	17	8.57	48	20.72
26	4.41	11	3.18	36	8.69	18	8.96	50	21.51

注：表列规格为通用规格。尽可能不采用括号内的规格。d—规格（mm），l—公称长度（mm）。

23. 平头铆钉（适用于 GB/T 109—1986）（表 12-91）

表 12-91　平头铆钉的重量　（kg）

每1000件钢制品的大约重量									
l	G	l	G	l	G	l	G	l	G
$d=2$		$d=2$		$d=2.5$		$d=2.5$		$d=3$	
4	0.17	7	0.24	5	0.33	8	0.45	6	0.57
5	0.19	8	0.27	6	0.37	9	0.48	7	0.63
6	0.22			7	0.41	10	0.52	8	0.68

（续）

每1000件钢制品的大约重量									
l	G	l	G	l	G	l	G	l	G
$d=3$		$d=(3.5)$		$d=4$		$d=6$		$d=8$	
9	0.74	16	1.59	22	2.74	12	4.48	18	10.96
10	0.80	17	1.66	$d=5$		13	4.70	19	11.35
11	0.85	18	1.74	10	2.57	14	4.92	20	11.74
12	0.91	$d=4$		11	2.72	15	5.14	22	12.53
13	0.96	8	1.37	12	2.88	16	5.36	24	13.31
14	1.02	9	1.46	13	3.03	17	5.58	26	14.09
$d=(3.5)$		10	1.56	14	3.18	18	5.80	28	14.88
6	0.84	11	1.66	15	3.34	19	6.02	30	15.66
7	0.91	12	1.76	16	3.49	20	6.24	$d=10$	
8	0.99	13	1.86	17	3.64	22	6.68	20	19.20
9	1.06	14	1.95	18	3.80	24	7.12	22	20.43
10	1.14	15	2.05	19	3.95	26	7.56	24	21.65
11	1.21	16	2.15	20	4.10	28	8.00	26	22.88
12	1.29	17	2.25	22	4.41	30	8.45	28	24.10
13	1.36	18	2.35	24	4.72	$d=8$		30	25.33
14	1.44	19	2.44	26	5.02	16	10.17		
15	1.51	20	2.54			17	10.57		

注：表列规格为商品规格。尽可能不采用括号内的规格。d—规格（mm），l—公称长度（mm）。

24. 标牌铆钉（适用于 GB/T 827—1986）（表 12-92）

表 12-92　标牌铆钉的重量　　（kg）

每1000件钢制品的大约重量									
l	G	l	G	l	G	l	G	l	G
$d=(1.6)$		$d=2$		$d=2.5$		$d=4$		$d=5$	
3	0.07	6	0.19	10	0.48	6	0.95	10	2.26
4	0.08	8	0.23	$d=3$		8	1.15	12	2.56
5	0.10	$d=2.5$		4	0.37	10	1.34	15	3.02
6	0.12	3	0.21	5	0.42	12	1.54	18	3.48
$d=2$		4	0.25	6	0.48	15	1.83	20	3.79
3	0.11	5	0.29	8	0.59	18	2.13		
4	0.14	6	0.33	10	0.70	$d=5$			
5	0.16	8	0.40	12	0.81	8	1.95		

注：1. d—规格（mm）；l—公称长度（mm）。

2. 表列规格为商品规格，尽量不采用带括号的规格。

第十三章 组合件和连接副

一、组合件和连接副综述

1. 组合件和连接副的尺寸代号与标注（表 13-1）

表 13-1 组合件和连接副的尺寸代号与标注

尺寸代号	标注内容
a	螺纹肩距
b	螺纹长度
d_a	过渡圆直径
d_1	内径
d_2	外径
e	对角宽度
h	垫圈厚度
H	垫圈高度
k	头部高度
s	对边宽度或厚度

2. 钢结构用高强度大六角头螺栓、大六角螺母、垫圈技术条件（GB/T 1231—2006）

（1）性能等级、材料及使用配合

1）螺栓、螺母、垫圈的性能等级和材料按表 13-2 规定。

表 13-2 螺栓、螺母、垫圈的性能等级和材料

类别	性能等级	材料	标准编号	适用规格
螺栓	10.9S	20MnTiB ML20MnTiB	GB/T 3077 GB/T 6478	≤M24
		35VB		≤M30
	8.8S	43、35	GB/T 699	≤M20
		20MnTiB、40Cr ML20MnTiB	GB/T 3077 GB/T 6478	≤M24
		35CrMo	GB/T 3077	≤M30
		35VB	GB/T 1231	
螺母	10H	45、35	GB/T 699	—
	8H	ML35	GB/T 6478	
垫圈	35~45HRC	45、35	GB/T 699	

2）螺栓、螺母、垫圈的使用配合按表 13-3 规定。

表 13-3　螺栓、螺母、垫圈的使用配合

类　别	螺　栓	螺　母	垫　圈
型式尺寸	按 GB/T 1228 规定	按 GB/T 1229 规定	按 GB/T 1230 规定
性能等级	10.9S	10H	35~45HRC
	8.8S	8H	35~45HRC

（2）螺栓机械性能

1）试件机械性能

制造厂应将制造螺栓的材料取样，经与螺栓制造中相同的热处理工艺处理后，制成试件进行拉伸试验，其结果应符合表 13-4 的规定。当螺栓的材料直径≥16mm 时，根据用户要求，制造厂还应增加常温冲击试验，其结果应符合表 13-4 规定。

表 13-4　试件机械性能

性能等级	抗拉强度 R_m/MPa	规定非比例延伸强度 $R_{p0.2}$/MPa	断后伸长率 A（%）	断后收缩率 Z（%）	冲击吸收功 A_{kU2}/J
		≥			
10.9S	1040~1240	940	10	42	47
8.8S	830~1030	660	12	45	63

2）实物机械性能

进行螺栓实物楔负载试验时，拉力载荷应在表 13-5 规定的范围内，且断裂应发生在螺纹部分或螺纹与螺杆交接处。

表 13-5　实物拉力载荷

螺纹规格 d			M12	M16	M20	（M22）	M24	（M27）	M30
公称应力截面积 A_s/mm²			84.3	157	245	303	353	459	561
性能等级	10.9S	拉力载荷/N	87700~104500	163000~195000	255000~304000	315000~376000	367000~438000	477000~569000	583000~696000
	8.8S		70000~86800	130000~162000	203000~252000	251000~312000	293000~364000	381000~473000	466000~578000

注：尽可能不使用括号内的规格。

当螺栓 $l/d \leqslant 3$ 时，如不能做楔负载试验，允许做拉力载荷试验或心部硬度试验。拉力载荷应符合表 13-5 的规定，心部硬度应符合表 13-6 规定。

表 13-6　心部硬度

性能等级	维氏硬度		洛氏硬度	
	min	max	min	max
10.9S	312HV30	367HV30	33HRC	39HRC
8.8S	249HV30	296HV30	24HRC	31HRC

（3）螺母机械性能

1）保证载荷（表 13-7）

表 13-7　保证载荷

螺纹规格 *D*			M12	M16	M20	（M22）	M24	（M27）	M30
性能等级	10H	保证载荷/N	87700	163000	255000	315000	367000	477000	583000
	8H		70000	130000	203000	251000	293000	381000	466000

注：尽可能不使用括号内的规格。

2）硬度（表 13-8）

表 13-8　螺母硬度

性能等级	洛氏硬度		维氏硬度	
	min	max	min	max
10H	98HRB	32HRC	222HV30	304HV30
8H	95HRB	30HRC	206HV30	289HV30

3. 钢结构用扭剪型高强度螺栓连接副技术条件（GB/T 3632—2008）

（1）螺栓连接副型式（包括一个螺栓、一个螺母和一个垫圈）（图 13-1）

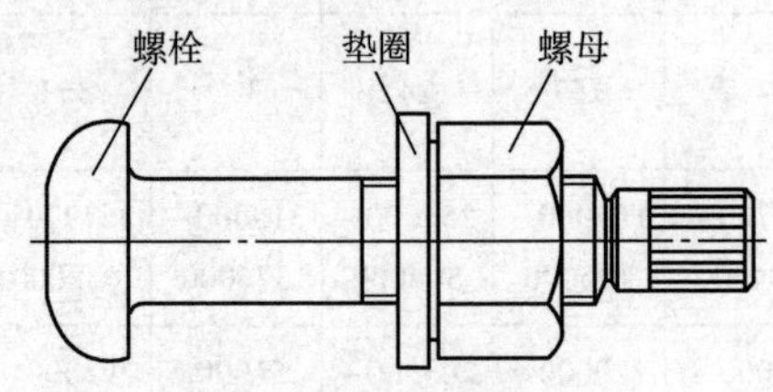

图 13-1　螺栓连接副型式

（2）螺栓尺寸（图 13-2、表 13-9）

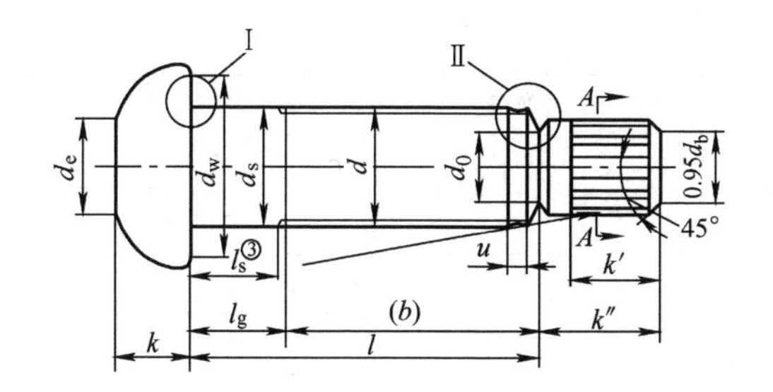

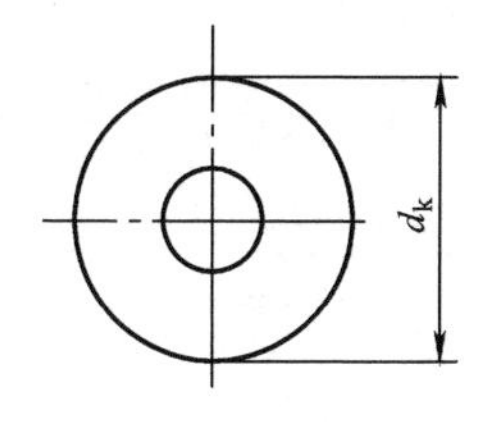

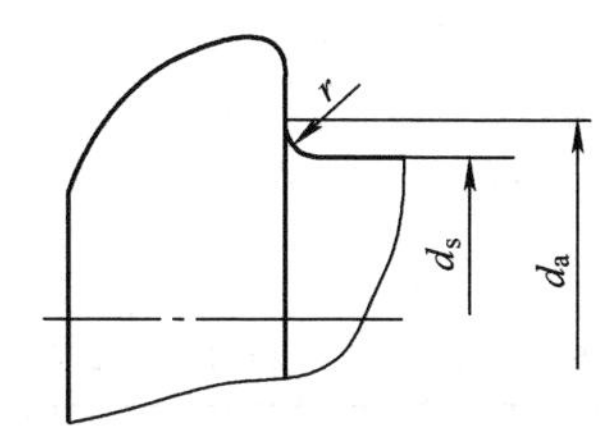

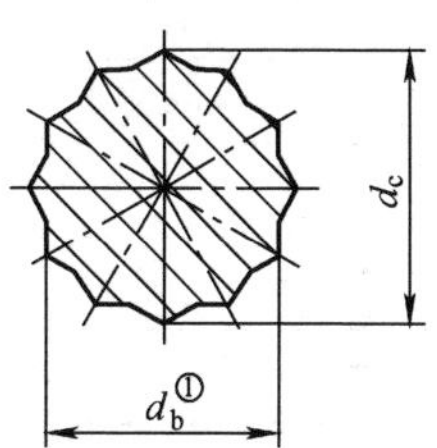

Ⅱ放大

50°～60°

$r\approx0.5$

u② $\leqslant 2P$

图中：① d_b—内切圆直径。

② u—不完整螺纹的长度。

③ l_s—无螺纹杆部长度和夹紧长度 lg。

图 13-2　螺栓

表 13-9　螺栓尺寸　　（mm）

螺纹规格 d		M16	M20	（M22）	M24	（M27）	M30
螺距 P		2	2.5	2.5	3	3	3.5
d_{amax}		18.83	24.4	26.4	28.4	32.84	35.84
d_s	max	16.43	20.52	22.52	24.52	27.84	30.84
	min	15.57	19.48	21.48	23.48	26.16	29.16
d_{wmin}		27.9	34.5	38.5	41.5	42.8	46.5
d_{kmax}		30	37	41	44	50	55
k	公称	10	13	14	15	17	19
	max	10.75	13.90	14.90	15.90	17.90	20.05
	min	9.25	12.10	13.10	14.10	16.10	17.95

（续）

螺纹规格 d		M16	M20	(M22)	M24	(M27)	M30
k'_{min}		12	14	15	16	17	18
k''_{max}		17	19	21	23	24	25
r_{min}		1.2	1.2	1.2	1.6	2.0	2.0
$d_0\approx$		10.9	13.6	15.1	16.4	18.6	20.6
d_b	公称	11.1	13.9	15.4	16.7	19.0	21.1
	max	11.3	14.1	15.6	16.9	19.3	21.4
	min	11.0	13.8	15.3	16.6	18.7	20.8
$d_c\approx$		12.8	16.1	17.8	19.3	21.9	24.4
$d_e\approx$		13	17	18	20	22	24
l		40~130	45~160	50~220	55~220	65~220	70~220

注：括号内的规格为第二选择系列，应优先选用第一系列（不带括号）的规格。

（3）螺母尺寸（图13-3、表13-10）

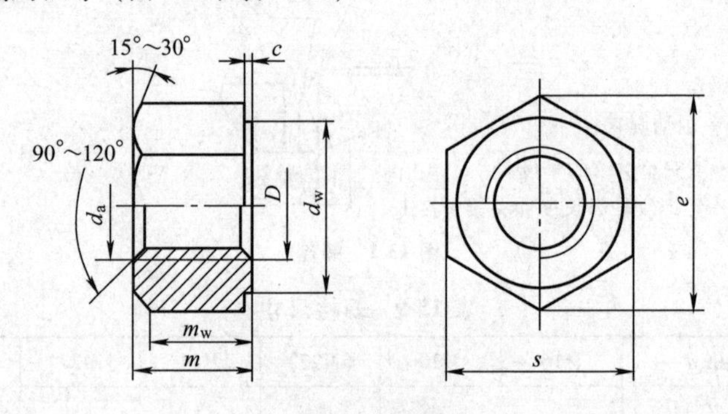

图13-3 螺母

表13-10 螺母尺寸 (mm)

螺纹规格 D		M16	M20	(M22)	M24	(M27)	M30
螺距 P		2	2.5	2.5	3	3	3.5
d_a	max	17.3	21.6	23.8	25.9	29.1	32.4
	min	16	20	22	24	27	30
d_{wmin}		24.9	31.4	33.3	38.0	42.8	46.5
e_{max}		29.56	37.29	39.55	45.20	50.85	55.37

（续）

螺纹规格 D		M16	M20	(M22)	M24	(M27)	M30
m	max	17.1	20.7	23.6	24.2	27.6	30.7
	min	16.4	19.4	22.3	22.9	26.3	29.1
m_{wmin}		11.5	13.6	15.6	16.0	18.4	20.4
c	max	0.8	0.8	0.8	0.8	0.8	0.8
	min	0.4	0.4	0.4	0.4	0.4	0.4
s	max	27	34	36	41	46	50
	min	26.16	33	35	40	45	49
支承面对螺纹轴线的全跳动公差		0.38	0.47	0.50	0.57	0.64	0.70

注：括号内的规格为第2选择系列，应优先选用第1系列（不带括号）的规格。

（4）垫圈尺寸（图13-4、表13-11）。

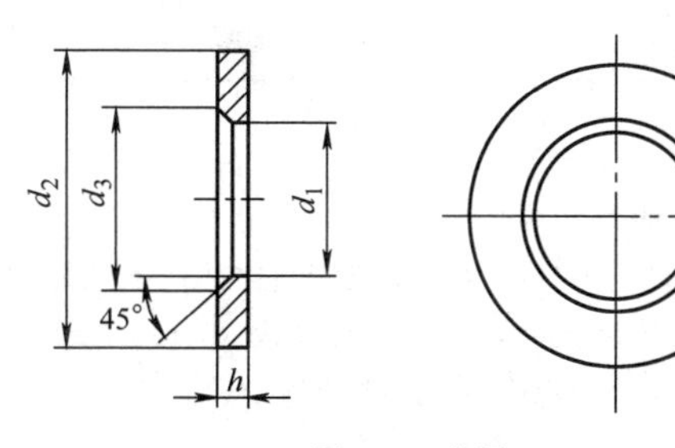

图13-4　垫圈

表13-11　垫圈尺寸　（mm）

规格（螺纹大径）		16	20	(22)	24	(27)	30
d_1	min	17	21	23	25	28	31
	max	17.43	21.52	23.52	25.52	28.52	31.62
d_2	min	31.4	38.4	40.4	45.4	50.1	54.1
	max	33	40	42	47	52	56
h	公称	4.0	4.0	5.0	5.0	5.0	5.0
	min	3.5	3.5	4.5	4.5	4.5	4.5
	max	4.8	4.8	5.8	5.8	5.8	5.8
d_3	min	19.23	24.32	26.32	28.32	32.84	35.84
	max	20.03	25.12	27.12	29.12	33.64	36.64

注：括号内的规格为第2选择系列，应优先选用第1系列（不带括号）的规格。

（5）性能等级及材料

螺栓、螺母、垫圈的性能等级和推荐材料按表 13-12 规定。经供需双方协议，也可使用其他材料，但应在订货合同中注明，并在螺栓或螺母产品上增加标志 T（紧跟 S 或 H）。

表 13-12 螺栓、螺母、垫圈的性能等级和推荐材料

类别	性能等级	推荐材料	标准编号	适用规格
螺栓	10.9S	20MnTiB ML20MnTiB	GB/T 3077 GB/T 6478	≤M24
		35VB 35CrMo	GB/T 1231 GB/T 3077	M27、M30
螺母	10H	45、35 ML35	GB/T 699 GB/T 6478	≤M30
垫圈	—	45、35	GB/T 699	

（6）螺栓机械性能

① 原材料试件机械性能

制造者应对螺栓的原材料取样，经与螺栓制造中相同的热处理工艺处理后，按 GB/T 228 制成试件进行拉伸试验，其结果应符合表 13-13 的规定。根据用户要求，可增加低温冲击试验，其结果应符合表 13-13 的规定。

表 13-13 原材料试件机械性能

性能等级	抗拉强度 R_m /MPa	规定非比例延伸强度 $R_{p0.2}$ /MPa	断后伸长率 A (%)	断后收缩率 Z (%)	冲击吸收能量 (-20℃) KV_2 /J
		≥			
10.9S	1040~1240	940	10	42	27

② 螺栓实物机械性能

对螺栓实物进行楔负载试验时，当拉力载荷在表 13-14 规定的范围内，断裂应发生在螺纹部分或螺纹与螺杆交接处。

当螺栓 $l/d \leqslant 3$ 时，如不能进行楔负载试验，允许用拉力载荷试验或芯部硬度试验代替楔负载试验。拉力载荷应符合表 13-14 的规定，心部硬度应符合表 13-15 的规定。

表 13-14　螺栓的拉力载荷

螺纹规格 d		M16	M20	M22	M24	M27	M30
公称应力截面积 A_s/mm^2		157	245	303	353	459	561
10.9S	拉力载荷/kN	163～195	355～304	315～376	367～438	477～569	583～696

表 13-15　心部硬度

性能等级	维氏硬度		洛氏硬度	
	min	max	min	max
10.9S	312HV30	367HV30	33HRC	39HRC

（7）螺母机械性能

① 保证载荷（表 13-16）

表 13-16　螺母的保证载荷

螺纹规格 D		M16	M20	M22	M24	M27	M30
公称应力截面积 A_s/mm^2		157	245	303	353	459	561
保证应力 S_P/MPa		1040					
10H	保证载荷 $(A_s \times S_P)$/kN	163	255	315	367	477	583

② 螺母硬度（表 13-17）

表 13-17　螺母的硬度

性能等级	洛氏硬度		维氏硬度	
	min	max	min	max
10H	98HRB	32HRC	222HV30	304HV30

（8）垫圈硬度

垫圈的硬度为 329～436HV30（35～45HRC）。

（9）连接副紧固轴力（表 13-18）

表 13-18　连接副紧固轴力

螺纹规格		M16	M20	M22	M24	M27	M30
每批紧固轴力的平均值/kN	公称	110	171	209	248	319	391
	min	100	155	190	225	290	355
	max	121	188	230	272	351	430
紧固轴力标准偏差 σ/kN≤		10.0	15.5	19.0	22.5	29.0	35.5

当 l 小于表 13-19 中规定数值时，可不进行紧固轴力试验。

表 13-19 紧固轴力试验的要求 (mm)

螺纹规格	M16	M20	M22	M24	M27	M30
l	50	55	60	65	70	75

(10) 螺栓、螺母的螺纹

螺纹的基本尺寸应符合 GB/T 196 对粗牙普通螺纹的规定。螺栓螺纹公差带应符合 6g（GB/T 197），螺母螺纹公差带应符合 6H（GB/T 197）的规定。

4. 腰状杆螺柱连接副的型式分类（GB/T 13807.1—2008）

(1) 等长双头螺柱

1) 配六角螺母的型式和尺寸见表 13-20 和表 13-21。

表 13-20 配六角螺母的型式

序号	图示	型式代号			说明
		螺柱	受力套管	六角螺母	
1	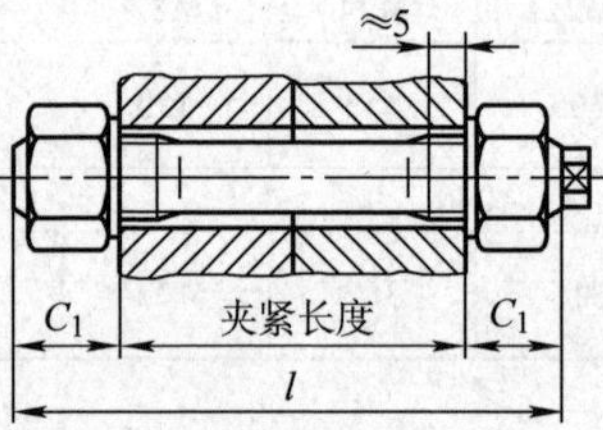 ≈5 C_1 夹紧长度 C_1 l	L	—	G	螺柱-通孔定位 l=夹紧长度+$2C_1$ l 以 1mm 分档
2	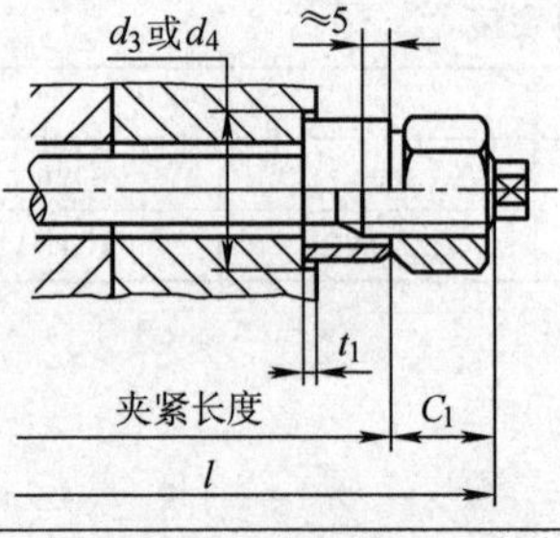 d_3或d_4 ≈5 t_1 夹紧长度 C_1 l	L	S	G	螺柱-通孔和受力套管定位 l=夹紧长度+$2C_1$ l 以 1mm 分档
3	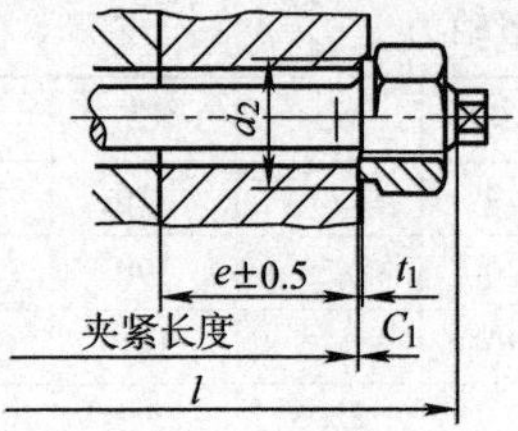 d_2 e±0.5 t_1 夹紧长度 C_1 l	S	—	G	六角螺母定位 l=夹紧长度+$2C_1$ l 以 1mm 分档

（续）

序号	图　示	型式代号			说　明
		螺柱	受力套管	六角螺母	
4	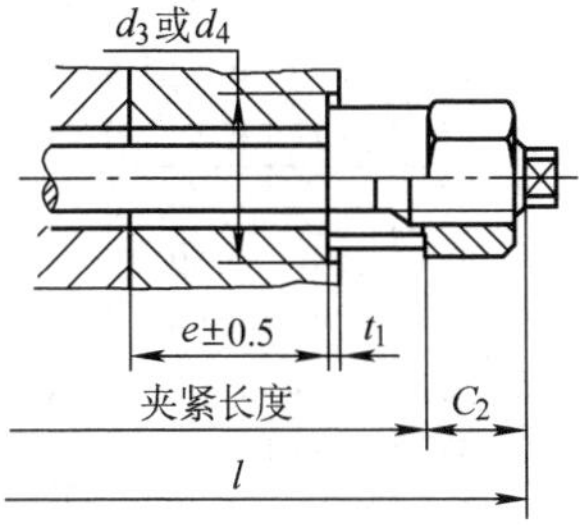 d_3或d_4 $e\pm0.5$　t_1 夹紧长度　C_2 l	S	N	P	六角螺母和受力套筒定位 l=夹紧长度+2C_2 l以1mm分档
5	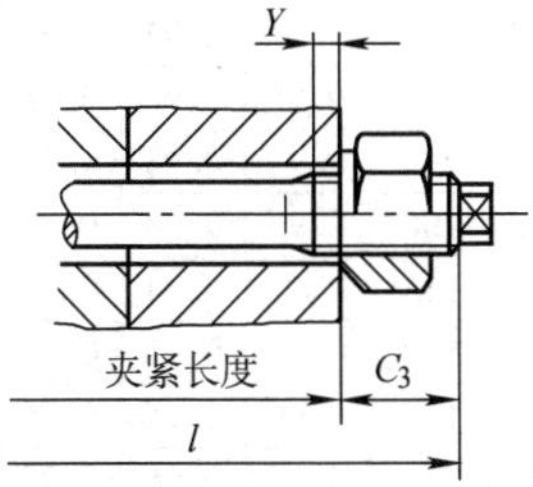 Y 夹紧长度　C_3 l	A	—	G	螺柱-通孔定位 l=夹紧长度+2C_3 l以5mm分档
6	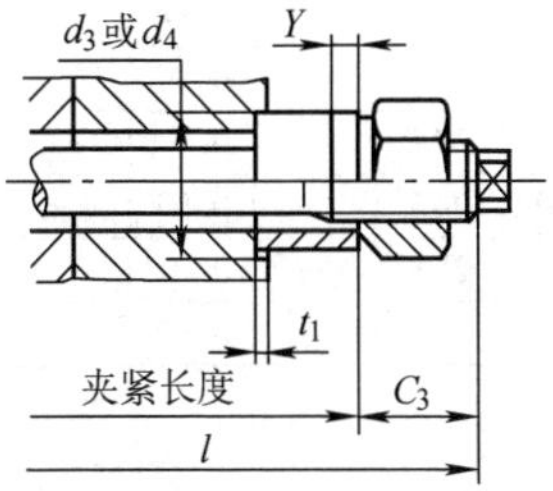 d_3或d_4　Y t_1 夹紧长度　C_3 l	A	S	G	螺柱-通孔和受力套管定位 l=夹紧长度+2C_3 l以5mm分档

注：1. 序号1~6中的通孔，均按GB/T 5277规定的中等装配系列。

2. 对序号5、6，推荐将计算出的公称长度l的最后一位数圆整为0或5，但不应使C_3超过其“max”值。

3. 对序号1、5，如果规定了法兰锪沉孔或锪平面，则推荐用d_2作为沉孔直径或平面直径。

表 13-21　配六角螺母的尺寸　(mm)

螺纹规格 d	C_1	C_2	C_3		d_2	d_3	d_4	l_t/d			t_1
								序号			
			min	max				1、2	3、4	5、6	
M12	14	12	16	18	23	23	23	0.88	0.84	0.92	1.5
M16	18	16	20	22	28	28	28	0.90	0.87	0.93	1.5
M20	22.5	20.5	24	26	33	33	33	0.92	0.89	0.93	1.5
M24	27	24	29	31	37	37	37	0.91	0.88	0.93	2
M27	30	27	32	34	43	43	43	0.92	0.89	0.94	2
M30	33.5	30.5	36	38	48	47	48	0.93	0.90	0.94	2
M33	36.5	33.5	39	41	53	52	53	0.94	0.91	0.94	2
M36	40	37	43	45	57	56	57	0.94	0.91	0.94	2
M39	43	40	46	48	63	61	63	0.94	0.92	0.94	2
M42	46.5	43.5	49	51	69	66	69	0.94	0.92	0.94	2
M45	49.5	46.5	52	54	73	71	73	0.95	0.92	0.95	2
M48	53	49	56	58	78	76	78	0.95	0.92	0.95	3
M52	57	53	60	62	84	81	84	0.95	0.93	0.95	3
M56	61.5	57.5	64	66	92	86	92	0.95	0.93	0.95	3
M64	70	66	73	75	100	96	100	0.95	0.94	0.95	3
M72×6	78	74	81	83	112	107	112	0.95	0.94	0.95	3
M80×6	86	82	89	91	120	117	122	0.96	0.95	0.96	3
M90×6	96	92	99	101	134	132	136	0.96	0.95	0.96	3
M100×6	106	101	109	111	150	148	153	0.97	0.96	0.97	4
M110×6	116	111	119	121	160	162	167	0.97	0.96	0.97	4
(M120×6)	126	121	129	131	175	178	183	0.97	0.96	0.97	4
M125×6	133	128	—	—	186	186	191	—	0.96	—	4
M140×6	148	143	—	—	206	206	211	—	0.97	—	4
(M150×6)	158	153	—	—	216	222	228	—	0.97	—	4
M160×6	168	163	—	—	226	240	246	—	0.97	—	4
(M170×6)	178	173	—	—	236	252	258	—	0.97	—	4
M180×6	188	183	—	—	261	272	278	—	0.97	—	4

注：1. 尽可能不采用括号内的规格。

2. 尺寸 C_3 考虑了如下因素：

——A 型螺柱用于定位的螺纹长度 Y（$d \leqslant$ M24，Y = 3mm；d = M27 ~ M56，Y = 5mm；d>M56，Y = 6mm）；

——腰状杆的长度≤5d 时，最大的永久伸长量为 1%；

——螺柱和螺母按 GB/T 3103.4TB 级的公差，法兰按经机加工的标准公差。

3. 承载螺纹长度 l_t（在中径处测量）与螺纹直径 d 的比值；如果螺柱和螺母的材料抗拉强度有很大差异时，除了螺母的壁厚以外，该参数确定了螺柱连接副的耐用性。

4. 选用沉孔直径 d_3 可保证螺母或受力套管与通孔（GB/T 5277 中等装配系列）之间尽可能处于同轴位置，选用沉孔直径 d_4 则可充分利用螺纹直径与通孔（GB/T 5277 中等装配系列）之间的间隙。

2）配罩螺母的型式和尺寸见表 13-22 和表 13-23。

表 13-22 配罩螺母的型式

序号	图示	型式代号			说明
		螺柱	受力套管	六角螺母	
1	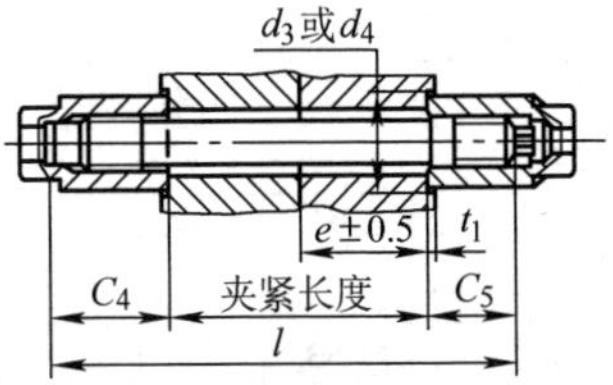 d_3或d_4；$e\pm0.5$；t_1；C_4；夹紧长度；C_5；l	SD	—	CG	罩螺母定位 l=夹紧长度+C_4+C_5 l 以 1mm 分档
2	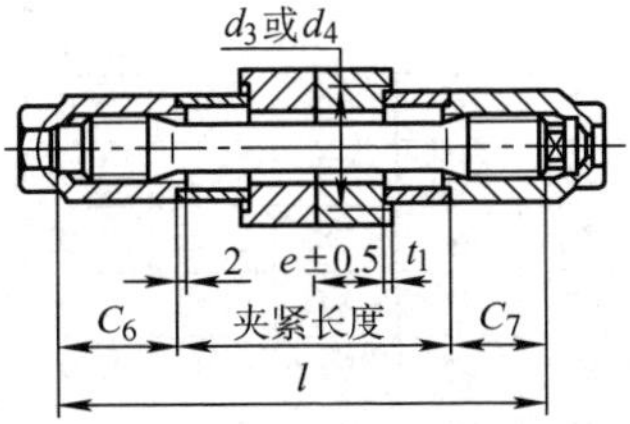 d_3或d_4；2；$e\pm0.5$；t_1；C_6；夹紧长度；C_7；l	SD	N	CP	罩螺母和受力套管定位 l=夹紧长度+C_6+C_7 l 以 1mm 分档
3	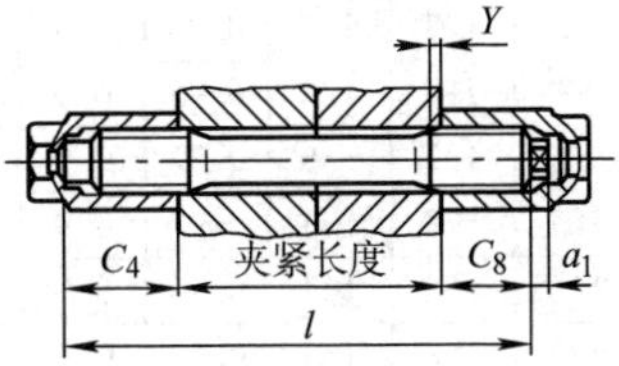 Y；C_4；夹紧长度；C_8；a_1；l	AD	—	CG	螺柱定位 l=夹紧长度+C_4+C_8 l 以 5mm 分档
4	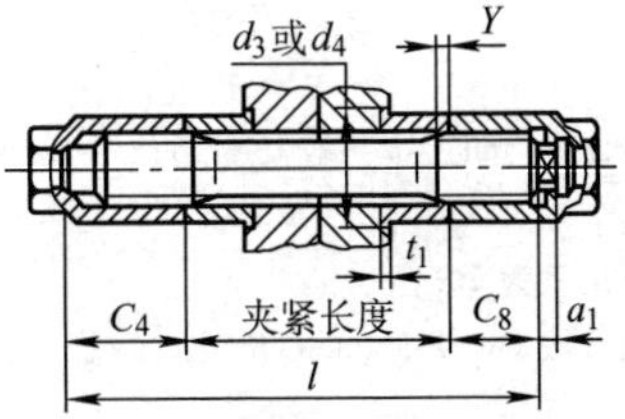 d_3或d_4；Y；t_1；C_4；夹紧长度；C_8；a_1；l	AD	S	CG	螺柱和受力套管定位 l=夹紧长度+C_4+C_8 l 以 5mm 分档

注：1. 对序号 3 和序号 4，推荐将计算出的公称长度 l 的最后一位数圆整为 0 或 5，但不应使 C_8 超过其“max”值。如果 a_{1min} 略小于表 13-23 中给出的尺寸是允许的，那么 C_{8max} 就要相应增大。

2. 定位端必须支承到螺母的底部，这样才能保证承载螺纹长度与螺纹直径的比率 l_t/d 不低于表 13-23 中给出的数值。

3. 对序号 3，如果规定了法兰锪沉孔或锪平面，则推荐用 d_4 作为沉孔直径或平面直径。

表 13-23 配罩螺母的尺寸 (mm)

螺纹规格 d	a_1 min	C_4	C_5	C_6	C_7	C_8 min	C_8 max	d_3	d_4	l_t/d 序号 1、2	l_t/d 序号 3、4	t_1
M12	1.2	30	18	28	16	17	21	23	23	0.96	0.9	1.5
M16	1.3	35	21	33	19	21	25	28	28	0.87	0.9	1.5
M20	1.6	41	25	39	23	25	29	33	33	0.88	0.9	1.5
M24	1.6	46	29	44	27	30	34	37	37	0.85	0.9	2
(M27)	2.1	51	32	49	30	33	37	43	43	0.86	0.9	2
M30	3.9	56	36	54	34	36	40	47	48	0.9	0.9	2
(M33)	2.8	61	39	59	37	39	43	52	53	0.9	0.9	2
M36	3.8	65	42	63	40	43	47	56	57	0.9	0.9	2
M39	3.3	67	45	65	43	45	49	61	63	0.9	0.9	2
M42	4.6	72	48	70	46	49	53	66	69	0.91	0.9	2
(M45)	3.5	75	51	73	49	51	55	71	73	0.9	0.9	2
M48	7.2	82	56	80	54	55	59	76	78	0.91	0.9	3
(M52)	5.2	86	59	84	57	59	63	81	84	0.92	0.9	3
M56	5.9	91	64	89	62	63	67	86	92	0.91	0.9	3
M64	6.7	100	72	98	70	71	75	96	100	0.93	0.9	3
M72×6	4.7	108	80	106	78	78	82	107	112	0.93	0.9	3
M80×6	6.2	115	87	113	85	85	89	117	122	0.93	0.9	3
M90×6	9.1	124	97	122	95	94	98	132	136	0.92	0.9	3
M100×6	8.6	133	106	131	104	103	107	148	153	0.92	0.9	4
M110×6	8	142	115	140	113	112	116	162	167	0.93	0.9	4
(M120×6)	7.5	153	124	151	122	121	125	178	183	0.93	0.9	4

注：1. 尽可能不采用括号内的规格。

2. 尺寸 C_8 和 a_{1min} 考虑了如下因素：

——用于螺柱定位的螺纹长度 Y（d≤M24，Y=3mm；d=M27~M56，Y=5mm；d>M56，Y=6mm）；

——腰状杆的长度≤5d 时，最大的永久伸长量为1%；

——螺柱按 GB/T 3103.4TA 级的公差，螺母按 GB/T 3103.4TB 级的公差，法兰按经机加工的标准公差。

3. 表 13-22 中序号 3 和序号 4 的 a_{1min} 等于最小剩余间隙，表 13-22 中序号 1 和序号 2 的最小剩余间隙较大。

4. 承载螺纹长度 l_t（在中径处测量）与螺纹直径 d 的比值：如果螺柱和螺母的材料抗拉强度有很大差异时，除了螺母的壁厚以外，该参数确定了螺柱连接副的耐用性。

5. 选用沉孔直径 d_3 可保证螺母或受力套管与通孔（GB/T 5277 中等装配系列）之间尽可能处于同轴位置，选用沉孔直径 d_4 则可充分利用螺纹直径与通孔（GB/T 5277 中等装配系列）之间的间隙。

（2）双头螺柱

1）配六角螺母端的型式和尺寸见表 13-24 和表 13-25。

表 13-24　配六角螺母端的型式

序号	图示	型式代号			说明
		螺柱	受力套管	六角螺母	
1	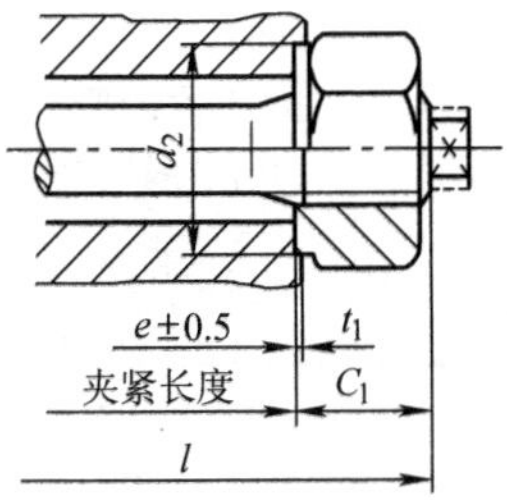	FS、CS、FSW 或 CSW	—	G	l=夹紧长度+C+t_2 或 l=夹紧长度+C_1+t_3 l 以 1mm 分档
2	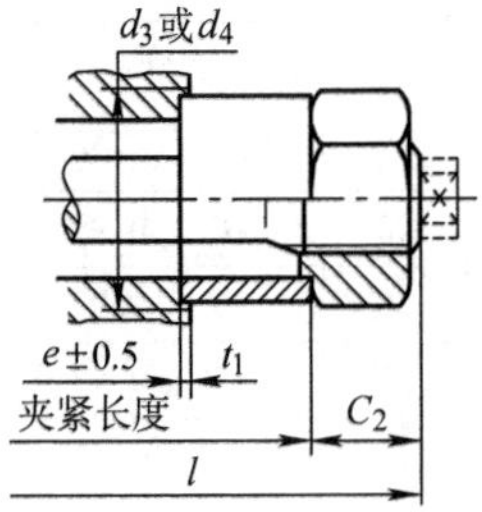	FS、CS、FSW 或 CSW	N	—	l=夹紧长度+C_2+t_2 或 l=夹紧长度+C_2+t_3 l 以 1mm 分档
3	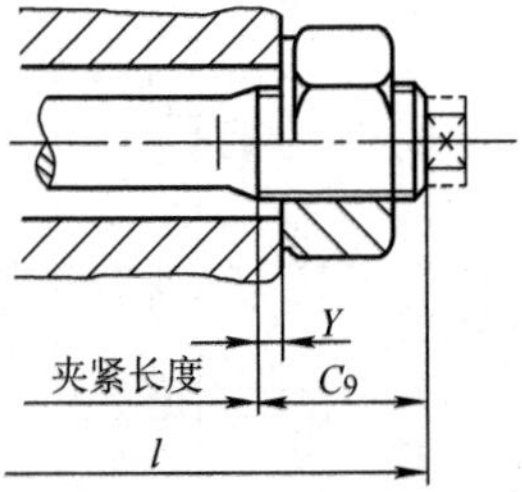	FL、CL、FLW 或 CLW	—	G	l=夹紧长度+C_9+t_2 或 l=夹紧长度+C_9+t_3 l 以 5mm 分档

（续）

序号	图示	型式代号			说明
		螺柱	受力套管	六角螺母	
4	d_3或d_4 / t_1 / Y / 夹紧长度 / C_9 / l	FL、CL、FLW 或 CLW	S	G	l=夹紧长度+C_9+t_2 或 l=夹紧长度+C_9+t_3 l 以 5mm 分档

注：对序号3和序号4，推荐将计算出的公称长度 l 的最后一位数圆整为0或5，但不应使 C_9 超过其“max”值。

表 13-25　配六角螺母端的尺寸　（mm）

螺纹规格 d	C_1	C_2	C_9		d_2	d_3	d_4	l_t/d		t_1
								序号		
			min	max				1、2	3、4	
M12	14	12	15	19	23	23	23	0.9	0.92	1.5
M16	18	16	19	23	28	28	28	0.86	0.93	1.5
M20	22.5	20.5	24	28	33	33	33	0.87	0.93	1.5
M24	27	24	29	33	37	37	37	0.9	0.93	2
(M27)	30	27	32	36	43	43	43	0.9	0.94	2
M30	33.5	30.5	35	39	48	47	48	0.91	0.94	2
(M33)	36.5	33.5	39	43	53	52	53	0.9	0.94	2
M36	40	37	42	46	57	56	57	0.9	0.94	2
M39	43	40	45	49	63	61	63	0.9	0.94	2
M42	46.5	43	49	53	69	66	69	0.9	0.94	2
(M45)	49.5	46.5	52	56	73	71	73	0.9	0.94	2
M48	53	49	55	59	78	76	78	0.9	0.95	3
(M52)	57	53	59	63	84	81	87	0.91	0.95	3
M56	61.5	57.5	64	68	92	86	92	0.91	0.95	3
M64	70	66	73	77	100	96	100	0.91	0.95	3
M72×6	78	74	81	85	112	107	112	0.91	0.95	3

（续）

螺纹规格 d	C_1	C_2	C_9		d_2	d_3	d_4	l_t/d		t_1
								序号		
			min	max				1、2	3、4	
M80×6	86	82	89	93	120	117	122	0.91	0.96	3
M90×6	96	92	99	103	134	132	136	0.92	0.96	3
M100×6	106	101	109	113	150	148	153	0.92	0.97	4
M110×6	116	111	119	123	160	162	167	0.92	0.97	4
（M120×6）	126	121	129	134	175	178	183	0.92	0.97	4

注：1. 尽可能不采用括号内的规格。

2. 尺寸 C_9 考虑了如下因素：

——旋入螺母端为 L 型和 LW 型的螺柱用于定位的螺纹长度 Y（$d \leqslant$ M24，Y=3mm；d=M27～M56，Y=5mm；d>M56，Y=6mm）；

——腰状杆的长度≤5d 时，最大的永久伸长量为 1%；

——螺柱按 GB/T 3103.4TA 级的公差，螺母按 GB/T 3103.4TB 级的公差，法兰按经机加工的标准公差。

3. 承载螺纹长度 l_t（在中径处测量）与螺纹直径 d 的比值：如果螺柱和螺母的材料抗拉强度有很大差异时，除了螺母的壁厚以外，该参数确定了螺柱连接副的耐用性。

4. 选用沉孔直径 d_3 可保证螺母或受力套管与通孔（GB/T 5277 中等装配系列）之间尽可能处于同轴位置，选用沉孔直径 d_4 则可充分利用螺纹直径与通孔（GB/T 5277 中等装配系列）之间的间隙。

2）配罩螺母端的型式和尺寸见表 13-26 和表 13-27。

表 13-26 配罩螺母端的型式

序号	图示	型式代号			说明
		螺柱	受力套管	六角螺母	
1	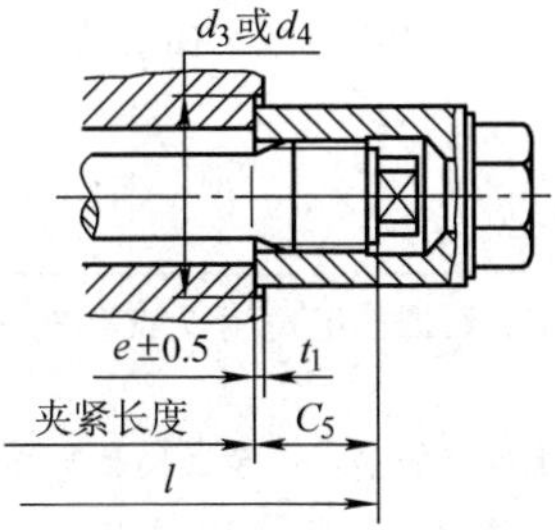	FS、CS、FSW 或 CSW	—	CG	l=夹紧长度+C_5+t_2 或 l=夹紧长度+C_5+t_3 l 以 1mm 分档

（续）

序号	图示	型式代号			说明
		螺柱	受力套管	六角螺母	
2	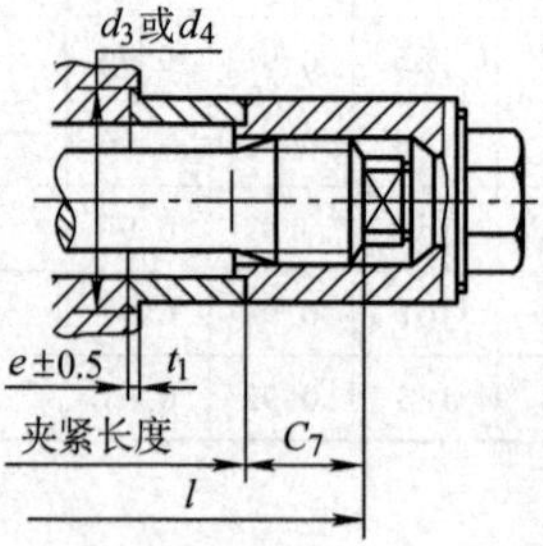	FS、CS、FSW 或 CSW	N	CP	l=夹紧长度+C_7+t_2 或 l=夹紧长度+C_7+t_3 l以1mm分档
3	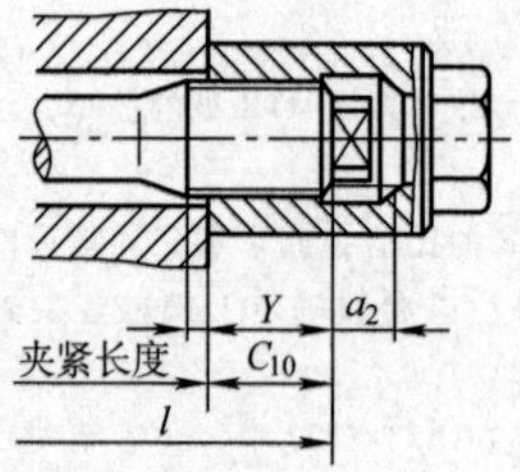	FL、CL、FLW 或 CLW	—	CG	l=夹紧长度+C_{10}+t_2 或 l=夹紧长度+C_{10}+t_3 l以5mm分档
4	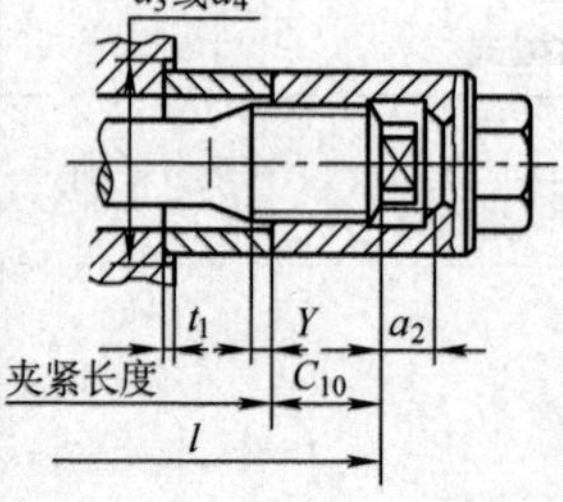	FL、CL、FLW 或 CLW	S	CG	l=夹紧长度+C_{10}+t_2 或 l=夹紧长度+C_{10}+t_3 l以5mm分档

注：1. 对表中序号3，如果规定了法兰锪沉孔或锪平面，则推荐用 d_4 作为沉孔直径或平面直径。

2. 对表中序号3和序号4，推荐将计算出的公称长度 l 的最后一位数圆整为0或5。如果 a_2 略小于表13-27中给出的尺寸是允许的，那么 C_{10} 就要相应增大。

表 13-27　配置螺母端的尺寸　(mm)

螺纹规格 d	a_2 min	C_5	C_7	C_{10}		d_3	d_4	l_t/d 序号		t_1
				min	max			1、2	3、4	
M12	6.1	18	16	14	18	23	23	0.96	0.9	1.5
M16	6.2	21	19	18	22	28	28	0.87	0.9	1.5
M20	6.5	25	23	22	26	33	33	0.88	0.9	1.5
M24	7.5	29	27	27	31	37	37	0.85	0.9	2
(M27)	7.8	32	30	30	34	43	43	0.96	0.9	2
M30	9.6	36	34	33	37	47	48	0.9	0.9	2
(M33)	8.6	39	37	36	40	52	53	0.9	0.9	2
M36	10.5	42	40	39	43	56	57	0.9	0.9	2
M39	9	45	43	42	46	61	63	0.9	0.9	2
M42	11.4	48	46	45	49	66	69	0.91	0.9	2
(M45)	9.3	51	49	48	52	71	73	0.9	0.9	2
M48	14	56	54	51	55	76	78	0.91	0.9	3
(M52)	11.9	59	57	55	59	81	84	0.92	0.9	3
M56	12.7	64	62	59	63	86	92	0.91	0.9	3
M64	13.2	72	70	67	71	96	100	0.93	0.9	3
M72×6	10.2	80	78	75	79	107	112	0.93	0.9	3
M80×6	11.7	87	85	82	86	117	122	0.93	0.9	3
M90×6	14.6	97	95	91	95	132	136	0.92	0.9	3
M100×6	14.1	106	104	100	104	148	153	0.92	0.9	4
M110×6	13.5	115	113	109	113	162	167	0.93	0.9	4
(M120×6)	13	124	122	118	122	178	183	0.93	0.9	4

注：1. 尽可能不采用括号内的规格。

2. 尺寸 C_{10} 和 $a_{2\min}$ 考虑了如下因素：

——旋入螺母端为 L 型和 LW 型的螺柱用于定位的螺纹长度 Y（$d \leqslant$ M24，Y=3mm；d=M27～M56，Y=5mm；d>M56，Y=6mm）；

——腰状杆的长度≤5d 时，最大的永久伸长量为 1%；

——螺柱按 GB/T 3103.4TA 级的公差，螺母按 GB/T 3103.4TB 级的公差，法兰按经机加工的标准公差。

3. 表 13-26 中序号 3 和序号 4 的 $a_{2\min}$ 等于最小剩余间隙，表 13-26 中序号 1 和序号 2 的最小剩余间隙部分地大于 $a_{2\min}$。

4. 承载螺纹长度 l_t（在中径处测量）与螺纹直径 d 的比值：如果螺柱和螺母的材料抗拉强度有很大差异时，除了螺母的壁厚以外，该参数确定了螺柱连接副的耐用性。

5. 选用沉孔直径 d_3 可保证螺母或受力套管与通孔（GB/T 5277 中等装配系列）之间尽可能处于同轴位置，选用沉孔直径 d_4 则可充分利用螺纹直径与通孔（GB/T 5277 中等装配系列）之间的间隙。

3）拧入机体端的型式尺寸见图 13-5 和表 13-28。

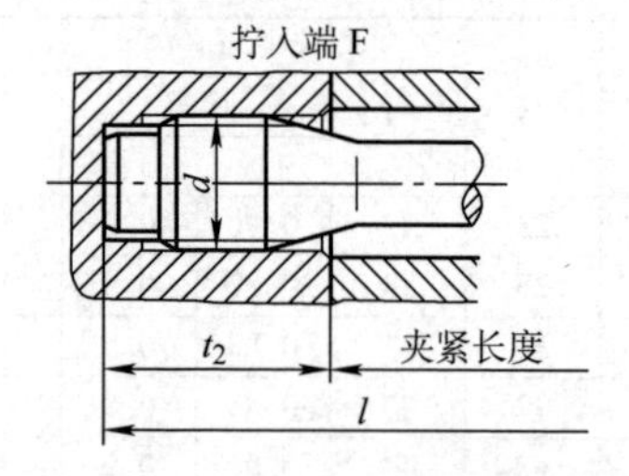

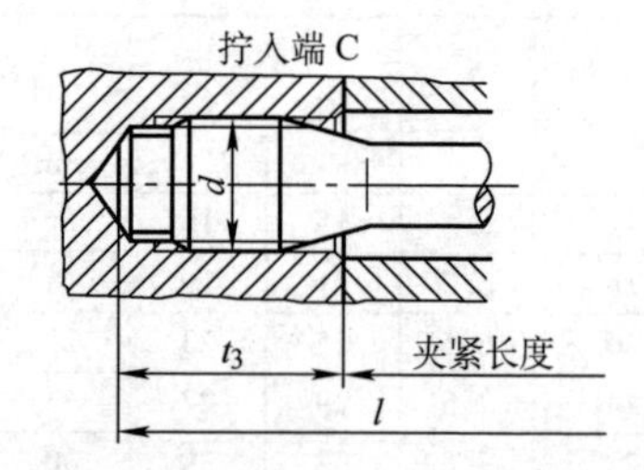

图 13-5　拧入机体端

表 13-28　拧入机体端的尺寸　（mm）

螺纹规格 d	M12	M16	M20	M24	（M27）	M30	（M33）	M36	（M39）	M42	（M45）
t_2	21	25.5	32.5	38.5	41	46.5	49	54.5	57	62.5	65
t_3	23	28	35	41	44	50	53	59	61	67	70

螺纹规格 d	M48	（M52）	M56	M64	M72×6	M80×6	M90×6	M100×6	M110×6	（M120×6）
t_2	70	74	80	90	97	104	113	122	131	140
t_3	76	80	86	93	100	108	117	127	136	145

二、组合件和连接副的尺寸

1. 螺栓或螺钉和平垫圈组合件（GB/T 9074.1—2018）

（1）组合件用螺栓和螺钉的尺寸，除组装垫圈的部位应按下列要求外，其余部分应符合相应国家标准的规定：

——螺栓和螺钉应有直径为 d_s（$d_s \approx$ 中径）（图 13-6）的细杆，垫圈的直径应符合 GB/T 97.4，以便能自由转动。

——从支承面到第一扣完整螺纹始端的距离，应加大到可容纳垫圈的最大厚度。对这类产品，是将螺纹辗制到接近垫圈的位置。

——过渡圆直径 d_{a1}（图 13-6 和表 13-29），应小于产品标准（表 13-31）规定的过渡圆直径 d_a，其减小量为公称直径与辗压螺纹毛坯直径的差值。在相应国家标准中对头下圆角规定的曲率，在组合件中也不应改变。

（2）平垫圈的尺寸应按 GB/T 97.4 规定。

（3）螺栓或螺钉和平垫圈组合件的示例，见图 13-7 和图 13-8。

（4）经供需双方协议，六角头螺栓头下可采用 U 形沉割槽，见图 13-9 和表 13-30。

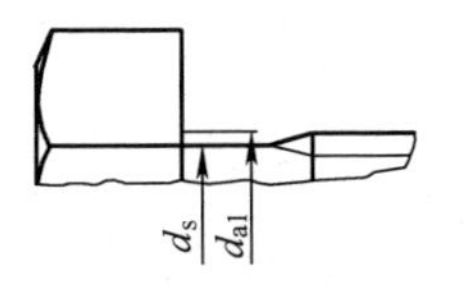

图 13-6　过渡圆直径 d_{a1} 和光杆杆径 d_s

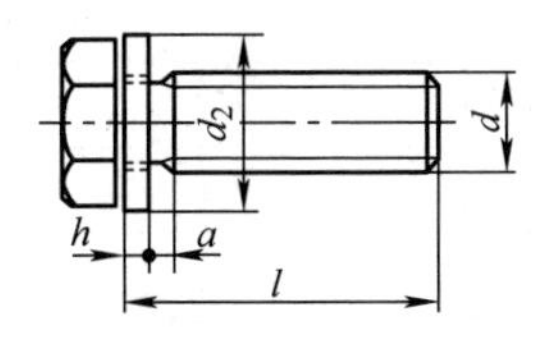

图 13-7　螺纹制到垫圈处的螺栓

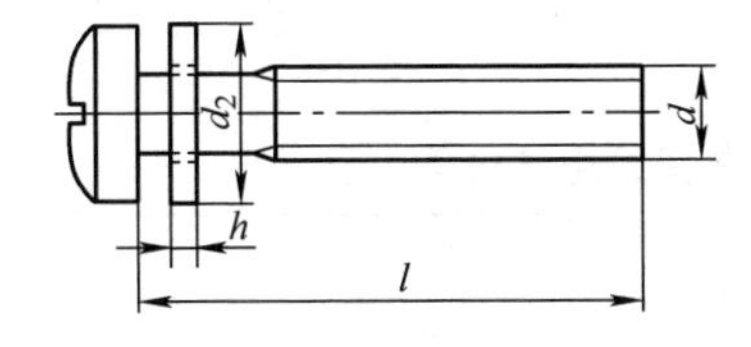

图 13-8　带光杆的螺钉

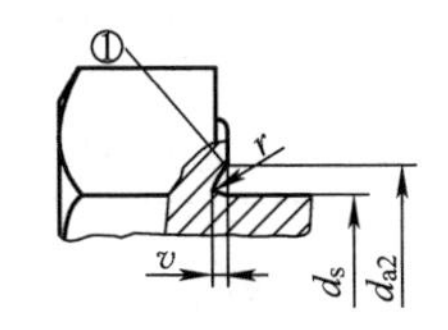

① 圆滑过渡。

图 13-9　可替代使用的头下 U 形沉割槽

表 13-29　螺栓或螺钉和平垫圈组合件尺寸　(mm)

螺纹规格 d	a① max	d_{a1} max	平垫圈尺寸②					
			小系列 S 型		标准系列 N 型		大系列 L 型	
			h 公称	d_2 max	h 公称	d_2 max	h 公称	d_2 max
M2	2P③	2.4	0.6	4.5	0.6	5	0.6	6
M2.5		2.8	0.6	5	0.6	6	0.6	8
M3		3.3	0.6	6	0.6	7	0.8	9
(M3.5)		3.7	0.8	7	0.8	8	0.8	11
M4		4.3	0.8	8	0.8	9	1	12
M5		5.2	1	9	1	10	1	15
M6		6.2	1.6	11	1.6	12	1.6	18
M8		8.4	1.6	15	1.6	16	2	24
M10		10.2	2	18	2	20	2.5	30
M12		12.6	2	20	2.5	24	3	37

注：尽可能不采用括号内的规格。

① 从垫圈支承面到第一扣完整螺纹始端的最大距离，当用平面（即用未倒角的环规）测量时，垫圈应与螺钉支承面或头下圆角接触。

② 摘自 GB/T 97.4 的尺寸仅供参考。

③ P—螺距。

表 13-30 U形沉割槽尺寸 (mm)

螺纹规格 d		M3	M4	M5	M6	M8	M10	M12
d_{a2max}		3.6	4.7	5.7	6.8	9.2	11.2	13.7
r_{min}		0.1	0.2	0.2	0.25	0.4	0.4	0.6
v	max	0.20	0.25	0.25	0.30	0.40	0.40	0.50
	min	0.05	0.05	0.05	0.05	0.10	0.10	0.10

注：其余尺寸见表 13-29。

表 13-31 螺栓或螺钉和垫圈的组合代号

螺栓或螺钉		垫圈		
		S 型	N 型	L 型
标准编号	代号	代号 S	代号 N	代号 L
GB/T 5783	S1	—	×	×
GB/T 5782	S2	—	×	×
GB/T 818	S3	—	×	×
GB/T 70.1	S4	×	×	×
GB/T 67	S5	—	×	×
GB/T 65	S6	×	×	×

注：根据 GB/T 97.4，“—” 表示无此型式；“×” 表示可选用的组合件。

2. 十字槽盘头螺钉和外锯齿锁紧垫圈组合件（GB/T 9074.2—1988）（图 13-10、表 13-32）

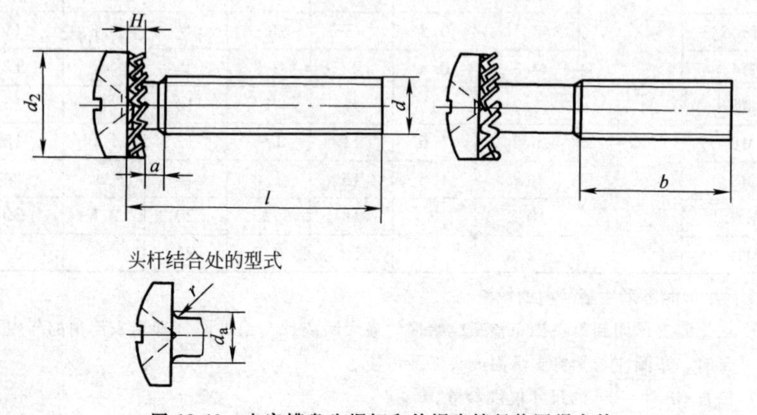

图 13-10 十字槽盘头螺钉和外锯齿锁紧垫圈组合件

表 13-32　十字槽盘头螺钉和外锯齿锁紧垫圈组合件尺寸　（mm）

螺纹规格	M3	M4	M5	M6
a_{max}	1.0	1.4	1.6	2.0
b_{min}	25	38	38	38
d_{amax}	2.8	3.8	4.7	5.6
r_{min}	由工艺控制			
H　≈	1.2	1.5	1.8	1.8
d_2　公称	6	8	10	11
l　公称	8~30	10~40	12~45	14~50

3. 十字槽盘头螺钉和弹簧垫圈组合件（GB/T 9074.3—1988）（图 13-11、表 13-33）

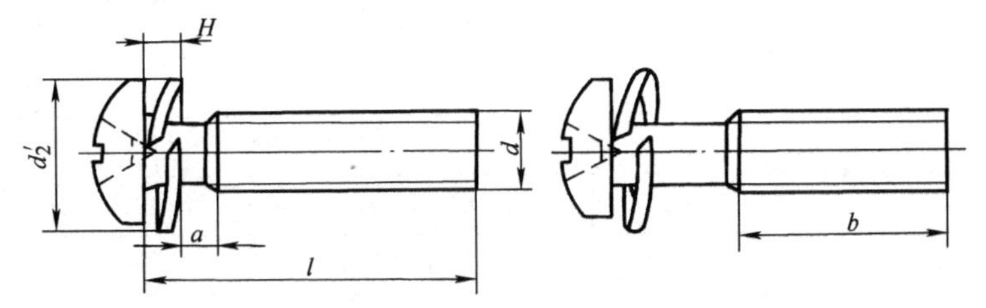

头杆结合处的型式

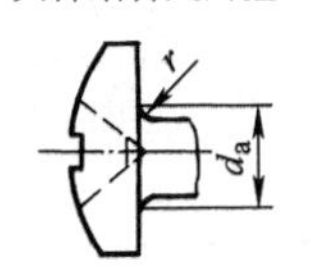

图 13-11　十字槽盘头螺钉和弹簧垫圈组合件

表 13-33　十字槽盘头螺钉和弹簧垫圈组合件尺寸　（mm）

螺纹规格	M3	M4	M5	M6
a_{max}	1.0	1.4	1.6	2.0
b_{min}	25	38	38	38
d_{amax}	2.8	3.8	4.7	5.6
r_{min}	由工艺控制			
H　公称	1.50	2.00	2.75	3.25
d_2'—参考	5.23	6.78	8.75	10.71
l　公称	8~30	10~40	12~45	14~50

4. 十字槽盘头螺钉、弹簧垫圈和平垫圈组合件（GB/T 9074.4—1988）（图 13-12、表 13-34）

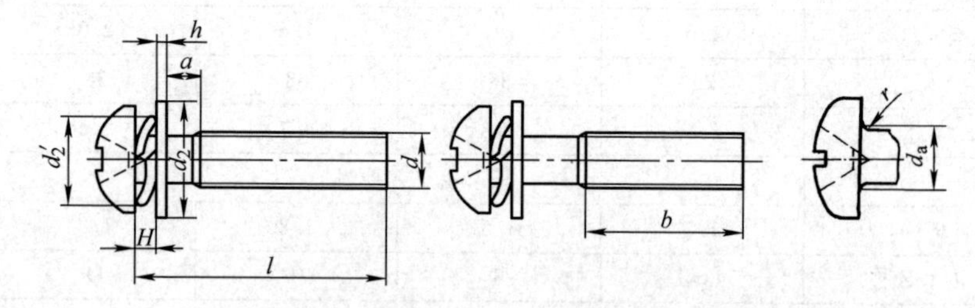

图 13-12 十字槽盘头螺钉、弹簧垫圈和平垫圈组合件

表 13-34 十字槽盘头螺钉、弹簧垫圈和平垫圈组合件尺寸（mm）

螺纹规格	M3	M4	M5	M6
a_{max}	1.0	1.4	1.6	2.0
b_{min}	25	38	38	38
d_{amax}	2.8	3.8	4.7	5.6
r_{min}	由工艺控制			
h 公称	0.5	0.8	1.0	1.6
H 公称	1.50	2.00	2.75	3.25
d_2 公称	7	9	10	12
d_2' 参考	5.23	6.78	8.75	10.71
l 公称	8~30	10~40	12~45	14~50

5. 十字槽小盘头螺钉和平垫圈组合件（GB/T 9074.5—2004）

1）组合件中螺钉（图 13-13）的尺寸，除组装垫圈的部位应按下列要求外，其余部分应符合 GB/T 823 的规定：

——螺钉应有直径为 d_s（$d_s \approx$ 中径）（图 13-14）的细杆，垫圈的直径应符合 GB/T 97.4，以便能自由转动。

——从支承面到第一扣完整螺纹始端的距离，应加大到可容纳垫圈的最大厚度。对这类产品是将螺纹辗制到接近垫圈的位置。

——过渡圆直径 d_a（图 13-14 和表 13-35），应小于 GB/T 823 规定的过渡圆直径 d_a，其减小量为公称直径与辗压螺纹毛坯直径的差值。GB/T 823 规定的曲率，在组合件中也不应改变。

2）平垫圈的尺寸应按 GB/T 97.4 规定。

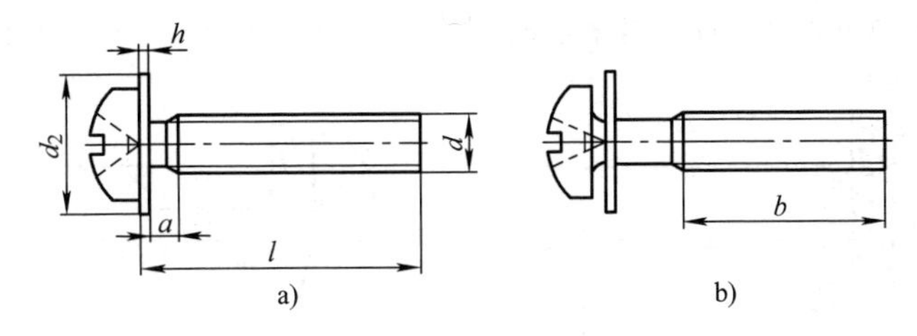

图 13-13　十字槽小盘头螺钉和平垫圈组合件示例

a）全螺纹螺钉和平垫圈组合件　b）带光杆的螺钉和平垫圈组合件

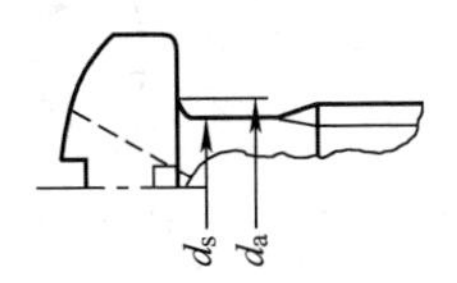

图 13-14　过渡圆直径 d_a 和杆径 d_s

表 13-35　十字槽小盘头螺钉和平垫圈组合件尺寸　（mm）

螺纹规格 d	a_{max}①	$d_{a\,max}$	平垫圈尺寸②					
			小系列（S 型）		标准系列（N 型）		大系列（L 型）	
			h 公称	d_2 max	h 公称	d_2 max	h 公称	d_2 max
M2	2P③	2.4	0.6	4.5	0.6	5	0.6	6
M2.5		2.8	0.6	5	0.6	6	0.6	8
M3		3.3	0.6	6	0.6	7	0.8	9
（M3.5）		3.7	0.8	7	0.8	8	0.8	11
M4		4.3	0.8	8	0.8	9	1	12
M5		5.2	1	9	1	10	1	15
M6		6.2	1.6	11	1.6	12	1.6	18
M8		8.4	1.6	15	1.6	16	2	24

注：尽可能不采用括号内的规格。

① a—从垫圈支承面到第一扣完整螺纹始端的最大距离，当用平面（即用未倒角的环规）测量时，垫圈应与螺钉支承面或头下圆角接触。

② 摘自 GB/T 97.4 的尺寸仅为信息。

③ P—螺距。

6. 十字槽小盘头螺钉和弹簧垫圈组合件（GB/T 9074.7—1988）（图 13-15、表 13-36）

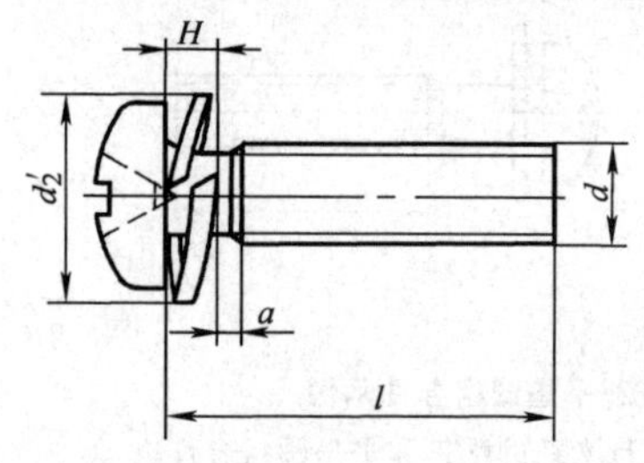

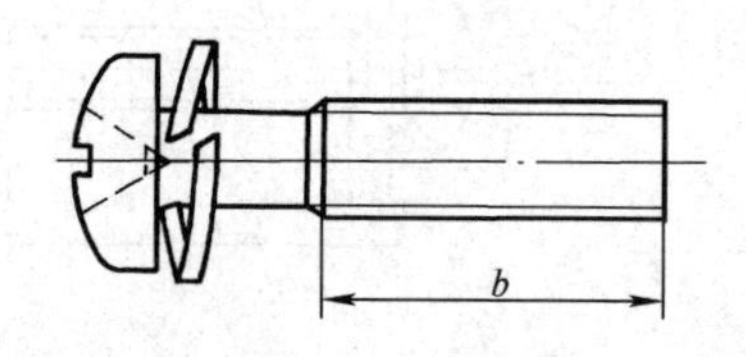

头杆结合处的型式

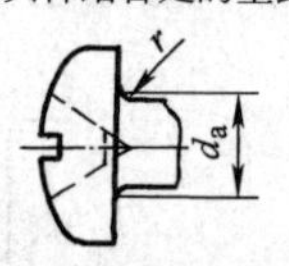

图 13-15　十字槽小盘头螺钉和弹簧垫圈组合件

表 13-36　十字槽小盘头螺钉和弹簧垫圈组合件尺寸　　（mm）

螺纹规格	M2.5	M3	M4	M5	M6
a_{max}	0.8	1.0	1.4	1.6	2.0
b_{min}	25	25	38	38	38
d_{amax}	2.3	2.8	3.8	4.7	5.6
r_{min}	由工艺控制				
H 公称	1.50	2.00	2.75	3.25	4.00
d_2' （参考）	4.34	5.23	6.78	8.75	10.71
l 公称	6~25	8~30	10~35	12~40	14~50

7. 十字槽小盘头螺钉和弹簧垫圈及平垫圈组合件（GB/T 9074.8—1988）（图 13-16、表 13-37）

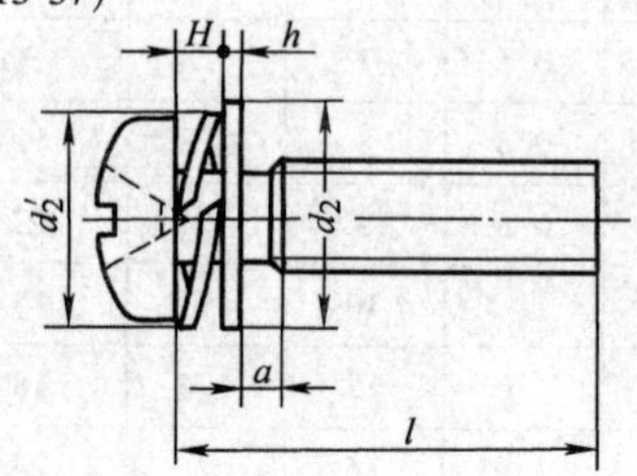

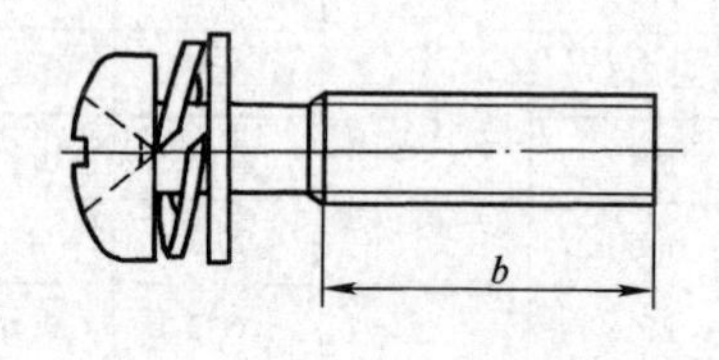

头杆结合处的型式

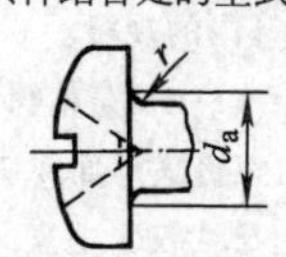

图 13-16　十字槽小盘头螺钉和弹簧垫圈及平垫圈组合件

表 13-37　十字槽小盘头螺钉和弹簧垫圈及平垫圈组合件尺寸（mm）

螺纹规格	M2.5	M3	M4	M5	M6
a_{max}	0.8	1.0	1.4	1.6	2.0
b_{min}	25	25	38	38	38
d_{amax}	2.3	2.8	3.8	4.7	5.6
r_{min}	由工艺控制				
h　公称	0.5	0.5	0.8	1.0	1.6
H　公称	1.50	2.00	2.75	3.25	4.00
d_2　公称	6	7	9	10	12
d_2'　（参考）	4.34	5.23	6.78	8.75	10.71
l　公称	6~25	8~30	10~35	12~40	14~50

8. 十字槽沉头螺钉和锥形锁紧垫圈组合件（GB/T 9074.9—1988）（图 13-17、表 13-38）

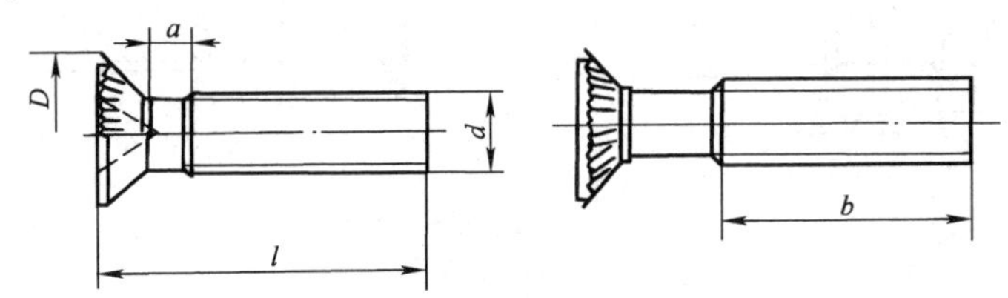

图 13-17　十字槽沉头螺钉和锥形锁紧垫圈组合件

表 13-38　十字槽沉头螺钉和锥形锁紧垫圈组合件尺寸　（mm）

螺纹规格	M3	M4	M5	M6	M8
a_{max}	1.0	1.4	1.6	2.0	2.5
b_{min}	25	38	38	38	38
D　≈	6.0	8.0	9.8	11.8	15.3
l　公称	8~30	10~35	12~40	14~50	16~60

9. 十字槽半沉头螺钉和锥形锁紧垫圈组合件（GB/T 9074.10—1988）（图 13-18、表 13-39）

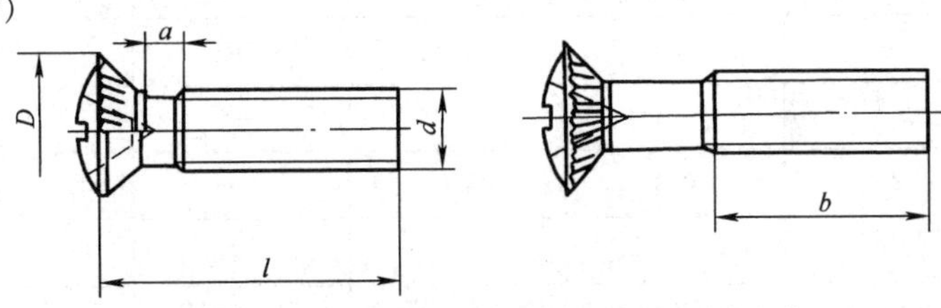

图 13-18　十字槽半沉头螺钉和锥形锁紧垫圈组合件

表 13-39 十字槽半沉头螺钉和锥形锁紧垫圈组合件尺寸 (mm)

螺纹规格	M3	M4	M5	M6	M8
$a_{\max}$	1.0	1.4	1.6	2.0	2.5
$b_{\min}$	25	38	38	38	38
D ≈	6.0	8.0	9.8	11.8	15.3
l 公称	8~30	10~35	12~40	14~50	16~60

10. 十字槽凹穴六角头螺栓和平垫圈组合件（GB/T 9074.11—1988）（图 13-19、表 13-40）

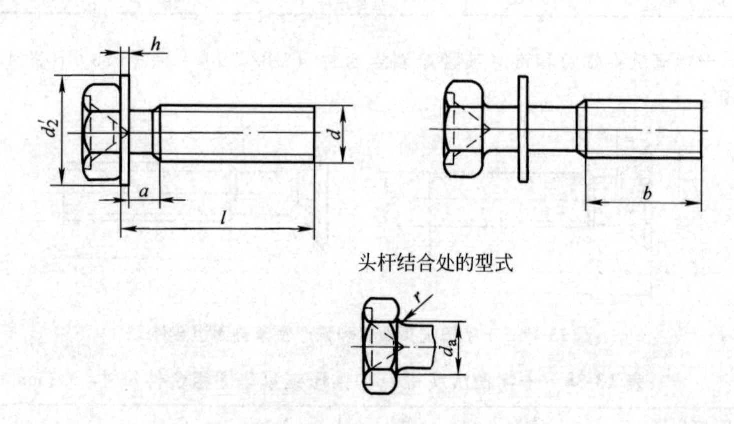

图 13-19 十字槽凹穴六角头螺栓和平垫圈组合件

表 13-40 十字槽凹穴六角头螺栓和平垫圈组合件尺寸 (mm)

螺纹规格	M4	M5	M6	M8
$a_{\max}$	1.4	1.6	2.0	2.5
$b_{\min}$	38	38	38	38
d_{amax}	3.8	4.7	5.6	7.5
$r_{\min}$	—	—	—	0.1
h 公称	0.8	1.0	1.6	1.6
d_2' 公称	9	10	12	16
l 公称	10~35	12~40	14~50	16~60

11. 十字槽凹穴六角头螺栓和弹簧垫圈组合件（GB/T 9074.12—1988）（图 13-20、表 13-41）

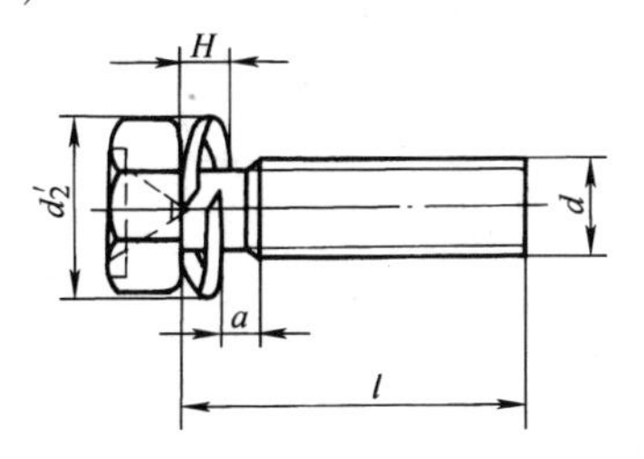

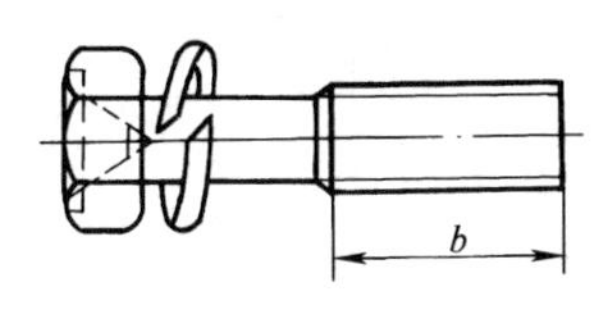

头杆结合处的型式

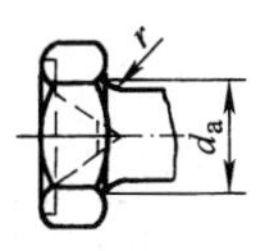

图 13-20　十字槽凹穴六角头螺栓和弹簧垫圈组合件

表 13-41　十字槽凹穴六角头螺栓和弹簧垫圈组合件尺寸　（mm）

螺纹规格	M4	M5	M6	M8
a_{max}	1.4	1.6	2.0	2.5
b_{min}	38	38	38	38
d_{amax}	3.8	4.7	5.6	7.5
r_{min}	由工艺控制			0.1
H　公称	2.75	3.25	4.00	5.00
d_2'　（参考）	6.78	8.75	10.71	13.64
l　公称	10~35	12~40	14~50	16~60

12. 十字槽凹穴六角头螺栓和弹簧垫圈及平垫圈组合件（GB/T 9074.13—1988）（图 13-21、表 13-42）

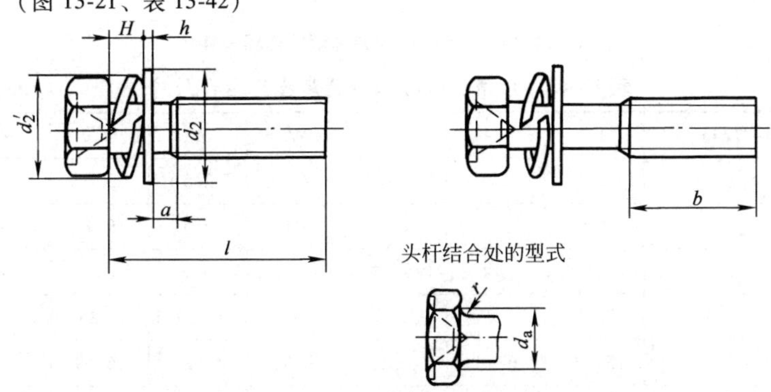

图 13-21　十字槽凹穴六角头螺栓和弹簧垫圈及平垫圈组合件

表 13-42 十字槽凹穴六角头螺栓和弹簧垫圈及平垫圈组合件尺寸

（mm）

螺纹规格	M4	M5	M6	M8
a_{max}	1.4	1.6	2.0	2.5
b_{min}	38	38	38	38
d_{amax}	3.8	4.7	5.6	7.5
r_{min}	由工艺控制			0.1
h 公称	0.8	1.0	1.6	1.6
H 公称	2.75	3.25	4.00	5.00
d_2 公称	9	10	12	16
d_2' （参考）	6.78	8.75	10.71	13.64
l 公称	10~35	12~40	14~50	16~60

13. 六角头螺栓和弹簧垫圈组合件（GB/T 9074.15—1988）（图 13-22、表 13-43）

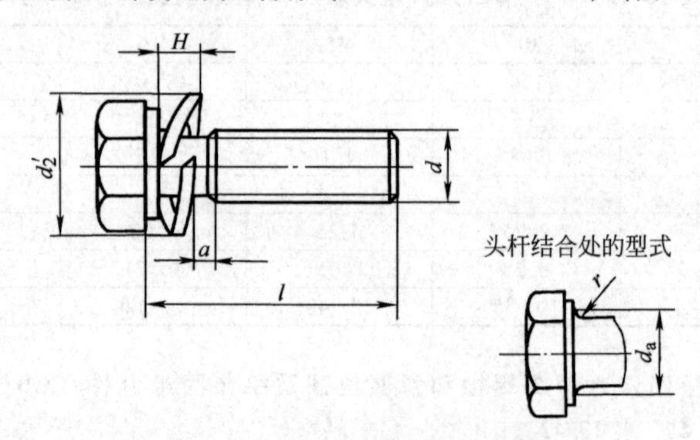

图 13-22 六角头螺栓和弹簧垫圈组合件

表 13-43 六角头螺栓和弹簧垫圈组合件尺寸 （mm）

螺纹规格	M3	M4	M5	M6	M8	M10	M12
a_{max}	1.0	1.4	1.6	2.0	2.5	3.0	3.5
d_{amax}	2.8	3.8	4.7	5.6	7.5	9.4	11.2
r_{min}	由工艺控制				0.1	0.1	0.1
H 公称	2.00	2.75	3.25	4.00	5.00	6.25	7.50
d_2' （参考）	5.23	6.78	8.75	10.71	13.64	16.59	19.53
l 公称	8~30	10~35	12~40	16~50	20~65	25~80	30~100

14. 六角头螺栓和外锯齿锁紧垫圈组合件（GB/T 9074.16—1988）（图 13-23、表 13-44）

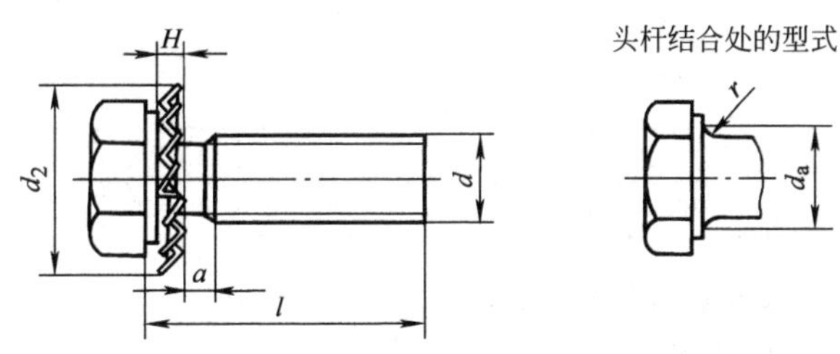

图 13-23　六角头螺栓和外锯齿锁紧垫圈组合件

表 13-44　六角头螺栓和外锯齿锁紧垫圈组合件尺寸　（mm）

螺纹规格	M3	M4	M5	M6	M8	M10
a_{max}	1.0	1.4	1.6	2.0	2.5	3.0
d_{amax}	2.8	3.8	4.7	5.6	7.5	9.4
r_{min}	由工艺控制				0.1	0.1
H ≈	1.2	1.5	1.8	1.8	2.4	3.0
d_2 公称	6	8	10	11	15	18
l 公称	8~30	10~35	12~40	16~50	20~65	25~80

15. 六角头螺栓和弹簧垫圈及平垫圈组合件（GB/T 9074.17—1988）（图 13-24、表 13-45）

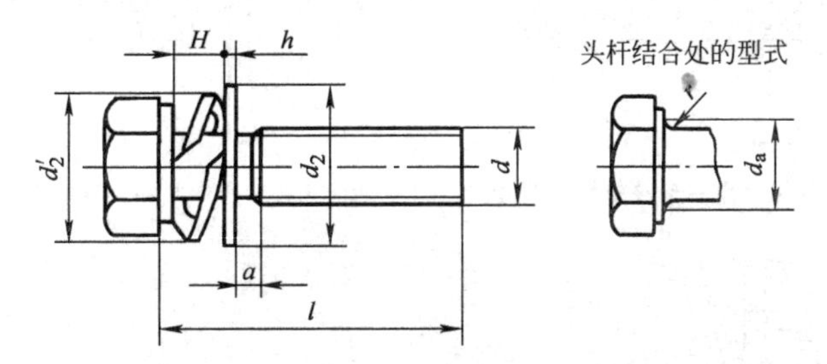

图 13-24　六角头螺栓和弹簧垫圈及平垫圈组合件

表 13-45　六角头螺栓和弹簧垫圈及平垫圈组合件尺寸　（mm）

螺纹规格	M3	M4	M5	M6	M8	M10	M12
a_{max}	1.0	1.4	1.6	2.0	2.5	3.0	3.5
d_{amax}	2.8	3.8	4.7	5.6	7.5	9.4	11.2
r_{min}	由工艺控制				0.1	0.1	0.1
h 公称	0.5	0.8	1.0	1.6	1.6	2.0	2.5

（续）

螺纹规格	M3	M4	M5	M6	M8	M10	M12
H 公称	2.00	2.75	3.25	4.00	5.00	6.25	7.50
d_2 公称	7	9	10	12	16	20	24
d_2' （参考）	5.23	6.78	8.75	10.71	13.64	16.59	19.53
l 公称	8~30	10~35	12~40	20~50	25~65	30~80	35~100

16. 自攻螺钉和平垫圈组合件（GB/T 9074.18—2017）

1）组合件中自攻螺钉的尺寸，除组装垫圈的部位应按下列要求外，其余部分应符合相应国家标准的规定：

——螺钉应有直径为 d_s 的细杆，垫圈的直径应符合 GB/T 97.5，以便能自由转动。

——从支承面到第一扣完整螺纹始端的距离，应加大到可容纳 GB/T 97.5 垫圈的最大厚度。

——过渡圆直径 d_a，应小于相应国家标准的规定值，其减小量为公称直径与辗压螺纹毛坯直径的差值。

2）尺寸见图 13-25~图 13-28 和表 13-46。

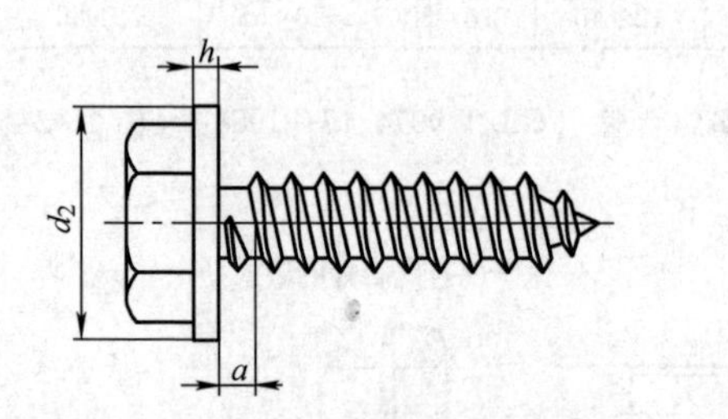

图 13-25　锥端六角头自攻螺钉（C 型）

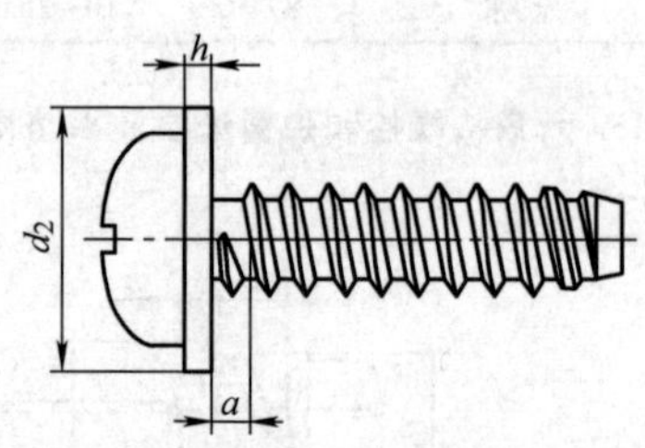

图 13-26　平端盘头自攻螺钉（F 型）

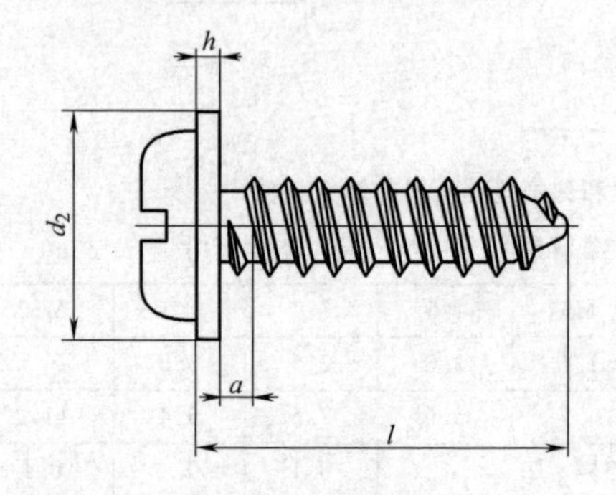

图 13-27　倒圆端开槽盘头自攻螺钉（R 型）

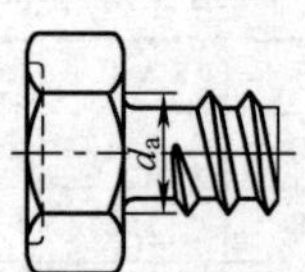

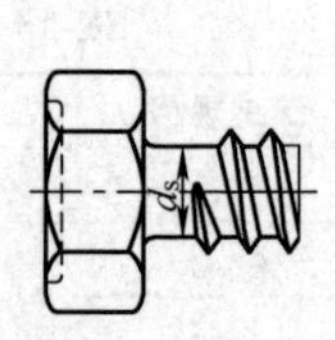

图 13-28　过渡圆直径 d_a 和杆径 d_s

表 13-46　自攻螺钉和平垫圈组合件尺寸　(mm)

螺纹规格	a_{max}①	$d_{a\,max}$	平垫圈尺寸②			
			标准系列(N 型)		大系列(L 型)	
			h 公称	d_{2max}	h 公称	d_{2max}
ST2.2	0.8	2.10	1	5	1	7
ST2.9	1.1	2.80	1	7	1	9
ST3.5	1.3	3.30	1	8	1	11
ST4.2	1.4	4.03	1	9	1	12
ST4.8	1.6	4.54	1	10	1.6	15
ST5.5	1.8	5.22	1.6	12	1.6	15
ST6.3	1.8	5.93	1.6	14	1.6	18
ST8	2.1	7.76	1.6	16	2	24
ST9.5	2.1	9.43	2	20	2.5	30

① 尺寸 a，在垫圈与螺钉支承面或头下圆角接触后进行测量。

② 摘自 GB/T 97.5 的尺寸仅为信息。

17. 十字槽凹穴六角头自攻螺钉和平垫圈组合件（GB/T 9074.20—2004）

1）组合件中自攻螺钉（图 13-29）的尺寸，除组装垫圈的部位应按下列要求外，其余部分应符合 GB/T 9456 的规定：

——螺钉应有直径为 d_s（图 13-30）的细杆，垫圈的直径应符合 GB/T 97.5，以便能自由转动。

——从支承面到第一扣完整螺纹始端的距离，应加大到可容纳垫圈的最大厚度。

——过渡圆直径 d_a（图 13-30 和表 13-47），应小于 GB/T 9456 规定的过渡圆直径 d_a，其减小量为公称直径与辗压螺纹毛坯直径的差值。

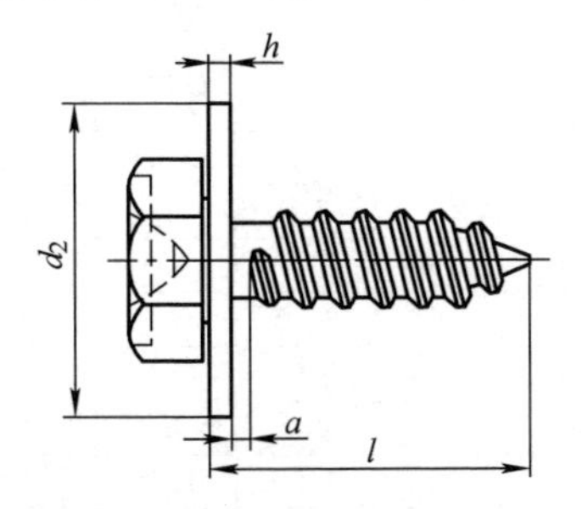

图 13-29　十字槽凹穴六角头自攻螺钉和平垫圈组合件示例

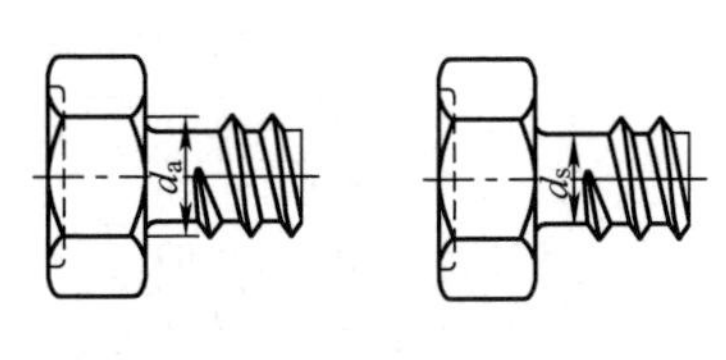

图 13-30　过渡圆直径 d_a 和杆径 d_s

2）平垫圈的尺寸应按 GB/T 97.5 规定。

表 13-47 十字槽凹穴六角头自攻螺钉和平垫圈组合件尺寸 （mm）

螺纹规格	a_{max}②	$d_{a\,max}$	平垫圈尺寸①			
			标准系列（N 型）		大系列（L 型）	
			h 公称	d_{2max}	h 公称	d_{2max}
ST2.9	1.1	2.8	1	7	1	9
ST3.5	1.3	3.3	1	8	1	11
ST4.2	1.4	4.03	1	9	1	12
ST4.8	1.6	4.54	1	10	1.6	15
ST6.3	1.8	5.93	1.6	14	1.6	18
ST8	2.1	7.76	1.6	16	2	24

① 摘自 GB/T 97.5 的尺寸仅为信息。

② 尺寸 a，在垫圈与螺钉支承面或头下圆角接触后进行测量。

18. 组合件用弹簧垫圈（GB/T 9074.26—1988）（图 13-31、表 13-48）

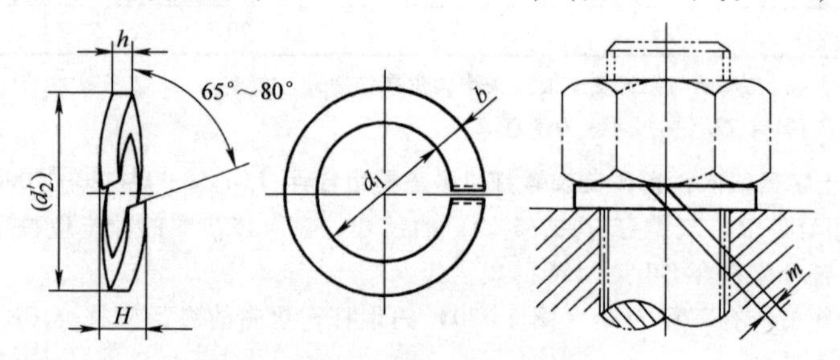

图 13-31 组合件用弹簧垫圈

表 13-48 组合件用弹簧垫圈尺寸 （mm）

规格（螺纹大径）		2.5	3	4	5	6	8	10	12
d_1	max	2.34	2.83	3.78	4.75	5.71	7.64	9.59	11.53
	min	2.20	2.69	3.60	4.45	5.41	7.28	9.23	11.10
h	公称	0.6	0.8	1.1	1.3	1.6	2.0	2.5	3.0
	min	0.52	0.70	1.00	1.20	1.50	1.90	2.35	2.85
	max	0.68	0.90	1.20	1.40	1.70	2.10	2.65	3.15
b	公称	1.0	1.2	1.5	2.0	2.5	3.0	3.5	4.0
	min	0.90	1.10	1.40	1.90	2.35	2.85	3.3	3.8
	max	1.10	1.30	1.60	2.10	2.65	3.15	3.7	4.2
H	max	1.50	2.00	2.75	3.25	4.00	5.00	6.25	7.50
	min（公称）	1.2	1.6	2.2	2.6	3.2	4.0	5.0	6.0
m ≤		0.30	0.40	0.55	0.65	0.80	1.00	1.25	1.50
d_2'（参考）		4.34	5.23	6.78	8.75	10.71	13.64	16.59	19.53

注：m 应大于零。

19. 组合件用外锯齿锁紧垫圈（GB/T 9074.27—1988）（图 13-32、表 13-49）

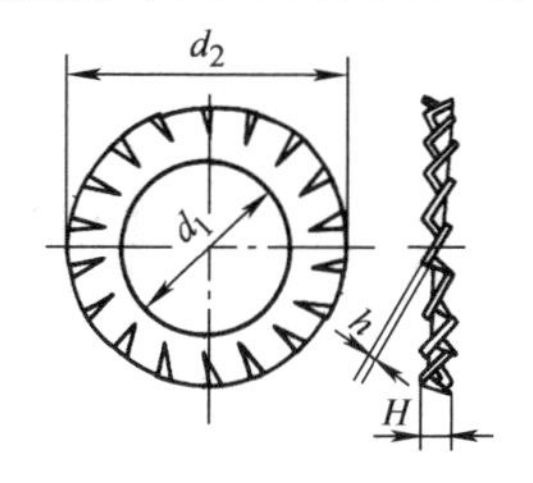

图 13-32　组合件用外锯齿锁紧垫圈

表 13-49　组合件用外锯齿锁紧垫圈尺寸　（mm）

规格(螺纹大径)		3	4	5	6	8	10	12
d_1	max	2.83	3.78	4.75	5.71	7.64	9.59	11.53
	min	2.73	3.66	4.57	5.53	7.42	9.37	11.26
d_2	max(公称)	6	8	10	11	15	18	20.5
	min	5.70	7.64	9.64	10.57	14.57	17.57	19.98
h		0.4	0.5	0.6	0.6	0.8	1.0	1.0
齿数　min		9	11	11	12	14	16	16

20. 组合件用锥形锁紧垫圈（GB/T 9074.28—1988）（图 13-33、表 13-50）

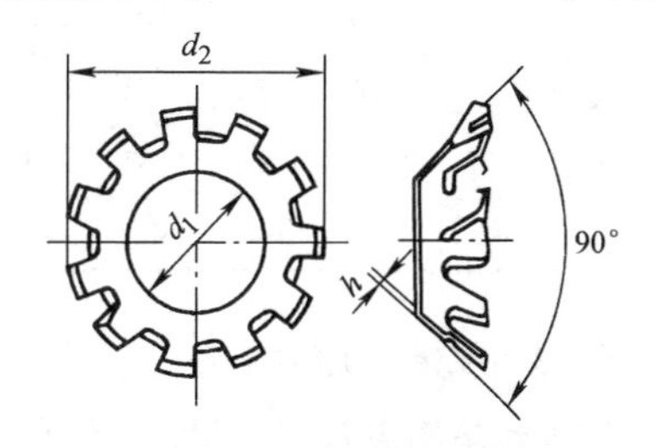

图 13-33　组合件用锥形锁紧垫圈

表 13-50　组合件用锥形锁紧垫圈尺寸　（mm）

规格(螺纹大径)		3	4	5	6	8
d_1	max	2.83	3.78	4.75	5.71	7.64
	min	2.73	3.66	4.57	5.53	7.42
d_2　≈		6.0	8.0	9.8	11.8	15.3
h		0.4	0.5	0.6	0.6	0.8
齿数　min		6	8	8	10	10

21. 组合件用锥形弹性垫圈（GB/T 9074.31—2017）（图 13-34、表 13-51）

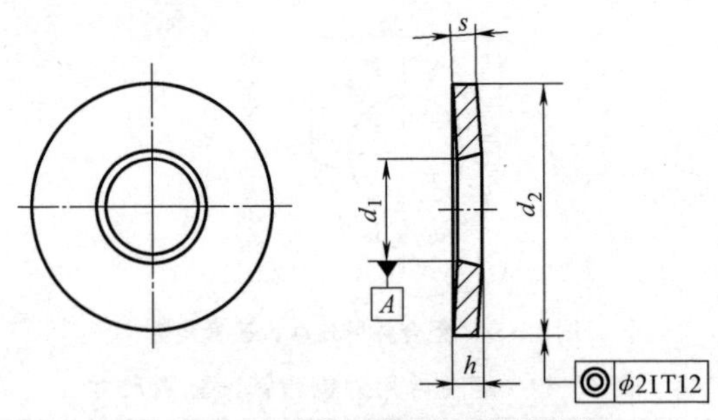

图 13-34 组合件用锥形弹性垫圈型式

表 13-51 组合件用锥形弹性垫圈尺寸 （mm）

规格		2.5	3	3.5	4	5	6	8	10	12
d_1	max	2.35	2.85	3.32	3.72	4.67	5.62	7.55	9.45	11.18
	公称=min	2.25	2.75	3.20	3.60	4.55	5.50	7.40	9.30	11.00
d_2	公称=max	6	7	8	9	11	14	18	23	29
	min	5.70	6.64	7.64	8.64	10.57	13.57	17.57	22.48	28.48
s	max	0.55	0.70	0.90	1.10	1.40	1.70	2.20	2.70	3.30
	min	0.45	0.50	0.70	0.90	1.00	1.30	1.80	2.30	2.70
h①,②	max	0.72	0.85	1.06	1.30	1.55	2.60	3.10	3.60	4.10
	min	0.61	0.72	0.92	1.12	1.35	2.30	2.80	3.30	3.80
适用螺纹规格		M2.5	M3	M3.5	M4	M5	M6	M8	M10	M12

① 交货时按最大尺寸验收。

② 试验后应符合 GB/T 94.4 规定的最小自由高度。

22. 螺栓或螺钉和锥形弹性垫圈组合件（GB/T 9074.32—2017）（图 13-35～图 13-37、表 13-52、表 13-53）

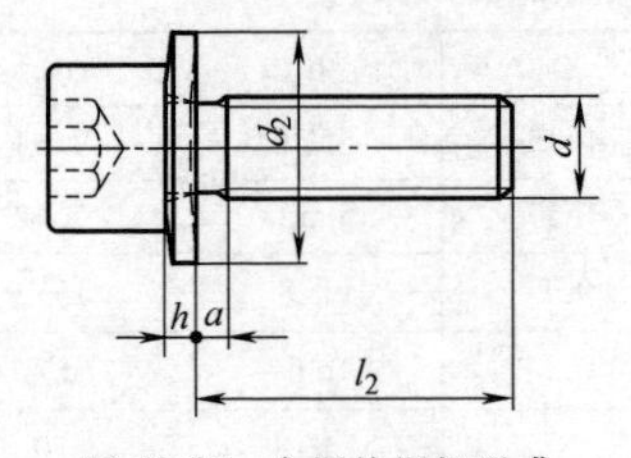

图 13-35 全螺纹螺钉型式

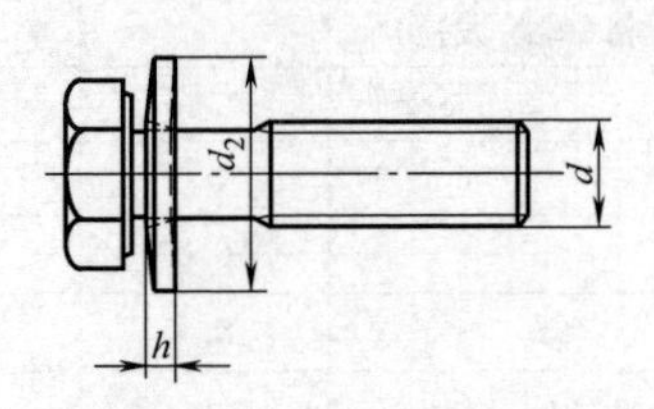

图 13-36 六角头螺栓型式

表 13-52　螺栓或螺钉和锥形弹性垫圈

螺纹规格 d	a max	d_{a1}① max	$l_2$② min	锥形弹性垫圈尺寸			
				d_2		h	
				max	min	max	min
M2.5	0.9	2.8	4	6	5.70	0.72	0.61
M3	1.0	3.3	4	7	6.64	0.85	0.72
(M3.5)	1.2	3.7	6	8	7.64	1.06	0.92
M4	1.4	4.3	6	9	8.64	1.30	1.12
M5	1.6	5.2	6	11	10.57	1.55	1.35
M6	2.0	6.2	8	14	13.57	2.60	2.30
M8	2.5	8.4	10	18	17.57	3.10	2.80
M10	3.0	10.2	12	23	22.48	3.60	3.30
M12	3.5	12.6	14	29	28.48	4.10	3.80

注：1. 尽可能不采用括号内的规格。

2. 除规定尺寸外，其余尺寸按相应产品标准规定，如 GB/T 70.1。

① 见图 13-6。

② 最短螺钉长度。

经供需协议，六角头螺栓头下可采用 U 形沉割槽，见图 13-37 和表 13-53。

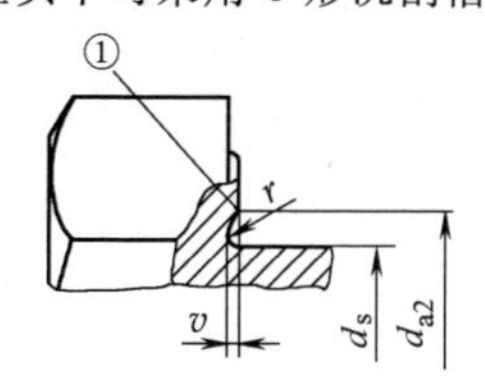

①圆滑过渡。

图 13-37　头下可采用的 U 形沉割槽

表 13-53　U 形沉割槽尺寸

螺纹规格 d		M2.5	M3	M4	M5	M6	M8	M10	M12
d_{a2}	max	3.0	3.6	4.7	5.7	6.8	9.2	11.2	13.7
r	min	0.1	0.1	0.2	0.2	0.25	0.4	0.4	0.6
v	max	0.2	0.2	0.25	0.25	0.3	0.4	0.4	0.5
	min	0.05	0.05	0.05	0.05	0.1	0.1	0.1	0.1

注：其余尺寸见表 13-52。

23. 钢结构用扭剪型高强度螺栓连接副（GB/T 3632—2008）

（1）连接副型式（包括一个螺栓、一个螺母和一个垫圈）（图 13-38）

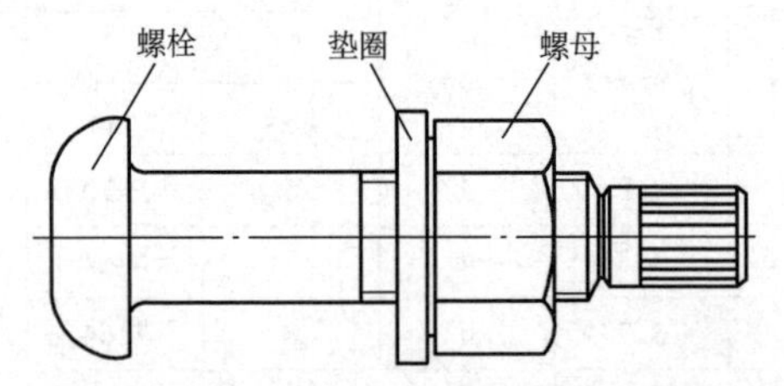

图 13-38 钢结构用扭剪型高强度螺栓连接副型式

（2）螺栓尺寸（图 13-39、表 13-54）

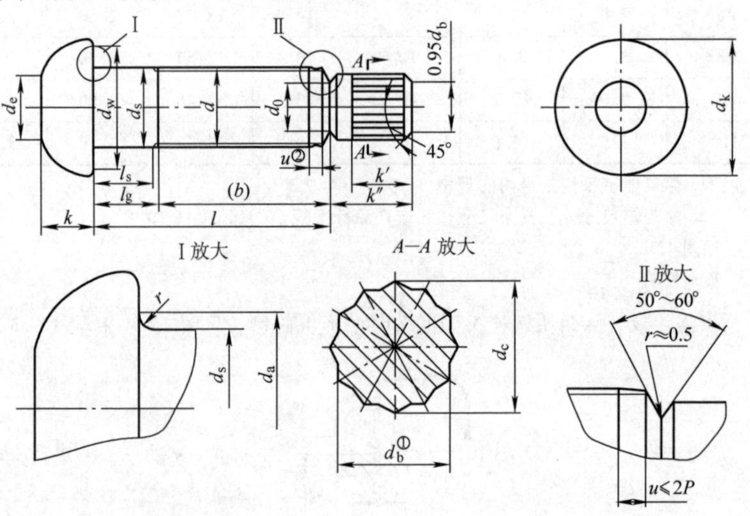

① d_b—内切圆直径；

② u—不完整螺纹的长度。

图 13-39 钢结构用扭剪型高强度螺栓型式

表 13-54 钢结构用扭剪型高强度螺栓尺寸 （mm）

螺纹规格 d		M16	M20	（M22）	M24	（M27）	M30
螺距 P		2	2.5	2.5	3	3	3.5
d_{amax}		18.83	24.4	26.4	28.4	32.84	35.84
d_s	max	16.43	20.52	22.52	24.52	27.84	30.84
	min	15.57	19.48	21.48	23.48	26.16	29.16

（续）

螺纹规格 d		M16	M20	（M22）	M24	（M27）	M30
d_{wmin}		27.9	34.5	38.5	41.5	42.8	46.5
d_{kmax}		30	37	41	44	50	55
k	公称	10	13	14	15	17	19
	max	10.75	13.90	14.90	15.90	17.90	20.05
	min	9.25	12.10	13.10	14.10	16.10	17.95
k'_{min}		12	14	15	16	17	18
k''_{max}		17	19	21	23	24	25
r_{min}		1.2	1.2	1.2	1.6	2.0	2.0
$d_0\approx$		10.9	13.6	15.1	16.4	18.6	20.6
d_b	公称	11.1	13.9	15.4	16.7	19.0	21.1
	max	11.3	14.1	15.6	16.9	19.3	21.4
	min	11.0	13.8	15.3	16.6	18.7	20.8
$d_c\approx$		12.8	16.1	17.8	19.3	21.9	24.4
$d_e\approx$		13	17	18	20	22	24
l		40~130	45~160	50~180	55~200	65~220	70~220

注：括号内的规格为第二选择系列，应优先选用第一系列（不带括号）的规格。

（3）螺母尺寸（图 13-40、表 13-55）

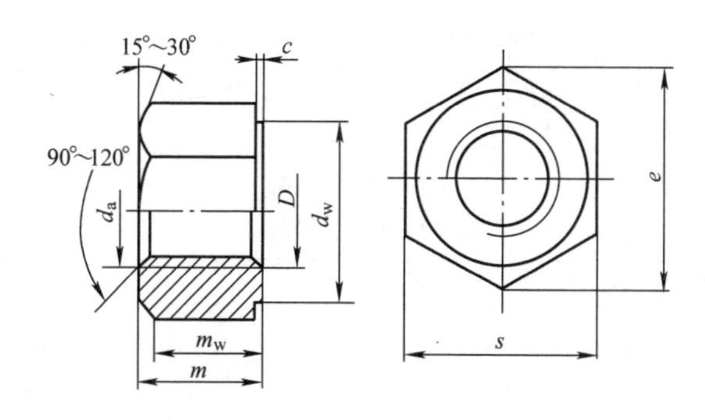

图 13-40　螺母

表 13-55 螺母尺寸 (mm)

螺纹规格 D		M16	M20	(M22)	M24	(M27)	M30
P		2	2.5	2.5	3	3	3.5
d_a	max	17.3	21.6	23.8	25.9	29.1	32.4
	min	16	20	22	24	27	30
d_{wmin}		24.9	31.4	33.3	38.0	42.8	46.5
e_{min}		29.56	37.29	39.55	45.20	50.85	55.37
m	max	17.1	20.7	23.6	24.2	27.6	30.7
	min	16.4	19.4	22.3	22.9	26.3	29.1
m_{wmin}		11.5	13.6	15.6	16.0	18.4	20.4
c	max	0.8	0.8	0.8	0.8	0.8	0.8
	min	0.4	0.4	0.4	0.4	0.4	0.4
s	max	27	34	36	41	46	50
	min	26.16	33	35	40	45	49
支承面对螺纹轴线的全跳动公差		0.38	0.47	0.50	0.57	0.64	0.70

注：括号内的规格为第二选择系列，应优先选用第一系列（不带括号）的规格。

（4）垫圈（图 13-41、表 13-56）

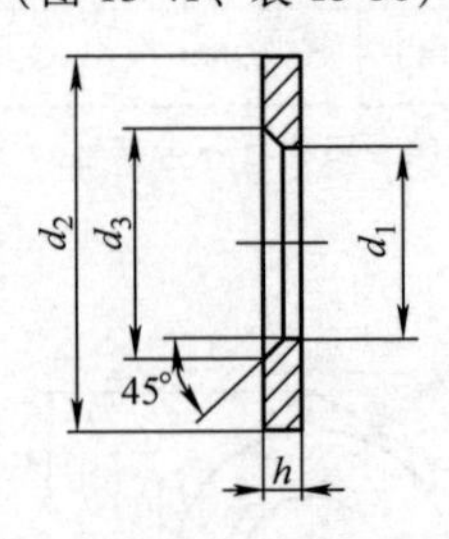

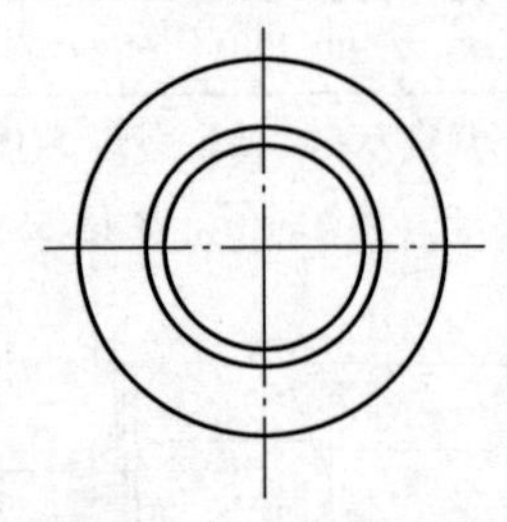

图 13-41 垫圈

表 13-56 垫圈尺寸 (mm)

规格(螺纹大径)		12[①]	16	20	(22)	24	(27)	30
d_1	min	13	17	21	23	25	28	31
	max	13.43	17.43	21.52	23.52	25.52	28.52	31.62
d_2	min	23.7	31.4	38.4	40.4	45.4	50.1	54.1
	max	25	33	40	42	47	52	56

（续）

规格(螺纹大径)		12[①]	16	20	(22)	24	(27)	30
h	公称	3.0	4.0	4.0	5.0	5.0	5.0	5.0
	min	2.5	3.5	3.5	4.5	4.5	4.5	4.5
	max	3.8	4.8	4.8	5.8	5.8	5.8	5.8
d_3	min	15.23	19.23	24.32	26.32	28.32	32.84	35.84
	max	16.03	20.03	25.12	27.12	29.12	33.62	36.64

注：括号内的规格为第二选择系列，应优先选用第一系列（不带括号）的规格。

① 此列为 GB/T 1230—2006 数据，GB/T 3632 —2008 无此数据。

24. 钢结构用高强度垫圈（GB/T 1230—2006）

见图 13-41 和表 13-56 中（12、16、20、22、24、27、30）规格。

25. 用于螺钉和垫圈组合件的平垫圈（GB/T 97.4—2002）

螺钉和垫圈组合件用 A 级垫圈分为三种型式：

——S 型：小系列，优先用于内六角圆柱头螺钉和圆柱头机器螺钉；

——N 型：标准系列，优先用于六角头螺栓（螺钉）；

——L 型：大系列，优先用于六角头螺栓（螺钉）。

（1）S 型垫圈（小系列）（图 13-42、表 13-57）

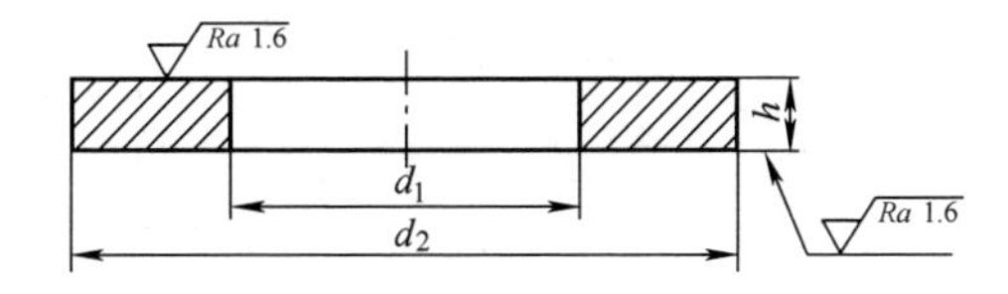

图 13-42　S 型垫圈型式

表 13-57　S 型垫圈（小系列）尺寸　（mm）

公称规格（螺纹大径 d）	内径 d_1		外径 d_2		厚度 h		
	公称(min)	max	公称(max)	min	公称	max	min
2	1.75	1.85	4.5	4.2	0.6	0.65	0.55
2.5	2.25	2.35	5	4.7	0.6	0.65	0.55
3	2.75	2.85	6	5.7	0.6	0.65	0.55
3.5	3.2	3.32	7	6.64	0.8	0.85	0.75
4	3.6	3.72	8	7.64	0.8	0.85	0.75

（续）

公称规格（螺纹大径 d）	内径 d_1		外径 d_2		厚度 h		
	公称(min)	max	公称(max)	min	公称	max	min
5	4.55	4.67	9	8.64	1	1.06	0.94
6	5.5	5.62	11	10.57	1.6	1.68	1.52
8	7.4	7.55	15	14.57	1.6	1.68	1.52
10	9.3	9.52	18	17.57	2	2.09	1.91
12	11	11.27	20	19.48	2	2.09	1.91

（2）N型垫圈（标准系列）（图13-41、表13-58）

表13-58　N型垫圈（标准系列）尺寸　（mm）

公称规格（螺纹大径 d）	内径 d_1		外径 d_2		厚度 h		
	公称(min)	max	公称(max)	min	公称	max	min
2	1.75	1.85	5	4.7	0.6	0.65	0.55
2.5	2.25	2.35	6	5.7	0.6	0.65	0.55
3	2.75	2.85	7	6.64	0.6	0.65	0.55
3.5	3.2	3.32	8	7.64	0.8	0.85	0.75
4	3.6	3.72	9	8.64	0.8	0.85	0.75
5	4.55	4.67	10	9.64	1	1.06	0.94
6	5.5	5.62	12	11.57	1.6	1.68	1.52
8	7.4	7.55	16	15.57	1.6	1.68	1.52
10	9.3	9.52	20	19.48	2	2.09	1.91
12	11	11.27	24	23.48	2.5	2.6	2.4

（3）L型垫圈（大系列）尺寸（图13-41、表13-59）

表13-59　L型垫圈（大系列）尺寸　（mm）

公称规格（螺纹大径 d）	内径 d_1		外径 d_2		厚度 h		
	公称(min)	max	公称(max)	min	公称	max	min
2	1.75	1.85	6	5.7	0.6	0.65	0.55
2.5	2.25	2.35	8	7.64	0.6	0.65	0.55
3	2.75	2.85	9	8.64	0.8	0.85	0.75

（续）

公称规格（螺纹大径 d）	内径 d_1		外径 d_2		厚度 h		
	公称(min)	max	公称(max)	min	公称	max	min
3.5	3.2	3.32	11	10.57	0.8	0.85	0.75
4	3.6	3.72	12	11.57	1	1.06	0.94
5	4.55	4.67	15	14.57	1	1.06	0.94
6	5.5	5.62	18	17.57	1.6	1.68	1.52
8	7.4	7.55	24	23.48	2	2.09	1.91
10	9.3	9.52	30	29.48	2.5	2.6	2.4
12	11	11.27	37	36.38	3	3.11	2.89

26. 用于自攻螺钉和垫圈组合件的平垫圈（GB/T 97.5—2002）

（1）N型垫圈（标准系列）（图13-41、表13-60）

表13-60　N型垫圈（标准系列）**尺寸**　（mm）

公称规格（螺纹大径 d）	内径 d_1		外径 d_2		厚度 h		
	公称(min)	max	公称(max)	min	公称	max	min
2.2	1.9	2	5	4.82	1	1.06	0.94
2.9	2.5	2.6	7	6.64	1	1.06	0.94
3.5	3	3.1	8	7.64	1	1.06	0.94
4.2	3.55	3.67	9	8.64	1	1.06	0.94
4.8	4	4.12	10	9.64	1	1.06	0.94
5.5	4.7	4.82	12	11.57	1.6	1.68	1.52
6.3	5.4	5.52	14	13.57	1.6	1.68	1.52
8	7.15	7.3	16	15.57	1.6	1.68	1.52
9.5	8.8	8.95	20	19.48	2	2.09	1.91

（2）L型垫圈（大系列）（图13-41、表13-61）

表13-61　L型垫圈（大系列）**尺寸**　（mm）

公称规格（螺纹大径 d）	内径 d_1		外径 d_2		厚度 h		
	公称(min)	max	公称(max)	min	公称	max	min
2.2	1.9	2	7	6.64	1	1.06	0.94
2.9	2.5	2.6	9	8.64	1	1.06	0.94
3.5	3	3.1	11	10.57	1	1.06	0.94

（续）

公称规格（螺纹大径 d）	内径 d_1		外径 d_2		厚度 h		
	公称(min)	max	公称(max)	min	公称	max	min
4.2	3.55	3.67	12	11.57	1	1.06	0.94
4.8	4	4.12	15	14.57	1.6	1.68	1.52
5.5	4.7	4.82	15	14.57	1.6	1.68	1.52
6.3	5.4	5.52	18	17.57	1.6	1.68	1.52
8	7.15	7.3	24	23.48	2	2.09	1.91
9.5	8.8	8.95	30	29.48	2.5	2.59	2.41

27. 腰状杆螺柱连接副用螺柱（GB/T 13807.2—2008）

（1）等长双头螺柱的型式和尺寸（图 13-43、表 13-62）

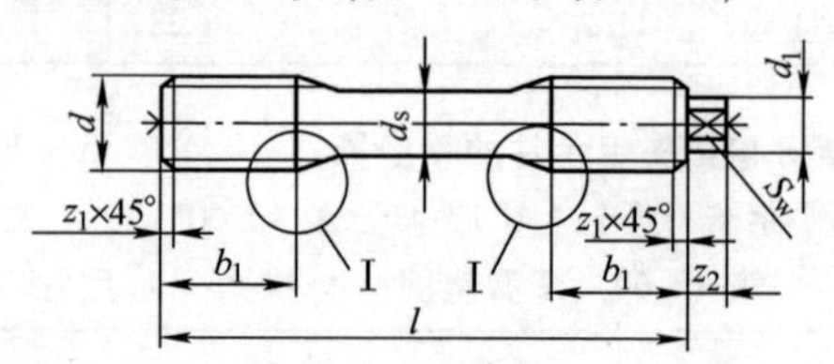

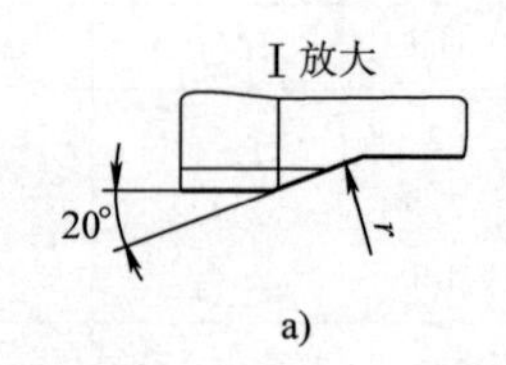

a）

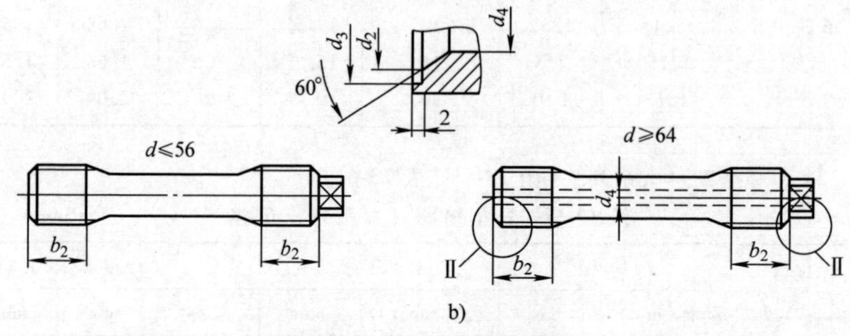

b）

图 13-43 等长双头螺柱型式

a）L 型—标准螺纹（d≤52mm）（z_1 按 GB/T 3 规定）

b）S 型—短螺纹（其余尺寸同 L 型）

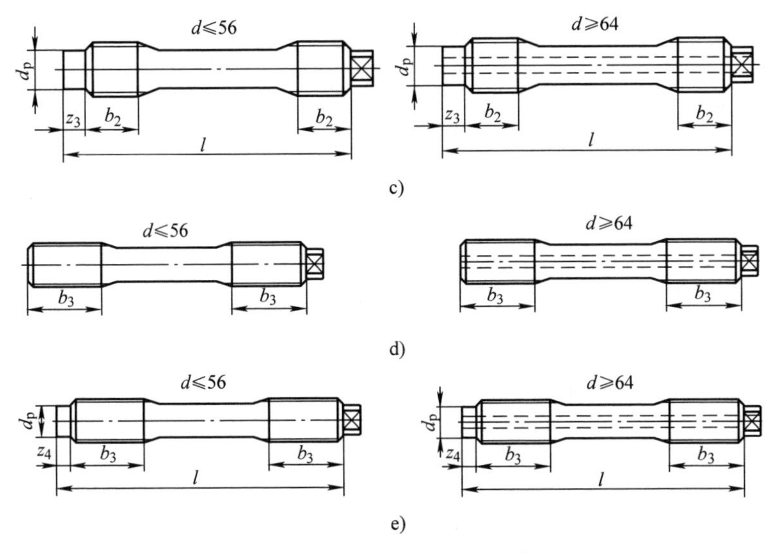

图 13-43　等长双头螺柱型式（续）

c）SD 型—短螺纹和定位端（两端均配罩螺母）（其余尺寸同 L 型和 S 型）

d）A 型—加长螺纹（其余尺寸同 L 型和 S 型）

e）AD 型—加长螺纹和定位端（两端均配罩螺母）（其余尺寸同 L 型和 S 型）

表 13-62　等长双头螺柱尺寸　　（mm）

螺纹规格 d	M12	M16	M20	M24	(M27)	M30	(M33)	M36	(M39)	M42	(M45)	M48	(M52)	M56
d_s	8.5	12	15	18	20.5	23	25.5	27.5	30.5	32.5	35.5	37.5	41	44
d_1	8	12	14	14	18	18	25	25	28	28	32	32	36	40
d_p	8	12	13	16	18	21	24	26	30	32	34	37	40	45
b_1	20	23	28	32	35	39	42	45	48	52	55	58	62	—
b_2	13	16	20	24	27	30	33	36	39	42	45	48	52	56
b_3	27	31	36	42	47	50	53	57	60	64	66	70	74	79
r	10	10	10	16	16	16	16	20	20	20	20	20	20	25
S_w	7	10	11	11	13	13	22	22	24	24	27	27	30	32
z_2	4	5	6	6	6	6	9	9	10	10	11	11	12	13
z_3	11	14	16	17	19	19	21	23	23	24	25	26	26	28
z_4	7	8	9	8	10	12	14	14	14	15	15	19	18	19
中心孔	A1.6					A2.5								

（续）

螺纹规格 d	M64	M72×6	M80×6	M90×6	M100×6	M110×6	(M120×6)	M125×6	M140×6	(M150×6)	M160×6	(M170×6)	M180×6
d_s	51	58.5	66	75	84	92.5	102	106	118	127	136	145	154
d_1	42	50	50	50	50	50	50	50	65	65	65	65	65
d_4	18	25	25	25	25	25	25	25	36	36	36	36	36
d_2	25	32	32	32	32	32	32	32	43	43	43	43	43
d_3	30	37	37	37	37	37	37	37	48	48	48	48	48
d_p	52	56	63	74	86	97	105	—	—	—	—	—	—
b_1	—	—	—	—	—	—	—	—	—	—	—	—	—
b_2	64	72	80	90	100	110	120	125	140	150	160	170	180
b_3	88	95	103	112	122	132	142	—	—	—	—	—	—
r	25	25	25	25	25	25	32	32	32	32	32	32	32
S_w	36	41	41	41	41	41	41	41	55	55	55	55	55
z_2	14	15	15	15	15	15	15	15	18	18	18	18	18
z_3	28	28	28	28	28	28	30	—	—	—	—	—	—
z_4	20	20	19	20	19	19	20	—	—	—	—	—	—
中心孔	A4						A6.3						

注：1. 尽可能不采用括号内的规格。

2. 长度规格 l 的设计选用按 GB/T 13807.1 的规定。

3. 中心孔的型式与尺寸按 GB/T 145 的规定。

（2）双头螺柱的型式和尺寸（图 13-44、表 13-63）

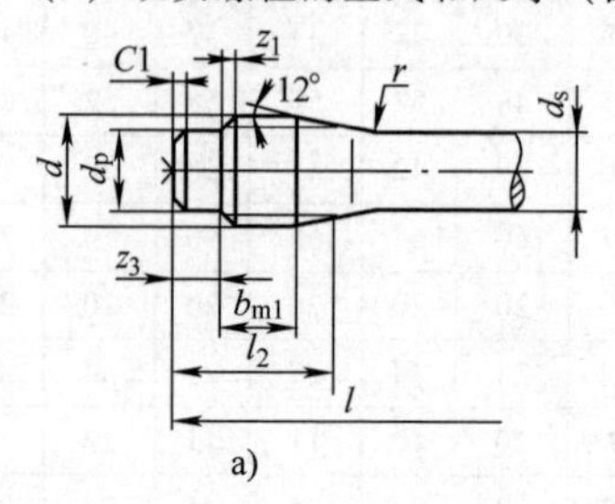

a)

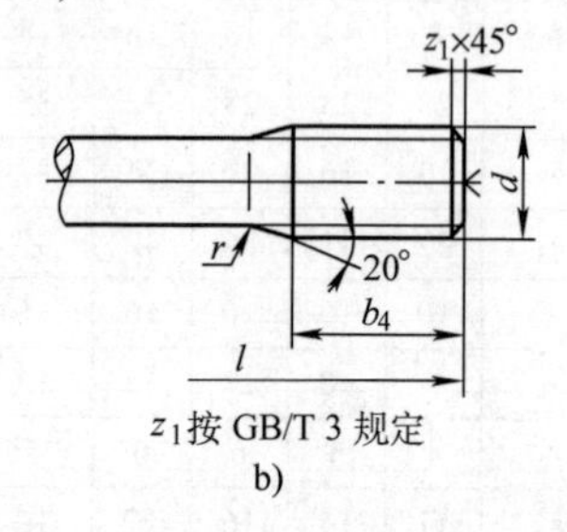

b)

图 13-44 双头螺柱型式

a）拧入机体端 F 型——平装 b）旋入螺母端 L 型——长螺纹

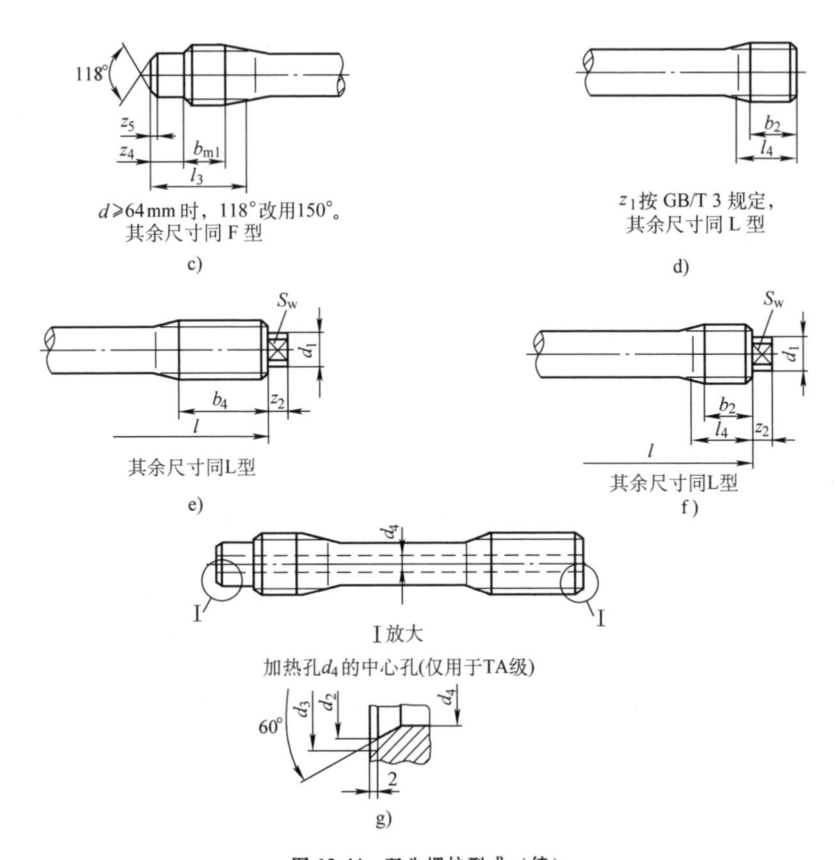

图 13-44　双头螺柱型式（续）

c）拧入机体端　C 型——倒角端　d）旋入螺母端　S 型——短螺纹

e）旋入螺母端　LW 型——长螺纹和扳拧部分　f）旋入螺母端　SW 型——短螺纹和扳拧部分

g）d≥64mm 的加热孔

表 13-63　双头螺柱尺寸　（mm）

螺纹规格 d	M12	M16	M20	M24	(M27)	M30	(M33)	M36	(M39)	M42	(M45)
d_s	8.5	12	15	18	20.5	23	25.5	27.5	30.5	32.5	35.5
d_1	8	12	14	14	18	18	25	25	28	28	32
d_p	8.5	12	15	18	21	23	26	28	31	33	36
b_2	13	16	20	24	27	30	33	36	39	42	45
b_4	23	27	33	38	43	46	51	54	57	61	64

（续）

螺纹规格 d	M12	M16	M20	M24	（M27）	M30	（M33）	M36	（M39）	M42	（M45）
b_{m1}	10	13.5	16.5	20	22.5	25	27.5	30	32.5	35	37.5
l_2	19.5	24	30.5	36.5	39	44.5	47	52	54.5	60	62.5
l_3	21	26	33	39.5	42	48	50.5	56	58.5	65	67.5
l_4	16	19.5	24	29	32	36	39	42.5	45.5	49.5	52.5
r	10	10	10	16	16	16	16	20	20	20	20
S_w	7	10	11	11	13	13	22	22	24	24	27
z_2	4	5	6	6	6	6	9	9	10	10	11
z_3	4.5	5	7	8	8	9.5	9.5	10.5	10.5	12	12
z_4	6	7	9.5	11	11	13	13	14.5	14.5	17	17
z_5	1	1.5	1.5	2	2	2.5	2.5	3	3	3.5	3.5
中心孔	A1.6					A2.5					

螺纹规格 d	M48	（M52）	M56	M64	M72×6	M80×6	M90×6	M100×6	M110×6	（M120×6）
d_s	37.5	41	44	51	58.5	66	75	84	92.5	102
d_1	32	36	40	42	50	50	50	50	50	50
d_4	—	—	—	18	25	25	25	25	25	25
d_2	—	—	—	25	32	32	32	32	32	32
d_3	—	—	—	30	37	37	37	37	37	37
d_p	38	42	45	52	60	68	78	88	98	108
b_2	48	52	56	64	72	80	90	100	110	120
b_4	67	72	77	88	96	104	115	125	136	147
b_{m1}	39.5	43.5	46.5	53.5	60.5	67.5	76.5	85.5	94.5	103.5
l_2	67	71	77	86.5	93.5	100.5	109.5	118.5	127.5	136.5
l_3	73	76.5	83	90	97	104.5	114	123.5	132.5	142
l_4	56.5	60.5	65	74	82	90	100	110	120	130
r	20	20	25	25	25	25	25	25	25	32
S_w	27	30	32	36	41	41	41	41	41	41
z_2	11	12	13	14	15	15	15	15	15	15
z_3	13	13	14.5	15.5	15.5	15.5	15.5	15.5	15.5	15.5
z_4	18.5	18.5	20.5	19	19	19.5	20	20.5	20.5	21

（续）

螺纹规格 d	M48	（M52）	M56	M64	M72 ×6	M80 ×6	M90 ×6	M100 ×6	M110 ×6	（M120 ×6）
z_5	4	4	4.5	2.5	2.5	3	3.5	4	4	4.5
中心孔	A2.5			A4					A6.3	

注：1. 尽可能不采用括号内的规格。

2. 长度规格 l 的设计选用按 GB/T 13807.1 的规定。

3. 中心孔的型式与尺寸按 GB/T 145 的规定。

（3）双头螺柱用螺孔的型式尺寸（图 13-45、表 13-64）

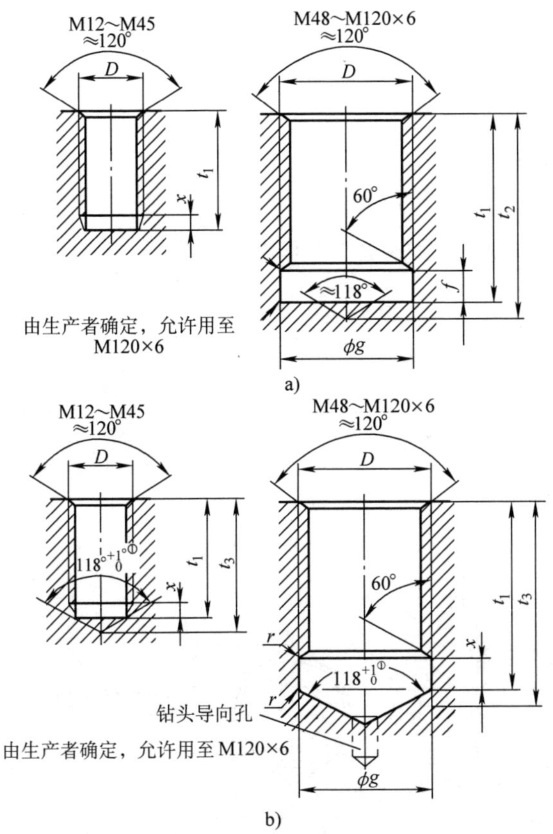

① $D \geqslant$ M64mm 时，$118^{\circ}{}^{+1^{\circ}}_{0}$ 改为 $150^{\circ}{}^{+1^{\circ}}_{0}$

图 13-45　双头螺柱用螺孔型式

a）HF 型、适用于 F 型拧入机体端双头螺柱

b）HC 型、适用于 C 型拧入机体端双头螺柱

表 13-64 双头螺柱用螺孔的尺寸 (mm)

螺纹规格 D		M12	M16	M20	M24	(M27)	M30	(M33)	M36	(M39)	M42	(M45)
t_1	公称	21	25.5	32.5	38.5	41	46.5	49	54.5	57	62.5	65
	极限偏差	+0.4 0	+0.4 0	+0.6 0	+0.6 0	+0.6 0	+0.6 0	+0.6 0	+0.6 0	+0.6 0	+0.6 0	+0.6 0
t_3		24	29.5	38	45	48	54.5	58	64	67.5	74	77
x		4.5	5	6.5	7.5	7.5	9	9	10	10	11.5	11.5

螺纹规格 D		M48	(M52)	M56	M64	M72×6	M80×6	M90×6	M100×6	M110×6	(M120×6)
f		12.5	12.5	14	15	15	15	15	15	15	15
g		48.5	52.5	56.5	64.5	72.5	80.5	90.5	100.5	110.5	120.5
r		2.5	2.5	3	3	3	3	3	3	3	3
t_1	公称	70	74	80	90	97	104	113	122	131	140
	极限偏差	+0.6 0	+0.6 0	+0.6 0	+0.6 0	+0.6 0	+1 0	+1 0	+1 0	+1 0	+1 0
$t_2\approx$		76	80	86	96	103	110	119	128	139	148
$t_3\approx$		83	88	95	98	106	114	124.5	134.5	145	155.5
x		12.5	12.5	14	15	15	15	15	15	15	15

注：1. 尽可能不采用括号内的规格。

2. 螺纹基本尺寸按 GB/T 196 的规定；公差带按 GB/T 197 规定的 6H。

28. 腰状杆螺柱连接副用螺母、受力套管（GB/T 13807.3—2008）

(1) 六角螺母（图 13-46、表 13-65）

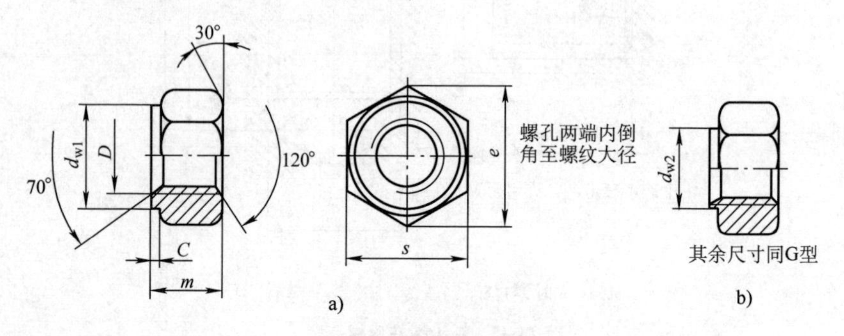

图 13-46 六角螺母型式

a) G 型（一般型式） b) P 型（适用于采用 N 型受力套管的内定心）

表 13-65　六角螺母的尺寸　(mm)

螺纹规格 D		M12	M16	M20	M24	(M27)	M30	(M33)	M36	(M39)
d_{w1}		20	26	29	35	40	45	49	53.5	58.5
d_{w2}		14.5	18.5	22.5	26.5	30.5	33.5	36.5	39.5	42.5
e_{min}	TC	23.35	29.56	32.95	39.55	45.20	50.85	55.37	60.79	66.44
	TB	23.83	30.14	33.64	39.98	45.63	51.28	55.80	61.31	66.96
m		12	16	20	24	27	30	33	36	39
s		21	27	30	36	41	46	50	55	60
C		2	2	2	3	3	3	3	3	3

螺纹规格 D		M42	(M45)	M48	(M52)	M56	M64	M72×6	M80×6	M90×6
d_{w1}		63.5	68.5	73.5	78.5	83.5	93.5	103.5	113.5	128
d_{w2}		45.5	49.5	53.5	57.5	63	71	79	87	97
e_{min}	TC	72.09	77.74	83.39	89.04	94.47	105.77	117.07	128.37	145.09
	TB	72.61	78.26	83.91	89.56	95.07	106.37	117.67	129.34	145.77
m		42	45	48	52	56	64	72	80	90
s		65	70	75	80	85	95	105	115	130
C		3	3	4	4	4	4	4	4	4

螺纹规格 D		M100×6	M110×6	(M120×6)	M125×6	M140×6	(M150×6)	M160×6	(M170×6)	M180×6
d_{w1}		143	153	168	178	198	208	218	228	253
d_{w2}		107	119	129	134	149	159	174	180	196
e_{min}	TC	162.04	173.34	190.30	202.27	223.91	235.21	—	—	—
	TB	162.74	174.02	191.49	201.59	224.70	236.00	247.30	258.60	286.68
m		100	110	120	125	140	150	160	170	180
s		145	155	170	180	200	210	220	230	255
C		5	5	5	5	5	5	5	5	5

注：尽可能不采用括号内的规格。

（2）罩螺母（图 13-47、表 13-66）

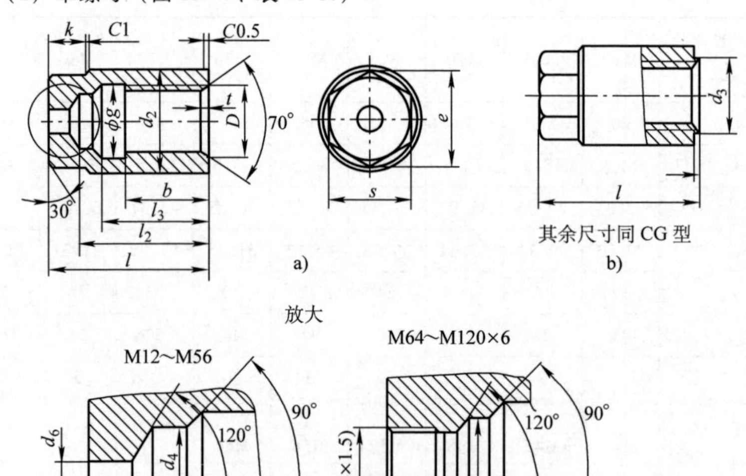

图 13-47 罩螺母型式

a）CG 型（一般型） b）CP 型（适用于采用 N 型受力套管的内定心）

表 13-66 罩螺母的尺寸 （mm）

螺纹规格 D	M12	M16	M20	M24	(M27)	M30	(M33)	M36	(M39)	M42	(M45)
b	18	20.5	24	27.5	30.5	35	38	40.5	43	46	48.5
d_2	20	26	29	35	40	45	49	53.5	58.5	63.5	68.5
d_3	14.5	18.5	22.5	26.5	30.5	33.5	36.5	39.5	42.5	45.5	49.5
d_4	9	13	15	17.5	20	23	26	28	31.5	33.5	36
d_5	4	6	6	10	10	10	10	10	10	10	10
e_{min}	17.77	20.03	26.75	30.14	32.95	39.98	45.63	45.63	51.28	55.80	55.80
k	7	10	13	14	16	17	22	22	23	23	26
l	33	40	49	56	62	68	77	82	86	92	98
l_2	29.5	34.5	40	45.5	50.5	55	60	64.5	67	72	74.5
l_3	23	27.5	32	37.5	40.5	45	48	52.5	55	60	62.5
g	13	17	21	25	28	31	34	37	40	43	46
s	16	18	24	27	30	36	41	41	46	50	50
t	2	2	2.5	3	3	3.5	3.5	4	4	4.5	4.5

（续）

螺纹规格 D	M48	（M52）	M56	M64	M72×6	M80×6	M90×6	M100×6	M110×6	（M120×6）
b	53.5	57	60.5	69.5	77	84	93	102	111	120
d_2	73.5	78.5	83.5	93.5	105	115	130	146	160	176
d_3	53.5	57.5	63	71	79	87	97	107	119	129
d_4	39	42	47.5	54	58	65	77	89	100	108
d_5	10	10	10	M48×1.5						
e_{min}	61.31	66.96	72.61	83.91	89.56	100.72	117.67	134.62	151.42	162.72
k	26	27	27	32	32	36	41	45	50	54
l	103	109	115	130	140	152	168	183	199	214
l_2	81.5	85	90.5	99.5	107	114	123	132	141	152
l_3	67.5	71	76.5	85.5	93	100	109	118	127	136
g	49	53	55	65	73	81	91	101	111	121
s	55	60	65	75	80	90	105	120	135	145
t	5	5	5.5	6	6	6	6	6	6	6

注：尽可能不采用括号内的规格。

（3）受力套管（图 13-48、表 13-67）

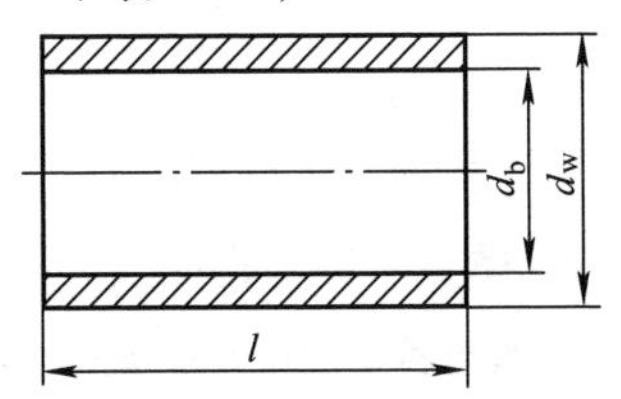

图 13-48　受力套管型式

表 13-67　受力套管的尺寸　（mm）

d_w		20	26	29	35	（40）	45	（49）	53.5	（58.5）	63.5	（68.5）	73.5	（78.5）	83.5
d_b	N 型	15	19	23	27	31	34	37	40	43	46	50	54	58	64
	S 型	13	17	21	25	28	31	34	37	40	43	46	49	53	57
适用的螺纹规格		M12	M16	M20	M24	（M27）	M30	（M33）	M36	（M39）	M42	（M45）	M48	（M52）	M56

d_w		93.5	105	115	130	146	160	（176）	184	204	（220）	238	（250）	270
d_b	N 型	72	80	88	98	108	120	130	135	150	160	175	181	197
	S 型	65	73	81	91	101	111	121	126	141	151	161	171	181
适用的螺纹规格		M64	M72×6	M80×6	M90×6	M100×6	M110×6	（M120×6）	M125×6	M140×6	（M150×6）	M160×6	（M170×6）	M180×6

注：1. 尽可能不采用括号内的规格。

2. 长度规格 l 的设计选用按 GB/T 13807.1 的规定。

三、组合件和连接副的重量

1. 十字槽盘头螺钉和外锯齿锁紧垫圈组合件（适用于 GB/T 9074.2—1988）（表 13-68）

表 13-68 十字槽盘头螺钉和外锯齿锁紧垫圈组合件的重量 (kg)

每 1000 件钢制品的大约重量									
l	*G*	*l*	*G*	*l*	*G*	*l*	*G*	*l*	*G*
d=M3		*d*=M4		*d*=M4		*d*=M5		*d*=M6	
8	1.04	10	1.86	40*	4.11	35	6.17	30	8.67
10	1.19	12	2.01	*d*=M5		40*	6.77	35	9.53
12	1.34	(14)	2.16	12	3.41	45	7.38	40*	10.39
(14)	1.49	16	2.31	(14)	3.65	*d*=M6		45	11.25
16	1.64	20	2.61	16	3.89	(14)	5.93	50	12.10
20	1.94	25	2.99	20	4.37	16	6.27		
25*	2.32	30	3.36	25	4.97	20	6.96		
30	2.69	35	3.74	30	5.57	25	7.82		

注：1. *l*(mm) 小于或等于带 * 符号的螺钉，制出全螺纹。

2. 表列规格为通用规格。尽可能不采用括号内的规格。*l*—公称长度（mm）。

2. 十字槽盘头螺钉和弹簧垫圈组合件（适用于 GB/T 9074.3—1988）（表 13-69）

表 13-69 十字槽盘头螺钉和弹簧垫圈组合件的重量 (kg)

每 1000 件钢制品的大约重量									
l	*G*	*l*	*G*	*l*	*G*	*l*	*G*	*l*	*G*
M3		M4		M4		M5		M6	
8	1.02	10	1.80	40*	4.05	35	6.07	30	8.68
10	1.17	12	1.95	M5		40*	6.67	35	9.54
12	1.32	(14)	2.10	12	3.31	45	7.28	40*	10.40
(14)	1.47	16	2.25	(14)	3.55	M6		45	11.26
16	1.62	20	2.55	16	3.79	(14)	5.94	50	12.11
20	1.92	25	2.93	20	4.27	16	6.28		
25*	2.30	30	3.30	25	4.87	20	6.97		
30	2.67	35	3.68	30	5.47	25	7.83		

注：1. 规格小于或等于带 * 符号 *l* 的螺钉，制出全螺纹。

2. 表列规格为通用规格，带括号的规格尽量不采用。*l*—公称长度 *l*(mm)。

3. 十字槽盘头螺钉和弹簧垫圈及平垫圈组合件（适用于 GB/T 9074.4—1988）（表 13-70）

表 13-70　十字槽盘头螺钉和弹簧垫圈及平垫圈组合件的重量　（kg）

每 1000 件钢制品的大约重量									
l	*G*	*l*	*G*	*l*	*G*	*l*	*G*	*l*	*G*
d = M3		*d* = M4		*d* = M4		*d* = M5		*d* = M6	
8	1.13	10	2.10	40*	4.35	35	6.51	30	9.69
10	1.28	12	2.25	*d* = M5		40*	7.11	35	10.55
12	1.43	(14)	2.40	12	3.75	45	7.72	40*	11.41
(14)	1.58	16	2.55	(14)	3.99	*d* = M6		45	12.27
16	1.73	20	2.85	16	4.23	(14)	6.95	50	13.12
20	2.03	25	3.23	20	4.71	16	7.29		
25*	2.41	30	3.60	25	5.31	20	7.98		
30	2.78	35	3.98	30	5.91	25	8.84		

注：1. *l* 小于或等于带 * 符号的螺钉，制出全螺纹。

2. 表列规格为通用规格。尽可能不采用括号内的规格。*l*—公称长度 *l*（mm）。

4. 十字槽小盘头螺钉和弹簧垫圈组合件（适用于 GB/T 9074.7—1988）（表 13-71）

表 13-71　十字槽小盘头螺钉和弹簧垫圈组合件的重量　（kg）

每 1000 件钢制品的大约重量									
l	*G*	*l*	*G*	*l*	*G*	*l*	*G*	*l*	*G*
M2.5		M3		M4		M5		M6	
6	0.36	8	0.68	10	1.48	12	3.02	(14)	4.86
8	0.42	10	0.77	12	1.63	(14)	3.26	16	5.20
10	0.48	12	0.85	(14)	1.78	16	3.50	20	5.89
12	0.54	(14)	0.94	16	1.93	20	3.98	25	6.75
(14)	0.59	16	1.02	20	2.23	25	4.58	30	7.60
16	0.65	20	1.19	25	2.61	30	5.18	35	8.46
20	0.77	25*	1.40	30	2.98	35	5.78	40*	9.32
25*	0.91	30*	1.62	35*	3.35	40*	6.38	45	10.18
								50	11.03

注：1. 规格小于或等于带 * 符号 *l* 的螺钉，制出全螺纹。

2. 表列规格为通用规格，带括号的规格尽量不采用。*l*—公称长度（mm）。

5. 十字槽小盘头螺钉和弹簧垫圈及平垫圈组合件（适用于 GB/T 9074.8—1988）（表 13-72）

表 13-72　十字槽小盘头螺钉、弹簧垫圈和平垫圈组合件的重量（kg）

每 1000 件钢制品的大约重量									
l	*G*	*l*	*G*	*l*	*G*	*l*	*G*	*l*	*G*
d=M2.5		*d*=M3		*d*=M4		*d*=M5		*d*=M6	
6	0.44	8	0.79	10	1.78	12	3.46	(14)	5.87
8	0.50	10	0.88	12	1.93	(14)	3.70	16	6.21
10	0.56	12	0.96	(14)	2.08	16	3.94	20	6.90
12	0.62	(14)	1.05	16	2.23	20	4.42	25	7.76
(14)	0.67	16	1.13	20	2.53	25	5.02	30	8.61
16	0.73	20	1.30	25	2.91	30	5.62	35	9.47
20	0.85	25*	1.51	30	3.28	35	6.22	40*	10.33
25*	0.99	30	1.73	35*	3.65	40*	6.82	45	11.19
								50	12.04

注：1. *l* 小于或等于带 * 符号的螺钉，制出全螺纹。

2. 表列规格为通用规格，尽可能不采用括号内的规格。*l*—公称长度（mm）。

6. 十字槽沉头螺钉和锥形锁紧垫圈组合件（适用于 GB/T 9074.9—1988）（表 13-73）

表 13-73　十字槽沉头螺钉和锥形锁紧垫圈组合件的重量　（kg）

每 1000 件钢制品的大约重量									
l	*G*	*l*	*G*	*l*	*G*	*l*	*G*	*l*	*G*
M3		M4		M5		M6		M8	
8	0.63	12	1.20	16	2.33	25	4.92	30	11.23
10	0.78	(14)	1.35	20	2.81	30	5.77	35	12.79
12	0.93	16	1.50	25	3.41	35	6.63	40	14.34
(14)	1.08	20	1.80	30	4.01	40	7.49	45*	15.90
16	1.23	25	2.18	35	4.61	45*	8.35	50	17.45
20	1.53	30	2.55	40*	5.21	50	9.20	(55)	19.01
25	1.91	35*	2.93	M6		M8		60	20.56
30*	2.28	M5		(14)	3.03	16	6.88		
M4		12	1.85	16	3.37	20	8.12		
10	1.05	(14)	2.09	20	4.06	25	9.68		

注：1. 规格小于或等于带 * 符号的螺钉，制出全螺纹。

2. 表列规格为通用规格范围，尽可能不采用括号内的规格。*l*—公称长度（mm）。

7. 十字槽半沉头螺钉和锥形锁紧垫圈组合件（适用于 GB/T 9074.10—1988）（表 13-74）

表 13-74 十字槽半沉头螺钉和锥形锁紧垫圈组合件的重量 （kg）

每 1000 件钢制品的大约重量									
l	*G*	*l*	*G*	*l*	*G*	*l*	*G*	*l*	*G*
d=M3		*d*=M4		*d*=M5		*d*=M6		*d*=M8	
8	0.70	12	1.40	16	2.63	25	5.41	30	12.63
10	0.85	(14)	1.55	20	3.11	30	6.27	35	14.19
12	1.00	16	1.70	25	3.71	35	7.13	40	15.74
(14)	1.15	20	2.00	30	4.31	40	7.98	45*	17.30
16	1.30	25	2.37	35	4.91	45*	8.84	50	18.85
20	1.60	30	2.75	40*	5.51	50	9.70	(55)	20.41
25	1.98	35*	3.12	*d*=M6		*d*=M8		60	21.96
30*	2.35	*d*=M5		(14)	3.53	16	8.28		
d=M4		12	2.15	16	3.87	20	9.52		
10	1.25	(14)	2.39	20	4.55	25	11.08		

注：1. *l* 小于或等于带 * 符号的螺钉，制出全螺纹。

2. 表列规格为通用规格，带括号的规格尽量不采用。*l*—公称长度（mm）。

8. 十字槽凹穴六角头螺栓和平垫圈组合件（适用于 GB/T 9074.11—1988）（表 13-75）

表 13-75 十字槽凹穴六角头螺栓和平垫圈组合件的重量 （kg）

每 1000 件钢制品的大约重量									
l	*G*	*l*	*G*	*l*	*G*	*l*	*G*	*l*	*G*
M4		M5		M6		M6		M8	
10	1.95	12	3.37	(14)	6.06	50	12.23	45	22.43
12	2.10	(14)	3.61	16	6.40	M8		50	23.99
(14)	2.25	16	3.85	20	7.09	16	13.41	(55)	25.54
16	2.40	20	4.33	25	7.95	20	14.66	60	27.10
20	2.70	25	4.93	30	8.80	25	16.21		
25	3.07	30	5.53	35	9.66	30	17.77		
30	3.45	35	6.14	40*	10.52	35	19.32		
35*	3.82	40*	6.74	45	11.38	40*	20.88		

注：1. 规格小于或等于带 * 符号 *l* 的螺栓，制出全螺纹。

2. 表列规格为通用规格，带括号的规格尽量不采用。*l*—公称长度（mm）。

9. 十字槽凹穴六角头螺栓和弹簧垫圈组合件（适用于 GB/T 9074.12—1988）（表 13-76）

表 13-76 十字槽凹穴六角头螺栓和弹簧垫圈组合件的重量 （kg）

每1000件钢制品的大约重量									
l	*G*	*l*	*G*	*l*	*G*	*l*	*G*	*l*	*G*
d=M4		*d*=M5		*d*=M6		*d*=M6		*d*=M8	
10	1.73	12	3.09	(14)	5.36	50	11.53	45	20.74
12	1.88	(14)	3.33	16	5.70	*d*=M8		50	22.30
(14)	2.03	16	3.57	20	6.39	16	11.72	(55)	23.85
16	2.18	20	4.05	25	7.25	20	12.97	60	25.41
20	2.48	25	4.65	30	8.10	25	14.52		
25	2.85	30	5.25	35	8.96	30	16.08		
30	3.23	35	5.86	40*	9.82	35	17.63		
35*	3.60	40*	6.46	45	10.68	40*	19.19		

注：1. *l* 小于或等于带 * 符号的螺栓，制成全螺纹。

2. 表列规格为通用规格，尽可能不采用括号内的规格。*l*—公称长度（mm）。

10. 十字槽凹穴六角头螺栓和弹簧垫圈及平垫圈组合件（适用于 GB/T 9074.13—1988）（表 13-77）

表 13-77 十字槽凹穴六角头螺栓和弹簧垫圈及平垫圈组合件的重量 （kg）

每1000件钢制品的大约重量									
l	*G*	*l*	*G*	*l*	*G*	*l*	*G*	*l*	*G*
M4		M5		M6		M6		M8	
10	2.03	12	3.53	(14)	6.37	50	12.54	45	23.04
12	2.18	(14)	3.77	16	6.71	M8		50	24.60
(14)	2.33	16	4.01	20	7.40	16	14.02	(55)	26.15
16	2.48	20	4.49	25	8.26	20	15.27	60	27.71
20	2.78	25	5.09	30	9.11	25	16.82		
25	3.15	30	5.69	35	9.97	30	18.38		
30	3.53	35	6.30	40*	10.83	35	19.93		
35*	3.90	40*	6.90	45	11.69	40*	21.49		

注：1. 规格小于或等于带 * 符号 *l* 的螺栓，制出全螺纹。

2. 表列规格为通用规格，带括号的规格尽量不采用。*l*—公称长度（mm）。

11. 六角头螺栓和弹簧垫圈组合件（适用于 GB/T 9074.15—1988）（表 13-78）

表 13-78　六角头螺栓和弹簧垫圈组合件的重量　（kg）

每 1000 件钢制品的大约重量									
l	*G*	*l*	*G*	*l*	*G*	*l*	*G*	*l*	*G*
M3		M4		M6		M8		M12	
8	0.74	35	3.52	35	8.76	(65)	26.34	30	38.38
10	0.82	M5		40	9.62	M10		35	41.94
12	0.91	12	2.96	45	10.48	25	23.58	40	45.50
16	1.08	16	3.44	50	11.34	30	26.04	45	49.06
20	1.25	20	3.92	M8		35	28.50	50	52.62
25	1.46	25	4.52	20	12.35	40	30.95	55	56.19
30	1.67	30	5.12	25	13.90	45	33.41	60	59.75
M4		35	5.72	30	15.46	50	35.86	65	63.31
10	1.65	40	6.32	35	17.01	(55)	38.32	70	66.87
12	1.80	M6		40	18.57	60	40.77	80	74.00
16	2.10	16	5.51	45	20.12	(65)	43.23	90	81.12
20	2.40	20	6.19	50	21.68	70	45.69	100	88.25
25	2.77	25	7.05	(55)	23.23	80	50.60		
30	3.15	30	7.91	60	24.79				

注：表列规格为通用规格，带括号的规格尽量不采用。*l*—公称长度（mm）。

12. 六角头螺栓和外锯齿锁紧垫圈组合件（适用于 GB/T 9074.16—1988）（表 13-79）

表 13-79　六角头螺栓和外锯齿锁紧垫圈组合件的重量　（kg）

每 1000 件钢制品的大约重量									
l	*G*	*l*	*G*	*l*	*G*	*l*	*G*	*l*	*G*
d=M3		*d*=M4		*d*=M5		*d*=M8		*d*=M10	
8	0.76	20	2.46	40	6.42	20	12.51	25	23.82
10	0.84	25	2.83	*d*=M6		25	14.06	30	26.28
12	0.93	30	3.21	16	5.50	30	15.62	35	28.74
16	1.10	35	3.58	20	6.18	35	17.17	40	31.19
20	1.27	*d*=M5		25	7.04	40	18.73	45	33.65
25	1.48	12	3.06	30	7.90	45	20.28	50	36.10
30	1.69	16	3.54	35	8.75	50	21.84	(55)	38.56
d=M4		20	4.02	40	9.61	(55)	23.39	60	41.01
10	1.71	25	4.62	45	10.47	60	24.95	65	43.47
12	1.86	30	5.22	50	11.33	(65)	26.50	70	45.93
16	2.16	35	5.82					80	50.84

注：表列规格为通用规格，尽可能不采用括号内的规格。*l*—公称长度（mm）。

13. 六角头螺栓和弹簧垫圈及平垫圈组合件（适用于 GB/T 9074.17—1988）（表 13-80）

表 13-80 六角头螺栓和弹簧垫圈及平垫圈组合件的重量 （kg）

每1000件钢制品的大约重量									
l	*G*	*l*	*G*	*l*	*G*	*l*	*G*	*l*	*G*
M3		M4		M6		M8		M12	
8	0.85	30	3.45	30	8.92	60	27.09	35	49.74
10	0.93	34	3.82	35	9.77	(65)	28.64	40	53.30
12	1.02	M5		40	10.63	M10		45	56.86
16	1.19	12	3.40	45	11.49	30	30.51	50	60.42
20	1.36	16	3.88	50	12.35	35	32.97	(55)	63.99
25	1.57	20	4.36	M8		40	35.42	60	67.55
30	1.78	25	4.96	25	16.20	45	37.88	(65)	71.11
M4		30	5.56	30	17.76	50	40.33	70	74.67
10	1.95	35	6.16	35	19.31	(55)	42.79	80	81.80
12	2.10	40	6.76	40	20.87	60	45.24	90	88.92
16	2.40	M6		45	22.42	(65)	47.70	100	96.05
20	2.70	20	7.20	50	23.98	70	50.16		
25	3.07	25	8.06	(55)	25.53	80	55.07		

注：表列规格为通用规格，带括号的规格尽量不采用。*l*—公称长度（mm）。

14. 组合件用弹簧垫圈（适用于 GB/T 9074.26—1988）（表 13-81）

表 13-81 组合件用弹簧垫圈的重量 （kg）

每1000件钢制品的大约重量								
规格/mm	2.5	3	4	5	6	8	10	12
重量	0.02	0.04	0.08	0.16	0.31	0.61	1.11	1.81

15. 组合件用外锯齿锁紧垫圈（适用于 GB/T 9074.27—1988）（表 13-82）

表 13-82 组合件用外锯齿锁紧垫圈的重量 （kg）

每1000件钢制品的大约重量							
规格/mm	3	4	5	6	8	10	12
重量	0.06	0.14	0.26	0.3	0.77	1.35	1.67

16. 组合件用锥形锁紧垫圈（适用于 GB/T 9074.28—1988）（表 13-83）

表 13-83 组合件用锥形锁紧垫圈的重量 （kg）

每1000件钢制品的大约重量					
规格/mm	3	4	5	6	8
重量	0.03	0.08	0.15	0.24	0.52

17. 钢结构用扭剪型高强度螺栓连接副的重量（适用于 GB/T 3632—2008）（表 13-84）

表 13-84　钢结构用扭剪型高强度螺栓连接副的重量

每 1000 件钢螺栓的重量/kg≈									
l	*G*	*l*	*G*	*l*	*G*	*l*	*G*	*l*	*G*
d＝M16		*d*＝M20		*d*＝(M22)		*d*＝M24		*d*＝(M27)	
40	106.59	80	275.07	120	459.46	140	619.66	180	973.92
45	114.07	85	286.77	130	487.91	150	653.65	190	1016.12
50	121.54	90	298.46	140	516.35	160	687.63	200	1058.31
55	128.12	95	310.17	150	544.80	170	721.62	220	1142.69
60	135.60	100	321.86	160	573.24	180	755.61	*d*＝M30	
65	143.08	110	345.25	170	601.69	190	789.61	70	651.05
70	150.54	120	368.65	180	630.13	200	823.59	75	677.26
75	158.02	130	392.04	190	658.58	220	891.57	80	703.47
80	165.49	140	415.44	200	687.03	*d*＝(M27)		85	726.96
85	172.97	150	438.83	220	743.91	65	490.64	90	753.17
90	180.44	160	462.23	*d*＝M24		70	511.74	95	779.38
95	187.91	*d*＝(M22)		55	332.89	75	532.83	100	805.59
100	195.39	50	261.90	60	349.89	80	552.01	110	858.02
110	210.33	55	276.12	65	366.88	85	573.11	120	910.44
120	225.28	60	290.34	70	383.88	90	594.21	130	962.87
130	240.22	65	304.57	75	398.72	95	615.30	140	1015.29
d＝M20		70	317.23	80	415.72	100	636.39	150	1067.71
45	194.59	75	331.45	85	432.71	110	678.59	160	1120.14
50	206.28	80	345.68	90	449.71	120	720.78	170	1172.56
55	217.99	85	359.90	95	466.71	130	762.97	180	1224.98
60	229.68	90	374.12	100	483.70	140	805.16	190	1277.40
65	239.98	95	388.34	110	517.69	150	847.35	200	1329.83
70	251.67	100	402.57	120	551.68	160	889.54	220	1434.67
75	263.37	110	431.02	130	585.67	170	931.73		

螺纹规格 *D*/mm	M16	M20	(M22)	M24	(M27)	M30
每 1000 件钢螺母的重量/kg≈	61.51	118.7	146.59	202.67	288.51	374.01

规格(螺纹大径)/mm	16	20	(22)	24	(27)	30
每 1000 件钢垫圈的重量/kg≈	23.4	33.55	43.34	55.76	65.52	75.42

注：1. 括号内的规格为第 2 选择系列，应优先选用第 1 系列（不带括号）的规格。

2. *l*—螺栓公称长度（mm）。

18. 结构钢用高强度大六角螺栓的重量（适用于 GB/T 1228—2006）（表 13-85）

表 13-85　结构钢用高强度大六角螺栓的重量

每 1000 件钢螺栓的重量 *G*/kg≈

l	*G*	*l*	*G*	*l*	*G*	*l*	*G*	*l*	*G*
d=M12		*d*=M20		*d*=(M22)		*d*=M24		*d*=(M27)	
35	49.4	50	207.3	95	391.4	140	650.0	190	1095.8
40	54.2	55	220.3	100	407.0	150	687.1	200	1143.6
45	57.8	60	233.3	110	438.3	160	724.2	220	1239.2
50	62.5	65	243.6	120	469.6	170	761.2	240	1334.7
55	67.3	70	256.5	130	500.8	180	798.3	260	1430.3
60	72.1	75	269.5	140	532.1	190	835.4	*d*=M30	
65	76.8	80	282.5	150	563.4	200	872.4	70	658.2
70	81.6	85	295.5	160	594.6	220	946.6	75	687.5
75	86.3	90	308.5	170	625.9	240	1020.7	80	716.8
d=M16		95	321.4	180	657.2	*d*=(M27)		85	740.3
45	113.0	100	334.4	190	688.4	65	503.2	90	769.6
50	121.3	110	360.4	200	719.7	70	527.1	95	799.0
55	127.9	120	386.3	220	782.2	75	551.0	100	828.3
60	136.2	130	412.3	*d*=M24		80	570.2	110	886.9
65	144.5	140	438.3	60	357.2	85	594.1	120	945.6
70	152.8	150	464.2	65	375.7	90	617.9	130	1004.2
75	161.2	160	490.2	70	394.2	95	641.8	140	1062.8
80	169.5	*d*=(M22)		75	409.1	100	665.7	150	1121.5
85	177.8	55	269.3	80	428.6	110	713.5	160	1180.1
90	186.4	60	284.9	85	446.1	120	761.3	170	1238.7
95	194.4	65	300.5	90	464.7	130	809.1	180	1297.4
100	202.8	70	313.2	95	483.2	140	856.9	190	1356.0
110	219.4	75	328.9	100	501.7	150	904.7	200	1414.7
120	236.1	80	344.5	110	538.8	160	952.4	220	1531.9
130	252.7	85	360.1	120	575.9	170	1000.2	240	1649.2
		90	375.8	130	612.9	180	1048.0	260	1766.5

注：1. 尽量不选用括号内的规格。

2. *l*—公称长度（mm）。

19. 组合件用锥形弹性垫圈（适用于 GB/T 9074.31—2007）（表 13-86）

表 13-86　组合件用锥形弹性垫圈

规格	2.5	3	3.5	4	5	6	8	10	12
每 1000 件钢垫圈的重量/kg (ρ=7.85kg/dm^3) ≈	0.10	0.15	0.27	0.42	0.74	1.53	3.32	6.82	13.30
适用螺纹规格	M2.5	M3	M3.5	M4	M5	M6	M8	M10	M12

20. 钢结构用高强度大六角螺母的重量（适用于 GB/T 1229—2006）（表 13-87）

表 13-87　钢结构用高强度大六角螺母的重量

螺纹规格 D/mm	M12	M16	M20	(M22)	M24	(M27)	M30
每 1000 个钢螺母的理论重量/kg	27.68	61.51	118.77	146.59	202.67	288.51	374.01

注：尽量不选用括号内的规格。

21. 钢结构用高强度垫圈的重量（适用于 GB/T 1230—2006）（表 13-88）

表 13-88　钢结构用高强度垫圈的重量

规格(螺纹大径)/mm	12	16	20	(22)	24	(27)	30
每 1000 个垫圈的理论重量/kg	10.47	23.40	33.55	43.34	55.76	65.52	75.42

注：1. 尽量不选用括号内的规格。

2. l—公称长度（mm）。